重型机械标准

材料

（上）

全国机器轴与附件标准化技术委员会　编
中国标准出版社

中国标准出版社
北京

图书在版编目(CIP)数据

重型机械标准. 材料. 上/全国机器轴与附件标准化技术委员会,中国标准出版社编. —北京:中国标准出版社,2018.1

ISBN 978-7-5066-8763-8

Ⅰ.①重… Ⅱ.①全…②中… Ⅲ.①机械—重型—标准—汇编—中国 Ⅳ.①TH-65

中国版本图书馆 CIP 数据核字(2017)第 260624 号

中国标准出版社出版发行
北京市朝阳区和平里西街甲 2 号(100029)
北京市西城区三里河北街 16 号(100045)

网址 www.spc.net.cn
总编室:(010)68533533 发行中心:(010)51780238
读者服务部:(010)68523946

中国标准出版社秦皇岛印刷厂印刷
各地新华书店经销

*

开本 880×1230 1/16 印张 51 字数 1 536 千字
2018 年 1 月第一版 2018 年 1 月第一次印刷

*

定价 255.00 元

出版说明

随着装备制造业的快速发展，国家将重型装备提到相当重要的位置。重型机械标准作为生产的依据，不仅在重型机械、矿山机械、冶金和起重运输行业得到贯彻和应用，而且在石油、化工、电力、轻工等行业的设备制造中也得到了广泛的应用，这对推动行业的技术进步、提高产品质量、降低成本起到了重要的作用。此外，重型机械标准在大型成套设备及技术引进与合作生产中，作为统一设计、制造与检验的依据，得到了国内外同行的一致认可，因此其用量非常大。

近几年，随着标准的大量制修订，新标准不断出现，读者迫切需要及时了解和掌握标准内容。为满足广大使用者对标准文本的需求，全国机器轴与附件标准化技术委员会和中国标准出版社共同合作，拟出版《重型机械标准》系列汇编。

本套汇编收集了截至2017年7月底以前批准发布的重型机械标准660多项，分6部分出版，内容主要包括：

——基础；

——材料；

——螺纹与紧固件；

——传动；

——液压、润滑、密封及管路附件；

——弹簧、轴承及其他零件和附件。

本汇编为材料部分，共收录112项标准，分上、下两册出版。上册内容包括：钢；型钢、异型钢；钢板、钢带；钢丝等金属材料；下册内容包括：钢管、铜及铜合金、铝及铝合金、其他合金、铸件、锻件等金属材料和非金属材料。

鉴于本汇编收集的标准发布年代不尽相同，汇编时对标准中所用计量单位、符号未做改动。本汇编收集的国家标准的属性已在目录上标明(GB或GB/T)，年号用四位数字表示。鉴于部分国家标准是在标准清理整顿前出版的，故正文部分仍保留原样；读者在使用这些标准时，其属性以目录上标明的为准(标准正文“引用标准”中标准的属性请读者注意查对)。行业标准类同。

我们相信，本汇编的出版，对促进我国重型机械产品质量的提高和行业的发展将起到重要的作用。

编　者

2017年8月

目 录

金属材料

（一）钢

（二）型钢、异型钢

（三）钢板、钢带

注：本汇编收集的国家标准的属性已在本目录上标明（GB 或 GB/T），年号用四位数字表示。鉴于部分国家标准是在标准清理整顿前出版的，现尚未修订，故正文部分仍保留原样；读者在使用这些国家标准时，其属性以本目录上标明的为准（标准正文“引用标准”中标准的属性请读者注意查对）。行业标准的属性和年号类同。

(四)钢　　丝

金 属 材 料

(一) 钢

ICS 77.140.45
H 40

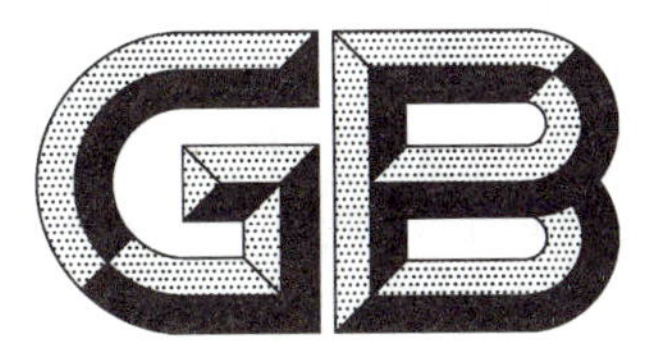

中华人民共和国国家标准

GB/T 699—2015
代替 GB/T 699—1999

优质碳素结构钢

Quality carbon structure steels

2015-12-10 发布　　2016-11-01 实施

中华人民共和国国家质量监督检验检疫总局
中国国家标准化管理委员会　发布

前　言

本标准按照 GB/T 1.1—2009 给出的规则起草。

本标准代替 GB/T 699—1999《优质碳素结构钢》。

本标准与 GB/T 699—1999 相比，主要技术变化如下：

——取消了钢棒按冶金质量分类，增加了按表面种类分类(见第 3 章，1999 版第 4 章，表 2 和表 4)；

——取消了沸腾钢、半镇静钢(见 1999 版表 1、6.1.1.6 和 6.1.1.8)；

——修改了 08Al 钢的化学成分(见表 1 脚注 c，1999 版 6.1.1.5)；

——将“屈服点”明确为“下屈服强度 R_{eL} 或规定塑性延伸强度 $R_{p0.2}$”(见表 2，1999 版表 3)；

——增加了热处理温度允许调整范围(见表 2 脚注 c)；

——修改了钢棒力学性能改锻(轧)的取样规定(见表 2 中的段，1999 版 6.4.2)；

——确定了顶锻用钢的要求(见 6.5.1，1999 版 6.5.1)；

——增加了连铸钢的低倍要求(见表 3)；

——将表面缺陷细分为缺欠和缺陷(见 6.6.1 和 6.8，1999 版 6.6.1 和 6.9)；

——增加了表面质量可按 GB/T 28300 的规定(见 6.8.4)；

——修改了冲击试验、显微组织等检验的取样数量(见表 7)；

——增加了钢棒的试验结果采用数值修约规则的要求(见 8.4.3)。

本标准由中国钢铁工业协会提出。

本标准由全国钢标准化技术委员会(SAC/TC 183)归口。

本标准起草单位：冶金工业信息标准研究院、石家庄钢铁有限责任公司、福建省三钢(集团)有限责任公司、天津钢铁集团有限公司、大冶特殊钢股份有限公司、首钢总公司、青岛钢铁有限公司。

本标准主要起草人：栾燕、戴强、孟瑞瑛、刘建丰、刘桂华、孙志诚、宫翠、胡海平、刘军会、颜丞铭、邓志勇。

本标准所代替标准的历次版本发布情况为：

——GB 699—1965、GB 699—1988、GB/T 699—1999。

优质碳素结构钢

1 范围

本标准规定了优质碳素结构钢棒材的分类与代号，订货内容，尺寸、外形及重量，技术要求，试验方法，检验规则，包装、标志和质量证明书。

本标准适用于公称直径或厚度不大于 250 mm 热轧和锻制优质碳素结构钢棒材。经供需双方协商，也可供应公称直径或厚度大于 250 mm 热轧和锻制优质碳素结构钢棒材（以下简称钢棒）。

本标准所规定牌号及化学成分也适用于钢锭、钢坯、其他截面的钢材及其制品。

2 规范性引用文件

下列文件对于本文件的应用是必不可少的。凡是注日期的引用文件，仅注日期的版本适用于本文件。凡是不注日期的引用文件，其最新版本（包括所有的修改单）适用于本文件。

GB/T 222　钢的成品化学成分允许偏差

GB/T 223.5　钢铁　酸溶硅和全硅含量的测定　还原型硅钼酸盐分光光度法

GB/T 223.11　钢铁及合金　铬含量的测定　可视滴定或电位滴定法

GB/T 223.19　钢铁及合金化学分析方法　新亚铜灵-三氯甲烷萃取光度法测定铜量

GB/T 223.23　钢铁及合金　镍含量的测定　丁二酮肟分光光度法

GB/T 223.59　钢铁及合金　磷含量的测定　铋磷钼蓝分光光度法和锑磷钼蓝分光光度法

GB/T 223.63　钢铁及合金化学分析方法　高碘酸钠（钾）光度法测定锰量

GB/T 223.79　钢铁　多元素含量的测定　X-射线荧光光谱法（常规法）

GB/T 223.81　钢铁及合金　总铝和总硼含量的测定　微波消解-电感耦合等离子体质谱法

GB/T 223.85　钢铁及合金　硫含量的测定　感应炉燃烧后红外吸收法

GB/T 223.86　钢铁及合金　总碳含量的测定　感应炉燃烧后红外吸收法

GB/T 224　钢的脱碳层深度测定法

GB/T 225　钢　淬透性的末端淬火试验方法（Jominy 试验）

GB/T 226　钢的低倍组织及缺陷酸蚀检验法

GB/T 228.1　金属材料　拉伸试验　第 1 部分：室温试验方法

GB/T 229　金属材料　夏比摆锤冲击试验方法

GB/T 231.1　金属材料　布氏硬度试验　第 1 部分：试验方法

GB/T 702　热轧钢棒尺寸、外形、重量及允许偏差

GB/T 908　锻制钢棒尺寸、外形、重量及允许偏差

GB/T 1979　结构钢低倍组织缺陷评级图

GB/T 2101　型钢验收、包装、标志及质量证明书的一般规定

GB/T 2975　钢及钢产品 力学性能试验取样位置及试样制备

GB/T 4162　锻轧钢棒超声检测方法

GB/T 4336　碳素钢和中低合金钢火花源原子发射光谱分析方法（常规法）

GB/T 6394　金属平均晶粒度测定法

GB/T 6402　钢锻件超声检测方法

GB/T 7736　钢的低倍缺陷超声波检验法
GB/T 8170—2008　数值修约规则与极限数值的表示和判定
GB/T 10561　钢中非金属夹杂物含量的测定　标准评级图显微检验法
GB/T 11261　钢铁　氧含量的测定　脉冲加热惰气熔融-红外线吸收法
GB/T 13298　金属显微组织检验方法
GB/T 13299　钢的显微组织评定方法
GB/T 15711　钢材塔形发纹酸浸检验方法
GB/T 17505　钢及钢产品交货一般技术要求
GB/T 20066　钢和铁　化学成分测定用试样的取样和制样方法
GB/T 20123　钢铁　总碳硫含量的测定高频感应炉燃烧后红外吸收法(常规方法)
GB/T 20124　钢铁　氮含量的测定　惰性气体熔融热导法(常规方法)
GB/T 20125　低合金钢　多元素含量的测定　电感耦合等离子体发射光谱法
GB/T 21834　中低合金钢　多元素成分分布的测定　金属原位统计分布分析法
GB/T 28300　热轧棒材和盘条表面质量等级交货技术条件
YB/T 4306　钢铁及合金　氮含量的测定　惰性气体熔融热导法
YB/T 5293　金属材料　顶锻试验方法

3　分类与代号

3.1　钢棒按使用加工方法分下列两类：

a)　压力加工用钢　　UP；
　1)　热加工用钢　　UHP；
　2)　顶锻用钢　　UF；
　3)　冷拔坯料用钢　　UCD。
b)　切削加工用钢　　UC。

3.2　钢棒按表面种类分为下列五类：

a)　压力加工表面　　SPP；
b)　酸洗　　SA；
c)　喷丸(砂)　　SS；
d)　剥皮　　SF；
e)　磨光　　SP。

4　订货内容

按本标准订货的合同或订单应包括下列内容：

a)　标准编号；
b)　产品名称；
c)　牌号或统一数字代号；
d)　交货的重量(或数量)；
e)　尺寸、外形及其允许偏差(见第5章)；
f)　使用加工方法(未注明者,按切削加工用钢)；
g)　热处理交货或特殊表面状态交货(如有要求,见6.3.2和6.3.3)；
h)　冲击试验(如有要求,见6.4.2)；

i) 顶锻(如有要求,见 6.5);
j) 脱碳层(如有要求,见 6.7);
k) 特殊要求(如有要求,见 6.9)。

5 尺寸、外形及重量

5.1 热轧钢棒的尺寸、外形、重量及其允许偏差应符合 GB/T 702 的规定,具体要求应在合同中注明。
5.2 锻制钢棒的尺寸、外形、重量及其允许偏差应符合 GB/T 908 的规定,具体要求应在合同中注明。

6 技术要求

6.1 牌号及化学成分

6.1.1 钢的牌号、统一数字代号及化学成分(熔炼分析)应符合表 1 的规定。

表 1 钢的牌号、统一数字代号及化学成分

序号	统一数字代号	牌号	化学成分(质量分数)/%							
			C	Si	Mn	P	S	Cr	Ni	Cu[a]
						≤				
1	U20082	08[b]	0.05~0.11	0.17~0.37	0.35~0.65	0.035	0.035	0.10	0.30	0.25
2	U20102	10	0.07~0.13	0.17~0.37	0.35~0.65	0.035	0.035	0.15	0.30	0.25
3	U20152	15	0.12~0.18	0.17~0.37	0.35~0.65	0.035	0.035	0.25	0.30	0.25
4	U20202	20	0.17~0.23	0.17~0.37	0.35~0.65	0.035	0.035	0.25	0.30	0.25
5	U20252	25	0.22~0.29	0.17~0.37	0.50~0.80	0.035	0.035	0.25	0.30	0.25
6	U20302	30	0.27~0.34	0.17~0.37	0.50~0.80	0.035	0.035	0.25	0.30	0.25
7	U20352	35	0.32~0.39	0.17~0.37	0.50~0.80	0.035	0.035	0.25	0.30	0.25
8	U20402	40	0.37~0.44	0.17~0.37	0.50~0.80	0.035	0.035	0.25	0.30	0.25
9	U20452	45	0.42~0.50	0.17~0.37	0.50~0.80	0.035	0.035	0.25	0.30	0.25
10	U20502	50	0.47~0.55	0.17~0.37	0.50~0.80	0.035	0.035	0.25	0.30	0.25
11	U20552	55	0.52~0.60	0.17~0.37	0.50~0.80	0.035	0.035	0.25	0.30	0.25
12	U20602	60	0.57~0.65	0.17~0.37	0.50~0.80	0.035	0.035	0.25	0.30	0.25
13	U20652	65	0.62~0.70	0.17~0.37	0.50~0.80	0.035	0.035	0.25	0.30	0.25
14	U20702	70	0.67~0.75	0.17~0.37	0.50~0.80	0.035	0.035	0.25	0.30	0.25
15	U20702	75	0.72~0.80	0.17~0.37	0.50~0.80	0.035	0.035	0.25	0.30	0.25
16	U20802	80	0.77~0.85	0.17~0.37	0.50~0.80	0.035	0.035	0.25	0.30	0.25
17	U20852	85	0.82~0.90	0.17~0.37	0.50~0.80	0.035	0.035	0.25	0.30	0.25
18	U21152	15 Mn	0.12~0.18	0.17~0.37	0.70~1.00	0.035	0.035	0.25	0.30	0.25
19	U21202	20 Mn	0.17~0.23	0.17~0.37	0.70~1.00	0.035	0.035	0.25	0.30	0.25
20	U21252	25 Mn	0.22~0.29	0.17~0.37	0.70~1.00	0.035	0.035	0.25	0.30	0.25

表 1（续）

序号	统一数字代号	牌号	化学成分(质量分数)/%							
			C	Si	Mn	P	S	Cr	Ni	Cu[a]
						≤				
21	U21302	30 Mn	0.27～0.34	0.17～0.37	0.70～1.00	0.035	0.035	0.25	0.30	0.25
22	U21352	35 Mn	0.32～0.39	0.17～0.37	0.70～1.00	0.035	0.035	0.25	0.30	0.25
23	U21402	40 Mn	0.37～0.44	0.17～0.37	0.70～1.00	0.035	0.035	0.25	0.30	0.25
24	U21452	45 Mn	0.42～0.50	0.17～0.37	0.70～1.00	0.035	0.035	0.25	0.30	0.25
25	U21502	50 Mn	0.48～0.56	0.17～0.37	0.70～1.00	0.035	0.035	0.25	0.30	0.25
26	U21602	60 Mn	0.57～0.65	0.17～0.37	0.70～1.00	0.035	0.035	0.25	0.30	0.25
27	U21652	65 Mn	0.62～0.70	0.17～0.37	0.90～1.20	0.035	0.035	0.25	0.30	0.25
28	U21702	70 Mn	0.67～0.75	0.17～0.37	0.90～1.20	0.035	0.035	0.25	0.30	0.25
未经用户同意不得有意加入本表中未规定的元素。应采取措施防止从废钢或其他原料中带入影响钢性能的元素。										

[a] 热压力加工用钢铜含量应不大于 0.20%；

[b] 用铝脱氧的镇静钢，碳、锰含量下限不限，锰含量上限为 0.45%，硅含量不大于 0.03%，全铝含量为 0.020%～0.070%，此时牌号为 08Al。

6.1.2 氧气转炉冶炼的钢其氮含量应不大于 0.008%。供方能保证合格时，可不作分析。

6.1.3 铅浴淬火(派登脱)钢丝用的 35～85 钢的锰含量为 0.30%～0.60%，65 Mn 及 70 Mn 的锰含量为 0.70%～1.00%，铬含量不大于 0.10%，镍含量不大于 0.15%，铜含量不大于 0.20%，磷、硫含量也应符合钢丝标准要求，但不大于表 1 规定的指标。

6.1.4 钢棒(或坯)的成品化学成分允许偏差应符合 GB/T 222 的规定。

6.2 冶炼方法

除非合同中另有规定，冶炼方法由生产厂自行选择。

6.3 交货状态

6.3.1 钢棒通常以热轧或热锻状态交货。

6.3.2 根据需方要求，并在合同中注明，钢棒可以热处理(退火、正火、高温回火)状态交货。

6.3.3 根据需方要求，并在合同中注明，钢棒可以特殊表面状态(酸洗、喷丸、剥皮或磨光)交货。

6.4 力学性能

6.4.1 试样毛坯经正火后制成试样测定钢棒的纵向拉伸性能应符合表 2 的规定。如供方能保证拉伸性能合格时，可不进行试验。

6.4.2 根据需方要求，用热处理(淬火＋回火)毛坯制成试样测定 25～50、25 Mn～50 Mn 钢棒的纵向冲击吸收能量应符合表 2 的规定。公称直径小于 16 mm 的圆钢和公称厚度不大于 12 mm 的方钢、扁钢，不作冲击试验。

6.4.3 切削加工用钢棒或冷拔坯料用钢棒的交货硬度应符合表 2 规定。未热处理钢材的硬度，供方若能保证合格时，可不作检验。高温回火或正火后钢棒的硬度值由供需双方协商确定。

6.4.4 根据需方要求，25～60 钢棒的抗拉强度允许比表 2 规定值降低 20 MPa，但其断后伸长率同时提高 2%(绝对值)。

表 2 力学性能

序号	牌号	试样毛坯尺寸[a] mm	推荐的热处理制度[c]			力学性能					交货硬度 HBW	
			正火	淬火	回火	抗拉强度 R_m MPa	下屈服强度 R_{eL}[d] MPa	断后伸长率 A %	断面收缩率 Z %	冲击吸收能量 KU_2 J	未热处理钢	退火钢
			加热温度/℃			≥					≤	
1	08	25	930	—	—	325	195	33	60	—	131	—
2	10	25	930	—	—	335	205	31	55	—	137	—
3	15	25	920	—	—	375	225	27	55	—	143	—
4	20	25	910	—	—	410	245	25	55	—	156	—
5	25	25	900	870	600	450	275	23	50	71	170	—
6	30	25	880	860	600	490	295	21	50	63	179	—
7	35	25	870	850	600	530	315	20	45	55	197	—
8	40	25	860	840	600	570	335	19	45	47	217	187
9	45	25	850	840	600	600	355	16	40	39	229	197
10	50	25	830	830	600	630	375	14	40	31	241	207
11	55	25	820	—	—	645	380	13	35	—	255	217
12	60	25	810	—	—	675	400	12	35	—	255	229
13	65	25	810	—	—	695	410	10	30	—	255	229
14	70	25	790	—	—	715	420	9	30	—	269	229
15	75	试样[b]	—	820	480	1 080	880	7	30	—	285	241
16	80	试样[b]	—	820	480	1 080	930	6	30	—	285	241
17	85	试样[b]	—	820	480	1 130	980	6	30	—	302	255
18	15 Mn	25	920	—	—	410	245	26	55	—	163	—
19	20 Mn	25	910	—	—	450	275	24	50	—	197	—
20	25 Mn	25	900	870	600	490	295	22	50	71	207	—
21	30 Mn	25	880	860	600	540	315	20	45	63	217	187
22	35 Mn	25	870	850	600	560	335	18	45	55	229	197
23	40 Mn	25	860	840	600	590	355	17	45	47	229	207
24	45 Mn	25	850	840	600	620	375	15	40	39	241	217
25	50 Mn	25	830	830	600	645	390	13	40	31	255	217
26	60 Mn	25	810	—	—	690	410	11	35	—	269	229
27	65 Mn	25	830	—	—	735	430	9	30	—	285	229
28	70 Mn	25	790	—	—	785	450	8	30	—	285	229

表 2（续）

序号	牌号	试样毛坯尺寸[a] mm	推荐的热处理制度[c]			力学性能					交货硬度 HBW	
			正火	淬火	回火	抗拉强度 R_m MPa	下屈服强度 R_{eL}[d] MPa	断后伸长率 A %	断面收缩率 Z %	冲击吸收能量 KU_2 J	未热处理钢	退火钢
			加热温度/℃			≥					≤	
表中的力学性能适用于公称直径或厚度不大于 80 mm 的钢棒。 公称直径或厚度大于 80 mm～250 mm 的钢棒，允许其断后伸长率、断面收缩率比本表的规定分别降低 2%（绝对值）和 5%（绝对值）。 公称直径或厚度大于 120 mm～250 mm 的钢棒允许改锻（轧）成 70 mm～80 mm 的试料取样检验，其结果应符合本表的规定。												
[a] 钢棒尺寸小于试样毛坯尺寸时，用原尺寸钢棒进行热处理。 [b] 留有加工余量的试样，其性能为淬火＋回火状态下的性能。 [c] 热处理温度允许调整范围：正火±30 ℃，淬火±20 ℃，回火±50 ℃；推荐保温时间：正火不少于 30 min，空冷；淬火不少于 30 min，75、80 和 85 钢油冷，其他钢棒水冷；600 ℃回火不少于 1 h。 [d] 当屈服现象不明显时，可用规定塑性延伸强度 $R_{p0.2}$ 代替。												

6.5 顶锻

6.5.1 顶锻用钢应在合同中注明热顶锻或冷顶锻。热顶锻试验后的试样高度应为原试样高度的 1/3，冷顶锻试验后的试样高度应为原试样高度的 1/2。顶锻后试样表面不应有目视可见的裂纹。

6.5.2 公称直径大于 80 mm、要求热顶锻的钢棒或公称直径大于 30 mm、要求冷顶锻的钢棒，如供方能保证顶锻试验合格时，可不进行试验。

6.6 低倍

6.6.1 钢棒的横截面酸浸低倍试片上不应有目视可见的缩孔、气泡、裂纹、夹杂、翻皮和白点。供切削加工用的钢棒允许有不超过表 6 规定的皮下夹杂、皮下气泡等缺欠。

6.6.2 钢棒的酸浸低倍组织应符合表 3 的规定。

表 3 低倍组织合格级别

一般疏松	中心疏松	锭型偏析	中心偏析[a]
级别，≤			
2.5	2.5	2.5	2.5
[a] 仅对连铸钢棒。			

6.6.3 如供方能保证低倍检验合格，可采用 GB/T 7736 规定的超声检测法或其他无损探伤法代替酸浸低倍检验。

6.7 脱碳层

根据需方要求，并在合同中注明组别，对于公称碳含量下限大于 0.30% 的钢棒检验脱碳层时，每边总脱碳层深度(铁素体+过渡层)应符合表4的规定。

表4 总脱碳层允许深度

单位为毫米

组别	允许总脱碳层深度,≤
第Ⅰ组	1.0% *D*
第Ⅱ组	1.5% *D*
注:*D* 为钢棒公称直径或厚度。	

6.8 表面质量

6.8.1 压力加工用钢棒的表面不应有目视可见的裂纹、结疤、折叠及夹杂。如有上述缺陷应清除,清除深度从钢棒实际尺寸算起应不超过表5的规定,清除宽度不小于深度的5倍。对公称直径或厚度大于140 mm的钢棒,在同一截面的最大清除深度不应多于2处。允许有从实际尺寸算起不超过尺寸公差之半的个别细小划痕、压痕、麻点及深度不大于0.2 mm的小裂纹存在。

表5 压力加工用钢棒允许缺陷清除深度

单位为毫米

公称直径或厚度	允许缺陷清除深度
<80	钢棒公称尺寸公差的1/2
≥80~140	钢棒公称尺寸公差
>140~200	钢棒公称尺寸的5%
>200	钢棒公称尺寸的6%

6.8.2 切削加工用钢棒的表面允许有从钢棒公称尺寸算起不超过表6规定的局部缺欠。

表6 切削加工用钢棒局部缺欠允许深度

单位为毫米

公称直径或厚度	局部缺欠允许深度
<100	钢棒公称尺寸负偏差
≥100	钢棒公称尺寸公差

6.8.3 以喷丸或剥皮状态交货的钢棒表面应洁净、光滑,不应有裂纹、折叠、结疤、夹杂和氧化铁皮,若有上述缺陷存在,允许局部修磨,但最大修磨处应保证钢棒的最小尺寸。

6.8.4 根据需方要求,热轧钢棒表面质量可按GB/T 28300规定进行,具体质量等级、接收质量限AQL(缺陷最大允许量)及检验方法由供需双方协商确定。

6.9 特殊要求

经供需双方协议,并在合同中注明,可供应下列特殊要求的钢棒:

a) 对表1中所列牌号的化学成分范围缩小或放宽;
b) 硫含量范围控制在0.015%~0.035%;
c) 要求分析氧含量或其他残余元素;
d) 提供小尺寸冲击试验值或V型缺口冲击试验值;
e) 提供淬透性要求的钢棒;
f) 检验晶粒度;
g) 检验非金属夹杂物;

h) 检验塔形发纹；
i) 检验显微组织；
j) 要求超声检测；
k) 其他。

7 试验方法

钢棒的检验项目和试验方法见表7。

表7 钢棒的检验项目、取样数量、取样部位和试验方法

序号	检验项目		取样数量	取样部位	试验方法
1	化学成分		1个/炉	GB/T 20066	GB/T 223(见第2章)、GB/T 4336、GB/T 11261、GB/T 20123、GB/T 20124、GB/T 20125、GB/T 21834、YB/T 4306
2	拉伸		2个/批	不同根钢棒,GB/T 2975	GB/T 228.1
3	冲击		1组[a]/批	不同根钢棒,GB/T 2975	GB/T 229
4	布氏硬度		3个/批	不同根钢棒	GB/T 231.1
5	顶锻		2个/批	不同根钢棒	YB/T 5293
6	低倍	酸蚀检验	2个/批	模铸:相当于钢锭头部不同根钢坯或钢棒 连铸:不同根钢棒	GB/T 226、GB/T 1979
		超声检测			GB/T 7736
7	塔形发纹		2个/批	不同根钢棒	GB/T 15711
8	脱碳层		2个/批	不同根钢棒	GB/T 224(金相法)
9	晶粒度		1个/批	任一根钢棒	GB/T 6394
10	非金属夹杂物		2个/批	不同根钢棒	GB/T 10561
11	显微组织		1个/批	不同根钢棒	GB/T 13298、GB/T 13299
12	末端淬透性		1个/批	任一根钢棒,GB/T 225	GB/T 225
13	超声检测		逐根	整根钢棒上	GB/T 4162、GB/T 6402
14	表面质量		逐根	整根钢棒上	目视或 GB/T 28300
15	尺寸、外形		逐根	整根钢棒上	卡尺、千分尺等

[a] 1组：U型缺口取2个,V型缺口取3个。

8 检验规则

8.1 检查和验收

8.1.1 钢棒出厂的检查和验收由供方质量技术监督部门进行。

8.1.2 供方应保证交货的钢棒符合本标准或合同的规定。必要时,需方有权对本标准或合同所规定的任一检验项目进行检查和验收。

8.2 组批规则

钢棒应按批检查和验收。每批由同一牌号、同一炉号、同一加工方法、同一尺寸、同一交货状态、同一热处理制度(或炉次)的钢棒组成。

8.3 取样数量及取样部位

每批钢棒检验的取样数量及取样部位应符合表7的规定。

8.4 复验与判定规则

8.4.1 钢棒的复验与判定规则按GB/T 17505的规定执行。

8.4.2 供方若能保证钢棒合格时,对同一炉号的钢棒或钢坯的低倍、力学性能和非金属夹杂物的检验结果,允许以坯代材,以大代小。

8.4.3 钢棒的试验结果应采用修约值比较法修约到与规定值本位数字所标识的数位相一致,其修约规则应符合GB/T 8170—2008第3章的规定。

9 包装、标志和质量证明书

钢棒的包装、标志和质量证明书应符合GB/T 2101的规定。

ICS 77.140.45
H 40

中华人民共和国国家标准

GB/T 700—2006
代替 GB/T 700—1988

碳素结构钢

Carbon structural steels

(ISO 630:1995,Structural steels—Plates,wide flats,bars,sections and profiles,NEQ)

2006-11-01 发布　　2007-02-01 实施

中华人民共和国国家质量监督检验检疫总局
中国国家标准化管理委员会　发布

前　言

本标准与 ISO 630:1995《结构钢》的一致性程度为非等效，主要差别如下：

——不设屈服强度 185 N/mm^2 级和 355 N/mm^2 级的牌号；

——设 195 N/mm^2 级、215 N/mm^2 级的牌号 Q195、Q215；

——Q235 和 Q275 的 A 级钢磷含量降低 0.005%；

——Q235B 级钢按脱氧方法将厚度分两档，且碳含量均为 0.20%；

——厚度小于 25 mm 的 Q235B 级钢材，如供方能保证冲击吸收功值合格，经需方同意，可不作检验；

——大于 80 mm～100 mm 厚的 Q275 钢材，屈服强度提高 10 N/mm^2；

——增加冷弯试验；

——根据国内情况规定具体的组批规则。

本标准代替 GB/T 700—1988《碳素结构钢》，与 GB/T 700—1988 相比主要变化如下：

——“脱氧方法”取消半镇静钢；

——取消 GB/T 700—1988 中 Q255、Q275 牌号；

——新增 ISO 630:1995 中 E275 牌号，改为新的 Q275 牌号；

——取消各牌号的碳、锰含量下限，并提高锰含量上限；

——取消沸腾钢、镇静钢硅含量的界限；

——硅含量由 0.30% 修改为 0.35%(Q195 除外)；

——Q195 牌号的磷、硫含量分别由 0.045% 和 0.050% 降低为 0.035% 和 0.040%；

——取消厚度(或直径)不大于 16 mm 一档的断后伸长率的规定；

——表 2 脚注增加“宽带钢(包括剪切钢板)抗拉强度上限不作交货条件”和“厚度小于 25 mm 的 Q235B 级钢材，如供方能保证冲击吸收功值合格，经需方同意，可不作检验”；

——修改对钢中氮含量的规定；

——修改对冲击试验的规定，并增加宽度 5 mm～10 mm 试样最小冲击吸收功图；

——组批按“同一炉罐号”修改为“同一炉号”，并取消混合批对炉号数量的限制。

本标准的附录 A 为规范性附录。

本标准由中国钢铁工业协会提出。

本标准由全国钢标准化技术委员会归口。

本标准起草单位：冶金工业信息标准研究院、首钢总公司、邯郸钢铁集团有限责任公司、本溪钢铁(集团)有限责任公司。

本标准主要起草人：唐一凡、栾燕、王丽萍、孙萍、张险峰、戴强。

本标准于 1965 年 1 月首次发布，1979 年 10 月第一次修订，1988 年 6 月第二次修订。

碳　素　结　构　钢

1 范围

本标准规定了碳素结构钢的牌号、尺寸、外形、重量及允许偏差、技术要求、试验方法、检验规则、包装、标志和质量证明书。

本标准适用于一般以交货状态使用，通常用于焊接、铆接、栓接工程结构用热轧钢板、钢带、型钢和钢棒。

本标准规定的化学成分也适用于钢锭、连铸坯、钢坯及其制品。

2 规范性引用文件

下列文件中的条款通过本标准的引用而成为本标准的条款。凡是注日期的引用文件，其随后所有的修改单(不包括勘误的内容)或修订版均不适用于本标准，然而，鼓励根据本标准达成协议的各方研究是否可使用这些文件的最新版本。凡是不注日期的引用文件，其最新版本适用于本标准。

GB/T 222—2006　钢的成品化学成分允许偏差

GB/T 223.3　钢铁及合金化学分析方法　二安替比林甲烷磷钼酸重量法测定磷量

GB/T 223.10　钢铁及合金化学分析方法　铜铁试剂分离-铬天青S光度法测定铝含量

GB/T 223.11　钢铁及合金化学分析方法　过硫酸铵氧化容量法测定铬量

GB/T 223.18　钢铁及合金化学分析方法　硫代硫酸钠分离-碘量法测定铜量

GB/T 223.19　钢铁及合金化学分析方法　新亚铜灵-三氯甲烷萃取光度法测定铜量

GB/T 223.24　钢铁及合金化学分析方法　萃取分离-丁二酮肟分光光度法测定镍量

GB/T 223.32　钢铁及合金化学分析方法　次磷酸钠还原-碘量法测定砷含量

GB/T 223.37　钢铁及合金化学分析方法　蒸馏分离-靛酚蓝光度法测定氮量

GB/T 223.58　钢铁及合金化学分析方法　亚砷酸钠-亚硝酸钠滴定法测定锰量

GB/T 223.59　钢铁及合金化学分析方法　锑磷钼蓝光度法测定磷量

GB/T 223.60　钢铁及合金化学分析方法　高氯酸脱水重量法测定硅含量

GB/T 223.63　钢铁及合金化学分析方法　高碘酸钠(钾)光度法测定锰量

GB/T 223.64　钢铁及合金化学分析方法　火焰原子吸收光谱法测定锰量

GB/T 223.68　钢铁及合金化学分析方法　管式炉内燃烧后碘酸钾滴定法测定硫含量

GB/T 223.71　钢铁及合金化学分析方法　管式炉内燃烧后重量法测定碳含量

GB/T 223.72　钢铁及合金化学分析方法　氧化铝色层分离-硫酸钡重量法测定硫量

GB/T 228　金属材料　室温拉伸试验方法　(GB/T 228—2002,eqv ISO 6892:1998)

GB/T 229　金属夏比缺口冲击试验方法(GB/T 229—1994,eqv ISO 83:1976,eqv ISO 148:1983)

GB/T 232　金属材料　弯曲试验方法(GB/T 232—1999,eqv ISO 7438:1985)

GB/T 247　钢板和钢带检验、包装、标志及质量证明书的一般规定

GB/T 2101　型钢验收、包装、标志及质量证明书的一般规定

GB/T 2975　钢及钢产品　力学性能试验取样位置及试样制备(GB/T 2975—1998,eqv ISO 377:1997)

GB/T 4336　碳素钢和中低合金钢　火花源原子发射光谱分析方法(常规法)

GB/T 20066　钢和铁　化学成分测定用试样的取样和制样方法(GB/T 20066—2006,ISO 14284:1996,IDT)

3 牌号表示方法和符号

3.1 牌号表示方法

钢的牌号由代表屈服强度的字母、屈服强度数值、质量等级符号、脱氧方法符号等4个部分按顺序组成。例如：Q235AF。

3.2 符号

Q——钢材屈服强度"屈"字汉语拼音首位字母；

A、B、C、D——分别为质量等级；

F——沸腾钢"沸"字汉语拼音首位字母；

Z——镇静钢"镇"字汉语拼音首位字母；

TZ——特殊镇静钢"特镇"两字汉语拼音首位字母。

在牌号组成表示方法中，"Z"与"TZ"符号可以省略。

4 尺寸、外形、重量及允许偏差

钢板、钢带、型钢和钢棒的尺寸、外形、重量及允许偏差应分别符合相应标准的规定。

5 技术要求

5.1 牌号和化学成分

5.1.1 钢的牌号和化学成分(熔炼分析)应符合表1的规定。

表 1

牌号	统一数字代号[a]	等级	厚度(或直径)/mm	脱氧方法	化学成分(质量分数)/%，不大于				
					C	Si	Mn	P	S
Q195	U11952	—	—	F、Z	0.12	0.30	0.50	0.035	0.040
Q215	U12152	A	—	F、Z	0.15	0.35	1.20	0.045	0.050
	U12155	B							0.045
Q235	U12352	A	—	F、Z	0.22	0.35	1.40	0.045	0.050
	U12355	B			0.20[b]				0.045
	U12358	C		Z	0.17			0.040	0.040
	U12359	D		TZ				0.035	0.035
Q275	U12752	A	—	F、Z	0.24	0.35	1.50	0.045	0.050
	U12755	B	≤40	Z	0.21			0.045	0.045
			>40		0.22				
	U12758	C	—	Z	0.20			0.040	0.040
	U12759	D		TZ				0.035	0.035

a 表中为镇静钢、特殊镇静钢牌号的统一数字，沸腾钢牌号的统一数字代号如下：
Q195F——U11950；
Q215AF——U12150，Q215BF——U12153；
Q235AF——U12350，Q235BF——U12353；
Q275AF——U12750。

b 经需方同意，Q235B的碳含量可不大于0.22%。

5.1.1.1 D级钢应有足够细化晶粒的元素，并在质量证明书中注明细化晶粒元素的含量。当采用铝脱氧时，钢中酸溶铝含量应不小于0.015%，或总铝含量应不小于0.020%。

5.1.1.2 钢中残余元素铬、镍、铜含量应各不大于0.30%，氮含量应不大于0.008%。如供方能保证，均可不做分析。

5.1.1.2.1 氮含量允许超过5.1.1.2的规定值，但氮含量每增加0.001%，磷的最大含量应减少0.005%，熔炼分析氮的最大含量应不大于0.012%；如果钢中的酸溶铝含量不小于0.015%或总铝含量不小于0.020%，氮含量的上限值可以不受限制。固定氮的元素应在质量证明书中注明。

5.1.1.2.2 经需方同意，A级钢的铜含量可不大于0.35%。此时，供方应做铜含量的分析，并在质量证明书中注明其含量。

5.1.1.3 钢中砷的含量应不大于0.080%。用含砷矿冶炼生铁所冶炼的钢，砷含量由供需双方协议规定。如原料中不含砷，可不做砷的分析。

5.1.1.4 在保证钢材力学性能符合本标准规定的情况下，各牌号A级钢的碳、锰、硅含量可以不作为交货条件，但其含量应在质量证明书中注明。

5.1.1.5 在供应商品连铸坯、钢锭和钢坯时，为了保证轧制钢材各项性能达到本标准要求，可以根据需方要求规定各牌号的碳、锰含量下限。

5.1.2 成品钢材、连铸坯、钢坯的化学成分允许偏差应符合GB/T 222—2006中表1的规定。

氮含量允许超过规定值，但必须符合5.1.1.2.1条的要求，成品分析氮含量的最大值应不大于0.014%；如果钢中的铝含量达到5.1.1.2.1规定的含量，并在质量证明书中注明，氮含量上限值可不受限制。

沸腾钢成品钢材和钢坯的化学成分偏差不作保证。

5.2 冶炼方法

钢由氧气转炉或电炉冶炼。除非需方有特殊要求并在合同中注明，冶炼方法一般由供方自行选择。

5.3 交货状态

钢材一般以热轧、控轧或正火状态交货。

5.4 力学性能

5.4.1 钢材的拉伸和冲击试验结果应符合表2的规定，弯曲试验结果应符合表3的规定。

5.4.2 用Q195和Q235B级沸腾钢轧制的钢材，其厚度(或直径)不大于25 mm。

5.4.3 做拉伸和冷弯试验时，型钢和钢棒取纵向试样；钢板、钢带取横向试样，断后伸长率允许比表2降低2%(绝对值)。窄钢带取横向试样如果受宽度限制时，可以取纵向试样。

5.4.4 如供方能保证冷弯试验符合表3的规定，可不作检验。A级钢冷弯试验合格时，抗拉强度上限可以不作为交货条件。

5.4.5 厚度不小于12 mm或直径不小于16 mm的钢材应做冲击试验，试样尺寸为10 mm×10 mm×55 mm。经供需双方协议，厚度为6 mm～12 mm或直径为12 mm～16 mm的钢材可以做冲击试验，试样尺寸为10 mm×7.5 mm×55 mm或10 mm×5 mm×55 mm或10 mm×产品厚度×55 mm。在附录A中给出规定的冲击吸收功值，如：当采用10 mm×5 mm×55 mm试样时，其试验结果应不小于规定值的50%。

5.4.6 夏比(V型缺口)冲击吸收功值按一组3个试样单值的算术平均值计算，允许其中1个试样的单个值低于规定值，但不得低于规定值的70%。

如果没有满足上述条件，可从同一抽样产品上再取3个试样进行试验，先后6个试样的平均值不得低于规定值，允许有2个试样低于规定值，但其中低于规定值70%的试样只允许1个。

表 2

牌号	等级	屈服强度[a] R_{eH}/(N/mm^2),不小于						抗拉强度[b] R_m/(N/mm^2)	断后伸长率 A/%,不小于					冲击试验(V 型缺口)	
		厚度(或直径)/mm							厚度(或直径)/mm					温度/℃	冲击吸收功(纵向)/J 不小于
		≤16	>16~40	>40~60	>60~100	>100~150	>150~200		≤40	>40~60	>60~100	>100~150	>150~200		
Q195	—	195	185	—	—	—	—	315~430	33	—	—	—	—	—	—
Q215	A	215	205	195	185	175	165	335~450	31	30	29	27	26	—	—
	B													+20	27
Q235	A	235	225	215	215	195	185	370~500	26	25	24	22	21	—	—
	B													+20	27[c]
	C													0	
	D													−20	
Q275	A	275	265	255	245	225	215	410~540	22	21	20	18	17	—	—
	B													+20	27
	C													0	
	D													−20	

a Q195 的屈服强度值仅供参考,不作交货条件。

b 厚度大于 100 mm 的钢材,抗拉强度下限允许降低 20 N/mm^2。宽带钢(包括剪切钢板)抗拉强度上限不作交货条件。

c 厚度小于 25 mm 的 Q235B 级钢材,如供方能保证冲击吸收功值合格,经需方同意,可不作检验。

表 3

牌　　号	试样方向	冷弯试验 180° $B=2a$[a]	
		钢材厚度(或直径)[b]/mm	
		≤60	>60~100
		弯心直径 d	
Q195	纵	0	—
	横	0.5a	
Q215	纵	0.5a	1.5a
	横	a	2a
Q235	纵	a	2a
	横	1.5a	2.5a
Q275	纵	1.5a	2.5a
	横	2a	3a

a B 为试样宽度,a 为试样厚度(或直径)。

b 钢材厚度(或直径)大于 100 mm 时,弯曲试验由双方协商确定。

5.5 表面质量

钢材的表面质量应分别符合钢板、钢带、型钢和钢棒等有关产品标准的规定。

6 试验方法

6.1 每批钢材的检验项目、取样数量、取样方法和试验方法应符合表4的规定。

表 4

<table>
<tr><th>序　号</th><th>检验项目</th><th>取样数量/个</th><th>取样方法</th><th>试验方法</th></tr>
<tr><td>1</td><td>化学分析</td><td>1(每炉)</td><td>GB/T 20066</td><td>第2章中GB/T 223
系列标准、GB/T 4336</td></tr>
<tr><td>2</td><td>拉伸</td><td rowspan="2">1</td><td rowspan="3">GB/T 2975</td><td>GB/T 228</td></tr>
<tr><td>3</td><td>冷弯</td><td>GB/T 232</td></tr>
<tr><td>4</td><td>冲击</td><td>3</td><td>GB/T 229</td></tr>
</table>

6.2 拉伸和冷弯试验,钢板、钢带试样的纵向轴线应垂直于轧制方向;型钢、钢棒和受宽度限制的窄钢带试样的纵向轴线应平行于轧制方向。

6.3 冲击试样的纵向轴线应平行轧制方向。冲击试样可以保留一个轧制面。

7 检验规则

7.1 钢材的检查和验收由供方技术监督部门进行,需方有权对本标准或合同所规定的任一检验项目进行检查和验收。

7.2 钢材应成批验收,每批由同一牌号、同一炉号、同一质量等级、同一品种、同一尺寸、同一交货状态的钢材组成。每批重量应不大于60 t。

公称容量比较小的炼钢炉冶炼的钢轧成的钢材,同一冶炼、浇注和脱氧方法、不同炉号、同一牌号的A级钢或B级钢,允许组成混合批,但每批各炉号含碳量之差不得大于0.02%,含锰量之差不得大于0.15%。

7.3 钢材的夏比(V型缺口)冲击试验结果不符合5.4.6规定时,抽样产品应报废,再从该检验批的剩余部分取两个抽样产品,在每个抽样产品上各选取新的一组3个试样,这两组试样的复验结果均应合格,否则该批产品不得交货。

7.4 钢材其他检验项目的复验和检验规则应符合GB/T 247和GB/T 2101的规定。

8 包装、标志、质量证明书

钢材的包装、标志和质量证明书应符合GB/T 247和GB/T 2101的规定。

附　录　A
（规范性附录）
小尺寸冲击试样的冲击吸收功值

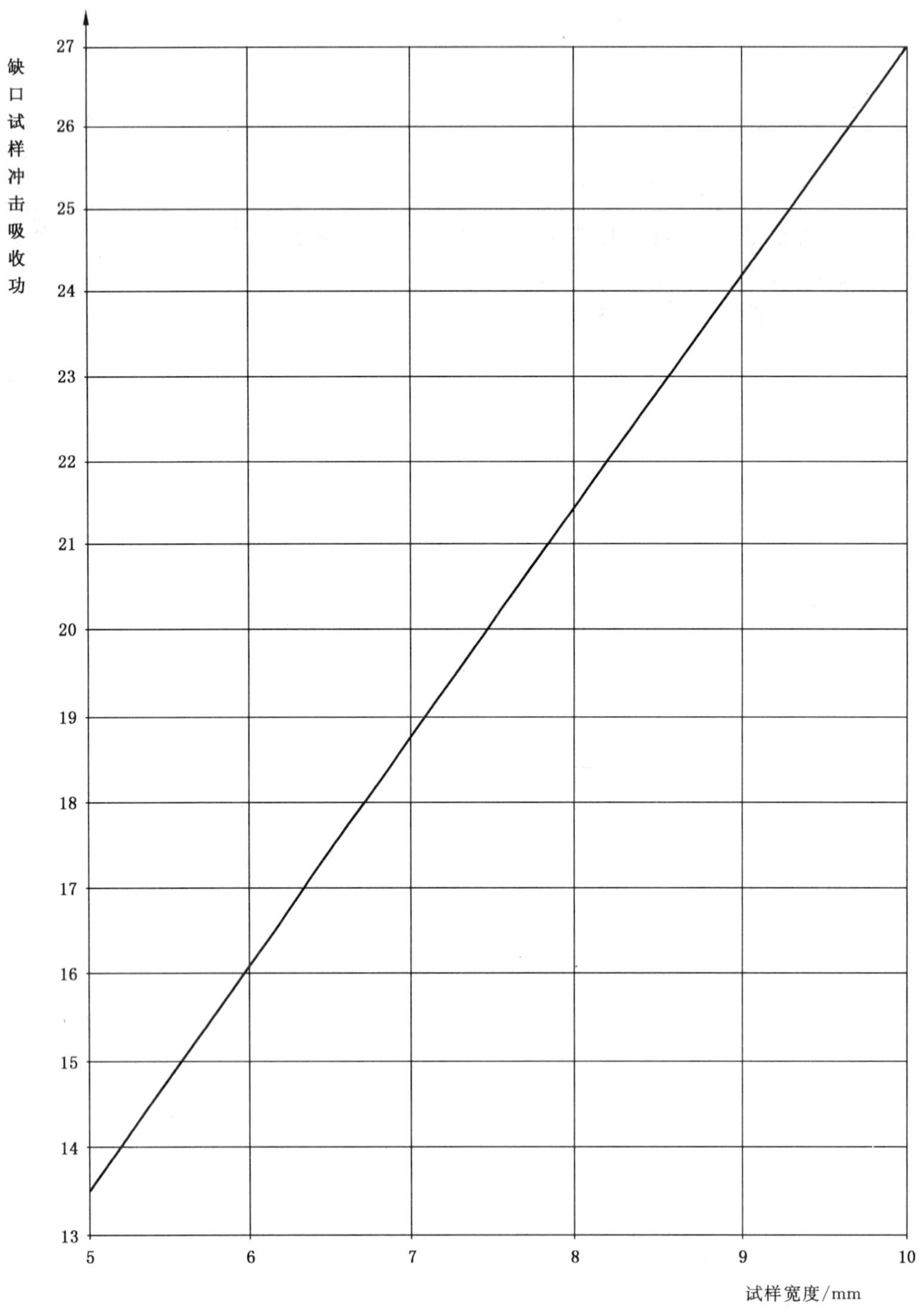

图 A.1　宽度 5 mm～10 mm 试样的最小冲击吸收功值

ICS 77.140.35
H 40

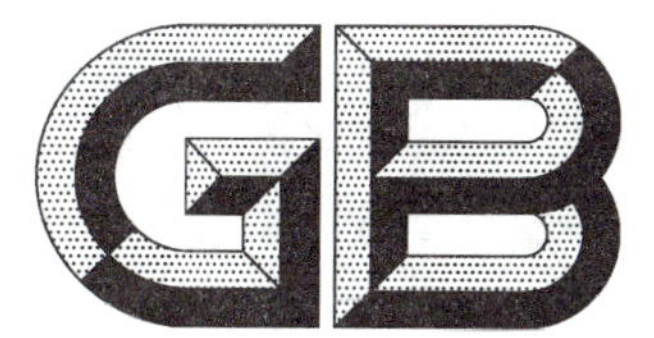

中华人民共和国国家标准

GB/T 1299—2014
代替 GB/T 1299—2000,GB/T 1298—2008

2014-12-05 发布　　　　2015-09-01 实施

中华人民共和国国家质量监督检验检疫总局
中国国家标准化管理委员会　发布

前　言

本标准按照 GB/T 1.1—2009 给出的规则起草。

本标准代替 GB/T 1299—2000《合金工具钢》和 GB/T 1298—2008《碳素工具钢》。

本标准与 GB/T 1299—2000 相比主要变化如下：

——标准名称修改为《工模具钢》；

——锻制圆钢、方钢最大直径或边长扩大至 800 mm；热轧扁钢最大规格扩大至 200 mm(厚度)×850 mm(宽度)；锻制扁钢最大规格扩大至 1 000 mm(厚度)×1 500 mm(宽度)；

——修改了热轧圆钢、方钢交货长度及允许偏差规定；

——修改了热轧扁钢尺寸、外形及允许偏差规定；

——修改了锻制圆钢、方钢、扁钢尺寸外形及允许偏差规定；

——增加了热轧盘条、银亮钢棒、机加工交货的钢材尺寸、外形及允许偏差规定；

——增加了交货重量规定；

——增加了刃具模具钢用非合金钢和轧辊用钢两个钢类；

——增加了 55 个牌号及相关技术要求，包括：T7、T8、T8Mn、T9、T10、T11、T12、T13 等 8 个刃具模具钢用非合金钢(即原 GB/T 1298—2008 标准中牌号)，6CrW2SiV 耐冲击工具用钢，9Cr2V、9Cr2Mo、9Cr2MoV、8Cr3NiMoV、9Cr5NiMoV 等 5 个轧辊用钢，MnCrWV、7CrMn2Mo、5Cr8MoVSi、Cr8Mo2VSi、W6Mo5Cr4V2、Cr8、Cr12W、7Cr7Mo2V2Si 等 8 个冷作模具用钢，4CrNi4Mo、4Cr2NiMoV、5CrNi2MoV、5Cr2NiMoVSi、4Cr5MoWVSi、5Cr5WMoSi、4Cr5Mo2V、3Cr3Mo3V、4Cr5Mo3V、3Cr3Mo3VCo3 等 10 个热作模具用钢；SM45、SM50、SM55、4Cr2Mn1MoS、8Cr2MnWMoVS、5CrNiMnMoVSCa、2CrNiMoMnV、06Ni6CrMoVTiAl、2CrNi3MoAl、1Ni3MnCuMoAl、00Ni18Co8Mo5TiAl、2Cr13、4Cr13、4Cr13NiVSi、2Cr17Ni2、3Cr17Mo、3Cr17NiMoV、9Cr18、9Cr18MoV 等 19 个塑料模具钢，2Cr25Ni20Si2、0Cr17Ni4Cu4Nb、Ni25Cr15Ti2MoMn、Ni53Cr19Mo3TiNb 等 4 个特殊用途模具钢；

——取消了成品钢材化学成分允许偏差；

——修改了钢中磷、硫及其他残余元素的规定；

——修改了钢材交货状态规定；

——修改了钢材低倍组织合格级别，并增加了电渣重熔钢低倍组织检验方法；

——加严了圆钢和方钢共晶碳化物合格级别；

——增加了非金属夹杂物检验规定；

——增加了超声检检测规定；

——加严了钢材表面质量的要求，并增加了银亮钢棒及机加工钢棒表面质量要求；

——附录 A(规范性附录)中增加了非合金钢“珠光体组织标准评级图和网状碳化物标准评级图”(即 GB/T 1298—2008 中附录 A)；

——修改了“工模具钢国内外标准牌号对照表”，并由附录 B(资料性附录)调整为附录 D(资料性附录)；

——增加了附录 B(规范性附录)“工具钢淬透性试验方法”(即 GB/T 1298—2008 中附录 B，同时规定试样取样位置按 GB/T 225 规定)；

——增加了附录 C(资料性附录)“各牌号的主要特点及用途”。

本标准由中国钢铁工业协会提出。

本标准由全国钢标准化技术委员会(SAC/TC 183)归口。

本标准主要起草单位:东北特钢集团抚顺特殊钢股份有限公司、钢铁研究总院、冶金工业标准信息研究院。

本标准主要参加起草单位:攀钢集团江油长城特殊钢有限公司、宝钢特钢有限公司、浙江伟晟控股有限公司。

本标准主要起草人:康爱军、马党参、谷强、栾燕、迟宏宵、刘振天、董学东、戴强。

本标准主要参加起草人:褚艳丽、邹莲娣、信东辉、缪志刚、冯春雨。

本标准历次版本发布情况为:

——GB/T 1299—1977,GB/T 1299—1985,GB/T 1299—2000;

——GB/T 1298—1977,GB/T 1298—1986,GB/T 1298—2008。

工模具钢

1 范围

本标准规定了工模具钢的分类、订货内容、尺寸、外形、重量及其允许偏差、技术要求、试验方法、检验规则、包装、标志及质量证明书。

本标准适用于工模具钢热轧、锻制、冷拉、银亮条钢及机加工交货钢材，其化学成分同样适用于锭、坯及其制品。

2 规范性引用文件

下列文件对于本文件的应用是必不可少的。凡是注日期的引用文件，仅注日期的版本适用于本文件。凡是不注日期的引用文件，其最新版本(包括所有的修改单)适用于本文件。

GB/T 223.5　钢铁　酸溶硅和全硅含量的测定　还原型硅钼酸盐分光光度法

GB/T 223.8　钢铁及合金化学分析方法　氟化钠分离-EDTA滴定法测定铝含量

GB/T 223.11　钢铁及合金　铬含量的测定　可视滴定或电位滴定法

GB/T 223.13　钢铁及合金化学分析方法　硫酸亚铁铵滴定法测定钒含量

GB/T 223.14　钢铁及合金化学分析方法　钽试剂萃取光度法测定钒含量

GB/T 223.18　钢铁及合金化学分析方法　硫代硫酸钠分离-碘量法测定铜量

GB/T 223.19　钢铁及合金化学分析方法　新亚铜灵-三氯甲烷萃取光度法测定铜量

GB/T 223.22　钢铁及合金化学分析方法　亚硝基R盐分光光度法测定钴量

GB/T 223.23　钢铁及合金　镍含量的测定　丁二酮肟分光光度法

GB/T 223.26　钢铁及合金　钼含量的测定　硫氰酸盐分光光度法

GB/T 223.28　钢铁及合金化学分析方法　α-安息香肟重量法测定钼量

GB/T 223.29　钢铁及合金　铅含量的测定　载体沉淀-二甲酚橙分光光度法

GB/T 223.31　钢铁及合金　砷含量的测定　蒸馏分离-钼蓝分光光度法

GB/T 223.43　钢铁及合金　钨含量的测定　重量法和分光光度法

GB/T 223.47　钢铁及合金化学分析方法　载体沉淀-钼蓝光度法测定锑量

GB/T 223.48　钢铁及合金化学分析方法　半二甲酚橙光度法测定铋量

GB/T 223.50　钢铁及合金化学分析方法　苯基荧光酮-溴化十六烷基三甲基胺直接光度法测定锡量

GB/T 223.53　钢铁及合金化学分析方法　火焰原子吸收分光光度法测定铜量

GB/T 223.54　钢铁及合金化学分析方法　火焰原子吸收分光光度法测定镍量

GB/T 223.58　钢铁及合金化学分析方法　亚砷酸钠-亚硝酸钠滴定法测定锰量

GB/T 223.59　钢铁及合金　磷含量的测定　铋磷钼蓝分光光度法和锑磷钼蓝分光光度法

GB/T 223.60　钢铁及合金化学分析方法　高氯酸脱水重量法测定硅含量

GB/T 223.61　钢铁及合金化学分析方法　磷钼酸铵容量法测定磷量

GB/T 223.62　钢铁及合金化学分析方法　乙酸丁酯萃取光度法测定磷量

GB/T 223.63　钢铁及合金化学分析方法　高碘酸钠(钾)光度法测定锰量

GB/T 223.64　钢铁及合金　锰含量的测定　火焰原子吸收光谱法

GB/T 223.67　钢铁及合金　硫含量的测定　次甲基蓝分光光度法

GB/T 223.68　钢铁及合金化学分析方法　管式炉内燃烧后碘酸钾滴定法测定硫含量

GB/T 223.69　钢铁及合金　碳含量的测定　管式炉内燃烧后气体容量法

GB/T 223.71　钢铁及合金化学分析方法　管式炉内燃烧后重量法测定碳含量

GB/T 223.72　钢铁及合金　硫含量的测定　重量法

GB/T 223.76　钢铁及合金化学分析方法　火焰原子吸收光谱法测定钒量

GB/T 223.82　钢铁　氢含量的测定　惰气脉冲熔融热导法

GB/T 223.85　钢铁及合金　硫含量的测定　感应炉燃烧后红外吸收法

GB/T 223.86　钢铁及合金　总碳含量的测定　感应炉燃烧后红外吸收法

GB/T 224　钢的脱碳层深度测定法

GB/T 225　钢　淬透性的末端淬火试验方法(Jominy 试验)

GB/T 226　钢的低倍组织及缺陷酸蚀检验法

GB/T 230.1　金属材料　洛氏硬度试验　第1部分:试验方法(A、B、C、D、E、F、G、H、K、N、T 标尺)

GB/T 231.1　金属材料　布氏硬度试验　第1部分:试验方法

GB/T 702—2008　热轧钢棒尺寸、外形、重量及允许偏差

GB/T 905—1994　冷拉圆钢、方钢、六角钢尺寸、外形、重量及允许偏差

GB/T 908—2008　锻制钢棒尺寸、外形、重量及允许偏差

GB/T 1979—2001　结构钢低倍组织缺陷评级图

GB/T 2101　型钢验收、包装、标志及质量证明书的一般规定

GB/T 3207—2008　银亮钢

GB/T 4336　碳素钢和中低合金钢　火花源原子发射光谱分析方法(常规法)

GB/T 6402—2008　钢锻件超声检测方法

GB/T 6394　金属平均晶粒度测定法

GB/T 10561—2005　钢中非金属夹杂物含量的测定—标准评级图显微检验法

GB/T 11261　钢铁　氧含量的测定　脉冲加热惰气熔融—红外线吸收法

GB/T 13298　金属显微组织检验方法

GB/T 14979—1994　钢的共晶碳化物不均匀度评定法

GB/T 14981　热轧圆盘条尺寸、外形、重量及允许偏差

GB/T 17505　钢及钢产品交货一般技术要求

GB/T 20066　钢和铁　化学成分测定用试样的取样和制样方法

GB/T 20123　钢铁　总碳硫含量的测定　高频感应炉燃烧后红外吸收法(常规方法)

GB/T 20124　钢铁　氮含量的测定　惰性气体熔融热导法(常规方法)

GJB 937—1990　弱磁材料磁导率的测量方法

ASTM A604　自耗电极重熔的钢棒和钢坯酸浸低倍试验方法(Standard test method for macroetch testing of consumable electrode remelted steel bars and billets)

3　分类

3.1　钢按用途分为八类:

a)　刃具模具用非合金钢;

b)　量具刃具用钢;

c)　耐冲击工具用钢;

d） 轧辊用钢；

e） 冷作模具用钢；

f） 热作模具用钢；

g） 塑料模具用钢；

h） 特殊用途模具用钢。

3.2 钢按使用加工方法分为两类：

a） 压力加工用钢 UP：

  1） 热压力加工 UHP；

  2） 冷压力加工 UCP。

b） 切削加工用钢 UC。

钢材的使用加工方法应在合同中注明。

3.3 钢按化学成分分为四类：

a） 非合金工具钢(牌号头带“T”)；

b） 合金工具钢；

c） 非合金模具钢(牌号头带“SM”)；

d） 合金模具钢。

注：非合金工具钢即为原碳素工具钢。

4 订货内容

按本标准订购的钢材的合同或订单至少应包括下列内容：

a） 标准编号；

b） 产品名称；

c） 牌号；

d） 冶炼方法(见 6.2)；

e） 交货状态；

f） 尺寸及允许偏差组别(见第 5 章)；

g） 使用加工方法(见 3.2)；

h） 其他特殊要求(见 6.12)。

5 尺寸、外形、重量

5.1 热轧钢棒及盘条的尺寸、外形及允许偏差

5.1.1 热轧圆钢和方钢

5.1.1.1 热轧圆钢和方钢的尺寸、外形及其允许偏差应符合 GB/T 702—2008 中 2 组规定。需方如要求其他组别尺寸允许偏差应在合同中注明。

5.1.1.2 热轧圆钢和方钢的通常长度应为 2 000 mm～7 000 mm，允许搭交不超过总重 10%、长度不小于1 000 mm 的短尺料。定尺或倍尺交货时，长度应在合同中注明，长度允许偏差为 $^{+60}_{0}$ mm。

5.1.2 热轧扁钢

5.1.2.1 尺寸及允许偏差

5.1.2.1.1 公称宽度 10 mm～310 mm 热轧扁钢的尺寸及其允许偏差应符合表 1 规定。

5.1.2.1.2 公称宽度大于 310 mm～850 mm 热轧扁钢的尺寸及其允许偏差应符合表 2 的规定，尺寸允许偏差组别应在合同中注明。

表 1 公称宽度 10 mm～310 mm 热轧扁钢的尺寸及其允许偏差

单位为毫米

公称宽度	允许偏差，不大于	公称厚度	允许偏差，不大于
10	+0.70	≥4～6	+0.40
>10～18	+0.80	>6～10	+0.50
>18～30	+1.20	>10～14	+0.60
>30～50	+1.60	>14～25	+0.80
>50～80	+2.30	>25～30	+1.20
>80～160	+2.50	>30～60	+1.40
>160～200	+2.80	>60～100	+1.60
>200～250	+3.00	—	—
>250～310	+3.20	—	—

表 2 公称宽度大于 310 mm～850 mm 热轧扁钢的尺寸及其允许偏差

单位为毫米

<table>
<tr><td rowspan="4">公称厚度</td><td colspan="8">尺寸允许偏差</td></tr>
<tr><td colspan="4">1 组</td><td colspan="2">2 组</td><td colspan="2">3 组</td></tr>
<tr><td colspan="2">公称宽度>300～455</td><td colspan="2">公称宽度>455～850</td><td colspan="2">公称宽度>300～850</td><td colspan="2">公称宽度 510～850</td></tr>
<tr><td>厚度允许偏差</td><td>宽度允许偏差</td><td>厚度允许偏差</td><td>宽度允许偏差</td><td>厚度允许偏差</td><td>宽度允许偏差</td><td>厚度允许偏差</td><td>宽度允许偏差</td></tr>
<tr><td>6～12</td><td>+1.2
0</td><td>+5.0
0</td><td>+1.5
0</td><td>+7.0
0</td><td>+1.5
0</td><td rowspan="6">+15.0
0</td><td rowspan="4">协议</td><td rowspan="4">协议</td></tr>
<tr><td>>12～20</td><td>+1.2
0</td><td>+6.0
−2.0</td><td>+1.5
0</td><td>+7.0
−3.0</td><td>+1.6
0</td></tr>
<tr><td>>20～70</td><td rowspan="2">+1.4
0</td><td rowspan="2">+6.0
−2.0</td><td rowspan="2">+1.7
0</td><td rowspan="2">+7.0
−3.0</td><td>+1.8
0</td></tr>
<tr><td>>70～90</td><td rowspan="3">+3.0
0</td></tr>
<tr><td>>90～100</td><td rowspan="2">+2.0
0</td><td rowspan="2">+7.0
−3.0</td><td rowspan="2">+2.0
0</td><td rowspan="2">+10.0
−3.0</td><td rowspan="2">+6.0
0</td><td rowspan="2">+15.0
0</td></tr>
<tr><td>>100～200</td></tr>
</table>

5.1.2.2 **交货长度**

5.1.2.2.1 热轧扁钢的通常交货长度应符合表 3 的规定。

表 3 热轧扁钢的通常交货长度

单位为毫米

公称宽度	通常长度	短尺长度	短尺搭交率
10～310	2 000～6 000	≥1 000	短尺长度的交货量应不超过该批钢材总重量的 10%
>310～850	1 000～6 000	≥500	

5.1.2.2.2 定尺或倍尺交货时，长度应在合同中注明，长度允许偏差为$^{+60}_{0}$ mm。

5.1.2.3 外形

5.1.2.3.1 热轧扁钢的弯曲度应符合表 4 的规定。

表 4 热轧扁钢的弯曲度

单位为毫米

公称宽度	尺寸允许偏差组别	弯曲度(平面、侧面)	
		每米弯曲度	总弯曲度
		不大于	
10～310	—	4.0	钢材长度的 0.40%
>310～850	1 组	3.0	钢材长度的 0.30%
	2 组、3 组	4.0	钢材长度的 0.40%

5.1.2.3.2 热轧扁钢的截面形状不正见 GB/T 702—2008 的图 4，其最大允许尺寸(或侧边鼓形)C 值应符合下列规定：

a) 公称宽度 10 mm～310 mm 热轧扁钢的 C 值应符合 GB/T 702—2008 中表 12 的规定；

b) 公称宽度大于 310 mm～850 mm 热轧扁钢的 C 值应符合表 5 的规定；

c) 如果 C 值超差，可通过机加工清理，供方如能保证 C 值合格可不检测。

表 5 公称宽度大于 310 mm～850 mm 热轧扁钢允许的截面不正 C 值

单位为毫米

1 组			2 组		3 组	
公称厚度	公称宽度 >310～455	公称宽度 >455～850	公称厚度	公称宽度 >310～850	公称厚度	公称宽度 >510～850
	不大于			不大于		不大于
6～40	2.5	3.0	6～13	8.0	100～200	10.0
>40～70	2.0	2.5	>13～50	3.0		
>70～90	1.5	2.0	>50～200	8.0		
>90～200	2.0	2.5				

5.1.2.3.3 热轧扁钢的圆角半径 R 应符合表 6 的规定。

表 6 热轧扁钢的圆角半径

单位为毫米

公称宽度	尺寸允许偏差组别	圆角半径 R，不大于
10～310	—	允许稍带钝角
>310～850	1 组	4.0
	2 组、3 组	10.0

5.1.2.3.4 热轧扁钢的端头应剪切正直。两端的毛刺应清除，但允许有不大于 5.0 mm 的毛刺存在。用压力机剪切的热轧扁钢，其两端允许有局部变形。热轧扁钢的切斜度应符合表 7 规定。

表 7 热轧扁钢的切斜度

单位为毫米

公称宽度	切斜度	
10～310	宽度≤100	≤6.0
	宽度>100	≤8.0
>310～850	厚度	≤厚度的 8%
	宽度	≤宽度的 4%

5.1.2.3.5 热轧扁钢不允许有明显的扭转。在同一截面上两对角线长度差应不大于扁钢的公称宽度公差。

5.1.3 热轧盘条

热轧盘条的尺寸、外形及允许偏差应符合 GB/T 14981 的规定。

5.2 锻制钢棒的尺寸、外形及允许偏差

5.2.1 锻制圆钢和方钢

5.2.1.1 公称直径或边长 90 mm～400 mm 的锻制圆钢和方钢的尺寸及其允许偏差应符合 GB/T 908—2008 表 3 中 2 组规定，需方如要求其他组别尺寸允许偏差应在合同中注明。

5.2.1.2 公称直径或边长大于 400 mm～800 mm 的锻制圆钢和方钢的尺寸允许偏差应符合表 8 的规定。

表 8 公称直径或边长大于 400 mm～800 mm 的锻制圆钢和方钢的尺寸允许偏差

单位为毫米

公称直径或边长	尺寸允许偏差
>400～500	+12.0 −3.0
>500～800	+13.0 −3.0

5.2.1.3 锻制圆钢和方钢的交货长度应不小于 1 000 mm，允许搭交不超过总重 10%、长度不小于 500 mm的短尺料。定尺或倍尺交货时，长度应在合同中注明，长度允许偏差为 $^{+80}_{0}$ mm。

5.2.1.4 锻制圆钢的弯曲度应每米不大于 5.0 mm，总弯曲度应不大于总长度的 0.50%；圆钢的不圆度应不大于公称直径公差的 0.7 倍。

5.2.1.5 锻制方钢的弯曲度应每米不大于5.0 mm,总弯曲度应不大于总长度的0.5%;方钢在同一截面的对角线长度之差应不大于公称边长公差的0.7倍;边长不大于300 mm的方钢,棱角处圆角半径 R 应不大于5.0 mm,边长大于300 mm的方钢,棱角处圆角半径应不大于10.0 mm,但其相对圆角之间的距离(对角线)应不小于公称边长的1.3倍;方钢不允许有显著的扭转。

5.2.1.6 锻制圆钢和方钢的两端应锯切平直。

5.2.2 锻制扁钢

5.2.2.1 公称宽度40 mm～300 mm锻制扁钢的尺寸及其允许偏差应符合GB/T 908—2008中表4中2组的规定。需方如要求其他组别尺寸允许偏差应在合同中注明。

5.2.2.2 公称宽度大于300 mm～1 500 mm锻制扁钢的尺寸及其允许偏差应符合表9的规定。

表9 公称宽度大于300 mm～1 500 mm锻制扁钢的尺寸及其允许偏差 单位为毫米

公称厚度	厚度允许偏差	公称宽度	宽度允许偏差
>160～200	+8.0 0	>300～400	+15.0 0
>200～400	+10.0 0	>400～600	+20.0 0
>400～1 000	+15.0 0	>600～1 500	+25.0 0
锻制扁钢的截面积≤1 200 000 mm²,宽∶厚≤6∶1。			

5.2.2.3 锻制扁钢的交货长度应不小于1 000 mm,允许搭交不超过总重10%、长度不小于500 mm的短尺料。定尺或倍尺交货时,长度应在合同中注明,长度允许偏差为 $^{+80}_{0}$ mm。

5.2.2.4 锻制扁钢的平面弯曲度应每米不大于5.0 mm,总平面弯曲度应不大于总长度的0.50%;扁钢的侧面弯曲度(镰刀弯)应每米不大于5.0 mm,总侧面弯曲度(镰刀弯)应不大于总长度的0.50%。

5.2.2.5 公称厚度或宽度不大于300 mm的扁钢,棱角处圆角半径 R 应不大于5.0 mm;公称厚度或宽度大于300 mm的扁钢,棱角处圆角半径 R 应不大于10.0 mm,但扁钢在同一截面上两对角线长度差应不大于其公称宽度公差。扁钢不允许有显著的扭转。

5.2.2.6 锻制扁钢两端应锯切平直。

5.3 冷拉钢棒尺寸、外形及允许偏差

冷拉钢棒的尺寸、外形及其允许偏差应符合GB/T 905—1994的h11级规定。需方如要求其他组别尺寸允许偏差应在合同中注明。

5.4 银亮钢棒的尺寸、外形及允许偏差

银亮钢棒的尺寸、外形及其允许偏差应符合GB/T 3207—2008的h11级规定。需方如要求其他组别尺寸允许偏差应在合同中注明。

5.5 机加工交货钢材尺寸、外形及允许偏差

5.5.1 机加工钢材的尺寸允许偏差应符合表10的规定。需方如要求其他尺寸允许偏差应在合同中注明。

表 10 机加工钢材的尺寸允许偏差

单位为毫米

公称尺寸(直径、边长或宽度、厚度)	允许偏差
≤200	+1.5 0
>200~400	+2.0 0
>400	+3.0 0

5.5.2 机加工钢材的弯曲度应每米不大于 2.5 mm;方钢和扁钢的圆角半径 R 应不大于 2.0 mm。其他要求按相应标准执行。

5.6 重量

钢材一般按实际重量交货。

6 技术要求

6.1 牌号及化学成分

6.1.1 钢的牌号及化学成分(成品分析)应符合表 11~表 18 的规定。

表 11 刃具模具用非合金钢的牌号及化学成分

序号	统一数字代号	牌号	化学成分(质量分数)/%		
			C	Si	Mn
1-1	T00070	T7	0.65～0.74	≤0.35	≤0.40
1-2	T00080	T8	0.75～0.84	≤0.35	≤0.40
1-3	T01080	T8Mn	0.80～0.90	≤0.35	0.40～0.60
1-4	T00090	T9	0.85～0.94	≤0.35	≤0.40
1-5	T00100	T10	0.95～1.04	≤0.35	≤0.40
1-6	T00110	T11	1.05～1.14	≤0.35	≤0.40
1-7	T00120	T12	1.15～1.24	≤0.35	≤0.40
1-8	T00130	T13	1.25～1.35	≤0.35	≤0.40
表中钢可供应高级优质钢，此时牌号后加“A”。					

表 12 量具刃具用钢的牌号及化学成分

序号	统一数字代号	牌号	化学成分(质量分数)/%				
			C	Si	Mn	Cr	W
2-1	T31219	9SiCr	0.85～0.95	1.20～1.60	0.30～0.60	0.95～1.25	—
2-2	T30108	8MnSi	0.75～0.85	0.30～0.60	0.80～1.10	—	—
2-3	T30200	Cr06	1.30～1.45	≤0.40	≤0.40	0.50～0.70	—
2-4	T31200	Cr2	0.95～1.10	≤0.40	≤0.40	1.30～1.65	—
2-5	T31209	9Cr2	0.80～0.95	≤0.40	≤0.40	1.30～1.70	—
2-6	T30800	W	1.05～1.25	≤0.40	≤0.40	0.10～0.30	0.80～1.20

表 13 耐冲击工具用钢的牌号及化学成分

序号	统一数字代号	牌　号	化学成分(质量分数)/%						
			C	Si	Mn	Cr	W	Mo	V
3-1	T40294	4CrW2Si	0.35～0.45	0.80～1.10	≤0.40	1.00～1.30	2.00～2.50	—	—
3-2	T40295	5CrW2Si	0.45～0.55	0.50～0.80	≤0.40	1.00～1.30	2.00～2.50	—	—
3-3	T40296	6CrW2Si	0.55～0.65	0.50～0.80	≤0.40	1.10～1.30	2.20～2.70	—	—
3-4	T40356	6CrMnSi2Mo1V	0.50～0.65	1.75～2.25	0.60～1.00	0.10～0.50	—	0.20～1.35	0.15～0.35
3-5	T40355	5Cr3MnSiMo1	0.45～0.55	0.20～1.00	0.20～0.90	3.00～3.50	—	1.30～1.80	≤0.35
3-6	T40376	6CrW2SiV	0.55～0.65	0.70～1.00	0.15～0.45	0.90～1.20	1.70～2.20	—	0.10～0.20

表 14 轧辊用钢的牌号及化学成分

序号	统一数字代号	牌　号	化学成分(质量分数)/%									
			C	Si	Mn	P	S	Cr	W	Mo	Ni	V
4-1	T42239	9Cr2V	0.85～0.95	0.20～0.40	0.20～0.45	[a]	[a]	1.40～1.70	—	—	—	0.10～0.25
4-2	T42309	9Cr2Mo	0.85～0.95	0.25～0.45	0.20～0.35	[a]	[a]	1.70～2.10	—	0.20～0.40	—	—
4-3	T42319	9Cr2MoV	0.80～0.90	0.15～0.40	0.25～0.55	[a]	[a]	1.80～2.40	—	0.20～0.40	—	0.05～0.15
4-4	T42518	8Cr3NiMoV	0.82～0.90	0.30～0.50	0.20～0.45	≤0.020	≤0.015	2.80～3.20	—	0.20～0.40	0.60～0.80	0.05～0.15
4-5	T42519	9Cr5NiMoV	0.82～0.90	0.50～0.80	0.20～0.50	≤0.020	≤0.015	4.80～5.20	—	0.20～0.40	0.30～0.50	0.10～0.20

[a] 见表 19。

表 15 冷作模具用钢的牌号及化学成分

序号	统一数字代号	牌号	化学成分(质量分数)/%										
			C	Si	Mn	P	S	Cr	W	Mo	V	Nb	Co
5-1	T20019	9Mn2V	0.85～0.95	≤0.40	1.70～2.00	[a]	[a]	—	—	—	0.10～0.25	—	—
5-2	T20299	9CrWMn	0.85～0.95	≤0.40	0.90～1.20	[a]	[a]	0.50～0.80	0.50～0.80	—	—	—	—
5-3	T21290	CrWMn	0.90～1.05	≤0.40	0.80～1.10	[a]	[a]	0.90～1.20	1.20～1.60	—	—	—	—
5-4	T20250	MnCrWV	0.90～1.05	0.10～0.40	1.05～1.35	[a]	[a]	0.50～0.70	0.50～0.70	—	0.05～0.15	—	—
5-5	T21347	7CrMn2Mo	0.65～0.75	0.10～0.50	1.80～2.50	[a]	[a]	0.90～1.20	—	0.90～1.40	—	—	—
5-6	T21355	5Cr8MoVSi	0.48～0.53	0.75～1.05	0.35～0.50	≤0.030	≤0.015	8.00～9.00	—	1.25～1.70	0.30～0.55	—	—
5-7	T21357	7CrSiMnMoV	0.65～0.75	0.85～1.15	0.65～1.05	[a]	[a]	0.90～1.20	—	0.20～0.50	0.15～0.30	—	—
5-8	T21350	Cr8Mo2SiV	0.95～1.03	0.80～1.20	0.20～0.50	[a]	[a]	7.80～8.30	—	2.00～2.80	0.25～0.40	—	—
5-9	T21320	Cr4W2MoV	1.12～1.25	0.40～0.70	≤0.40	[a]	[a]	3.50～4.00	1.90～2.60	0.80～1.20	0.80～1.10	—	—
5-10	T21386	6Cr4W3Mo2VNb	0.60～0.70	≤0.40	≤0.40	[a]	[a]	3.80～4.40	2.50～3.50	1.80～2.50	0.80～1.20	0.20～0.35	—
5-11	T21836	6W6Mo5Cr4V	0.55～0.65	≤0.40	≤0.60	[a]	[a]	3.70～4.30	6.00～7.00	4.50～5.50	0.70～1.10	—	—
5-12	T21830	W6Mo5Cr4V2	0.80～0.90	0.15～0.40	0.20～0.45	[a]	[a]	3.80～4.40	5.50～6.75	4.50～5.50	1.75～2.20	—	—
5-13	T21209	Cr8	1.60～1.90	0.20～0.60	0.20～0.60	[a]	[a]	7.50～8.50	—	—	—	—	—
5-14	T21200	Cr12	2.00～2.30	≤0.40	≤0.40	[a]	[a]	11.50～13.00	—	—	—	—	—
5-15	T21290	Cr12W	2.00～2.30	0.10～0.40	0.30～0.60	[a]	[a]	11.00～13.00	0.60～0.80	—	—	—	—
5-16	T21317	7Cr7Mo2V2Si	0.68～0.78	0.70～1.20	≤0.40	[a]	[a]	6.50～7.50	—	1.90～2.30	1.80～2.20	—	—
5-17	T21318	Cr5Mo1V	0.95～1.05	≤0.50	≤1.00	[a]	[a]	4.75～5.50	—	0.90～1.40	0.15～0.50	—	—
5-18	T21319	Cr12MoV	1.45～1.70	≤0.40	≤0.40	[a]	[a]	11.00～12.50	—	0.40～0.60	0.15～0.30	—	—
5-19	T21310	Cr12Mo1V1	1.40～1.60	≤0.60	≤0.60	[a]	[a]	11.00～13.00	—	0.70～1.20	0.50～1.10	—	≤1.00

[a] 见表 19。

表 16 热作模具用钢的牌号及化学成分

序号	统一数字代号	牌号	化学成分(质量分数)/%											
			C	Si	Mn	P	S	Cr	W	Mo	Ni	V	Al	Co
6-1	T22345	5CrMnMo	0.50~0.60	0.25~0.60	1.20~1.60	[a]	[a]	0.60~0.90	—	0.15~0.30	—	—	—	—
6-2	T22505	5CrNiMo[b]	0.50~0.60	≤0.40	0.50~0.80	[a]	[a]	0.50~0.80	—	0.15~0.30	1.40~1.80	—	—	—
6-3	T23504	4CrNi4Mo	0.40~0.50	0.10~0.40	0.20~0.50	[a]	[a]	1.20~1.50	—	0.15~0.35	3.80~4.30	—	—	—
6-4	T23514	4Cr2NiMoV	0.35~0.45	≤0.40	≤0.40	[a]	[a]	1.80~2.20	—	0.45~0.60	1.10~1.50	0.10~0.30	—	—
6-5	T23515	5CrNi2MoV	0.50~0.60	0.10~0.40	0.60~0.90	[a]	[a]	0.80~1.20	—	0.35~0.55	1.50~1.80	0.05~0.15	—	—
6-6	T23535	5Cr2NiMoVSi	0.46~0.54	0.60~0.90	0.40~0.60	[a]	[a]	1.50~2.00	—	0.80~1.20	0.80~1.20	0.30~0.50	—	—
6-7	T23208	8Cr3	0.75~0.85	≤0.40	≤0.40	[a]	[a]	3.20~3.80	—	—	—	—	—	—
6-8	T23274	4Cr5W2VSi	0.32~0.42	0.80~1.20	≤0.40	[a]	[a]	4.50~5.50	1.60~2.40	—	—	0.60~1.00	—	—
6-9	T23273	3Cr2W8V	0.30~0.40	≤0.40	≤0.40	[a]	[a]	2.20~2.70	7.50~9.00	—	—	0.20~0.50	—	—
6-10	T23352	4Cr5MoSiV	0.33~0.43	0.80~1.20	0.20~0.50	[a]	[a]	4.75~5.50	—	1.10~1.60	—	0.30~0.60	—	—
6-11	T23353	4Cr5MoSiV1	0.32~0.45	0.80~1.20	0.20~0.50	[a]	[a]	4.75~5.50	—	1.10~1.75	—	0.80~1.20	—	—
6-12	T23354	4Cr3Mo3SiV	0.35~0.45	0.80~1.20	0.25~0.70	[a]	[a]	3.00~3.75	—	2.00~3.00	—	0.25~0.75	—	—
6-13	T23355	5Cr4Mo3SiMnVA1	0.47~0.57	0.80~1.10	0.80~1.10	[a]	[a]	3.80~4.30	—	2.80~3.40	—	0.80~1.20	0.30~0.70	—
6-14	T23364	4CrMnSiMoV	0.35~0.45	0.80~1.10	0.80~1.10	[a]	[a]	1.30~1.50	—	0.40~0.60	—	0.20~0.40	—	—
6-15	T23375	5Cr5WMoSi	0.50~0.60	0.75~1.10	0.20~0.50	[a]	[a]	4.75~5.50	1.00~1.50	1.15~1.65	—	—	—	—
6-16	T23324	4Cr5MoWVSi	0.32~0.40	0.80~1.20	0.20~0.50	[a]	[a]	4.75~5.50	1.10~1.60	1.25~1.60	—	0.20~0.50	—	
6-17	T23323	3Cr3Mo3W2V	0.32~0.42	0.60~0.90	≤0.65	[a]	[a]	2.80~3.30	1.20~1.80	2.50~3.00	—	0.80~1.20	—	—
6-18	T23325	5Cr4W5Mo2V	0.40~0.50	≤0.40	≤0.40	[a]	[a]	3.40~4.40	4.50~5.30	1.50~2.10	—	0.70~1.10	—	—
6-19	T23314	4Cr5Mo2V	0.35~0.42	0.25~0.50	0.40~0.60	≤0.020	≤0.008	5.00~5.50	—	2.30~2.60	—	0.60~0.80	—	—
6-20	T23313	3Cr3Mo3V	0.28~0.35	0.10~0.40	0.15~0.45	≤0.030	≤0.020	2.70~3.20	—	2.50~3.00	—	0.40~0.70	—	—
6-21	T23314	4Cr5Mo3V	0.35~0.40	0.30~0.50	0.30~0.50	≤0.030	≤0.020	4.80~5.20	—	2.70~3.20	—	0.40~0.60	—	—
6-22	T23393	3Cr3Mo3VCo3	0.28~0.35	0.10~0.40	0.15~0.45	≤0.030	≤0.020	2.70~3.20	—	2.60~3.00	—	0.40~0.70	—	2.50~3.00

[a] 见表 19。

[b] 经供需双方同意允许钒含量小于 0.20%。

表 17　塑料模具用钢的牌号及化学成分

序号	统一数字代号	牌　号	化学成分(质量分数)/%												
			C	Si	Mn	P	S	Cr	W	Mo	Ni	V	Al	Co	其他
7-1	T10450	SM45	0.42～0.48	0.17～0.37	0.50～0.80	[a]	[a]	—	—	—	—	—	—	—	—
7-2	T10500	SM50	0.47～0.53	0.17～0.37	0.50～0.80	[a]	[a]	—	—	—	—	—	—	—	—
7-3	T10550	SM55	0.52～0.58	0.17～0.37	0.50～0.80	[a]	[a]	—	—	—	—	—	—	—	—
7-4	T25303	3Cr2Mo	0.28～0.40	0.20～0.80	0.60～1.00	[a]	[a]	1.40～2.00	—	0.30～0.55	—	—	—	—	—
7-5	T25553	3Cr2MnNiMo	0.32～0.40	0.20～0.40	1.10～1.50	[a]	[a]	1.70～2.00	—	0.25～0.40	0.85～1.15	—	—	—	—
7-6	T25344	4Cr2Mn1MoS	0.35～0.45	0.30～0.50	1.40～1.60	≤0.030	0.05～0.10	1.80～2.00	—	0.15～0.25	—	—	—	—	—
7-7	T25378	8Cr2MnWMoVS	0.75～0.85	≤0.40	1.30～1.70	≤0.030	0.08～0.15	2.30～2.60	0.70～1.10	0.50～0.80	—	0.10～0.25	—	—	—
7-8	T25515	5CrNiMnMoVSCa	0.50～0.60	≤0.45	0.80～1.20	≤0.030	0.06～0.15	0.80～1.20	—	0.30～0.60	0.80～1.20	0.15～0.30	—	—	Ca:0.002～0.008
7-9	T25512	2CrNiMoMnV	0.24～0.30	≤0.30	1.40～1.60	≤0.025	≤0.015	1.25～1.45	—	0.45～0.60	0.80～1.20	0.10～0.20	—	—	—
7-10	T25572	2CrNi3MoAl	0.20～0.30	0.20～0.50	0.50～0.80	[a]	[a]	1.20～1.80	—	0.20～0.40	3.00～4.00	—	1.00～1.60	—	—
7-11	T25611	1Ni3MnCuMoAl	0.10～0.20	≤0.45	1.40～2.00	≤0.030	≤0.015	—	—	0.20～0.50	2.90～3.40	—	0.70～1.20	—	Cu:0.80～1.20
7-12	A64060	06Ni6CrMoVTiAl	≤0.06	≤0.50	≤0.50	[a]	[a]	1.30～1.60	—	0.90～1.20	5.50～6.50	0.08～0.16	0.50～0.90	—	Ti:0.90～1.30
7-13	A64000	00Ni18Co8Mo5TiAl	≤0.03	≤0.10	≤0.15	≤0.010	≤0.010	≤0.60	—	4.50～5.00	17.5～18.5	—	0.05～0.15	8.50～10.0	Ti:0.80～1.10
7-14	S42023	2Cr13	0.16～0.25	≤1.00	≤1.00	[a]	[a]	12.00～14.00	—	—	≤0.60	—	—	—	—
7-15	S42043	4Cr13	0.36～0.45	≤0.60	≤0.80	[a]	[a]	12.00～14.00	—	—	≤0.60	—	—	—	—
7-16	T25444	4Cr13NiVSi	0.36～0.45	0.90～1.20	0.40～0.70	≤0.010	≤0.003	13.00～14.00	—	—	0.15～0.30	0.25～0.35	—	—	—
7-17	T25402	2Cr17Ni2	0.12～0.22	≤1.00	≤1.50	[a]	[a]	15.00～17.00	—	—	1.50～2.50	—	—	—	—
7-18	T25303	3Cr17Mo	0.33～0.45	≤1.00	≤1.50	[a]	[a]	15.50～17.50	—	0.80～1.30	≤1.00	—	—	—	—
7-19	T25513	3Cr17NiMoV	0.32～0.40	0.30～0.60	0.60～0.80	≤0.025	≤0.005	16.00～18.00	—	1.00～1.30	0.60～1.00	0.15～0.35	—	—	—
7-20	S44093	9Cr18	0.90～1.00	≤0.80	≤0.80	[a]	[a]	17.00～19.00	—	—	≤0.60	—	—	—	—
7-21	S46993	9Cr18MoV	0.85～0.95	≤0.80	≤0.80	[a]	[a]	17.00～19.00	—	1.00～1.30	≤0.60	0.07～0.12	—	—	—

[a] 见表 19。

表 18　特殊用途模具用钢的牌号及化学成分

序号	统一数字代号	牌　号	化学成分(质量分数)/%												
			C	Si	Mn	P	S	Cr	W	Mo	Ni	V	Al	Nb	Co	其他
8-1	T26377	7Mn15Cr2Al3V2WMo	0.65～0.75	≤0.80	14.50～16.50	[a]	[a]	2.00～2.50	0.50～0.80	0.50～0.80	—	1.50～2.00	2.30～3.30	—	—	—
8-2	S31049	2Cr25Ni20Si2	≤0.25	1.50～2.50	≤1.50	[a]	[a]	24.00～27.00	—	—	18.00～21.00	—	—	—	—	—
8-3	S51740	0Cr17Ni4Cu4Nb	≤0.07	≤1.00	≤1.00	[a]	[a]	15.00～17.00	—	—	3.00～5.00	—	—	Nb:0.15～0.45	—	Cu:3.00～5.00
8-4	H21231	Ni25Cr15Ti2MoMn	≤0.08	≤1.00	≤2.00	≤0.030	≤0.020	13.50～17.00	—	1.00～1.50	22.00～26.00	0.10～0.50	≤0.40	—	—	Ti:1.80～2.50 B:0.001～0.010
8-5	H07718	Ni53Cr19Mo3TiNb	≤0.08	≤0.35	≤0.35	≤0.015	≤0.015	17.00～21.00	—	2.80～3.30	50.00～55.00	—	0.20～0.80	Nb+Ta[b]:4.75～5.50	≤1.00	Ti:0.65～1.15 B≤0.006

[a] 见表 19。

[b] 除非特殊要求，允许仅分析 Nb 。

6.1.2 钢中残余元素含量应符合表19的规定。

表19 钢中残余元素含量

<table>
<tr><th rowspan="2">组别</th><th rowspan="2">冶炼方法</th><th colspan="7">化学成分(质量分数)/%,不大于</th></tr>
<tr><th colspan="2">P</th><th colspan="2">S</th><th>Cu</th><th>Cr</th><th>Ni</th></tr>
<tr><td rowspan="2">1</td><td rowspan="2">电弧炉</td><td>高级优质非合金工具钢</td><td>0.030</td><td>高级优质非合金工具钢</td><td>0.020</td><td rowspan="5">0.25</td><td rowspan="5">0.25</td><td rowspan="5">0.25</td></tr>
<tr><td>其他钢类</td><td>0.030</td><td>其他钢类</td><td>0.030</td></tr>
<tr><td rowspan="2">2</td><td rowspan="2">电弧炉+真空脱气</td><td>冷作模具用钢
高级优质非合金工具钢</td><td>0.030</td><td>冷作模具用钢
高级优质非合金工具钢</td><td>0.020</td></tr>
<tr><td>其他钢类</td><td>0.025</td><td>其他钢类</td><td>0.025</td></tr>
<tr><td>3</td><td>电弧炉+电渣重熔
真空电弧重熔(VAR)</td><td colspan="2">0.025</td><td colspan="2">0.010</td></tr>
<tr><td colspan="9">供制造铅浴淬火非合金工具钢丝时,钢中残余铬含量不大于0.10%,镍含量不大于0.12%,铜含量不大于0.20%,三者之和不大于0.40%。</td></tr>
</table>

6.1.3 经供需双方协商,可对铅、砷、锡、锑、铋、氢、氧、氮等元素进行检测,具体要求合同注明。

6.2 冶炼方法

钢应采用电弧炉、电弧炉+真空脱气、电弧炉+电渣重熔、真空电弧重熔(VAR)及其他满足要求的方法冶炼,具体冶炼方法应在合同注明。

6.3 交货状态

6.3.1 工具钢材一般以退火状态交货,但SM45、SM50、SM55、2Cr25Ni20Si2及7Mn15Cr2Al3V2Mo钢一般以热轧或热锻状态交货,非合金工具钢可退火后冷拉交货。

6.3.2 根据需方要求,并在合同中注明,塑料模具钢材、热作模具钢材、冷作模具钢材及特殊用途模具钢材可以预硬化状态交货。

6.4 交货硬度

6.4.1 交货状态钢材的硬度值和试样的淬火硬度值应符合表20~表27的规定。供方若能保证试样淬火硬度值符合表20~表27的规定时可不作检验。

6.4.2 截面尺寸小于5 mm的退火钢材不作硬度试验。根据需方要求,可作拉伸或其他试验,技术指标由供需双方协商规定。

表20 刃具模具用非合金钢交货状态的硬度值和试样的淬火硬度值

序号	统一数字代号	牌号	退火交货状态的钢材硬度 HBW,不大于	试样淬火硬度		
				淬火温度 ℃	冷却剂	洛氏硬度 HRC不小于
1-1	T00070	T7	187	800~820	水	62
1-2	T00080	T8	187	780~800	水	62
1-3	T01080	T8Mn	187	780~800	水	62
1-4	T00090	T9	192	760~780	水	62

表 20（续）

序号	统一数字代号	牌号	退火交货状态的钢材硬度HBW,不大于	试样淬火硬度		
				淬火温度℃	冷却剂	洛氏硬度HRC不小于
1-5	T00100	T10	197	760～780	水	62
1-6	T00110	T11	207	760～780	水	62
1-7	T00120	T12	207	760～780	水	62
1-8	T00130	T13	217	760～780	水	62
非合金工具钢材退火后冷拉交货的布氏硬度应不大于 HBW241。						

表 21 量具刃具用钢交货状态的硬度值和试样的淬火硬度值

序号	统一数字代号	牌号	退火交货状态的钢材硬度HBW	试样淬火硬度		
				淬火温度℃	冷却剂	洛氏硬度HRC不小于
2-1	T31219	9SiCr	197～241[a]	820～860	油	62
2-2	T30108	8MnSi	≤229	800～820	油	60
2-3	T30200	Cr06	187～241	780～810	水	64
2-4	T31200	Cr2	179～229	830～860	油	62
2-5	T31209	9Cr2	179～217	820～850	油	62
2-6	T30800	W	187～229	800～830	水	62
[a] 根据需方要求,并在合同中注明,制造螺纹刃具用钢为 HBW187～HBW229。						

表 22 耐冲击工具用钢交货状态的硬度值和试样的淬火硬度值

序号	统一数字代号	牌号	退火交货状态的钢材硬度HBW	试样淬火硬度		
				淬火温度℃	冷却剂	洛氏硬度HRC不小于
3-1	T40294	4CrW2Si	179～217	860～900	油	53
3-2	T40295	5CrW2Si	207～255	860～900	油	55
3-3	T40296	6CrW2Si	229～285	860～900	油	57
3-4	T40356	6CrMnSi2Mo1V[a]	≤229	667 ℃±15 ℃预热,885 ℃(盐浴)或900 ℃(炉控气氛)±6 ℃加热,保温5 min～15 min油冷,58 ℃～204 ℃回火		58
3-5	T40355	5Cr3MnSiMo1V[a]	≤235	667 ℃±15 ℃预热,941 ℃(盐浴)或955 ℃(炉控气氛)±6 ℃加热,保温5 min～15 min油冷,56 ℃～204 ℃回火		56
3-6	T40376	6CrW2SiV	≤225	870～910	油	58
注：保温时间指试样达到加热温度后保持的时间。						
[a] 试样在盐浴中保持时间为 5 min,在炉控气氛中保持时间为 5 min～15 min。						

表 23　轧辊用钢交货状态的硬度值和试样的淬火硬度值

序号	统一数字代号	牌号	退火交货状态的钢材硬度 HBW	试样淬火硬度		
				淬火温度 ℃	冷却剂	洛氏硬度 HRC 不小于
4-1	T42239	9Cr2V	≤229	830～900	空气	64
4-2	T42309	9Cr2Mo	≤229	830～900	空气	64
4-3	T42319	9Cr2MoV	≤229	880～900	空气	64
4-4	T42518	8Cr3NiMoV	≤269	900～920	空气	64
4-5	T42519	9Cr5NiMoV	≤269	930～950	空气	64

表 24　冷作模具用钢交货状态的硬度值和试样的淬火硬度值

序号	统一数字代号	牌号	退火交货状态的钢材硬度 HBW	试样淬火硬度		
				淬火温度 ℃	冷却剂	洛氏硬度 HRC 不小于
5-1	T20019	9Mn2V	≤229	780～810	油	62
5-2	T20299	9CrWMn	197～241	800～830	油	62
5-3	T21290	CrWMn	207～255	800～830	油	62
5-4	T20250	MnCrWV	≤255	790～820	油	62
5-5	T21347	7CrMn2Mo	≤235	820～870	空气	61
5-6	T21355	5Cr8MoVSi	≤229	1 000～1 050	油	59
5-7	T21357	7CrSiMnMoV	≤235	870 ℃～900 ℃油冷或空冷，150 ℃±10 ℃回火空冷		60
5-8	T21350	Cr8Mo2SiV	≤255	1 020～1 040	油或空气	62
5-9	T21320	Cr4W2MoV	≤269	960～980 或 1 020～1 040	油	60
5-10	T21386	6Cr4W3Mo2VN[b]	≤255	1 100～1 160	油	60
5-11	T21836	6W6Mo5Cr4V	≤269	1 180～1 200	油	60
5-12	T21830	W6Mo5Cr4V2[a]	≤255	730 ℃～840 ℃预热，1 210 ℃～1 230 ℃(盐浴或控制气氛)加热，保温 5 min～15 min 油冷，540 ℃～560 ℃回火两次(盐浴或控制气氛)，每次 2 h		64(盐浴) 63(炉控气氛)
5-13	T21209	Cr8	≤255	920～980	油	63
5-14	T21200	Cr12	217～269	950～1 000	油	60
5-15	T21290	Cr12W	≤255	950～980	油	60
5-16	T21317	7Cr7Mo2V2Si	≤255	1 100～1 150	油或空气	60
5-17	T21318	Cr5Mo1V[a]	≤255	790 ℃±15 ℃预热，940 ℃(盐浴)或 950 ℃(炉控气氛)±6 ℃加热，保温 5 min～15 min 油冷；200 ℃±6 ℃回火一次，2 h		60
5-18	T21319	Cr12MoV	207～255	950～1 000	油	58

表 24（续）

序号	统一数字代号	牌号	退火交货状态的钢材硬度 HBW	试样淬火硬度		
				淬火温度 ℃	冷却剂	洛氏硬度 HRC 不小于
5-19	T21310	Cr12Mo1V1[b]	≤255	820 ℃±15 ℃预热，1 000 ℃(盐浴)±6 ℃或 1 010 ℃(炉控气氛)±6 ℃加热，保温 10 min～20 min 空冷，200 ℃±6 ℃回火一次，2 h		59
注：保温时间指试样达到加热温度后保持的时间。						
[a] 试样在盐浴中保持时间为 5 min，在炉控气氛中保持时间为 5 min～15 min。 [b] 试样在盐浴中保持时间为 10 min；在炉控气氛中保持时间为 10 min～20 min。						

表 25 热作模具用钢交货状态的硬度值和试样的淬火硬度值

序号	统一数字代号	牌号	退火交货状态的钢材硬度 HBW	试样淬火硬度		
				淬火温度 ℃	冷却剂	洛氏硬度 HRC
6-1	T22345	5CrMnMo	197～241	820～850	油	[b]
6-2	T22505	5CrNiMo	197～241	830～860	油	[b]
6-3	T23504	4CrNi4Mo	≤285	840～870	油或空气	[b]
6-4	T23514	4Cr2NiMoV	≤220	910～960	油	[b]
6-5	T23515	5CrNi2MoV	≤255	850～880	油	[b]
6-6	T23535	5Cr2NiMoVSi	≤255	960～1 010	油	[b]
6-7	T42208	8Cr3	207～255	850～880	油	[b]
6-8	T23274	4Cr5W2VSi	≤229	1 030～1 050	油或空气	[b]
6-9	T23273	3Cr2W8V	≤255	1 075～1 125	油	[b]
6-10	T23352	4Cr5MoSiV[a]	≤229	790 ℃±15 ℃预热，1 010 ℃(盐浴)或 1 020 ℃(炉控气氛)1 020 ℃±6 ℃加热，保温 5 min～15 min 油冷，550 ℃±6 ℃回火两次回火，每次 2 h		[b]
6-11	T23353	4Cr5MoSiV1[a]	≤229	790 ℃±15 ℃预热，1 000 ℃(盐浴)或 1 010 ℃(炉控气氛)±6 ℃加热，保温 5 min～15 min 油冷，550 ℃±6 ℃回火两次回火，每次 2 h		[b]
6-12	T23354	4Cr3Mo3SiV[a]	≤229	790 ℃±15 ℃预热，1 010 ℃(盐浴)或 1 020 ℃(炉控气氛)1 020 ℃±6 ℃加热，保温 5 min～15 min 油冷，550 ℃±6 ℃回火两次回火，每次 2 h		[b]
6-13	T23355	5Cr4Mo3SiMnVA1	≤255	1 090～1 120	[b]	[b]
6-14	T23364	4CrMnSiMoV	≤255	870～930	油	[b]
6-15	T23375	5Cr5WMoSi	≤248	990～1 020	油	[b]
6-16	T23324	4Cr5MoWVSi	≤235	1 000～1 030	油或空气	[b]
6-17	T23323	3Cr3Mo3W2V	≤255	1 060～1 130	油	[b]

表 25（续）

序号	统一数字代号	牌号	退火交货状态的钢材硬度 HBW	试样淬火硬度		
				淬火温度 ℃	冷却剂	洛氏硬度 HRC
6-18	T23325	5Cr4W5Mo2V	≤269	1 100～1 150	油	[b]
6-19	T23314	4Cr5Mo2V	≤220	1 000～1 030	油	[b]
6-20	T23313	3Cr3Mo3V	≤229	1 010～1 050	油	[b]
6-21	T23314	4Cr5Mo3V	≤229	1 000～1 030	油或空气	[b]
6-22	T23393	3Cr3Mo3VCo3	≤229	1 000～1 050	油	[b]

注：保温时间指试样达到加热温度后保持的时间。

[a] 试样在盐浴中保持时间为 5 min；在炉控气氛中保持时间为 5 min～15 min。

[b] 根据需方要求，并在合同中注明，可提供实测值。

表 26 塑料模具用钢交货状态的硬度值和试样的淬火硬度值

序号	统一数字代号	牌 号	交货状态的钢材硬度		试样淬火硬度		
			退火硬度 HBW，不大于	预硬化硬度 HRC	淬火温度 ℃	冷却剂	洛氏硬度 HRC 不小于
7-1	T10450	SM45	热轧交货状态硬度 155～215		—	—	—
7-2	T10500	SM50	热轧交货状态硬度 165～225		—	—	—
7-3	T10550	SM55	热轧交货状态硬度 170～230		—	—	—
7-4	T25303	3Cr2Mo	235	28～36	850～880	油	52
7-5	T25553	3Cr2MnNiMo	235	30～36	830～870	油或空气	48
7-6	T25344	4Cr2Mn1MoS	235	28～36	830～870	油	51
7-7	T25378	8Cr2MnWMoVS	235	40～48	860～900	空气	62
7-8	T25515	5CrNiMnMoVSCa	255	35～45	860～920	油	62
7-9	T25512	2CrNiMoMnV	235	30～38	850～930	油或空气	48
7-10	T25572	2CrNi3MoAl	—	38～43	—	—	—
7-11	T25611	1Ni3MnCuMoAl	—	38～42	—	—	—
7-12	A64060	06Ni6CrMoVTiAl	255	43～48	850 ℃～880 ℃固溶，油或空冷 500 ℃～540 ℃时效，空冷		实测
7-13	A64000	00Ni18Co8Mo5TiAl	协议	协议	805 ℃～825 ℃固溶，空冷 460 ℃～530 ℃时效，空冷		协议
7-14	S42023	2Cr13	220	30～36	1 000～1 050	油	45
7-15	S42043	4Cr13	235	30～36	1 050～1 100	油	50
7-16	T25444	4Cr13NiVSi	235	30～36	1 000～1 030	油	50
7-17	T25402	2Cr17Ni2	285	28～32	1 000～1 050	油	49
7-18	T25303	3Cr17Mo	285	33～38	1 000～1 040	油	46

表 26 (续)

序号	统一数字代号	牌 号	交货状态的钢材硬度		试样淬火硬度		
			退火硬度 HBW,不大于	预硬化硬度 HRC	淬火温度 ℃	冷却剂	洛氏硬度 HRC 不小于
7-19	T25513	3Cr17NiMoV	285	33～38	1 030～1 070	油	50
7-20	S44093	9Cr18	255	协议	1 000～1 050	油	55
7-21	S46993	9Cr18MoV	269	协议	1 050～1 075	油	55

表 27 特殊用途模具用钢交货状态的硬度值和试样的淬火硬度值

序号	统一数字代号	牌 号	交货状态的钢材硬度	试样淬火硬度	
			退火硬度 HBW	热处理制度	洛氏硬度 HRC 不小于
8-1	T26377	7Mn15Cr2Al3V2WMo	—	1 170 ℃～1 190 ℃固溶,水冷 650 ℃～700 ℃时效,空冷	45
8-2	S31049	2Cr25Ni20Si2	—	1 040 ℃～1 150 ℃固溶,水或空冷	[a]
8-3	S51740	0Cr17Ni4Cu4Nb	协议	1 020 ℃～1 060 ℃固溶,空冷 470 ℃～630 ℃时效,空冷	[a]
8-4	H21231	Ni25Cr15Ti2MoMn	≤300	950 ℃～980 ℃固溶,水或空冷 720 ℃+620 ℃时效,空冷	[a]
8-5	H07718	Ni53Cr19Mo3TiNb	≤300	980 ℃～1 000 ℃固溶,水、油或空冷 710 ℃～730 ℃时效,空冷	[a]

[a] 根据需方要求,并在合同中注明,可提供实测值。

6.5 低倍组织

6.5.1 钢材应检验酸浸低倍组织,在酸浸低倍试片上不得有目视可见的缩孔、夹杂、分层、裂纹、气泡和白点,中心疏松和锭型偏析分别按附录 A 中图 A.1 和图 A.2 评定,其合格级别应符合下列要求:

a) 圆钢及方钢的中心疏松及锭型偏析按表 28 中 2 组规定;

b) 扁钢中心的疏松及锭型偏析按表 29 中 2 组规定;

c) 根据需方要求,经供需双方协议,并在合同中注明,可按表 28 或表 29 中 1 组供货。

表 28 圆钢及方钢的低倍缺陷及其合格级别

钢材直径或边长 mm	1 组		2 组	
	中心疏松	锭型偏析	中心疏松	锭型偏析
	级,不大于			
≤80	2.0	2.0	3.0	3.0
>80～150	2.5	3.0	3.5	3.0
>150～250	3.0	3.0	4.0	4.0
>250～400	3.5	3.0	4.5	4.0
>400	协议	协议	协议	协议

表 29　扁钢的低倍缺陷及其合格级别

钢材厚度 mm		1 组		2 组	
		中心疏松	锭型偏析	中心疏松	锭型偏析
		级，不大于			
热轧扁钢	≤60	3.0	3.0	4.0	4.0
	60～120	3.5	3.0	4.5	4.0
	＞120	协议	协议	协议	协议
锻制扁钢	160～250	3.0	3.0	4.0	4.0
	＞250～400	3.5	3.0	4.5	4.0
	＞400	协议	协议	协议	协议

6.5.2　经供需双方协议，并在合同中注明，钢材低倍组织可按 GB/T 1979 检验，合格级别由供需双方协商确定。

6.5.3　经供需双方协议，并在合同中注明，电渣重熔钢低倍组织可按 ASTM A604 检验，合格级别由供需双方协商确定。

6.6　显微组织

6.6.1　珠光体组织

6.6.1.1　退火状态交货的 9SiCr、Cr2、Cr06、9Cr2、W、9CrWMn、CrWMn 和 7CrMn2Mo 钢应检验珠光体组织，按图 A.3 评定，其合格级别为 1 级～5 级。根据需方要求，并在合同中注明，制造螺纹刃具用的 9SiCr 退火钢材珠光体组织合格级别为 2 级～4 级。

6.6.1.2　退火状态交货的截面尺寸不大于 60 mm 的非合金工具钢应检验珠光体组织，按图 A.4 评定，其合格级别应符合表 30 的规定。根据需方要求，截面尺寸大于 60 mm 的非合金工具钢可检验珠光体组织，其合格级别由供需双方协商确定。

表 30　非合金工具钢珠光体组织合格级别

牌　号	合格级别，级
T7、T8、T8Mn、T9	1～5
T10、T11、T12、T13	2～4

6.6.1.3　热压力加工用钢不检验珠光体组织。

6.6.2　网状碳化物

6.6.2.1　退火状态交货的 9SiCr、Cr06、Cr2 和 CrWMn 钢应检验网状碳化物，按图 A.5 评定，其合格级别应符合下列规定：

a）截面尺寸不大于 60 mm 的钢材不大于 3 级；根据需方要求，并在合同中注明，制造螺纹刃具用的 9SiCr 钢材不大于 2 级；

b）扁钢、截面尺寸大于 60 mm 的钢材由供需双方协商确定。

6.6.2.2　退火状态交货的非合金工具钢（T7、T8 除外）应检验网状碳化物，按图 A.6 评定，其合格级别应符合表 31 的规定。

表 31 非合金工具钢网状碳化物合格级别

钢材公称尺寸/mm	合格级别,不大于/级
≤60	2
>60～100	3
>100	协议

6.6.2.3 T7、T8 非合金工具钢和热压力加工用钢不检验网状碳化物。

6.6.3 共晶碳化物不均匀度

6.6.3.1 退火状态交货的 Cr8Mo2VSi、6Cr4W3Mo2VNb、6W6Mo5Cr4V、W6Mo5Cr4V2、Cr8、Cr12、Cr12W、Cr12MoV 和 Cr12Mo1V1 钢应检验共晶碳化物不均匀度,按 GB/T 14979—1994 标准中第四评级图评定,其合格级别应符合表 32 中 2 组规定。根据需方要求,并在合同中注明,可按 1 组供应。

表 32 冷作模具钢共晶碳化物不均匀度合格级别[a]

钢材直径或边长 mm	共晶碳化物不均匀度合格级别	
	1 组	2 组
	级,不大于	
≤50	3	4
>50～70	4	5
>70～120	5	6
>120～400	6	协议
>400	协议	协议

[a] 扁钢的合格级别由供需双方协商确定。

6.6.3.2 6Cr4W3Mo2VNb 钢当供方保证满足此项要求时,可不作检验。

6.7 非金属夹杂物

6.7.1 电渣重熔钢非金属夹杂物应按 GB/T 10561—2005 的 A 法检验与评级,其结果应符合表 33 中 1 组规定。

6.7.2 真空脱气钢非金属夹杂物应按 GB/T 10561—2005 的 A 法检验与评级,其结果应符合表 33 中 2 组规定。

6.7.3 根据需方要求,其他钢可进行非金属夹杂物检验,其合格级别由供需双方协商确定。

表 33 非金属夹杂物合格级别

非金属夹杂物类别	1 组		2 组	
	细系	粗系	细系	粗系
	级,不大于			
A[a]	1.5	1.5	2.5	2.0
B	1.5	1.5	2.5	2.0

表 41（续）

序号	检验项目	取样数量[a]		取样部位	试验方法
		电弧炉钢 真空脱气钢	电渣重熔钢真空 电弧重熔(VAR)钢		
10	相对磁导率	1	1	任一根钢材上	GJB 937—1990
11	晶粒度	—	1	任一根钢材上	GB/T 6394
12	淬透性	1	1	任一根钢材上	GB/T 225 或附录 B
13	超声检测	逐根	逐根	整根钢材上	GB/T 6402
14	表面质量	逐根	逐根	整根钢材上	目视
15	尺寸	逐根	逐根	整根钢材上	卡尺、千分尺

[a] 交货数量少于取样数量时，逐支取样。

[b] 对大规格钢材，非金属夹杂物可在改锻成直径或边长为 90 mm～120 mm 样坯上进行检验；经供需双方协商并在合同中注明钢材，也可另行规定检验方法。

8.4 复验和判定规则

8.4.1 钢材复验与判定规则按 GB/T 17505 的规定。

8.4.2 供方若能保证钢材合格时，对同一炉号的钢材或钢坯的低倍组织、非金属夹杂物、试样淬火硬度的检验结果允许以坯代材，以大代小。

9 包装、标志和质量证明书

钢材的包装、标志和质量证明书应符合 GB/T 2101 的规定。

附　录　A
（规范性附录）
标准评级图

A.1　第一级别图 低倍组织

A.1.1　中心疏松标准评级图见图 A.1。

1 级

2 级

图 A.1　中心疏松标准评级图

6.11 表面质量

6.11.1 供压力加工用的热轧和锻制钢材，表面不应有目视可见的裂缝、折叠、结疤和夹杂。如有上述缺陷应清除，清除深度从钢材实际尺寸算起应符合表 39 的规定，清除宽度不小于深度的 5 倍。深度在公差之半范围内的其他轻微表面缺陷可不清除。

表 39 压力加工用钢材的表面质量要求

单位为毫米

钢材直径、边长、厚度或宽度	允许缺陷清除深度 不大于
<80	公差之半
80～140	公差
>140	钢材截面尺寸的 4%

6.11.2 供切削加工用的热轧和锻制钢材，表面允许有从钢材公称尺寸算起深度符合表 40 规定的局部缺陷存在，但应保证钢材的最小尺寸。

表 40 切削加工用钢材的表面质量要求

单位为毫米

钢材直径、边长、厚度或宽度	局部缺陷允许深度，不大于
<80	公差之半
≥80	公差

6.11.3 冷拉钢材表面应洁净、光滑，不应有裂纹、折叠、结疤、夹杂和氧化铁皮，并应符合下列规定：

a) 尺寸精度为 h9 级和 h10 级的冷拉钢材，表面不允许有任何缺陷；

b) 尺寸精度为 h11 级和 h12 级的冷拉钢材，表面允许有从实际尺寸算起深度不大于该公称尺寸公差的麻点、个别划痕、发纹、凹面、黑斑、拉裂和润滑剂痕迹等轻微表面缺陷；根据需方要求，并在合同中注明，缺陷允许深度可不大于该公称尺寸公差之半；

c) 经热处理的冷拉钢材，表面允许有氧化色或轻微氧化层。

6.11.4 银亮钢表面应符合 GB/T 3207—2008 的规定。

6.11.5 机加工交货的钢材表面应洁净、光滑，不应有裂纹、折叠、结疤和氧化铁皮，若有上述缺陷存在，允许局部修磨，但最大修磨处应保证钢材的最小尺寸。

6.12 特殊要求

根据需方要求，经供需双方协议，并在合同中注明，可增加下列检验项目：

a) 特殊化学成分；

b) 特殊硬度值；

c) 特殊尺寸及其允许偏差；

d) 晶粒度；

e) 淬透性；

f) 其他要求。

7 试验方法

每批钢材的检验项目和试验方法应符合表 41 的规定。

8 检验规则

8.1 检查与验收

钢材的质量由供方技术质量监督部门进行检查和验收。需方有权对本标准或合同中所规定的任一检验项目进行检查和验收。

8.2 组批规则

8.2.1 钢材应成批验收。每批钢材应由同一炉号、同一加工用途、同一交货状态、同一规格和同一热处理炉次的钢材组成。

8.2.2 电渣重熔钢每批应由同一子炉号、同一加工用途、同一交货状态、同一规格和同一热处理炉次的钢材组成。在工艺稳定且能保证本标准各项要求的条件下，允许以电渣重熔的母炉号组批，但化学成分应按每个子炉号取1个，其他项目按电弧炉钢取样规定执行。

8.3 取样数量和取样部位

钢材的取样数量和取样部位应符合表41规定。

表41 钢材的检验项目、取样部位和取样数量、试验方法明细

序号	检验项目	取样数量[a]		取样部位	试验方法
		电弧炉钢 真空脱气钢	电渣重熔钢真空 电弧重熔(VAR)钢		
1	化学成分	每炉1个	每炉1个	GB/T 20066	GB/T 223(见第2章)、GB/T 4336、GB/T 11261、GB/T 20123、GB/T 20124
2	交货硬度	5%，且不少于5支		不同根钢材上	GB/T 231.1
3	试样硬度	2	1	电弧炉钢或真空脱气钢：不同根钢材 电渣重熔钢或真空电弧重熔钢：任一根钢材	GB/T 230.1
4	低倍组织	2	1	电弧炉钢或真空脱气钢：相当于钢锭头部的不同根钢坯或钢材上 电渣重熔钢或真空电弧重熔钢：相当于钢锭头部的钢坯或钢材上	GB/T 226，附录A GB/T 1979 或 ASTM A604
5	珠光体组织	2	1	电弧炉钢或真空脱气钢：不同根钢材 电渣重熔钢或真空电弧重熔钢：任一根钢材	GB/T 13298，附录A
6	网状碳化物	2	1		GB/T 13298，附录A
7	共晶碳化物不均匀度	2	1		GB/T 13298 GB/T 14979—1994
8	非金属夹杂物[b]	2	1		GB/T 10561—2005
9	脱碳层	2	1		GB/T 224

表 33（续）

非金属夹杂物类别	1组		2组	
	细系	粗系	细系	粗系
	级，不大于			
C	1.0	1.0	1.5	1.5
D	2.0	1.5	2.5	2.0
根据需方要求，可检验DS类非金属夹杂物，其合格级别由供需双方协商确定。				
[a] 4Cr2Mn1MoS、8Cr2MnWMoVS和5CrNiMnMoVSCa等易切削塑料模具钢不检验A类夹杂物。				

6.8 脱碳层

6.8.1 热轧和锻制钢材一边总脱碳层(铁素体+过渡层)应符合表34中2组规定。根据需方要求，经供需双方协议，并在合同中注明可按1组供应。

表 34 热轧和锻制钢材总脱碳层深度

单位为毫米

钢材直径或边长	总脱碳层深度，不大于	
	1组	2组
5～150	0.25+1%*D*	0.20+2%*D*
>150	双方协议	
注：*D* 为钢材截面公称尺寸。		

6.8.2 冷拉钢材一边总脱碳层深度应符合表35的规定。

表 35 冷拉钢材总脱碳层深度

单位为毫米

钢　类	分　组	总脱碳层深度，不大于
非合金工具钢	≤16 mm	1.5%*D*
	>16 mm	1.3%*D*
	高频淬火用	1.0%*D*
其　他	不含硅钢	公称尺寸的1.5%
	含硅钢	公称尺寸的2.0%
注：*D* 为钢材截面公称尺寸。		

6.8.3 根据需方要求，可检验扁钢的脱碳层，具体要求由供需双方协商确定。

6.8.4 银亮钢表面不允许有脱碳层。

6.8.5 6W6Mo5Cr4V、4Cr3Mo3SiV和3Cr3Mo3W2V钢的脱碳层由供需双方协商确定。

6.8.6 7Mn15Cr2Al3V2WMo无磁模具用钢不检验脱碳层。

6.9 相对磁导率

7Mn15Cr2Al3V2WMo无磁模具用钢相对磁导率应小于1.01。当供方保证满足此项要求时，可不作检验。

6.10 超声检测

6.10.1 钢材应按 GB/T 6402 进行超声检测,其内部不允许白点、夹渣、分层、内裂、缩孔等冶金缺陷存在。

6.10.2 超声检测允许极限值的大小分级和数量级别分别按表 36 和表 37 规定,其合格级别应符合表 38 中 2 组的规定,但电渣重熔钢等高质量钢应符合 1 组的规定。

6.10.3 特殊用途模具钢超声检测的合格级别由供需双方协商确定。

表 36 超声检测允许缺陷尺寸的极限值

缺陷尺寸级别	单个缺陷平底孔直径[a] mm	连续缺陷平底孔直径[b] mm	连续缺陷最大长度[c] mm
A	14	10	80
B	10	7	60
C	7	5	40
D	5	3	30
E	3	2	30

[a] 根据订货所要求的缺陷尺寸级别,单个缺陷直径的距离应大于或等于所要求的平底孔直径的 5 倍,否则,该缺陷被视为连续缺陷。

[b] 平底孔缺陷尺寸的级差应为 6 dB 的振幅。

[c] 如果最大连续缺陷长度超过标准级别,可考虑增加数量等级。例如:缺陷连续长度为 160 mm A 级,则数量等级为 160:80=2。

表 37 超声检测允许缺陷数量的极限值

缺陷数量级别	单个缺陷数量	连续缺陷数量
	个数,不大于	
a	32	16
b	16	8
c	8	4
d	4	2
e	2	1

表 38 超声检测的合格级别

钢材直径、边长或厚度 mm	合格级别	
	1 组	2 组
≤150[a]	E/e	E/d
>150～250	E/d	D/d
>250～400	D/d	C/c
>400	C/c	B/b

[a] 在供方满足要求的前提下,可以坯代材或不作超声检测。

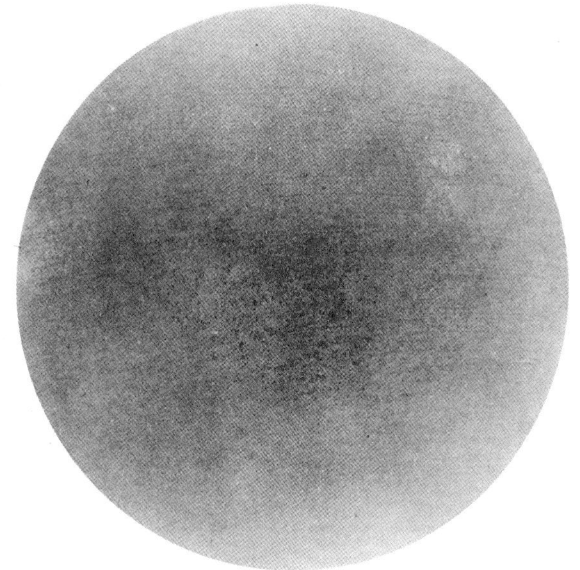

3 级

4 级

图 A.1（续）

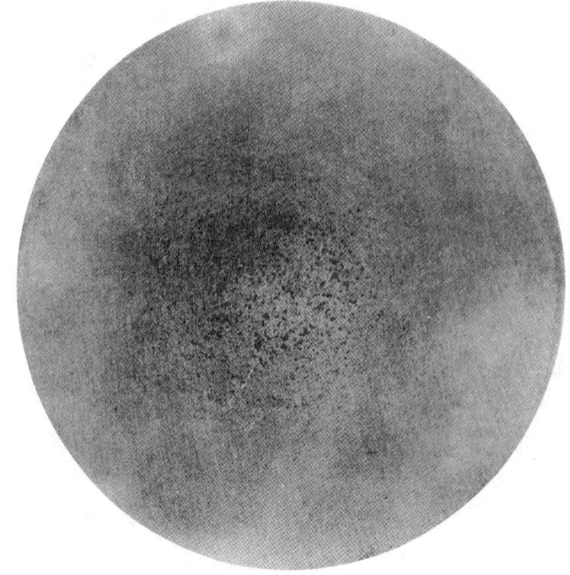

5 级

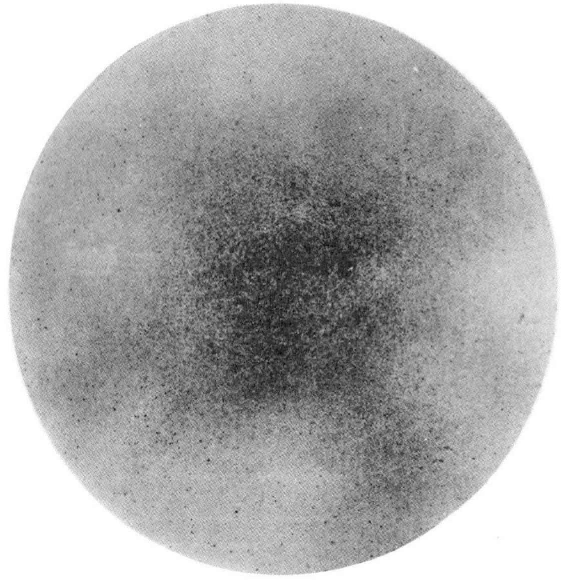

6 级

图 A.1（续）

A.1.2 锭型偏析标准评级图见图 A.2。

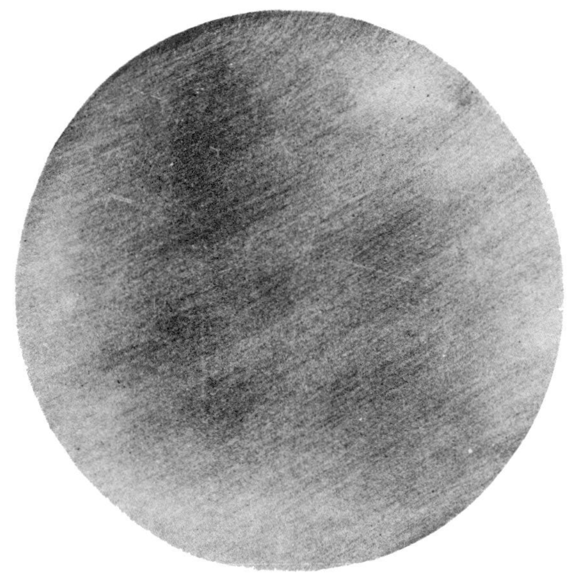

1 级

2 级

图 A.2 锭型偏析标准评级图

3 级

4 级

图 A.2（续）

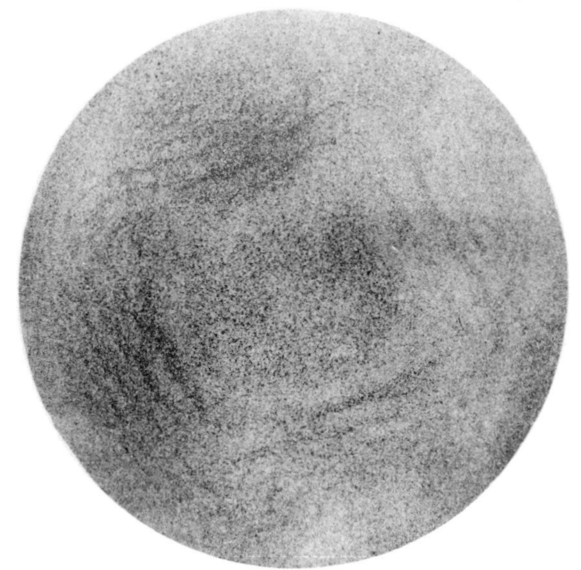

5 级

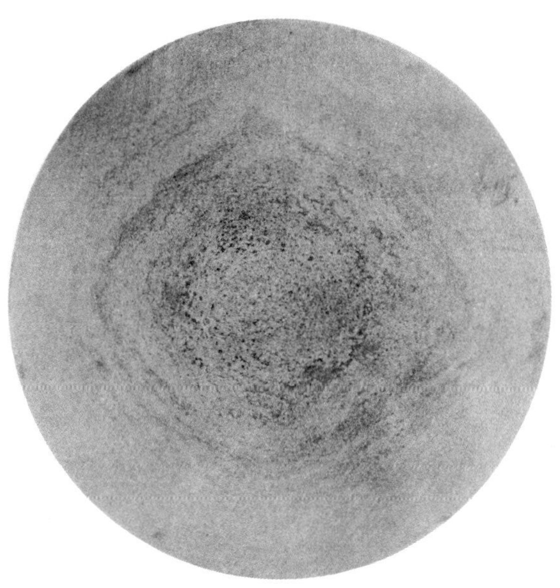

6 级

图 A.2（续）

A.2 第二级别图 珠光体组织

A.2.1 合金工具钢珠光体组织标准评级图见图 A.3。

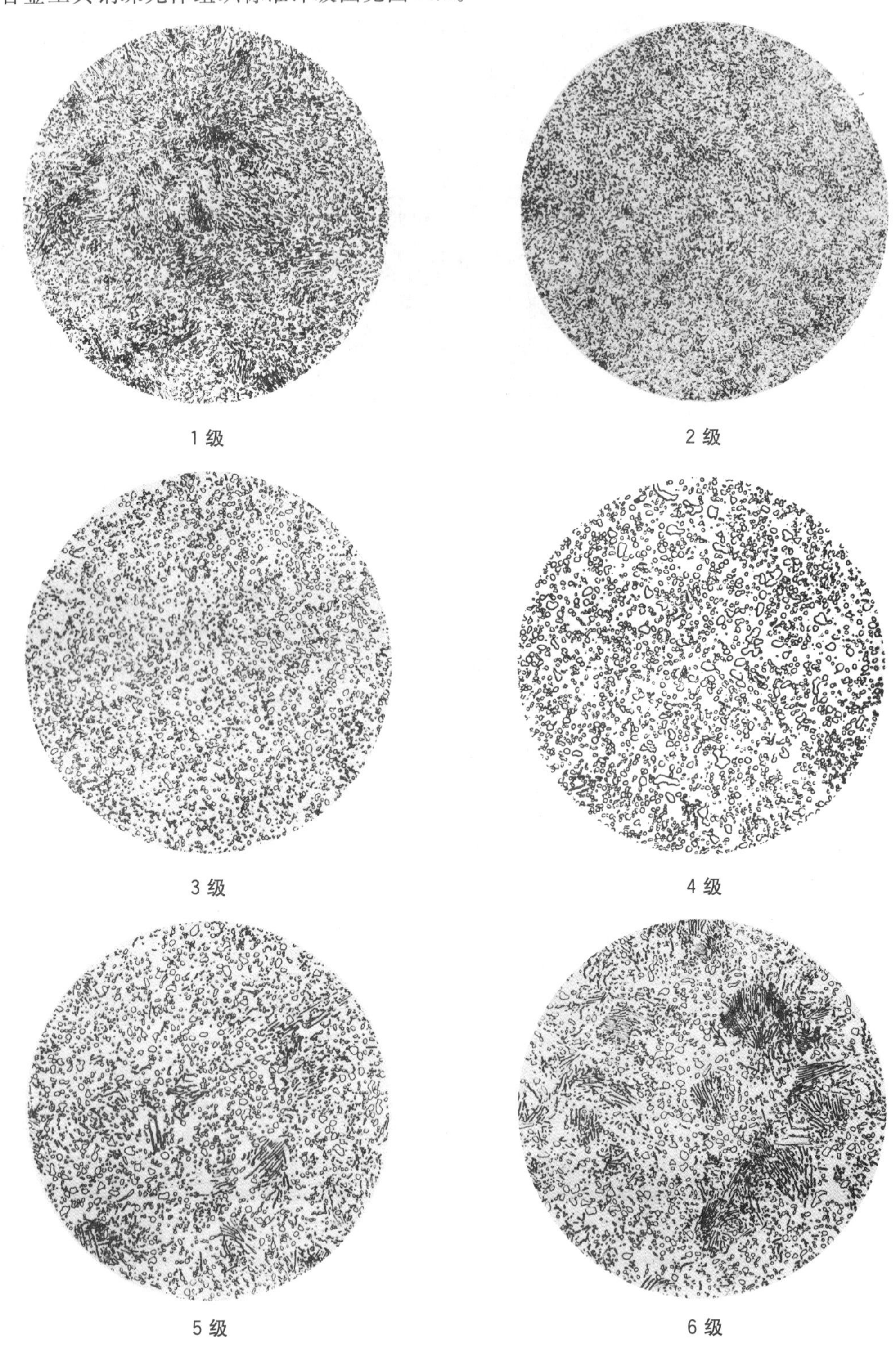

说明：

视场直径为 80 mm，100 μm 代表 10 mm。

图 A.3 合金工具钢珠光体组织标准评级图

A.2.2 非合金工具钢珠光体组织标准评级图见图 A.4。

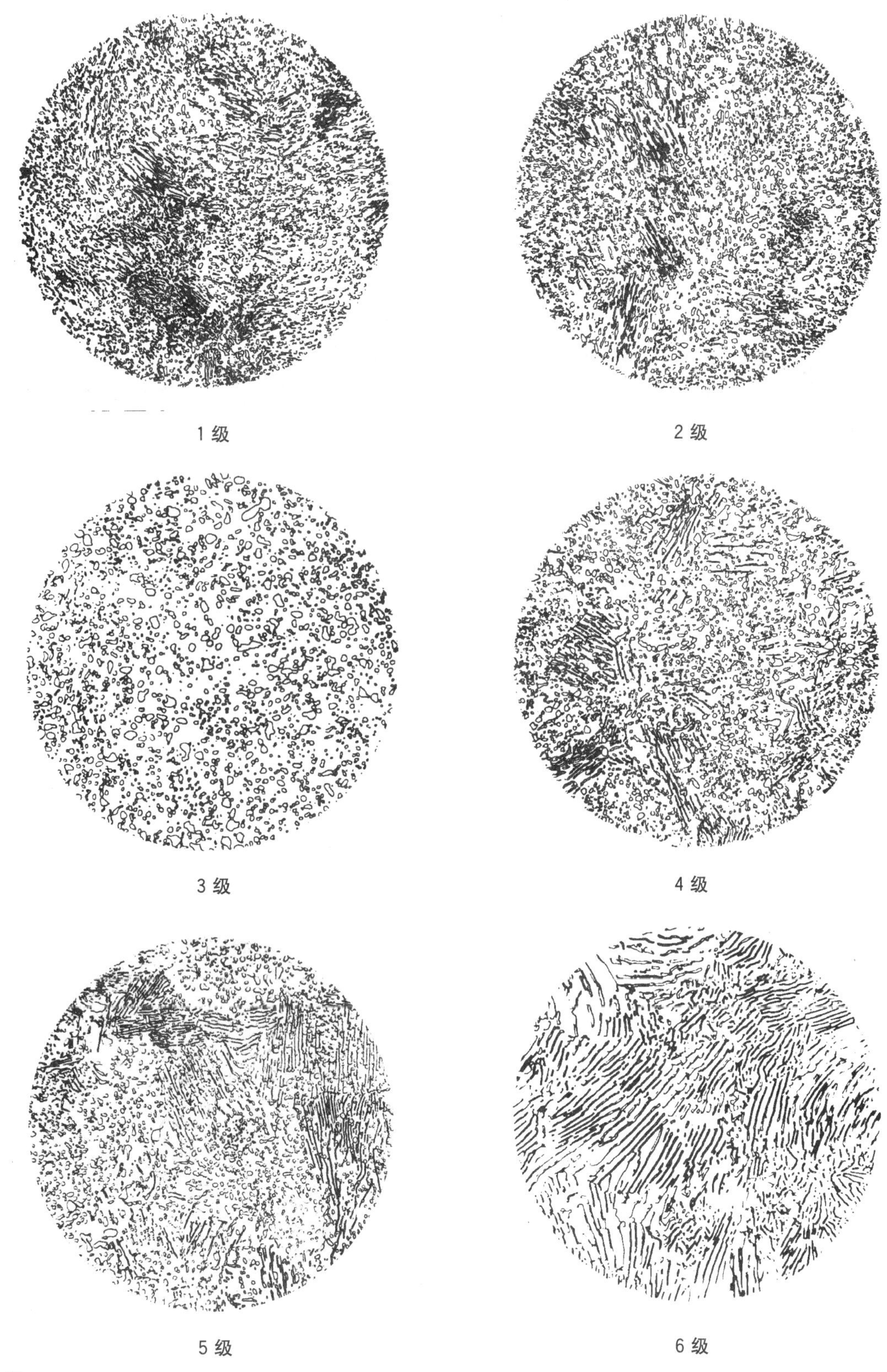

说明：

视场直径为 65 mm,100 μm 代表 10 mm。

图 A.4 非合金工具钢珠光体组织标准评级图

A.3 第三级别图 网状碳化物

A.3.1 合金工具钢网状碳化物标准评级图见图 A.5。

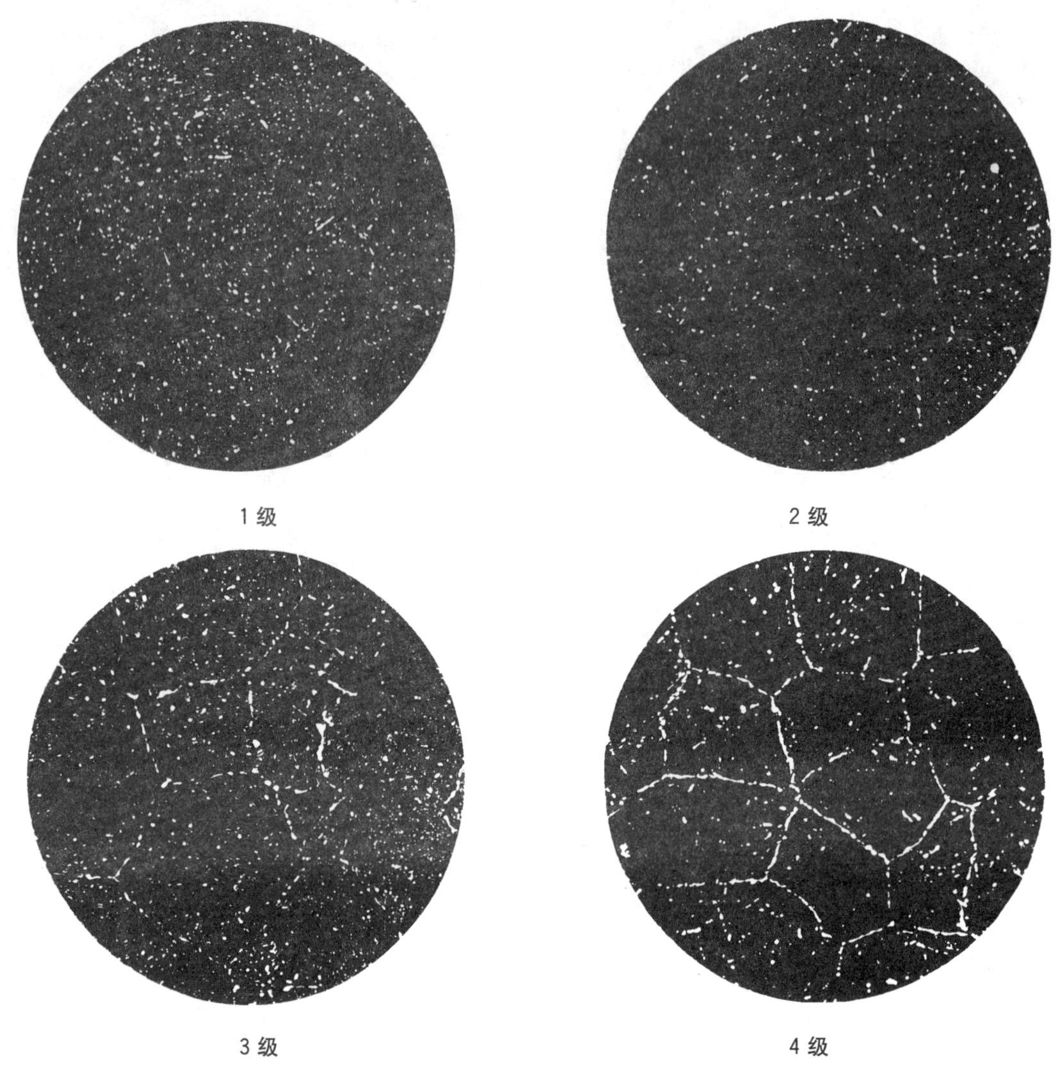

说明：

视场直径为 80 mm，100 μm 代表 10 mm。

图 A.5 合金工具钢网状碳化物标准评级图

A.3.2 非合金工具钢网状碳化物标准评级图见图 A.6。

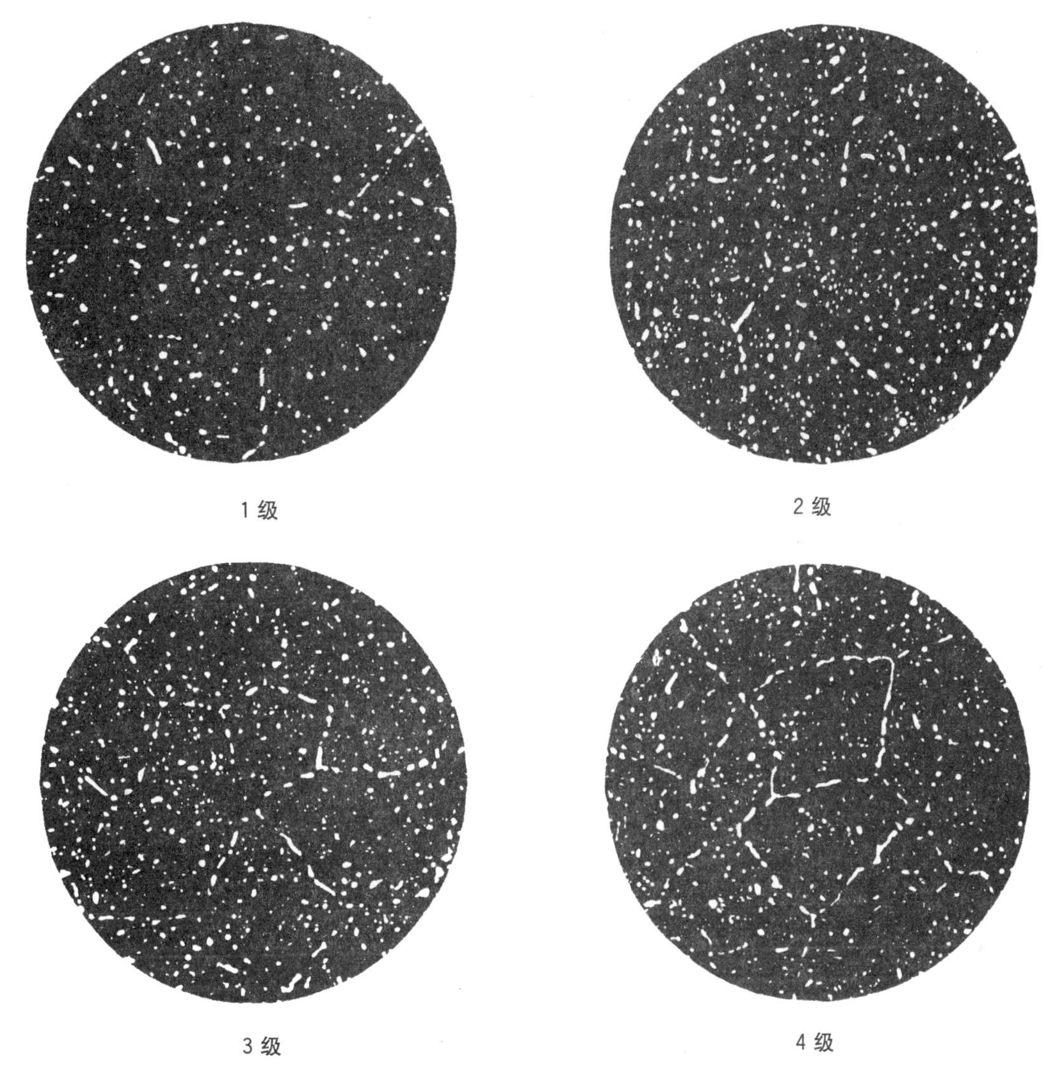

1级　　2级

3级　　4级

说明：
视场直径为65 mm，100 μm代表10 mm。

图A.6　非合金工具钢网状碳化物标准评级图

附　录　B
(规范性附录)
非合金工具钢淬透性试验方法

B.1　原理

试样加热到淬火温度,经保温后淬火,再将试样从中间打断,测其横断面上的淬透深度。

B.2　符号和说明

符号说明见表 B.1。

表 B.1　符号说明

符号	说明	单位
L	试样总长度	mm
D	试样直径	mm
H	试样的槽深度	mm
T	淬火介质温度	℃
e_1　e_2　e_3　e_4	腐蚀后端面上的黑色区深度	mm
e	淬透深度	mm

B.3　试样

B.3.1　样坯的制取

试样应能显示出钢锭、钢坯和钢材的完整截面。必要时可锻轧成直径为 25 mm 的样坯。样坯的取样位置按 GB/T 225 规定执行。

B.3.2　样坯的预处理

B.3.2.1　正火或退火交货的钢材,作样坯时可不进行预处理。

B.3.2.2　锻造或轧制的样坯可进行正火或退火处理,处理条件按相应产品推荐工艺而定。

B.3.2.3　样坯也可进行调质处理,淬火温度为 870 ℃±10 ℃,保温后淬入油中。然后在 625 ℃～650 ℃保温 1 h,在静止的空气中冷却。

B.3.3　试样的制备

样坯经车床加工成直径为 20 mm±0.5 mm、长度为 75 mm±0.5 mm 圆棒试样(见图 B.1)。如果由于钢材尺寸所限制不能加工成标准试样,则可以制成小规格试样,并需注明试样尺寸。

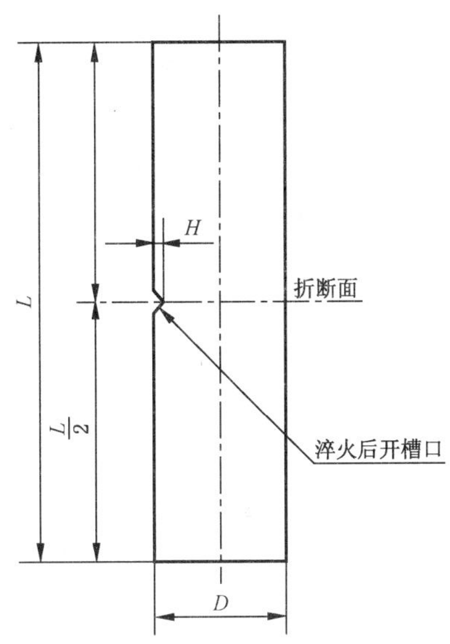

图 B.1 试样示意图

B.4 试验方法

B.4.1 试样的加热淬火

加热最好在盐浴、铅浴或有控制气氛的炉内进行，以防止试样表面脱碳及氧化。也可在箱式电炉中进行。

淬火后保温时间根据炉型确定，应保证加热均匀，一般为 10 min～30 min。

淬火介质为 10%氯化钠水溶液，溶液不少于 200 L，温度为 20 ℃±10 ℃。

试样加热后应迅速放入介质中，不停搅拌，保证淬火均匀，直至完全冷却为止。

B.4.2 试样截面的制备

将清洗并干燥后的试样开槽，槽深为 1.5 mm～2 mm，在槽口的背面通过弯曲或冲撞将试样折断，也可采用其他物理方法折断试样，但不应产生热影响。

断口经磨制或抛光后在 80 ℃～85 ℃含有 50%的盐酸水溶液中浸泡 3 min。然后用热水冲洗，吹干。

B.4.3 淬透深度的测定

通过测量试样抛光面在腐蚀后黑色区域的深度来确定钢的淬透层深度。沿两个对称于槽口成直角的直径进行测量(见图 B.2)。读数精确到 0.25 mm，取四个数的平均值：

$$e=\frac{e_1+e_2+e_3+e_4}{4}$$

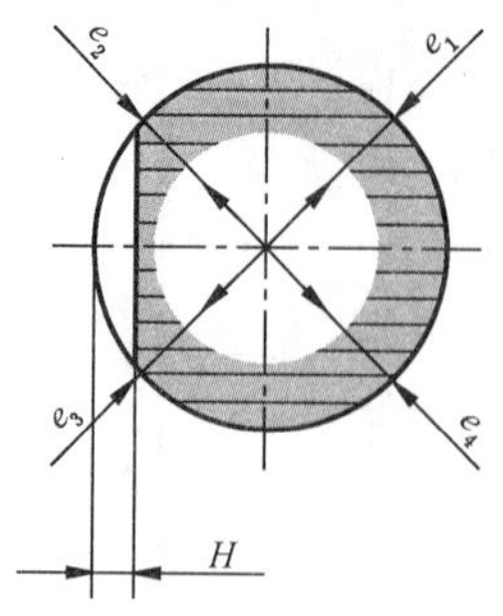

图 B.2 淬透深度的测定示意图

当所测量到的值与四个测量值的平均值相差大于 1 mm,读数视为不规则,需重新磨制断面或重新取样。

B.5 结果表示

淬透深度结果表示单位为毫米,精确到 0.5 mm。对于在不同淬火温度下进行的试验,其结果表示要有温度指数填在括号中。

示例:3.5(780 ℃)表示淬火温度为 780 ℃,淬透深度为 3.5 mm。
4.0(840 ℃)表示淬火温度为 840 ℃,淬透深度为 4.0 mm。

附 录 C
（资料性附录）
各牌号的主要特点及用途

各牌号的主要特点及用途见表C.1～表C.7。

表C.1 刃具模具用钢非合金的主要特点及用途

序号	统一数字代号	牌 号	主要特点及用途
1-1	T00070	T7	亚共析钢，具有较好的塑性、韧性和强度，以及一定的硬度，能承受震动和冲击负荷，但切削性能力差。用于制造承受冲击负荷不大，且要求具有适当硬度和耐磨性极较好韧性的工具
1-2	T00080	T8	淬透性、韧性均优于T10钢，耐磨性也较高，但淬火加热容易过热，变形也大，塑性和强度比较低，大、中截面模具易残存网状碳化物，适用于制作小型拉拔、拉伸、挤压模具
1-3	T01080	T8Mn	共析钢，具有较高的淬透性和硬度，但塑性和强度较低。用于制造断面较大的木工工具、手锯锯条、刻印工具、铆钉冲模、煤矿用凿等
1-4	T00090	T9	过共析钢，具有较高的强度，但塑性和强度较低。用于制造要求较高硬度且有一定韧性的各种工具，如刻印工具、铆钉冲模、冲头、木工工具、凿岩工具等
1-5	T00100	T10	性能较好的非合金工具钢，耐磨性也较高，淬火时过热敏感性小，经适当热处理可得到较高强度和一定韧性，适合制作要求耐磨性较高而受冲击载荷较小的模具
1-6	T00110	T11	过共析钢，具有较好的综合力学性能(如硬度、耐磨性和韧性等)，在加热时对晶粒长大和形成碳化物网的敏感性小。用于制造在工作时切削刃口不变热的工具，如锯、丝锥、锉刀、刮刀、扩孔钻、板牙、尺寸不大和断面无急剧变化的冷冲模及木工刀具等
1-7	T00120	T12	过共析钢，由于含碳量高，淬火后仍有较多的过剩碳化物，所以硬度和耐磨性高，但韧性低，且淬火变形大。不适于制造切削速度高和受冲击负荷的工具，用于制造不受冲击负荷、切削速度不高、切削刃口不变热的工具，如车刀、铣刀、钻头、丝锥、锉刀、刮刀、扩孔钻、板牙、及断面尺寸小的冷切边模和冲孔模等
1-8	T00130	T13	过共析钢，由于含碳量高，淬火后有更多的过剩碳化物，所以硬度更高，但韧性更差，又由于碳化物数量增加且分布不均匀，故力学性能较差，不适于制造切削速度较高和受冲击负荷的工具，用于制造不受冲击负荷，但要求极高硬度的金属切削工具，如剃刀、刮刀、拉丝工具、锉刀、刻纹用工具，以及坚硬岩石加工用工具和雕刻用工具等

表C.2 量具刃具用钢的主要特点及用途

序号	统一数字代号	牌 号	主要特点及用途
2-1	T31219	9SiCr	比铬钢具有更高的淬透性和淬硬性，且回火稳定性好。适宜制造形状复杂、变形小、耐磨性要求高的低速切削刃具，如钻头、螺纹工具、手动铰刀、搓丝板及滚丝轮等；也可以制作冷作模具(如冲模、打印模等)，冷轧辊，矫正辊以及细长杆件
2-2	T30108	8MnSi	在T8钢基础上同时加入Si、Mn元素形成的低合金工具钢，具有较高的回火稳定性、较高的淬透性和耐磨性，热处理变形也较非合金工具钢小。适宜制造木工工具、冷冲模及冲头；也可制造冷加工用的模具

表 C.2（续）

序号	统一数字代号	牌 号	主要特点及用途
2-3	T30200	Cr06	在非合金工具钢基础上添加一定量的Cr，淬透性和耐磨性较非合金工具钢高，冷加工塑性变形和切削加工性能较好，适宜制造木工工具，也可制造简单冷加工模具，如冲孔模、冷压模等
2-4	T31200	Cr2	在T10的基础上添加一定量的Cr，淬透性提高，硬度、耐磨性也比非合金工具钢高，接触疲劳强度也高，淬火变形小。适宜制造木工工具、冷冲模及冲头，也用于制作中小尺寸冷作模具
2-5	T31209	9Cr2	与Cr2钢性能基本相似，但韧性好于Cr2钢。适宜制造木工工具、冷轧辊、冷冲模及冲头、钢印冲孔模等
2-6	T30800	W	在非合金工具钢基础上添加一定量的W，热处理后具有更高的硬度和耐磨性，且过热敏感性小，热处理变形小，回火稳定性好等特点。适宜制造小型麻花钻头，也可用于制造丝锥、锉刀、板牙，以及温度不高、切削速度不快的工具

表 C.3 耐冲击工具用钢的主要特点及用途

序号	统一数字代号	牌 号	主要特点及用途
3-1	T40294	4CrW2Si	在铬硅钢的基础上添加一定量的钨，具有一定的淬透性和高温强度。适宜制造高冲击载荷下操作的工具，如风动工具、冲裁切边复合模、冲模、冷切用的剪刀等冲剪工具，以及部分小型热作模具
3-2	T40295	5CrW2Si	在铬硅钢的基础上添加一定量的钨，具有一定的淬透性和高温强度。适宜制造冷剪金属的刀片、铲搓丝板的铲刀、冷冲裁和切边的凹模，以及长期工作的木工工具等
3-3	T40296	6CrW2Si	在铬硅钢的基础上添加一定量的钨，淬火硬度较高，有一定的高温强度。适宜制造承受冲击载荷而有要求耐磨性高的工具，如风动工具、凿子和模具，冷剪机刀片，冲裁切边用凹槽，空气锤用工具等
3-4	T40356	6CrMnSi2Mo1V	相当于ASTM A681中S5钢。具有较高的淬透性和耐磨性、回火稳定性，钢种淬火温度较低，模具使用过程很少发生崩刃和断裂，适宜制造在高冲击载荷下操作的工具、冲模、冷冲裁切边用凹模等
3-5	T40355	5Cr3MnSiMo1	相当于ASTM A681中S7钢。淬透性较好，有较高的强度和回火稳定性，综合性能良好。适宜制造在较高温度、高冲击载荷下工作的工具、冲模，也可用于制造锤锻模具
3-6	T40376	6CrW2SiV	中碳油淬型耐冲击冷作工具钢，具有良好的耐冲击和耐磨损性能的配合。同时具有良好的抗疲劳性能和高的尺寸稳定性。适宜制作刀片、冷成型工具和精密冲裁模以及热冲孔工具等

表 C.4 轧辊用钢的主要特点及用途

序号	统一数字代号	牌号	主要特点及用途
4-1	T42239	9Cr2V	2%Cr 系列,高碳含量保证轧辊有高硬度;加铬,可增加钢的淬透性;加钒,可提高钢的耐磨性和细化钢的晶粒。适宜制作冷轧工作辊、支承辊等
4-2	T42309	9Cr2Mo	2%Cr 系列,高碳含量保证轧辊有高硬度,加铬、钼可增加钢的淬透性和耐磨性。该类钢锻造性能良好,控制较低的终锻温度与合适的变形量可细化晶粒,消除沿晶界分布的网状碳化物,并使其均匀分布。适宜制作冷轧工作辊、支承辊和矫正辊
4-3	T42319	9Cr2MoV	2%Cr 系列,但综合性能优于 9Cr2 系列钢。若采用电渣重熔工艺生产,其辊坯的性能更优良。适宜制造冷轧工作辊、支承辊和矫正辊
4-4	T42518	8Cr3NiMoV	3%Cr 系列,经淬火及冷处理后的淬硬层深度可达 30 mm 左右。用于制作冷轧工作辊,使用寿命高于含 2%铬钢
4-5	T42519	9Cr5NiMoV	即 MC5 钢,淬透性高,其成品轧辊单边的淬硬层可达 35 mm～40 mm(≥HSD85),耐磨性好,适宜制造要求淬硬层深,轧制条件恶劣,抗事故性高的冷轧辊

表 C.5 冷作模具用钢的主要特点及用途

序号	统一数字代号	牌号	主要特点及用途
5-1	T20019	9Mn2V	具有较高的硬度和耐磨性,淬火时变形较小,淬透性好。适宜制造各种精密量具、样板,也可用于制造尺寸较小的冲模及冷压模、雕刻模、落料模等,以及机床的丝杆等结构件
5-2	T20299	9CrWMn	具有一定的淬透性和耐磨性,淬火变形较小,碳化物分布均匀且颗粒细小,适宜制作截面不大而变形复杂的冷冲模
5-3	T21290	CrWMn	油淬钢。由于钨形成碳化物,在淬火和低温回火后比 9SiCr 钢具有更多的过剩碳化物,更高的硬度和耐磨性和较好的韧性。但该钢对形成碳化物网较敏感,若有网状碳化物的存在,工模具的刃部有剥落的危险,从而降低工模具的使用寿命。有碳化物网的钢必须根据其严重程度进行锻造或正火。适宜制作丝锥、板牙、铰刀、小型冲模等
5-4	T20250	MnCrWV	国际广泛采用的高碳低合金油淬钢,具有较高的淬透性,热处理变形小,硬度高,耐磨性较好。适宜制作钢板冲裁模,剪切刀,落料模,量具和热固性塑料成型模等
5-5	T21347	7CrMn2Mo	空淬钢,热处理变形小,适宜制作需要接近尺寸公差的制品如修边模、塑料模、压弯工具、冲切模和精压模等
5-6	T21355	5Cr8MoVSi	ASTM A681 中 A8 钢的改良钢种,具有良好淬透性、韧性、热处理尺寸稳定性。适宜制作硬度在 HRC55～HRC60 的冲头和冷锻模具。也可用于制作非金属刀具材料
5-7	T21357	7CrSiMnMoV	火焰淬火钢,淬火温度范围宽,淬透性良好,空冷即可淬硬,硬度达到 HRC62～HRC64,具有淬火操作方便,成本低,过热敏感性小,空冷变形小等优点,适宜制作汽车冷弯模具
5-8	T21350	Cr8Mo2SiV	高韧性、高耐磨性钢,具有高的淬透性和耐磨性,淬火时尺寸变化小等特点,适宜制作冷剪切模、切边模、滚边模、量规、拉丝模、搓丝板、冷冲模等

表 C.5（续）

序号	统一数字代号	牌 号	主要特点及用途
5-9	T21320	Cr4W2MoV	具有较高的淬透性、淬硬性、耐磨性和尺寸稳定性，适宜制作各种冲模、冷镦模、落料模、冷挤凹模及搓丝板等工模具
5-10	T21386	6Cr4W3Mo2VNb	即 65Nb 钢。加入铌以提高钢的强韧性和改善工艺性。适宜制作冷挤压、厚板冷冲、冷镦等承受较大载荷的冷作模具，也可用于制作温热挤压模具
5-11	T21836	6W6Mo5Cr4V	低碳型高速钢，较 W6Mo5Cr4V2 的碳、钒含量均低，具有较高的韧性，用于冷作模具钢，主要用于制作钢铁材料冷挤压模具
5-12	T21830	W6Mo5Cr4V2	钨钼系高速钢的代表牌号。具有韧性高，热塑好，耐磨性、红硬性高等特点。用于冷作模具钢，适宜制作各种类型的工具，大型热塑成型的刀具；还可以制作高负荷下耐磨性零件，如冷挤压模具，温挤压模具等
5-13	T21209	Cr8	具有较好的淬透性和高的耐磨性，适宜制作要求耐磨性较高的各类冷作模具钢，与 Cr12 相比具有较好的韧性
5-14	T21200	Cr12	相当于 ASTM A681 中 D3 钢，具有良好的耐磨性，适宜制作受冲击负荷较小的要求较高耐磨的冷冲模及冲头、冷剪切刀、钻套、量规、拉丝模等
5-15	T21290	Cr12W	莱氏体钢。具有较高的耐磨性和淬透性，但塑性、韧性较低。适宜制作高强度、高耐磨性，且受热不大于 300 ℃～400 ℃的工模具，如钢板深拉伸模、拉丝模，螺纹搓丝板、冷冲模、剪切刀、锯条等
5-16	T21317	7Cr7Mo2V2Si	比 Cr12 钢和 W6Mo5Cr4V2 钢具有更高的强度和韧性，更好地耐磨性，且冷热加工的工艺性能优良，热处理变形小，通用性强，适宜制作承受高负荷的冷挤压模具，冷镦模具、冷冲模具等
5-17	T21318	Cr5Mo1V	空淬钢，具有良好的空淬特性，耐磨性介于高碳油淬模具钢和高碳高铬耐磨型模具钢之间，但其韧性较好，通用性强，特别适宜制作既要求好的耐磨性又要求好的韧性工模具，如下料模和成型模、轧辊、冲头、压延模和滚丝模等
5-18	T21319	Cr12MoV	莱氏体钢。具有高的淬透性和耐磨性，淬火时尺寸变化小，比 Cr12 钢的碳化物分布均匀和较高的韧性。适宜制作形状复杂的冲孔模、冷剪切刀、拉伸模、拉丝模、搓丝板、冷挤压模、量具等
5-19	T21310	Cr12Mo1V1	莱氏体钢。具有高的淬透性、淬硬性和高的耐磨性；高温抗氧化性能好，热处理变形小；适宜制作各种高精度、长寿命的冷作模具、刃具和量具，如形状复杂的冲孔凹模、冷挤压模、滚丝轮、搓丝板、冷剪切刀和精密量具等

表 C.6　热作模具用钢的主要特点及用途

序号	统一数字代号	牌 号	主要特点及用途
6-1	T22345	5CrMnMo	具有与 5CrNiMo 相似的性能，淬透性较 5CrNiMo 略差，在高温下工作，耐热疲劳性逊于 5CrNiMo，适宜制作要求具有较高强度和高耐磨性的各种类型的锻模
6-2	T22505	5CrNiMo	具有良好的韧性、强度和较高的耐磨性，在加热到 500 ℃时仍能保持硬度在 HBW300 左右。由于含有 Mo 元素，钢对回火脆性不敏感，适宜制作各种大、中型锻模
6-3	T23504	4CrNi4Mo	具有良好的淬透性、韧性和抛光性能，可空冷硬化。适宜制作热作模具和塑料模具，也可用于制作部分冷作模具

表 C.6（续）

序号	统一数字代号	牌 号	主要特点及用途
6-4	T23514	4Cr2NiMoV	5CrMnMo 钢的改进型，具有较高的室温强度及韧性，较好的回火稳定性、淬透性及抗热疲劳性能。适宜制作热锻模具
6-5	T23515	5CrNi2MoV	与 5CrNiMo 钢类似，具有良好的淬透性和热稳定性。适宜制作大型锻压模具和热剪
6-6	T23535	5Cr2NiMoVSi	具有良好的淬透性和热稳定性。适宜制作各种大型热锻模
6-7	T23208	8Cr3	具有一定的室温、高温力学性能。适宜制作热冲孔模的冲头，热切边模的凹模镶块，热顶锻模，热弯曲模，以及工作温度低于 500 ℃、受冲击较小且要求耐磨的工作零件，如热剪刀片等。也可用于制作冷轧工作辊
6-8	T23274	4Cr5W2VSi	压铸模用钢，在中温下具有较高的热强度、硬度、耐磨性、韧性和较好的热疲劳性能，可空冷硬化。适宜制作热挤压用的模具和芯棒，铝、锌等轻金属的压铸模，热顶锻结构钢和耐热钢用的工具，以及成型某些零件用的高速锤锻模
6-9	T23273	3Cr2W8V	在高温下具有高的强度和硬度(650 ℃时硬度 HBW300 左右)，抗冷热交变疲劳性能较好，但韧性较差。适宜制作高温下高应力、但不受冲击载荷的凸模、凹模，如平锻机上用的凸凹模、镶块、铜合金挤压模、压铸用模具；也可用来制作同时承受大压应力、弯应力、拉应力的模具，如反挤压模具等；还可以制作高温下受力的热金属切刀等
6-10	T23352	4Cr5MoSiV	具有良好的韧性、热强性和热疲劳性能，可空冷硬化。在较低的奥氏体化温度下空淬，热处理变形小，空淬时产生的氧化皮倾向较小，且可以抵抗熔融铝的冲蚀作用。适宜制作铝压铸模、热挤压模和穿孔芯棒、塑料模等
6-11	T23353	4Cr5MoSiV1	压铸模用钢，相当于 ASTM A681 中 H13 钢，具有良好的韧性和较好的热强性、热疲劳性能和一定的耐磨性。可空冷淬硬，热处理变形小。适宜制作铝、铜及其合金铸件用的压铸模，热挤压模、穿孔用的工具、芯棒、压机锻模、塑料模等
6-12	T22354	4Cr3Mo3SiV	相当于 ASTM A681 中 H10 钢，具有非常好的淬透性、很高的韧性和高温强度。适宜制作热挤压模、热冲模、热锻模、压铸模等
6-13	T23355	5Cr4Mo3SiMnVAl	热作、冷作兼用的模具钢。具有较高的热强性、高温硬度、抗回火稳定性，并具有较好的耐磨性、抗热疲劳性、韧性和热加工塑性。模具工作温度可达 700 ℃，抗氧化性好。用于热作模具钢时，其高温强度和热疲劳性能优于 3Cr2W8V 钢。用于冷作模具钢时，比 Cr12 型和低合金模具钢具有较高的韧性。主要用于轴承行业的热挤压模和标准件行业的冷镦模
6-14	T23364	4CrMnSiMoV	低合金大截面热锻模用钢，具有良好的淬透性、较高的热强性、耐热疲劳性能、耐磨性和韧性，较好抗回火性能和冷热加工性能等特点。主要用于制作 5CrNiMo 钢不能满足要求的、大型锤锻模和机锻模
6-15	T23375	5Cr5WMoSi	具有良好淬透性和韧性、热处理尺寸稳定性好和中等的耐磨性。适宜制作硬度在 HRC55～HRC60 的冲头。也适宜制作冷作模具、非金属刀具材料
6-16	T23324	4Cr5MoWVSi	具有良好的韧性和热强性。可空冷硬化，热处理变形小，空淬时产生的氧化皮倾向较小，而且可以抵抗熔融铝的冲蚀作用。适宜制作铝压铸模、锻压模、热挤压模和穿孔芯棒等
6-17	T23323	3Cr3Mo3W2V	ASTM A681 中 H10 改进型钢种，具有高的强韧性和抗冷热疲劳性能，热稳定性好。适宜制作热挤压模、热冲模、热锻模、压铸模等

表 C.6（续）

序号	统一数字代号	牌号	主要特点及用途
6-18	T23325	5Cr4W5Mo2V	具有较高的回火抗力和热稳定性，高的热强性、高温硬度和耐磨性，但其韧性和抗热疲劳性能低于4Cr5MoSiV1钢。适宜制作对高温强度和抗磨损性能有较高要求的热作模具，可替代3Cr2W8V
6-19	T23314	4Cr5Mo2V	4Cr5MoSiV1改进型钢，具有良好的淬透性、韧性、热强性、耐热疲劳性，热处理变形小等特点。适宜制作铝、铜及其合金的压铸模具，热挤压模、穿孔用的工具、芯棒
6-20	T23313	3Cr3Mo3V	具有较高热强性和韧性，良好的抗回火稳定性和疲劳性能。适宜制作镦锻模、热挤压模和压铸模等
6-21	T23314	4Cr5Mo3V	具有良好的高温强度、良好的抗回火稳定性和高抗热疲劳性。适宜制作热挤压模、温锻模和压铸模具和其他的热成型模具
6-22	T23393	3Cr3Mo3VCo3	具有高的热强性、良好的回火稳定性和耐抗热疲劳性等特点。适宜制作热挤压模、温锻模和压铸模具

表 C.7　塑料模具用钢的主要特点及用途

序号	统一数字代号	牌号	主要特点及用途
7-1	T10450	SM45	非合金塑料模具钢，切削加工性能好，淬火后具有较高的硬度，调质处理后具有良好的强韧性和一定的耐磨性，适宜制作中、小型的中、低档次的塑料模具
7-2	T10500	SM50	非合金塑料模具钢，切削加工性能好，适宜制作形状简单的小型塑料模具或精度要求不高、使用寿命不需要很长的塑料模具等，但焊接性能、冷变形性能差
7-3	T10550	SM55	非合金塑料模具钢，切削加工性能中等。适宜制作成形状简单的小型塑料模具或精度要求不高、使用寿命较短的塑料模具
7-4	T25303	3Cr2Mo	预硬型钢，相当于ASTM A681中的P20钢，其综合性能好，淬透性高，较大的截面钢材也可获得均匀的硬度，并且同时具有很好的抛光性能，模具表面光洁度高
7-5	T25553	3Cr2MnNiMo	预硬型钢，相当于瑞典ASSAB公司的718钢，其综合力学性能好，淬透性高，大截面钢材在调质处理后具有较均匀的硬度分布，有很好的抛光性能
7-6	T25344	4Cr2Mn1MoS	易切削预硬化型钢，其使用性能与3Cr2MnNiMo相似，但具有更优良的机械加工性能
7-7	T25378	8Cr2MnWMoVS	预硬化型易切削钢，适宜制作各种类型的塑料模、胶木模、陶土瓷料模以及印制板的冲孔模。由于淬火硬度高，耐磨性好，综合力学性能好，热处理变形小，也可用于制作精密的冷冲模具等
7-8	T25515	5CrNiMnMoVSCa	预硬化型易切削钢，钢中加入S元素改善钢的切削加工工艺性能，加入Ca元素主要是改善硫化物的组织形态，改善钢的力学性能，降低钢的各向异性。适宜制作各种类型的精密注塑模具、压塑模具和橡胶模具
7-9	T25512	2CrNiMoMnV	预硬化型镜面塑料模具钢，是3Cr2MnNiMo钢的改进型，其淬透性高、硬度均匀，并具有良好的抛光性能、电火花加工性能和蚀花（皮纹加工）性能，适用于渗氮处理，适宜制作大中型镜面塑料模具

表 C.7（续）

序号	统一数字代号	牌 号	主要特点及用途
7-10	T25572	2CrNi3MoAl	时效硬化钢。由于固溶处理工序是在切削加工制成模具之前进行的，从而避免了模具的淬火变形，因而模具的热处理变形小，综合力学性能好，适宜制作复杂、精密的塑料模具
7-11	T25611	1Ni3MnCuMoAl	即10Ni3MnCuAl，一种镍铜铝系时效硬化型钢，其淬透性好，热处理变形小，镜面加工性能好，适宜制作高镜面的塑料模具、高外观质量的家用电器塑料模具
7-12	A64060	06Ni6CrMoVTiAl	低合金马氏体时效钢，简称06Ni钢，经固溶处理(也可在粗加工后进行)后，硬度为HRC25～HRC28。在机械加工成所需要的模具形状和经钳工修整及抛光后，再进行时效处理。使硬度明显增加，模具变形小，可直接使用，保证模具有高的精度和使用寿命
7-13	A64000	00Ni18Co8Mo5TiAl	沉淀硬化型超高强度钢，简称18Ni(250)钢，具有高强韧性，低硬化指数，良好成形性和焊接性。适宜制作铝合金挤压模和铸件模、精密模具及冷冲模等工模具等
7-14	S42023	2Cr13	耐腐蚀型钢，属于Cr13型不锈钢，机械加工性能较好，经热处理后具有优良的耐腐蚀性能，较好的强韧性，适宜制作承受高负荷并在腐蚀介质作用下的塑料模具钢和透明塑料制品模具等
7-15	S42043	4Cr13	耐腐蚀型钢，属于Cr13型不锈钢，力学性能较好，经热处理(淬火及回火)后，具有优良的耐腐蚀性能、抛光性能、较高的强度和耐磨性，适宜制作承受高负荷并在腐蚀介质作用下的塑料模具钢和透明塑料制品模具等
7-16	T25444	4Cr13NiVSi	耐腐蚀预硬化型钢，属于Cr13型不锈钢，淬回火硬度高，有超镜面加工性，可预硬至HRC31～HRC35，镜面加工性好。适宜制作要求高精度、高耐磨、高耐蚀塑料模具；也用于制作透明塑料制品模具
7-17	T25402	2Cr17Ni2	耐腐蚀预硬化型钢，具有好的抛光性能；在玻璃模具的应用中具有好的抗氧化性。适宜制作耐腐蚀塑料模具，并且不用采用Cr、Ni涂层
7-18	T25303	3Cr17Mo	耐腐蚀预硬化型钢，属于Cr17型不锈钢，具有优良的强韧性和较高的耐蚀性，适宜制作各种类型的要求高精度、高耐磨，又要求耐蚀性的塑料模具和透明塑料制品模具
7-19	T25513	3Cr17NiMoV	耐腐蚀预硬化型钢，属于Cr17型不锈钢，具有优良的强韧性和较高的耐蚀性，适宜制作各种要求高精度、高耐磨，又要求耐蚀的塑料模具和压制透明的塑料制品模具
7-20	S44093	9Cr18	耐腐蚀、耐磨型钢，属于高碳马氏体钢，淬火后具有很高的硬度和耐磨性，较Cr17型马氏体钢的耐蚀性能有所改善，在大气、水及某些酸类和盐类的水溶液中有优良的不锈耐蚀性。适宜制作要求耐蚀、高强度和耐磨损的零部件，如轴、杆类、弹簧、紧固件等
7-21	S46993	9Cr18MoV	耐腐蚀、耐磨型钢，属于高碳铬不锈钢，基本性能和用途与9Cr18钢相近，但热强性和抗回火性能更好。适宜制作承受摩擦并在腐蚀介质中工作的零件，如量具、不锈切片机械刃具及剪切工具、手术刀片、高耐磨设备零件等

表 C.8　特殊用模具用钢的主要特点及用途

序号	统一数字代号	牌号	主要特点及用途
8-1	T26377	7Mn15Cr2Al3V2WMo	一种高 Mn-V 系无磁钢。在各种状态下都能保持稳定的奥氏体，具有非常低的导磁系数，高的硬度、强度，较好的耐磨性。适宜制作无磁模具、无磁轴承及其他要求在强磁场中不产生磁感应的结构零件。也可以用来制造在 700 ℃～800 ℃下使用的热作模具
8-2	S31049	2Cr25Ni20Si2	奥氏体型耐热钢，具有较好的抗一般耐蚀性能。最高使用温度可达 1 200 ℃。连续使用最高温度为 1 150 ℃；间歇使用最高温度为 1 050 ℃～1 100 ℃。适宜制作加热炉的各种构件，也用于制造玻璃模具等
8-3	S51740	0Cr17Ni4Cu4Nb	马氏体沉淀硬化不锈钢。含碳量低，其抗腐蚀性和可焊性比一般马氏体不锈钢好。此钢耐酸性能好、切削性好、热处理工艺简单。在 400 ℃以上长期使用时有脆化倾向，适宜制作工作温度 400 ℃以下，要求耐酸蚀性、高强度的部件；也适宜制作在腐蚀介质作用下要求高性能、高精密的塑料模具等
8-4	H21231	Ni25Cr15Ti2MoMn	即 GH2132B，Fe-25Ni-15Cr 基时效强化型高温合金，加入钼、钛、铝、钒和微量硼综合强化，特点是高温耐磨性好，高温抗变形能力强，高温抗氧化性能优良，无缺口敏感性，热疲劳性能优良。适宜制作在 650 ℃以下长期工作的高温承力部件和热作模具，如铜排模，热挤压模和内筒等
8-5	H07718	Ni53Cr19Mo3TiNb	即 In718 合金，以体心四方的 γ''相和面心立方的 γ'相沉淀强化的镍基高温合金，在合金中加入铝、钛以形成金属间化合物进行 γ'(Ni3AlTi)相沉淀强化。具有高温强度高，高温稳定性好，抗氧化性好，冷热疲劳性能及冲击韧性优异等特点，适宜制作 600 ℃以上使用的热锻模、冲头、热挤压模、压铸模等

附　录　D
（资料性附录）
工模具钢国内外标准牌号对照表

工模具钢国内外标准牌号对照表见表 D.1。

表 D.1　本标准牌号同 ASTM、JIS、ISO 标准牌号对照表

钢类	序号	本标准的牌号	ASTM A 686/ASTM A681	JIS G4401/JIS G4404	ISO 4957
刃具模具用非合金钢	1-1	T7	—	SK70	C70U
	1-2	T8	—	SK80	C80U
	1-3	T8Mn	W1-8	SK85	—
	1-4	T9	W1-8 1/2	SK90	C90U
	1-5	T10	W1-10	SK105	C105U
	1-6	T11	W1-11	—	—
	1-7	T12	W1-11 1/2	SK120	C120U
	1-8	T13	—	—	—
量具刃具用钢	2-1	9SiCr	—	—	—
	2-2	8MnSi	—	—	—
	2-3	Cr06	—	SKS8	—
	2-4	Cr2	L3	—	—
	2-5	9Cr2	—	—	—
	2-6	W	F1	SKS2	—
耐冲击工具用钢	3-1	4CrW2Si	—	SKS41	—
	3-2	5CrW2Si	S1	—	—
	3-3	6CrW2Si	—	—	—
	3-4	6CrMnSi2Mo1V	S5	—	—
	3-5	5Cr3MnSiMo1V	S7	—	—
	3-6	6CrW2SiV	—	—	60WCrV8
轧辊用钢	4-1	9Cr2V	—	—	—
	4-2	9Cr2Mo	—	—	—
	4-3	9Cr2MoV	—	—	—
	4-4	8Cr3NiMoV	—	—	—
	4-5	9Cr5NiMoV	—	—	—
冷作模具用钢	5-1	9Mn2V	02	—	—
	5-2	9CrWMn	01	SKS3	95MnCr5
	5-3	CrWMn	—	SKS31	—
	5-4	MnCrWV	—	—	95MnWCr5

表 D.1（续）

钢类	序号	本标准的牌号	ASTM A 686/ASTM A681	JIS G4401/JIS G4404	ISO 4957
冷作模具用钢	5-5	7CrMn2Mo	—	—	70MnMoCr8
	5-6	5Cr8MoVSi	—	—	—
	5-7	7CrSiMnMoV	—	—	—
	5-8	Cr8Mo2VSi	—	—	—
	5-9	Cr4W2MoV	—	—	—
	5-10	6Cr4W3Mo2VNb	—	—	—
	5-11	6W6Mo5Cr4V	—	—	—
	5-12	W6Mo5Cr4V2	—	—	—
	5-13	Cr8	—	—	—
	5-14	Cr12	D3	SKD1	X210Cr12
	5-15	Cr12W	—	SKD2	X210CrW12
	5-16	7Cr7Mo2V2Si	—	—	—
	5-17	Cr5Mo1V	A2	SKD12	X100CrMoV5
	5-18	Cr12MoV	—	—	—
	5-19	Cr12Mo1V1	D2	SKD10	X153CrMoV12
热作模具用钢	6-1	5CrMnMo	—	—	—
	6-2	5CrNiMo	L6	—	—
	6-3	4CrNi4Mo	—	SKT6	45CrNiMo16
	6-4	4Cr2NiMoV	—	—	—
	6-5	5CrNi2MoV	—	SKT4	55NiCrMoV7
	6-6	5Cr2NiMoVSi	—	—	—
	6-7	8Cr3	—	—	—
	6-8	4Cr5W2VSi	—	—	—
	6-9	3Cr2W8V	H21	SKD5	X30WCrV9-3
	6-10	4Cr5MoSiV	H11	SKD6	X37CrMoV5-1
	6-11	4Cr5MoSiV1	H13	SKD61	X40CrMoV5-1
	6-12	4Cr3Mo3SiV	H10	—	—
	6-13	5Cr4Mo3SiMnVA1	—	—	—
	6-14	4CrMnSiMoV	—	—	—
	6-15	5Cr5WMoSi	A8	—	—
	6-16	4Cr5MoWVSi	H12	—	X35CrWMoV5
	6-17	3Cr3Mo3W2V	—	—	—

表 D.1（续）

钢类	序号	本标准的牌号	ASTM A 686/ASTM A681	JIS G4401/JIS G4404	ISO 4957
热作模具用钢	6-18	5Cr4W5Mo2V	—	—	—
	6-19	4Cr5Mo2V	—	—	—
	6-20	3Cr3Mo3V	—	SKD7	32CrMoV12-28
	6-21	4Cr5Mo3V	—	—	—
	6-22	3Cr3Mo3VCo3	—	—	—
塑料模具钢	7-1	SM45	—	—	C45U
	7-2	SM50	—	—	—
	7-3	SM55	—	—	—
	7-4	3Cr2Mo	P20	—	35CrMo7
	7-5	3Cr2MnNiMo	—	—	40CrMnNiMo8-6-4
	7-6	4Cr2Mn1MoS	—	—	—
	7-7	8Cr2MnWMoVS	—	—	—
	7-8	5CrNiMnMoVSCa	—	—	—
	7-9	2CrNiMoMnV	—	—	—
	7-10	2CrNi3MoAl	—	—	—
	7-11	1Ni3MnCuAl	—	—	—
	7-12	06Ni6CrMoVTiAl	—	—	—
	7-13	00Ni18Co8Mo5TiAl	—	—	—
	7-14	2Cr13	—	—	—
	7-15	4Cr13	—	—	—
	7-16	4Cr13NiVSi	—	—	—
	7-17	2Cr17Ni2	—	—	—
	7-18	3Cr17Mo	—	—	X38CrMo16
	7-19	3Cr17NiMoV	—	—	—
	7-20	9Cr18	—	—	—
	7-21	9Cr18MoV	—	—	—
特殊用途模具钢	8-1	7Mn15Cr2Al3V2Mo	—	—	—
	8-2	2Cr25Ni20Si2	—	—	—
	8-3	0Cr17Ni4Cu4Nb	—	—	—
	8-4	Ni25Cr15Ti2MoMn	—	—	—
	8-5	Ni53Cr19Mo3TiNb	—	—	—

ICS 77.140.10;77.140.50
H 46

中华人民共和国国家标准

GB/T 1591—2008
代替 GB/T 1591—1994

低合金高强度结构钢

High strength low alloy structural steels

2008-12-06 发布　　2009-10-01 实施

中华人民共和国国家质量监督检验检疫总局
中国国家标准化管理委员会　发布

前　言

本标准参照 EN 10025:2004《结构钢热轧产品》对 GB/T 1591—1994《低合金高强度结构钢》进行修订。

本标准代替 GB/T 1591—1994《低合金高强度结构钢》。

与 GB/T 1591—1994 相比，本标准主要变化如下：

——扩大了标准的适用范围；

——增加了 Q500、Q550、Q620、Q690 强度级别，取消了 Q295 强度级别；

——修改了钢材化学成分的规定，加严了对磷、硫等有害元素的控制；

——增加了钢材碳当量及裂纹敏感系数的计算公式及规定；

——修改了钢材的交货状态，取消了调质钢的规定；

——修改了钢材力学性能值及厚度组距的规定，明确屈服强度为下屈服强度；

——提高了冲击吸收能量值；

——增加了各牌号钢的厚度方向性能要求。

本标准由中国钢铁工业协会提出。

本标准由全国钢标准化技术委员会归口。

本标准主要起草单位：鞍钢股份有限公司、冶金工业信息标准研究院、济钢集团有限公司、首钢总公司、江苏沙钢集团有限公司、湖南华菱涟源钢铁有限公司。

本标准主要起草人：刘徐源、朴志民、王晓虎、高玲、王丽萍、黄正玉、周鉴、马玉璞、陈寿琴。

本标准所代替标准的历次版本发布情况为：

——GB 1591—1979、GB 1591—1988、GB/T 1591—1994。

低合金高强度结构钢

1 范围

本标准规定了低合金高强度结构钢的牌号、尺寸、外形、重量及允许偏差、技术要求、试验方法、检验规则、包装、标志和质量证明书。

本标准适用于一般结构和工程用低合金高强度结构钢钢板、钢带、型钢、钢棒等。

2 规范性引用文件

下列文件中的条款通过本标准的引用而成为本标准的条款。凡是注日期的引用文件，其随后所有的修改单(不包括勘误的内容)或修订版均不适用于本标准，然而，鼓励根据本标准达成协议的各方研究是否可使用这些文件的最新版本。凡是不注日期的引用文件，其最新版本适用于本标准。

GB/T 222 钢的成品化学成分允许偏差

GB/T 223.5 钢铁 酸溶硅和全硅含量的测定 还原型硅酸盐分光光度法

GB/T 223.9 钢铁及合金 铝含量的测定 铬天青S分光光度法

GB/T 223.12 钢铁及合金化学分析方法 碳酸钠分离-二苯碳酰二肼光度法测定铬量

GB/T 223.14 钢铁及合金化学分析方法 钽试剂萃取光度法测定钒含量

GB/T 223.16 钢铁及合金化学分析方法 变色酸光度法测定钛量

GB/T 223.19 钢铁及合金化学分析方法 新亚铜灵-三氯甲烷萃取光度法测定铜量

GB/T 223.23 钢铁及合金 镍含量的测定 丁二酮肟分光光度法

GB/T 223.26 钢铁及合金 钼含量的测定 硫氰酸盐分光光度法

GB/T 223.37 钢铁及合金化学分析方法 蒸馏分离-靛酚蓝光度法测定氮量

GB/T 223.40 钢铁及合金 铌含量的测定 氯磺酚S分光光度法

GB/T 223.62 钢铁及合金化学分析方法 乙酸丁酯萃取光度法测定磷量

GB/T 223.63 钢铁及合金化学分析方法 高碘酸钠(钾)光度法测定锰量

GB/T 223.67 钢铁及合金 硫含量的测定 次甲基蓝分光光度法

GB/T 223.69 钢铁及合金 碳含量的测定 管式炉内燃烧后气体容量法

GB/T 223.78 钢铁及合金化学分析方法 姜黄素直接光度法测定硼含量

GB/T 228 金属材料 室温拉伸试验方法(GB/T 228—2002,eqv ISO 6892:1998)

GB/T 229 金属材料 夏比摆锤冲击试验方法(GB/T 229—2007,ISO 148-1:2006,MOD)

GB/T 232 金属材料 弯曲试验方法(GB/T 232—1999,eqv ISO 7438:1985)

GB/T 247 钢板和钢带 包装、标志及质量证明书的一般规定

GB/T 2101 型钢验收、包装、标志及质量证明书的一般规定

GB/T 2975 钢及钢产品 力学性能试验取样位置及试样的制备(GB/T 2975—1998,eqv ISO 377:1997)

GB/T 4336 碳素钢和中低合金钢 火花源原子发射光谱分析方法(常规法)

GB/T 5313 厚度方向性能钢板(GB/T 5313—1985,eqv ISO 7778:1983)

GB/T 17505 钢及钢产品交货一般技术要求(GB/T 17505—1998,eqv ISO 404:1992)

GB/T 20066 钢和铁 化学成分测定用试样的取样和制样方法(GB/T 20066—2006,ISO 14284:

1996,IDT)

GB/T 20125 低合金钢 多元素含量的测定 电感耦合等离子体原子发射光谱法

YB/T 081 冶金技术标准的数值修约与检测数据的判定原则

3 术语和定义

3.1

热机械轧制 thermomechanical rolling

最终变形在某一温度范围内进行,使材料获得仅仅依靠热处理不能获得的特定性能的轧制工艺。

注1:轧制后如果加热到580 ℃可能导致材料强度值的降低。如果确实需要加热到580 ℃以上,则应由供方进行。

注2:热机械轧制交货状态可以包括加速冷却、或加速冷却并回火(包括自回火),但不包括直接淬火或淬火加回火。

3.2

正火轧制 normalizing rolling

最终变形是在某一温度范围内进行,使材料获得与正火后性能相当的轧制工艺。

4 牌号表示方法

钢的牌号由代表屈服强度的汉语拼音字母、屈服强度数值、质量等级符号三个部分组成。例如:Q345D。其中:

Q——钢的屈服强度的“屈”字汉语拼音的首位字母;

345——屈服强度数值,单位 MPa;

D——质量等级为D级。

当需方要求钢板具有厚度方向性能时,则在上述规定的牌号后加上代表厚度方向(Z向)性能级别的符号,例如:Q345DZ15。

5 尺寸、外形、重量及允许偏差

尺寸、外形、重量及允许偏差应符合相应标准的规定。

6 技术要求

6.1 牌号及化学成分

6.1.1 钢的牌号及化学成分(熔炼分析)应符合表1的规定。

6.1.2 当需要加入细化晶粒元素时,钢中应至少含有Al、Nb、V、Ti中的一种。加入的细化晶粒元素应在质量证明书中注明含量。

6.1.3 当采用全铝(Al_t)含量表示时,Al_t 应不小于0.020%。

6.1.4 钢中氮元素含量应符合表1的规定,如供方保证,可不进行氮元素含量分析。如果钢中加入Al、Nb、V、Ti等具有固氮作用的合金元素,氮元素含量不作限制,固氮元素含量应在质量证明书中注明。

6.1.5 各牌号的Cr、Ni、Cu作为残余元素时,其含量各不大于0.30%,如供方保证,可不作分析;当需要加入时,其含量应符合表1的规定或由供需双方协议规定。

6.1.6 为改善钢的性能,可加入RE元素时,其加入量按钢水重量的0.02%~0.20%计算。

6.1.7 在保证钢材力学性能符合本标准规定的情况下,各牌号A级钢的C、Si、Mn化学成分可不作交货条件。

表 1

牌号	质量等级	化学成分[a,b](质量分数)/%														
		C	Si	Mn	P	S	Nb	V	Ti	Cr	Ni	Cu	N	Mo	B	Als
					不大于											不小于
Q345	A	≤0.20	≤0.50	≤1.70	0.035	0.035	0.07	0.15	0.20	0.30	0.50	0.30	0.012	0.10	—	—
	B				0.035	0.035										
	C				0.030	0.030										0.015
	D	≤0.18			0.030	0.025										
	E				0.025	0.020										
Q390	A	≤0.20	≤0.50	≤1.70	0.035	0.035	0.07	0.20	0.20	0.30	0.50	0.30	0.015	0.10	—	—
	B				0.035	0.035										
	C				0.030	0.030										0.015
	D				0.030	0.025										
	E				0.025	0.020										
Q420	A	≤0.20	≤0.50	≤1.70	0.035	0.035	0.07	0.20	0.20	0.30	0.80	0.30	0.015	0.20	—	—
	B				0.035	0.035										
	C				0.030	0.030										0.015
	D				0.030	0.025										
	E				0.025	0.020										
Q460	C	≤0.20	≤0.60	≤1.80	0.030	0.030	0.11	0.20	0.20	0.30	0.80	0.55	0.015	0.20	0.004	0.015
	D				0.030	0.025										
	E				0.025	0.020										
Q500	C	≤0.18	≤0.60	≤1.80	0.030	0.030	0.11	0.12	0.20	0.60	0.80	0.55	0.015	0.20	0.004	0.015
	D				0.030	0.025										
	E				0.025	0.020										

表 1（续）

牌　号	质量等级	化学成分[a,b]（质量分数）/%														
		C	Si	Mn	P	S	Nb	V	Ti	Cr	Ni	Cu	N	Mo	B	Als
					不大于											不小于
Q550	C	≤0.18	≤0.60	≤2.00	0.030	0.030	0.11	0.12	0.20	0.80	0.80	0.80	0.015	0.30	0.004	0.015
	D				0.030	0.025										
	E				0.025	0.020										
Q620	C	≤0.18	≤0.60	≤2.00	0.030	0.030	0.11	0.12	0.20	1.00	0.80	0.80	0.015	0.30	0.004	0.015
	D				0.030	0.025										
	E				0.025	0.020										
Q690	C	≤0.18	≤0.60	≤2.00	0.030	0.030	0.11	0.12	0.20	1.00	0.80	0.80	0.015	0.30	0.004	0.015
	D				0.030	0.025										
	E				0.025	0.020										

a 型材及棒材 P、S 含量可提高 0.005%，其中 A 级钢上限可为 0.045%。

b 当细化晶粒元素组合加入时，20(Nb+V+Ti)≤0.22%，20(Mo+Cr)≤0.30%。

6.1.8 各牌号除A级钢以外的钢材，当以热轧、控轧状态交货时，其最大碳当量值应符合表2的规定；当以正火、正火轧制、正火加回火状态交货时，其最大碳当量值应符合表3的规定；当以热机械轧制(TMCP)或热机械轧制加回火状态交货时，其最大碳当量值应符合表4的规定。碳当量(CEV)应由熔炼分析成分并采用公式(1)计算。

$$CEV = C + Mn/6 + (Cr + Mo + V)/5 + (Ni + Cu)/15 \quad \cdots\cdots(1)$$

表2 热轧、控轧状态交货钢材的碳当量

牌号	碳当量(CEV)/%		
	公称厚度或直径≤63 mm	公称厚度或直径>63 mm～250 mm	公称厚度>250 mm
Q345	≤0.44	≤0.47	≤0.47
Q390	≤0.45	≤0.48	≤0.48
Q420	≤0.45	≤0.48	≤0.48
Q460	≤0.46	≤0.49	—

表3 正火、正火轧制、正火加回火状态交货钢材的碳当量

牌号	碳当量(CEV)/%		
	公称厚度≤63 mm	公称厚度>63 mm～120 mm	公称厚度>120 mm～250 mm
Q345	≤0.45	≤0.48	≤0.48
Q390	≤0.46	≤0.48	≤0.49
Q420	≤0.48	≤0.50	≤0.52
Q460	≤0.53	≤0.54	≤0.55

表4 热机械轧制(TMCP)或热机械轧制加回火状态交货钢材的碳当量

牌号	碳当量(CEV)/%		
	公称厚度≤63 mm	公称厚度>63 mm～120 mm	公称厚度>120 mm～150 mm
Q345	≤0.44	≤0.45	≤0.45
Q390	≤0.46	≤0.47	≤0.47
Q420	≤0.46	≤0.47	≤0.47
Q460	≤0.47	≤0.48	≤0.48
Q500	≤0.47	≤0.48	≤0.48
Q550	≤0.47	≤0.48	≤0.48
Q620	≤0.48	≤0.49	≤0.49
Q690	≤0.49	≤0.49	≤0.49

6.1.9 热机械轧制(TMCP)或热机械轧制加回火状态交货钢材的碳含量不大于0.12%时，可采用焊接裂纹敏感性指数(Pcm)代替碳当量评估钢材的可焊性。Pcm应由熔炼分析成分并采用公式(2)计算，其值应符合表5的规定。

$$Pcm = C + Si/30 + Mn/20 + Cu/20 + Ni/60 + Cr/20 + Mo/15 + V/10 + 5B \quad \cdots\cdots(2)$$

经供需双方协商，可指定采用碳当量或焊接裂纹敏感性指数作为衡量可焊性的指标，当未指定时，供方可任选其一。

表5 热机械轧制(TMCP)或热机械轧制加回火状态交货钢材 Pcm 值

牌　　号	Pcm/%
Q345	≤0.20
Q390	≤0.20
Q420	≤0.20
Q460	≤0.20
Q500	≤0.25
Q550	≤0.25
Q620	≤0.25
Q690	≤0.25

6.1.10 钢材、钢坯的化学成分允许偏差应符合 GB/T 222 的规定。

6.1.11 当需方要求保证厚度方向性能钢材时,其化学成分应符合 GB/T 5313 的规定。

6.2 冶炼方法

钢由转炉或电炉冶炼,必要时加炉外精炼。

6.3 交货状态

钢材以热轧、控轧、正火、正火轧制或正火加回火、热机械轧制(TMCP)或热机械轧制加回火状态交货。

6.4 力学性能及工艺性能

6.4.1 拉伸试验

钢材拉伸试验的性能应符合表6的规定。

6.4.2 夏比(V型)冲击试验

6.4.2.1 钢材的夏比(V型)冲击试验的试验温度和冲击吸收能量应符合表7的规定。

6.4.2.2 厚度不小于 6 mm 或直径不小于 12 mm 的钢材应做冲击试验,冲击试样尺寸取 10 mm×10 mm×55 mm 的标准试样;当钢材不足以制取标准试样时,应采用 10 mm×7.5 mm×55 mm 或 10 mm×5 mm×55 mm 小尺寸试样,冲击吸收能量应分别为不小于表7规定值的75%或50%,优先采用较大尺寸试样。

6.4.2.3 钢材的冲击试验结果按一组3个试样的算术平均值进行计算,允许其中有1个试验值低于规定值,但不应低于规定值的70%,否则,应从同一抽样产品上再取3个试样进行试验,先后6个试样试验结果的算术平均值不得低于规定值,允许有2个试样的试验结果低于规定值,但其中低于规定值70%的试样只允许有一个。

6.4.3 Z向钢厚度方向断面收缩率应符合 GB/T 5313 的规定。

表 6　钢材的拉伸性能

牌号	质量等级	拉伸试验[a,b,c]																					
		以下公称厚度(直径,边长)下屈服强度(R_{eL})/MPa									以下公称厚度(直径,边长)抗拉强度(R_m)/MPa							断后伸长率(A)/% 公称厚度(直径,边长)					
		≤16 mm	>16 mm ~ 40 mm	>40 mm ~ 63 mm	>63 mm ~ 80 mm	>80 mm ~ 100 mm	>100 mm ~ 150 mm	>150 mm ~ 200 mm	>200 mm ~ 250 mm	>250 mm ~ 400 mm	≤40 mm	>40 mm ~ 63 mm	>63 mm ~ 80 mm	>80 mm ~ 100 mm	>100 mm ~ 150 mm	>150 mm ~ 250 mm	>250 mm ~ 400 mm	≤40 mm	>40 mm ~ 63 mm	>63 mm ~ 100 mm	>100 mm ~ 150 mm	>150 mm ~ 250 mm	>250 mm ~ 400 mm
Q345	A	≥345	≥335	≥325	≥315	≥305	≥285	≥275	≥265	—	470~630	470~630	470~630	470~630	450~600	450~600	—	≥20	≥19	≥19	≥18	≥17	—
	B																						
	C																						
	D									≥265							450~600	≥21	≥20	≥20	≥19	≥18	≥17
	E																						
Q390	A	≥390	≥370	≥350	≥330	≥330	≥310	—	—	—	490~650	490~650	490~650	490~650	470~620	—	—	≥20	≥19	≥19	≥18	—	—
	B																						
	C																						
	D																						
	E																						
Q420	A	≥420	≥400	≥380	≥360	≥360	≥340	—	—	—	520~680	520~680	520~680	520~680	500~650	—	—	≥19	≥18	≥18	≥18	—	—
	B																						
	C																						
	D																						
	E																						
Q460	C	≥460	≥440	≥420	≥400	≥400	≥380	—	—	—	550~720	550~720	550~720	550~720	530~700	—	—	≥17	≥16	≥16	≥16	—	—
	D																						
	E																						

表 6（续）

牌号	质量等级	拉伸试验[a,b,c]																					
		以下公称厚度（直径，边长）下屈服强度（R_{eL}）/MPa									以下公称厚度（直径，边长）抗拉强度（R_m）/MPa							断后伸长率（A）/% 公称厚度（直径，边长）					
		≤16 mm	>16 mm～40 mm	>40 mm～63 mm	>63 mm～80 mm	>80 mm～100 mm	>100 mm～150 mm	>150 mm～200 mm	>200 mm～250 mm	>250 mm～400 mm	≤40 mm	>40 mm～63 mm	>63 mm～80 mm	>80 mm～100 mm	>100 mm～150 mm	>150 mm～250 mm	>250 mm～400 mm	≤40 mm	>40 mm～63 mm	>63 mm～100 mm	>100 mm～150 mm	>150 mm～250 mm	>250 mm～400 mm
Q500	C																						
	D	≥500	≥480	≥470	≥450	≥440	—	—	—	—	610～770	600～760	590～750	540～730	—	—	—	≥17	≥17	≥17	—	—	—
	E																						
Q550	C																						
	D	≥550	≥530	≥520	≥500	≥490	—	—	—	—	670～830	620～810	600～790	590～780	—	—	—	≥16	≥16	≥16	—	—	—
	E																						
Q620	C																						
	D	≥620	≥600	≥590	≥570	—	—	—	—	—	710～880	690～880	670～860	—	—	—	—	≥15	≥15	≥15	—	—	—
	E																						
Q690	C																						
	D	≥690	≥670	≥660	≥640	—	—	—	—	—	770～940	750～920	730～900	—	—	—	—	≥14	≥14	≥14	—	—	—
	E																						

[a] 当屈服不明显时，可测量 $R_{p0.2}$ 代替下屈服强度。

[b] 宽度不小于 600 mm 扁平材，拉伸试验取横向试样；宽度小于 600 mm 的扁平材、型材及棒材取纵向试样，断后伸长率最小值相应提高 1%（绝对值）。

[c] 厚度>250 mm～400 mm 的数值适用于扁平材。

表 7　夏比(V 型)冲击试验的试验温度和冲击吸收能量

牌　号	质量等级	试验温度/℃	冲击吸收能量(KV_2)[a]/J		
			公称厚度(直径、边长)		
			12 mm～150 mm	>150 mm～250 mm	>250 mm～400 mm
Q345	B	20	≥34	≥27	—
	C	0			
	D	−20			27
	E	−40			
Q390	B	20	≥34	—	—
	C	0			
	D	−20			
	E	−40			
Q420	B	20	≥34	—	—
	C	0			
	D	−20			
	E	−40			
Q460	C	0	≥34	—	—
	D	−20		—	—
	E	−40		—	—
Q500、Q550、Q620、Q690	C	0	≥55	—	—
	D	−20	≥47	—	—
	E	−40	≥31	—	—

[a] 冲击试验取纵向试样。

6.4.4　当需方要求做弯曲试验时，弯曲试验应符合表 8 的规定。当供方保证弯曲合格时，可不做弯曲试验。

表 8　弯曲试验

牌　号	试　样　方　向	180°弯曲试验 [d=弯心直径，a=试样厚度(直径)]	
		钢材厚度(直径，边长)	
		≤16 mm	>16 mm～100 mm
Q345 Q390 Q420 Q460	宽度不小于 600 mm 扁平材，拉伸试验取横向试样。宽度小于 600 mm 的扁平材、型材及棒材取纵向试样	$2a$	$3a$

6.5　表面质量

钢材的表面质量应符合相关产品标准的规定。

6.6　特殊要求

6.6.1　根据供需双方协议，钢材可进行无损检验，其检验标准和级别应在协议或合同中明确。

6.6.2　根据供需双方协议，可按本标准订购具有厚度方向性能要求的钢材。

6.6.3 根据供需双方协议，钢材也可进行其他项目的检验。

7 试验方法

钢材的各项检验的检验项目、取样数量、取样方法和试验方法应符合表 9 的规定。

表 9 钢材各项检验的检验项目、取样数量、取样方法和试验方法

序 号	检验项目	取样数量/个	取样方法	试验方法
1	化学成分(熔炼分析)	1/炉	GB/T 20066	GB/T 223、GB/T4336、GB/T 20125
2	拉伸试验	1/批	GB/T 2975	GB/T 228
3	弯曲试验	1/批	GB/T 2975	GB/T 232
4	冲击试验	3/批	GB/T 2975	GB/T 229
5	*Z* 向钢厚度方向断面收缩率	3/批	GB/T 5313	GB/T 5313
6	无损检验	逐张或逐件	按无损检验标准规定	协商
7	表面质量	逐张/逐件	—	目视及测量
8	尺寸、外形	逐张/逐件	—	合适的量具

8 检验规则

8.1 检查和验收

钢材的检查和验收由供方进行，需方有权对本标准或合同中所规定的任一检验项目进行检查和验收。

8.2 组批

钢材应成批验收。每批应由同一牌号、同一质量等级、同一炉罐号、同一规格、同一轧制制度或同一热处理制度的钢材组成，每批重量不大于 60 t。钢带的组批重量按相应产品标准规定。

各牌号的 A 级钢或 B 级钢允许同一牌号、同一质量等级、同一冶炼和浇注方法、不同炉罐号组成混合批。但每批不得多于 6 个炉罐号，且各炉罐号 C 含量之差不得大于 0.02%，Mn 含量之差不得大于 0.15%。

对于 *Z* 向钢的组批，应符合 GB/T 5313 的规定。

8.3 复验与判定规则

8.3.1 力学性能的复验与判定

钢材的冲击试验结果不符合 6.4.2.3 的规定时，抽样钢材应不予验收，再从该试验单元的剩余部分取两个抽样产品，在每个抽样产品上各选取新的一组 3 个试样，这两组试样的试验结果均应合格，否则该批钢材应拒收。钢材拉伸试验的复验与判定应符合 GB/T 17505 的规定。

8.3.2 其他检验项目的复验与判定

钢材的其他检验项目的复验与判定应符合 GB/T 17505 的规定。

8.4 力学性能和化学成分试验结果的修约

除非在合同或订单中另有规定，当需要评定试验结果是否符合规定值，所给出力学性能和化学成分试验结果应修约到与规定值的数位相一致，其修约方法应按 YB/T 081 的规定进行。碳当量应先按公式计算后修约。

9 包装、标志和质量证明书

钢材的包装、标志和质量证明书应符合 GB/T 247、GB/T 2101 的规定。

ICS 77.140.60
H 40

中华人民共和国国家标准

GB/T 3077—2015
代替 GB/T 3077—1999

合金结构钢

Alloy structure steels

2015-12-10 发布　　　　2016-11-01 实施

中华人民共和国国家质量监督检验检疫总局
中国国家标准化管理委员会　发布

前　言

本标准按照 GB/T 1.1—2009 给出的规则起草。

本标准代替 GB/T 3077—1999《合金结构钢》。

本标准与 GB/T 3077—1999 相比，主要技术内容修改如下：

——修改了按冶金质量分类的要求（见表 2、表 4、6.7 和 6.8，1999 年版表 2，表 4）；

——含硼钢的 B 含量下限由 0.000 5%调整为 0.000 8%（见表 1）；

——删除所有带字母“A”的牌号，但同一牌号化学成分调整为原带字母 A 牌号的化学成分（见表 1，1999 年版表 1）；

——增加了 25MnB、35MnB、25CrMo、50CrMo、34CrNi2、15CrNiMo、30CrNiMo、30Cr2Ni2Mo、30Cr2Ni4Mo、34Cr2Ni2Mo、35Cr2Ni4Mo、40CrNi2Mo 等 12 个牌号及相关技术要求（见表 1 和表 3，1999 年版表 1 和表 3）；

——调整了钢中硫、磷含量（见表 2，1999 年版表 2）；

——将表面缺陷细分为缺陷和缺欠（见 6.10，1999 年版 6.6）；

——修改了表面质量描述，并纳入 GB/T 28300 标准规定（见 6.10，1999 年版 6.6）；

——修改了“非金属夹杂物”要求（见 6.7，1999 年版 6.9）；

——增加了“晶粒度”要求（见 6.8）；

——修改了“特殊要求”（见 6.11，1999 年版 6.10）；

——增加了数值修约要求（见 7.2）；

——增加了本标准牌号与国外标准相似牌号对照表（见附录 A）。

本标准由国家钢铁工业协会提出。

本标准由全国钢标准化技术委员会（SAC/TC 183）归口。

本标准起草单位：大冶特殊钢股份有限公司、冶金工业信息标准研究院、宝钢特钢有限公司、石家庄钢铁有限责任公司、福建省三钢（集团）有限责任公司、苏州苏信特钢有限公司、湖北三环锻造有限公司、北京交通大学。

本标准主要起草人：黄成钢、李博鹏、栾燕、戴强、张淑平、孟瑞瑛、刘建丰、别利芳、惠卫军、柳萍、石记斌、孙志诚、代合平、丁辉。

本标准所代替标准的历次版本发布情况为：

——GB/T 3077—1982，GB/T 3077—1988，GB/T 3077—1999。

合金结构钢

1 范围

本标准规定了合金结构钢的分类与代号、订货内容、尺寸、外形、重量及允许偏差、技术要求、试验方法、检验规则、包装、标志和质量证明书。

本标准适用于公称直径或厚度不大于250 mm的热轧和锻制合金结构钢棒材。经供需双方协商，也可供应公称直径或厚度大于250 mm热轧和锻制合金结构钢棒材(以下简称钢棒)。

本标准所规定牌号及化学成分亦适用于钢锭、钢坯及其制品。

2 规范性引用文件

下列文件对于本文件的应用是必不可少的。凡是注日期的引用文件，仅注日期的版本适用于本文件。凡是不注日期的引用文件，其最新版本(包括所有的修改单)适用于本文件。

GB/T 222 钢的成品化学成分允许偏差

GB/T 223.4 钢铁及合金 锰含量的测定 电位滴定或可视滴定法

GB/T 223.5 钢铁 酸溶硅和全硅含量的测定 还原型硅钼酸盐分光光度法

GB/T 223.9 钢铁及合金 铝含量的测定 铬天青S分光光度法

GB/T 223.11 钢铁及合金 铬含量的测定 可视滴定或电位滴定法

GB/T 223.13 钢铁及合金化学分析方法 硫酸亚铁铵滴定法测定钒含量

GB/T 223.16 钢铁及合金化学分析方法 变色酸光度法测定钛量

GB/T 223.18 钢铁及合金化学分析方法 硫代硫酸钠分离-碘量法测定铜量

GB/T 223.23 钢铁及合金 镍含量的测定 丁二酮肟分光光度法

GB/T 223.26 钢铁及合金 钼含量的测定 硫氰酸盐分光光度法

GB/T 223.43 钢铁及合金 钨含量的测定 重量法和分光光度法

GB/T 223.49 钢铁及合金化学分析方法 萃取分离-偶氮氯膦mA光度法测定稀土总量

GB/T 223.59 钢铁及合金 磷含量的测定 铋磷钼蓝分光光度法和锑磷钼蓝分光光度法

GB/T 223.60 钢铁及合金化学分析方法高氯酸脱水重量法测定硅含量

GB/T 223.67 钢铁及合金 硫含量的测定 次甲基蓝分光光度法

GB/T 223.69 钢铁及合金 碳含量的测定 管式炉内燃烧后气体容量法

GB/T 223.75 钢铁及合金 硼含量的测定 甲醇蒸馏-姜黄素光度法

GB/T 224 钢的脱碳层深度测定法

GB/T 225 钢淬透性的末端淬火试验方法(Jominy试验)

GB/T 226 钢的低倍组织及缺陷酸蚀检验法

GB/T 228.1 金属材料 拉伸试验 第1部分:室温试验方法

GB/T 229 金属材料 夏比摆锤冲击试验方法

GB/T 231.1 金属材料 布氏硬度试验 第1部分:试验方法

GB/T 702 热轧钢棒尺寸、外形、重量及允许偏差

GB/T 908 锻制钢棒尺寸、外形、重量及允许偏差

GB/T 1979 结构钢低倍组织缺陷评级图

GB/T 2101 型钢验收、包装、标志及质量证明书的一般规定
GB/T 2975 钢及钢产品力学性能试验取样位置及试样制备
GB/T 4162 锻轧钢棒超声检测方法
GB/T 4336 碳素钢和中低合金钢火花源原子发射光谱分析方法(常规法)
GB/T 6394 金属平均晶粒度测定法
GB/T 6402 钢锻件超声检测方法
GB/T 7736 钢的低倍缺陷超声波检验法
GB/T 8170—2008 数值修约规则与极限数值的表示和判定
GB/T 10561 钢中非金属夹杂物含量的测定标准评级图显微检验法
GB/T 11261 钢铁 氧含量的测定 脉冲加热惰气熔融-红外线吸收法
GB/T 13298 金属显微组织检验方法
GB/T 13299 钢的显微组织评定方法
GB/T 15711 钢棒塔形发纹酸浸检验方法
GB/T 17505 钢及钢产品交货一般技术要求
GB/T 20066 钢和铁 化学成分测定用试样的取样和制样方法
GB/T 20123 钢铁 总碳硫含量的测定高频感应炉燃烧后红外吸收法(常规方法)
GB/T 20124 钢铁 氮含量的测定惰性气体熔融热导法(常规方法)
GB/T 21834 中低合金钢多元素成分分布的测定金属原位统计分布分析法
GB/T 28300 热轧棒材和盘条表面质量等级交货技术条件
YB/T 4306 钢铁及合金氮含量的测定惰性气体熔融热导法
YB/T 5293 金属材料 顶锻试验方法

3 分类与代号

3.1 钢棒按冶金质量分为下列三类:

a) 优质钢;

b) 高级优质钢(牌号后加“A”);

c) 特级优质钢(牌号后加“E”)。

3.2 钢棒按使用加工方法分下列两类:

a) 压力加工用钢 UP;

  1) 热压力加工 UHP;

  2) 顶锻用钢 UF;

  3) 冷拔坯料 UCD;

b) 切削加工用钢 UC。

3.3 钢棒按表面种类分为下列五类:

a) 压力加工表面 SPP;

b) 酸洗 SA;

c) 喷丸(砂) SS;

d) 剥皮 SF;

e) 磨光 SP。

4 订货内容

按本标准订货的合同或订单应包括下列内容：

a) 标准编号；
b) 产品名称；
c) 牌号或统一数字代号；
d) 控制残余元素(如有要求，见表 2)；
e) 交货的重量(或数量)；
f) 尺寸、外形及其允许偏差；
g) 使用加工方法(未注明者，按切削加工用钢)；
h) 热处理交货或特殊表面状态交货(如有要求，见 6.3.2 和 6.3.3)；
i) 热顶锻(如有要求，见 6.5)；
j) 脱碳层(如有要求，见 6.9)；
k) 特殊要求(如有要求，见 6.11)。

5 尺寸、外形、重量及允许偏差

5.1 热轧钢棒的尺寸、外形、重量及其允许偏差应符合 GB/T 702 的有关规定，具体要求应在合同中注明。

5.2 热锻钢棒的尺寸、外形、重量及其允许偏差应符合 GB/T 908 的有关规定，具体要求应在合同中注明。

5.3 其他尺寸钢棒的尺寸、外形、重量及其允许偏差应符合相应标准或经供需双方协商确定，具体要求在合同中注明。

6 技术要求

6.1 牌号及化学成分

6.1.1 钢的牌号、统一数字代号及化学成分(熔炼分析)应符合表 1 的规定。

6.1.2 钢中硫、磷及残余元素含量应符合表 2 的规定。

6.1.3 钢棒(或坯)的成品化学成分允许偏差应符合 GB/T 222 的规定。

表 1　钢的牌号、统一数字代号及化学成分

钢组	序号	统一数字代号	牌号	化学成分(质量分数)/%										
				C	Si	Mn	Cr	Mo	Ni	W	B	Al	Ti	V
Mn	1	A00202	20Mn2	0.17～0.24	0.17～0.37	1.40～1.80	—	—	—	—	—	—	—	—
	2	A00302	30Mn2	0.27～0.34	0.17～0.37	1.40～1.80	—	—	—	—	—	—	—	—
	3	A00352	35Mn2	0.32～0.39	0.17～0.37	1.40～1.80	—	—	—	—	—	—	—	—
	4	A00402	40Mn2	0.37～0.44	0.17～0.37	1.40～1.80	—	—	—	—	—	—	—	—
	5	A00452	45Mn2	0.42～0.49	0.17～0.37	1.40～1.80	—	—	—	—	—	—	—	—
	6	A00502	50Mn2	0.47～0.55	0.17～0.37	1.40～1.80	—	—	—	—	—	—	—	—
MnV	7	A01202	20MnV	0.17～0.24	0.17～0.37	1.30～1.60	—	—	—	—	—	—	—	0.07～0.12
SiMn	8	A10272	27SiMn	0.24～0.32	1.10～1.40	1.10～1.40	—	—	—	—	—	—	—	—
	9	A10352	35SiMn	0.32～0.40	1.10～1.40	1.10～1.40	—	—	—	—	—	—	—	—
	10	A10422	42SiMn	0.39～0.45	1.10～1.40	1.10～1.40	—	—	—	—	—	—	—	—
SiMnMoV	11	A14202	20SiMn2MoV	0.17～0.23	0.90～1.20	2.20～2.60	—	0.30～0.40	—	—	—	—	—	0.05～0.12
	12	A14262	25SiMn2MoV	0.22～0.28	0.90～1.20	2.20～2.60	—	0.30～0.40	—	—	—	—	—	0.05～0.12
	13	A14372	37SiMn2MoV	0.33～0.39	0.60～0.90	1.60～1.90	—	0.40～0.50	—	—	—	—	—	0.05～0.12

表 1（续）

钢组	序号	统一数字代号	牌号	化学成分(质量分数)/%										
				C	Si	Mn	Cr	Mo	Ni	W	B	Al	Ti	V
B	14	A70402	40B	0.37～0.44	0.17～0.37	0.60～0.90	—	—	—	—	0.000 8～0.003 5	—	—	—
	15	A70452	45B	0.42～0.49	0.17～0.37	0.60～0.90	—	—	—	—	0.000 8～0.003 5	—	—	—
	16	A70502	50B	0.47～0.55	0.17～0.37	0.60～0.90	—	—	—	—	0.000 8～0.003 5	—	—	—
MnB	17	A712502	25MnB	0.23～0.28	0.17～0.37	1.00～1.40	—	—	—	—	0.000 8～0.003 5	—	—	—
	18	A713502	35MnB	0.32～0.38	0.17～0.37	1.10～1.40	—	—	—	—	0.000 8～0.003 5	—	—	—
	19	A71402	40MnB	0.37～0.44	0.17～0.37	1.10～1.40	—	—	—	—	0.000 8～0.003 5	—	—	—
	20	A71452	45MnB	0.42～0.49	0.17～0.37	1.10～1.40	—	—	—	—	0.000 8～0.003 5	—	—	—
MnMoB	21	A72202	20MnMoB	0.16～0.22	0.17～0.37	0.90～1.20	—	0.20～0.30	—	—	0.000 8～0.003 5	—	—	—
MnVB	22	A73152	15MnVB	0.12～0.18	0.17～0.37	1.20～1.60	—	—	—	—	0.000 8～0.003 5	—	—	0.07～0.12
	23	A73202	20MnVB	0.17～0.23	0.17～0.37	1.20～1.60	—	—	—	—	0.000 8～0.003 5	—	—	0.07～0.12
	24	A73402	40MnVB	0.37～0.44	0.17～0.37	1.10～1.40	—	—	—	—	0.000 8～0.003 5	—	—	0.05～0.10
MnTiB	25	A74202	20MnTiB	0.17～0.24	0.17～0.37	1.30～1.60	—	—	—	—	0.000 8～0.003 5	—	0.04～0.10	—
	26	A74252	25MnTiBRE[a]	0.22～0.28	0.20～0.45	1.30～1.60	—	—	—	—	0.000 8～0.003 5	—	0.04～0.10	—

表 1（续）

钢组	序号	统一数字代号	牌号	化学成分(质量分数)/%										
				C	Si	Mn	Cr	Mo	Ni	W	B	Al	Ti	V
Cr	27	A20152	15Cr	0.12～0.17	0.17～0.37	0.40～0.70	0.70～1.00	—	—	—	—	—	—	—
	28	A20202	20Cr	0.18～0.24	0.17～0.37	0.50～0.80	0.70～1.00	—	—	—	—	—	—	—
	29	A20302	30Cr	0.27～0.34	0.17～0.37	0.50～0.80	0.80～1.10	—	—	—	—	—	—	—
	30	A20352	35Cr	0.32～0.39	0.17～0.37	0.50～0.80	0.80～1.10	—	—	—	—	—	—	—
	31	A20402	40Cr	0.37～0.44	0.17～0.37	0.50～0.80	0.80～1.10	—	—	—	—	—	—	—
	32	A20452	45Cr	0.42～0.49	0.17～0.37	0.50～0.80	0.80～1.10	—	—	—	—	—	—	—
	33	A20502	50Cr	0.47～0.54	0.17～0.37	0.50～0.80	0.80～1.10	—	—	—	—	—	—	—
CrSi	34	A21382	38CrSi	0.35～0.43	1.00～1.30	0.30～0.60	1.30～1.60	—	—	—	—	—	—	—
CrMo	35	A30122	12CrMo	0.08～0.15	0.17～0.37	0.40～0.70	0.40～0.70	0.40～0.55	—	—	—	—	—	—
	36	A30152	15CrMo	0.12～0.18	0.17～0.37	0.40～0.70	0.80～1.10	0.40～0.55	—	—	—	—	—	—
	37	A30202	20CrMo	0.17～0.24	0.17～0.37	0.40～0.70	0.80～1.10	0.15～0.25	—	—	—	—	—	—
	38	A30252	25CrMo	0.22～0.29	0.17～0.37	0.60～0.90	0.90～1.20	0.15～0.30	—	—	—	—	—	—
	39	A30302	30CrMo	0.26～0.33	0.17～0.37	0.40～0.70	0.80～1.10	0.15～0.25	—	—	—	—	—	—

表 1（续）

钢组	序号	统一数字代号	牌号	化学成分(质量分数)/%										
				C	Si	Mn	Cr	Mo	Ni	W	B	Al	Ti	V
CrMo	40	A30352	35CrMo	0.32～0.40	0.17～0.37	0.40～0.70	0.80～1.10	0.15～0.25	—	—	—	—	—	—
	41	A30422	42CrMo	0.38～0.45	0.17～0.37	0.50～0.80	0.90～1.20	0.15～0.25	—	—	—	—	—	—
	42	A30502	50CrMo	0.46～0.54	0.17～0.37	0.50～0.80	0.90～1.20	0.15～0.30	—	—	—	—	—	—
CrMoV	43	A31122	12CrMoV	0.08～0.15	0.17～0.37	0.40～0.70	0.30～0.60	0.25～0.35	—	—	—	—	—	0.15～0.30
	44	A31352	35CrMoV	0.30～0.38	0.17～0.37	0.40～0.70	1.00～1.30	0.20～0.30	—	—	—	—	—	0.10～0.20
	45	A31132	12Cr1MoV	0.08～0.15	0.17～0.37	0.40～0.70	0.90～1.20	0.25～0.35	—	—	—	—	—	0.15～0.30
	46	A31252	25Cr2MoV	0.22～0.29	0.17～0.37	0.40～0.70	1.50～1.80	0.25～0.35	—	—	—	—	—	0.15～0.30
	47	A31262	25Cr2Mo1V	0.22～0.29	0.17～0.37	0.50～0.80	2.10～2.50	0.90～1.10	—	—	—	—	—	0.30～0.50
CrMoAl	48	A33382	38CrMoAl	0.35～0.42	0.20～0.45	0.30～0.60	1.35～1.65	0.15～0.25	—	—	—	0.70～1.10	—	—
CrV	49	A23402	40CrV	0.37～0.44	0.17～0.37	0.50～0.80	0.80～1.10	—	—	—	—	—	—	0.10～0.20
	50	A23502	50CrV	0.47～0.54	0.17～0.37	0.50～0.80	0.80～1.10	—	—	—	—	—	—	0.10～0.20
CrMn	51	A22152	15CrMn	0.12～0.18	0.17～0.37	1.10～1.40	0.40～0.70	—	—	—	—	—	—	—

表 1（续）

钢组	序号	统一数字代号	牌号	化学成分(质量分数)/%										
				C	Si	Mn	Cr	Mo	Ni	W	B	Al	Ti	V
CrMn	52	A22202	20CrMn	0.17～0.23	0.17～0.37	0.90～1.20	0.90～1.20	—	—	—	—	—	—	—
	53	A22402	40CrMn	0.37～0.45	0.17～0.37	0.90～1.20	0.90～1.20	—	—	—	—	—	—	—
CrMnSi	54	A24202	20CrMnSi	0.17～0.23	0.90～1.20	0.80～1.10	0.80～1.10	—	—	—	—	—	—	—
	55	A24252	25CrMnSi	0.22～0.28	0.90～1.20	0.80～1.10	0.80～1.10	—	—	—	—	—	—	—
	56	A24302	30CrMnSi	0.28～0.34	0.90～1.20	0.80～1.10	0.80～1.10	—	—	—	—	—	—	—
	57	A24352	35CrMnSi	0.32～0.39	1.10～1.40	0.80～1.10	1.10～1.40	—	—	—	—	—	—	—
CrMnMo	58	A34202	20CrMnMo	0.17～0.23	0.17～0.37	0.90～1.20	1.10～1.40	0.20～0.30	—	—	—	—	—	—
	59	A34402	40CrMnMo	0.37～0.45	0.17～0.37	0.90～1.20	0.90～1.20	0.20～0.30	—	—	—	—	—	—
CrMnTi	60	A26202	20CrMnTi	0.17～0.23	0.17～0.37	0.80～1.10	1.00～1.30	—	—	—	—	—	0.04～0.10	
	61	A26302	30CrMnTi	0.24～0.32	0.17～0.37	0.80～1.10	1.00～1.30	—	—	—	—	—	0.04～0.10	
CrNi	62	A40202	20CrNi	0.17～0.23	0.17～0.37	0.40～0.70	0.45～0.75	—	1.00～1.40	—	—	—	—	—
	63	A40402	40CrNi	0.37～0.44	0.17～0.37	0.50～0.80	0.45～0.75	—	1.00～1.40	—	—	—	—	—

表 1（续）

钢组	序号	统一数字代号	牌号	化学成分(质量分数)/%										
				C	Si	Mn	Cr	Mo	Ni	W	B	Al	Ti	V
CrNi	64	A40452	45CrNi	0.42～0.49	0.17～0.37	0.50～0.80	0.45～0.75	—	1.00～1.40	—	—	—	—	—
	65	A40502	50CrNi	0.47～0.54	0.17～0.37	0.50～0.80	0.45～0.75	—	1.00～1.40	—	—	—	—	—
	66	A41122	12CrNi2	0.10～0.17	0.17～0.37	0.30～0.60	0.60～0.90	—	1.50～1.90	—	—	—	—	—
	67	A41342	34CrNi2	0.30～0.37	0.17～0.37	0.60～0.90	0.80～1.10	—	1.20～1.60	—	—	—	—	—
	68	A42122	12CrNi3	0.10～0.17	0.17～0.37	0.30～0.60	0.60～0.90	—	2.75～3.15	—	—	—	—	—
	69	A42202	20CrNi3	0.17～0.24	0.17～0.37	0.30～0.60	0.60～0.90	—	2.75～3.15	—	—	—	—	—
	70	A42302	30CrNi3	0.27～0.33	0.17～0.37	0.30～0.60	0.60～0.90	—	2.75～3.15	—	—	—	—	—
	71	A42372	37CrNi3	0.34～0.41	0.17～0.37	0.30～0.60	1.20～1.60	—	3.00～3.50	—	—	—	—	—
	72	A43122	12Cr2Ni4	0.10～0.16	0.17～0.37	0.30～0.60	1.25～1.65	—	3.25～3.65	—	—	—	—	—
	73	A43202	20Cr2Ni4	0.17～0.23	0.17～0.37	0.30～0.60	1.25～1.65	—	3.25～3.65	—	—	—	—	—
CrNiMo	74	A50152	15CrNiMo	0.13～0.18	0.17～0.37	0.70～0.90	0.45～0.65	0.45～0.60	0.70～1.00	—	—	—	—	—
	75	A50202	20CrNiMo	0.17～0.23	0.17～0.37	0.60～0.95	0.40～0.70	0.20～0.30	0.35～0.75	—	—	—	—	—
	76	A50302	30CrNiMo	0.28～0.33	0.17～0.37	0.70～0.90	0.70～1.00	0.25～0.45	0.60～0.80	—	—	—	—	—

表 1（续）

钢组	序号	统一数字代号	牌号	化学成分(质量分数)/%										
				C	Si	Mn	Cr	Mo	Ni	W	B	Al	Ti	V
CrNiMo	77	A50300	30Cr2Ni2Mo	0.26～0.34	0.17～0.37	0.50～0.80	1.80～2.20	0.30～0.50	1.80～2.20	—	—	—	—	—
	78	A50300	30Cr2Ni4Mo	0.26～0.33	0.17～0.37	0.50～0.80	1.20～1.50	0.30～0.60	3.30～4.30	—	—	—	—	—
	79	A50342	34Cr2Ni2Mo	0.30～0.38	0.17～0.37	0.50～0.80	1.30～1.70	0.15～0.30	1.30～1.70	—	—	—	—	—
	80	A50352	35Cr2Ni4Mo	0.32～0.39	0.17～0.37	0.50～0.80	1.60～2.00	0.25～0.45	3.60～4.10	—	—	—	—	—
	81	A50402	40CrNiMo	0.37～0.44	0.17～0.37	0.50～0.80	0.60～0.90	0.15～0.25	1.25～1.65	—	—	—	—	—
	82	A50400	40CrNi2Mo	0.38～0.43	0.17～0.37	0.60～0.80	0.70～0.90	0.20～0.30	1.65～2.00	—	—	—	—	—
CrMnNiMo	83	A50182	18CrMnNiMo	0.15～0.21	0.17～0.37	1.10～1.40	1.00～1.30	0.20～0.30	1.00～1.30	—	—	—	—	—
CrNiMoV	84	A51452	45CrNiMoV	0.42～0.49	0.17～0.37	0.50～0.80	0.80～1.10	0.20～0.30	1.30～1.80	—	—	—	—	0.10～0.20
CrNiW	85	A52182	18Cr2Ni4W	0.13～0.19	0.17～0.37	0.30～0.60	1.35～1.65	—	4.00～4.50	0.80～1.20	—	—	—	—
	86	A52252	25Cr2Ni4W	0.21～0.28	0.17～0.37	0.30～0.60	1.35～1.65	—	4.00～4.50	0.80～1.20	—	—	—	—

未经用户同意不得有意加入本表中未规定的元素。应采取措施防止从废钢或其他原料中带入影响钢性能的元素。

表中各牌号可按高级优质钢或特级优质钢订货，但应在牌号后加字母“A”或“E”。

注：本标准牌号与国外标准相似牌号的对照参见表 A.1。

[a] 稀土按 0.05%计算量加入，成品分析结果供参考。

表 2 钢中磷、硫含量及残余元素含量

钢的质量等级	化学成分(质量分数)/%,不大于					
	P	S	Cu[a]	Cr	Ni	Mo
优 质 钢	0.030	0.030	0.30	0.30	0.30	0.10
高级优质钢	0.020	0.020	0.25	0.30	0.30	0.10
特级优质钢	0.020	0.010	0.25	0.30	0.30	0.10
钢中残余钨、钒、钛含量应作分析,结果记入质量证明书中。根据需方要求,可对残余钨、钒、钛含量加以限制。						
[a] 热压力加工用钢的铜含量不大于 0.20%。						

6.2 冶炼方法

除非合同中有规定,冶炼方法由生产厂自行选择。

6.3 交货状态

6.3.1 钢棒通常以热轧或热锻状态交货。

6.3.2 根据需方要求,并在合同中注明,也可以热处理(退火、正火或高温回火)状态交货。

6.3.3 经供需双方协议,并在合同中注明,钢棒表面可经磨光、剥皮或其他精整方法交货。

6.4 力学性能

6.4.1 试样毛坯按表 3 推荐的热处理制度处理后,测定钢棒纵向力学性能应符合表 3 的规定。

6.4.2 表 3 所列力学性能适用于公称直径或厚度不大于 80 mm 的钢棒。公称直径或厚度大于 80 mm 的钢棒的力学性能应符合下列规定:

a) 公称尺寸大于 80 mm~100 mm 的钢棒,允许其断后伸长率、断面收缩率及冲击吸收能量较表 3 的规定分别降低 1%(绝对值)、5%(绝对值)及 5%;

b) 公称尺寸大于 100 mm~150 mm 的钢棒,允许其断后伸长率、断面收缩率及冲击吸收能量较表 3 分别降低 2%(绝对值)、10%(绝对值)及 10%;

c) 公称尺寸大于 150 mm~250 mm 的钢棒,允许其断后伸长率、断面收缩率及冲击吸收能量较表 3 分别降低 3%(绝对值)、15%(绝对值)及 15%;

d) 允许将取样用坯改锻(轧)成截面 70 mm~80 mm 后取样,其检验结果应符合表 3 规定。

6.4.3 以退火或高温回火状态交货的钢棒,其布氏硬度应符合表 3 的规定。

表 3 力学性能

钢组	序号	牌号	试样毛坯尺寸[a]/mm	推荐的热处理制度 淬火 加热温度/℃ 第1次淬火	淬火 加热温度/℃ 第2次淬火	淬火 冷却剂	回火 加热温度/℃	回火 冷却剂	力学性能 抗拉强度 R_m/MPa（不小于）	下屈服强度 R_{eL}[b]/MPa（不小于）	断后伸长率 A/%（不小于）	断面收缩率 Z/%（不小于）	冲击吸收能量 KU_2[c]/J（不小于）	供货状态为退火或高温回火钢棒布氏硬度 HBW（不大于）
Mn	1	20Mn2	15	850	—	水、油	200	水、空气	785	590	10	40	47	187
				880	—	水、油	440	水、空气						
	2	30Mn2	25	840	—	水	500	水	785	635	12	45	63	207
	3	35Mn2	25	840	—	水	500	水	835	685	12	45	55	207
	4	40Mn2	25	840	—	水、油	540	水	885	735	12	45	55	217
	5	45Mn2	25	840	—	油	550	水、油	885	735	10	45	47	217
	6	50Mn2	25	820	—	油	550	水、油	930	785	9	40	39	229
MnV	7	20MnV	15	880	—	水、油	200	水、空气	785	590	10	40	55	187
SiMn	8	27SiMn	25	920	—	水	450	水、油	980	835	12	40	39	217
	9	35SiMn	25	900	—	水	570	水、油	885	735	15	45	47	229
	10	42SiMn	25	880	—	水	590	水	885	735	15	40	47	229
SiMnMoV	11	20SiMn2MoV	试样	900	—	油	200	水、空气	1 380	—	10	45	55	269
	12	25SiMn2MoV	试样	900	—	油	200	水、空气	1 470	—	10	40	47	269
	13	37SiMn2MoV	25	870	—	水、油	650	水、空气	980	835	12	50	63	269
B	14	40B	25	840	—	水	550	水	785	635	12	45	55	207
	15	45B	25	840	—	水	550	水	835	685	12	45	47	217
	16	50B	20	840	—	油	600	空气	785	540	10	45	39	207

表 3（续）

钢组	序号	牌号	试样毛坯尺寸[a]/mm	推荐的热处理制度					力学性能					供货状态为退火或高温回火钢棒布氏硬度 HBW
				淬火			回火		抗拉强度 R_m/MPa	下屈服强度 R_{eL}[b]/MPa	断后伸长率 A/%	断面收缩率 Z/%	冲击吸收能量 KU_2[c]/J	
				加热温度/℃		冷却剂	加热温度/℃	冷却剂	不小于					不大于
				第 1 次淬火	第 2 次淬火									
MnB	17	25MnB	25	850	—	油	500	水、油	835	635	10	45	47	207
	18	35MnB	25	850	—	油	500	水、油	930	735	10	45	47	207
	19	40MnB	25	850	—	油	500	水、油	980	785	10	45	47	207
	20	45MnB	25	840	—	油	500	水、油	1 030	835	9	40	39	217
MnMoB	21	20MnMoB	15	880	—	油	200	油、空气	1 080	885	10	50	55	207
MnVB	22	15MnVB	15	860	—	油	200	水、空气	885	635	10	45	55	207
	23	20MnVB	15	860	—	油	200	水、空气	1 080	885	10	45	55	207
	24	40MnVB	25	850	—	油	520	水、油	980	785	10	45	47	207
MnTiB	25	20MnTiB	15	860	—	油	200	水、空气	1 130	930	10	45	55	187
	26	25MnTiBRE	试样	860	—	油	200	水、空气	1 380	—	10	40	47	229
	27	15Cr	15	880	770～820	水、油	180	油、空气	685	490	12	45	55	179
	28	20Cr	15	880	780～820	水、油	200	水、空气	835	540	10	40	47	179
	29	30Cr	25	860	—	油	500	水、油	885	685	11	45	47	187
	30	35Cr	25	860	—	油	500	水、油	930	735	11	45	47	207
	31	40Cr	25	850	—	油	520	水、油	980	785	9	45	47	207
	32	45Cr	25	840	—	油	520	水、油	1 030	835	9	40	39	217
	33	50Cr	25	830	—	油	520	水、油	1 080	930	9	40	39	229

表 3（续）

钢组	序号	牌号	试样毛坯尺寸[a]/mm	推荐的热处理制度					力学性能					供货状态为退火或高温回火钢棒布氏硬度 HBW
				淬火			回火		抗拉强度 R_m/MPa	下屈服强度 R_{eL}[b]/MPa	断后伸长率 A/%	断面收缩率 Z/%	冲击吸收能量 KU_2[c]/J	
				加热温度/℃		冷却剂	加热温度/℃	冷却剂	不小于					不大于
				第 1 次淬火	第 2 次淬火									
CrSi	34	38CrSi	25	900	—	油	600	水、油	980	835	12	50	55	255
CrMo	35	12CrMo	30	900	—	空气	650	空气	410	265	24	60	110	179
	36	15CrMo	30	900	—	空气	650	空气	440	295	22	60	94	179
	37	20CrMo	15	880	—	水、油	500	水、油	885	685	12	50	78	197
	38	25CrMo	25	870	—	水、油	600	水、油	900	600	14	55	68	229
	39	30CrMo	15	880	—	油	540	水、油	930	735	12	50	71	229
	40	35CrMo	25	850	—	油	550	水、油	980	835	12	45	63	229
	41	42CrMo	25	850	—	油	560	水、油	1 080	930	12	45	63	229
	42	50CrMo	25	840	—	油	560	水、油	1 130	930	11	45	48	248
CrMoV	43	12CrMoV	30	970	—	空气	750	空气	440	225	22	50	78	241
	44	35CrMoV	25	900	—	油	630	水、油	1 080	930	10	50	71	241
	45	12Cr1MoV	30	970	—	空气	750	空气	490	245	22	50	71	179
	46	25Cr2MoV	25	900	—	油	640	空气	930	785	14	55	63	241
	47	25Cr2Mo1V	25	1 040	—	空气	700	空气	735	590	16	50	47	241
CrMoAl	48	38CrMoAl	30	940	—	水、油	640	水、油	980	835	14	50	71	229
CrV	49	40CrV	25	880	—	油	650	水、油	885	735	10	50	71	241
	50	50CrV	25	850	—	油	500	水、油	1 280	1 130	10	40	—	255

表 3（续）

钢组	序号	牌号	试样毛坯尺寸[a]/mm	推荐的热处理制度					力学性能					供货状态为退火或高温回火钢棒布氏硬度 HBW
				淬火			回火		抗拉强度 R_m/MPa	下屈服强度 R_{eL}[b]/MPa	断后伸长率 A/%	断面收缩率 Z/%	冲击吸收能量 KU_2[c]/J	
				加热温度/℃		冷却剂	加热温度/℃	冷却剂						
				第1次淬火	第2次淬火				不小于					不大于
CrMn	51	15CrMn	15	880	—	油	200	水、空气	785	590	12	50	47	179
	52	20CrMn	15	850	—	油	200	水、空气	930	735	10	45	47	187
	53	40CrMn	25	840	—	油	550	水、油	980	835	9	45	47	229
CrMnSi	54	20CrMnSi	25	880	—	油	480	水、油	785	635	12	45	55	207
	55	25CrMnSi	25	880	—	油	480	水、油	1 080	885	10	40	39	217
	56	30CrMnSi	25	880	—	油	540	水、油	1 080	835	10	45	39	229
	57	35CrMnSi	试样	加热到 880 ℃，于 280 ℃～310 ℃等温淬火					1 620	1 280	9	40	31	241
			试样	950	890	油	230	空气、油						
CrMnMo	58	20CrMnMo	15	850	—	油	200	水、空气	1 180	885	10	45	55	217
	59	40CrMnMo	25	850	—	油	600	水、油	980	785	10	45	63	217
CrMnTi	60	20CrMnTi	15	880	870	油	200	水、空气	1 080	850	10	45	55	217
	61	30CrMnTi	试样	880	850	油	200	水、空气	1 470	—	9	40	47	229
CrNi	62	20CrNi	25	850	—	水、油	460	水、油	785	590	10	50	63	197
	63	40CrNi	25	820	—	油	500	水、油	980	785	10	45	55	241
	64	45CrNi	25	820	—	油	530	水、油	980	785	10	45	55	255
	65	50CrNi	25	820	—	油	500	水、油	1 080	835	8	40	39	255
	66	12CrNi2	15	860	780	水、油	200	水、空气	785	590	12	50	63	207

表 3（续）

钢组	序号	牌号	试样毛坯尺寸[a]/mm	推荐的热处理制度					力学性能					供货状态为退火或高温回火钢棒布氏硬度 HBW
				淬火			回火		抗拉强度 R_m/MPa	下屈服强度 R_{eL}[b]/MPa	断后伸长率 A/%	断面收缩率 Z/%	冲击吸收能量 KU_2[c]/J	
				加热温度/℃		冷却剂	加热温度/℃	冷却剂	不小于					不大于
				第1次淬火	第2次淬火									
CrNi	67	34CrNi2	25	840	—	水、油	530	水、油	930	735	11	45	71	241
	68	12CrNi3	15	860	780	油	200	水、空气	930	685	11	50	71	217
	69	20CrNi3	25	830	—	水、油	480	水、油	930	735	11	55	78	241
	70	30CrNi3	25	820	—	油	500	水、油	980	785	9	45	63	241
	71	37CrNi3	25	820	—	油	500	水、油	1 130	980	10	50	47	269
	72	12Cr2Ni4	15	860	780	油	200	水、空气	1 080	835	10	50	71	269
	73	20Cr2Ni4	15	880	780	油	200	水、空气	1 180	1 080	10	45	63	269
CrNiMo	74	15CrNiMo	15	850	—	油	200	空气	930	750	10	40	46	197
	75	20CrNiMo	15	850	—	油	200	空气	980	785	9	40	47	197
	76	30CrNiMo	25	850	—	油	500	水、油	980	785	10	50	63	269
	77	40CrNiMo	25	850	—	油	600	水、油	980	835	12	55	78	269
	78	40CrNi2Mo	25	正火 890	850	油	560～580	空气	1 050	980	12	45	48	269
			试样	正火 890	850	油	220 两次回火	空气	1 790	1 500	6	25	—	
	79	30Cr2Ni2Mo	25	850	—	油	520	水、油	980	835	10	50	71	269
	80	34Cr2Ni2Mo	25	850	—	油	540	水、油	1 080	930	10	50	71	269

表 3（续）

钢组	序号	牌号	试样毛坯尺寸[a]/mm	推荐的热处理制度					力学性能					供货状态为退火或高温回火钢棒布氏硬度 HBW
				淬火			回火		抗拉强度 R_m/MPa	下屈服强度 R_{eL}[b]/MPa	断后伸长率 A/%	断面收缩率 Z/%	冲击吸收能量 KU_2[c]/J	
				加热温度/℃		冷却剂	加热温度/℃	冷却剂						
				第1次淬火	第2次淬火				不小于					不大于
CrNiMo	81	30Cr2Ni4Mo	25	850	—	油	560	水、油	1 080	930	10	50	71	269
	82	35Cr2Ni4Mo	25	850	—	油	560	水、油	1 130	980	10	50	71	269
CrMnNiMo	83	18CrMnNiMo	15	830	—	油	200	空气	1 180	885	10	45	71	269
CrNiMoV	84	45CrNiMoV	试样	860	—	油	460	油	1 470	1 330	7	35	31	269
CrNiW	85	18Cr2Ni4W	15	950	850	空气	200	水、空气	1 180	835	10	45	78	269
	86	25Cr2Ni4W	25	85C	—	油	550	水、油	1 080	930	11	45	71	269

表中所列热处理温度允许调整范围：淬火±15 ℃，低温回火±20 ℃，高温回火±50 ℃。

硼钢在淬火前可先经正火，正火温度应不高于其淬火温度，铬锰钛钢第一次淬火可用正火代替。

[a] 钢棒尺寸小于试样毛坯尺寸时，用原尺寸钢棒进行热处理。

[b] 当屈服现象不明显时，可用规定塑性延伸强度 $R_{p0.2}$ 代替。

[c] 直径小于 16 mm 的圆钢和厚度小于 12 mm 的方钢、扁钢，不做冲击试验。

6.5 热顶锻

根据需方要求，并在合同中注明，热顶锻用钢应作热顶锻试验，试验后的试样高度为原试样高度的1/3，顶锻后试样上不应有裂纹。公称尺寸大于80 mm的钢棒，供方若能保证合格可不进行试验。

6.6 低倍

6.6.1 钢棒的横截面酸浸低倍组织试片上不应有目视可见的残余缩孔、气泡、裂纹、夹杂、翻皮、白点、轴间晶间裂纹。

6.6.2 钢棒的酸浸低倍组织合格级别应符合表4的规定。

表4 钢棒的酸浸低倍组织合格级别

钢的质量等级	锭型偏析	中心偏析[a]	中心疏松	一般疏松	一般斑点状偏析[b]	边缘斑点状偏析[c]
	级别，不大于					
优质钢	3	3	3	3	1	1
高级优质钢	2	2	2	2	不允许有	
特级优质钢	1	1	1	1		

[a] 仅适用于连铸材。
[b] 38CrMoAl和38CrMoAlA钢应不大于2.5级。
[c] 38CrMoAl和38CrMoAlA钢应不大于1.5级。

6.6.3 切削加工用的钢棒允许有不超过表面缺陷允许深度的皮下夹杂、皮下气泡等缺欠。

6.6.4 如供方能保证低倍检验合格，可采用GB/T 7736超声检测法或其他无损探伤法代替酸浸低倍检验。

6.7 非金属夹杂物

高级优质钢和特级优质钢棒应进行非金属夹杂物检验，其合格级别应符合表5的规定。

表5 非金属夹杂物

钢类	A		B		C		D		DS
	细系	粗系	细系	粗系	细系	粗系	细系	粗系	
高级优质钢	≤3.0	≤2.5	≤3.0	≤2.0	≤2.0	≤1.5	≤2.0	≤1.5	—
特级优质钢	≤2.5	≤2.0	≤2.5	≤1.5	≤1.5	≤1.0	≤1.5	≤1.0	≤2.0
如需方有不同级别要求或有硫(S)含量要求的，其合格级别由供需双方协商确定。									

6.8 晶粒度

特级优质钢应检验奥氏体晶粒度，其合格级别应不粗于5级或更细。

6.9 脱碳层

根据需方要求，并在合同中注明，对含碳量下限大于0.30%的钢应检验脱碳层，采用金相法检验每边总脱碳层深度(铁素体+过渡层)不大于钢棒直径或厚度的1.5%。

6.10 表面质量

6.10.1 压力加工用钢棒的表面不应有目视可见的裂纹、结疤、折叠及夹杂。如有上述缺陷应清除，清除深度从钢棒实际尺寸算起应不超过表6的规定，清除宽度不小于深度的5倍，同一截面达到最大清除深度不应多于1处。允许有从实际尺寸算起不超过尺寸公差之半的个别细小划痕、压痕、麻点及深度不超过0.2 mm的小裂纹存在。

表6 压力加工用钢棒允许缺陷清除深度

单位为毫米

公称直径或厚度	允许清除深度	
	优质钢和高级优质钢	特级优质钢
<80	钢棒尺寸公差的1/2	
≥80~140	钢棒公称尺寸公差	钢棒公称尺寸公差的1/2
>140~200	钢棒公称尺寸的5%	钢棒公称尺寸的3%
>200	钢棒公称尺寸的6%	

6.10.2 切削加工用钢棒的表面允许有从钢棒公称尺寸算起不超过表7规定的局部缺欠。

表7 切削加工用钢棒局部缺欠允许深度

单位为毫米

公称直径或厚度	局部缺欠允许深度	
	优质钢和高级优质钢	特级优质钢
<100	钢棒尺寸负偏差	
≥100	钢棒公称尺寸公差	钢棒公称尺寸负偏差

6.10.3 以喷丸或剥皮状态交货的钢棒表面应清净、光滑，不应有裂纹、折叠、结疤和氧化铁皮，若有上述缺陷存在，允许局部修磨，但最大修磨处应保证钢棒的最小尺寸。

6.10.4 根据需方要求，表面质量可按GB/T 28300标准规定进行，具体质量等级、接收质量限AQL(缺陷最大允许量)及检验方法由供需双方协商确定。

6.11 特殊要求

根据需方要求，经供需双方协商，并在合同中注明可供应有下列特殊要求的钢棒：

a) 对表1中所列牌号的化学成分范围提出缩小或放宽的要求；

b) 提供硫含量范围0.015%~0.035%；

c) 提供残余铅、砷、锑、锡、钛的含量；

d) 提供钢中氧、氮含量；

e) 提供小尺寸冲击试验值或V型缺口冲击试验值；

f) 检验显微组织；

g) 提供规定淬透性要求的钢棒；

h) 超声检测；

i) 检验塔形发纹；

j) 其他。

7 试验方法

钢棒的检验项目和试验方法见表 8。

表 8 检验项目、取样数量、取样部位和试验方法

序号	检验项目		取样数量	取样部位	试验方法
1	化学成分		1 个/炉	GB/T 20066	GB/T 223 系列(见第 2 章),GB/T 4336,GB/T 11261、GB/T 20123、GB/T 20124、GB/T 21834、YB/T 4306
2	拉伸		2 个/批	不同根钢棒,GB/T 2975	GB/T 228.1
3	冲击[a]		1 组 2 个/批	不同根钢棒,GB/T 2975	GB/T 229
4	硬度		3 个/批	不同根钢棒	GB/T 231.1
5	低倍组织	酸浸检验	2 个/批	1)模铸:相当于钢锭头部不同根钢坯或钢棒;2)连铸:不同根钢棒	GB/T 226,GB/T 1979
		超声检测			GB/T 7736
6	热顶锻		2 个/批	不同根钢棒	YB/T 5293
7	脱碳层		2 个/批	不同根钢棒	GB/T 224(金相法)
8	非金属夹杂物		2 个/批	不同根钢棒	GB/T 10561
9	末端淬透性		1 个/批	任一根钢棒	GB/T 225
10	晶粒度		1 个/批	任一根钢棒	GB/T 6394
11	显微组织		2 个/批	不同根钢棒	GB/T 13298,GB/T 13299
12	塔形发纹		2 个/批	不同根钢棒	GB/T 15711
13	超声检测		逐根	整根棒上	GB/T 4162、GB/T 6402
14	表面质量		逐根	整根棒上	目视或 GB/T 28300
15	尺寸、外形		逐根	整根棒上	卡尺、千分尺

电渣钢取样数量:低倍为 2 个,硬度为 3 个,尺寸和表面逐根,其他试验项目均各取 1 个。电渣钢按熔炼母炉号组批时,取样数量按上表规定,但化学成分仍每个电渣炉号取 1 个。

[a] 1 组:U 型缺口取 2 个,V 型缺口取 3 个。

8 检验规则

8.1 检查和验收

8.1.1 钢棒出厂的检查和验收由供方质量部门进行。

8.1.2 供方必须保证交货的钢棒符合本标准或合同的规定,必要时,需方有权对本标准或合同所规定的任一检验项目进行检查和验收。

8.2 组批规则

8.2.1 钢棒应按批检查和验收,每批由同一牌号、同一炉号、同一加工方法、同一尺寸、同一交货状态、同一热处理制度(或炉次)的钢棒组成。

8.2.2 采用电渣重熔冶炼的钢,在工艺稳定且能保证本标准各项要求的条件下,允许以自耗电极的熔炼母炉号组批交货。

8.3 取样数量及取样部位

每批钢棒的取样数量及取样部位应符合表8的规定。

8.4 复验与判定规则

8.4.1 钢棒的复验与判定规则按GB/T 17505规定执行。

8.4.2 供方若能保证钢棒合格时,对同一炉号的钢棒或钢坯的力学性能、低倍组织、非金属夹杂物的检验结果,允许以坯代材,以大代小。

8.4.3 钢棒的检测和检验结果应采用修约值比较法修约到与规定值本位数字所标识的数位相一致,其修约规则应符合GB/T 8170—2008第3章的规定。

9 包装、标志和质量证明书

钢棒的包装、标志和质量证明书应符合GB/T 2101的规定。

附 录 A
（资料性附录）
本标准牌号与国外标准相似牌号的对照

本标准牌号与国外标准相似牌号的对照见表 A.1。

表 A.1 本标准牌号与国外标准相似牌号的对照表

序号	本标准牌号	EN 10083-3:2006	ASTM A29/A29M-2012	JIS G 4053—2008
1	20Mn2	—	1 524	SMn420
2	30Mn2	—	1 330	SMn433
3	35Mn2	—	1 335	SMn438
4	40Mn2	—	1 340	SMn443
5	45Mn2	—	1 345	SMn443
6	50Mn2	—	1 552	—
7	20MnV	—	—	—
8	27SiMn	—	—	—
9	35SiMn	—	—	—
10	42SiMn	—	—	—
11	20SiMn2MoV	—	—	—
12	25SiMn2MoV	—	—	—
13	37SiMn2MoV	—	—	—
14	40B	—	—	—
15	45B	—	—	—
16	50B	—	—	—
17	25MnB	20MnB5	—	—
18	35MnB	30MnB5	—	—
19	40MnB	38MnB5	—	—
20	45MnB	—	—	—
21	20MnMoB	—	—	—
22	15MnVB	—	—	—
23	20MnVB	—	—	—
24	40MnVB	—	—	—
25	20MnTiB	—	—	—
26	25MnTiBRE[a]	—	—	—
27	15Cr	—	5 115	SCr415
28	20Cr	—	5 120	SCr420
29	30Cr	—	5 130	SCr430

表 A.1（续）

序号	本标准牌号	EN 10083-3:2006	ASTM A29/A29M-2012	JIS G 4053—2008
30	35Cr	34Cr4	5 135	SCr435
31	40Cr	41Cr4	5 140	SCr440
32	45Cr	41Cr4	5 145	SCr445
33	50Cr	—	5 150	SCr445
34	38CrSi	—	—	—
35	12CrMo	—	—	—
36	15CrMo	—	—	SCM415
37	20CrMo	—	4 120	SCM420
38	25CrMo	25CrMo4	4 130	SCM430
39	30CrMo	34CrMo4	4 130	SCM430
40	35CrMo	34CrMo4	4 135	SCM435
41	42CrMo	42CrMo4	4 140、4 142	SCM440
42	50CrMo	50CrMo4	4 150	SCM445
43	12CrMoV	—	—	—
44	35CrMoV	—	—	—
45	12Cr1MoV	—	—	—
46	25Cr2MoV	—	—	—
47	25Cr2Mo1V	—	—	—
48	38CrMoAl	—	—	SACM645
49	40CrV	—	—	—
50	50CrV	51CrV4	6 150	—
51	15CrMn	—	—	—
52	20CrMn	—	—	
53	40CrMn	—	—	—
54	20CrMnSi	—	—	—
55	25CrMnSi	—	—	—
56	30CrMnSi	—	—	—
57	35CrMnSi	—	—	—
58	20CrMnMo	—	—	—
59	40CrMnMo	42CrMo4	4 140、4 142	SCM440
60	20CrMnTi	—	—	—
61	30CrMnTi	—	—	—
62	20CrNi	—	—	—
63	40CrNi	—	—	SNC236

表 A.1（续）

序号	本标准牌号	EN 10083-3:2006	ASTM A29/A29M-2012	JIS G 4053—2008
64	45CrNi	—	—	—
65	50CrNi	—	—	—
66	12CrNi2	—	—	SNC415
67	34CrNi2	35NiCr6	—	—
68	12CrNi3	—	—	SNC815
69	20CrNi3	—	—	—
70	30CrNi3	—	—	SNC631
71	37CrNi3	—	—	SNC836
72	12Cr2Ni4	—	—	—
73	20Cr2Ni4	—	—	—
74	15CrNiMo	—	—	—
75	20CrNiMo	—	8 620	SNCM220
76	30CrNiMo	—	—	—
77	30Cr2Ni2Mo	30CrNiMo8	—	SNCM431
78	30Cr2Ni4Mo	30NiCrMo16-6	—	—
79	34Cr2Ni2Mo	34CrNiMo6	—	—
80	35Cr2Ni4Mo	36NiCrMo16	—	—
81	40CrNiMo	39NiCrMo3	—	—
82	40CrNi2Mo	—	4 340	SNCM439
83	18CrMnNiMo	—	—	—
84	45CrNiMoV	—	—	—
85	18Cr2Ni4W	—	—	—
86	25Cr2Ni4W	—	—	—

ICS 77.140.10
H 40

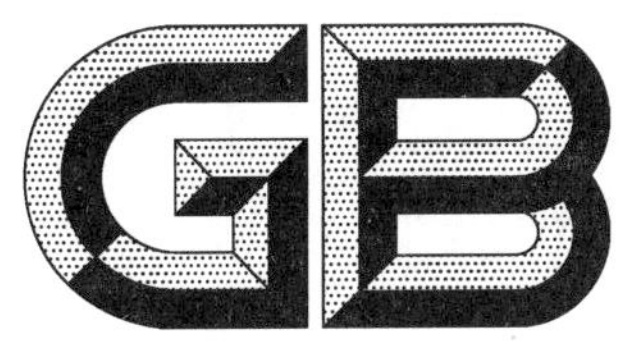

中华人民共和国国家标准

GB/T 3203—2016
代替 GB/T 3203—1982

渗 碳 轴 承 钢

Carburizing steels for bearing

2016-12-30 发布 2017-09-01 实施

中华人民共和国国家质量监督检验检疫总局
中 国 国 家 标 准 化 管 理 委 员 会 发布

前　言

本标准按照 GB/T 1.1—2009 给出的规则起草。

本标准代替 GB/T 3203—1982《渗碳轴承钢技术条件》。

本标准与 GB/T 3203—1982 相比，主要技术变化如下：

——增加了银亮圆钢，取消了"钢坯"(见第 1 章)；

——增加了"规范性引用文件"(见第 2 章)；

——增加了"分类和代号"(见第 3 章)；

——增加了"订货内容"(见第 4 章)；

——修改了尺寸、外形及允许偏差(见第 5 章，1982 年版第 1 章)；

——增加了 G23Cr2Ni2Si1Mo 牌号及相关技术要求(见 6.1.1、6.5、6.6、6.8)；

——增加了 G20CrMo 钢中镍含量和 G20Cr2Ni4 钢中钼含量的要求(见表 4，1982 年版表 2)；

——修改了 G20CrNiMo 和 G20CrNi2Mo 钢中硅、锰、铬含量的要求(见表 4，1982 年版表 2)；

——加严了磷、硫含量，并增加了铝、钛、钙、氧、氢含量的要求(见表 5，1982 年版表 2)；

——删除了平炉冶炼方法(见 1982 年版 2.2)；

——力学性能修改为协议要求，并增加了 G20CrMo 钢力学性能指标，修改了 G20CrNiMo 力学性能指标(见 6.5，1982 年版 2.4)；

——增加了 G20CrMo 钢淬透性指标，并提高了 G20CrNi2Mo 距末端 9 mm 硬度下限值(见表 9，1982 年版表 5)；

——加严了高级优质钢的低倍缺陷合格级别(见表 10，1982 年版表 6)；

——修改了非金属夹杂物检验标准、取样方法和取样数量，并增加了氮化钛评级要求(见表 6.9，1982 年版 2.7)；

——显微组织修改为协议要求(见表 6.11，1982 年版 2.9)；

——增加了脱碳层检测(见 6.12)；

——修改了超声检测要求(见表 6.14，1982 年版 2.11)；

——修订了复验与判定规则(见表 8.4，1982 年版 4.3)；

——修改了包装、标志和质量证明书(见第 9 章，1982 年版第 5 章)。

本标准由中国钢铁工业协会提出。

本标准由全国钢标准化技术委员会(SAC/TC 183)归口。

本标准起草单位：大冶特殊钢股份有限公司、西宁特殊钢股份有限公司、东北特殊钢集团有限责任公司、冶金工业信息标准研究院、宝钢特钢有限公司、燕山大学、洛阳轴研科技股份有限公司、钢铁研究总院。

本标准主要起草人：肖爱平、栾燕、苗红生、雷建中、卢必红、张福成、李德胜、陆鹤鸣、俞峰、康戈、邹莲娣、徐尚呈。

本标准所代替标准的历次版本发布情况为：

——GB/T 3203—1982。

渗 碳 轴 承 钢

1 范围

本标准规定了渗碳轴承钢的分类与代号、订货内容、尺寸、外形、技术要求、试验方法、检验规则、包装、标志及质量证明书。

本标准适用于制作轴承套圈及滚动体用渗碳轴承钢热轧、锻制、冷拉及银亮圆钢(以下简称钢材)。

经供需双方协商,也可供应其他牌号及尺寸的钢材,具体要求宜在合同中注明。

2 规范性引用文件

下列文件对于本文件的应用是必不可少的。凡是注日期的引用文件,仅注日期的版本适用于本文件。凡是不注日期的引用文件,其最新版本(包括所有的修改单)适用于本文件。

GB/T 223.5 钢铁 酸溶硅和全硅含量的测定 还原型硅钼酸盐分光光度法

GB/T 223.9 钢铁及合金 铝含量的测定 铬天青S分光光度法

GB/T 223.11 钢铁及合金 铬含量的测定 可视滴定或电位滴定法

GB/T 223.19 钢铁及合金化学分析方法 新亚铜灵-三氯甲烷萃取光度法测定铜量

GB/T 223.23 钢铁及合金 镍含量的测定 丁二酮肟分光光度法

GB/T 223.26 钢铁及合金 钼含量的测定 硫氰酸盐分光光度法

GB/T 223.59 钢铁及合金 磷含量的测定 铋磷钼蓝分光光度法和锑磷钼蓝分光光度法

GB/T 223.60 钢铁及合金化学分析方法 高氯酸脱水重量法测定硅含量

GB/T 223.63 钢铁及合金化学分析方法 高碘酸钠(钾)光度法测定锰量

GB/T 223.68 钢铁及合金化学分析方法 管式炉内燃烧后碘酸钾滴定法测定硫含量

GB/T 223.69 钢铁及合金 碳含量的测定 管式炉内燃烧后气体容量法

GB/T 223.77 钢铁及合金化学分析方法 火焰原子吸收光谱法测定钙量

GB/T 223.82 钢铁 氢含量的测定 惰气脉冲熔融热导法

GB/T 223.84 钢铁及合金 钛含量的测定 二安替比林甲烷分光光度法

GB/T 224—2008 钢的脱碳层深度测定法

GB/T 225 钢 淬透性的末端淬火试验方法(Jominy试验)

GB/T 226 钢的低倍组织及缺陷酸蚀试验法

GB/T 228.1 金属材料 拉伸试验 第1部分:室温试验方法

GB/T 229 金属材料 夏比摆锤冲击试验方法

GB/T 231.1 金属材料 布氏硬度试验 第1部分:试验方法

GB/T 702—2008 热轧钢棒尺寸、外形、重量及允许偏差

GB/T 905—1994 冷拉圆钢、方钢、六角钢尺寸、外形、重量及允许偏差

GB/T 908—2008 锻制钢棒尺寸、外形、重量及允许偏差

GB/T 1979 结构钢低倍组织缺陷评级图

GB/T 2101 型钢验收、包装、标志及质量证明书的一般规定

GB/T 2975 钢及钢产品 力学性能试验取样位置及试样制备

GB/T 3207—2008 银亮钢

GB/T 4162　锻轧钢棒超声波检验方法
GB/T 4336　碳素钢和中低合金钢　火花源原子发射光谱分析方法(常规法)
GB/T 6394—2002　金属平均晶粒度测定方法
GB/T 10561—2005　钢中非金属夹杂物含量的测定　标准评级图显微检验法
GB/T 11261　钢铁　氧含量的测定　脉冲加热惰气熔融-红外线吸收法
GB/T 15711　钢材塔形发纹酸浸检验方法
GB/T 20066　钢和铁　化学成分测定用试样的取样和制样方法
GB/T 20123　钢铁　总碳硫含量的测定　高频感应炉燃烧后红外吸收法(常规方法)
GB/T 20125　低合金钢　多元素含量的测定　电感耦合等离子体发射光谱法
YB/T 4307　钢铁及合金　氧、氮和氢含量的测定　脉冲加热惰气熔融-飞行时间质谱法(常规法)

3　分类与代号

3.1　钢按冶金质量分类:
a)　优质钢;
b)　高级优质钢(牌号后加“A”)。

3.2　钢按冶炼方法分类:
a)　真空脱气;
b)　电渣重熔。

3.3　钢按加工方法分类:
a)　锻制 WHF;
b)　热轧 WHR;
c)　冷拉 WCD;
d)　银亮:
　1)　剥皮 SF;
　2)　磨光 SP。

3.4　钢按使用加工用途分类:
a)　压力加工用钢 UP;
b)　切削加工用钢 UC。

4　订货内容

按照本标准订货的合同应包括下列内容:
a)　标准编号;
b)　牌号;
c)　尺寸及精度;
d)　重量和/或数量;
e)　冶炼方法(见 6.2);
f)　交货状态(见 6.3);
g)　冶金质量(见 6.2、6.7～6.9);
h)　使用加工方法(见 6.13);
i)　由供需双方协商,并在合同中注明的项目或指标;
j)　其他特殊要求。

5 尺寸、外形、重量

5.1 尺寸

5.1.1 直径及其允许偏差

钢材的直径及其允许偏差应符合表1的规定。

表1 钢材的直径及其允许偏差

钢材种类	公称直径/mm,不大于	允许偏差
热轧圆钢	310	GB/T 702—2008 中表1第2组
锻制圆钢	400	GB/T 908—2008 中第1组
冷拉圆钢	60	GB/T 905—1994 中 h11 级[a]
银亮圆钢	120	GB/T 3207—2008 中表4的11(h11)级[a]
[a] 经供需双方协商并在合同中注明,也可按其他级别规定交货。		

5.1.2 长度

5.1.2.1 钢材的交货长度应符合表2的规定。

表2 钢材的长度

单位为毫米

钢材种类	通常长度[a]	是否允许交付短尺
热轧圆钢	3 000～12 000	不允许
锻制圆钢	2 000～6 000	不允许
冷拉圆钢	3 000～6 000	允许交付长度不小于 2 000 mm 的短尺钢材,但重量应不超过该批总重量的10%
银亮圆钢	4 000～7 000	
[a] 经供需双方协商,并在合同中注明,也可提供其他长度要求的钢材。		

5.1.2.2 钢材应在规定长度范围内以齐尺长度交货,每捆中最长与最短钢材的长度差应不大于 1 000 mm。

5.1.2.3 钢材可按定尺或倍尺交货,其长度应在合同中注明,允许偏差为 $^{+50}_{0}$ mm。

5.2 外形

5.2.1 弯曲度和不圆度

钢材的弯曲度和不圆度应符合表3规定。经供需双方协商,并在合同中注明,也可提供其他弯曲度和不圆度的钢材。

表3 钢材的弯曲度和不圆度 单位为毫米

<table>
<tr><th rowspan="3" colspan="2">钢材种类</th><th colspan="2">弯曲度</th><th rowspan="2">不圆度</th></tr>
<tr><th>每米弯曲度</th><th>总弯曲度</th></tr>
<tr><th colspan="3">不大于</th></tr>
<tr><td colspan="2">热轧圆钢</td><td>3.0</td><td>0.3%×钢材长度</td><td>GB/T 702—2008 中表9</td></tr>
<tr><td colspan="2">锻制圆钢</td><td>5.0</td><td>0.5%×钢材长度</td><td>公称直径公差的70%</td></tr>
<tr><td rowspan="2">冷拉圆钢</td><td>直径≤25</td><td>2.0</td><td>0.2%×钢材长度</td><td rowspan="3">公称直径公差的50%</td></tr>
<tr><td>直径>25</td><td>1.5</td><td>0.15%×钢材长度</td></tr>
<tr><td colspan="2">银亮圆钢</td><td>1.5</td><td>0.15%×钢材长度</td></tr>
</table>

5.2.2 扭转

钢材不应有显著扭转。

5.2.3 端头形状

5.2.3.1 热轧(锻)圆钢端头应锯切或剪切整齐,不应有飞边、毛刺及影响使用的切斜和压扁。圆钢一般不允许气割。在个别情况下(主要指取样时)允许每批中不多于6支钢材的一端用气割。经供需双方协商,并在合同中注明,可一端或两端倒角交货。

5.2.3.2 冷拉圆钢和银亮圆钢端头不应有切斜和影响使用的剪切变形。根据用户要求,并在合同中注明,端部可倒角交货。

5.3 重量

钢材一般按实际重量交货。根据用户要求,并在合同中注明,也可按理论重量交货。

6 技术要求

6.1 牌号及化学成分

6.1.1 钢的牌号及化学成分(熔炼分析)应符合表4的规定。除非得到用户同意,生产厂不应有意加入钙及其合金脱氧或控制非金属夹杂物形态。

表4 钢的牌号及化学成分

序号	牌号	化学成分(质量分数)/%						
		C	Si	Mn	Cr	Ni	Mo	Cu
1	G20CrMo	0.17～0.23	0.20～0.35	0.65～0.95	0.35～0.65	≤0.30	0.08～0.15	≤0.25
2	G20CrNiMo	0.17～0.23	0.15～0.40	0.60～0.90	0.35～0.65	0.40～0.70	0.15～0.30	≤0.25
3	G20CrNi2Mo	0.19～0.23	0.25～0.40	0.55～0.70	0.45～0.65	1.60～2.00	0.20～0.30	≤0.25
4	G20Cr2Ni4	0.17～0.23	0.15～0.40	0.30～0.60	1.25～1.75	3.25～3.75	≤0.08	≤0.25
5	G10CrNi3Mo	0.08～0.13	0.15～0.40	0.40～0.70	1.00～1.40	3.00～3.50	0.08～0.15	≤0.25
6	G20Cr2Mn2Mo	0.17～0.23	0.15～0.40	1.30～1.60	1.70～2.00	≤0.30	0.20～0.30	≤0.25
7	G23Cr2Ni2Si1Mo	0.20～0.25	1.20～1.50	0.20～0.40	1.35～1.75	2.20～2.60	0.25～0.35	≤0.25

6.1.2 钢中残余元素含量应符合表 5 的规定。

表 5 钢中残余元素含量

元素	化学成分(质量分数)/%					
	P	S	Al	Ca	Ti	H
	不大于					
化学成分	0.020	0.015	0.050	0.001 0	0.005 0	0.000 2

6.1.3 钢材(或坯)的氧含量应不大于 0.001 5%,但电渣重熔钢的氧含量可不大于 0.002 0%。

6.1.4 钢材的成品化学成分应符合表 6 规定。

表 6 成品化学成分允许偏差

元素	化学成分(质量分数)/%									
	C	Si	Mn	Cr	Ni	Mo	Cu	P	S	Al	Ti
允许偏差	±0.02	±0.03	±0.04	±0.05	±0.05	±0.02	+0.05	+0.005 0	+0.005 0	+0.005 0	+0.000 5 0

6.2 冶炼方法

钢应采用真空脱气或电渣重熔冶炼。高级优质钢宜经电渣重熔冶炼。

6.3 交货状态

钢材的交货状态应符合表 7 的规定。经供需双方协商,并在合同上注明,也可以其他状态交货。

表 7 钢材的交货状态

钢材种类	交货状态	代号	交货硬度/HBW 不大于	
			G20Cr2Ni4	其余牌号
热轧圆钢	热轧	WHR(或 AR)	—	—
	热轧退火	WHR+SA	241	229
锻制圆钢	热锻	WHF	—	—
	热锻退火	WHF+SA	241	229
冷拉圆钢	冷拉	WCD	241	229
银亮圆钢	剥皮或磨光[a]	SF 或 SP	241	229
[a] 经双方协商,可以盘卷状态交货。				

6.4 交货硬度

钢材的交货硬度应符合表 7 的规定。其他交货状态钢材的硬度由供需双方协商,并在合同中注明。

6.5 力学性能

根据用户要求,钢材可进行力学性能检测。经热处理毛坯制成的试样测定钢材的纵向力学性能应符合表8的规定。

表8 钢材的纵向力学性能

<table>
<tr><th rowspan="3">序号</th><th rowspan="3">牌号</th><th rowspan="3">毛坯直径
mm</th><th colspan="3">淬火</th><th colspan="2">回火</th><th colspan="4">力学性能</th></tr>
<tr><th colspan="2">温度/℃</th><th rowspan="2">冷却剂</th><th rowspan="2">温度/℃</th><th rowspan="2">冷却剂</th><th>抗拉强度
R_m/MPa</th><th>断后伸长率
A/%</th><th>断面收缩率
Z/%</th><th>冲击吸收能量
KU_2/J</th></tr>
<tr><th>一次</th><th>二次</th><th colspan="4">不小于</th></tr>
<tr><td>1</td><td>G20CrMo</td><td>15</td><td>860~900</td><td>770~810</td><td rowspan="7">油</td><td>150~200</td><td rowspan="7">空气</td><td>880</td><td>12</td><td>45</td><td>63</td></tr>
<tr><td>2</td><td>G20CrNiMo</td><td>15</td><td>860~900</td><td>770~810</td><td>150~200</td><td>1 180</td><td>9</td><td>45</td><td>63</td></tr>
<tr><td>3</td><td>G20CrNi2Mo</td><td>25</td><td>860~900</td><td>780~820</td><td>150~200</td><td>980</td><td>13</td><td>45</td><td>63</td></tr>
<tr><td>4</td><td>G20Cr2Ni4</td><td>15</td><td>850~890</td><td>770~810</td><td>150~200</td><td>1 180</td><td>10</td><td>45</td><td>63</td></tr>
<tr><td>5</td><td>G10CrNi3Mo</td><td>15</td><td>860~900</td><td>770~810</td><td>180~200</td><td>1 080</td><td>9</td><td>45</td><td>63</td></tr>
<tr><td>6</td><td>G20Cr2Mn2Mo</td><td>15</td><td>860~900</td><td>790~830</td><td>180~200</td><td>1 280</td><td>9</td><td>40</td><td>55</td></tr>
<tr><td>7</td><td>G23Cr2Ni2Si1Mo</td><td>15</td><td>860~900</td><td>790~830</td><td>150~200</td><td>1 180</td><td>10</td><td>40</td><td>55</td></tr>
<tr><td colspan="12">表中所列力学性能适用于公称直径小于或等于80 mm的钢材。公称直径81 mm~100 mm的钢材,允许其断后伸长率、断面收缩率及冲击吸收能量较表中的规定分别降低1%(绝对值)、5%(绝对值)及5%;公称直径101 mm~150 mm的钢材,允许其断后伸长率、断面收缩率及冲击吸收能量较表中的规定分别降低3%(绝对值)、15%(绝对值)及15%;公称直径大于150 mm的钢材,其力学性能指标由供需双方协商。</td></tr>
</table>

6.6 淬透性

钢材的末端淬透性应符合表9的规定。

表9 钢材的末端淬透性

<table>
<tr><th rowspan="3">牌号</th><th colspan="2" rowspan="2">试样热处理制度</th><th colspan="2">洛氏硬度/HRC</th></tr>
<tr><th colspan="2">距末端距离/mm</th></tr>
<tr><th>正火</th><th>末端淬火</th><th>1.5</th><th>9.0</th></tr>
<tr><td>G20CrMo</td><td>915 ℃~935 ℃,60 min,空气</td><td rowspan="4">925 ℃±5 ℃,15 min~30 min,水</td><td>38~46</td><td>20~30</td></tr>
<tr><td>G20CrNiMo</td><td>920 ℃~940 ℃,60 min,空气</td><td>40~48</td><td>23~38</td></tr>
<tr><td>G20CrNi2Mo</td><td>930 ℃~950 ℃,30 min,空气</td><td>41~48</td><td>≥33</td></tr>
<tr><td>G23Cr2Ni2Si1Mo</td><td>910 ℃~930 ℃,30 min,空气</td><td>47~54</td><td>≥43</td></tr>
<tr><td colspan="5">表中未列牌号,根据需方要求,也可进行末端淬透性检验,其硬度值由供需双方协商确定。</td></tr>
</table>

6.7 低倍

6.7.1 公称直径不大于150 mm的钢材应进行酸浸低倍检验。钢材横向酸浸试片上不应有残余缩孔、皮下气泡、裂纹、翻皮、夹渣、白点和过烧，一般疏松、中心疏松、锭型偏析和中心偏析应符合表 10 的规定。

表 10 低倍缺陷合格级别

钢类	一般疏松	中心疏松	锭型偏析	中心偏析[a]
	合格级别/级，不大于			
优质钢	2.0	2.0	2.0	2.0
高级优质钢	1.0	1.0	1.0	1.0
[a] 仅适用于连铸钢。				

6.7.2 公称直径大于 150 mm 的钢材，允许以超声检测代替低倍酸浸检验，具体要求由供需双方协商确定。

6.8 塔形发纹

公称直径为 16 mm～150 mm 的钢材应进行塔形发纹酸浸试样检验。高级优质钢不允许发纹存在，优质钢的发纹应不超过表 11 的规定。

表 11 塔形发纹合格级别

序号	牌号	每阶发纹条数/条	发纹总条数/条	每阶发纹总长度/mm	发纹最大长度/mm	发纹总长度/mm
1	G20CrMo	4	5	15	6	25
2	G20CrNiMo	4	5	15	6	25
3	G20CrNi2Mo	4	5	15	6	25
4	G20Cr2Ni4	4	5	15	6	25
5	G10CrNi3Mo	4	5	15	6	25
6	G20Cr2Mn2Mo	4	8	15	8	40
7	G23Cr2Ni2Si1Mo	4	8	15	8	40
发纹起算长度为 0.6 mm。在同一母线上两发纹间距小于 2 mm 时，作为一条计算，不允许有连接两阶梯的发纹存在。						

6.9 非金属夹杂物

钢材应具有高的纯洁度，即非金属夹杂物含量应尽量少。生产厂应对每炉钢进行非金属夹杂物检验，按 GB/T 10561—2005 中的 A 法进行评级，A 类、B 类、C 类、D 类夹杂物检验结果的平均值应不超过表 12 规定。DS 类夹杂物检验结果的最大值应不超过表 12 规定。

表 12 非金属夹杂物合格级别

钢类	A 类		B 类		C 类		D 类		DS 类
	细系	粗系	细系	粗系	细系	粗系	细系	粗系	
	合格级别/级，不大于								
优质钢	2.5	1.5	2.0	1.0	0.5	0.5	1.0	1.0	2.0
高级优质钢	2.0	1.5	1.5	0.5	0	0	1.0	0.5	1.0
对于氮化钛应按形貌分别并入 B 类，D 类，DS 类评级，其合格级别由供需双方协商确定。									

6.10 晶粒度

钢材的奥氏体晶粒度合格级别为5级或更细。

6.11 显微组织

根据需方要求，可进行带状组织检测，其取样部位、检测方法和评级标准由供需双方协商确定。

6.12 脱碳层

6.12.1 热轧(锻)圆钢表面每边总脱碳层深度应符合表13规定。

表13 脱碳层允许深度

单位为毫米

公称直径	每边总脱碳层深度，不大于
≤10	0.10
>10～150	公称直径的1%
>150	协商

6.12.2 冷拉圆钢表面每边总脱碳层深度应不超过公称直径的0.8%。

6.12.3 银亮圆钢表面不允许有脱碳层。

6.13 表面质量

6.13.1 钢材应加工良好，表面不应有裂纹、折叠、拉裂、结疤和夹杂等其他对使用有害的缺陷。冷拉圆钢表面应洁净、无锈蚀。如有上述缺陷，供方应清除，清除深度应符合表14的规定。

表14 表面有害缺陷清除深度的要求

单位为毫米

钢类	公称直径	表面有害缺陷允许清除深度
压力加工用钢材	≤80	从实际尺寸算起不超过公称尺寸公差之半
	>80	从实际尺寸算起不超过公称尺寸公差
切削加工用钢材	≤80	从公称尺寸算起不超过公称尺寸公差之半
	>80	从公称尺寸算起不超过公称尺寸公差

6.13.2 银亮圆钢表面不应有缺陷，但允许有不超过公差尺寸的车削螺纹存在。

6.13.3 根据需方要求，经供需双方协商，并在合同中注明，也可对表面质量另行规定。

6.14 超声检测

根据需方要求，可进行超声检测，其合格级别由供需双方协商确定。

7 试验方法

7.1 钢材的检验项目和试验方法应符合表15的规定。

7.2 化学成分分析方法(氧除外)按GB/T 223.5、GB/T 223.9、GB/T 223.11、GB/T 223.19、GB/T 223.23、GB/T 223.26、GB/T 223.59、GB/T 223.60、GB/T 223.63、GB/T 223.68、GB/T 223.69、GB/T 223.77、GB/T 223.82 、GB/T 223.84、GB/T 4336、GB/T 20123、GB/T 20125、YB/T 4307或通用的方法进行，

仲裁时应按 GB/T 223.5、GB/T 223.10、GB/T 223.11、GB/T 223.19、GB/T 223.23、GB/T 223.26、GB/T 223.59、GB/T 223.60、GB/T 223.63、GB/T 223.68、GB/T 223.69 、GB/T 223.77、GB/T 223.82 、GB/T 223.84、GB/T 20125 进行。

7.3 塔形试样尺寸为：第一阶梯直径为 $D-6$ mm，第二阶梯直径为 $D\times2/3$，第三阶梯直径为 $D\times1/2$，其中 D 为钢材公称直径，每阶长度为 50 mm。试验方法按 GB/T 15711 的规定进行。

7.4 非金属夹杂物取样部位：连铸钢从任意不同支钢材上切取试样，共 6 个试料；模铸或电渣重熔钢从任意 3 支钢锭所成的钢材中对应头、尾上切取，共 6 个试料；按 GB/T 10561—2005 中的 A 法进行评级。

7.5 晶粒度检验方法按 GB/T 6394—2002 的规定进行，采用渗碳法检测，也可以用模拟渗碳法，但仲裁时用渗碳法。

表 15 钢材的检验项目、取样数量、取样部位和试验方法

序号	检验项目	取样数量[a]	取样部位	试验方法
1	化学成分	1 个/炉	GB/T 20066	见 7.2
2	氧含量	1 个	任意钢坯或钢材上，GB/T 20066 直径不小于 20 mm，半径二分之一处 直径小于 20 mm，在中心处	GB/T 11261
3	拉伸	2 个	不同支钢材 GB/T 2975	GB/T 228.1
4	冲击			GB/T 229
5	低 倍	2 个	不同支钢材	GB/T 1979，GB/T 226
6	塔形发纹	2 个	不同支钢材	见 7.3
7	非金属夹杂物	6 个	见 7.4	GB/T 10561—2005
8	脱碳层	2 个	不同支钢材	GB/T 224—2008 中金相法
9	晶粒度	1 个	任意支钢材	见 7.5
10	显微组织	2 个	不同支钢材	协商
11	末端淬透性	1 个	任意支钢材	GB/T 225
12	交货硬度	3 个	不同支钢材	GB/T 231.1
13	超声检测	逐支	整支钢材	GB/T 4162
14	表面质量	逐支	整支钢材	目视、探伤等
15	尺寸、外形	逐支	整支钢材	卡尺、样板等量具
[a] 取样数量达不到表中规定时，则逐支取样。				

8 检验规则

8.1 检查与验收

钢材的质量由供方技术质量监督部门进行出厂检验。需方有权按本标准规定进行验收。

8.2 组批规则

钢材按批进行检查和验收，每批由同一牌号、同一熔炼号、同一加工方法、同一尺寸、同一交货状态和同一热处理炉次的钢材组成。电渣重熔钢在工艺稳定且能保证符合本标准各项技术要求时，允许按自耗电极的熔炼母炉号组批交货。但供方应按电渣炉号提供化学成分,并在钢材上注明电渣炉炉号。

8.3 取样数量和取样部位

每批钢材的取样数量和取样部位应符合表15的规定。

8.4 复验和判定规则

8.4.1 若检验项目中有任一检验项目不合格时(白点、非金属夹杂物除外),可重新取样对不合格项目进行复验,取样数量与初验相同(氧含量除外),复验合格则该批钢材判为合格;若复验结果仍不合格,则该批钢材应判为不合格。

8.4.2 若氧含量不合格时,可在钢材上任意取三个试样进行复验,其检验结果的平均值应不大于标准的规定值,其中允许有一个试样超过标准规定值,但不应超过标准值加0.000 3%。

8.4.3 若初验不合格的试样超过检验试样的一半时,说明该批钢质量较差,则不允许复验,以确保交货钢材的质量。但允许供方重新处理后作为新的一批检查和验收。

8.4.4 若供方能保证钢材合格时,对同一炉钢材的低倍、非金属夹杂物的检验结果,允许以坯代材,以大代小。

9 包装、标志和质量证明书

9.1 钢材包装、标志和质量证明书应符合GB/T 2101的相关规定。

9.2 对电渣重熔钢材,供方应在质量证明书中按电渣炉号提供化学成分,并在钢材上注明电渣炉炉号。

9.3 根据需方要求,经供需双方协议,可提出色标要求,并在合同中注明。

ICS 77.140.50
H 46

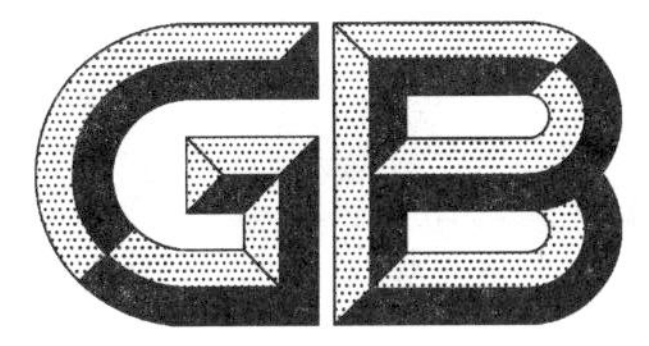

中华人民共和国国家标准

GB/T 4171—2008
代替 GB/T 4171、GB/T 4172—2000、GB/T 18982—2003

耐候结构钢

Atmospheric corrosion resisting structural steel

2008-10-10 发布　　2009-05-01 实施

中华人民共和国国家质量监督检验检疫总局
中国国家标准化管理委员会　发布

前　言

本标准参考了EN 10025-5：2004《结构钢热轧产品——第5部分：改善耐大气腐蚀性结构钢交货技术条件》、ISO 4952：2006《改善耐大气腐蚀性结构钢》、ISO 5952：2005《改善耐大气腐蚀性结构用热连轧钢板》、ASTM A242/A242M-04《高强度低合金结构钢》、ASTM A588/A588M-05《最小屈服点为50 ksi［345 MPa］高强度低合金耐大气腐蚀钢》、ASTM A606-04《耐大气腐蚀的高强度低合金热轧及冷轧钢板和钢带》、ASTM A871/A871M-03《耐大气腐蚀的高强度低合金钢板》、JIS G 3114：2004《焊接结构用耐候钢》和JIS G 3125：2004《高耐候性轧制钢材》等，结合国内耐候钢的发展和应用情况，对GB/T 4171—2000《高耐候结构钢》、GB/T 4172—2000《焊接结构用耐候钢》、GB/T 18982—2003《集装箱用耐腐蚀钢板及钢带》进行了整合修订。

本标准代替GB/T 4171—2000《高耐候结构钢》、GB/T 4172—2000《焊接结构用耐候钢》和GB/T 18982—2003《集装箱用耐腐蚀钢板及钢带》。

本标准与上述三个标准相比，对下列主要技术内容进行了修改：

——重新制定标准名称；

——重新制定钢牌号；

——重新制定各牌号的化学成分和力学性能；

——增加了关于评估耐大气腐蚀性相对大小的附录。

本标准的附录A、附录B、附录C、附录D为资料性附录。

本标准由中国钢铁工业协会提出。

本标准由全国钢标准化技术委员会归口。

本标准主要起草单位：鞍钢股份有限公司、冶金工业信息标准研究院、广州珠江钢铁有限责任公司、首钢总公司、安阳钢铁集团有限责任公司。

本标准主要起草人：管吉春、朴志民、王晓虎、李烈军、李轲新、韦弦。

本标准所代替标准的历次版本发布情况为：

——GB/T 4171—84、GB/T 4171—2000；

——GB/T 4172—84、GB/T 4172—2000；

——GB/T 18982—2003。

耐候结构钢

1 范围

本标准规定了耐候结构钢的尺寸、外形、重量及允许偏差、技术要求、试验方法、检验规则、包装、标志及质量证明书。

本标准适用于车辆、桥梁、集装箱、建筑、塔架和其他结构用具有耐大气腐蚀性能的热轧和冷轧的钢板、钢带和型钢。耐候钢可制作螺栓连接、铆接和焊接的结构件。

2 规范性引用文件

下列文件中的条款通过本标准的引用而成为本标准的条款。凡是注日期的引用文件，其随后所有的修改单(不包括勘误的内容)或修订版均不适用于本标准，然而，鼓励根据本标准达成协议的各方研究是否可使用这些文件的最新版本。凡是不注日期的引用文件，其最新版本适用于本标准。

GB/T 222 钢的成品化学成分允许偏差

GB/T 223.3 钢铁及合金化学分析方法 二安替比林甲烷磷钼酸重量法测定磷量

GB/T 223.5 钢铁 酸溶硅和全硅含量的测定 还原型硅钼酸盐分光光度法

GB/T 223.9 钢铁及合金 铝含量的测定 铬天青S分光光度法

GB/T 223.11 钢铁及合金 铬含量的测定 可视滴定或电位滴定法

GB/T 223.14 钢铁及合金化学分析方法 钽试剂萃取光度法测定钒含量

GB/T 223.16 钢铁及合金化学分析方法 变色酸光度法测定钛量

GB/T 223.19 钢铁及合金化学分析方法 新亚铜灵-三氯甲烷萃取光度法测定铜量

GB/T 223.23 钢铁及合金 镍含量的测定 丁二酮肟分光光度法

GB/T 223.26 钢铁及合金 钼含量的测定 硫氰酸盐分光光度法

GB/T 223.30 钢铁及合金化学分析方法 对-溴苦杏仁酸沉淀分离-偶氮胂Ⅲ分光分度法测定锆量

GB/T 223.40 钢铁及合金 铌含量的测定 氯磺酚S分光光度法

GB/T 223.59 钢铁及合金 磷含量的测定 铋磷钼蓝分光光度法 锑磷钼蓝分光光度法

GB/T 223.60 钢铁及合金化学分析方法 高氯酸脱水重量法测定硅含量

GB/T 223.61 钢铁及合金化学分析方法 磷钼酸铵容量法测定磷量

GB/T 223.62 钢铁及合金化学分析方法 乙酸丁酯萃取光度法测定磷量

GB/T 223.63 钢铁及合金化学分析方法 高碘酸钠(钾)光度法测定锰量

GB/T 223.64 钢铁及合金 锰含量的测定 火焰原子吸收光谱法

GB/T 223.67 钢铁及合金 硫含量的测定 次甲基蓝分光光度法

GB/T 223.68 钢铁及合金化学分析方法 管式炉内燃烧后碘酸钾滴定法测定硫含量

GB/T 223.69 钢铁及合金 碳含量的测定 管式炉内燃烧后气体容量法

GB/T 223.71 钢铁及合金化学分析方法 管式炉内燃烧后重量法测定碳含量

GB/T 223.72 钢铁及合金 硫含量的测定 重量法

GB/T 223.76 钢铁及合金化学分析方法 火焰原子吸收光谱法测定钒量

GB/T 228 金属材料 室温拉伸试验方法(GB/T 228—2002,eqv ISO 6892:1998)

GB/T 229 金属材料 夏比摆锤冲击试验方法(GB/T 229—2007,ISO 148-1:2006,MOD)

GB/T 232 金属材料 弯曲试验方法(GB/T 232—1999,eqv ISO 7438:1985)

GB/T 247　钢板和钢带检验、包装、标志及质量证明书的一般规定

GB/T 708　冷轧钢板和钢带的尺寸、外形、重量及允许偏差

GB/T 709　热轧钢板和钢带的尺寸、外形、重量及允许偏差

GB/T 2101　型钢验收、包装、标志及质量证明书的一般规定

GB/T 2975　钢及钢产品力学性能试样取样位置及试样制备(GB/T 2975—1998,eqv ISO 377:1997)

GB/T 4336　碳素钢和中低合金钢火花源原子发射光谱分析方法(常规法)

GB/T 6394　金属平均晶粒度测定法

GB/T 10561　钢中非金属夹杂物含量的测定　标准评级图显微检验法(GB/T 10561—2005,ISO 4967:1998(E),IDT)

GB/T 17505　钢及钢产品一般交货技术要求(GB/T 17505—1998,eqv ISO 404:1992)

GB/T 20066　钢和铁　化学成分测定用试样的取样和制样方法(GB/T 20066—2006,ISO 14284:1996,IDT)

GB/T 20125　低合金钢　多元素含量的测定　电感耦合等离子体原子发射光谱法

YB/T 081　冶金技术标准的数值修约与检测数值的判定原则

3　术语和定义

本标准采用下列术语和定义:

3.1

耐候钢　atmospheric corrosion resisting steel

通过添加少量的合金元素如 Cu、P、Cr、Ni 等,使其在金属基体表面上形成保护层,以提高耐大气腐蚀性能的钢。

4　分类和代号

4.1　分类

各牌号的分类及用途见表 1。

表 1

类别	牌　号	生产方式	用　途
高耐候钢	Q295GNH、Q355GNH	热轧	车辆、集装箱、建筑、塔架或其他结构件等结构用,与焊接耐候钢相比,具有较好的耐大气腐蚀性能
	Q265GNH、Q310GNH	冷轧	
焊接耐候钢	Q235NH、Q295NH、Q355NH Q415NH、Q460NH、Q500NH Q550NH	热轧	车辆、桥梁、集装箱、建筑或其他结构件等结构用,与高耐候钢相比,具有较好的焊接性能

4.2　牌号表示方法

钢的牌号由“屈服强度”、“高耐候”或“耐候”的汉语拼音首位字母“Q”、“GNH”或“NH”、屈服强度的下限值以及质量等级(A、B、C、D、E)组成。

例如:Q355GNHC

Q——屈服强度中“屈”字汉语拼音的首位字母;

355——钢的下屈服强度的下限值,单位为 N/mm^2;

GNH——分别为“高”、“耐”和“候”字汉语拼音的首位字母;

C——质量等级。

5 订货内容

订货时用户需提供以下信息：

a) 本标准号；

b) 产品名称(钢板、钢带或型钢)；

c) 牌号；

d) 规格及尺寸外形允许偏差；

e) 交货状态；

f) 重量；

g) 其他要求。

6 尺寸、外形、重量及允许偏差

6.1 尺寸

不同牌号的供货尺寸范围见表2。经供需双方协商，可以供表2以外的规格。

表2

单位为毫米

牌　　号	厚度或直径	
	钢板和钢带	型　钢
Q235NH	≤100	≤100
Q295NH	≤100	≤100
Q295GNH	≤20	≤40
Q355NH	≤100	≤100
Q355GNH	≤20	≤40
Q415NH	≤60	—
Q460NH	≤60	—
Q500NH	≤60	—
Q550NH	≤60	—
Q265GNH	≤3.5	—
Q310GNH	≤3.5	—

6.2 尺寸允许偏差

6.2.1 热轧钢板和钢带的尺寸、外形、重量及允许偏差应符合GB/T 709的规定。

6.2.2 冷轧钢板和钢带的尺寸、外形、重量及允许偏差应符合GB/T 708的规定。

6.2.3 型钢的尺寸、外形、重量及允许偏差应符合有关产品标准的规定。

7 技术要求

7.1 钢的牌号和化学成分

7.1.1 钢的牌号和化学成分(熔炼分析)应符合表3的规定。

表 3

牌　号	化学成分(质量分数)/%							
	C	Si	Mn	P	S	Cu	Cr	Ni	其他元素
Q265GNH	≤0.12	0.10～0.40	0.20～0.50	0.07～0.12	≤0.020	0.20～0.45	0.30～0.65	0.25～0.50[e]	a,b
Q295GNH	≤0.12	0.10～0.40	0.20～0.50	0.07～0.12	≤0.020	0.25～0.45	0.30～0.65	0.25～0.50[e]	a,b
Q310GNH	≤0.12	0.25～0.75	0.20～0.50	0.07～0.12	≤0.020	0.20～0.50	0.30～1.25	≤0.65	a,b
Q355GNH	≤0.12	0.20～0.75	≤1.00	0.07～0.15	≤0.020	0.25～0.55	0.30～1.25	≤0.65	a,b
Q235NH	≤0.13[f]	0.10～0.40	0.20～0.60	≤0.030	≤0.030	0.25～0.55	0.40～0.80	≤0.65	a,b
Q295NH	≤0.15	0.10～0.50	0.30～1.00	≤0.030	≤0.030	0.25～0.55	0.40～0.80	≤0.65	a,b
Q355NH	≤0.16	≤0.50	0.50～1.50	≤0.030	≤0.030	0.25～0.55	0.40～0.80	≤0.65	a,b
Q415NH	≤0.12	≤0.65	≤1.10	≤0.025	≤0.030[d]	0.20～0.55	0.30～1.25	0.12～0.65[e]	a,b,c
Q460NH	≤0.12	≤0.65	≤1.50	≤0.025	≤0.030[d]	0.20～0.55	0.30～1.25	0.12～0.65[e]	a,b,c
Q500NH	≤0.12	≤0.65	≤2.0	≤0.025	≤0.030[d]	0.20～0.55	0.30～1.25	0.12～0.65[e]	a,b,c
Q550NH	≤0.16	≤0.65	≤2.0	≤0.025	≤0.030[d]	0.20～0.55	0.30～1.25	0.12～0.65[e]	a,b,c

[a] 为了改善钢的性能,可以添加一种或一种以上的微量合金元素:Nb 0.015%～0.060%,V 0.02%～0.12%,Ti 0.02%～0.10%,Alt ≥0.020%。若上述元素组合使用时,应至少保证其中一种元素含量达到上述化学成分的下限规定。

[b] 可以添加下列合金元素:Mo≤0.30%,Zr≤0.15%。

[c] Nb、V、Ti 等三种合金元素的添加总量不应超过 0.22%。

[d] 供需双方协商,S 的含量可以不大于 0.008%。

[e] 供需双方协商,Ni 含量的下限可不做要求。

[f] 供需双方协商,C 的含量可以不大于 0.15%。

7.1.2　成品钢材化学成分的允许偏差应符合 GB/T 222 的规定。

7.2　冶炼方法

钢采用转炉或电炉冶炼,且为镇静钢。除非需方有特殊要求,冶炼方法由供方选择。

7.3　交货状态

热轧钢材以热轧、控轧或正火状态交货,牌号为 Q460NH、Q500NH、Q550NH 的钢材可以淬火加回火状态交货,冷轧钢材一般以退火状态交货。

7.4　力学性能和工艺性能

7.4.1　钢材的力学性能和工艺性能应符合表 4 的规定。

表 4

牌号	拉伸试验[a]									180°弯曲试验弯心直径		
	下屈服强度 R_{eL}/(N/mm²) 不小于				抗拉强度 R_m/(N/mm²)	断后伸长率 A/% 不小于						
	≤16	>16～40	>40～60	>60		≤16	>16～40	>40～60	>60	≤6	>6～16	>16
Q235NH	235	225	215	215	360～510	25	25	24	23	*a*	*a*	2*a*
Q295NH	295	285	275	255	430～560	24	24	23	22	*a*	2*a*	3*a*
Q295GNH	295	285	—	—	430～560	24	24	—	—	*a*	2*a*	3*a*
Q355NH	355	345	335	325	490～630	22	22	21	20	*a*	2*a*	3*a*
Q355GNH	355	345	—	—	490～630	22	22	—	—	*a*	2*a*	3*a*
Q415NH	415	405	395	—	520～680	22	22	20	—	*a*	2*a*	3*a*
Q460NH	460	450	440	—	570～730	20	20	19	—	*a*	2*a*	3*a*
Q500NH	500	490	480	—	600～760	18	16	15	—	*a*	2*a*	3*a*
Q550NH	550	540	530	—	620～780	16	16	15	—	*a*	2*a*	3*a*
Q265GNH	265	—	—	—	≥410	27	—	—	—	*a*	—	—
Q310GNH	310	—	—	—	≥450	26	—	—	—	*a*	—	—

注：*a* 为钢材厚度。

[a] 当屈服现象不明显时，可以采用 $R_{p0.2}$。

7.4.2 钢材的冲击性能应符合表 5 的规定。

表 5

质量等级	V 型缺口冲击试验[a]		
	试样方向	温度/℃	冲击吸收能量 KV_2/J
A	纵向	—	—
B		+20	≥47
C		0	≥34
D		−20	≥34
E		−40	≥27[b]

[a] 冲击试样尺寸为 10 mm×10 mm×55 mm。

[b] 经供需双方协商，平均冲击功值可以≥60 J。

7.4.2.1 经供需双方协商，高耐候钢可以不作冲击试验。

7.4.2.2 冲击试验结果按三个试样的平均值计算，允许其中一个试样的冲击吸收能量小于规定值，但不得低于规定值的 70%。

7.4.2.3 厚度不小于 6 mm 或直径不小于 12 mm 的钢材应做冲击试验。对于厚度≥6 mm～<12 mm 或直径≥12 mm～<16 mm 的钢材做冲击试验时，应采用 10 mm×5 mm×55 mm 或 10 mm×7.5 mm×55 mm 小尺寸试样，其试验结果应不小于表 5 规定值的 50% 或 75%。应尽可能取较大尺寸的冲击试样。

7.5 其他要求

根据需方要求，经供需双方协商，并在合同中注明，可增加以下检验项目。

a) 晶粒度

钢材的晶粒度应不小于 7 级，晶粒度不均匀性应在三个相邻级别范围内。

b) 非金属夹杂物

钢材的非金属夹杂物应按 GB/T 10561 的 A 法进行检验，其结果应符合表 6 的规定。

表 6

A	B	C	D	DS
≤2.5	≤2.0	≤2.5	≤2.0	≤2.0

7.6 **表面质量**

7.6.1 钢材表面不得有裂纹、结疤、折叠、气泡、夹杂和分层等对使用有害的缺陷。如有上述缺陷，允许清除，清除的深度不得超过钢材厚度公差之半。清除处应圆滑无棱角。型钢表面缺陷不得横向铲除。

7.6.2 热轧钢材表面允许存在其他不影响使用的缺陷，但应保证钢材的最小厚度。

7.6.3 冷轧钢板和钢带表面允许有轻微的擦伤、氧化色、酸洗后浅黄色薄膜、折印、深度或高度不大于公差之半的局部麻点、划伤和压痕。

7.6.4 钢带允许带缺陷交货，但有缺陷的部分不得超过钢带总长度的 8%。

8 试验方法

8.1 钢材的外观应目视检查。

8.2 钢材的尺寸、外形应用合适的测量工具测量。

8.3 每批钢材的检验项目、试样数量、取样方法和试验方法应符合表 7 的规定。

表 7

序号	试验项目	试样数量	取样方法	试验方法
1	化学分析	1 个/炉	GB/T 20066	GB/T 223、GB/T 4336、GB/T 20125
2	拉伸试验	1 个/批	GB/T 2975	GB/T 228
3	弯曲试验	1 个/批	GB/T 2975	GB/T 232
4	冲击试验	1 组(3 个)/批	GB/T 2975	GB/T 229
5	晶粒度	1 个/批	GB/T 6394	GB/T 6394
6	非金属夹杂物	1 个/批	GB/T 10561	GB/T 10561

9 检验规则

9.1 **组批规则**

钢材应成批验收。每批由同一牌号、同一炉号、同一规格、同一轧制制度和同一交货状态的钢材组成；冷轧产品每批重量不得超过 30 t。

9.2 **复验**

9.2.1 如果冲击试验结果不符合规定时，应从同一取样产品上再取 3 个试样进行试验，先后 6 个试样的平均值应不小于表 5 的规定值，允许其中有 2 个试样低于规定值，但低于规定值 70%的试样只允许有一个。

9.2.2 钢材的其他复验应符合 GB/T 17505 或 GB/T 2101 的规定。

9.3 **数值修约**

除非在合同或订单中另有规定，当需要评定试验结果是否符合规定值时，其修约方法应按 YB/T 081的规定进行。

10 包装、标志和质量证明书

钢材的包装、标志和质量证明书应符合 GB/T 247 或 GB/T 2101 的规定。

附 录 A
（资料性附录）
新旧牌号及相近牌号对照表

本标准的牌号与旧牌号及相近牌号对照见表 A.1。

表 A.1

GB/T 4171—2008	GB/T 4171—2000	GB/T 4172—2000	GB/T 18982—2003	TB/T 1979—2003
Q235NH	—	Q235NH	—	—
Q295NH	—	Q295NH	—	—
Q295GNH	Q295GNHL	—	—	09CuPCrNi-B
Q355NH	—	Q355NH	—	—
Q355GNH	Q345GNHL	—	—	09CuPCrNi-A
Q415NH	—	—	—	—
Q460NH	—	—	—	—
Q500NH	—	—	—	—
Q550NH	—	—	—	—
Q265GNH	Q295GNHL	—	—	09CuPCrNi-B
Q310GNH	—	—	Q310GNHLJ	09CuPCrNi-A

附 录 B
（资料性附录）
本标准牌号与国外相近牌号对照表

本标准的牌号与国外相近牌号对照见表 B.1。

表 B.1

GB/T 4171—2008	ISO 4952：2006	ISO 5952：2005	EN 10025-5：2004	JIS G 3114：2004	JIS G 3125：2004	ASTM			
						A242M-04	A588M-05	A606-04	A871M-03
Q235NH	S235W	HSA235W	S235J0W S235J2W	SMA400AW SMA400BW SMA400CW	—	—	—	—	—
Q295NH	—	—	—	—	—	—	—	—	—
Q295GNH	—	—	—	—	—	—	—	—	—
Q355NH	S355W	HSA355W2	S355J0W S355J2W S355K2W	SMA490AW SMA490BW SMA490CW	—	—	Grade K	—	—
Q355GNH	S355WP	HSA355W1	S355J0WP S355J2WP	—	SPA-H	Type1	—	—	—
Q415NH	S415W	—	—	—	—	—	—	—	60
Q460NH	S460W	—	—	SMA570W SMA570P	—	—	—	—	65
Q500NH	—	—	—	—	—	—	—	—	—
Q550NH	—	—	—	—	—	—	—	—	—
Q265GNH	—	—	—	—	—	—	—	—	—
Q310GNH	—	—	—	—	SPA-C		—	Type4	—

注 1：本表只是钢级的对照，未包括牌号的质量等级。

注 2：A242M、A588M、A606 等标准中只规定一个钢级，没有牌号，但有多个化学成分与其对应，本表只列出与本标准相似的化学成分的代号。

附 录 C
（资料性附录）
改善耐大气腐蚀性能钢材的附加信息

自保护氧化层的耐腐蚀的效果与其组成成分以及钢中合金元素及其化合物的作用有关。耐大气腐蚀性能取决于基板的自动保护氧化层的形成过程中干湿交替的气候条件。所提供的保护作用与环境以及主要是在结构中的部位等其他条件有关。

在结构件的设计及生产过程中，对于表面自动保护氧化层的形成及再生应作出规定。对于设计者来说，在计算过程中考虑裸露钢材的腐蚀，或者是提高产品的厚度对浸蚀进行补偿。

在空气中含有某些特殊的化学物质或者结构件长时间与水接触、或一直裸露在潮湿的空气中、或在海洋性气候中使用时，建议采用常规表面保护。在涂漆前需去除产品表面的氧化铁皮。在相同条件下，涂漆后耐大气腐蚀钢的腐蚀敏感程度小于一般的结构钢。

非暴露结构件的表面与制造过程有关，需保持通风。否则需进行适当的表面保护。保护程度与最敏感的气候条件和结构件在腐蚀过程中的有效期有关。因此，就不同的用途选用何种合适的产品这一问题，使用方应与制造方进行协商。

附　录　D
（资料性附录）
评估低合金钢的耐大气腐蚀性指南

本附录译自 ISO 5952:2005 的附录 A，与此相关的详细内容可以参见 ASTM G101。参照此附录，可以对各牌号耐腐蚀性的相对大小进行评估。在 ASTM 相关标准中，钢材具有较好的耐大气腐蚀性能时，要求其按本附录计算出的耐腐蚀性指数应为 6.0 或 6.0 以上。

D.1　范围

本附录提供通过化学成分对低合金钢的耐大气腐蚀性进行评估的一种方法。

本方法利用基于钢的化学成分的预测公式计算钢的耐腐蚀性指数。

由于世界上有多种耐腐蚀性指数正在使用，因此当选择一种指数时，考虑到不同的使用环境和钢的化学成分是必要的。基于使用环境和钢的化学成分的不同，任何指数都可能不适用，因此，由供需双方共同来确定使用那种指数以及在预计的使用环境中该指数的大小是必要的。

D.2　术语

低合金钢是含有合金元素总量大于 1%但小于 5%的碳钢。

注：大多数“低合金耐候钢”含有添加的 Cr 和 Cu 元素，也可能含有添加的 Si、Ni、P 或其他的能增加耐大气腐蚀性能的合金元素。

D.3　方法

D.3.1　Legault 和 Leckie 公布了基于钢的化学成分来预测暴露于不同大气环境下 15.5 年后的低合金钢的腐蚀情况的公式。该公式是以 Larrabee 和 Coburn 公布的大量数据为基础的。

D.3.2　为了使用，工业环境（Kearny，N.J.）下的 Legault-Leckie 公式被修改以便能计算基于化学成分的耐大气腐蚀性指数。这些修改包括常量的删除和公式中变量符号的变动。修改后的耐大气腐蚀性指数（I）计算公式如下。指数越大，钢的耐腐蚀性能越好。

$$I=26.01(\%Cu)+3.88(\%Ni)+1.20(\%Cr)+1.49(\%Si)+17.28(\%P)-7.29(\%Cu)(\%Ni)-9.10(\%Ni)(\%P)-33.39(\%Cu)^2$$

D.3.3　预测公式应使用在钢的化学成分满足 Larrabee—Coburn 试验时的化学成分范围的情况下。这些化学成分范围如下：

Cu　0.012%～0.51%

Ni　0.05%～1.1%

Cr　0.10%～1.3%

Si　0.10%～0.64%

P　0.01%～0.12%

D.3.4　最小允许耐大气腐蚀性指数应由制造商（供应商）和购买商双方协议确定。

ICS 77.140.60
H 40

中华人民共和国国家标准

GB/T 15712—2016
代替 GB/T 15712—2008

非调质机械结构钢

Microalloyed medium carbon steels

(ISO 11692:1994,Ferritic-pearlitic engineering steels for precipitation hardening from hot-working temperatures,MOD)

2016-08-29 发布　　　　2017-07-01 实施

中华人民共和国国家质量监督检验检疫总局
中国国家标准化管理委员会　发布

前　言

本标准按照 GB/T 1.1—2009 给出的规则起草。

本标准代替 GB/T 15712—2008《非调质机械结构钢》。

本标准与 GB/T 15712—2008 相比，主要变化如下：

——增加了钢按显微组织分类；

——增加了 F70VS、F38MnSiNS、F48MnV、F37MnSiVS、F41MnSiV、F25Mn2CrVS 等 6 个牌号及相关要求；

——调整了部分牌号的硅含量：F35VS、F40VS、F45VS 中硅由 0.20%～0.40%调整为 0.15%～0.35%；F30MnVS、F38MnVS 的硅由≤0.80%调整为 0.30%～0.80%；

——调整了 F38MnVS 的碳含量范围，由 0.34%～0.41%调整为 0.35%～0.42%；

——增加了 Mo≤0.05%的要求；

——取消了残余元素 Ni、Cu、Mo、Nb、Ti 成品化学成分允许偏差；

——增加了碳当量推荐计算公式；

——加严了低倍要求；

——加严了脱碳层要求；

——增加了晶粒度作为协议要求；

——增加了表面质量可按 GB/T 28300 的要求；

——增加了可按 GB/T 18253 提供检验文件的要求。

本标准使用重新起草法修改采用 ISO 11692:1994《热加工的析出强化铁素体-珠光体工程用钢》。

为了方便比较，本标准在附录 A 中列出了本标准章条编号和 ISO 11692:1994 标准章条编号的对照一览表。

根据我国国情，本标准在采用 ISO 11692:1994 标准时进行了修改。这些技术性差异用垂直单线(|)标识在它们所涉及的条款的页边空白处。在附录 B 中给出了技术性差异及其原因的一览表以供参考。

为便于使用，本标准还做了下列编辑性修改：

——标准名称由“热加工的析出强化铁素体-珠光体工程用钢”改为“非调质机械结构钢”。

本标准由中国钢铁工业协会提出。

本标准由全国钢标准化技术委员会(SAC/TC 183)归口。

本标准主要起草单位：东北特殊钢集团有限责任公司、钢铁研究总院、苏州苏信特钢有限公司、杭州钢铁集团公司、冶金工业信息标准研究院、北京交通大学。

本标准主要起草人：金维松、真娟、董瀚、栾燕、刘栋林、严国卫、惠卫军、高惠菊、戴强、陈思联、别利芳。

本标准所代替标准的历次版本发布情况为：

——GB/T 15712—1995、GB/T 15712—2008。

非调质机械结构钢

1 范围

本标准规定了非调质机械结构钢的术语和定义、分类、订货内容、尺寸、外形及允许偏差、技术要求、试验方法、检验规则、包装、标志及质量证明书等。

本标准适用于非调质机械结构钢热轧钢材及银亮钢材(以下简称钢材)。

2 规范性引用文件

下列文件对于本文件的应用是必不可少的。凡是注日期的引用文件,仅注日期的版本适用于本文件。凡是不注日期的引用文件,其最新版本(包括所有的修改单)适用于本文件。

GB/T 223.5 钢铁 酸溶硅和全硅含量的测定 还原型硅钼酸盐分光光度法(GB/T 223.5—2008,ISO 4829-1:1986,ISO 4829-2:1988,MOD)

GB/T 223.11 钢铁及合金 铬含量的测定 可视滴定或电位滴定法(GB/T 223.11—2008,ISO 4937:1986,MOD)

GB/T 223.16 钢铁及合金化学分析方法 变色酸光度法测定钛量

GB/T 223.18 钢铁及合金化学分析方法 硫代硫酸钠分离-碘量法测定铜量

GB/T 223.23 钢铁及合金 镍含量的测定 丁二酮肟分光光度法(GB/T 223.23—2008,ISO 4939:1984,MOD)

GB/T 223.26 钢铁及合金 钼含量的测定 硫氰酸盐分光光度法

GB/T 223.37 钢铁及合金化学分析方法 蒸馏分离-靛酚蓝光度法测定氮量

GB/T 223.40 钢铁及合金 铌含量的测定 氯磺酚S分光光度法

GB/T 223.58 钢铁及合金化学分析方法 亚砷酸钠-亚硝酸钠滴定法测定锰量

GB/T 223.59 钢铁及合金 磷含量的测定 铋磷钼蓝分光光度法和锑磷钼蓝分光光度法

GB/T 223.68 钢铁及合金化学分析方法 管式炉内燃烧后碘酸钾滴定法测定硫含量(GB/T 223.68—1997,ISO 671:1982,MOD)

GB/T 223.69 钢铁及合金 碳含量的测定 管式炉内燃烧后气体容量法

GB/T 223.76 钢铁及合金化学分析方法 火焰原子吸收光谱法测定钒量(GB/T 223.76—1994,ISO 9647:1989,MOD)

GB/T 223.78 钢铁及合金化学分析方法 姜黄素直接光度法测定硼含量(GB/T 223.78—2000,ISO 10153:1997,IDT)

GB/T 224—2008 钢的脱碳层深度测定法(ISO 3887:2003,MOD)

GB/T 226 钢的低倍组织及缺陷酸蚀检验法

GB/T 228.1 金属材料 拉伸试验 第1部分:室温试验方法(GB/T 228.1—2010,ISO 6892-1:2009,MOD)

GB/T 229 金属材料 夏比摆锤冲击试验方法(GB/T 229—2007,ISO 148-1:2006,MOD)

GB/T 231.1 金属材料 布氏硬度试验 第1部分:试验方法(GB/T 231.1—2009,ISO 6506-1:2005,MOD)

GB/T 702—2008 热轧钢棒尺寸、外形、重量及允许偏差(ISO 1035-1:1980,ISO 1035-2:1980,

ISO 1035-4:1982,MOD)

GB/T 1979 结构钢低倍组织缺陷评级图

GB/T 2101 型钢验收、包装、标志及质量证明书的一般规定

GB/T 2975 钢及钢产品 力学性能试验取样位置及试样制备(GB/T 2975—1998,eqv ISO 377:1997)

GB/T 3207—2008 银亮钢

GB/T 4162 锻轧钢棒超声检测方法

GB/T 4336 碳素钢和中低合金钢火花源原子发射光谱分析方法(常规法)

GB/T 6394 金属平均晶粒度测定法

GB/T 7736 钢的低倍缺陷超声波检验法

GB/T 10561—2005 钢中非金属夹杂物含量的测定 标准评级图显微检验法(ISO 4967:1998,IDT)

GB/T 13298 金属显微组织检验方法

GB/T 13299 钢的显微组织评定方法

GB/T 13304.1 钢分类 第1部分:按化学成分分类(GB/T 13304.1—2008,ISO 4948-1:1982)

GB/T 15574 钢产品分类(GB/T 15574—2016,ISO 6929:2013,MOD)

GB/T 17505 钢及钢产品 交货一般技术要求(GB/T 17505—2016,ISO 404:2013,MOD)

GB/T 18253 钢及钢产品 检验文件的类型(GB/T 18253—2002,ISO 10474:1991,MOD)

GB/T 20066 钢和铁 化学成分测定用试样的取样和制样方法(GB/T 20066—2006,ISO 14284:1996,IDT)

GB/T 20123 钢铁 总碳硫含量的测定 高频感应炉燃烧后红外吸收法(常规方法)(GB/T 20123—2006,ISO 15350:2000,IDT)

GB/T 20124 钢铁 氮含量的测定 惰性气体熔融热导法(常规方法)(GB/T 20124—2006,ISO 15351:1999,IDT)

GB/T 20125 低合金钢 多元素含量的测定 电感耦合等离子体原子发射光谱法

GB/T 28300 热轧棒材和盘条表面质量等级交货技术条件

3 术语和定义

GB/T 15574 和 GB/T 13304.1 界定的以及下列术语和定义适用于本文件。

3.1

非调质机械结构钢 microalloyed medium carbon steels

通过微合金化、控制轧制(锻制)和控制冷却等强韧化方法,取消了调质热处理,达到或接近调质钢力学性能的一类优质或特殊质量结构钢。

4 分类

4.1 钢按显微组织分为两类:

a) 铁素体-珠光体钢;

b) 贝氏体钢。

4.2 钢材按使用加工方法分为两类:

a) 直接切削加工用钢:UC;

b) 热压力加工用钢:UHP。

5 订货内容

按本标准订货的合同应包含以下内容：

a) 本标准编号；
b) 牌号及化学成分；
c) 尺寸；
d) 重量；
e) 使用加工方法；
f) 交货状态；
g) 精度级别；
h) 本标准中供需双方协商的项目；
i) 其他特殊要求。

6 尺寸、外形及其允许偏差

6.1 热轧钢材的尺寸、外形及其允许偏差应符合 GB/T 702—2008 的规定，尺寸精度要求应在合同中注明；未注明时，按 2 组精度执行。

6.2 银亮钢材的尺寸、外形及允许偏差应符合 GB/T 3207—2008 的规定，尺寸精度要求应在合同中注明；未注明时，按 11 级精度执行。

7 技术要求

7.1 牌号及化学成分

7.1.1 热压力加工用钢的牌号及化学成分（熔炼分析）应符合表 1 的规定。直接切削加工用钢的化学成分通常应符合表 1 规定，但在保证力学性能合格时，经供需双方协商，并在合同中注明，可超出表 1 规定的化学成分范围。

7.1.2 钢材成品化学成分允许偏差应符合表 2 的规定。

7.1.3 根据需方要求，经供需双方协商，可规定碳当量要求，推荐碳当量计算公式见式(1)：

$$CEV = C + Si/6 + Mn/4.5 + Cr/4 + Ni/15 + Mo/4.5 + 1.8 \times V \quad \cdots\cdots\cdots\cdots(1)$$

表 1 钢的牌号及化学成分

序号	分类	统一数字代号	牌号[a]	化学成分(质量分数)/%									
				C	Si	Mn	S	P	V[b]	Cr	Ni	Cu[c]	其他[d]
1	铁素体—珠光体	L22358	F35VS	0.32～0.39	0.15～0.35	0.60～1.00	0.035～0.075	≤0.035	0.06～0.13	≤0.30	≤0.30	≤0.30	Mo≤0.05
2		L22408	F40VS	0.37～0.44	0.15～0.35	0.60～1.00	0.035～0.075	≤0.035	0.06～0.13	≤0.30	≤0.30	≤0.30	Mo≤0.05
3		L22458	F45VS	0.42～0.49	0.15～0.35	0.60～1.00	0.035～0.075	≤0.035	0.06～0.13	≤0.30	≤0.30	≤0.30	Mo≤0.05
4		L22708	F70VS	0.67～0.73	0.15～0.35	0.40～0.70	0.035～0.075	≤0.045	0.03～0.08	≤0.30	≤0.30	≤0.30	Mo≤0.05
5		L22308	F30MnVS	0.26～0.33	0.30～0.80	1.20～1.60	0.035～0.075	≤0.035	0.08～0.15	≤0.30	≤0.30	≤0.30	Mo≤0.05
6		L22358	F35MnVS	0.32～0.39	0.30～0.60	1.00～1.50	0.035～0.075	≤0.035	0.06～0.13	≤0.30	≤0.30	≤0.30	Mo≤0.05
7		L22388	F38MnVS	0.35～0.42	0.30～0.80	1.20～1.60	0.035～0.075	≤0.035	0.08～0.15	≤0.30	≤0.30	≤0.30	Mo≤0.05
8		L22408	F40MnVS	0.37～0.44	0.30～0.60	1.00～1.50	0.035～0.075	≤0.035	0.06～0.13	≤0.30	≤0.30	≤0.30	Mo≤0.05
9		L22458	F45MnVS	0.42～0.49	0.30～0.60	1.00～1.50	0.035～0.075	≤0.035	0.06～0.13	≤0.30	≤0.30	≤0.30	Mo≤0.05
10		L22498	F49MnVS	0.44～0.52	0.15～0.60	0.70～1.00	0.035～0.075	≤0.035	0.08～0.15	≤0.30	≤0.30	≤0.30	Mo≤0.05
11		L22488	F48MnV	0.45～0.51	0.15～0.35	1.00～1.30	≤0.035	≤0.035	0.06～0.13	≤0.30	≤0.30	≤0.30	Mo≤0.05
12		L22378	F37MnSiVS	0.34～0.41	0.50～0.80	0.90～1.10	0.035～0.075	≤0.045	0.25～0.35	≤0.30	≤0.30	≤0.30	Mo≤0.05
13		L22418	F41MnSiV	0.38～0.45	0.50～0.80	1.20～1.60	≤0.035	≤0.035	0.08～0.15	≤0.30	≤0.30	≤0.30	Mo≤0.05
14		L26388	F38MnSiNS	0.35～0.42	0.50～0.80	1.20～1.60	0.035～0.075	≤0.035	≤0.06	≤0.30	≤0.30	≤0.30	Mo≤0.05 N:0.010～0.020
15	贝氏体	L27128	F12Mn2VBS	0.09～0.16	0.30～0.60	2.20～2.65	0.035～0.075	≤0.035	0.06～0.12	≤0.30	≤0.30	≤0.30	B 0.001～0.004
16		L28258	F25Mn2CrVS	0.22～0.28	0.20～0.40	1.80～2.10	0.035～0.065	≤0.030	0.10～0.15	0.40～0.60	≤0.30	≤0.30	—

注：本标准牌号与 ISO 11692 牌号的对照参见表 C.1。

[a] 当硫含量只有上限要求时，牌号尾部不加“S”。

[b] 经供需双方协商，可以用铌或钛代替部分或全部钒含量，在部分代替情况下，钒的下限含量应由双方协商。

[c] 热压力加工用钢的铜含量应不大于 0.20%。

[d] 为了保证钢材的力学性能，允许添加氮，推荐氮含量为 0.008 0%～0.020 0%。

表 2 钢材化学成分允许偏差

%

元素	规定化学成分(质量分数)上限值	允许偏差	
		上偏差	下偏差
C	≤0.30	0.01	0.01
	>0.30～0.75	0.02	0.02
Mn	≤1.00	0.03	0.03
	>1.00	0.04	0.04
Si	≤0.37	0.02	0.02
	>0.37	0.04	0.04
V	≤0.10	0.01	0.01
	>0.10	0.02	0.02
Cr	—	0.03	0.03
B	—	0.000 5	0.000 1
N	—	0.002 0	0.002 0
S	规定上下限时	0.005	0.005
	仅有上限时	0.005	—
P	—	0.005	—

7.2 冶炼方法

除非另有协议,钢的冶炼方法通常由供方自行选择。

7.3 交货状态

钢材以热轧或银亮状态交货,具体要求应在合同中注明。

7.4 力学性能

7.4.1 直接切削加工用钢材,公称直径或边长不大于 60 mm 钢材的力学性能应符合表 3 的规定。

表 3 直接切削加工用非调质机械结构钢的力学性能

表 1 中的序号	牌号	公称直径或边长 mm	抗拉强度 R_m/ MPa	下屈服强度 R_{eL}/MPa	断后伸长率 A/%	断面收缩率 Z/%	冲击吸收能量[a] KU_2/J
			不小于				
1	F35VS	≤40	590	390	18	40	47
2	F40VS	≤40	640	420	16	35	37
3	F45VS	≤40	685	440	15	30	35
4	F30MnVS	≤60	700	450	14	30	实测值
6	F35MnVS	≤40	735	460	17	35	37
		>40～60	710	440	15	33	35

表 3（续）

表 1 中的序号	牌号	公称直径或边长 mm	抗拉强度 R_m/ MPa	下屈服强度 R_{eL}/MPa	断后伸长率 A/%	断面收缩率 Z/%	冲击吸收能量[a] KU_2/J
			不小于				
7	F38MnVS	≤60	800	520	12	25	实测值
8	F40MnVS	≤40	785	490	15	33	32
		>40～60	760	470	13	30	28
9	F45MnVS	≤40	835	510	13	28	28
		>40～60	810	490	12	28	25
10	F49MnVS	≤60	780	450	8	20	实测值
根据需方要求，并在合同中注明，可提供表中未列牌号钢材、公称直径或边长大于 60 mm 钢材的力学性能，具体指标由供需双方协商确定。							
[a] 公称直径不大于 16 mm 圆钢或边长不大于 12 mm 方钢不作冲击试验；F30MnVS、F38MnVS、F49MnVS 钢提供实测值，不作判定依据。							

7.4.2 热压力加工用钢材，根据需方要求，可检验力学性能及硬度。推荐将钢材改锻成适当的规格后，采用适当的冷却方式加工成试样，具体试验方法和验收指标由供需双方协商，表 3 仅供参考。

7.5 低倍

7.5.1 钢材的横截面酸浸低倍试片上不应有目视可见的缩孔、气泡、裂纹、夹杂、翻皮及白点。供直接切削加工用钢材允许有不超过表面缺陷允许深度的皮下夹杂等缺欠。

7.5.2 酸浸低倍组织缺陷的合格级别应符合表 4 的规定。

7.5.3 供方如能保证低倍检验合格，可采用超声检测法或其他无损检验法代替酸浸低倍检验。

表 4 低倍组织缺陷的合格级别

中心疏松	一般疏松	锭型偏析	中心偏析[a]
不大于，级			
2	2	2	2
[a] 仅适用于连铸钢。			

7.6 脱碳层

7.6.1 碳含量下限大于 0.30% 的热压力加工用钢应检验钢材的脱碳层（铁素体＋过渡层），每边总脱碳层深度应不大于钢材公称直径或边长的 1.0%。

7.6.2 根据需方要求，并在合同中注明，直接切削加工用钢材可检验脱碳层，每边总脱碳层允许深度由供需双方协商。

7.7 非金属夹杂物

钢材应检验非金属夹杂物，其合格级别应符合表 5 的规定。

表 5 非金属夹杂物合格级别

A		B		C		D	
细系[a]	粗系	细系	粗系	细系	粗系	细系	粗系
≤4.0 级	≤3.0 级	≤2.5 级	≤2.5 级	≤2.0 级	≤2.0 级	≤2.0 级	≤2.0 级
DS 类夹杂物提供实测数据，不作判定依据。							
[a] 当硫含量只有上限要求时，则 A 类(细系)不大于 3.0 级。							

7.8 晶粒度

根据需方要求，并在合同注明，可检验钢材的奥氏体晶粒度，具体要求由供需双方协商确定。

7.9 表面质量

7.9.1 直接切削加工用钢材的表面允许有从钢材公称尺寸算起不超过表 6 规定的局部缺欠。

表 6 直接切削加工用钢材表面局部缺欠允许深度

单位为毫米

公称直径或边长	局部缺欠允许深度，不大于
<100	钢材公称尺寸负偏差
≥100	钢材公称尺寸公差

7.9.2 热压力加工用钢材的表面不应有目视可见的裂纹、结疤、折叠及夹杂。如有上述缺陷应清除，清除深度从钢材实际尺寸算起应符合表 7 的规定。清除宽度不小于深度的 5 倍，同一截面达到最大清除深度不应多于一处。允许有从实际尺寸算起不超过尺寸公差之半的个别细小划痕、压痕、麻点及深度不超过 0.2 mm、不影响使用的小裂纹存在。

表 7 热压力加工用钢材表面缺陷允许清除深度

单位为毫米

公称直径或边长	允许清除深度，不大于
<80	钢材尺寸公差的 1/2
≥80～140	钢材公称尺寸公差
>140～200	钢材公称尺寸的 5%
>200	钢材公称尺寸的 6%

7.9.3 银亮钢材表面应洁净、光滑，不应有裂纹、折叠、结疤和氧化皮等外部缺陷存在，允许有深度不超过公差的 1/2 的个别轻微划痕和螺旋纹存在。经热处理后的银亮钢允许有氧化色。

7.9.4 根据需方要求，钢材表面质量可按 GB/T 28300 规定进行，具体质量等级、接收质量限 AQL(缺陷最大允许量)及检验方法由供需双方协商确定。

7.10 特殊要求

根据需方要求，经供需双方协商，并在合同中注明，可供应下列特殊要求的钢材：

a) 加严化学成分要求；

b) 增加碳当量的要求；

c) 加严对脱碳层的指标要求；
d) 增加带状组织的要求；
e) 增加超声检测的要求；
f) 其他。

8 试验方法

8.1 钢材的检验与试验方法应符合表 8 的规定。

表 8 钢材的检验项目表

序号	检验项目		取样数量	取样部位	试验方法
1	化学成分		每炉 1 个	GB/T 20066	见 8.2
2	拉伸		2 个	不同支钢材,GB/T 2975	GB/T 228.1
3	冲击		2 个	不同支钢材,GB/T 2975	GB/T 229
4	硬度		2 个	不同支钢材	GB/T 231.1
5	低倍	酸浸检验	2 个	模铸钢:相当于钢锭头部的不同支钢材或钢坯； 连铸钢:不同支钢材	GB/T 226、GB/T 1979
		超声检测			GB/T 7736
6	非金属夹杂物		2 个	不同支钢材	GB/T 10561—2005 中 A 法
7	脱碳层		2 个	不同支钢材	GB/T 224—2008 中金相法
8	晶粒度		1 个	任一支钢材	GB/T 6394
9	带状组织		2 个	不同支钢材	GB/T 13298、GB/T 13299
10	超声检测		逐支	整支	GB/T 4162
11	尺寸、外形		逐支	—	适宜精度的卡尺、千分尺
12	表面质量		逐支	—	目视

8.2 化学分析方法按 GB/T 223.5、GB/T 223.11、GB/T 223.16、GB/T 223.18、GB/T 223.23、GB/T 223.26、GB/T 223.37、GB/T 223.40、GB/T 223.58、GB/T 223.59、GB/T 223.68、GB/T 223.69、GB/T 223.76、GB/T 223.78 或 GB/T 4336、GB/T 20123、GB/T 20124、GB/T 20125 等通用方法进行，仲裁时按 GB/T 223.5、GB/T 223.11、GB/T 223.16、GB/T 223.18、GB/T 223.23、GB/T 223.26、GB/T 223.37、GB/T 223.40、GB/T 223.58、GB/T 223.59、GB/T 223.68、GB/T 223.69、GB/T 223.76、GB/T 223.78 或 GB/T 20125 标准进行。

9 检验规则

9.1 检验和验收

9.1.1 钢材出厂的检查和验收由供方质量技术监督部门进行。

9.1.2 供方应保证交货的钢材符合本标准或合同的规定。需方有权对本标准或合同所规定的任一检验项目进行检查和验收。

9.2 组批规则

钢材应按批检查和验收，每批由同一牌号、同一炉号、同一加工方法、同一尺寸、同一交货状态的钢材组成。

9.3 取样数量及取样部位

每批钢材的取样数量及取样部位应符合表 8 的规定。

9.4 复验与判定规则

9.4.1 钢材的复验与判定规则按 GB/T 17505 的规定进行。

9.4.2 供方若能保证钢材合格时，对同一炉号的钢材或钢坯的力学性能、低倍、非金属夹杂物的检验结果，允许以坯代材，以大代小。

10 包装、标志和质量证明书

10.1 钢材的包装、标志和质量证明书应符合 GB/T 2101 的规定。

10.2 根据需方要求，并在合同中注明，也可以按 GB/T 18253 提供检验文件。

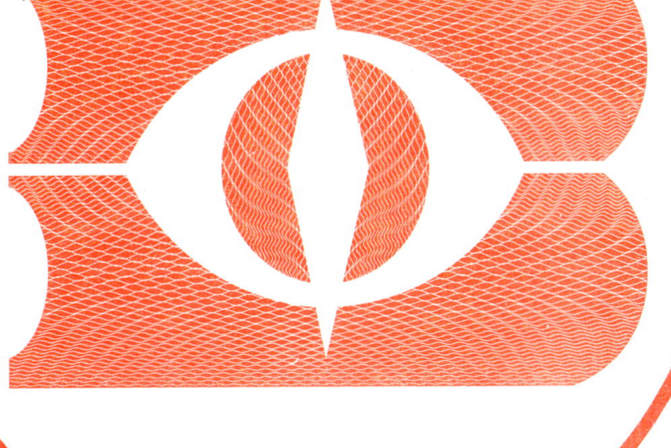

附 录 A
（资料性附录）
本标准章条编号与 ISO 11692:1994 章条编号的对照

表 A.1 给出了本标准章条编号与 ISO 11692:1994 章条编号的对照的一览表。

表 A.1 本标准章条编号与 ISO 11692:1994 章条编号对照的一览表

本标准章条编号	对应的 ISO 11692:1994 章条编号
1	1
2	2
3	—
4	1.1、表 1
5	4
6	5.6
7.1	5.2.1
7.2	5.1.2
7.3	5.1.3
7.4.1	5.2.2
7.4.2	5.2.1 及附录 B
7.5	5.4
7.6	5.3.1
7.7	5.3.2
7.8	—
7.9	5.5
7.10	附录 A
8	6.2
9	6.1
10	6.1、7.1
附录 A	—
附录 B	—
附录 C	—

附　录　B
（资料性附录）
本标准与 ISO 11692:1994 标准的技术性差异及其原因

表 B.1 给出了本标准与 ISO 11692:1994 技术性差异及其原因的一览表。

表 B.1　给出了本标准与 ISO 11692:1994 标准的技术性差异及其原因

本标准的章条编号	技术性差异	原因
范围	本标准适用于非调质机械结构钢，ISO 11692:1994 适用于热加工的析出强化铁素体-珠光体工程用钢	除铁素体-珠光体钢外，本标准结合我国国情还包括了贝氏体钢
2	用我国标准代替相应的国标标准，即 GB/T 2975 代替 ISO 377-1(现 ISO 377:1997) GB/T 20066 代替 ISO 377-2(现 ISO 14284:1996) GB/T 17505 代替 ISO 404 GB/T 702 代替 ISO 1035-1、ISO 1035-3、ISO 1035-4 GB/T 13304.1 代替 ISO 4948-1 GB/T 231.1 代替 ISO 6506(现 ISO 6506-1:2005) GB/T 228.1 代替 ISO 6892(现 ISO 6892-1:2009) GB/T 28300 代替 ISO 9443 GB/T 223 系列标准及 GB/T 4336、GB/T 20123、GB/T 20124、GB/T 20125 代替 ISO/TR 9679 GB/T 18253 代替 ISO 10474 GB/T 10561 代替 ISO 4967 增加了下列我国标准： GB/T 224、GB/T 226、GB/T 229、GB/T 1979、GB/T 2010、GB/T 3207、GB/T 6394、GB/T 7736、GB/T 13298、GB/T 13299	以满足我国生产检验的需要，并符合 GB/T 1.1 的规定
3	增加"非调质机械结构钢"的定义	适应我国实际需求
6	增加了对"银亮钢"的规定	适应我国实际需要
7.1	牌号 ISO 有 5 个，我国标准有 16 个，其中有 2 个与 ISO 牌号对应(见表 A.1)	适应我国实际需求
7.3	增加了"银亮状态"	适应我国实际需求
7.4.1	扩大了规格尺寸，并增加了"冲击吸收能量"	适应我国实际需求
7.4.2	ISO 11692 不要求力学性能，我国标准根据需方要求可检验力学性能	适应我国实际需求
7.7	ISO 为协议要求，我国为基本要求	适应我国实际需求
7.8	增加了"晶粒度"要求	适应我国实际需求

附 录 C
（资料性附录）
本标准牌号与 ISO 11692:1994 牌号的对照

本标准牌号与 ISO 11692:1994 牌号的对照见表 C.1。

表 C.1 本标准牌号与 ISO 11692:1994 牌号的对照表

序号	本标准牌号	ISO 11692:1994 牌号
1	F35VS	—
2	F40VS	—
3	F45VS	—
4	F70VS	—
5	F30MnVS	30MnVS6
6	F35MnVS	—
7	F38MnVS	38MnVS6
8	F40MnVS	—
9	F45MnVS	—
10	F49MnVS	—
11	F48MnV	—
12	F37MnSiVS	—
13	F41MnSiV	—
14	F38MnSiNS	—
15	F12Mn2VBS	—
16	F25Mn2CrVS	—

ICS 77.140.10
H 40

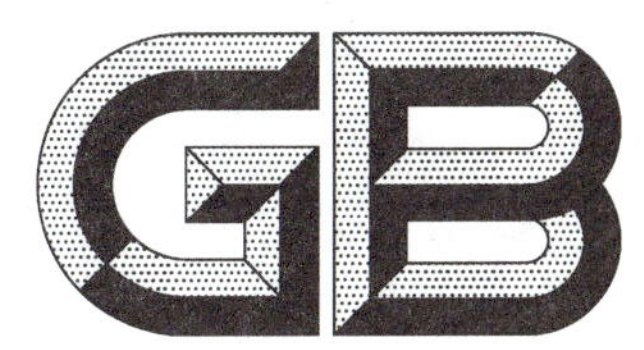

中华人民共和国国家标准

GB/T 18254—2016
代替 GB/T 18254—2002

高碳铬轴承钢

High-carbon chromium bearing steel

2016-08-29 发布 2017-07-01 实施

中华人民共和国国家质量监督检验检疫总局
中国国家标准化管理委员会 发布

前　言

本标准按照 GB/T 1.1—2009 给出的规则起草。

本标准代替 GB/T 18254—2002《高碳铬轴承钢》。

本标准与 GB/T 18254—2002 相比，主要技术内容修改如下：

——取消了“钢管”品种（见 2002 年版 1、4.1.1.5、5.1.3、5.3.1.9、5.3.1.10、5.11.3、5.12.4）；

——增加了“分类和代号”（见第 3 章）；

——“订货内容”增加了“最终用途”和“表面状态”（见第 4 章，2002 年版第 3 章）；

——钢按冶金质量分为优质钢、高级优质钢、特级优质钢三个质量等级（见表 1、表 2、表 5、表 9、表 10、表 14、表 15 和表 16，2002 年版 4.1.1、4.1.1.3、4.2.1、表 3、表 6、表 7、5.8，表 8 和表 9）；

——修改了热轧圆钢、锻制圆钢的交货长度的上限（见 5.1.2.1，2002 年版 4.1.2.1）；

——修改了盘条的“盘重”（见 5.3，2002 年版 4.1.2.2）；

——加严了热轧圆钢弯曲度指标（见表 3，2002 年版表 2）；

——取消了 GCr4 牌号及其相关技术要求（见 2002 年版表 3、表 5、表 12）；

——取消了 Ni＋Cu ≤0.50％的规定（见 2002 年版表 3）；

——增加了 G8Cr15 牌号及其相关技术要求（见表 4、表 8、6.8、表 21）；

——加严了镍、磷、硫、氧含量指标（见表 4 和表 5，2002 年版表 3）；

——增加了铝、钛、钙、锡、砷、锑、铅的考核指标（见表 5，2002 年版 5.1.2）；

——修改了软化退火钢材的硬度（见表 8，2002 年版表 5）；

——增加了“中心偏析”的检验项目及评级图（表 9 和附录 A 第 4 评级图，2002 年版表 6）；

——增加了特级优质钢检验“发蓝断口”的项目（见 6.7.2 和附录 B）；

——修改了非金属夹杂物评级图，并增加了单颗粒球状 DS 类和氮化钛的考核指标（见 6.8，GB/T 10561 评级图，2002 年版 5.7 和附录 A 第 4 评级图）；

——加严了钢材的脱碳层指标（见 6.9，2002 版 5.11）；

——增加了热压力加工用途的退火钢材考核“显微组织”“碳化物网状”的规定（见 6.10 和 6.11，2002 年版 5.9.2 和 5.10.1）；

——增加了“特殊要求”条款（见 6.14）；

——在“试验方法”条款中增加了特级优质钢材表面应逐支超声检测的规定（见 7.12）；

——显微组织增加了 1 000 倍的评级图（见附录 A 第 5 评级图，2002 年版附录 A 第 6 评级图）；

——增加了 2.5 级的球化退火网状评级图（见附录 A 第 6 评级图，2002 年版 7 评级图）；

——增加了热轧（锻）、软化退火碳化物网状的评级图（见附录 A 第 7 评级图）；

——增加了发蓝断口检验法（见附录 B）；

——增加了显微组织、碳化物不均匀性和显微孔隙的试样取样图（见附录 C）。

本标准由中国钢铁工业协会提出。

本标准由全国钢标准化技术委员会（SAC/TC 183）归口。

本标准主要起草单位：宝钢特钢有限公司、洛阳轴承研究所有限公司、江阴兴澄特种钢铁有限公司、冶金工业信息标准研究院、钢铁研究总院、东北特殊钢集团有限责任公司、大冶特殊钢股份有限公司、西宁特殊钢股份有限公司。

本标准参加起草单位：攀钢集团江油长城特殊钢有限公司、石家庄钢铁有限责任公司、苏州苏信特钢有限公司、江苏联峰能源装备有限公司、中天钢铁集团有限公司、邢台钢铁有限责任公司、首钢总公司。

本标准主要起草人:邹莲娣、雷建中、栾燕、耿克、俞峰、傅懿德、真娟、肖爱平、陈列。

本标准参加起草人:胡俊辉、褚艳丽、席军良、徐益峰、张迁、万文华、苗红生、孟瑞瑛、梅亚莉。

本标准所代替标准的历次版本发布情况为:

——GB/T 18254—2000、GB/T 18254—2002。

高 碳 铬 轴 承 钢

1 范围

本标准规定了高碳铬轴承钢的分类与代号、订货内容、尺寸、外形、技术要求、试验方法、检验规则、包装、标志及质量证明书。

本标准适用于制作轴承套圈和滚动体用高碳铬轴承钢热轧和锻制圆钢、圆盘条、冷拉圆钢(直条或盘状)(以下简称钢材)。

经供需双方协商,也可供应其他品种、规格的钢材或钢坯,具体要求应在合同中注明。

2 规范性引用文件

下列文件对于本文件的应用是必不可少的。凡是注日期的引用文件,仅注日期的版本适用于本文件。凡是不注日期的引用文件,其最新版本(包括所有的修改单)适用于本文件。

GB/T 223.5 钢铁 酸溶硅和全硅含量的测定 还原型硅钼酸盐分光光度法

GB/T 223.9 钢铁及合金 铝含量的测定 铬天青S分光光电度法

GB/T 223.11 钢铁及合金 铬含量的测定 可视滴定或电位滴定法

GB/T 223.23 钢铁及合金 镍含量的测定 丁二酮肟分光光度法

GB/T 223.26 钢铁及合金 钼含量的测定 硫氰酸盐分光光度法

GB/T 223.29 钢铁及合金 铅含量测定 载体沉淀-二甲酚橙分光光度法

GB/T 223.31 钢铁及合金 砷含量测定 蒸馏分离-钼蓝分光光度法

GB/T 223.47 钢铁及合金化学分析方法 载体沉淀-钼蓝光度法测定锑量

GB/T 223.50 钢铁及合金化学分析方法 苯基荧光酮-溴化十六烷基三甲基胺直接光度法测定锡量

GB/T 223.53 钢铁及合金化学分析方法 火焰原子吸收分光光度法测定铜量

GB/T 223.62 钢铁及合金化学分析方法 乙酸丁酯萃取光度法测定磷量

GB/T 223.63 钢铁及合金化学分析方法 高碘酸钠(钾)光度法测定锰量

GB/T 223.77 钢铁及合金化学分析方法 火焰原子吸收光谱法测定钙量

GB/T 223.85 钢铁及合金 硫含量的测定 感应炉燃烧后红外吸收法

GB/T 223.86 钢铁及合金 总碳含量的测定 感应炉燃烧后红外吸收法

GB/T 224—2008 钢的脱碳层深度测定法

GB/T 226 钢的低倍组织及缺陷酸蚀试验法

GB/T 231.1 金属材料 布氏硬度试验 第1部分:试验方法

GB/T 702—2008 热轧钢棒尺寸、外形、重量及允许偏差

GB/T 905—1994 冷拉圆钢、方钢、六角钢尺寸、外形、重量及允许偏差

GB/T 908—2008 锻制钢棒尺寸、外形、重量及允许偏差

GB/T 1814 钢材断口检验法

GB/T 1979 结构钢低倍组织缺陷评级图

GB/T 2101 型钢验收、包装、标志及质量证明书的一般规定

GB/T 4336 碳素钢和中低合金钢 火花源原子发射光谱分析方法(常规法)

GB/T 10561—2005 钢中非金属夹杂物含量的测定 标准评级图显微检验法
GB/T 11261 钢铁 氧含量的测定 脉冲加热惰气熔融-红外线吸收法
GB/T 14981—2009 热轧圆盘条尺寸、外形、重量及允许偏差
GB/T 20066 钢和铁 化学成分测定用试样的取样和制样方法
GB/T 20123 钢铁 总碳硫含量的测定 高频感应炉燃烧后红外吸收法(常规方法)
GB/T 20125 低合金钢 多元素含量的测定 电感耦合等离子体原子发射光谱法
YB/T 5293 金属材料 顶锻试验方法

3 分类与代号

3.1 钢按冶金质量分类：

a) 优质钢；

b) 高级优质钢(牌号后加“A”)；

c) 特级优质钢(牌号后加“E”)。

3.2 钢按浇铸工艺分类：

a) 模铸钢；

b) 连铸钢。

3.3 钢按使用加工方法分类：

a) 压力加工用钢 UP；

b) 切削加工用钢 UC。

3.4 钢按最终用途分类：

a) 套圈用 T；

b) 滚动体用 G。

4 订货内容

按照本标准订货的合同上应包含下列内容：

a) 产品名称(或品名)；

b) 牌号；

c) 标准编号；

d) 尺寸及精度；

e) 重量和/或数量；

f) 浇铸方法(未注明时，按连铸)；

g) 使用加工方法；

h) 冶金质量；

i) 交货状态；

j) 最终用途(未注明时，按套圈)；

k) 表面状态(要求剥皮、磨光或车光交货时，需注明)；

l) 应由供需双方协商，并在合同中注明的项目或指标；

m) 其他特殊要求。

5 尺寸、外形、重量

5.1 尺寸及其允许偏差

5.1.1 钢材的直径及其允许偏差

应符合表1的规定。

表1 钢材的直径及其允许偏差

钢材种类	冶金质量	直径及其允许偏差
热轧圆钢	优质钢和高级优质钢	GB/T 702—2008 表1中第2组
	特级优质钢	GB/T 702—2008 表1中第1组
锻制圆钢	—	GB/T 908—2008 中第1组
冷拉圆钢	—	GB/T 905—1994 中 h11 级[a]
圆盘条	优质钢和高级优质钢	GB/T 14981—2009 中B级精度
	特级优质钢	GB/T 14981—2009 中C级精度
[a] 经供需双方协商并在合同中注明,也可按其他级别规定交货。		

5.1.2 长度

5.1.2.1 钢材的通常长度应符合下列规定:

a) 热轧圆钢的长度为 3 000 mm～8 000 mm;

b) 锻制圆钢的长度为 2 000 mm～6 000 mm;

c) 冷拉圆钢的长度为 3 000 mm～6 000 mm。

5.1.2.2 钢材应在规定长度范围内以齐尺长度交货,每捆中最长与最短钢材的长度差应不大于 1 000 mm。

5.1.2.3 按定尺或倍尺交货的钢材,其长度允许偏差应不超过$^{+50}_{0}$ mm。

5.2 外形及其允许偏差

5.2.1 不圆度

钢材的不圆度应符合表2的规定。

表2 钢材的不圆度

钢材种类	冶金质量	不圆度要求
热轧圆钢	—	符合 GB/T 702—2008 的规定
锻制圆钢	—	符合 GB/T 908—2008 的规定
冷拉圆钢	—	符合 GB/T 905—1994 的规定
圆盘条	优质钢和高级优质钢	符合 GB/T 14981—2009 中B级精度
	特级优质钢	符合 GB/T 14981—2009 中C级精度

5.2.2 弯曲度

钢材的弯曲度应符合表3的规定。

表 3 钢材的弯曲度

单位为毫米

钢材种类		弯曲度 不大于	
		每米弯曲度	总弯曲度
热轧圆钢		3.0	0.3%×钢材长度
热轧退火圆钢		3.0	0.3%×钢材长度
锻制圆钢		5.0	0.5%×钢材长度
冷拉圆钢	直径≤25	2.0	0.2%×钢材长度
	直径>25	1.5	0.15%×钢材长度
经供需双方协商并在合同中注明，钢材的弯曲度也可按其他规定交货。			

5.2.3 扭转

钢材不应有显著扭转。

5.2.4 端头形状

5.2.4.1 钢材端头应锯切或剪切整齐，不应有飞边、毛刺及影响使用的切斜和压扁。

5.2.4.2 钢材一般不允许气割。在个别情况下(主要指取样时)允许每批中不多于 6 支钢材的一端用气割。

5.2.4.3 特级优质钢材的一端应倒角。优质钢和高级优质钢材若需倒角，则应在合同中注明。

5.3 重量

钢材按实际重量交货。圆盘条的盘重应符合 GB/T 14981—2009 的规定。

6 技术要求

6.1 牌号和化学成分

6.1.1 钢的牌号及化学成分(熔炼分析)应符合表 4 的规定，其残余元素含量应符合表 5 的规定。

6.1.2 除非得到用户同意，生产厂不得有意加入钙及其合金脱氧或控制非金属夹杂物形态。

表 4 牌号及化学成分

统一数字代号	牌号	化学成分(质量分数)/%				
		C	Si	Mn	Cr	Mo
B00151	G8Cr15	0.75～0.85	0.15～0.35	0.20～0.40	1.30～1.65	≤0.10
B00150	GCr15	0.95～1.05	0.15～0.35	0.25～0.45	1.40～1.65	≤0.10
B01150	GCr15SiMn	0.95～1.05	0.45～0.75	0.95～1.25	1.40～1.65	≤0.10
B03150	GCr15SiMo	0.95～1.05	0.65～0.85	0.20～0.40	1.40～1.70	0.30～0.40
B02180	GCr18Mo	0.95～1.05	0.20～0.40	0.25～0.40	1.65～1.95	0.15～0.25

表 5 钢中残余元素含量

冶金质量	化学成分(质量分数)/%										
	Ni	Cu	P	S	Ca	O[a]	Ti[b]	Al	As	As+Sn+Sb	Pb
	不大于										
优质钢	0.25	0.25	0.025	0.020	—	0.001 2	0.005 0	0.050	0.04	0.075	0.002
高级优质钢	0.25	0.25	0.020	0.020	0.001 0	0.000 9	0.003 0	0.050	0.04	0.075	0.002
特级优质钢	0.25	0.25	0.015	0.015	0.001 0	0.000 6	0.001 5	0.050	0.04	0.075	0.002

[a] 氧含量在钢坯或钢材上测定。

[b] 牌号 GCr15SiMn、GCr15SiMo、GCr18Mo 允许在三个等级基础上增加 0.000 5%。

6.1.3 成品钢材(或钢坯)的化学成分允许偏差应符合表 6 规定。

表 6 成品化学成分允许偏差

元素	化学成分(质量分数)/%										
	C	Si	Mn	Cr	P	S	Ni	Cu	Ti	Al	Mo
允许偏差	±0.03	±0.02	±0.03	±0.05	+0.005 0	+0.005 0	+0.030	+0.020	+0.000 50	+0.010 0	≤0.10 时,+0.01 >0.10 时,±0.02

6.1.4 火花法检验

钢材应逐支用火花法或看谱镜检验。供方若能保证,可以不检验。

6.2 冶炼方法

钢应采用真空脱气处理。

6.3 交货状态

钢材的交货状态应符合表 7 的规定。

表 7 钢材的交货状态

钢材种类	交货状态	代号
热轧圆钢	热轧不退火	WHR(或 AR)
	热轧软化退火	WHR+SA
	热轧软化退火剥皮	WHR+SA+SF
	热轧球化退火	WHR+G
	热轧球化退火剥皮	WHR+G+SF
锻制圆钢	热锻不退火	WHF
	热锻软化退火	WHF+SA
	热锻软化退火剥皮	WHF+SA+SF

表 7（续）

钢材种类	交货状态	代号
冷拉圆钢	冷拉	WCD
	冷拉磨光	WCD+SP
圆盘条	热轧不退火	WHR(或 AR)
	热轧球化退火	WHR+G

6.4 硬度

6.4.1 球化退火或软化退火钢材的布氏硬度应符合表 8 规定。

表 8 钢材硬度

统一数字代号	牌号	球化退火硬度/HBW	软化退火硬度/HBW，不大于
B00151	G8Cr15	179～207	245
B00150	GCr15	179～207	
B01150	GCr15SiMn	179～217	
B03150	GCr15SiMo	179～217	
B02180	GCr18Mo	179～207	

6.4.2 根据需方要求，可提供其他交货状态钢材的硬度，具体指标由供需双方协商并在合同中注明。

6.5 顶锻

6.5.1 供镦锻和冲压用的热轧、锻制不退火钢及冷拉圆钢应进行顶锻试验，顶锻后试样侧面以目视观察不应有裂纹、扯破、折叠或气泡，具体要求应符合按下列规定：

a） 公称直径不大于 60 mm 的热轧、锻制钢材进行热顶锻试验；

b） 公称直径不大于 30 mm 的冷拉圆钢进行冷顶锻试验。

6.5.2 供方若能保证时，可不进行顶锻试验。

6.6 低倍

钢材应进行酸浸低倍检验，其横向酸浸试样上不应有残余缩孔、裂纹、皮下气泡、过烧、白点等有害缺陷。中心疏松、一般疏松、锭型偏析、中心偏析的合格级别应符合表 9 规定。

表 9 低倍缺陷的合格要求

缺陷类型	附录 A 中评级图	合格级别/级，不大于			
		优质钢、高级优质钢		特级优质钢	
		模铸	连铸	模铸	连铸
中心疏松	第 1 评级图	1.0	1.5	1.0	1.0
一般疏松	第 2 评级图	1.0	1.0	1.0	1.0
锭型偏析	第 3 评级图	1.0	1.0	1.0	1.0

表 9（续）

缺陷类型	附录 A 中评级图	合格级别/级，不大于			
		优质钢、高级优质钢		特级优质钢	
		模铸	连铸	模铸	连铸
中心偏析[a]	第 4 评级图	—	2.0	—	1.0
公称直径大于 150 mm 的钢材，由供需双方协议。					
[a] 适用于制作滚动体用的连铸钢材。					

6.7 断口

6.7.1 退火断口

6.7.1.1 公称直径不大于 30 mm 的热轧球化和软化退火钢材及冷拉圆钢应进行退火断口检验，其退火断口应晶粒细致、无缩孔、裂纹和过热现象。

6.7.1.2 供方若能保证退火断口合格，可不进行检验。

6.7.2 发蓝断口

特级优质钢应进行发蓝断口检验，其检验结果应不大于 2.5 mm/dm^2，单条最大长度应不大于 3 mm。

6.8 非金属夹杂物

钢材应具有高的纯洁度，即非金属夹杂物含量应尽量少。生产厂应对每炉钢进行非金属夹杂物检验，按 8.3.4 规定取样、制样，按 GB/T 10561—2005 中的 A 法进行评级，其检验结果应符合下列规定：

a) 对于 A 类、B 类、C 类、D 类的非金属类夹杂物，模注钢所有试样三分之二和每个钢锭至少有一个试样以及所有试样的平均值应不超过表 10 规定；连铸钢所有试样三分之二和所有试样的平均值应不超过表 10 规定；

b) 对于 DS 类的非金属夹杂物，其最大值应不超过表 10 的规定；

c) 对于氮化钛：牌号 G8Cr15、GCr15 钢材应按形貌分别并入 B 类，D 类，DS 类评级，其他牌号的钢材由供需双方协商评级。

表 10 非金属夹杂物的合格级别

冶金质量	A		B		C		D		DS
	细系	粗系	细系	粗系	细系	粗系	细系	粗系	
	合格级别/级，不大于								
优质钢	2.5	1.5	2.0	1.0	0.5	0.5	1.0	1.0	2.0
高级优质钢	2.5	1.5	2.0	1.0	0	0	1.0	0.5	1.5
特级优质钢	2.0	1.5	1.5	0.5	0	0	1.0	0.5	1.0

6.9 脱碳层

钢材表面每边总脱碳层深度应符合表 11 规定。

表 11 脱碳层的要求

单位为毫米

<table>
<tr><th>钢材种类</th><th>公称直径</th><th>每边总脱碳层深度,不大于</th></tr>
<tr><td rowspan="3">热轧圆钢
锻制圆钢
圆盘条</td><td>≤10</td><td>0.10</td></tr>
<tr><td>>10～150</td><td>公称直径的 1%</td></tr>
<tr><td>>150</td><td>协商</td></tr>
<tr><td>冷拉圆钢</td><td>—</td><td>公称直径的 1%</td></tr>
<tr><td colspan="3">剥皮、磨光或车光交货的钢材不允许有脱碳。</td></tr>
</table>

6.10 显微组织

球化退火钢材的显微组织应为细小、均匀、完全球化的珠光体组织,其合格级别应符合表 12 的规定。

表 12 显微组织的合格级别

<table>
<tr><th>交货状态</th><th>公称直径/mm</th><th>合格级别/级</th><th>附录 A 中评级图</th></tr>
<tr><td rowspan="2">球化退火</td><td>≤60</td><td>2～4</td><td rowspan="2">第 5 评级图</td></tr>
<tr><td>>60</td><td>协议</td></tr>
</table>

6.11 碳化物不均匀性

钢材不应有严重的碳化物偏析,具体要求应符合下列规定:

a) 碳化物网状的合格级别应符合表 13 的规定;

b) 碳化物带状的合格级别应符合表 14 的规定;

c) 碳化物液析的合格级别应符合表 15 的规定。

表 13 碳化物网状的合格级别

<table>
<tr><th>交货状态</th><th>公称直径/mm</th><th>合格级别/级</th><th>附录 A 中评级图</th></tr>
<tr><td rowspan="2">球化退火</td><td>≤60</td><td>≤2.5</td><td rowspan="2">第 6 评级图</td></tr>
<tr><td>>60</td><td>协议</td></tr>
<tr><td>软化退火</td><td>—</td><td rowspan="2">不超过附录 A 第 7 评级图</td><td rowspan="2">第 7 评级图</td></tr>
<tr><td>热轧或锻制</td><td>—</td></tr>
</table>

表 14 碳化物带状的合格级别

<table>
<tr><th rowspan="2">交货状态</th><th rowspan="2">公称直径/mm</th><th>优质钢、高级优质钢</th><th>特级优质钢</th><th rowspan="2">附录 A 中评级图</th></tr>
<tr><th colspan="2">合格级别/级,不大于</th></tr>
<tr><td rowspan="3">热轧或锻制球化退火
热轧或锻制软化退火</td><td>≤30</td><td>2.0</td><td>1.5</td><td rowspan="3">第 8 评级图</td></tr>
<tr><td>>30～60</td><td>2.5</td><td>2.0</td></tr>
<tr><td>>60～150</td><td>3.0</td><td>2.5</td></tr>
</table>

表 14（续）

交货状态	公称直径/mm	优质钢、高级优质钢	特级优质钢	附录 A 中评级图
		合格级别/级，不大于		
热轧或锻制[a]	≤80	3.0	2.5	第 8 评级图
	>80～150	3.5	3.0	
冷拉	—	2.0	1.5	
公称直径大于 150 mm 的钢材，由供需双方协议。				
[a] 在退火状态的试样上按 7.10.2 和 7.14 处理后检查，其级别应符合表中规定。供方若能保证在退火状态试样上检查碳化物带状合格，可在不退火试样上检查。				

表 15　碳化物液析的合格级别

交货状态	公称直径/mm	优质钢、高级优质钢	特级优质钢	附录 A 中评级图
		合格级别/级，不大于		
热轧或锻制球化退火 热轧或锻制软化退火	≤30	0.5	0.5	第 9 评级图
	>30～60	1.0	1.0	
	>60～150	2.0	1.5	
热轧或锻制	≤60	2.0	1.5	
	>60～150	2.5	2.0	
冷拉	—	0.5	0.5	
公称直径大于 150 mm 的钢材，由供需双方协议。				

6.12　显微孔隙

钢材的显微孔隙应符合表 16 的规定。

表 16　显微孔隙的合格级别

冶金质量	公称直径/mm	显微孔隙的要求	附录 A 中评级图
优质钢 高级优质钢	≤60	不允许	第 10 评级图
	>60	不超过第 10 评级图的规定	
特级优质钢	—	不允许	

6.13　表面质量

6.13.1　钢材应加工良好，表面不应有裂纹、折叠、拉裂、结疤和夹杂等其他对使用有害的缺陷。冷拉圆钢表面应洁净、无锈蚀。如有上述缺陷，供方应清除，清除深度应符合表 17 的规定。

表 17 表面有害缺陷清除深度的要求

单位为毫米

钢材的加工用途	公称直径	表面有害缺陷允许清除深度
压力加工用钢材	≤80	从实际尺寸算起不超过公称尺寸公差之半
	>80	从实际尺寸算起不超过公称尺寸公差
切削加工用钢材	≤80	从公称尺寸算起不超过公称尺寸公差之半
	>80	从公称尺寸算起不超过公称尺寸公差

6.13.2 剥皮、磨光或经车光的钢材，表面不应有缺陷。

6.14 特殊要求

根据需方要求，经供需双方协商，并在合同中注明，可提出下列特殊要求：

a) 作淬火断口检验；

b) 作高频超声检测；

c) 加严表面质量；

d) 其他特殊要求。

7 试验方法

7.1 尺寸、外形

钢材尺寸测量，采用能保证必要准确度的卡尺或样板进行。

7.2 化学成分

7.2.1 化学分析方法按 GB/T 223.5、GB/T 223.9、GB/T 223.11、GB/T 223.23、GB/T 223.26、GB/T 223.29、GB/T 223.31、GB/T 223.47、GB/T 223.50、GB/T 223.53、GB/T 223.62、GB/T 223.63、GB/T 223.77、GB/T 223.85、GB/T 223.86 或 GB/T 4336、GB/T 20123、GB/T 20125 等通用方法进行，仲裁时按 GB/T 223.5、GB/T 223.9、GB/T 223.11、GB/T 223.23、GB/T 223.26、GB/T 223.29、GB/T 223.31、GB/T 223.47、GB/T 223.50、GB/T 223.53、GB/T 223.62、GB/T 223.63、GB/T 223.77、GB/T 223.85、GB/T 223.86、GB/T 20125 进行。

7.2.2 氧含量试样应充分去除脱碳层后检验，其分析方法按 GB/T 11261 进行。

7.2.3 钛含量分析方法由供需双方协商确定。

7.2.4 牌号和化学成分分析采用火花法或看谱镜检验。

7.3 硬度

布氏硬度试验方法按 GB/T 231.1 的规定。

7.4 顶锻

顶锻检验试验方法按 YB/T 5293 的规定。

7.5 低倍

低倍酸浸试验方法按 GB/T 226 的规定进行，评定方法及评级图按 GB/T 1979 和附录 A 中第 1 评级图～第 4 评级图。

7.6 断口

7.6.1 退火断口和淬火断口检验试样的制备及检验方法按 GB/T 1814 的规定进行。
7.6.2 发蓝断口试样的制备及检验方法按附录 B 的规定进行。

7.7 非金属夹杂物

非金属夹杂物试样按 7.14 进行淬火回火后放大 100 倍观察，评定方法及评级图按 GB/T 10561—2005 中 A 法进行。

7.8 脱碳层

钢材表面脱碳层测量按 GB/T 224—2008 中的金相法进行。

7.9 显微组织

显微组织检验取横向试样，抛光面用 2%硝酸酒精溶液浸蚀后，放大 500 倍或 1 000 倍观察（仲裁时以 1 000 倍为准），按附录 A 中第 5 评级图进行评级。

7.10 碳化物不均匀性

7.10.1 碳化物网状检验取横向试样按 7.14 进行淬火回火处理，抛光后用 4%硝酸酒精溶液浸蚀，球化退火钢材放大 500 倍，按附录 A 中第 6 评级图评定；热轧（锻）、软化退火钢材放大 200 倍，按附录 A 中第 7 评级图评定。供方也可在纵向试样上评定碳化物网状，但以横向为准。
7.10.2 碳化物带状检验取纵向试样按 7.14 进行淬火回火处理，抛光后用 4%硝酸酒精溶液浸蚀，采用放大 100 倍和 500 倍结合，按附录 A 中第 8 评级图评定碳化物聚集程度、大小和形状。
7.10.3 碳化物液析检验取纵向试样按 7.14 进行淬火回火处理，抛光后用 4%硝酸酒精溶液浸蚀后放大 100 倍，按附录 A 中第 9 评级图评定。

7.11 显微孔隙

检验取纵向试样按 7.14 进行淬火回火后放大 100 倍，按附录 A 中第 10 评级图评定。

7.12 表面质量

钢材表面质量用目视或其他有效方法检查，特级优质钢表面应逐支探伤。

7.13 高频超声检测

高频超声检测由供需双方协商确定。

7.14 试样热处理制度

检验非金属夹杂物、碳化物网状、碳化物带状、碳化物液析、显微孔隙的试样需按下列规定进行处理：

a) 淬火加热温度：820 ℃～850 ℃（含钼钢为 840 ℃～880 ℃）；
b) 淬火加热时间：按试样直径或厚度每 1 mm 保温 1.5 min；
c) 冷却剂：油；
d) 回火温度：150 ℃左右；
e) 回火时间：1 h～2 h。

7.15 评级原则

所有检验项目均在试样检验面上以最严重的视场和区域作为评级依据。

8 检验规则

8.1 检查与验收

8.1.1 钢材的质量由供方质量技术监督部门进行出厂检验。需方有权按本标准规定进行验收。

8.1.2 根据用户需要,可随时向钢厂派遣检验人员。钢厂应为用户检验人员的工作提供必要方便,以使其确认交货的钢材符合本标准的要求。用户检验人员不应无故影响钢厂的生产操作。

8.2 组批规则

钢材应按批进行检查和验收,每批应由同一炉号、同一牌号、同一尺寸、同一交货状态和同一热处理炉批的钢材组成。

8.3 取样数量和取样部位

8.3.1 每批钢材各检验项目的取样数量和取样部位按表 18 规定。

8.3.2 化学分析用试样取样按 GB/T 20066 规定进行,氧含量在钢坯或钢材上测定,其取样部位:公称直径不小于 20 mm,在钢材半径二分之一处;直径小于 20 mm,在钢材中心处。

8.3.3 低倍、发蓝断口、淬火断口检验的取样部位按如下规定:

a) 模铸钢:生产厂应对每炉钢从浇注开始、中间和最后一个锭盘的任意钢锭的头部和尾部各取 1 个,共 6 个试样;若一炉钢只浇二个锭盘时,则从第一个锭盘中任取一支钢锭,从第二个锭盘中任取二支钢锭,共三支钢锭,在其头部和尾部各取一个试样;若一炉钢只浇一个锭盘时,则任取三个钢锭,在其头部和尾部各取一个试样,试样应从成材前的轧(锻)坯或材上相应部位切取;

b) 连铸钢:若在钢材上进行检验,则从任意 6 支钢材的任意端各取 1 个试样。

表 18 钢材的检验项目表

序号	检验项目	取样数量[a]	取样部位	要求的章条号	试验方法的章条号
1	尺寸、外形	逐支	整支钢材	5.1、5.2	7.1
2	化学成分	1 个	见 8.3.2	6.1	7.2
3	氧含量				
4	火花法	逐支	钢材的端部		
5	退火硬度	3 个～5 个[b]	不同支钢材的端部	6.4	7.3
6	顶锻	3 个	不同支钢材的端部	6.5	7.4
7	低倍	6 个	见 8.3.3	6.6	7.5
8	退火断口	2 个～6 个[c]	不同支钢材的端部	6.7	7.6
9	发蓝断口	6 个	见 8.3.3	6.7	
10	淬火断口	6 个		6.14	
11	非金属夹杂物	6 个	见 8.3.4	6.8	7.7

表 18（续）

序号	检验项目	取样数量[a]	取样部位	要求的章条号	试验方法的章条号
12	脱碳层	3 个～5 个[b]	不同支钢材的端部	6.9	7.8
13	显微组织		见 8.3.5	6.10	7.9
14	碳化物网状		见 8.3.6	6.11	7.10
15	碳化物带状				
16	碳化物液析				
17	显微孔隙			6.12	7.11
18	表面质量	逐支	整支钢材	6.13	7.12
19	高频超声检测	协商	协商	6.14	7.13

[a] 取样数量达不到规定时，应逐支取样。
[b] 公称直径不大于 60 mm，取 5 个，公称直径大于 60 mm 时，取 3 个。
[c] 热轧球化退火和软化退火材，取 2 个；冷拉圆钢，取 6 个。

8.3.4 非金属夹杂物检验的取样部位按如下规定：

a) 模铸钢：生产厂应对每炉钢从浇注开始、中间和最后一个锭盘的任意钢锭的头部和尾部各取 1 个，共 6 个试样；若一炉钢只浇两个锭盘时，则从第一个锭盘中任取一支钢锭，从第二个锭盘中任取两支钢锭，共三支钢锭，在其头部和尾部各取 1 个试样；若一炉钢只浇一个锭盘时，则任取三支钢锭，在其头部和尾部各取 1 个试样；试样应从成材前的轧（锻）坯或材上相应部位切取；

b) 连铸钢：若在钢材上检验，则从任意 6 支钢材的任意端各取 1 个试样；

c) 试样从直径或边长为 100 mm 的轧（锻）坯或材上于中心到外表面中间部位切取，亦可在直径或边长为 80 mm～120 mm（锻）坯或材上相应部位切取。经供需双方协议，试样亦可在更大或更小的截面上切取；试样尺寸为 10 mm×20 mm，抛光面应与轧制方向平行。

8.3.5 显微组织检验的取样方法见表 19。

表 19 显微组织检验的取样部位

钢材直径/mm	滚动体用	套圈用
≤25	按图 C.1	按图 C.5
>25～40	按图 C.2	按图 C.6
>40～60	按图 C.3	按图 C.7
>60	按图 C.4	按图 C.8
试样厚度 10 mm～15 mm。		

8.3.6 碳化物不均匀性和显微孔隙检验的取样部位见表 20。

表 20 碳化物不均匀性和显微孔隙检验的取样部位

钢材直径/mm	碳化物网状		碳化物带状、碳化物液析、显微孔隙	
	滚动体用	套圈用	滚动体用	套圈用
≤40	按图 C.9	按图 C.12	按图 C.15	按图 C.18
>40～60	按图 C.10	按图 C.13	按图 C.16	按图 C.19
>60	按图 C.11	按图 C.14	按图 C.17	按图 C.20
试样厚度 10 mm～15 mm。				

8.4 复验与判定规则

8.4.1 若检验项目中有任一检验项目不合格时(白点、非金属夹杂物除外),可重新取样对不合格项目进行复验,取样数量与初验相同(氧含量除外)。复验合格则该批钢材判定合格;复验仍不合格,则该批钢材应判为不合格。

8.4.2 氧含量不合格时,可在不同钢材(坯)上任意取 3 个试样进行复验,其检验结果的平均值应不大于标准的规定值,其中允许有 1 个试样超过标准规定值,但不应超过标准值加 0.000 3%。

8.4.3 若初验不合格的试样超过检验试样的一半时,说明该批钢质量较差,则不允许复验,以确保交货钢材的质量,但供方可以重新处理和组批,作为新的一批检查和验收。

8.4.4 对同一炉钢材的低倍、发蓝断口和非金属夹杂物,允许以坯代材,以大代小。

9 包装、标志和质量证明书

9.1 每捆或每根钢材应于端面或端部 100 mm～150 mm 处按表 21 规定以油漆涂上色条或挂带标牌或标签。

表 21 标志

牌号	颜色
G8Cr15	绿色一条
GCr15	蓝色一条
GCr15SiMn	绿色一条+蓝色一条
GCr15SiMo	白色一条+黄色一条
GCr18SiMo	绿色二条

9.2 钢材的包装和质量证明书按 GB/T 2101 的规定。

附 录 A
（规范性附录）
高碳铬轴承钢标准图谱

A.1 第1评级图 中心疏松

中心疏松评级图片见图 A.1。

1级

2级

图 A.1 中心疏松

3级

图 A.1（续）

A.2 第 2 评级图 一般疏松

一般疏松评级图片见图 A.2。

1级

图 A.2 一般疏松

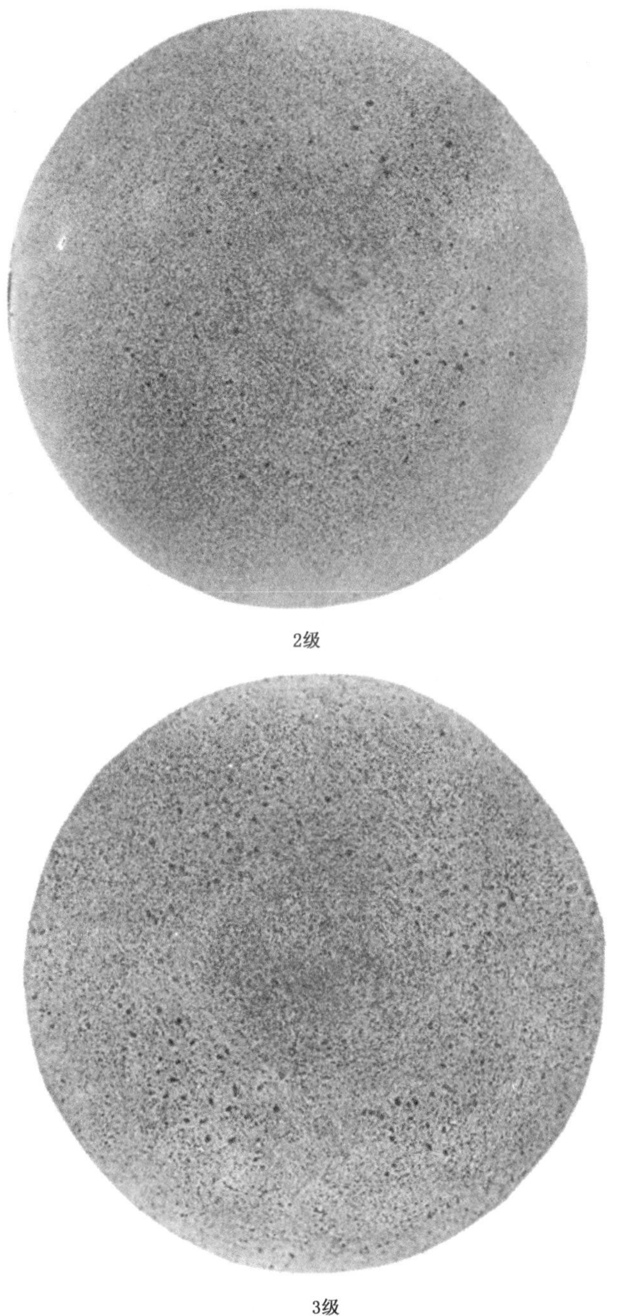

2级

3级

图 A.2（续）

A.3 第3评级图 锭型偏析

锭型偏析评级图片见图A.3。

1级

2级

图A.3 锭型偏析

A.4 第 4 评级图 中心偏析[1)]

中心偏析评级图片见图 A.4。

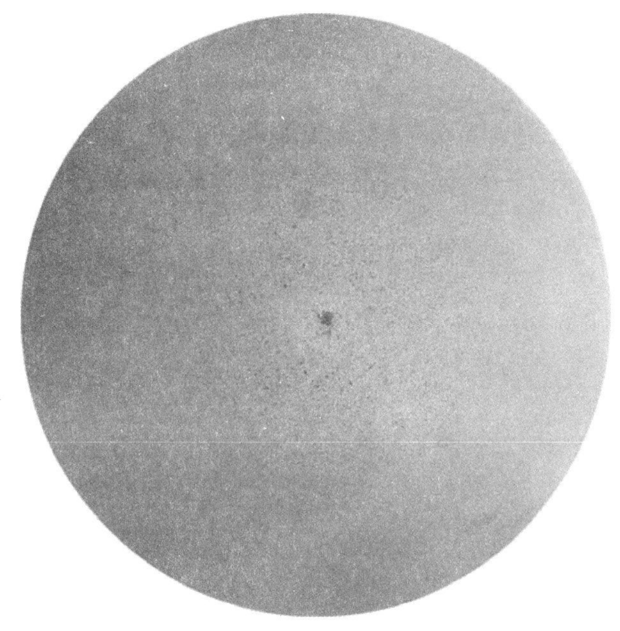

1级

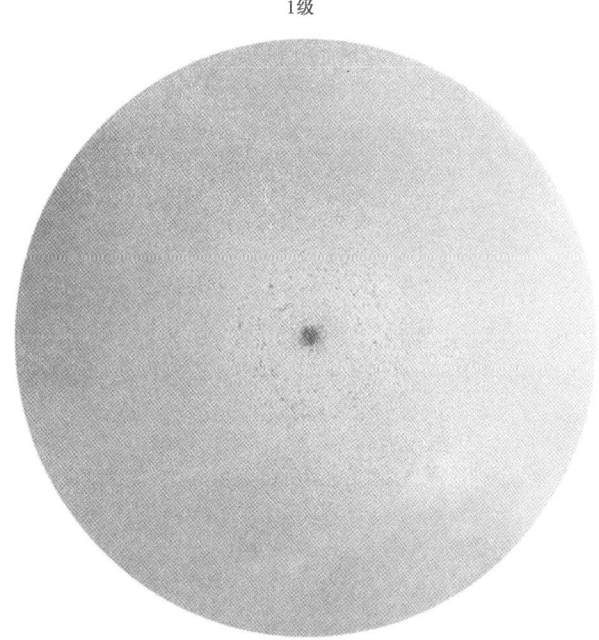

2级

图 A.4 中心偏析

1) 1 级约为 1.8%D,2 级约为 3.0%D。

A.5 第5评级图 显微组织

显微组织评级图片(放大倍数为500×和1 000×)见图A.5。

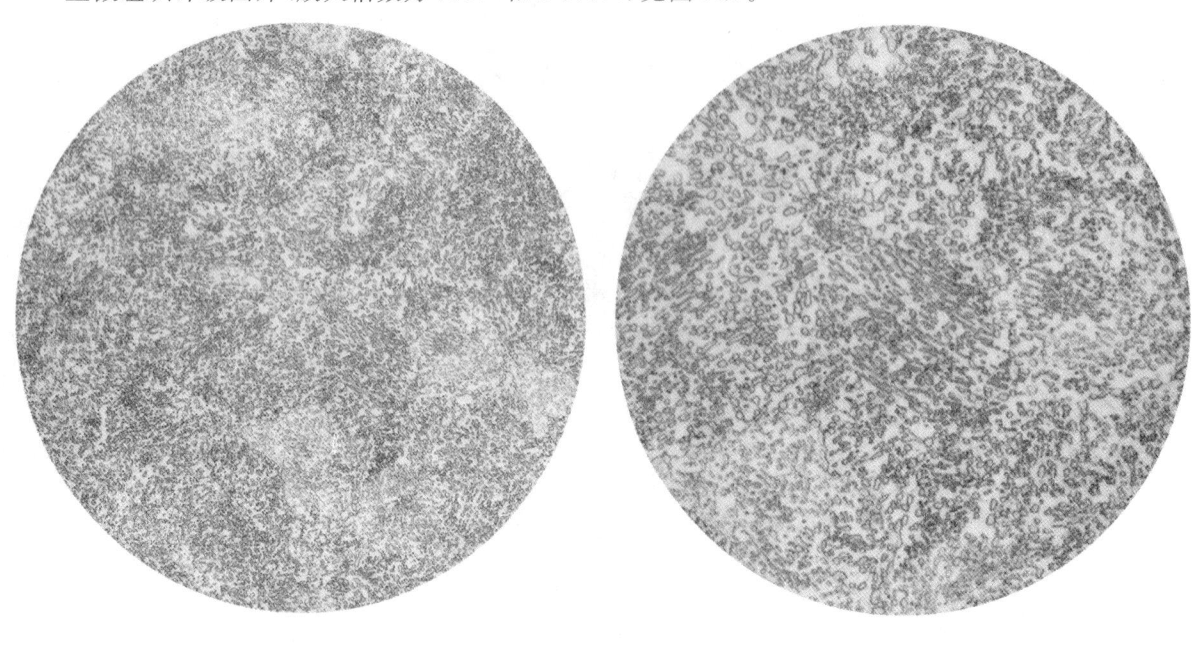

放大倍数500× 放大倍数1 000×

1级

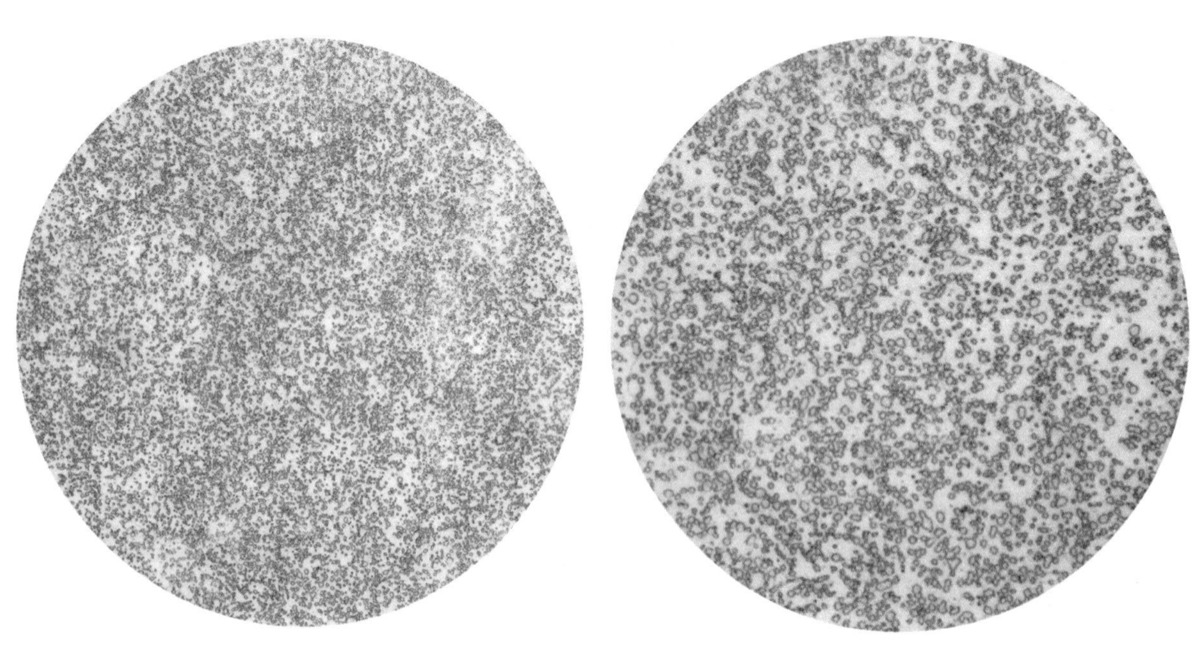

放大倍数500× 放大倍数1 000×

2级

图 A.5 显微组织

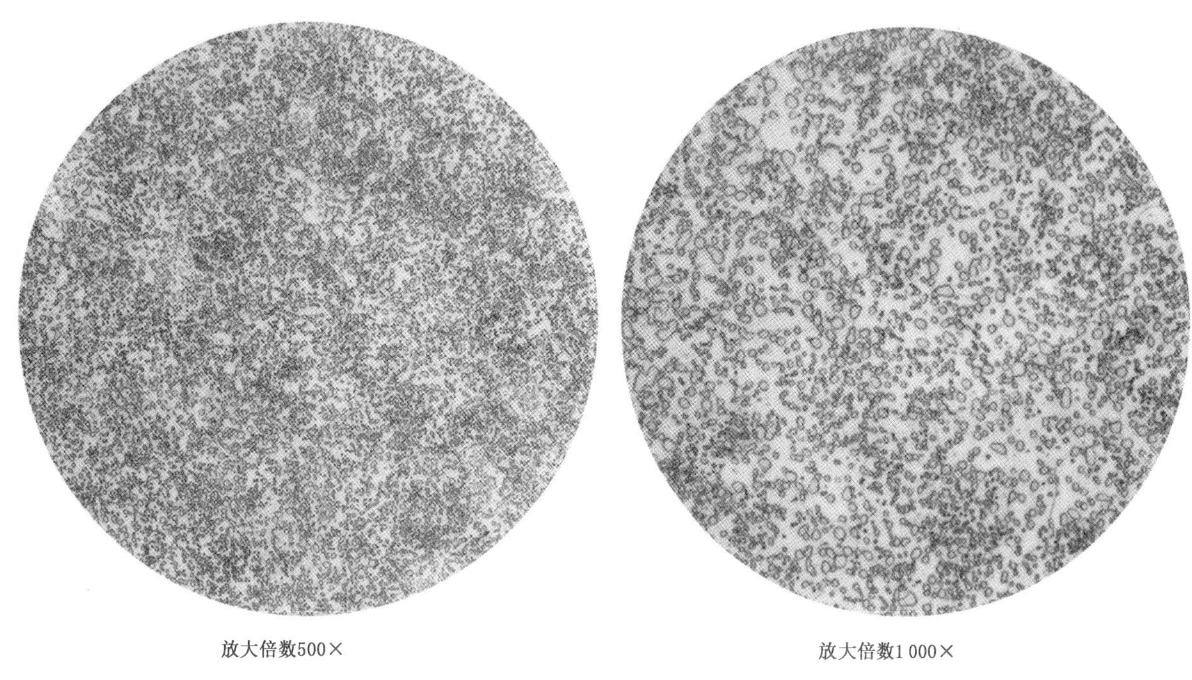

放大倍数500×

放大倍数1 000×

3级

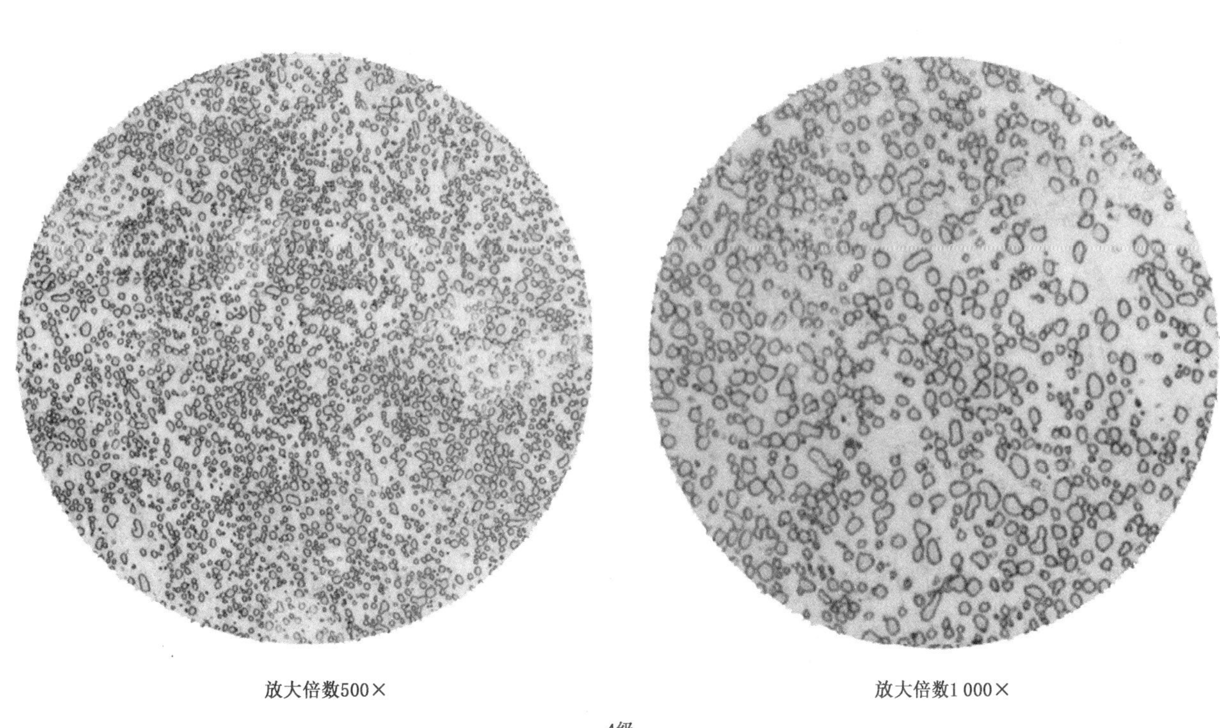

放大倍数500×

放大倍数1 000×

4级

图 A.5（续）

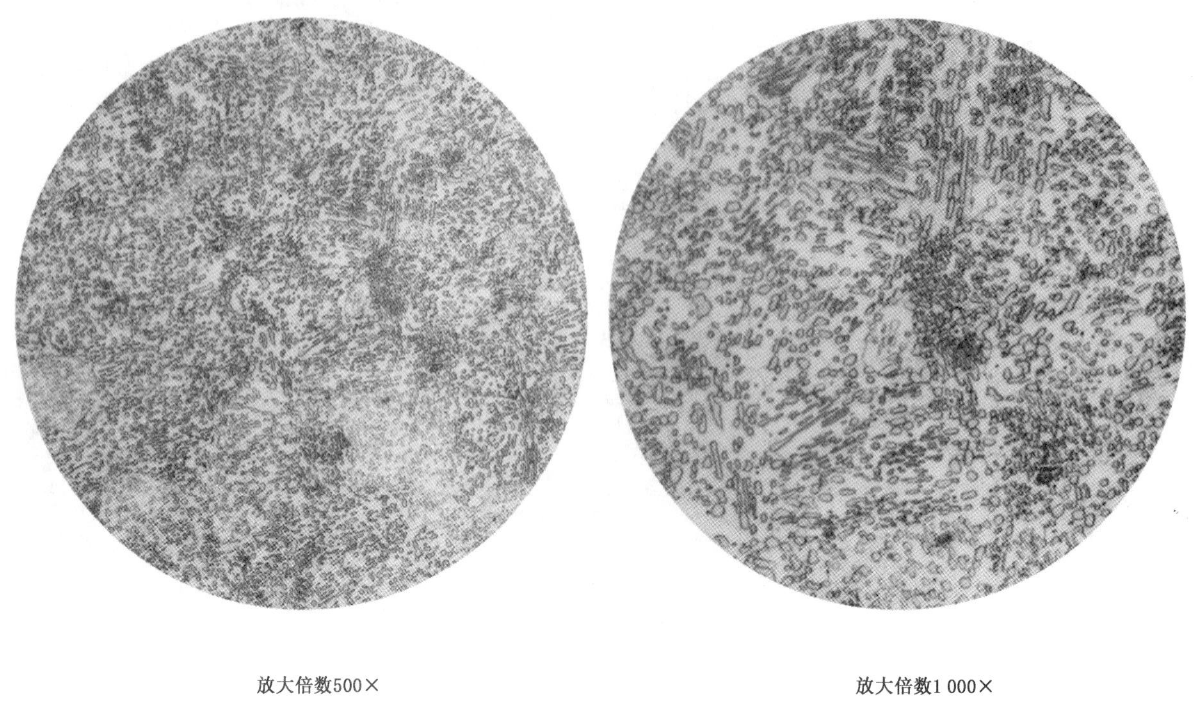

放大倍数500×　　　　放大倍数1 000×

5级

图 A.5（续）

A.6　第6评级图　球化退火碳化物网状

球化退火碳化物网状评级图片(放大倍数为500×)见图A.6。

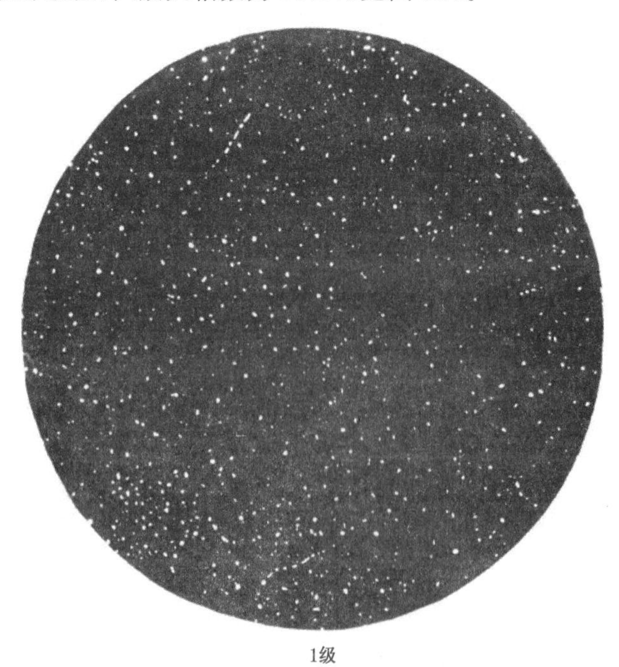

1级

图 A.6　球化退火碳化物网状

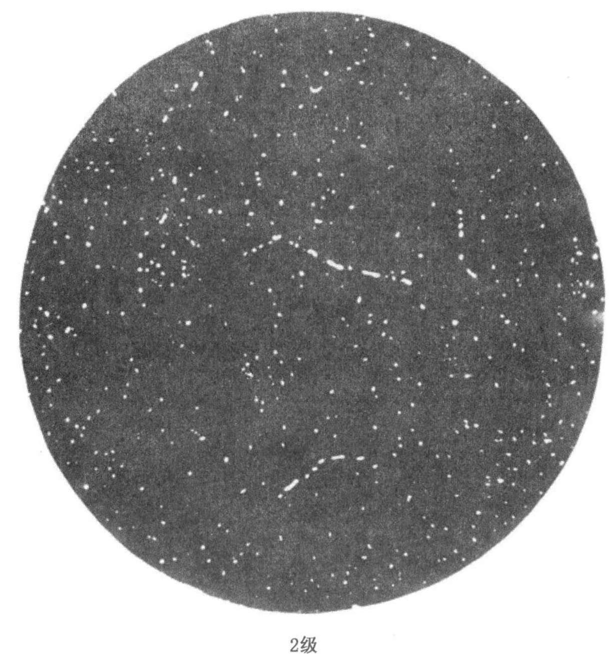

2级

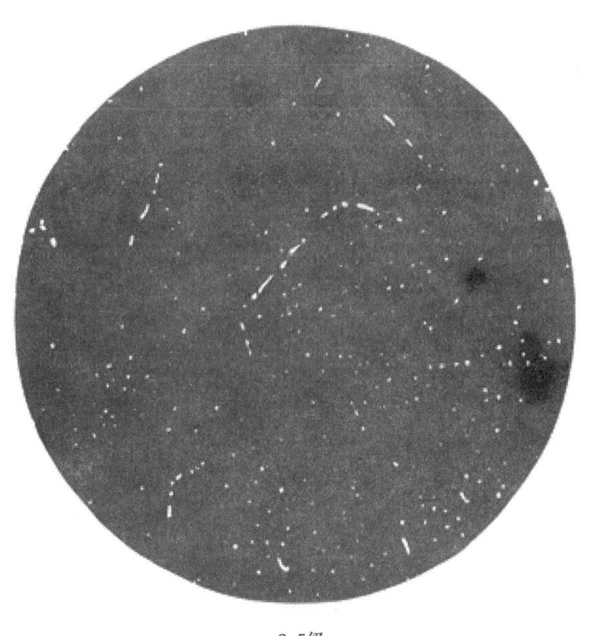

2.5级

图 A.6（续）

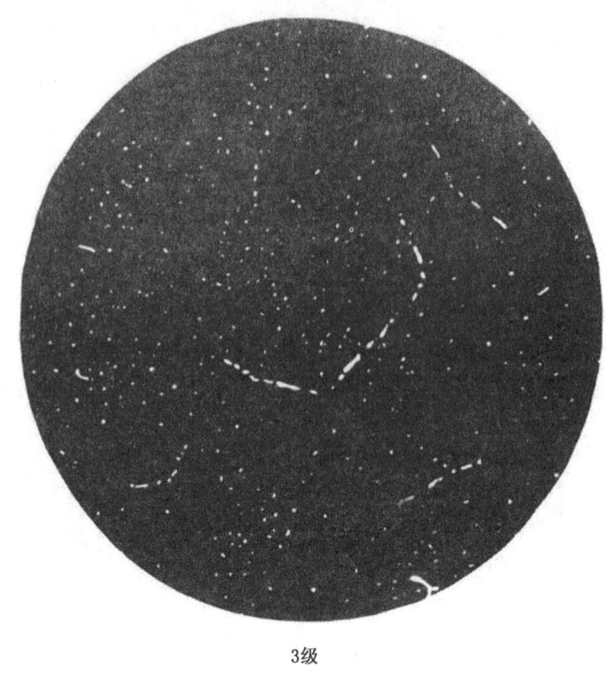

3级

图 A.6（续）

A.7 第 7 评级图 热轧(锻)、软化退火碳化物网状

热轧(锻)、软化退火碳化物网状合格界限图片(放大倍数为 200×)见图 A.7。

图 A.7 热轧(锻)、软化退火碳化物网状

A.8 第8评级图 碳化物带状

碳化物带状评级图片(放大倍数为100×和500×)见图A.8。

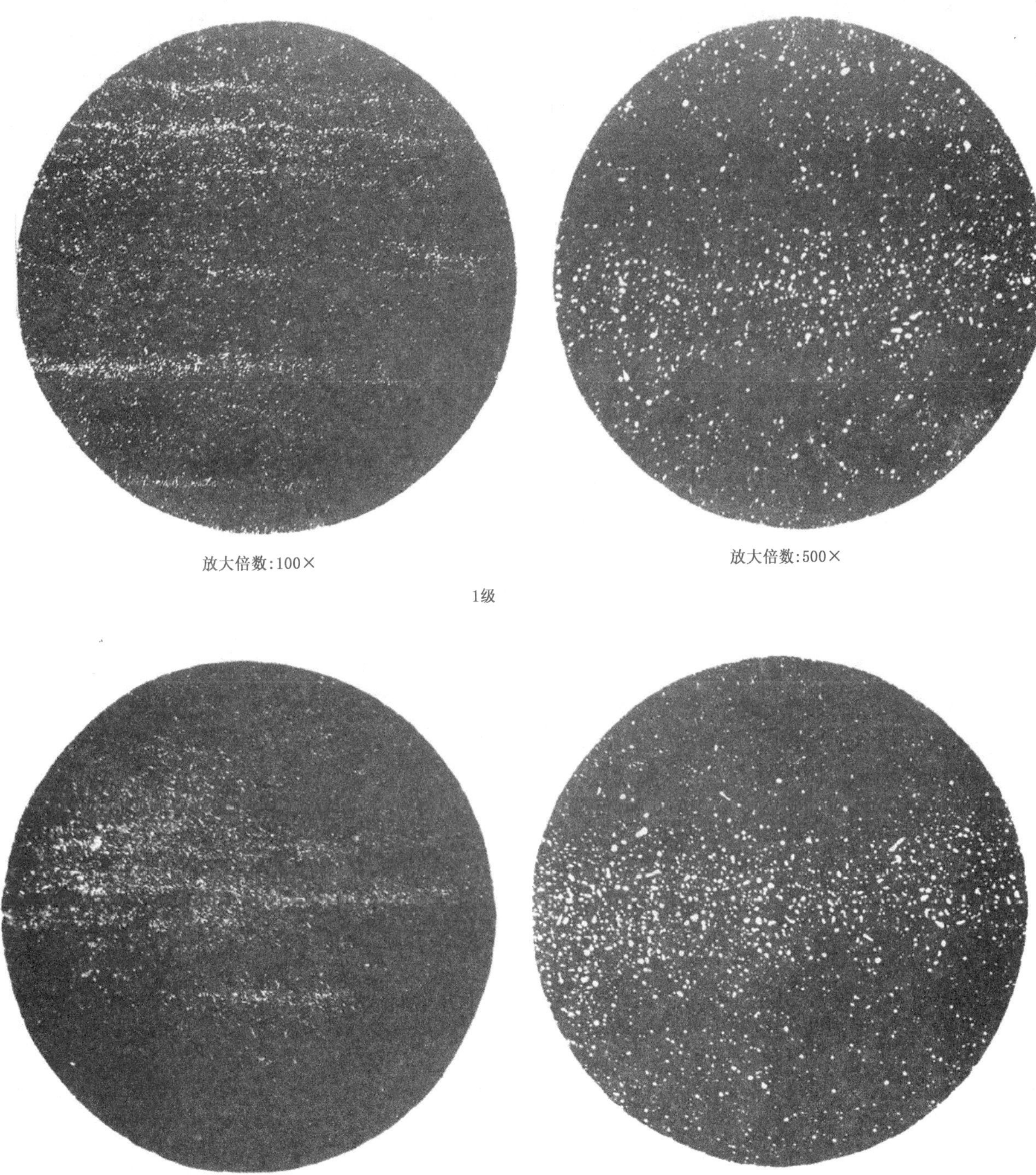

放大倍数:100×　　放大倍数:500×

1级

放大倍数:100×　　放大倍数:500×

2级

图A.8 碳化物带状

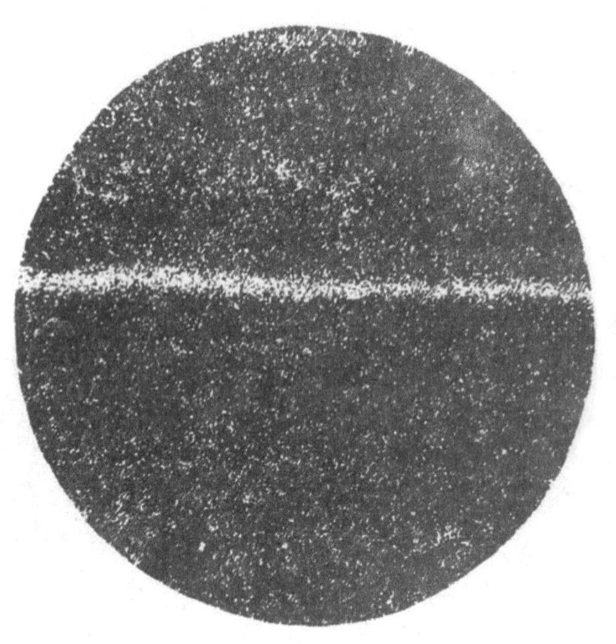

放大倍数:100×

放大倍数:500×

2.5级

放大倍数:100×

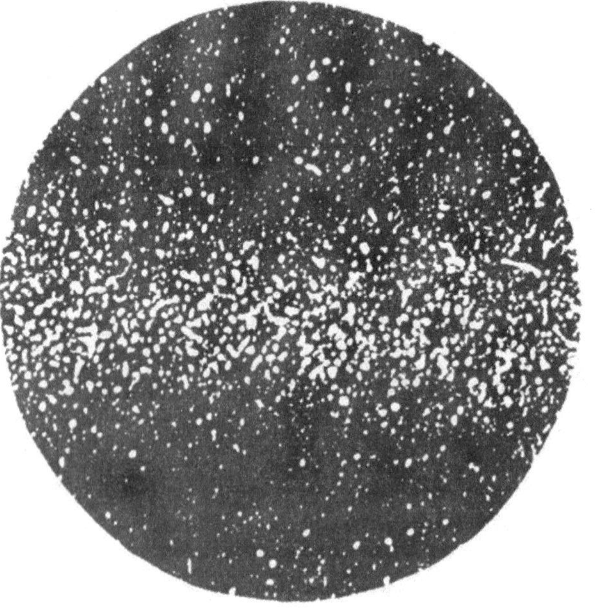

放大倍数:500×

3级

图 A.8(续)

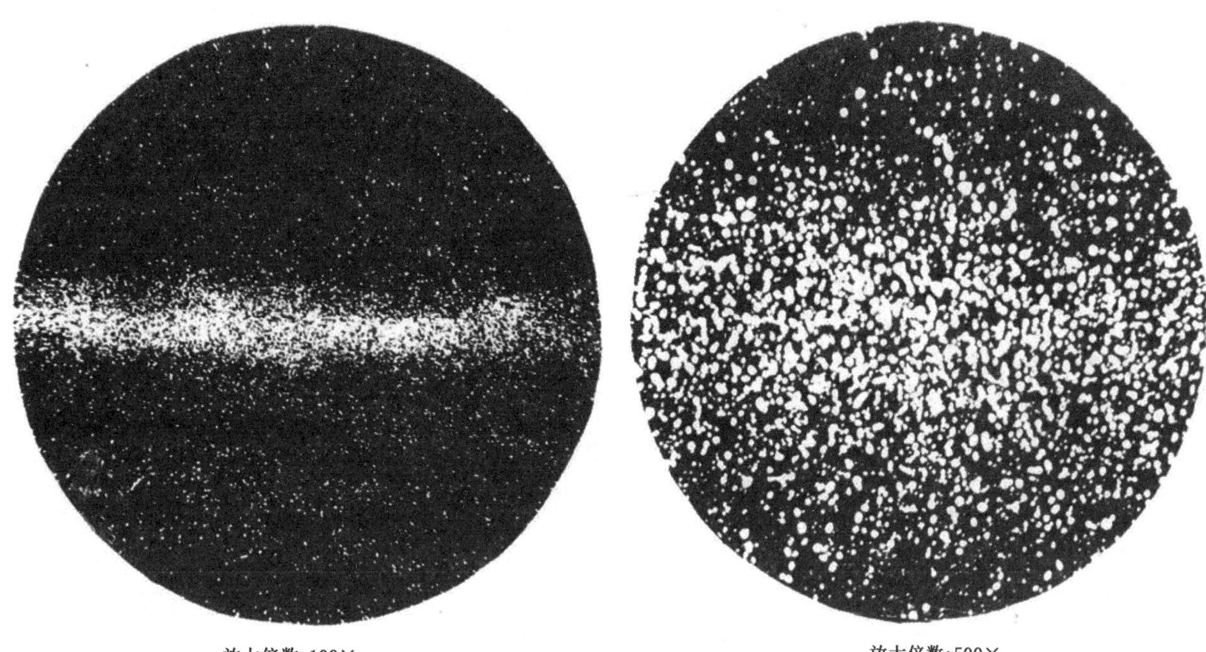

放大倍数:100×　　放大倍数:500×

3.5级

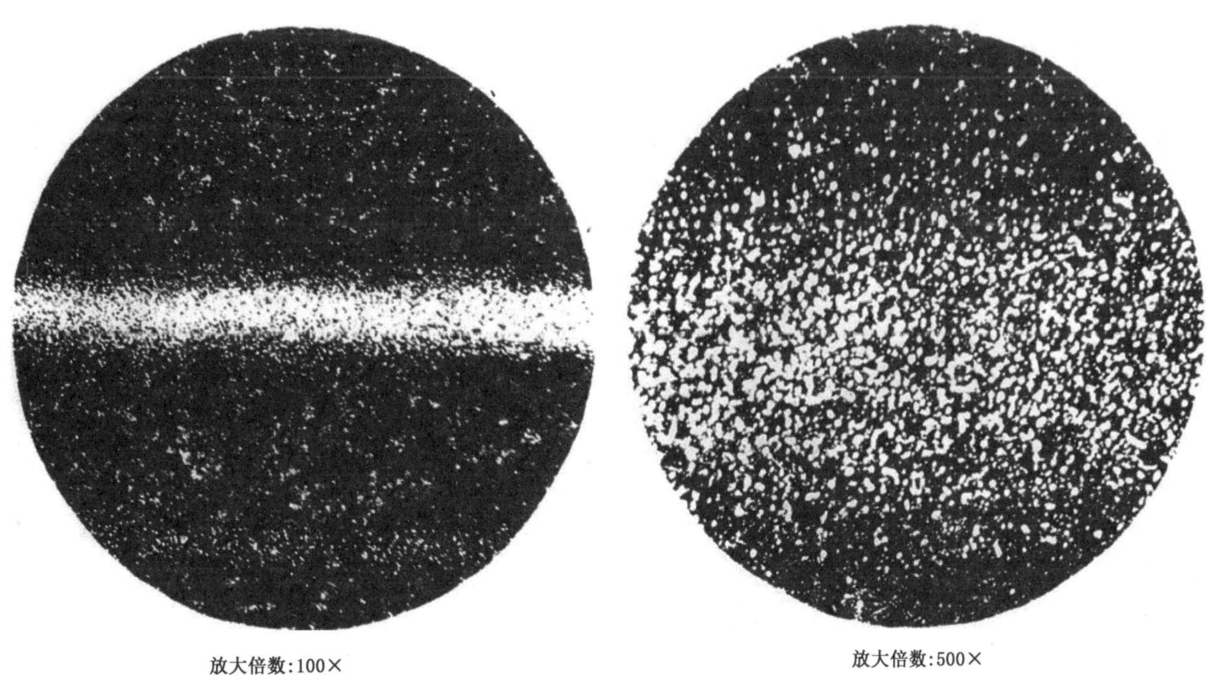

放大倍数:100×　　放大倍数:500×

4级

图 A.8（续）

A.9 第9评级图

碳化物液析评级图片(放大倍数为100×)见图A.9。

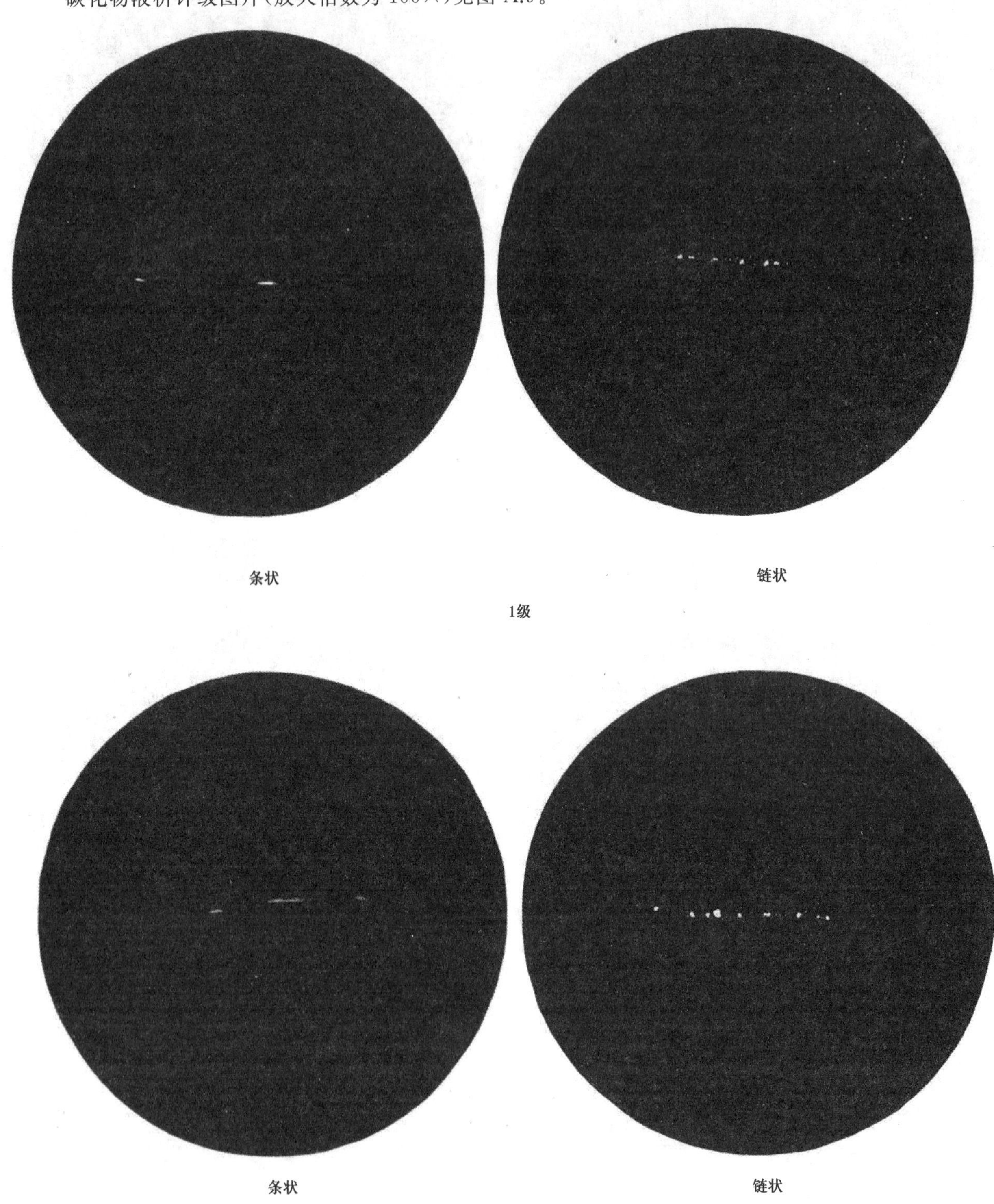

条状 链状

1级

条状 链状

2级

图 A.9 碳化物液析

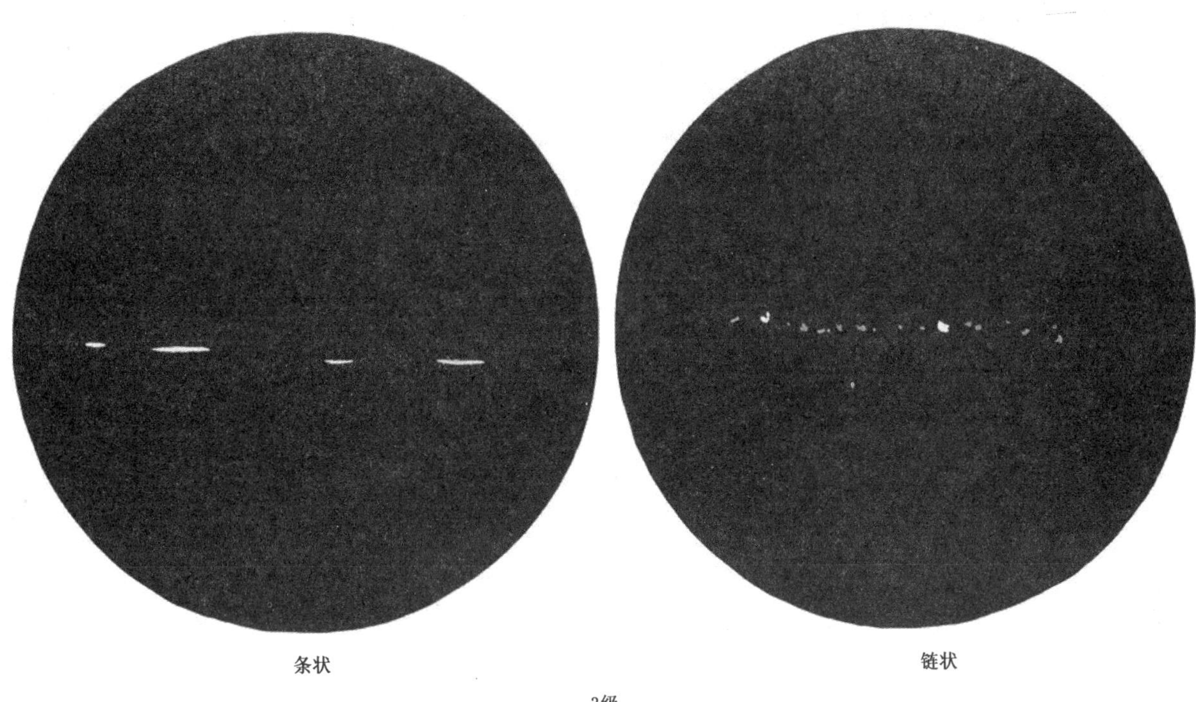

条状　　链状

3级

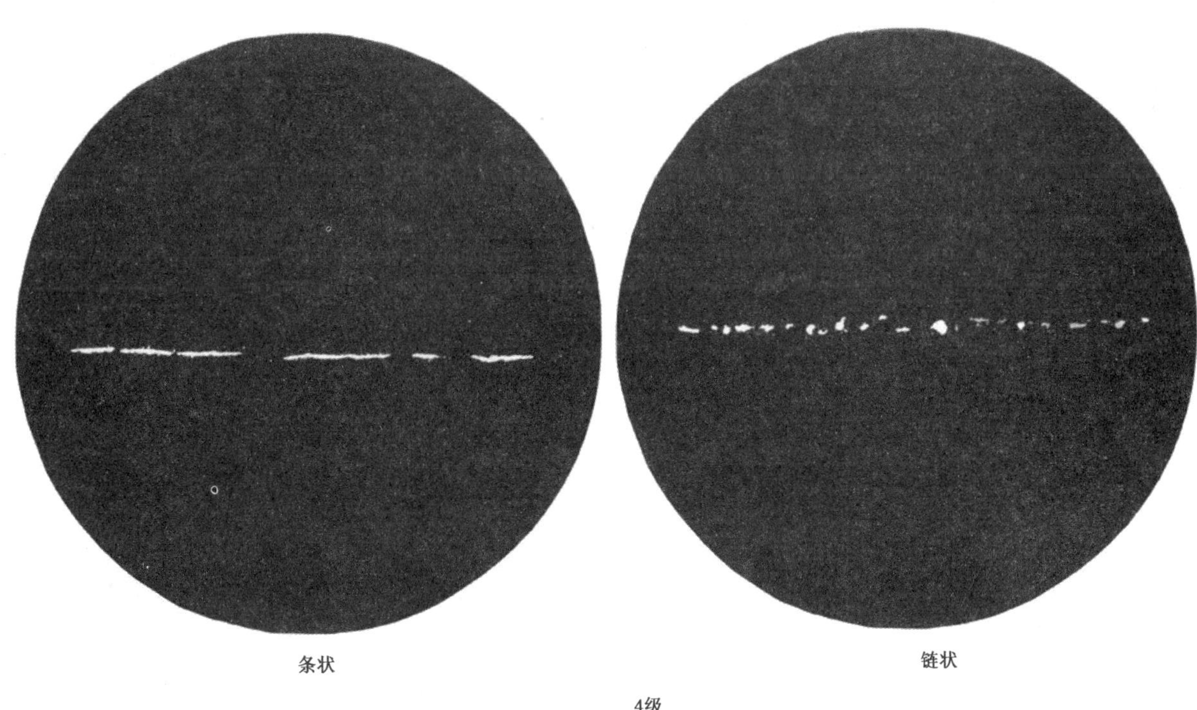

条状　　链状

4级

图 A.9（续）

A.10 第10评级图 显微孔隙

显微孔隙合格界限图片(放大倍数为100×)见图A.10。

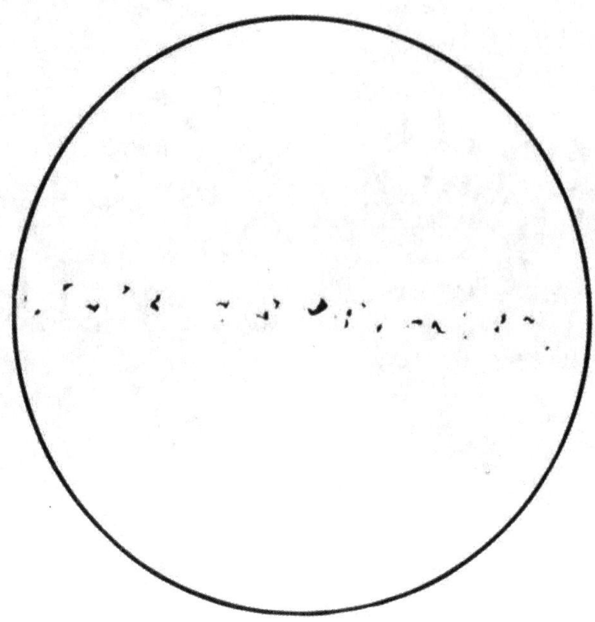

图A.10 显微孔隙

附 录 B
（规范性附录）
发蓝断口检验法

B.1 范围

本附录规定的发蓝断口的检验方法适用于锻造或轧制产品，也可适用于其他产品。这种检验方法一般是在半成品上使用的，或熔检直径或边长为 80 mm～120 mm（锻）坯（材）上相应部位切取。

B.2 原理

经过发蓝回火处理的断口表面上可见的非金属夹杂物总数量和分布情况。发蓝断口是在产品的纵向上，夹杂物通常呈白色条状。

B.3 取样和制备

B.3.1 取样

试样采用热锯或冷锯、或者用火焰切割法切取。试样是片状，片的厚度取决于产品的尺寸（例如在 5 mm～20 mm 之间），一般建议采用 10 mm 的厚度。试样厚度是平行于纵向测量的。

注：当用火焰切割时，宜注意保证断口在热影响区以外。

B.3.2 制备

在试样厚度（垂直于产品长度方向）的中间开一个槽，槽的形状不定，其深度应使剩余的片的厚度满足上面的规定。

B.3.3 检验方法

B.3.3.1 经过正火处理后，如果需要，试样可进行下列处理：

a） 在空气中加热，使当开始试验的瞬间金属处于蓝脆温度（300 ℃～350 ℃）；

b） 或在常温下拉断之后，将两个试样加热，使断口发蓝。

B.3.3.2 在某些情况下，经双方协商，试样可进行淬火，再紧接着回火处理。

B.3.3.3 在试样两个断开部分的一个断口上，用目视或放大倍数不大于 10 倍的放大镜进行观测。

注：需注意不要与碳化物条状混淆。

附 录 C
（规范性附录）
显微组织、碳化物不均匀性和显微孔隙的试样取样图

C.1 显微组织的取样部位

见图 C.1～图 C.8。图中 R 为钢材半径。

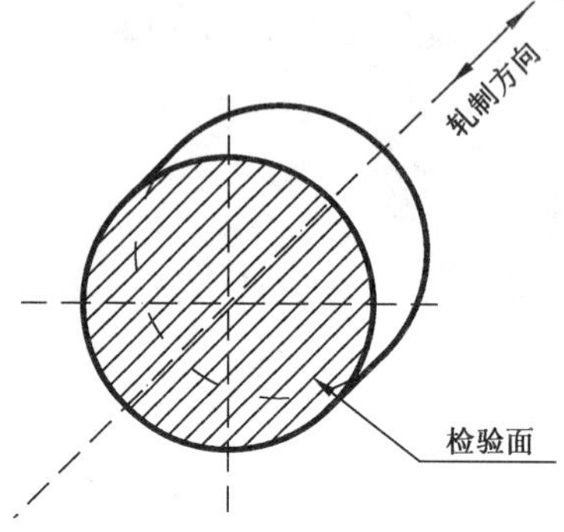

图 C.1 直径≤25 mm

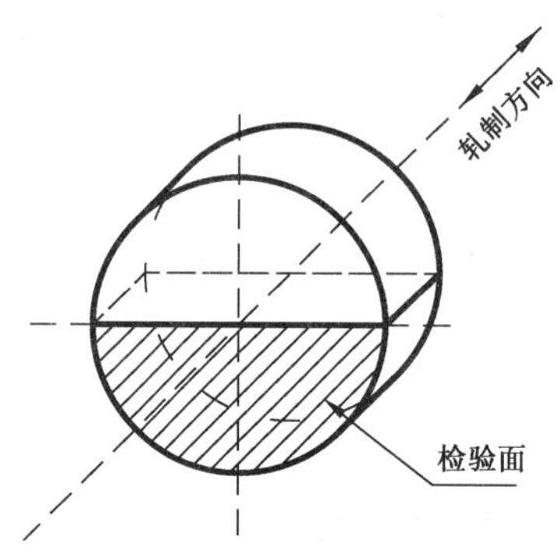

图 C.2 直径＞25 mm～40 mm

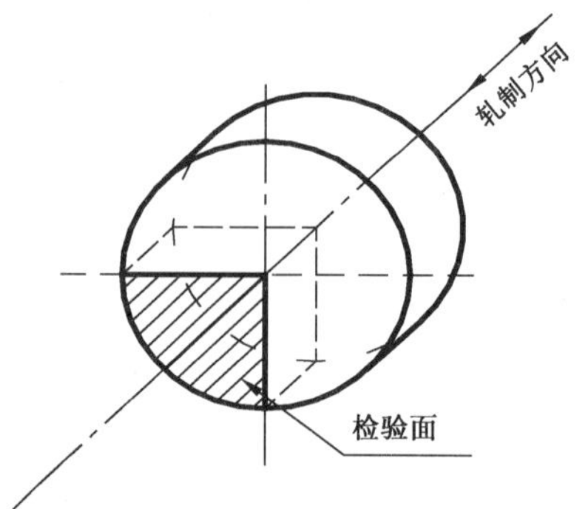

图 C.3 直径＞40 mm～60 mm

单位为毫米

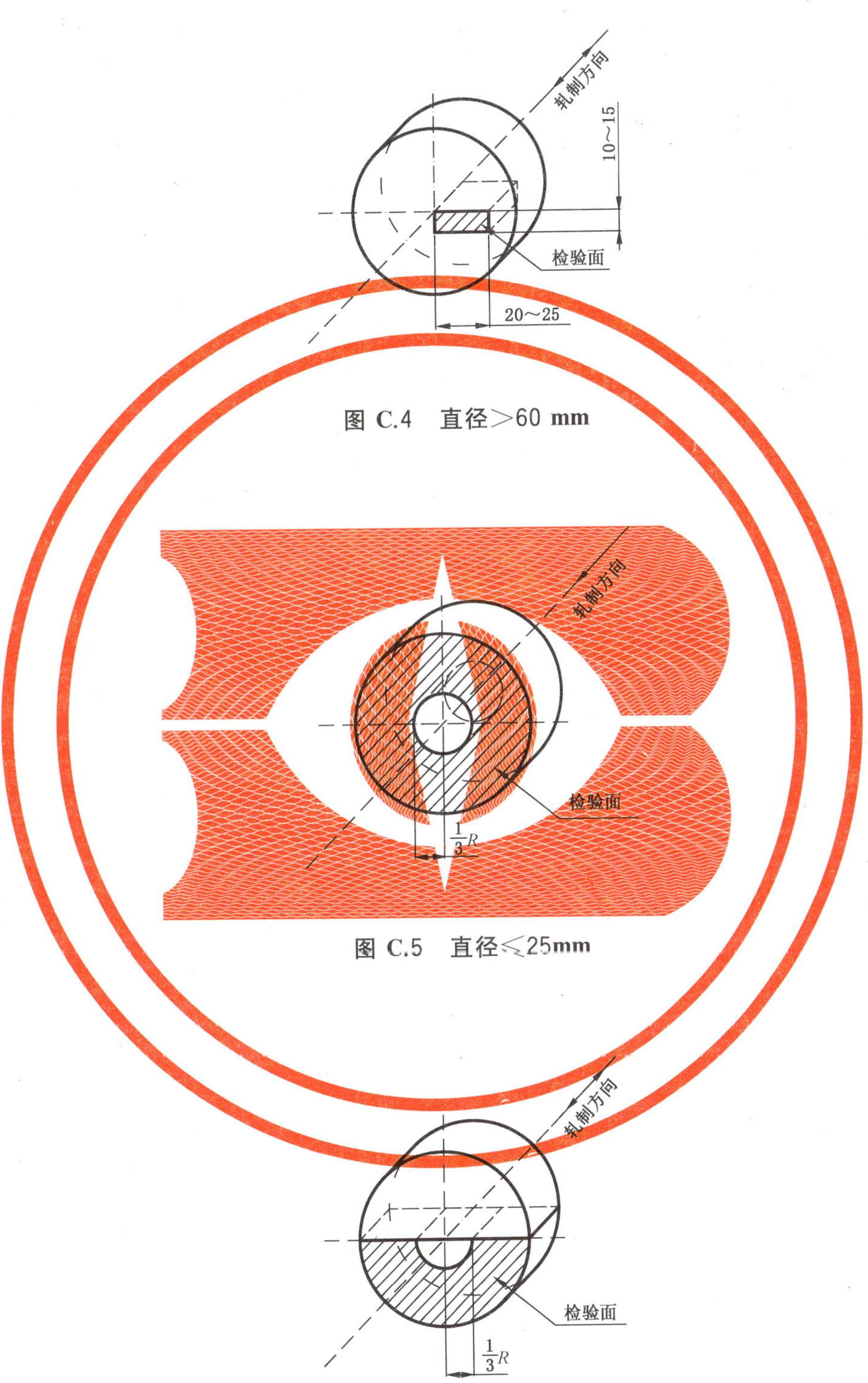

图 C.4　直径＞60 mm

图 C.5　直径≤25mm

图 C.6　直径＞25 mm～40 mm

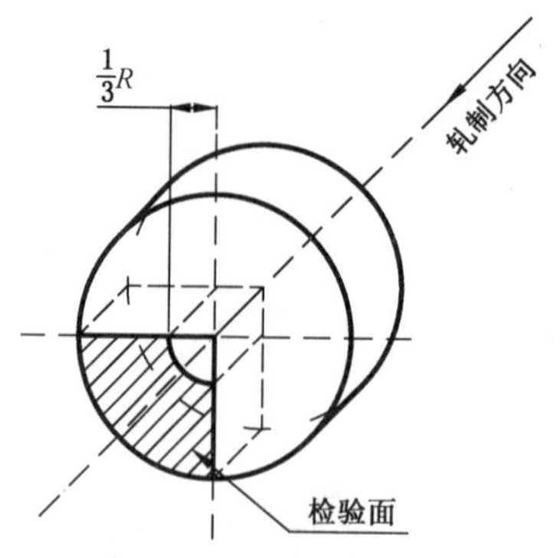

图 C.7　直径>40 mm～60 mm

单位为毫米

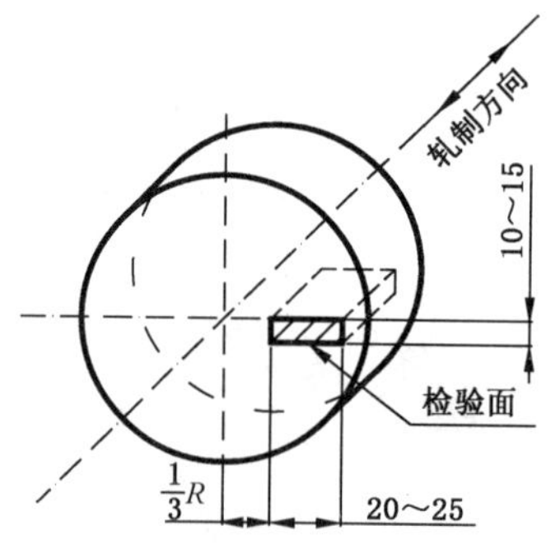

图 C.8　直径>60 mm

C.2　碳化物网状的取样部位

见图 C.9～图 C.14。

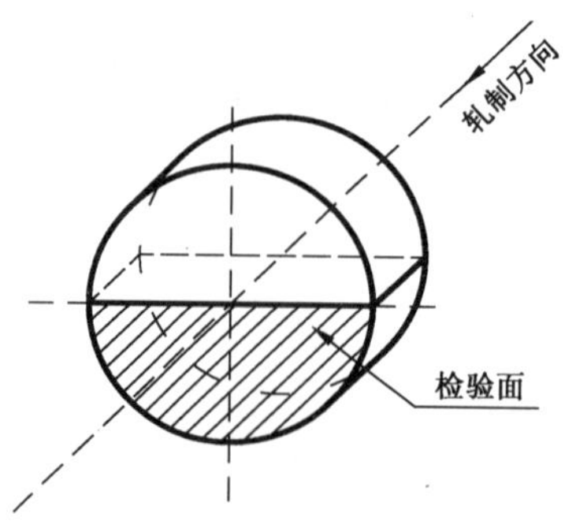

图 C.9　直径≤40 mm

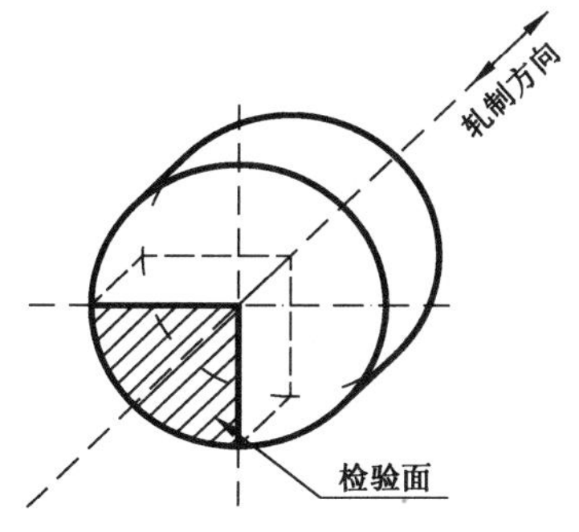

图 C.10　直径＞40 mm～60 mm

单位为毫米

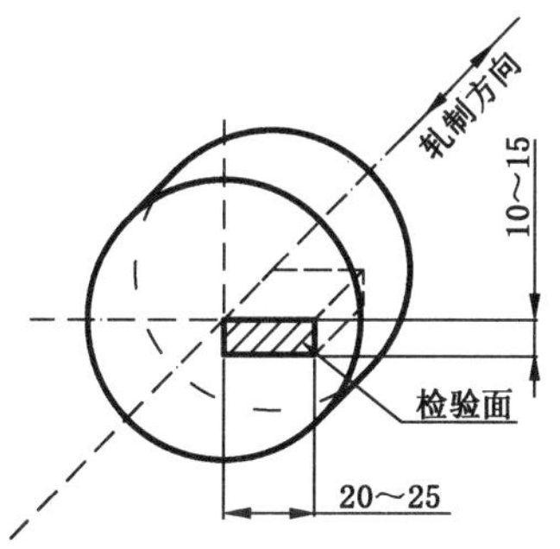

图 C.11　直径＞60 mm

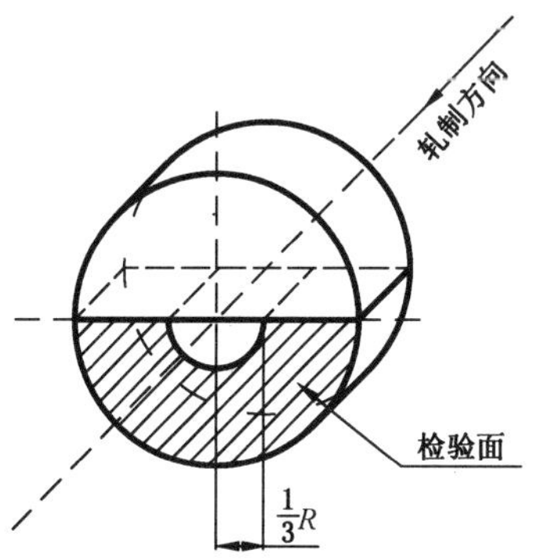

图 C.12　直径≤40 mm

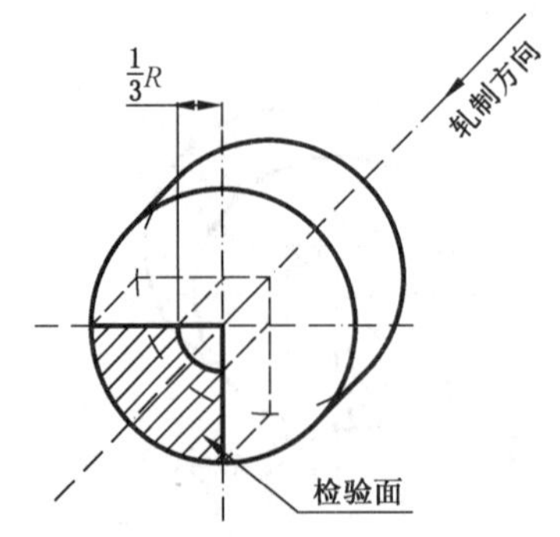

图 C.13 直径>40 mm～60 mm

单位为毫米

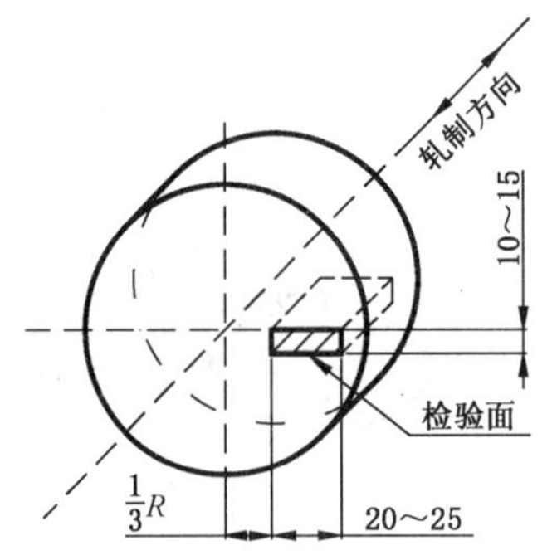

图 C.14 直径>60 mm

C.3 碳化物带状、碳化物液析、显微孔隙的取样部位

见图 C.15～图 C.20。

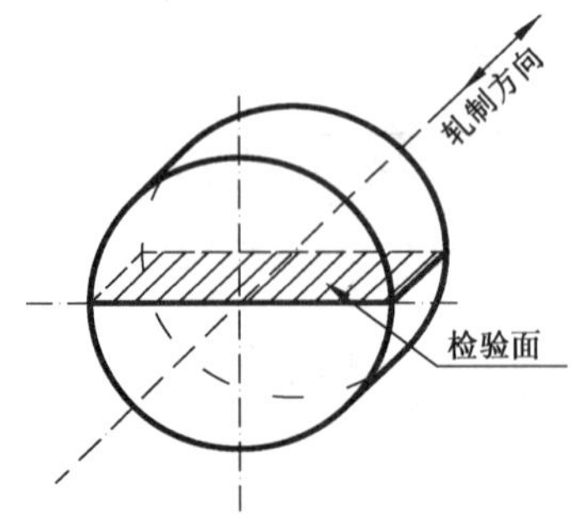

图 C.15 直径≤40 mm

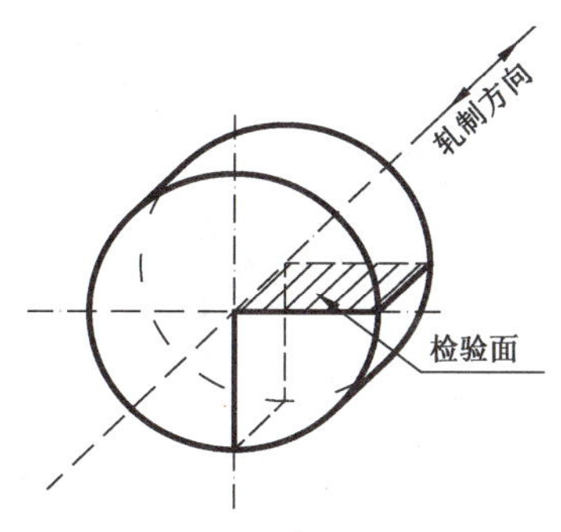

图 C.16　直径>40 mm～60 mm

单位为毫米

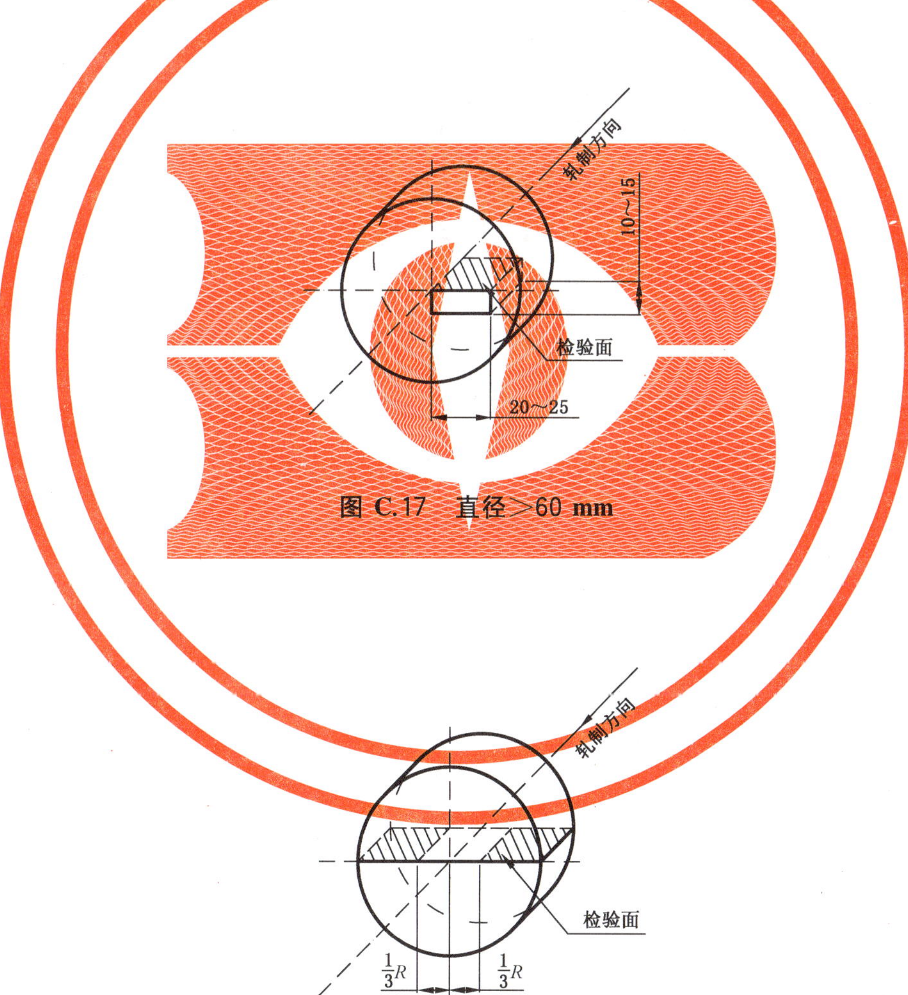

图 C.17　直径>60 mm

图 C.18　直径≤40 mm

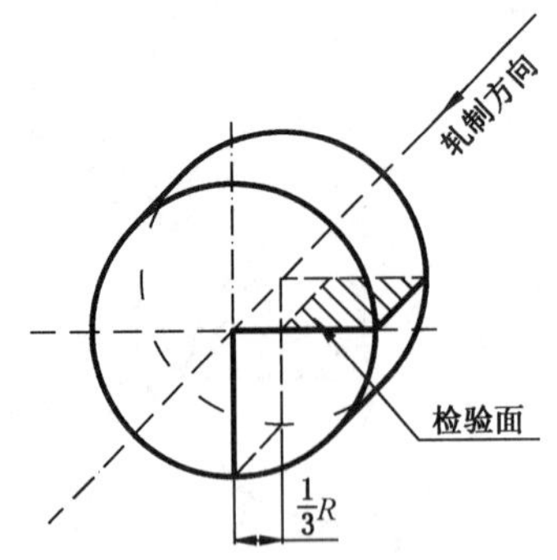

图 C.19　直径>40 mm～60 mm

单位为毫米

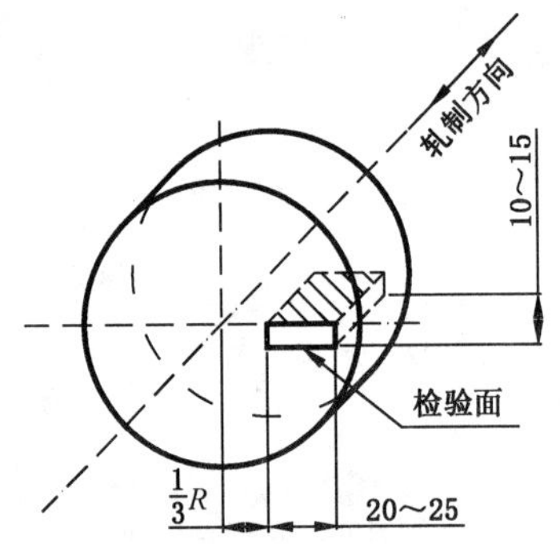

图 C.20　直径>60 mm

ICS 77.140.10
H 40

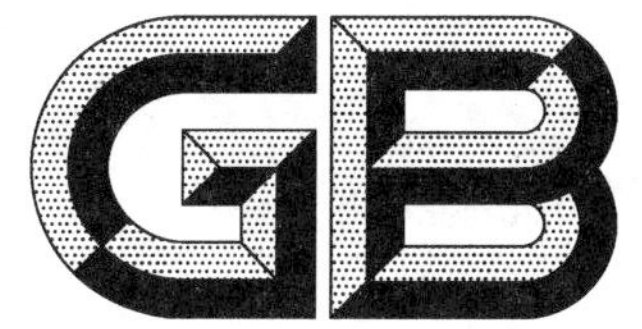

中华人民共和国国家标准

GB/T 33160—2016

风力发电用齿轮钢

Gear steel for wind power generation

2016-10-13 发布　　2017-09-01 实施

中华人民共和国国家质量监督检验检疫总局
中国国家标准化管理委员会　发布

前　　言

本标准按照 GB/T 1.1—2009 给出的规则起草。

本标准由中国钢铁工业协会提出。

本标准由全国钢标准化技术委员会(SAC/TC 183)归口。

本标准起草单位:浙江伟晟控股有限公司、西宁特殊钢股份有限公司、抚顺特殊钢股份有限公司。

本标准主要起草人:缪志刚、信东辉、高生、王海龙、陈庆新、俞高行、李海龙、梁光书、纪肖。

风力发电用齿轮钢

1 范围

本标准规定了风力发电用齿轮钢的订货内容、尺寸、外形、技术要求、试验方法、检验规则、包装、标志和质量证明书等。

本标准适用于制作风力发电齿轮用的热锻棒材(以下简称棒材)。

2 规范性引用文件

下列文件对于本文件的应用是必不可少的。凡是注日期的引用文件,仅注日期的版本适用于本文件。凡是不注日期的引用文件,其最新版本(包括所有的修改单)适用于本文件。

GB/T 222 钢的成品化学成分允许偏差

GB/T 223.9 钢铁及合金 铝含量的测定 铬天青S分光光度法

GB/T 223.11 钢铁及合金 铬含量的测定 可视滴定或电位滴定法

GB/T 223.14 钢铁及合金化学分析方法 钽试剂萃取光度法测定钒含量

GB/T 223.19 钢铁及合金化学分析方法 新亚铜灵-三氯甲烷萃取光度法测定铜量

GB/T 223.23 钢铁及合金 镍含量的测定 丁二酮肟分光光度法

GB/T 223.26 钢铁及合金 钼含量的测定 硫氰酸盐分光光度法

GB/T 223.59 钢铁及合金 磷含量的测定 铋磷钼蓝分光光度法和锑磷钼蓝分光光度法

GB/T 223.60 钢铁及合金化学分析方法 高氯酸脱水重量法测定硅含量

GB/T 223.63 钢铁及合金化学分析方法 高碘酸钠(钾)光度法测定锰量

GB/T 223.68 钢铁及合金化学分析方法 管式炉内燃烧后碘酸钾滴定法测定硫含量

GB/T 223.71 钢铁及合金化学分析方法 管式炉内燃烧后重量法测定碳含量

GB/T 223.84 钢铁及合金 钛含量的测定 二安替比林甲烷分光光度法

GB/T 225 钢 淬透性的末端淬火试验方法(Jominy 试验)

GB/T 226 钢的低倍组织及缺陷酸蚀检验法

GB/T 228.1 金属材料 拉伸试验 第1部分:室温试验方法

GB/T 229 金属材料 夏比摆锤冲击试验方法

GB/T 231.1 金属材料 布氏硬度试验 第1部分:试验方法

GB/T 908—2008 锻制钢棒尺寸、外形、重量及允许偏差

GB/T 1979 结构钢低倍组织缺陷评级图

GB/T 2101 型钢验收、包装、标志及质量证明书的一般规定

GB/T 2975 钢及钢产品 力学性能试验取样位置及试样制备

GB/T 4336 碳素钢和中低合金钢 火花源原子发射光谱分析方法(常规法)

GB/T 6394 金属平均晶粒度测定法

GB/T 6402—2008 钢锻件超声检测方法

GB/T 7736 钢的低倍缺陷超声波检验法

GB/T 8170—2008 数值修约规则与极限数值的表示和判定

GB/T 10561—2005 钢中非金属夹杂物含量的测定 标准评级图显微检验法

GB/T 11261　钢铁　氧含量的测定　脉冲加热惰气熔融-红外线吸收法
GB/T 13298　金属显微组织检验方法
GB/T 13299　钢的显微组织评定方法
GB/T 17505　钢及钢产品交货一般技术要求
GB/T 20066　钢和铁　化学成分测定用试样的取样和制样方法
YB/T 4307　钢铁及合金　氧、氮和氢含量的测定　脉冲加热惰气熔融-飞行时间质谱法(常规法)

3　订货内容

按本标准订货的合同或订单应包括下列内容：

a)　标准编号；
b)　产品名称；
c)　牌号；
d)　交货状态；
e)　尺寸及精度；
f)　冶炼方法；
g)　表面状态(见 5.4.2)；
h)　交货的数量(或重量)；
i)　淬透性(见 5.6)；
j)　供需双方协商的要求；
k)　其他特殊要求。

4　尺寸、外形

4.1　尺寸及其允许偏差

4.1.1　剥皮棒材的尺寸允许偏差为 $^{+3.0}_{0}$ mm。

4.1.2　公称直径不大于 400 mm 的锻造及磨光棒材尺寸允许偏差应符合 GB/T 908—2008 中 1 组的规定。

4.1.3　公称直径大于 400 mm 的锻造及磨光棒材尺寸允许偏差应符合表 1 的规定。

表 1　锻造及磨光棒材的允许偏差　　单位为毫米

公称直径	>400～600	>600～800	>800～1 000	>1 000
允许偏差	$^{+10}_{0}$	$^{+12}_{0}$	$^{+15}_{0}$	$^{+20}_{0}$

4.1.4　经供需双方协商，并在合同中注明，棒材的尺寸允许偏差可另行规定。

4.2　长度及其允许偏差

棒材的交货长度应在合同中注明。定尺或倍尺交货棒材，端面采用锯切时，其长度允许偏差为 $^{+50}_{0}$ mm；采用其他端面切断方式时，其长度允许偏差为 $^{+150}_{0}$ mm。

4.3　外形

4.3.1　棒材弯曲度应符合表 2 的规定。

表 2 弯曲度

单位为毫米

表面种类	每米弯曲度	总弯曲度
	不大于	
剥皮	3	总长度的 0.3%
锻造、磨光	5	总长度的 0.5%

4.3.2 棒材端面应正直。锯切时，棒材两端的切斜度和突出部分应不大于公称尺寸的 5%；采用其他端面切断方式时，棒材两端的切斜度和突出部分应不大于公称尺寸的 30%。

5 技术要求

5.1 牌号和化学成分

5.1.1 钢的牌号及化学成分(熔炼分析)应符合表 3 的规定。

表 3 钢的牌号及化学成分(熔炼分析)

序号	牌号	化学成分(质量分数)/%									
		C	Si	Mn	Cr	Ni	Mo	P	S	H	其他元素
1	18Cr2Ni2MoH	0.15～0.21	0.17～0.37	0.50～0.90	1.50～1.80	1.40～1.70	0.25～0.35	≤0.020	≤0.020	≤0.000 2	Cu:≤0.20 Al:0.015～0.035 V:≤0.05 Ti:≤0.010
2	20CrNi2MoH	0.17～0.23	0.17～0.37	0.40～0.70	0.35～0.65	1.55～2.00	0.20～0.30	≤0.020	≤0.020	≤0.000 2	
3	22CrNiMoH	0.19～0.25	0.17～0.37	0.60～0.95	0.35～0.65	0.35～0.75	0.15～0.25	≤0.020	≤0.020	≤0.000 2	
4	20CrMnMoH	0.17～0.23	0.17～0.37	0.85～1.20	1.05～1.40	—	0.20～0.30	≤0.020	≤0.020	≤0.000 2	

5.1.2 钢中氧含量应不大于 0.002 0%。
5.1.3 棒材成品化学成分的允许偏差应符合 GB/T 222 的规定。

5.2 冶炼方法

除非合同中另有规定，冶炼方法由生产厂家自行选择。

5.3 制造方法

棒材应在有足够能力的锻压机上锻造成型，其锻造比应不小于 3.0。

5.4 交货状态

5.4.1 棒材通常以退火或正火＋高温回火状态交货。
5.4.2 根据供需双方协商，表面可经车削、剥皮或其他精整方式交货。

5.5 硬度

棒材退火或正火＋高温回火后的硬度值应符合表 4 的规定。

表 4 棒材退火或正火+高温回火后的硬度值

序号	牌号	布氏硬度(HBW) 不大于
1	18Cr2Ni2MoH	229
2	20CrNi2MoH	217
3	22CrNiMoH	217
4	20CrMnMoH	217

5.6 淬透性

根据需方要求,并在合同中注明,可检验棒材的淬透性,淬透性带及各点的硬度值参见附录 A 中图 A.1～图 A.4 及相应表规定,具体订货及检验方法由供需双方协商。

5.7 低倍

5.7.1 棒材横截面酸浸低倍组织试片上不应有目视可见的残余缩孔、气泡、裂纹、夹杂、翻皮、白点等缺陷。

5.7.2 公称直径不大于 400 mm 的棒材一般疏松、中心疏松、锭型偏析应不大于 2 级。公称直径大于 400 mm 的棒材一般疏松、中心疏松、锭型偏析由供需双方协商确定。如供方能保证低倍组织检验合格,可采用超声检测法或其他无损检测法代替酸浸低倍检验。

5.8 非金属夹杂物

5.8.1 棒材的非金属夹杂物合格级别应符合表 5 的规定。

表 5 非金属夹杂物合格级别

<table>
<tr><td rowspan="2">夹杂物类型</td><td>A 类</td><td>B 类</td><td>C 类</td><td>D 类</td><td>DS 类</td></tr>
<tr><td colspan="5">合格级别/级,不大于</td></tr>
<tr><td>细系</td><td>2.0</td><td>2.0</td><td>1.0</td><td>1.5</td><td rowspan="2">2.0</td></tr>
<tr><td>粗系</td><td>1.5</td><td>1.5</td><td>1.0</td><td>1.5</td></tr>
</table>

5.8.2 非金属夹杂物应在改锻成 100 mm 圆钢或方钢试料(与棒材锻造比相近)上或在加长段上进行检验,经供需双方协商,并在合同中注明,也可另行规定。

5.9 晶粒度

棒材应进行晶粒度检验,奥氏体晶粒度为 5 级或更细。

5.10 超声检测

棒材应按 GB/T 6402—2008 的规定逐支进行超声检测,合格级别应符合 3 级规定,但电渣重熔钢等高质量的钢应符合 4 级规定。

5.11 表面质量

5.11.1 棒材表面不应有目视可见的裂缝、折叠、结疤和夹杂。如有上述缺陷应清除,清除深度从钢材实际尺寸算起应不超过所允许的公差，清除宽度不小于深度的5倍。深度在公差之半范围内的其他轻微表面缺陷可不清除。

5.11.2 剥皮交货的棒材表面不允许有缺陷。

5.11.3 根据需方要求，经供需双方协商，并在合同中注明，也可对表面质量另行规定。

5.12 特殊要求

根据需方要求，经供需双方协议，并在合同中注明，可供应附加下列特殊要求的钢材：

a) 缩小含碳量范围；

b) 加严氧含量；

c) 检验力学性能；

d) 检验带状组织；

e) 其他特殊要求项目。

6 试验方法

棒材的检验项目和试验方法应符合表6规定。

表6 检验项目、取样数量、取样部位和试验方法

序号	检验项目		取样数量	取样部位	试验方法
1	化学成分		每炉1个	GB/T 20066	GB/T 223.9、GB/T 223.11、GB/T 223.14、GB/T 223.19、GB/T 223.23、GB/T 223.26、GB/T 223.59、GB/T 223.60、GB/T 223.63、GB/T 223.68、GB/T 223.71、GB/T 223.84、GB/T 4336、YB/T 4307
2	氧含量		每炉1个	钢坯或棒材半径1/2处	GB/T 11261、YB/T 4307
3	拉伸		每批2个	不同根棒材，GB/T 2975	GB/T 228.1
4	冲击		每批2个	不同根棒材，GB/T 2975	GB/T 229
5	布氏硬度		每批2个	不同根棒材上	GB/T 231.1
6	低倍组织	酸浸	每批2个	模铸：相当于钢锭头部的不同根棒材上	GB/T 226、GB/T 1979
		超声		连铸：不同根棒材上	GB/T 7736
7	非金属夹杂物		每批2个	不同根棒材上	GB/T 10561—2005 中A法
8	晶粒度		每批1个	任一根棒材	GB/T 6394
9	带状组织		每批1个	任一根棒材	GB/T 13298、GB/T 13299
10	淬透性		每批1个	任一根棒材	GB/T 225
11	超声检测		逐根	—	GB/T 6402—2008
12	表面质量		逐根	—	目视
13	尺寸、外形		逐根	—	卡尺、千分尺

7 检验规则

7.1 检查与验收

7.1.1 棒材出厂的检查和验收由供方质量技术监督部门进行。

7.1.2 供方应保证交货的棒材符合本标准或合同的规定，需方有权对本标准或合同所规定的任一检验项目进行检查和验收。

7.2 组批规则

棒材应按批检查和验收，每批由同一牌号、同一炉号、同一表面状态、同一尺寸、同一交货状态、同一热处理制度（炉次）的棒材组成。

7.3 取样数量及取样部位

每批棒材的取样数量及取样部位应符合表6的规定。

7.4 复验与判定规则

7.4.1 棒材的复验与判定规则按GB/T 17505规定执行。

7.4.2 棒材检验和检测的结果应采用修约值比较法修约到与规定值本位数字所标识的数位相一致，其修约规则应符合GB/T 8170—2008中第3章的规定。

7.4.3 供方若能保证钢材合格时，对同一炉号的棒材的低倍、非金属夹杂物和淬透性的检验结果，允许以大代小。

8 包装、标志和质量证明书

棒材的包装、标志和质量证明书应符合GB/T 2101的规定。

附 录 A
（资料性附录）
淬透性带及各点硬度值

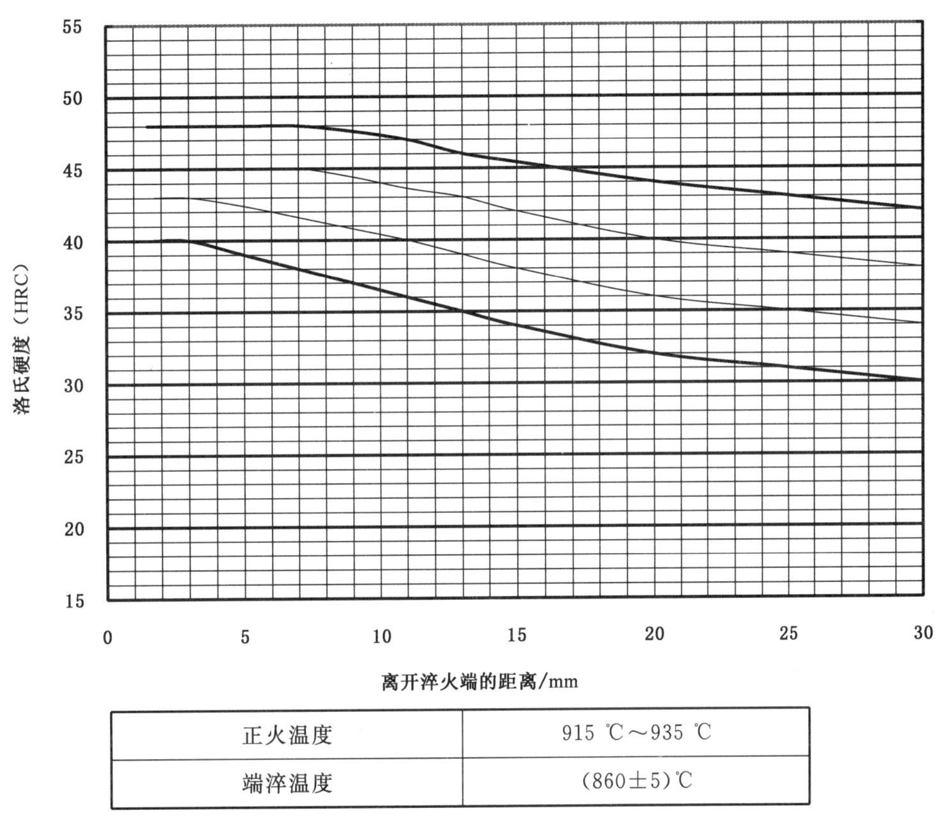

正火温度	915 ℃～935 ℃
端淬温度	(860±5)℃

淬透性带范围		洛氏硬度(HRC)										
		离开淬火端距离/mm										
		1.5	3	5	7	9	11	13	15	20	25	30
H	最大	48	48	48	48	47	47	46	46	44	43	42
	最小	40	40	39	38	37	36	35	34	32	31	30
HH	最大	48	48	48	48	47	47	46	46	44	43	42
	最小	43	43	42	41	40	40	39	38	36	35	34
HL	最大	45	45	45	45	44	43	42	42	40	39	38
	最小	40	40	39	38	37	36	35	34	32	31	30

图 A.1 18Cr2Ni2MoH 钢末端淬火曲线及硬度值

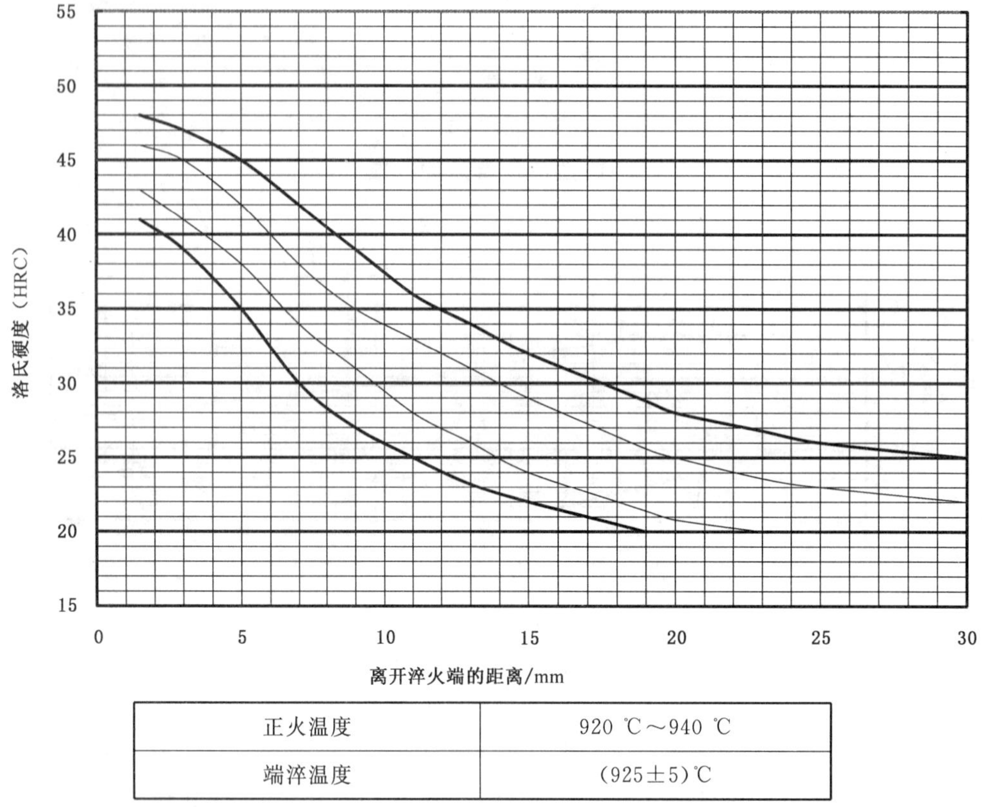

正火温度	920 ℃～940 ℃
端淬温度	(925±5)℃

淬透性带范围		洛氏硬度(HRC)										
		离开淬火端距离/mm										
		1.5	3	5	7	9	11	13	15	20	25	30
H	最大	48	47	45	42	39	36	34	32	28	26	25
	最小	41	39	35	30	27	25	23	22	—	—	—
HH	最大	48	47	45	42	39	36	34	32	28	26	25
	最小	43	41	38	34	31	28	26	24	21	—	—
HL	最大	46	45	42	38	35	33	31	29	25	23	22
	最小	41	39	35	30	27	25	23	22	—	—	—

图 A.2　20CrNi2MoH 钢末端淬火曲线及硬度值

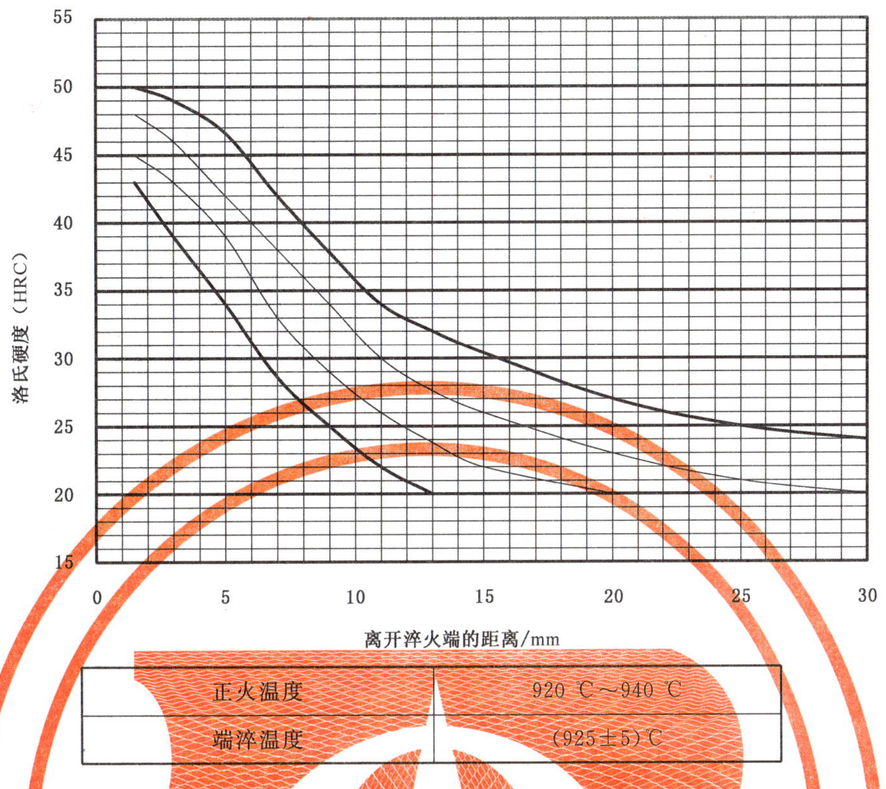

正火温度	920 ℃~940 ℃
端淬温度	(925±5)℃

淬透性带范围		洛氏硬度(HRC)										
		离开淬火端距离/mm										
		1.5	3	5	7	9	11	13	15	20	25	30
H	最大	50	49	47	42	38	34	32	31	27	25	24
	最小	43	39	34	28	25	22	20	—	—	—	—
HH	最大	50	49	47	42	38	34	32	31	27	25	24
	最小	45	43	39	33	29	26	24	22	20	—	—
HL	最大	48	46	42	38	34	30	28	26	23	21	20
	最小	43	39	34	28	25	22	20	—	—	—	—

图 A.3 22CrNiMoH 钢末端淬火曲线及硬度值

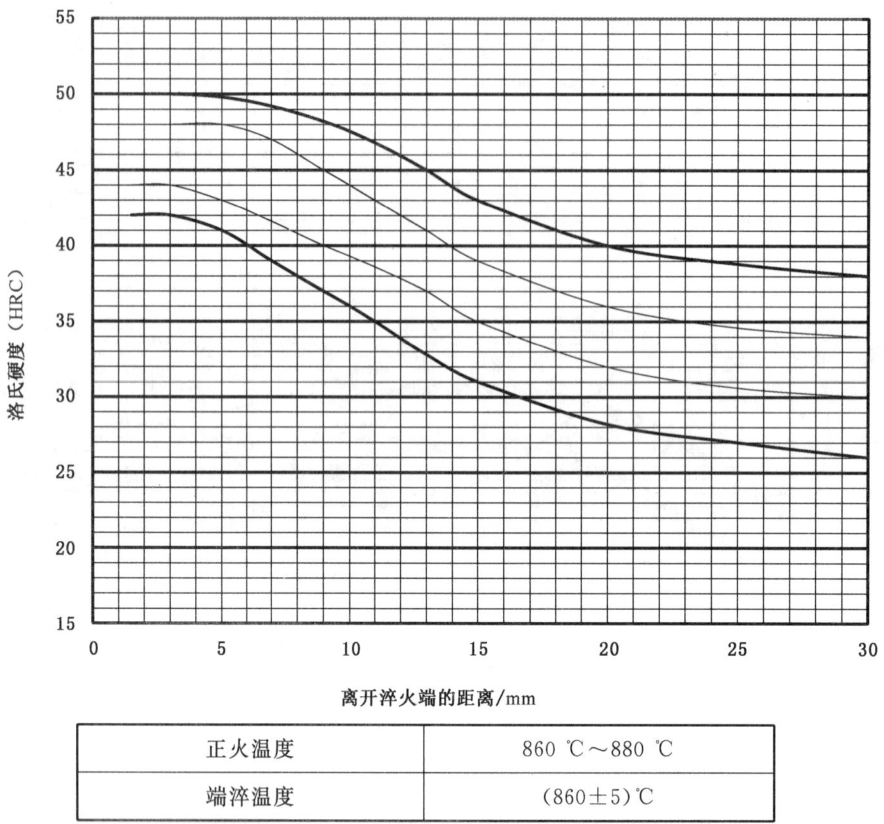

正火温度	860 ℃～880 ℃
端淬温度	(860±5)℃

淬透性带范围		洛氏硬度(HRC)										
		离开淬火端距离/mm										
		1.5	3	5	7	9	11	13	15	20	25	30
H	最大	50	50	50	49	48	47	45	43	40	39	38
	最小	42	42	41	39	37	35	33	31	28	27	26
HH	最大	50	50	50	49	48	47	45	43	40	39	38
	最小	44	44	43	41	40	39	37	35	32	31	30
HL	最大	48	48	48	47	45	43	41	39	36	35	34
	最小	42	42	41	39	37	35	33	31	28	27	26

图 A.4　20CrMnMoH 钢末端淬火曲线及硬度值

中华人民共和国机械行业标准

JB/T 6399—92

重型机械用弹簧钢

1 主题内容与适用范围

本标准规定了弹簧钢订货、制造和验收技术要求。

本标准适用于外购和自制的弹簧,弹性零件和截面较大的弹簧用钢。

2 引用标准

GB 222 钢的化学分析用试样取样及成品化学允许偏差

GB 223 钢铁及合金化学分析方法

GB 228 金属拉伸试验方法

GB 231 金属布氏硬度试验方法

3 订货要求

需方应向供方提供产品图样,并说明交货状态,即热处理或不热处理。若有其他技术要求,可由双方协议商定。

4 制造

自炼或外购弹簧钢应采用电炉或感应炉冶炼。

5 技术要求

5.1 化学成分

5.1.1 钢的牌号及化学成分(熔炼分析)应符合表 1 的规定。

5.1.2 钢的化学成分允许偏差应符合 GB 222 的规定。

5.2 力学性能

5.2.1 如果弹簧钢经热处理,其力学性能应符合表 2 的规定,试样应从同炉热处理毛坯上取试。

5.2.2 表 2 拉伸性能只适用于弹簧截面尺寸不大于 80 mm 的钢种,当截面大于 80 mm 时,允许延伸率、断面收缩率分别降低 1 个单位和 5 个单位。

5.2.3 当需方要求硬度时,应符合表 3 的规定,但不能同时要求拉伸性能。

5.2.4 当需方要求其他回火温度热处理时,应由供需双方另行协议商定。

中华人民共和国机械电子工业部 1992-07-14 批准　　1993-07-01 实施

表 1 弹簧钢的化学成分 %

序号	牌号	C	Si	Mn	P ≤	S ≤	Cr	Ni ≤	V
1	65	0.62～0.70	0.17～0.37	0.50～0.80	0.035	0.035	≤0.25	0.25	—
2	70	0.62～0.70	0.17～0.37	0.50～0.80	0.035	0.035	≤0.25	0.25	—
3	65Mn	0.62～0.70	0.17～0.37	0.90～1.20	0.035	0.035	≤0.25	0.25	—
4	60Si2Mn	0.56～0.64	1.50～2.00	0.60～0.90	0.035	0.035	≤0.35	0.35	—
5	60Si2MnA	0.56～0.64	1.60～2.00	0.60～0.90	0.030	0.030	≤0.35	0.35	—
6	60Si2CrA	0.56～0.64	1.40～1.80	0.40～0.70	0.030	0.030	0.70～1.00	0.35	—
7	60Si2CrVA	0.56～0.64	1.40～1.80	0.40～0.70	0.030	0.030	0.90～1.20	0.35	0.10～0.20
8	50CrVA	0.46～0.54	0.17～0.37	0.50～0.80	0.030	0.030	0.80～1.10	0.35	0.10～0.20

表 2 弹簧钢的力学性能(纵向)

序号	牌号	热处理规范		力学性能				
		淬火温度 ℃	回火温度 ℃	σ_a MPa (≥)	σ_b MPa (≥)	δ_5 % (≥)	δ_{10} % (≥)	ψ % (≥)
1	65	840(油冷)	500	784	980		9	35
2	70	830(油冷)	480	833	1 029		8	30
3	65Mn	830(油冷)	540	784	980		8	30
4	60Si2Mn	870(油冷)	480	1 176	1 274		5	25
5	60Si2MnA	870(油冷)	440	1 372	1 568		5	20
6	60Si2CrA	870(油冷)	420	1 568	1 764	6		20
7	60Si2CrVA	850(油冷)	410	170	190	6		20
8	50CrVA	850(油冷)	500	1 127	1 274	10		20

注：热处理温度允许偏差，淬火温度±20℃，回火温度±50℃。

表 3 弹簧钢的硬度

牌号	交货状态	HB ≤
65;70 65Mn 60Si2Mn;60Si2MnA 50CrVA	不热处理	285 302 302 321
60Si2CrA 60Si2CrVA	热处理	321 321

5.3 外观与缺陷清除

5.3.1 弹簧钢的表面不得有裂纹、折叠、结疤、夹杂、分层及压入的氧化铁皮。

5.3.2 弹簧钢表面的局部缺陷必须清除，清除深度以不得影响到弹簧截面允许的最小尺寸为准，清除的宽度不大于清除深度的 5 倍。

5.4 当需方有特殊要求，如非金属夹杂物、显微组织、晶粒度、脱碳层深度、低倍等，按双方协议商定。

6 试验方法和验收

6.1 试验方法

化学成分按 GB 223 规定执行；硬度按 GB 231 规定执行；力学性能按 GB 228 规定执行。

6.2 验收

弹簧钢的检查和验收由供方按本标准和订货合同要求进行。

附加说明：

本标准由机械电子工业部德阳大型铸锻件研究所提出并归口。

本标准由机械电子工业部德阳大型铸锻件研究所负责起草。

本标准主要起草人朱洁修。

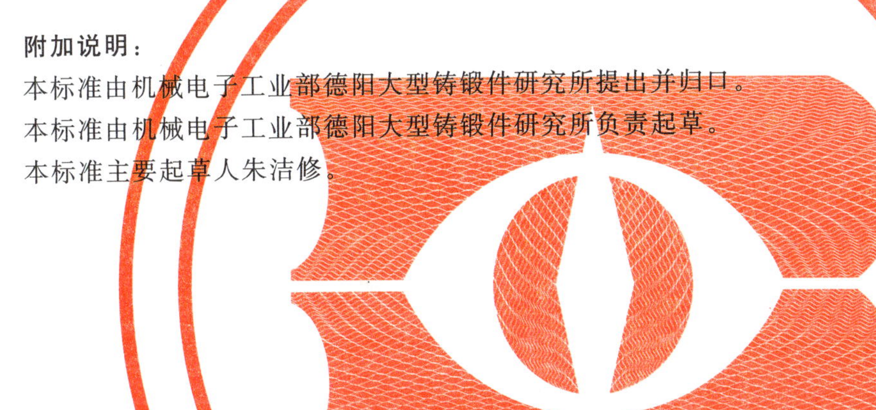

(二) 型钢、异型钢

ICS 77.140.60
H 44

中华人民共和国国家标准

GB/T 702—2008
代替 GB/T 702—2004、GB/T 704—1988、GB/T 705—1989、GB/T 911—2004

热轧钢棒尺寸、外形、重量及允许偏差

Hot-rolled steel bars—Dimensions, shape, weight and tolerances

(ISO 1035-1:1980, ISO 1035-2:1980, ISO 1035-3:1980, ISO 1035-4:1980, MOD)

2008-08-05 发布　　2009-04-01 实施

中华人民共和国国家质量监督检验检疫总局
中国国家标准化管理委员会　发布

前　　言

本标准的圆钢尺寸修改采用国际标准 ISO 1035-1:1980《热轧钢棒　第 1 部分:圆钢尺寸》、方钢尺寸修改采用 ISO 1035-2:1980《热轧钢棒　第 2 部分:方钢尺寸》、扁钢尺寸修改采用 ISO 1035-3:1980《热轧钢棒　第 3 部分:扁钢尺寸》、圆钢、方钢、扁钢、热轧六角钢和热轧八角钢的尺寸允许偏差修改采用 ISO 1035-4:1982《热轧钢棒　第 4 部分:尺寸偏差》。

本标准与 ISO 1035-1:1980 的主要技术性差异为:

——圆钢直径系列,国际标准有两个系列,本标准仅一个系列;

——圆钢直径范围,由国际标准的 8 mm～220 mm 扩大至 5.5 mm～310 mm。

本标准与 ISO 1035-2:1980 的主要技术性差异为:

——方钢边长系列,国际标准有两个系列,本标准仅一个系列;

——方钢边长范围,由国际标准的 8 mm～120 mm 扩大至 5.5 mm～200 mm;

——未规定方钢圆角最小直径。

本标准与 ISO 1035-3:1980 的主要技术性差异为:

——扁钢尺寸系列,国际标准有两个系列,本标准仅一个系列;

——扁钢尺寸范围,国际标准的扁钢范围为宽度 20 mm～150 mm,厚度 5 mm～50 mm。本标准的扁钢范围为宽度 10 mm～200 mm,厚度 3 mm～60 mm。

本标准与 ISO 1035-4:1982 的主要技术性差异为:

——本标准适用范围增加了热轧工具钢扁钢;

——增加截面尺寸为 135 mm、145 mm、155 mm、165 mm、260 mm、270 mm、280 mm、290 mm、300 mm、310 mm 热轧圆钢和方钢的尺寸允许偏差;

——圆钢和方钢的长度允许偏差未分级,本标准的规定相当于国际标准的 L_3 级;

——圆钢不圆度严于国际标准的规定。

本标准代替 GB/T 702—2004《热轧圆钢和方钢尺寸、外形、重量及允许偏差》、GB/T 704—1988《热轧扁钢尺寸、外形、重量及允许偏差》、GB/T 705—1989《热轧六角钢和八角钢尺寸、外形、重量及允许偏差》和 GB/T 911—2004《热轧工具钢扁钢尺寸、外形、重量及允许偏差》。

本标准与 GB/T 702—2004、GB/T 704—1988、GB/T 705—1989、GB/T 911—2004 相比,主要变化如下:

——增加截面尺寸 135 mm、145 mm、155 mm、165 mm 的热轧圆钢和方钢,增加截面尺寸 260 mm、270 mm、280 mm、290 mm、300 mm、310 mm 的热轧圆钢;

——增加截面尺寸 135 mm、145 mm、155 mm、165 mm、260 mm、270 mm、280 mm、290 mm、300 mm、310 mm 热轧圆钢和方钢的的尺寸允许偏差及理论重量;

——对热轧圆钢的通常长度做了调整;

——增加热轧扁钢、热轧六角钢、热轧八角钢和热轧工具钢扁钢的尺寸、外形、重量及允许偏差;

——热轧扁钢宽度由 10 mm～150 mm,修改为 10 mm～200 mm;热轧工具钢扁钢厚度由 6 mm～100 mm,修改为 4 mm～100 mm;

——增加热轧扁钢短尺长度要求及宽度 150 mm 以上弯曲度要求。

本标准附录 A 为规范性附录。

本标准由中国钢铁工业协会提出。

本标准由全国钢标准化技术委员会归口。

本标准起草单位：东北特殊钢集团有限责任公司（北满）、冶金工业信息标准研究院、江阴兴澄特种钢有限公司、本溪特钢公司、首钢特钢公司。

本标准主要起草人：王红军、冯超、李国忠、梁启华、谷强、任翠英、冯春雨。

本标准所代替标准的历次版本发布情况为：

——GB/T 702—1965、GB/T 702—1972、GB/T 702—1986、GB/T 702—2004；

——GB/T 704—1983、GB/T 704—1988；

——GB/T 705—1983、GB/T 705—1989；

——GB/T 911—1966、GB/T 911—2004。

热轧钢棒尺寸、外形、重量及允许偏差

1 范围

本标准规定了热轧钢棒(圆钢、方钢、扁钢、六角钢、八角钢)的截面形状、截面尺寸、重量及允许偏差、长度及允许偏差、外形、标记示例等。

本标准适用于直径为 5.5 mm～310 mm 的热轧圆钢和边长为 5.5 mm～200 mm 的热轧方钢;厚度为 3 mm～60 mm,宽度为 10 mm～200 mm,截面为矩形的一般用途热轧扁钢;对边距离为 8 mm～70 mm的热轧六角钢和对边距离为 16 mm～40 mm 的热轧八角钢;厚度为 4 mm～100 mm,宽度为 10 mm～310 mm,截面为矩形的热轧工具钢扁钢。

2 截面形状

2.1 热轧圆钢和方钢的截面形状见图 1。

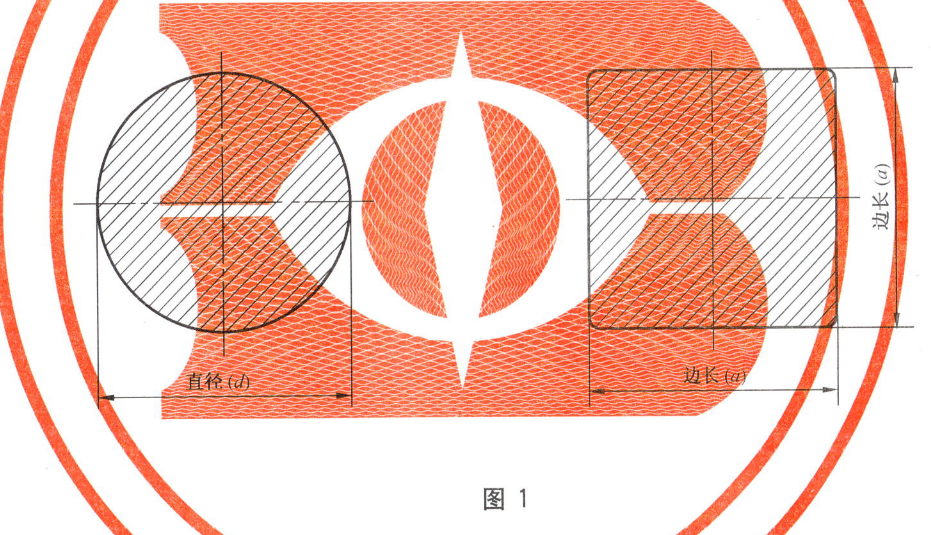

图 1

2.2 热轧扁钢及热轧工具钢扁钢的截面形状见图 2。

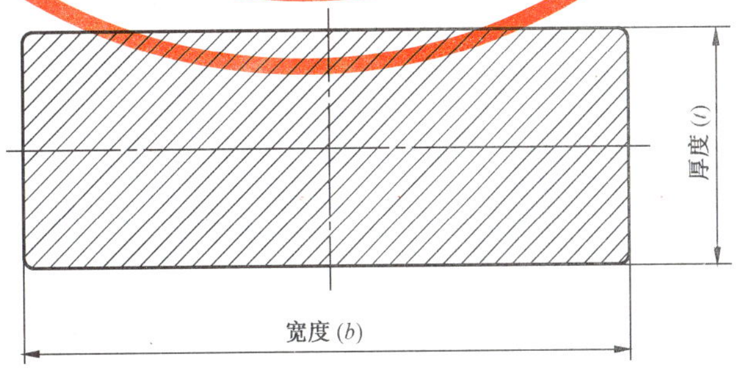

图 2

2.3 热轧六角钢和热轧八角钢的截面形状见图 3。

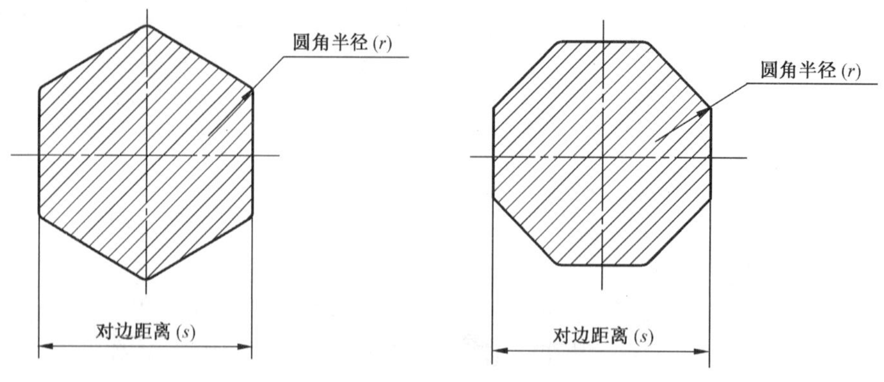

图 3

3 截面尺寸、重量及允许偏差

3.1 尺寸及重量

3.1.1 热轧圆钢和方钢的尺寸及理论重量应符合附录 A 表 A.1 的规定。

3.1.2 热轧扁钢的尺寸及理论重量应符合附录 A 表 A.2 的规定。

3.1.3 热轧六角钢和热轧八角钢的尺寸及理论重量应符合附录 A 表 A.3 的规定。

3.1.4 热轧工具钢扁钢的尺寸及理论重量应符合附录 A 表 A.4 的规定。

3.1.5 经供需双方协商,并在合同中注明,也可供应附录 A 表中未规定的其他尺寸的钢棒。

3.1.6 钢棒一般按实际重量交货。经供需双方协商,并在合同中注明,可按理论重量交货。

3.2 尺寸及允许偏差

3.2.1 热轧圆钢和方钢的尺寸允许偏差应符合表 1 的规定。尺寸允许偏差组别应在相应产品标准或订货合同中注明,未注明时按第 3 组允许偏差执行。

表 1 热轧圆钢和方钢的尺寸允许偏差

单位为毫米

截面公称尺寸（圆钢直径或方钢边长）	尺寸允许偏差		
	1 组	2 组	3 组
5.5～7	±0.20	±0.30	±0.40
>7～20	±0.25	±0.35	±0.40
>20～30	±0.30	±0.40	±0.50
>30～50	±0.40	±0.50	±0.60
>50～80	±0.60	±0.70	±0.80
>80～110	±0.90	±1.00	±1.10
>110～150	±1.20	±1.30	±1.40
>150～200	±1.60	±1.80	±2.00
>200～280	±2.00	±2.50	±3.00
>280～310	—	—	±5.00

3.2.2 热轧扁钢的尺寸允许偏差应符合表 2 的规定。尺寸允许偏差组别应在相应产品标准或订货合同中注明,未注明时按第 2 组允许偏差执行。

表2 热轧扁钢的尺寸允许偏差

单位为毫米

宽度			厚度		
公称尺寸	允许偏差		公称尺寸	允许偏差	
	1组	2组		1组	2组
10～50	+0.3 −0.9	+0.5 −1.0	3～16	+0.3 −0.5	+0.2 −0.4
>50～75	+0.4 −1.2	+0.6 −1.3			
>75～100	+0.7 −1.7	+0.9 −1.8	>16～60	+1.5% −3.0%	+1.0% −2.5%
>100～150	+0.8% −1.8%	+1.0% −2.0%			
>150～200	供需双方协商				
注：在同一截面任意两点测量的厚度差不得大于厚度公差的50%。					

3.2.3 热轧六角钢和热轧八角钢的尺寸允许偏差应符合表3的规定。应在相应产品标准或订货合同中注明尺寸允许偏差组别，未注明时按第3组允许偏差执行。经供需双方协商，并在合同中注明，可按正偏差轧制，此时热轧六角钢和热轧八角钢的尺寸允许偏差应为表3所列该尺寸六角钢和八角钢的公差。

表3 热轧六角钢和热轧八角钢的尺寸允许偏差

单位为毫米

对边距离 s	允许偏差		
	1组	2组	3组
≥8～17	±0.25	±0.35	±0.40
>17～20	±0.25	±0.35	±0.40
>21～30	±0.30	±0.40	±0.50
>30～50	±0.40	±0.50	±0.60
>50～70	±0.60	±0.70	±0.80

3.2.4 热轧工具钢扁钢的尺寸允许偏差应符合表4的规定。

3.2.5 经供需双方协商，并在合同中注明，可供应表1、表2、表3和表4规定之外的尺寸允许偏差的钢棒。

表4 热轧工具钢扁钢的尺寸允许偏差

单位为毫米

宽度及允许偏差		厚度及允许偏差	
公称宽度	允许偏差 不大于	公称厚度	允许偏差 不大于
10	+0.70	≥4～6	+0.40
>10～18	+0.80	>6～10	+0.50
>18～30	+1.2	>10～14	+0.60
>30～50	+1.6	>14～25	+0.80
>50～80	+2.3	>25～30	+1.2
>80～160	+2.5	>30～60	+1.4
>160～200	+2.8	>60～100	+1.6
>200～250	+3.0		
>250～310	+3.2		

4 长度及允许偏差

4.1 热轧圆钢和方钢的通常长度及短尺长度应符合表5的规定。

表5 热轧圆钢和方钢通常长度及短尺长度

钢　类	通常长度			短尺长度/m　不小于
	截面公称尺寸/mm		钢棒长度/m	
普通质量钢	≤25		4~12	2.5
	>25		3~12	
优质及特殊质量钢	全部规格		2~12	1.5
	碳素和合金工具钢	≤75	2~12	1.0
		>75	1~8	0.5(包括高速工具钢全部规格)

4.2 热轧扁钢的通常长度及短尺长度应符合表6的规定。

表6 热轧扁钢通常长度及短尺长度

钢　类		通常长度/m	长度允许偏差	短尺长度
普通质量钢	1组(理论重量≤19 kg/m)	3~9	钢棒长度≤4 m，+30 mm；4 m~6 m，+50 mm；>6 m，+70 mm	≥1.5 m
	2组(理论重量>19 kg/m)	3~7		
优质及特殊质量钢		2~6		

4.3 热轧六角钢和热轧八角钢的通常长度及短尺长度应符合表7的规定。

表7 热轧六角钢和热轧八角钢通常长度及短尺长度

钢　类	通常长度/m	短尺长度/m
普通质量钢	3~8	≥2.5
优质及特殊质量钢	2~6	≥1.5

4.4 热轧工具钢扁钢的通常长度及短尺长度应符合表8的规定。按定尺长度交货的热轧工具钢扁钢，其长度允许偏差为+250 mm。

表8 热轧工具钢扁钢通常长度及短尺长度

公称宽度/mm	通常长度/m	短尺长度/m
≤50	≥2.0	≥1.5
>50~70	≥2.0	≥0.75
>70	≥1.0	—

4.5 经供需双方协商，并在合同中注明，可供应表中规定之外长度的钢棒。定尺或倍尺长度应在合同中注明，其长度允许偏差为+50 mm(不包括热轧扁钢)。

4.6 短尺长度钢棒交货量不得超过该批钢棒总重量的10%。

5 外形

5.1 热轧圆钢和方钢

5.1.1 热轧圆钢和方钢以直条交货。经供需双方协商，亦可以盘卷交货。

5.1.2 圆钢的不圆度及方钢对角线长度应符合表9的规定。圆钢不圆度是指同一横截面最大直径和最小直径之差。

表 9 热轧圆钢不圆度及方钢对角线长度

单位为毫米

圆钢公称直径 d	不圆度 不大于	方钢公称边长 a	对角线长度 不小于
≤50	公称直径公差的 50%	<50	公称边长的 1.33 倍
>50~80	公称直径公差的 65%	≥50	公称边长的 1.29 倍
>80	公称直径公差的 70%	工具钢全部规格	公称边长的 1.29 倍

5.1.3 方钢不方度，应在同一横截面内，任何两边长之差不得大于公称边长公差的 50%，两对角线长度之差不得大于公称边长公差的 70%。

5.1.4 热轧圆钢和方钢的弯曲度应符合表 10 的规定。弯曲度组别应在相应产品标准或订货合同中注明，未注明者按第 2 组执行。经供需双方协商，并在合同中注明，也可供应表 10 规定之外的弯曲度。

表 10 热轧圆钢和方钢弯曲度

单位为毫米

组别	弯曲度 不大于	
	每米弯曲度	总弯曲度
1 组	2.5	钢棒长度的 0.25%
2 组	4	钢棒长度的 0.40%

5.1.5 热轧圆钢和方钢不得有显著扭转。

5.1.6 热轧圆钢和方钢两端的切斜度不得大于该圆钢公称直径或方钢公称边长的 30%。用剪切机剪切的热轧圆钢和方钢端头允许有局部变形。

5.2 热轧扁钢和热轧工具钢扁钢

5.2.1 热轧扁钢的弯曲度应符合表 11 的规定。热轧工具钢扁钢及宽度>150 mm 的热轧扁钢的弯曲度每米不得超过 5 mm，总弯曲度不得大于总长度的 0.50%。热轧工具钢扁钢的侧面弯曲度（镰刀弯）每米不得超过 5 mm，总侧面弯曲度不得大于总长度的 0.50%。

表 11 热轧扁钢弯曲度

单位为毫米

精度级别	弯曲度 不大于	
	每米弯曲度	总弯曲度
1 组	2.5	钢棒长度的 0.25%
2 组	4	钢棒长度的 0.40%
注：宽度>150 mm 的热轧扁钢，每米弯曲度不大于 5 mm，总弯曲度不大于钢棒长度的 0.50%。		

5.2.2 端头应剪切正直。热轧工具钢扁钢两端的毛刺应清除，但不大于 5 mm 的毛刺允许存在。用压力机剪切的热轧工具钢扁钢，其两端允许有局部变形。热轧扁钢的切斜不得大于以下规定：宽度≤100 mm 的热轧扁钢，不得大于 6 mm；宽度>100 mm 的热轧扁钢，不得大于 8 mm。

5.2.3 热轧扁钢和热轧工具钢扁钢不得有显著扭转。热轧工具钢扁钢在同一截面上两对角线长度差不得大于扁钢的宽度偏差。热轧工具钢扁钢允许稍带钝边。

5.2.4 热轧扁钢和热轧工具钢扁钢的截面形状不正如图 4 a)、b)、c)、d)所示。其最大允许尺寸 C 值应符合表 12 中的规定。

表 12 热轧扁钢和热轧工具钢扁钢允许的截面不正（C）值

单位为毫米

热轧扁钢厚度	最大允许尺寸（C 值）
≤5	1
>5~10	厚度的 20%
>10	厚度的 15%，最大值为 3.5

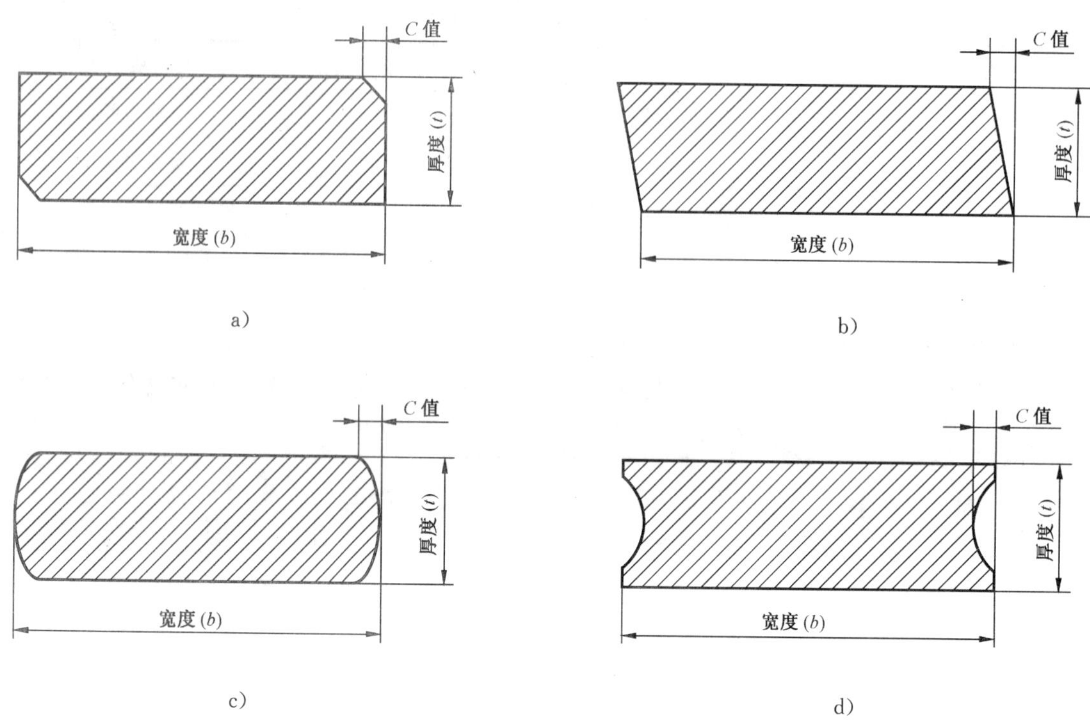

图 4 热轧扁钢和热轧工具钢扁钢截面形状不正图示

5.3 热轧六角钢和热轧八角钢

5.3.1 热轧六角钢和热轧八角钢在同一截面上任何两个对边距离之差,不得超过公差的70%。

5.3.2 热轧六角钢和热轧八角钢的边缘圆角半径 r,可由供方参照表13所列数值在生产中用轧辊孔型控制,不作交货检查依据。

表 13 热轧六角钢和热轧八角钢的边缘圆角半径

单位为毫米

对边距离 s	最大圆角半径 r
8～14	1.0
15～25	1.5
26～50	2.0
＞50	3.0

5.3.3 热轧六角钢和热轧八角钢的弯曲度应符合表14的规定,弯曲度组别应在相应产品标准或订货合同中注明。

表 14 热轧六角钢和热轧八角钢的弯曲度

单位为毫米

组　别	每米弯曲度　不大于	总弯曲度　不大于
1	2.5	钢棒长度的0.25%
2	4	钢棒长度的0.4%
3	6	钢棒长度的0.6%

5.3.4 热轧六角钢和热轧八角钢的端头应剪切正直,切斜长度不得大于钢材对边距离的30%,用剪切机剪切端头允许有局部变形。

5.3.5 热轧六角钢和热轧八角钢不得有显著扭转。

6 标记示例

6.1 热轧圆钢、方钢、六角钢和八角钢

用 40Cr 钢轧制成的公称直径或边长为 50 mm 允许偏差组别为 2 组的圆钢或方钢，其标记为：

$$\mathrm{XX}\ \frac{\text{50-2-GB/T 702—2008}}{\text{40Cr-GB/T 3077—1999}}$$

XX——圆钢、方钢、六角钢或八角钢

6.2 热轧扁钢和热轧工具钢扁钢

用 45 钢轧制成的 22 mm 热轧六角钢和热轧八角钢或 10 mm×30 mm 组别为 2 组热轧（工具钢）扁钢，其标记为：

$$\mathrm{XX}\ \frac{\text{22(10×30)-2-GB/T 702—2008}}{\text{45-GB/T 699—1999}}$$

XX——扁钢、工具钢扁钢

注：工具钢扁钢没有组别。

附　录　A
（规范性附录）
热轧钢棒尺寸及理论重量

表 A.1　热轧圆钢和方钢的尺寸及理论重量

圆钢公称直径 d 方钢公称边长 a/mm	理论重量/(kg/m)		圆钢公称直径 d 方钢公称边长 a/mm	理论重量/(kg/m)	
	圆钢	方钢		圆钢	方钢
5.5	0.186	0.237	75	34.7	44.2
6	0.222	0.283	80	39.5	50.2
6.5	0.260	0.332	85	44.5	56.7
7	0.302	0.385	90	49.9	63.6
8	0.395	0.502	95	55.6	70.8
9	0.499	0.636	100	61.7	78.5
10	0.617	0.785	105	68.0	86.5
11	0.746	0.950	110	74.6	95.0
12	0.888	1.13	115	81.5	104
13	1.04	1.33	120	88.8	113
14	1.21	1.54	125	96.3	123
15	1.39	1.77	130	104	133
16	1.58	2.01	135	112	143
17	1.78	2.27	140	121	154
18	2.00	2.54	145	130	165
19	2.23	2.83	150	139	177
20	2.47	3.14	155	148	189
21	2.72	3.46	160	158	201
22	2.98	3.80	165	168	214
23	3.26	4.15	170	178	227
24	3.55	4.52	180	200	254
25	3.85	4.91	190	223	283
26	4.17	5.31	200	247	314
27	4.49	5.72	210	272	
28	4.83	6.15	220	298	
29	5.18	6.60	230	326	
30	5.55	7.06	240	355	
31	5.92	7.54	250	385	
32	6.31	8.04	260	417	
33	6.71	8.55	270	449	
34	7.13	9.07	280	483	
35	7.55	9.62	290	518	
36	7.99	10.2	300	555	
38	8.90	11.3	310	592	
40	9.86	12.6			
42	10.9	13.8			
45	12.5	15.9			
48	14.2	18.1			
50	15.4	19.6			
53	17.3	22.0			
55	18.6	23.7			
56	19.3	24.6			
58	20.7	26.4			
60	22.2	28.3			
63	24.5	31.2			
65	26.0	33.2			
68	28.5	36.3			
70	30.2	38.5			

注：表中钢的理论重量是按密度为 7.85 g/cm^3 计算。

表 A.2 热轧扁钢的尺寸及理论重量

公称宽度/mm	厚度/mm																								
	3	4	5	6	7	8	9	10	11	12	14	16	18	20	22	25	28	30	32	36	40	45	50	56	60
	理论重量/(kg/m)																								
10	0.24	0.31	0.39	0.47	0.55	0.63																			
12	0.28	0.38	0.47	0.57	0.66	0.75																			
14	0.33	0.44	0.55	0.66	0.77	0.88																			
16	0.38	0.50	0.63	0.75	0.88	1.00	1.15	1.26																	
18	0.42	0.57	0.71	0.85	0.99	1.13	1.27	1.41																	
20	0.47	0.63	0.78	0.94	1.10	1.26	1.41	1.57	1.73	1.88															
22	0.52	0.69	0.86	1.04	1.21	1.38	1.55	1.73	1.90	2.07															
25	0.59	0.78	0.98	1.18	1.37	1.57	1.77	1.96	2.16	2.36	2.75	3.14													
28	0.66	0.88	1.10	1.32	1.54	1.76	1.98	2.20	2.42	2.64	3.08	3.53													
30	0.71	0.94	1.18	1.41	1.65	1.88	2.12	2.36	2.59	2.83	3.30	3.77	4.24	4.71											
32	0.75	1.00	1.26	1.51	1.76	2.01	2.26	2.55	2.76	3.01	3.52	4.02	4.52	5.02											
35	0.82	1.10	1.37	1.65	1.92	2.20	2.47	2.75	3.02	3.30	3.85	4.40	4.95	5.50	6.04	6.87	7.69								
40	0.94	1.26	1.57	1.88	2.20	2.51	2.83	3.14	3.45	3.77	4.40	5.02	5.65	6.28	6.91	7.85	8.79								
45	1.06	1.41	1.77	2.12	2.47	2.83	3.18	3.53	3.89	4.24	4.95	5.65	6.36	7.07	7.77	8.83	9.89	10.60	11.30	12.72					
50	1.18	1.57	1.96	2.36	2.75	3.14	3.53	3.93	4.32	4.71	5.50	6.28	7.06	7.85	8.64	9.81	10.99	11.78	12.56	14.13					
55		1.73	2.16	2.59	3.02	3.45	3.89	4.32	4.75	5.18	6.04	6.91	7.77	8.64	9.50	10.79	12.09	12.95	13.82	15.54					
60		1.88	2.36	2.83	3.30	3.77	4.24	4.71	5.18	5.65	6.59	7.54	8.48	9.42	10.36	11.78	13.19	14.13	15.07	16.96	18.84	21.20			
65		2.04	2.55	3.06	3.57	4.08	4.59	5.10	5.61	6.12	7.14	8.16	9.18	10.20	11.23	12.76	14.29	15.31	16.33	18.37	20.41	22.96			
70		2.20	2.75	3.30	3.85	4.40	4.95	5.50	6.04	6.59	7.69	8.79	9.89	10.99	12.09	13.74	15.39	16.49	17.58	19.78	21.98	24.73			
75		2.36	2.94	3.53	4.12	4.71	5.30	5.89	6.48	7.07	8.24	9.42	10.60	11.78	12.95	14.72	16.48	17.66	18.84	21.20	23.55	26.49			
80		2.51	3.14	3.77	4.40	5.02	5.65	6.28	6.91	7.54	8.79	10.05	11.30	12.56	13.82	15.70	17.58	18.84	20.10	22.61	25.12	28.26	31.40	35.17	
85			3.34	4.00	4.67	5.34	6.01	6.67	7.34	8.01	9.34	10.68	12.01	13.34	14.68	16.68	18.68	20.02	21.35	24.02	26.69	30.03	33.36	37.37	40.04
90			3.53	4.24	4.95	5.65	6.36	7.07	7.77	8.48	9.89	11.30	12.72	14.13	15.54	17.66	19.78	21.20	22.61	25.43	28.26	31.79	35.32	39.56	42.39
95			3.73	4.47	5.22	5.97	6.71	7.46	8.20	8.95	10.44	11.93	13.42	14.92	16.41	18.64	20.88	22.37	23.86	26.85	29.83	33.56	37.29	41.76	44.74
100			3.92	4.71	5.50	6.28	7.06	7.85	8.64	9.42	10.99	12.56	14.13	15.70	17.27	19.62	21.98	23.55	25.12	28.26	31.40	35.32	39.25	43.96	47.10
105			4.12	4.95	5.77	6.59	7.42	8.24	9.07	9.89	11.54	13.19	14.84	16.48	18.13	20.61	23.08	24.73	26.38	29.67	32.97	37.09	41.21	46.16	49.46
110			4.32	5.18	6.04	6.91	7.77	8.64	9.50	10.36	12.09	13.82	15.54	17.27	19.00	21.59	24.18	25.90	27.63	31.09	34.54	38.86	43.18	48.36	51.81
120			4.71	5.65	6.59	7.54	8.48	9.42	10.36	11.30	13.19	15.07	16.96	18.84	20.72	23.55	26.38	28.26	30.14	33.91	37.68	42.39	47.10	52.75	56.52
125				5.89	6.87	7.85	8.83	9.81	10.79	11.78	13.74	15.70	17.66	19.62	21.58	24.53	27.48	29.44	31.40	35.32	39.25	44.16	49.06	54.95	58.88
130				6.12	7.14	8.16	9.18	10.20	11.23	12.25	14.29	16.33	18.37	20.41	22.45	25.51	28.57	30.62	32.66	36.74	40.82	45.92	51.02	57.15	61.23
140					7.69	8.79	9.89	10.99	12.09	13.19	15.39	17.58	19.78	21.98	24.18	27.48	30.77	32.97	35.17	39.56	43.96	49.46	54.95	61.54	65.94
150					8.24	9.42	10.60	11.78	12.95	14.13	16.48	18.84	21.20	23.55	25.90	29.44	32.97	35.32	37.68	42.39	47.10	52.99	58.88	65.94	70.65
160					8.79	10.05	11.30	12.56	13.82	15.07	17.58	20.10	22.61	25.12	27.63	31.40	35.17	37.68	40.19	45.22	50.24	56.52	62.80	70.34	75.36
180					9.89	11.30	12.72	14.13	15.54	16.96	19.78	22.61	25.43	28.26	31.09	35.32	39.56	42.39	45.22	50.87	56.52	63.58	70.65	79.13	84.78
200					10.99	12.56	14.13	15.70	17.27	18.84	21.98	25.12	28.26	31.40	34.54	39.25	43.96	47.10	50.24	56.52	62.80	70.65	78.50	87.92	94.20

注1：表中的粗线用以划分扁钢的组别
 1组——理论重量≤19 kg/m；
 2组——理论重量>19 kg/m。
注2：表中的理论重量按密度 7.85 g/cm³ 计算。

表 A.3　热轧六角钢和热轧八角钢的尺寸及理论重量

对边距离 s/mm	截面面积 A/cm^2		理论重量/(kg/m)	
	六角钢	八角钢	六角钢	八角钢
8	0.554 3	—	0.435	—
9	0.701 5	—	0.551	—
10	0.866	—	0.680	—
11	1.048	—	0.823	—
12	1.247	—	0.979	—
13	1.464	—	1.05	—
14	1.697	—	1.33	—
15	1.949	—	1.53	—
16	2.217	2.120	1.74	1.66
17	2.503	—	1.96	—
18	2.806	2.683	2.20	2.16
19	3.126	—	2.45	—
20	3.464	3.312	2.72	2.60
21	3.819	—	3.00	—
22	4.192	4.008	3.29	3.15
23	4.581	—	3.60	—
24	4.988	—	3.92	—
25	5.413	5.175	4.25	4.06
26	5.854	—	4.60	—
27	6.314	—	4.96	—
28	6.790	6.492	5.33	5.10
30	7.794	7.452	6.12	5.85
32	8.868	8.479	6.96	6.66
34	10.011	9.572	7.86	7.51
36	11.223	10.731	8.81	8.42
38	12.505	11.956	9.82	9.39
40	13.86	13.250	10.88	10.40
42	15.28	—	11.99	—
45	17.54	—	13.77	—
48	19.95	—	15.66	—
50	21.65	—	17.00	—
53	24.33	—	19.10	—
56	27.16	—	21.32	—
58	29.13	—	22.87	—
60	31.18	—	24.50	—
63	34.37	—	26.98	—
65	36.59	—	28.72	—
68	40.04	—	31.43	—
70	42.43	—	33.30	—

注：表中的理论重量按密度 7.85 g/cm^3 计算。

表中截面面积(A)计算公式：$A=\frac{1}{4}ns^2\operatorname{tg}\frac{\varphi}{2}\times\frac{1}{100}$

六角形：$A=\frac{3}{2}s^2\operatorname{tg}30°\times\frac{1}{100}\approx0.866s^2\times\frac{1}{100}$

八角形：$A=2s^2\operatorname{tg}22°30'\times\frac{1}{100}\approx0.828s^2\times\frac{1}{100}$

式中：n——正 n 边形边数；

φ——正 n 边形圆内角；$\varphi=360/n$。

表 A.4 热轧工具钢扁钢的尺寸及理论重量

公称宽度/mm	扁钢公称厚度/mm																					
	4	6	8	10	13	16	18	20	23	25	28	32	36	40	45	50	56	63	71	80	90	100
	理论重量/(kg/m)																					
10	0.31	0.47	0.63																			
13	0.40	0.57	0.75	0.94																		
16	0.50	0.75	1.00	1.26	1.51																	
20	0.63	0.94	1.26	1.57	1.88	2.51	2.83															
25	0.78	1.18	1.57	1.96	2.36	3.14	3.53	3.93	4.32													
32	1.00	1.51	2.01	2.55	3.01	4.02	4.52	5.02	5.53	6.28	7.03											
40	1.26	1.88	2.51	3.14	3.77	5.02	5.65	6.28	6.91	7.85	8.79	10.05	11.30									
50	1.57	2.36	3.14	3.93	4.71	6.28	7.06	7.85	8.64	9.81	10.99	12.56	14.13	15.70	17.66							
63	1.98	2.91	3.96	4.95	5.93	7.91	8.90	9.89	10.88	12.36	13.85	15.83	17.80	19.78	22.25	24.73	27.69					
71	2.23	3.34	4.46	5.57	6.69	8.92	10.03	11.15	12.26	13.93	15.61	17.84	20.06	22.29	25.08	27.87	31.21	35.11				
80	2.51	3.77	5.02	6.28	7.54	10.05	11.30	12.56	13.82	15.70	17.58	20.10	22.61	25.12	28.26	31.40	35.17	39.56	44.59			
90	2.83	4.24	5.65	7.07	8.48	11.30	12.72	14.13	15.54	17.66	19.78	22.61	25.43	28.26	31.79	35.32	39.56	44.51	50.16	56.52		
100	3.14	4.71	6.28	7.85	9.42	12.56	14.13	15.70	17.27	19.62	21.98	25.12	28.26	31.40	35.32	39.25	43.96	49.46	55.74	62.80	70.65	
112	3.52	5.28	7.03	8.79	10.55	14.07	15.83	17.58	19.34	21.98	24.62	28.13	31.65	35.17	39.56	43.96	49.24	55.39	62.42	70.34	79.13	87.92
125	3.93	5.89	7.85	9.81	11.78	15.70	17.66	19.62	21.58	24.53	27.48	31.40	35.32	39.25	44.16	49.06	54.95	61.82	69.67	78.50	88.31	98.13
140	4.40	6.59	8.79	12.69	13.19	17.58	19.78	21.98	24.18	27.48	30.77	35.17	39.56	43.96	49.46	54.95	61.54	69.24	78.03	87.92	98.81	109.90
160	5.02	7.54	10.05	12.56	15.07	20.10	22.61	25.12	27.63	31.40	35.17	40.19	45.22	50.24	56.52	62.80	70.34	79.13	89.18	100.48	113.04	125.60
180	5.65	8.48	11.30	14.13	16.96	22.61	25.43	28.26	31.09	35.33	39.56	45.22	50.87	56.52	63.59	70.65	79.13	89.02	100.32	113.04	127.17	141.30
200	6.28	9.42	12.56	15.70	18.84	25.12	28.26	31.40	34.54	39.25	43.96	50.24	56.52	62.80	70.65	78.50	87.92	98.91	111.47	125.60	141.30	157.00
224	7.03	10.55	14.07	17.58	21.10	28.13	31.65	35.17	38.68	43.96	49.24	56.27	63.30	70.34	79.12	87.92	98.47	110.78	124.85	140.67	158.26	175.84
250	7.85	11.78	15.70	19.63	23.55	31.40	35.33	39.25	43.18	49.06	54.95	62.80	70.65	78.50	88.31	98.13	109.90	123.64	139.34	157.00	176.63	196.25
280	8.79	13.19	17.58	21.98	26.38	35.17	39.56	43.96	48.36	54.95	61.54	70.34	79.13	87.92	98.91	109.90	123.09	138.47	156.06	175.84	197.82	219.80
310	9.73	14.60	19.47	24.34	29.20	38.94	43.80	48.67	53.54	60.84	68.14	77.87	87.61	97.34	109.51	121.68	136.28	153.31	172.78	194.68	219.02	243.35

注：表中的理论重量按密度 7.85 g/cm³ 计算，对于高合金钢计算理论重量时，应采用相应牌号的密度进行计算。

ICS 77.140.70
H 44

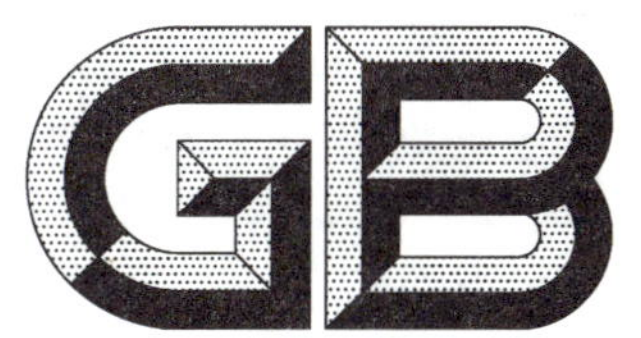

中华人民共和国国家标准

GB/T 706—2016
代替 GB/T 706—2008

热轧型钢

Hot rolled section steel

2016-12-30 发布　　　　2017-09-01 实施

中华人民共和国国家质量监督检验检疫总局
中国国家标准化管理委员会　发布

前　言

本标准按照 GB/T 1.1—2009 给出的规则起草。

本标准代替 GB/T 706—2008《热轧型钢》。本标准与 GB/T 706—2008 相比主要技术变化如下：

——删除了热轧 L 型钢相关内容(见 2008 年版的表 3、表 5、表 A.5)；

——增加了订货内容(见第 3 章)；

——调整了部分尺寸、外形允许偏差(见表 1、表 2,2008 年版的表 1、表 2)；

——调整重量允许偏差要求(见 4.4,2008 年版的 3.4)；

——增加了规格表示方法(见 4.5)；

——调整了截面面积、理论重量及截面特性参数等数值(见表 A.1、表 A.2、表 A.3、表 A.4)。

本标准由中国钢铁工业协会提出。

本标准由全国钢标准化技术委员会(SCA/TC 183)归口。

本标准起草单位：马钢(集团)控股有限公司、河北津西钢铁集团股份有限公司、河北钢铁集团唐钢分公司、山东钢铁股份有限公司莱芜分公司、鞍山宝得钢铁有限公司、日照钢铁控股集团有限公司、常熟市龙腾特种钢有限公司、冶金工业信息标准研究院。

本标准主要起草人：龚庆华、赵海燕、赵一臣、邓翠青、王中学、王洪新、王福良、赵勋、刘宝石、吴保桥、陈春生、赵新华、魏振洲、王昌华、奚铁、王玉婕、张卫斌、张步海。

本标准所代替标准的历次版本发布情况为：

——GB/T 706—1965、GB/T 706—1988、GB/T 706—2008；

——GB/T 707—1965、GB/T 707—1988；

——GB/T 9787—1988；

——GB/T 9788—1988；

——GB/T 9946—1988。

热 轧 型 钢

1 范围

本标准规定了热轧工字钢、热轧槽钢、热轧等边角钢、热轧不等边角钢的订货内容、尺寸、外形、重量及允许偏差、技术要求、试验方法、检验规则、包装、标志及质量证明书。

本标准适用于热轧等边角钢、热轧不等边角钢及腿部内侧有斜度的热轧工字钢和热轧槽钢(以下简称型钢)。

2 规范性引用文件

下列文件对于本文件的应用是必不可少的。凡是注日期的引用文件,仅注日期的版本适用于本文件。凡是不注日期的引用文件,其最新版本(包括所有的修改单)适用于本文件。

GB/T 228.1 金属材料 拉伸试验 第1部分:室温试验方法

GB/T 229 金属材料 夏比摆锤冲击试验方法

GB/T 232 金属材料 弯曲试验方法

GB/T 700 碳素结构钢

GB/T 1591 低合金高强度结构钢

GB/T 2101 型钢验收、包装、标志及质量证明书的一般规定

GB/T 2975 钢及钢产品 力学性能试验取样位置及试样制备

YB/T 4427 热轧型钢表面质量一般要求

3 订货内容

按本标准订货的合同应包含下列技术内容:

a) 产品名称;

b) 标准编号;

c) 牌号;

d) 型号、规格;

e) 交货长度;

f) 重量和数量;

g) 需方提出的其他特殊要求。

4 尺寸、外形、重量及允许偏差

4.1 尺寸及表示方法

4.1.1 型钢的截面图示及标注符号见图1~图4。

4.1.2 型钢的截面尺寸、截面面积、理论重量及截面特性参数应分别符合附录A中表A.1~表A.4的规定。

4.2 尺寸、外形及允许偏差

4.2.1 型钢的尺寸、外形及允许偏差应符合表 1～表 2 的规定。根据需方要求，型钢的尺寸、外形及允许偏差也可按照供需双方协议规定。

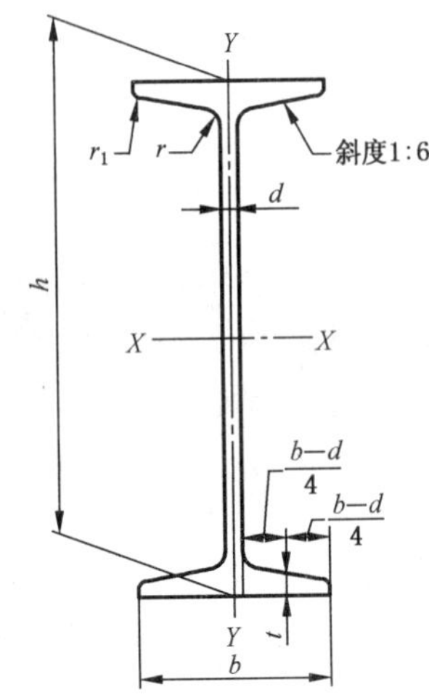

说明：

h ——高度；

b ——腿宽度；

d ——腰厚度；

t ——腿中间厚度；

r ——内圆弧半径；

r_1——腿端圆弧半径。

图 1　工字钢截面图

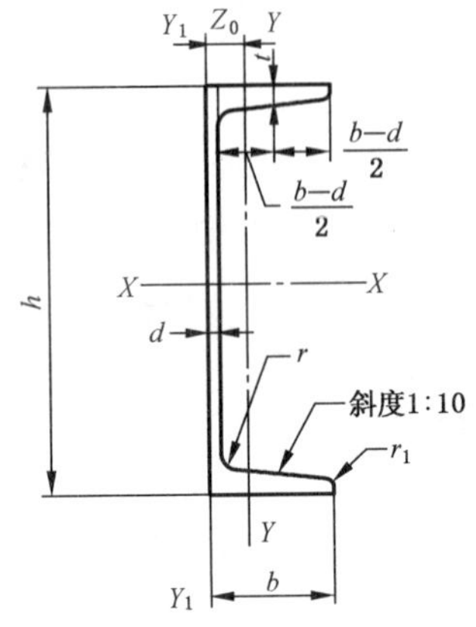

说明：

h ——高度；

b ——腿宽度；

d ——腰厚度；

t ——腿中间厚度；

r ——内圆弧半径；

r_1 ——腿端圆弧半径；

Z_0——重心距离。

图 2　槽钢截面图

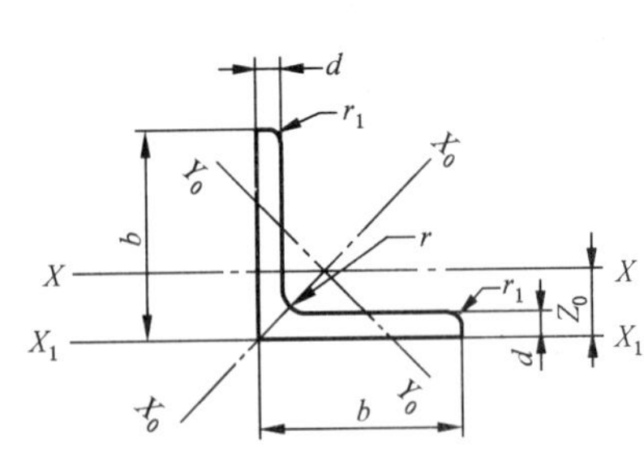

说明：

b ——边宽度；

d ——边厚度；

r ——内圆弧半径；

r_1 ——边端圆弧半径；

Z_0——重心距离。

图 3　等边角钢截面图

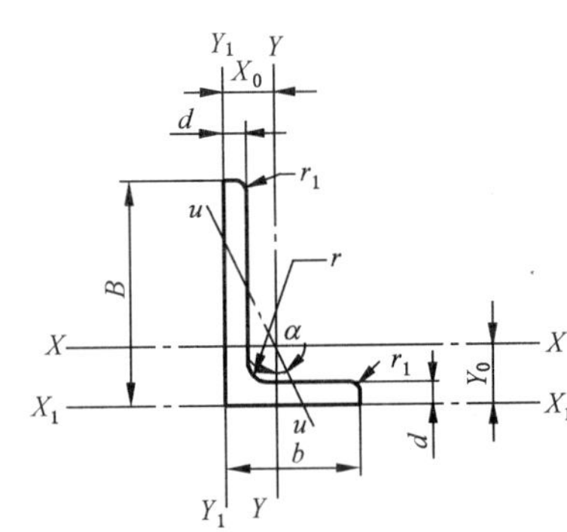

说明：

B ——长边宽度；

b ——短边宽度；

d ——边厚度；

r ——内圆弧半径；

r_1 ——边端圆弧半径；

X_0——重心距离；

Y_0——重心距离。

图 4　不等边角钢截面图

4.2.2 工字钢的腿端外缘钝化、槽钢的腿端外缘和肩钝化不应使直径等于 $0.18t$ 的圆棒通过，角钢的边端外角和顶角钝化不应使直径等于 $0.18d$ 的圆棒通过。

4.2.3 工字钢、槽钢的外缘斜度和弯腰挠度、角钢的顶端直角在距端头不小于 750 mm 处检查。

4.2.4 工字钢、槽钢的腿中间厚度(t)的允许偏差为 $\pm 0.06t$。

4.2.5 型钢不应有明显的扭转。

表 1 工字钢和槽钢尺寸、外形及允许偏差

单位为毫米

项目		允许偏差	图示
高度(h)	$h<100$	±1.5	
	$100\leqslant h<200$	±2.0	
	$200\leqslant h<400$	±3.0	
	$h\geqslant 400$	±4.0	
腿宽度(b)	$h<100$	±1.5	
	$100\leqslant h<150$	±2.0	
	$150\leqslant h<200$	±2.5	
	$200\leqslant h<300$	±3.0	
	$300\leqslant h<400$	±3.5	
	$h\geqslant 400$	±4.0	
腰厚度(d)	$h<100$	±0.4	
	$100\leqslant h<200$	±0.5	
	$200\leqslant h<300$	±0.7	
	$300\leqslant h<400$	±0.8	
	$h\geqslant 400$	±0.9	
外缘斜度(T_1、T_2)		T_1、$T_2\leqslant 1.5\%b$ $T_1+T_2\leqslant 2.5\%b$	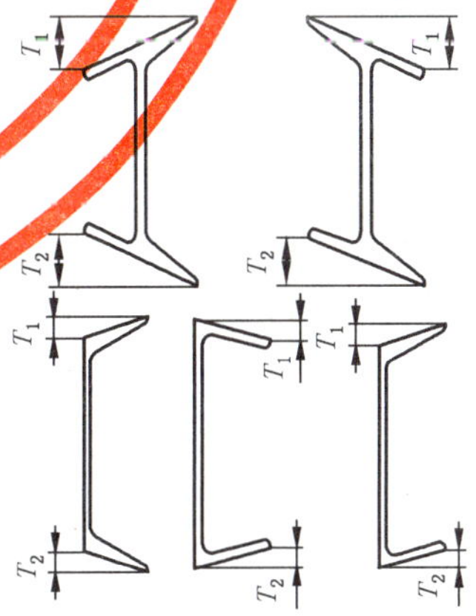
弯腰挠度(W)		$W\leqslant 0.15d$	

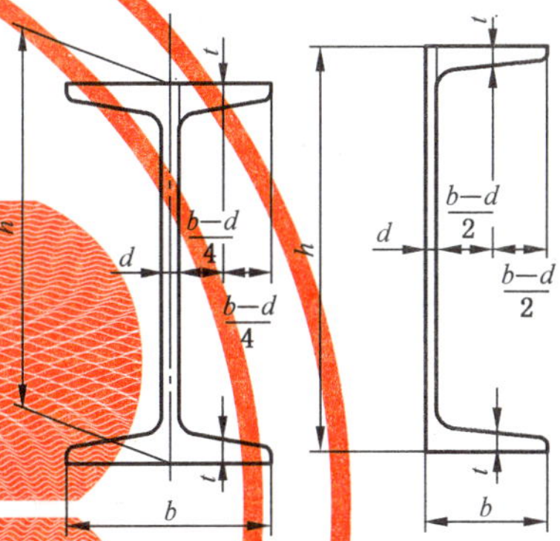

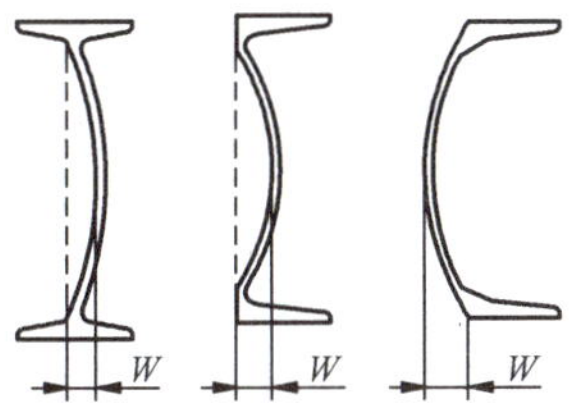

表 1（续）

单位为毫米

项目			允许偏差	图示
弯曲度	工字钢		每米弯曲度≤2 mm 总弯曲度≤总长度的 0.20%	适用于上下、左右大弯曲
	槽钢		每米弯曲度≤3 mm 总弯曲度≤总长度的 0.30%	
中心偏差（S）	工字钢	$h<100$	±1.5	$S=(b_1-b_2)/2$
		$100\leqslant h<150$	±2.0	
		$150\leqslant h<200$	±2.5	
		$200\leqslant h<300$	±3.0	
		$300\leqslant h<400$	±3.5	
		$h\geqslant 400$	±4.0	
注：尺寸和形状的测量部位见图示。				

表 2　角钢尺寸、外形及允许偏差

单位为毫米

项目		允许偏差		图示
		等边角钢	不等边角钢	
边宽度（B,b）	b[a]≤56	±0.8	±0.8	
	56<b[a]≤90	±1.2	±1.5	
	90<b[a]≤140	±1.8	±2.0	
	140<b[a]≤200	±2.5	±2.5	
	b[a]>200	±3.5	±3.5	
边厚度（d）	b[a]≤56	±0.4		
	56<b[a]≤90	±0.6		
	90<b[a]≤140	±0.7		
	140<b[a]≤200	±1.0		
	b[a]>200	±1.4		
顶端直角		$\alpha\leqslant 50'$		
弯曲度		每米弯曲度≤3 mm 总弯曲度≤总长度的 0.30%		适用于上下、左右大弯曲
注：尺寸和形状的测量部位见图示。				
[a] 不等边角钢按长边宽度 B。				

4.3 长度及允许偏差

型钢的交货长度应在合同中注明,其长度允许偏差应符合表3规定。

表3 型钢的长度允许偏差

单位为毫米

长度	允许偏差
≤8 000	$^{+50}_{0}$
>8 000	$^{+80}_{0}$

4.4 重量及允许偏差

4.4.1 型钢应按理论重量交货,理论重量按密度为7.85 g/cm^{3}计算。经供需双方协商并在合同中注明,亦可按实际重量交货。

4.4.2 型钢重量允许偏差应不超过±5%。重量偏差(%)按式(1)计算。重量允许偏差适用于同一尺寸且质量超过1吨的一批,当一批同一尺寸的质量不大于1 t但根数大于10根时也适用。

$$重量偏差=\frac{实际重量-理论重量}{理论重量}\times 100\% \qquad (1)$$

4.4.3 型钢的截面面积计算公式按表4所示。

表4 截面面积的计算方法

型钢种类	计算公式
工字钢	$hd+2t(b-d)+0.577(r^2-r_1{}^2)$
槽钢	$hd+2t(b-d)+0.339(r^2-r_1{}^2)$
等边角钢	$d(2b-d)+0.215(r^2-2r_1{}^2)$
不等边角钢	$d(B+b-d)+0.215(r^2-2r_1{}^2)$

4.5 规格表示方法

工字钢:"I"与高度值×腿宽度值×腰厚度值;

如:I450×150×11.5(简记为I45a)。

槽钢:"["与高度值×腿宽度值×腰厚度值;

如:[200×75×9(简记为[20b)。

等边角钢:"∠"与边宽度值×边宽度值×边厚度值;

如:∠200×200×24(简记为∠200×24)。

不等边角钢:"∠"与长边宽度值×短边宽度值×边厚度值;

如:∠160×100×16。

5 技术要求

5.1 牌号和化学成分

钢的牌号和化学成分(熔炼分析)应符合GB/T 700或GB/T 1591的有关规定。根据需方要求,经供需双方协议,也可按其他牌号和化学成分供货。

5.2 力学性能

型钢的力学性能应符合 GB/T 700 或 GB/T 1591 的有关规定。根据需方要求，经供需双方协议，也可按其他力学性能指标供货。

5.3 交货状态

型钢以热轧状态交货。

5.4 表面质量

5.4.1 型钢表面不应有裂缝、折叠、结疤、分层和夹杂。

5.4.2 型钢表面允许有局部发纹、凹坑、麻点、划痕和氧化铁皮压入等缺陷存在，但不应超出型钢尺寸的允许偏差。

5.4.3 型钢表面缺陷允许清除，清除处应圆滑无棱角，但不应进行横向清除。清除宽度不应小于清除深度的五倍，清除后的型钢尺寸不应超出尺寸的允许偏差。

5.4.4 型钢端部不应有大于 5 mm 的毛刺。

5.4.5 根据供需双方协议，表面质量也可按 YB/T 4427 的规定执行。

6 试验方法

每批钢材的检验项目、取样数量、取样方法和试验方法应符合表 5 的规定。

表 5 检验项目、取样数量、取样方法和试验方法

序号	检验项目	取样数量	取样方法	试验方法
1	化学成分(熔炼分析)	按相应牌号标准的规定		
2	拉伸试验	1 个/批	GB/T 2975[a]	GB/T 228.1
3	弯曲试验	1 个/批		GB/T 232
4	冲击试验	3 个/批		GB/T 229
5	表面质量	逐根	—	目视、量具
6	尺寸、外形	逐根	—	量具
7	重量偏差	4.4.2	4.4.2	称重

[a] 工字钢、槽钢在腰部取样。

7 检验规则

7.1 型钢的检查和验收由供方技术质量监督部门进行。需方有权对本标准或合同所规定的任一检验项目进行检查和验收。

7.2 型钢的组批按 GB/T 700、GB/T 1591 及相应标准规定。

7.3 型钢的复验和验收规则应符合 GB/T 2101 的规定。

8 包装、标志及质量证明书

型钢的包装、标志及质量证明书应符合 GB/T 2101 的规定。

附　录　A
（规范性附录）
型钢截面尺寸、截面面积、理论重量及截面特性

表 A.1　工字钢截面尺寸、截面面积、理论重量及截面特性

型号	截面尺寸/mm						截面面积/cm²	理论重量/(kg/m)	外表面积/(m²/m)	惯性矩/cm⁴		惯性半径/cm		截面模数/cm³	
	h	b	d	t	r	r_1				I_x	I_y	i_x	i_y	W_x	W_y
10	100	68	4.5	7.6	6.5	3.3	14.33	11.3	0.432	245	33.0	4.14	1.52	49.0	9.72
12	120	74	5.0	8.4	7.0	3.5	17.80	14.0	0.493	436	46.9	4.95	1.62	72.7	12.7
12.6	126	74	5.0	8.4	7.0	3.5	18.10	14.2	0.505	488	46.9	5.20	1.61	77.5	12.7
14	140	80	5.5	9.1	7.5	3.8	21.50	16.9	0.553	712	64.4	5.76	1.73	102	16.1
16	160	88	6.0	9.9	8.0	4.0	26.11	20.5	0.621	1 130	93.1	6.58	1.89	141	21.2
18	180	94	6.5	10.7	8.5	4.3	30.74	24.1	0.681	1 660	122	7.36	2.00	185	26.0
20a	200	100	7.0	11.4	9.0	4.5	35.55	27.9	0.742	2 370	158	8.15	2.12	237	31.5
20b		102	9.0				39.55	31.1	0.746	2 500	169	7.96	2.06	250	33.1
22a	220	110	7.5	12.3	9.5	4.8	42.10	33.1	0.817	3 400	225	8.99	2.31	309	40.9
22b		112	9.5				46.50	36.5	0.821	3 570	239	8.78	2.27	325	42.7
24a	240	116	8.0	13.0	10.0	5.0	47.71	37.5	0.878	4 570	280	9.77	2.42	381	48.4
24b		118	10.0				52.51	41.2	0.882	4 800	297	9.57	2.38	400	50.4
25a	250	116	8.0				48.51	38.1	0.898	5 020	280	10.2	2.40	402	48.3
25b		118	10.0				53.51	42.0	0.902	5 280	309	9.94	2.40	423	52.4
27a	270	122	8.5	13.7	10.5	5.3	54.52	42.8	0.958	6 550	345	10.9	2.51	485	56.6
27b		124	10.5				59.92	47.0	0.962	6 870	366	10.7	2.47	509	58.9
28a	280	122	8.5				55.37	43.5	0.978	7 110	345	11.3	2.50	508	56.6
28b		124	10.5				60.97	47.9	0.982	7 480	379	11.1	2.49	534	61.2
30a	300	126	9.0	14.4	11.0	5.5	61.22	48.1	1.031	8 950	400	12.1	2.55	597	63.5
30b		128	11.0				67.22	52.8	1.035	9 400	422	11.8	2.50	627	65.9
30c		130	13.0				73.22	57.5	1.039	9 850	445	11.6	2.46	657	68.5
32a	320	130	9.5	15.0	11.5	5.8	67.12	52.7	1.084	11 100	460	12.8	2.62	692	70.8
32b		132	11.5				73.52	57.7	1.088	11 600	502	12.6	2.61	726	76.0
32c		134	13.5				79.92	62.7	1.092	12 200	544	12.3	2.61	760	81.2
36a	360	136	10.0	15.8	12.0	6.0	76.44	60.0	1.185	15 800	552	14.4	2.69	875	81.2
36b		138	12.0				83.64	65.7	1.189	16 500	582	14.1	2.64	919	84.3
36c		140	14.0				90.84	71.3	1.193	17 300	612	13.8	2.60	962	87.4

表 A.1（续）

型号	截面尺寸/mm						截面面积/cm^2	理论重量/(kg/m)	外表面积/(m^2/m)	惯性矩/cm^4		惯性半径/cm		截面模数/cm^3	
	h	b	d	t	r	r_1				I_x	I_y	i_x	i_y	W_x	W_y
40a	400	142	10.5	16.5	12.5	6.3	86.07	67.6	1.285	21 700	660	15.9	2.77	1 090	93.2
40b		144	12.5				94.07	73.8	1.289	22 800	692	15.6	2.71	1 140	96.2
40c		146	14.5				102.1	80.1	1.293	23 900	727	15.2	2.65	1 190	99.6
45a	450	150	11.5	18.0	13.5	6.8	102.4	80.4	1.411	32 200	855	17.7	2.89	1 430	114
45b		152	13.5				111.4	87.4	1.415	33 800	894	17.4	2.84	1 500	118
45c		154	15.5				120.4	94.5	1.419	35 300	938	17.1	2.79	1 570	122
50a	500	158	12.0	20.0	14.0	7.0	119.2	93.6	1.539	46 500	1 120	19.7	3.07	1 860	142
50b		160	14.0				129.2	101	1.543	48 600	1 170	19.4	3.01	1 940	146
50c		162	16.0				139.2	109	1.547	50 600	1 220	19.0	2.96	2 080	151
55a	550	166	12.5	21.0	14.5	7.3	134.1	105	1.667	62 900	1 370	21.6	3.19	2 290	164
55b		168	14.5				145.1	114	1.671	65 600	1 420	21.2	3.14	2 390	170
55c		170	16.5				156.1	123	1.675	68 400	1 480	20.9	3.08	2 490	175
56a	560	166	12.5				135.4	106	1.687	65 600	1 370	22.0	3.18	2 340	165
56b		168	14.5				146.6	115	1.691	68 500	1 490	21.6	3.16	2 450	174
56c		170	16.5				157.8	124	1.695	71 400	1 560	21.3	3.16	2 550	183
63a	630	176	13.0	22.0	15.0	7.5	154.6	121	1.862	93 900	1 700	24.5	3.31	2 980	193
63b		178	15.0				167.2	131	1.866	98 100	1 810	24.2	3.29	3 160	204
63c		180	17.0				179.8	141	1.870	102 000	1 920	23.8	3.27	3 300	214

注：表中 r、r_1 的数据用于孔型设计，不做交货条件。

表 A.2 槽钢截面尺寸、截面面积、理论重量及截面特性

型号	截面尺寸/mm						截面面积/cm^2	理论重量/(kg/m)	外表面积/(m^2/m)	惯性矩/cm^4			惯性半径/cm		截面模数/cm^3		重心距离/cm
	h	b	d	t	r	r_1				I_x	I_y	I_{y1}	i_x	i_y	W_x	W_y	Z_0
5	50	37	4.5	7.0	7.0	3.5	6.925	5.44	0.226	26.0	8.30	20.9	1.94	1.10	10.4	3.55	1.35
6.3	63	40	4.8	7.5	7.5	3.8	8.446	6.63	0.262	50.8	11.9	28.4	2.45	1.19	16.1	4.50	1.36
6.5	65	40	4.3	7.5	7.5	3.8	8.292	6.51	0.267	55.2	12.0	28.3	2.54	1.19	17.0	4.59	1.38
8	80	43	5.0	8.0	8.0	4.0	10.24	8.04	0.307	101	16.6	37.4	3.15	1.27	25.3	5.79	1.43
10	100	48	5.3	8.5	8.5	4.2	12.74	10.0	0.365	198	25.6	54.9	3.95	1.41	39.7	7.80	1.52
12	120	53	5.5	9.0	9.0	4.5	15.36	12.1	0.423	346	37.4	77.7	4.75	1.56	57.7	10.2	1.62
12.6	126	53	5.5	9.0	9.0	4.5	15.69	12.3	0.435	391	38.0	77.1	4.95	1.57	62.1	10.2	1.59

表 A.2（续）

型号	截面尺寸/mm						截面面积/cm^2	理论重量/(kg/m)	外表面积/(m^2/m)	惯性矩/cm^4			惯性半径/cm		截面模数/cm^3		重心距离/cm
	h	b	d	t	r	r_1				I_x	I_y	I_{y1}	i_x	i_y	W_x	W_y	Z_0
14a	140	58	6.0	9.5	9.5	4.8	18.51	14.5	0.480	564	53.2	107	5.52	1.70	80.5	13.0	1.71
14b		60	8.0				21.31	16.7	0.484	609	61.1	121	5.35	1.69	87.1	14.1	1.67
16a	160	63	6.5	10.0	10.0	5.0	21.95	17.2	0.538	866	73.3	144	6.28	1.83	108	16.3	1.80
16b		65	8.5				25.15	19.8	0.542	935	83.4	161	6.10	1.82	117	17.6	1.75
18a	180	68	7.0	10.5	10.5	5.2	25.69	20.2	0.596	1 270	98.6	190	7.04	1.96	141	20.0	1.88
18b		70	9.0				29.29	23.0	0.600	1 370	111	210	6.84	1.95	152	21.5	1.84
20a	200	73	7.0	11.0	11.0	5.5	28.83	22.6	0.654	1 780	128	244	7.86	2.11	178	24.2	2.01
20b		75	9.0				32.83	25.8	0.658	1 910	144	268	7.64	2.09	191	25.9	1.95
22a	220	77	7.0	11.5	11.5	5.8	31.83	25.0	0.709	2 390	158	298	8.67	2.23	218	28.2	2.10
22b		79	9.0				36.23	28.5	0.713	2 570	176	326	8.42	2.21	234	30.1	2.03
24a	240	78	7.0	12.0	12.0	6.0	34.21	26.9	0.752	3 050	174	325	9.45	2.25	254	30.5	2.10
24b		80	9.0				39.01	30.6	0.756	3 280	194	355	9.17	2.23	274	32.5	2.03
24c		82	11.0				43.81	34.4	0.760	3 510	213	388	8.96	2.21	293	34.4	2.00
25a	250	78	7.0				34.91	27.4	0.722	3 370	176	322	9.82	2.24	270	30.6	2.07
25b		80	9.0				39.91	31.3	0.776	3 530	196	353	9.41	2.22	282	32.7	1.98
25c		82	11.0				44.91	35.3	0.780	3 690	218	384	9.07	2.21	295	35.9	1.92
27a	270	82	7.5	12.5	12.5	6.2	39.27	30.8	0.826	4 360	216	393	10.5	2.34	323	35.5	2.13
27b		84	9.5				44.67	35.1	0.830	4 690	239	428	10.3	2.31	347	37.7	2.06
27c		86	11.5				50.07	39.3	0.834	5 020	261	467	10.1	2.28	372	39.8	2.03
28a	280	82	7.5				40.02	31.4	0.846	4 760	218	388	10.9	2.33	340	35.7	2.10
28b		84	9.5				45.62	35.8	0.850	5 130	242	428	10.6	2.30	366	37.9	2.02
28c		86	11.5				51.22	40.2	0.854	5 500	268	463	10.4	2.29	393	40.3	1.95
30a	300	85	7.5	13.5	13.5	6.8	43.89	34.5	0.897	6 050	260	467	11.7	2.43	403	41.1	2.17
30b		87	9.5				49.89	39.2	0.901	6 500	289	515	11.4	2.41	433	44.0	2.13
30c		89	11.5				55.89	43.9	0.905	6 950	316	560	11.2	2.38	463	46.4	2.09
32a	320	88	8.0	14.0	14.0	7.0	48.50	38.1	0.947	7 600	305	552	12.5	2.50	475	46.5	2.24
32b		90	10.0				54.90	43.1	0.951	8 140	336	593	12.2	2.47	509	49.2	2.16
32c		92	12.0				61.30	48.1	0.955	8 690	374	643	11.9	2.47	543	52.6	2.09
36a	360	96	9.0	16.0	16.0	8.0	60.89	47.8	1.053	11 900	455	818	14.0	2.73	660	63.5	2.44
36b		98	11.0				68.09	53.5	1.057	12 700	497	880	13.6	2.70	703	66.9	2.37
36c		100	13.0				75.29	59.1	1.061	13 400	536	948	13.4	2.67	746	70.0	2.34

表 A.2（续）

型号	截面尺寸/mm						截面面积/cm^2	理论重量/(kg/m)	外表面积/(m^2/m)	惯性矩/cm^4			惯性半径/cm		截面模数/cm^3		重心距离/cm
	h	b	d	t	r	r_1				I_x	I_y	I_{y1}	i_x	i_y	W_x	W_y	Z_0
40a	400	100	10.5	18.0	18.0	9.0	75.04	58.9	1.144	17 600	592	1 070	15.3	2.81	879	78.8	2.49
40b		102	12.5				83.04	65.2	1.148	18 600	640	1 140	15.0	2.78	932	82.5	2.44
40c		104	14.5				91.04	71.5	1.152	19 700	688	1 220	14.7	2.75	986	86.2	2.42

注：表中 r、r_1 的数据用于孔型设计，不做交货条件。

表 A.3 等边角钢截面尺寸、截面面积、理论重量及截面特性

型号	截面尺寸/mm			截面面积/cm^2	理论重量/(kg/m)	外表面积/(m^2/m)	惯性矩/cm^4				惯性半径/cm			截面模数/cm^3			重心距离/cm
	b	d	r				I_x	I_{x1}	I_{x0}	I_{y0}	i_x	i_{x0}	i_{y0}	W_x	W_{x0}	W_{y0}	Z_0
2	20	3	3.5	1.132	0.89	0.078	0.40	0.81	0.63	0.17	0.59	0.75	0.39	0.29	0.45	0.20	0.60
		4		1.459	1.15	0.077	0.50	1.09	0.78	0.22	0.58	0.73	0.38	0.36	0.55	0.24	0.64
2.5	25	3		1.432	1.12	0.098	0.82	1.57	1.29	0.34	0.76	0.95	0.49	0.46	0.73	0.33	0.73
		4		1.859	1.46	0.097	1.03	2.11	1.62	0.43	0.74	0.93	0.48	0.59	0.92	0.40	0.76
3.0	30	3	4.5	1.749	1.37	0.117	1.46	2.71	2.31	0.61	0.91	1.15	0.59	0.68	1.09	0.51	0.85
		4		2.276	1.79	0.117	1.84	3.63	2.92	0.77	0.90	1.13	0.58	0.87	1.37	0.62	0.89
3.6	36	3		2.109	1.66	0.141	2.58	4.68	4.09	1.07	1.11	1.39	0.71	0.99	1.61	0.76	1.00
		4		2.756	2.16	0.141	3.29	6.25	5.22	1.37	1.09	1.38	0.70	1.28	2.05	0.93	1.04
		5		3.382	2.65	0.141	3.95	7.84	6.24	1.65	1.08	1.36	0.7	1.56	2.45	1.00	1.07
4	40	3	5	2.359	1.85	0.157	3.59	6.41	5.69	1.49	1.23	1.55	0.79	1.23	2.01	0.96	1.09
		4		3.086	2.42	0.157	4.60	8.56	7.29	1.91	1.22	1.54	0.79	1.60	2.58	1.19	1.13
		5		3.792	2.98	0.156	5.53	10.7	8.76	2.30	1.21	1.52	0.78	1.96	3.10	1.39	1.17
4.5	45	3		2.659	2.09	0.177	5.17	9.12	8.20	2.14	1.40	1.76	0.89	1.58	2.58	1.24	1.22
		4		3.486	2.74	0.177	6.65	12.2	10.6	2.75	1.38	1.74	0.89	2.05	3.32	1.54	1.26
		5		4.292	3.37	0.176	8.04	15.2	12.7	3.33	1.37	1.72	0.88	2.51	4.00	1.81	1.30
		6		5.077	3.99	0.176	9.33	18.4	14.8	3.89	1.36	1.70	0.80	2.95	4.64	2.06	1.33
5	50	3	5.5	2.971	2.33	0.197	7.18	12.5	11.4	2.98	1.55	1.96	1.00	1.96	3.22	1.57	1.34
		4		3.897	3.06	0.197	9.26	16.7	14.7	3.82	1.54	1.94	0.99	2.56	4.16	1.96	1.38
		5		4.803	3.77	0.196	11.2	20.9	17.8	4.64	1.53	1.92	0.98	3.13	5.03	2.31	1.42
		6		5.688	4.46	0.196	13.1	25.1	20.7	5.42	1.52	1.91	0.98	3.68	5.85	2.63	1.46

表 A.3（续）

型号	截面尺寸/mm			截面面积/cm^2	理论重量/(kg/m)	外表面积/(m^2/m)	惯性矩/cm^4				惯性半径/cm			截面模数/cm^3			重心距离/cm
	b	d	r				I_x	I_{x1}	I_{x0}	I_{y0}	i_x	i_{x0}	i_{y0}	W_x	W_{x0}	W_{y0}	Z_0
5.6	56	3	6	3.343	2.62	0.221	10.2	17.6	16.1	4.24	1.75	2.20	1.13	2.48	4.08	2.02	1.48
		4		4.39	3.45	0.220	13.2	23.4	20.9	5.46	1.73	2.18	1.11	3.24	5.28	2.52	1.53
		5		5.415	4.25	0.220	16.0	29.3	25.4	6.61	1.72	2.17	1.10	3.97	6.42	2.98	1.57
		6		6.42	5.04	0.220	18.7	35.3	29.7	7.73	1.71	2.15	1.10	4.68	7.49	3.40	1.61
		7		7.404	5.81	0.219	21.2	41.2	33.6	8.82	1.69	2.13	1.09	5.36	8.49	3.80	1.64
		8		8.367	6.57	0.219	23.6	47.2	37.4	9.89	1.68	2.11	1.09	6.03	9.44	4.16	1.68
6	60	5	6.5	5.829	4.58	0.236	19.9	36.1	31.6	8.21	1.85	2.33	1.19	4.59	7.44	3.48	1.67
		6		6.914	5.43	0.235	23.4	43.3	36.9	9.60	1.83	2.31	1.18	5.41	8.70	3.98	1.70
		7		7.977	6.26	0.235	26.4	50.7	41.9	11.0	1.82	2.29	1.17	6.21	9.88	4.45	1.74
		8		9.02	7.08	0.235	29.5	58.0	46.7	12.3	1.81	2.27	1.17	6.98	11.0	4.88	1.78
6.3	63	4	7	4.978	3.91	0.248	19.0	33.4	30.2	7.89	1.96	2.46	1.26	4.13	6.78	3.29	1.70
		5		6.143	4.82	0.248	23.2	41.7	36.8	9.57	1.94	2.45	1.25	5.08	8.25	3.90	1.74
		6		7.288	5.72	0.247	27.1	50.1	43.0	11.2	1.93	2.43	1.24	6.00	9.66	4.46	1.78
		7		8.412	6.60	0.247	30.9	58.6	49.0	12.8	1.92	2.41	1.23	6.88	11.0	4.98	1.82
		8		9.515	7.47	0.247	34.5	67.1	54.6	14.3	1.90	2.40	1.23	7.75	12.3	5.47	1.85
		10		11.66	9.15	0.246	41.1	84.3	64.9	17.3	1.88	2.36	1.22	9.39	14.6	6.36	1.93
7	70	4	8	5.570	4.37	0.275	26.4	45.7	41.8	11.0	2.18	2.74	1.40	5.14	8.44	4.17	1.86
		5		6.876	5.40	0.275	32.2	57.2	51.1	13.3	2.16	2.73	1.39	6.32	10.3	4.95	1.91
		6		8.160	6.41	0.275	37.8	68.7	59.9	15.6	2.15	2.71	1.38	7.48	12.1	5.67	1.95
		7		9.424	7.40	0.275	43.1	80.3	68.4	17.8	2.14	2.69	1.38	8.59	13.8	6.34	1.99
		8		10.67	8.37	0.274	48.2	91.9	76.4	20.0	2.12	2.68	1.37	9.68	15.4	6.98	2.03
7.5	75	5	9	7.412	5.82	0.295	40.0	70.6	63.3	16.6	2.33	2.92	1.50	7.32	11.9	5.77	2.04
		6		8.797	6.91	0.294	47.0	84.6	74.4	19.5	2.31	2.90	1.49	8.64	14.0	6.67	2.07
		7		10.16	7.98	0.294	53.6	98.7	85.0	22.2	2.30	2.89	1.48	9.93	16.0	7.44	2.11
		8		11.50	9.03	0.294	60.0	113	95.1	24.9	2.28	2.88	1.47	11.2	17.9	8.19	2.15
		9		12.83	10.1	0.294	66.1	127	105	27.5	2.27	2.86	1.46	12.4	19.8	8.89	2.18
		10		14.13	11.1	0.293	72.0	142	114	30.1	2.26	2.84	1.46	13.6	21.5	9.56	2.22
8	80	5		7.912	6.21	0.315	48.8	85.4	77.3	20.3	2.48	3.13	1.60	8.34	13.7	6.66	2.15
		6		9.397	7.38	0.314	57.4	103	91.0	23.7	2.47	3.11	1.59	9.87	16.1	7.65	2.19
		7		10.86	8.53	0.314	65.6	120	104	27.1	2.46	3.10	1.58	11.4	18.4	8.58	2.23
		8		12.30	9.66	0.314	73.5	137	117	30.4	2.44	3.08	1.57	12.8	20.6	9.46	2.27
		9		13.73	10.8	0.314	81.1	154	129	33.6	2.43	3.06	1.56	14.3	22.7	10.3	2.31
		10		15.13	11.9	0.313	88.4	172	140	36.8	2.42	3.04	1.56	15.6	24.8	11.1	2.35

表 A.3(续)

型号	截面尺寸/mm			截面面积/cm²	理论重量/(kg/m)	外表面积/(m²/m)	惯性矩/cm⁴				惯性半径/cm			截面模数/cm³			重心距离/cm
	b	d	r				I_x	I_{x1}	I_{x0}	I_{y0}	i_x	i_{x0}	i_{y0}	W_x	W_{x0}	W_{y0}	Z_0
9	90	6	10	10.64	8.35	0.354	82.8	146	131	34.3	2.79	3.51	1.80	12.6	20.6	9.95	2.44
		7		12.30	9.66	0.354	94.8	170	150	39.2	2.78	3.50	1.78	14.5	23.6	11.2	2.48
		8		13.94	10.9	0.353	106	195	169	44.0	2.76	3.48	1.78	16.4	26.6	12.4	2.52
		9		15.57	12.2	0.353	118	219	187	48.7	2.75	3.46	1.77	18.3	29.4	13.5	2.56
		10		17.17	13.5	0.353	129	244	204	53.3	2.74	3.45	1.76	20.1	32.0	14.5	2.59
		12		20.31	15.9	0.352	149	294	236	62.2	2.71	3.41	1.75	23.6	37.1	16.5	2.67
10	100	6	12	11.93	9.37	0.393	115	200	182	47.9	3.10	3.90	2.00	15.7	25.7	12.7	2.67
		7		13.80	10.8	0.393	132	234	209	54.7	3.09	3.89	1.99	18.1	29.6	14.3	2.71
		8		15.64	12.3	0.393	148	267	235	61.4	3.08	3.88	1.98	20.5	33.2	15.8	2.76
		9		17.46	13.7	0.392	164	300	260	68.0	3.07	3.86	1.97	22.8	36.8	17.2	2.80
		10		19.26	15.1	0.392	180	334	285	74.4	3.05	3.84	1.96	25.1	40.3	18.5	2.84
		12		22.80	17.9	0.391	209	402	331	86.8	3.03	3.81	1.95	29.5	46.8	21.1	2.91
		14		26.26	20.6	0.391	237	471	374	99.0	3.00	3.77	1.94	33.7	52.9	23.4	2.99
		16		29.63	23.3	0.390	263	540	414	111	2.98	3.74	1.94	37.8	58.6	25.6	3.06
11	110	7	12	15.20	11.9	0.433	177	311	281	73.4	3.41	4.30	2.20	22.1	36.1	17.5	2.96
		8		17.24	13.5	0.433	199	355	316	82.4	3.40	4.28	2.19	25.0	40.7	19.4	3.01
		10		21.26	16.7	0.432	242	445	384	100	3.38	4.25	2.17	30.6	49.4	22.9	3.09
		12		25.20	19.8	0.431	283	535	448	117	3.35	4.22	2.15	36.1	57.6	26.2	3.16
		14		29.06	22.8	0.431	321	625	508	133	3.32	4.18	2.14	41.3	65.3	29.1	3.24
12.5	125	8	14	19.75	15.5	0.492	297	521	471	123	3.88	4.88	2.50	32.5	53.3	25.9	3.37
		10		24.37	19.1	0.491	362	652	574	149	3.85	4.85	2.48	40.0	64.9	30.6	3.45
		12		28.91	22.7	0.491	423	783	671	175	3.83	4.82	2.46	41.2	76.0	35.0	3.53
		14		33.37	26.2	0.490	482	916	764	200	3.80	4.78	2.45	54.2	86.4	39.1	3.61
		16		37.74	29.6	0.489	537	1 050	851	224	3.77	4.75	2.43	60.9	96.3	43.0	3.68
14	140	10		27.37	21.5	0.551	515	915	817	212	4.34	5.46	2.78	50.6	82.6	39.2	3.82
		12		32.51	25.5	0.551	604	1 100	959	249	4.31	5.43	2.76	59.8	96.9	45.0	3.90
		14		37.57	29.5	0.550	689	1 280	1 090	284	4.28	5.40	2.75	68.8	110	50.5	3.98
		16		42.54	33.4	0.549	770	1 470	1 220	319	4.26	5.36	2.74	77.5	123	55.6	4.06
15	150	8		23.75	18.6	0.592	521	900	827	215	4.69	5.90	3.01	47.4	78.0	38.1	3.99
		10		29.37	23.1	0.591	638	1 130	1 010	262	4.66	5.87	2.99	58.4	95.5	45.5	4.08
		12		34.91	27.4	0.591	749	1 350	1 190	308	4.63	5.84	2.97	69.0	112	52.4	4.15
		14		40.37	31.7	0.590	856	1 580	1 360	352	4.60	5.80	2.95	79.5	128	58.8	4.23
		15		43.06	33.8	0.590	907	1 690	1 440	374	4.59	5.78	2.95	84.6	136	61.9	4.27
		16		45.74	35.9	0.589	958	1 810	1 520	395	4.58	5.77	2.94	89.6	143	64.9	4.31

表 A.3（续）

型号	截面尺寸/mm			截面面积/cm^2	理论重量/(kg/m)	外表面积/(m^2/m)	惯性矩/cm^4				惯性半径/cm			截面模数/cm^3			重心距离/cm
	b	d	r				I_x	I_{x1}	I_{x0}	I_{y0}	i_x	i_{x0}	i_{y0}	W_x	W_{x0}	W_{y0}	Z_0
16	160	10	16	31.50	24.7	0.630	780	1 370	1 240	322	4.98	6.27	3.20	66.7	109	52.8	4.31
		12		37.44	29.4	0.630	917	1 640	1 460	377	4.95	6.24	3.18	79.0	129	60.7	4.39
		14		43.30	34.0	0.629	1 050	1 910	1 670	432	4.92	6.20	3.16	91.0	147	68.2	4.47
		16		49.07	38.5	0.629	1 180	2 190	1 870	485	4.89	6.17	3.14	103	165	75.3	4.55
18	180	12		42.24	33.2	0.710	1 320	2 330	2 100	543	5.59	7.05	3.58	101	165	78.4	4.89
		14		48.90	38.4	0.709	1 510	2 720	2 410	622	5.56	7.02	3.56	116	189	88.4	4.97
		16		55.47	43.5	0.709	1 700	3 120	2 700	699	5.54	6.98	3.55	131	212	97.8	5.05
		18		61.96	48.6	0.708	1 880	3 500	2 990	762	5.50	6.94	3.51	146	235	105	5.13
20	200	14	18	54.64	42.9	0.788	2 100	3 730	3 340	864	6.20	7.82	3.98	145	236	112	5.46
		16		62.01	48.7	0.788	2 370	4 270	3 760	971	6.18	7.79	3.96	164	266	124	5.54
		18		69.30	54.4	0.787	2 620	4 810	4 160	1 080	6.15	7.75	3.94	182	294	136	5.62
		20		76.51	60.1	0.787	2 870	5 350	4 550	1 180	6.12	7.72	3.93	200	322	147	5.69
		24		90.66	71.2	0.785	3 340	6 460	5 290	1 380	6.07	7.64	3.90	236	374	167	5.87
22	220	16	21	68.67	53.9	0.866	3 190	5 680	5 060	1 310	6.81	8.59	4.37	200	326	154	6.03
		18		76.75	60.3	0.866	3 540	6 400	5 620	1 450	6.79	8.55	4.35	223	361	168	6.11
		20		84.76	66.5	0.865	3 870	7 110	6 150	1 590	6.76	8.52	4.34	245	395	182	6.18
		22		92.68	72.8	0.865	4 200	7 830	6 670	1 730	6.73	8.48	4.32	267	429	195	6.26
		24		100.5	78.9	0.864	4 520	8 550	7 170	1 870	6.71	8.45	4.31	289	461	208	6.33
		26		108.3	85.0	0.864	4 830	9 280	7 690	2 000	6.68	8.41	4.30	310	492	221	6.41
25	250	18	24	87.84	69.0	0.985	5 270	9 380	8 370	2 170	7.75	9.76	4.97	290	473	224	6.84
		20		97.05	76.2	0.984	5 780	10 400	9 180	2 380	7.72	9.73	4.95	320	519	243	6.92
		22		106.2	83.3	0.983	6 280	11 500	9 970	2 580	7.69	9.69	4.93	349	564	261	7.00
		24		115.2	90.4	0.983	6 770	12 500	10 700	2 790	7.67	9.66	4.92	378	608	278	7.07
		26		124.2	97.5	0.982	7 240	13 600	11 500	2 980	7.64	9.62	4.90	406	650	295	7.15
		28		133.0	104	0.982	7 700	14 600	12 200	3 180	7.61	9.58	4.89	433	691	311	7.22
		30		141.8	111	0.981	8 160	15 700	12 900	3 380	7.58	9.55	4.88	461	731	327	7.30
		32		150.5	118	0.981	8 600	16 800	13 600	3 570	7.56	9.51	4.87	488	770	342	7.37
		35		163.4	128	0.980	9 240	18 400	14 600	3 850	7.52	9.46	4.86	527	827	364	7.48

注： 截面图中的 $r_1=1/3d$ 及表中 r 的数据用于孔型设计，不做交货条件。

表 A.4　不等边角钢截面尺寸、截面面积、理论重量及截面特性

型号	截面尺寸/mm				截面面积/cm²	理论重量/(kg/m)	外表面积/(m²/m)	惯性矩/cm⁴					惯性半径/cm			截面模数/cm³			tanα	重心距离/cm	
	B	b	d	r				I_x	I_{x1}	I_y	I_{y1}	I_u	i_x	i_y	i_u	W_x	W_y	W_u		X_0	Y_0
2.5/1.6	25	16	3	3.5	1.162	0.91	0.080	0.70	1.56	0.22	0.43	0.14	0.78	0.44	0.34	0.43	0.19	0.16	0.392	0.42	0.86
			4		1.499	1.18	0.079	0.88	2.09	0.27	0.59	0.17	0.77	0.43	0.34	0.55	0.24	0.20	0.381	0.46	0.90
3.2/2	32	20	3		1.492	1.17	0.102	1.53	3.27	0.46	0.82	0.28	1.01	0.55	0.43	0.72	0.30	0.25	0.382	0.49	1.08
			4		1.939	1.52	0.101	1.93	4.37	0.57	1.12	0.35	1.00	0.54	0.42	0.93	0.39	0.32	0.374	0.53	1.12
4/2.5	40	25	3	4	1.890	1.48	0.127	3.08	5.39	0.93	1.59	0.56	1.28	0.70	0.54	1.15	0.49	0.40	0.385	0.59	1.32
			4		2.467	1.94	0.127	3.93	8.53	1.18	2.14	0.71	1.36	0.69	0.54	1.49	0.63	0.52	0.381	0.63	1.37
4.5/2.8	45	28	3	5	2.149	1.69	0.143	4.45	9.10	1.34	2.23	0.80	1.44	0.79	0.61	1.47	0.62	0.51	0.383	0.64	1.47
			4		2.806	2.20	0.143	5.69	12.1	1.70	3.00	1.02	1.42	0.78	0.60	1.91	0.80	0.66	0.380	0.68	1.51
5/3.2	50	32	3	5.5	2.431	1.91	0.161	6.24	12.5	2.02	3.31	1.20	1.60	0.91	0.70	1.84	0.82	0.68	0.404	0.73	1.60
			4		3.177	2.49	0.160	8.02	16.7	2.58	4.45	1.53	1.59	0.90	0.69	2.39	1.06	0.87	0.402	0.77	1.65
5.6/3.6	56	36	3	6	2.743	2.15	0.181	8.88	17.5	2.92	4.7	1.73	1.80	1.03	0.79	2.32	1.05	0.87	0.408	0.80	1.78
			4		3.590	2.82	0.180	11.5	23.4	3.76	6.33	2.23	1.79	1.02	0.79	3.03	1.37	1.13	0.408	0.85	1.82
			5		4.415	3.47	0.180	13.9	29.3	4.49	7.94	2.67	1.77	1.01	0.78	3.71	1.65	1.36	0.404	0.88	1.87
6.3/4	63	40	4	7	4.058	3.19	0.202	16.5	33.3	5.23	8.63	3.12	2.02	1.14	0.88	3.87	1.70	1.40	0.398	0.92	2.04
			5		4.993	3.92	0.202	20.0	41.6	6.31	10.9	3.76	2.00	1.12	0.87	4.74	2.07	1.71	0.396	0.95	2.08
			6		5.908	4.64	0.201	23.4	50.0	7.29	13.1	4.34	1.96	1.11	0.86	5.59	2.43	1.99	0.393	0.99	2.12
			7		6.802	5.34	0.201	26.5	58.1	8.24	15.5	4.97	1.98	1.10	0.86	6.40	2.78	2.29	0.389	1.03	2.15
7/4.5	70	45	4	7.5	4.553	3.57	0.226	23.2	45.9	7.55	12.3	4.40	2.26	1.29	0.98	4.86	2.17	1.77	0.410	1.02	2.24
			5		5.609	4.40	0.225	28.0	57.1	9.13	15.4	5.40	2.23	1.28	0.98	5.92	2.65	2.19	0.407	1.06	2.28
			6		6.644	5.22	0.225	32.5	68.4	10.6	18.6	6.35	2.21	1.26	0.98	6.95	3.12	2.59	0.404	1.09	2.32
			7		7.658	6.01	0.225	37.2	80.0	12.0	21.8	7.16	2.20	1.25	0.97	8.03	3.57	2.94	0.402	1.13	2.36

表 A.4（续）

型号	截面尺寸/mm				截面面积/cm²	理论重量/(kg/m)	外表面积/(m²/m)	惯性矩/cm⁴					惯性半径/cm			截面模数/cm³			tanα	重心距离/cm	
	B	b	d	r				I_x	I_{x1}	I_y	I_{y1}	I_u	i_x	i_y	i_u	W_x	W_y	W_u		X_0	Y_0
7.5/5	75	50	5	8	6.126	4.81	0.245	34.9	70.0	12.6	21.0	7.41	2.39	1.44	1.10	6.83	3.3	2.74	0.435	1.17	2.40
			6		7.260	5.70	0.245	41.1	84.3	14.7	25.4	8.54	2.38	1.42	1.08	8.12	3.88	3.19	0.435	1.21	2.44
			8		9.467	7.43	0.244	52.4	113	18.5	34.2	10.9	2.35	1.40	1.07	10.5	4.99	4.10	0.429	1.29	2.52
			10		11.59	9.10	0.244	62.7	141	22.0	43.4	13.1	2.33	1.38	1.06	12.8	6.04	4.99	0.423	1.36	2.60
8/5	80	50	5		6.376	5.00	0.255	42.0	85.2	12.8	21.1	7.66	2.56	1.42	1.10	7.78	3.32	2.74	0.388	1.14	2.60
			6		7.560	5.93	0.255	49.5	103	15.0	25.4	8.85	2.56	1.41	1.08	9.25	3.91	3.20	0.387	1.18	2.65
			7		8.724	6.85	0.255	56.2	119	17.0	29.8	10.2	2.54	1.39	1.08	10.6	4.48	3.70	0.384	1.21	2.69
			8		9.867	7.75	0.254	62.8	136	18.9	34.3	11.4	2.52	1.38	1.07	11.9	5.03	4.16	0.381	1.25	2.73
9/5.6	90	56	5	9	7.212	5.66	0.287	60.5	121	18.3	29.5	11.0	2.90	1.59	1.23	9.92	4.21	3.49	0.385	1.25	2.91
			6		8.557	6.72	0.286	71.0	146	21.4	35.6	12.9	2.88	1.58	1.23	11.7	4.96	4.13	0.384	1.29	2.95
			7		9.881	7.76	0.286	81.0	170	24.4	41.7	14.7	2.86	1.57	1.22	13.5	5.70	4.72	0.382	1.33	3.00
			8		11.18	8.78	0.286	91.0	194	27.2	47.9	16.3	2.85	1.56	1.21	15.3	6.41	5.29	0.380	1.36	3.04
10/6.3	100	63	6	10	9.618	7.55	0.320	99.1	200	30.9	50.5	18.4	3.21	1.79	1.38	14.6	6.35	5.25	0.394	1.43	3.24
			7		11.11	8.72	0.320	113	233	35.3	59.1	21.0	3.20	1.78	1.38	16.9	7.29	6.02	0.394	1.47	3.28
			8		12.58	9.88	0.319	127	266	39.4	67.9	23.5	3.18	1.77	1.37	19.1	8.21	6.78	0.391	1.50	3.32
			10		15.47	12.1	0.319	154	333	47.1	85.7	28.3	3.15	1.74	1.35	23.3	9.98	8.24	0.387	1.58	3.40
10/8	100	80	6	10	10.64	8.35	0.354	107	200	61.2	103	31.7	3.17	2.40	1.72	15.2	10.2	8.37	0.627	1.97	2.95
			7		12.30	9.66	0.354	123	233	70.1	120	36.2	3.16	2.39	1.72	17.5	11.7	9.60	0.626	2.01	3.00
			8		13.94	10.9	0.353	138	267	78.6	137	40.6	3.14	2.37	1.71	19.8	13.2	10.8	0.625	2.05	3.04
			10		17.17	13.5	0.353	167	334	94.7	172	49.1	3.12	2.35	1.69	24.2	16.1	13.1	0.622	2.13	3.12

表 A.4（续）

型号	截面尺寸/mm				截面面积/cm²	理论重量/(kg/m)	外表面积/(m²/m)	惯性矩/cm⁴					惯性半径/cm			截面模数/cm³			tanα	重心距离/cm	
	B	b	d	r				I_x	I_{x1}	I_y	I_{y1}	I_u	i_x	i_y	i_u	W_x	W_y	W_u		X_0	Y_0
11/7	110	70	6	10	10.64	8.35	0.354	133	266	42.9	69.1	25.4	3.54	2.01	1.54	17.9	7.90	6.53	0.403	1.57	3.53
			7		12.30	9.66	0.354	153	310	49.0	80.8	29.0	3.53	2.00	1.53	20.6	9.09	7.50	0.402	1.61	3.57
			8		13.94	10.9	0.353	172	354	54.9	92.7	32.5	3.51	1.98	1.53	23.3	10.3	8.45	0.401	1.65	3.62
			10		17.17	13.5	0.353	208	443	65.9	117	39.2	3.48	1.96	1.51	28.5	12.5	10.3	0.397	1.72	3.70
12.5/8	125	80	7	11	14.10	11.1	0.403	228	455	74.4	120	43.8	4.02	2.30	1.76	26.9	12.0	9.92	0.408	1.80	4.01
			8		15.99	12.6	0.403	257	520	83.5	138	49.2	4.01	2.28	1.75	30.4	13.6	11.2	0.407	1.84	4.06
			10		19.71	15.5	0.402	312	650	101	173	59.5	3.98	2.26	1.74	37.3	16.6	13.6	0.404	1.92	4.14
			12		23.35	18.3	0.402	364	780	117	210	69.4	3.95	2.24	1.72	44.0	19.4	16.0	0.400	2.00	4.22
14/9	140	90	8	12	18.04	14.2	0.453	366	731	121	196	70.8	4.50	2.59	1.98	38.5	17.3	14.3	0.411	2.04	4.50
			10		22.26	17.5	0.452	446	913	140	246	85.8	4.47	2.56	1.96	47.3	21.2	17.5	0.409	2.12	4.58
			12		26.40	20.7	0.451	522	1 100	170	297	100	4.44	2.54	1.95	55.9	25.0	20.5	0.406	2.19	4.66
			14		30.46	23.9	0.451	594	1 280	192	349	114	4.42	2.51	1.94	64.2	28.5	23.5	0.403	2.27	4.74
15/9	150	90	8		18.84	14.8	0.473	442	898	123	196	74.1	4.84	2.55	1.98	43.9	17.5	14.5	0.364	1.97	4.92
			10		23.26	18.3	0.472	539	1 120	149	246	89.9	4.81	2.53	1.97	54.0	21.4	17.7	0.362	2.05	5.01
			12		27.60	21.7	0.471	632	1 350	173	297	105	4.79	2.50	1.95	63.8	25.1	20.8	0.359	2.12	5.09
			14		31.86	25.0	0.471	721	1 570	196	350	120	4.76	2.48	1.94	73.3	28.8	23.8	0.356	2.20	5.17
			15		33.95	26.7	0.471	764	1 680	207	376	127	4.74	2.47	1.93	78.0	30.5	25.3	0.354	2.24	5.21
			16		36.03	28.3	0.470	806	1 800	217	403	134	4.73	2.45	1.93	82.6	32.3	26.8	0.352	2.27	5.25
16/10	160	100	10	13	25.32	19.9	0.512	669	1 360	205	337	122	5.14	2.85	2.19	62.1	26.6	21.9	0.390	2.28	5.24
			12		30.05	23.6	0.511	785	1 640	239	406	142	5.11	2.82	2.17	73.5	31.3	25.8	0.388	2.36	5.32
			14		34.71	27.2	0.510	896	1 910	271	476	162	5.08	2.80	2.16	84.6	35.8	29.6	0.385	2.43	5.40
			16		39.28	30.8	0.510	1 000	2 180	302	548	183	5.05	2.77	2.16	95.3	40.2	33.4	0.382	2.51	5.48

表 A.4（续）

型号	截面尺寸/mm				截面面积/	理论重量/	外表面积/	惯性矩/cm^4					惯性半径/cm			截面模数/cm^3			tanα	重心距离/cm	
	B	b	d	r	cm^2	(kg/m)	(m^2/m)	I_x	I_{x1}	I_y	I_{y1}	I_u	i_x	i_y	i_u	W_x	W_y	W_u		X_0	Y_0
18/11	180	110	10	14	28.37	22.3	0.571	956	1 940	278	447	167	5.80	3.13	2.42	79.0	32.5	26.9	0.376	2.44	5.89
			12		33.71	26.5	0.571	1 120	2 330	325	539	195	5.78	3.10	2.40	93.5	38.3	31.7	0.374	2.52	5.98
			14		38.97	30.6	0.570	1 290	2 720	370	632	222	5.75	3.08	2.39	108	44.0	36.3	0.372	2.59	6.06
			16		44.14	34.6	0.569	1 440	3 110	412	726	249	5.72	3.06	2.38	122	49.4	40.9	0.369	2.67	6.14
20/12.5	200	125	12		37.91	29.8	0.641	1 570	3 190	483	788	286	6.44	3.57	2.74	117	50.0	41.2	0.392	2.83	6.54
			14		43.87	34.4	0.640	1 800	3 730	551	922	327	6.41	3.54	2.73	135	57.4	47.3	0.390	2.91	6.62
			16		49.74	39.0	0.639	2 020	4 260	615	1 060	366	6.38	3.52	2.71	152	64.9	53.3	0.388	2.99	6.70
			18		55.53	43.6	0.639	2 240	4 790	677	1 200	405	6.35	3.49	2.70	169	71.7	59.2	0.385	3.06	6.78

注：截面图中的 $r_1=1/3d$ 及表中 r 的数据用于孔型设计，不做交货条件。

中华人民共和国国家标准

冷拉圆钢、方钢、六角钢 尺寸、外形、重量及允许偏差

Dimension, shape, weight and tolerance for cold-drawn round, square and hexagonal steels

GB/T 905—94

代替 GB 905—82
GB 906—82
GB 907—82

本标准中的尺寸允许偏差采用国际标准 ISO 286.1—1988《ISO 极限与配合——第一部分:总论,公差、偏差与配合》中的数值,与 GB 1800《公差与配合》的规定一致。

1 主题内容及适用范围

本标准规定了冷拉圆钢、方钢、六角钢的尺寸、外形、重量及允许偏差。

本标准适用于尺寸为 3～80 mm 的冷拉圆钢、方钢、六角钢。

2 钢材的截面图示及标注符号

2.1 圆钢的截面图示及标注符号如图 1。

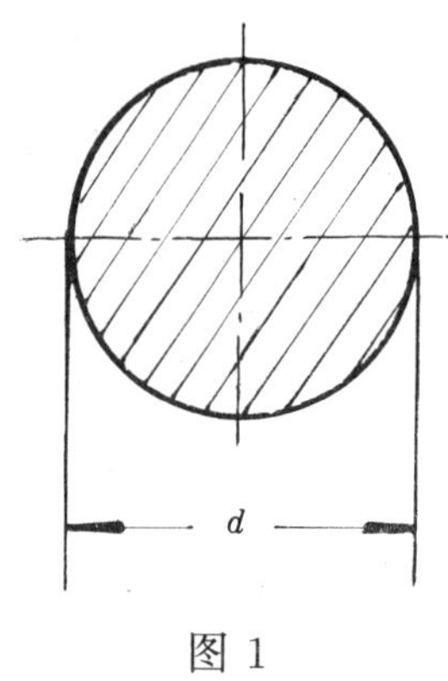

图 1

2.2 方钢的截面图示及标注符号如图 2。

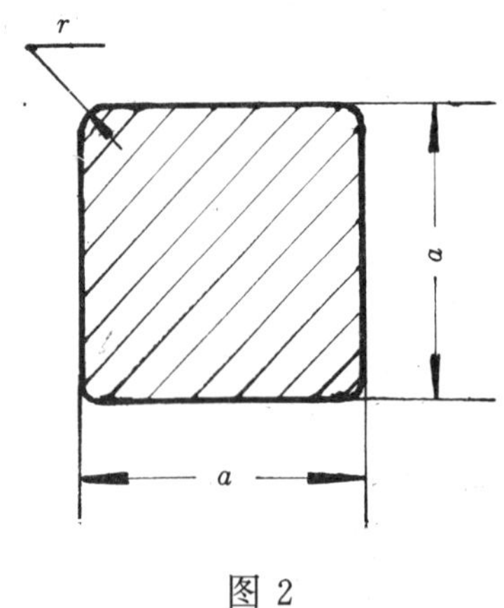

图 2

国家技术监督局 1994-12-22 批准　　　　1995-10-01 实施

2.3 六角钢的截面图示及标注符号如图 3。

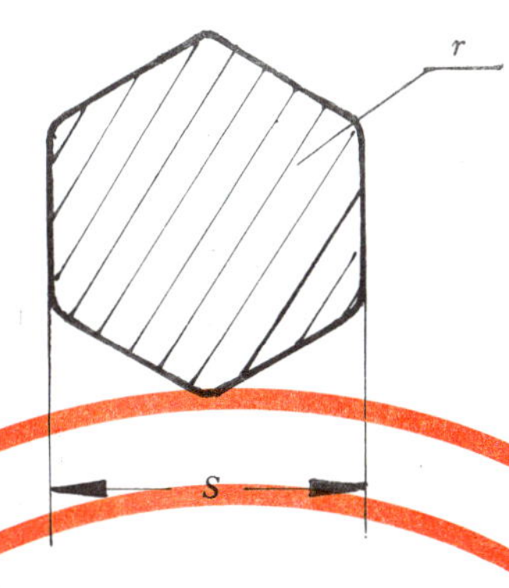

图 3

S—六角钢对边距离；r—圆角半径

3 尺寸、重量及允许偏差

3.1 钢材的尺寸、截面面积及理论重量列于表 1。

3.2 经供需双方协议，可以供应中间尺寸的钢材。

表 1

尺寸 mm	圆钢		方钢		六角钢	
	截面面积 mm²	理论重量 kg/m	截面面积 mm²	理论重量 kg/m	截面面积 mm²	理论重量 kg/m
3.0	7.069	0.055 5	9.000	0.070 6	7.794	0.061 2
3.2	8.042	0.063 1	10.24	0.080 4	8.868	0.069 6
3.5	9.621	0.075 5	12.25	0.096 2	10.61	0.083 3
4.0	12.57	0.098 6	16.00	0.126	13.86	0.109
4.5	15.90	0.125	20.25	0.159	17.54	0.138
5.0	19.63	0.154	25.00	0.196	21.65	0.170
5.5	23.76	0.187	30.25	0.237	26.20	0.206
6.0	28.27	0.222	36.00	0.283	31.18	0.245
6.3	31.17	0.245	39.69	0.312	34.37	0.270
7.0	38.48	0.302	49.00	0.385	42.44	0.333
7.5	44.18	0.347	56.25	0.442	—	—
8.0	50.27	0.395	64.00	0.502	55.43	0.435
8.5	56.75	0.445	72.25	0.567	—	—
9.0	63.62	0.499	81.00	0.636	70.15	0.551
9.5	70.88	0.556	90.25	0.708	—	—
10.0	78.54	0.617	100.0	0.785	86.60	0.680
10.5	86.59	0.680	110.2	0.865	—	—

续表 1

尺寸 mm	圆钢		方钢		六角钢	
	截面面积 mm^2	理论重量 kg/m	截面面积 mm^2	理论重量 kg/m	截面面积 mm^2	理论重量 kg/m
11.0	95.03	0.746	121.0	0.950	104.8	0.823
11.5	103.9	0.815	132.2	1.04	—	—
12.0	113.1	0.888	144.0	1.13	124.7	0.979
13.0	132.7	1.04	169.0	1.33	146.4	1.15
14.0	153.9	1.21	196.0	1.54	169.7	1.33
15.0	176.7	1.39	225.0	1.77	194.9	1.53
16.0	201.1	1.58	256.0	2.01	221.7	1.74
17.0	227.0	1.78	289.0	2.27	250.3	1.96
18.0	254.5	2.00	324.0	2.54	280.6	2.20
19.0	283.5	2.23	361.0	2.83	312.6	2.45
20.0	314.2	2.47	400.0	3.14	346.4	2.72
21.0	346.4	2.72	441.0	3.46	381.9	3.00
22.0	380.1	2.98	484.0	3.80	419.2	3.29
24.0	452.4	3.55	576.0	4.52	498.8	3.92
25.0	490.9	3.85	625.0	4.91	541.3	4.25
26.0	530.9	4.17	676.0	5.31	585.4	4.60
28.0	615.8	4.83	784.0	6.15	679.0	5.33
30.0	706.9	5.55	900.0	7.06	779.4	6.12
32.0	804.2	6.31	1024	8.04	886.8	6.96
34.0	907.9	7.13	1156	9.07	1001	7.86
35.0	962.1	7.55	1225	9.62	—	—
36.0	—	—	—	—	1122	8.81
38.0	1134	8.90	1444	11.3	1251	9.82
40.0	1257	9.86	1600	12.6	1386	10.9
42.0	1385	10.9	1764	13.8	1528	12.0
45.0	1590	12.5	2025	15.9	1754	13.8
48.0	1810	14.2	2304	18.1	1995	15.7
50.0	1968	15.4	2500	19.6	2165	17.0
52.0	2206	17.3	2809	22.0	2433	19.1
55.0	—	—	—	—	2620	20.5
56.0	2463	19.3	3136	24.6	—	—
60.0	2827	22.2	3600	28.3	3118	24.5
63.0	3117	24.5	3969	31.2	—	—

续表 1

尺寸 mm	圆钢		方钢		六角钢	
	截面面积 mm²	理论重量 kg/m	截面面积 mm²	理论重量 kg/m	截面面积 mm²	理论重量 kg/m
65.0	—	—	—	—	3654	28.7
67.0	3526	27.7	4489	35.2	—	—
70.0	3848	30.2	4900	38.5	4244	33.3
75.0	4418	34.7	5625	44.2	4871	38.2
80.0	5027	39.5	6400	50.2	5543	43.5

注：① 表内尺寸一栏，对圆钢表示直径，对方钢表示边长，对六角钢表示对边距离。以下各表相同。

② 表中理论重量按密度为 7.85 kg/dm³ 计算。对高合金钢计算理论重量时应采用相应牌号的密度。

3.3 钢材尺寸允许偏差

3.3.1 钢材尺寸的允许偏差应符合表 2 的规定，其级别应在合同中注明。

表 2 mm

尺寸	允许偏差级别					
	8 h8	9 h9	10 h10	11 h11	12 h12	13 h13
	允许偏差					
3	0 −0.014	0 −0.025	0 −0.040	0 −0.060	0 −0.15	0 −0.14
>3～6	0 −0.018	0 −0.030	0 −0.048	0 −0.075	0 −0.12	0 −0.18
>6～10	0 −0.022	0 −0.036	0 −0.058	0 −0.090	0 −0.15	0 −0.22
>10～18	0 −0.027	0 −0.043	0 −0.070	0 −0.110	0 −0.18	0 −0.27
>18～30	0 −0.033	0 −0.052	0 −0.084	0 −0.130	0 −0.21	0 −0.33
>30～50	0 −0.039	0 −0.062	0 — 0.100	0 −0.160	0 −0.25	0 −0.39
>50～80	0 −0.046	0 −0.074	0 −0.120	0 −0.190	0 −0.30	0 −0.46

3.3.2 根据供需双方协议，可以供应表 2 规定允许偏差以外的钢材。

3.3.3 钢材尺寸允许偏差级别适用范围按表 3。

表 3

截面形状	圆钢	方钢	六角钢
适用级别	8、9、10、11、12	10、11、12、13	10、11、12、13

3.4 钢材长度及允许偏差

3.4.1 通常长度

3.4.1.1 钢材通常长度为 2 000～6 000 mm。允许交付长度不小于 1 500 mm 的钢材，其重量不得超过该批总重量的 10%；但高合金钢允许交付不小于 1 000 mm 的钢材，其重量不得超过该批总重量的 10%。

3.4.1.2 经供需双方协议，可以供应长度大于 6 000 mm 的钢材。

3.4.2 定尺、倍尺长度

3.4.2.1 按定尺、倍尺长度交货的钢材，并在合同中注明，其长度的允许偏差不大于$^{+50}_{0}$mm。

3.4.2.2 经供需双方协议，按定尺或倍尺交货的钢材允许交付不超过该批总重量 10%的非定尺钢材。

4 外形

4.1 钢材以直条交货。

4.2 经供需双方协议，钢材可以成盘交货，其盘径和盘重由双方商定。

4.3 根据需方要求，可以供应不圆度不大于直径公差 50%的圆钢。

4.4 钢材不应有显著扭转，方钢不得有显著脱方。

4.5 对方钢、六角钢的顶角圆弧半径和对角线有特殊要求时，由供需双方协议。

4.6 钢材的端头不应有切弯和影响使用的剪切变形。

4.7 弯曲度

4.7.1 尺寸大于或等于 7 mm 直条交货的钢材，弯曲度应符合表 4 的规定。

表 4

级 别	弯曲度，mm/m 不大于			总弯曲度 mm，不大于
	尺 寸，mm			
	7～25	>25～50	>50～80	7～80
8～9(h8～h9)级	1	0.75	0.50	总长度与每米允许弯曲度的乘积
10～11(h10～h11)级	3	2	1	
12～13(h12～h13)级	4	3	2	
供自动切削用圆钢	2	2	1	

注：供自动切削用圆钢应在合同中注明。

4.7.2 经供需双方协议，供自动切削用直条交货的六角钢，尺寸为 7～25 mm 时，每米弯曲度不大于 2 mm；尺寸大于 25 mm 时，每米弯曲度不大于 1 mm。

4.7.3 尺寸小于 7 mm 直条交货的钢材，其每米弯曲度不得大于 4 mm。

5 标记示例

用 40 Cr 钢制造，尺寸允许偏差为 11 级，直径、边长、对边距离为 20 mm 的冷拉钢材各标记如下：

冷拉圆钢 $\frac{\text{11-20-GB/T 905—94}}{\text{40Cr-GB/T 3078—94}}$

冷拉方钢 $\frac{\text{11-20-GB/T 905—94}}{\text{40Cr-GB/T 3078—94}}$

冷拉六角钢 $\frac{\text{11-20-GB/T 905—94}}{\text{40Cr-GB/T 3078—94}}$

附加说明：

本标准由中华人民共和国冶金工业部提出。

本标准由冶金工业部信息标准研究院归口。

本标准由重庆特殊钢公司和冶金工业部信息标准研究院负责起草。

本标准主要起草人徐茂君、李素琴、祁宝兰、张长森。

ICS 77.140.60
H 44

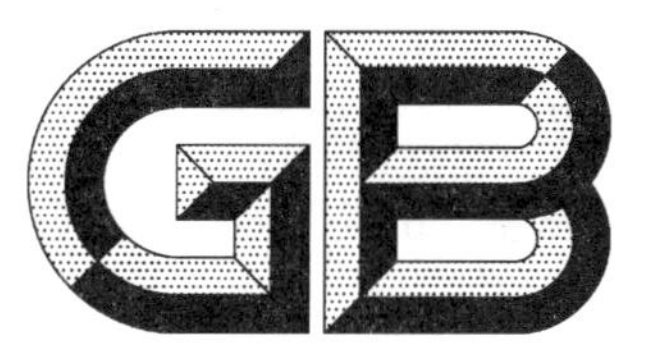

中华人民共和国国家标准

GB/T 908—2008
代替 GB/T 908—1987、GB/T 16761—1997

锻制钢棒尺寸、外形、重量及允许偏差

Forged bars—Dimensions, shape, weight and tolerances

2008-08-05 发布　　2009-04-01 实施

中华人民共和国国家质量监督检验检疫总局
中国国家标准化管理委员会　发布

前　言

本标准代替 GB/T 908—1987《锻制圆钢和方钢尺寸、外形、重量及允许偏差》和 GB/T 16761—1997《锻制扁钢尺寸、外形、重量及允许偏差》。

本标准与原标准相比，主要修订内容如下：

——标准名称修改为《锻制钢棒尺寸、外形、重量及允许偏差》；

——圆钢直径由 250 mm 增加至 400 mm，方钢的边长由 250 mm 增加至 400 mm，并相应增加了尺寸允许偏差；

——取消了 GB/T 908—1987 标准中"工具钢和轴承钢的尺寸偏差应符合表 2 中 1 组的规定"；

——取消了 GB/T 16761—1997 标准中"工具钢的尺寸偏差应符合表 2 中 1 组的规定"。

本标准由中国钢铁工业协会提出。

本标准由全国钢标准化技术委员会归口。

本标准起草单位：东北特殊钢集团有限责任公司(抚顺)、冶金工业信息标准研究院。

本标准主要起草人：谷强、冯超、陈庆新、任翠英。

本标准所代替的历次版本发布情况为：

——GB/T 908—1972、GB/T 908—1987；

——GB/T 16761—1997。

锻制钢棒尺寸、外形、重量及允许偏差

1 范围

本标准规定了锻制钢棒(包括圆钢、方钢、扁钢)尺寸、外形、重量及允许偏差。

本标准适用于直径或边长为 50 mm～400 mm 的圆钢和方钢及厚度为 20 mm～160 mm、宽度为 40 mm～300 mm 的扁钢。

2 截面形状、尺寸及允许偏差

2.1 截面形状

圆钢、方钢、扁钢截面形状及标注符号如图 1、图 2、图 3 所示。

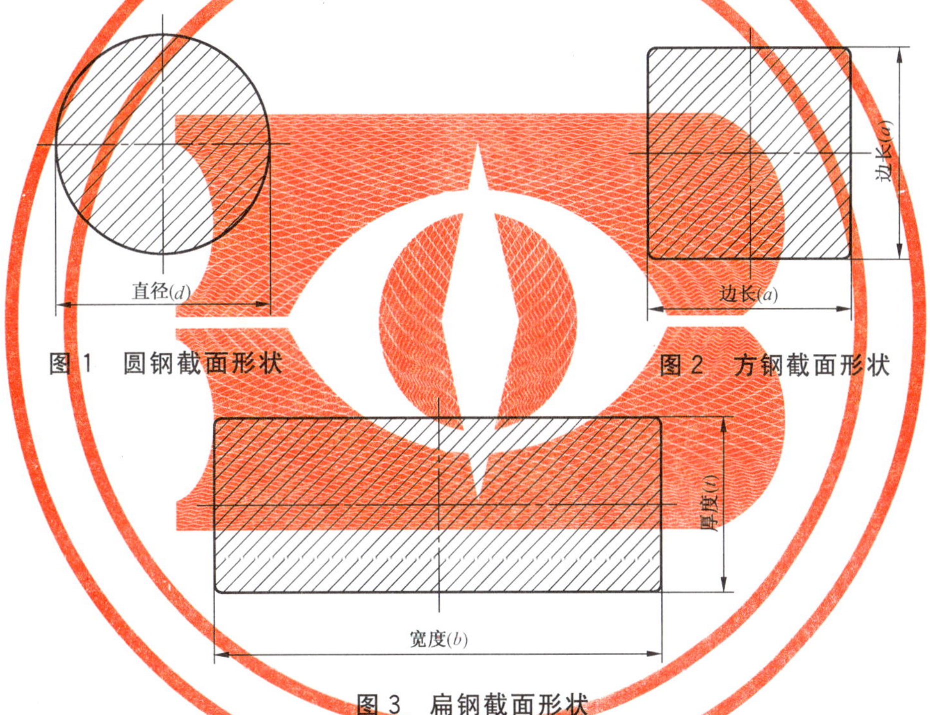

图 1 圆钢截面形状

图 2 方钢截面形状

图 3 扁钢截面形状

2.2 截面尺寸及理论重量

2.2.1 圆钢及方钢截面尺寸及理论重量见表 1。

表 1 圆钢、方钢尺寸及理论重量

圆钢公称直径 d 或 方钢公称边长 a/mm	理论重量/(kg/m)		圆钢公称直径 d 或 方钢公称边长 a/mm	理论重量/(kg/m)	
	圆钢	方钢		圆钢	方钢
50	15.4	19.6	70	30.2	38.5
55	18.6	23.7	75	34.7	44.2
60	22.2	28.3	80	39.5	50.2
65	26.0	33.2	85	44.5	56.7

表 1（续）

圆钢公称直径 d 或 方钢公称边长 a/mm	理论重量/(kg/m)		圆钢公称直径 d 或 方钢公称边长 a/mm	理论重量/(kg/m)	
	圆钢	方钢		圆钢	方钢
90	49.9	63.6	220	298	380
95	55.6	70.8	230	326	415
100	61.7	78.5	240	355	452
105	68.0	86.5	250	385	491
110	74.6	95.0	260	417	531
115	81.5	104	270	449	572
120	88.8	113	280	483	615
125	96.3	123	290	518	660
130	104	133	300	555	707
135	112	143	310	592	754
140	121	154	320	631	804
145	130	165	330	671	855
150	139	177	340	712	908
160	158	201	350	755	962
170	178	227	360	799	1 017
180	200	254	370	844	1 075
190	223	283	380	890	1 134
200	247	314	390	937	1 194
210	272	346	400	986	1 256

2.2.2 扁钢截面尺寸及理论重量见表 2。

2.2.3 表 1 及表 2 中的理论重量按密度 7.85 g/cm³ 计算。高合金钢计算理论重量时，应采用相应牌号的密度。

表 2 扁钢尺寸及理论重量

公称宽度 b/mm	公称厚度 t/mm																					
	20	25	30	35	40	45	50	55	60	65	70	75	80	85	90	100	110	120	130	140	150	160
	理论重量/(kg/m)																					
40	6.28	7.85	9.42																			
45	7.06	8.83	10.6																			
50	7.85	9.81	11.8	13.7	15.7																	
55	8.64	10.8	13.0	15.1	17.3																	
60	9.42	11.8	14.1	16.5	18.8	21.1	23.6															
65	10.2	12.8	15.3	17.8	20.4	23.0	25.5															
70	11.0	13.7	16.5	19.2	22.0	24.7	27.5	30.2	33.0													
75	11.8	14.7	17.7	20.6	23.6	26.5	29.4	32.4	35.3													
80	12.6	15.7	18.8	22.0	25.1	28.3	31.4	34.5	37.7	40.8	44.0											
90	14.1	17.7	21.2	24.7	28.3	31.8	35.3	38.8	42.4	45.9	49.4											
100	15.7	19.6	23.6	27.5	31.4	35.3	39.2	43.2	47.1	51.0	55.0	58.9	62.8	66.7								
110	17.3	21.6	25.9	30.2	34.5	38.8	43.2	47.5	51.8	56.1	60.4	64.8	69.1	73.4								
120	18.8	23.6	28.3	33.0	37.7	42.4	47.1	51.8	56.5	61.2	65.9	70.6	75.4	80.1								
130	20.4	25.5	30.6	35.7	40.8	45.9	51.0	56.1	61.2	66.3	71.4	76.5	81.6	86.7								
140	22.0	27.5	33.0	38.5	44.0	49.4	55.0	60.4	65.9	71.4	76.9	82.4	87.9	93.4	98.9	110						
150	23.6	29.4	35.3	41.2	47.1	53.0	58.9	64.8	70.7	76.5	82.4	88.3	94.2	100	106	118						
160	25.1	31.4	37.7	44.0	50.2	56.5	62.8	69.1	75.4	81.6	87.9	94.2	100	107	113	126	138	151				
170	26.7	33.4	40.0	46.7	53.4	60.0	66.7	73.4	80.1	86.7	93.4	100	107	113	120	133	147	160				
180	28.3	35.3	42.4	49.4	56.5	63.6	70.6	77.7	84.8	91.8	98.9	106	113	120	127	141	155	170	184	198		
190						67.1	74.6	82.0	89.5	96.9	104	112	119	127	134	149	164	179	194	209		
200						70.6	78.5	86.4	94.2	102	110	118	127	133	141	157	173	188	204	220		
210						74.2	82.4	90.7	98.9	107	115	124	132	140	148	165	181	198	214	231	247	264
220						77.7	86.4	95.0	103.6	112	121	130	138	147	155	173	190	207	224	242	259	276
230												135	144	153	162	180	199	217	235	253	271	289
240												141	151	160	170	188	207	226	245	264	283	301
250												147	157	167	177	196	216	235	255	275	294	314
260												153	163	173	184	204	224	245	265	286	306	326
280												165	176	187	198	220	242	264	286	308	330	352
300												177	188	200	212	236	259	283	306	330	353	377

2.3 尺寸及允许偏差

2.3.1 圆钢、方钢截面尺寸及允许偏差应符合表3规定。

表3 圆钢、方钢尺寸及允许偏差

单位为毫米

圆钢公称直径 d 或方钢公称边长 a	精度组别及允许偏差	
	1组	2组
50～60	+1.5 −1.0	+2.0 −1.0
>60～80	+2.0 −1.0	+2.5 −1.0
>80～100	+2.5 −1.0	+3.0 −1.0
>100～120	+2.5 −1.5	+3.0 −1.5
>120～140	+3.0 −1.5	+3.5 −1.5
>140～160	+3.0 −2.0	+4.0 −2.0
>160～180	+4.0 −2.0	+5.0 −2.0
>180～200	+5.0 −2.0	+6.0 −2.0
>200～220	+5.0 −3.0	+6.0 −3.0
>220～240	+6.0 −3.0	+7.0 −3.0
>240～260	+7.0 −3.0	+8.0 −3.0
>260～300	+8.0 −3.0	+9.0 −3.0
>300～350	+9.0 −3.0	+10.0 −3.0
>350～400	+10.0 −3.0	+11.0 −3.0

2.3.2 扁钢截面尺寸及允许偏差应符合表4规定。

表4 扁钢尺寸及允许偏差

单位为毫米

尺　寸	精度组别及允许偏差	
	1组	2组
公称宽度 b		
40～60	+2.0 −1.0	+2.5 −1.0
>60～100	+3.0 −1.0	+3.5 −1.0
>100～150	+4.0 −2.0	+4.5 −2.0
>150～200	+6.0 −2.0	+6.5 −2.0
>200～250	+7.0 −3.0	+8.0 −3.0
>250～300	+9.0 −3.0	+10.0 −3.0

尺　寸	精度组别及允许偏差	
	1组	2组
公称厚度 t		
20～40	+1.5 −0.5	+2.0 −0.5
>40～60	+2.0 −1.0	+2.5 −1.0
>60～100	+3.0 −1.0	+4.0 −1.0
>100～160	+4.0 −1.0	+5.0 −1.0

2.3.3 圆钢、方钢及扁钢精度组别应在相应产品标准或合同中注明，未注明时按2组规定执行。

2.3.4 经供需双方协商，可供应表1及表2中未列入的中间尺寸或超出表1及表2规定的最大尺寸的钢棒。对于超出表1及表2规定的最大尺寸的钢棒的允许偏差由供需双方协商并合同中注明。

2.3.5 经供需双方协商，也可供应完全正偏差的钢棒，其允许偏差应为表3或表4中相应组别和规格的正负偏差绝对值之和。

2.4 长度及允许偏差

2.4.1 钢棒通常交货长度不小于1 m。

2.4.2 长度不小于0.5 m的短尺钢棒允许交货，但其重量不得超过该批交货总重量的10%。

2.4.3 定尺、倍尺长度

钢棒定尺或倍尺长度应在合同中注明，其长度允许偏差为+80 mm。

2.5 外形

2.5.1 圆钢

2.5.1.1 圆钢弯曲度每米不得大于5 mm，总弯曲度不得大于总长度的0.5%。

2.5.1.2 圆钢在同一截面的直径差不得大于公称直径公差的0.7倍。

2.5.1.3 圆钢两端切斜度和突出部分不得大于公称直径的二分之一。

2.5.2 方钢

2.5.2.1 方钢弯曲度每米不得大于5 mm，总弯曲度不得大于总长度的0.5%。

2.5.2.2 方钢在同一截面的对角线差不得大于公称边长公差的0.7倍。

2.5.2.3 方钢允许稍带圆角，但其相对圆角之间距离(对角线)不得小于公称边长的1.3倍。

2.5.2.4 方钢不得有显著的扭转。

2.5.2.5 方钢两端切斜度和突出部分不得大于公称边长的二分之一。

2.5.3 扁钢

2.5.3.1 扁钢的平面弯曲度每米不得大于5 mm，总平面弯曲度不得大于总长度的0.5%。

2.5.3.2 扁钢的侧面弯曲度(镰刀弯)每米不得大于5 mm，总侧面弯曲度(镰刀弯)不得大于总长度的0.5%。

2.5.3.3 扁钢允许稍带圆角，但其同一截面上两对角线长度差不得大于其公称宽度公差。

2.5.3.4 扁钢不得有显著的扭转。

2.5.3.5 扁钢两端切斜度和突出部分不得大于其公称厚度的二分之一。

3 交货重量

钢棒通常是按实际重量交货。经供需双方协议并在合同中注明也可按理论重量交货。

4 标记示例

4.1 圆钢标记示例

用GB/T 3077—1999标准中40Cr钢锻制成的直径为120 mm，尺寸允许偏差精度组别为1组的圆钢，其标记为：

$$圆钢\frac{120\text{-}1\text{-GB/T } 908—2008}{40\text{Cr-GB/T } 3077—1999}$$

4.2 方钢标记示例

用GB/T 699—1999标准中45钢锻制成的边长为200 mm，尺寸允许偏差精度组别为2组的方钢，其标记为：

$$方钢\frac{200\text{-}2\text{-}GB/T\ 908—2008}{45\text{-}GB/T\ 699—1999}$$

4.3 扁钢标记示例

用 GB/T 3077—1999 标准中 42CrMo 钢锻制成的厚度为 60 mm、宽度为 120 mm，尺寸允许偏差精度组别为 1 组的扁钢，其标记为：

$$扁钢\frac{60\times 120\text{-}1\text{-}GB/T\ 908—2008}{42CrMo\text{-}GB/T\ 3077—1999}$$

ICS 77.140.20
H 40

中华人民共和国国家标准

GB/T 1220—2007
代替 GB/T 1220—1992

不　　锈　　钢　　棒

Stainless steel bars

2007-05-14 发布　　　　2007-12-01 实施

中华人民共和国国家质量监督检验检疫总局
中国国家标准化管理委员会　发布

前　言

本标准代替 GB/T 1220—1992《不锈钢棒》。

本标准与 GB/T 1220—1992 标准相比,主要变化如下:

——增加“术语及定义”和“订货内容”(见第 3 章和第 4 章);

——“尺寸、外形、重量及允许偏差”修改为直接引用通用基础标准的规定(1992 年版的第 4 章;本版的第 6 章);

——取消了 1Cr18Mn10Ni5Mo3N、 1Cr18Ni12Mo2Ti、 0Cr18Ni12Mo2Ti、 1Cr18Ni12Mo3Ti、1Cr18Ni9Ti、0Cr26Ni5Mo2 等 6 个牌号(1992 年版的表 2 和表 3);

——增加了 022Cr22Ni5Mo3N、 022Cr23Ni5Mo3N、 022Cr25Ni6Mo2N、 03Cr25Ni6Mo3Cu2N、17Cr16Ni2、05Cr15Ni5Cu4Nb 等 6 个牌号及性能(见表 2 和表 7、表 4 和表 9、表 5 和表 10);

——根据国际通用牌号成分调整了 21 个牌号(序号 1、3、13、17、23、25、35、38、39、41、43、44、52、55、62、68、83、85、98、137、139)的化学成分及部分牌号的磷含量(1992 年版表 2,本版的表 1~表 5);

——“冶炼方法”作了修改,优先采用初炼钢水加炉外精炼工艺(1992 年版 5.2,本版 7.2);

——“交货状态”由“如需方提出,也可不进行处理”修改为“经供需双方协商,也可不进行处理”,并对沉淀硬化型不锈钢棒增加可根据钢的组织选择退火处理交货(1992 年版的 5.3;本版的 7.3);

——“表面质量”增加“经供需双方协商,并在合同中注明,可规定采用酸洗、车削等方法除去热处理产生的黑皮”(本版 7.8.3);

——将各类型不锈钢棒或试样的热处理制度从力学性能表中分离出来,放入附录 A(资料性附录)(1992 年版的表 3~表 5;本版的表 A.1~表 A.5);

——将马氏体型和沉淀硬化型不锈钢的屈服强度修改为必检指标(1992 年版的 5.4.1.1;本版的表 9 和表 10);

——022Cr19Ni5Mo3Si2N(00Cr18Ni5Mo3Si2)钢增加布氏硬度值 HBW 不大于 290(1992 年版表 3;本版的表 7);

——12Cr13(1Cr13)钢增加碳含量的下限值 0.08%,并将其断后伸长率由 25%调整为 22%(1992 年版的表 2 和表 4;本版的表 4 和表 9);

——Y12Cr13(Y1Cr13)钢的断后伸长率、断面收缩率和冲击吸收功分别由 25%、55%和 78 J 调整为 17%、45%和 55J(1992 年版的表 4;本版的表 9);

——Y30Cr13(Y3Cr13)钢的断后伸长率和断面收缩率分别由 12%、40%调整为 8%、35%(1992 年版的表 4;本版的表 9);

——部分奥氏体型不锈钢(序号 18、22、26、39、46、50、52)和 06Cr13Al(0Cr13Al)的原屈服强度 $\sigma_{0.2}$ 值由 177 MPa 调整为规定非比例延伸强度 $R_{p0.2}$ 值 175 N/mm^2(1992 年版的表 3;本版的表 6 和表 8);

——022Cr12(00Cr12)钢的屈服强度 $\sigma_{0.2}$ 值由 196 MPa 调整为规定非比例延伸强度 $R_{p0.2}$ 值 195 N/mm^2,抗拉强度由 365 MPa 调整为 360 N/mm^2(1992 年版的表 3;本版的表 8);

——20Cr13 (2Cr13)和 13Cr13Mo(1Cr13Mo)钢的抗拉强度 R_m 分别由 635 MPa、685 MPa 调整为 640 N/mm^2、690 N/mm^2(1992 年版的表 4;本版的表 9);

——取消对扁钢的断面收缩率的规定(1992 年版的表 3~表 5,本版的表 6 至表 10 的脚注);

——“耐腐蚀性能”修改为协议项目，取消了 GB/T 4334.4 和 GB/T 4334.6 两种试验方法，06Cr19Ni13Mo3(0Cr19Ni13Mo3)钢的试验状态增加“敏化处理”(1992 年版的 5.5；本版的 7.5)；

——“表面质量”增加“经供需双方协商，并在合同中注明，可规定采用酸洗、车削等方法去除热处理产生的黑皮”(1992 年版的 5.8，本版的 7.8)；

——明确规定了连铸钢检验“低倍组织”和“塔形”的取样部位，以及“耐腐蚀性能”的取样数量(1992 年版表 12，本版的表 16)；

——取消了“本标准不锈钢牌号与各国不锈钢牌号对照表”，改为直接引用 GB/T 20878《不锈钢和耐热钢　牌号及化学成分》(1992 年版的附录 B；本版的表 1～表 5 中的注 2)。

本标准的附录 A 和附录 B 均是资料性附录。

本标准由中国钢铁工业协会提出。

本标准由全国钢标准化技术委员会归口。

本标准主要起草单位：冶金工业信息标准研究院、东北特殊钢集团有限责任公司。

本标准主要起草人：栾燕、戴强、谷强、曾文涛、刘宝石。

本标准所代替标准的历次版本发布情况为：

——GB/T 1220—1975，GB/T 1220—1984，GB/T 1220—1992。

不 锈 钢 棒

1 范围

本标准规定了不锈钢棒(圆钢、方钢、扁钢、六角钢和八角钢的总称,以下简称钢棒)的尺寸、外形、技术要求、试验方法、验收规则、包装标志及质量证明书等内容。

本标准适用于尺寸(直径、边长、厚度或对边距离,以下简称尺寸)不大于 250 mm 的热轧和锻制不锈钢棒。经供需双方协商,也可供应尺寸大于 250 mm 的热轧和锻制不锈钢棒。

2 规范性引用文件

下列文件中的条款通过本标准的引用而成为本标准的条款。凡是注日期的引用文件,其随后所有的修改单(不包括勘误的内容)或修订版均不适用于本标准,然而,鼓励根据本标准达成协议的各方研究是否可使用这些文件的最新版本。凡是不注日期的引用文件,其最新版本适用于本标准。

GB/T 222 钢的成品化学成分允许偏差

GB/T 223.3 钢铁及合金化学分析方法 二安替吡啉甲烷磷钼酸重量法测定磷量

GB/T 223.4 钢铁及合金化学分析方法 硝酸铵氧化容量法测定锰量

GB/T 223.5 钢铁及合金化学分析方法 还原型硅钼酸盐光度法测定酸溶硅含量

GB/T 223.8 钢铁及合金化学分析方法 氟化钠分离-EDTA 滴定法测定铝含量

GB/T 223.9 钢铁及合金化学分析方法 铬天青 S 光度法测定铝含量

GB/T 223.11 钢铁及合金化学分析方法 过硫酸铵氧化容量法测定铬量

GB/T 223.14 钢铁及合金化学分析方法 钽试剂萃取光度法测定钒含量

GB/T 223.16 钢铁及合金化学分析方法 变色酸光度法测定钛量

GB/T 223.17 钢铁及合金化学分析方法 二安替吡啉甲烷光度法测定钛量

GB/T 223.18 钢铁及合金化学分析方法 硫代硫酸钠分离-碘量法测定铜量

GB/T 223.23 钢铁及合金化学分析方法 丁二酮肟分光光度法测定镍量

GB/T 223.25 钢铁及合金化学分析方法 丁二酮肟重量法测定镍量

GB/T 223.26 钢铁及合金化学分析方法 硫氰酸盐直接光度法测定钼量

GB/T 223.28 钢铁及合金化学分析方法 α-安息香肟重量法测定钼量

GB/T 223.36 钢铁及合金化学分析方法 蒸馏分离-中和滴定法测定氮量

GB/T 223.37 钢铁及合金化学分析方法 蒸馏分离-靛酚蓝光度法测定氮量

GB/T 223.40 钢铁及合金 铌含量的测定 氯磺酚 S 分光光度法

GB/T 223.52 钢铁及合金化学分析方法 盐酸羟胺-碘量法测定硒量

GB/T 223.58 钢铁及合金化学分析方法 亚砷酸钠-亚硝酸钠滴定法测定锰量

GB/T 223.59 钢铁及合金化学分析方法 锑磷钼蓝光度法测定磷量

GB/T 223.60 钢铁及合金化学分析方法 高氯酸脱水重量法测定硅含量

GB/T 223.61 钢铁及合金化学分析方法 磷钼酸铵容量法测定磷量

GB/T 223.62 钢铁及合金化学分析方法 乙酸丁酯萃取光度法测定磷量

GB/T 223.63 钢铁及合金化学分析方法 高碘酸钠(钾)光度法测定锰量(GB/T 223.63—1998, neq ISO R 629)

GB/T 223.64　钢铁及合金化学分析方法　火焰原子吸收光谱法测定锰量

GB/T 223.67　钢铁及合金化学分析方法　还原蒸馏-次甲基蓝光度法测定硫量

GB/T 223.68　钢铁及合金化学分析方法　管式炉内燃烧后碘酸钾滴定法测定硫含量

GB/T 223.69　钢铁及合金化学分析方法　管式炉内燃烧后气体容量法测定碳含量

GB/T 223.71　钢铁及合金化学分析方法　管式炉内燃烧后重量法测定碳含量

GB/T 223.72　钢铁及合金化学分析方法　氧化铝色层分离-硫酸钡重量法测定硫量

GB/T 226　钢的低倍组织及缺陷酸蚀检验法(GB/T 226—1991,neq ISO4969:1980, Steel—Macroscopic examination by etching with strong mineral acids)

GB/T 228　金属材料　室温拉伸试验方法(GB/T 228—2002,eqv ISO 6892:1998)

GB/T 229　金属夏比缺口冲击试验方法(GB/T 229—1994,eqv ISO 83:1976,Steel—Charpy impact test (U-notch), eqv ISO 148:1983, Steel—Charpy impact test (V-notch))

GB/T 230.1　金属洛氏硬度试验　第1部分:试验方法(A、B、C、D、E、F、G、H、K、N、T标尺)(GB/T 230.1—2004,ISO 6508:1999,MOD)

GB/T 231.1　金属布氏硬度试验　第1部分:试验方法(GB/T 231.1—2002, eqv ISO 6506-1:1999)

GB/T 702—2004　热轧圆钢和方钢尺寸、外形、重量及允许偏差(GB/T 702—2004 ,ISO 1035-1:1980,Hot-rolled steel bar—Part 1:Dimension of round bars,ISO 1035-2:1980 Hot-rolled steel bar—Part 1:Dimension of square bars, ISO1035-4:1982,Hot-rolled steel bar—Part 4:Tolerances,MOD)

GB/T 704—1988　热轧扁钢尺寸、外形、重量及允许偏差

GB/T 705—1985　热轧六角钢和八角钢尺寸、外形、重量及允许偏差

GB/T 908—1987　锻制圆钢和方钢尺寸、外形、重量及允许偏差

GB/T 1979　结构钢低倍组织缺陷评级图

GB/T 2101　型钢验收、包装、标志及质量证明书的一般规定

GB/T 2975　钢及钢产品力学性能试验取样位置及试样制备(GB/T 2975—1998,eqv ISO 377:1997)

GB/T 4334.1　不锈钢　10%草酸浸蚀试验方法

GB/T 4334.2　不锈钢　硫酸-硫酸铁腐蚀试验方法

GB/T 4334.3　不锈钢　65%硝酸腐蚀试验方法

GB/T 4334.5　不锈钢　硫酸-硫酸铜腐蚀试验方法

GB/T 4340.1　金属维氏硬度试验　第1部分:试验方法(GB/T 4340.1—1999,eqv ISO 6507-1:1997)

GB/T 6394　金属平均晶粒度测定法

GB/T 6401—1986　铁素体奥氏体型双相不锈钢中α-相面积含量金相测定法

GB/T 7736　钢的低倍组织及缺陷超声波检验法

GB/T 9971—2004　原料纯铁

GB/T 10121　钢材塔形发纹磁粉检验方法

GB/T 10561　钢中非金属夹杂物含量的测定　标准评级图谱显微检验法(GB/T 10561—2005,ISO 4967:1998,IDT)

GB/T 11170　不锈钢的光电发射光谱分析方法

GB/T 13305—1991　奥氏体不锈钢中α-相面积含量金相测定法

GB/T 15574 钢产品分类(GB/T 15574—1995,eqv ISO 6929:1987)

GB/T 15711 钢材塔形发纹酸浸检验方法

GB/T 16761—1997 锻制扁钢尺寸、外形、重量及允许偏差

GB/T 17505 钢及钢产品交货一般技术要求(GB/T 17505—1998,eqv ISO 404:1992)

GB/T 20066 钢和铁 化学成分测定用试样的取样和和制样方法(GB/T 20066—2006,ISO 14284:1996,IDT)

GB/T 20878 不锈钢和耐热钢 牌号及化学成分

YB/T 5293 金属材料 顶锻试验方法

3 术语及定义

GB/T 20878 和 GB/T 15574 标准中确立的术语及定义适用于本标准。

4 订货内容

按本标准订货的合同或订单应包括下列内容:

a) 标准编号;

b) 产品名称;

c) 牌号或统一数字代号;

d) 截面形状(圆、方、扁、六角、八角等);

e) 尺寸与外形(见第 6 章);

f) 重量(或数量);

g) 使用加工方法(见 5.2);

h) 交货状态(见 7.3);

i) 特殊要求(见 7.9)。

5 分类

5.1 钢棒按组织特征分为奥氏体型、奥氏体—铁素体型、铁素体型、马氏体型和沉淀硬化型等五种类型。

5.2 钢棒按使用加工方法不同分为下列两类。钢棒的使用加工方法应在合同中注明,未注明者按切削加工用钢供货。

a) 压力加工用钢 UP

  1) 热压力加工 UHP

  2) 热顶锻用钢 UHF

  3) 冷拔坯料 UCD

b) 切削加工用钢 UC

6 尺寸、外形、重量及允许偏差

6.1 热轧圆钢和方钢的尺寸、外形及允许偏差

热轧圆钢和方钢的尺寸、外形及允许偏差应符合 GB/T 702—2004 的规定,具体要求应在合同中注明。未注明时按 GB/T 702—2004 标准 2 组执行。

6.2 热轧扁钢的尺寸、外形及允许偏差

热轧扁钢的尺寸、外形及其允许偏差应符合 GB/T 704—1988 中的规定,具体要求应在合同中注

明。未注明时按 GB/T 704—1988 标准的普通级执行。

6.3 热轧六角钢和八角钢的尺寸、外形及允许偏差

热轧六角钢和八角钢的尺寸、外形及允许偏差应符合 GB/T 705—1985 中的规定，具体要求应在合同中注明。未注明按 GB/T 705—1985 标准 2 组执行。

6.4 锻制圆钢和方钢的尺寸、外形及允许偏差

锻制圆钢和方钢的尺寸、外形及允许偏差应符合 GB/T 908—1987 的规定，具体要求应在合同中注明。未注明时按 GB/T 908—1987 标准 2 组执行。

6.5 锻制扁钢的尺寸、外形及允许偏差

锻制扁钢的尺寸、外形及允许偏差应符合 GB/T 16761—1997 的规定，具体要求应在合同中注明。未注明时按 GB/T 16761—1997 标准 2 组执行。

6.6 重量

钢棒按实际重量交货。

7 技术要求

7.1 牌号及化学成分

7.1.1 钢的牌号、统一数字代号及化学成分(熔炼分析)应符合表 1～表 5 的规定。

7.1.2 钢棒的化学成分允许偏差应符合 GB/T 222 的规定。

7.2 冶炼方法

除非在合同中另有规定，一般应采用初炼钢(水)加炉外精炼等工艺。

7.3 交货状态

钢棒可以热处理或不热处理状态交货，订货时可参照 7.3.1～7.3.4 条选择交货状态，并在合同中注明。未注明者按不热处理交货。各类型钢棒的热处理制度参见附录 A 中表 A.1～表 A.5。

7.3.1 切削加工用奥氏体型、奥氏体-铁素体型钢棒应进行固溶处理，经供需双方协商，也可不进行处理。热压力加工用钢棒不进行固溶处理。

7.3.2 铁素体型钢棒应进行退火处理，经供需双方协商，也可不进行处理。

7.3.3 马氏体型钢棒应进行退火处理。

7.3.4 沉淀硬化型钢棒应根据钢的组织选择固溶处理或退火处理，退火制度由供需双方协商确定，无协议时，退火温度一般为 650℃～680℃。经供需双方协商，沉淀硬化型钢棒(除 05Cr17Ni4Cu4Nb、外)可不进行处理。

7.4 力学性能

7.4.1 各类型钢棒或试样的热处理制度参照附录 A 中表 A.1～表 A.5 的规定。热处理用试样毛坯的尺寸一般为 25 mm。当钢棒尺寸小于 25 mm 时，用原尺寸钢棒进行热处理。

7.4.2 经热处理的钢棒(除马氏体钢退火外)，试样不再进行热处理，其力学性能应分别符合表 6～表 10 的规定。

7.4.3 不经热处理的钢棒，试样毛坯经热处理后，其力学性能应分别符合表 6～表 10 的规定。

7.4.4 沉淀硬化型钢棒的力学性能应在合同中注明热处理组别，未注明时，按 1 组执行。

7.4.5 若供方能保证力学性能合格时，可省去部分或全部力学性能试验。

表 1 奥氏体型不锈钢的化学成分

GB/T 20878 中序号	统一数字代号	新牌号	旧牌号	化学成分(质量分数)/%										
				C	Si	Mn	P	S	Ni	Cr	Mo	Cu	N	其他元素
1	S35350	12Cr17Mn6Ni5N	1Cr17Mn6Ni5N	0.15	1.00	5.50～7.50	0.050	0.030	3.50～5.50	16.00～18.00	—	—	0.05～0.25	—
3	S35450	12Cr18Mn9Ni5N	1Cr18Mn8Ni5N	0.15	1.00	7.50～10.00	0.050	0.030	4.00～6.00	17.00～19.00	—	—	0.05～0.25	—
9	S30110	12Cr17Ni7	1Cr17Ni7	0.15	1.00	2.00	0.045	0.030	6.00～8.00	16.00～18.00	—	—	0.10	—
13	S30210	12Cr18Ni9	1Cr18Ni9	0.15	1.00	2.00	0.045	0.030	8.00～10.00	17.00～19.00	—	—	0.10	—
15	S30317	Y12Cr18Ni9	Y1Cr18Ni9	0.15	1.00	2.00	0.20	≥0.15	8.00～10.00	17.00～19.00	(0.60)	—	—	—
16	S30327	Y12Cr18Ni9Se	Y1Cr18Ni9Se	0.15	1.00	2.00	0.20	0.060	8.00～10.00	17.00～19.00	—	—	—	Se≥0.15
17	S30408	06Cr19Ni10	0Cr18Ni9	0.08	1.00	2.00	0.045	0.030	8.00～11.00	18.00～20.00	—	—	—	—
18	S30403	022Cr19Ni10	00Cr19Ni10	0.030	1.00	2.00	0.045	0.030	8.00～12.00	18.00～20.00	—	—	—	—
22	S30488	06Cr18Ni9Cu3	0Cr18Ni9Cu3	0.08	1.00	2.00	0.045	0.030	8.50～10.50	17.00～19.00	—	3.00～4.00	—	—
23	S30458	06Cr19Ni10N	0Cr19Ni9N	0.08	1.00	2.00	0.045	0.030	8.00～11.00	18.00～20.00	—	—	0.10～0.16	—
24	S30478	06Cr19Ni9NbN	0Cr19Ni10NbN	0.08	1.00	2.00	0.045	0.030	7.50～10.50	18.00～20.00	—	—	0.15～0.30	Nb 0.15
25	S30453	022Cr19Ni10N	00Cr18Ni10N	0.030	1.00	2.00	0.045	0.030	8.00～11.00	18.00～20.00	—	—	0.10～0.16	—
26	S30510	10Cr18Ni12	1Cr18Ni12	0.12	1.00	2.00	0.045	0.030	10.50～13.00	17.00～19.00	—	—	—	—
32	S30908	06Cr23Ni13	0Cr23Ni13	0.08	1.00	2.00	0.045	0.030	12.00～15.00	22.00～24.00	—	—	—	—
35	S31008	06Cr25Ni20	0Cr25Ni20	0.08	1.50	2.00	0.045	0.030	19.00～22.00	24.00～26.00	—	—	—	—
38	S31608	06Cr17Ni12Mo2	0Cr17Ni12Mo2	0.08	1.00	2.00	0.045	0.030	10.00～14.00	16.00～18.00	2.00～3.00	—	—	—

表 1（续）

GB/T 20878 中序号	统一数字代号	新牌号	旧牌号	化学成分(质量分数)/%										
				C	Si	Mn	P	S	Ni	Cr	Mo	Cu	N	其他元素
39	S31603	022Cr17Ni12Mo2	00Cr17Ni14Mo2	0.030	1.00	2.00	0.045	0.030	10.00～14.00	16.00～18.00	2.00～3.00	—	—	—
41	S31668	06Cr17Ni12Mo2Ti	0Cr18Ni12Mo3Ti	0.08	1.00	2.00	0.045	0.030	10.00～14.00	16.00～18.00	2.00～3.00	—	—	Ti≥5C
43	S31658	06Cr17Ni12Mo2N	0Cr17Ni12Mo2N	0.08	1.00	2.00	0.045	0.030	10.00～13.00	16.00～18.00	2.00～3.00	—	0.10～0.16	—
44	S31653	022Cr17Ni12Mo2N	00Cr17Ni13Mo2N	0.030	1.00	2.00	0.045	0.030	10.00～13.00	16.00～18.00	2.00～3.00	—	0.10～0.16	—
45	S31688	06Cr18Ni12Mo2Cu2	0Cr18Ni12Mo2Cu2	0.08	1.00	2.00	0.045	0.030	10.00～14.00	17.00～19.00	1.20～2.75	1.00～2.50	—	—
46	S31683	022Cr18Ni14Mo2Cu2	00Cr18Ni14Mo2Cu2	0.030	1.00	2.00	0.045	0.030	12.00～16.00	17.00～19.00	1.20～2.75	1.00～2.50	—	—
49	S31708	06Cr19Ni13Mo3	0Cr19Ni13Mo3	0.08	1.00	2.00	0.045	0.030	11.00～15.00	18.00～20.00	3.00～4.00	—	—	—
50	S31703	022Cr19Ni13Mo3	00Cr19Ni13Mo3	0.030	1.00	2.00	0.045	0.030	11.00～15.00	18.00～20.00	3.00～4.00	—	—	—
52	S31794	03Cr18Ni16Mo5	0Cr18Ni16Mo5	0.04	1.00	2.50	0.045	0.030	15.00～17.00	16.00～19.00	4.00～6.00	—	—	—
55	S32168	06Cr18Ni11Ti	0Cr18Ni10Ti	0.08	1.00	2.00	0.045	0.030	9.00～12.00	17.00～19.00	—	—	—	Ti 5C～0.70
62	S34778	06Cr18Ni11Nb	0Cr18Ni11Nb	0.08	1.00	2.00	0.045	0.030	9.00～12.00	17.00～19.00	—	—	—	Nb 10C～1.10
64	S38148	06Cr18Ni13Si4[a]	0Cr18Ni13Si4[a]	0.08	3.00～5.00	2.00	0.045	0.030	11.50～15.00	15.00～20.00	—	—	—	—

注 1：表中所列成分除标明范围或最小值外，其余均为最大值。括号内数值为可加入或允许含有的最大值。

注 2：本标准牌号与国外标准牌号对照参见 GB/T 20878。

[a] 必要时，可添加上表以外的合金元素。

表 2 奥氏体-铁素体型不锈钢的化学成分

GB/T 20878 中序号	统一数字代号	新牌号	旧牌号	化学成分(质量分数)/%										
				C	Si	Mn	P	S	Ni	Cr	Mo	Cu	N	其他元素
67	S21860	14Cr18Ni11Si4AlTi	1Cr18Ni11Si4AlTi	0.10~0.18	3.40~4.00	0.80	0.035	0.030	10.00~12.00	17.50~19.50	—	—	—	Ti 0.40~0.70 Al 0.10~0.30
68	S21953	022Cr19Ni5Mo3Si2N	00Cr18Ni5Mo3Si2	0.030	1.30~2.00	1.00~2.00	0.035	0.030	4.50~5.50	18.00~19.50	2.50~3.00	—	0.05~0.12	—
70	S22253	022Cr22Ni5Mo3N		0.030	1.00	2.00	0.030	0.020	4.50~6.50	21.00~23.00	2.50~3.50	—	0.08~0.20	—
71	S22053	022Cr23Ni5Mo3N		0.030	1.00	2.00	0.030	0.020	4.50~6.50	22.00~23.00	3.00~3.50	—	0.14~0.20	—
73	S22553	022Cr25Ni6Mo2N		0.030	1.00	2.00	0.035	0.030	5.50~6.50	24.00~26.00	1.20~2.50	—	0.10~0.20	—
75	S25554	03Cr25Ni6Mo3Cu2N		0.04	1.00	1.50	0.035	0.030	4.50~6.50	24.00~27.00	2.90~3.90	1.50~2.50	0.10~0.25	—

注 1：表中所列成分除标明范围或最小值外，其余均为最大值。

注 2：本标准牌号与国外标准牌号对照参见 GB/T 20878。

表 3 铁素体型不锈钢的化学成分

GB/T 20878 中序号	统一数字代号	新牌号	旧牌号	化学成分(质量分数)/%										
				C	Si	Mn	P	S	Ni	Cr	Mo	Cu	N	其他元素
78	S11348	06Cr13Al	0Cr13Al	0.08	1.00	1.00	0.040	0.030	(0.60)	11.50~14.50	—	—	—	Al 0.10~0.30
83	S11203	022Cr12	00Cr12	0.030	1.00	1.00	0.040	0.030	(0.60)	11.00~13.50	—	—	—	—
85	S11710	10Cr17	1Cr17	0.12	1.00	1.00	0.040	0.030	(0.60)	16.00~18.00	—	—	—	—
86	S11717	Y10Cr17	Y1Cr17	0.12	1.00	1.25	0.060	≥0.15	(0.60)	16.00~18.00	(0.60)	—	—	—
88	S11790	10Cr17Mo	1Cr17Mo	0.12	1.00	1.00	0.040	0.030	(0.60)	16.00~18.00	0.75~1.25	—	—	—
94	S12791	008Cr27Mo[a]	00Cr27Mo[a]	0.010	0.40	0.40	0.030	0.020	—	25.00~27.50	0.75~1.50	—	0.015	—
95	S13091	008Cr30Mo2[a]	00Cr30Mo2[a]	0.010	0.40	0.40	0.030	0.020	—	28.50~32.00	1.50~2.50	—	0.015	—

注 1：表中所列成分除标明范围或最小值外，其余均为最大值。括号内数值为可加入或允许含有的最大值。

注 2：本标准牌号与国外标准牌号对照参见 GB/T 20878。

[a] 允许含有小于或等于 0.50%镍，小于或等于 0.20%铜，而 Ni+Cu≤0.50%，必要时，可添加上表以外的合金元素。

表 4 马氏体型不锈钢的化学成分

GB/T 20878 中序号	统一数字代号	新牌号	旧牌号	化学成分(质量分数)/%										
				C	Si	Mn	P	S	Ni	Cr	Mo	Cu	N	其他元素
96	S40310	12Cr12	1Cr12	0.15	0.50	1.00	0.040	0.030	(0.60)	11.50～13.00	—	—	—	—
97	S41008	06Cr13	0Cr13	0.08	1.00	1.00	0.040	0.030	(0.60)	11.50～13.50	—	—	—	—
98	S41010	12Cr13[a]	1Cr13[a]	0.08～0.15	1.00	1.00	0.040	0.030	(0.60)	11.50～13.50	—	—	—	—
100	S41617	Y12Cr13	Y1Cr13	0.15	1.00	1.25	0.060	≥0.15	(0.60)	12.00～14.00	(0.60)	—		—
101	S42020	20Cr13	2Cr13	0.16～0.25	1.00	1.00	0.040	0.030	(0.60)	12.00～14.00	—	—	—	—
102	S42030	30Cr13	3Cr13	0.26～0.35	1.00	1.00	0.040	0.030	(0.60)	12.00～14.00	—	—	—	—
103	S42037	Y30Cr13	Y3Cr13	0.26～0.35	1.00	1.25	0.060	≥0.15	(0.60)	12.00～14.00	(0.60)	—	—	—
104	S42040	40Cr13	4Cr13	0.36～0.45	0.60	0.80	0.040	0.030	(0.60)	12.00～14.00	—	—	—	—
106	S43110	14Cr17Ni2	1Cr17Ni2	0.11～0.17	0.80	0.80	0.040	0.030	1.50～2.50	16.00～18.00	—	—	—	—
107	S43120	17Cr16Ni2		0.12～0.22	1.00	1.50	0.040	0.030	1.50～2.50	15.00～17.00	—	—	—	—
108	S44070	68Cr17	7Cr17	0.60～0.75	1.00	1.00	0.040	0.030	(0.60)	16.00～18.00	(0.75)	—	—	—
109	S44080	85Cr17	8Cr17	0.75～0.95	1.00	1.00	0.040	0.030	(0.60)	16.00～18.00	(0.75)	—	—	—
110	S44096	108Cr17	11Cr17	0.95～1.20	1.00	1.00	0.040	0.030	(0.60)	16.00～18.00	(0.75)	—	—	—
111	S44097	Y108Cr17	Y11Cr17	0.95～1.20	1.00	1.25	0.060	≥0.15	(0.60)	16.00～18.00	(0.75)	—	—	—
112	S44090	95Cr18	9Cr18	0.90～1.00	0.80	0.80	0.040	0.030	(0.60)	17.00～19.00	—	—	—	—
115	S45710	13Cr13Mo	1Cr13Mo	0.08～0.18	0.60	1.00	0.040	0.030	(0.60)	11.50～14.00	0.30～0.60	—	—	—
116	S45830	32Cr13Mo	3Cr13Mo	0.28～0.35	0.80	1.00	0.040	0.030	(0.60)	12.00～14.00	0.50～1.00	—	—	—
117	S45990	102Cr17Mo	9Cr18Mo	0.95～1.10	0.80	0.80	0.040	0.030	(0.60)	16.00～18.00	0.40～0.70	—	—	—
118	S46990	90Cr18MoV	9Cr18MoV	0.85～0.95	0.80	0.80	0.040	0.030	(0.60)	17.00～19.00	1.00～1.30	—	—	V 0.07～0.12

注 1：表中所列成分除标明范围或最小值外，其余均为最大值。括号内数值为可加入或允许含有的最大值。

注 2：本标准牌号与国外标准牌号对照参见 GB/T 20878。

[a] 相对于 GB/T 20878 调整成分牌号。

表 5 沉淀硬化型不锈钢的化学成分

GB/T 20878 中序号	统一数字代号	新牌号	旧牌号	化学成分(质量分数)/%										
				C	Si	Mn	P	S	Ni	Cr	Mo	Cu	N	其他元素
136	S51550	05Cr15Ni5Cu4Nb		0.07	1.00	1.00	0.040	0.030	3.50～5.50	14.00～15.50	—	2.50～4.50	—	Nb 0.15～0.45
137	S51740	05Cr17Ni4Cu4Nb	0Cr17Ni4Cu4Nb	0.07	1.00	1.00	0.040	0.030	3.00～5.00	15.00～17.50	—	3.00～5.00	—	Nb 0.15～0.45
138	S51770	07Cr17Ni7Al	0Cr17Ni7Al	0.09	1.00	1.00	0.040	0.030	6.50～7.75	16.00～18.00	—	—	—	Al 0.75～1.50
139	S51570	07Cr15Ni7Mo2Al	0Cr15Ni7Mo2Al	0.09	1.00	1.00	0.040	0.030	6.50～7.75	14.00～16.00	2.00～3.00	—	—	Al 0.75～1.50

注 1：表中所列成分除标明范围或最小值外，其余均为最大值。

注 2：本标准牌号与国外标准牌号对照参见 GB/T 20878。

表 6 经固溶处理(见表 A.1)的奥氏体型钢棒或试样的力学性能[a]

GB/T 20878 中序号	统一数字代号	新牌号	旧牌号	规定非比例延伸强度 $R_{p0.2}$[b]/(N/mm²)	抗拉强度 R_m/(N/mm²)	断后伸长率 A/%	断面收缩率 Z[c]/%	硬度[b]		
								HBW	HRB	HV
				不小于				不大于		
1	S35350	12Cr17Mn6Ni5N	1Cr17Mn6Ni5N	275	520	40	45	241	100	253
3	S35450	12Cr18Mn9Ni5N	1Cr18Mn8Ni5N	275	520	40	45	207	95	218
9	S30110	12Cr17Ni7	1Cr17Ni7	205	520	40	60	187	90	200
13	S30210	12Cr18Ni9	1Cr18Ni9	205	520	40	60	187	90	200
15	S30317	Y12Cr18Ni9	Y1Cr18Ni9	205	520	40	50	187	90	200
16	S30327	Y12Cr18Ni9Se	Y1Cr18Ni9Se	205	520	40	50	187	90	200
17	S30408	06Cr19Ni10	0Cr18Ni9	205	520	40	60	187	90	200
18	S30403	022Cr19Ni10	00Cr19Ni10	175	480	40	60	187	90	200
22	S30488	06Cr18Ni9Cu3	0Cr18Ni9Cu3	175	480	40	60	187	90	200
23	S30458	06Cr19Ni10N	0Cr19Ni9N	275	550	35	50	217	95	220

表 6（续）

GB/T 20878 中序号	统一数字代号	新牌号	旧牌号	规定非比例延伸强度 $R_{p0.2}$[b]/(N/mm²)	抗拉强度 R_m /(N/mm²)	断后伸长率 A /%	断面收缩率 Z[c] /%	硬度[b] HBW	HRB	HV
				不小于				不大于		
24	S30478	06Cr19Ni9NbN	0Cr19Ni10NbN	345	685	35	50	250	100	260
25	S30453	022Cr19Ni10N	00Cr18Ni10N	245	550	40	50	217	95	220
26	S30510	10Cr18Ni12	1Cr18Ni12	175	480	40	60	187	90	200
32	S30908	06Cr23Ni13	0Cr23Ni13	205	520	40	60	187	90	200
35	S31008	06Cr25Ni20	0Cr25Ni20	205	520	40	50	187	90	200
38	S31608	06Cr17Ni12Mo2	0Cr17Ni12Mo2	205	520	40	60	187	90	200
39	S31603	022Cr17Ni12Mo2	00Cr17Ni14Mo2	175	480	40	60	187	90	200
41	S31668	06Cr17Ni12Mo2Ti	0Cr18Ni12Mo3Ti	205	530	40	55	187	90	200
43	S31658	06Cr17Ni12Mo2N	0Cr17Ni12Mo2N	275	550	35	50	217	95	220
44	S31653	022Cr17Ni12Mo2N	00Cr17Ni13Mo2N	245	550	40	50	217	95	220
45	S31688	06Cr18Ni12Mo2Cu2	0Cr18Ni12Mo2Cu2	205	520	40	60	187	90	200
46	S31683	022Cr18Ni14Mo2Cu2	00Cr18Ni14Mo2Cu2	175	480	40	60	187	90	200
49	S31708	06Cr19Ni13Mo3	0Cr19Ni13Mo3	205	520	40	60	187	90	200
50	S31703	022Cr19Ni13Mo3	00Cr19Ni13Mo3	175	480	40	60	187	90	200
52	S31794	03Cr18Ni16Mo5	0Cr18Ni16Mo5	175	480	40	45	187	90	200
55	S32168	06Cr18Ni11Ti	0Cr18Ni10Ti	205	520	40	50	187	90	200
62	S34778	06Cr18Ni11Nb	0Cr18Ni11Nb	205	520	40	50	187	90	200
64	S38148	06Cr18Ni13Si4	0Cr18Ni13Si4	205	520	40	60	207	95	218

a 表 6 仅适用于直径、边长、厚度或对边距离小于或等于 180 mm 的钢棒。大于 180 mm 的钢棒，可改锻成 180 mm 的样坯检验，或由供需双方协商，规定允许降低其力学性能的数值。

b 规定非比例延伸强度和硬度，仅当需方要求时(合同中注明)才进行测定，且供方可根据钢棒的尺寸或状态任选一种方法测定硬度。

c 扁钢不适用，但需方要求时，由供需双方协商。

表 7　经固溶处理的(见表 A.2)奥氏体-铁素体型钢棒或试样的力学性能[a]

GB/T 20878 中序号	统一数字代号	新牌号	旧牌号	规定非比例延伸强度 $R_{p0.2}$[b]/(N/mm²)	抗拉强度 R_m/(N/mm²)	断后伸长率 A/%	断面收缩率 Z[c]/%	冲击吸收功 A_{ku2}[d]/J	硬度[b] HBW	硬度[b] HRB	硬度[b] HV
				不小于					不大于		
67	S21860	14Cr18Ni11Si4AlTi	1Cr18Ni11Si4AlT	440	715	25	40	63	—	—	—
68	S21953	022Cr19Ni5Mo3Si2N	00Cr18Ni5Mo3Si2	390	590	20	40	—	290	30	300
70	S22253	022Cr22Ni5Mo3N		450	620	25	—	—	290	—	—
71	S22053	022Cr23Ni5Mo3N		450	655	25	—	—	290	—	—
73	S22553	022Cr25Ni6Mo2N		450	620	20	—	—	260	—	—
75	S25554	03Cr25Ni6Mo3Cu2N		550	750	25	—	—	290	—	—

a 表 7 仅适用于直径、边长、厚度或对边距离小于或等于 75 mm 的钢棒。大于 75 mm 的钢棒，可改锻成 75 mm 的样坯检验或由供需双方协商，规定允许降低其力学性能的数值。

b 规定非比例延伸强度和硬度，仅当需方要求时(合同中注明)才进行测定，且供方可根据钢棒的尺寸或状态任选一种方法测定硬度。

c 扁钢不适用，但需方要求时，由供需双方协商确定。

d 直径或对边距离小于等于 16 mm 的圆钢、六角钢、八角钢和边长或厚度小于等于 12 mm 的方钢、扁钢不做冲击试验。

表 8　经退火处理的(见表 A.3)铁素体型钢棒或试样的力学性能[a]

GB/T 20878 中序号	统一数字代号	新牌号	旧牌号	规定非比例延伸强度 $R_{p0.2}$[b]/(N/mm²)	抗拉强度 R_m/(N/mm²)	断后伸长率 A/%	断面收缩率 Z[c]/%	冲击吸收功 A_{ku2}[d]/J	硬度[b] HBW
				不小于					不大于
78	S11348	06Cr13Al	0Cr13Al	175	410	20	60	78	183
83	S11203	022Cr12	00Cr12	195	360	22	60	—	183
85	S11710	10Cr17	1Cr17	205	450	22	50	—	183
86	S11717	Y10Cr17	Y1Cr17	205	450	22	50	—	183
88	S11790	10Cr17Mo	1Cr17Mo	205	450	22	60	—	183
94	S12791	008Cr27Mo	00Cr27Mo	245	410	20	45	—	219
95	S13091	008Cr30Mo2	00Cr30Mo2	295	450	20	45	—	228

a 表 8 仅适用于直径、边长、厚度或对边距离小于或等于 75 mm 的钢棒。大于 75 mm 的钢棒，可改锻成 75 mm 的样坯检验或由供需双方协商，规定允许降低其力学性能的数值。

b 规定非比例延伸强度和硬度，仅当需方要求时(合同中注明)才进行测定。

c 扁钢不适用，但需方要求时，由供需双方协商确定。

d 直径或对边距离小于等于 16 mm 的圆钢、六角钢、八角钢和边长或厚度小于等于 12 mm 的方钢、扁钢不做冲击试验。

表 9　经热处理的马氏体型钢棒或试样的力学性能[a]

GB/T 20878 中序号	统一数字代号	新牌号	旧牌号	组别	经淬火回火(见表 A.4)后试样的力学性能和硬度							退火后钢棒的硬度[c]
					规定非比例延伸强度 $R_{p0.2}$/(N/mm²)	抗拉强度 R_m/(N/mm²)	断后伸长率 A/%	断面收缩率 Z^b/%	冲击吸收功 $A_{ku2}{}^d$/J	HBW	HRC	HBW
					不小于							不大于
96	S40310	12Cr12	1Cr12		390	590	25	55	118	170	—	200
97	S41008	06Cr13	0Cr13		345	490	24	60	—	—	—	183
98	S41010	12Cr13	1Cr13		345	540	22	55	78	159	—	200
100	S41617	Y12Cr13	Y1Cr13		345	540	17	45	55	159	—	200
101	S42020	20Cr13	2Cr13		440	640	20	50	63	192	—	223
102	S42030	30Cr13	3Cr13		540	735	12	40	24	217	—	235
103	S42037	Y30Cr13	Y3Cr13		540	735	8	35	24	217	—	235
104	S42040	40Cr13	4Cr13		—	—	—	—	—		50	235
106	S43110	14Cr17Ni2	1Cr17Ni2		—	1080	10	—	39	—	—	285
107	S43120	17Cr16Ni2[e]		1	700	900～1 050	12	45	25(A_{KV})	—	—	295
				2	600	800～950	14					
108	S44070	68Cr17	7Cr17		—	—	—	—	—	—	54	255
109	S44080	85Cr17	8Cr17		—	—	—	—	—	—	56	255
110	S44096	108Cr17	11Cr17		—	—	—	—	—	—	58	269
111	S44097	Y108Cr17	Y11Cr17		—	—	—	—	—	—	58	269
112	S44090	95Cr18	9Cr18		—	—	—	—	—	—	55	255
115	S45710	13Cr13Mo	1Cr13Mo		490	690	20	60	78	192	—	200
116	S45830	32Cr13Mo	3Cr13Mo		—	—	—	—	—	—	50	207
117	S45990	102Cr17Mo	9Cr18Mo		—	—	—	—	—	—	55	269
118	S46990	90Cr18MoV	9Cr18MoV		—	—	—	—	—	—	55	269

a　表 9 仅适用于直径、边长、厚度或对边距离小于或等于 75 mm 的钢棒。大于 75 mm 的钢棒，可改锻成 75 mm 的样坯检验或由供需双方协商，规定允许降低其力学性能的数值。

b　扁钢不适用，但需方要求时，由供需双方协商确定。

c　采用 750℃退火时，其硬度由供需双方协商。

d　直径或对边距离小于等于 16 mm 的圆钢、六角钢、八角钢和边长或厚度小于等于 12 mm 的方钢、扁钢不做冲击试验。

e　17Cr16Ni2 钢的性能组别应在合同中注明，未注明时，由供方自行选择。

表 10 沉淀硬化型(见表 A.5)钢棒或试样的力学性能[a]

GB/T 20878 中序号	统一数字代号	新牌号	旧牌号	热处理 类型		热处理 组别	规定非比例延伸强度 $R_{p0.2}$ /(N/mm²)	抗拉强度 R_m /(N/mm²)	断后伸长率 A /%	断面收缩率 Z[b] /%	硬度[c] HBW	硬度[c] HRC
							不小于					
136	S51550	05Cr15Ni5Cu4Nb		固溶处理		0	—	—	—	—	≤363	≤38
				沉淀硬化	480℃时效	1	1 180	1 310	10	35	≥375	≥40
					550℃时效	2	1 000	1 070	12	45	≥331	≥35
					580℃时效	3	865	1 000	13	45	≥302	≥31
					620℃时效	4	725	930	16	50	≥277	≥28
137	S51740	05Cr17Ni4Cu4Nb	0Cr17Ni4Cu4Nb	固溶处理		0	—	—	—	—	≤363	≤38
				沉淀硬化	480℃时效	1	1 180	1 310	10	40	≥375	≥40
					550℃时效	2	1 000	1 070	12	45	≥331	≥35
					580℃时效	3	865	1 000	13	45	≥302	≥31
					620℃时效	4	725	930	16	50	≥277	≥28
138	S51770	07Cr17Ni7Al	0Cr17Ni7Al	固溶处理		0	≤380	≤1030	20	—	≤229	—
				沉淀硬化	510℃时效	1	1 030	1 230	4	10	≥388	—
					565℃时效	2	960	1 140	5	25	≥363	—
139	S51570	07Cr15Ni7Mo2Al	0Cr15Ni7Mo2Al	固溶处理		0	—	—	—	—	≤269	—
				沉淀硬化	510℃时效	1	1 210	1 320	6	20	≥388	—
					565℃时效	2	1 100	1 210	7	25	≥375	—

a 表 10 仅适用于直径、边长、厚度或对边距离小于或等于 75 mm 的钢棒。大于 75 mm 的钢棒，可改锻成 75 mm 的样坯检验或由供需双方协商，规定允许降低其力学性能的数值。

b 扁钢不适用，但需方要求时，由供需双方协商确定。

c 供方可根据钢棒的尺寸或状态任选一种方法测定硬度。

7.5 耐腐蚀性能

根据需方要求，并由供需双方协商采用合适的试验方法，且在合同中注明，奥氏体型和奥氏体-铁素体型不锈钢棒可进行晶间腐蚀试验，其耐腐蚀性能见表11和表12。表11和表12以外牌号钢棒的耐腐蚀性能由供需双方协商确定。

表11 GB/T 4334.1中10%草酸浸蚀试验的判别

<table>
<tr><th>GB/T 20878中序号</th><th>统一数字代号</th><th>新牌号</th><th>旧牌号</th><th>试验状态</th><th>GB/T 4334.2 硫酸-硫酸铁腐蚀试验</th><th>GB/T 4334.3 65%硝酸腐蚀试验</th><th>GB/T 4334.5 硫酸-硫酸铜腐蚀试验</th></tr>
<tr><td>17</td><td>S30408</td><td>06Cr19Ni10</td><td>0Cr18Ni9</td><td rowspan="4">固溶处理</td><td rowspan="4">沟状组织</td><td>沟状组织
凹坑组织Ⅱ</td><td rowspan="4">沟状组织</td></tr>
<tr><td>38</td><td>S31608</td><td>06Cr17Ni12Mo2</td><td>0Cr17Ni12Mo2</td><td rowspan="3">—</td></tr>
<tr><td>45</td><td>S31688</td><td>06Cr18Ni12Mo2Cu2</td><td>0Cr18Ni12Mo2Cu2</td></tr>
<tr><td>49</td><td>S31708</td><td>06Cr19Ni13Mo3[a]</td><td>0Cr19Ni13Mo3[a]</td></tr>
<tr><td>18</td><td>S30403</td><td>022Cr19Ni10</td><td>00Cr19Ni10</td><td rowspan="6">敏化处理</td><td rowspan="4">沟状组织</td><td>沟状组织
凹坑组织Ⅱ</td><td rowspan="6">沟状组织</td></tr>
<tr><td>39</td><td>S31603</td><td>022Cr17Ni12Mo2</td><td>00Cr17Ni14Mo2</td><td rowspan="5">—</td></tr>
<tr><td>46</td><td>S31683</td><td>022Cr18Ni14Mo2Cu2</td><td>00Cr18Ni14Mo2Cu2</td></tr>
<tr><td>50</td><td>S31703</td><td>022Cr19Ni13Mo3</td><td>00Cr19Ni13Mo3</td></tr>
<tr><td>55</td><td>S32168</td><td>06Cr18Ni11Ti</td><td>0Cr18Ni10Ti</td><td rowspan="2">—</td></tr>
<tr><td>62</td><td>S34778</td><td>06Cr18Ni11Nb</td><td>0Cr18Ni11Nb</td></tr>
<tr><td colspan="8">a 可进行敏化处理，但试验前应由供需双方协商确定。</td></tr>
</table>

表12 晶间腐蚀试验

<table>
<tr><th rowspan="2">GB/T 20878中序号</th><th rowspan="2">统一数字代号</th><th rowspan="2">新牌号</th><th rowspan="2">旧牌号</th><th colspan="2">GB/T 4334.2</th><th colspan="2">GB/T 4334.3</th><th colspan="2">GB/T 4334.5</th></tr>
<tr><th>试验状态</th><th>腐蚀减重/[g/(m² · h)]</th><th>试验状态</th><th>腐蚀减重/[g/(m² · h)]</th><th>试验状态</th><th>试验弯曲面的状态</th></tr>
<tr><td>17</td><td>S30408</td><td>06Cr19Ni10</td><td>0Cr18Ni9</td><td rowspan="4">固溶处理</td><td rowspan="4">协议</td><td>固溶处理</td><td>协议</td><td rowspan="4">固溶处理</td><td rowspan="11">不允许有晶间腐蚀裂纹</td></tr>
<tr><td>38</td><td>S31608</td><td>06Cr17Ni12Mo2</td><td>0Cr17Ni12Mo2</td><td colspan="2" rowspan="3">—</td></tr>
<tr><td>45</td><td>S31688</td><td>06Cr18Ni12Mo2Cu2</td><td>0Cr18Ni12Mo2Cu2</td></tr>
<tr><td>49</td><td>S31708</td><td>06Cr19Ni13Mo3[a]</td><td>0Cr19Ni13Mo3[a]</td></tr>
<tr><td>18</td><td>S30403</td><td>022Cr19Ni10</td><td>00Cr19Ni10</td><td rowspan="4">敏化处理</td><td rowspan="4">协议</td><td>敏化处理</td><td>协议</td><td rowspan="7">敏化处理</td></tr>
<tr><td>39</td><td>S31603</td><td>022Cr17Ni12Mo2</td><td>00Cr17Ni14Mo2</td><td colspan="2" rowspan="6">—</td></tr>
<tr><td>46</td><td>S31683</td><td>022Cr18Ni14Mo2Cu2</td><td>00Cr18Ni14Mo2Cu2</td></tr>
<tr><td>50</td><td>S31703</td><td>022Cr19Ni13Mo3</td><td>00Cr19Ni13Mo3</td></tr>
<tr><td>41</td><td>S31668</td><td>06Cr17Ni12Mo2Ti</td><td>0Cr18Ni12Mo3Ti</td><td colspan="2" rowspan="3">—</td></tr>
<tr><td>55</td><td>S32168</td><td>06Cr18Ni11Ti</td><td>0Cr18Ni10Ti</td></tr>
<tr><td>62</td><td>S34778</td><td>06Cr18Ni11Nb</td><td>0Cr18Ni11Nb</td></tr>
<tr><td colspan="10">a 可进行敏化处理，但试验前应由供需双方协商确定。</td></tr>
</table>

7.6 低倍组织

7.6.1 钢棒的横截面酸浸低倍试片上不允许有目视可见的缩孔、气泡、裂纹、夹杂、翻皮及白点。对切削加工用的钢棒允许有深度不大于公称尺寸公差之半的皮下夹杂等缺陷。

7.6.2 酸浸低倍组织合格级别应符合表 13 的规定。当需方要求 1 组时，应在合同中注明。尺寸大于 200 mm 钢棒，其低倍组织合格级别由供需双方协商确定。

7.6.3 供方若能保证，允许采用超声波探伤法或其他无损探伤法代替低倍检验。

表 13 低倍组织合格级别

组　别	一般疏松	中心疏松	锭型偏析
1 组	≤2 级	≤2 级	≤2 级
2 组	≤3 级	≤3 级	≤3 级

7.7 热顶锻

7.7.1 热顶锻用钢(在合同中注明)应作热顶锻试验，试样顶锻至原高度的三分之一后，试样表面不允许有裂纹或裂口。

7.7.2 尺寸大于 80 mm 的钢棒，供方若能保证顶锻试验合格，可不进行试验。

7.8 表面质量

7.8.1 压力加工用钢棒的表面不允许有裂纹、结疤、折叠及夹杂，如有上述缺陷必须清除。清除深度应符合表 14 的规定，清除宽度不小于深度的 5 倍，同一截面达到最大清除深度不得多于一处，允许有从实际尺寸算起不超过公称尺寸公差之半的个别细小划痕、压痕、麻点及深度不超过 0.20 mm 的小裂纹存在。根据供需双方协议，压力加工用圆钢棒，表面可以车削或剥皮。

表 14 压力加工用钢棒表面缺陷允许清除深度

钢棒公称尺寸/mm	允许清除深度
≤80	钢棒公称尺寸公差之半
>80～140	钢棒公称尺寸公差
>140～200	钢棒公称尺寸的 5%
>200～250	钢棒公称尺寸的 6%

7.8.2 切削加工用钢棒允许有从公称尺寸算起不超过表 15 规定的局部缺陷。

表 15 切削加工用钢棒表面局部缺陷允许深度

钢棒公称尺寸/mm	局部缺陷允许深度
<100	钢棒公称尺寸的负偏差
≥100	钢棒公称尺寸的公差

7.8.3 经供需双方协商，并在合同中注明，可规定采用酸洗、车削等方法去除热处理产生的黑皮。

7.9 特殊要求

根据需方要求，并经供需双方协议，可供应下列特殊要求的钢棒。

a) 缩小表 1～表 5 化学成分范围；

b) 限制表 6～表 10 抗拉强度的上限；

c) 增加耐腐蚀性能试验；

d) 检验 α 相含量；

e) 检验钢中非金属夹杂物含量；

f) 检验钢的晶粒度；

g) 增加塔形检验；

h) 其他特殊要求。

8 试验方法

每批钢棒的检验项目及试验方法应符合表16的规定。

表16 钢棒检验项目、取样数量、取样部位及试验方法

序号	检验项目	取样数量[a]	取样部位	试验方法
1	化学成分	1	GB/T 20066	GB/T 223(见第2章)、GB/T 11170、GB/T 9971—2004的附录A
2	拉伸	2	不同根钢棒,GB/T 2975	GB/T 228
3	冲击	2		GB/T 229
4	硬度	2	不同根钢棒	GB/T 230.1、GB/T 231.1、GB/T 4340.1
5	晶间腐蚀	2		GB/T 4334.1、GB/T 4334.2、GB/T 4334.3、GB/T 4334.5
6	低倍组织	2	相当于钢锭头部的不同根钢棒或钢坯; 连铸钢在任意不同根钢棒	GB/T 226、GB/T 1979
7	超声波检验	2	整根钢棒	GB/T 7736
8	热顶锻	2	不同根钢棒	YB/T 5293
9	非金属夹杂物	2		GB/T 10561
10	晶粒度	1	任一钢棒	GB/T 6394
11	α-相	1		GB/T 6401—1986、GB/T 13305—991
12	塔形	2	相当于钢锭头部不同根钢棒或钢坯; 连铸钢在任意不同根钢棒	GB/T 15711、GB/T 10121
13	尺寸	逐根	整根钢棒	卡尺、千分尺
14	表面	逐根		目视

[a] 电渣钢除表面和尺寸逐根外,其他检验项目的取样数量均为1个。以自耗电极的熔炼母炉号组批时,除化学成分每个电渣炉号取1个外,其他检验项目取样数量同表中规定。

9 检验规则

9.1 检查和验收

钢棒的检查和验收由供方技术质量监督部门进行。

9.2 组批规则

钢棒应按批检查和验收。每批由同一牌号、同一炉号、同一加工方法、同一尺寸和同一交货状态(同一热处理炉次)的钢棒组成。采用电渣重熔冶炼的钢,在工艺稳定且能保证本标准各项技术要求的条件下,允许以自耗电极的熔炼母炉号组批交货,并在质量证明书中注明。

9.3 取样部位及取样数量

每批钢棒检验取样部位及取样数量应符合表16的规定。

9.4 复验和判定规则

9.4.1 复验和判定规则应按GB/T 17505的有关规定。

9.4.2 供方若能保证钢棒合格时,对同一炉号的钢棒或钢坯的力学性能、低倍组织、非金属夹杂物的检验结果,允许以坯代材、以大代小。

10 包装、标志和质量证明书

钢棒的包装、标志和质量证明书应符合 GB/T 2101 的规定。

附 录 A
（资料性附录）
不锈钢棒或试样的典型热处理制度

表 A.1 奥氏体型不锈钢棒或试样的典型热处理制度

GB/T 20878 中序号	统一数字代号	新 牌 号	旧 牌 号	固溶处理/℃
1	S35350	12Cr17Mn6Ni5N	1Cr17Mn6Ni5N	1 010～1 120,快冷
3	S35450	12Cr18Mn9Ni5N	1Cr18Mn8Ni5N	1 010～1 120,快冷
9	S30110	12Cr17Ni7	1Cr17Ni7	1 010～1 150,快冷
13	S30210	12Cr18Ni9	1Cr18Ni9	1 010～1 150,快冷
15	S30317	Y12Cr18Ni9	Y1Cr18Ni9	1 010～1 150,快冷
16	S30327	Y12Cr18Ni9Se	Y1Cr18Ni9Se	1 010～1 150,快冷
17	S30408	06Cr19Ni10	0Cr18Ni9	1 010～1 150,快冷
18	S30403	022Cr19Ni10	00Cr19Ni10	1 010～1 150,快冷
22	S30488	06Cr18Ni9Cu3	0Cr18Ni9Cu3	1 010～1 150,快冷
23	S30458	06Cr19Ni10N	0Cr19Ni9N	1 010～1 150,快冷
24	S30478	06Cr19Ni9NbN	0Cr19Ni10NbN	1 010～1 150,快冷
25	S30453	022Cr19Ni10N	00Cr18Ni10N	1 010～1 150,快冷
26	S30510	10Cr18Ni12	1Cr18Ni12	1 010～1 150,快冷
32	S30908	06Cr23Ni13	0Cr23Ni13	1 030～1 150,快冷
35	S31008	06Cr25Ni20	0Cr25Ni20	1 030～1 180,快冷
38	S31608	06Cr17Ni12Mo2	0Cr17Ni12Mo2	1 010～1 150,快冷
39	S31603	022Cr17Ni12Mo2	00Cr17Ni14Mo2	1 010～1 150,快冷
41	S31668	06Cr17Ni12Mo2Ti[a]	0Cr18Ni12Mo3Ti[a]	1 000～1 100,快冷
43	S31658	06Cr17Ni12Mo2N	0Cr17Ni12Mo2N	1 010～1 150,快冷
44	S31653	022Cr17Ni12Mo2N	00Cr17Ni13Mo2N	1 010～1 150,快冷
45	S31688	06Cr18Ni12Mo2Cu2	0Cr18Ni12Mo2Cu2	1 010～1 150,快冷
46	S31683	022Cr18Ni14Mo2Cu2	00Cr18Ni14Mo2Cu2	1 010～1 150,快冷
49	S31708	06Cr19Ni13Mo3	0Cr19Ni13Mo3	1 010～1 150,快冷
50	S31703	022Cr19Ni13Mo3	00Cr19Ni13Mo3	1 010～1 150,快冷
52	S31794	03Cr18Ni16Mo5	0Cr18Ni16Mo5	1 030～1 180,快冷
55	S32168	06Cr18Ni11Ti[a]	0Cr18Ni10Ti[a]	920～1 150,快冷
62	S34778	06Cr18Ni11Nb[a]	0Cr18Ni11Nb[a]	980～1 150,快冷
64	S38148	06Cr18Ni13Si4	0Cr18Ni13Si4	1 010～1 150,快冷

[a] 需方在合同中注明时，可进行稳定化处理，此时的热处理温度为 850℃～930℃。

表 A.2 奥氏体-铁素体型不锈钢棒或试样的典型热处理制度

GB/T 20878 中序号	统一数字代号	新 牌 号	旧 牌 号	固溶处理/℃
67	S21860	14Cr18Ni11Si4AlTi	1Cr18Ni11Si4AlTi	930～1 050,快冷
68	S21953	022Cr19Ni5Mo3Si2N	00Cr18Ni5Mo3Si2	920～1 150,快冷
70	S22253	022Cr22Ni5Mo3N		950～1 200,快冷
71	S22053	022Cr23Ni5Mo3N		950～1 200,快冷
73	S22553	022Cr25Ni6Mo2N		950～1 200,快冷
75	S25554	03Cr25Ni6Mo3Cu2N		1 000～1 200,快冷

表 A.3 铁素体型不锈钢棒或试样的典型热处理制度

GB/T 20878 中序号	统一数字代号	新 牌 号	旧 牌 号	退火/℃
78	S11348	06Cr13Al	0Cr13Al	780～830,空冷或缓冷
83	S11203	022Cr12	00Cr12	700～820,空冷或缓冷
85	S11710	10Cr17	1Cr17	780～850,空冷或缓冷
86	S11717	Y10Cr17	Y1Cr17	680～820,空冷或缓冷
88	S11790	10Cr17Mo	1Cr17Mo	780～850,空冷或缓冷
94	S12791	008Cr27Mo	00Cr27Mo	900～1 050,快冷
95	S13091	008Cr30Mo2	00Cr30Mo2	900～1 050,快冷

表 A.4 马氏体型不锈钢棒或试样的典型热处理制度

GB/T 20878 中序号	统一数字代号	新 牌 号	旧 牌 号	钢棒的热处理制度		试样的热处理制度	
					退火/℃	淬火/℃	回火/℃
96	S40310	12Cr12	1Cr12		800～900 缓冷或约 750 快冷	950～1 000 油冷	700～750 快冷
97	S41008	06Cr13	0Cr13		800～900 缓冷或约 750 快冷	950～1 000 油冷	700～750 快冷
98	S41010	12Cr13	1Cr13		800～900 缓冷或约 750 快冷	950～1 000 油冷	700～750 快冷
100	S41617	Y12Cr13	Y1Cr13		800～900 缓冷或约 750 快冷	950～1 000 油冷	700～750 快冷
101	S42020	20Cr13	2Cr13		800～900 缓冷或约 750 快冷	920～980 油冷	600～750 快冷
102	S42030	30Cr13	3Cr13		800～900 缓冷或约 750 快冷	920～980 油冷	600～750 快冷
103	S42037	Y30Cr13	Y3Cr13		800～900 缓冷或约 750 快冷	920～980 油冷	600～750 快冷
104	S42040	40Cr13	4Cr13		800～900 缓冷或约 750 快冷	1050～1 100 油冷	200～300 空冷
106	S43110	14Cr17Ni2	1Cr17Ni2		680～700 高温回火,空冷	950～1 050 油冷	275～350 空冷
07	S43120	17Cr16Ni2		1	680～800,炉冷或空冷	950～1 050 油冷或空冷	600～650,空冷
				2			750～800+650～700[a],空冷
108	S44070	68Cr17	7Cr17		800～920 缓冷	1 010～1 070 油冷	100～180 快冷
109	S44080	85Cr17	8Cr17		800～920 缓冷	1 010～1 070 油冷	100～180 快冷
110	S44096	108Cr17	11Cr17		800～920 缓冷	1 010～1 070 油冷	100～180 快冷
111	S44097	Y108Cr17	Y11Cr17		800～920 缓冷	1 010～1 070 油冷	100～180 快冷
112	S44090	95Cr18	9Cr18		800～920 缓冷	1 000～1 050 油冷	200～300 油、空冷

表 A.4（续）

GB/T 20878 中序号	统一数字代号	新牌号	旧牌号	钢棒的热处理制度	试样的热处理制度	
				退火/℃	淬火/℃	回火/℃
115	S45710	13Cr13Mo	1Cr13Mo	830～900 缓冷或约 750 快冷	970～1 020 油冷	650～750 快冷
116	S45830	32Cr13Mo	3Cr13Mo	800～900 缓冷或约 750 快冷	1 025～1 075 油冷	200～300 油、水、空冷
117	S45990	102Cr17Mo	9Cr18Mo	800～900 缓冷	1 000～1 050 油冷	200～300 空冷
118	S46990	90Cr18MoV	9Cr18MoV	800～920 缓冷	1 050～1 075 油冷	100～200 空冷

[a] 当镍含量在表 4 规定的下限时，允许采用 620℃～720℃单回火制度。

表 A.5 沉淀硬化型不锈钢棒或试样的典型热处理制度

GB/T 20878 中序号	统一数字代号	新牌号	旧牌号	热处理			
				种类		组别	条件
136	S51550	05Cr15Ni5Cu4Nb		固溶处理		0	1 020℃～1 060℃，快冷。
				沉淀硬化	480℃时效	1	经固溶处理后，470℃～490℃空冷
				沉淀硬化	550℃时效	2	经固溶处理后，540℃～560℃空冷
				沉淀硬化	580℃时效	3	经固溶处理后，570℃～590℃空冷
				沉淀硬化	620℃时效	4	经固溶处理后，610℃～630℃空冷
137	S51740	05Cr17Ni4Cu4Nb	0Cr17Ni4Cu4Nb	固溶处理		0	1 020℃～1 060℃，快冷
				沉淀硬化	480℃时效	1	经固溶处理后，470℃～490℃空冷
				沉淀硬化	550℃时效	2	经固溶处理后，540℃～560℃空冷
				沉淀硬化	580℃时效	3	经固溶处理后，570℃～590℃空冷
				沉淀硬化	620℃时效	4	经固溶处理后，610℃～630℃空冷
138	S51770	07Cr17Ni7Al	0Cr17Ni7Al	固溶处理		0	1 000℃～1 100℃，快冷
				沉淀硬化	510℃时效	1	经固溶处理后，955℃±10℃保持10 min，空冷到室温，在24 h内冷却到－73℃±6℃，保持8 h，再加热到510℃±10℃，保持1 h后，空冷
				沉淀硬化	565℃时效	2	经固溶处理后，于760℃±15℃保持90 min，在1 h内冷却到15℃以下，保持30 min，再加热到565℃±10℃保持90 min，空冷
139	S51570	07Cr15Ni7Mo2Al	0Cr15Ni7Mo2Al	固溶处理		0	1 000℃～1 100℃快冷
				沉淀硬化	510℃时效	1	经固溶处理后，955℃±10℃保持10 min，空冷到室温，在24 h内冷却到－73℃±6℃，保持8 h，再加热到510℃±10℃，保持1 h后，空冷
				沉淀硬化	565℃时效	2	经固溶处理后，于760℃±15℃保持90 min，在1 h内冷却到15℃以下，保持30 min，再加热到565℃±10℃保持90 min，空冷

附　录　B
（资料性附录）
不锈钢的特性和用途

表 B.1　不锈钢的特性和用途

GB/T 20878 中序号	统一数字代号	新　牌　号	旧　牌　号	特性与用途
奥氏体型				
1	S35350	12Cr17Mn6Ni5N	1Cr17Mn6Ni5N	节镍钢，性能 12Cr17Ni7(1Cr17Ni7)与相近，可代替 12Cr17Ni7(1Cr17Ni7)使用。在固溶态无磁，冷加工后具有轻微磁性。主要用于制造旅馆装备、厨房用具、水池、交通工具等
3	S35450	12Cr18Mn9Ni5N	1Cr18Mn8Ni5N	节镍钢，是 Cr-Mn-Ni-N 型最典型、发展比较完善的钢。在 800℃以下具有很好的抗氧化性，且保持较高的强度，可代替 12Cr18Ni9(1Cr18Ni9)使用。主要用于制作 800℃以下经受弱介质腐蚀和承受负荷的零件，如炊具、餐具等
9	S30110	12Cr17Ni7	1Cr17Ni7	亚稳定奥氏体不锈钢，是最易冷变形强化的钢。经冷加工有高的强度和硬度，并仍保留足够的塑韧性，在大气条件下具有较好的耐蚀性。主要用于以冷加工状态承受较高负荷，又希望减轻装备重量和不生锈的设备和部件，如铁道车辆，装饰板、传送带、紧固件等
13	S30210	12Cr18Ni9	1Cr18Ni9	历史最悠久的奥氏体不锈钢，在固溶态具有良好的塑性、韧性和冷加工性，在氧化性酸和大气、水、蒸汽等介质中耐蚀性也好。经冷加工有高的强度，但伸长率比 12Cr17Ni7(1Cr17Ni7)稍差。主要用于对耐蚀性和强度要求不高的结构件和焊接件，如建筑物外表装饰材料；也可用于无磁部件和低温装置的部件。但在敏化态或焊后，具有晶间腐蚀倾向，不宜用作焊接结构材料
15	S30317	Y12Cr18Ni9	Y1Cr18Ni9	12Cr18Ni9(1Cr18Ni9)改进切削性能钢。最适用于快速切削(如自动车床)制作辊、轴、螺栓、螺母等
16	S30327	Y12Cr18Ni9Se	Y1Cr18Ni9Se	除调整 12Cr18Ni9(1Cr18Ni9)钢的磷、硫含量外，还加入硒，提高 12Cr18Ni9(1Cr18Ni9)钢的切削性能。用于小切削量，也适用于热加工或冷顶锻，如螺丝、铆钉等
17	S30408	06Cr19Ni10	0Cr18Ni9	在 12Cr18Ni9(1Cr18Ni9)钢基础上发展演变的钢，性能类似于 12Cr18Ni9(1Cr18Ni9)钢，但耐蚀性优于 12Cr18Ni9(1Cr18Ni9)钢，可用作薄截面尺寸的焊接件，是应用量最大、使用范围最广的不锈钢。适用于制造深冲成型部件和输酸管道、容器、结构件等，也可以制造无磁、低温设备和部件

表 B.1（续）

GB/T 20878 中序号	统一数字代号	新　牌　号	旧　牌　号	特性与用途
18	S30403	022Cr19Ni10	00Cr19Ni10	为解决因 $Cr_{23}C_6$ 析出致使 06Cr19Ni10(0Cr18Ni9)钢在一些条件下存在严重的晶间腐蚀倾向而发展的超低碳奥氏体不锈钢，其敏化态耐晶间腐蚀能力显著优于 06Cr18Ni9(0Cr18Ni9)钢。除强度稍低外，其他性能同 06Cr18Ni9Ti(0Cr18Ni9Ti)钢，主要用于需焊接且焊接后又不能进行固溶处理的耐蚀设备和部件
22	S30488	06Cr18Ni9Cu3	0Cr18Ni9Cu3	在 06Cr19Ni10 (0Cr18Ni9)基础上为改进其冷成形性能而发展的不锈钢。铜的加入，使钢的冷作硬化倾向小，冷作硬化率降低，可以在较小的成形力下获得最大的冷变形。主要用于制作冷镦紧固件、深拉等冷成形的部件
23	S30458	06Cr19Ni10N	0Cr19Ni9N	在 06Cr19Ni10 (0Cr18Ni9)钢基础上添加氮，不仅防止塑性降低，而且提高钢的强度和加工硬化倾向，改善钢的耐点蚀、晶腐性，使材料的厚度减少。用于有一定耐腐性要求，并要求较高强度和减轻重量的设备或结构部件
24	S30478	06Cr19Ni9NbN	0Cr19Ni10NbN	在 06Cr19Ni10 (0Cr18Ni9)钢基础上添加氮和铌，提高钢的耐点蚀和晶间腐蚀性能，具有与 06Cr19Ni10N(0Cr19Ni9N)钢相同的特性和用途
25	S30453	022Cr19Ni10N	00Cr18Ni10N	06Cr19Ni10N (0Cr19Ni9N)的超低碳钢。因 06Cr19Ni10N (0Cr19Ni9N)钢在 450℃～900℃加热后耐晶间腐蚀性能明显下降，因此对于焊接设备构件，推荐用 022Cr19Ni10N(00Cr18Ni10N)钢
26	S30510	10Cr18Ni12	1Cr18Ni12	在 12Cr18Ni9(1Cr18Ni9)钢基础上，通过提高钢中镍含量而发展起来的不锈钢。加工硬化性比 12Cr18Ni9(1Cr18Ni9)钢低。适宜用于旋压加工、特殊拉拔，如作冷墩钢用等
32	S30908	06Cr23Ni13	0Cr23Ni13	高铬镍奥氏体不锈钢，耐腐蚀性比 06Cr19Ni10 (0Cr18Ni9)钢好，但实际上多作为耐热钢使用
35	S31008	06Cr25Ni20	0Cr25Ni20	高铬镍奥氏体不锈钢，在氧化性介质中具有优良的耐蚀性，同时具有良好的高温力学性能，抗氧化性比 06Cr23Ni13(0Cr23Ni13)钢好，耐点蚀和耐应力腐蚀能力优于 18-8 型不锈钢，既可用于耐蚀部件又可作为耐热钢使用
38	S31608	06Cr17Ni12Mo2	0Cr17Ni12Mo2	在 10Cr18Ni12(1Cr18Ni12)钢基础上加入钼，使钢具有良好的耐还原性介质和耐点腐蚀能力。在海水和其他各种介质中，耐腐蚀性优于 06Cr19Ni10 (0Cr18Ni9)钢。主要用于耐点蚀材料
39	S31603	022Cr17Ni12Mo2	00Cr17Ni14Mo2	06Cr17Ni12Mo2(0Cr17Ni12Mo2)的超低碳钢，具有良好的耐敏化态晶间腐蚀的性能。适用于制造厚截面尺寸的焊接部件和设备，如石油化工、化肥、造纸、印染及原子能工业用设备的耐蚀材料

表 B.1（续）

GB/T 20878 中序号	统一数字代号	新牌号	旧牌号	特性与用途
41	S31668	06Cr17Ni12Mo2Ti	0Cr13Ni12Mo3Ti	为解决 06Cr17Ni12Mo2(0Cr17Ni12Mo2)钢的晶间腐蚀而发展起来的钢种，有良好的耐晶间腐蚀性，其他性能与 06Cr17Ni12Mo2(0Cr17Ni12Mo2)钢相近。适合于制造焊接部件
43	S31658	06Cr17Ni12Mo2N	0Cr17Ni12Mo2N	在 06Cr17Ni12Mo2(0Cr17Ni12Mo2)中加入氮，提高强度，同时又不降低塑性，使材料的使用厚度减薄。用于耐蚀性好的高强度部件
44	S31653	022Cr17Ni12Mo2N	00Cr17Ni13Mo2N	在 022Cr17Ni12Mo2(00Cr17Ni14Mo2)钢中加入氮，具有与 022Cr17Ni12Mo2(00Cr17Ni14Mo2)钢同样特性，用途与 06Cr17Ni12Mo2N(0Cr17Ni12Mo2N)相同，但耐晶间腐蚀性能更好。主要用于化肥、造纸、制药、高压设备等领域
45	S31688	06Cr18Ni12Mo2Cu2	0Cr18Ni12Mo2Cu2	在 06Cr17Ni12Mo2(0Cr17Ni12Mo2)钢基础上加入约 2%Cu，其耐腐蚀性、耐点蚀性好。主要用于制作耐硫酸材料，也可用作焊接结构件和管道、容器等
46	S31683	022Cr18Ni14Mo2Cu2	00Cr18Ni14Mo2Cu2	06Cr18Ni12Mo2Cu2(0Cr18Ni12Mo2Cu2)的超低碳钢。比 06Cr18Ni12Mo2Cu2(0Cr18Ni12Mo2Cu2)钢的耐晶间腐蚀性能好。用途同 06Cr18Ni12Mo2Cu2(0Cr18Ni12Mo2Cu2)钢
49	S31708	06Cr19Ni13Mo3	0Cr19Ni13Mo3	耐点蚀和抗蠕变能力优于 06Cr17Ni12Mo2(0Cr17Ni12Mo2)。用于制作造纸、印染设备，石油化工及耐有机酸腐蚀的装备等
50	S31703	022Cr19Ni13Mo3	00Cr19Ni13Mo3	06Cr19Ni13Mo3(0Cr19Ni13Mo3)的超低碳钢，比 06Cr19Ni13Mo3(0Cr19Ni13Mo3)钢耐晶间腐蚀性能好，在焊接整体件时抑制析出碳。用途与 06Cr19Ni13Mo3(0Cr19Ni13Mo3)钢相同
52	S31794	03Cr18Ni16Mo5	0Cr18Ni16Mo5	耐点蚀性能优于 022Cr17Ni12Mo2(00Cr17Ni14Mo2)和 06Cr17Ni12Mo2Ti(0Cr18Ni12Mo3Ti)的一种高钼不锈钢，在硫酸、甲酸、醋酸等介质中的耐蚀性要比一般含 2%～4%Mo 的常用 Cr-Ni 钢更好。主要用于处理含氯离子溶液的热交换器，醋酸设备，磷酸设备，漂白装置等，以及 022Cr17Ni12Mo2(00Cr17Ni14Mo2)和 06Cr17Ni12Mo2Ti(0Cr18Ni12Mo3Ti)钢不适用环境中使用
55	S32168	06Cr18Ni11Ti	0Cr18Ni10Ti	钛稳定化的奥氏体不锈钢，添加钛提高耐晶间腐蚀性能，并具有良好的高温力学性能。可用超低碳奥氏体不锈钢代替。除专用(高温或抗氢腐蚀)外，一般情况不推荐使用
62	S34778	06Cr18Ni11Nb	0Cr18Ni11Nb	铌稳定化的奥氏体不锈钢，添加铌提高耐晶间腐蚀性能，在酸、碱、盐等腐蚀介质中的耐蚀性同 06Cr18Ni11Ti(0Cr18Ni10Ti)，焊接性能良好。既可作耐蚀材料又可作耐热钢使用，主要用于火电厂、石油化工等领域，如制作容器、管道、热交换器、轴类等；也可作为焊接材料使用

表 B.1(续)

GB/T 20878 中序号	统一数字代号	新　牌　号	旧　牌　号	特性与用途
64	S38148	06Cr18Ni13Si4	0Cr18Ni13Si4	在 06Cr19Ni10 (0Cr18Ni9)中增加镍,添加硅,提高耐应力腐蚀断裂性能。用于含氯离子环境,如汽车排气净化装置等
奥氏体-铁素体型				
67	S21860	14Cr18Ni11Si4AlTi	1Cr18Ni11Si4AlTi	含硅使钢的强度和耐浓硝酸腐蚀性能提高,可用于制作抗高温、浓硝酸介质的零件和设备,如排酸阀门等
68	S21953	022Cr19Ni5Mo3Si2N	00Cr18Ni5Mo3Si2	在瑞典 3RE60 钢基础上,加入 0.05%N～0.10%N 形成的一种耐氯化物应力腐蚀的专用不锈钢。耐点蚀性能与 022Cr17Ni12Mo2(00Cr17Ni14Mo2)相当。适用于含氯离子的环境,用于炼油、化肥、造纸、石油、化工等工业制造热交换器、冷凝器等。也可代替 022Cr19Ni10(00Cr19Ni10)和 022Cr17Ni12Mo2(00Cr17Ni14Mo2)钢在易发生应力腐蚀破坏的环境下使用
70	S22253	022Cr22Ni5Mo3N		在瑞典 SAF2205 钢基础上研制的,是目前世界上双相不锈钢中应用最普遍的钢。对含硫化氢、二氧化碳、氯化物的环境具有阻抗性,可进行冷、热加工及成型,焊接性良好,适用于作结构材料,用来代替 022Cr19Ni10(00Cr19Ni10)和 022Cr17Ni12Mo2(00Cr17Ni14Mo2) 奥氏体不锈钢使用。用于制作油井管,化工储罐,热交换器、冷凝冷却器等易产生点蚀和应力腐蚀的受压设备
71	S22053	022Cr23Ni5Mo3N		从 022Cr22Ni5Mo3N 基础上派生出来的,具有更窄的区间。特性和用途同 022Cr22Ni5Mo3N
73	S22553	022Cr25Ni6Mo2N		在 0Cr26Ni5Mo2 钢基础上调高钼含量、调低碳含量、添加氮,具有高强度、耐氯化物应力腐蚀、可焊接等特点,是耐点蚀最好的钢。代替 0Cr26Ni5Mo2 钢使用。主要应用于化工、化肥、石油化工等工业领域,主要制作热交换器、蒸发器等
75	S25554	03Cr25Ni6Mo3Cu2N		在英国 Ferralium alloy 255 合金基础上研制的,具有良好的力学性能和耐局部腐蚀性能,尤其是耐磨损性能优于一般的奥氏体不锈钢,是海水环境中的理想材料。适用作舰船用的螺旋推进器、轴、潜艇密封件等,也适用于在化工、石油化工、天然气、纸浆、造纸等领域应用
铁素体型				
78	S11348	06Cr13Al	0Cr13Al	低铬纯铁素体不锈钢,非淬硬性钢。具有相当于低铬钢的不锈性和抗氧化性,塑性、韧性和冷成型性优于铬含量更高的其他铁素体不锈钢。主要用于 12Cr13(1Cr13)或 10Cr17(1Cr17)由于空气可淬硬而不适用的地方,如石油精制装置、压力容器衬里,蒸汽透平叶片和复合钢板等

表 B.1（续）

GB/T 20878 中序号	统一数字代号	新　牌　号	旧　牌　号	特性与用途
83	S11203	022Cr12	00Cr12	比 022Cr13（0Cr13）碳含量低，焊接部位弯曲性能、加工性能、耐高温氧化性能好。作汽车排气处理装置，锅炉燃烧室、喷嘴等
85	S11710	10Cr17	1Cr17	具有耐蚀性、力学性能和热导率高的特点，在大气、水蒸汽等介质中具有不锈性，但当介质中含有较高氯离子时，不锈性则不足。主要用于生产硝酸、硝铵的化工设备，如吸收塔、热交换器、贮槽等；薄板主要用于建筑内装饰、日用办公设备、厨房器具、汽车装饰、气体燃烧器等。由于它的脆性转变温度在室温以上，且对缺口敏感，不适用制作室温以下的承受载荷的设备和部件，且通常使用的钢材其截面尺寸一般不允许超过 4 mm
86	S11717	Y10Cr17	Y1Cr17	10Cr17（1Cr17）改进的切削钢。主要用于大切削量自动车床机加零件，如螺栓，螺母等
88	S11790	10Cr17Mo	1Cr17Mo	在 10Cr17（1Cr17）钢中加入钼，提高钢的耐点蚀、耐缝隙腐蚀性及强度等，比 10Cr17（1Cr17）钢抗盐溶液性强。主要用作汽车轮毂、紧固件、以及汽车外装饰材料使用
94	S12791	008Cr27Mo	00Cr27Mo	高纯铁素体不锈钢中发展最早的钢，性能类似于 008Cr30Mo2（00Cr30Mo2）。适用于既要求耐蚀性又要求软磁性的用途
95	S13091	008Cr30Mo2	00Cr30Mo2	高纯铁素体不锈钢。脆性转变温度低，耐卤离子应力腐蚀破坏性好，耐蚀性与纯镍相当，并具有良好的韧性，加工成型性和可焊接性。主要用于化学加工工业（醋酸、乳酸等有机酸，苛性钠浓缩工程）成套设备，食品工业、石油精炼工业、电力工业、水处理和污染控制等用热交换器、压力容器、罐和其他设备等
马氏体型				
96	S40310	12Cr12	1Cr12	作为汽轮机叶片及高应力部件之良好的不锈耐热钢
97	S41008	06Cr13	0Cr13	作较高韧性及受冲击负荷的零件，如汽轮机叶片、结构架、衬里、螺栓、螺帽等
98	S41010	12Cr13	1Cr13	半马氏体型不锈钢，经淬火回火处理后具有较高的强度、韧性，良好的耐蚀性和机加工性能。主要用于韧性要求较高且具有不锈性的受冲击载荷的部件，如刃具、叶片、紧固件、水压机阀、热裂解抗硫腐蚀设备等；也可制作在常温条件耐弱腐蚀介质的设备和部件
100	S41617	Y12Cr13	Y1Cr13	不锈钢中切削性能最好的钢，自动车床用

表 B.1（续）

GB/T 20878 中序号	统一数字代号	新 牌 号	旧 牌 号	特性与用途
101	S42020	20Cr13	2Cr13	马氏体型不锈钢，其主要性能类似于 12Cr13（1Cr13）。由于碳含量较高，其强度、硬度高于 12Cr13（1Cr13），而韧性和耐蚀性略低。主要用于制造承受高应力负荷的零件，如汽轮机叶片、热油泵、轴和轴套、叶轮、水压机阀片等，也可用于造纸工业和医疗器械以及日用消费领域的刀具、餐具等
102	S42030	30Cr13	3Cr13	马氏体型不锈钢，较 12Cr13（1Cr13）和 20Cr13（2Cr13）钢具有更高的强度、硬度和更好的淬透性，在室温的稀硝酸和弱的有机酸中具有一定的耐蚀性，但不及 12Cr13（1Cr13）和 20Cr13（2Cr13）钢。主要用于高强度部件，以及在承受高应力载荷并在一定腐蚀介质条件下的磨损件，如 300℃以下工作的刀具、弹簧，400℃以下工作的轴、螺栓、阀门、轴承等
103	S42037	Y30Cr13	Y3Cr13	改善 30Cr13（3Cr13）切削性能的钢。用途与 30Cr13（3Cr13）相似，需要更好的切削性能
104	S42040	40Cr13	4Cr13	特性与用途类似于 30Cr13（3Cr13）钢，其强度、硬度高于 30Cr13（3Cr13）钢，而韧性和耐蚀性略低。主要用于制造外科医疗用具、轴承、阀门、弹簧等。40Cr13(4Cr13)钢可焊性差，通常不制造焊接部件
106	S43110	14Cr17Ni2	1Cr17Ni2	热处理后具有较高的力学性能，耐蚀性优于 12Cr13（1Cr13）和 10Cr17（1Cr17）。一般用于既要求高力学性能的可淬硬性，又要求耐硝酸、有机酸腐蚀的轴类、活塞杆、泵、阀等零部件以及弹簧和紧固件
107	S43120	17Cr16Ni2		加工性能比 14Cr17Ni2（1Cr17Ni2）明显改善，适用于制作要求较高强度、韧性、塑性和良好的耐蚀性的零部件及在潮湿介质中工作的承力件
108	S44070	68Cr17	7Cr17	高铬马氏体型不锈钢，比 20Cr13（2Cr13）有较高的淬火硬度。在淬火回火状态下，具有高强度和硬度，并兼有不锈、耐蚀性能。一般用于制造要求具有不锈性或耐稀氧化性酸、有机酸和盐类腐蚀的刀具、量具、轴类、杆件、阀门、钩件等耐磨蚀的部件
109	S44080	85Cr17	8Cr17	可淬硬性不锈钢。性能与用途类似于 68Cr17（7Cr17），但硬化状态下，比 68Cr17（7Cr17）硬，而比 108Cr17(11Cr17)韧性高。如刃具、阀座等
110	S44096	108Cr17	11Cr17	在可淬硬性不锈钢，不锈钢中硬度最高。性能与用途类似于 68Cr17（7Cr17）。主要用于制作喷嘴、轴承等
111	S44097	Y108Cr17	Y11Cr17	108Cr17（11Cr17）改进的切削性钢种。自动车床用

表 B.1（续）

GB/T 20878 中序号	统一数字代号	新牌号	旧牌号	特性与用途
112	S44090	95Cr18	9Cr18	高碳马氏体不锈钢。较 Cr17 型马氏体型不锈钢耐蚀性有所改善，其他性能与 Cr17 型马氏体型不锈钢相似。主要用于制造耐蚀高强度耐磨损部件，如轴、泵、阀件、杆类、弹簧、紧固件等。由于钢中极易形成不均匀的碳化物而影响钢的质量和性能，需在生产时予以注意
115	S45710	13Cr13Mo	1Cr13Mo	比 12Cr13(1Cr13)钢耐蚀性高的高强度钢。用于制作汽轮机叶片，高温部件等
116	S45830	32Cr13Mo	3Cr13Mo	在 30Cr13（3Cr13）钢基础上加入钼，改善了钢的强度和硬度，并增强了二次硬化效应，且耐蚀性优于 30Cr13（3Cr13）钢。主要用途同 30Cr13（3Cr13）钢
117	S45990	102Cr17Mo	9Cr18Mo	性能与用途类似于 95Cr18(9Cr18)钢。由于钢中加入了钼和钒，热强性和抗回火能力均优于 95Cr18(9Cr18)钢。主要用来制造承受摩擦并在腐蚀介质中工作的零件，如量具、刃具等
118	S46990	90Cr18MoV	9Cr18MoV	
				沉淀硬化型
136	S51550	05Cr15Ni5Cu4Nb		在 05Cr17Ni4Cu4Nb(0Cr17Ni4Cu4Nb)钢基础上发展的马氏体沉淀硬化不锈钢，除高强度外，还具有高的横向韧性和良好的可锻性，耐蚀性与 05Cr17Ni4Cu4Nb(0Cr17Ni4Cu4Nb)钢相当。主要应用于具有高强度、良好韧性，又要求有优良耐蚀性的服役环境，如高强度锻件、高压系统阀门部件、飞机部件等
137	S51740	05Cr17Ni4Cu4Nb	0Cr17Ni4Cu4Nb	添加铜和铌的马氏体沉淀硬化不锈钢，强度可通过改变热处理工艺予以调整，耐蚀性优于 Cr13 型及 95Cr18（9Cr18）和 14Cr17Ni2（1Cr17Ni2）钢，抗腐蚀疲劳及抗水滴冲蚀能力优于 12%Cr 马氏体型不锈钢，焊接工艺简便，易于加工制造，但较难进行深度冷成型。主要用于既要求具有不锈性又要求耐弱酸、碱、盐腐蚀的高强度部件。如汽轮机末级动叶片以及在腐蚀环境下，工作温度低于 300℃的结构件
138	S51770	07Cr17Ni7Al	0Cr17Ni7Al	添加铝的半奥氏体沉淀硬化不锈钢，成分接近 18-8 型奥氏体不锈钢，具有良好的冶金和制造加工工艺性能。可用于 350℃以下长期工作的结构件、容器、管道、弹簧、垫圈、计器部件。该钢热处理工艺复杂，在全世界范围内有被马氏体时效钢取代的趋势，但目前仍具有广泛应用的领域
139	S51570	07Cr15Ni7Mo2Al	0Cr15Ni7Mc2Al	以 2%Mo 取代 07Cr17Ni7Al(0Cr17Ni7Al)钢中 2%Cr 的半奥氏体沉淀硬化不锈钢，使之耐还原性介质腐蚀能力有所改善，综合性能优于 07Cr17Ni7Al(0Cr17Ni7Al)。用于宇航、石油化工和能源等领域有一定耐蚀要求的高强度容器、零件及结构件

ICS 77.140.20
H 40

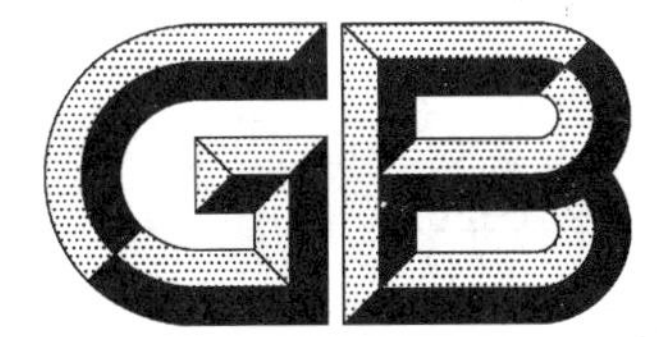

中华人民共和国国家标准

GB/T 1221—2007
代替 GB/T 1221—1992

耐 热 钢 棒

Heat-resistant steel bars

2007-05-14 发布 2007-12-01 实施

中华人民共和国国家质量监督检验检疫总局
中国国家标准化管理委员会 发布

前 言

本标准代替 GB/T 1221—1992《耐热钢棒》。

本标准与 GB/T 1221—1992 标准相比，主要变化如下：

——“范围”中增加了对冷加工钢棒的规定(1992 年版的 1 章;本版的第 1 章);

——增加“术语及定义”和“订货内容”(见第 3 章和第 4 章);

——“尺寸、外形、重量及允许偏差”修改为直接引用通用基础标准的规定(1992 年版的第 4 章;本版的第 6 章);

——删除了 1Cr18Ni9Ti，将 06Cr15Ni25Ti2MoAlVB(0Cr15Ni25Ti2MoAlVB)调整到沉淀硬化型耐热钢的表中(1992 年版表 2 和表 3，本版表 7、表 11 和表 B.1);

——增加了 45Cr9Si3、18Cr11NiMoNbVN、17Cr16Ni2 三个牌号及性能(见表 6 和表 10);

——根据国际通用牌号成分调整了 06Cr19Ni10(0Cr18Ni9)、06Cr25Ni20(0Cr25Ni20)、12Cr13(1Cr13)、06Cr18Ni11Ti(0Cr18Ni10Ti)、06Cr18Ni11Nb(0Cr18Ni11Nb)、022Cr12(00Cr12)、10Cr17(1Cr17)、05Cr17Ni4Cu4Nb(0Cr17Ni4Cu4Nb)等 8 个牌号的化学成分和部分牌号的磷含量(1992 年版表 2，本版的表 4～表 7);

——“冶炼方法”作了修改，优先采用初炼钢水加炉外精炼工艺(1992 年版 5.2，本版的 7.2);

——将各类型耐热钢棒的热处理制度从力学性能表中分离出来，放入附录 A(资料性附录)(1992 年版的表 3～表 5;本版的表 A.1～表 A.4);

——将马氏体型和沉淀硬化型耐热钢的屈服强度由需方要求时才做修改为必检指标(1992 年版的 5.4.1.1;本版的表 10);

——12Cr13(1Cr13)钢增加碳含量的下限值 0.08%，并将其断后伸长率由 25%调整为 22%(1992 年版的表 4;本版的表 10);

——022Cr12(00Cr12)钢的屈服强度 $\sigma_{0.2}$ 值由 196 MPa 调整为规定非比例延伸强度 $R_{p0.2}$ 值 195 N/mm^2，抗拉强度由 365 MPa 调整为 360 N/mm^2(1992 年版的表 3;本版的表 9);

——20Cr13(2Cr13)和 13Cr13Mo(1Cr13Mo)钢的抗拉强度 R_m 分别由 635 MPa、685 MPa 调整为 640 N/mm^2、690 N/mm^2(1992 年版的表 4;本版的表 10);

——取消对扁钢的断面收缩率的规定(1992 年版表 3～表 5，本版的表 8～表 11 的角注);

——“表面质量”增加“经供需双方协商，并在合同中注明，可规定采用酸洗、车削等方法去除热处理产生的黑皮”(1992 年版的 5.7，本版 7.7);

——明确规定了连铸钢检验“低倍组织”和“塔形”的取样部位(1992 年版表 12，本版的表 15);

——取消了“本标准耐热钢牌号与各国耐热钢牌号对照表”修改为直接引用 GB/T 20878《不锈钢和耐热钢　牌号及化学成分》(1992 年版的附录 B;本版的表 4～表 7 的注 2)。

本标准的附录 A 和附录 B 均是资料性附录。

本标准由中国钢铁工业协会提出。

本标准由全国钢标准化技术委员会归口。

本标准主要起草单位：冶金工业信息标准研究院、东北特殊钢集团有限责任公司。

本标准主要起草人：栾燕、戴强、谷强、曾文涛、刘宝石。

本标准所代替标准的历次版本发布情况为：

——GB/T 1221—1975，GB/T 1221—1984，GB/T 1221—1992。

耐　热　钢　棒

1　范围

本标准规定了耐热钢棒(圆钢、方钢、扁钢和六角钢的总称,以下简称钢棒)的尺寸、外形、技术要求、试验方法、验收规则、包装标志及质量证明书等内容。

本标准适用于尺寸(直径、边长、厚度或对边距离,以下简称尺寸)不大于 250 mm 的热轧、锻制钢棒或尺寸不大于 120 mm 的冷加工钢棒。经供需双方协商,也可供应尺寸大于 250 mm 的热轧、锻制钢棒,或尺寸大于 120 mm 的冷加工钢棒。

2　规范性引用文件

下列文件中的条款通过本标准的引用而成为本标准的条款。凡是注日期的引用文件,其随后所有的修改单(不包括勘误的内容)或修订版均不适用于本标准,然而,鼓励根据本标准达成协议的各方研究是否可使用这些文件的最新版本。凡是不注日期的引用文件,其最新版本适用于本标准。

GB/T 222　钢的成品化学成分允许偏差

GB/T 223.3　钢铁及合金化学分析方法　二安替吡啉甲烷磷钼酸重量法测定磷量

GB/T 223.4　钢铁及合金化学分析方法　硝酸铵氧化容量法测定锰量

GB/T 223.5　钢铁及合金化学分析方法　还原型硅钼酸盐光度法测定酸溶硅含量

GB/T 223.8　钢铁及合金化学分析方法　氟化钠分离-EDTA 滴定法测定铝含量

GB/T 223.9　钢铁及合金化学分析方法　铬天青 S 光度法测定铝含量

GB/T 223.11　钢铁及合金化学分析方法　过硫酸铵氧化容量法测定铬量

GB/T 223.14　钢铁及合金化学分析方法　钽试剂萃取光度法测定钒含量

GB/T 223.16　钢铁及合金化学分析方法　变色酸光度法测定钛量

GB/T 223.17　钢铁及合金化学分析方法　二安替吡啉甲烷光度法测定钛量

GB/T 223.18　钢铁及合金化学分析方法　硫代硫酸钠分离-碘量法测定铜量

GB/T 223.23　钢铁及合金化学分析方法　丁二酮肟分光光度法测定镍量

GB/T 223.25　钢铁及合金化学分析方法　丁二酮肟重量法测定镍量

GB/T 223.26　钢铁及合金化学分析方法　硫氰酸盐直接光度法测定钼量

GB/T 223.28　钢铁及合金化学分析方法　α-安息香肟重量法测定钼量

GB/T 223.36　钢铁及合金化学分析方法　蒸馏分离-中和滴定法测定氮量

GB/T 223.37　钢铁及合金化学分析方法　蒸馏分离-靛酚蓝光度法测定氮量

GB/T 223.40　钢铁及合金　铌含量的测定　氯磺酚 S 分光光度法

GB/T 223.43　钢铁及合金化学分析方法　钨量的测定

GB/T 223.58　钢铁及合金化学分析方法　亚砷酸钠-亚硝酸钠滴定法测定锰量

GB/T 223.59　钢铁及合金化学分析方法　锑磷钼蓝光度法测定磷量

GB/T 223.60　钢铁及合金化学分析方法　高氯酸脱水重量法测定硅含量

GB/T 223.61　钢铁及合金化学分析方法　磷钼酸铵容量法测定磷量

GB/T 223.62　钢铁及合金化学分析方法　乙酸丁酯萃取光度法测定磷量

GB/T 223.63　钢铁及合金化学分析方法　高碘酸钠(钾)光度法测定锰量(GB/T 223.63—1998,neq ISO R 629)

GB/T 223.64　钢铁及合金化学分析方法　火焰原子吸收光谱法测定锰量

GB/T 223.67 钢铁及合金化学分析方法 还原蒸馏-次甲基蓝光度法测定硫量

GB/T 223.68 钢铁及合金化学分析方法 管式炉内燃烧后碘酸钾滴定法测定硫含量

GB/T 223.69 钢铁及合金化学分析方法 管式炉内燃烧后气体容量法测定碳含量

GB/T 223.71 钢铁及合金化学分析方法 管式炉内燃烧后重量法测定碳含量

GB/T 223.72 钢铁及合金化学分析方法 氧化铝色层分离-硫酸钡重量法测定硫量

GB/T 223.75 钢铁及合金化学分析方法 甲醇蒸馏-姜黄素光度法测定硼量

GB/T 226 钢的低倍组织及缺陷酸蚀检验法(GB/T 226—1991,neq ISO 4969:1980,Steel-Macroscopic examination by etching with strong mineral acids)

GB/T 228 金属材料 室温拉伸试验方法 (GB/T 228—2002,eqv ISO 6892:1998)

GB/T 229 金属夏比缺口冲击试验方法(GB/T 229—1994,eqv ISO 83:1976,Steel-Charpy impact test(U-notch),eqv ISO 148:1983,Steel-Charpy impact test(V-notch))

GB/T 230.1 金属洛氏硬度试验 第1部分:试验方法(A、B、C、D、E、F、G、H、K、N、T标尺)(GB/T 230.1—2004,ISO 6508:1999,MOD)

GB/T 231.1 金属布氏硬度试验 第1部分:试验方法(GB/T 231.1—2002,eqv ISO 6506-1:1999)

GB/T 702—2004 热轧圆钢和方钢尺寸、外形、重量及允许偏差(GB/T 702—2004 ,ISO 1035-1:1980,Hot-rolled steel bar—Part 1:Dimension of round bars,ISO 1035-2:1980 Hot-rolled steel bar—Part 1:Dimension of square bars,ISO 1035-4:1982,Hot-rolled steel bar—Part 4:Tolerances,MOD)

GB/T 704—1988 热轧扁钢尺寸、外形、重量及允许偏差

GB/T 705—1985 热轧六角钢和八角钢尺寸、外形、重量及允许偏差

GB/T 908—1987 锻制圆钢和方钢尺寸、外形、重量及允许偏差

GB/T 1979 结构钢低倍组织缺陷评级图

GB/T 2101 型钢验收、包装、标志及质量证明书的一般规定

GB/T 2975 钢及钢产品力学性能试验取样位置及试样制备(GB/T 2975—1998,eqv ISO 377:1997)

GB/T 6394 金属平均晶粒度测定法

GB/T 7736 钢的低倍组织及缺陷超声波检验法

GB/T 9971—2004 原料纯铁

GB/T 10121 钢材塔形发纹磁粉检验方法

GB/T 10561 钢中非金属夹杂物含量的测定 标准评级图谱显微检验法(GB/T 10561—2005,ISO 4967:1998,IDT)

GB/T 11170 不锈钢的光电发射光谱分析方法

GB/T 15574 钢产品分类(GB/T 15574—1995,eqv ISO 6929:1987)

GB/T 15711 钢材塔形发纹酸浸检验方法

GB/T 16761—1997 锻制扁钢尺寸、外形、重量及允许偏差

GB/T 17505 钢及钢产品交货一般技术要求(GB/T 17505—1998,eqv ISO 404:1992)

GB/T 20066 钢和铁 化学成分测定用试样的取样和制样方法(GB/T 20066—2006,ISO 14284:1996,IDT)

GB/T 20878 不锈钢和耐热钢 牌号及化学成分

YB/T 5293 金属材料 顶锻试验方法

3 术语及定义

GB/T 20878 和 GB/T 15574 标准中确立的术语及定义适用于本标准。

4 订货内容

按本标准订货的合同或订单应包括下列内容：

a) 标准编号；

b) 产品名称；

c) 牌号或统一数字代号；

d) 截面形状(圆、方、扁、六角等)；

e) 尺寸与外形(见第6章)；

f) 重量(或数量)；

g) 使用加工方法(见5.2)；

h) 交货状态(见7.3)；

i) 特殊要求(见7.8)。

5 分类

5.1 钢棒按组织特征分为奥氏体型、铁素体型、马氏体型和沉淀硬化型等四种类型。

5.2 钢棒按使用加工方法不同分为下列两类。钢棒的使用加工方法应在合同中注明，未注明者按切削加工用钢供货。

a) 压力加工用钢 UP

  1) 热压力加工 UHP

  2) 热顶锻用钢 UHF

  3) 冷拔坯料 UCD

b) 切削加工用钢 UC

6 尺寸、外形、重量及允许偏差

6.1 热轧圆、方钢尺寸、外形及允许偏差

热轧圆钢和方钢的尺寸、外形及允许偏差应符合GB/T 702—2004的规定，具体要求应在合同中注明。未注明时按GB/T 702—2004标准的2组执行。

6.2 热轧扁钢尺寸、外形及允许偏差

热轧扁钢的尺寸、外形及其允许偏差应符合GB/T 704—1988中的规定，具体要求应在合同中注明。未注明时按GB/T 704—1988标准的普通级执行。

6.3 热轧六角钢尺寸、外形及允许偏差

热轧六角钢的尺寸、外形及允许偏差应符合GB/T 705—1985中的规定，具体要求应在合同中注明。未注明按GB/T 705—1985标准2组执行。

6.4 锻制圆、方钢尺寸、外形及允许偏差

锻制圆钢和方钢的尺寸、外形及允许偏差应符合GB/T 908—1987的规定，具体要求应在合同中注明。未注明时按GB/T 908—1987标准2组执行。

6.5 锻制扁钢尺寸、外形及允许偏差

锻制扁钢的尺寸、外形及允许偏差应符合GB/T 16761—1997的规定，具体要求应在合同中注明。未注明时按GB/T 16761—1997标准2组执行。

6.6 冷加工钢棒尺寸、外形及允许偏差

6.6.1 尺寸及允许偏差

6.6.1.1 冷加工钢棒的尺寸允许偏差应符合表1的规定，其允许偏差级别应在合同中注明，未注明时，则按h11级执行。冷加工钢棒允许偏差级别的适用范围可按表2选用。

6.6.1.2 冷加工后进行热处理、酸洗的钢棒，其允许偏差应为表 2 所列的较松偏差的 2 倍。

表 1 冷加工钢棒的尺寸允许偏差

单位为毫米

公称尺寸	允许偏差级别		
	h10	h11	h12
≥6～10	0 −0.058	0 −0.090	0 −0.15
>10～18	0 −0.070	0 −0.11	0 −0.18
>18～30	0 −0.084	0 −0.13	0 −0.21
>30～50	0 −0.100	0 −0.16	0 −0.25
>50～80	0 −0.12	0 −0.19	0 −0.30
>80～120	0 −0.14	0 −0.22	0 −0.35

表 2 允许偏差级别的适用范围

形状及加工方法	圆钢			方钢	六角钢	扁钢
	冷拉	磨光	切削			
适用级别	h11	h10	h11	h11	h11	h11
	h12	h11	h12	h12	h12	h12
根据供需双方协议，可规定表 2 以外的允许偏差级别。						

6.6.2 外形及允许偏差

冷加工钢棒弯曲度和不圆(方)度或边长差应符合表 3 的规定。供自动切削钢应在合同中注明。

表 3 冷加工钢棒的弯曲度及不圆(方)度或边长差

级别	不同截面尺寸的弯曲度/(mm/m) 不大于					总弯曲度/mm 不大于	不圆(方)度或边长差[a]/mm 不大于
	≤7 mm	>7～25 mm	>25～50 mm	>50～80 mm	>80 mm		
h10～h11	4	3	2	1	协议	总长度与每米允许弯曲度的乘积	公称尺寸公差的 50%
h12		4	3	2			
供自动切削用圆钢		2	2	1			
供自动切削用六角钢		2	1	1			
a 为同一截面上的直径、边长或对边距离的最大值和最小值之间的差。							

6.7 重量

钢棒一般按实际重量交货。

7 技术要求

7.1 牌号及化学成分

7.1.1 钢的牌号、统一数字代号及化学成分(熔炼分析)应符合表4～表7的规定。

7.1.2 钢棒的化学成分允许偏差应符合GB/T 222的规定。

7.2 冶炼方法

除非在合同中另有规定,一般应采用初炼钢(水)加炉外精炼等工艺。

7.3 交货状态

钢棒可以热处理或不热处理状态交货,订货时可参照7.3.1～7.3.5条选择交货状态,并在合同中注明。未注明者按不热处理交货。各类型钢棒的热处理制度见附录A中表A.1～表A.4。

7.3.1 切削加工用奥氏体型钢棒应进行固溶处理或退火处理,经供需双方协商,也可不处理。热压力加工用钢棒不进行固溶处理或退火处理。

7.3.2 铁素体型钢棒应进行退火处理,经供需双方协商,可以不进行处理。

7.3.3 马氏体型钢棒应进行退火处理。

7.3.4 沉淀硬化型钢棒应根据钢的组织选择固溶处理或退火处理,退火制度由供需双方协商确定,无协议时,退火温度一般为650℃～680℃。经供需双方协商,沉淀硬化型钢棒(除05Cr17Ni4Cu4Nb外)可不进行处理。

7.3.5 经冷拉、磨光、切削或者由这些方法组合制成的冷加工钢棒,根据需方要求可经热处理、酸洗后交货。

7.4 力学性能

7.4.1 各类型钢棒或试样的热处理制度参照附录A中表A.1～表A.4的规定。热处理用试样毛坯的尺寸一般为25 mm。当钢棒尺寸小于25 mm时,用原尺寸钢棒进行热处理。冷拉后不进行热处理钢棒的力学性能按供需双方协商确定。

7.4.2 经热处理的钢棒(除马氏体钢退火外),试样不再进行热处理,其力学性能应分别符合表8～表11的规定。

7.4.3 不经热处理的钢棒,试样毛坯经热处理后,其力学性能应分别符合表8～表11的规定。

7.4.4 沉淀硬化型钢棒的力学性能应在合同中注明热处理组别,未注明时,按1组执行。

7.4.5 若供方能保证力学性能合格,可省去部分或全部力学性能试验。

7.5 低倍组织

7.5.1 钢棒的横截面酸浸低倍试片上不允许有目视可见的缩孔、气泡、裂纹、夹杂、翻皮及白点。对切削加工用的钢棒允许有深度不大于公称尺寸公差之半的皮下夹杂等缺陷。

7.5.2 酸浸低倍组织合格级别应符合表12的规定。当需方要求1组时,应在合同中注明。尺寸大于200 mm钢棒,其低倍组织合格级别由供需双方协商确定。

7.5.3 供方若能保证,允许采用超声波探伤法或其他无损探伤法代替低倍检验。

表 4　奥氏体型耐热钢的化学成分

GB/T 20878 序号	统一数字代号	新 牌 号	旧 牌 号	化学成分(质量分数)/%										
				C	Si	Mn	P	S	Ni	Cr	Mo	Cu	N	其他元素
6	S35650	53Cr21Mn9Ni4N	5Cr21Mn9Ni4N	0.48～0.58	0.35	8.00～10.00	0.040	0.030	3.25～4.50	20.00～22.00	—	—	0.35～0.50	—
7	S35750	26Cr18Mn12Si2N	3Cr18Mn12Si2N	0.22～0.30	1.40～2.20	10.50～12.50	0.050	0.030	—	17.00～19.00	—	—	0.22～0.33	—
8	S35850	22Cr20Mn10Ni2Si2N	2Cr20Mn9Ni2Si2N	0.17～0.26	1.80～2.70	8.50～11.00	0.050	0.030	2.00～3.00	18.00～21.00	—		0.20～0.30	—
17	S30408	06Cr19Ni10	0Cr18Ni9	0.08	1.00	2.00	0.045	0.030	8.00～11.00	18.00～20.00	—	—	—	—
30	S30850	22Cr21Ni12N	2Cr21Ni12N	0.15～0.28	0.75～1.25	1.00～1.60	0.040	0.030	10.50～12.50	20.00～22.00	—	—	0.15～0.30	—
31	S30920	16Cr23Ni13	2Cr23Ni13	0.20	1.00	2.00	0.040	0.030	12.00～15.00	22.00～24.00	—	—	—	—
32	S30908	06Cr23Ni13	0Cr23Ni13	0.08	1.00	2.00	0.045	0.030	12.00～15.00	22.00～24.00	—	—	—	—
34	S31020	20Cr25Ni20	2Cr25Ni20	0.25	1.50	2.00	0.040	0.030	19.00～22.00	24.00～26.00	—	—	—	—
35	S31008	06Cr25Ni20	0Cr25Ni20	0.08	1.50	2.00	0.040	0.030	19.00～22.00	24.00～26.00	—	—	—	—
38	S31608	06Cr17Ni12Mo2	0Cr17Ni12Mo2	0.08	1.00	2.00	0.045	0.030	10.00～14.00	16.00～18.00	2.00～3.00	—	—	—
49	S31708	06Cr19Ni13Mo3	0Cr19Ni13Mo3	0.08	1.00	2.00	0.045	0.030	11.00～15.00	18.00～20.00	3.00～4.00	—	—	—
55	S32168	06Cr18Ni11Ti	0Cr18Ni10Ti	0.08	1.00	2.00	0.045	0.030	9.00～12.00	17.00～19.00	—	—	—	Ti 5C～0.70
57	S32590	45Cr14Ni14W2Mo	4Cr14Ni14W2Mo	0.40～0.50	0.80	0.70	0.040	0.030	13.00～15.00	13.00～15.00	0.25～0.40	—	—	W 2.00～2.75

表 4(续)

GB/T 20878 序号	统一数字代号	新牌号	旧牌号	化学成分(质量分数)/%										
				C	Si	Mn	P	S	Ni	Cr	Mo	Cu	N	其他元素
60	S33010	12Cr16Ni35	1Cr16Ni35	0.15	1.50	2.00	0.040	0.030	33.00～37.00	14.00～17.00	—	—	—	—
62	S34778	06Cr18Ni11Nb	0Cr18Ni11Nb	0.08	1.00	2.00	0.045	0.030	9.00～12.00	17.00～19.00	—	—	—	Nb 10C～1.10
64	S38148	06Cr18Ni13Si4[a]	0Cr18Ni13Si4[a]	0.08	3.00～5.00	2.00	0.045	0.030	11.50～15.00	15.00～20.00	—	—	—	—
65	S38240	16Cr20Ni14Si2	1Cr20Ni14Si2	0.20	1.50～2.50	1.50	0.040	0.030	12.00～15.00	19.00～22.00	—	—	—	—
66	S38340	16Cr25Ni20Si2	1Cr25Ni20Si2	0.20	1.50～2.50	1.50	0.040	0.030	18.00～21.00	24.00～27.00	—	—	—	—

注 1：表中所列成分除标明范围或最小值外，其余均为最大值。

注 2：本标准牌号与国外标准牌号对照参见 GB/T 20878。

[a] 必要时，可添加上表以外的合金元素。

表 5 铁素体型耐热钢的化学成分

GB/T 20878 序号	统一数字代号	新牌号	旧牌号	化学成分(质量分数)/%										
				C	Si	Mn	P	S	Ni	Cr	Mo	Cu	N	其他元素
78	S11348	06Cr13Al	0Cr13Al	0.08	1.00	1.00	0.040	0.030	—	11.50～14.50	—	—	—	Al 0.10～0.30
83	S11203	022Cr12	00Cr12	0.030	1.00	1.00	0.040	0.030	—	11.00～13.50	—	—	—	—
85	S11710	10Cr17	1Cr17	0.12	1.00	1.00	0.040	0.030	—	16.00～18.00	—	—	—	—
93	S12550	16Cr25N	2Cr25N	0.20	1.00	1.50	0.040	0.030	—	23.00～27.00	—	(0.30)	0.25	—

注 1：表中所列成分除标明范围或最小值外，其余均为最大值。括号内值为可加入或允许含有的最大值。

注 2：本标准牌号与国外标准牌号对照参见 GB/T 20878。

表 6　马氏体型耐热钢的化学成分

GB/T 20878 序号	统一数字代号	新牌号	旧牌号	化学成分(质量分数)/%										
				C	Si	Mn	P	S	Ni	Cr	Mo	Cu	N	其他元素
98	S41010	12Cr13[a]	1Cr13[a]	0.08～0.15	1.00	1.00	0.040	0.030	(0.60)	11.50～13.50	—	—	—	—
101	S42020	20Cr13	2Cr13	0.16～0.25	1.00	1.00	0.040	0.030	(0.60)	12.00～14.00	—	—	—	—
106	S43110	14Cr17Ni2	1Cr17Ni2	0.11～0.17	0.80	0.80	0.040	0.030	1.50～2.50	16.00～18.00	—	—	—	—
107	S43120	17Cr16Ni2		0.12～0.22	1.00	1.50	0.040	0.030	1.50～2.50	15.00～17.00	—	—	—	—
113	S45110	12Cr5Mo	1Cr5Mo	0.15	0.50	0.60	0.040	0.030	0.60	4.00～6.00	0.40～0.60	—	—	—
114	S45610	12Cr12Mo	1Cr12Mo	0.10～0.15	0.50	0.30～0.50	0.035	0.030	0.30～0.60	11.50～13.00	0.30～0.60	0.30	—	—
115	S45710	13Cr13Mo	1Cr13Mo	0.08～0.18	0.60	1.00	0.040	0.030	(0.60)	11.50～14.00	0.30～0.60	—	—	—
119	S46010	14Cr11MoV	1Cr11MoV	0.11～0.18	0.50	0.60	0.035	0.030	0.60	10.00～11.50	0.50～0.70	—	—	V 0.25～0.40
122	S46250	18Cr12MoVNbN	2Cr12MoVNbN	0.15～0.20	0.50	0.50～1.00	0.035	0.030	(0.60)	10.00～13.00	0.30～0.90	—	0.05～0.10	V 0.10～0.40 Nb 0.20～0.60
123	S47010	15Cr12WMoV	1Cr12WMoV	0.12～0.18	0.50	0.50～0.90	0.035	0.030	0.40～0.80	11.00～13.00	0.50～0.70	—	—	W 0.70～1.10 V 0.15～0.30
124	S47220	22Cr12NiWMoV	2Cr12NiMoWV	0.20～0.25	0.50	0.50～1.00	0.040	0.030	0.50～1.00	11.00～13.00	0.75～1.25	—	—	W 0.75～1.25 V 0.20～0.40
125	S47310	13Cr11Ni2W2MoV	1Cr11Ni2W2MoV	0.10～0.16	0.60	0.60	0.035	0.030	1.40～1.80	10.50～12.00	0.35～0.50	—	—	W 1.50～2.00 V 0.18～0.30

表 6(续)

GB/T 20878 序号	统一数字代号	新牌号	旧牌号	化学成分(质量分数)/%										
				C	Si	Mn	P	S	Ni	Cr	Mo	Cu	N	其他元素
128	S47450	18Cr11NiMoNbVN[a]	(2Cr11NiMoNbVN)[a]	0.15～0.20	0.50	0.50～0.80	0.030	0.025	0.30～0.60	10.00～12.00	0.60～0.90	—	0.04～0.09	V 0.20～0.30 Al 0.30 Nb 0.20～0.60
130	S48040	42Cr9Si2	4Cr9Si2	0.35～0.50	2.00～3.00	0.70	0.035	0.030	0.60	8.00～10.00	—	—	—	—
131	S48045	45Cr9Si3		0.40～0.50	3.00～3.50	0.60	0.030	0.030	0.60	7.50～9.50	—	—	—	—
132	S48140	40Cr10Si2Mo	4Cr10Si2Mo	0.35～0.45	1.90～2.60	0.70	0.035	0.030	0.60	9.00～10.50	0.70～0.90	—	—	—
133	S48380	80Cr20Si2Ni	8Cr20Si2Ni	0.75～0.85	1.75～2.25	0.20～0.60	0.030	0.030	1.15～1.65	19.00～20.50	—	—	—	—

注 1：表中所列成分除标明范围或最小值外，其余均为最大值。括号内值为可加入或允许含有的最大值。

注 2：本标准牌号与国外标准牌号对照参见 GB/T 20878。

a 相对于 GB/T 20878 调整成分牌号。

表 7 沉淀硬化型耐热钢的化学成分

GB/T 20878 序号	统一数字代号	新牌号	旧牌号	化学成分(质量分数)/%										
				C	Si	Mn	P	S	Ni	Cr	Mo	Cu	N	其他元素
137	S51740	05Cr17Ni4Cu4Nb	0Cr17Ni4Cu4Nb	0.07	1.00	1.00	0.040	0.030	3.00～5.00	15.00～17.50	—	3.00～5.00	—	Nb 0.15～0.45
138	S51770	07Cr17Ni7Al	0Cr17Ni7Al	0.09	1.00	1.00	0.040	0.030	6.50～7.75	16.00～18.00	—	—	—	Al 0.75～1.50
143	S51525	06Cr15Ni25Ti2Mo-AlVB	0Cr15Ni25Ti2Mo-AlVB	0.08	1.00	2.00	0.040	0.030	24.00～27.00	13.50～16.00	1.00～1.50	—	—	Al 0.35 Ti 1.90～2.35 B 0.001～0.010 V 0.10～0.50

注 1：表中所列成分除标明范围或最小值外，其余均为最大值。

注 2：本标准牌号与国外标准牌号对照参见 GB/T 20878。

表 8 经热处理的奥氏体型钢棒或试样(见附表 A.1)的力学性能[a]

GB/T 20878 中序号	统一数字代号	新 牌 号	旧 牌 号	热处理状态	规定非比例延伸强度 $R_{p0.2}$[b]/(N/mm²)	抗拉强度 R_m /(N/mm²)	断后伸长率 A /%	断面收缩率 Z^c/%	布氏硬度 HBW[b]
					不小于				不大于
6	S35650	53Cr21Mn9Ni4N	5Cr21Mn9Ni4N	固溶+时效	560	885	8	—	≥302
7	S35750	26Cr18Mn12Si2N	3Cr18Mn12Si2N	固溶处理	390	685	35	45	248
8	S35850	22Cr20Mn10Ni2Si2N	2Cr20Mn9Ni2Si2N		390	635	35	45	248
17	S30408	06Cr19Ni10	0Cr18Ni9		205	520	40	60	187
30	S30850	22Cr21Ni12N	2Cr21Ni12N	固溶+时效	430	820	26	20	269
31	S30920	16Cr23Ni13	2Cr23Ni13	固溶处理	205	560	45	50	201
32	S30908	06Cr23Ni13	0Cr23Ni13		205	520	40	60	187
34	S31020	20Cr25Ni20	2Cr25Ni20		205	590	40	50	201
35	S31008	06Cr25Ni20	0Cr25Ni20		205	520	40	50	187
38	S31608	06Cr17Ni12Mo2	0Cr17Ni12Mo2		205	520	40	60	187
49	S31708	06Cr19Ni13Mo3	0Cr19Ni13Mo3		205	520	40	60	187
55	S32168	06Cr18Ni11Ti	0Cr18Ni10Ti		205	520	40	50	187
57	S32590	45Cr14Ni14W2Mo	4Cr14Ni14W2Mo	退火	315	705	20	35	248
60	S33010	12Cr16Ni35	1Cr16Ni35	固溶处理	205	560	40	50	201
62	S34778	06Cr18Ni11Nb	0Cr18Ni11Nb		205	520	40	50	187
64	S38148	06Cr18Ni13Si4	0Cr18Ni13Si4		205	520	40	60	207
65	S38240	16Cr20Ni14Si2	1Cr20Ni14Si2		295	590	35	50	187
66	S38340	16Cr25Ni20Si2	1Cr25Ni20Si2		295	590	35	50	187

a 53Cr21Mn9Ni4N 和 22Cr21Ni12N 仅适用于直径、边长及对边距离或厚度小于或等于 25 mm 的钢棒；大于 25 mm 的钢棒，可改锻成 25 mm 的样坯检验或由供需双方协商确定允许降低其力学性能的数值。其余牌号仅适用于直径、边长及对边距离或厚度小于或等于 180 mm 的钢棒。大于 180 mm 的钢棒，可改锻成 180 mm 的样坯检验或由供需双方协商确定，允许降低其力学性能数值。

b 规定非比例延伸强度和硬度，仅当需方要求时(合同中注明)才进行测定。

c 扁钢不适用，但需方要求时，可由供需双方协商确定。

表 9 经退火的(见表 A.2)铁素体型钢棒或试样的力学性能[a]

GB/T 20878 中序号	统一数字代号	新牌号	旧牌号	热处理状态	规定非比例延伸强度 $R_{p0.2}$[b]/(N/mm²)	抗拉强度 R_m/(N/mm²)	断后伸长率 A/%	断面收缩率 Z[c]/%	布氏硬度 HBW
					不小于				不大于
78	S11348	06Cr13Al	0Cr13Al	退火	175	410	20	60	183
83	S11203	022Cr12	00Cr12		195	360	22	60	183
85	S11710	10Cr17	1Cr17		205	450	22	50	183
93	S12550	16Cr25N	2Cr25N		275	510	20	40	201

a 表 9 仅适用于直径、边长、及对边距离或厚度小于或等于 75 mm 的钢棒。大于 75 mm 的钢棒,可改锻成 75 mm 的样坯检验或由供需双方协商确定允许降低其力学性能的数值。

b 规定非比例延伸强度和硬度,仅当需方要求时(合同中注明)才进行测定。

c 扁钢不适用,但需方要求时,由供需双方协商确定。

表 10 经淬火回火的(见表 A.3)马氏体型钢棒或试样的力学性能[a]

GB/T 20878 中序号	统一数字代号	新牌号	旧牌号		热处理状态	规定非比例延伸强度 $R_{p0.2}$/(N/mm²)	抗拉强度 R_m/(N/mm²)	断后伸长率 A/%	断面收缩率 Z[b]/%	冲击吸收功 A_{ku2}[d]/J	经淬火回火后的硬度 HBW	退火后的硬度[c] HBW
						不小于						不大于
98	S41010	12Cr13	1Cr13		淬火+回火	345	540	22	55	78	159	200
101	S42020	20Cr13	2Cr13			440	640	20	50	63	192	223
106	S43110	14Cr17Ni2	1Cr17Ni2			—	1 080	10	—	39	—	—
107	S43120	17Cr16Ni2[e]		1		700	900～1 050	12	45	25(A_{kv})	—	295
				2		600	800～950	14				
113	S45110	12Cr5Mo	1Cr5Mo			390	590	18	—	—	—	200

表 10(续)

GB/T 20878 中序号	统一数字代号	新牌号	旧牌号		热处理状态	规定非比例延伸强度 $R_{p0.2}$/(N/mm²)	抗拉强度 R_m/(N/mm²)	断后伸长率 A/%	断面收缩率 Z^b/%	冲击吸收功 A_{ku2}[d]/J	经淬火回火后的硬度 HBW	退火后的硬度[c] HBW
						不小于						不大于
114	S45610	12Cr12Mo	1Cr12Mo		淬火+回火	550	685	18	60	78	217～248	255
115	S45710	13Cr13Mo	1Cr13Mo			490	690	20	60	78	192	200
119	S46010	14Cr11MoV	1Cr11MoV			490	685	16	55	47	—	200
122	S46250	18Cr12MoVNbN	2Cr12MoVNbN			685	835	15	30	—	≤321	269
123	S47010	15Cr12WMoV	1Cr12WMoV			585	735	15	45	47	—	—
124	S47220	22Cr12NiWMoV	2Cr12NiMoWV			735	885	10	25	—	≤341	269
125	S47310	13Cr11Ni2W2MoV[e]	1Cr11Ni2W-2MoV[e]	1		735	885	15	55	71	269～321	269
				2		885	1 080	12	50	55	311～388	
128	S47450	18Cr11NiMoNbVN	(2Cr11NiMoNbVN)			760	930	12	32	20(A_{kv})	277～331	255
130	S48040	42Cr9Si2	4Cr9Si2			590	885	19	50	—	—	269
131	S48045	45Cr9Si3				685	930	15	35	—	≥269	—
132	S48140	40Cr10Si2Mo	4Cr10Si2Mo			685	885	10	35	—	—	269
133	S48380	80Cr20Si2Ni	8Cr20Si2Ni			685	885	10	15	8	≥262	321

a 表 10 仅适用于直径、边长及对边距离或厚度小于或等于 75 mm 的钢棒。大于 75 mm 的钢棒，可改锻成 75 mm 的样坯检验或由供需双方协商规定允许降低其力学性能的数值。

b 扁钢不适用，但需方要求时，由供需双方协商确定。

c 采用 750℃退火时，其硬度由供需双方协商。

d 直径或对边距离小于或等于 16 mm 的圆钢、六角钢和边长或厚度小于或等于 12 mm 的方钢、扁钢不做冲击试验。

e 17Cr16Ni2 和 13Cr11Ni2W2MoV 钢的性能组别应在合同中注明，未注明时，由供方自行选择。

表 11　沉淀硬化型(见表 A.4)钢棒或试样的力学性能[a]

GB/T 20878 中序号	统一数字代号	新牌号	旧牌号	热处理 类型		热处理 组别	规定非比例延伸强度 $R_{p0.2}$/(N/mm²)	抗拉强度 R_m/(N/mm²)	断后伸长率 A/%	断面收缩率 Z^b/%	硬度[c] HBW	硬度[c] HRC
							不小于					
137	S51740	05Cr17Ni4Cu4Nb	0Cr17Ni4Cu4Nb	固溶处理		0	—	—	—	—	≤363	≤38
				沉淀硬化	480℃时效	1	1 180	1 310	10	40	≥375	≥40
					550℃时效	2	1 000	1 070	12	45	≥331	≥35
					580℃时效	3	865	1 000	13	45	≥302	≥31
					620℃时效	4	725	930	16	50	≥277	≥28
138	S51770	07Cr17Ni7Al	0Cr17Ni7Al	固溶处理		0	≤380	≤1 030	20	—	≤229	—
				沉淀硬化	510℃时效	1	1 030	1 230	4	10	≥388	—
					565℃时效	2	960	1140	5	25	≥363	—
143	S51525	06Cr15Ni25Ti2MoAlVB	0Cr15Ni25Ti2MoAlVB	固溶+时效			590	900	15	18	≥248	—

a　表 11 仅适用于直径、边长、厚度或对边距离小于或等于 75 mm 的钢棒。大于 75 mm 的钢棒，可改锻成 75 mm 的样坯检验或由供需双方协商规定允许降低其力学性能的数值。

b　扁钢不适用，但需方要求时，由供需双方协商确定。

c　供方可根据钢棒的尺寸或状态任选一种方法测定硬度。

表 12　低倍组织合格级别

组　别	一般疏松	中心疏松	锭型偏析
1 组	≤2 级	≤2 级	≤2 级
2 组	≤3 级	≤3 级	≤3 级

7.6　热顶锻

7.6.1　热顶锻用钢(在合同中注明)应作热顶锻试验，热顶锻后的试样高度为原试样高度的三分之一。顶锻后的试样上不得有裂口和裂缝。

7.6.2　尺寸大于 80 mm 的钢棒，供方若能保证顶锻试验合格，可不进行试验。

7.7　表面质量

7.7.1　压力加工用钢棒的表面不允许有裂纹、结疤、折叠及夹杂、如有上述缺陷必须清除，清除深度应符合表 13 的规定，清除宽度不小于深度的 5 倍，同一截面达到最大清除深度不得多于一处，允许有从实际尺寸算起不超过公称尺寸公差之半的个别细小划痕、压痕、麻点及深度不超过 0.20 mm 的小裂纹存在。根据供需双方协议，压力加工用圆钢棒，表面可以车削或剥皮。

表 13　压力加工用钢棒表面缺陷允许清除深度

钢棒公称尺寸/mm	允许清除深度
≤80	钢棒公称尺寸公差之半
>80～140	钢棒公称尺寸公差
>140～200	钢棒公称尺寸的 5%
>200～250	钢棒公称尺寸的 6%

7.7.2　切削加工用钢棒允许有从公称尺寸算起不超过表 14 规定的局部缺陷。

表 14　切削加工用钢棒表面局部缺陷允许深度

钢棒公称尺寸/mm	局部缺陷允许深度
<100	钢棒公称尺寸的负偏差
≥100	钢棒公称尺寸的公差

7.7.3　冷加工钢棒表面应洁净、光滑，不允许有裂纹、结疤、折叠、夹杂、拉裂和氧化皮。热处理状态交货的钢棒允许有氧化色。在无特殊要求时，钢棒表面允许有个别从实际尺寸算起深度不超过该公称尺寸公差的轻微的个别划痕、拉痕、黑斑、麻点等缺陷。

7.7.4　经车削或剥皮、磨光和抛光的钢棒表面不允许有影响使用的缺陷存在。

7.7.5　经供需双方协商，并在合同中注明，可规定采用酸洗、车削等方法去除热处理产生的黑皮。

7.8　特殊要求

根据需方要求，并经供需双方协议，可供应下列特殊要求的钢棒。

a)　缩小表 4～表 7 化学成分范围；

b)　限制表 8～表 11 中抗拉强度的上限；

c)　检验钢中非金属夹杂物含量；

d)　检验钢的晶粒度；

e)　增加塔形检验；

f)　测定钢的高温力学性能；

g)　其他特殊要求。

8　试验方法

每批钢棒的检验项目及试验方法应符合表 15 的规定。

9 检验规则

9.1 检查和验收

钢棒的检查和验收由供方技术质量监督部门进行。

9.2 组批规则

钢棒应按批检查和验收。每批由同一牌号、同一炉号、同一加工方法、同一尺寸和同一交货状态(同一热处理炉次)的钢棒组成。采用电渣重熔冶炼的钢,在工艺稳定且能保证本标准各项技术要求的条件下,允许以自耗电极的熔炼母炉号组批交货,并在质量证明书中注明。

9.3 取样部位及取样数量

每批钢棒检验取样部位及取样数量应符合表15的规定。

表15 钢棒检验项目、取样数量、取样部位及试验方法

序号	检验项目	取样数量[a]	取样部位	试验方法
1	化学成分	1	GB/T 20066	GB/T 223(见第2章)、GB/T 11170、GB/T 9971—2004 附录A
2	拉伸	2	不同根钢棒,GB/T 2975	GB/T 228
3	硬度	2	不同根钢棒	GB/T 230.1、GB/T 231.1
4	低倍组织	2	相当于钢锭头部的不同根钢棒,连铸钢在任意不同根钢棒	GB/T 226、GB/T 1979
5	超声波检验	2	整根钢棒	GB/T 7736
6	热顶锻	2	不同根钢棒或钢坯	YB/T 5293
7	非金属夹杂物	2	不同根钢棒	GB/T 10561
8	晶粒度	1	任一钢棒	GB/T 6394
9	塔形	2	相当于钢锭头部不同根钢棒,连铸钢在任意不同根钢棒	GB/T 15711、GB/T 10121
10	尺寸	逐根	整根钢棒	卡尺、千分尺
11	表面	逐根	整根钢棒	目视

a 电渣钢除表面和尺寸逐根外,其他检验项目的取样数量均为1个。以自耗电极的熔炼母炉号组批时,除化学成分每个电渣炉号取1个外,其他检验项目取样数量同表中规定。

9.4 复验和判定规则

9.4.1 复验和判定规则应按GB/T 17505的有关规定。

9.4.2 供方若能保证钢棒合格时,对同一炉号的钢棒或钢坯的力学性能、低倍组织、非金属夹杂物的检验结果,允许以坯代材、以大代小。

10 包装、标志和质量证明书

钢棒的包装、标志和质量证明书应符合GB/T 2101中的有关规定。

附 录 A
（资料性附录）
耐热钢棒或试样典型的热处理制度

表 A.1 奥氏体型钢棒或试样典型的热处理制度

GB/T 20878 中序号	统一数字代号	新 牌 号	旧 牌 号	典型的热处理制度/℃
6	S35650	53Cr21Mn9Ni4N	5Cr21Mn9Ni4N	固溶 1 100～1 200，快冷 时效 730～780，空冷
7	S35750	26Cr18Mn12Si2N	3Cr18Mn12Si2N	固溶 1 100～1 150，快冷
8	S35850	22Cr20Mn10Ni2Si2N	2Cr20Mn9Ni2Si2N	固溶 1 100～1 150，快冷
17	S30408	06Cr19Ni10	0Cr18Ni9	固溶 1 010～1 150，快冷
30	S30850	22Cr21Ni12N	2Cr21Ni12N	固溶 1 050～1 150，快冷 时效 750～800，空冷
31	S30920	16Cr23Ni13	2Cr23Ni13	固溶 1 030～1 150，快冷
32	S30908	06Cr23Ni13	0Cr23Ni13	固溶 1 030～1 150，快冷
34	S31020	20Cr25Ni20	2Cr25Ni20	固溶 1 030～1 180，快冷
35	S31008	06Cr25Ni20	0Cr25Ni20	固溶 1 030～1 180，快冷
38	S31608	06Cr17Ni12Mo2	0Cr17Ni12Mo2	固溶 1 010～1 150，快冷
49	S31708	06Cr19Ni13Mo3	0Cr19Ni13Mo3	固溶 1 010～1 150，快冷
55	S32168	06Cr18Ni11Ti[a]	0Cr18Ni10Ti[a]	固溶 920～1 150，快冷
57	S32590	45Cr14Ni14W2Mo	4Cr14Ni14W2Mo	退火 820～850，快冷
60	S33010	12Cr16Ni35	1Cr16Ni35	固溶 1030～1180，快冷
62	S34778	06Cr18Ni11Nb[a]	0Cr18Ni11Nb[a]	固溶 980～1 150，快冷
64	S38148	06Cr18Ni13Si4	0Cr18Ni13Si4	固溶 1 010～1 150，快冷
65	S38240	16Cr20Ni14Si2	1Cr20Ni14Si2	固溶 1 080～1 130，快冷
66	S38340	16Cr25Ni20Si2	1Cr25Ni20Si2	固溶 1 080～1 130，快冷

a 需方在合同中注明时，可进行稳定化处理，此时的热处理温度为 850℃～930℃。

表 A.2 铁素体型钢棒或试样典型的热处理制度

GB/T 20878 中序号	统一数字代号	新 牌 号	旧 牌 号	退火/℃
78	S11348	06Cr13Al	0Cr13Al	780～830，空冷或缓冷
83	S11203	022Cr12	00Cr12	700～820，空冷或缓冷
85	S11710	10Cr17	1Cr17	780～850，空冷或缓冷
93	S12550	16Cr25N	2Cr25N	780～880，快冷

表 A.3 马氏体型钢棒或试样典型的热处理制度

GB/T 20878 中序号	统一数字代号	新牌号	旧牌号	钢棒的热处理制度	试样的热处理制度	
				退火/℃	淬火/℃	回火/℃
98	S41010	12Cr13	1Cr13	800～900 缓冷或约 750 快冷	950～1 000 油冷	700～750，快冷
101	S42020	20Cr13	2Cr13	800～900 缓冷或约 750 快冷	920～980 油冷	600～750，快冷
106	S43110	14Cr17Ni2	1Cr17Ni2	680～700 高温回火，空冷	950～1 050 油冷	275～350，空冷
107	S43120	17Cr16Ni2		1 2 680～800 炉冷或空冷	950～1 050 油冷或空冷	1：600～650，空冷 2：750～800＋650～700[a]，空冷
113	S45110	12Cr5Mo	1Cr5Mo	—	900～950，油冷	600～700，空冷
114	S45610	12Cr12Mo	1Cr12Mo	800～900 缓冷或约 750 快冷	950～1 000，油冷	700～750，快冷
115	S45710	13Cr13Mo	1Cr13Mo	830～900 缓冷或约 750 快冷	970～1 020 油冷	650～750，快冷
119	S46010	14Cr11MoV	1Cr11MoV	—	1 050～1 100，空冷	720～740，空冷
122	S46250	18Cr12MoVNbN	2Cr12MoVNbN	850～950 缓冷	1 100～1 170，油冷或空冷	≥600，空冷
123	S47010	15Cr12WMoV	1Cr12WMoV	—	1 000～1 050，油冷	680～700，空冷
124	S47220	22Cr12NiWMoV	2Cr12NiMoWV	830～900 缓冷	1 020～1 070，油冷或空冷	≥600，空冷
125	S47310	13Cr11Ni2W2MoV	1Cr11Ni2W2MoV	1 2 —	1 000～1 020 正火，1 000～1 020，油冷或空冷	1：660～710，油冷或空冷 2：540～600，油冷或空冷
128	S47450	18Cr11NiMoNbVN	(2Cr11NiMoNbVN)	800～900 缓冷或 700～770 快冷	≥1 090，油冷	≥640，空冷
130	S48040	42Cr9Si2	4Cr9Si2	—	1 020～1 040，油冷	700～780，油冷
131	S48045	45Cr9Si3		800～900 缓冷	900～1 080，油冷	700～850，快冷
132	S48140	40Cr10Si2Mo	4Cr10Si2Mo	—	1 010～1 040，油冷	720～760，空冷
133	S48380	80Cr20Si2Ni	8Cr20Si2Ni	800～900 缓冷或约 720 空冷	1 030～1 080，油冷	700～800，快冷

a 当镍含量在表 6 规定的下限时，允许采用 620℃～720℃单回火制度。

表 A.4 沉淀硬化型钢棒或试样的典型热处理制度

<table>
<tr><th rowspan="2">GB/T 20878 中序号</th><th rowspan="2">统一数字代号</th><th rowspan="2">新牌号</th><th rowspan="2">旧牌号</th><th colspan="4">热处理</th></tr>
<tr><th colspan="2">种类</th><th>组别</th><th>条件</th></tr>
<tr><td rowspan="5">137</td><td rowspan="5">S51740</td><td rowspan="5">05Cr17Ni4Cu4Nb</td><td rowspan="5">0Cr17Ni4Cu4Nb</td><td colspan="2">固溶处理</td><td>0</td><td>1 020℃～1 060℃,快冷</td></tr>
<tr><td rowspan="4">沉淀硬化</td><td>480℃时效</td><td>1</td><td>经固溶处理后,470℃～490℃空冷</td></tr>
<tr><td>550℃时效</td><td>2</td><td>经固溶处理后,540℃～560℃空冷</td></tr>
<tr><td>580℃时效</td><td>3</td><td>经固溶处理后,570℃～590℃空冷</td></tr>
<tr><td>620℃时效</td><td>4</td><td>经固溶处理后,610℃～630℃空冷</td></tr>
<tr><td rowspan="3">138</td><td rowspan="3">S51770</td><td rowspan="3">07Cr17Ni7Al</td><td rowspan="3">0Cr17Ni7Al</td><td colspan="2">固溶处理</td><td>0</td><td>1 000℃～1 100℃,快冷</td></tr>
<tr><td rowspan="2">沉淀硬化</td><td>510℃时效</td><td>1</td><td>经固溶处理后,955℃±10℃保持 10 min,空冷到室温,在 24 h 内冷却到 −73℃±6℃,保持 8 h,再加热到 510℃±10℃,保持 1 h 后,空冷</td></tr>
<tr><td>565℃时效</td><td>2</td><td>经固溶处理后,于 760℃±15℃保持 90 min,在1 h 内冷却到 15℃以下,保持 30 min,再加热到 565℃±10℃保持 90 min,空冷</td></tr>
<tr><td>143</td><td>S51525</td><td>06Cr15Ni25Ti2MoAlVB</td><td>0Cr15Ni25Ti2MoAlVB</td><td colspan="2">固溶+时效</td><td colspan="2">固溶 885℃～915℃或 965℃～995℃,快冷,时效 700℃～760℃,16 h,空冷或缓冷</td></tr>
</table>

附 录 B
（资料性附录）
耐热钢的特性和用途

表 B.1 耐热钢的特性和用途

GB/T 20878 中序号	统一数字代号	新牌号	旧牌号	特性和用途
奥氏体型				
6	S35650	53Cr21Mn9Ni4N	5Cr21Mn9Ni4N	Cr-Mn-Ni-N 型奥氏体阀门钢。用于制作以经受高温强度为主的汽油及柴油机用排气阀
7	S35750	26Cr18Mn12Si2N	3Cr18Mn12Si2N	有较高的高温强度和一定的抗氧化性，并且有较好的抗硫及抗增碳性。用于吊挂支架，渗碳炉构件、加热炉传送带、料盘、炉爪
8	S35850	22Cr20Mn10Ni2Si2N	2Cr20Mn9Ni2Si2N	特性和用途同 26Cr18Mn12Si2N(3Cr18Mn12Si2N)，还可用作盐浴坩埚和加热炉管道等
17	S30408	06Cr19Ni10	0Cr18Ni9	通用耐氧化钢，可承受 870℃以下反复加热
30	S30850	22Cr21Ni12N	2Cr21Ni12N	Cr-Ni-N 型耐热钢。用以制造以抗氧化为主的汽油及柴油机用排气阀
31	S30920	16Cr23Ni13	2Cr23Ni13	承受 980℃以下反复加热的抗氧化钢。加热炉部件，重油燃烧器
32	S30908	06Cr23Ni13	0Cr23Ni13	耐腐蚀性比 06Cr19Ni10(0Cr18Ni9)钢好，可承受 980℃以下反复加热。炉用材料
34	S31020	20Cr25Ni20	2Cr25Ni20	承受 1 035℃以下反复加热的抗氧化钢。主要用于制作炉用部件、喷嘴、燃烧室
35	S31008	06Cr25Ni20	0Cr25Ni20	抗氧化性比 06Cr23Ni13(0Cr23Ni13)钢好，可承受 1 035℃以下反复加热。炉用材料、汽车排气净化装置等
38	S31608	06Cr17Ni12Mo2	0Cr17Ni12Mo2	高温具有优良的蠕变强度，作热交换用部件，高温耐蚀螺栓
49	S31708	06Cr19Ni13Mo3	0Cr19Ni13Mo3	耐点蚀和抗蠕变能力优于 06Cr17Ni12Mo2(0Cr17Ni12Mo2)。用于制作造纸、印染设备，石油化工及耐有机酸腐蚀的装备、热交换用部件等
55	S32168	06Cr18Ni11Ti	0Cr18Ni10Ti	作在 400℃～900℃腐蚀条件下使用的部件，高温用焊接结构部件
57	S32590	45Cr14Ni14W2Mo	4Cr14Ni14W2Mo	中碳奥氏体型阀门钢。在 700℃以下有较高的热强性，在 800℃以下有良好的抗氧化性能。用于制造 700℃以下工作的内燃机、柴油机重负荷进、排气阀和紧固件，500℃以下工作的航空发动机及其他产品零件。也可作为渗氮钢使用

表 B.1(续)

GB/T 20878 中序号	统一数字代号	新牌号	旧牌号	特性和用途
60	S33010	12Cr16Ni35	1Cr16Ni35	抗渗碳,易渗氮,1 035℃以下反复加热。炉用钢料、石油裂解装置
62	S34778	06Cr18Ni11Nb	0Cr18Ni11Nb	作在400℃～900℃腐蚀条件下使用的部件,高温用焊接结构部件
64	S38148	06Cr18Ni13Si4	0Cr18Ni13Si4	具有与06Cr25Ni20(0Cr25Ni20)相当的抗氧化性。用于含氯离子环境,如汽车排气净化装置等
65	S38240	16Cr20Ni14Si2	1Cr20Ni14Si2	具有较高的高温强度及抗氧化性,对含硫气氛较敏感,在600℃～800℃有析出相的脆化倾向,适用于制作承受应力的各种炉用构件
66	S38340	16Cr25Ni20Si2	1Cr25Ni20Si2	
铁素体型				
78	S11348	06Cr13Al	0Cr13Al	冷加工硬化少,主要用于制作燃气透平压缩机叶片、退火箱、淬火台架等
83	S11203	022Cr12	00Cr12	比022Cr13(0Cr13)碳含量低,焊接部位弯曲性能、加工性能、耐高温氧化性能好。作汽车排气处理装置,锅炉燃烧室、喷嘴等
85	S11710	10Cr17	1Cr17	作900℃以下耐氧化用部件、散热器、炉用部件、油喷嘴等
93	S12550	16Cr25N	2Cr25N	耐高温腐蚀性强,1 082℃以下不产生易剥落的氧化皮。常用于抗硫气氛,如燃烧室、退火箱、玻璃模具、阀、搅拌杆等
马氏体型				
98	S41010	12Cr13	1Cr13	作800℃以下耐氧化用部件
101	S42020	20Cr13	2Cr13	淬火状态下硬度高,耐蚀性良好。汽轮机叶片
106	S43110	14Cr17Ni2	1Cr17Ni2	作具有较高程度的耐硝酸、有机酸腐蚀的轴类、活塞杆、泵、阀等零部件以及弹簧、紧固件、容器和设备
107	S43120	17Cr16Ni2		改善14Cr17Ni2(1Cr17Ni2)钢的加工性能,可代替14Cr17Ni2(1Cr17Ni2)钢使用
113	S45110	12Cr5Mo	1Cr5Mo	在中高温下有好的力学性能。能抗石油裂化过程中产生的腐蚀。作再热蒸汽管、石油裂解管、锅炉吊架、蒸汽轮机气缸衬套、泵的零件、阀、活塞杆、高压加氢设备部件、紧固件
114	S45610	12Cr12Mo	1Cr12Mo	铬钼马氏体耐热钢。作汽轮机叶片
115	S45710	13Cr13Mo	1Cr13Mo	比12Cr13(1Cr13)耐蚀性高的高强度钢。用于制作汽轮机叶片,高温、高压蒸汽用机械部件等
119	S46010	14Cr11MoV	1Cr11MoV	铬钼钒马氏体耐热钢。有较高的热强性,良好的减震性及组织稳定性。用于透平叶片及导向叶片

表 B.1(续)

GB/T 20878 中序号	统一数字代号	新牌号	旧牌号	特性和用途
122	S46250	18Cr12MoVNbN	2Cr12MoVNbN	铬钼钒铌氮马氏体耐热钢。用于制作高温结构部件,如汽轮机叶片、盘、叶轮轴、螺栓等
123	S47010	15Cr12WMoV	1Cr12WMoV	铬钼钨钒马氏体耐热钢。有较高的热强性,良好的减震性及组织稳定性。用于透平叶片、紧固件、转子及轮盘
124	S47220	22Cr12NiWMoV	2Cr12NiMoWV	性能与用途类似于13Cr11Ni2W2MoV(1Cr11Ni2W2MoV)。用于制作汽轮机叶片
125	S47310	13Cr11Ni2W2MoV	1Cr11Ni2W2MoV	铬镍钨钼钒马氏体耐热钢。具有良好的韧性和抗氧化性能,在淡水和湿空气中有较好的耐蚀性
128	S47450	18Cr11NiMoNbVN	(2Cr11NiMoNbVN)	具有良好的强韧性、抗蠕变性能和抗松弛性能,主要用于制作汽轮机高温紧固件和动叶片
130	S48040	42Cr9Si2	4Cr9Si2	铬硅马氏体阀门钢,750℃以下耐氧化。用于制作内燃机进气阀,轻负荷发动机的排气阀
131	S48045	45Cr9Si3		
132	S48140	40Cr10Si2Mo	4Cr10Si2Mo	铬硅钼马氏体阀门钢,经淬火回火后使用。因含有钼和硅,高温强度抗蠕变性能及抗氧化性能比40Cr13(4Cr13)高。用于制作进、排气阀门,鱼雷,火箭部件,预燃烧室等
133	S48380	80Cr20Si2Ni	8Cr20Si2Ni	铬硅镍马氏体阀门钢。用于制作以耐磨性为主的进气阀、排气阀、阀座等
沉淀硬化型				
137	S51740	05Cr17Ni4Cu4Nb	0Cr17Ni4Cu4Nb	添加铜和铌的马氏体沉淀硬化型钢,作燃气透平压缩机叶片、燃气透平发动机周围材料
138	S51770	07Cr17Ni7Al	0Cr17Ni7Al	添加铝的半奥氏体沉淀硬化型钢,作高温弹簧、膜片、固定器、波纹管
143	S51525	06Cr15Ni25Ti2MoAlVB	0Cr15Ni25Ti2MoAlVB	奥氏体沉淀硬化型钢,具有高的缺口强度,在温度低于980℃时抗氧化性能与06Cr25Ni20(0Cr25Ni20)相当。主要用于700℃以下的工作环境,要求具有高强度和优良耐蚀性的部件或设备,如汽轮机转子、叶片、骨架、燃烧室部件和螺栓等

ICS 77.140.70
H 44

中华人民共和国国家标准

GB/T 11263—2017
代替 GB/T 11263—2010

热轧 H 型钢和剖分 T 型钢

Hot rolled H and cut T section steel

2017-05-31 发布 2017-12-01 实施

中华人民共和国国家质量监督检验检疫总局
中国国家标准化管理委员会 发布

前　言

本标准按照 GB/T 1.1—2009 给出的规则编写。

本标准代替 GB/T 11263—2010《热轧 H 型钢和剖分 T 型钢》，与 GB/T 11263—2010 相比主要变化如下：

——修改了表 3 中 H 型钢的尺寸、外形允许偏差要求。

——修改了表 6 中检验项目、取样数量和试验方法。

——将附录 A 调整为附录 E，并对内容进行了修改。

——将附录 B 调整为附录 F。

——将附录 C 调整为附录 G，并对规格进行了调整。

——增加了附录 A、附录 B、附录 C、附录 D。

本标准由中国钢铁工业协会提出。

本标准由全国钢标准化技术委员会（SAC/TC 183）归口。

本标准起草单位：马钢（集团）控股有限公司、山东钢铁股份有限公司莱芜分公司、冶金工业信息标准研究院、河北津西钢铁集团股份有限公司、日照钢铁控股集团有限公司、中冶建筑研究总院有限公司、鞍山宝得钢铁有限公司、天津市中重科技工程有限公司。

本标准主要起草人：吴保桥、王中学、王丽敏、奚铁、冯超、赵一臣、魏振洲、吴明超、王洪新、陈延亮、刘宝石、张卫斌、赵新华、张保菊、田学伯、程 鼎、王玉婕、刘春颖、姜鸿亮、杨应东。

本标准所代替标准的历次版本发布情况为：

——GB/T 11263—1998、GB/T 11263—2005、GB/T 11263—2010。

热轧 H 型钢和剖分 T 型钢

1 范围

本标准规定了热轧 H 型钢和由热轧 H 型钢剖分的 T 型钢的订货内容、分类、代号、尺寸、外形、重量及允许偏差、技术要求、试验方法、检验规则、包装、标志、质量证明书。

本标准适用于热轧 H 型钢(以下简称 H 型钢)和由热轧 H 型钢剖分的 T 型钢。

2 规范性引用文件

下列文件对于本文件的应用是必不可少的。凡是注日期的引用文件,仅注日期的版本适用于本文件。凡是不注日期的引用文件,其最新版本(包括所有的修改单)适用于本文件。

GB/T 222 钢的成品化学成分允许偏差

GB/T 228.1 金属材料 拉伸试验 第1部分:室温试验方法

GB/T 229 金属材料 夏比摆锤冲击试验方法

GB/T 232 金属材料 弯曲试验方法

GB/T 700 碳素结构钢

GB/T 712 船舶及海洋工程用结构钢

GB/T 714 桥梁用结构钢

GB/T 1591 低合金高强度结构钢

GB/T 2101 型钢验收、包装、标志及质量证明书的一般规定

GB/T 2975 钢及钢产品 力学性能试验取样位置及试样制备

GB/T 4171 耐候结构钢

GB/T 4336 碳素钢和中低合金钢 多元素含量的测定 火花放电原子发射光谱法(常规法)

GB/T 19879 建筑结构用钢板

GB/T 20066 钢和铁 化学成分测定用试样的取样和制样方法

3 订货内容

按本标准订货的合同应包含下列技术内容:

a) 产品名称及种类;

b) 牌号;

c) 标准编号;

d) 规格;

e) 交货长度;

f) 重量和数量;

g) 需方提出的其他特殊要求,如特殊规格要求、特殊表面质量要求等内容。

4 分类、代号

4.1 H 型钢分为四类,其代号如下:

宽翼缘 H 型钢　HW(W 为 Wide 英文字头);
中翼缘 H 型钢　HM(M 为 Middle 英文字头);
窄翼缘 H 型钢　HN(N 为 Narrow 英文字头);
薄壁 H 型钢　HT(T 为 Thin 英文字头)。

4.2 剖分 T 型钢分为三类,其代号如下:
宽翼缘剖分 T 型钢　TW(W 为 Wide 英文字头);
中翼缘剖分 T 型钢　TM(M 为 Middle 英文字头);
窄翼缘剖分 T 型钢　TN(N 为 Narrow 英文字头)。

5 尺寸、外形、重量及允许偏差

5.1 尺寸及表示方法

5.1.1 H 型钢和剖分 T 型钢的截面图示及标注符号如图 1 和图 2 所示。

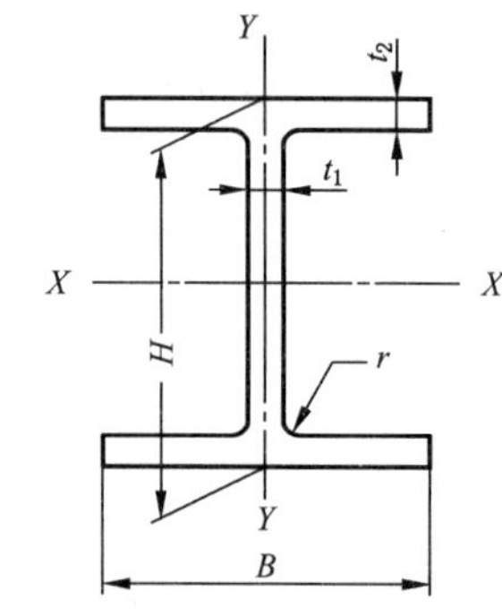

说明:
H ——高度;
B ——宽度;
t_1 ——腹板厚度;
t_2 ——翼缘厚度;
r ——圆角半径。

图 1　H 型钢截面图

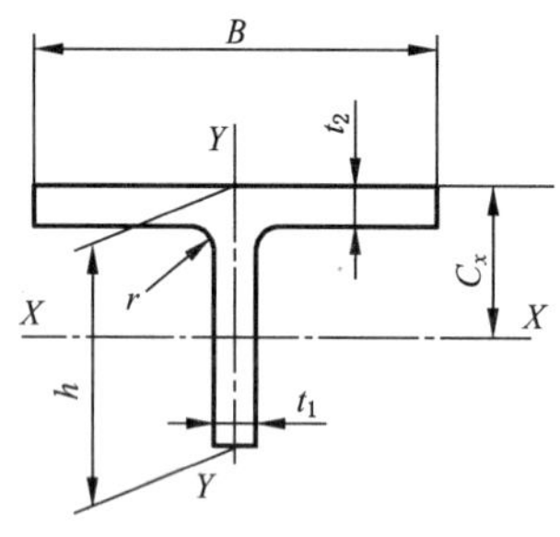

说明:
h ——高度;
B ——宽度;
t_1 ——腹板厚度;
t_2 ——翼缘厚度;
r ——圆角半径;
C_x ——重心。

图 2　剖分 T 型钢截面图

5.1.2 H 型钢和剖分 T 型钢的截面尺寸、截面面积、理论重量及截面特性参数应分别符合表 1、表 2 的规定。根据需方要求,也可由供需双方协议供应附录 A～附录 D 和附录 G 或其他参数要求的产品。工字钢与 H 型钢型号截面特性参数对比表见附录 F。

5.1.3 H 型钢和剖分 T 型钢的交货长度应在合同中注明,通常定尺长度为 12 000 mm,根据需方要求也可供应其他定尺长度产品。

表 1　H 型钢截面尺寸、截面面积、理论重量及截面特性

类别	型号（高度×宽度）mm×mm	截面尺寸 mm					截面面积 cm^2	理论重量 kg/m	表面积 m^2/m	惯性矩 cm^4		惯性半径 cm		截面模数 cm^3	
		H	B	t_1	t_2	r				I_x	I_y	i_x	i_y	W_x	W_y
HW	100×100	100	100	6	8	8	21.58	16.9	0.574	378	134	4.18	2.48	75.6	26.7
	125×125	125	125	6.5	9	8	30.00	23.6	0.723	839	293	5.28	3.12	134	46.9
	150×150	150	150	7	10	8	39.64	31.1	0.872	1 620	563	6.39	3.76	216	75.1
	175×175	175	175	7.5	11	13	51.42	40.4	1.01	2 900	984	7.50	4.37	331	112
	200×200	200	200	8	12	13	63.53	49.9	1.16	4 720	1 600	8.61	5.02	472	160
		* 200	204	12	12	13	71.53	56.2	1.17	4 980	1 700	8.34	4.87	498	167
	250×250	* 244	252	11	11	13	81.31	63.8	1.45	8 700	2 940	10.3	6.01	713	233
		250	250	9	14	13	91.43	71.8	1.46	10 700	3 650	10.8	6.31	860	292
		* 250	255	14	14	13	103.9	81.6	1.47	11 400	3 880	10.5	6.10	912	304
	300×300	* 294	302	12	12	13	106.3	83.5	1.75	16 600	5 510	12.5	7.20	1 130	365
		300	300	10	15	13	118.5	93.0	1.76	20 200	6 750	13.1	7.55	1 350	450
		* 300	305	15	15	13	133.5	105	1.77	21 300	7 100	12.6	7.29	1 420	466
	350×350	* 338	351	13	13	13	133.3	105	2.03	27 700	9 380	14.4	8.38	1 640	534
		* 344	348	10	16	13	144.0	113	2.04	32 800	11 200	15.1	8.83	1 910	646
		* 344	354	16	16	13	164.7	129	2.05	34 900	11 800	14.6	8.48	2 030	669
		350	350	12	19	13	171.9	135	2.05	39 800	13 600	15.2	8.88	2 280	776
		* 350	357	19	19	13	196.4	154	2.07	42 300	14 400	14.7	8.57	2 420	808
	400×400	* 388	402	15	15	22	178.5	140	2.32	49 000	16 300	16.6	9.54	2 520	809
		* 394	398	11	18	22	186.8	147	2.32	56 100	18 900	17.3	10.1	2 850	951
		* 394	405	18	18	22	214.4	168	2.33	59 700	20 000	16.7	9.64	3 030	985
		400	400	13	21	22	218.7	172	2.34	66 600	22 400	17.5	10.1	3 330	1 120
		* 400	408	21	21	22	250.7	197	2.35	70 900	23 800	16.8	9.74	3 540	1 170
		* 414	405	18	28	22	295.4	232	2.37	92 800	31 000	17.7	10.2	4 480	1 530
		* 428	407	20	35	22	360.7	283	2.41	119 000	39 400	18.2	10.4	5 570	1 930
		* 458	417	30	50	22	528.6	415	2.49	187 000	60 500	18.8	10.7	8 170	2 900
		* 498	432	45	70	22	770.1	604	2.60	298 000	94 400	19.7	11.1	12 000	4 370
	500×500	* 492	465	15	20	22	258.0	202	2.78	117 000	33 500	21.3	11.4	4 770	1 440
		* 502	465	15	25	22	304.5	239	2.80	146 000	41 900	21.9	11.7	5 810	1 800
		* 502	470	20	25	22	329.6	259	2.81	151 000	43 300	21.4	11.5	6 020	1 840

表 1（续）

类别	型号（高度×宽度）mm×mm	截面尺寸 mm					截面面积 cm²	理论重量 kg/m	表面积 m²/m	惯性矩 cm⁴		惯性半径 cm		截面模数 cm³	
		H	B	t_1	t_2	r				I_x	I_y	i_x	i_y	W_x	W_y
HM	150×100	148	100	6	9	8	26.34	20.7	0.670	1 000	150	6.16	2.38	135	30.1
	200×150	194	150	6	9	8	38.10	29.9	0.962	2 630	507	8.30	3.64	271	67.6
	250×175	244	175	7	11	13	55.49	43.6	1.15	6 040	984	10.4	4.21	495	112
	300×200	294	200	8	12	13	71.05	55.8	1.35	11 100	1 600	12.5	4.74	756	160
		*298	201	9	14	13	82.03	64.4	1.36	13 100	1 900	12.6	4.80	878	189
	350×250	340	250	9	14	13	99.53	78.1	1.64	21 200	3 650	14.6	6.05	1 250	292
	400×300	390	300	10	16	13	133.3	105	1.94	37 900	7 200	16.9	7.35	1 940	480
	450×300	440	300	11	18	13	153.9	121	2.04	54 700	8 110	18.9	7.25	2 490	540
	500×300	*482	300	11	15	13	141.2	111	2.12	58 300	6 760	20.3	6.91	2 420	450
		488	300	11	18	13	159.2	125	2.13	68 900	8 110	20.8	7.13	2 820	540
	550×300	*544	300	11	15	13	148.0	116	2.24	76 400	6 760	22.7	6.75	2 810	450
		*550	300	11	18	13	166.0	130	2.26	89 800	8 110	23.3	6.98	3 270	540
	600×300	*582	300	12	17	13	169.2	133	2.32	98 900	7 660	24.2	6.72	3 400	511
		588	300	12	20	13	187.2	147	2.33	114 000	9 010	24.7	6.93	3 890	601
		*594	302	14	23	13	217.1	170	2.35	134 000	10 600	24.8	6.97	4 500	700
HN	*100×50	100	50	5	7	8	11.84	9.30	0.376	187	14.8	3.97	1.11	37.5	5.91
	*125×60	125	60	6	8	8	16.68	13.1	0.464	409	29.1	4.95	1.32	65.4	9.71
	150×75	150	75	5	7	8	17.84	14.0	0.576	666	49.5	6.10	1.66	88.8	13.2
	175×90	175	90	5	8	8	22.89	18.0	0.686	1 210	97.5	7.25	2.06	138	21.7
	200×100	*198	99	4.5	7	8	22.68	17.8	0.769	1 540	113	8.24	2.23	156	22.9
		200	100	5.5	8	8	26.66	20.9	0.775	1 810	134	8.22	2.23	181	26.7
	250×125	*248	124	5	8	8	31.98	25.1	0.968	3 450	255	10.4	2.82	278	41.1
		250	125	6	9	8	36.96	29.0	0.974	3 960	294	10.4	2.81	317	47.0
	300×150	*298	149	5.5	8	13	40.80	32.0	1.16	6 320	442	12.4	3.29	424	59.3
		300	150	6.5	9	13	46.78	36.7	1.16	7 210	508	12.4	3.29	481	67.7
	350×175	*346	174	6	9	13	52.45	41.2	1.35	11 000	791	14.5	3.88	638	91.0
		350	175	7	11	13	62.91	49.4	1.36	13 500	984	14.6	3.95	771	112
	400×150	400	150	8	13	13	70.37	55.2	1.36	18 600	734	16.3	3.22	929	97.8
	400×200	*396	199	7	11	13	71.41	56.1	1.55	19 800	1 450	16.6	4.50	999	145
		400	200	8	13	13	83.37	65.4	1.56	23 500	1 740	16.8	4.56	1 170	174
	450×150	*446	150	7	12	13	66.99	52.6	1.46	22 000	677	18.1	3.17	985	90.3
		450	151	8	14	13	77.49	60.8	1.47	25 700	806	18.2	3.22	1 140	107

表 1（续）

类别	型号（高度×宽度）mm×mm	截面尺寸 mm					截面面积 cm²	理论重量 kg/m	表面积 m²/m	惯性矩 cm⁴		惯性半径 cm		截面模数 cm³	
		H	B	t_1	t_2	r				I_x	I_y	i_x	i_y	W_x	W_y
HN	450×200	*446	199	8	12	13	82.97	65.1	1.65	28 100	1 580	18.4	4.36	1 260	159
		450	200	9	14	13	95.43	74.9	1.66	32 900	1 870	18.6	4.42	1 460	187
	475×150	*470	150	7	13	13	71.53	56.2	1.50	26 200	733	19.1	3.20	1 110	97.8
		*475	151.5	8.5	15.5	13	86.15	67.6	1.52	31 700	901	19.2	3.23	1 330	119
		482	153.5	10.5	19	13	106.4	83.5	1.53	39 600	1 150	19.3	3.28	1 640	150
	500×150	*492	150	7	12	13	70.21	55.1	1.55	27 500	677	19.8	3.10	1 120	90.3
		*500	152	9	16	13	92.21	72.4	1.57	37 000	940	20.0	3.19	1 480	124
		504	153	10	18	13	103.3	81.1	1.58	41 900	1 080	20.1	3.23	1 660	141
	500×200	*496	199	9	14	13	99.29	77.9	1.75	40 800	1 840	20.3	4.30	1 650	185
		500	200	10	16	13	112.3	88.1	1.76	46 800	2 140	20.4	4.36	1 870	214
		*506	201	11	19	13	129.3	102	1.77	55 500	2 580	20.7	4.46	2 190	257
	550×200	*546	199	9	14	13	103.8	81.5	1.85	50 800	1 840	22.1	4.21	1 860	185
		550	200	10	16	13	117.3	92.0	1.86	58 200	2 140	22.3	4.27	2 120	214
	600×200	*596	199	10	15	13	117.8	92.4	1.95	66 600	1 980	23.8	4.09	2 240	199
		600	200	11	17	13	131.7	103	1.96	75 600	2 270	24.0	4.15	2 520	227
		*606	201	12	20	13	149.8	118	1.97	88 300	2 720	24.3	4.25	2 910	270
	625×200	*625	198.5	13.5	17.5	13	150.6	118	1.99	88 500	2 300	24.2	3.90	2 830	231
		630	200	15	20	13	170.0	133	2.01	101 000	2 690	24.4	3.97	3 220	268
		*638	202	17	24	13	198.7	156	2.03	122 000	3 320	24.8	4.09	3 820	329
	650×300	*646	299	12	18	18	183.6	144	2.43	131 000	8 030	26.7	6.61	4 080	537
		*650	300	13	20	18	202.1	159	2.44	146 000	9 010	26.9	6.67	4 500	601
		*654	301	14	22	18	220.6	173	2.45	161 000	10 000	27.4	6.81	4 930	666
	700×300	*692	300	13	20	18	207.5	163	2.53	168 000	9 020	28.5	6.59	4 870	601
		700	300	13	24	18	231.5	182	2.54	197 000	10 800	29.2	6.83	5 640	721
	750×300	*734	299	12	16	18	182.7	143	2.61	161 000	7 140	29.7	6.25	4 390	478
		*742	300	13	20	18	214.0	168	2.63	197 000	9 020	30.4	6.49	5 320	601
		*750	300	13	24	18	238.0	187	2.64	231 000	10 800	31.1	6.74	6 150	721
		*758	303	16	28	18	284.8	224	2.67	276 000	13 000	31.1	6.75	7 270	859
	800×300	*792	300	14	22	18	239.5	188	2.73	248 000	9 920	32.2	6.43	6 270	661
		800	300	14	26	18	263.5	207	2.74	286 000	11 700	33.0	6.66	7 160	781

表 1（续）

类别	型号（高度×宽度）mm×mm	截面尺寸 mm					截面面积 cm^2	理论重量 kg/m	表面积 m^2/m	惯性矩 cm^4		惯性半径 cm		截面模数 cm^3	
		H	B	t_1	t_2	r				I_x	I_y	i_x	i_y	W_x	W_y
HN	850×300	* 834	298	14	19	18	227.5	179	2.80	251 000	8 400	33.2	6.07	6 020	564
		* 842	299	15	23	18	259.7	204	2.82	298 000	10 300	33.9	6.28	7 080	687
		* 850	300	16	27	18	292.1	229	2.84	346 000	12 200	34.4	6.45	8 140	812
		* 858	301	17	31	18	324.7	255	2.86	395 000	14 100	34.9	6.59	9 210	939
	900×300	* 890	299	15	23	18	266.9	210	2.92	339 000	10 300	35.6	6.20	7 610	687
		900	300	16	28	18	305.8	240	2.94	404 000	12 600	36.4	6.42	8 990	842
		* 912	302	18	34	18	360.1	283	2.97	491 000	15 700	36.9	6.59	10 800	1 040
	1 000×300	* 970	297	16	21	18	276.0	217	3.07	393 000	9 210	37.8	5.77	8 110	620
		* 980	298	17	26	18	315.5	248	3.09	472 000	11 500	38.7	6.04	9 630	772
		* 990	298	17	31	18	345.3	271	3.11	544 000	13 700	39.7	6.30	11 000	921
		*1 000	300	19	36	18	395.1	310	3.13	634 000	16 300	40.1	6.41	12 700	1 080
		*1 008	302	21	40	18	439.3	345	3.15	712 000	18 400	40.3	6.47	14 100	1 220
HT	100×50	95	48	3.2	4.5	8	7.620	5.98	0.362	115	8.39	3.88	1.04	24.2	3.49
		97	49	4	5.5	8	9.370	7.36	0.368	143	10.9	3.91	1.07	29.6	4.45
	100×100	96	99	4.5	6	8	16.20	12.7	0.565	272	97.2	4.09	2.44	56.7	19.6
	125×60	118	58	3.2	4.5	8	9.250	7.26	0.448	218	14.7	4.85	1.26	37.0	5.08
		120	59	4	5.5	8	11.39	8.94	0.454	271	19.0	4.87	1.29	45.2	6.43
	125×125	119	123	4.5	6	8	20.12	15.8	0.707	532	186	5.14	3.04	89.5	30.3
	150×75	145	73	3.2	4.5	8	11.47	9.00	0.562	416	29.3	6.01	1.59	57.3	8.02
		147	74	4	5.5	8	14.12	11.1	0.568	516	37.3	6.04	1.62	70.2	10.1
	150×100	139	97	3.2	4.5	8	13.43	10.6	0.646	476	68.6	5.94	2.25	68.4	14.1
		142	99	4.5	6	8	18.27	14.3	0.657	654	97.2	5.98	2.30	92.1	19.6
	150×150	144	148	5	7	8	27.76	21.8	0.856	1 090	378	6.25	3.69	151	51.1
		147	149	6	8.5	8	33.67	26.4	0.864	1 350	469	6.32	3.73	183	63.0
	175×90	168	88	3.2	4.5	8	13.55	10.6	0.668	670	51.2	7.02	1.94	79.7	11.6
		171	89	4	6	8	17.58	13.8	0.676	894	70.7	7.13	2.00	105	15.9
	175×175	167	173	5	7	13	33.32	26.2	0.994	1 780	605	7.30	4.26	213	69.9
		172	175	6.5	9.5	13	44.64	35.0	1.01	2 470	850	7.43	4.36	287	97.1
	200×100	193	98	3.2	4.5	8	15.25	12.0	0.758	994	70.7	8.07	2.15	103	14.4
		196	99	4	6	8	19.78	15.5	0.766	1 320	97.2	8.18	2.21	135	19.6
	200×150	188	149	4.5	6	8	26.34	20.7	0.949	1 730	331	8.09	3.54	184	44.4
	200×200	192	198	6	8	13	43.69	34.3	1.14	3 060	1 040	8.37	4.86	319	105

表 1(续)

类别	型号(高度×宽度) mm×mm	截面尺寸 mm					截面面积 cm^2	理论重量 kg/m	表面积 m^2/m	惯性矩 cm^4		惯性半径 cm		截面模数 cm^3	
		H	B	t_1	t_2	r				I_x	I_y	i_x	i_y	W_x	W_y
HT	250×125	244	124	4.5	6	8	25.86	20.3	0.961	2 650	191	10.1	2.71	217	30.8
	250×175	238	173	4.5	8	13	39.12	30.7	1.14	4 240	691	10.4	4.20	356	79.9
	300×150	294	148	4.5	6	13	31.90	25.0	1.15	4 800	325	12.3	3.19	327	43.9
	300×200	286	198	6	8	13	49.33	38.7	1.33	7 360	1 040	12.2	4.58	515	105
	350×175	340	173	4.5	6	13	36.97	29.0	1.34	7 490	518	14.2	3.74	441	59.9
	400×150	390	148	6	8	13	47.57	37.3	1.34	11 700	434	15.7	3.01	602	58.6
	400×200	390	198	6	8	13	55.57	43.6	1.54	14 700	1 040	16.2	4.31	752	105

注 1:表中同一型号的产品,其内侧尺寸高度一致。

注 2:表中截面面积计算公式为:$t_1(H-2t_2)+2Bt_2+0.858r^2$。

注 3:表中“*”表示的规格为市场非常用规格。

表 2 剖分 T 型钢截面尺寸、截面面积、理论重量及截面特性

类别	型号(高度×宽度) mm×mm	截面尺寸 mm					截面面积 cm^2	理论重量 kg/m	表面积 m^2/m	惯性矩 cm^4		惯性半径 cm		截面模数 cm^3		重心 C_x cm	对应 H 型钢系列型号
		h	B	t_1	t_2	r				I_x	I_y	i_x	i_y	W_x	W_y		
TW	50×100	50	100	6	8	8	10.79	8.47	0.293	16.1	66.8	1.22	2.48	4.02	13.4	1.00	100×100
	62.5×125	62.5	125	6.5	9	8	15.00	11.8	0.368	35.0	147	1.52	3.12	6.91	23.5	1.19	125×125
	75×150	75	150	7	10	8	19.82	15.6	0.443	66.4	282	1.82	3.76	10.8	37.5	1.37	150×150
	87.5×175	87.5	175	7.5	11	13	25.71	20.2	0.514	115	492	2.11	4.37	15.9	56.2	1.55	175×175
	100×200	100	200	8	12	13	31.76	24.9	0.589	184	801	2.40	5.02	22.3	80.1	1.73	200×200
		100	204	12	12	13	35.76	28.1	0.597	256	851	2.67	4.87	32.4	83.4	2.09	
	125×250	125	250	9	14	13	45.71	35.9	0.739	412	1 820	3.00	6.31	39.5	146	2.08	250×250
		125	255	14	14	13	51.96	40.8	0.749	589	1 940	3.36	6.10	59.4	152	2.58	
	150×300	147	302	12	12	13	53.16	41.7	0.887	857	2 760	4.01	7.20	72.3	183	2.85	300×300
		150	300	10	15	13	59.22	46.5	0.889	798	3 380	3.67	7.55	63.7	225	2.47	
		150	305	15	15	13	66.72	52.4	0.899	1 110	3 550	4.07	7.29	92.5	233	3.04	
	175×350	172	348	10	16	13	72.00	56.5	1.03	1 230	5 620	4.13	8.83	84.7	323	2.67	350×350
		175	350	12	19	13	85.94	67.5	1.04	1 520	6 790	4.20	8.88	104	388	2.87	
	200×400	194	402	15	15	22	89.22	70.0	1.17	2 480	8 130	5.27	9.54	158	404	3.70	400×400
		197	398	11	18	22	93.40	73.3	1.17	2 050	9 460	4.67	10.1	123	475	3.01	
		200	400	13	21	22	109.3	85.8	1.18	2 480	11 200	4.75	10.1	147	560	3.21	
		200	408	21	21	22	125.3	98.4	1.2	3 650	11 900	5.39	9.74	229	584	4.07	
		207	405	18	28	22	147.7	116	1.21	3 620	15 500	4.95	10.2	213	766	3.68	
		214	407	20	35	22	180.3	142	1.22	4 380	19 700	4.92	10.4	250	967	3.90	

表 2（续）

类别	型号（高度×宽度）mm×mm	截面尺寸 mm					截面面积 cm^2	理论重量 kg/m	表面积 m^2/m	惯性矩 cm^4		惯性半径 cm		截面模数 cm^3		重心 C_x cm	对应 H 型钢系列型号
		h	B	t_1	t_2	r				I_x	I_y	i_x	i_y	W_x	W_y		
TM	75×100	74	100	6	9	8	13.17	10.3	0.341	51.7	75.2	1.98	2.38	8.84	15.0	1.56	150×100
	100×150	97	150	6	9	8	19.05	15.0	0.487	124	253	2.55	3.64	15.8	33.8	1.80	200×150
	125×175	122	175	7	11	13	27.74	21.8	0.583	288	492	3.22	4.21	29.1	56.2	2.28	250×175
	150×200	147	200	8	12	13	35.52	27.9	0.683	571	801	4.00	4.74	48.2	80.1	2.85	300×200
		149	201	9	14	13	41.01	32.2	0.689	661	949	4.01	4.80	55.2	94.4	2.92	
	175×250	170	250	9	14	13	49.76	39.1	0.829	1 020	1 820	4.51	6.05	73.2	146	3.11	350×250
	200×300	195	300	10	16	13	66.62	52.3	0.979	1 730	3 600	5.09	7.35	108	240	3.43	400×300
	225×300	220	300	11	18	13	76.94	60.4	1.03	2 680	4 050	5.89	7.25	150	270	4.09	450×300
	250×300	241	300	11	15	13	70.58	55.4	1.07	3 400	3 380	6.93	6.91	178	225	5.00	500×300
		244	300	11	18	13	79.58	62.5	1.08	3 610	4 050	6.73	7.13	184	270	4.72	
	275×300	272	300	11	15	13	73.99	58.1	1.13	4 790	3 380	8.04	6.75	225	225	5.96	550×300
		275	300	11	18	13	82.99	65.2	1.14	5 090	4 050	7.82	6.98	232	270	5.59	
	300×300	291	300	12	17	13	84.60	66.4	1.17	6 320	3 830	8.64	6.72	280	255	6.51	600×300
		294	300	12	20	13	93.60	73.5	1.18	6 680	4 500	8.44	6.93	288	300	6.17	
		297	302	14	23	13	108.5	85.2	1.19	7 890	5 290	8.52	6.97	339	350	6.41	
TN	50×50	50	50	5	7	8	5.920	4.65	0.193	11.8	7.39	1.41	1.11	3.18	2.950	1.28	100×50
	62.5×60	62.5	60	6	8	8	8.340	6.55	0.238	27.5	14.6	1.81	1.32	5.96	4.85	1.64	125×60
	75×75	75	75	5	7	8	8.920	7.00	0.293	42.6	24.7	2.18	1.66	7.46	6.59	1.79	150×75
	87.5×90	85.5	89	4	6	8	8.790	6.90	0.342	53.7	35.3	2.47	2.00	8.02	7.94	1.86	175×90
		87.5	90	5	8	8	11.44	8.98	0.348	70.6	48.7	2.48	2.06	10.4	10.8	1.93	
	100×100	99	99	4.5	7	8	11.34	8.90	0.389	93.5	56.7	2.87	2.23	12.1	11.5	2.17	200×100
		100	100	5.5	8	8	13.33	10.5	0.393	114	66.9	2.92	2.23	14.8	13.4	2.31	
	125×125	124	124	5	8	8	15.99	12.6	0.489	207	127	3.59	2.82	21.3	20.5	2.66	250×125
		125	125	6	9	8	18.48	14.5	0.493	248	147	3.66	2.81	25.6	23.5	2.81	
	150×150	149	149	5.5	8	13	20.40	16.0	0.585	393	221	4.39	3.29	33.8	29.7	3.26	300×150
		150	150	6.5	9	13	23.39	18.4	0.589	464	254	4.45	3.29	40.0	33.8	3.41	
	175×175	173	174	6	9	13	26.22	20.6	0.683	679	396	5.08	3.88	50.0	45.5	3.72	350×175
		175	175	7	11	13	31.45	24.7	0.689	814	492	5.08	3.95	59.3	56.2	3.76	
	200×200	198	199	7	11	13	35.70	28.0	0.783	1 190	723	5.77	4.50	76.4	72.7	4.20	400×200
		200	200	8	13	13	41.68	32.7	0.789	1 390	868	5.78	4.56	88.6	86.8	4.26	
	225×150	223	150	7	12	13	33.49	26.3	0.735	1 570	338	6.84	3.17	93.7	45.1	5.54	450×150
		225	151	8	14	13	38.74	30.4	0.741	1 830	403	6.87	3.22	108	53.4	5.62	

表 2（续）

类别	型号（高度×宽度）mm×mm	截面尺寸 mm					截面面积 cm^2	理论重量 kg/m	表面积 m^2/m	惯性矩 cm^4		惯性半径 cm		截面模数 cm^3		重心 C_x cm	对应H型钢系列型号
		h	B	t_1	t_2	r				I_x	I_y	i_x	i_y	W_x	W_y		
TN	225×200	223	199	8	12	13	41.48	32.6	0.833	1 870	789	6.71	4.36	109	79.3	5.15	450×200
		225	200	9	14	13	47.71	37.5	0.839	2 150	935	6.71	4.42	124	93.5	5.19	
	237.5×150	235	150	7	13	13	35.76	28.1	0.759	1 850	367	7.18	3.20	104	48.9	7.50	475×150
		237.5	151.5	8.5	15.5	13	43.07	33.8	0.767	2 270	451	7.25	3.23	128	59.5	7.57	
		241	153.5	10.5	19	13	53.20	41.8	0.778	2 860	575	7.33	3.28	160	75.0	7.67	
	250×150	246	150	7	12	13	35.10	27.6	0.781	2 060	339	7.66	3.10	113	45.1	6.36	500×150
		250	152	9	16	13	46.10	36.2	0.793	2 750	470	7.71	3.19	149	61.9	6.53	
		252	153	10	18	13	51.66	40.6	0.799	3 100	540	7.74	3.23	167	70.5	6.62	
	250×200	248	199	9	14	13	49.64	39.0	0.883	2 820	921	7.54	4.30	150	92.6	5.97	500×200
		250	200	10	16	13	56.12	44.1	0.889	3 200	1 070	7.54	4.36	169	107	6.03	
		253	201	11	19	13	64.65	50.8	0.897	3 660	1 290	7.52	4.46	189	128	6.00	
	275×200	273	199	9	14	13	51.89	40.7	0.933	3 690	921	8.43	4.21	180	92.6	6.85	550×200
		275	200	10	16	13	58.62	46.0	0.939	4 180	1 070	8.44	4.27	203	107	6.89	
	300×200	298	199	10	15	13	58.87	46.2	0.983	5 150	988	9.35	4.09	235	99.3	7.92	600×200
		300	200	11	17	13	65.85	51.7	0.989	5 770	1 140	9.35	4.15	262	114	7.95	
		303	201	12	20	13	74.88	58.8	0.997	6 530	1 360	9.33	4.25	291	135	7.88	
	312.5×200	312.5	198.5	13.5	17.5	13	75.28	59.1	1.01	7 460	1 150	9.95	3.90	338	116	9.15	625×200
		315	200	15	20	13	84.97	66.7	1.02	8 470	1 340	9.98	3.97	380	134	9.21	
		319	202	17	24	13	99.35	78.0	1.03	9 960	1 160	10.0	4.08	440	165	9.26	
	325×300	323	299	12	18	18	91.81	72.1	1.23	8 570	4 020	9.66	6.61	344	269	7.36	650×300
		325	300	13	20	18	101.0	79.3	1.23	9 430	4 510	9.66	6.67	376	300	7.40	
		327	301	14	22	18	110.3	86.59	1.24	10 300	5 010	9.66	6.73	408	333	7.45	
	350×300	346	300	13	20	18	103.8	81.5	1.28	11 300	4 510	10.4	6.59	424	301	8.09	700×300
		350	300	13	24	18	115.8	90.9	1.28	12 000	5 410	10.2	6.83	438	361	7.63	
	400×300	396	300	14	22	18	119.8	94.0	1.38	17 600	4 960	12.1	6.43	592	331	9.78	800×300
		400	300	14	26	18	131.8	103	1.38	18 700	5 860	11.9	6.66	610	391	9.27	
	450×300	445	299	15	23	18	133.5	105	1.47	25 900	5 140	13.9	6.20	789	344	11.7	900×300
		450	300	16	28	18	152.9	120	1.48	29 100	6 320	13.8	6.42	865	421	11.4	
		456	302	18	34	18	180.0	141	1.50	34 100	7 830	13.8	6.59	997	518	11.3	

5.2 尺寸、外形及允许偏差

5.2.1 H型钢和剖分T型钢尺寸、外形及允许偏差应分别符合表3和表4的规定。根据需方要求，H型钢和剖分T型钢的尺寸、外形及允许偏差也可执行供需双方协议规定。

5.2.2 H型钢和剖分T型钢的切断面上不应有大于8 mm的毛刺。

5.2.3 H型钢和剖分T型钢不应有明显的扭转。

5.3 重量及允许偏差

5.3.1 H 型钢和剖分 T 型钢应按理论重量交货（理论重量按密度为7.85 g/cm^{3}计算）。经供需双方协商并在合同中注明，亦可按实际重量交货。

5.3.2 H 型钢和剖分 T 型钢交货重量允许偏差应符合表 5 的规定，重量偏差按式(1)计算。

$$重量偏差=\frac{实际重量-理论重量}{理论重量}\times 100\% \qquad \cdots\cdots(1)$$

5.4 规格表示方法

H 型钢：H 与高度 H 值×宽度 B 值×腹板厚度 t_1 值×翼缘厚度 t_2 值。

例如：H596×199×10×15。

剖分 T 型钢：T 与高度 h 值×宽度 B 值×腹板厚度 t_1 值×翼缘厚度 t_2 值。

例如：T207×405×18×28。

表 3 H 型钢尺寸、外形允许偏差

单位为毫米

项目			允许偏差		图示
高度 H（按型号）		＜400	±2.0		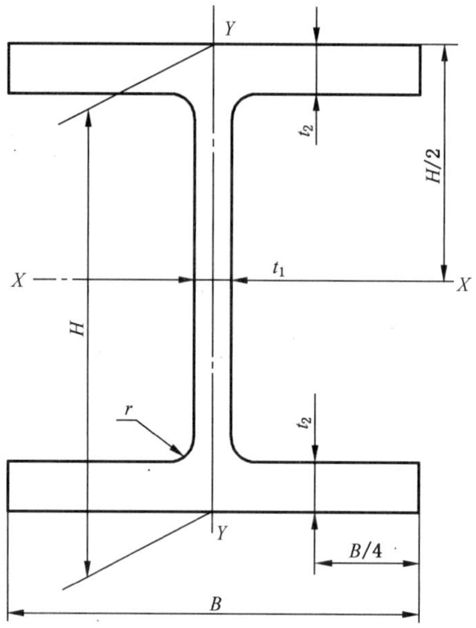
		≥400～＜600	±3.0		
		≥600	±4.0		
宽度 B（按型号）		＜100	±2.0		
		≥100～＜200	±2.5		
		≥200	±3.0		
厚度	t_1	＜5	±0.5		
		≥5～＜16	±0.7		
		≥16～＜25	±1.0		
		≥25～＜40	±1.5		
		≥40	±2.0		
	t_2	＜5	±0.7		
		≥5～＜16	±1.0		
		≥16～＜25	±1.5		
		≥25～＜40	±1.7		
		≥40	±2.0		
长度		≤7 m	$^{+60}_{0}$		
		＞7 m	长度每增加 1 m 或不足 1 m 时，正偏差在上述基础上加 5 mm		
翼缘斜度 T 或 T'		高度（型号）≤300	B≤150	≤1.5	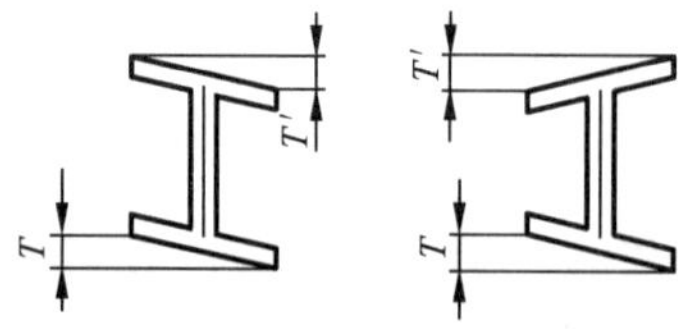
			B＞150	≤1.0%B	
		高度（型号）＞300	B≤125	≤1.5	
			B＞125	≤1.2%B	

表 3（续）

单位为毫米

项目		允许偏差	图示
弯曲度（适用于上下、左右大弯曲）	高度（型号）≤300	≤长度的0.15%	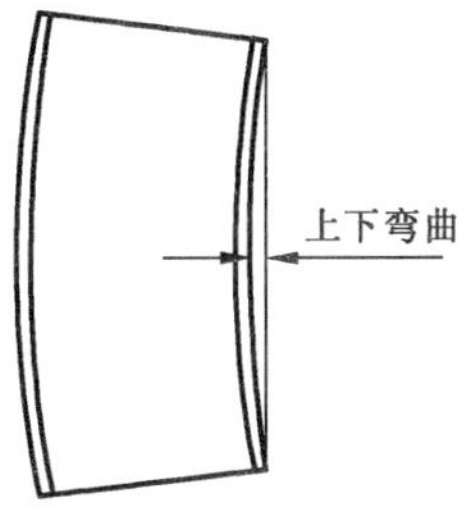 上下弯曲
	高度（型号）>300	≤长度的0.10%	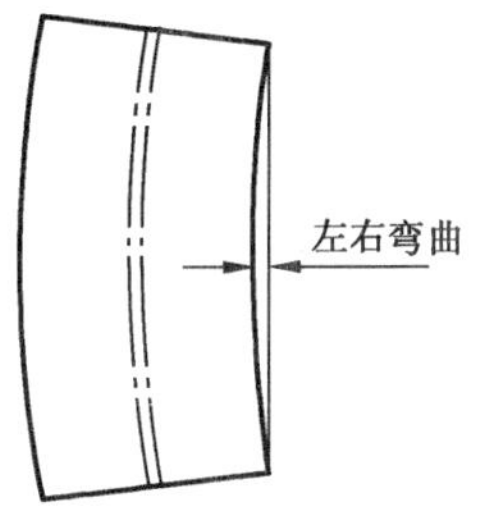 左右弯曲
中心偏差 S	高度（型号）≤300 且 宽度（型号）≤200	±2.5	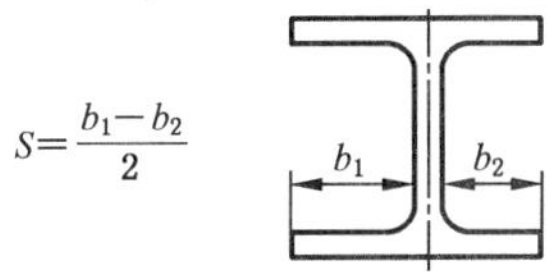 $S=\frac{b_1-b_2}{2}$ b_1 b_2
	高度（型号）>300 或 宽度（型号）>200	±3.5	
腹板弯曲 W	高度（型号）<400	≤2.0	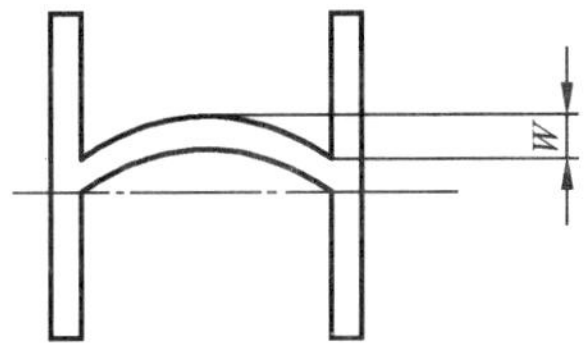 W
	≥400～<600	≤2.5	
	≥600	≤3.0	
翼缘弯曲 F	宽度 B≤400	≤1.5%b。但是，允许偏差值的最大值为1.5 mm	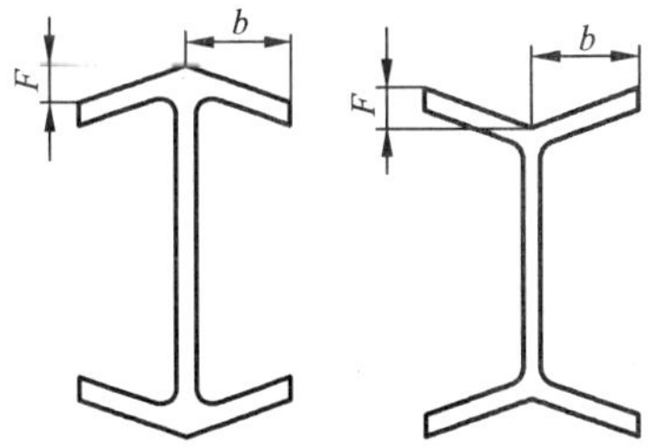 F b F b
端面斜度 E	B≤200	≤3.0	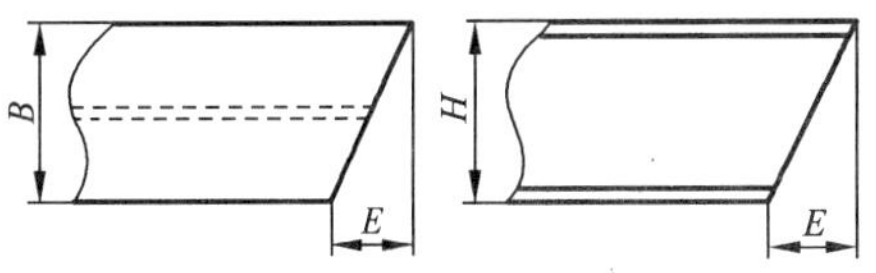 B E H E
	B>200	≤1.6%B	
翼缘腿端外缘钝化		不得使直径等于0.18t_2的圆棒通过	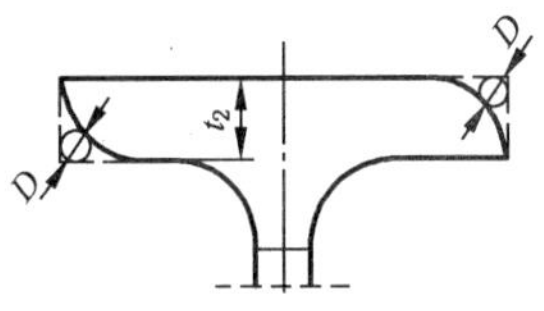 D t_2 D

注 1：尺寸和形状的测量部位见图示。

注 2：弯曲度沿翼缘端部测量。

表 4　剖分 T 型钢尺寸、外形允许偏差

单位为毫米

项　　目		允许偏差	图　　示
高度 h（按型号）	<200	+4.0 −6.0	
	≥200～<300	+5.0 −7.0	
	≥300	+6.0 −8.0	
翼缘弯曲 F'	连接部位	$F' \leqslant B/200$ 且 $F' \leqslant 1.5$	
	一般部位　$B \leqslant 150$ $B > 150$	$F' \leqslant 2.0$ $F' \leqslant \frac{B}{150}$	
注：其他部位的允许偏差，按对应 H 型钢规格的部位允许偏差。			

表 5　H 型钢和剖分 T 型钢交货重量允许偏差

类别	重量允许偏差
H 型钢	每根重量偏差±6%，每批交货重量偏差±4%
剖分 T 型钢	每根重量偏差±7%，每批交货重量偏差±5%

6　技术要求

6.1　交货状态

H 型钢以热轧状态交货，剖分 T 型钢由热轧 H 型钢剖分而成。

6.2　钢的牌号和化学成分

6.2.1　H 型钢和剖分 T 型钢的牌号和化学成分（熔炼分析），应符合 GB/T 700、GB/T 712、GB/T 714、GB/T 1591、GB/T 4171、GB/T 19879 或其他标准的有关规定。经供需双方协商，并在合同中注明，也可按其他牌号和化学成分供货。

6.2.2　H 型钢和剖分 T 型钢的成品化学成分允许偏差应符合 GB/T 222 的规定。

6.3　力学性能

H 型钢和剖分 T 型钢的力学性能应符合 GB/T 700、GB/T 712、GB/T 714、GB/T 1591、GB/T 4171、GB/T 19879 或其他标准的有关规定。经供需双方协商，并在合同中注明，也可按其他力学性能、工艺性能指标供货。

6.4　表面质量

6.4.1　H 型钢和剖分 T 型钢表面不允许有影响使用的裂缝、折叠、结疤、分层和夹杂。局部细小的裂纹、凹坑、凸起、麻点及刮痕等缺陷允许存在，但不应超出厚度尺寸允许偏差。H 型钢和剖分 T 型钢表

面的缺陷，允许用铲除、砂轮等机械方法修磨清理，并允许对缺陷进行焊补，焊补和焊补质量检验部分条款可参考附录 A 执行。清理、焊补应分别按6.4.2和6.4.3执行。

6.4.2 清理应符合如下规定：

a) H 型钢和剖分 T 型钢清理后，截面尺寸应在允许偏差范围内。在征得用户同意的情况下，也可根据不同的用途放宽此限制。

b) 清理处与原轧制表面的交界面应圆滑无棱角。清理宽度不得小于清理深度的 5 倍。

c) 清理后如果清理处深度不超过规定的尺寸公差范围时，可不经焊补直接交货。

6.4.3 焊补应符合如下规定：

如果缺陷经清理后，清理部位的尺寸超过允许负偏差，则可以对缺陷清理的部位进行金属焊补，但应符合下述条件：

a) H 型钢和剖分 T 型钢的表面缺陷在焊补前应采取铲除或砂轮打磨等机械方法完全除净，然后进行堆焊修补。缺陷清理部位焊补后应进行修磨，并保持与原轧制面一致。

b) 焊补前所去除的缺陷部分深度，应小于被清理面厚度的 30%。

c) 焊补总面积应小于 H 型钢或剖分 T 型钢总表面积的 2%，每个焊补处的最大面积应小于 150 cm^2。

d) 焊补应根据钢的牌号、采用适当的焊补工艺进行。

e) H 型钢和剖分 T 型钢的焊接外缘不得存在咬边及焊瘤。加强焊缝的焊波高度应至少高于原轧制表面1.5 mm，用铲除或砂轮等机械方法清理加强焊缝焊波后，应保证与原轧制表面同一高度。

f) 翼缘边缘上的缺陷可进行焊补，但焊补前从翼缘边缘向内测得的凹陷深度不应超过翼缘的公称厚度，并且最大深度不超过12.5 mm。

6.4.4 经供需双方协商，并在合同中注明，表面质量也可按 YB/T 4427 的规定执行。

7 试验方法

每批 H 型钢和剖分 T 型钢的检验项目、取样数量和试验方法应符合表 6 的规定。

表 6 检验项目、取样数量和试验方法

序号	检验项目	取样数量	取样方法	试验方法
1	化学成分	1 个/炉	GB/T 20066	GB/T 4336 或按相应产品标准
2	拉伸	1 个	GB/T 2975	GB/T 228.1
3	弯曲	1 个		GB/T 232
4	冲击	3 个		GB/T 229
5	表面质量	逐根	—	目视、量具
6	尺寸、外形	逐根[a]	—	量具
7	重量偏差	见5.3	见5.3	称重
[a] 供方如能保证，可抽样检查。				

8 检验规则

8.1 检查和验收

8.1.1 H 型钢和剖分 T 型钢的检查和验收由供方质量监督部门进行。

8.1.2 供方应保证交货的钢材符合本标准或合同的规定，需方有权对本标准或合同所规定的任一检验项目进行检查和验收。

8.2 组批规则

H 型钢和剖分 T 型钢的组批按相应标准规定进行。

8.3 取样规则

H 型钢的拉伸、弯曲和冲击试验的取样部位、取样方法按 GB/T 2975 的规定执行，剖分 T 型钢按 H 型钢的规定进行取样。

8.4 复验与判定

H 型钢的复验与判定规则应符合 GB/T 2101 的规定。

9 包装、标志及质量证明书

9.1 H 型钢应采用轧或喷或贴等方式标志生产厂家名称或注册商标，标志应清晰明了。

9.2 H 型钢和剖分 T 型钢可打包成捆交货也可单根交货。成捆交货的 H 型钢和剖分 T 型钢应符合表 7 规定。

9.3 除表 7 规定外，H 型钢和剖分 T 型钢的包装、标志及质量证明书应符合 GB/T 2101 的规定。

表 7 H 型钢和剖分 T 型钢成捆交货的包装规定

包装类别	每捆重量 kg	捆扎道次		同捆长度差 m
		长度≤12 m	长度＞12 m	
1	≤2 000	≥4	≥5	定尺长度允许偏差
2	＞2 000～≤4 000	≥3	≥4	≤2
3	＞4 000～≤5 000	≥3	≥4	无限定
4	＞5 000～≤10 000	≥5	≥6	无限定

注：长度大于 24 000 mm 的 H 型钢可不成捆交货。

附 录 A
（资料性附录）
热轧 H 型钢截面尺寸、截面面积、理论重量及截面特性

表 A.1 热轧 H 型钢截面尺寸、截面面积、理论重量及截面特性

系列	型号	截面尺寸 mm					截面面积	理论重量	表面积	惯性矩 cm^4		惯性半径 cm		截面模数 cm^3	
		H	B	t_1	t_2	r	cm^2	kg/m	m^2/m	I_x	I_y	i_x	i_y	W_x	W_y
W4	W4×13	106	103	7.1	8.8	6	24.70	19.3	0.599	476	161	4.39	2.55	89.8	31.2
W5	W5×16	127	127	6.1	9.1	8	30.40	23.8	0.736	886	311	5.41	3.20	139	49.0
	W5×19	131	128	6.9	10.9	8	35.90	28.1	0.746	1 100	381	5.53	3.26	168	59.6
W6	W6×8.5	148	100	4.3	4.9	6	16.30	13.0	0.677	611	81.8	6.17	2.26	82.5	16.4
	W6×9	150	100	4.3	5.5	6	17.30	13.5	0.681	685	91.8	6.3	2.30	91.3	18.4
	W6×12	153	102	5.8	7.1	6	22.90	18.0	0.692	915	126	6.33	2.35	120	24.7
	W6×15	152	152	5.8	6.6	6	28.60	22.5	0.890	1 200	387	6.51	3.69	159	50.9
	W6×16	160	102	6.6	10.3	6	30.60	24.0	0.704	1 340	183	6.63	2.45	168	35.8
	W6×20	157	153	6.6	9.3	6	37.90	29.8	0.902	1 710	556	6.73	3.83	218	72.6
	W6×25	162	154	8.1	11.6	6	47.40	37.1	0.913	2 220	707	6.85	3.87	274	91.8
W8	W8×10	200	100	4.3	5.2	8	19.10	15.0	0.778	1 280	86.9	8.18	2.13	128	17.4
	W8×13	203	102	5.8	6.5	8	24.80	19.3	0.789	1 660	115	8.18	2.16	164	22.6
	W8×15	206	102	6.2	8.0	8	28.60	22.5	0.794	2 000	142	8.36	2.23	194	27.8
	W8×18	207	133	5.8	8.4	8	33.90	26.6	0.921	2 580	330	8.73	3.12	250	49.6
	W8×21	210	134	6.4	10.2	8	39.70	31.3	0.929	3 140	410	8.86	3.20	299	61.1
	W8×24	201	166	6.2	10.2	10	45.70	35.9	1.04	3 460	778	8.68	4.12	344	93.8
	W8×28	206	166	7.2	11.8	10	53.20	41.7	1.04	4 130	901	8.81	4.12	401	108
	W8×31	203	203	7.2	11.0	10	58.90	46.1	1.19	4 540	1 530	8.81	5.12	448	151
	W8×35	206	204	7.9	12.6	10	66.50	52.0	1.20	5 270	1 780	8.90	5.18	512	175
	W8×40	210	205	9.1	14.2	10	75.50	59.0	1.20	6 110	2 040	8.99	5.20	582	199
	W8×48	216	206	10.2	17.4	10	91.00	71.0	1.22	7 660	2 540	9.17	5.28	709	246
	W8×58	222	209	13.0	20.6	10	110.0	86.0	1.24	9 470	3 140	9.26	5.33	853	300
	W8×67	229	210	14.5	23.7	10	127.0	100	1.25	11 300	3 660	9.45	5.38	989	349
W10	W10×12	251	101	4.8	5.3	8	22.80	17.9	0.883	2 250	91.3	9.93	2.00	179	18.1
	W10×15	254	102	5.8	6.9	8	28.50	22.3	0.891	2 900	123	10.1	2.07	228	24.0
	W10×17	257	102	6.1	8.4	8	32.20	25.3	0.896	3 430	149	10.3	2.15	267	29.2
	W10×19	260	102	6.4	10.0	8	36.30	28.4	0.901	4 000	178	10.5	2.21	308	34.8
	W10×22	258	146	6.1	9.1	8	41.90	32.7	1.07	4 890	473	10.8	3.36	379	64.7

表 A.1（续）

系列	型号	截面尺寸 mm					截面面积	理论重量	表面积	惯性矩 cm⁴		惯性半径 cm		截面模数 cm³	
		H	B	t_1	t_2	r	cm^2	kg/m	m^2/m	I_x	I_y	i_x	i_y	W_x	W_y
W10	W10×26	262	147	6.6	11.2	8	49.10	38.5	1.09	6 010	594	11.0	3.47	459	80.8
	W10×30	266	148	7.6	13.0	8	57.00	44.8	1.10	7 120	703	11.1	3.5	535	95.1
	W10×33	247	202	7.4	11.0	13	62.60	49.1	1.26	7 070	1 510	10.6	4.92	572	150
	W10×39	252	203	8.0	13.5	13	74.20	58.0	1.28	8 740	1 880	10.8	5.04	693	186
	W10×45	257	204	8.9	15.7	13	85.80	67.0	1.29	10 400	2 220	11.0	5.10	807	218
	W10×49	253	254	8.6	14.2	13	92.90	73.0	1.48	11 300	3 880	11.0	6.46	892	306
	W10×54	256	255	9.4	15.6	13	102.0	80.0	1.49	12 600	4 310	11.1	6.50	982	338
	W10×60	260	256	10.7	17.3	13	114.0	89.0	1.50	14 300	4 840	11.2	6.51	1 100	378
	W10×68	264	257	11.9	19.6	13	129.0	101	1.51	16 400	5 550	11.3	6.56	1 240	432
	W10×77	269	259	13.5	22.1	13	146.0	115	1.52	18 900	6 410	11.4	6.62	1 410	495
	W10×88	275	261	15.4	25.1	13	167.0	131	1.54	22 200	7 450	11.5	6.68	1 610	571
	W10×100	282	263	17.3	28.4	13	190.0	149	1.56	25 900	8 620	11.7	6.74	1 840	656
	W10×112	289	265	19.2	31.8	13	212.0	167	1.58	30 000	9 880	11.9	6.81	2 080	746
W12	W12×14	303	101	5.1	5.7	8	26.80	21.0	0.986	3 710	98.3	11.7	1.91	245	19.5
	W12×16	305	101	5.6	6.7	8	30.40	23.8	0.989	4 280	116	11.9	1.95	281	22.9
	W12×19	309	102	6.0	8.9	8	35.90	28.3	1.00	5 440	158	12.3	2.09	352	31
	W12×22	313	102	6.6	10.8	8	41.80	32.7	1.01	6 510	192	12.5	2.14	416	37.6
	W12×26	310	165	5.8	9.7	8	49.40	38.7	1.25	8 520	727	13.1	3.84	550	88.1
	W12×30	313	166	6.6	11.2	8	56.70	44.5	1.26	9 930	855	13.2	3.88	635	103
	W12×35	317	167	7.6	13.2	8	66.50	52.0	1.27	11 800	1 030	13.3	3.92	747	123
	W12×40	303	203	7.5	13.1	15	76.10	60.0	1.38	12 900	1 830	13	4.91	849	180
	W12×45	306	204	8.5	14.6	15	85.20	67.0	1.39	14 500	2 070	13.1	4.93	948	203
	W12×50	310	205	9.4	16.3	15	94.80	74.0	1.40	16 500	2 340	13.2	4.97	1 060	229
	W12×65	308	305	9.9	15.4	15	123.0	97.0	1.79	22 200	7 290	13.4	7.69	1 440	478
	W12×72	311	306	10.9	17.0	15	136.0	107	1.80	24 800	8 120	13.5	7.72	1 590	531
	W12×79	314	307	11.9	18.7	15	150.0	117	1.81	27 500	9 020	13.6	7.76	1 750	588
	W12×87	318	308	13.1	20.6	15	165.0	129	1.82	30 800	10 000	13.7	7.8	1 940	652
	W12×96	323	309	14.0	22.9	15	182.0	143	1.83	34 800	11 300	13.8	7.86	2 150	729
	W12×106	327	310	15.5	25.1	15	201.0	158	1.84	38 600	12 500	13.9	7.89	2 360	805
	W12×120	333	313	18.0	28.1	15	228.0	179	1.86	44 500	14 400	14.0	7.95	2 670	919
	W12×136	341	315	20.0	31.8	15	257.0	202	1.88	52 000	16 600	14.2	8.02	3 050	1 050
	W12×152	348	317	22.1	35.6	15	288.0	226	1.89	59 600	18 900	14.4	8.10	3 420	1 190
	W12×170	356	319	24.4	39.6	15	323.0	253	1.91	68 200	21 500	14.6	8.16	3 830	1 350
	W12×190	365	322	26.9	44.1	15	360.0	283	1.94	78 700	24 600	14.8	8.26	4 310	1 530
	W12×210	374	325	30.0	48.3	15	399.0	313	1.96	89 600	27 700	15.0	8.33	4 790	1 700

表 A.1（续）

系列	型号	截面尺寸 mm					截面面积 cm^2	理论重量 kg/m	表面积 m^2/m	惯性矩 cm^4		惯性半径 cm		截面模数 cm^3	
		H	B	t_1	t_2	r				I_x	I_y	i_x	i_y	W_x	W_y
W14	W14×30	352	171	6.9	9.8	10	57.10	44.6	1.36	12 200	818	14.6	3.78	691	95.7
	W14×34	355	171	7.2	11.6	10	64.50	51.0	1.36	14 100	968	14.8	3.88	796	113
	W14×38	358	172	7.9	13.1	10	72.30	58.0	1.37	16 000	1 110	14.9	3.93	896	129
	W14×43	347	203	7.7	13.5	15	81.30	64.0	1.46	17 800	1 880	14.8	4.81	1 030	186
	W14×48	350	204	8.6	15.1	15	91.00	72.0	1.47	20 100	2 140	14.9	4.85	1 150	210
	W14×53	354	205	9.4	16.8	15	101.0	79.0	1.48	22 600	2 420	15.0	4.89	1 280	236
	W14×61	353	254	9.5	16.4	15	115.0	91.0	1.68	26 700	4 480	15.2	6.23	1 510	353
	W14×68	357	255	10.5	18.3	15	129.0	101	1.69	30 100	5 060	15.3	6.27	1 690	397
	W14×74	360	256	11.4	19.9	15	141.0	110	1.70	33 100	5 570	15.4	6.30	1 840	435
	W14×82	363	257	13.0	21.7	15	155.0	122	1.70	36 500	6 150	15.4	6.30	2 010	478
	W14×90	356	369	11.2	18.0	15	171.0	134	2.14	41 500	15 100	15.6	9.40	2 330	817
	W14×99	360	370	12.3	19.8	15	188.0	147	2.15	46 300	16 700	15.7	9.43	2 570	904
	W14×109	364	371	13.3	21.8	15	206.0	162	2.16	51 500	18 600	15.8	9.49	2 830	1 000
	W14×120	368	373	15.0	23.9	15	228.0	179	2.17	57 400	20 700	15.9	9.52	3 120	1 110
	W14×132	372	374	16.4	26.2	15	250.0	196	2.18	63 600	22 900	15.9	9.56	3 420	1 220
W16	W16×26	399	140	6.4	8.8	10	49.50	38.8	1.33	12 600	404	15.9	2.84	634	57.7
	W16×31	403	140	7	11.2	10	58.80	46.1	1.33	15 600	514	16.3	2.95	772	73.4
	W16×67	415	260	10.0	16.9	10	127.0	100	1.83	39 800	4 950	17.7	6.25	1 920	381
	W16×77	420	261	11.6	19.3	10	146.0	114	1.84	46 100	5 720	17.8	6.27	2 200	439
	W16×89	425	263	13.3	22.2	10	169.0	132	1.86	53 800	6 740	17.9	6.33	2 530	512
	W16×100	431	265	14.9	25.0	10	190.0	149	1.88	61 800	7 770	18.0	6.39	2 870	586
W18	W18×50	457	190	9.0	14.5	10	94.80	74.0	1.64	33 200	1 660	18.8	4.19	1 460	175
	W18×55	460	191	9.9	16.0	10	105.0	82.0	1.65	37 000	1 860	18.8	4.22	1 610	195
	W18×60	463	192	10.5	17.7	10	114.0	89.0	1.66	40 900	2 090	19.0	4.29	1 770	218
	W18×65	466	193	11.4	19.0	10	123.0	97.0	1.66	44 500	2 280	19.0	4.31	1 910	237
	W18×71	469	194	12.6	20.6	10	134.0	106	1.67	48 800	2 510	19	4.32	2 080	259
	W18×76	463	280	10.8	17.3	10	144.0	113	2.01	55 600	6 330	19.6	6.63	2 400	452
	W18×86	467	282	12.2	19.6	10	163.0	128	2.02	63 700	7 330	19.7	6.7	2 730	520
	W18×97	472	283	13.6	22.1	10	184.0	144	2.03	72 600	8 360	19.9	6.74	3 080	591
	W18×106	476	284	15.0	23.9	10	201.0	158	2.04	79 600	9 140	19.9	6.74	3 350	643
	W18×119	482	286	16.6	26.9	10	226.0	177	2.06	91 000	10 500	20.1	6.82	3 780	735
	W18×130	489	283	17.0	30.5	10	247.0	193	2.06	102 000	11 500	20.4	6.85	4 190	816

表 A.1（续）

系列	型号	截面尺寸 mm					截面面积	理论重量	表面积	惯性矩 cm^4		惯性半径 cm		截面模数 cm^3	
		H	B	t_1	t_2	r	cm^2	kg/m	m^2/m	I_x	I_y	i_x	i_y	W_x	W_y
W18	W18×143	495	285	18.5	33.5	10	271.0	213	2.08	114 000	12 900	20.5	6.91	4 620	909
	W18×158	501	287	20.6	36.6	10	299.0	235	2.09	127 000	14 500	20.6	6.95	5 080	1 010
	W18×175	509	289	22.6	40.4	10	331.0	260	2.11	144 000	16 300	20.8	7.01	5 650	1 130
	W18×192	517	291	24.4	44.4	10	365.0	286	2.13	161 000	18 300	21.0	7.09	6 230	1 260
	W18×211	525	293	26.9	48.5	10	401.0	315	2.15	180 000	20 400	21.2	7.14	6 850	1 390
W21	W21×44	525	165	8.9	11.4	13	83.90	66.0	1.67	35 100	857	20.5	3.20	1 340	104
	W21×50	529	166	9.7	13.6	13	94.80	74.0	1.68	41 100	1 040	20.8	3.31	1 550	125
	W21×57	535	166	10.3	16.5	13	108.0	85.0	1.69	48 600	1 260	21.2	3.42	1 820	152
	W21×48	524	207	9.0	10.9	13	91.80	72.0	1.84	40 100	1 620	20.9	4.20	1 530	156
	W21×55	528	209	9.5	13.3	13	105.0	82.0	1.85	47 700	2 030	21.3	4.40	1 810	194
	W21×62	533	209	10.2	15.6	13	118.0	92.0	1.86	55 300	2 380	21.7	4.49	2 070	228
	W21×68	537	210	10.9	17.4	13	129.0	101	1.87	61 700	2 690	21.9	4.56	2 300	256
	W21×73	539	211	11.6	18.8	13	139.0	109	1.88	66 800	2 950	21.9	4.61	2 480	280
	W21×83	544	212	13.1	21.2	13	157.0	123	1.89	76 100	3 380	22.0	4.64	2 800	319
	W21×93	549	214	14.7	23.6	13	176.0	138	1.90	86 100	3 870	22.1	4.69	3 140	362
	W21×101	543	312	12.7	20.3	13	192.0	150	2.29	101 000	10 300	22.9	7.32	3 720	659
	W21×111	546	313	14.0	22.2	13	211.0	165	2.29	111 000	11 400	23.0	7.34	4 070	726
	W21×122	551	315	15.2	24.4	13	232.0	182	2.31	124 000	12 700	23.1	7.41	4 490	808
	W21×132	554	316	16.5	26.3	13	250.0	196	2.32	134 000	13 900	23.1	7.44	4 840	877
	W21×147	560	318	18.3	29.2	13	279.0	219	2.33	151 000	15 700	23.3	7.50	5 400	986
	W21×166	571	315	19.0	34.5	13	315.0	248	2.34	178 000	18 000	23.8	7.57	6 220	1 140
	W21×182	577	317	21.1	37.6	13	346.0	272	2.36	197 000	20 000	23.9	7.61	6 820	1 260
	W21×201	585	319	23.1	41.4	13	382.0	300	2.38	221 000	22 500	24.1	7.67	7 550	1 410
W24	W24×55	599	178	10.0	12.8	13	105.0	82.0	1.87	56 000	1 210	23.2	3.40	1 870	136
	W24×62	603	179	10.9	15.0	13	117.0	92.0	1.88	64 700	1 440	23.5	3.50	2 150	161
	W24×68	603	228	10.5	14.9	13	130.0	101	2.07	76 400	2 950	24.3	4.77	2 530	259
	W24×76	608	228	11.2	17.3	13	145.0	113	2.08	87 600	3 430	24.6	4.87	2 880	300
	W24×84	612	229	11.9	19.6	13	159.0	125	2.09	98 600	3 930	24.9	4.97	3 220	343
	W24×94	617	230	13.1	22.2	13	179.0	140	2.11	112 000	4 510	25.0	5.03	3 630	393
	W24×103	623	229	14.0	24.9	13	196.0	153	2.11	125 000	5 000	25.3	5.05	4 020	437
	W24×104	611	324	12.7	19.0	13	197.0	155	2.47	129 000	10 800	25.6	7.39	4 220	666
	W24×117	616	325	14.0	21.6	13	222.0	174	2.48	147 000	12 400	25.7	7.46	4 780	761

表 A.1（续）

系列	型号	截面尺寸 mm					截面面积 cm^2	理论重量 kg/m	表面积 m^2/m	惯性矩 cm^4		惯性半径 cm		截面模数 cm^3	
		H	B	t_1	t_2	r				I_x	I_y	i_x	i_y	W_x	W_y
W24	W24×131	622	327	15.4	24.4	13	248.0	195	2.50	168 000	14 200	26.0	7.56	5 400	871
	W24×146	628	328	16.5	27.7	13	277.0	217	2.51	191 000	16 300	26.2	7.67	6 080	995
	W24×162	635	329	17.9	31.0	13	308.0	241	2.53	215 000	18 400	26.4	7.74	6 790	1 120
	W24×176	641	327	19.0	34.0	13	333.0	262	2.53	236 000	19 800	26.6	7.72	7 360	1 210
	W24×192	647	329	20.6	37.1	13	361.0	285	2.55	261 000	22 100	26.8	7.79	8 060	1 340
	W24×207	653	330	22.1	39.9	13	391.0	307	2.56	284 000	24 000	26.9	7.82	8 690	1 450
	W24×229	661	333	24.4	43.9	13	434.0	341	2.58	318 000	27 100	27.1	7.90	9 630	1 630
	W24×250	669	335	26.4	48.0	13	474.0	372	2.60	353 000	30 200	27.3	7.98	10 600	1 800
W27	W27×84	678	253	11.7	16.3	15	160.0	125	2.32	118 000	4 410	27.2	5.25	3 500	349
	W27×94	684	254	12.4	18.9	15	179.0	140	2.33	136 000	5 170	27.6	5.39	3 980	407
	W27×102	688	254	13.1	21.1	15	194.0	152	2.34	151 000	5 780	27.9	5.46	4 380	455
	W27×114	693	256	14.5	23.6	15	216.0	170	2.36	170 000	6 620	28.0	5.53	4 900	517
	W27×129	702	254	15.5	27.9	15	244.0	192	2.36	198 000	7 640	28.5	5.60	5 640	602
	W27×146	695	355	15.4	24.8	13	277.0	217	2.74	234 000	18 500	29.1	8.18	6 730	1 040
	W27×161	701	356	16.8	27.4	16	306.0	240	2.74	261 000	20 600	29.2	8.21	7 460	1 160
	W27×178	706	358	18.4	30.2	16	337.0	265	2.76	291 000	23 100	29.4	8.28	8 230	1 290
	W27×217	722	359	21.1	38.1	13.4	411.0	323	2.78	369 000	29 400	30.0	8.46	10 200	1 640
W30	W30×90	750	264	11.9	15.5	18.7	170.4	134	2.50	151 000	4 770	29.8	5.29	4 030	361
	W30×99	753	265	13.2	17	17	188.0	147	2.51	166 000	5 290	29.8	5.31	4 410	399
	W30×108	758	266	13.8	19.3	17	205.0	161	2.52	186 000	6 070	30.2	5.45	4 910	457
	W30×116	762	267	14.4	21.6	17	221.0	173	2.53	206 000	6 870	30.5	5.57	5 400	515
	W30×124	766	267	14.9	23.6	17	235.0	185	2.54	223 000	7 510	30.8	5.65	5 820	563
	W30×132	770	268	15.6	25.4	17	251.0	196	2.55	240 000	8 180	31.0	5.71	6 240	610

注 1：型号以英制单位表示。

注 2：截面尺寸中 r 只做参考。

附 录 B
（资料性附录）
热轧 H 型钢截面尺寸、截面面积、理论重量及截面特性

表 B.1 热轧 H 型钢截面尺寸、截面面积、理论重量及截面特性

系列	型号	截面尺寸 cm					截面面积 cm^2	理论重量 kg/m	表面积 m^2/m	惯性矩 cm^4		惯性半径 cm		截面模数 cm^3	
		H	B	t_1	t_2	r				I_x	I_y	i_x	i_y	W_x	W_y
UC152×152	152×152×23	152.4	152.2	5.8	6.8	7.6	29.25	23.0	0.889	1 250	400	6.54	3.7	164	52.6
	152×152×30	157.6	152.9	6.5	9.4	7.6	38.26	30.0	0.901	1 750	560	6.76	3.83	222	73.3
	152×152×37	161.8	154.4	8	11.5	7.6	47.11	37.0	0.912	2 210	706	6.85	3.87	273	91.5
UB203×133	203×133×25	203.2	133.2	5.7	7.8	7.6	31.97	25.1	0.915	2 340	308	8.56	3.1	230	46.2
	203×133×30	257.2	101.9	6	8.4	7.6	38.21	30.0	0.897	3 410	149	10.3	2.15	266	29.2
UC203×203	203×203×46	203.2	203.6	7.2	11	10.2	58.73	46.1	1.19	4 570	1 550	8.82	5.13	450	152
	203×203×52	206.2	204.3	7.9	12.5	10.2	66.28	52.0	1.20	5 260	1 780	8.91	5.18	510	174
	203×203×60	209.6	205.8	9.4	14.2	10.2	76.37	60.0	1.21	6 120	2 060	8.96	5.20	584	201
	203×203×71	215.8	206.4	10	17.3	10.2	90.43	71.0	1.22	7 620	2 540	9.18	5.30	706	246
	203×203×86	222.2	209.1	12.7	20.5	10.2	109.6	86.1	1.24	9 450	3 130	9.28	5.34	850	299
UB254×102	254×102×22	254	101.6	5.7	6.8	7.6	28.02	22.0	0.890	2 840	119	10.1	2.06	224	23.5
	254×102×25	257.2	101.9	6	6.8	7.6	32.04	25.2	0.897	2 970	120	10.1	2.04	231	23.6
	254×102×28	28.3	260.4	102.2	6.3	10	36.08	28.3	0.877	44.4	2 020	0.945	6.37	31.4	155
UC254×254	254×254×73	254.1	254.6	8.6	14.2	12.7	93.10	73.1	1.49	11 400	3 910	11.1	6.48	898	307
	254×254×89	260.3	256.3	10.3	17.3	12.7	113.3	88.9	1.50	14 300	4 860	11.2	6.55	1 100	379
	254×254×107	266.7	258.8	12.8	20.5	12.7	136.4	107	1.52	17 500	5 930	11.3	6.59	1 310	458
	254×254×132	276.3	261.3	15.3	25.3	12.7	168.1	132	1.55	22 500	7 530	11.6	6.69	1 630	576
	254×254×167	289.1	265.2	19.2	31.7	12.7	212.9	167	1.58	30 000	9 870	11.9	6.81	2 080	744
UB305×165	305×165×40	303.4	165	6	10.2	8.9	51.32	40.3	1.24	8 500	764	12.9	3.86	560	92.6
	305×165×46	306.6	165.7	6.7	11.8	8.9	58.75	46.1	1.25	9 900	896	13.0	3.90	646	108
	305×165×54	310.4	166.9	7.9	13.7	8.9	68.77	54.0	1.26	11 700	1 060	13.0	3.93	754	127
UBP305×305	305×305×79	299.3	306.4	11	11.1	15.2	100.5	78.9	1.78	16 400	5 330	12.8	7.28	1 100	348
	305×305×88	301.7	307.8	12.4	12.3	15.2	112.1	88.0	1.78	18 400	5 980	12.8	7.31	1 220	389
	305×305×95	303.7	308.7	13.3	13.3	15.2	120.9	94.9	1.79	20 000	6 530	12.9	7.35	1 320	423
	305×305×110	307.9	310.7	15.3	15.4	15.2	140.1	110	1.80	23 600	7 710	13.0	7.42	1 530	496
	305×305×126	312.3	312.9	17.5	17.6	15.2	160.6	126	1.82	27 400	9 000	13.1	7.49	1 760	575
	305×305×149	318.5	316	20.6	20.7	15.2	189.9	149	1.83	33 100	10 900	13.2	7.58	2 080	691
	305×305×186	328.3	320.9	25.5	25.6	15.2	236.9	186	1.86	42 600	14 100	13.4	7.73	2 600	881
	305×305×223	337.9	325.7	30.3	30.4	15.2	284.0	223	1.89	52 700	17 600	13.6	7.87	3 120	1 080

表 B.1（续）

系列	型号	截面尺寸 cm					截面面积	理论重量	表面积	惯性矩 cm^4		惯性半径 cm		截面模数 cm^3	
		H	B	t_1	t_2	r	cm^2	kg/m	m^2/m	I_x	I_y	i_x	i_y	W_x	W_y
UC305×305	305×305×97	307.9	305.3	9.9	15.4	15.2	123.4	96.9	1.79	22 200	7 310	13.4	7.69	1 450	479
	305×305×118	314.5	307.4	12	18.7	15.2	150.2	118	1.81	27 700	9 060	13.6	7.77	1 760	589
	305×305×137	320.5	309.2	13.8	21.7	15.2	174.4	137	1.82	32 800	10 700	13.7	7.83	2 050	692
	305×305×158	327.1	311.2	15.8	25	15.2	201.4	158	1.84	38 700	12 600	13.9	7.90	2 370	808
	305×305×180	326.7	319.7	24.8	24.8	15.2	229.3	180	1.86	41 000	13 500	13.4	7.69	2 510	847
	305×305×198	339.9	314.5	19.1	31.4	15.2	252.4	198	1.87	50 900	16 300	14.2	8.04	3 000	1 040
UC305×305	305×305×240	352.5	318.4	23	37.7	15.2	305.8	240	1.91	64 200	20 300	14.5	8.15	3 640	1 280
	305×305×283	365.3	322.2	26.8	44.1	15.2	360.4	283	1.94	78 900	24 600	14.8	8.27	4 320	1 530
UC356×368	356×368×129	355.6	368.6	10.4	17.5	15.2	164.3	129	2.14	40 200	14 600	15.6	9.43	2 260	793
	356×368×153	362	370.5	12.3	20.7	15.2	194.8	153	2.16	48 600	17 600	15.8	9.49	2 680	948
	356×368×177	368.2	372.6	14.4	23.8	15.2	225.5	177	2.17	57 100	20 500	15.9	9.54	3 100	1 100
	356×368×202	374.6	374.7	16.5	27	15.2	257.2	202	2.19	66 300	23 700	16.1	9.6	3 540	1 260
UB406×140	406×140×39	398	141.8	6.4	8.6	10.2	49.65	39.0	1.33	12 500	410	15.9	2.87	629	57.8
	406×140×46	403.2	142.2	6.8	11.2	10.2	58.64	46.0	1.34	15 700	538	16.4	3.03	778	75.7
UB457×191	457×191×67	453.4	189.9	8.5	12.7	10.2	85.51	67.1	1.63	29 400	1 450	18.5	4.12	1 300	153
	457×191×74	457	190.4	9	14.5	10.2	94.63	74.3	1.64	33 300	1 670	18.8	4.20	1 460	176
	457×191×82	460	191.3	9.9	16	10.2	104.5	82.0	1.65	37 100	1 870	18.8	4.23	1 610	196
	457×191×89	463.4	191.9	10.5	17.7	10.2	113.8	89.3	1.66	41 000	2 090	19.0	4.29	1 770	218
	457×191×98	467.2	192.8	11.4	19.6	10.2	125.3	98.3	1.67	45 700	2 350	19.1	4.33	1 960	243
UB533×210	533×210×82	528.3	208.8	9.6	13.2	12.7	104.7	82.2	1.85	47 500	2 010	21.3	4.38	1 800	192
	533×210×92	533.1	209.3	10.1	15.6	12.7	117.4	92.1	1.86	55 200	2 390	21.7	4.51	2 070	228
	533×210×101	536.7	210	10.8	17.4	12.7	128.7	101	1.87	61 500	2 690	21.9	4.57	2 290	256
	533×210×109	539.5	210.8	11.6	18.8	12.7	138.9	109	1.88	66 800	2 940	21.9	4.60	2 480	279
	533×210×122	544.5	211.9	12.7	21.3	12.7	155.4	122	1.89	76 000	3 390	22.1	4.67	2 790	320
UB610×229	610×229×101	602.6	227.6	10.5	14.8	12.7	128.9	101	2.07	75 800	2 910	24.2	4.75	2 520	256
	610×229×113	607.6	228.2	11.1	17.3	12.7	143.9	113	2.08	87 300	3 430	24.6	4.88	2 870	301
	610×229×125	612.2	229	11.9	19.6	12.7	159.3	125	2.09	98 600	3 930	24.9	4.97	3 220	343
	610×229×140	617.2	230.2	13.1	22.1	12.7	178.2	140	2.11	112 000	4 510	25.0	5.03	3 620	391
UB610×305	610×305×149	612.4	304.8	11.8	19.7	16.5	190.0	149	2.39	126 000	9 310	25.7	7.00	4 110	611
	610×305×179	620.2	307.1	14.1	23.6	16.5	228.1	179	2.41	153 000	11 400	25.9	7.07	4 930	743
	610×305×238	635.8	311.4	18.4	31.4	16.5	303.3	238	2.45	209 000	15 800	26.3	7.23	6 590	1 020

表 B.1（续）

系列	型号	截面尺寸 cm					截面面积	理论重量	表面积	惯性矩 cm^4		惯性半径 cm		截面模数 cm^3	
		H	B	t_1	t_2	r	cm^2	kg/m	m^2/m	I_x	I_y	i_x	i_y	W_x	W_y
UB686×254	686×254×125	677.9	253	11.7	16.2	15.2	159.5	125	2.32	118 000	4 380	27.2	5.24	3 480	346
	686×254×140	683.5	253.7	12.4	19	15.2	178.4	140	2.33	136 000	5 180	27.6	5.39	3 990	409
	686×254×152	687.5	254.5	13.2	21	15.2	194.1	152	2.34	150 000	5 780	27.8	5.46	4 370	455
	686×254×170	692.9	255.8	14.5	23.7	15.2	216.8	170	2.35	170 000	6 630	28.0	5.53	4 920	518
UB762×267	762×267×147	754	265.2	12.8	17.5	16.5	187.2	147	2.51	169 000	5 460	30.0	5.40	4 470	411
	762×267×173	762.2	266.7	14.3	21.6	16.5	220.4	173	2.53	205 000	6 850	30.5	5.58	5 390	514
	762×267×197	769.8	268	15.6	25.4	16.5	250.6	197	2.55	240 000	8 170	30.9	5.71	6 230	610

附　录　C
（资料性附录）
热轧 H 型钢截面尺寸、截面面积、理论重量及截面特性

表 C.1　热轧 H 型钢型号、截面尺寸、理论重量及截面特性

型号	截面尺寸 mm					截面面积 cm^2	理论重量 kg/m	表面积 m^2/m	惯性矩 cm^4		惯性半径 cm		截面模数 cm^3	
	H	B	t_1	t_2	r				I_x	I_y	i_x	i_y	W_x	W_y
12B2	120	64	4.4	6.3	7	13.21	10.4	0.475	318	27.7	4.90	1.45	53	8.65
14B1	137.4	73	3.8	5.6	7	13.39	10.5	0.547	435	36.4	5.70	1.65	63.3	9.98
14B2	140	73	4.7	6.9	7	16.43	12.9	0.551	541	44.9	5.74	1.65	77.3	12.3
16B1	157	82	4	5.9	9	16.18	12.7	0.619	689	54.4	6.53	1.83	87.8	13.3
16B2	160	82	5	7.4	9	20.09	15.8	0.623	869	68.3	6.58	1.84	109	16.7
18B1	177	91	4.3	6.5	9	19.58	15.4	0.694	1 060	81.9	7.37	2.05	120	18
18B2	180	91	5.3	8	9	23.95	18.8	0.698	1 320	101	7.42	2.05	146	22.2
20B1	200	100	5.5	8	11	27.16	21.3	0.770	1 840	134	8.24	2.22	184	26.8
23B1	230	110	5.6	9	12	32.91	25.8	0.868	3 000	200	9.54	2.47	260	36.4
25B1	248	124	5	8	12	32.68	25.7	0.961	3 540	255	10.4	2.79	285	41.1
25B2	250	125	6	9	12	37.66	29.6	0.967	4 050	294	10.4	2.79	324	47
26B1	258	120	5.8	8.5	12	35.62	28.0	0.964	4 020	246	10.6	2.63	312	40.9
26B2	261	120	6	10	12	39.70	31.2	0.969	4 650	289	10.8	2.70	357	48.1
30B1	298	149	5.5	8	13	40.80	32.0	1.16	6 320	442	12.4	3.29	424	59.3
30B2	300	150	6.5	9	13	46.78	36.7	1.16	7 210	508	12.4	3.29	481	67.7
35B1	346	174	6	9	14	52.68	41.4	1.35	11 100	792	14.5	3.88	641	91
35B2	350	175	7	11	14	63.14	49.6	1.36	13 600	984	14.7	3.95	775	112
40B1	396	199	7	11	16	72.16	56.6	1.55	20 000	1 450	16.7	4.48	1 010	145
40B2	400	200	8	13	16	84.12	66.0	1.56	23 700	1 740	16.8	4.54	1 190	174
45B1	446	199	8	12	18	84.30	66.2	1.64	28 700	1 580	18.5	4.33	1 290	159
45B2	450	200	9	14	18	96.76	76.0	1.65	33 500	1 870	18.6	4.4	1 490	187
50B1	492	199	8.8	12	20	92.38	72.5	1.73	36 800	1 580	20.0	4.14	1 500	159
50B2	496	199	9	14	20	101.3	79.5	1.74	41 900	1 840	20.3	4.27	1 690	185
50B3	500	200	10	16	20	114.2	89.7	1.75	47 800	2 140	20.5	4.33	1 910	214
55B1	543	220	9.5	13.5	24	113.4	89.0	1.91	55 700	2 410	22.2	4.61	2 050	219
55B2	547	220	10	15.5	24	124.8	97.9	1.91	62 800	2 760	22.4	4.7	2 300	251
60B1	596	199	10	15	22	120.5	94.6	1.93	68 700	1 980	23.9	4.05	2 310	199
60B2	600	200	11	17	22	134.4	106	1.94	77 600	2 280	24.0	4.12	2 590	228

表 C.1（续）

型号	截面尺寸 mm					截面面积 cm^2	理论重量 kg/m	表面积 m^2/m	惯性矩 cm^4		惯性半径 cm		截面模数 cm^3	
	H	B	t_1	t_2	r				I_x	I_y	i_x	i_y	W_x	W_y
70B0	693	230	11.8	15.2	24	153.1	120	2.24	114 000	3 100	27.3	4.50	3 300	269
70B1	691	260	12	15.5	24	164.7	129	2.36	126 000	4 560	27.6	5.26	3 640	351
70B2	697	260	12.5	18.5	24	183.6	144	2.37	146 000	5 440	28.2	5.44	4 190	418
20SH1	194	150	6	9	13	39.01	30.6	0.954	2 690	507	8.30	3.61	277	67.6
23SH1	226	155	6.5	10	14	46.08	36.2	1.03	4 260	622	9.62	3.67	377	80.2
25SH1	244	175	7	11	16	56.24	44.1	1.15	6 120	984	10.4	4.18	502	113
26SH1	251	180	7	10	16	54.37	42.7	1.18	6 220	974	10.7	4.23	496	108
26SH2	255	180	7.5	12	16	62.73	49.2	1.19	7 430	1 170	10.9	4.32	583	130
30SH1	294	200	8	12	18	72.38	56.8	1.34	11 300	1 600	12.5	4.71	771	160
30SH2	300	201	9	15	18	87.38	68.6	1.36	14 200	2 030	12.8	4.82	947	202
30SH3	299	200	9	15	18	87.00	68.3	1.35	14 000	2 000	12.7	4.8	939	200
35SH1	334	249	8	11	20	83.17	65.3	1.61	17 100	2 830	14.3	5.84	1 020	228
35SH2	340	250	9	14	20	101.5	79.7	1.63	21 700	3 650	14.6	6.00	1 280	292
35SH3	345	250	10.5	16	20	116.3	91.3	1.63	25 100	4 170	14.7	5.99	1 460	334
40SH1	383	299	9.5	12.5	22	112.9	88.6	1.91	30 600	5 580	16.4	7.03	1 600	373
40SH2	390	300	10	16	22	136.0	107	1.92	38 700	7 210	16.9	7.28	1 980	481
40SH3	396	300	12.5	18	22	157.2	123	1.93	44 700	8 110	16.9	7.18	2 260	541
45SH1	440	300	11	18	24	157.4	124	2.02	56 100	8 110	18.9	7.18	2 550	541
50SH1	482	300	11	15	26	145.5	114	2.1	60 400	6 760	20.4	6.82	2 500	451
50SH2	487	300	14.5	17.5	26	176.3	138	2.1	71 900	7 900	20.2	6.69	2 950	527
50SH3	493	300	15.5	20.5	26	198.9	156	2.11	83 400	9 250	20.5	6.82	3 380	617
50SH4	499	300	16.5	23.5	26	221.4	174	2.12	95 300	10 600	20.7	6.92	3 820	707
60SH1	582	300	12	17	28	174.5	137	2.29	103 000	7 670	24.3	6.63	3 530	511
60SH2	589	300	16	20.5	28	217.4	171	2.3	126 000	9 260	24.1	6.53	4 290	617
60SH3	597	300	18	24.5	28	252.4	198	2.31	150 000	11 100	24.4	6.62	5 030	738
60SH4	605	300	20	28.5	28	298.3	226	2.32	174 000	12 900	24.6	6.7	5 770	859
70SH1	692	300	13	20	28	211.5	166	2.51	172 000	9 020	28.6	6.53	4 980	602
70SH2	698	300	15	23	28	242.5	190	2.52	199 000	10 400	28.6	6.54	5 700	692
70SH3	707	300	18	27.5	28	289.1	227	2.53	239 000	12 400	28.8	6.56	6 760	828
70SH4	715	300	20.5	31.5	28	329.4	259	2.54	275 000	14 200	28.9	6.58	7 700	949
70SH5	725	300	23	36.5	28	375.7	295	2.56	320 000	16 500	29.2	6.63	8 820	1 100
80SH1	782	300	13.5	17	28	209.7	165	2.69	205 000	7 680	31.3	6.05	5 250	512

表 C.1（续）

型号	截面尺寸 mm					截面面积 cm^2	理论重量 kg/m	表面积 m^2/m	惯性矩 cm^4		惯性半径 cm		截面模数 cm^3	
	H	B	t_1	t_2	r				I_x	I_y	i_x	i_y	W_x	W_y
80SH2	792	300	14	22	28	243.5	191	2.71	254 000	9 930	32.3	6.39	6 410	662
20K1	196	199	6.5	10	13	52.69	41.4	1.15	3 850	1 310	8.54	4.99	392	132
20K2	200	200	8	12	13	63.53	49.9	1.16	4 720	1 600	8.62	5.02	472	160
23K1	227	240	7	10.5	14	66.51	52.2	1.38	6 590	2 420	9.95	6.03	580	202
23K2	230	240	8	12	14	75.77	59.5	1.38	7 600	2 770	10.0	6.04	661	231
25K1	246	249	8	12	16	79.72	62.6	1.44	9 170	3 090	10.7	6.23	746	248
25K2	250	250	9	14	16	92.18	72.4	1.45	10 800	3 650	10.8	6.29	867	292
25K3	253	251	10	15.5	16	102.2	80.2	1.46	12 200	4 090	10.9	6.32	961	326
26K1	255	260	8	12	16	83.08	65.2	1.51	10 300	3 520	11.1	6.51	809	271
26K2	258	260	9	13.5	16	93.19	73.2	1.51	11 700	3 960	11.2	6.52	907	304
26K3	262	260	10	15.5	16	105.9	83.1	1.52	13 600	4 540	11.3	6.55	1 040	350
30K1	298	299	9	14	18	110.8	87.0	1.74	18 800	6 240	13.0	7.51	1 270	417
30K2	300	300	10	15	18	119.8	94.0	1.75	20 400	6 750	13.1	7.51	1 360	450
30K3	300	305	15	15	18	134.8	106	1.76	21 500	7 100	12.6	7.26	1 440	466
30K4	304	301	11	17	18	134.8	106	1.76	23 400	7 730	13.2	7.57	1 540	514
35K1	342	348	10	15	20	139.0	109	2.02	31 200	10 500	15.0	8.71	1 830	606
35K2	350	350	12	19	20	173.8	137	2.04	40 300	13 600	15.2	8.84	2 300	776
35K3	353	350	13	20	20	184.1	145	2.05	43 000	14 300	15.3	8.81	2 430	817
40K1	394	398	11	18	22	186.8	147	2.32	56 100	18 900	17.3	10.1	2 850	951
40K2	400	400	13	21	22	218.7	172	2.34	66 600	22 400	17.5	10.1	3 330	1 120
40K3	406	403	16	24	22	254.9	200	2.35	78 000	26 200	17.5	10.1	3 840	1 300
40K4	414	405	18	28	22	295.4	232	2.37	92 800	31 000	17.7	10.2	4 480	1 530
40K5	429	400	23	35.5	22	370.5	291	2.37	120 000	37 900	18.0	10.1	5 610	1 900

附 录 D
（资料性附录）
热轧H型钢截面尺寸、截面面积、理论重量及截面特性

表D.1 热轧H型钢截面尺寸、截面面积、理论重量及截面特性

型号	截面尺寸 mm					截面面积 cm²	理论重量 kg/m	表面积 m²/m	惯性矩 cm⁴		惯性半径 cm		截面模数 cm³	
	H	B	t_1	t_2	r				I_x	I_y	i_x	i_y	W_x	W_y
HEA120	114	120	5	8	12	25.30	19.9	0.677	606	231	4.89	3.02	106	38.5
HEB120	120	120	6.5	11	12	34.00	26.7	0.686	864	318	5.04	3.06	144	52.9
HEM120	140	126	12.5	21	12	66.40	52.1	0.738	2 020	703	5.51	3.25	288	112
HEA140	133	140	5.5	8.5	12	31.40	24.7	0.794	1 030	389	5.73	3.52	155	55.6
HEA140	140	140	7	12	12	43.00	33.7	0.805	1 510	550	5.93	3.58	216	78.5
HEM140	160	146	13	22	12	80.60	63.2	0.857	3 290	1 140	6.39	3.77	411	157
HEA160	152	160	6	9	15	38.80	30.4	0.906	1 670	616	6.57	3.98	220	76.9
HEB160	160	160	8	13	15	54.30	42.6	0.918	2 490	889	6.78	4.05	312	111
HEM160	180	166	14	23	15	97.10	76.2	0.970	5 100	1 760	7.25	4.26	566	212
HEA180	171	180	6	9.5	15	45.30	35.5	1.02	2 510	925	7.45	4.52	294	103
HEB180	180	180	8.5	14	15	65.30	51.2	1.04	3 830	1 360	7.66	4.57	426	151
HEM180	200	186	14.5	24	15	113.3	88.9	1.09	7 480	2 580	8.13	4.77	748	277
HEA200	190	200	6.5	10	18	53.80	42.3	1.14	3 690	1 340	8.28	4.98	389	134
HEB200	200	200	9	15	18	78.10	61.3	1.15	5 700	2 000	8.54	5.07	570	200
HEM200	220	206	15	25	18	131.3	103	1.20	10 600	3 650	9.00	5.27	967	354
HEA220	210	220	7	11	18	64.30	50.5	1.26	5 410	1 950	9.17	5.51	515	178
HEB220	220	220	9.5	16	18	91.00	71.5	1.27	8 090	2 840	9.43	5.59	736	258
HEM220	240	226	15.5	26	18	149.4	117	1.32	14 600	5 010	9.89	5.79	1 220	444
HEA240	230	240	7.5	12	21	76.80	60.3	1.37	7 760	2 770	10.1	6.00	675	231
HEB240	240	240	10	17	21	106.0	83.2	1.38	11 300	3 920	10.3	6.08	938	327
HEM240	270	248	18	32	21	199.6	157	1.46	24 300	8 150	11.0	6.39	1 800	657
HEA260	250	260	7.5	12.5	24	86.80	68.2	1.48	10 500	3 670	11.0	6.5.0	836	282
HEB260	260	260	10	17.5	24	118.4	93.0	1.50	14 900	5 130	11.2	6.58	1 150	395
HEM260	290	268	18	32.5	24	219.6	172	1.57	31 300	10 400	11.9	6.90	2 160	780
HEA280	270	280	8	13	24	97.30	76.4	1.60	13 700	4 760	11.9	7.00	1 010	340
HEB280	280	280	10.5	18	24	131.4	103	1.62	19 300	6 590	12.1	7.09	1 380	471
HEM280	310	288	18.5	33	24	240.2	189	1.69	39 500	13 200	12.8	7.40	2 550	914
HEA300	290	300	8.5	14	27	112.5	88.3	1.72	18 300	6 310	12.7	7.49	1 260	421

表 D.1（续）

型号	截面尺寸 mm					截面面积 cm^2	理论重量 kg/m	表面积 m^2/m	惯性矩 cm^4		惯性半径 cm		截面模数 cm^3	
	H	B	t_1	t_2	r				I_x	I_y	i_x	i_y	W_x	W_y
HEB300	300	300	11	19	27	149.1	117	1.73	25 200	8 560	13.0	7.58	1 680	571
HEM300	340	310	21	39	27	303.1	238	1.83	59 200	19 400	14.0	8.00	3 480	1 250
HEA320	310	300	9	15.5	27	124.4	97.6	1.76	22 900	6 990	13.6	7.49	1 480	466
HEB320	320	300	11.5	20.5	27	161.3	127	1.77	30 800	9 240	13.8	7.57	1 930	616
HEM320	359	309	21	40	27	312.0	245	1.87	68 100	19 700	14.8	7.95	3 800	1 280
HEA340	330	300	9.5	16.5	27	133.5	105	1.79	27 700	7 440	14.4	7.46	1 680	496
HEB340	340	300	12	21.5	27	170.9	134	1.81	36 700	9 690	14.6	7.53	2 160	646
HEM340	377	309	21	40	27	315.8	248	1.90	76 400	19 700	15.6	7.90	4 050	1 280
HEA360	350	300	10	17.5	27	142.8	112	1.83	33 100	7 890	15.2	7.43	1 890	526
HEB360	360	300	12.5	22.5	27	180.6	142	1.85	43 200	10 100	15.5	7.49	2 400	676
HEM360	395	308	21	40	27	318.8	250	1.93	84 900	19 500	16.3	7.83	4 300	1 270
HEA400	390	300	11	19	27	159.0	125	1.91	45 100	8 560	16.8	7.34	2 310	571
HEB400	400	300	13.5	24	27	197.8	155	1.93	57 700	10 800	17.1	7.4	2 880	721
HEM400	432	307	21	40	27	325.8	256	2.00	104 000	19 300	17.9	7.7	4 820	1 260
HEA450	440	300	11.5	21	27	178.0	140	2.01	63 700	9 470	18.9	7.29	2 900	631
HEB450	450	300	14	26	27	218.0	171	2.03	79 900	11 700	19.1	7.33	3 550	781
HEM450	478	307	21	40	27	335.4	263	2.10	131 000	19 300	19.8	7.59	5 500	1 260
HEA500	490	300	12	23	27	197.5	155	2.11	87 000	10 400	21.0	7.24	3 550	691
HEB500	500	300	14.5	28	27	238.6	187	2.12	107 000	12 600	21.2	7.27	4 290	842
HEM500	524	306	21	40	27	344.3	270	2.18	162 000	19 200	21.7	7.46	6 180	1 250
HEA550	540	300	12.5	24	27	211.8	166	2.21	112 000	10 800	23.0	7.15	4 150	721
HEB550	550	300	15	29	27	254.1	199	2.22	137 000	13 100	23.2	7.17	4 970	872
HEM550	572	306	21	40	27	354.4	278	2.28	198 000	19 200	23.6	7.35	6 920	1 250
HEA600	590	300	13	25	27	226.5	178	2.31	141 000	11 300	25.0	7.05	4 790	751
HEB600	600	300	15.5	30	27	270.0	212	2.32	171 000	13 500	25.2	7.08	5 700	902
HEM600	620	305	21	40	27	363.7	285	2.37	237 000	19 000	25.6	7.22	7 660	1 240
HEA650	640	300	13.5	26	27	241.6	190	2.41	175 000	11 700	26.9	6.97	5 470	782
HEB650	650	300	16	31	27	286.3	225	2.42	211 000	14 000	27.1	6.99	6 480	932
HEM650	668	305	21	40	27	373.7	293	2.47	282 000	19 000	27.5	7.13	8 430	1 240
HEA700	690	300	14.5	27	27	260.5	204	2.50	215 000	12 200	28.8	6.84	6 240	812
HEB700	700	300	17	32	27	306.4	241	2.52	257 000	14 400	29.0	6.87	7 340	963
HEM700	716	304	21	40	27	383.0	301	2.56	329 000	18 800	29.3	7.01	9 200	1 240

表 D.1（续）

型号	截面尺寸 mm					截面面积 cm^2	理论重量 kg/m	表面积 m^2/m	惯性矩 cm^4		惯性半径 cm		截面模数 cm^3	
	H	B	t_1	t_2	r				I_x	I_y	i_x	i_y	W_x	W_y
HEA800	790	300	15	28	30	285.8	224	2.70	303 000	12 600	32.6	6.65	7 680	843
HEB800	800	300	17.5	33	30	334.2	262	2.71	359 000	14 900	32.8	6.68	8 980	994
HEM800	814	303	21	40	30	404.3	317	2.75	443 000	18 600	33.1	6.79	10 900	1 230
IPE120	120	64	4.4	6.3	7	13.20	10.4	0.475	318	27.7	4.90	1.45	53	8.65
IPE140	140	73	4.7	6.9	7	16.40	12.9	0.551	541	44.9	5.74	1.65	77.3	12.3
IPE160	160	82	5	7.4	9	20.10	15.8	0.623	869	68.3	6.58	1.84	109	16.7
IPE180	180	91	5.3	8	9	23.90	18.8	0.698	1 320	101	7.42	2.05	146	22.2
IPE200	200	100	5.6	8.5	12	28.50	22.4	0.768	1 940	142	8.26	2.24	194	28.5
IPE220	220	110	5.9	9.2	12	33.40	26.2	0.848	2 770	205	9.11	2.48	252	37.3
IPE240	240	120	6.2	9.8	15	39.10	30.7	0.922	3 890	284	9.97	2.69	324	47.3
IPE270	270	135	6.6	10.2	15	45.90	36.1	1.04	5 790	420	11.2	3.02	429	62.2
IPE300	300	150	7.1	10.7	15	53.80	42.2	1.16	8 360	604	12.5	3.35	557	80.5
IPE330	330	160	7.5	11.5	18	62.60	49.1	1.25	11 800	788	13.7	3.55	713	98.5
IPE360	360	170	8	12.7	18	72.70	57.1	1.35	16 300	1 040	15.0	3.79	904	123
IPE400	400	180	8.6	13.5	21	84.50	66.3	1.47	23 100	1 320	16.5	3.95	1 160	146
IPE450	450	190	9.4	14.6	21	98.80	77.6	1.61	33 700	1 680	18.5	4.12	1 500	176
IPE500	500	200	10.2	16	21	116.0	90.7	1.74	48 200	2 140	20.4	4.31	1 930	214
IPE550	550	210	11.1	17.2	24	134.0	106	1.88	67 100	2 670	22.3	4.45	2 440	254
IPE600	600	220	12	19	24	156.0	122	2.01	92 100	3 390	24.3	4.66	3 070	308

附 录 E
（资料性附录）
热轧 H 型钢和剖分 T 型钢的缺陷焊补补充细则

E.1 焊补

E.1.1 焊补前焊条应烘干，预热温度一般为 350 ℃，时间为 1 h；焊补时用短弧操作，以窄焊道为宜，焊补电流按中限控制，在焊补过程中基体金属应保持干燥。推荐采用低氢焊条。

E.1.2 焊补作业环境应按 GB 50661 的相关要求执行。

E.1.3 用砂轮打磨等合适的方法修磨焊补处，去除凸出的金属，使焊补处与轧制表面相平齐并且光滑。不得定点连续打磨，使表面发蓝变色。

E.2 焊补质量检验

E.2.1 目测焊补处外形，焊补处及热影响区应当平滑、美观，不得有表面裂纹、咬边、目视可见的气孔、夹渣等缺陷。如仍存在表面缺陷需将缺陷仔细清理干净再重新焊补。

E.2.2 可用钢直尺等测量工具检查焊补表面的平顺程度，焊补处应与轧制表面相平齐。焊缝和焊波清理后应保证与原轧制表面同一高度。

E.2.3 焊补处及热影响区的检验应按 GB 50661 的相关要求执行。

E.2.4 焊补处同一部位返修次数不应超过 2 次。

E.2.5 每一焊补处应作详细的记录。内容一般包括：需焊补的产品钢种牌号、规格、批号；表面缺陷的类型和部位；是否采取预热、缓冷措施；焊条的牌号和规格；焊补后的质量检查；焊补操作者和检查人员的姓名（签名）；焊补日期等。

附 录 F
（资料性附录）
国标热轧工字钢与国标热轧 H 型钢型号及截面特性参数对比

按照截面积大体相近，并且绕 X 轴的抗弯强度不低于相应热轧工字钢的原则，计算了热轧工字钢与热轧 H 型钢有关规格的性能参数对比（见表 F.1），供有关人员使用热轧 H 型钢时参考。

表 F.1 热轧工字钢与热轧 H 型钢型号及截面特性参数对比表

工字钢规格	H 型钢规格	H 型钢与工字钢性能参数对比					
		横截面积	W_x	W_y	I_x	惯性半径	
						i_x	i_y
I10	H125×60	1.16	1.34	1.00	1.67	1.20	0.87
I12	H125×60	0.94	0.90	0.76	0.94	1.00	0.81
	H150×75	1.00	1.22	1.04	1.53	1.23	1.02
I 12.6	H150×75	0.99	1.15	1.04	1.36	1.18	1.03
I14	H175×90	1.06	1.35	1.35	1.70	1.26	1.19
I16	H175×90	0.88	0.98	1.02	1.07	1.10	1.09
	H198×99	0.87	1.11	1.08	1.36	1.25	1.19
	H200×100	1.02	1.28	1.26	1.60	1.25	1.19
I18	H200×100	0.87	0.98	1.03	1.09	1.12	1.12
	H248×124	1.04	1.50	1.58	2.08	1.41	1.41
I20a	H248×124	0.90	1.17	1.30	1.46	1.28	1.33
	H250×125	1.04	1.34	1.49	1.68	1.28	1.33
I20b	H248×124	0.81	1.11	1.24	1.38	1.31	1.37
	H250×125	0.93	1.27	1.42	1.59	1.31	1.37
I22a	H250×125	0.88	1.03	1.15	1.17	1.16	1.22
	H298×149	0.97	1.37	1.45	1.86	1.38	1.42
I22b	H250×125	0.79	0.98	1.10	1.11	1.18	1.24
	H298×149	0.88	1.30	1.39	1.77	1.41	1.45
	H300×150	1.01	1.48	1.59	2.02	1.41	1.45
I24a	H298×149	0.85	1.11	1.23	1.38	1.27	1.36
I24b	H298×149	0.78	1.06	1.18	1.32	1.30	1.38
I25a	H298×149	0.84	1.05	1.23	1.26	1.22	1.37
	H300×150	0.96	1.20	1.40	1.44	1.22	1.37
I25b	H298×149	0.76	1.00	1.13	1.20	1.25	1.37
	H300×150	0.87	1.14	1.29	1.37	1.25	1.37
	H346×174	0.98	1.51	1.74	2.08	1.46	1.62
I27a	H346×174	0.96	1.32	1.61	1.68	1.33	1.55
I27b	H346×174	0.87	1.25	1.54	1.60	1.36	1.57
I28a	H346×174	0.95	1.26	1.61	1.55	1.28	1.55
I28b	H346×174	0.86	1.19	1.49	1.47	1.31	1.56
	H350×175	1.03	1.44	1.85	1.80	1.32	1.59
I30a	H350×175	1.03	1.29	1.78	1.51	1.21	1.55
I30b	H350×175	0.94	1.23	1.71	1.44	1.25	1.58
I30c	H350×175	0.86	1.17	1.65	1.37	1.27	1.61
I32a	H350×175	0.94	1.11	1.60	1.22	1.15	1.51
I32b	H350×175	0.86	1.06	1.49	1.16	1.17	1.52
	H400×150	0.96	1.28	1.29	1.60	1.29	1.24
	H396×199	0.97	1.38	1.91	1.71	1.32	1.72
I32c	H350×175	0.79	1.01	1.39	1.11	1.20	1.52
	H400×150	0.88	1.22	1.20	1.52	1.33	1.24
	H396×199	0.89	1.31	1.79	1.62	1.35	1.72
I36a	H400×150	0.92	1.06	1.20	1.18	1.13	1.20
	H396×199	0.93	1.14	1.79	1.25	1.15	1.67
I36b	H400×150	0.84	1.01	1.16	1.13	1.16	1.22
	H396×199	0.85	1.09	1.72	1.20	1.18	1.70
	H400×200	1.00	1.27	2.06	1.42	1.19	1.73
	H446×199	0.99	1.37	1.89	1.70	1.30	1.65
I36C	H396×199	0.79	1.04	1.66	1.14	1.20	1.73
	H400×200	0.92	1.22	1.99	1.36	1.22	1.75
	H446×199	0.91	1.31	1.82	1.62	1.33	1.68
I40a	H400×200	0.97	1.07	1.87	1.08	1.06	1.65
	H446×199	0.96	1.16	1.71	1.29	1.16	1.57
I40b	H400×200	0.89	1.03	1.81	1.03	1.08	1.68
	H446×199	0.88	1.11	1.65	1.23	1.18	1.61
	H450×200	1.01	1.28	1.94	1.44	1.19	1.63
I40c	H400×200	0.82	0.98	1.75	0.98	1.11	1.72
	H446×199	0.81	1.06	1.60	1.18	1.21	1.65
	H450×200	0.93	1.23	1.88	1.38	1.22	1.67

表 F.1（续）

工字钢规格	H 型钢规格	H 型钢与工字钢性能参数对比						工字钢规格	H 型钢规格	H 型钢与工字钢性能参数对比					
		横截面积	W_x	W_y	I_x	惯性半径				横截面积	W_x	W_y	I_x	惯性半径	
						i_x	i_y							i_x	i_y
I45a	H450×200	0.93	1.02	1.64	1.02	1.05	1.53	I50c	H500×200	0.81	0.90	1.42	0.92	1.07	1.47
	H496×199	0.97	1.15	1.62	1.27	1.15	1.49		H506×201	0.93	1.05	1.70	1.10	1.09	1.51
I45b	H450×200	0.86	0.97	1.58	0.97	1.07	1.56		H596×199	0.85	1.08	1.32	1.32	1.25	1.39
	H496×199	0.89	1.10	1.57	1.21	1.17	1.52	I55a	H600×200	0.98	1.10	1.38	1.20	1.11	1.30
	H500×200	1.01	1.25	1.81	1.38	1.17	1.54	I55b	H600×200	0.91	1.05	1.34	1.15	1.13	1.32
I45c	H450×200	0.79	0.93	1.53	0.93	1.09	1.59	I55c	H600×200	0.84	1.01	1.30	1.11	1.15	1.35
	H496×199	0.82	1.05	1.52	1.16	1.19	1.54	I56a	H596×199	0.87	0.96	1.21	1.02	1.08	1.29
	H500×200	0.93	1.19	1.75	1.33	1.19	1.56		H600×200	0.97	1.08	1.38	1.15	1.09	1.31
	H596×199	0.98	1.43	1.63	1.89	1.39	1.47	I56b	H606×201	1.02	1.19	1.55	1.29	1.13	1.35
I50a	H500×200	0.94	1.01	1.51	1.01	1.04	1.42	I56c	H600×200	0.83	0.99	1.24	1.06	1.13	1.32
	H596×199	0.99	1.20	1.40	1.43	1.21	1.34		H606×201	0.95	1.15	1.48	1.24	1.14	1.35
I50b	H506×201	1.00	1.13	1.76	1.14	1.07	1.48	I63a	H582×300	1.09	1.14	2.65	1.05	0.99	2.03
	H596×199	0.91	1.15	1.36	1.37	1.23	1.36	I63b	H582×300	1.01	1.08	2.50	1.01	1.00	2.05
	H600×200	1.02	1.30	1.55	1.56	1.24	1.38	I63c	H582×300	0.94	1.03	2.39	0.97	1.02	2.06

注：表中“H 型钢与工字钢性能参数对比”的数值为“H 型钢参数值/工字钢参数值”。

附　录　G
（资料性附录）
超厚超重 H 型钢截面尺寸、截面面积、理论重量及截面特性

表 G.1　超厚超重 H 型钢截面尺寸、截面面积、理论重量及截面特性

类别	型号（高度×宽度）in×in	截面尺寸 mm					截面面积 cm²	理论重量 kg/m	表面积 m²/m	惯性矩 cm⁴		惯性半径 cm		截面模数 cm³	
		H	B	t_1	t_2	r				I_x	I_y	i_x	i_y	W_x	W_y
W14	W14×16	375	394	17.3	27.7	15	275.5	216	2.27	71 100	28 300	16.1	10.1	3 790	1 430
		380	395	18.9	30.2	15	300.9	237	2.28	78 800	31 000	16.2	10.2	4 150	1 570
		387	398	21.1	33.3	15	334.6	262	2.30	89 400	35 000	16.3	10.2	4 620	1 760
		393	399	22.6	36.6	15	366.3	287	2.31	99 700	38 800	16.5	10.3	5 070	1 940
		399	401	24.9	39.6	15	399.2	314	2.33	110 000	42 600	16.6	10.3	5 530	2 120
		407	404	27.2	43.7	15	442.0	347	2.35	125 000	48 100	16.8	10.4	6 140	2 380
		416	406	29.8	48.0	15	487.1	382	2.37	141 000	53 600	17.0	10.5	6 790	2 640
		425	409	32.8	52.6	15	537.1	421	2.39	160 000	60 100	17.2	10.6	7 510	2 940
		435	412	35.8	57.4	15	589.5	463	2.42	180 000	67 000	17.5	10.7	8 280	3 250
		446	416	39.1	62.7	15	649.0	509	2.45	205 000	75 400	17.8	10.8	9 170	3 630
		455	418	42.0	67.6	15	701.4	551	2.47	226 000	82 500	18.0	10.8	9 940	3 950
		465	421	45.0	72.3	15	754.9	592	2.50	250 000	90 200	18.2	10.9	10 800	4 280
		474	424	47.6	77.1	15	808.0	634	2.52	274 000	98 300	18.4	11.0	11 600	4 630
		483	428	51.2	81.5	15	863.4	677	2.55	299 000	107 000	18.6	11.1	12 400	4 990
		498	432	55.6	88.9	15	948.1	744	2.59	342 000	120 000	19.0	11.2	13 700	5 550
		514	437	60.5	97.0	15	1 043	818	2.63	392 000	136 000	19.4	11.4	15 300	6 200
		531	442	65.9	106.0	15	1 149	900	2.67	450 000	153 000	19.8	11.6	17 000	6 940
		550	448	71.9	115.0	15	1 262	990	2.72	519 000	173 000	20.3	11.7	18 900	7 740
		569	454	78.0	125.0	15	1 386	1 090	2.77	596 000	196 000	20.7	11.9	20 900	8 650
W24	W24×12.75	679	338	29.5	53.1	13	529.4	415	2.63	400 000	34 300	27.5	8.05	11 800	2 030
		689	340	32.0	57.9	13	578.6	455	2.65	445 000	38 100	27.7	8.11	12 900	2 240
		699	343	35.1	63.0	13	634.8	498	2.68	495 000	42 600	27.9	8.19	14 200	2 480
		711	347	38.6	69.1	13	702.1	551	2.71	558 000	48 400	28.2	8.30	15 700	2 790
W36	W36×12	903	304	15.2	20.1	19	256.5	201	2.96	325 000	9 440	35.6	6.07	7 200	621
		911	304	15.9	23.9	19	285.7	223	2.97	377 000	11 200	36.3	6.27	8 270	738
		915	305	16.5	25.9	19	303.5	238	2.98	406 000	12 300	36.6	6.36	8 880	806
		919	306	17.3	27.9	19	323.2	253	2.99	437 000	13 400	36.8	6.43	9 520	874
		923	307	18.4	30.0	19	346.1	271	3.00	472 000	14 500	36.9	6.48	10 200	946
		927	308	19.4	32.0	19	367.6	289	3.01	504 000	15 600	37.0	6.52	10 900	1 020
		932	309	21.1	34.5	19	398.4	313	3.03	548 000	17 000	37.1	6.54	11 800	1 100

表 G.1（续）

类别	型号（高度×宽度）in×in	截面尺寸 mm					截面面积	理论重量	表面积	惯性矩 cm⁴		惯性半径 cm		截面模数 cm³	
		H	B	t_1	t_2	r	cm^2	kg/m	m^2/m	I_x	I_y	i_x	i_y	W_x	W_y
W36	W36×16.5	912	418	19.3	32.0	24	436.1	342	3.42	625 000	39 000	37.9	9.46	13 700	1 870
		916	419	20.3	34.3	24	464.4	365	3.43	670 000	42 100	38.0	9.52	14 600	2 010
		921	420	21.3	36.6	24	493.0	387	3.44	718 000	45 300	38.2	9.58	15 600	2 160
		928	422	22.5	39.9	24	532.5	417	3.46	788 000	50 100	38.5	9.70	17 000	2 370
		933	423	24.0	42.7	24	569.6	446	3.47	847 000	54 000	38.6	9.73	18 200	2 550
		942	422	25.9	47.0	24	621.3	488	3.48	935 000	59 000	38.8	9.75	19 900	2 800
		950	425	28.4	51.1	24	680.1	534	3.50	1 031 000	65 600	38.9	9.82	21 700	3 090
		960	427	31.0	55.9	24	745.3	585	3.52	1 143 000	72 800	39.2	9.88	23 800	3 410
		972	431	34.5	62.0	24	831.9	653	3.56	1 292 000	83 000	39.4	9.99	26 600	3 850
		996	437	40.9	73.9	24	997.7	784	3.62	1 593 000	103 000	40.0	10.2	32 000	4 730
		1 028	446	50.0	89.9	24	1 231	967	3.70	2 033 000	134 000	40.6	10.4	39 500	6 000
W40	W40×12	970	300	16.0	21.1	30	282.8	222	3.06	408 000	9 550	38.0	5.81	8 410	636
		980	300	16.5	26.0	30	316.8	249	3.08	481 000	11 800	39.0	6.09	9 820	784
		990	300	16.5	31.0	30	346.8	272	3.10	554 000	14 000	40.0	6.35	11 200	934
		1 000	300	19.1	35.9	30	400.4	314	3.11	644 000	16 200	40.1	6.37	12 900	1 080
		1 008	302	21.1	40.0	30	445.1	350	3.13	723 000	18 500	40.3	6.44	14 300	1 220
		1 016	303	24.4	43.9	30	500.2	393	3.14	808 000	20 500	40.2	6.40	15 900	1 350
		1 020	304	26.0	46.0	30	528.7	415	3.15	853 000	21 700	40.2	6.41	16 700	1 430
		1 036	309	31.0	54.0	30	629.1	494	3.19	1 028 000	26 800	40.4	6.53	19 800	1 740
		1 056	314	36.0	64.0	30	743.7	584	3.24	1 246 000	33 400	40.9	6.70	23 600	2 130
	W40×16	982	400	16.5	27.1	30	376.8	296	3.48	620 000	29 000	40.5	8.76	12 600	1 450
		990	400	16.5	31.0	30	408.8	321	3.50	696 000	33 100	41.3	9.00	14 100	1 660
		1 000	400	19.0	36.1	30	472.0	371	3.51	814 000	38 600	41.5	9.03	16 300	1 930
		1 008	402	21.1	40.0	30	524.2	412	3.53	910 000	43 400	41.6	9.09	18 100	2 160
		1 012	402	23.6	41.9	30	563.7	443	3.53	967 000	45 500	41.4	8.98	19 100	2 260
		1 020	404	25.4	46.0	30	615.1	483	3.55	1 067 000	50 700	41.7	9.08	20 900	2 510
		1 030	407	28.4	51.1	30	687.2	539	3.58	1 203 000	57 600	41.8	9.16	23 400	2 830
		1 040	409	31.0	55.9	30	752.7	591	3.60	1 331 000	64 000	42.1	9.22	25 600	3 130
		1 048	412	34.0	60.0	30	817.6	642	3.62	1 451 000	70 300	42.1	9.27	27 700	3 410
		1 068	417	39.0	70.0	30	953.4	748	3.67	1 732 000	85 100	42.6	9.45	32 400	4 080
		1 092	424	45.5	82.0	30	1 125.3	883	3.74	2 096 000	105 000	43.2	9.66	38 400	4 950

表 G.1(续)

类别	型号(高度×宽度)in×in	截面尺寸 mm					截面面积 cm^2	理论重量 kg/m	表面积 m^2/m	惯性矩 cm^4		惯性半径 cm		截面模数 cm^3	
		H	B	t_1	t_2	r				I_x	I_y	i_x	i_y	W_x	W_y
W44	W44×16	1 090	400	18.0	31.0	20	436.5	343	3.71	867 000	33 100	44.6	8.71	15 900	1 660
		1 100	400	20.0	36.0	20	497.0	390	3.73	1 005 000	38 500	45.0	8.80	18 300	1 920
		1 108	402	22.0	40.0	20	551.2	433	3.75	1 126 000	43 400	45.2	8.87	20 300	2 160
		1 118	405	26.0	45.0	20	635.2	499	3.77	1 294 000	50 000	45.1	8.87	23 100	2 470

参 考 文 献

[1] GB 50661 钢结构焊接规范

[2] YB/T 4427 热轧型钢表面质量一般要求

ICS 77.140.70
H 44

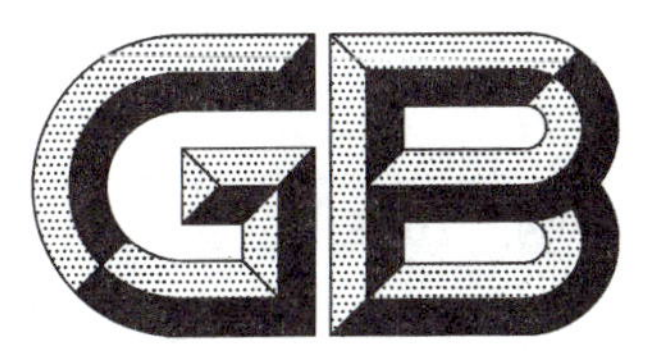

中华人民共和国国家标准

GB/T 11264—2012
代替 GB/T 11264—1989

2012-11-05 发布 2013-05-01 实施

中华人民共和国国家质量监督检验检疫总局
中国国家标准化管理委员会 发布

前 言

本标准按照 GB/T 1.1—2009 给出的规则起草。

本标准代替 GB/T 11264—1989《轻轨》。

本标准与 GB/T 11264—1989 相对比，对下列主要技术内容进行了修改：

——将标准名称修改为“热轧轻轨”；

——轻轨型号增加了 18 kg/m、24 kg/m；

——轻轨尺寸检验项目增加了头高、螺孔中心线上下偏差、截面偏称；

——增加了“经供需双方协商，并在合同中注明，可按其他牌号供货”；

——降低了钢中杂质元素 S、P 含量，增加了小型号轻轨的力学性能；

——取消了落锤试验；

——调整了长度允许偏差要求。

本标准由中国钢铁工业协会提出。

本标准由全国钢标准化技术委员会(SAC/TC 183)归口。

本标准主要起草单位：唐山钢铁集团有限责任公司、河北永洋钢铁有限公司、冶金工业信息标准研究院。

本标准主要起草人：邓翠青、王永红、孙晓玲、赤 荣、刘宝石、陈春生、侯捷。

本标准所代替标准的历次版本发布情况为：

——GB/T 11264—1989。

热 轧 轻 轨

1 范围

本标准规定了热轧轻轨的订货内容、型号、尺寸、外形、重量及允许偏差、技术要求、试验方法、检验规则及包装、标志和质量证明书等。

本标准适用于矿业、林业、建筑等轨道用途的热轧轻轨。

2 规范性引用文件

下列文件对于本文件的应用是必不可少的。凡是注日期的引用文件,仅注日期的版本适用于本文件。凡是不注日期的引用文件,其最新版本(包括所有的修改单)适用于本文件。

GB/T 223.5 钢铁 酸溶硅和全硅含量的测定 还原型硅钼酸盐分光光度法

GB/T 223.12 钢铁及合金化学分析方法 碳酸钠分离-二苯碳酰二肼光度法测量铬量

GB/T 223.53 钢铁及合金化学分析方法 火焰原子吸收分光光度法测量铜量

GB/T 223.54 钢铁及合金化学分析方法 火焰原子吸收分光光度法测量镍量

GB/T 223.59 钢铁及合金 磷含量的测定 铋磷钼蓝分光光度法和锑磷钼蓝分光光度法

GB/T 223.63 钢铁及合金化学分析方法 高碘酸钠(钾)光度法测定锰量

GB/T 223.68 钢铁及合金化学分析方法 管式炉内燃烧后碘酸钾滴定法测定硫含量

GB/T 223.69 钢铁及合金 碳含量的测定 管式炉内燃烧后气体容量法

GB/T 228.1 金属材料 拉伸试验 第1部分:室温试验方法

GB/T 231.1 金属布氏硬度试验 第1部分:试验方法

GB/T 2101 型钢验收、包装、标志及质量证明书的一般规定

GB/T 2975 钢及钢产品力学性能试验取样位置及试样制备

GB/T 4336 碳素钢和中低合金钢火花源原子发射光谱分析方法(常规法)

YB/T 081 冶金技术标准的数值修约与检测数值的判定原则

3 订货内容

按本标准订货时,用户需提供以下信息:

a) 本标准编号;

b) 牌号;

c) 型号;

d) 长度;

e) 重量;

f) 其他要求。

4 型号、尺寸、外形、重量及允许偏差

4.1 型号

轻轨的型号应符合表1的规定,经供需双方协商并在合同中注明,可供其他型号的轻轨。

表 1

轻轨型号/(kg/m)
9,12,15,18,22,24,30

4.2 截面尺寸及允许偏差

4.2.1 9 kg/m、12 kg/m、15 kg/m、18 kg/m、22 kg/m、24 kg/m、30 kg/m 轻轨截面图示及标注符号如图 1 所示。

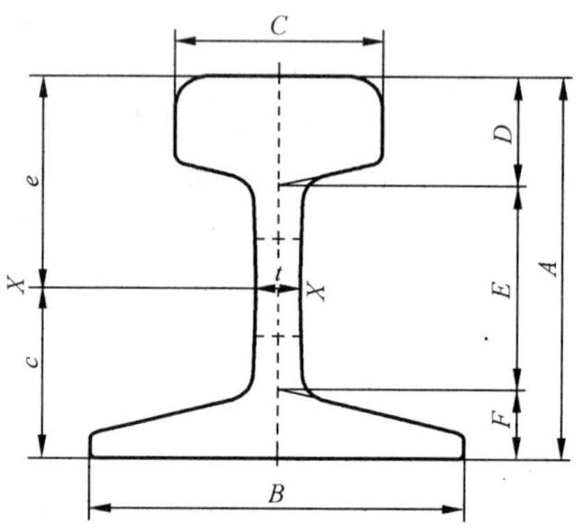

图 1

4.2.2 轻轨截面的型式尺寸应符合附录 A 的规定。

4.2.3 轻轨截面尺寸、截面面积、理论重量及截面特性参数应符合表 2 的规定。

4.2.4 18 kg/m、24 kg/m 轻轨截面尺寸、截面面积、理论重量及截面特性参数应符合表 3 的规定。

表 2

型号/(kg/m)	截面尺寸/mm							截面面积	理论重量	截面特性参数				
	轨高	底宽	头宽	头高	腰高	底高	腰厚			重心位置		惯性矩	截面系数	回转半径
	A	B	C	D	E	F	t	A/cm^2	W/(kg/m)	c/cm	e/cm	I/cm^4	W/cm^3	i/cm
9	63.50	63.50	32.10	17.48	35.72	10.30	5.90	11.39	8.94	3.09	3.26	62.41	19.10	2.33
12	69.85	69.85	38.10	19.85	37.70	12.30	7.54	15.54	12.20	3.40	3.59	98.82	27.60	2.51
15	79.37	79.37	42.86	22.22	43.65	13.50	8.33	19.33	15.20	3.89	4.05	156.10	38.60	2.83
22	93.66	93.66	50.80	26.99	50.00	16.67	10.72	28.39	22.30	4.52	4.85	339.00	69.60	3.45
30	107.95	107.95	60.33	30.95	57.55	19.45	12.30	38.32	30.10	5.21	5.59	606.00	108.00	3.98

表 3

<table>
<tr><th rowspan="3">型号/(kg/m)</th><th colspan="7">截面尺寸/mm</th><th rowspan="2">截面面积</th><th rowspan="2">理论重量</th><th colspan="7">截面特性参数</th></tr>
<tr><th>轨高</th><th>底宽</th><th>头宽</th><th>头高</th><th>腰高</th><th>底高</th><th>腰厚</th><th colspan="2">重心位置</th><th colspan="2">惯性矩</th><th colspan="3">截面系数</th></tr>
<tr><th>A</th><th>B</th><th>C</th><th>D</th><th>E</th><th>F</th><th>t</th><th>A/cm^2</th><th>W/(kg/m)</th><th>c/cm</th><th>e/cm</th><th>I_x/cm^4</th><th>I_y/cm^4</th><th>$W1$ I_x/c/cm^3</th><th>$W2$ I_x/e/cm^3</th><th>$W3$ $I_y/0.5B$/cm^3</th></tr>
<tr><td>18</td><td>90.00</td><td>80.00</td><td>40.00</td><td>32.00</td><td>42.30</td><td>15.70</td><td>10.00</td><td>23.07</td><td>18.06</td><td>4.29</td><td>4.71</td><td>240.00</td><td>41.10</td><td>56.10</td><td>51.00</td><td>10.30</td></tr>
<tr><td>24</td><td>107.00</td><td>92.00</td><td>51.00</td><td>32.00</td><td>58.00</td><td>17.00</td><td>10.90</td><td>31.24</td><td>24.46</td><td>5.31</td><td>5.40</td><td>486.00</td><td>80.46</td><td>91.64</td><td>90.12</td><td>17.49</td></tr>
</table>

4.2.5 轻轨尺寸允许偏差应符合表 4 的规定。

4.3 长度及允许偏差

4.3.1 轻轨的长度应符合表 5 的规定。经供需双方协商，可供其他尺寸的轻轨。

4.3.2 不小于 4 m 的短尺轻轨的交货数量不得大于该批总重量的 3%。

4.3.3 轻轨长度允许偏差应符合表 6 的规定。

表 4

<table>
<tr><th rowspan="2">项　目</th><th colspan="2">允许偏差/mm</th></tr>
<tr><th>9 kg/m、12 kg/m</th><th>15 kg/m、18 kg/m、22 kg/m、24 kg/m、30 kg/m</th></tr>
<tr><td>轨高 A</td><td>+1.25
−0.75</td><td>+1.00
−0.75</td></tr>
<tr><td>底宽 B</td><td>±2.00</td><td>±2.00</td></tr>
<tr><td>头宽 C</td><td>±1.00</td><td>±0.75</td></tr>
<tr><td>头高 D</td><td>±0.50</td><td>±0.50</td></tr>
<tr><td>腰高 E</td><td>±0.50</td><td>±0.50</td></tr>
<tr><td>腰厚 t</td><td>+1.00
−0.25</td><td>+0.75
−0.25</td></tr>
<tr><td>螺孔间距</td><td>±0.75</td><td>±0.75</td></tr>
<tr><td>螺孔直径</td><td>+1.00
−0.75</td><td>±0.75</td></tr>
<tr><td>螺孔至轨端距离</td><td>±1.00</td><td>±0.75</td></tr>
<tr><td>螺孔中心线上下偏差</td><td>±0.50</td><td>±0.50</td></tr>
<tr><td>截面偏称
（截面对垂直线轴不对称）</td><td>不超过公差之半</td><td>不超过公差之半</td></tr>
<tr><td colspan="3">注：头高 D、腰高 E 由孔型设计保证。</td></tr>
</table>

表 5

型号,kg/m	长度/m
9,12,15,18,22,24,30	12.0,11.5,11.0,10.5,10.0,9.5,9.0,8.5,8.0,7.5,7.0,6.5,6.0,5.5,5.0

表 6

型号/(kg/m)	允许偏差/mm
9,12,15	±15[a]
18,22,24,30	±10[b]
[a] 经供需双方协商,并在合同中注明,允许偏差可为 0～+30 mm。 [b] 经供需双方协商,并在合同中注明,允许偏差可为 0～+20 mm。	

4.4 外形

4.4.1 弯曲度

4.4.1.1 轻轨每米弯曲度不应大于 3 mm,总弯曲度不应大于总长度的 0.3%。

4.4.1.2 轻轨端部弯曲度应符合表 7 的规定。

表 7

型号/(kg/m)	端部弯曲度
9,12	端部 250 mm 内应不大于 1 mm
15,18,22,24,30	端部 500 mm 内应不大于 1 mm

4.4.2 扭转

轻轨不应有影响使用的扭转。

4.4.3 端部形状

轻轨端部形状应符合表 8 的规定。

表 8

型号/(kg/m)	端 部 形 状
9,12,15,18	端面的倾斜在任何方向应不大于 3 mm
22,24,30	端面的倾斜在任何方向应不大于 1 mm

4.5 重量

轻轨按理论重量交货,钢的密度为 7.85 g/cm^3。经供需双方协商,并在合同中注明,也可按实际重量交货。

5 技术要求

5.1 牌号及化学成分

5.1.1 钢的牌号和化学成分(熔炼分析)应符合表9的规定。

表9

牌号	型号/(kg/m)	化学成分(质量分数)/%				
		C	Si	Mn	P	S
50Q	≤12	0.40～0.60	0.15～0.35	≥0.40	≤0.040	≤0.040
55Q	≤30	0.50～0.60	0.15～0.35	0.60～0.90	≤0.040	≤0.040
45SiMnP	≤12	0.35～0.55	0.50～0.80	0.60～1.00	≤0.120	≤0.040
50SiMnP	≤30	0.45～0.58	0.50～0.80	0.60～1.00	≤0.120	≤0.040

5.1.2 Cr、Ni、Cu为残余元素时,Cu≤0.25%,Cr≤0.25%,Ni≤0.30%。供方能保证符合规定时,可不进行这些元素的化学分析。

5.1.3 经供需双方协商,并在合同中注明,可按其他牌号供货。

5.2 冶炼方法

钢应采用氧气转炉或电炉冶炼。除非需方有特殊要求,冶炼方法由供方选择。

5.3 交货状态

轻轨以热轧状态交货。

5.4 力学和工艺性能

5.4.1 轻轨的力学和工艺性能应符合表10的规定。

表10

牌号	型号/(kg/m)	抗拉强度 R_m/MPa	布氏硬度 HBW
50Q	≤12	≥569	—
55Q	≤12	≥685	—
	15～30		≥197
45SiMnP	≤12	≥569	—
50SiMnP	≤12	≥685	—
	15～30		≥197

5.4.2 供方如能保证硬度合格,硬度可不作检验。

5.5 表面质量

5.5.1 轻轨断面不得有缩孔残余和分层。

5.5.2 轻轨表面不应有裂纹、结疤、折叠、气泡、夹渣等对使用有害的缺陷。允许有深度不超过0.75 mm的局部划痕、凹坑。在安装接头夹板(鱼尾板)区域外的轨腰及其相邻上下两斜面上，允许有高度不大于2 mm的凸出部分；与接头夹板接触面内的凸出部分应予清除。

5.5.3 轻轨表面局部缺陷允许清理，清理深度从实际尺寸算起不应超过1.5 mm。

5.5.4 螺栓孔表面应平整，不应有裂纹，毛刺高度不应大于2 mm。

6 试验和检验方法

每批轻轨的检验项目、试样数量、取样方法和试验方法应符合表11的规定。

表11

序号	检验项目	试样数量/个	取样方法	试验方法
1	熔炼分析	1/炉	GB/T 20066	GB/T 223,GB/T 4336
2	拉伸试验	1	GB/T 2975 见图2,试样直径10 mm	GB/T 228.1
3	布氏硬度	1	GB/T 2975 在轨头踏面的纵向中心线上	GB/T 231.1
4	表面质量	逐支	—	目视
5	尺寸、外形	逐支	—	量具

7 验收规则

7.1 检查和验收

轻轨的检查和验收应由供方技术质量监督部门进行。

7.2 组批规则

轻轨应成批验收，每批应由同一牌号、同一熔炼炉号、同一型号的轻轨组成。也可由同一牌号、同一型号、同一冶炼方法的不同炉号的轻轨组成混合批，每批重量不应大于200 t，但各炉号的含碳量差不应大于0.05%，含锰量差不应大于0.15%。

7.3 取样数量和取样方法

取样数量和取样方法应符合表11的规定。

7.4 复验与判定

轻轨复验和判定应符合GB/T 2101的规定。

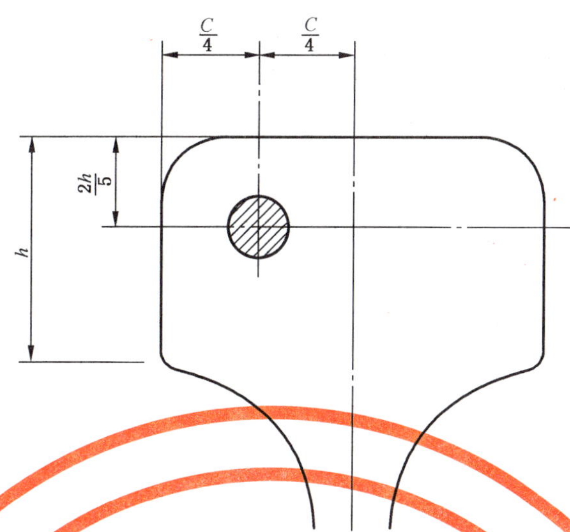

图 2 拉伸试样取样位置

8 包装、标志和质量证明书

8.1 轻轨应成捆交货，每捆至少挂两个标牌，应注有厂标、牌号、炉(批)号、型号。

8.2 轻轨可在轨腰轧上凸起的型号和厂标。

8.3 轻轨的其他包装、标志规定及质量证明书应符合 GB/T 2101 的规定。

9 数值修约规则

数值修约的规定应按照 YB/T 081 的规定。

附　录　A
（规范性附录）
轻轨截面的型式尺寸

A.1　轻轨截面的型式尺寸见图 A.1～图 A.7。

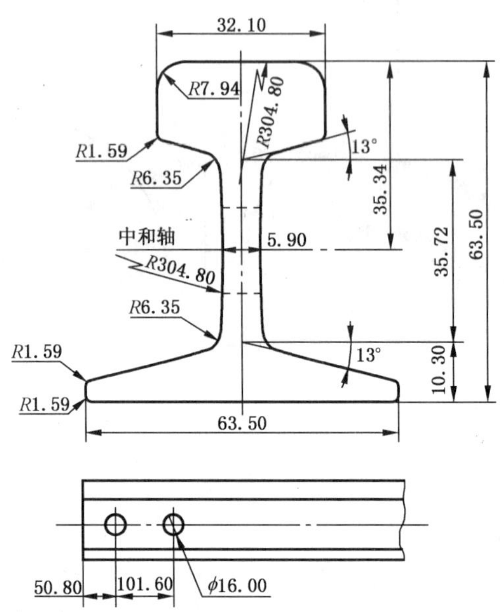

图 A.1　9 kg/m

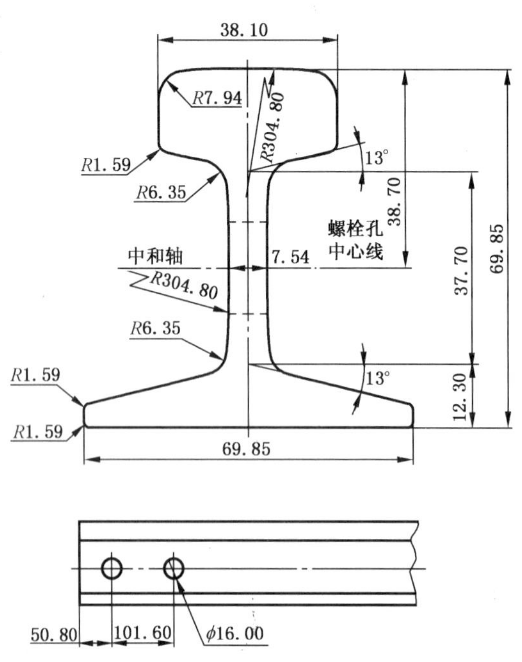

图 A.2　12 kg/m

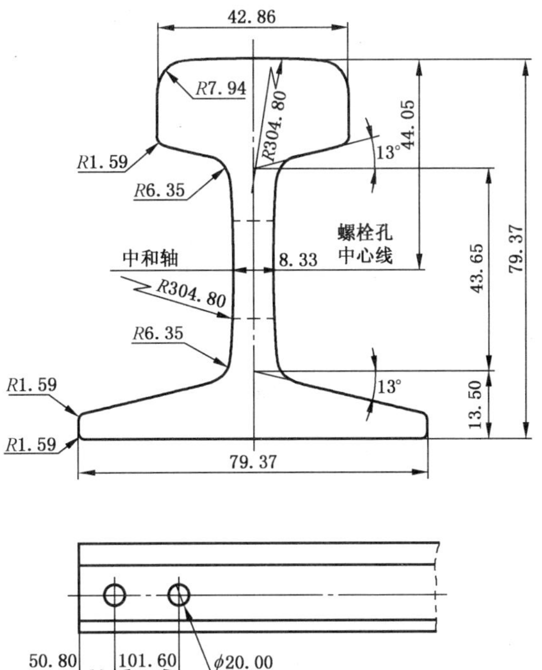

图 A.3 15 kg/m

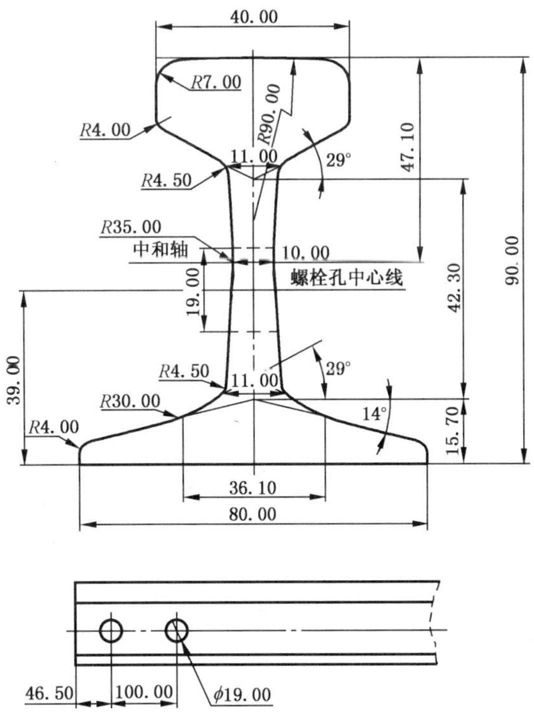

图 A.4 18 kg/m

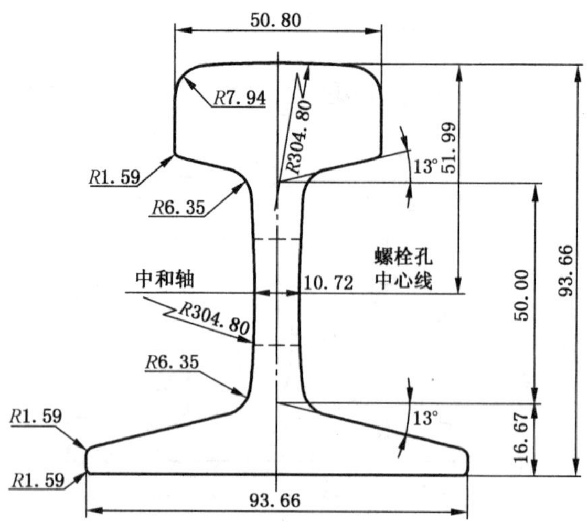

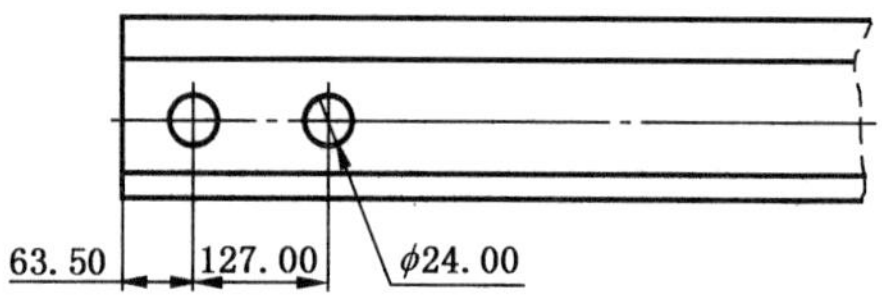

图 A.5　22 kg/m

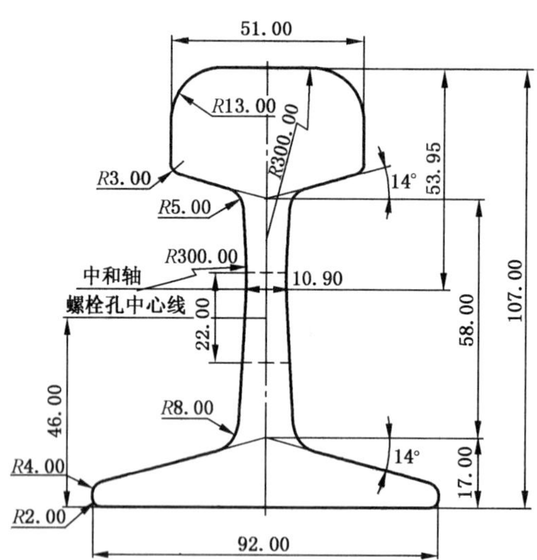

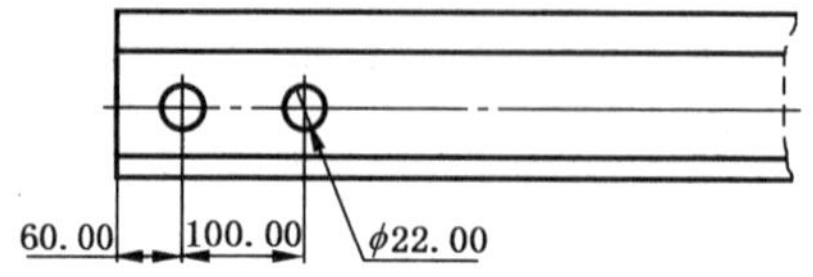

图 A.6　24 kg/m

60.33
R7.94
R304.80
13°
R1.59
R6.35
59.73
螺栓孔
中心线
57.55
107.95
中和轴
12.30
R304.80
R6.35
13°
R1.59
19.45
R1.59
107.95
60.50
127.00
ϕ24.00

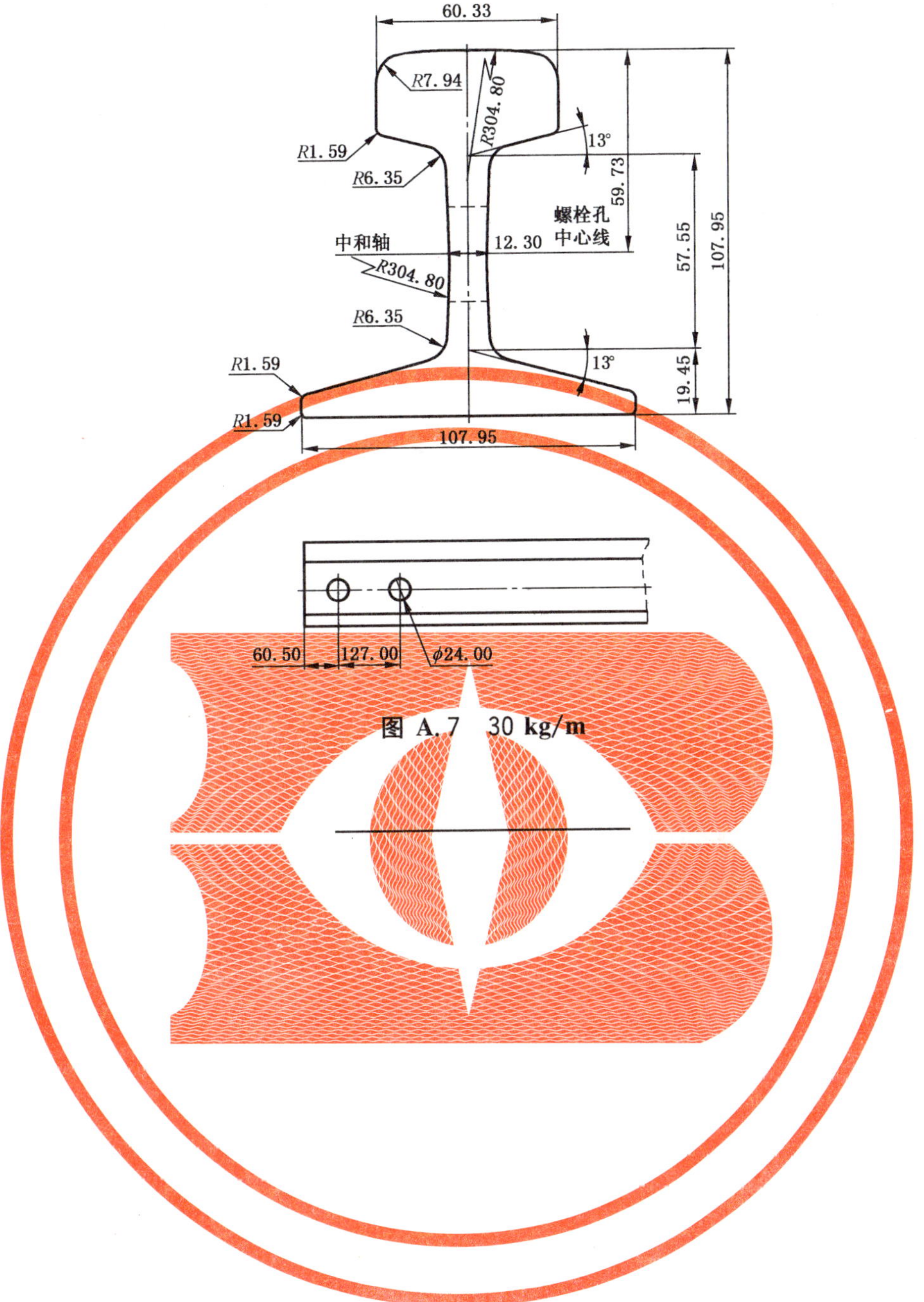

图 A.7 30 kg/m

中华人民共和国国家标准

轻轨用接头夹板

GB 11265—89

Fish plates for light rails

1 主题内容与适用范围

本标准规定了轻轨用接头夹板的尺寸、外形、重量及允许偏差，技术要求，试验方法，检验规则和包装、标志及质量证明书等。

本标准适用于轻轨用普通碳素钢热轧接头夹板。

2 引用标准

GB 222 钢的化学分析用试样取样法及成品化学成分允许偏差
GB 223 钢铁及合金化学分析方法
GB 228 金属拉伸试验方法
GB 232 金属弯曲试验方法
GB 2101 型钢验收、包装标志及质量证明书的一般规定
GB 2975 钢材力学及工艺性能试验取样规定
GB 6397 金属拉伸试验试样

3 型号、尺寸、外形、重量及允许偏差

3.1 截面尺寸及允许偏差

3.1.1 接头夹板的型式尺寸应符合图1～图5的规定。

3.1.2 接头夹板的理论重量应符合表1的规定。

表 1

型号	理论重量，kg/块
9kg/m轻轨用接头夹板	0.81
12kg/m轻轨用接头夹板	1.39
15kg/m轻轨用接头夹板	2.20
22kg/m轻轨用接头夹板	3.80
30kg/m轻轨用接头夹板	5.54

中华人民共和国冶金工业部1989-02-02批准　　1990-01-01实施

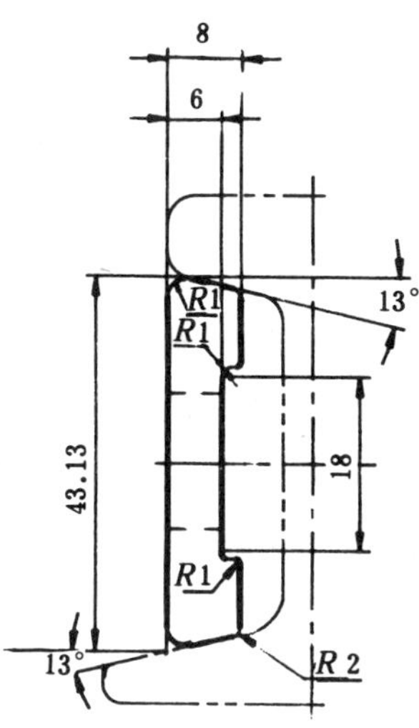

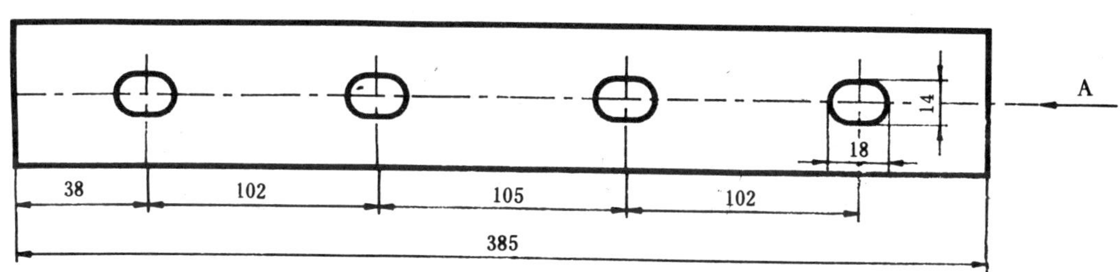

图 1 9kg/m钢轨用接头夹板

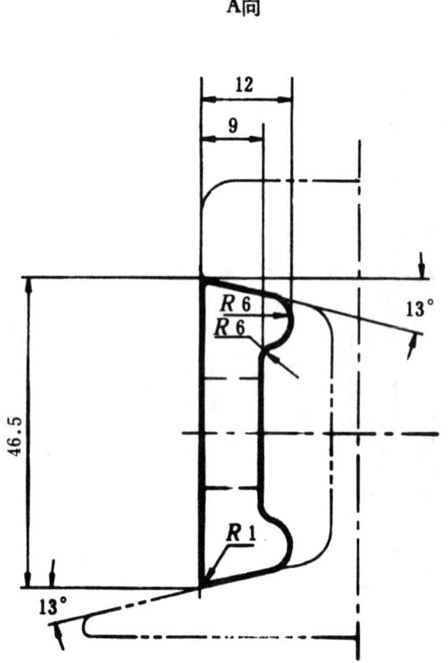

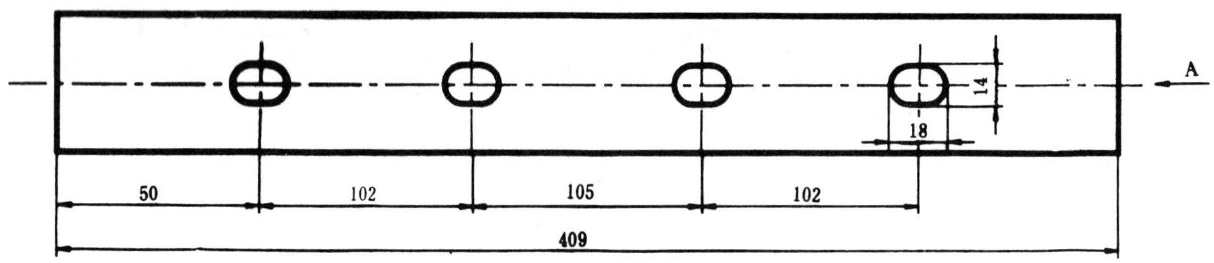

图 2 12kg/m钢轨用接头夹板

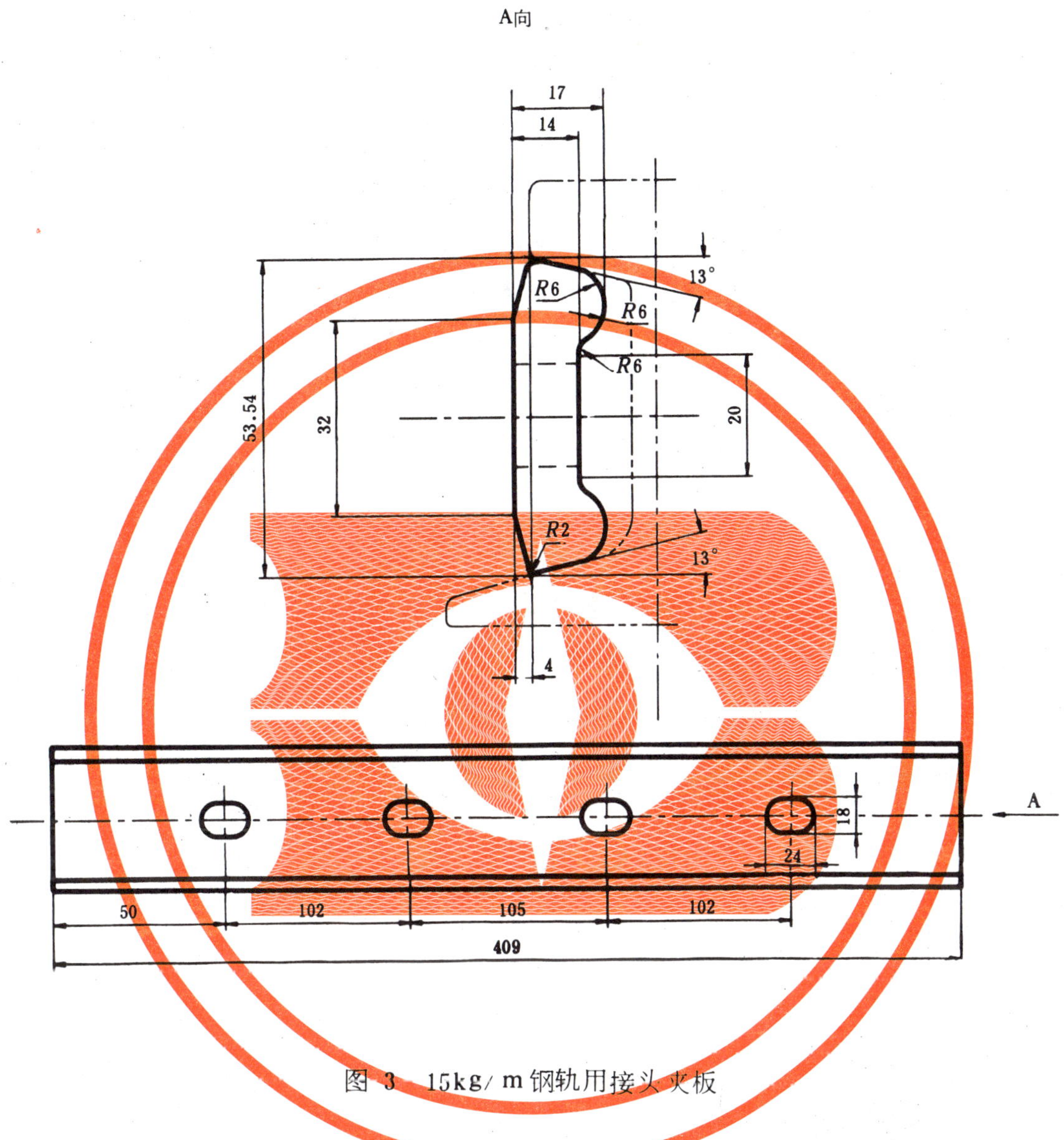

图 3 15kg/m钢轨用接头夹板

A向

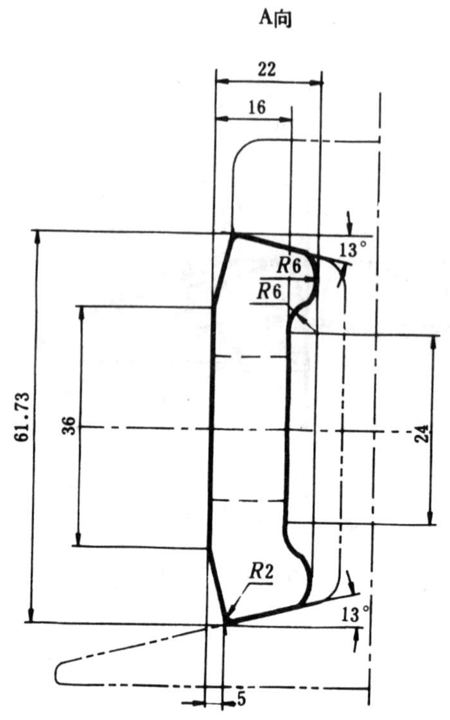

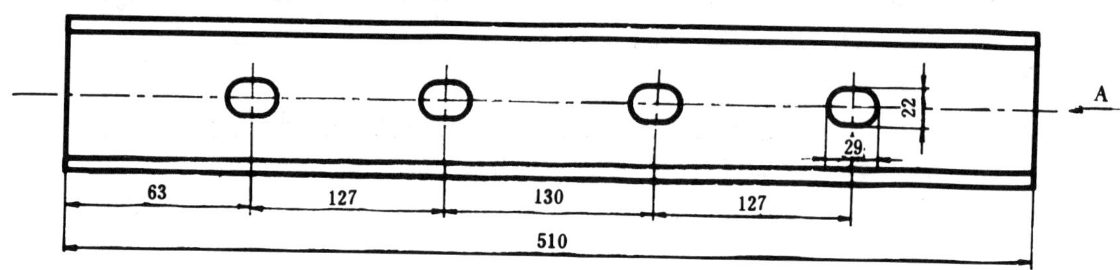

图 4　22kg/m钢轨用接头夹板

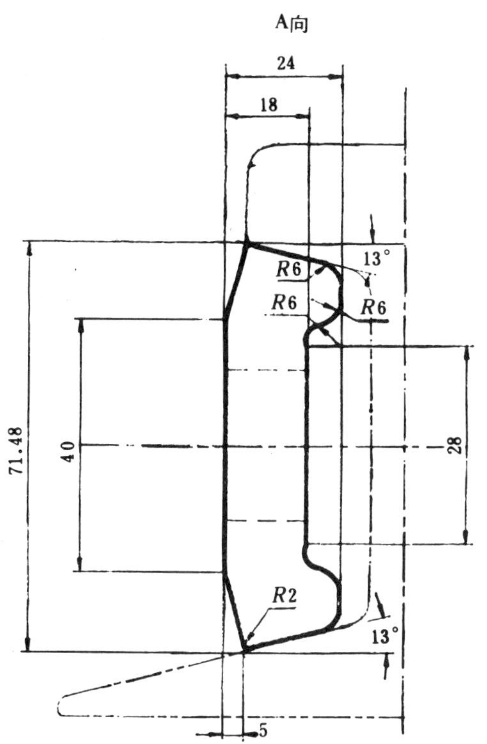

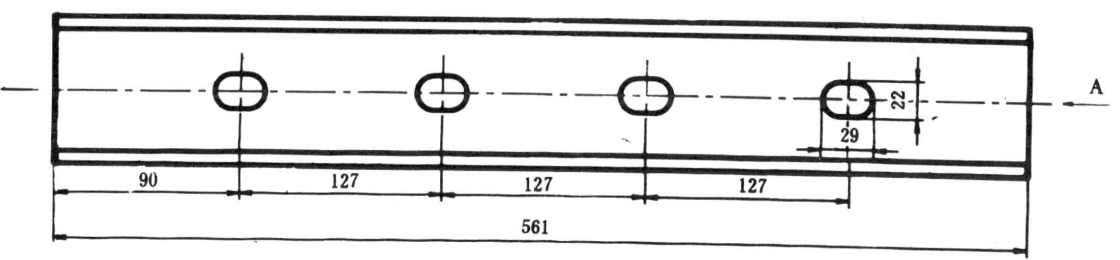

图 5 30kg/m 钢轨用接头夹板

3.1.3 接头夹板尺寸允许偏差应符合表 2 的规定。

表 2 mm

项 目	允 许 偏 差
长 度	±3.00
厚 度	±0.50
孔 径	±0.75
孔 距	±0.75

3.2 外形

接头夹板的总弯曲度不得大于0.3%。

4 交货重量

接头夹板按理论重量交货。经供需双方协商，并在合同中注明，也可按实际重量交货。

5 技术要求

5.1 化学成分

接头夹板钢的化学成分（熔炼分析）按型号小于等于15kg/m和大于15kg/m应分别符合GB 700中Q 235－A（或3号乙类钢）和Q 255－A（或4号乙类钢）钢的规定。

5.2 冶炼方法

接头夹板钢由氧气转炉、平炉或电炉冶炼。

5.3 交货状态

接头夹板以热轧状态交货。

5.4 力学性能

接头夹板的力学性能应符合表3的规定。

表 3

轨　　型 kg/m	抗拉强度 σ_b MPa	伸　长　率 δ_5 %	冷　弯　试　验 d＝弯心直径 a＝试样直径	
≤15	375～460	≥26	180°	$d=a$
＞15	410～510	≥24	180°	$d=2a$

5.5 冷弯性能

接头夹板应按表3规定进行冷弯试验。

5.6 表面质量

5.6.1 接头夹板端面不得有分层和缩孔残余。

5.6.2 接头夹板表面不得有裂纹、折叠、气泡和结疤。允许有深度不超过0.5mm的局部划痕和凹坑。

5.6.3 接头夹板两端应与其长度方向成直角切割，切口及钻孔处的毛刺应予清除。

6 试验方法

6.1 接头夹板试验方法应符合表4的规定。

表 4

序　　号	检　验　项　目	取　样　数　量 个	取　样　方　法	试　验　方　法
1	化学分析	1	GB 222	GB 223
2	拉伸试验	1	GB 2975	GB 228、GB 6397
3	冷弯试验	1	见6.2	GB 232
4	尺　　寸	＞1%	—	量具、样板
5	表　　面	＞1%	—	肉眼检查

6.2 冷弯试样系由接头夹板上截成保存有两个轧制面的圆形或扁形的试样。

7 检验规则

7.1 检查和验收

接头夹板的检查和验收由供方技术监督部门进行。

7.2 组批规则

接头夹板应成批验收，每批由同一炉罐、同一尺寸的夹板组成，每批重量不得大于60t。用转炉钢轧成的接头夹板每批不得超过6个炉罐号，其含碳量之差不得大于0.02%，含锰量之差不得大于0.15%。

7.3 取样数量

接头夹板每批的取样数量应符合表4的规定。

7.4 复验与判定规则

7.4.1 接头夹板尺寸和表面质量检查测量如不合格，则该批不能交货。但供方有权重新挑选，分类后作为新的一批再行检查交货。

7.4.2 拉伸试验和冷弯试验结果如有一项不合格，则另取双倍数量的试样做该不合格项目的复验，复验结果（包括该试验要求的任一指标）即使有一个试样不合格，该批不得交货。

8 包装、标志和质量证明书

8.1 每块接头夹板上应轧上厂标和年号的凸起字样。

8.2 接头夹板应用铁丝牢固地捆扎后交货，每捆重量不得超过80kg。每捆接头夹板挂标牌2块，标牌上打上炉罐（批）号、牌号和技术监督部门的验收印记。

8.3 接头夹板的质量证明书应符合GB 2101的规定。

附加说明：

本标准由冶金工业部情报标准研究总所提出。

本标准由冶金工业部长沙黑色冶金矿山设计研究院、冶金工业部情报标准研究总所负责起草。

本标准主要起草人王民丰、庄自强、于凯。

自本标准实施之日起，原冶金工业部部标准YB 224—63《轻轨用鱼尾板技术条件》、YB 225—63《18公斤/米轻轨用鱼尾板品种》、YB 226—63《15公斤/米轻轨用鱼尾板品种》、YB 227—63《11公斤/米轻轨用鱼尾板品种》、YB 228—63《8公斤/米轻轨用鱼尾板品种》、YB 229—63《5公斤/米轻轨用鱼尾板品种》和YB 14—63《24公斤/米轻轨用鱼尾板品种》作废。

中华人民共和国国家标准

轻轨用垫板

GB 11266—89

Tie plates for light rails

1 主题内容与适用范围

本标准规定了轻轨用垫板的尺寸、外形、重量及允许偏差，技术要求，试验方法，检验规则和包装、标志及质量证明书等。

本标准适用于轻轨用普通碳素钢热轧垫板。

2 引用标准

GB 222 钢的化学分析用试样取样法及成品化学成分允许偏差

GB 223 钢铁及合金化学分析方法

GB 2101 型钢验收、包装标志及质量证明书的一般规定

GB 2975 钢材力学及工艺性能试验取样规定

3 型号、尺寸、重量及允许偏差

3.1 垫板的型式尺寸应符合图1～图3的规定。

3.2 垫板的理论重量应符合表1的规定。

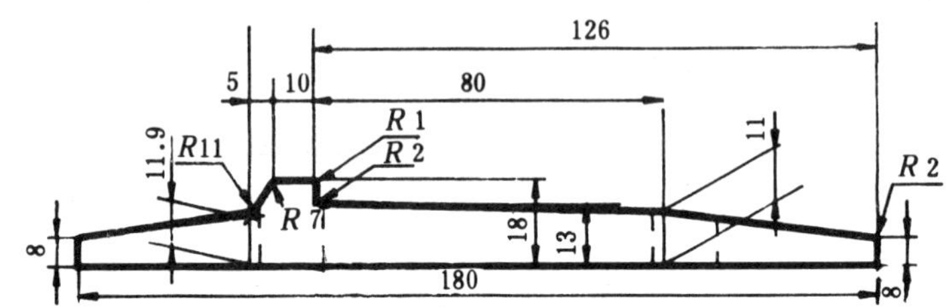

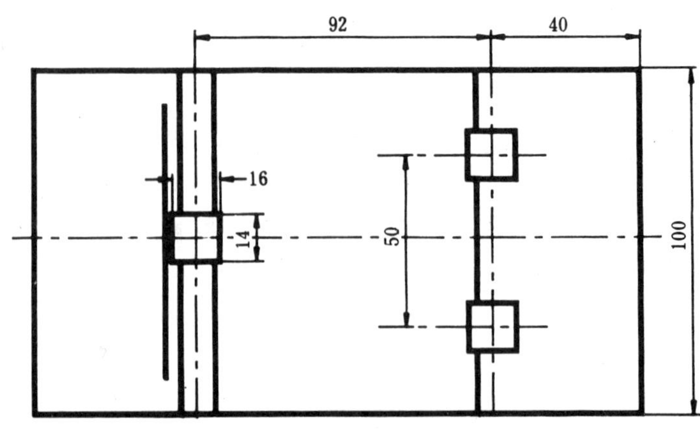

图 1 15kg/m钢轨用垫板

中华人民共和国冶金工业部1989-02-02批准 1990-01-01实施

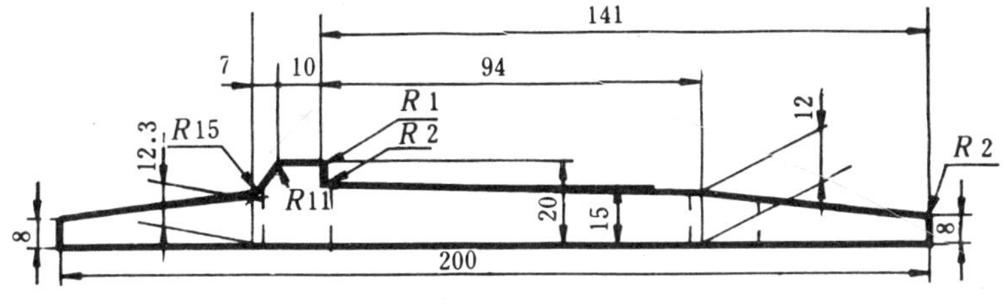

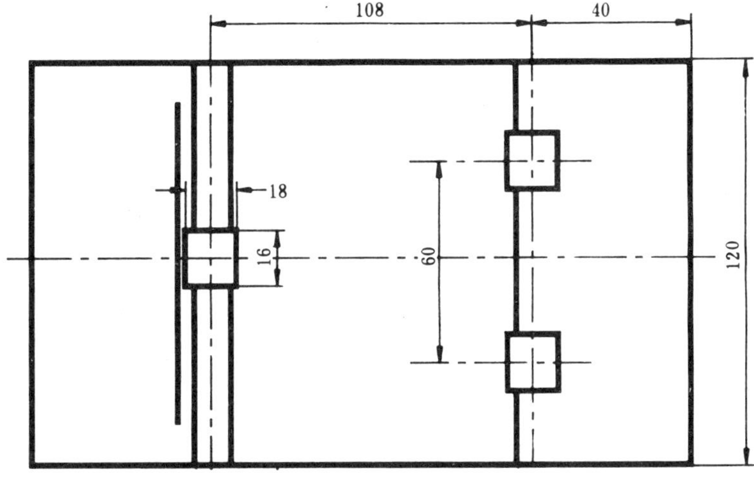

图 2　22kg/m钢轨用垫板

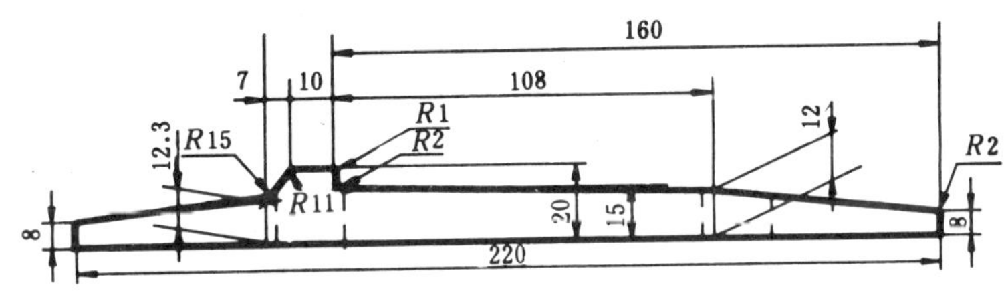

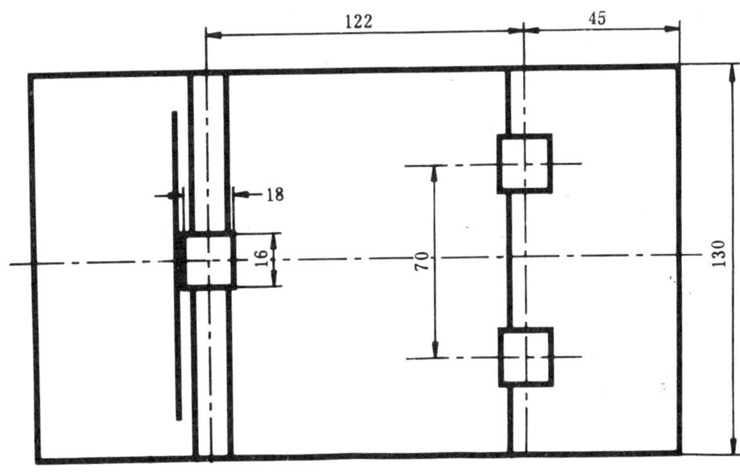

图 3　30kg/m钢轨用垫板

表 1

型号	理论重量，kg/块
15kg/m轻轨用垫板	1.5
22kg/m轻轨用垫板	2.2
30kg/m轻轨用垫板	2.7

3.3 垫板尺寸允许偏差应符合表 2 规定。

表 2

mm

项目	允许偏差
厚度	±1.0
宽度	±3.0
长度	±4.0
孔的边长	±0.5
孔的间距	±1.0
底面不平度	⩽1.0

4 交货重量

垫板按理论重量交货。经供需双方协商并在合同中注明，也可按实际重量交货。

5 技术要求

5.1 化学成分

垫板钢的化学成分（熔炼分析）应符合表 3 的规定。

表 3

化学成分，%		
C	P	S
	不大于	
0.14～0.28	0.045	0.050

5.2 冶炼方法

垫板钢由氧气转炉或平炉冶炼。

5.3 交货状态

垫板以热轧状态交货。

5.4 工艺性能

垫板应作45°(内角135°)冷弯试验，不得发生断裂和裂缝。

5.5 表面质量

5.5.1 垫板表面不得有深度超过1mm的结疤、夹杂、折叠和裂纹；与轻轨接触的表面不得有突出物与凸起等缺陷。毛刺、突出物及小凸起等缺陷应予清除。

5.5.2 垫板允许有因剪切造成的局部变形，垫板的端面应与纵轴垂直，端面不得有分层和缩孔痕迹。

6 试验方法

6.1 垫板试验方法应符合表4的规定。

表 4

序　　号	检验项目	取样数量 个	取样方法	试验方法
1	化学分析	1	GB 222	GB 223
2	冷弯试验	1	GB 2975	见6.2
3	尺　　寸	>1%	—	量具、样板
4	表　　面	>1%	—	肉眼检查

6.2 做冷弯试验时把垫板底面的纵边放在支座上，然后用半径10mm的圆棒压弯。在做冷弯试验前，可将垫板的切边锉光滑。

7 检验规则

7.1 检查与验收

垫板的检查与验收由供方技术监督部门负责进行。

7.2 组批规则

垫板应成批验收。每批由同一炉罐号、同一尺寸组成，每批数量不得超过10000块。用转炉钢轧成的垫板每批同时不得超过6个炉罐号，其含碳量之差不得大于0.02%，含锰量之差不得大于0.15%。

7.3 取样数量

垫板每批的取样数量应符合表4的规定。

7.4 复验与判定

7.4.1 垫板尺寸和表面质量检查测量如有两块或两块以上不合格，则该批应重新组批，复验如有两块或两块以上不合格，则全批不得交货。

7.4.2 冷弯试验如果不合格，则另取双倍数量的试样进行复验，复验结果即使有一个试样不合格，该批不得交货。

8 包装、标志和质量证明书

8.1 每块垫板应轧上厂标和年号的凸起字样。

8.2 垫板应用铁丝牢固地捆扎后交货，每捆重量不得超过80kg。每捆垫板挂标牌2块，标牌上打上炉罐（批）号和技术监督部门的验收印记。

8.3 垫板的质量证明书应符合GB 2101的规定。

附加说明：

本标准由冶金工业部情报标准研究总所提出。

本标准由冶金工业部长沙黑色冶金矿山设计研究院、冶金工业部情报标准研究总所负责起草。

本标准主要起草人王民丰、庄自强、于凯。

本标准自实施之日起，原冶金工业部部标准 YB 223—63《轻轨用垫板》作废。

ICS 77.140.60
H 44

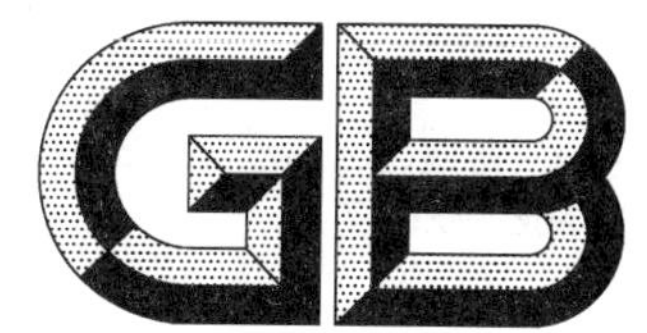

中华人民共和国国家标准

GB/T 13788—2017
代替 GB/T 13788—2008

冷轧带肋钢筋

Cold rolled ribbed steel bars

2017-07-12 发布　　　　2018-04-01 实施

中华人民共和国国家质量监督检验检疫总局
中国国家标准化管理委员会　发布

前　言

本标准按照 GB/T 1.1—2009 给出的规则起草。

本标准代替 GB/T 13788—2008《冷轧带肋钢筋》，与 GB/T 13788—2008 相比，主要技术变化如下：

——修改了分类及代号的有关规定；

——增加了高延性冷轧带肋钢筋牌号 CRB600H、CRB680H 和 CRB800H；

——增加了四面肋钢筋外形、尺寸和标志图；

——修改了牌号和化学成分的有关规定；

——增加了高延性冷轧带肋钢筋 CRB600H、CRB680H 和 CRB800H 的力学性能要求；

——修改了断后延伸率、最大力总延伸率 A_{gt} 和强屈比的有关规定：

——修改了试验方法的有关规定；

——删除了附录 A《钢筋在最大力总伸长率的测定方法》；

——删除了附录 B《冷轧带肋钢筋用盘条的参考牌号和化学成分》。

本标准由中国钢铁工业协会提出。

本标准由全国标准化技术委员会(SAC/TC 183)归口。

本标准起草单位：中冶建筑研究总院有限公司、安阳合力创科冶金新技术股份有限公司、安徽马钢比亚西钢筋焊网有限公司、天津银龙预应力材料股份有限公司、冶金工业信息标准研究院。

本标准主要起草人：岳清瑞、冯超、陶然、翟文、郭嗣宏、艾铁岭、李亚杰、张平远、谢志安、刘宝石、王鲜华、杜瑞青、张莹、王玉婕。

本标准所代替标准的历次版本发布情况为：

——GB 13788—1992、GB 13788—2000、GB/T 13788—2008。

冷轧带肋钢筋

1 范围

本标准规定了冷轧带肋钢筋的术语和定义、分类、牌号、尺寸、外形、重量及允许偏差、技术要求、试验方法、检验规则、包装、标志和质量证明书。

本标准适用于预应力混凝土和普通钢筋混凝土用冷轧带肋钢筋，也适用于制造焊接网用冷轧带肋钢筋(以下简称钢筋)。

2 规范性引用文件

下列文件对于本文件的应用是必不可少的。凡是注日期的引用文件，仅注日期的版本适用于本文件。凡是不注日期的引用文件，其最新版本(包括所有的修改单)适用于本文件。

GB/T 2101 型钢验收、包装、标志及质量证明书的一般规定

GB/T 2103 钢丝验收、包装、标志及质量证明书的一般规定

GB/T 17505 钢及钢产品 交货一般技术要求

GB/T 21839 预应力混凝土用钢材试验方法

GB/T 28899 冷轧带肋钢筋用热轧盘条

GB/T 28900 钢筋混凝土用钢材试验方法

YB/T 081 冶金技术标准的数值修约与检测数值的判定

3 术语和定义

下列术语和定义适用于本文件。

3.1

冷轧带肋钢筋 cold rolled ribbed steel bars

热轧圆盘条经冷轧后，在其表面带有沿长度方向均匀分布的横肋的钢筋。

3.2

公称直径 nominal diameter

相当于横截面积相等的光圆钢筋的公称直径。

3.3

相对投影肋面积 specific projected rib area

横肋在与钢筋轴线垂直平面上的投影面积与公称周长和横肋间距的乘积之比。

3.4

横肋间隙 rib spacing

钢筋周圈上横肋不连续部分在垂直于钢筋轴线平面上投影的弦长。

4 分类、牌号

4.1 分类及代号

冷轧带肋钢筋按延性高低分为两类：

冷轧带肋钢筋　　　　　CRB
高延性冷轧带肋钢筋　　CRB＋抗拉强度特征值＋H

C、R、B、H 分别为冷轧(Cold rolled)、带肋(Ribbed)、钢筋(Bar)、高延性(High elongation)四个词的英文首位字母。

4.2 牌号

钢筋分为 CRB550、CRB650、CRB800、CRB600H、CRB680H、CRB800H 六个牌号。CRB550、CRB600H 为普通钢筋混凝土用钢筋，CRB650、CRB800、CRB800H 为预应力混凝土用钢筋，CRB680H 既可作为普通钢筋混凝土用钢筋，也可作为预应力混凝土用钢筋使用。

5 尺寸、外形、重量及允许偏差

5.1 公称直径范围

CRB550、CRB600H、CRB680H 钢筋的公称直径范围为 4 mm～12 mm。CRB650、CRB800、CRB800H 公称直径为 4 mm、5 mm、6 mm。

5.2 外形

5.2.1 钢筋表面横肋应符合 5.2.1.1～5.2.1.6 的规定。

5.2.1.1 二面肋和三面肋钢筋横肋呈月牙形，四面肋横肋的纵截面应为月牙状并且不应与横肋相交。

5.2.1.2 横肋沿钢筋横截面周圈上均匀分布，其中二面肋钢筋一面肋的倾角应与另一面反向，三面肋钢筋有一面肋的倾角应与另两面反向。四面肋钢筋两相邻面横肋的倾角应与另两面横肋方向相反。

5.2.1.3 二面肋和三面肋钢筋横肋中心线和钢筋纵轴线夹角 β 为 40°～60°。四面肋钢筋横肋轴线与钢筋轴线的夹角应为 40°～70°，对于两排肋之间的角度可以为 35°～75°。

5.2.1.4 二面肋和三面肋钢筋横肋两侧面和钢筋表面斜角 α 不得小于 45°，四面肋钢筋横肋两侧面和钢筋表面斜角 α 不得小于 40°，横肋与钢筋表面呈弧形相交。

5.2.1.5 二面肋和三面肋钢筋横肋间隙的总和应不大于公称周长的 20%($\sum f_i \leqslant 0.2\ \pi d$)，四面肋钢筋横肋间隙的总和应不大于公称周长的 25%($\sum f_i \leqslant 0.25\ \pi d$)。

5.2.1.6 相对肋面积 f_r 按式(1)确定：

$$f_r = \frac{K \times F_R \times \sin\beta}{\pi \times d \times l} \quad \cdots\cdots (1)$$

式中：

K＝2、3 或 4(二面肋、三面肋或四面肋)；

F_R ——一个肋的纵向截面积，单位为平方毫米(mm^2)；

β ——横肋与钢筋轴线的夹角，单位为度(°)；

d ——钢筋公称直径，单位为毫米(mm)；

l ——横肋间距，单位为毫米(mm)。

已知钢筋的几何参数，相对肋面积也可用下面的近似式(2)计算：

$$f_r = \frac{(d \times \pi - \sum f_i) \times (h + 4h_{1/4})}{6 \times \pi \times d \times l} \quad \cdots\cdots (2)$$

式中：

$\sum f_i$ ——钢筋周圈上各排横肋间隙之和，单位为毫米(mm)；

h ——横肋中点高，单位为毫米(mm)；

$h_{1/4}$ ——横肋长度四分之一处高，单位为毫米(mm)。

5.2.2 二面肋钢筋的外形应符合图1和5.2.1的规定。

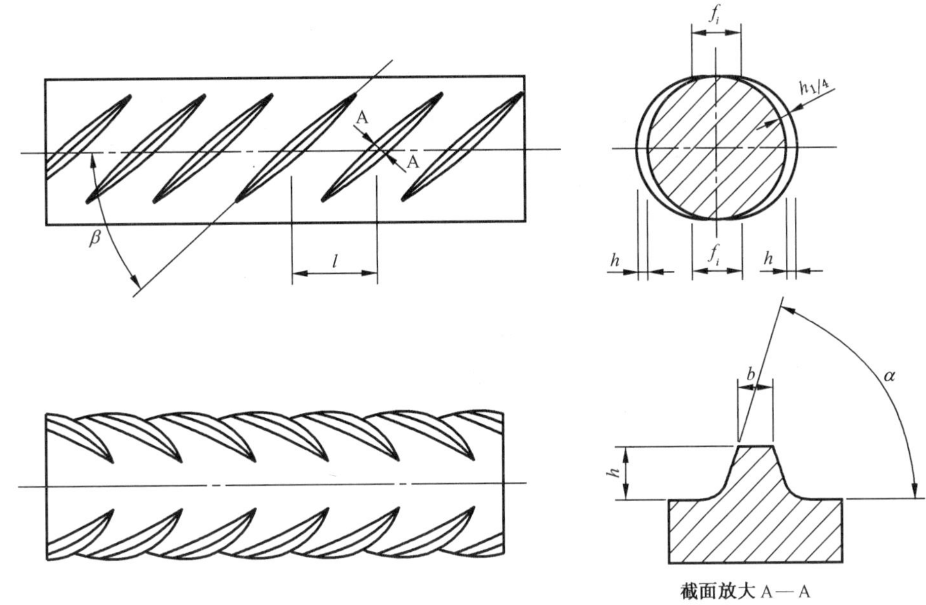

说明：

α ——横肋斜角；

β ——横肋与钢筋轴线夹角；

h ——横肋中点高度；

l ——横肋间距；

b ——横肋顶宽；

f_i ——横肋间隙。

图1 二面肋钢筋表面及截面形状

5.2.3 三面肋钢筋的外形应符合图2和5.2.1的规定。

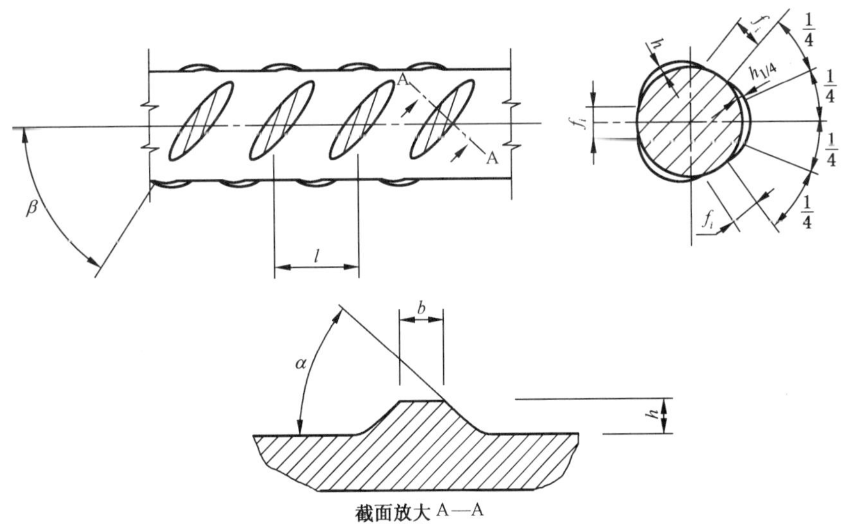

说明：

α ——横肋斜角；

β ——横肋与钢筋轴线夹角；

h ——横肋中点高度；

l ——横肋间距；

b ——横肋顶宽；

f_i ——横肋间隙。

图2 三面肋钢筋表面及截面形状

5.2.4 四面肋钢筋的外形应符合图 3 和 5.2.1 的规定。

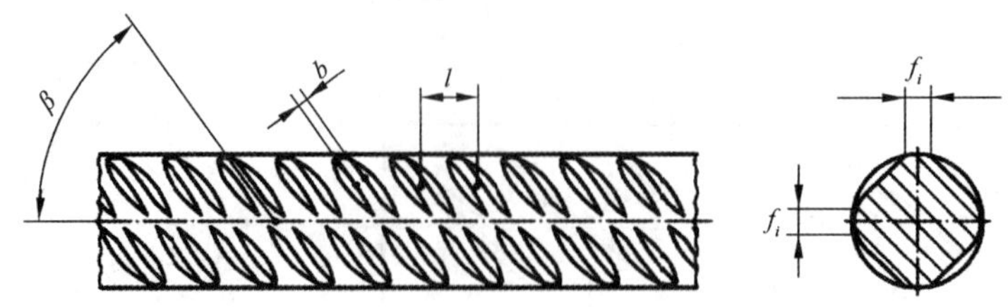

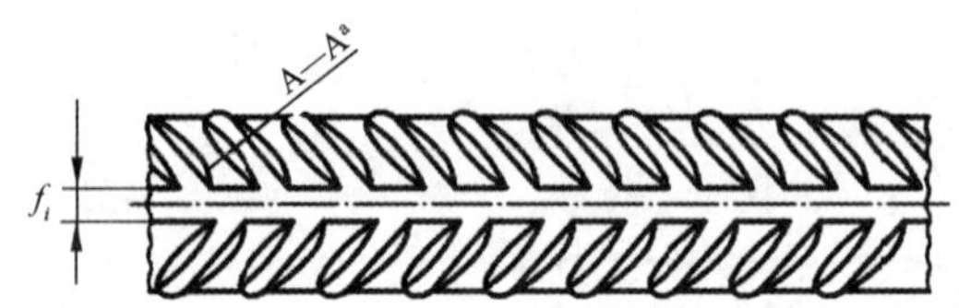

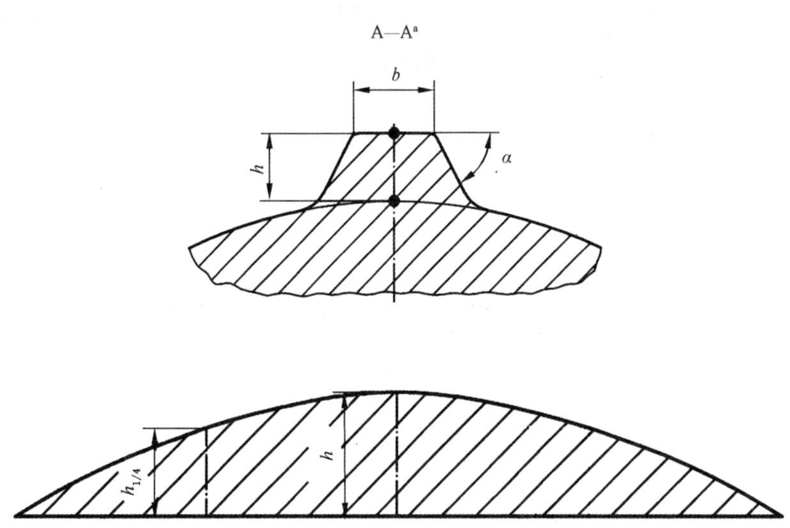

说明：

α ——横肋斜角；

β ——横肋与钢筋轴线夹角；

h ——横肋中点高度；

l ——横肋间距；

b ——横肋顶宽；

f_i——横肋间隙。

图 3 四面肋钢筋表面及截面形状

5.3 尺寸、重量及允许偏差

二面肋和三面肋钢筋的尺寸、重量及允许偏差应符合表 1 的规定。

四面肋钢筋的尺寸、重量及允许偏差应符合表 2 的规定。

表 1　二面肋和三面肋钢筋的尺寸、重量及允许偏差

公称直径 d mm	公称横截面积 mm²	重量		横肋中点高		横肋 1/4 处高 $h_{1/4}$ mm	横肋顶宽 b mm	横肋间距		相对肋面积 f_r 不小于
		理论重量 kg/m	允许偏差 %	h mm	允许偏差 mm			l mm	允许偏差 %	
4	12.6	0.099	±4	0.30	+0.10 −0.05	0.24	0.2d	4.0	±15	0.036
4.5	15.9	0.125		0.32		0.26		4.0		0.039
5	19.6	0.154		0.32		0.26		4.0		0.039
5.5	23.7	0.186		0.40		0.32		5.0		0.039
6	28.3	0.222		0.40		0.32		5.0		0.039
6.5	33.2	0.261		0.46		0.37		5.0		0.045
7	38.5	0.302		0.46		0.37		5.0		0.045
7.5	44.2	0.347		0.55		0.44		6.0		0.045
8	50.3	0.395		0.55		0.44		6.0		0.045
8.5	56.7	0.445		0.55	±0.10	0.44		7.0		0.045
9	63.6	0.499		0.75		0.60		7.0		0.052
9.5	70.8	0.556		0.75		0.60		7.0		0.052
10	78.5	0.617		0.75		0.60		7.0		0.052
10.5	86.5	0.679		0.75		0.60		7.4		0.052
11	95.0	0.746		0.85		0.68		7.4		0.056
11.5	103.8	0.815		0.95		0.76		8.4		0.056
12	113.1	0.888		0.95		0.76		8.4		0.056

注 1：横肋 $l/4$ 处高、横肋顶宽供孔型设计用。

注 2：二面肋钢筋允许有高度不大于 $0.5h$ 的纵肋。

表 2　四面肋钢筋的尺寸、重量及允许偏差

公称直径 d mm	公称横截面积 mm²	重量		横肋中点高		横肋 1/4 处高 $h_{1/4}$ mm	横肋顶宽 b mm	横肋间距		相对肋面积 f_r 不小于
		理论重量 kg/m	允许偏差 %	h mm	允许偏差 mm			l mm	允许偏差 %	
6.0	28.3	0.222	±4	0.39	+0.10 −0.05	0.28	0.2d	5.0	±15	0.039
7.0	38.5	0.302		0.45		0.32		5.3		0.045
8.0	50.3	0.395		0.52		0.36		5.7		0.045
9.0	63.6	0.499		0.59	±0.10	0.41		6.1		0.052
10.0	78.5	0.617		0.65		0.45		6.5		0.052
11.0	95.0	0.746		0.72		0.50		6.8		0.056
12.0	113	0.888		0.78		0.54		7.2		0.056

注：横肋 $l/4$ 处高、横肋顶宽供孔型设计用。

5.4　长度

钢筋通常按盘卷交货，经供需双方协商也可按定尺长度交货。钢筋按定尺交货时，其长度及允许偏差按供需双方协商确定。

5.5 弯曲度

直条钢筋的每米弯曲度不大于 4 mm,总弯曲度不大于钢筋全长的 0.4%。

5.6 重量

5.6.1 盘卷钢筋的重量不小于 100 kg。每盘应由一根钢筋组成,CRB650、CRB680H、CRB800、CRB800H 作为预应力混凝土用钢筋使用时,不得有焊接接头。

5.6.2 直条钢筋按同一牌号、同一规格、同一长度成捆交货,捆重由供需双方协商确定。

6 技术要求

6.1 原料

制造钢筋的原料宜符合 GB/T 28899 的规定,也可采用按其他标准生产的盘条。

6.2 交货状态

钢筋按冷加工状态交货。允许冷轧后进行低温回火处理。

6.3 力学性能和工艺性能

6.3.1 钢筋的力学性能和工艺性能应符合表 3 的规定。当进行弯曲试验时,受弯曲部位表面不得产生裂纹。反复弯曲试验的弯曲半径应符合表 4 的规定。

表 3 力学性能和工艺性能

<table>
<tr><th rowspan="2">分类</th><th rowspan="2">牌号</th><th rowspan="2">规定塑性延伸强度 $R_{p0.2}$ MPa 不小于</th><th rowspan="2">抗拉强度 R_m MPa 不小于</th><th rowspan="2">$R_m/R_{p0.2}$ 不小于</th><th colspan="2">断后伸长率 % 不小于</th><th>最大力总延伸率 % 不小于</th><th rowspan="2">弯曲试验[a] 180°</th><th rowspan="2">反复弯曲次数</th><th>应力松弛初始应力应相当于公称抗拉强度的70%</th></tr>
<tr><th>A</th><th>$A_{100\ mm}$</th><th>A_{gt}</th><th>1 000 h,% 不大于</th></tr>
<tr><td rowspan="3">普通钢筋混凝土用</td><td>CRB550</td><td>500</td><td>550</td><td>1.05</td><td>11.0</td><td>—</td><td>2.5</td><td>$D=3d$</td><td>—</td><td>—</td></tr>
<tr><td>CRB600H</td><td>540</td><td>600</td><td>1.05</td><td>14.0</td><td>—</td><td>5.0</td><td>$D=3d$</td><td>—</td><td>—</td></tr>
<tr><td>CRB680H[b]</td><td>600</td><td>680</td><td>1.05</td><td>14.0</td><td>—</td><td>5.0</td><td>$D=3d$</td><td>4</td><td>5</td></tr>
<tr><td rowspan="3">预应力混凝土用</td><td>CRB650</td><td>585</td><td>650</td><td>1.05</td><td>—</td><td>4.0</td><td>2.5</td><td>—</td><td>3</td><td>8</td></tr>
<tr><td>CRB800</td><td>720</td><td>800</td><td>1.05</td><td>—</td><td>4.0</td><td>2.5</td><td>—</td><td>3</td><td>8</td></tr>
<tr><td>CRB800H</td><td>720</td><td>800</td><td>1.05</td><td>—</td><td>7.0</td><td>4.0</td><td>—</td><td>4</td><td>5</td></tr>
<tr><td colspan="11">[a] D 为弯心直径,d 为钢筋公称直径。
[b] 当该牌号钢筋作为普通钢筋混凝土用钢筋使用时,对反复弯曲和应力松弛不做要求;当该牌号钢筋作为预应力混凝土用钢筋使用时应进行反复弯曲试验代替 180°弯曲试验,并检测松弛率。</td></tr>
</table>

表4 反复弯曲试验的弯曲半径

单位为毫米

钢筋公称直径	4	5	6
弯曲半径	10	15	15

6.3.2 经供需双方协议，钢筋可用最大力总延伸率代替断后伸长率。

6.3.3 供方在保证1 000 h松弛率合格基础上，允许使用推算法确定1 000 h松弛。

6.4 表面质量

6.4.1 钢筋表面不得有裂纹、折叠、结疤、油污及其他影响使用的缺陷。

6.4.2 钢筋表面可有浮锈，但不得有锈皮及目视可见的麻坑等腐蚀现象。

7 试验方法

7.1 检验项目

钢筋出厂检验的检验项目、取样数量、取样方法、试验方法应符合表5的规定。

表5 钢筋的试验项目、取样方法及试验方法

<table>
<tr><th>序号</th><th>检验项目</th><th>取样数量</th><th>取样方法</th><th>试验方法</th></tr>
<tr><td>1</td><td>拉伸试验</td><td>每盘1个</td><td rowspan="4">在每(任)盘中
随机切取</td><td>GB/T 21839
GB/T 28900</td></tr>
<tr><td>2</td><td>弯曲试验</td><td>每批2个</td><td>GB/T 28900</td></tr>
<tr><td>3</td><td>反复弯曲试验</td><td>每批2个</td><td>GB/T 21839</td></tr>
<tr><td>4</td><td>应力松弛试验</td><td>定期1个</td><td>GB/T 21839
7.3</td></tr>
<tr><td>5</td><td>尺寸</td><td>逐盘或逐根</td><td>—</td><td>7.4</td></tr>
<tr><td>6</td><td>表面</td><td>逐盘或逐根</td><td>—</td><td>目视</td></tr>
<tr><td>7</td><td>重量偏差</td><td colspan="3">7.5</td></tr>
</table>

7.2 力学性能

计算钢筋强度采用表1和表2所列公称横截面积。

7.3 应力松弛试验

7.3.1 试验期间试样的环境温度应保持在20 ℃±2 ℃。

7.3.2 试样可进行机械矫直，但不得进行任何热处理和其他冷加工。

7.3.3 加在试样上的初始试验力为试样公称抗拉强度的70%乘以试样公称横截面积。

7.3.4 加荷速度为200 MPa/min±50 MPa/min，初始负荷应在3 min～5 min加荷完毕，持荷2 min后开始记录松弛值。

7.3.5 试样长度不小于公称直径的60倍。

7.3.6 允许用至少120 h的测试数据推算1 000 h的松弛率值。

7.4 尺寸测量

7.4.1 横肋高度的测量采用测量同一截面每列横肋高度取其平均值；横肋间距采用测量平均间距的方法，即测取同一列横肋第 1 个与第 11 个横肋的中心距离除以 10，即为横肋间距的平均值。

7.4.2 尺寸测量精度精确到 0.02 mm。

7.5 重量偏差的测量

测量钢筋重量偏差时，试样长度应不小于 500 mm。长度测量精确到 1 mm，重量测定应精确到 1 g。钢筋重量偏差(%)按式(3)计算：

$$重量偏差=\frac{试样实际重量-(试样长度\times理论重量)}{试样长度\times理论重量}\times100\% \quad \cdots\cdots(3)$$

7.6 数值修约

检验结果的数值修约与判定应符合 YB/T 081 的规定。

8 检验规则

8.1 检查和验收

钢筋的检查和验收由供方质量监督部门进行。需方有权进行检验。

8.2 组批规则

钢筋应按批进行检查和验收，每批应由同一牌号、同一外形、同一规格、同一生产工艺和同一交货状态的钢筋组成，每批不大于 60 t。

8.3 取样数量

钢筋检验的取样数量应符合表 5 的规定。

8.4 复验与判定规则

钢筋的复验与判定规则应符合 GB/T 17505 的规定。

9 包装、标志和质量证明书

9.1 每盘(捆)钢筋应均匀捆扎不少于 3 道，端头应弯入盘内。

9.2 钢筋应轧上明显的钢筋牌号标志，标志间距为横肋间距的两倍，标志间距内的一条横肋取消，如图 4所示；高延性冷轧带肋钢筋还应在第三个标志间距内增加一条短横肋，如图 5 所示；钢筋还可轧上厂名或厂标。

9.3 每盘(捆)钢筋应挂有不少于两个标牌，注明生产厂、生产日期、钢筋牌号和规格。

9.4 钢筋的包装、标志和质量证明书除上述规定外，应符合 GB/T 2101 或 GB/T 2103 中的有关规定。

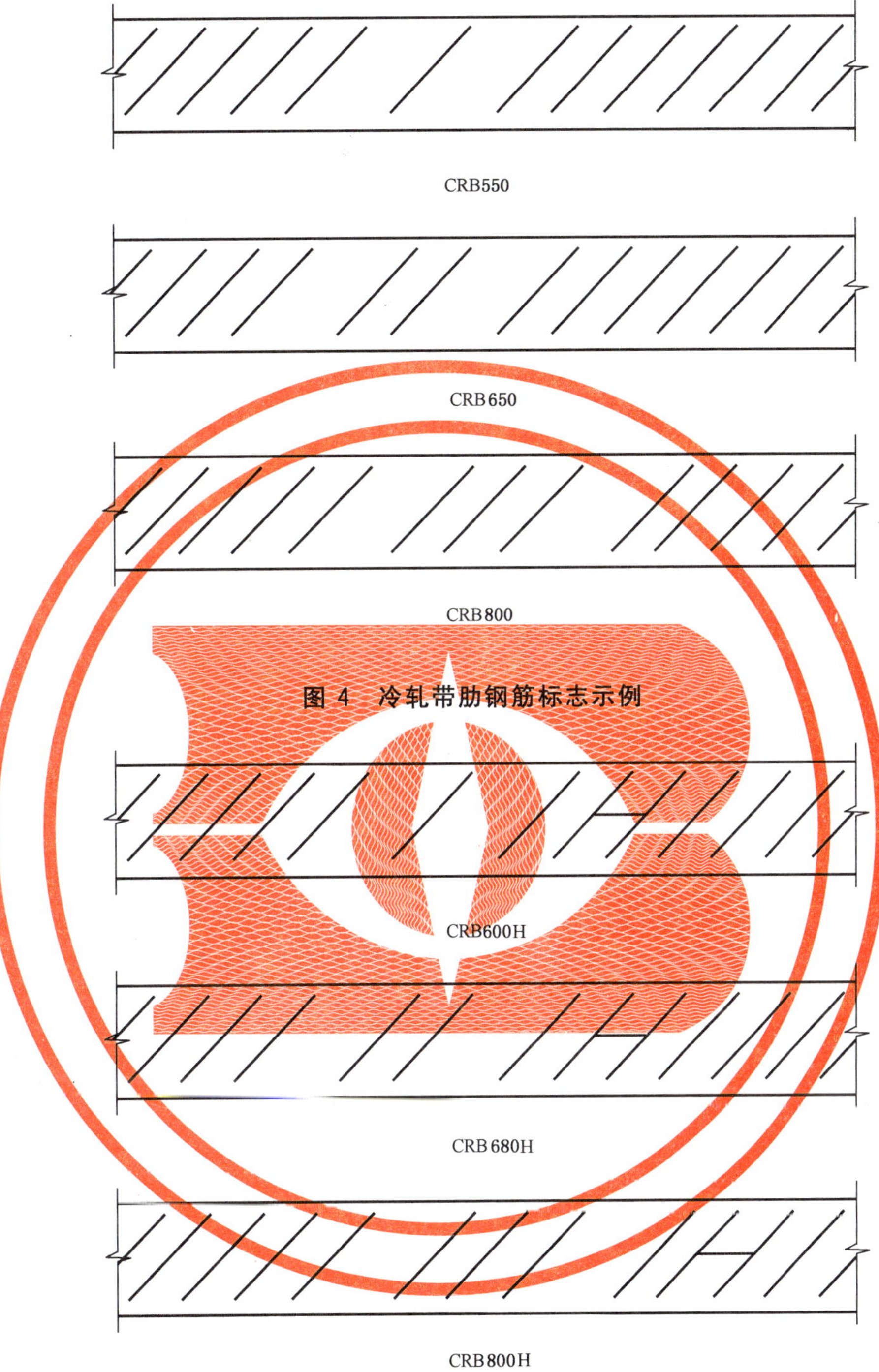

图 4　冷轧带肋钢筋标志示例

图 5　高延性冷轧带肋钢筋标志示例

ICS 71.140.70
H 44

中华人民共和国黑色冶金行业标准

YB/T 5055—2014
代替 YB/T 5055—1993

起 重 机 用 钢 轨

Crane rails

2014-10-14 发布　　2015-04-01 实施

中华人民共和国工业和信息化部　发 布

前　言

本标准按照 GB/T 1.1—2009 给出的规则起草。

本标准代替 YB/T 5055—1993《起重机钢轨》，与 YB/T 5055—1993 相比，主要变化如下：

——增加了“范围”；

——增加了“规范性引用文件”；

——增加了“订货内容”；

——修改了交货重量的有关规定；

——修改了制造方法的有关规定；

——增加了牌号；

——修改了标志的规定；

——增加了钢轨的尺寸检验样板示意图；

——增加了低倍检验的有关规定。

本标准由中国钢铁工业协会提出。

本标准由全国钢标准化技术委员会(SAC/TC 183)归口。

本标准起草单位：鞍钢股份有限公司、河北永洋特钢集团有限公司、河北津西钢铁集团股份有限公司、冶金工业信息标准研究院。

本标准主要起草人：郭秀丽、王永红、王伟、王玉婕、王彬、赵一臣、赤荣、刘宝石。

本标准历次版本发布情况为：

——YB/T 5055—1993。

起 重 机 用 钢 轨

1 范围

本标准规定了起重机用钢轨的订货内容、尺寸、外形、重量及允许偏差、技术要求、试验方法、检验规则、标志和质量证明书等。

本标准适用于起重机大车及小车轨道用QU70～QU120钢轨。

2 规范性引用文件

下列文件对于本文件的应用是必不可少的。凡是注日期的引用文件，仅注日期的版本适用于本文件。凡是不注日期的引用文件，其最新版本(包括所有的修改单)适用于本文件。

GB/T 222—2006 钢的成品化学成分允许偏差

GB/T 223.11 钢铁及合金 铬含量的测定 可视滴定或电位滴定法

GB/T 223.12 钢铁及合金化学分析方法 碳酸钠分离-二苯碳酰二肼光度法测定铬量

GB/T 223.14 钢铁及其合金化学分析方法 钽试剂萃取光度法测定钒量

GB/T 223.18 钢铁及合金化学分析方法 硫代硫酸钠分离-碘量法测定铜量

GB/T 223.19 钢铁及合金化学分析方法 新亚铜灵-三氯甲烷萃取光度法测定铜量

GB/T 223.23 钢铁及合金 镍含量的测定 丁二酮肟分光光度法

GB/T 223.36 钢铁及合金化学分析方法 蒸馏分离-中和滴定法测定氮量

GB/T 223.37 钢铁及合金化学分析方法 蒸馏分离-靛酚蓝光度法测定氮量

GB/T 223.53 钢铁及合金化学分析方法 火焰原子吸收分光光度法测定铜量

GB/T 223.54 钢铁及合金化学分析方法 火焰原子吸收分光光度法测定镍量

GB/T 223.58 钢铁及合金化学分析方法 亚砷酸钠-亚硝酸钠滴定法测定锰量

GB/T 223.59 钢铁及合金 磷含量的测定 铋磷钼蓝分光光度法和锑磷钼蓝分光光度法

GB/T 223.60 钢铁及合金化学分析方法 高氯酸脱水重量法测定硅含量

GB/T 223.61 钢铁及合金化学分析方法 磷钼酸铵容量法测定磷量

GB/T 223.62 钢铁及合金化学分析方法 乙酸丁酯萃取光度法测定磷量

GB/T 223.63 钢铁及其合金化学分析方法 高碘酸钠(钾)光度法测定锰量

GB/T 223.64 钢铁及合金 锰含量的测定 火焰原子吸收光谱法

GB/T 223.67 钢铁及合金 硫含量的测定 次甲基蓝分光光度法

GB/T 223.68 钢铁及合金化学分析方法 管式炉内燃烧后碘酸钾滴定法测定硫含量

GB/T 223.69 钢铁及合金 碳含量的测定 管式炉内燃烧后气体容量法

GB/T 223.71 钢铁及合金化学分析方法 管式炉内燃烧后重量法测定碳含量

GB/T 223.72 钢铁及合金 硫含量的测定 重量法

GB/T 223.79 钢铁 多元素含量的测定 X-射线荧光光谱法

GB/T 223.82 钢铁 氢含量的测定 惰气脉冲熔融热导法

GB/T 223.85 钢铁及合金 硫含量的测定 感应炉燃烧后红外吸收法

GB/T 223.86 钢铁及合金 总碳含量的测定 感应炉燃烧后红外吸收法

GB/T 226 钢的低倍组织及缺陷酸蚀检验法

GB/T 228.1 金属材料 拉伸试验 第1部分：室温试验方法

GB/T 2101 型钢验收、包装、标志及质量证明书的一般规定

GB/T 4336　碳素钢和中低合金钢　火花源原子发射光谱分析方法(常规法)
GB/T 20066　钢和铁　化学成分测定用试样的取样和制样方法
GB/T 20123　钢铁　总碳硫含量的测定　高频感应炉燃烧后红外吸收法(常规方法)
TB/T 2344—2012　43 kg/m～75 kg/m 钢轨订货技术条件
YB/T 081　冶金技术标准的数值修约与检测数据的判定

3　订货内容

按本标准订货的合同或订单应包括下列内容：

a)　本标准编号；
b)　产品名称；
c)　型号；
d)　牌号；
e)　数量，长度(定尺、非定尺)；
f)　特殊要求。

4　尺寸、外形、重量及允许偏差

4.1　尺寸及允许偏差

4.1.1　钢轨的断面型式尺寸应符合附录 A 的规定。

4.1.2　钢轨的定尺长度为 9 m、9.5 m、10 m、10.5 m、11 m、11.5 m、12 m、12.5 m，短尺轨长度为6 m～8.9 m(按 100 mm 进级)。

4.1.3　短尺轨的搭配数量由供需双方协商并在合同中注明，但不应大于一批订货总重量的 10%。

4.1.4　钢轨尺寸允许偏差应符合表 1 规定。

表 1　钢轨尺寸允许偏差

单位为毫米

型　号	项　目	允许偏差	样板图号[a]
QU70 QU80 QU100 QU120	钢轨高度(*H*)	±0.8[b]	图 B.3
	轨头宽度(*WH*)	±1.0	图 B.4
	断面不对称(*As*)	±2.0	图 B.5
	轨腰厚度(*WT*)	±1.0	图 B.6
	轨底宽度(*WF*)	+1.0 −2.0	图 B.7
	轨底凹入或凸出	≤0.4	—
	端面斜度(垂直、水平方向)	≤2.0	—
	钢轨长度(*L*)[c]	±10	—

[a] 钢轨几何尺寸检验样板图见附录 B。
[b] 钢轨经矫直后，矫直部分钢轨高度负偏差允许比规定值增加 0.3 mm。
[c] 环境温度 20 ℃时。

4.2 平直度和扭转允许偏差

钢轨平直度和扭转允许偏差应符合表2规定。

表2 钢轨平直度[a] 和扭转允许偏差

部 位	项 目		允许偏差
轨端0～1 m部位	平直度	垂直方向	≤1 mm/1 m
		水平方向	
钢轨全长	平直度	垂直方向	≤6 mm
		水平方向	≤1.5 mm/1 m[b] ≤8 mm
	扭转		≤全长的1/10 000

[a] QU120钢轨因受矫直设备能力限制，其平直度也可由供需双方协商。

[b] 测量部位为去除轨端0～1 m的轨身部位。

4.3 交货重量

钢轨一般按理论重量交货。经供需双方协商，并在合同中注明，也可按实际重量交货。钢的密度按7.85 g/cm^3 计算。钢轨的理论重量及计算数据见表3。

表3 钢轨的理论重量及计算数据

型号	横断面积 cm^2	理论重量 kg/m	重心距轨底距离 cm	重心距轨头距离 cm	对水平轴线的惯性力矩 cm^4	对垂直轴线的惯性力矩 cm^4	下部断面系数 cm^3	上部断面系数 cm^3	底侧边断面系数 cm^3
QU70	67.22	52.77	5.93	6.07	1 083.25	319.67	182.80	178.34	53.28
QU80	82.05	64.41	6.49	6.51	1 530.12	472.14	235.95	234.86	72.64
QU100	113.44	89.05	7.63	7.37	2 806.11	919.70	367.87	380.64	122.63
QU120	150.95	118.50	8.70	8.30	4 796.71	1 677.34	551.41	577.85	197.33

5 技术要求

5.1 制造方法

5.1.1 钢轨钢应采用碱性氧气转炉或电弧炉冶炼，并经炉外精炼。

5.1.2 钢轨应采用连铸坯制造。

5.1.3 钢轨应采用能满足产品性能要求的压缩比。

5.1.4 为保证不产生白点，应进行钢水真空脱气或钢坯、钢轨缓冷处理。

5.1.5 钢轨在轧制过程中应采用高压喷射除鳞，以有效去除氧化铁皮。

5.1.6 钢轨应采用二段辊式矫直机对其断面的水平轴和垂直轴方向分别进行矫直，只允许辊矫一次。端头或局部不平直可以用压力机补充矫直。

5.2 牌号和化学成分

5.2.1 钢的牌号和化学成分（熔炼分析）应符合表4的规定。

表 4　牌号和化学成分(熔炼分析)

牌号	化学成分(质量分数)/%						
	C	Si	Mn	Cr	V	P	S
U71Mn	0.65～0.76	0.15～0.58	0.70～1.40	—	—	≤0.035	≤0.030
U75V	0.71～0.80	0.50～0.80	0.75～1.05	—	0.04～0.12	≤0.035	≤0.030
U78CrV	0.72～0.82	0.50～0.80	0.70～1.05	0.30～0.50	0.04～0.12	≤0.035	≤0.030
U77MnCr	0.72～0.82	0.10～0.50	0.80～1.10	0.25～0.40	—	≤0.035	≤0.025
U76CrRE	0.71～0.81	0.50～0.80	0.80～1.10	0.25～0.35	0.04～0.08	≤0.035	≤0.025

5.2.2　钢水氢含量不应大于0.000 25%。当钢水氢含量大于0.000 25%时,应进行连铸坯缓冷,并检验钢轨的氢含量。钢轨的氢含量不应大于0.000 20%。若供方工艺能保证成品钢轨无白点,可不检验氢含量。

5.2.3　当需方要求对成品化学成分进行验证分析时,与表4规定的成分范围的允许偏差值应符合GB/T 222—2006中表1的规定。

5.3　交货状态

钢轨以热轧状态交货。

5.4　拉伸性能

钢轨的抗拉强度和断后伸长率应符合表5的规定。

表 5　钢轨抗拉强度和断后伸长率

牌　　号	抗拉强度 R_m/MPa	断后伸长率 A/%
U71Mn	≥880	≥9
U75V	≥980	≥9
U78CrV	≥1 080	≥8
U77MnCr	≥980	≥9
U76CrRE	≥1 080	≥9
注:热锯取样检验时,允许断后伸长率比规定值降低1%(绝对值)。		

5.5　低倍

钢轨横断面酸蚀试片的低倍应符合附录C的规定。

5.6　表面质量

5.6.1　钢轨表面不应有裂纹,轨底下表面不应有冷态横向划痕。

5.6.2　在热状态下形成的钢轨磨痕、热刮伤、纵向线纹、折叠、氧化皮压入、轧痕等的最大允许深度为0.8 mm。

5.6.3　在冷状态下形成的钢轨纵向及横向划痕等缺陷最大允许深度为0.6 mm。

5.6.4　钢轨表面缺陷允许修磨,修磨面轮廓应圆滑,且应保证修磨后钢轨的显微组织不受影响。修磨后钢轨的几何尺寸允许偏差应符合表1的规定。

5.6.5　钢轨断面尺寸、平直度不合格,除凸出部位外,不应采用修磨方式处理。

5.6.6　钢轨的热伤和冷伤分别符合5.6.2和5.6.3的规定且对钢轨使用无害时,可不修磨。

5.6.7　钢轨端面边缘上的毛刺应予清除。

6　试验方法

6.1　检验项目、取样数量、取样部位及试验方法

钢轨的检验项目、取样数量、取样部位及试验方法应符合表6规定。

表 6 钢轨的检验项目、取样数量、取样部位及试验方法

序号	检验项目	取样数量/个	取样部位	试验方法
1	化学成分	1/炉	熔炼分析按 GB/T 20066 取样，成品分析在图 1 拉伸试样部位取样	GB/T 223、GB/T 4336、GB/T 20123
2	含氢量	1/炉（每个连浇中第一炉为 2 个）	6.2	6.2，GB/T 223.82
3	拉伸	1/炉	图 1	GB/T 228.1 试样 $d_0=10$ mm；$l_0=5d_0$
4	低倍	1/炉	随机取样 1 个	GB/T 226
5	尺寸	逐 根	轨端 0～300 mm 范围内	样板、量尺
6	外形	逐 根	全 长	量 尺
7	表面	逐 根	全长	目 视

6.2 氢含量

6.2.1 钢水的氢含量按氢在钢中的分压量值确定，用在线浸入式探头系统进行测量。在新中间包浇铸的任何连浇第一炉钢水中至少测取 2 个试样，其余炉中每炉测取 1 个试样。一个连浇中第一炉的第一个试样应在氢含量最高的时候从中间包中测取。钢轨氢含量测定在热锯处随机取样。但对于一个连浇中的第一炉，应从相当于任一铸流第一个钢坯的最后部分切取。试样应在轨头中心制取，见图 2，在定氢仪上测定。试验方法见 GB/T 223.82。

6.2.2 钢水及钢轨氢含量测定也可按供需双方协议的试验方法进行。

单位为毫米

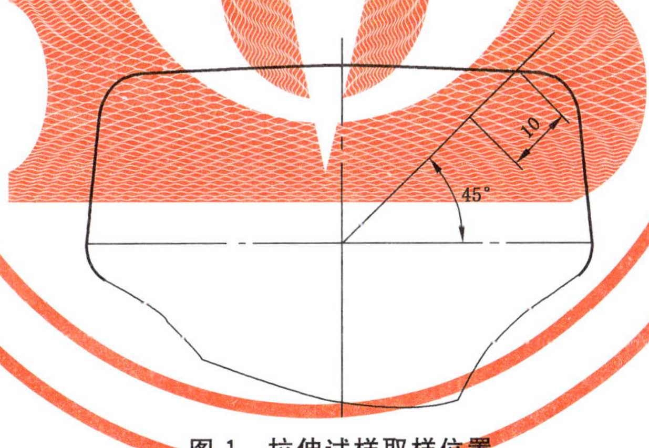

图 1 拉伸试样取样位置

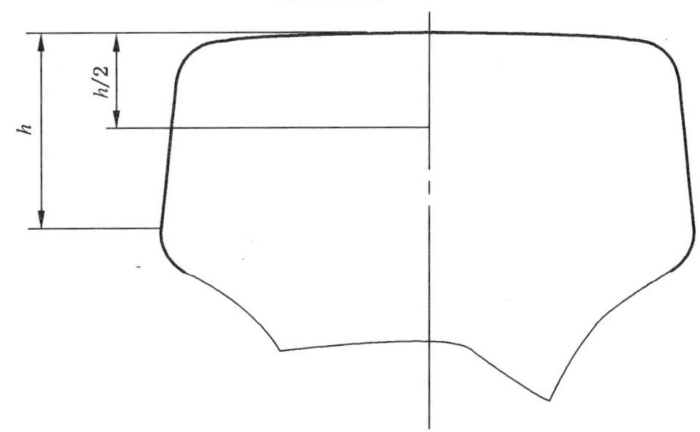

图 2 测定氢含量的试样取样位置

7 检验规则

7.1 组批规则

每批由同一牌号、同一型号、同一炉号的钢轨组成。

7.2 复验与判定

7.2.1 化学成分

化学成分及钢轨成品氢不合格时不允许复验。

7.2.2 拉伸性能

7.2.2.1 当初验结果不合格时，应在同一炉另两支钢轨上各取一个复验试样进行复验。其中一个复验试样应取自与初验试样同一铸流轧制的钢轨，另一个复验试样在其他铸流轧制的钢轨上制取。两个复验试样的检验结果均符合本标准规定时，该炉钢轨应予验收。

7.2.2.2 如果两个复验试样的检验结果均不符合本标准规定，则应取样再验。同一铸流钢轨两次检验结果均不合格时，则该铸流钢轨不得验收。如果一个复验试样检验不合格时，则应对不合格钢轨所在铸流和其他铸流钢轨继续取样检验，直到合格为止。

7.2.3 低倍

7.2.3.1 钢轨白点不允许复验。

7.2.3.2 当低倍初验不符合本标准规定时，应在同一铸流初验取样部位的前后两侧，各取一个试样进行复验。这两个复验试样中，至少有一个取自与初验样同一铸坯的钢轨上，两个复验试样之间的钢轨不得验收。如果两个复验试样的复验结果都符合要求，则该批其余的钢轨可以验收。如果有一个复验试样不合格，可继续取样再验，直至合格为止。

7.2.3.3 当低倍缺陷难以辨认时，可在更高的放大倍率下作进一步检查。

7.3 修约规则

数值修约应符合 YB/T 081 的规定。

8 包装、标志和质量证明书

8.1 标志

8.1.1 在每根钢轨一侧的轨腰上，每 4 m 间隔内应轧制出下列清晰、凸起的标志，字符高 20 mm～28 mm，凸起 0.5 mm～1.5 mm：

a) 制造厂标志；

b) 型号；

c) 牌号；

d) 制造年(轧制年份末两位数)、月。

8.1.2 在每根钢轨的轨腰上，距轨端不小于 0.6 m，间隔不大于 6 m，采用热压印机压上清晰的炉号标志。若热打印的炉号标记漏打或错打，则应在轨腰上重新热打印或喷标。

8.1.3 包装和质量证明书应符合 GB/T 2101 的规定。

附　录　A
（规范性附录）
钢轨断面型式尺寸

A.1　QU70、QU80、QU100 和 QU120 钢轨的断面尺寸分别见图 A.1～图 A.4。

单位为毫米

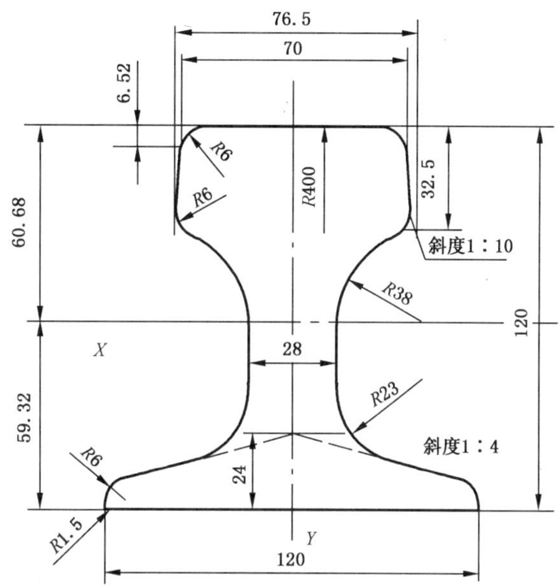

图 A.1　QU70 钢轨断面尺寸

单位为毫米

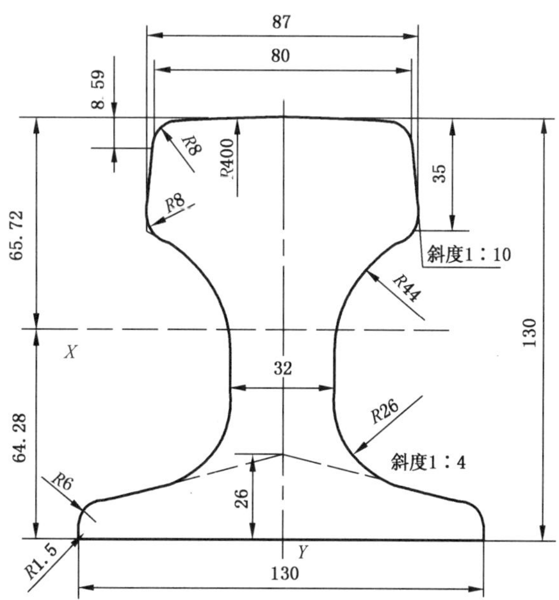

图 A.2　QU80 钢轨断面尺寸

单位为毫米

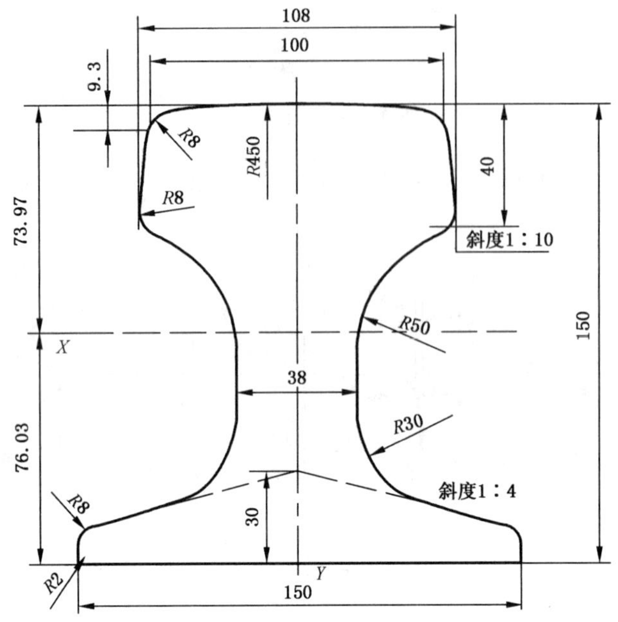

图 A.3 QU100 钢轨断面尺寸

单位为毫米

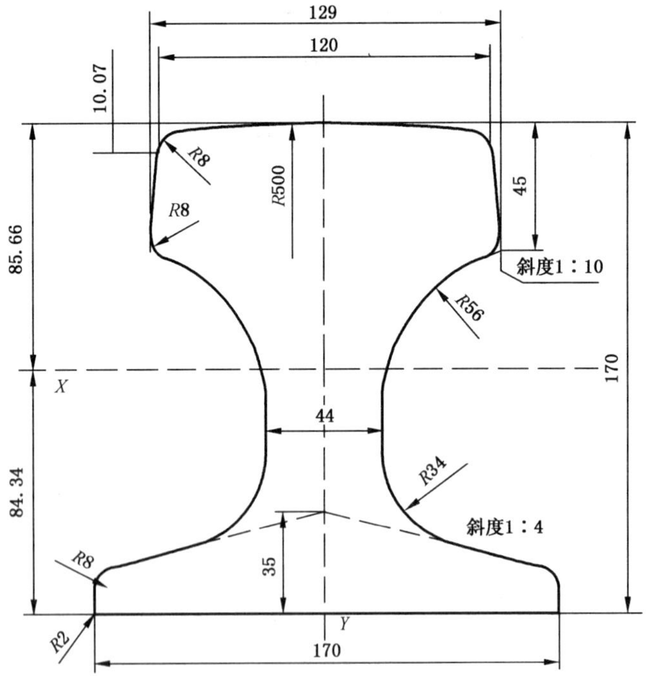

图 A.4 QU120 钢轨断面尺寸

附 录 B
（规范性附录）
钢轨几何尺寸检验样板示意图

B.1 钢轨几何尺寸检查样板参照钢轨几何尺寸公差数据基准点设计。钢轨几何尺寸公差数据基准点见图 B.1，样板判定数据基准见图 B.2。钢轨几何尺寸检验样板示意图见图 B.3～B.7，样板示意图明细见表 B.1。

表 B.1 样板图明细

图　号	样　板
图 B.1	公差数据基准
图 B.2	样板判定数据基准
图 B.3	钢轨高度
图 B.4	轨头宽度
图 B.5	断面不对称
图 B.6	轨腰厚度
图 B.7	轨底宽度

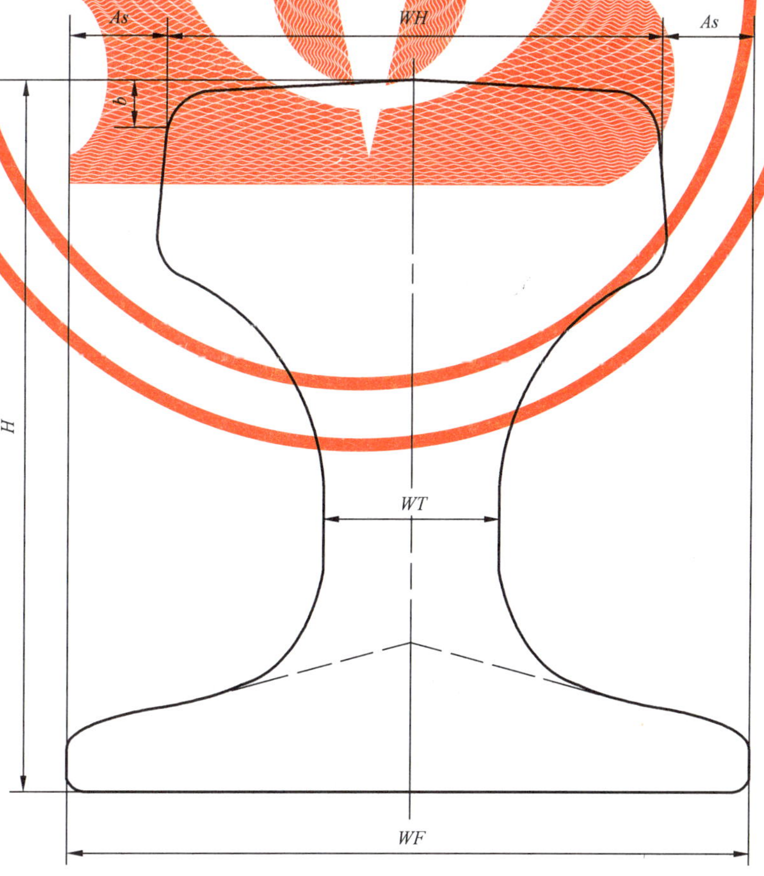

图 B.1 钢轨几何尺寸公差数据基准点

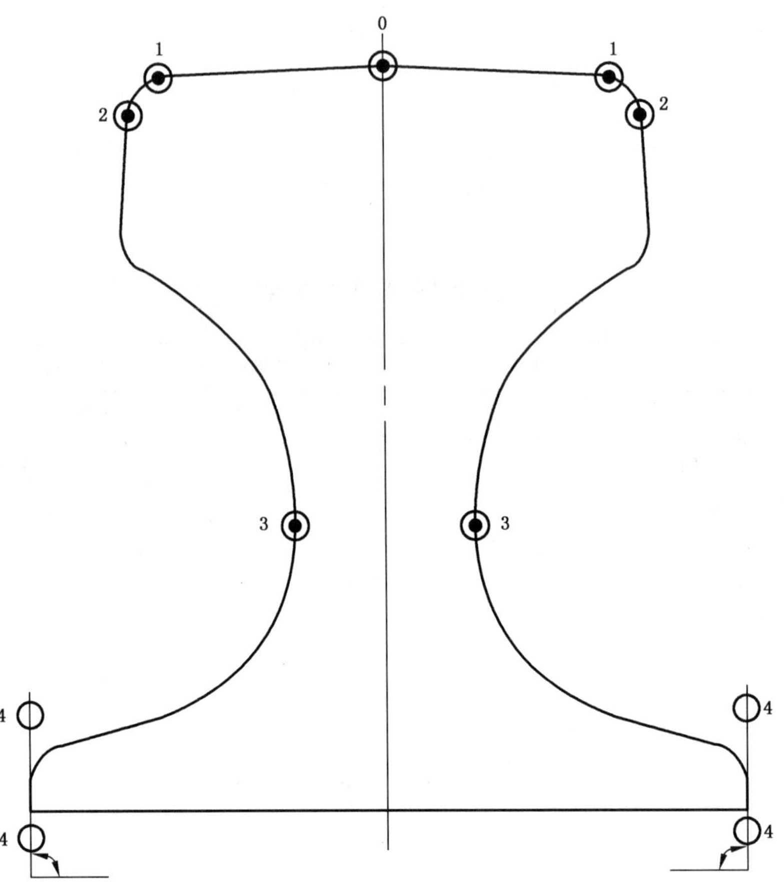

	图号
0——高度,负(不通过),正(通过)	B.3
1——轨头宽度,负(不触及),正(应触及)	B.4
2——钢轨不对称,负(不触及),正(应触及)	B.5
3——轨腰厚度,负(不通过),正(通过)	B.6
4——轨底宽度,负(不通过),正(通过)	B.7

图 B.2　样板判定数据基准

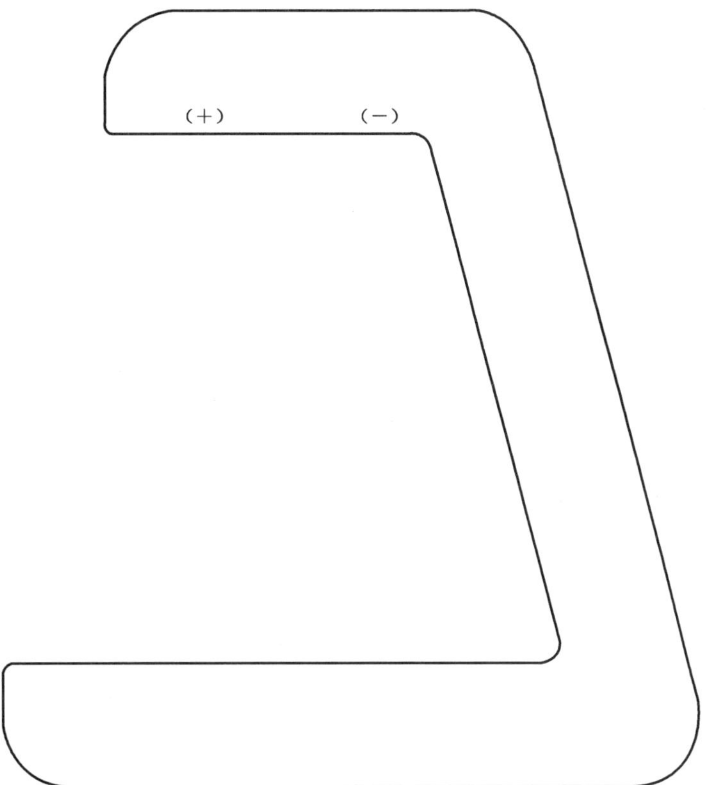

图 B.3 钢轨高度

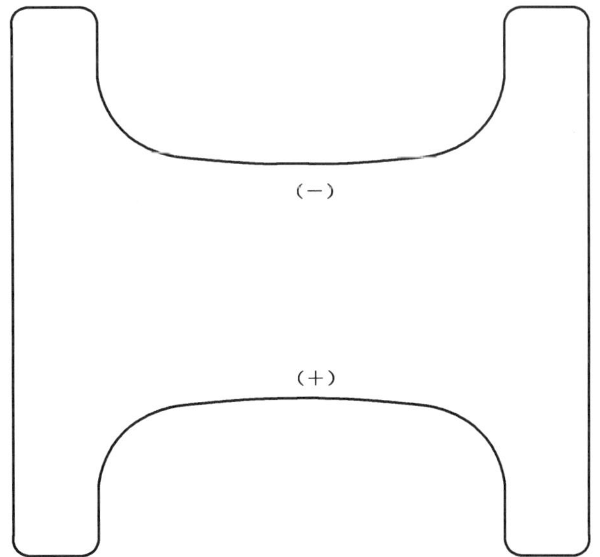

图 B.4 轨头宽度

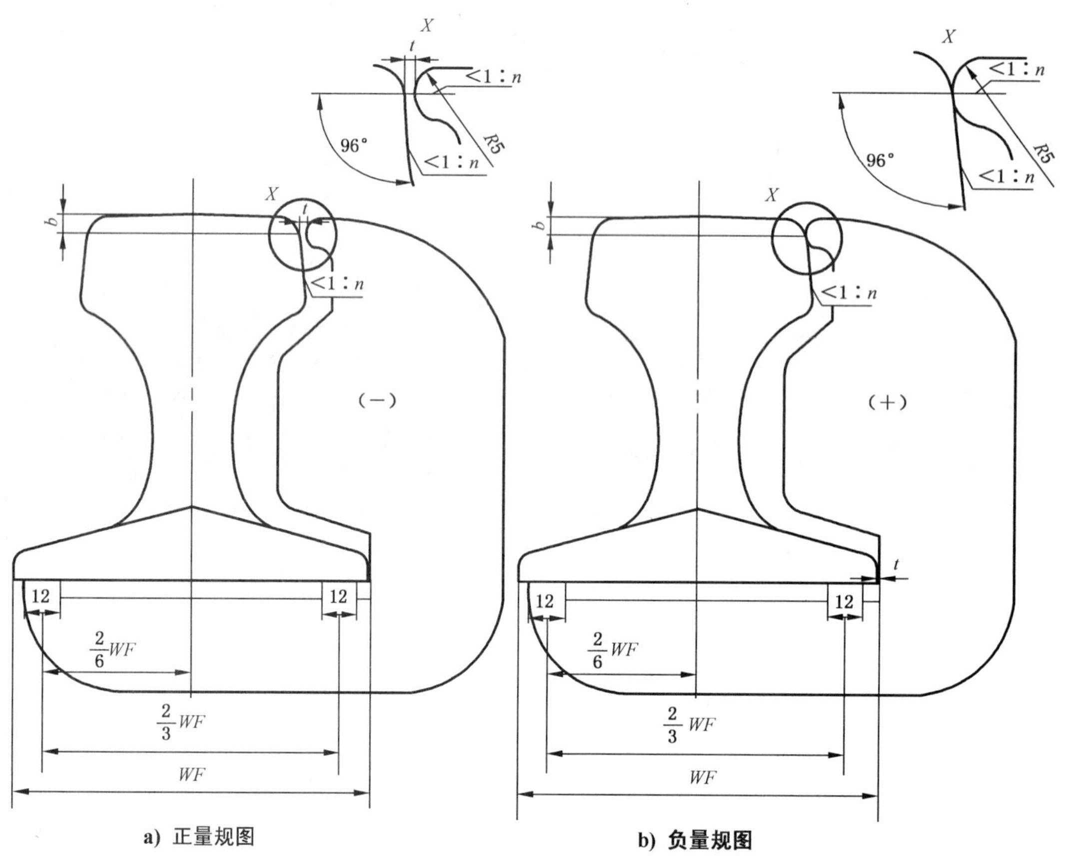

a) 正量规图

b) 负量规图

贴着轨底使用的负量规，从侧面朝着钢轨推进，负量规终止点应不接触轨头；
贴着轨底使用的正量规，从侧面朝着钢轨推进，正量规终止点应与轨头接触。

图 B.5 钢轨断面不对称

表 B.2 钢轨不对称样板 t 值与 b 值

单位为毫米

参数	数值			
	QU70	QU80	QU100	QU120
b	6.52	8.59	9.30	10.07
t	1.5	1.5	1.5	1.5

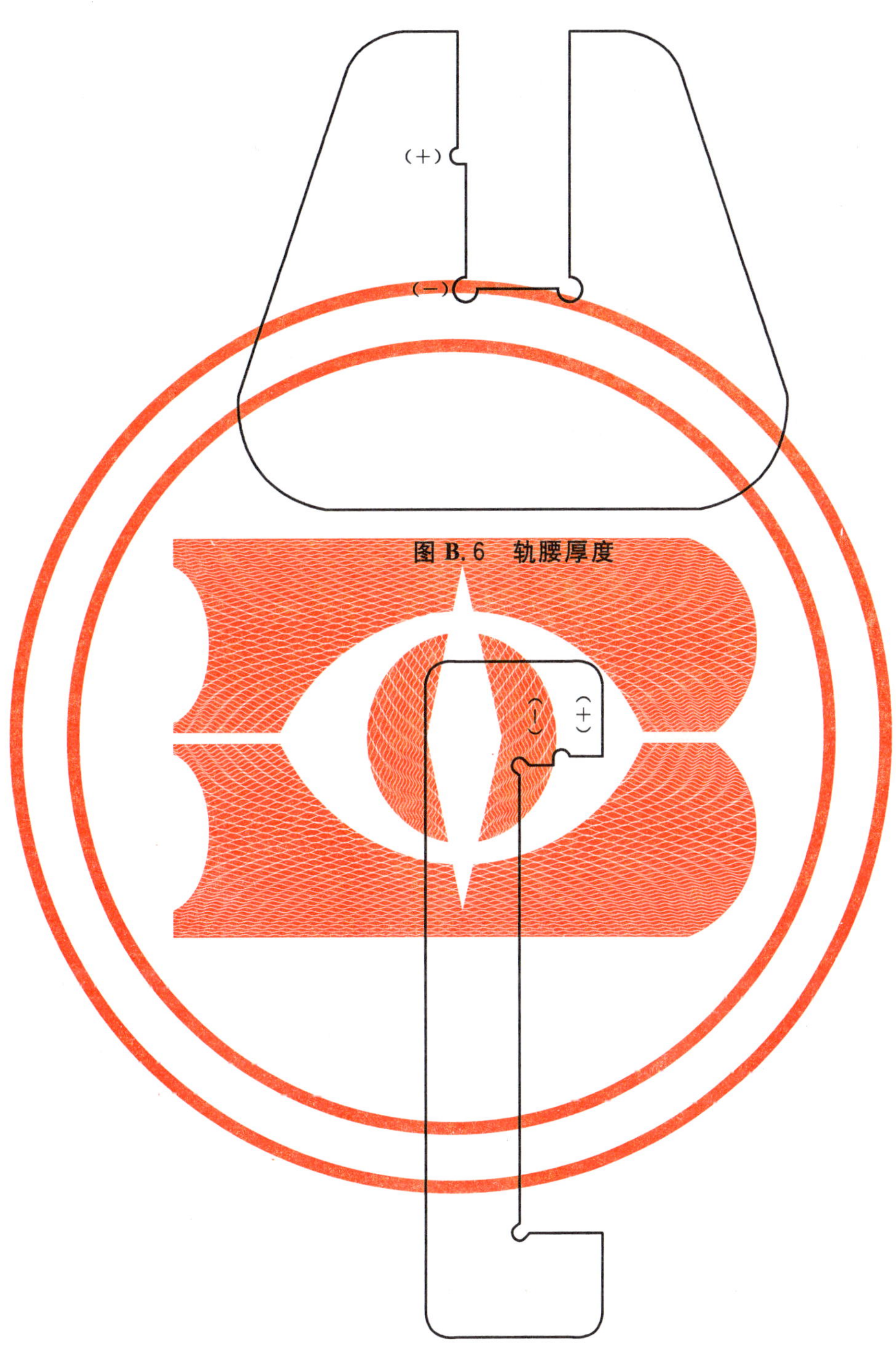

图 B.6　轨腰厚度

图 B.7　轨底宽度

附 录 C
（规范性附录）
钢轨横向酸浸试片上不允许的缺陷

C.1 为了准确评定钢轨横断面上的低倍缺陷，将钢轨横断面定义成轨头、轨腰和轨底三部分，见图 C.1。钢轨低倍不合格条件如下：

a） 白点；

b） 任何尺寸的缩孔；

c） 延伸至轨头或轨底的中心轨腰条纹；

d） 长度超过 64 mm 的条纹；

e） 从轨腰延伸到轨头和轨底的分散分布的中心轨腰条纹；

f） 延伸至轨头或轨底超过 25 mm 的分散分布的偏析；

g） 皮下气孔；

h） 宽度大于 6 mm 并延伸到轨头或轨底内 13 mm 以上的正或负偏析；

i） 由放射状条纹、裂纹、中间裂纹以及转折裂纹发展的在轨头大于 3 mm 的条纹；

j） 引起钢轨早期失效的其他缺陷（如炉渣、耐火材料）。

低倍不合格钢轨的照片参见 TB/T 2344—2012 附录 C。

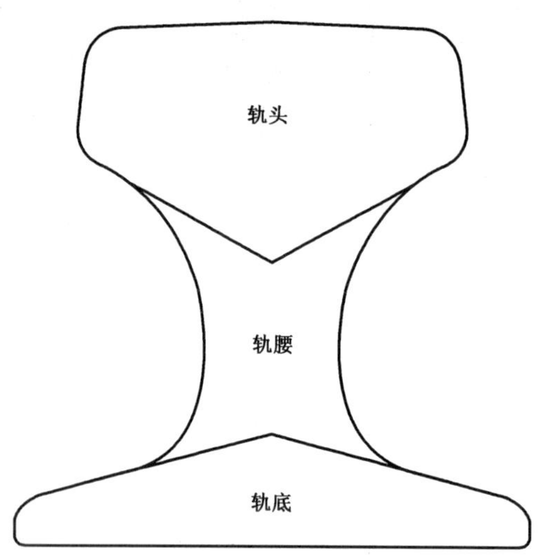

图 C.1 钢轨横断面分区定义

(三) 钢板、钢带

ICS 77.140.50
H 46

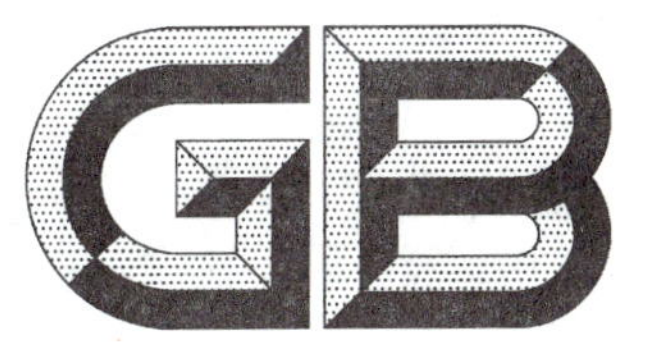

中华人民共和国国家标准

GB/T 708—2006
代替 GB/T 708—1988

冷轧钢板和钢带的尺寸、外形、重量及允许偏差

Dimension, shape, weight and tolerance for cold-rolled steel plates and sheets

(ISO 16162:2000, Continuously cold-rolled steel sheet products—Dimensional and shape tolerances, NEQ)

2006-11-01 发布 2007-02-01 实施

中华人民共和国国家质量监督检验检疫总局
中国国家标准化管理委员会 发布

前　言

本标准与 ISO 16162:2000《冷轧钢板和钢带　尺寸和外形偏差》(英文版)的一致性程度为非等效。

本标准代替 GB/T 708—1988《冷轧钢板和钢带的尺寸、外形、重量及允许偏差》。

本标准与原标准对比，主要修订内容如下：

——适用范围主要为冷轧钢带及其剪切产品，单张冷轧的钢板亦可参照执行；

——对分类和代号重新进行了规定；

——取消了原标准中表1对钢板尺寸的规定，增加了钢板和钢带的推荐公称厚度；

——在厚度允许偏差和不平度中增加了按规定的最小屈服强度分档；

——对厚度允许偏差、宽度允许偏差、长度允许偏差、不平度、切斜和镰刀弯重新进行了规定；

——改变了边缘状态、尺寸精度、不平度的表示方法；

——增加了钢板理论计重的方法。

本标准由中国钢铁工业协会提出。

本标准由全国钢标准化技术委员会归口。

本标准起草单位：冶金工业信息标准研究院、鞍钢新轧钢股份有限公司、湖南华菱涟源钢铁有限公司。

本标准主要起草人：王晓虎、唐一凡、朴志民、周鉴、周屿。

本标准所代替标准的历次版本发布情况为：

GB 708—1965、GB 708—1988。

冷轧钢板和钢带的尺寸、外形、重量及允许偏差

1 范围

本标准规定了冷轧钢板和钢带的尺寸、外形、重量及允许偏差。

本标准适用于轧制宽度不小于600 mm的冷轧宽钢带及其剪切钢板(以下简称钢板)、纵切钢带。单张冷轧钢板亦可参照执行。

2 规范性引用文件

下列文件中的条款通过本标准的引用而成为本标准的条款。凡是注日期的引用文件,其随后所有的修改单(不包括勘误的内容)或修订版均不适用于本标准,然而,鼓励根据本标准达成协议的各方研究是否可使用这些文件的最新版本。凡是不注日期的引用文件,其最新版本适用于本标准。

GB/T 8170 数值修约规则

3 术语和定义

本标准采用下列术语和定义:

3.1

钢带 wide strip

指成卷交货、轧制宽度不小于600 mm的宽钢带。

3.2

钢板 sheet

由宽钢带横切而成。

3.3

纵切钢带 slit wide strip

由钢带纵切而成,并成卷交货。

4 分类和代号

4.1 按边缘状态分为

切边 EC;

不切边 EM。

4.2 按尺寸精度分为

普通厚度精度 PT. A;

较高厚度精度 PT. B;

普通宽度精度 PW. A;

较高宽度精度 PW. B;

普通长度精度 PL. A;

较高长度精度 PL. B。

4.3 按不平度精度分为

普通不平度精度 PF. A;

较高不平度精度　　PF.B。

4.4　产品形态、边缘状态所对应的尺寸精度的分类按表1的规定。

表 1

产品形态	分类及代号								
	边缘状态	厚度精度		宽度精度		长度精度		不平度精度	
		普通	较高	普通	较高	普通	较高	普通	较高
钢带	不切边 EM	PT.A	PT.B	PW.A	—	—	—	—	—
	切边 EC	PT.A	PT.B	PW.A	PW.B	—	—	—	—
钢板	不切边 EM	PT.A	PT.B	PW.A	—	PL.A	PL.B	PF.A	PF.B
	切边 EC	PT.A	PT.B	PW.A	PW.B	PL.A	PL.B	PF.A	PF.B
纵切钢带	切边 EC	PT.A	PT.B	PW.A	—	—	—	—	—

5　尺寸

5.1　钢板和钢带的尺寸范围

钢板和钢带(包括纵切钢带)的公称厚度0.30 mm～4.00 mm。

钢板和钢带的公称宽度600 mm～2 050 mm。

钢板的公称长度1 000 mm～6 000 mm。

5.2　钢板和钢带推荐的公称尺寸

5.2.1　钢板和钢带(包括纵切钢带)的公称厚度在5.1所规定范围内,公称厚度小于1 mm的钢板和钢带按0.05 mm倍数的任何尺寸;公称厚度不小于1 mm的钢板和钢带按0.1 mm倍数的任何尺寸。

5.2.2　钢板和钢带(包括纵切钢带)的公称宽度在5.1所规定范围内,按10 mm倍数的任何尺寸。

5.2.3　钢板的公称长度在5.1所规定范围内,按50 mm倍数的任何尺寸。

5.2.4　根据需方要求,经供需双方协商,可以供应其他尺寸的钢板和钢带。

6　尺寸允许偏差

6.1　厚度允许偏差

6.1.1　规定的最小屈服强度小于280 MPa的钢板和钢带的厚度允许偏差应符合表2的规定。

表 2

单位为毫米

公称厚度	厚度允许偏差[a]					
	普通精度　PT.A			较高精度　PT.B		
	公称宽度			公称宽度		
	≤1 200	>1 200～1 500	>1 500	≤1 200	>1 200～1 500	>1 500
≤0.40	±0.04	±0.05	±0.06	±0.025	±0.035	±0.045
>0.40～0.60	±0.05	±0.06	±0.07	±0.035	±0.045	±0.050
>0.60～0.80	±0.06	±0.07	±0.08	±0.040	±0.050	±0.050
>0.80～1.00	±0.07	±0.08	±0.09	±0.045	±0.060	±0.060
>1.00～1.20	±0.08	±0.09	±0.10	±0.055	±0.070	±0.070
>1.20～1.60	±0.10	±0.11	±0.11	±0.070	±0.080	±0.080
>1.60～2.00	±0.12	±0.13	±0.13	±0.080	±0.090	±0.090

表 2（续） 单位为毫米

公称厚度	厚度允许偏差[a]					
	普通精度 PT. A			较高精度 PT. B		
	公称宽度			公称宽度		
	≤1 200	>1 200~1 500	>1 500	≤1 200	>1 200~1 500	>1 500
>2.00~2.50	±0.14	±0.15	±0.15	±0.100	±0.110	±0.110
>2.50~3.00	±0.16	±0.17	±0.17	±0.110	±0.120	±0.120
>3.00~4.00	±0.17	±0.19	±0.19	±0.140	±0.150	±0.150

a 距钢带焊缝处 15 m 内的厚度允许偏差比表 2 规定值增加 60%；距钢带两端各 15 m 内的厚度允许偏差比表 2 规定值增加 60%。

6.1.2 规定的最小屈服强度为 280 MPa~<360 MPa 的钢板和钢带的厚度允许偏差比表 2 规定值增加 20%；规定的最小屈服强度为不小于 360 MPa 的钢板和钢带的厚度允许偏差比表 2 规定值增加 40%。

6.2 宽度允许偏差

6.2.1 切边钢板、钢带的宽度允许偏差应符合表 3 的规定；不切边钢板、钢带的宽度允许偏差由供需双方商定。

表 3 单位为毫米

公称宽度	宽度允许偏差	
	普通精度 PW. A	较高精度 PW. B
≤1 200	+4 0	+2 0
>1 200~1 500	+5 0	+2 0
>1 500	+6 0	+3 0

6.2.2 纵切钢带的宽度允许偏差应符合表 4 的规定。

表 4 单位为毫米

公称厚度	宽度允许偏差				
	公称宽度				
	≤125	>125~250	>250~400	>400~600	>600
≤0.40	+0.3 0	+0.6 0	+1.0 0	+1.5 0	+2.0 0
>0.40~1.0	+0.5 0	+0.8 0	+1.2 0	+1.5 0	+2.0 0
>1.0~1.8	+0.7 0	+1.0 0	+1.5 0	+2.0 0	+2.5 0
>1.8~4.0	+1.0 0	+1.3 0	+1.7 0	+2.0 0	+2.5 0

6.3 长度允许偏差

钢板的长度允许偏差应符合表 5 的规定。

表 5

单位为毫米

公称长度	长度允许偏差	
	普通精度　PL.A	高级精度　PL.B
≤2 000	+6 0	+3 0
>2 000	+0.3%×公称长度 0	+0.15%×公称长度 0

7　外形

7.1　不平度

7.1.1　钢板的不平度应符合表 6 的规定值。

表 6

单位为毫米

规定的最小屈服强度/MPa	公称宽度	不平度　不大于					
		普通精度　PF.A			较高精度　PF.B		
		公称厚度					
		<0.70	0.70~<1.20	≥1.20	<0.70	0.70~<1.20	≥1.20
<280	≤1 200	12	10	8	5	4	3
	>1 200~1 500	15	12	10	6	5	4
	>1 500	19	17	15	8	7	6
280~<360	≤1 200	15	13	10	8	6	5
	>1 200~1 500	18	15	13	9	8	6
	>1 500	22	20	19	12	10	9

7.1.2　规定的最小屈服强度≥360 MPa 钢板的不平度供需双方协议确定。

7.1.3　对规定最小屈服强度小于 280 MPa 的钢板，按较高级不平度供货时，仲裁情况下另需检验边浪，边浪应符合以下规定：

——当波浪长度不小于 200 mm 时，对于公称宽度小于 1 500 mm 的钢板，波浪高度应小于波浪长度的 1%，对于公称宽度小于 1 500 mm 的钢板，波浪高度应小于波浪长度的 1.5%。

——当波浪长度小于 200 mm 时，波浪高度应小于 2 mm。

7.1.4　当用户对钢带的不平度有要求时，在用户对钢带进行充分平整矫直后，表 6 规定值也适用于用户从钢带切成的钢板。

7.2　镰刀弯

7.2.1　钢板和钢带的镰刀弯在任意 2 000 mm 长度上应不大于 6 mm；钢板的长度不大于 2 000 mm 时，其镰刀弯应不大于钢板实际长度的 0.3%。纵切钢带的镰刀弯在任意 2 000 mm 长度上应不大于 2 mm。

7.3　切斜

钢板应切成直角，切斜应不大于钢板宽度的 1%。

7.4　塔形

钢带应牢固地成卷，钢带卷的一侧塔形高度不得超过表 7 的规定。

表 7

单位为毫米

公称厚度	公称宽度	塔形高度
≤2.5	≤1 000	40
	>1 000	60
>2.5	≤1 000	30
	>1 000	50

8 尺寸及外形的测量

8.1 厚度

8.1.1 不切边钢板和钢带在距离轧制边不小于 40 mm 处测量；切边钢板和钢带在距离剪切边不小于 25 mm 处测量。

8.1.2 当纵切钢带的宽度小于 50 mm 时，沿宽度方向的中心部位测量。

8.2 宽度

宽度应在垂直于钢板或钢带中心线的方位测量。

8.3 不平度

8.3.1 将钢板自由地放在平台上，除钢板的本身重量外，不施加任何压力，测量钢板下表面与平台间的最大距离，如图 1 所示。

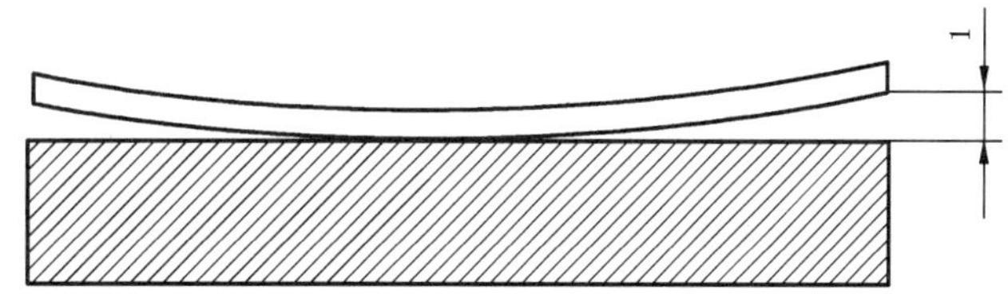

1——不平度。

图 1 不平度的测量

8.3.2 如受检测平台长度的限制，对于长度大于 2 000 mm 的钢板，可任意截取 2 000 mm 进行不平度的测量来替代全长不平度的测量。

8.4 镰刀弯

钢板及钢带的镰刀弯是指侧边与连接测量部分两端点直线之间的最大距离，在产品呈凹形的一侧测量，如图 2 所示。

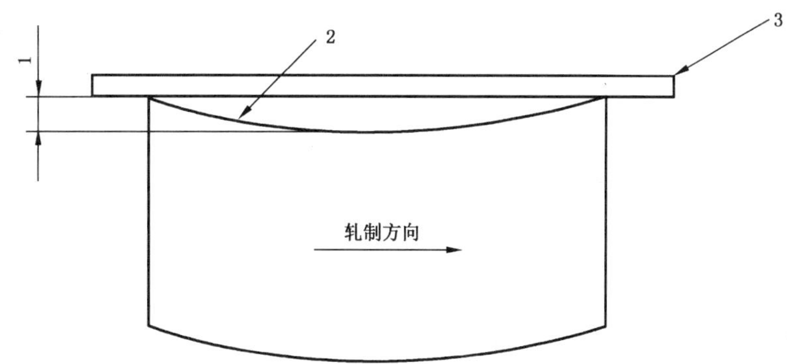

1——镰刀弯；

2——凹形侧边；

3——直尺(线)。

图 2 镰刀弯的测量

8.5 切斜

钢板的横边在纵边的垂直投影长度，如图 3 所示。

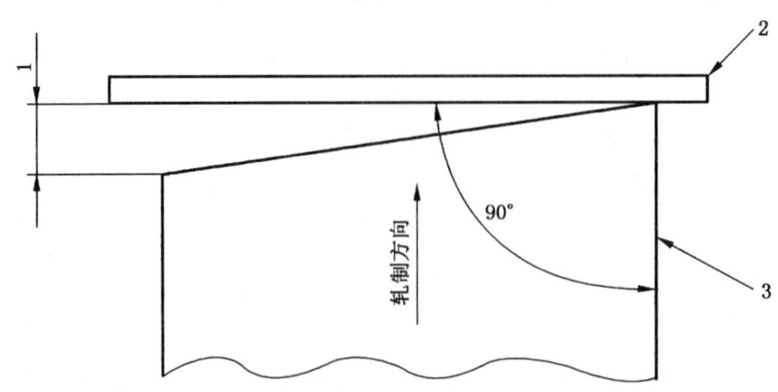

1——切斜；

2——直尺(线)；

3——侧边。

图 3 切斜的测量

9 重量

钢板按理论或实际重量交货，钢带按实际重量交货。

9.1 钢板理论重量交货时，理论计重采用公称尺寸，碳钢密度为 7.85 g/cm^3，其他钢种按相应标准规定。

9.2 钢板理论计重的计算方法按表 8 的规定。

表 8

计 算 顺 序	计 算 方 法	结果的修约
基本重量/[kg/(mm · m^2)]	7.85(厚度 1 mm，面积 1 m^2 的重量)	—
单位重量/(kg/m^2)	基本重量[kg/(mm · m^2)]×厚度(mm)	修约到有效数字 4 位
钢板的面积/m^2	宽度(m)×长度(m)	修约到有效数字 4 位
一张钢板的重量/kg	单位重量(kg/m^2)×面积(m^2)	修约到有效数字 3 位
总重量/kg	各张钢板重量之和	kg 的整数值

9.3 数值修约方法按 GB/T 8170 的规定。

ICS 77.140.50
H 46

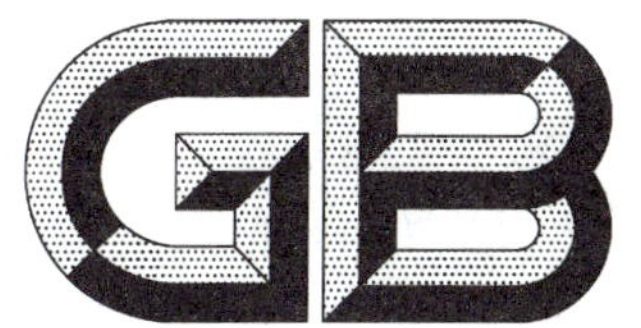

中华人民共和国国家标准

GB/T 709—2006
代替 GB/T 709—1988

热轧钢板和钢带的尺寸、外形、重量及允许偏差

Dimension, shape, weight and tolerances for hot-rolled steel plates and sheets

(ISO 7452:2002(E), Hot-rolled structural steel plates-tolerance on dimensions and shape, ISO 16160:2000(E), Continuously hot-rolled steel products—Dimensional and shape tolerances, NEQ)

2006-11-01 发布　　2007-02-01 实施

中华人民共和国国家质量监督检验检疫总局
中国国家标准化管理委员会　发布

前　言

本标准与 ISO 7452:2002《热轧结构钢板尺寸和外形偏差》(英文版)、ISO 16160:2000《热连轧钢板钢带—尺寸和外形的偏差》(英文版)的一致性程度为非等效。

本标准代替 GB/T 709—1988《热轧钢板和钢带的尺寸、外形、重量及允许偏差》。

本标准与原标准对比,主要修订内容如下:

——取消钢板钢带公称尺寸表,规定尺寸范围和推荐的公称尺寸;

——钢板厚度增加到 400 mm,宽度加大到 5 000 mm,钢带宽度加大到 2 200 mm;

——加严较厚较宽钢板的厚度公差和钢带的宽度偏差;

——纵切钢带的宽度正负偏差改为正偏差;

——调整长度允许偏差;

——单轧轧制钢板不平度的测量长度为 1 m 或 2 m;

——连轧钢板单独规定不平度,测量长度为实际长度;

——镰刀弯的测量长度改为任 5 000 mm 或实际长度;规定纵切钢带镰刀弯;

——加严成卷钢带塔高度;

——规定各种尺寸测量方法,并附有测量图示;

——规定限定偏差或正偏差钢板理论计重所采用的厚度。

本标准由中国钢铁工业协会提出。

本标准由全国钢标准化技术委员会归口。

本标准起草单位:冶金工业信息标准研究院、鞍钢新轧钢股份有限公司、济南钢铁股份有限公司、首钢总公司、湖南华菱湘潭钢铁有限公司。

本标准主要起草人:唐一凡、王晓虎、朴志民、高玲、王丽萍、李小莉。

本标准所代替标准的历次版本发布情况为:GB 709—1965,GB 709—1988。

热轧钢板和钢带的尺寸、外形、重量及允许偏差

1 范围

本标准规定了热轧钢板和钢带的尺寸、外形、重量及允许偏差。

本标准适用于轧制宽度不小于600 mm的单张轧制钢板(以下简称单轧钢板)、钢带及其剪切钢板(以下称连轧钢板)和纵切钢带。

2 规范性引用文件

下列文件中的条款通过本标准的引用而成为本标准的条款。凡是注日期的引用文件，其随后所有的修改单(不包括勘误的内容)或修订版均不适用于本标准，然而，鼓励根据本标准达成协议的各方研究是否可使用这些文件的最新版本。凡是不注日期的引用文件，其最新版本适用于本标准。

GB/T 8170　数值修约规则

3 术语和定义

本标准采用下列术语和定义：

3.1

钢板　plate or sheet

钢板系不固定边部变形的热轧扁平钢材，包括直接轧制的单轧钢板和由宽钢带剪切成的连轧钢板。

3.2

钢带　wide strip

钢带系指成卷交货，轧制宽度不小于600 mm的宽钢带。

4 分类和代号

4.1 按边缘状态分为

切边　EC；

不切边　EM。

4.2 按厚度偏差种类分

N类偏差：正偏差和负偏差相等；

A类偏差：按公称厚度规定负偏差；

B类偏差：固定负偏差为0.3 mm；

C类偏差：固定负偏差为零，按公称厚度规定正偏差。

4.3 按厚度精度分为

普通厚度精度　PT.A；

较高厚度精度　PT.B。

5 尺寸

5.1 钢板和钢带的尺寸范围

单轧钢板公称厚度　3 mm～400 mm；

单轧钢板公称宽度　　600 mm～4 800 mm；
钢板公称长度　　2 000 mm～20 000 mm；
钢带(包括连轧钢板)公称厚度　　0.8 mm～25.4 mm；
钢带(包括连轧钢板)公称宽度　　600 mm～2 200 mm；
纵切钢带公称宽度　　120 mm～900 mm。

5.2 钢板和钢带推荐的公称尺寸

5.2.1 单轧钢板的公称厚度在5.1所规定范围内,厚度小于30 mm的钢板按0.5 mm倍数的任何尺寸;厚度不小于30 mm的钢板按1 mm倍数的任何尺寸。

5.2.2 单轧钢板的公称宽度在5.1所规定范围内,按10 mm或50 mm倍数的任何尺寸。

5.2.3 钢带(包括连轧钢板)的公称厚度在5.1所规定范围内,按0.1 mm倍数的任何尺寸。

5.2.4 钢带(包括连轧钢板)的公称宽度在5.1所规定范围内,按10 mm倍数的任何尺寸。

5.2.5 钢板的长度在5.1规定范围内,按50 mm或100 mm倍数的任何尺寸。

5.2.6 根据需方要求,经供需双方协议,可以供应推荐公称尺寸以外的其他尺寸的钢板和钢带。

6 尺寸允许偏差

对不切头尾的不切边钢带检查厚度、宽度时,两端不考核的总长度 L 为:

$$L(\mathrm{m}) = 90/\text{公称厚度}(\mathrm{mm})$$

但两端最大总长度不得大于20 m。

6.1 厚度允许偏差

6.1.1 单轧钢板厚度允许偏差应符合表1(N类)的规定。

6.1.2 根据需方要求,并在合同中注明偏差类别,可以供应公差值与表1规定公差值相等的其他偏差类别的单轧钢板,如表2～表4规定的A类、B类和C类偏差;也可以供应公差值与表1规定公差值相等的限制正偏差的单轧钢板,正负偏差由供需双方协商规定。

6.1.3 钢带(包括连轧钢板)的厚度偏差应符合表5的规定。需方要求按较高厚度精度供货时应在合同中注明,未注明的按普通精度供货。根据需方要求,可以在表5规定的公差范围内调整钢带的正负偏差。

表1 单轧钢板的厚度允许偏差(N类)　　单位为毫米

公称厚度	下列公称宽度的厚度允许偏差			
	≤1 500	>1 500～2 500	>2 500～4 000	>4 000～4 800
3.00～5.00	±0.45	±0.55	±0.65	—
>5.00～8.00	±0.50	±0.60	±0.75	—
>8.00～15.0	±0.55	±0.65	±0.80	±0.90
>15.0～25.0	±0.65	±0.75	±0.90	±1.10
>25.0～40.0	±0.70	±0.80	±1.00	±1.20
>40.0～60.0	±0.80	±0.90	±1.10	±1.30
>60.0～100	±0.90	±1.10	±1.30	±1.50
>100～150	±1.20	±1.40	±1.60	±1.80
>150～200	±1.40	±1.60	±1.80	±1.90
>200～250	±1.60	±1.80	±2.00	±2.20
>250～300	±1.80	±2.00	±2.20	±2.40
>300～400	±2.00	±2.20	±2.40	±2.60

表 2　单轧钢板的厚度允许偏差(A 类)

单位为毫米

公称厚度	下列公称宽度的厚度允许偏差			
	≤1 500	>1 500～2 500	>2 500～4 000	>4 000～4 800
3.00～5.00	+0.55 −0.35	+0.70 −0.40	+0.85 −0.45	—
>5.00～8.00	+0.65 −0.35	+0.75 −0.45	+0.95 −0.55	—
>8.00～15.0	+0.70 −0.40	+0.85 −0.45	+1.05 −0.55	+1.20 −0.60
>15.0～25.0	+0.85 −0.45	+1.00 −0.50	+1.15 −0.65	+1.50 −0.70
>25.0～40.0	+0.90 −0.50	+1.05 −0.55	+1.30 −0.70	+1.60 −0.80
>40.0～60.0	+1.05 −0.55	+1.20 −0.60	+1.45 −0.75	+1.70 −0.90
>60.0～100	+1.20 −0.60	+1.50 −0.70	+1.75 −0.85	+2.00 −1.00
>100～150	+1.60 −0.80	+1.90 −0.90	+2.15 −1.05	+2.40 −1.20
>150～200	+1.90 −0.90	+2.20 −1.00	+2.45 −1.15	+2.50 −1.30
>200～250	+2.20 −1.00	+2.40 −1.20	+2.70 −1.30	+3.00 −1.40
>250～300	+2.40 −1.20	+2.70 −1.30	+2.95 −1.45	+3.20 −1.60
>300～400	+2.70 −1.30	+3.00 −1.40	+3.25 −1.55	+3.50 −1.70

表 3　单轧钢板的厚度允许偏差(B 类)

单位为毫米

<table>
<tr><th rowspan="2">公称厚度</th><th colspan="8">下列公称宽度的厚度允许偏差</th></tr>
<tr><th colspan="2">≤1 500</th><th colspan="2">>1 500～2 500</th><th colspan="2">>2 500～4 000</th><th colspan="2">>4 000～4 800</th></tr>
<tr><td>3.00～5.00</td><td rowspan="12">−0.30</td><td>+0.60</td><td rowspan="12">−0.30</td><td>+0.80</td><td rowspan="12">−0.30</td><td>+1.00</td><td colspan="2">—</td></tr>
<tr><td>>5.00～8.00</td><td>+0.70</td><td>+0.90</td><td>+1.20</td><td colspan="2">—</td></tr>
<tr><td>>8.00～15.0</td><td>+0.80</td><td>+1.00</td><td>+1.30</td><td rowspan="10">−0.30</td><td>+1.50</td></tr>
<tr><td>>15.0～25.0</td><td>+1.00</td><td>+1.20</td><td>+1.50</td><td>+1.90</td></tr>
<tr><td>>25.0～40.0</td><td>+1.10</td><td>+1.30</td><td>+1.70</td><td>+2.10</td></tr>
<tr><td>>40.0～60.0</td><td>+1.30</td><td>+1.50</td><td>+1.90</td><td>+2.30</td></tr>
<tr><td>>60.0～100</td><td>+1.50</td><td>+1.80</td><td>+2.30</td><td>+2.70</td></tr>
<tr><td>>100～150</td><td>+2.10</td><td>+2.50</td><td>+2.90</td><td>+3.30</td></tr>
<tr><td>>150～200</td><td>+2.50</td><td>+2.90</td><td>+3.30</td><td>+3.50</td></tr>
<tr><td>>200～250</td><td>+2.90</td><td>+3.30</td><td>+3.70</td><td>+4.10</td></tr>
<tr><td>>250～300</td><td>+3.30</td><td>+3.70</td><td>+4.10</td><td>+4.50</td></tr>
<tr><td>>300～400</td><td>+3.70</td><td>+4.10</td><td>+4.50</td><td>+4.90</td></tr>
</table>

表 4　单轧钢板的厚度允许偏差(C类)

单位为毫米

公称厚度	下列公称宽度的厚度允许偏差							
	≤1 500		>1 500～2 500		>2 500～4 000		>4 000～4 800	
3.00～5.00	0	+0.90	0	+1.10	0	+1.30	0	—
>5.00～8.00		+1.00		+1.20		+1.50		—
>8.00～15.0		+1.10		+1.30		+1.60		+1.80
>15.0～25.0		+1.30		+1.50		+1.80		+2.20
>25.0～40.0		+1.40		+1.60		+2.00		+2.40
>40.0～60.0		+1.60		+1.80		+2.20		+2.60
>60.0～100		+1.80		+2.20		+2.60		+3.00
>100～150		+2.40		+2.80		+3.20		+3.60
>150～200		+2.80		+3.20		+3.60		+3.80
>200～250		+3.20		+3.60		+4.00		+4.40
>250～300		+3.60		+4.00		+4.40		+4.80
>300～400		+4.00		+4.40		+4.80		+5.20

表 5　钢带(包括连轧钢板)的厚度允许偏差

单位为毫米

公称厚度	钢带厚度允许偏差[a]							
	普通精度　PT.A				较高精度　PT.B			
	公称宽度				公称宽度			
	600～1 200	>1 200～1 500	>1 500～1 800	>1 800	600～1 200	>1 200～1 500	>1 500～1 800	>1 800
0.8～1.5	±0.15	±0.17	—	—	±0.10	±0.12	—	—
>1.5～2.0	±0.17	±0.19	±0.21	—	±0.13	±0.14	±0.14	—
>2.0～2.5	±0.18	±0.21	±0.23	±0.25	±0.14	±0.15	±0.17	±0.20
>2.5～3.0	±0.20	±0.22	±0.24	±0.26	±0.15	±0.17	±0.19	±0.21
>3.0～4.0	±0.22	±0.24	±0.26	±0.27	±0.17	±0.18	±0.21	±0.22
>4.0～5.0	±0.24	±0.26	±0.28	±0.29	±0.19	±0.21	±0.22	±0.23
>5.0～6.0	±0.26	±0.28	±0.29	±0.31	±0.21	±0.22	±0.23	±0.25
>6.0～8.0	±0.29	±0.30	±0.31	±0.35	±0.23	±0.24	±0.25	±0.28
>8.0～10.0	±0.32	±0.33	±0.34	±0.40	±0.26	±0.26	±0.27	±0.32
>10.0～12.5	±0.35	±0.36	±0.37	±0.43	±0.28	±0.29	±0.30	±0.36
>12.5～15.0	±0.37	±0.38	±0.40	±0.46	±0.30	±0.31	±0.33	±0.39
>15.0～25.4	±0.40	±0.42	±0.45	±0.50	±0.32	±0.34	±0.37	±0.42

a　规定最小屈服强度 R_e≥345 MPa 的钢带，厚度偏差应增加 10%。

6.2　宽度允许偏差

6.2.1　切边单轧钢板的宽度允许偏差应符合表 6 的规定。

表 6 切边单轧钢板的宽度允许偏差

单位为毫米

公称厚度	公称宽度	允许偏差
3～16	≤1 500	+10 0
	>1 500	+15 0
>16	≤2 000	+20 0
	>2 000～3 000	+25 0
	>3 000	+30 0

6.2.2 不切边单轧钢板的宽度允许偏差由供需双方协商。

6.2.3 不切边钢带(包括连轧钢板)的宽度允许偏差应符合表 7 的规定。

表 7 不切边钢带(包括连轧钢板)的宽度允许偏差

单位为毫米

公称宽度	允许偏差
≤1 500	+20 0
>1 500	+25 0

6.2.4 切边钢带(包括连轧钢板)的宽度允许偏差应符合表 8 的规定。经供需双方协议,可以供应较高宽度精度的钢带。

表 8 切边钢带(包括连轧钢板)的宽度允许偏差

单位为毫米

公称宽度	允许偏差
≤1 200	+3 0
>1 200～1 500	+5 0
>1 500	+6 0

6.2.5 纵切钢带的宽度允许偏差应符合表 9 的规定。

表 9 纵切钢带的宽度允许偏差

单位为毫米

公称宽度	公称厚度		
	≤4.0	>4.0～8.0	>8.0
120～160	+1 0	+2 0	+2.5 0
>160～250	+1 0	+2 0	+2.5 0

表 9（续） 单位为毫米

公称宽度	公称厚度		
	≤4.0	>4.0～8.0	>8.0
>250～600	+2 0	+2.5 0	+3 0
>600～900	+2 0	+2.5 0	+3 0

6.3 长度允许偏差

6.3.1 单轧钢板长度允许偏差应符合表 10 的规定。

表 10 单轧钢板的长度允许偏差 单位为毫米

公称长度	允许偏差
2 000～4 000	+20 0
>4 000～6 000	+30 0
>6 000～8 000	+40 0
>8 000～10 000	+50 0
>10 000～15 000	+75 0
>15 000～20 000	+100 0
>20 000	由供需双方协商

6.3.2 连轧钢板长度允许偏差应符合表 11 的规定。

表 11 连轧钢板的长度允许偏差 单位为毫米

公称长度	允许偏差
2 000～8 000	+0.5%×公称长度
>8 000	+40 0

7 外形

7.1 不平度

7.1.1 单轧钢板按下列两类钢，分别规定钢板不平度。

钢类 L：规定的最低屈服强度值≤460 MPa，未经淬火或淬火加回火处理的钢板。

钢类 H：规定的最低屈服强度值>460 MPa～700 MPa，以及所有淬火或淬火加回火的钢板。

7.1.1.1 单轧钢板的不平度按表 12 的规定。

表 12 单轧钢板的不平度

单位为毫米

公称厚度	钢类 L				钢类 H			
	下列公称宽度钢板的不平度，不大于							
	≤3 000		>3 000		≤3 000		>3 000	
	测量长度							
	1 000	2 000	1 000	2 000	1 000	2 000	1 000	2 000
3~5	9	14	15	24	12	17	19	29
>5~8	8	12	14	21	11	15	18	26
>8~15	7	11	11	17	10	14	16	22
>15~25	7	10	10	15	10	13	14	19
>25~40	6	9	9	13	9	12	13	17
>40~400	5	8	8	11	8	11	11	15

7.1.1.2 如测量时直尺(线)与钢板接触点之间距离小于 1 000 mm，则不平度最大允许值应符合以下要求：对钢类 L，为接触点间距离(300 mm~1 000 mm)的 1%；对钢类 H，为接触点间距离(300 mm~1 000 mm)的 1.5%。但两者均不得超过表 12 的规定。

7.1.2 连轧钢板的不平度按表 13 的规定。

表 13 连轧钢板的不平度

单位为毫米

公称厚度	公称宽度	不平度，不大于		
		规定的屈服强度，R_e		
		<220 MPa	220 MPa~320 MPa	>320 MPa
≤2	≤1 200	21	26	32
	>1 200~1 500	25	31	36
	>1 500	30	38	45
>2	≤1 200	18	22	27
	>1 200~1 500	23	29	34
	>1 500	28	35	42

7.1.3 如用户对钢带的不平度有要求，在用户开卷设备能保证质量的前提下，供需双方可以协商规定，并在合同中注明。

7.2 镰刀弯及切斜(脱方)

钢板的镰刀弯及切斜应受限制，应保证钢板订货尺寸的矩形。

7.2.1 镰刀弯

7.2.1.1 单轧钢板的镰刀弯应不大于实际长度的 0.2%。

7.2.1.2 钢带(包括纵切钢带)和连轧钢板的镰刀弯按表 14 的规定。对不切头尾的不切边钢带检查镰刀弯时，两端不考核的总长度按第 6 章检查不切头尾的不切边钢带的厚度、宽度两端不考核总长的规定。

7.2.2 切斜

钢板的切斜应不大于实际宽度的 1%。

7.3 塔形

7.3.1 钢带应牢固地成卷。钢带卷的一侧塔形高度不得超过表 15 的规定。

表 14 钢带(包括纵切钢带)和连轧钢板的镰刀弯

单位为毫米

产品类型	公称长度	公称宽度	镰刀弯，不大于		测量长度
			切边	不切边	
连轧钢板	＜5 000	≥600	实际长度×0.3%	实际长度×0.4%	实际长度
	≥5 000	≥600	15	20	任意 5 000 mm 长度
钢带	—	≥600	15	20	任意 5 000 mm 长度
	—	＜600	15	—	—

表 15 塔形高度

单位为毫米

公称宽度	切边	不切边
≤1 000	20	50
＞1 000	30	60

8 尺寸测量

8.1 厚度

切边钢带(包括连轧钢板)在距纵边不小于 25 mm 处测量；不切边钢带(包括连轧钢板)在距纵边不小于 40 mm 处测量。切边单轧钢板在距边部(纵边和横边)不小于 25 mm 处测量；不切边单轧钢板的测量部位由供需双方协议。

8.2 宽度

宽度应在垂直于钢板或钢带中心线的方位测量。

8.3 长度

钢板内最大矩形的长度。

8.4 不平度

将钢板自由地放在平面上，除钢板本身重量外不施加任何压力。

用一根长度为 1 000 mm 或 2 000 mm 的直尺，在距单轧钢板纵边至少 25 mm 和距横边至少为 200 mm 区域内的任何方向，测量钢板上表面与直尺之间的最大距离(如图 1 所示)。

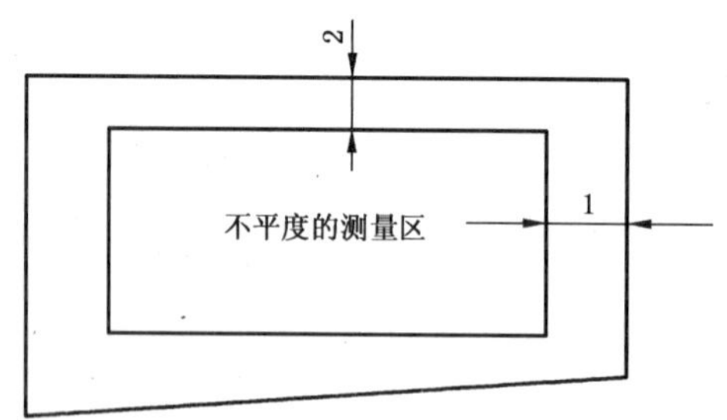

1——200 mm(距横边)；

2——25 mm(距纵边)。

图 1 单轧钢板不平度的测量

测量连轧钢板下表面与平面之间的最大距离(如图 2 所示)。

8.5 镰刀弯

钢板或钢带的凹形侧边与连接测量部分两端点直线之间的最大距离(如图 3 所示)。

8.6 切斜

钢板的横边在纵边上的垂直投影(如图 4 所示)。

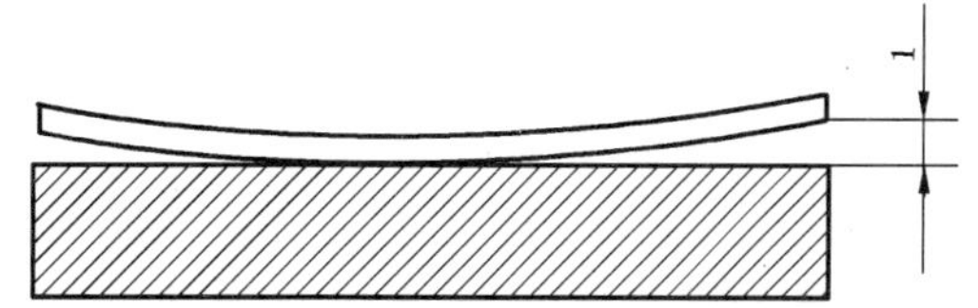

1——不平度。

图 2 连轧钢板不平度的测量

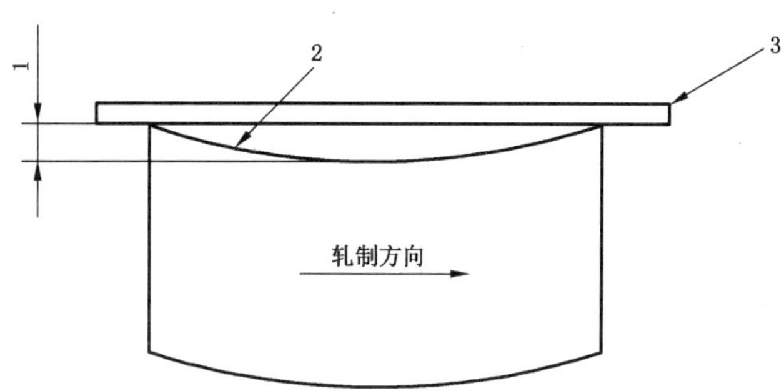

1——镰刀弯；
2——凹形侧边；
3——直尺(线)。

图 3 镰刀弯的测量

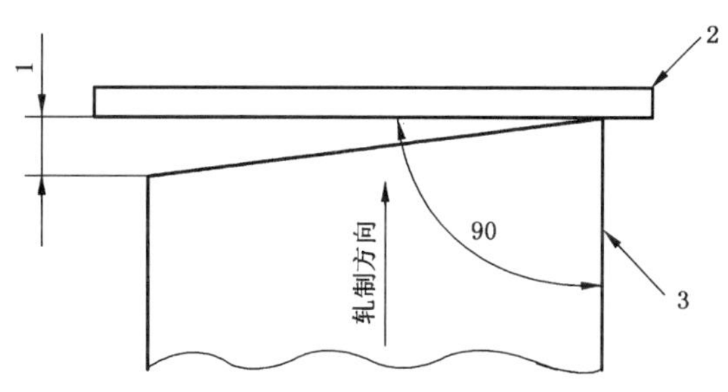

1——切斜；
2——直尺(线)；
3——侧边。

图 4 切斜的测量

9 重量

钢板按理论或实际重量交货，钢带按实际重量交货。

9.1 钢板按理论重量交货时，理论计重采用公称尺寸，碳钢密度为 7.85 g/cm^3，其他钢种按相应标准规定。

9.2 当钢板的厚度允许偏差为限定负偏差或正偏差时，理论计重所采用的厚度为允许的最大厚度和最小厚度的平均值。

9.3 钢板理论计重的计算方法按表 16 的规定。

9.4 数值修约方法

数值修约方法按 GB/T 8170 的规定。

表 16　钢板理论计重的计算方法

计算顺序	计算方法	结果的修约
基本重量/[kg/(mm·m^2)]	7.85(厚度 1 mm,面积 1 m^2 的重量)	—
单位重量/(kg/m^2)	基本重量[kg/(mm·m^2)]×厚度(mm)	修约到有效数字 4 位
钢板的面积/m^2	宽度(m)×长度(m)	修约到有效数字 4 位
一张钢板的重量/kg	单位重量(kg/m^2)×面积(m^2)	修约到有效数字 3 位
总重量/kg	各张钢板重量之和	kg 的整数值

ICS 77.140.50
H 46

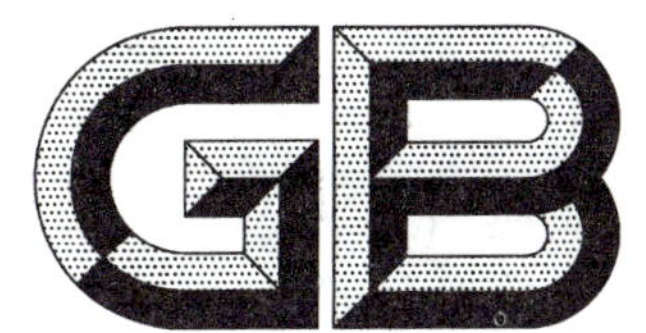

中华人民共和国国家标准

GB/T 711—2017
代替 GB/T 711—2008,GB/T 710—2008

优质碳素结构钢热轧钢板和钢带

Hot-rolled quality carbon structural steel plates sheets and strips

2017-02-28 发布　　2017-11-01 实施

中华人民共和国国家质量监督检验检疫总局
中国国家标准化管理委员会　发布

前　言

本标准按照GB/T 1.1—2009给出的规则起草。

本标准是对GB/T 710—2008《优质碳素结构钢热轧薄钢板和钢带》和GB/T 711—2008《优质碳素结构钢热轧厚钢板和钢带》进行合并修订。

本标准代替GB/T 710—2008《优质碳素结构钢热轧薄钢板和钢带》和GB/T 711—2008《优质碳素结构钢热轧厚钢板和钢带》，与GB/T 710—2008和GB/T 711—2008标准相比，主要技术变化如下：

——取消沸腾钢的相关牌号；

——取消拉沿级别；

——增加35Mn、55Mn、70Mn三个牌号(见表1、表2、表3)；

——加严钢中有害元素硫的控制(见表1)；

——调整部分牌号交货状态(见表2)。

本标准由中国钢铁工业协会提出。

本标准由全国钢标准化技术委员会(SAC/TC 183)归口。

本标准起草单位：重庆钢铁股份有限公司、鞍钢股份有限公司、冶金工业信息标准研究院、首钢总公司、新余钢铁股份有限公司、河北钢铁股份有限公司唐山分公司。

本标准主要起草人：杜大松、叶国华、朴志民、张维旭、师莉、廖桑桑、邓翠青、谢朝忠、管吉春、阳隽觎、高燕、王鑫、刘徐源、苏皓璐。

本标准所代替标准的历次版本发布情况为：

——GB/T 710—1988、GB/T 710—1991、GB/T 710—2008；

——GB/T 711—1985、GB/T 711—1988、GB/T 711—2008。

优质碳素结构钢热轧钢板和钢带

1 范围

本标准规定了优质碳素结构钢热轧钢板和钢带的尺寸、外形、重量、技术要求、试验方法、检验规则、包装、标志及质量证明书。

本标准适用于厚度不大于100 mm、宽度不小于600 mm的优质碳素结构钢热轧钢板和钢带(以下简称钢板和钢带)。

2 规范性引用文件

下列文件对于本文件的应用是必不可少的。凡是注日期的引用文件,仅注日期的版本适用于本文件。凡是不注日期的引用文件,其最新版本(包括所有的修改单)适用于本文件。

GB/T 222 钢的成品化学成分允许偏差

GB/T 223.5 钢铁 酸溶硅和全硅含量的测定 还原型硅钼酸盐分光光度法

GB/T 223.12 钢铁及合金化学分析方法 碳酸钠分离-二苯碳酰二肼光度法测定铬量

GB/T 223.19 钢铁及合金化学分析方法 新亚铜灵-三氯甲烷萃取光度法测定铜量

GB/T 223.23 钢铁及合金 镍含量的测定 丁二酮肟分光光度法

GB/T 223.37 钢铁及合金化学分析方法 蒸馏分离-靛酚蓝光度法测定氮量

GB/T 223.59 钢铁及合金 磷含量的测定 铋磷钼蓝分光光度法和锑磷钼蓝分光光度法

GB/T 223.64 钢铁及合金 锰含量的测定 火焰原子吸收光谱法

GB/T 223.68 钢铁及合金化学分析方法 管式炉内燃烧后碘酸钾滴定法测定硫含量

GB/T 223.86 钢铁及合金 总碳含量的测定 感应炉燃烧后红外吸收法

GB/T 224 钢的脱碳层深度测定法

GB/T 228.1 金属材料 拉伸试验 第1部分:室温试验方法

GB/T 229 金属材料 夏比摆锤冲击试验方法

GB/T 232 金属材料 弯曲试验方法

GB/T 247 钢板和钢带包装、标志及质量证明书的一般规定

GB/T 709 热轧钢板和钢带的尺寸、外形、重量及允许偏差

GB/T 2970 厚钢板超声波检验方法

GB/T 2975 钢及钢产品 力学性能试验取样位置及试样制备

GB/T 4336 碳素钢和中低合金钢 火花源原子发射光谱分析方法(常规法)

GB/T 6394 金属平均晶粒度测定法

GB/T 8170 数值修约规则与极限数值的表示和判定

GB/T 13298 金属显微组织检验方法

GB/T 13299 钢的显微组织评定方法

GB/T 17505 钢及钢产品交货一般技术要求

GB/T 20123 钢铁 总碳硫含量的测定 高频感应炉燃烧后红外吸收法(常规方法)

GB/T 20125 低合金钢 多元素含量的测定 电感耦合等离子体原子发射光谱法

GB/T 20066 钢和铁 化学成分测定用试样的取样和制样方法

3 订货内容

按本标准订货的合同或订单应包括下列内容：

a) 产品名称(钢板或钢带)；

b) 标准编号；

c) 牌号；

d) 交货状态；

e) 尺寸及精度；

f) 边缘状态(EC 或 EM)；

g) 重量；

h) 特殊要求。

4 尺寸、外形、重量

钢板和钢带的尺寸、外形、重量及允许偏差应符合 GB/T 709 的规定。

5 技术要求

5.1 牌号和化学成分

5.1.1 钢的牌号和化学成分(熔炼成分)应符合表 1 的规定。

表 1 牌号及化学成分

牌号	化学成分(质量分数)/%							
	C	Si	Mn	P	S	Cr	Ni	Cu
				不大于				
08	0.05～0.11	0.17～0.37	0.35～0.65	0.035	0.030	0.10	0.30	0.25
08Al[a]	≤0.11	≤0.03	≤0.45	0.035	0.030	0.10	0.30	0.25
10	0.07～0.13	0.17～0.37	0.35～0.65	0.035	0.030	0.15	0.30	0.25
15	0.12～0.18	0.17～0.37	0.35～0.65	0.035	0.030	0.20	0.30	0.25
20	0.17～0.23	0.17～0.37	0.35～0.65	0.035	0.030	0.20	0.30	0.25
25	0.22～0.29	0.17～0.37	0.50～0.80	0.035	0.030	0.20	0.30	0.25
30	0.27～0.34	0.17～0.37	0.50～0.80	0.035	0.030	0.20	0.30	0.25
35	0.32～0.39	0.17～0.37	0.50～0.80	0.035	0.030	0.20	0.30	0.25
40	0.37～0.44	0.17～0.37	0.50～0.80	0.035	0.030	0.20	0.30	0.25
45	0.42～0.50	0.17～0.37	0.50～0.80	0.035	0.030	0.20	0.30	0.25
50	0.47～0.55	0.17～0.37	0.50～0.80	0.035	0.030	0.20	0.30	0.25
55	0.52～0.60	0.17～0.37	0.50～0.80	0.035	0.030	0.20	0.30	0.25
60	0.57～0.65	0.17～0.37	0.50～0.80	0.035	0.030	0.20	0.30	0.25

表 1（续）

牌号	化学成分(质量分数)/%							
	C	Si	Mn	P	S	Cr	Ni	Cu
				不大于				
65	0.62～0.70	0.17～0.37	0.50～0.80	0.035	0.030	0.20	0.30	0.25
70	0.67～0.75	0.17～0.37	0.50～0.80	0.035	0.030	0.20	0.30	0.25
20Mn	0.17～0.23	0.17～0.37	0.70～1.00	0.035	0.030	0.20	0.30	0.25
25Mn	0.22～0.29	0.17～0.37	0.70～1.00	0.035	0.030	0.20	0.30	0.25
30Mn	0.27～0.34	0.17～0.37	0.70～1.00	0.035	0.030	0.20	0.30	0.25
35Mn	0.32～0.39	0.17～0.37	0.70～1.00	0.035	0.035	0.25	0.30	0.25
40Mn	0.37～0.44	0.17～0.37	0.70～1.00	0.035	0.030	0.20	0.30	0.25
45Mn	0.42～0.50	0.17～0.37	0.70～1.00	0.035	0.035	0.25	0.30	0.25
50Mn	0.47～0.55	0.17～0.37	0.70～1.00	0.035	0.030	0.20	0.30	0.25
55Mn	0.52～0.60	0.17～0.37	0.70～1.00	0.035	0.035	0.25	0.30	0.25
60Mn	0.57～0.65	0.17～0.37	0.70～1.00	0.035	0.030	0.20	0.30	0.25
65Mn	0.62～0.70	0.17～0.37	0.90～1.20	0.035	0.030	0.20	0.30	0.25
70Mn	0.67～0.75	0.17～0.37	0.90～1.20	0.035	0.035	0.25	0.30	0.25
[a] 钢中酸溶铝(Als)含量为 0.015%～0.065%或全铝(Alt)含量为 0.020%～0.070%。								

5.1.2 钢中残余元素铬、镍、铜含量供方若能保证合格，可不进行分析。

5.1.3 氧气转炉冶炼的钢其含氮量应不大于 0.008%，供方能保证合格，可不进行分析。

5.1.4 成品钢板和钢带的化学成分允许偏差应符合 GB/T 222 的规定。

5.2 冶炼方法

钢由氧气转炉或电炉冶炼。

5.3 交货状态

5.3.1 钢带及剪切钢板以热轧状态交货，单张轧制钢板交货状态应符合表 2 的规定。

5.3.2 钢带通常不切边交货。钢板应切边交货，经供需双方协议，并在合同中注明，也可不切边状态交货。

表 2 交货状态

牌号	交货状态
08、08Al、10、15、20、25、30、35、40、45、50、55、20Mn、25Mn、30Mn、35Mn、40Mn、45Mn、50Mn、55Mn	热轧或热处理
60、65、70、60Mn、65Mn、70Mn	热处理[a]
[a] 经供需双方协议，也可以热轧状态交货。	

5.3.3 钢板和钢带以酸洗状态交货时，酸洗钢板和钢带通常涂油供货，所涂油膜应能用碱水溶液去除。通常的包装、运输、装卸和储存条件下，供方保证自生产完成之日起3个月内不生锈。需方要求时，经供需双方协商，并在合同中注明，热轧酸洗表面也可以不涂油状态交货。

注：对于需方要求的不涂油产品，在运输、装卸、储存和使用过程中表面易产生轻微划伤和锈蚀。订货时，需方应被告知。

5.4 力学性能

5.4.1 钢板和钢带的力学性能应符合表3的规定。

表3 力学性能

牌号	抗拉强度 R_m/MPa	断后伸长率 A/%	牌号	抗拉强度 R_m/MPa	断后伸长率 A/%
	不小于			不小于	
08	325	33	65[a]	695	10
08Al	325	33	70[a]	715	9
10	335	32	20Mn	450	24
15	370	30	25Mn	490	22
20	410	28	30Mn	540	20
25	450	24	35Mn	560	18
30	490	22	40Mn	590	17
35	530	20	45Mn	620	15
40	570	19	50Mn	650	13
45	600	17	55Mn	675	12
50	625	16	60Mn[a]	695	11
55[a]	645	13	65Mn[a]	735	9
60[a]	675	12	70Mn[a]	785	8
注：热处理指正火、退火或高温回火。					
[a] 经供需双方协议，单张轧制钢板也可以热轧状态交货，以热处理样坯测定力学性能。					

5.4.2 经供需双方协商，45、45Mn及以上牌号的力学性可按实际值交货，表3中的指标仅供参考。

5.4.3 热处理状态交货的钢板，当其伸长率较表2规定提高2%以上(绝对值)时，允许抗拉强度比表2规定降低40 MPa。

5.4.4 钢板和钢带厚度大于20 mm时，厚度每增加1 mm断后伸长率允许降低0.25%(绝对值)，厚度不大于32 mm的总降低值不得大于2%(绝对值)，厚度大于32 mm的总降低值不得大于3%(绝对值)。

5.4.5 经供需双方协议，厚度不小于6 mm的钢材可作20 ℃或−20 ℃低温冲击试验，10、15、20钢板的冲击吸收能量应符合表4的规定，试验温度应在合同中注明，其他牌号的试验温度和冲击吸收能量由双方协议。

表 4 冲击试验

牌号	纵向 V 型冲击吸收能量，KV_2/J 不小于	
	20 ℃	−20 ℃
10	34	27
15	34	27
20	34	27

5.4.6 除表 4 列的温度外，可测定其他温度的 V 型冲击吸收能量，其值由双方协议。

5.4.7 夏比(V 型缺口)冲击吸收能量，按 3 个试样的算术平均值计算，允许其中 1 个试样的单个值比表 4 规定值低，但不得低于规定值的 70%。

5.4.8 如果没有满足上述条件，可从同一抽样产品上再取 3 个试样进行试验，先后 6 个试样的平均值不得低于规定值，允许有 2 个试样低于规定值，但其中低于规定值 70%的试样只允许 1 个。

5.4.9 对厚度小于 12 mm 钢板的夏比(V 型缺口)冲击试验应采用辅助试样，>8 mm～<12 mm 钢板辅助试样尺寸为 7.5 mm×10 mm×55 mm，其试验结果应不小于表 4 规定值的 75%，6 mm～8 mm 钢板辅助试样尺寸为 5 mm×10 mm×55 mm，其试验结果应不小于表 4 规定值的 50%。厚度小于 6 mm 的钢板不做冲击试验。

5.5 工艺性能

08～35 号钢冷弯试验应符合表 5 的规定，如供方能保证合格，可不作检验。

表 5 冷弯试验

牌号	冷弯试验 180°	
	钢板厚度/mm	
	≤20	>20
	弯曲压头直径 D	
08、08Al、10	0	a
15	0.5a	1.5a
20	a	2a
25、30、35	2a	3a

5.6 脱碳层

经供需双方协商，35 钢和含碳量更高的钢板和钢带，可进行脱碳层检验，总脱层深度每面不得大于钢板和钢带实际厚度的 2%。

5.7 超声检测

经供需双方协商，钢板可按 GB/T 2970 进行超声检测，检测标准和合格级别应在合同中注明。

5.8 带状组织

经供需双方协商，钢带及剪切钢板厚度不大于 3 mm 时，15、20 牌号可进行带状组织检测，其级别不大于 3 级。

5.9 晶粒度

经供需双方协商，钢带及剪切钢板厚度不大于 3 mm 时，08、08Al、10、15、20 牌号可进行晶粒度检测，晶粒度应为 6 级或更细，且晶粒度不均匀性应在 3 个连续不同级别数内。

5.10 表面质量

5.10.1 钢板和钢带不得有目视可见分层，钢板和钢带表面不应有裂纹、气泡、折叠、夹杂、结疤和压入氧化铁皮等对使用有害的缺陷。

5.10.2 钢板和钢带不允许有妨碍检查表面缺陷的薄层氧化铁皮或铁锈及凹凸度不大于钢板和钢带厚度公差之半的麻点、凹面、划痕及其他局部缺陷，且应保证钢板和钢带允许最小厚度。

5.10.3 钢板和钢带表面局部缺陷允许清理，清理处应平滑无棱角，并应保证钢板和钢带允许最小厚度。

5.10.4 在钢带连续生产的过程中，局部的表面缺陷不易发现并去除，因此允许带缺陷交货，但有缺陷部份不得超过每卷钢带总长度的 6%。

5.10.5 厚度大于 30 mm 的钢板允许火焰切边，但需热处理的钢板，应在热处理前进行。

5.10.6 钢带及剪切钢板各级别表面质量特征应符合表 6 的规定。

表 6 钢板及钢带各级别表面质量特征

级别及代号	适用的表面处理方式	特征
普通级表面(FA)	轧制表面 酸洗表面	表面允许有深度(或高度)不超过钢带厚度公差之半的麻点、凹面、划痕等轻微、局部缺陷，但应保证钢板及钢带允许的最小厚度；允许有轻微的锯齿边、部分未切边、欠酸洗、过酸洗、停车斑等局部缺陷
较高级表面(FB)	酸洗表面	表面允许有不影响成型性的局部缺陷，如：轻微划伤、轻微压痕、轻微麻点、轻微辊印及色差等；表面允许有涂油后不明显的轻微停车斑，不允许有欠酸洗、过酸洗等缺陷

6 试验方法

6.1 钢的化学成分分析方法按 GB/T 223.5、GB/T 223.12、GB/T 223.19、GB/T 223.23、GB/T 223.37、GB/T 223.59、GB/T 223.64、GB/T 223.68、GB/T 223.86、GB/T 4336、GB/T 20123、GB/T 20125 或通用方法的规定进行，但仲裁时应按 GB/T 223.5、GB/T 223.12、GB/T 223.19、GB/T 223.23、GB/T 223.37、GB/T 223.59、GB/T 223.64、GB/T 223.68、GB/T 223.86 的规定进行。

6.2 每批钢板和钢带的检验项目和试验方法应符合表 7 的规定。

表 7　检验项目、试样数量、取样方法及试验方法

序号	检验项目	取样数量	取样方法	试验方法
1	化学分析	1 个/每炉	GB/T 20066	见 6.1
2	拉伸试验	1 个	GB/T 2975	GB/T 228.1
3	弯曲试验	1 个	GB/T 2975	GB/T 232
4	冲击试验	3 个	GB/T 2975	GB/T 229
5	脱碳层	2 个	GB/T 224	GB/T 224
6	超声检测	逐张	—	GB/T 2970
7	带装组织	1 个	—	GB/T 13298、GB/T 13299
8	晶粒度	1 个	GB/T 6394	GB/T 6394
9	尺寸、外形	逐张/逐卷	—	符合精度要求的适宜量具
10	表面	逐张/逐卷	—	目视

7　检验规则

7.1　钢板和钢带的质量由供方质量技术监督部门进行检查和验收。

7.2　钢板和钢带应成批验收，每批由同一牌号、同一炉号、同一厚度、同一轧制或热处理制度的钢板和钢带组成，每批重量不大于 60 t。轧制卷重大于 30 t 的钢带和连轧板可按两个轧制卷组批。

7.3　钢板和钢带的复验应符合 GB/T 17505 的规定。

7.4　钢板和钢带的取样数量和取样方法应符合表 7 的规定。

7.5　力学性能和化学成分试验结果应采用修约值比较法进行修约，修约规则按 GB/T 8170 的规定执行。

8　包装、标志及质量证明书

钢板和钢带的包装、标志及质量证明书应符合 GB/T 247 的规定。

ICS 77.140.50
H 46

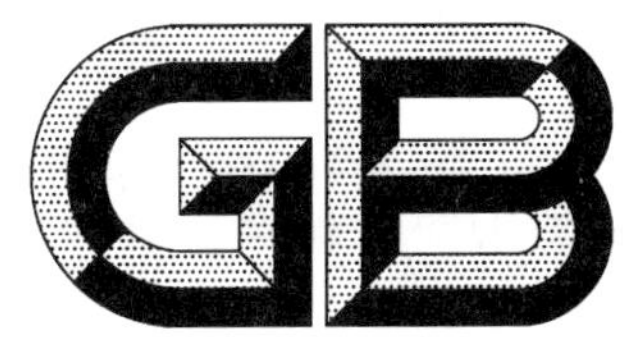

中华人民共和国国家标准

GB 713—2014
代替 GB 713—2008

锅炉和压力容器用钢板

Steel plates for boilers and pressure vessels

(ISO 9328-2:2011,Steel flat products for pressure purposes—Technical delivery conditions—Part 2:Non-alloy and alloy steels with specified elevated temperature properties,NEQ)

2014-06-24 发布　　2015-04-01 实施

中华人民共和国国家质量监督检验检疫总局
中国国家标准化管理委员会　发布

前　言

本标准中 6.4.3、6.4.4、6.8、8.3、8.4 为推荐性的，其余为强制性的。

本标准按照 GB/T 1.1—2009 给出的规则起草。

本标准代替 GB 713—2008《锅炉和压力容器用钢板》。

本标准与 GB 713—2008 相比，主要变化如下：

——扩大钢板厚度范围；

——纳入 Q420R、07Cr2AlMoR、12Cr2Mo1VR；

——降低各牌号的 S、P 含量上限；

——提高各牌号的夏比 V 型冲击吸收能量指标；

——规定钢锭、电渣重熔坯压缩比；

——规定大单重钢板组批原则。

本标准使用重新起草法参考 ISO 9328-2:2011《压力容器用钢板和钢带　供货技术条件　第 2 部分：规定室温和高温性能的非合金钢和低合金钢》编制，与 ISO 9328-2:2011 的一致性程度为非等效。

本标准由中国钢铁工业协会提出。

本标准由全国钢标准化技术委员会(SAC/TC 183)归口。

本标准主要起草单位：武汉钢铁(集团)公司、冶金工业信息标准研究院、江苏沙钢集团有限公司、中国通用机械工程总公司、济钢集团有限公司、湖南华菱湘潭钢铁有限公司、南阳汉冶特钢有限公司、福建省三钢(集团)有限责任公司、新余钢铁集团有限公司、重庆钢铁股份有限公司、合肥通用机械研究院、中国特种设备检测研究院。

本标准主要起草人：李书瑞、丁庆丰、王晓虎、秦晓钟、任翠英、黄正玉、孙根领、刘建兵、许少普、罗志文、杨帆、杜大松、章小浒、张政权、李小莉、邵正伟、刘志芳、李晓波、廖琳琳、杨云清。

本标准所代替标准的历次版本发布情况为：

——GB 713—1963、GB 713—1972、GB 713—1986、GB 713—1997、GB 713—2008；

——GB 6654—1996。

锅炉和压力容器用钢板

1 范围

本标准规定了锅炉和压力容器用钢板的订货内容、牌号表示方法、尺寸、外形、重量及允许偏差、技术要求、试验方法、检验规则、包装、标志和质量证明书等。

本标准适用于锅炉和中常温压力容器的受压元件用厚度为 3 mm～250 mm 的钢板。

2 规范性引用文件

下列文件对于本文件的应用是必不可少的。凡是注日期的引用文件，仅注日期的版本适用于本文件。凡是不注日期的引用文件，其最新版本(包括所有的修改单)适用于本文件。

GB/T 222 钢的成品化学成分允许偏差

GB/T 223.3 钢铁及合金化学分析方法 二安替比林甲烷磷钼酸重量法测定磷量

GB/T 223.9 钢铁及合金 铝含量的测定 铬天青 S 分光光度法

GB/T 223.11 钢铁及合金 铬含量的测定 可视滴定或电位滴定法(GB/T 223.11—2008，ISO 4937:1986，MOD)

GB/T 223.14 钢铁及合金化学分析方法 钽试剂萃取光度法测定钒含量

GB/T 223.17 钢铁及合金化学分析方法 二安替比林甲烷光度法测定钛量

GB/T 223.18 钢铁及合金化学分析方法 硫代硫酸钠分离-碘量法测定铜量

GB/T 223.23 钢铁及合金 镍含量的测定 丁二酮肟分光光度法

GB/T 223.26 钢铁及合金 钼含量的测定 硫氰酸盐分光光度法

GB/T 223.40 钢铁及合金 铌含量的测定 氯磺酚 S 分光光度法

GB/T 223.60 钢铁及合金化学分析方法 高氯酸脱水重量法测定硅含量

GB/T 223.63 钢铁及合金化学分析方法 高碘酸钠(钾)光度法测定锰量

GB/T 223.68 钢铁及合金化学分析方法 管式炉内燃烧后碘酸钾滴定法测定硫含量

GB/T 223.69 钢铁及合金 碳含量的测定 管式炉内燃烧后气体容量法

GB/T 223.75 钢铁及合金 硼含量的测定 甲醇蒸馏-姜黄素光度法

GB/T 223.76 钢铁及合金化学分析方法 火焰原子吸收光谱法测定钒量

GB/T 223.77 钢铁及合金化学分析方法 火焰原子吸收光谱法测定钙量

GB/T 228.1 金属材料 拉伸试验 第 1 部分:室温试验方法(GB/T 228.1—2010，ISO 6892-1:2009 MOD)

GB/T 229 金属材料 夏比摆锤冲击试验方法(GB/T 229—2007，ISO 148-1:2006，MOD)

GB/T 232 金属材料 弯曲试验方法(GB/T 232—2010，ISO 7438:2005，MOD)

GB/T 247 钢板和钢带包装、标志及质量证明书的一般规定

GB/T 709—2006 热轧钢板和钢带的尺寸、外形、重量及允许偏差(GB/T 709—2006，ISO 7452:2002，ISO 16160:2000，NEQ)

GB/T 2970 厚钢板超声波检验方法

GB/T 2975 钢及钢产品 力学性能试验取样位置及试样制备(GB/T 2975—1998，eqv ISO 377:1997)

GB/T 4336 碳素钢和中低合金钢 火花源原子发射光谱分析方法(常规法)

GB/T 4338 金属材料 高温拉伸试验方法(GB/T 4338—2006,ISO 783:1999,MOD)

GB/T 5313 厚度方向性能钢板

GB/T 6803 铁素体钢的无塑性转变温度落锤试验方法

GB/T 8170 数值修约规则与极限数值的表示和判定

GB/T 8650—2006 管线钢和压力容器钢抗氢致开裂评定方法

GB/T 17505 钢及钢产品交货一般技术要求(GB/T 17505—1998,eqv ISO 404:1992)

GB/T 20066 钢和铁 化学成分测定用试样的取样和制样方法(GB/T 20066—2006,ISO 14284:1996,IDT)

GB/T 20123 钢铁 总碳硫含量的测定 高频感应炉燃烧后红外吸收法(常规方法)(GB/T 20123—2006,ISO 15350:2000,IDT)

GB/T 20125 低合金钢 多元素的测定 电感耦合等离子体发射光谱法

GB/T 28297 厚钢板超声自动检测方法

JB/T 4730.3 承压设备无损检测 第3部分:超声检测

3 订货内容

按本标准订货的合同或订单应包括下列内容:

a) 标准编号;

b) 产品名称;

c) 牌号;

d) 尺寸;

e) 交货状态;

f) 重量;

g) 附加技术要求(如降低磷、硫含量,提高冲击吸收能量指标,超声检测等)。

4 牌号表示方法

碳素钢和低合金高强度钢的牌号用屈服强度值和“屈”字、压力容器“容”字的汉语拼音首位字母表示。例如:Q345R。

钼钢、铬-钼钢的牌号,用平均含碳量和合金元素字母,压力容器“容”字的汉语拼音首位字母表示。例如:15CrMoR。

5 尺寸、外形、重量及允许偏差

5.1 钢板的尺寸、外形及允许偏差应符合 GB/T 709—2006 的规定。

5.1.1 钢板的厚度允许偏差应符合 GB/T 709—2006 的 B 类偏差。根据需方要求,可供应符合 GB/T 709—2006 的 C 类偏差的钢板。

5.1.2 根据需方要求,经供需双方协议,可供应偏差更严格的钢板。

5.2 钢板按理论重量交货,理论计重采用的厚度为钢板允许的最大厚度和最小厚度的算术平均值。计算用钢板密度为 7.85 g/cm^3。

6 技术要求

6.1 牌号与化学成分

6.1.1 钢的牌号和化学成分(熔炼分析)应符合表1的规定。

表1 化学成分

牌号	化学成分(质量分数)/%													
	C[a]	Si	Mn	Cu	Ni	Cr	Mo	Nb	V	Ti	Alt[b]	P	S	其他
Q245R	≤0.20	≤0.35	0.50~1.10	≤0.30	≤0.30	≤0.30	≤0.08	≤0.050	≤0.050	≤0.030	≥0.020	≤0.025	≤0.010	Cu+Ni+Cr+Mo≤0.70
Q345R	≤0.20	≤0.55	1.20~1.70	≤0.30	≤0.30	≤0.30	≤0.08	≤0.050	≤0.050	≤0.030	≥0.020	≤0.025	≤0.010	
Q370R	≤0.18	≤0.55	1.20~1.70	≤0.30	≤0.30	≤0.30	≤0.08	0.015~0.050	≤0.050	≤0.030	—	≤0.020	≤0.010	
Q420R	≤0.20	≤0.55	1.30~1.70	≤0.30	0.20~0.50	≤0.30	≤0.08	0.015~0.050	≤0.100	≤0.030	—	≤0.020	≤0.010	—
18MnMoNbR	≤0.21	0.15~0.50	1.20~1.60	≤0.30	≤0.30	≤0.30	0.45~0.65	0.025~0.050	—	—	—	≤0.020	≤0.010	—
13MnNiMoR	≤0.15	0.15~0.50	1.20~1.60	≤0.30	0.60~1.00	0.20~0.40	0.20~0.40	0.005~0.020	—	—	—	≤0.020	≤0.010	—
15CrMoR	0.08~0.18	0.15~0.40	0.40~0.70	≤0.30	≤0.30	0.80~1.20	0.45~0.60	—	—	—	—	≤0.025	≤0.010	—
14Cr1MoR	≤0.17	0.50~0.80	0.40~0.65	≤0.30	≤0.30	1.15~1.50	0.45~0.65	—	—	—	—	≤0.020	≤0.010	—
12Cr2Mo1R	0.08~0.15	≤0.50	0.30~0.60	≤0.20	≤0.30	2.00~2.50	0.90~1.10	—	—	—	—	≤0.020	≤0.010	—
12Cr1MoVR	0.08~0.15	0.15~0.40	0.40~0.70	≤0.30	≤0.30	0.90~1.20	0.25~0.35	—	0.15~0.30	—	—	≤0.025	≤0.010	—
12Cr2Mo1VR	0.11~0.15	≤0.10	0.30~0.60	≤0.20	≤0.25	2.00~2.50	0.90~1.10	≤0.07	0.25~0.35	≤0.030	—	≤0.010	≤0.005	B≤0.002 0 Ca≤0.015
07Cr2AlMoR	≤0.09	0.20~0.50	0.40~0.90	≤0.30	≤0.30	2.00~2.40	0.30~0.50	—	—	—	0.30~0.50	≤0.020	≤0.010	—

[a] 经供需双方协议,并在合同中注明,C含量下限可不作要求。

[b] 未注明的不作要求。

6.1.1.1 厚度大于 60 mm 的 Q345R 和 Q370R 钢板，碳含量上限可分别提高至 0.22%和 0.20%；厚度大于 60 mm 的 Q245R 钢板，锰含量上限可提高至 1.20%。

6.1.1.2 根据需方要求，07Cr2AlMoR 钢可添加适量稀土元素。

6.1.1.3 Q245R 和 Q345R 钢中可添加微量铌、钒、钛元素，其含量应填写在质量证明书中，上述 3 个元素含量总和应分别不大于 0.050%、0.12%。

6.1.1.4 作为残余元素的铬、镍、铜含量应各不大于 0.30%，钼含量应不大于 0.080%，这些元素的总含量应不大于 0.70%。供方若能保证可不做分析。

6.1.1.5 根据需方要求，Q245R、Q345R、Q370R、Q420R 等牌号可以规定碳当量，其数值由双方商定。碳当量按式(1)计算：

$$CEV(\%)=C+Mn/6+(Cr+Mo+V)/5+(Ni+Cu)/15 \qquad \cdots\cdots\cdots\cdots\cdots (1)$$

6.1.2 成品钢板的化学成分允许偏差应符合 GB/T 222 的规定，其中 12Cr2Mo1VR 钢成品化学分析允许偏差：P+0.003%，S+0.002%。

6.2 制造方法

6.2.1 钢由氧气转炉或电炉冶炼，并应经炉外精炼。

6.2.2 连铸坯、钢锭压缩比不小于 3；电渣重熔坯压缩比不小于 2。

6.3 交货状态

6.3.1 钢板交货状态按表 2 规定。

表 2 力学性能和工艺性能

牌号	交货状态	钢板厚度 mm	拉伸试验			冲击试验		弯曲试验[b]
			R_m MPa	R_{eL}[a] MPa	断后伸长率 A %	温度 ℃	冲击吸收能量 KV_2 J	180° $b=2a$
				不小于			不小于	
Q245R	热轧、控轧或正火	3～16	400～520	245	25	0	34	$D=1.5a$
		>16～36		235				
		>36～60		225				
		>60～100	390～510	205	24			$D=2a$
		>100～150	380～500	185				
		>150～250	370～490	175				
Q345R		3～16	510～640	345	21	0	41	$D=2a$
		>16～36	500～630	325				$D=3a$
		>36～60	490～620	315				
		>60～100	490～620	305	20			
		>100～150	480～610	285				
		>150～250	470～600	265				

表 2（续）

牌号	交货状态	钢板厚度 mm	拉伸试验 R_m MPa	拉伸试验 R_{eL}[a] MPa	拉伸试验 断后伸长率 A %	冲击试验 温度 ℃	冲击试验 冲击吸收能量 KV_2 J	弯曲试验[b] 180° $b=2a$
				不小于	不小于		不小于	
Q370R	正火	10～16	530～630	370	20	−20	47	$D=2a$
		>16～36		360				$D=3a$
		>36～60	520～620	340				
		>60～100	510～610	330				
Q420R		10～20	590～720	420	18	−20	60	$D=3a$
		>20～30	570～700	400				
18MnMoNbR	正火加回火	30～60	570～720	400	18	0	47	$D=3a$
		>60～100		390				
13MnNiMoR		30～100	570～720	390	18	0	47	$D=3a$
		>100～150		380				
15CrMoR		6～60	450～590	295	19	20	47	$D=3a$
		>60～100		275				
		>100～200	440～580	255				
14Cr1MoR		6～100	520～680	310	19	20	47	$D=3a$
		>100～200	510～670	300				
12Cr2Mo1R		6～200	520～680	310	19	20	47	$D=3a$
12Cr1MoVR	正火加回火	6～60	440～590	245	19	20	47	$D=3a$
		>60～100	430～580	235				
12Cr2Mo1VR		6～200	590～760	415	17	−20	60	$D=3a$
07Cr2AlMoR	正火加回火	6～36	420～580	260	21	20	47	$D=3a$
		>36～60	410～570	250				

[a] 如屈服现象不明显，可测量 $R_{p0.2}$ 代替 R_{eL}；

[b] a 为试样厚度；D 为弯曲压头直径。

6.3.2 18MnMoNbR、13MnNiMoR 钢板的回火温度应不低于 620 ℃；15CrMoR、14Cr1MoR 钢板的回火温度应不低于 650 ℃；12Cr2Mo1R、12Cr1MoVR、12Cr2Mo1VR 和 07Cr2AlMoR 钢板的回火温度应不低于 680 ℃。

6.3.3 经需方同意，厚度大于 60 mm 的 18MnMoNbR、13MnNiMoR、15CrMoR、14Cr1MoR、12Cr2Mo1R、12Cr1MoVR、12Cr2Mo1VR 钢板可以退火或回火状态交货。此时，这些牌号的试验用样坯应按表 2 交货状态进行热处理，性能按表 2 规定。样坯尺寸（宽度×厚度×长度）应不小于 $3t \times t \times 3t$（t 为钢板厚度）。

6.3.4 经需方同意，厚度大于 60 mm 的铬钼钢板可以正火后加速冷却加回火状态交货。

6.3.5 钢板应以剪切或用火焰切割状态交货。受设备能力限制时，经需方同意，并在合同中注明，允许以毛边状态交货。

6.4 力学和工艺性能

6.4.1 钢板的拉伸试验、夏比(V 型缺口)冲击试验和弯曲试验结果应符合表 2 的规定。

6.4.1.1 厚度大于 60 mm 的钢板，经供需双方协议，并在合同中注明，可不做弯曲试验。

6.4.1.2 根据需方要求，Q245R、Q345R 和 13MnNiMoR 钢板可进行 −20 ℃冲击试验，代替表 2 中的 0 ℃冲击试验，其冲击吸收能量值应符合表 2 的规定。

6.4.1.3 夏比(V 型缺口)冲击吸收能量，按 3 个试样的算术平均值计算，允许其中 1 个试样的单个值比表 2 规定值低，但不得低于规定值的 70%。

6.4.1.4 对厚度小于 12 mm 钢板的夏比(V 型缺口)冲击试验应采用辅助试样，>8 mm～<12 mm 钢板辅助试样尺寸为 10 mm×7.5 mm×55 mm，其试验结果应不小于表 2 规定值的 75%；6 mm～8 mm 钢板辅助试样尺寸为 10 mm×5 mm×55 mm，其试验结果应不小于表 2 规定值的 50%；厚度小于 6 mm 的钢板不做冲击试验。

6.4.2 根据需方要求，对厚度大于 20 mm 的钢板可进行高温拉伸试验，试验温度应在合同中注明。高温下的规定塑性延伸强度 $R_{p0.2}$ 或下屈服强度 R_{eL} 值应符合表 3 的规定。

表 3 高温力学性能

牌号	厚度 mm	试验温度/℃						
		200	250	300	350	400	450	500
		R_{eL}[a](或 $R_{p0.2}$)/MPa 不小于						
Q245R	>20～36	186	167	153	139	129	121	—
	>36～60	178	161	147	133	123	116	—
	>60～100	164	147	135	123	113	106	—
	>100～150	150	135	120	110	105	95	—
	>150～250	145	130	115	105	100	90	—
Q345R	>20～36	255	235	215	200	190	180	—
	>36～60	240	220	200	185	175	165	—
	>60～100	225	205	185	175	165	155	—
	>100～150	220	200	180	170	160	150	—
	>150～250	215	195	175	165	155	145	—
Q370R	>20～36	290	275	260	245	230	—	—
	>36～60	275	260	250	235	220	—	—
	>60～100	265	250	245	230	215	—	—
18MnMoNbR	30～60	360	355	350	340	310	275	—
	>60～100	355	350	345	335	305	270	—
13MnNiMoR	30～100	355	350	345	335	305	—	—
	>100～150	345	340	335	325	300	—	—

表 3（续）

牌　号	厚度 mm	试验温度/℃						
		200	250	300	350	400	450	500
		R_{eL} [a]（或 $R_{p0.2}$）/MPa　不小于						
15CrMoR	>20～60	240	225	210	200	189	179	174
	>60～100	220	210	196	186	176	167	162
	>100～200	210	199	185	175	165	156	150
14Cr1MoR	>20～200	255	245	230	220	210	195	176
12Cr2Mo1R	>20～200	260	255	250	245	240	230	215
12Cr1MoVR	>20～100	200	190	176	167	157	150	142
12Cr2Mo1VR	>20～200	370	365	360	355	350	340	325
07Cr2AlMoR	>20～60	195	185	175	—	—	—	—

[a] 如屈服现象不明显，屈服强度取 $R_{p0.2}$。

6.4.3　根据需方要求，可进行厚度方向的拉伸试验，在合同中注明技术要求。

6.4.4　根据需方要求，可进行落锤试验，在合同中注明技术要求。

6.5　抗氢致开裂试验

根据需方要求，可规定抗氢致开裂 HIC 用途的碳素钢和低合金钢的附加技术要求（见附录 A），合同中注明合格等级。

6.6　超声检测

根据需方要求，钢板应逐张进行超声检测，检测方法按 JB/T 4730.3、GB/T 2970 或 GB/T 28297 的规定，检测标准和合格级别应在合同中注明。

6.7　表面质量

6.7.1　钢板表面不允许存在裂纹、气泡、结疤、折叠和夹杂等对使用有害的缺陷。钢板侧面不得有分层。

如有上述表面缺陷，允许清理，清理深度从钢板实际尺寸算起，不得超过钢板厚度公差之半，并应保证钢板的最小厚度。缺陷清理处应平滑无棱角。

6.7.2　其他缺陷允许存在，其深度从钢板实际尺寸算起，不得超过厚度允许公差之半，并应保证缺陷处钢板厚度不小于钢板允许最小厚度。

6.8　其他附加要求

根据需方要求，经供需双方协议并在合同中注明，可规定临氢用途铬钼钢板的附加技术要求。

7　试验方法

钢板的检验项目、取样数量、取样方法、试验方法应符合表 4 的规定。

表 4 检验项目、取样数量及试验方法

序号	检验项目	取样数量	取样方法	取样方向	试验方法
1	化学成分	1个/炉	GB/T 20066	—	GB/T 223、GB/T 4336、GB/T 20123、GB/T 20125
2	拉伸试验	1个/批	GB/T 2975	横向	GB/T 228.1
3	Z向拉伸	3个/批	GB/T 5313	—	GB/T 5313
4	弯曲试验	1个/批	GB/T 2975	横向	GB/T 232
5	冲击试验	3个/批	GB/T 2975	横向	GB/T 229
6	高温拉伸	1个/炉	GB/T 2975	横向	GB/T 4338
7	落锤试验	—	GB/T 6803	—	GB/T 6803
8	抗氢致开裂试验	—	GB/T 8650—2006	—	GB/T 8650—2006
9	超声检测	逐张	—	—	JB/T 4730.3、GB/T 2970 或 GB/T 28297
10	尺寸、外形	逐张	—	—	符合精度要求的适宜量具
11	表面	逐张	—	—	目视

8 检验规则

8.1 钢板检验由供方质量检验部门进行。

8.2 钢板应成批验收，每批钢板由同一牌号、同一炉号、同一厚度、同一轧制或热处理制度的钢板组成，每批重量不大于 30 t。

单张重量超过 30 t 的钢板按轧制张组批。

正火后加速冷却加回火状态交货的钢板，按热处理张组批。

8.3 根据需方要求，经供需双方协商，厚度大于 16 mm 的钢板可逐轧制张进行力学性能检验。

8.4 力学性能试验取样位置按 GB/T 2975 的规定。对于厚度大于 40 mm 的钢板，冲击试样的轴线应位于厚度 1/4 处。

根据需方要求，经供需双方协议，冲击试样的轴线可位于厚度 1/2 处。

8.5 冲击试验结果不符合本标准 6.4.1.3 规定时，应从同一张钢板(或同一样坯)上再取 3 个试样进行试验，前后两组 6 个试样冲击吸收能量的算术平均值不得低于规定值，允许有 2 个试样小于规定值，但其中小于规定值 70%的试样只允许有 1 个。

8.6 其他检验项目的复验和判定按 GB/T 17505 的有关规定执行。

8.7 本标准按修约值比较法，修约规则按 GB/T 8170 的规定。

9 包装、标志和质量证明书

钢板的包装、标志和质量证明书应符合 GB/T 247 的规定。

附　录　A
（规范性附录）
抗氢致开裂(HIC)试验

钢板抗氢致开裂试验及评定方法按 GB/T 8650—2006，采用标准溶液 A。

钢板抗氢致开裂 HIC 试验结果等级（溶液 A)见表 A.1。

表 A.1　钢板抗氢致开裂 HIC 试验结果等级（溶液 A)

等级	CLR/%	CTR/%	CSR/%
Ⅰ	≤5	≤1.5	≤0.5
Ⅱ	≤10	≤3	≤1
Ⅲ	≤15	≤5	≤2
注：CLR——裂纹长度率； CTR——裂纹厚度率； CSR——裂纹敏感率。			

中华人民共和国国家标准

GB 716—91

碳素结构钢冷轧钢带

代替 GB 716—83

Cold-rolled carbon structural steel strips

1 主题内容与适用范围

本标准规定了碳素结构钢冷轧钢带(以下简称钢带)的尺寸、外形、技术要求、试验方法、检验规则、包装、标志和质量证明书。

本标准适用于冷轧机制造的成卷钢带。

2 引用标准

GB 222 钢的化学分析用试样取样法及成品化学成分允许偏差

GB 223 钢铁及合金化学分析方法

GB 228 金属拉伸试验方法

GB 247 钢板和钢带验收、包装、标志及质量证明书的一般规定

GB 700 碳素结构钢

GB 2975 钢材力学及工艺性能试验取样规定

GB 3076 金属薄板(带)拉伸试验方法

GB 4340 金属维氏硬度试验方法

GB 6397 金属拉伸试验试样

3 分类、代号

3.1 钢带按尺寸精度分为：

普通精度钢带 P

宽度较高精度钢带 K

厚度较高精度钢带 H

宽度、厚度较高精度钢带 KH

3.2 钢带按表面精度分为：

普通精度表面钢带 I

较高精度表面钢带 II

3.3 钢带按边缘状态分为：

切边钢带 Q

不切边钢带 BQ

3.4 钢带按力学性能分为：

软钢带 R

半软钢带 BR

硬钢带 Y

国家技术监督局1991-03-26批准　　1991-11-01实施

4 尺寸、外形

4.1 钢带厚度和宽度应符合表 1 中的规定。

表 1 mm

厚　　度	宽　　度
0.10～3.00	10～250

4.1.1 经供需双方协议，可供表 1 规定之外尺寸的钢带。

4.2 钢带厚度允许偏差应符合表 2 中的规定。

表 2 mm

厚　　度	允　许　偏　差	
	普通精度	较高精度
≤0.15	0 −0.020	0 −0.015
>0.15～0.25	0 −0.03	0 −0.02
>0.25～0.40	0 −0.04	0 −0.03
>0.40～0.70	0 −0.05	0 −0.04
>0.70～1.00	0 −0.07	0 −0.05
>1.00～1.50	0 −0.09	0 −0.07
>1.50～2.50	0 −0.12	0 −0.09
>2.50～3.00	0 −0.15	0 −0.12

成卷交货的钢带焊缝处 1 000 mm 范围内厚度偏差允许比表 2 数值增加 100%。

4.2.1 根据需方要求，经供需双方协议，可制造正偏差的钢带，公差值应不大于表 2 的规定。

4.3 钢带宽度允许偏差

4.3.1 切边钢带应符合表 3 中的规定。

表 3 mm

厚　　度	允　许　偏　差			
	宽度≤120		宽度>120	
	普通精度	较高精度	普通精度	较高精度
≤0.50	0 −0.25	0 −0.15	0 −0.45	0 −0.25
>0.50～1.00	0 −0.35	0 −0.25	0 −0.55	0 −0.35
>1.00～3.00	0 −0.50	0 −0.40	0 −0.70	0 −0.50

4.3.2 不切边钢带应符合表 4 中的规定。

表 4 mm

宽度	允许偏差	
	普通精度	较高精度
≤120	±1.50	±1.00
>120	±2.50	±2.00

4.3.3 根据需方要求，经供需双方协议，可供应正偏差的钢带，公差值应不大于表 3、表 4 的规定。

4.4 钢带的不平度和镰刀弯应符合表 5 中的规定。

表 5

厚度 mm	不平度，mm/m				镰刀弯，mm/m	
	宽度，mm				切边	不切边
	≤50	>50～100	>100～150	>150		
	不大于					
≤0.50	4	5	6	7	2	3
>0.50	3	4	5	6	3	4

4.5 钢带分切头尾和不切头尾两种，其有效长度应符合表 6 中的规定。

表 6 mm

厚度	有效长度 不小于
≤1.50	11 000
>1.50～2.00	7 000
>2.00～3.00	5 000

4.6 钢带应成卷交货，卷重不大于 2 t。

4.7 标记示例

用 Q 235-A・F 钢轧制的普通精度尺寸、较高精度表面、切边、半软态、厚度为 0.5 mm，宽度为 120 mm的钢带标记为：

冷轧钢带 Q 235-A・F-P-Ⅱ-Q-BR-0.5×120 GB 716。

5 技术要求

5.1 钢带采用 GB 700 标准中的碳素结构钢轧制，其化学成分应符合该标准中的规定。

5.2 钢带的抗拉强度和伸长率应符合表 7 中的规定。

表 7

类别	抗拉强度 σ_b MPa	伸长率 δ %，不小于	维氏硬度 HV
软钢带	275～440	23	≤130
半软钢带	370～490	10	105～145
硬钢带	490～785	—	140～230

5.2.1 根据需方要求，经供需双方协议，钢带可进行硬度试验，硬度值应符合表 7 的规定。此时抗拉强度和伸长率不作交货条件。

5.3 普通精度的钢带表面，除允许有深度或高度不大于钢带厚度允许偏差的个别的凹面、凸块、压痕、结疤、纵向刮伤或划痕以及轻微的锈痕、粉状的氧化皮薄层外，不得有其他缺陷。

5.4 较高精度的钢带表面，除允许有深度或高度不大于钢带厚度允许偏差之半的个别的凹面、凸块、压痕、结疤、纵向刮伤或划痕外，不得有其他缺陷。

5.5 在切边钢带的边缘上，允许有深度不大于钢带宽度允许偏差之半的切割不齐和尺寸不大于厚度允许偏差的毛刺。

5.6 在不切边钢带的边缘上允许有深度不大于表8规定的裂边。

表8 mm

厚　　度	裂　　边	
	用热带直接轧制的	用热带纵剪后轧制的
≤0.50	3	5
>0.50～1.00	2	4
>1.00～3.00	1	3

5.7 需方对钢带性能和交货状态有特殊要求时，则由供需双方按协议规定执行。

6 试验方法

6.1 钢带用肉眼作外观检查。

6.2 用通用量具在钢带有效长度内测量钢带厚度。宽度大于20 mm的钢带，切边的应在距边缘不小于5 mm处测量厚度，不切边的应在距边缘不小于10 mm处测量厚度；宽度不大于20 mm的钢带，应在钢带中部测量厚度。

6.3 测量镰刀弯时，将钢带受检部分放于平板上，并将1 m长的直尺靠贴钢带的凹边，测量钢带与直尺之间的最大距离。

6.4 测量不平度时，将钢带受检部自由地放在平台上，除钢带本身重量外，不加任何外力，测量钢带下表面与平台之间的最大距离。

6.5 每批钢带的试验项目、取样数量、取样方法和试验方法应符合表9的规定。

6.5.1 拉伸试验的试样应符合GB 6397中的规定。当计算的比例标距小于25 mm时取25 mm，试样宽度均为20 mm。

6.5.2 厚度小于0.15 mm，经供需双方协议，也可测定拉伸性能。

表9

试验项目	取样数量	取样方法	试验方法
化学成分 （熔炼分析）	每炉罐号一个	GB 222	GB 223
力学性能	4	GB 2975 从二卷钢带的内外圈各取一个试样	GB 228 GB 3076 GB 6397 试样 P8、P4 GB 4340

7 检验规则

7.1 钢带应成批验收，每批应由同一牌号、同一规格和同一类别钢带组成。

7.2 不切头尾钢带，头尾不作考核部分长度应不大于表10中的规定。

表 10

mm

厚　　度	头　　部	尾　　部
≤0.50	2 500	1 000
>0.50～1.00	2 000	1 000
>1.00～1.50	1 500	1 000
>1.50	1 000	500

7.3　由连轧机轧制的成卷长钢带不正常部分不得超过每卷总长度的 8%。

7.4　钢带的复验应符合 GB 247 标准中的规定。

8　包装、标志和质量证明书

钢带的包装、标志和质量证明书应符合 GB 247 标准中的规定。

附加说明：

本标准由中华人民共和国冶金工业部提出。

本标准由上海第十钢铁厂负责起草。

本标准主要起草人房增德、赵春宝。

ICS 70.140.50
H 46

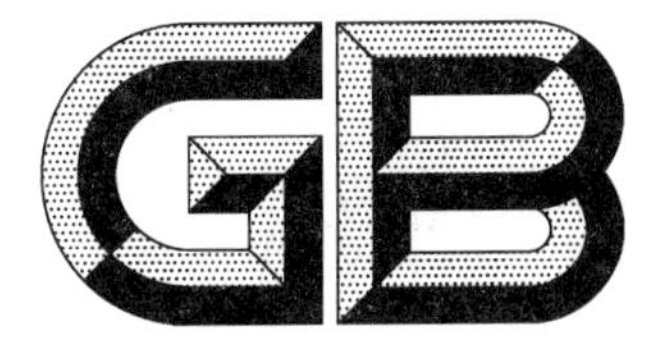

中华人民共和国国家标准

GB/T 3274—2017
代替 GB 912—2008,GB/T 3274—2007

碳素结构钢和低合金结构钢
热轧钢板和钢带

Hot-rolled plates,sheets and strips of carbon structural steels and high strength low alloy structural steels

2017-02-28 发布　　　　2017-11-01 实施

中华人民共和国国家质量监督检验检疫总局
中国国家标准化管理委员会　发布

前　言

本标准按照 GB/T 1.1—2009 给出的规则起草。

本标准对 GB 912—2008《碳素结构钢和低合金结构钢热轧薄钢板和钢带》和 GB/T 3274—2007《碳素结构钢和低合金结构钢热轧厚钢板和钢带》进行合并修订。

本标准代替 GB 912—2008《碳素结构钢和低合金结构钢热轧薄钢板和钢带》和 GB/T 3274—2007《碳素结构钢和低合金结构钢热轧厚钢板和钢带》，与 GB 912—2008 和 GB/T 3274—2007 标准相比，主要技术变化如下：

——钢带允许带缺陷交货长度修改为不得超过每卷钢带总长度的 6%(见 5.6.4)；

——增加内在质量要求(见 5.7)；

——扩大检验批重，修改为按炉组批(见 7.2)。

本标准由中国钢铁工业协会提出。

本标准由全国钢标准化技术委员会(SAC/TC 183)归口。

本标准起草单位：鞍钢股份有限公司、重庆钢铁股份有限公司、首钢总公司、冶金工业信息标准研究院、河北钢铁股份有限公司唐山分公司、马钢(集团)控股有限公司、福建省三钢(集团)有限责任公司、武汉钢铁股份有限公司。

本标准主要起草人：刘徐源、杜大松、朴志民、师莉、张维旭、邓翠青、方拓野、刘建丰、刘美红、苏皓璐、唐志刚、李泽瀚、翟利平。

本标准所代替标准的历次版本发布情况：

——GB/T 912—1989、GB 912—2008。

——GB/T 3274—1988、GB/T 3274—2007。

碳素结构钢和低合金结构钢
热轧钢板和钢带

1 范围

本标准规定了碳素结构钢和低合金结构钢热轧钢板和钢带的订货内容、尺寸、外形、重量、技术要求、试验方法、检验规则、包装、标志及质量证明书。

本标准适用于厚度不大于400 mm的碳素结构钢和低合金结构钢热轧钢板和钢带(以下简称钢板和钢带)。

2 规范性引用文件

下列文件对于本文件的应用是必不可少的。凡是注日期的引用文件,仅注日期的版本适用于本文件。凡是不注日期的引用文件,其最新版本(包括所有的修改单)适用于本文件。

GB/T 222 钢的成品化学成分允许偏差

GB/T 228.1 金属材料 拉伸试验 第1部分:室温试验方法

GB/T 229 金属材料 夏比摆锤冲击试验方法

GB/T 232 金属材料 弯曲试验方法

GB/T 247 钢板和钢带包装、标志及质量证明书的一般规定

GB/T 700 碳素结构钢

GB/T 709 热轧钢板和钢带的尺寸、外形、重量及允许偏差

GB/T 1591 低合金高强度结构钢

GB/T 2975 钢及钢产品 力学性能试验取样位置及试样制备

GB/T 8170 数值修约规则与极限数值的表示和判定

GB/T 14977 热轧钢板表面质量的一般要求

GB/T 17505 钢及钢产品交货 一般技术要求

GB/T 20066 钢和铁 化学成分测定用试样的取样和制样方法

3 订货内容

3.1 按本标准订货的合同或订单应包括下列内容:

a) 标准编号;

b) 产品名称(钢板或钢带);

c) 牌号;

d) 交货状态;

e) 尺寸及精度;

f) 边缘状态(切边 EC、不切边 EM);

g) 重量;

h) 特殊要求。

3.2 由钢带剪切的钢板通常切边交货,若订货合同未指明边缘状态,钢带通常不切边交货。

4 尺寸、外形、重量

钢板和钢带的尺寸、外形、重量及允许偏差应符合 GB/T 709 的规定。

5 技术要求

5.1 牌号和化学成分

钢的牌号和化学成分(熔炼分析)应符合 GB/T 700 和 GB/T 1591 的规定。成品钢板和钢带的化学成分允许偏差应符合 GB/T 222 的规定。

5.2 冶炼方法

钢应采用氧气转炉或电炉冶炼。

5.3 交货状态

钢板和钢带以热轧、控轧或热处理状态交货。

5.4 力学性能

5.4.1 厚度小于 3 mm 的钢板和钢带的抗拉强度和断后伸长率应符合 GB/T 700、GB/T 1591 的规定,断后伸长率允许比 GB/T 700 或 GB/T 1591 的规定降低 5%(绝对值)。根据需方要求,钢板和钢带的屈服强度可按 GB/T 700、GB/T 1591 的规定。

5.4.2 厚度不小于 3 mm 的钢板和钢带的力学和工艺性能应符合 GB/T 700、GB/T 1591 的规定。

5.5 工艺性能

钢板和钢带应做 180°弯曲试验,试样弯曲压头直径应符合 GB/T 700、GB/T 1591 的规定。如供方能保证冷弯试验合格,可不作检验。

5.6 表面质量

5.6.1 钢板和钢带断面不应有目视可见分层。钢板和钢带表面不应有结疤、裂纹、折叠、夹杂、气泡和氧化铁皮压入等对使用有害的缺陷。

5.6.2 钢板和钢带表面允许有不影响使用的薄层氧化铁皮、铁锈和轻微的麻点、划痕等局部缺陷,其凹凸度不得超过钢板和钢带厚度公差之半,并应保证钢板和钢带允许的最小厚度。

5.6.3 钢板表面缺陷允许清理。清理处应平缓无棱角,并应保证钢板的允许最小厚度。

5.6.4 在钢带连续生产的过程中,局部的表面缺陷不易发现并去除,因此允许带缺陷交货,但有缺陷部分不得超过每卷钢带总长度的 6%。

5.6.5 经供需双方协商,表面质量可执行 GB/T 14977 的规定。

5.7 内在质量

当需方不允许钢板和钢带内部有分层等缺陷时,应在订货时提出无损检测要求,其检测方法和合格级别由供需双方协商确定。

5.8 焊接修补

钢板表面存在不能按 5.6.3 规定清理的缺陷,经供需双方协商,可进行焊接修补,并应满足以下要求：

a) 采用适当的焊接方法；

b) 在焊补前采用铲平或磨平等适当的方法完全除去钢板上的有害缺陷，除去部分的深度在钢板公称厚度的20%以内，单面的修磨面积合计应在钢板表面的2%以内；

c) 钢板焊接部位的边缘上不得有咬边和重叠；堆高应高出轧制面1.5 mm以上，然后用铲平或磨平等方法去除堆高；

d) 热处理钢板焊接修补后应再次进行热处理。

6 试验方法

每批钢板和钢带的检验项目和试验方法应符合表1的规定。

表1 检验项目、试样数量、取样方法及试验方法

序号	检验项目	取样数量	取样方法	试验方法
1	化学成分	1个/每炉	GB/T 20066	符合GB/T 700、GB/T 1591的规定
2	拉伸试验	1个/批	GB/T 2975	GB/T 228.1
3	弯曲试验	1个/批	GB/T 2975	GB/T 232
4	冲击试验	3个/批	GB/T 2975	GB/T 229
5	表面	逐张/逐卷	—	目视
6	尺寸、外形	逐张/逐卷	—	适宜的量具

7 检验规则

7.1 钢板和钢带的检查和验收由供方质量技术监督部门进行。

7.2 钢板和钢带应成批验收，每批由同一牌号、同一炉号、同一质量等级、同一交货状态的钢板和钢带组成。同一批最小钢板厚度大于10 mm时，厚度差应不大于5 mm；同一批最小钢板厚度不大于10 mm时，厚度差应不大于2 mm。应在同一批中最厚钢板上取样。

7.3 钢板和钢带的取样数量和取样方法应符合表1的规定。

7.4 钢板和钢带的复验和判定按GB/T 17505的规定。

7.5 力学性能和化学成分检验结果采用修约值比较法，修约规则应符合GB/T 8170的规定。

8 包装、标志及质量证明书

钢板和钢带的包装、标志及质量证明书应符合GB/T 247的规定。

ICS 77.140.50
H 46

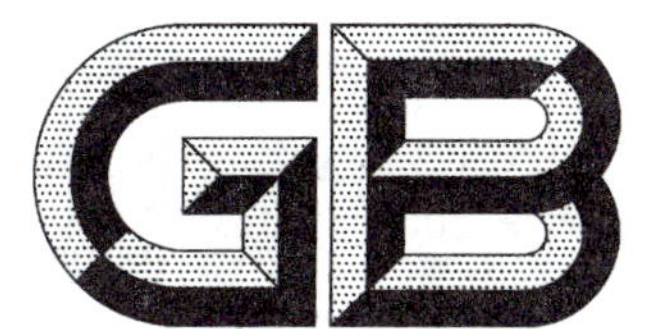

中华人民共和国国家标准

GB/T 3279—2009
代替 GB/T 3279—1989

弹簧钢热轧钢板

Hot-rolled spring steel sheets and plates

2009-10-30 发布　　2010-05-01 实施

中华人民共和国国家质量监督检验检疫总局
中国国家标准化管理委员会　发布

前　言

本标准代替 GB/T 3279—1989《弹簧钢热轧薄钢板》。

本标准与 GB/T 3279—1989 相比，主要变化如下：

——标准名称修改为《弹簧钢热轧钢板》；

——增加了厚度大于 4 mm～15 mm 的弹簧钢热轧钢板及相应技术要求；

——增加了“订货内容”条款；

——取消了 55Si2Mn 牌号；

——增加了“冶炼方法”条款；

——修改了钢板的尺寸、外形及允许偏差的规定；

——增加了厚度 3 mm～15 mm 钢板的力学性能的规定；

——增加了厚度大于 4 mm～15 mm 钢板脱碳的规定。

本标准由中国钢铁工业协会提出。

本标准由全国钢标准化技术委员会归口。

本标准主要起草单位：重庆东华特殊钢有限责任公司、冶金工业信息标准研究院。

本标准主要起草人：李庆艳、谢静红、刘宝石、戴强、栾燕。

本标准所代替标准的历次版本发布情况为：

——GB/T 3279—1982、GB/T 3279—1989。

弹簧钢热轧钢板

1 范围

本标准规定了弹簧钢热轧钢板的订货内容、尺寸、外形及允许偏差、技术要求、试验方法、检验规则、包装、标志及质量证明书。

本标准适用于厚度不大于15 mm的弹簧钢热轧钢板。

2 规范性引用文件

下列文件中的条款通过本标准的引用而成为本标准的条款。凡是注日期的引用文件，其随后所有的修改单(不包括勘误的内容)或修订版均不适用于本标准，然而，鼓励根据本标准达成协议的各方研究是否可使用这些文件的最新版本。凡是不注日期的引用文件，其最新版本适用于本标准。

GB/T 222　钢的成品化学成分允许偏差

GB/T 223.3　钢铁及合金化学分析方法　二安替比林甲烷磷钼酸重量法测定磷量

GB/T 223.5　钢铁　酸溶硅和全硅含量的测定　还原型硅钼酸盐分光光度法

GB/T 223.11　钢铁及合金　铬含量的测定　可视滴定或电位滴定法

GB/T 223.13　钢铁及合金化学分析方法　硫酸亚铁铵滴定法测定钒量

GB/T 223.18　钢铁及合金化学分析方法　硫代硫酸钠分离-碘量法测定铜量

GB/T 223.19　钢铁及合金化学分析方法　新亚铜灵-三氯甲烷萃取光度法测定铜量

GB/T 223.23　钢铁及合金　镍含量的测定　丁二酮肟分光光度法

GB/T 223.43　钢铁及合金　钨含量的测定　重量法和分光光度法

GB/T 223.58　钢铁及合金化学分析方法　亚砷酸钠-亚硝酸钠滴定法测定锰量

GB/T 223.59　钢铁及合金　磷含量的测定　铋磷钼蓝分光光度法和锑磷钼蓝分光光度法

GB/T 223.60　钢铁及合金化学分析方法　高氯酸脱水重量法测定硅含量

GB/T 223.61　钢铁及合金化学分析方法　磷钼酸铵容量法测定磷量

GB/T 223.64　钢铁及合金　锰含量的测定　火焰原子吸收光谱法

GB/T 223.67　钢铁及合金　硫含量的测定　次甲基蓝分光光度法

GB/T 223.71　钢铁及合金化学分析方法　管式炉内燃烧后重量法测定碳含量

GB/T 223.72　钢铁及合金　硫含量的测定　重量法

GB/T 223.75　钢铁及合金　硼含量的测定　甲醇蒸馏-姜黄素光度法

GB/T 223.76　钢铁及合金化学分析方法　火焰原子吸收光谱法测定钒量

GB/T 224　钢的脱碳层深度测定法

GB/T 226　钢的低倍组织及缺陷酸蚀检验法(GB/T 226—1991，neq ISO 4969:1980)

GB/T 228　金属材料　室温拉伸试验方法(GB/T 228—2002，eqv ISO 6892:1998)

GB/T 247　钢板和钢带检验、包装、标志及质量证明书的一般规定

GB/T 709—2006　热轧钢板和钢带的尺寸、外形、重量及允许偏差

GB/T 1222　弹簧钢

GB/T 2975　钢及钢产品　力学性能试验取样位置及试样制备(GB/T 2975—1998，eqv ISO 377:1997)

GB/T 4336　碳素钢和中低合金钢　火花源原子发射光谱分析方法(常规法)

GB/T 13302　钢中石墨碳显微评定方法

GB/T 17505　钢及钢产品交货一般技术条件(GB/T 17505—1998,eqv ISO 404：1992)

GB/T 20066　钢和铁　化学成分测定用试样的取样和制样方法(GB/T 20066—2006,ISO 14284：1996,IDT)

3　订货内容

按本标准订货的合同或订单应包括以下内容：

a)　产品名称；

b)　牌号；

c)　标准号；

d)　规格；

e)　重量(或数量)；

f)　加工用途；

g)　交货状态；

h)　其他。

4　尺寸、外形及允许偏差

4.1　厚度 3 mm～15 mm 钢板的尺寸、外形及允许偏差应符合 GB/T 709—2006 的规定，热轧单轧钢板的厚度允许偏差未注明时按 A 类偏差。

4.2　厚度小于 3 mm 钢板的尺寸及允许偏差应符合表 1 的规定。

表 1

单位为毫米

公称厚度	在下列宽度时的厚度允许偏差		
	600～750	>750～1 000	>1 000～1 500
>0.35～0.50	±0.07	±0.07	—
>0.50～0.60	±0.08	±0.08	—
>0.60～0.75	±0.09	±0.09	—
>0.75～0.90	±0.10	±0.10	—
>0.90～1.10	±0.11	±0.12	—
>1.10～1.20	±0.12	±0.13	±0.15
>1.20～1.30	±0.13	±0.14	±0.15
>1.30～1.40	±0.14	±0.15	±0.18
>1.40～1.60	±0.15	±0.15	±0.18
>1.60～1.80	±0.15	±0.17	±0.18
>1.80～2.00	±0.16	±0.17	±0.18
>2.00～2.20	±0.17	±0.18	±0.19
>2.20～2.50	±0.18	±0.19	±0.20
>2.50～<3.00	±0.19	±0.20	±0.21

4.3　经供需双方协议，并在合同中注明，可供应其他尺寸的钢板。

4.4　经供需双方协议，并在合同中注明，可供应更高轧制精度的钢板。

4.5　不平度

钢板的不平度应符合表 2 的规定。

表 2

单位为毫米

公称厚度	不平度 每米不大于
≤1.5	18
>1.5～5	13
>5～8	12
>8～15	11

5 技术要求

5.1 牌号和化学成分

5.1.1 弹簧钢的牌号和化学成分应符合 GB/T 1222 的规定。

5.1.2 成品钢材化学成分允许偏差应符合 GB/T 222 的规定。

5.2 冶炼方法

除非合同中有规定，冶炼方法由生产厂自行选择。

5.3 交货状态

5.3.1 钢板以退火或高温回火状态交货。根据需方要求，经双方协议也可以其他热处理状态交货。

5.3.2 钢板应切边交货。按其他边缘状态交货时应在合同中注明。

5.3.3 根据需方要求，钢板可酸洗交货。

5.4 力学性能

以退火或高温回火交货状态下钢板的力学性能应符合表 3 的规定。表中未列牌号的力学性能由供需双方协议规定。

表 3

序号	牌　号	力学性能			
		厚度小于 3 mm		厚度 3 mm～15 mm	
		抗拉强度 R_m/(N/mm²) 不大于	断后伸长率 $A_{11.3}$[a]/% 不小于	抗拉强度 R_m/(N/mm²) 不大于	断后伸长率 A/% 不小于
1	85	800	10	785	10
2	65Mn	850	12	850	12
3	60Si2Mn	950	12	930	12
4	60Si2MnA	950	13	930	13
5	60Si2CrVA	1 100	12	1 080	12
6	50CrVA	950	12	930	12

[a] 厚度不大于 0.90 mm 的钢板，断后伸长率仅供参考。

5.5 低倍组织

钢板或钢坯的酸浸低倍组织不应有目视可见的缩孔、裂纹和夹杂。供方若能保证低倍组织合格可不检验。

5.6 脱碳

5.6.1 硅合金弹簧钢板每面全脱碳层(铁素体)深度不应超过钢板公称厚度的 3%，两面之和不得超过 5%。

5.6.2 其他弹簧钢板每面全脱碳层(铁素体)深度不应超过钢板公称厚度的2.5%,两面之和不得超过4.0%。

5.6.3 经供需双方协议,可供应每面总脱碳层(铁素体+过渡层)深度不超过5%的钢板。

5.7 石墨碳

厚度不大于4 mm的硅合金弹簧钢板在交货状态下的石墨碳不应大于1级。

5.8 表面质量

5.8.1 钢板不应有分层,表面不得有裂纹、气泡、折叠、结疤和夹杂。上述缺陷允许用修磨的方法清除,清理深度不应使钢板小于允许最小厚度。

5.8.2 钢板表面允许有深度或高度不大于厚度公差,且不使钢板超过最小或最大允许厚度轻微的麻点和局部的深麻点、凹坑、压痕、划伤和薄层氧化铁皮;经酸洗交货的钢板允许有浅黄色薄膜及氧化铁皮脱落造成的不显著的粗糙面。

5.8.3 根据需方要求,表面允许缺陷深度可不大于钢板厚度公差之半,且应保证钢板的最小厚度。

6 试验方法

每批钢板的检验项目、取样数量、取样部位及试验方法应符合表4的规定。

表4

序号	检验项目	取样数量	取样部位	试验方法
1	化学成分	1/炉	GB/T 20066	GB/T 223、GB/T 4336
2	拉伸	2	GB/T 2975	GB/T 228
3	低倍组织	2	7.3.2、7.3.3或不同张钢板上或靠近钢锭帽口端的板坯上	GB/T 226
4	脱碳层	2	7.3.2、7.3.3	GB/T 224
5	石墨碳	2	7.3.2、7.3.3	GB/T 13302
6	尺寸	逐张	整张钢板	千分尺或样板
7	表面	逐张	整张钢板	目视

7 检验规则

7.1 检查和验收

7.1.1 钢板出厂的检查和验收由供方质量技术监督部门进行。

7.1.2 供方必须保证交货的钢板符合本标准或合同的规定,必要时,需方有权对本标准或合同所规定的任一检验项目进行检查和验收。

7.2 组批规则

钢板应按批进行检查和验收,每批钢板应由同一牌号、同一炉号、同一厚度、同一交货状态、同一热处理炉次的钢板组成。

7.3 取样数量及取样部位

7.3.1 每批钢板的取样数量及取样部位应符合表4的规定。

7.3.2 每批在一垛的上部和下部各取一张检验用钢板。

7.3.3 批量不大于20张时,可在一张检验用钢板的两端各取一个试样。

7.3.4 检验用试样距钢板边缘应不小于40 mm。

7.4 复验与判定规则

钢板的复验与判定规则应符合 GB/T 17505 的规定。

8 包装、标志和质量证明书

钢板的包装、标志和质量证明书应符合 GB/T 247 的规定。

ICS 77.140.50
H 46

中华人民共和国国家标准

GB/T 3280—2015
代替 GB/T 3280—2007

不锈钢冷轧钢板和钢带

Cold rolled stainless steel plate, sheet and strip

2015-09-11 发布　　2016-06-01 实施

中华人民共和国国家质量监督检验检疫总局
中国国家标准化管理委员会　发布

前　言

本标准按照 GB/T 1.1—2009 给出的规则起草。

本标准代替 GB/T 3280—2007《不锈钢冷轧钢板和钢带》。与 GB/T 3280—2007 标准相比，主要技术变化如下：

——在分类中增加了“3/4 冷作硬化状态”；

——在订货内容中增加了“边缘状态”；

——调整了钢板和钢带的尺寸精度；

——修改了对卷切钢带Ⅱ的不平度；

——增加了 23 个牌号及相关技术要求；

——调整了 5 个牌号的化学成分；

——调整了 13 个牌号的力学性能，并补充了部分 HV 硬度；

——将原牌号 022Cr18NbTi 修改为 022Cr18Nb；

——对厚度不大于 3 mm 的钢板和钢带的断后伸长率试样改为 $A_{50\ mm}$；

——增加了 2E 表面加工类型；

——修改了复验和判定规则；

——增加了力学性能和化学成分试验结果修约的规定；

——增加了附录 A《各国不锈钢牌号对照表》(资料性附录)。

本标准由中国钢铁工业协会提出。

本标准由全国钢标准化技术委员会(SAC/C 183)归口。

本标准主要起草单位：山西太钢不锈钢股份有限公司、宝钢不锈钢有限公司、冶金工业信息标准研究院、四川西南不锈钢有限责任公司、宁波宝新不锈钢有限公司、山东泰山钢铁集团有限公司。

本标准主要起草人：武强、张晶晶、徐中杰、董莉、王军、邬珠仙、陈培敦、孙铭山、王晓虎、季灯平、李六一、王传东、栾燕、张维旭。

本标准所代替标准的历次版本发布情况为：

——GB 3280—1984，GB/T 3280—1992，GB/T 3280—2007；

——GB 4239—1984，GB/T 4239—1991。

不锈钢冷轧钢板和钢带

1 范围

本标准规定了不锈钢冷轧钢板和钢带的分类、代号、订货内容、尺寸、外形、重量及允许偏差、技术要求、试验方法、检验规则、包装、标志及质量证明书。

本标准适用于耐腐蚀不锈钢冷轧宽钢带(以下简称宽钢带)及其卷切定尺钢板(以下简称卷切钢板)、纵剪冷轧宽钢带(以下简称纵剪宽钢带)及其卷切定尺钢带(以下简称卷切钢带Ⅰ)、冷轧窄钢带(以下简称窄钢带)及其卷切定尺钢带(以下简称卷切钢带Ⅱ),也适用于单张轧制的钢板。

2 规范性引用文件

下列文件对于本文件的应用是必不可少的。凡是注日期的引用文件,仅注日期的版本适用于本文件。凡是不注日期的引用文件,其最新版本(包括所有的修改单)适用于本文件。

GB/T 222 钢的成品化学成分允许偏差

GB/T 223.3 钢铁及合金化学分析方法 二安替比林甲烷磷钼酸重量法测定磷量

GB/T 223.4 钢铁及合金 锰含量的测定 电位滴定或可视滴定法

GB/T 223.5 钢铁 酸溶硅和全硅含量的测定 还原型硅钼酸盐分光光度法

GB/T 223.8 钢铁及合金化学分析方法 氟化钠分离-EDTA 滴定法测定铝含量

GB/T 223.9 钢铁及合金 铝含量的测定 铬天青 S 分光光度法

GB/T 223.11 钢铁及合金 铬含量的测定 可视滴定或电位滴定法

GB/T 223.16 钢铁及合金化学分析方法 变色酸光度法测定钛量

GB/T 223.18 钢铁及合金化学分析方法 硫代硫酸钠分离-碘量法测定铜量

GB/T 223.19 钢铁及合金化学分析方法 新亚铜灵-三氯甲烷萃取光度法测定铜量

GB/T 223.23 钢铁及合金 镍含量的测定 丁二酮肟分光光度法

GB/T 223.25 钢铁及合金化学分析方法 丁二酮肟重量法测定镍量

GB/T 223.26 钢铁及合金 钼含量的测定 硫氰酸盐分光光度法

GB/T 223.28 钢铁及合金化学分析方法 α-安息香肟重量法测定钼量

GB/T 223.33 钢铁及合金化学分析方法 萃取分离-偶氮氯膦 mA 光度法测定铈量

GB/T 223.36 钢铁及合金化学分析方法 蒸馏分离-中和滴定法测定氮量

GB/T 223.40 钢铁及合金 铌含量的测定 氯磺酚 S 分光光度法

GB/T 223.53 钢铁及合金化学分析方法 火焰原子吸收分光光度法测定铜量

GB/T 223.58 钢铁及合金化学分析方法 亚砷酸钠-亚硝酸钠滴定法测定锰量

GB/T 223.60 钢铁及合金化学分析方法 高氯酸脱水重量法测定硅含量

GB/T 223.61 钢铁及合金化学分析方法 磷钼酸铵容量法测定磷量

GB/T 223.68 钢铁及合金化学分析方法 管式炉内燃烧后碘酸钾滴定法测定硫含量

GB/T 223.69 钢铁及合金 碳含量的测定 管式炉内燃烧后气体容量法

GB/T 228.1 金属材料 拉伸试验 第1部分:室温试验方法

GB/T 230.1 金属材料 洛氏硬度试验 第1部分:试验方法(A、B、C、D、E、F、G、H、K、N、T 标尺)

GB/T 231.1 金属材料 布氏硬度试验 第1部分:试验方法
GB/T 232 金属材料 弯曲试验方法
GB/T 247 钢板和钢带包装、标志及质量证明书的一般规定
GB/T 708—2006 冷轧钢板和钢带的尺寸、外形、重量及允许偏差
GB/T 2975 钢及钢产品 力学性能试验取样位置及试样制备
GB/T 4334 金属和合金的腐蚀 不锈钢晶间腐蚀试验方法
GB/T 4340.1 金属材料 维氏硬度试验 第1部分:试验方法
GB/T 8170 数值修约规则与极限数值的表示和判定
GB/T 11170 不锈钢 多元素含量的测定 火花放电原子发射光谱法(常规法)
GB/T 17505 钢及钢产品交货一般技术要求
GB/T 20066 钢和铁 化学成分测定用试样的取样和制样方法
GB/T 20123 钢铁 总碳硫含量的测定 高频感应炉燃烧后红外吸收法(常规方法)
GB/T 20124 钢铁 氮含量的测定 惰性气体熔融热导法(常规方法)
GB/T 20878—2007 不锈钢和耐热钢 牌号及化学成分
YB/T 4334 金属箔材 室温拉伸试验方法

3 分类、代号

3.1 按加工硬化状态分类如下:

a) 1/4冷作硬化状态,H 1/4;
b) 1/2冷作硬化状态,H 1/2;
c) 3/4冷作硬化状态,H 3/4;
d) 冷作硬化状态,H;
e) 特别冷作硬化状态,H2。

3.2 按边缘状态分类如下:

a) 切边,EC;
b) 不切边,EM。

3.3 按尺寸、外形精度等级分类如下:

a) 宽度普通精度,PW.A;
b) 宽度较高精度,PW.B;
c) 厚度普通精度,PT.A;
d) 厚度较高精度,PT.B;
e) 长度普通精度,PL.A;
f) 长度较高精度,PL.B;
g) 不平度普通级,PF.A;
h) 不平度较高级,PF.B;
i) 镰刀弯普通精度,PC.A;
j) 镰刀弯较高精度,PC.B。

4 订货内容

按本标准订货的合同或订单应包括下列内容:

a) 标准编号;

b) 产品名称；
c) 牌号或统一数字代号；
d) 尺寸及精度；
e) 交货的重量(数量)；
f) 表面加工类型；
g) 边缘状态；
h) 交货状态；
i) 标准中应由供需双方协商确定并在合同中注明的项目或指标，如未注明，则由供方选择；
j) 需方提出的其他特殊要求，经供需双方协商确定，并在合同中注明。

5 尺寸、外形、重量及允许偏差

5.1 尺寸及允许偏差

5.1.1 钢板和钢带的尺寸范围

钢板和钢带的公称尺寸范围见表1。推荐的公称尺寸应符合GB/T 708—2006中5.2的规定。根据需方要求，并经双方协商确定，可供应其他尺寸的产品。

表1 公称尺寸范围

单位为毫米

形态	公称厚度	公称宽度
宽钢带、卷切钢板	0.10～8.00	600～2 100
纵剪宽钢带[a]、卷切钢带Ⅰ[a]	0.10～8.00	<600
窄钢带、卷切钢带Ⅱ	0.01～3.00	<600

[a] 由宽度大于600 mm的宽钢带纵剪(包括纵剪加横切)成宽度小于600 mm的钢带或钢板。

5.1.2 厚度允许偏差

5.1.2.1 宽钢带及卷切钢板、纵剪宽钢带及卷切钢带Ⅰ的厚度允许偏差应符合表2普通精度(PT.A)的规定。如需方要求并在合同中注明时，可执行表2中较高精度(PT.B)的规定。

表2 宽钢带及卷切钢板、纵剪宽钢带及卷切钢带Ⅰ的厚度允许偏差

单位为毫米

公称厚度	PT.A		PT.B		
	公称宽度		公称宽度		
	<1 250	1 250～2 100	600～<1 000	1 000～<1 250	1 250～2 100
0.10～<0.25	±0.03	—	—	—	—
0.25～<0.30	±0.04	—	±0.038	±0.038	—
0.30～<0.60	±0.05	±0.08	±0.040	±0.040	±0.05
0.60～<0.80	±0.07	±0.09	±0.05	±0.05	±0.06
0.80～<1.00	±0.09	±0.10	±0.05	±0.06	±0.07
1.00～<1.25	±0.10	±0.12	±0.06	±0.07	±0.08

表 2（续） 单位为毫米

公称厚度	PT.A		PT.B		
	公称宽度		公称宽度		
	<1 250	1 250～2 100	600～<1 000	1 000～<1 250	1 250～2 100
1.25～<1.60	±0.12	±0.15	±0.07	±0.08	±0.10
1.60～<2.00	±0.15	±0.17	±0.09	±0.10	±0.12
2.00～<2.50	±0.17	±0.20	±0.10	±0.11	±0.13
2.50～<3.15	±0.22	±0.25	±0.11	±0.12	±0.14
3.15～<4.00	±0.25	±0.30	±0.12	±0.13	±0.16
4.00～<5.00	±0.35	±0.40	—	—	—
5.00～<6.50	±0.40	±0.45	—	—	—
6.50～8.00	±0.50	±0.50	—	—	—

5.1.2.2 宽钢带头尾不正常部分（总长度不大于 25 000 mm）的厚度偏差值允许比正常部分增加 50%。

5.1.2.3 窄钢带及卷切钢带Ⅱ的厚度允许偏差应符合表 3 中普通精度（PT.A）的规定。如需方要求并在合同中注明时，可执行表 3 中较高精度（PT.B）的规定。

表 3 窄钢带及卷切钢带Ⅱ的厚度允许偏差 单位为毫米

公称厚度	PT.A			PT.B		
	公称宽度			公称宽度		
	<125	125～<250	250～<600	<125	125～<250	250～<600
0.05～<0.10	±0.10t	±0.12t	±0.15t	±0.06t	±0.10t	±0.10t
0.10～<0.20	±0.010	±0.015	±0.020	±0.008	±0.012	±0.015
0.20～<0.30	±0.015	±0.020	±0.025	±0.012	±0.015	±0.020
0.30～<0.40	±0.020	±0.025	±0.030	±0.015	±0.020	±0.025
0.40～<0.60	±0.025	±0.030	±0.035	±0.020	±0.025	±0.030
0.60～<1.00	±0.030	±0.035	±0.040	±0.025	±0.030	±0.035
1.00～<1.50	±0.035	±0.040	±0.045	±0.030	±0.035	±0.040
1.50～<2.00	±0.040	±0.050	±0.060	±0.035	±0.040	±0.050
2.00～<2.50	±0.050	±0.060	±0.070	±0.040	±0.050	±0.060
2.50～3.00	±0.060	±0.070	±0.080	±0.050	±0.060	±0.070
供需双方协商确定，偏差值可全为正偏差、负偏差或正负偏差不对称分布，但公差值应在表列范围之内。 厚度小于 0.05 mm 时，由供需双方协商确定。 钢带边部毛刺高度应小于或等于产品公称厚度×10%。						
注：t 为公称厚度。						

5.1.3 宽度允许偏差

5.1.3.1 切边(EC)宽钢带及卷切钢板、纵剪宽钢带及卷切钢带Ⅰ的宽度允许偏差应符合表4普通精度(PW.A)的规定。如需方要求并在合同中注明时,可执行表4中的较高精度(PW.B)的规定。

表4 切边宽钢带及卷切钢板、纵剪宽钢带及卷切钢带Ⅰ宽度允许偏差 单位为毫米

公称厚度	公称宽度							
	≤125		＞125～250		＞250～600		＞600～1 000	＞1 000
	PW.A	PW.B	PW.A	PW.B	PW.A	PW.B	PW.A	PW.A
＜1.00	$^{+0.5}_{0}$	$^{+0.3}_{0}$	$^{+0.5}_{0}$	$^{+0.3}_{0}$	$^{+0.7}_{0}$	$^{+0.6}_{0}$	$^{+1.5}_{0}$	$^{+2.0}_{0}$
1.00～＜1.50	$^{+0.7}_{0}$	$^{+0.4}_{0}$	$^{+0.7}_{0}$	$^{+0.5}_{0}$	$^{+1.0}_{0}$	$^{+0.7}_{0}$	$^{+1.5}_{0}$	$^{+2.0}_{0}$
1.50～＜2.50	$^{+1.0}_{0}$	$^{+0.6}_{0}$	$^{+1.0}_{0}$	$^{+0.7}_{0}$	$^{+1.2}_{0}$	$^{+0.9}_{0}$	$^{+2.0}_{0}$	$^{+2.5}_{0}$
2.50～＜3.50	$^{+1.2}_{0}$	$^{+0.8}_{0}$	$^{+1.2}_{0}$	$^{+0.9}_{0}$	$^{+1.5}_{0}$	$^{+1.0}_{0}$	$^{+3.0}_{0}$	$^{+3.0}_{0}$
3.50～8.00	$^{+2.0}_{0}$	—	$^{+2.0}_{0}$	—	$^{+2.0}_{0}$	—	$^{+4.0}_{0}$	$^{+4.0}_{0}$
经需方同意,产品可小于公称宽度交货,但不应超出表列公差范围。 经需方同意,对于需二次修边的纵剪产品,其宽度偏差可增加到5 mm。								

5.1.3.2 不切边(EM)宽钢带及卷切钢板的宽度允许偏差应符合表5的规定。

表5 不切边宽钢带及卷切钢板宽度允许偏差 单位为毫米

边缘状态	公称宽度	
	600～＜1 000	1 000～2 100
不切边 EM	$^{+25}_{0}$	$^{+30}_{0}$

5.1.3.3 切边(EC)窄钢带及卷切钢带Ⅱ的宽度允许偏差应符合表6普通精度(PW.A)的规定。如需方要求并在合同中注明时,可执行表6中较高精度(PW.B)的规定。

表6 切边窄钢带及卷切钢带Ⅱ宽度允许偏差 单位为毫米

公称厚度	公称宽度							
	≤40		＞40～125		＞125～250		＞250～600	
	PW.A	PW.B	PW.A	PW.B	PW.A	PW.B	PW.A	PW.B
0.05～＜0.25	$^{+0.17}_{0}$	$^{+0.13}_{0}$	$^{+0.20}_{0}$	$^{+0.15}_{0}$	$^{+0.25}_{0}$	$^{+0.20}_{0}$	$^{+0.50}_{0}$	$^{+0.50}_{0}$

表 6（续）

单位为毫米

公称厚度	公称宽度							
	≤40		>40～125		>125～250		>250～600	
	PW.A	PW.B	PW.A	PW.B	PW.A	PW.B	PW.A	PW.B
0.25～<0.50	${}^{+0.20}_{0}$	${}^{+0.15}_{0}$	${}^{+0.25}_{0}$	${}^{+0.20}_{0}$	${}^{+0.30}_{0}$	${}^{+0.22}_{0}$	${}^{+0.60}_{0}$	${}^{+0.50}_{0}$
0.50～<1.00	${}^{+0.25}_{0}$	${}^{+0.20}_{0}$	${}^{+0.30}_{0}$	${}^{+0.22}_{0}$	${}^{+0.40}_{0}$	${}^{+0.25}_{0}$	${}^{+0.70}_{0}$	${}^{+0.60}_{0}$
1.00～<1.50	${}^{+0.30}_{0}$	${}^{+0.22}_{0}$	${}^{+0.35}_{0}$	${}^{+0.25}_{0}$	${}^{+0.50}_{0}$	${}^{+0.30}_{0}$	${}^{+0.90}_{0}$	${}^{+0.70}_{0}$
1.50～<2.50	${}^{+0.35}_{0}$	${}^{+0.25}_{0}$	${}^{+0.40}_{0}$	${}^{+0.30}_{0}$	${}^{+0.60}_{0}$	${}^{+0.40}_{0}$	${}^{+1.0}_{0}$	${}^{+0.80}_{0}$
2.50～<3.00	${}^{+0.40}_{0}$	${}^{+0.30}_{0}$	${}^{+0.50}_{0}$	${}^{+0.40}_{0}$	${}^{+0.65}_{0}$	${}^{+0.50}_{0}$	${}^{+1.2}_{0}$	${}^{+1.0}_{0}$
经供需双方协商确定，宽度偏差可全为正偏差或负偏差，但公差值应不超出表列范围。								

5.1.3.4 不切边(EM)窄钢带及卷切钢带Ⅱ的宽度允许偏差由供需双方协商确定。

5.1.4 长度允许偏差

5.1.4.1 卷切钢板及卷切钢带Ⅰ的长度允许偏差应符合表 7 普通精度(PL.A)的规定。如需方要求并在合同中注明时，可执行表 7 较高精度(PL.B)的规定。

表 7 卷切钢板及卷切钢带Ⅰ的长度允许偏差

单位为毫米

公称长度	PL.A	PL.B
≤2 000	${}^{+5}_{0}$	${}^{+3}_{0}$
>2 000	${}^{+0.25\%\times 公称长度}_{0}$	${}^{+0.15\%\times 公称长度}_{0}$

5.1.4.2 卷切钢带Ⅱ的长度允许偏差应符合表 8 普通精度(PL.A)的规定。如需方要求并在合同中注明时，可执行表 8 较高精度(PL.B)的规定。

表 8 卷切钢带Ⅱ的长度允许偏差

单位为毫米

公称长度	PL.A	PL.B
≤2 000	${}^{+3}_{0}$	${}^{+1.5}_{0}$
>2 000～4 000	${}^{+5}_{0}$	${}^{+2}_{0}$
>4 000	按供需双方协议规定	

5.2 外形

5.2.1 不平度

5.2.1.1 卷切钢板及卷切钢带Ⅰ的不平度应符合表9普通级(PF.A)的规定。如需方要求并在合同中注明时,可执行表9中较高级(PF.B)的规定。

表9 卷切钢板及卷切钢带Ⅰ的不平度[a]

单位为毫米

公称长度	PF.A	PF.B
≤3 000	≤10	≤7
>3 000	≤12	≤8
[a] 不适用于冷作硬化钢板及2D产品。		

5.2.1.2 卷切钢带Ⅱ的不平度应符合表10普通级(PF.A)的规定。如需方要求并在合同中注明时,可执行表10中较高级(PF.B)的规定。

表10 卷切钢带Ⅱ的不平度[a]

单位为毫米

公称长度	PF.A	PF.B
任意长度	≤6	≤4
[a] 不适用于冷作硬化钢板及2D产品。0.1 mm厚度以下或未经矫直的卷切钢带Ⅱ的不平度由供需双方协商确定。		

5.2.1.3 对冷作硬化处理后的卷切钢板不平度应符合表11规定。

表11 不同冷作硬化状态下卷切钢板的不平度[a]

单位为毫米

公称宽度	厚　度	H1/4	H1/2	H3/4、H、H2
600～<900	0.10～0.40	≤19	≤23	按供需双方协议规定
	>0.40～0.80	≤16	≤23	
	>0.80	≤13	≤19	
900～<2 100	≤0.40	≤26	≤29	按供需双方协议规定
	>0.40～0.80	≤19	≤29	
	>0.80	≤16	≤26	
[a] 仅适用于奥氏体型和奥氏体·铁素体型(软板及深冲板除外)的不锈钢钢板。				

5.2.2 镰刀弯

5.2.2.1 宽钢带及卷切钢板、纵剪宽钢带及卷切钢带Ⅰ的镰刀弯应符合表12的规定。冷作硬化卷切钢板的镰刀弯由供需双方协商确定。

表 12 宽钢带及卷切钢板、纵剪宽钢带及卷切钢带Ⅰ的镰刀弯

单位为毫米

公称宽度	任意 1 000 mm 长度上的镰刀弯
10～<40	≤2.5
40～<125	≤2.0
125～<600	≤1.5
600～<2 100	≤1.0

5.2.2.2 窄钢带及卷切钢带Ⅱ的镰刀弯应符合表 13 普通精度(PC.A)的规定。如需方要求并在合同中注明时,可执行表 13 中较高精度(PC.B)的规定。冷作硬化卷切钢板的镰刀弯由供需双方协商确定。

表 13 窄钢带及卷切钢带Ⅱ的镰刀弯

单位为毫米

公称宽度	任意 1 000 mm 长度上的镰刀弯	
	PC.A	PC.B
10～<25	≤4.0	≤1.5
25～<40	≤3.0	≤1.25
40～<125	≤2.0	≤1.0
125～<600	≤1.5	≤0.75

5.2.3 切斜度

5.2.3.1 卷切钢板及卷切钢带Ⅰ的切斜度应不大于产品公称宽度×0.5%,或符合表 14 的规定。

表 14 卷切钢板及卷切钢带Ⅰ的切斜度

单位为毫米

卷切钢板长度	对角线最大差值
≤3 000	≤6
>3 000～6 000	≤10
>6 000	≤15

5.2.3.2 卷切钢带Ⅱ的切斜度应符合表 15 的规定。

表 15 卷切钢带Ⅱ的切斜度

单位为毫米

公称宽度	切斜度
≥250	≤公称宽度×0.5%
<250	按供需双方协议

5.2.4 边浪

宽钢带、纵剪宽钢带、窄钢带的边浪应符合如下规定:边浪=浪高 h/浪形长度 L

a) 经平整或矫直后的窄钢带:厚度≤1.0 mm,边浪≤0.03;厚度>1.0 mm,边浪≤0.02;

b) 宽钢带或纵剪宽钢带:边浪≤0.03;

c) 冷作硬化钢带及2D表面产品的边浪由供需双方协商确定。

5.2.5 钢卷外形

5.2.5.1 钢卷应牢固成卷并尽量保持圆柱形和不卷边。钢卷内径应在合同中注明。
5.2.5.2 钢卷塔形应符合：切边钢卷及纵剪宽钢带不大于35 mm；不切边钢卷不大于70 mm。

5.3 单张轧制钢板

单张轧制钢板的尺寸、外形及允许偏差可参照GB/T 708—2006的规定执行。如需方有特殊要求，由供需双方协商确定。

5.4 重量

钢板和钢带按实际重量或理论重量交货。按理论重量交货时，钢的密度按GB/T 20878—2007的附录A计算，未规定时，由供需双方协商确定。

6 技术要求

6.1 牌号、分类及化学成分

6.1.1 钢的牌号、分类及化学成分(熔炼分析)应符合表16～表20的规定。各国不锈钢牌号对照参见附录A。不锈钢的特性和用途参见附录B。
6.1.2 成品化学成分允许偏差应符合GB/T 222的规定。

6.2 冶炼方法

钢宜采用粗炼钢水加炉外精炼。

6.3 交货状态

6.3.1 钢板和钢带经冷轧后，可经热处理及酸洗或类似处理后交货。当进行光亮热处理时，可省去酸洗等处理。热处理制度参见附录C。
6.3.2 根据需方要求，钢板和钢带可按不同冷作硬化状态交货。
6.3.3 对于沉淀硬化型钢的热处理，需方应在合同中注明热处理的种类，并应说明是对钢带、钢板本身还是对试样进行热处理。
6.3.4 必要时可进行矫直、平整或研磨。

表 16 奥氏体型钢的化学成分

统一数字代号	牌号	化学成分(质量分数)/%										
		C	Si	Mn	P	S	Ni	Cr	Mo	Cu	N	其他元素
S30103	022Cr17Ni7[a]	0.030	1.00	2.00	0.045	0.030	6.00～8.00	16.00～18.00	—	—	0.20	—
S30110	12Cr17Ni7	0.15	1.00	2.00	0.045	0.030	6.00～8.00	16.00～18.00	—	—	0.10	—
S30153	022Cr17Ni7N[a]	0.030	1.00	2.00	0.045	0.030	6.00～8.00	16.00～18.00	—	—	0.07～0.20	—
S30210	12Cr18Ni9[a]	0.15	0.75	2.00	0.045	0.030	8.00～10.00	17.00～19.00	—	—	0.10	—
S30240	12Cr18Ni9Si3	0.15	2.00～3.00	2.00	0.045	0.030	8.00～10.00	17.00～19.00	—	—	0.10	—
S30403	022Cr19Ni10[a]	0.030	0.75	2.00	0.045	0.030	8.00～12.00	17.50～19.50	—	—	0.10	—
S30408	06Cr19Ni10[a]	0.07	0.75	2.00	0.045	0.030	8.00～10.50	17.50～19.50	—	—	0.10	—
S30409	07Cr19Ni10[a]	0.04～0.10	0.75	2.00	0.045	0.030	8.00～10.50	18.00～20.00	—	—	—	—
S30450	05Cr19Ni10Si2CeN[a]	0.04～0.06	1.00～2.00	0.80	0.045	0.030	9.00～10.00	18.00～19.00	—	—	0.12～0.18	Ce:0.03～0.08
S30453	022Cr19Ni10N[a]	0.030	0.75	2.00	0.045	0.030	8.00～12.00	18.00～20.00	—	—	0.10～0.16	—
S30458	06Cr19Ni10N[a]	0.08	0.75	2.00	0.045	0.030	8.00～10.50	18.00～20.00	—	—	0.10～0.16	—
S30478	06Cr19Ni9NbN	0.08	1.00	2.50	0.045	0.030	7.50～10.50	18.00～20.00	—	—	0.15～0.30	Nb:0.15
S30510	10Cr18Ni12[a]	0.12	0.75	2.00	0.045	0.030	10.50～13.00	17.00～19.00	—	—	—	—
S30859	08Cr21Ni11Si2CeN	0.05～0.10	1.40～2.00	0.80	0.040	0.030	10.00～12.00	20.00～22.00	—	—	0.14～0.20	Ce:0.03～0.08
S30908	06Cr23Ni13[a]	0.08	0.75	2.00	0.045	0.030	12.00～15.00	22.00～24.00	—	—	—	—
S31008	06Cr25Ni20	0.08	1.50	2.00	0.045	0.030	19.00～22.00	24.00～26.00	—	—	—	—
S31053	022Cr25Ni22Mo2N[a]	0.020	0.50	2.00	0.030	0.010	20.50～23.50	24.00～26.00	1.60～2.60	—	0.09～0.15	—
S31252	015Cr20Ni18Mo6CuN	0.020	0.80	1.00	0.030	0.010	17.50～18.50	19.50～20.50	6.00～6.50	0.50～1.00	0.18～0.25	—
S31603	022Cr17Ni12Mo2[a]	0.030	0.75	2.00	0.045	0.030	10.00～14.00	16.00～18.00	2.00～3.00	—	0.10	—
S31608	06Cr17Ni12Mo2[a]	0.08	0.75	2.00	0.045	0.030	10.00～14.00	16.00～18.00	2.00～3.00	—	0.10	—
S31609	07Cr17Ni12Mo2[a]	0.04～0.10	0.75	2.00	0.045	0.030	10.00～14.00	16.00～18.00	2.00～3.00	—	—	—
S31653	022Cr17Ni12Mo2N[a]	0.030	0.75	2.00	0.045	0.030	10.00～14.00	16.00～18.00	2.00～3.00	—	0.10～0.16	—

表 16（续）

统一数字代号	牌号	化学成分(质量分数)/%										
		C	Si	Mn	P	S	Ni	Cr	Mo	Cu	N	其他元素
S31658	06Cr17Ni12Mo2N[a]	0.08	0.75	2.00	0.045	0.030	10.00～14.00	16.00～18.00	2.00～3.00	—	0.10～0.16	—
S31668	06Cr17Ni12Mo2Ti[a]	0.08	0.75	2.00	0.045	0.030	10.00～14.00	16.00～18.00	2.00～3.00	—	—	Ti≥5×C
S31678	06Cr17Ni12Mo2Nb[a]	0.08	0.75	2.00	0.045	0.030	10.00～14.00	16.00～18.00	2.00～3.00	—	0.10	Nb:10×C～1.10
S31688	06Cr18Ni12Mo2Cu2	0.08	1.00	2.00	0.045	0.030	10.00～14.00	17.00～19.00	1.20～2.75	1.00～2.50	—	—
S31703	022Cr19Ni13Mo3[a]	0.030	0.75	2.00	0.045	0.030	11.00～15.00	18.00～20.00	3.00～4.00	—	0.10	—
S31708	06Cr19Ni13Mo3[a]	0.08	0.75	2.00	0.045	0.030	11.00～15.00	18.00～20.00	3.00～4.00	—	0.10	—
S31723	022Cr19Ni16Mo5N[a]	0.030	0.75	2.00	0.045	0.030	13.50～17.50	17.00～20.00	4.00～5.00	—	0.10～0.20	—
S31753	022Cr19Ni13Mo4N[a]	0.030	0.75	2.00	0.045	0.030	11.00～15.00	18.00～20.00	3.00～4.00	—	0.10～0.22	—
S31782	015Cr21Ni26Mo5Cu2	0.020	1.00	2.00	0.045	0.035	23.00～28.00	19.00～23.00	4.00～5.00	1.00～2.00	0.10	—
S32168	06Cr18Ni11Ti[a]	0.08	0.75	2.00	0.045	0.030	9.00～12.00	17.00～19.00	—	—	0.10	Ti≥5×C
S32169	07Cr19Ni11Ti[a]	0.04～0.10	0.75	2.00	0.045	0.030	9.00～12.00	17.00～19.00	—	—	—	Ti:4×(C+N)～0.70
S32652	015Cr24Ni22Mo8Mn3CuN	0.020	0.50	2.00～4.00	0.030	0.005	21.00～23.00	24.00～25.00	7.00～8.00	0.30～0.60	0.45～0.55	—
S34553	022Cr24Ni17Mo5Mn6NbN	0.030	1.00	5.00～7.00	0.030	0.010	16.00～18.00	23.00～25.00	4.00～5.00	—	0.40～0.60	Nb:0.10
S34778	06Cr18Ni11Nb[a]	0.08	0.75	2.00	0.045	0.030	9.00～13.00	17.00～19.00	—	—	—	Nb:10×C～1.00
S34779	07Cr18Ni11Nb[a]	0.04～0.10	0.75	2.00	0.045	0.030	9.00～13.00	17.00～19.00	—	—	—	Nb:8×C～1.00
S38367	022Cr21Ni25Mo7N	0.030	1.00	2.00	0.040	0.030	23.50～25.50	20.00～22.00	6.00～7.00	0.75	0.18～0.25	—
S38926	015Cr20Ni25Mo7CuN	0.020	0.50	2.00	0.030	0.010	24.00～26.00	19.00～21.00	6.00～7.00	0.50～1.50	0.15～0.25	—

注：表中所列成分除标明范围或最小值，其余均为最大值。

[a] 为相对于 GB/T 20878—2007 调整化学成分的牌号。

表 17 奥氏体·铁素体型钢的化学成分

统一数字代号	牌号	化学成分(质量分数)/%										
		C	Si	Mn	P	S	Ni	Cr	Mo	Cu	N	其他元素
S21860	14Cr18Ni11Si4AlTi	0.10～0.18	3.40～4.00	0.80	0.035	0.030	10.00～12.00	17.50～19.50	—	—	—	Ti:0.40～0.70 Al:0.10～0.30
S21953	022Cr19Ni5Mo3Si2N	0.030	1.30～2.00	1.00～2.00	0.030	0.030	4.50～5.50	18.00～19.50	2.50～3.00	—	0.05～0.10	—
S22053	022Cr23Ni5Mo3N	0.030	1.00	2.00	0.030	0.020	4.50～6.50	22.00～23.00	3.00～3.50	—	0.14～0.20	—
S22152	022Cr21Mn5Ni2N	0.030	1.00	4.00～6.00	0.040	0.030	1.00～3.00	19.50～21.50	0.60	1.00	0.05～0.17	—
S22153	022Cr21Ni3Mo2N	0.030	1.00	2.00	0.030	0.020	3.00～4.00	19.50～22.50	1.50～2.00	—	0.14～0.20	—
S22160	12Cr21Ni5Ti	0.09～0.14	0.80	0.80	0.035	0.030	4.80～5.80	20.00～22.00	—	—	—	Ti:5×(C−0.02)～0.80
S22193	022Cr21Mn3Ni3Mo2N	0.030	1.00	2.00～4.00	0.040	0.030	2.00～4.00	19.00～22.00	1.00～2.00	—	0.14～0.20	—
S22253	022Cr22Mn3Ni2MoN	0.030	1.00	2.00～3.00	0.040	0.020	1.00～2.00	20.50～23.50	0.10～1.00	0.50	0.15～0.27	—
S22293	022Cr22Ni5Mo3N	0.030	1.00	2.00	0.030	0.020	4.50～6.50	21.00～23.00	2.50～3.50	—	0.08～0.20	—
S22294	03Cr22Mn5Ni2MoCuN	0.04	1.00	4.00～6.00	0.040	0.030	1.35～1.70	21.00～22.00	0.10～0.80	0.10～0.80	0.20～0.25	—
S22353	022Cr23Ni2N	0.030	1.00	2.00	0.040	0.010	1.00～2.80	21.50～24.00	0.45	—	0.18～0.26	—
S22493	022Cr24Ni4Mn3Mo2CuN	0.030	0.70	2.50～4.00	0.035	0.005	3.00～4.50	23.00～25.00	1.00～2.00	0.10～0.80	0.20～0.30	—
S22553	022Cr25Ni6Mo2N	0.030	1.00	2.00	0.030	0.030	5.50～6.50	24.00～26.00	1.50～2.50	—	0.10～0.20	—
S23043	022Cr23Ni4MoCuN[a]	0.030	1.00	2.50	0.040	0.030	3.00～5.50	21.50～24.50	0.05～0.60	0.05～0.60	0.05～0.20	—
S25073	022Cr25Ni7Mo4N	0.030	0.80	1.20	0.035	0.020	6.00～8.00	24.00～26.00	3.00～5.00	0.50	0.24～0.32	—
S25554	03Cr25Ni6Mo3Cu2N	0.04	1.00	1.50	0.040	0.030	4.50～6.50	24.00～27.00	2.90～3.90	1.50～2.50	0.10～0.25	—
S27603	022Cr25Ni7Mo4WCuN[a]	0.030	1.00	1.00	0.030	0.010	6.00～8.00	24.00～26.00	3.00～4.00	0.50～1.00	0.20～0.30	W:0.50～1.00

注：表中所列成分除标明范围或最小值，其余均为最大值。

[a] 为相对于 GB/T 20878—2007 调整化学成分的牌号。

表 18 铁素体型钢的化学成分

统一数字代号	牌号	化学成分(质量分数)/%										
		C	Si	Mn	P	S	Ni	Cr	Mo	Cu	N	其他元素
S11163	022Cr11Ti	0.030	1.00	1.00	0.040	0.020	0.60	10.50～11.75	—	—	0.030	Ti:0.15～0.50 且 Ti≥8×(C+N),Nb:0.10
S11173	022Cr11NbTi	0.030	1.00	1.00	0.040	0.020	0.60	10.50～11.70	—	—	0.030	Ti+Nb:8×(C+N)+0.08～0.75,Ti≥0.05
S11203	022Cr12	0.030	1.00	1.00	0.040	0.030	0.60	11.00～13.50	—	—	—	—
S11213	022Cr12Ni	0.030	1.00	1.50	0.040	0.015	0.30～1.00	10.50～12.50	—	—	0.030	—
S11348	06Cr13Al	0.08	1.00	1.00	0.040	0.030	0.60	11.50～14.50	—	—	—	Al:0.10～0.30
S11510	10Cr15	0.12	1.00	1.00	0.040	0.030	0.60	14.00～16.00	—	—	—	—
S11573	022Cr15NbTi	0.030	1.20	1.20	0.040	0.030	0.60	14.00～16.00	0.50	—	0.030	Ti+Nb:0.30～0.80
S11710	10Cr17[a]	0.12	1.00	1.00	0.040	0.030	0.75	16.00～18.00	—	—	—	—
S11763	022Cr17NbTi[a]	0.030	0.75	1.00	0.035	0.030	—	16.00～19.00	—	—	—	Ti+Nb:0.10～1.00
S11790	10Cr17Mo	0.12	1.00	1.00	0.040	0.030	—	16.00～18.00	0.75～1.25	—	—	—
S11862	019Cr18MoTi[a]	0.025	1.00	1.00	0.040	0.030	—	16.00～19.00	0.75～1.50	—	0.025	Ti、Nb、Zr 或其组合:8×(C+N)～0.80
S11863	022Cr18Ti	0.030	1.00	1.00	0.040	0.030	0.50	17.00～19.00	—	—	0.030	Ti:[0.20+4×(C+N)]～1.10,Al:0.15
S11873	022Cr18Nb	0.030	1.00	1.00	0.040	0.015	—	17.50～18.50	—	—	—	Ti:0.10～0.60,Nb≥0.30+3×C
S11882	019Cr18CuNb	0.025	1.00	1.00	0.040	0.030	0.60	16.00～20.00	—	0.30～0.80	0.025	Nb:8×(C+N)～0.8
S11972	019Cr19Mo2NbTi	0.025	1.00	1.00	0.040	0.030	1.00	17.50～19.50	1.75～2.50	—	0.035	Ti+Nb:[0.20+4×(C+N)]～0.80
S11973	022Cr18NbTi	0.030	1.00	1.00	0.040	0.030	0.50	17.00～19.00	—	—	0.030	Ti+Nb:[0.20+4×(C+N)]～0.75,Al:0.15
S12182	019Cr21CuTi	0.025	1.00	1.00	0.030	0.030	—	20.50～23.00	—	0.30～0.80	0.025	Ti、Nb、Zr 或其组合:8×(C+N)～0.80

表 18（续）

统一数字代号	牌号	化学成分(质量分数)/%										
		C	Si	Mn	P	S	Ni	Cr	Mo	Cu	N	其他元素
S12361	019Cr23Mo2Ti	0.025	1.00	1.00	0.040	0.030	—	21.00～24.00	1.50～2.50	0.60	0.025	Ti 、Nb、Zr 或其组合：8×(C+N)～0.80
S12362	019Cr23MoTi	0.025	1.00	1.00	0.040	0.030	—	21.00～24.00	0.70～1.50	0.60	0.025	Ti 、Nb、Zr 或其组合：8×(C+N)～0.80
S12763	022Cr27Ni2Mo4NbTi	0.030	1.00	1.00	0.040	0.030	1.00～3.50	25.00～28.00	3.00～4.00	—	0.040	Ti+Nb:0.20～1.00 且 Ti+Nb≥6×(C+N)
S12791	008Cr27Mo[a]	0.010	0.40	0.40	0.030	0.020	—	25.00～27.50	0.75～1.50	—	0.015	Ni+Cu≤0.50
S12963	022Cr29Mo4NbTi	0.030	1.00	1.00	0.040	0.030	1.00	28.00～30.00	3.60～4.20	—	0.045	Ti+Nb:0.20～1.00 且 Ti+Nb≥6×(C+N)
S13091	008Cr30Mo2[a,b]	0.010	0.40	0.40	0.030	0.020	0.50	28.50～32.00	1.50～2.50	0.20	0.015	Ni+Cu≤0.50

注：表中所列成分除标明范围或最小值，其余均为最大值。

[a] 为相对于 GB/T 20878—2007 调整化学成分的牌号。

[b] 可含有 V、Ti、Nb 中的一种或几种元素。

表 19　马氏体型钢的化学成分

统一数字代号	牌号	化学成分(质量分数)/%										
		C	Si	Mn	P	S	Ni	Cr	Mo	Cu	N	其他元素
S40310	12Cr12	0.15	0.50	1.00	0.040	0.030	0.60	11.50～13.00	—	—	—	—
S41008	06Cr13	0.08	1.00	1.00	0.040	0.030	0.60	11.50～13.50	—	—	—	—
S41010	12Cr13	0.15	1.00	1.00	0.040	0.030	0.60	11.50～13.50	—	—	—	—
S41595	04Cr13Ni5Mo	0.05	0.60	0.50～1.00	0.030	0.030	3.50～5.50	11.50～14.00	0.50～1.00	—	—	—
S42020	20Cr13	0.16～0.25	1.00	1.00	0.040	0.030	0.60	12.00～14.00	—	—	—	—
S42030	30Cr13	0.26～0.35	1.00	1.00	0.040	0.030	0.60	12.00～14.00	—	—	—	—
S42040	40Cr13[a]	0.36～0.45	0.80	0.80	0.040	0.030	0.60	12.00～14.00	—	—	—	—
S43120	17Cr16Ni2[a]	0.12～0.20	1.00	1.00	0.025	0.015	2.00～3.00	15.00～18.00	—	—	—	—
S44070	68Cr17	0.60～0.75	1.00	1.00	0.040	0.030	0.60	16.00～18.00	0.75	—	—	—
S46050	50Cr15MoV	0.45～0.55	1.00	1.00	0.040	0.015	—	14.00～15.00	0.50～0.80	—	—	V:0.10～0.20

注：表中所列成分除标明范围或最小值，其余均为最大值。

[a] 为相对于 GB/T 20878—2007 调整化学成分的牌号。

表 20　沉淀硬化型钢的化学成分

统一数字代号	牌号	化学成分(质量分数)/%										
		C	Si	Mn	P	S	Ni	Cr	Mo	Cu	N	其他元素
S51380	04Cr13Ni8Mo2Al[a]	0.05	0.10	0.20	0.010	0.008	7.50～8.50	12.30～13.25	2.00～2.50	—	0.01	Al:0.90～1.35
S51290	022Cr12Ni9Cu2NbTi[a]	0.05	0.50	0.50	0.040	0.030	7.50～9.50	11.00～12.50	0.50	1.50～2.50	—	Ti:0.80～1.40，(Nb+Ta) :0.10～0.50
S51770	07Cr17Ni7Al	0.09	1.00	1.00	0.040	0.030	6.50～7.75	16.00～18.00	—	—	—	Al:0.75～1.50
S51570	07Cr15Ni7Mo2Al	0.09	1.00	1.00	0.040	0.030	6.50～7.75	14.00～16.00	2.00～3.00	—	—	Al:0.75～1.50
S51750	09Cr17Ni5Mo3N[a]	0.07～0.11	0.50	0.50～1.25	0.040	0.030	4.00～5.00	16.00～17.00	2.50～3.20	—	0.07～0.13	—
S51778	06Cr17Ni7AlTi	0.08	1.00	1.00	0.040	0.030	6.00～7.50	16.00～17.50	—	—	—	Al:0.40，Ti:0.40～1.20

注：表中所列成分除标明范围或最小值，其余均为最大值。

[a] 为相对于 GB/T 20878—2007 调整化学成分的牌号。

6.4 力学性能

6.4.1 经热处理的各类型钢板和钢带的力学性能应符合 6.4.4～6.4.10 的规定。

6.4.2 对于几种硬度试验，可根据钢板和钢带的不同尺寸和状态选择其中一种方法试验。

6.4.3 厚度小于 0.3 mm 的钢板和钢带的断后伸长率和硬度值仅供参考。

6.4.4 经固溶处理的奥氏体型钢板和钢带的力学性能应符合表 21 的规定。

表 21 经固溶处理的奥氏体型钢板和钢带的力学性能

统一数字代号	牌号	规定塑性延伸强度 $R_{p0.2}$/MPa	抗拉强度 R_m/MPa	断后伸长率[a] A/%	硬度值		
					HBW	HRB	HV
		不小于			不大于		
S30103	022Cr17Ni7	220	550	45	241	100	242
S30110	12Cr17Ni7	205	515	40	217	95	220
S30153	022Cr17Ni7N	240	550	45	241	100	242
S30210	12Cr18Ni9	205	515	40	201	92	210
S30240	12Cr18Ni9Si3	205	515	40	217	95	220
S30403	022Cr19Ni10	180	485	40	201	92	210
S30408	06Cr19Ni10	205	515	40	201	92	210
S30409	07Cr19Ni10	205	515	40	201	92	210
S30450	05Cr19Ni10Si2CeN	290	600	40	217	95	220
S30453	022Cr19Ni10N	205	515	40	217	95	220
S30458	06Cr19Ni10N	240	550	30	217	95	220
S30478	06Cr19Ni9NbN	345	620	30	241	100	242
S30510	10Cr18Ni12	170	485	40	183	88	200
S30859	08Cr21Ni11Si2CeN	310	600	40	217	95	220
S30908	06Cr23Ni13	205	515	40	217	95	220
S31008	06Cr25Ni20	205	515	40	217	95	220
S31053	022Cr25Ni22Mo2N	270	580	25	217	95	220
S31252	015Cr20Ni18Mo6CuN	310	690	35	223	96	225
S31603	022Cr17Ni12Mo2	180	485	40	217	95	220
S31608	06Cr17Ni12Mo2	205	515	40	217	95	220
S31609	07Cr17Ni12Mo2	205	515	40	217	95	220
S31653	022Cr17Ni12Mo2N	205	515	40	217	95	220
S31658	06Cr17Ni12Mo2N	240	550	35	217	95	220
S31668	06Cr17Ni12Mo2Ti	205	515	40	217	95	220
S31678	06Cr17Ni12Mo2Nb	205	515	30	217	95	220
S31688	06Cr18Ni12Mo2Cu2	205	520	40	187	90	200

表 21（续）

统一数字代号	牌号	规定塑性延伸强度 $R_{p0.2}$/MPa	抗拉强度 R_m/MPa	断后伸长率[a] A/%	硬度值		
					HBW	HRB	HV
		不小于			不大于		
S31703	022Cr19Ni13Mo3	205	515	40	217	95	220
S31708	06Cr19Ni13Mo3	205	515	35	217	95	220
S31723	022Cr19Ni16Mo5N	240	550	40	223	96	225
S31753	022Cr19Ni13Mo4N	240	550	40	217	95	220
S31782	015Cr21Ni26Mo5Cu2	220	490	35	—	90	200
S32168	06Cr18Ni11Ti	205	515	40	217	95	220
S32169	07Cr19Ni11Ti	205	515	40	217	95	220
S32652	015Cr24Ni22Mo8Mn3CuN	430	750	40	250	—	252
S34553	022Cr24Ni17Mo5Mn6NbN	415	795	35	241	100	242
S34778	06Cr18Ni11Nb	205	515	40	201	92	210
S34779	07Cr18Ni11Nb	205	515	40	201	92	210
S38367	022Cr21Ni25Mo7N	310	690	30	—	100	258
S38926	015Cr20Ni25Mo7CuN	295	650	35	—	—	—

[a] 厚度不大于 3 mm 时使用 $A_{50\,mm}$ 试样。

6.4.5 不同冷作硬化状态钢板和钢带的力学性能应符合表 22～表 26 的规定。表中未列的牌号以冷作硬化状态交货时的力学性能及硬度由供需双方协商确定并在合同中注明。

表 22 H 1/4 状态的钢板和钢带的力学性能

统一数字代号	牌号	规定塑性延伸强度 $R_{p0.2}$/MPa	抗拉强度 R_m/MPa	断后伸长率[a] A/%		
				厚度 <0.4 mm	厚度 0.4 mm～<0.8 mm	厚度 ≥0.8 mm
		不小于				
S30103	022Cr17Ni7	515	825	25	25	25
S30110	12Cr17Ni7	515	860	25	25	25
S30153	022Cr17Ni7N	515	825	25	25	25
S30210	12Cr18Ni9	515	860	10	10	12
S30403	022Cr19Ni10	515	860	8	8	10
S30408	06Cr19Ni10	515	860	10	10	12
S30453	022Cr19Ni10N	515	860	10	10	12
S30458	06Cr19Ni10N	515	860	12	12	12
S31603	022Cr17Ni12Mo2	515	860	8	8	8

表 22（续）

统一数字代号	牌号	规定塑性延伸强度 $R_{p0.2}$/MPa	抗拉强度 R_m/MPa	断后伸长率[a] A/%		
				厚度 <0.4 mm	厚度 0.4 mm～<0.8 mm	厚度 ≥0.8 mm
		不小于				
S31608	06Cr17Ni12Mo2	515	860	10	10	10
S31658	06Cr17Ni12Mo2N	515	860	12	12	12

[a] 厚度不大于 3 mm 时使用 $A_{50\ mm}$ 试样。

表 23　H 1/2 状态的钢板和钢带的力学性能

统一数字代号	牌号	规定塑性延伸强度 $R_{p0.2}$/MPa	抗拉强度 R_m/MPa	断后伸长率[a] A/%		
				厚度 <0.4 mm	厚度 0.4 mm～<0.8 mm	厚度 ≥0.8 mm
		不小于		不小于		
S30103	022Cr17Ni7	690	930	20	20	20
S30110	12Cr17Ni7	760	1 035	15	18	18
S30153	022Cr17Ni7N	690	930	20	20	20
S30210	12Cr18Ni9	760	1 035	9	10	10
S30403	022Cr19Ni10	760	1 035	5	6	6
S30408	06Cr19Ni10	760	1 035	6	7	7
S30453	022Cr19Ni10N	760	1 035	6	7	7
S30458	06Cr19Ni10N	760	1 035	6	8	8
S31603	022Cr17Ni12Mo2	760	1 035	5	6	6
S31608	06Cr17Ni12Mo2	760	1 035	6	7	7
S31658	06Cr17Ni12Mo2N	760	1 035	6	8	8

[a] 厚度不大于 3 mm 时使用 $A_{50\ mm}$ 试样。

表 24　H3/4 状态的钢板和钢带的力学性能

统一数字代号	牌号	规定塑性延伸强度 $R_{p0.2}$/MPa	抗拉强度 R_m/MPa	断后伸长率[a] A/%		
				厚度 <0.4 mm	厚度 0.4 mm～<0.8 mm	厚度 ≥0.8 mm
		不小于		不小于		
S30110	12Cr17Ni7	930	1 205	10	12	12
S30210	12Cr18Ni9	930	1 205	5	6	6

[a] 厚度不大于 3 mm 时使用 $A_{50\ mm}$ 试样。

表 25 H 状态的钢板和钢带的力学性能

统一数字代号	牌号	规定塑性延伸强度 $R_{p0.2}$/MPa	抗拉强度 R_m/MPa	断后伸长率[a] A/%		
				厚度 <0.4 mm	厚度 0.4 mm～<0.8 mm	厚度 ≥0.8 mm
		不小于		不小于		
S30110	12Cr17Ni7	965	1 275	8	9	9
S30210	12Cr18Ni9	965	1 275	3	4	4

[a] 厚度不大于 3 mm 时使用 $A_{50\ mm}$ 试样。

表 26 H2 状态的钢板和钢带的力学性能

统一数字代号	牌号	规定塑性延伸强度 $R_{p0.2}$/MPa	抗拉强度 R_m/MPa	断后伸长率[a] A/%		
				厚度 <0.4 mm	厚度 0.4 mm～<0.8 mm	厚度 ≥0.8 mm
		不小于		不小于		
S30110	12Cr17Ni7	1 790	1 860	—	—	—

[a] 厚度不大于 3 mm 时使用 $A_{50\ mm}$ 试样。

6.4.6 经固溶处理的奥氏体—铁素体型钢板和钢带的力学性能应符合表 27 的规定。

表 27 经固溶处理的奥氏体—铁素体型钢板和钢带的力学性能

统一数字代号	牌号	规定塑性延伸强度 $R_{p0.2}$/MPa	抗拉强度 R_m/MPa	断后伸长率[a] A/%	硬度值 HBW	硬度值 HRC
		不小于			不大于	
S21860	14Cr18Ni11Si4AlTi	—	715	25	—	—
S21953	022Cr19Ni5Mo3Si2N	440	630	25	290	31
S22053	022Cr23Ni5Mo3N	450	655	25	293	31
S22152	022Cr21Mn5Ni2N	450	620	25	—	25
S22153	022Cr21Ni3Mo2N	450	655	25	293	31
S22160	12Cr21Ni5Ti	—	635	20	—	—
S22193	022Cr21Mn3Ni3Mo2N	450	620	25	293	31
S22253	022Cr22Mn3Ni2MoN	450	655	30	293	31
S22293	022Cr22Ni5Mo3N	450	620	25	293	31
S22294	03Cr22Mn5Ni2MoCuN	450	650	30	290	—
S22353	022Cr23Ni2N	450	650	30	290	—
S22493	022Cr24Ni4Mn3Mo2CuN	540	740	25	290	—

表 27（续）

统一数字代号	牌号	规定塑性延伸强度 $R_{p0.2}$/MPa	抗拉强度 R_m/MPa	断后伸长率[a] A/%	硬度值	
					HBW	HRC
		不小于			不大于	
S22553	022Cr25Ni6Mo2N	450	640	25	295	31
S23043	022Cr23Ni4MoCuN	400	600	25	290	31
S25073	022Cr25Ni7Mo4N	550	795	15	310	32
S25554	03Cr25Ni6Mo3Cu2N	550	760	15	302	32
S27603	022Cr25Ni7Mo4WCuN	550	750	25	270	—

[a] 厚度不大于 3 mm 时使用 $A_{50\ mm}$ 试样。

6.4.7 经退火处理的铁素体型钢板和钢带的力学性能应符合表 28 的规定。

表 28 经退火处理的铁素体型钢板和钢带的力学性能

统一数字代号	牌号	规定塑性延伸强度 $R_{p0.2}$/MPa	抗拉强度 R_m/MPa	断后伸长率[a] A/%	180°弯曲试验弯曲压头直径 D	硬度值		
						HBW	HRB	HV
		不小于				不大于		
S11163	022Cr11Ti	170	380	20	$D=2a$	179	88	200
S11173	022Cr11NbTi	170	380	20	$D=2a$	179	88	200
S11203	022Cr12	195	360	22	$D=2a$	183	88	200
S11213	022Cr12Ni	280	450	18	—	180	88	200
S11348	06Cr13Al	170	415	20	$D=2a$	179	88	200
S11510	10Cr15	205	450	22	$D=2a$	183	89	200
S11573	022Cr15NbTi	205	450	22	$D=2a$	183	89	200
S11710	10Cr17	205	420	22	$D=2a$	183	89	200
S11763	022Cr17Ti	175	360	22	$D=2a$	183	88	200
S11790	10Cr17Mo	240	450	22	$D=2a$	183	89	200
S11862	019Cr18MoTi	245	410	20	$D=2a$	217	96	230
S11863	022Cr18Ti	205	415	22	$D=2a$	183	89	200
S11873	022Cr18Nb	250	430	18	—	180	88	200
S11882	019Cr18CuNb	205	390	22	$D=2a$	192	90	200
S11972	019Cr19Mo2NbTi	275	415	20	$D=2a$	217	96	230
S11973	022Cr18NbTi	205	415	22	$D=2a$	183	89	200
S12182	019Cr21CuTi	205	390	22	$D=2a$	192	90	200
S12361	019Cr23Mo2Ti	245	410	20	$D=2a$	217	96	230

表 28（续）

统一数字代号	牌号	规定塑性延伸强度 $R_{p0.2}$/MPa	抗拉强度 R_m/MPa	断后伸长率[a] A/%	180°弯曲试验弯曲压头直径 D	硬度值 HBW	硬度值 HRB	硬度值 HV
		不小于				不大于		
S12362	019Cr23MoTi	245	410	20	$D=2a$	217	96	230
S12763	022Cr27Ni2Mo4NbTi	450	585	18	$D=2a$	241	100	242
S12791	008Cr27Mo	275	450	22	$D=2a$	187	90	200
S12963	022Cr29Mo4NbTi	415	550	18	$D=2a$	255	25[b]	257
S13091	008Cr30Mo2	295	450	22	$D=2a$	207	95	220

注：a 为弯曲试样厚度。

[a] 厚度不大于 3 mm 时使用 $A_{50\ mm}$ 试样。

[b] 为 HRC 硬度值。

6.4.8 经退火处理的马氏体型钢板和钢带的力学性能应符合表 29 的规定。

表 29 经退火处理的马氏体型钢板和钢带（17Cr16Ni2 除外）的力学性能

统一数字代号	牌号	规定塑性延伸强度 $R_{p0.2}$/MPa	抗拉强度 R_m/MPa	断后伸长率[a] A/%	180°弯曲试验弯曲压头直径 D	硬度值 HBW	硬度值 HRB	硬度值 HV
		不小于				不大于		
S40310	12Cr12	205	485	20	$D=2a$	217	96	210
S41008	06Cr13	205	415	22	$D=2a$	183	89	200
S41010	12Cr13	205	450	20	$D=2a$	217	96	210
S41595	04Cr13Ni5Mo	620	795	15	—	302	32[b]	308
S42020	20Cr13	225	520	18	—	223	97	234
S42030	30Cr13	225	540	18	—	235	99	247
S42040	40Cr13	225	590	15	—	—	—	—
S43120	17Cr16Ni2[c]	690	880～1 080	12	—	262～326	—	—
		1 050	1 350	10	—	388	—	—
S44070	68Cr17	245	590	15	—	255	25[b]	269
S46050	50Cr15MoV	—	≤850	12	—	280	100	280

注：a 为弯曲试样厚度。

[a] 厚度不大于 3 mm 时使用 $A_{50\ mm}$ 试样。

[b] 为 HRC 硬度值。

[c] 表列为淬火、回火后的力学性能。

6.4.9 经固溶处理的沉淀硬化型钢板和钢带的试样的力学性能应符合表30的规定。根据需方指定并经时效处理的试样的力学性能应符合表31的规定。

表30 经固溶处理的沉淀硬化型钢板和钢带试样的力学性能

统一数字代号	牌号	钢材厚度/mm	规定塑性延伸强度 $R_{p0.2}$/MPa	抗拉强度 R_m/MPa	断后伸长率[a] A/%	硬度值 HRC	硬度值 HBW
			不大于		不小于	不大于	
S51380	04Cr13Ni8Mo2Al	0.10～<8.0	—	—	—	38	363
S51290	022Cr12Ni9Cu2NbTi	0.30～8.0	1 105	1 205	3	36	331
S51770	07Cr17Ni7Al	0.10～<0.30	450	1 035	—	—	—
		0.30～8.0	380	1 035	20	92[b]	—
S51570	07Cr15Ni7Mo2Al	0.10～<8.0	450	1 035	25	100[b]	—
S51750	09Cr17Ni5Mo3N	0.10～<0.30	585	1 380	8	30	—
		0.30～8.0	585	1 380	12	30	—
S51778	06Cr17Ni7AlTi	0.10～<1.50	515	825	4	32	—
		1.50～8.0	515	825	5	32	—

[a] 厚度不大于3 mm时使用$A_{50\ mm}$试样。

[b] 为HRB硬度值。

表31 经时效处理后的沉淀硬化型钢板和钢带试样的力学性能

统一数字代号	牌号	钢材厚度 mm	处理[a]温度 ℃	规定塑性延伸强度 $R_{p0.2}$/MPa	抗拉强度 R_m/MPa	断后[b,c]伸长率 A/%	硬度值 HRC	硬度值 HBW
				不小于			不小于	
S51380	04Cr13Ni8Mo2Al	0.10～<0.50	510±6	1 410	1 515	6	45	—
		0.50～<5.0		1 410	1 515	8	45	—
		5.0～8.0		1 410	1 515	10	45	—
		0.10～<0.50	538±6	1 310	1 380	6	43	—
		0.50～<5.0		1 310	1 380	8	43	—
		5.0～8.0		1 310	1 380	10	43	—
S51290	022Cr12Ni9Cu2NbTi	0.10～<0.50	510±6 或482±6	1 410	1 525	—	44	—
		0.50～<1.50		1 410	1 525	3	44	—
		1.50～8.0		1 410	1 525	4	44	—
S51770	07Cr17Ni7Al	0.10～<0.30	760±15	1 035	1 240	3	38	—
		0.30～<5.0	15±3	1 035	1 240	5	38	—
		5.0～8.0	566±6	965	1 170	7	38	352
		0.10～<0.30	954±8	1 310	1 450	1	44	—
		0.30～<5.0	−73±6	1 310	1 450	3	44	—
		5.0～8.0	510±6	1 240	1 380	6	43	401

表 31（续）

统一数字代号	牌号	钢材厚度 mm	处理[a]温度 ℃	规定塑性延伸强度 $R_{p0.2}$/MPa	抗拉强度 R_m/MPa	断后[b,c]伸长率 A/%	硬度值 HRC	硬度值 HBW
				不小于			不小于	
S51570	07Cr15Ni7Mo2Al	0.10～<0.30	760±15	1 170	1 310	3	40	—
		0.30～<5.0	15±3	1 170	1 310	5	40	—
		5.0～8.0	566±6	1 170	1 310	4	40	375
		0.10～<0.30	954±8	1 380	1 550	2	46	—
		0.30～<5.0	−73±6	1 380	1 550	4	46	—
		5.0～8.0	510±6	1 380	1 550	4	45	429
		0.10～1.2	冷轧	1 205	1 380	1	41	—
		0.10～1.2	冷轧+482	1 580	1 655	1	46	—
S51750	09Cr17Ni5Mo3N	0.10～<0.30	455±8	1 035	1 275	6	42	—
		0.30～5.0		1 035	1 275	8	42	—
		0.10～<0.30	540±8	1 000	1 140	6	36	—
		0.30～5.0		1 000	1 140	8	36	—
S51778	06Cr17Ni7AlTi	0.10～<0.80	510±8	1 170	1 310	3	39	—
		0.80～<1.50		1 170	1 310	4	39	—
		1.50～8.0		1 170	1 310	5	39	—
		0.10～<0.80	538±8	1 105	1 240	3	37	—
		0.80～<1.50		1 105	1 240	4	37	—
		1.50～8.0		1 105	1 240	5	37	—
		0.10～<0.80	566±8	1 035	1 170	3	35	—
		0.80～<1.50		1 035	1 170	4	35	—
		1.50～8.0		1 035	1 170	5	35	—

[a] 为推荐性热处理温度，供方应向需方提供推荐性热处理制度。

[b] 适用于沿宽度方向的试验，垂直于轧制方向且平行于钢板表面。

[c] 厚度不大于 3 mm 时使用 $A_{50\ mm}$ 试样。

6.4.10 经固溶处理后沉淀硬化型钢板和钢带的弯曲性能应符合表 32 的规定。

表 32 经固溶处理后沉淀硬化型钢板和钢带的弯曲性能

统一数字代号	牌号	厚度/mm	180°弯曲试验 弯曲压头直径 D
S51290	022Cr12Ni9Cu2NbTi	0.10～5.0	$D=6a$
S51770	07Cr17Ni7Al	0.10～<5.0	$D=a$
		5.0～7.0	$D=3a$
S51570	07Cr15Ni7Mo2Al	0.10～<5.0	$D=a$
		5.0～7.0	$D=3a$
S51750	09Cr17Ni5Mo3N	0.10～5.0	$D=2a$

注：a 为弯曲试样厚度。

6.5 耐腐蚀性能

6.5.1 钢板和钢带按表 33～表 36 进行耐晶间腐蚀试验，试验方法由供需双方协商，并在合同中注明。合同中未注明时，可不作试验。对于含钼量不小于 3%的低碳不锈钢，试验前的敏化处理应由供需双方协商确定。

6.5.2 表 33～表 36 中未列入的牌号需进行耐晶间腐蚀试验时，其试验方法和要求，由供需双方协商，并在合同中注明。

表 33 10%草酸浸蚀试验的判别

<table>
<tr><th>统一数字代号</th><th>牌号</th><th>试验状态</th><th>硫酸-硫酸铁腐蚀试验</th><th>65%硝酸腐蚀试验</th><th>硫酸-硫酸铜腐蚀试验</th></tr>
<tr><td>S30408
S30409</td><td>06Cr19Ni10
07Cr19Ni10</td><td rowspan="2">固溶处理
（交货状态）</td><td rowspan="2">沟状组织</td><td>沟状组织
凹状组织Ⅱ</td><td rowspan="2">沟状组织</td></tr>
<tr><td>S31608
S31688
S31708</td><td>06Cr17Ni12Mo2
06Cr18Ni12Mo2Cu2
06Cr19Ni13Mo3</td><td>—</td></tr>
<tr><td>S30403</td><td>022Cr19Ni10</td><td rowspan="3">敏化处理</td><td rowspan="2">沟状组织</td><td>沟状组织
凹状组织Ⅱ</td><td rowspan="3">沟状组织</td></tr>
<tr><td>S31603
S31703</td><td>022Cr17Ni12Mo2
022Cr19Ni13Mo3</td><td>—</td></tr>
<tr><td>S31668
S32168
S34778</td><td>06Cr17Ni12Mo2Ti
06Cr18Ni11Ti
06Cr18Ni11Nb</td><td>—</td><td>—</td></tr>
</table>

表 34 硫酸-硫酸铁腐蚀试验的腐蚀减量

统一数字代号	牌号	试验状态	腐蚀减量/[g/(m² · h)]
S30408 S30409 S31608 S31688 S31708	06Cr19Ni10 07Cr19Ni10 06Cr17Ni12Mo2 06Cr18Ni12Mo2Cu2 06Cr19Ni13Mo3	固溶处理 （交货状态）	按供需双方协议
S30403 S31603 S31703	022Cr19Ni10 022Cr17Ni12Mo2 022Cr19Ni13Mo3	敏化处理	按供需双方协议

表 35 65%硝酸腐蚀试验的腐蚀减量

统一数字代号	牌号	试验状态	腐蚀减量/[g/(m² · h)]
S30408 S30409	06Cr19Ni10 07Cr19Ni10	固溶处理 （交货状态）	按供需双方协议
S30403	022Cr19Ni10	敏化处理	按供需双方协议

表 36 硫酸-硫酸铜腐蚀试验后弯曲面状态

统一数字代号	牌号	试验状态	试验后弯曲面状态
S30408 S30409 S31608 S31688 S31708	06Cr19Ni10 07Cr19Ni10 06Cr17Ni12Mo2 06Cr18Ni12Mo2Cu2 06Cr19Ni13Mo3	固溶处理 （交货状态）	不允许有晶间腐蚀裂纹
S30403 S31603 S31668 S31703 S32168 S34778	022Cr19Ni10 022Cr17Ni12Mo2 06Cr17Ni12Mo2Ti 022Cr19Ni13Mo3 06Cr18Ni11Ti 06Cr18Ni11Nb	敏化处理	不允许有晶间腐蚀裂纹

6.5.3 根据需方要求，经供需双方协商，可对钢板和钢带进行其他腐蚀试验，其试验方法和要求，由供需双方协商确定，并在合同中注明。

6.6 表面加工及质量要求

6.6.1 钢板和钢带表面加工类型

钢板和钢带的表面加工类型见表 37，需方应根据使用需求指定钢板表面加工类型。经供需双方协商，并在合同中注明，可提供表 37 以外的表面加工类型。

表 37 表面加工类型

简称	加工类型	表面状态	备注
2E 表面	带氧化皮冷轧、热处理、除鳞	粗糙且无光泽	该表面类型为带氧化皮冷轧，除鳞方式为酸洗除鳞或机械除鳞加酸洗除鳞。这种表面适用于厚度精度较高、表面粗糙度要求较高的结构件或冷轧替代产品
2D 表面	冷轧、热处理、酸洗或除鳞	表面均匀、呈亚光状	冷轧后热处理、酸洗或除鳞。亚光表面经酸洗产生。可用毛面辊进行平整。毛面加工便于在深冲时将润滑剂保留在钢板表面。这种表面适用于加工深冲部件，但这些部件成型后还需进行抛光处理
2B 表面	冷轧、热处理、酸洗或除鳞、光亮加工	较 2D 表面光滑平直	在 2D 表面的基础上，对经热处理、除鳞后的钢板用抛光辊进行小压下量的平整。属最常用的表面加工。除极为复杂的深冲外，可用于任何用途
BA 表面	冷轧、光亮退火	平滑、光亮、反光	冷轧后在可控气氛炉内进行光亮退火。通常采用干氢或干氢与干氮混合气氛，以防止退火过程中的氧化现象。也是后工序再加工常用的表面加工

表 37（续）

简称	加工类型	表面状态	备注
3# 表面	对单面或双面进行刷磨或亚光抛光	无方向纹理、不反光	需方可指定抛光带的等级或表面粗糙度。由于抛光带的等级或表面粗糙度的不同，表面所呈现的状态不同。这种表面适用于延伸产品还需进一步加工的场合。若钢板或钢带做成的产品不进行另外的加工或抛光处理时，建议用 4# 表面
4# 表面	对单面或双面进行通用抛光	无方向纹理、反光	经粗磨料粗磨后，再用粒度为 120# ～150# 或更细的研磨料进行精磨。这种材料被广泛用于餐馆设备、厨房设备、店辅门面、乳制品设备等
6# 表面	单面或双面亚光缎面抛光，坦皮科研磨	呈亚光状、无方向纹理	表面反光率较 4# 表面差。是用 4# 表面加工的钢板在中粒度研磨料和油的介质中经坦皮科刷磨而成。适用于不要求光泽度的建筑物和装饰。研磨粒度可由需方指定
7# 表面	高光泽度表面加工	光滑、高反光度	是由优良的基础表面进行擦磨而成，但表面磨痕无法消除，该表面主要适用于要求高光泽度的建筑物外墙装饰
8# 表面	镜面加工	无方向纹理、高反光度、影像清晰	该表面是用逐步细化的磨料抛光和用极细的铁丹大量擦磨而成。表面不留任何擦磨痕迹。该表面被广泛用于模压板和镜面板
TR 表面	冷作硬化处理	应材质及冷作量的大小而变化	对退火除鳞或光亮退火的钢板进行足够的冷作硬化处理。大大提高强度水平
HL 表面	冷轧、酸洗、平整、研磨	呈连续性磨纹状	用适当粒度的研磨材料进行抛光，使表面呈连续性磨纹
单面抛光的钢板，另一面需进行粗磨，以保证必要的平直度。 标准的抛光工艺在不同的钢种上所产生的效果不同。对于一些关键性的应用，订单中需要附“典型标样”做参照，以便于取得一致的看法。			

6.6.2 钢板和钢带表面质量

6.6.2.1 钢板不允许有影响使用的缺陷。允许有个别深度小于厚度公差之半的轻微麻点、擦划伤、压痕、凹坑、辊印和色差等不影响使用的缺陷。允许局部修磨，但应保证钢板最小厚度。

6.6.2.2 钢带不允许有影响使用的缺陷。但成卷交货的钢带，允许有少量不正常的部分。对不经抛光的钢带，表面允许有个别深度小于厚度公差之半的轻微麻点、擦划伤、压痕、凹坑、辊印和色差。

6.6.2.3 钢带边缘应平整。切边钢带边缘不允许有深度大于宽度公差之半的切割不齐和大于钢带厚度公差的毛刺；不切边钢带不允许有大于宽度公差的裂边。

6.7 特殊要求

根据需方要求，可对钢的化学成分、力学性能作特殊要求，或补充规定非金属夹杂物、奥氏体-铁素

体中 α 相含量的测定、无损检测等项目，具体内容由供需双方协商确定。

7 试验方法

7.1 化学成分试验方法

钢的化学成分试验方法应符合 GB/T 223.3、GB/T 223.4、GB/T 223.5、GB/T 223.8、GB/T 223.9、GB/T 223.11、GB/T 223.16、GB/T 223.18、GB/T 223.19、GB/T 223.23、GB/T 223.25、GB/T 223.26、GB/T 223.28、GB/T 223.33、GB/T 223.36、GB/T 223.40、GB/T 223.53、GB/T 223.58、GB/T 223.60、GB/T 223.61、GB/T 223.68、GB/T 223.69、GB/T 11170、GB/T 20123、GB/T 20124 的规定。

7.2 钢板和钢带检验项目、取样方法及部位、取样数量及试验方法

每批钢板或钢带的检验项目、取样方法及部位、取样数量及试验方法应符合表 38 的规定。

表 38 钢板和钢带检验项目、取样方法及部位、取样数量及试验方法

序号	检验项目	取样方法及部位	取样数量	试验方法
1	化学成分	按 GB/T 20066	1 个	见 7.1
2	拉伸试验	按 GB/T 2975	1 个	GB/T 228.1，YB/T 4334
3	弯曲试验	按 GB/T 2975	1 个	GB/T 232
4	硬度	任一张或任一卷	1 个	GB/T 230.1，GB/T 231.1，GB/T 4340.1
5	耐腐蚀性能	按 GB/T 4334	按 GB/T 4334	GB/T 4334
6	尺寸、外形	—	逐张或逐卷	本标准 7.3
7	表面质量	—	逐张或逐卷	目视

7.3 尺寸和外形的测量方法

7.3.1 尺寸的测量

7.3.1.1 厚度测量

7.3.1.1.1 宽钢带及卷切钢板、纵剪宽钢带及卷切钢带Ⅰ：

a) 不切边状态距钢带轧制边不小于 30 mm 处任意点测量；切边状态距钢带剪切边不小于 20 mm 处任意点测量；

b) 纵剪宽钢带及卷切钢带Ⅰ，宽度小于 40 mm 时，沿钢带宽度方向的中心部位测量。

7.3.1.1.2 窄钢带及卷切钢带Ⅱ：宽度大于 20 mm 时，距边部不小于 10 mm 处任意点测量；宽度不大于 20 mm 时，沿钢带宽度方向的中心部位测量。

7.3.2 外形的测量

7.3.2.1 不平度：钢板在自重状态下平放于平台上，测量钢板任意方向的下表面与平台间的最大距离。

7.3.2.2 镰刀弯：测量方法见图 1，可用 1 m 直尺测量。窄钢带的测量位置在钢卷头尾 3 圈之外。

7.3.2.3 切斜度：测量方法见图 2。

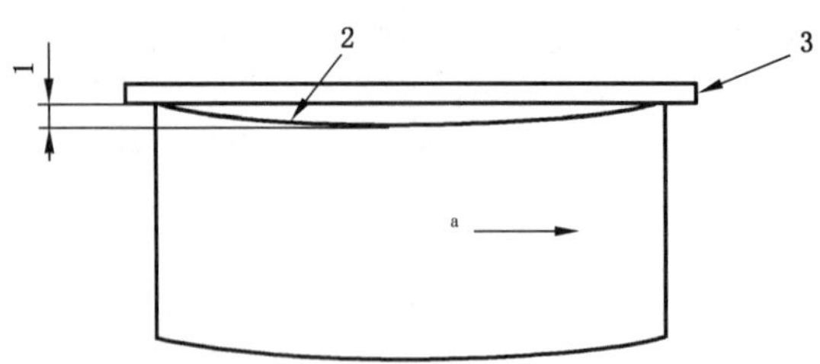

说明：
1——镰刀弯；
2——钢带边沿；
3——平直基准。
[a] 轧制方向。

图 1 镰刀弯测量方法

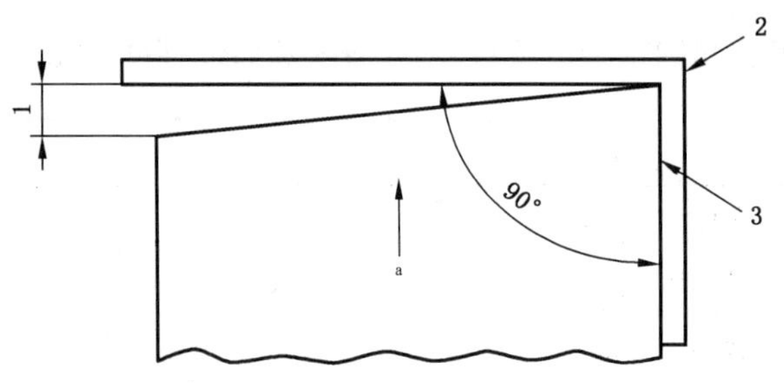

说明：
1——切斜度；
2——直角尺；
3——侧边。
[a] 轧制方向。

图 2 切斜度测量方法

7.3.2.4 边浪：测量方法见图 3。

钢带的边浪测量仅适用于产品边部。

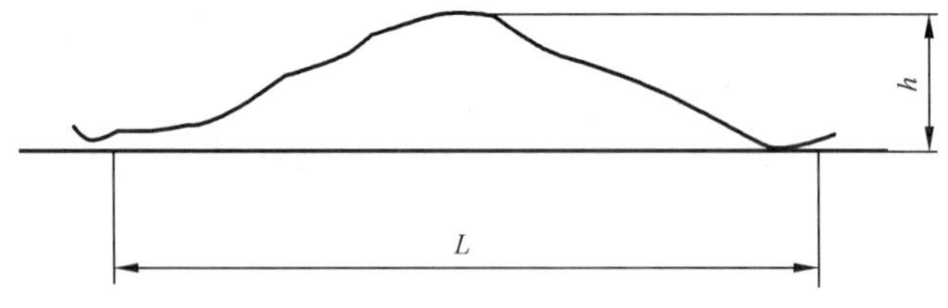

说明：
h ——边浪高度；
L ——边浪波长。

图 3 边浪测量方法

8 检验规则

8.1 钢板和钢带的检验由供方质量检验部门进行。

8.2 用作冷轧原料的钢板、钢带的力学性能仅在需方要求并在合同中注明时方进行检验。

8.3 钢板和钢带应成批提交验收，每批由同一牌号、同一炉号、同一厚度和同一热处理制度的钢板和钢带组成。

8.4 其他检验项目的复验和判定应符合 GB/T 17505 的规定。

8.5 力学性能和化学成分试验结果应采用修约值比较法进行修约，修约规则按 GB/T 8170 的规定执行。

9 包装、标志及质量证明书

钢板和钢带的包装、标志及质量证明书应符合 GB/T 247 的规定。

附　录　A
（资料性附录）
各国不锈钢牌号对照表

各国不锈钢牌号对照表见表 A.1。

表 A.1　各国不锈钢牌号对照表

GB/T 20878—2007 中序号	统一数字代号	牌号	旧牌号	美国 ASTM A959	日本 JIS G4303、JIS G4311、JIS G4305 等	国际 ISO 15510 ISO 4955	欧洲 EN 10088-1 EN 10095
9	S30110	12Cr17Ni7	1Cr17Ni7	S30100,301	SUS301	X5CrNi17-7	X5CrNi17-7,1.4319
10	S30103	022Cr17Ni7	—	S30103,301L	SUS301L	—	—
11	S30153	022Cr17Ni7N	—	S30153,301LN	—	X2CrNiN18-7	X2CrNiN18-7,1.4318
13	S30210	12Cr18Ni9	1Cr18Ni9	S30200,302	SUS302	X10CrNi18-8	X10CrNi18-8,1.4310
14	S30240	12Cr18Ni9Si3	1Cr18Ni9Si3	S30215,302B	SUS302B	X12CrNiSi18-9-3	—
17	S30408	06Cr19Ni10	0Cr18Ni9	S30400,304	SUS304	X5CrNi18-10	X5CrNi18-10,1.4301
18	S30403	022Cr19Ni10	00Cr19Ni10	S30403,304L	SUS304L	X2CrNi18-9	X2CrNi18-9,1.4307
19	S30409	07Cr19Ni10	—	S30409,304H	SUH304H	X7CrNi18-9	X6CrNi18-10,1.4948
20	S30450	05Cr19Ni10Si2CeN	—	S30415	—	X6CrNiSiNCe19-10	X6CrNiSiNCe19-10,1.4818
23	S30458	06Cr19Ni10N	0Cr19Ni9N	S30451,304N	SUS304N1	X5CrNiN19-9	X5CrNiN19-9,1.4315
24	S30478	06Cr19Ni9NbN	0Cr19Ni10NbN	S30452,XM-21	SUS304N2	—	—
25	S30453	022Cr19Ni10N	00Cr18Ni10N	S30453,304LN	SUS304LN	X2CrNiN18-9	X2CrNiN18-10,1.4311
26	S30510	10Cr18Ni12	1Cr18Ni12	S30500,305	SUS305	X6CrNi18-12	X4CrNi18-12,1.4303
32	S30908	06Cr23Ni13	0Cr23Ni13	S30908,309S	SUS309S	X12CrNi23-13	X12CrNi23-13,1.4833
35	S31008	06Cr25Ni20	0Cr25Ni20	S31008,310S	SUS310S	X8CrNi25-21	X8CrNi25-21,1.4845
36	S31053	022Cr25Ni22Mo2N	—	S31050,310MoLN	—	X1CrNiMoN25-22-2	X1CrNiMoN25-22-2,1.4466
37	S31252	015Cr20Ni18Mo6CuN	—	S31254	SUS312L	X1CrNiMoN20-18-7	X1CrNiMoN20-18-7, 1.4547
38	S31608	06Cr17Ni12Mo2	0Cr17Ni12Mo2	S31600,316	SUS316	X5CrNiMo17-12-2	X5CrNiMo17-12-2,1.4401

表 A.1（续）

GB/T 20878—2007 中序号	统一数字代号	牌号	旧牌号	美国 ASTM A959	日本 JIS G4303、JIS G4311、JIS G4305 等	国际 ISO 15510 ISO 4955	欧洲 EN 10088-1 EN 10095
39	S31603	022Cr17Ni12Mo2	00Cr17Ni14Mo2	S31603,316L	SUS316L	X2CrNiMo17-12-2	X2CrNiMo17-12-2,1.4404
40	S31609	07Cr17Ni12Mo2	1Cr17Ni12Mo2	S31609,316H	—	—	X6CrNiMo17-13-2,1.4918
41	S31668	06Cr17Ni12Mo2Ti	0Cr18Ni12Mo3Ti	S31635,316Ti	SUS316Ti	X6CrNiMoTi17-12-2	X6CrNiMoTi17-12-2,1.4571
42	S31678	06Cr17Ni12Mo2Nb	—	S31640,316Nb	—	X6CrNiMoNb17-12-2	X6CrNiMoNb17-12-2,1.4580
43	S31658	06Cr17Ni12Mo2N	0Cr17Ni12Mo2N	S31651,316N	SUS316N	—	—
44	S31653	022Cr17Ni12Mo2N	00Cr17Ni13Mo2N	S31653,316LN	SUS316LN	X2CrNiMoN17-12-3	X2CrNiMoN17-11-2,1.4406
45	S31688	06Cr18Ni12Mo2Cu2	0Cr18Ni12Mo2Cu2	—	SUS316J1	—	—
48	S31782	015Cr21Ni26Mo5Cu2	—	N08904,904L	SUS890L	X1NiCrMoCu25-20-5	X1NiCrMoCu25-20-5,1.4539
49	S31708	06Cr19Ni13Mo3	0Cr19Ni13Mo3	S31700,317	SUS317	—	—
50	S31703	022Cr19Ni13Mo3	00Cr19Ni13Mo3	S31703,317L	SUS317L	X2CrNiMo19-14-4	X2CrNiMo18-15-4,1.4438
53	S31723	022Cr19Ni16Mo5N	—	S31726,317LMN	—	X2CrNiMoN18-15-5	X2CrNiMoN17-13-5,1.4439
54	S31753	022Cr19Ni13Mo4N	—	S31753,317LN	SUS317LN	X2CrNiMoN18-12-4	X2CrNiMoN18-12-4,1.4434
55	S32168	06Cr18Ni11Ti	0Cr18Ni10Ti	S32100,321	SUS321	X6CrNiTi18-10	X6CrNiTi18-10,1.4541
56	S32169	07Cr19Ni11Ti	1Cr18Ni11Ti	S32109,321H	SUH321H	X7CrNiTi18-10	X7CrNiTi18-10, 1.4940
58	S32652	015Cr24Ni22Mo8Mn3CuN	—	S32654	—	X1CrNiMoCuN24-22-8	X1CrNiMoCuN24-22-8,1.4652
61	S34553	022Cr24Ni17Mo5Mn6NbN	—	S34565	—	X2CrNiMnMoN25-18-6-5	X2CrNiMnMoN25-18-6-5,1.4565
62	S34778	06Cr18Ni11Nb	0Cr18Ni11Nb	S34700,347	SUS347	X6CrNiNb18-10	X6CrNiNb18-10,1.4550
63	S34779	07Cr18Ni11Nb	1Cr19Ni11Nb	S34709,347H	SUS347H	X7CrNiNb18-10	X7CrNiNb18-10,1.4912
—	S30859	08Cr21Ni11Si2CeN	—	S30815	—	—	—
—	S38926	015Cr20Ni25Mo7CuN	—	N08926	—	—	X1NiCrMoCu25-20-7,1.4529
—	S38367	022Cr21Ni25Mo7N	—	N08367	—	—	—
67	S21860	14Cr18Ni11Si4AlTi	1Cr18Ni11Si4AlTi	—	—	—	—
68	S21953	022Cr19Ni5Mo3Si2N	00Cr18Ni5Mo3Si2	S31500	—	—	—
69	S22160	12Cr21Ni5Ti	1Cr21Ni5Ti	—	—	—	—

表 A.1（续）

GB/T 20878—2007 中序号	统一数字代号	牌号	旧牌号	美国 ASTM A959	日本 JIS G4303、JIS G4311、JIS G4305 等	国际 ISO 15510 ISO 4955	欧洲 EN 10088-1 EN 10095
70	S22293	022Cr22Ni5Mo3N	—	S31803	SUS329J3L	X2CrNiMoN22-5-3	X2CrNiMoN22-5-3,1.4462
71	S22053	022Cr23Ni5Mo3N	—	S32205,2205	—	—	—
72	S23043	022Cr23Ni4MoCuN	—	S32304,2304	—	X2CrNiN23-4	X2CrNiN23-4,1.4362
73	S22553	022Cr25Ni6Mo2N	—	S31200	—	X3CrNiMoN27-5-2	X3CrNiMoN27-5-2,1.4460
75	S25554	03Cr25Ni6Mo3Cu2N	—	S32550,255	SUS329J4L	X2CrNiMoCuN25-6-3	X2CrNiMoCuN25-6-3,1.4507
76	S25073	022Cr25Ni7Mo4N	—	S32750,2507	—	X2CrNiMoN25-7-4	X2CrNiMoN25-7-4,1.4410
77	S27603	022Cr25Ni7Mo4WCuN	—	S32760	—	X2CrNiMoWN25-7-4	X2CrNiMoWN25-7-4,1.4501
—	S22153	022Cr21Ni3Mo2N	—	S32003	—	—	—
—	S22294	03Cr22Mn5Ni2MoCuN	—	S32101	—	X2CrMnNiN21-5-1	X2CrMnNiN21-5-1,1.4162
—	S22152	022Cr21Mn5Ni2N	—	S32001	—	—	—
—	S22193	022Cr21Mn3Ni3Mo2N	—	S81921	—	—	—
—	S22253	022Cr22Mn3Ni2MoN	—	S82011	—	X2CrMnNiN21-5-1	—
—	S22353	022Cr23Ni2N	—	S32202	—	—	—
—	S22493	022Cr24Ni4Mn3Mo2CuN	—	S82441	—	—	—
78	S11348	06Cr13Al	0Cr13Al	S40500,405	SUS405	X6CrAl13	X6CrAl13,1.4002
80	S11163	022Cr11Ti	—	S40920	SUH409L	X2CrTi12	X2CrTi12,1.4512
81	S11173	022Cr11NbTi	—	S40930	—	—	—
82	S11213	022Cr12Ni	—	S40977	—	X2CrNi12	X2CrNi12,1.4003
83	S11203	022Cr12	00Cr12	—	SUS410L	—	—
84	S11510	10Cr15	1Cr15	S42900,429	SUS429	—	—
85	S11710	10Cr17	1Cr17	S43000,430	SUS430	X6Cr17	X6Cr17,1.4016
87	S11763	022Cr17NbTi	00Cr17	S43035,439	SUS430LX	X3CrTi17	X3CrTi17,1.4510
88	S11790	10Cr17Mo	1Cr17Mo	S43400,434	SUS434	X6CrMo17-1	X6CrMo17-1,1.4113
90	S11862	019Cr18MoTi	—	—	SUS436L	—	—

表 A.1（续）

GB/T 20878—2007 中序号	统一数字代号	牌号	旧牌号	美国 ASTM A959	日本 JIS G4303、JIS G4311、JIS G4305 等	国际 ISO 15510 ISO 4955	欧洲 EN 10088-1 EN 10095
91	S11873	022Cr18Nb	—	S43940	—	X2CrTiNb18	X2CrTiNb18,1.4509
92	S11972	019Cr19Mo2NbTi	00Cr18Mo2	S44400,444	SUS444	X2CrMoTi18-2	X2CrMoTi18-2,1.4521
94	S12791	008Cr27Mo	00Cr27Mo	S44627,XM-27	SUSXM27	—	—
95	S13091	008Cr30Mo2	00Cr30Mo2	—	SUS447J1	—	—
—	S12182	019Cr21CuTi	—	—	SUS443J1	—	—
—	S11973	022Cr18NbTi	—	S43932	—	—	—
—	S11863	022Cr18Ti	—	S43035,439	SUS430LX	X3CrTi17	X3CrTi17,1.4510
—	S12362	019Cr23MoTi	—	—	SUS445J1	—	—
—	S12361	019Cr23Mo2Ti	—	—	SUS445J2	—	—
—	S12763	022Cr27Ni2Mo4NbTi	—	S44660	—	—	—
—	S12963	022Cr29Mo4NbTi	—	S44735	—	—	—
—	S11573	022Cr15NbTi	—	S42900	SUS429	—	X1CrNb15,1.4595
—	S11882	019Cr18CuNb	—	—	SUS430J1L	—	—
96	S40310	12Cr12	1Cr12	S40300,403	SUS403	—	—
97	S41008	06Cr13	0Cr13	S41008,410S	SUS410S	X6Cr13	X6Cr13,1.4000
98	S41010	12Cr13	1Cr13	S41000,410	SUS410	X12Cr13	X12Cr13,1.4006
99	S41595	04Cr13Ni5Mo	—	S41500	SUSF6NM	X3CrNiMo13-4	X3CrNiMo13-4,1.4313
101	S42020	20Cr13	2Cr13	S42000,420	SUS420J1	X20Cr13	X20Cr13,1.4021
102	S42030	30Cr13	3Cr13	S42000,420	SUS420J2	X30Cr13	X30Cr13,1.4028
104	S42040	40Cr13	4Cr13	—	—	X39Cr13	X39Cr13,1.4031
107	S43120	17Cr16Ni2	—	S43100,431	SUS431	X17CrNi16-2	X17CrNi16-2,1.4057
108	S44070	68Cr17	7Cr17	S44002,440A	SUS440A	—	—
—	S46050	50Cr15MoV	—	—	—	X50CrMoV15	X50CrMoV15,1.4116
134	S51380	04Cr13Ni8Mo2Al	—	S13800,XM-13	—	—	—

表 A.1（续）

GB/T 20878—2007 中序号	统一数字代号	牌号	旧牌号	美国 ASTM A959	日本 JIS G4303、JIS G4311、JIS G4305 等	国际 ISO 15510 ISO 4955	欧洲 EN 10088-1 EN 10095
135	S51290	022Cr12Ni9Cu2NbTi	—	S45500,XM-16	—	—	—
138	S51770	07Cr17Ni7Al	0Cr17Ni7Al	S17700,631	SUS631	X7CrNiAl17-7	X7CrNiAl17-7,1.4568
139	S51570	07Cr15Ni7Mo2Al	0Cr15Ni7Mo2Al	S15700,632	—	X8CrNiMoAl15-7-2	X8CrNiMoAl15-7-2,1.4532
141	S51750	09Cr17Ni5Mo3N	—	S35000,633	—	—	—
142	S51778	06Cr17Ni7AlTi	—	S17600,635	—	—	—

附 录 B
（资料性附录）
不锈钢的特性和用途

不锈钢的特性和用途见表 B.1。

表 B.1 不锈钢的特性和用途

类型	统一数字代号	牌号	特 性 和 用 途
奥氏体型	S30110	12Cr17Ni7	经冷加工有高的强度。用于铁道车辆，传送带螺栓螺母等
	S30103	022Cr17Ni7	是 12Cr17Ni7 的超低碳钢，具有良好的耐晶间腐蚀性、焊接性，用于铁道车辆
	S30153	022Cr17Ni7N	是 12Cr17Ni7 的超低碳含氮钢，强度高，具有良好的耐晶间腐蚀性、焊接性，用于结构件
	S30210	12Cr18Ni9	经冷加工有高的强度，但伸长率比 12Cr17Ni7 稍差。用于建筑装饰部件
	S30240	12Cr18Ni9Si3	耐氧化性比 12Cr18Ni9 好，900 ℃以下与 06Cr25Ni20 具有相同的耐氧化性和强度。用于汽车排气净化装置、工业炉等高温装置部件
	S30408	06Cr19Ni10	作为不锈耐热钢使用最广泛，用于食品设备，一般化工设备，原子能工业等
	S30403	022Cr19Ni10	比 06Cr19Ni10 碳含量更低的钢，耐晶间腐蚀性优越，焊接后不进行热处理
	S30409	07Cr19Ni10	在固溶态钢的塑性、韧性、冷加工性良好，在氧化性酸和大气、水等介质中耐蚀性好，但在敏化态或焊接后有晶腐倾向。耐蚀性优于 12Cr18Ni9。适于制造深冲成型部件和输酸管道、容器等
	S30450	05Cr19Ni10Si2CeN	加氮，提高钢的强度和加工硬化倾向，塑性不降低。改善钢的耐点蚀、晶腐性，可承受更重的负荷，使材料的厚度减少。用于结构用强度部件
	S30458	06Cr19Ni10N	在 06Cr19Ni10 的基础上加氮，提高钢的强度和加工硬化倾向，塑性不降低。改善钢的耐点蚀、晶腐性，使材料的厚度减少。用于有一定耐腐要求，并要求较高强度和减速轻重量的设备、结构部件
	S30478	06Cr19Ni9NbN	在 06Cr19Ni10 的基础上加氮和铌，提高钢的耐点蚀、晶腐性能，具有与 06Cr19Ni10N 相同的特性和用途
	S30453	022Cr19Ni10N	06Cr19Ni10N 的超低碳钢，因 06Cr19Ni10N 在 450 ℃～900 ℃加热后耐晶腐性将明显下降。因此对于焊接设备构件，推荐用 022Cr19Ni10N
	S30510	10Cr18Ni12	与 06Cr19Ni10 相比，加工硬化性低。用于手机配件，电器元件，发电机组配件等
	S30908	06Cr23Ni13	耐腐蚀性比 06Cr19Ni10 好，但实际上多作为耐热钢使用
	S31008	06Cr25Ni20	抗氧化性比 06Cr23Ni13 好，但实际上多作为耐热钢使用
	S31053	022Cr25Ni22Mo2N	钢中加氮提高钢的耐孔蚀性，且使钢有具有更高的强度和稳定的奥氏体组织。适用于尿素生产中汽提塔的结构材料，性能远优于 022Cr17Ni12Mo2
	S31252	015Cr20Ni18Mo6CuN	一种高性价比超级奥氏体不锈钢，较低的 C 含量和高 Mo、高 N 含量，使其具有较好的耐晶间腐蚀能力、耐点腐蚀和耐缝隙腐蚀性能，主要用于海洋开发、海水淡化、热交换器、纸浆生产、烟气脱硫装置等领域
	S31608	06Cr17Ni12Mo2	在海水和其他各种介质中，耐腐蚀性比 06Cr19Ni10 好。主要用于耐点蚀材料

表 B.1（续）

类型	统一数字代号	牌号	特性和用途
奥氏体型	S31603	022Cr17Ni12Mo2	为06Cr17Ni12Mo2的超低碳钢。超低碳奥氏体不锈钢对各种无机酸、碱类、盐类(如亚硫酸、硫酸、磷酸、醋酸、甲酸、氯盐、卤素、亚硫酸盐等)均有良好的耐蚀性。由于含碳量低，因此，焊接性能良好，适合于多层焊接，焊后一般不需热处理，且焊后无刀口腐蚀倾向。可用于制造合成纤维、石油化工、纺织、化肥、印染及原子能等工业设备，如塔、槽、容器、管道等
	S31609	07Cr17Ni12Mo2	与06Cr17Ni12Mo2相比，该钢种的C含量由≤0.08%调整至0.04%～0.10%，耐高温性能增加，该钢种广泛应用于加热釜、锅炉、硬质合金传送带等
	S31668	06Cr17Ni12Mo2Ti	有良好的耐晶间腐蚀性，用于抵抗硫酸、磷酸、甲酸、乙酸的设备
	S31678	06Cr17Ni12Mo2Nb	比06Cr17Ni12Mo2具有更好的耐晶间腐蚀性
	S31658	06Cr17Ni12Mo2N	在06Cr17Ni12Mo2中加入N，提高强度，不降低塑性，使材料的使用厚度减薄。用于耐腐蚀性较好的强度较高的部件
	S31653	022Cr17Ni12Mo2N	用途与06Cr17Ni12Mo2N相同但耐晶间腐蚀性更好
	S31688	06Cr18Ni12Mo2Cu2	耐腐蚀性、耐点蚀性比06Cr17Ni12Mo2好。用于耐硫酸材料
	S31782	015Cr21Ni26Mo5Cu2	高Mo不锈钢，全面耐硫酸、磷酸、醋酸等腐蚀，又可解决氯化物孔蚀、缝隙腐蚀和应力腐蚀问题。主要用于石化、化工、化肥、海洋开发等的塔、槽、管、换热器等
	S31708	06Cr19Ni13Mo3	耐点蚀性比06Cr17Ni12Mo2好，用于染色设备材料等
	S31703	022Cr19Ni13Mo3	为06Cr19Ni13Mo3的超低碳钢，比06Cr19Ni13Mo3耐晶间腐蚀性好，主要用于电站冷凝管等
	S31723	022Cr19Ni16Mo5N	高Mo不锈钢，钢中含0.10%～0.20%，使其耐孔蚀性能进一步提高，此钢种在硫酸、甲酸、醋酸等介质中的耐蚀性要比一般含2%～4%Mo的常用Cr-Ni钢更好
	S31753	022Cr19Ni13Mo4N	在022Cr19Ni13Mo3中添加氮，具有高强度、高耐蚀性，用于罐箱、容器等
	S32168	06Cr18Ni11Ti	添加钛提高耐晶间腐蚀性，不推荐作装饰部件
	S32169	07Cr19Ni11Ti	与06Cr18Ni11Ti相比，该钢种的C含量由≤0.08%调整至0.04%～0.10%，耐高温性能增强，可用于锅炉行业
	S32652	015Cr24Ni22Mo8Mn3CuN	属于超级奥氏体不锈钢，高Mo、高N、高Cr使其具有优异的耐点蚀、耐缝隙腐蚀性能，主要用于海洋开发、海水淡化、纸浆生产、烟气脱硫装置等领域
	S34553	022Cr24Ni17Mo5Mn6NbN	这是一种高强度且耐腐蚀的超级奥氏体不锈钢，在氯化物环境中，具有优良的耐点蚀和耐缝隙腐蚀性能。此钢被推荐用于海水淡化、海上采油平台以及电厂烟气脱硫等装置
	S34778	06Cr18Ni11Nb	添加铌提高奥氏体不锈钢的稳定性。由于其良好的耐蚀性能、焊接性能，因此广泛应用于石油化工、合成纤维、食品、造纸等行业。在热电厂和核动力工业中，用于大型锅炉过热器、再热器、蒸汽管道、轴类和各类焊接结构件

表 B.1（续）

类型	统一数字代号	牌号	特性和用途
奥氏体型	S34779	07Cr18Ni11Nb	与06Cr18Ni11Nb相比，该钢种的C含量由≤0.08%调整至0.04%～0.10%，耐高温性能增加，可用于锅炉行业
	S30859	08Cr21Ni11Si2CeN	21Cr-11Ni不锈钢的基础上，通过稀土铈和氮元素的合金化提高耐高温性能，与06Cr25Ni20相比，在优化使用性能的同时，还节约了贵重的Ni资源。该钢种主要用于锅炉行业
	S38926	015Cr20Ni25Mo7CuN	与015Cr20Ni18Mo6CuN相比，Ni含量由17.5%～18.5%提高至24.0%～26.0%，具有更好的耐应力腐蚀能力，被推荐用于海洋开发、核电装置等领域
	S38367	022Cr21Ni25Mo7N	与015Cr20Ni25Mo7CuN相比，Cr含量更高，耐点腐蚀性能更好，用于海洋开发、热交换器、核电装置等领域
奥氏体·铁素体型	S21860	14Cr18Ni11Si4AlTi	由于Si的存在，既通过α+β两相强化提高强度，又使此钢在浓硝酸和发烟硝酸中形成表面氧化硅膜从而使提高耐浓硝酸腐蚀性能。用于制作抗高温浓硝酸介质的零件和设备
	S21953	022Cr19Ni5Mo3Si2N	耐应力腐蚀破裂性能良好，耐点蚀性能与022Cr17Ni14Mo2相当，具有较高强度，适用于含氯离子的环境，用于炼油、化肥、造纸、石油、化工等工业制造热交换器、冷凝器等
	S22160	12Cr21Ni5Ti	可代替06Cr18Ni11Ti，有更好的力学性能，特别是强度较高，用于航天设备等
	S22293	022Cr22Ni5Mo3N	具有高强度，良好的耐应力腐蚀、耐点蚀、良好的焊接性能，在石化、造船、造纸、海水淡化、核电等领域具有广泛的用途
	S22053	022Cr23Ni5Mo3N	属于低合金双相不锈钢，强度高，能代替S30403和S31603，可用于锅炉和压力容器，化工厂和炼油厂的管道
	S23043	022Cr23Ni4MoCuN	具有双相组织，优异的耐应力腐蚀断裂和其他形式耐蚀的性能以及良好的焊接性。主要用于石油石化，造纸，海水淡化等行业
	S22553	022Cr25Ni6Mo2N	耐腐蚀疲劳性能远比S31603(尿素级)好，对低应力、低频率交变载荷条件下工作的尿素甲胺泵泵体选材有重要参考价值。主要应用于化工、化肥、石油化工等领域，多用于制造热交换器、蒸发器等，国内主要用在尿素装置，也可用于耐海水腐蚀部件等
	S25554	03Cr25Ni6Mo3Cu2N	该钢具有良好的力学性能和耐局部腐蚀性能，尤其是耐磨损腐蚀性能优于一般的不锈钢。海水环境中的理想材料，适用作舰船用的螺旋推进器、轴、潜艇密封件等，而且在化工、石油化工、天然气、纸浆、造纸等应用
	S25073	022Cr25Ni7Mo4N	是双相不锈钢中耐局部腐蚀最好的钢，特别是耐点蚀最好，并具有高强度、耐氯化物应力腐蚀、可焊接的特点。非常适用于化工、石油、石化和动力工业中以河水、地下水和海水等为冷却介质的换热设备
	S27603	022Cr25Ni7Mo4WCuN	在022Cr25Ni7Mo3N钢中加入W、Cu提高Cr25型双相钢的性能。特别是耐氯化物点蚀和缝隙腐蚀性能更佳，主要用于以水(含海水、卤水)为介质的热交换设备
	S22153	022Cr21Ni3MoN	含有1.5%的Mo，与Cr、N配合提高耐腐蚀性能，其耐蚀性优于022Cr17Ni12Mo2，与022Cr19Ni13Mo3接近，是022Cr17Ni12Mo2的理想替代品。同时该钢种还具有较高的强度，可用于化学储罐、纸浆造纸、建筑屋顶、桥梁等领域

表 B.1（续）

类型	统一数字代号	牌号	特性和用途
奥氏体·铁素体型	S22294	03Cr22Mn5Ni2MoCuN	低Ni、高N含量，使其具有高强度、良好的耐腐蚀性能和焊接性能的同时，制造成本大幅度降低。该钢种具有比022Cr19Ni10更好、与022Cr17Ni12Mo2相当的耐蚀性能，是06Cr19Ni10、022Cr19Ni10理想的替代品，用于石化、造船、造纸、核电、海水淡化、建筑等领域
	S22152	022Cr21Mn5Ni2N	合金Ni、Mo含量大幅降低，并含有较高N含量，具有高强度、良好的耐腐蚀性能、焊接性能以及较低的成本。该钢种具有与022Cr19Ni10相当的耐蚀性能，在一定范围内可替代06Cr19Ni10、022Cr19Ni10，用于建筑、交通、石化等领域
	S22193	022Cr21Mn3Ni3Mo2N	含有1%～2%的Mo以及较高的N，具有良好的耐腐蚀性能、焊接性能，同时由于以Mn、N代Ni，降低了成本。该钢种具有与022Cr17Ni12Mo2相当甚至更好的耐点蚀及耐均匀腐蚀性能，耐应力腐蚀性能也显著提高，是022Cr17Ni12Mo2的理想替代品，用于建筑、储罐、造纸、石化等领域
	S22253	022Cr22Mn3Ni2MoN	含有较高的Cr和N，材料耐点蚀和抗均匀腐蚀性高于022Cr19Ni10，与022Cr17Ni12Mo2相当，耐应力腐蚀性能显著提高，并具有良好的焊接性能，可替代022Cr19Ni10、022Cr17Ni12Mo2，用于建筑、储罐、石化、能源等领域
	S22353	022Cr23Ni2N	以较高的N代Ni，Mo含量较低，从而成本得到显著降低。由于含有约23%的Cr以及约0.2%的N，材料耐点蚀和抗均匀腐蚀性与022Cr17Ni12Mo2相当甚至更高，耐应力腐蚀性显著提高，焊接性能优良，可替代022Cr17Ni12Mo2。用于建筑、储罐、石化等领域
	S22493	022Cr24Ni4Mn3Mo2CuN	以较高的N及一定含量的Mn代Ni，Cr含量较低，从而成本得到降低。由于含有约24%的Cr以及约0.25%的N，材料耐点蚀和抗均匀腐蚀性高于022Cr17Ni12Mo2，接近022Cr19Ni13Mo3，耐应力腐蚀性显著提高，焊接性能优良，可替代022Cr17Ni12Mo20以及22Cr19Ni13Mo3。用于石化、造纸、建筑、储罐等领域
铁素体型	S11348	06Cr13Al	从高温下冷却不产生显著硬化，主要用于制作石油化工，锅炉等行业在高温中工作的零件
	S11163	022Cr11Ti	超低碳钢，焊接性能好，用于汽车排气处理装置
	S11173	022Cr11NbTi	在钢中加入Nb+Ti细化晶粒，提高铁素体钢的耐晶间腐蚀性、改善焊后塑性，性能比022Cr11Ti更好，用于汽车排气处理装置
	S11213	022Cr12Ni	具有中等的耐蚀性、良好的强度、良好的可焊性、较好的耐湿磨性和滑动性。主要应用于运输、交通、结构、石化和采矿等行业
	S11203	022Cr12	焊接部位弯曲性能、加工性能好。多用于集装箱行业
	S11510	10Cr15	作为10Cr17改善焊接性的钢种。用于建筑内装饰、家用电器部件
	S11710	10Cr17	耐蚀性良好的通用钢种，用于建筑内装饰、家庭用具、家用电器部件。脆性转变温度均在室温以上，而且对缺口敏感，不适于制作室温以下的承载备件
	S11763	022Cr17NbTi	降低10Cr17Mo中的C和N，单独或复合加入Ti、Nb或Zr，使加工性和焊接性改善，用于建筑内外装饰、车辆部件

表 B.1（续）

类型	统一数字代号	牌号	特 性 和 用 途
铁素体型	S11790	10Cr17Mo	在钢中加入 Mo，提高钢的耐点蚀、耐缝隙腐蚀性及强度等，主要用于汽车排气系统，建筑内外装饰等
	S11862	019Cr18MoTi	在钢中加入 Mo，提高钢的耐点蚀、耐缝隙腐蚀性及强度等
	S11873	022Cr18Nb	加入不少于 0.3%的 Nb 和 0.1%～0.6%的 Ti，降低碳含量，改善加工性和焊接性能，且提高耐高温性能，用于烤箱炉管、汽车排气系统、燃气罩等领域
	S11972	019Cr19Mo2NbTi	含 Mo 比 022Cr18MoTi 多，耐腐蚀性提高，耐应力腐蚀破裂性好，用于贮水槽太阳能温水器、热交换器、食品机器、染色机械等
	S12791	008Cr27Mo	用于性能、用途、耐蚀性和软磁性与 008Cr30Mo2 类似的用途
	S13091	008Cr30Mo2	高 Cr-Mo 系，C、N 降至极低。耐蚀性很好，耐卤离子应力腐蚀破裂、耐点蚀性好。用于制作与醋酸、乳酸等有机酸有关的设备、制造苛性碱设备
	S12182	019Cr21CuTi	抗腐蚀性、成型性、焊接性与 06Cr19Ni10 相当。适用于建筑内外装饰材料、电梯、家电、车辆部件、不锈钢制品、太阳能热水器等领域
	S11973	022Cr18NbTi	降低 10Cr17 中的 C，复合加入 Nb、Ti，高温性能优于 022Cr11Ti，用于车辆部件、厨房设备、建筑内外装饰等
	S11863	022Cr18Ti	降低 10Cr17 中的 C，单独加入 Ti，使耐腐蚀性、加工性和焊接性改善，用于车辆部件、电梯面板、管式换热器、家电等
	S12362	019Cr23MoTi	属高 Cr 系超纯铁素体不锈钢，耐蚀性优于 019Cr21CuTi，可用于太阳能热水器内胆、水箱、洗碗机、油烟机等
	S12361	019Cr23Mo2Ti	Mo 含量高于 019Cr23Mo，耐腐蚀性进一步提高，可作为 022Cr17Ni12Mo2 的替代钢种用于管式换热器、建筑屋顶、外墙等
	S12763	022Cr27Ni2Mo4NbTi	属于超级铁素体不锈钢，具有高 Cr 高 Mo 的特点，是一种耐海水腐蚀的材料，主要用于电站凝汽器、海水淡化热交换器等行业
	S12963	022Cr29Mo4NbTi	属于超级铁素体不锈钢，但通过提高 Cr 含量提高耐腐蚀性，用途与 022Cr27Ni2Mo3 一致
	S11573	022Cr 15NbTi	超低 C、N 控制，复合加入 Nb、Ti，高温性能优于 022Cr18Ti，用于车辆部件等
	S11882	019Cr18CuNb	超低 C、N 控制，添加了 Nb、Cu，属中 Cr 超纯铁素体不锈钢，具有优良的表面质量和冷加工成形性能，用于汽车及建筑的外装饰部件、家电等
马氏体型	S40310	12Cr12	具有较好的耐热性。用于制造汽轮机叶片及高应力部件
	S41008	06Cr13	比 12Cr13 的耐蚀性、加工成形性更优良的钢种
	S41010	12Cr13	具有良好的耐蚀性，机械加工性，一般用途，刃具类
	S41595	04Cr13Ni5Mo	以具有高韧性的低碳马氏体并通过镍、钼等合金元素的补充强化为主要强化手段，具有高强度和良好的韧性、可焊接性及耐磨蚀性能。适用于厚截面尺寸并且要求焊接性能良好的使用条件，如大型的水电站转轮和转轮下环等
	S42020	20Cr13	淬火状态下硬度高，耐蚀性良好。用于汽轮机叶片
	S42030	30Cr13	比 20Cr13 淬火后的硬度高，作刃具、喷嘴、阀座、阀门等

表 B.1（续）

类型	统一数字代号	牌号	特性和用途
马氏体型	S42040	40Cr13	比 30Cr13 淬火后的硬度高，作刃具、喷嘴、阀座、阀门等
	S43120	17Cr16Ni2	马氏体不锈钢中强度和韧性匹配较好的钢种之一，对氧化酸、大多数有机酸及有机盐类的水溶液有良好的耐蚀性。用于制造耐一定程度的硝酸、有机酸腐蚀的零件、容器和设备
	S44070	68Cr17	硬化状态下，坚硬，韧性高，用于刃具、量具、轴承
	S46050	50Cr15MoV	C 含量提高至 0.5%，Cr 含量提高至 15%，并且添加了钼和钒元素，淬火后硬度可达 HRC56 左右，具有良好的耐蚀性、加工性和打磨性，用于刀具行业
沉淀硬化型	S51380	04Cr13Ni8Mo2Al	强度高，优良的断裂韧性，良好的横向力学性能和在海洋环境中的耐应力腐蚀性能，用于宇航、核反应堆和石油化工等领域
	S51290	022Cr12Ni9Cu2NbTi	具有良好的工艺性能，易于生产棒、丝、板、带和铸件，主要应用于要求耐蚀不锈的承力部件
	S51770	07Cr17Ni7Al	添加 Al 的沉淀硬化钢种。用于弹簧、垫圈、计器部件
	S51570	07Cr15Ni7Mo2Al	在固溶状态下加工成形性能良好，易于加工，加工后经调整处理、冷处理及时效处理，所析出的镍-铝强化相使钢的室温强度可达1 400 MPa以上，并具有满足使用要求的塑韧性。由于钢中含有钼，使耐还原性介质腐蚀能力有所改善。广泛应用于宇航、石油化工及能源工业中的耐蚀及 400 ℃以下工作的承力构件、容器以及弹性元件制造
	S51750	09Cr17Ni5Mo3N	是一种在半奥氏体沉淀硬化不锈钢，具有较高的强度和良好的韧性，适宜制作中温高强度部件
	S51778	06Cr17Ni7AlTi	具有良好的冶金和制造加工工艺性能，可用于 350 ℃以下长期服役的不锈钢结构件、容器、弹簧、膜片等

附 录 C
(资料性附录)
不锈钢的热处理制度

不锈钢的热处理制度见表 C.1～表 C.5。

表 C.1 奥氏体型钢的热处理制度

统一数字代号	牌号	热处理温度及冷却方式
S30110	12Cr17Ni7	≥1 040 ℃水冷或其他方式快冷
S30103	022Cr17Ni7	≥1 040 ℃水冷或其他方式快冷
S30153	022Cr17Ni7N	≥1 040 ℃水冷或其他方式快冷
S30210	12Cr18Ni9	≥1 040 ℃水冷或其他方式快冷
S30240	12Cr18Ni9Si3	≥1 040 ℃水冷或其他方式快冷
S30408	06Cr19Ni10	≥1 040 ℃水冷或其他方式快冷
S30403	022Cr19Ni10	≥1 040 ℃水冷或其他方式快冷
S30409	07Cr19Ni10	≥1 095 ℃水冷或其他方式快冷
S30450	05Cr19Ni10Si2CeN	≥1 040 ℃水冷或其他方式快冷
S30458	06Cr19Ni10N	≥1 040 ℃水冷或其他方式快冷
S30478	06Cr19Ni9NbN	≥1 040 ℃水冷或其他方式快冷
S30453	022Cr19Ni10N	≥1 040 ℃水冷或其他方式快冷
S30510	10Cr18Ni12	≥1 040 ℃水冷或其他方式快冷
S30908	06Cr23Ni13	≥1 040 ℃水冷或其他方式快冷
S31008	06Cr25Ni20	≥1 040 ℃水冷或其他方式快冷
S31053	022Cr25Ni22Mo2N	≥1 040 ℃水冷或其他方式快冷
S31252	015Cr20Ni18Mo6CuN	≥1 150 ℃水冷或其他方式快冷
S31608	06Cr17Ni12Mo2	≥1 040 ℃水冷或其他方式快冷
S31603	022Cr17Ni12Mo2	≥1 040 ℃水冷或其他方式快冷
S31609	07Cr17Ni12Mo2	≥1 040 ℃水冷或其他方式快冷
S31668	06Cr17Ni12Mo2Ti	≥1 040 ℃水冷或其他方式快冷
S31678	06Cr17Ni12Mo2Nb	≥1 040 ℃水冷或其他方式快冷
S31658	06Cr17Ni12Mo2N	≥1 040 ℃水冷或其他方式快冷
S31653	022Cr17Ni12Mo2N	≥1 040 ℃水冷或其他方式快冷
S31688	06Cr18Ni12Mo2Cu2	1 010 ℃～1 150 ℃水冷或其他方式快冷
S31782	015Cr21Ni26Mo5Cu2	1 030 ℃～1 180 ℃水冷或其他方式快冷
S31708	06Cr19Ni13Mo3	≥1 040 ℃水冷或其他方式快冷
S31703	022Cr19Ni13Mo3	≥1 040 ℃水冷或其他方式快冷

表 C.1 （续）

统一数字代号	牌号	热处理温度及冷却方式
S31723	022Cr19Ni16Mo5N	≥1 040 ℃水冷或其他方式快冷
S31753	022Cr19Ni13Mo4N	≥1 040 ℃水冷或其他方式快冷
S32168	06Cr18Ni11Ti	≥1 040 ℃水冷或其他方式快冷
S32169	07Cr19Ni11Ti	≥1 095 ℃水冷或其他方式快冷
S32652	015Cr24Ni22Mo8Mn3CuN	≥1 150 ℃水冷或其他方式快冷
S34553	022Cr24Ni17Mo5Mn6NbN	1 120 ℃～1 170 ℃水冷或其他方式快冷
S34778	06Cr18Ni11Nb	≥1 040 ℃水冷或其他方式快冷
S34779	07Cr18Ni11Nb	≥1 095 ℃水冷或其他方式快冷
S30859	08Cr21Ni11Si2CeN	≥1 040 ℃水冷或其他方式快冷
S38926	015Cr20Ni25Mo7CuN	≥1 100 ℃水冷或其他方式快冷
S38367	022Cr21Ni25Mo7N	≥1 105 ℃水冷或其他方式快冷

表 C.2 奥氏体-铁素体型钢的热处理制度

统一数字代号	牌号	热处理温度及冷却方式
S21860	14Cr18Ni11Si4AlTi	1 000 ℃～1 050 ℃水冷或其他方式快冷
S21953	022Cr19Ni5Mo3Si2N	950 ℃～1 050 ℃水冷
S22160	12Cr21Ni5Ti	950 ℃～1 050 ℃水冷或其他方式快冷
S22293	022Cr22Ni5Mo3N	1 040 ℃～1 100 ℃水冷或其他方式快冷
S22053	022Cr23Ni5Mo3N	1 040 ℃～1 100 ℃水冷，除钢卷在连续退火线水冷或类似方式快冷
S23043	022Cr23Ni4MoCuN	950 ℃～1 050 ℃水冷或其他方式快冷
S22553	022Cr25Ni6Mo2N	1 025 ℃～1 125 ℃水冷或其他方式快冷
S25554	03Cr25Ni6Mo3Cu2N	1 050 ℃～1 100 ℃水冷或其他方式快冷
S25073	022Cr25Ni7Mo4N	1 050 ℃～1 100 ℃水冷
S27603	022Cr25Ni7Mo4WCuN	1 050 ℃～1 125 ℃水冷或其他方式快冷
S22153	022Cr21Ni3Mo2N	≥1 010 ℃水冷或其他方式快冷
S22294	03Cr22Mn5Ni2MoCuN	≥1 020 ℃水冷或其他方式快冷
S22152	022Cr21Mn5Ni2N	≥1 040 ℃水冷或其他方式快冷
S22193	022Cr21Mn3Ni3Mo2N	≥1 020 ℃水冷或其他方式快冷
S22253	022Cr22Mn3Ni2N	≥1 020 ℃水冷或其他方式快冷
S22353	022Cr23Ni2N	≥1 020 ℃水冷或其他方式快冷
S22493	022Cr24Ni4Mn3Mo2CuN	≥1 040 ℃水冷或其他方式快冷

表 C.3 铁素体型钢的热处理制度

统一数字代号	牌号	热处理温度及冷却方式
S11348	06Cr13Al	780 ℃～830 ℃快冷或缓冷
S11163	022Cr11Ti	800 ℃～900 ℃快冷或缓冷
S11173	022Cr11NbTi	800 ℃～900 ℃快冷或缓冷
S11213	022Cr12Ni	700 ℃～820 ℃快冷或缓冷
S11203	022Cr12	700 ℃～820 ℃快冷或缓冷
S11510	10Cr15	780 ℃～850 ℃快冷或缓冷
S11710	10Cr17	780 ℃～800 ℃空冷
S11763	022Cr17NbTi	780 ℃～950 ℃快冷或缓冷
S11790	10Cr17Mo	780 ℃～850 ℃快冷或缓冷
S11862	019Cr18MoTi	800 ℃～1 050 ℃快冷
S11873	022Cr18Nb	800 ℃～1 050 ℃快冷
S11972	019Cr19Mo2NbTi	800 ℃～1 050 ℃快冷
S12791	008Cr27Mo	900 ℃～1 050 ℃快冷
S13091	008Cr30Mo2	800 ℃～1 050 ℃快冷
S12182	019Cr21CuTi	800 ℃～1 050 ℃快冷
S11973	022Cr18NbTi	780 ℃～950 ℃快冷或缓冷
S11863	022Cr18Ti	780 ℃～950 ℃快冷或缓冷
S12362	019Cr23MoTi	850 ℃～1 050 ℃快冷
S12361	019Cr23Mo2Ti	850 ℃～1 050 ℃快冷
S12763	022Cr27Ni2Mo4NbTi	950 ℃～1 150 ℃快冷
S12963	022Cr29Mo4NbTi	950 ℃～1 150 ℃快冷
S11573	022Cr15NbTi	780 ℃～1 050 ℃快冷或缓冷
S11882	019Cr18CuNb	800 ℃～1 050 ℃快冷

表 C.4 马氏体型钢的热处理制度

统一数字代号	牌号	退火处理	淬火	回火
S40310	12Cr12	约 750 ℃快冷 或 800 ℃～900 ℃缓冷	—	—
S41008	06Cr13	约 750 ℃快冷 或 800 ℃～900 ℃缓冷	—	—
S41010	12Cr13	约 750 ℃快冷 或 800 ℃～900 ℃缓冷	—	—

表 C.4（续）

统一数字代号	牌号	退火处理	淬火	回火
S41595	04Cr13Ni5Mo	—	—	—
S42020	20Cr13	约 750 ℃快冷 或 800 ℃～900 ℃缓冷	—	—
S42030	30Cr13	约 750 ℃快冷 或 800 ℃～900 ℃缓冷	980 ℃～1 040 ℃快冷	150 ℃～400 ℃空冷
S42040	40Cr13	约 750 ℃快冷 或 800 ℃～900 ℃缓冷	1 050 ℃～1 100 ℃油冷	200 ℃～300 ℃空冷
S43120	17Cr16Ni2	—	1 010 ℃±10 ℃油冷	605 ℃±5 ℃空冷
		—	1 000 ℃～1 030 ℃油冷	300 ℃～380 ℃空冷
S44070	68Cr17	约 750 ℃快冷 或 800 ℃～900 ℃缓冷	1 010 ℃～1 070 ℃快冷	150 ℃～400 ℃空冷
S46050	50Cr15MoV	770 ℃～830 ℃缓冷	—	—

表 C.5　沉淀硬化型钢的热处理制度

统一数字代号	牌号	固溶处理	沉淀硬化处理
S51380	04Cr13Ni8Mo2Al	927 ℃±15 ℃，按要求冷却至 60 ℃以下	510 ℃±6 ℃，保温 4 h，空冷
			538 ℃±6 ℃，保温 4 h，空冷
S51290	022Cr12Ni9Cu2NbTi	829 ℃±15 ℃，水冷	480 ℃±6 ℃，保温 4 h，空冷
			510 ℃±6 ℃，保温 4h，空冷
S51770	07Cr17Ni7Al	1 065 ℃±15 ℃ 水冷	954 ℃±8 ℃保温 10 min，快冷至室温，24 h 内冷至－73 ℃±6 ℃，保温 8 h，在空气中升至室温，再加热到 510 ℃±6 ℃，保温 1 h 后空冷
			760 ℃±15 ℃保温 90 min，1 h 内冷却至 15 ℃±3 ℃，保温 30 min，再加热至 566 ℃±6 ℃，保温 90 min 后空冷
S51570	07Cr15Ni7Mo2Al	1 040 ℃±15 ℃ 水冷	954 ℃±8 ℃保温 10 min，快冷至室温，24 h 内冷至－73 ℃±6 ℃，保温 8 h，在空气中升至室温。再加热到 510 ℃±6 ℃，保温 1 h 后空冷
			760 ℃±15 ℃保温 90 min，1 h 内冷却至 15 ℃±3 ℃，保温 30 min，再加热至 566 ℃±6 ℃，保温 90 min 后空冷

表 C.5（续）

统一数字代号	牌号	固溶处理	沉淀硬化处理
S51750	09Cr17Ni5Mo3N	930 ℃±15 ℃水冷，在－75 ℃以下保持 3 h	455 ℃±8 ℃，保温 3 h，空冷
			540 ℃±8 ℃，保温 3 h，空冷
S51778	06Cr17Ni7AlTi	1 038 ℃±15 ℃，空冷	510 ℃±8 ℃，保温 30 min，空冷
			538 ℃±8 ℃，保温 30 min，空冷
			566 ℃±8 ℃，保温 30 min，空冷

ICS 77.140.50
H 46

中华人民共和国国家标准

GB/T 3524—2015
代替 GB/T 3524—2005

碳素结构钢和低合金结构钢热轧钢带

Hot-rolled carbon and low alloy structural steel strips

2015-09-11 发布　　2016-06-01 实施

中华人民共和国国家质量监督检验检疫总局
中国国家标准化管理委员会　发布

前　　言

本标准按照 GB/T 1.1—2009 给出的规则起草。

本标准代替 GB/T 3524—2005《碳素结构钢和低合金结构钢热轧钢带》。

本标准与 GB/T 3524—2005 相比，主要技术变化如下：

——扩大了钢带的规格范围；

——调整了钢带厚度允许偏差；

——调整了钢带宽度允许偏差；

——加严了钢带三点差允许偏差；

——细化了钢带同条差允许偏差；

——调整了钢带取样要求；

——取消了 Q255、Q295 两个牌号；

——增加了 Q390、Q420、Q460 三个牌号。

本标准由中国钢铁工业协会提出。

本标准由全国钢标准化技术委员会(SAC/TC 183)归口。

本标准起草单位：南京钢铁股份有限公司、冶金工业信息标准研究院、唐山瑞丰钢铁(集团)有限公司。

本标准主要起草人：徐海泉、王端军、任翠英、战胜龄、张维旭、董洪山、高燕、李雪松。

本标准所代替标准的历次版本发布情况为：

——GB/T 3524—1983，GB/T 3524—1992，GB/T 3524—2005。

碳素结构钢和低合金结构钢热轧钢带

1 范围

本标准规定了碳素结构钢和低合金结构钢热轧钢带的分类和代号、订货内容、尺寸、外形、重量及允许偏差、技术要求、试验方法、验收规则、包装、标志和质量证明书等规定。

本标准适用于厚度不大于12.00 mm、宽度不大于600 mm的碳素结构钢和低合金结构钢热轧钢带(以下简称“钢带”)。

2 规范性引用文件

下列文件对于本标准的运用是必不可少的。凡是注日期的引用文件,仅注日期的版本适用于本文件。凡是不注日期的引用文件,其最新版本(包括所有的修改单)适用于本文件。

GB/T 222 钢的成品化学成分允许偏差

GB/T 223.3 钢铁及合金化学分析方法 二安替比林甲烷磷钼酸重量法测定磷量

GB/T 223.5 钢铁 酸溶硅和全硅含量的测定 还原型硅钼酸盐分光光度法

GB/T 223.9 钢铁及合金 铝含量的测定 铬天青S分光光度法

GB/T 223.11 钢铁及合金 铬含量的测定 可视滴定或电位滴定法

GB/T 223.14 钢铁及合金化学分析方法 钽试剂萃取光度法测定钒含量

GB/T 223.17 钢铁及合金化学分析方法 二安替比林甲烷光度法测定钛量

GB/T 223.18 钢铁及合金化学分析方法 硫代硫酸钠分离-碘量法测定铜量

GB/T 223.19 钢铁及合金化学分析方法 新亚铜灵-三氯甲烷萃取光度法测定铜量

GB/T 223.23 钢铁及合金 镍含量的测定 丁二酮肟分光光度法

GB/T 223.32 钢铁及合金化学分析方法 次磷酸钠还原-碘量法测定砷量

GB/T 223.37 钢铁及合金化学分析方法 蒸馏分离-靛酚蓝光度法测定氮量

GB/T 223.40 钢铁及合金 铌含量的测定 氯磺酚S分光光度法

GB/T 223.58 钢铁及合金化学分析方法 亚砷酸钠-亚硝酸钠滴定法测定锰量

GB/T 223.59 钢铁及合金 磷含量的测定 铋磷钼蓝分光光度法和锑磷钼蓝分光光度法

GB/T 223.60 钢铁及合金化学分析方法 高氯酸脱水重量法测定硅含量

GB/T 223.63 钢铁及合金化学分析方法 高碘酸钠(钾)光度法测定锰量

GB/T 223.64 钢铁及合金 锰含量的测定 火焰原子吸收光谱法

GB/T 223.68 钢铁及合金化学分析方法 管式炉内燃烧后碘酸钾滴定法测定硫含量

GB/T 223.71 钢铁及合金化学分析方法 管式炉内燃烧后重量法测定碳含量

GB/T 223.72 钢铁及合金 硫含量的测定 重量法

GB/T 228.1 金属材料 拉伸试验 第1部分:室温试验方法

GB/T 232 金属材料 弯曲试验方法

GB/T 247 钢板和钢带包装、标志及质量证明书的一般规定

GB/T 700 碳素结构钢

GB/T 1591 低合金高强度结构钢

GB/T 2975 钢及钢产品 力学性能试验取样位置及试样制备

GB/T 4336 碳素钢和中低合金钢 火花源原子发射光谱分析方法(常规法)
GB/T 8170 数值修约规则与极限数值的表示和判定
GB/T 17505 钢及钢产品交货一般技术要求
GB/T 20066 钢和铁 化学成分测定用试样的取样和制样方法

3 分类和代号

3.1 按边缘状态分：

a) 切边 EC；
b) 不切边 EM。

3.2 按厚度精度分：

a) 普通厚度精度 PT.A；
b) 较高厚度精度 PT.B。

4 订货内容

4.1 订货合同内容应包括以下内容：

a) 标准编号；
b) 产品名称；
c) 牌号；
d) 尺寸规格；
e) 边缘状态(EC 或 EM)；
f) 厚度精度(PT.A 或 PT.B)；
g) 重量；
h) 交货状态(热轧、酸洗或其他)；
i) 特殊要求。

4.2 若订货合同未指明边缘状态、厚度精度、交货状态等信息，则钢带按不切边、普通厚度精度、热轧状态交货。

5 尺寸、外形、重量及其允许偏差

5.1 钢带厚度尺寸及允许偏差

5.1.1 钢带厚度尺寸及允许偏差应符合表 1 的规定。
5.1.2 经供需双方协商，当需方要求按较高厚度精度供货时，应在合同中注明。
5.1.3 根据需方要求，可在表 1 规定的公差范围内适当调整钢带的正负偏差。
5.1.4 根据需方要求，经供需双方协商，可供应表 1 规定尺寸规格以外的钢带。

5.2 钢带宽度尺寸及允许偏差

5.2.1 钢带宽度尺寸及允许偏差应符合表 2 的规定。
5.2.2 根据需方要求，经供需双方协商，钢带宽度偏差可在公差范围内进行适当调整。

表 1　钢带厚度允许偏差

单位为毫米

钢带厚度	钢带厚度允许偏差			
	普通厚度精度 PT.A		较高厚度精度 PT.B	
	公称宽度		公称宽度	
	≤350	>350	≤350	>350
≤1.50	±0.14	±0.16	±0.12	±0.14
>1.5～2.0	±0.16	±0.18	±0.14	±0.16
>2.0～2.5	±0.17	±0.19	±0.15	±0.17
>2.5～3.0	±0.18	±0.20	±0.16	±0.18
>3.0～4.0	±0.19	±0.22	±0.17	±0.20
>4.0～5.0	±0.20	±0.24	±0.18	±0.21
>5.0～6.0	±0.21	±0.26	±0.19	±0.23
>6.0～8.0	±0.23	±0.29	±0.20	±0.25
>8.0～10.0	±0.25	±0.32	±0.22	±0.28
>10.0～12.0	±0.30	±0.35	±0.25	±0.30

表 2　钢带宽度允许偏差

单位为毫米

钢带宽度	允许偏差	
	不切边	切边
≤200	+2.00 −1.00	±0.7
>200～250	+2.50 −1.00	
>250～350	+3.00 −2.00	
>350～450	+4.00 −4.00	±1.0
>450 ～600	+5.00 −5.00	

5.3　三点差

钢带的厚度应均匀，在同一截面的中间与两边部分测量三点厚度，其最大差值(三点差)应符合表 3 的规定。

表 3　三点差

单位为毫米

钢带宽度	三点差，不大于
≤150	0.12

表 3（续）

单位为毫米

钢带宽度	三点差，不大于
>150～200	0.14
>200～350	0.15
>350 ～450	0.17
>450	0.18

5.4 同条差

钢带沿轧制方向的厚度应均匀，在同一直线任意测定三点，其最大差值(同条差)应符合表 4 的规定。

表 4 同条差

单位为毫米

钢带厚度	同条差，不大于
≤4.0	0.18
>4.0～6.0	0.20
>6.0	0.23

5.5 外形

5.5.1 钢带应成卷交货。

5.5.2 钢带应牢固成卷。钢带卷一侧塔形高度应不超过 50 mm。

5.5.3 未切边钢带的镰刀弯每米不大于 4 mm，切边钢带的镰刀弯每米不大于 3 mm。

5.6 钢带两端不考核范围

检查钢带宽度、厚度、镰刀弯、三点差、同条差时，两端不考核范围应符合表 5 的规定。

表 5 钢带两端不考核范围

钢带宽度	≤350 mm	>350 mm
不考核范围	两端总长度不超过 14 m	L(m)=90/公称厚度(mm)， 但两端最大总长度不超过 20 m

5.7 钢带重量

钢带按实际重量交货。

6 技术要求

6.1 钢带的牌号及化学成分

6.1.1 钢带采用碳素结构钢轧制时，其化学成分(熔炼分析)应符合 GB/T 700 的规定。

6.1.2 钢带采用低合金结构钢轧制时，其化学成分(熔炼分析)应符合 GB/T 1591 的规定。
6.1.3 钢带的成品化学成分允许偏差应符合 GB/T 222 的规定。

6.2 交货状态

钢带以热轧状态交货，根据需方需求，经供需双方协商，可供应表面酸洗状态或其他特殊要求的钢带。

6.3 力学性能

6.3.1 钢带的力学性能应符合表 6 的规定。
6.3.2 当需方要求做弯曲试验时，弯曲试验应符合表 6 的规定；若供方能保证弯曲合格，可不做冷弯试验。
6.3.3 钢带若冷弯试验合格，抗拉强度可以超过表 6 规定的上限 50 MPa。

表 6 钢带力学性能

牌号	下屈服强度 R_{eL}/MPa 不小于	抗拉强度 R_m/MPa	断后伸长率 A/% 不小于	180°弯曲试验 a——试样厚度 D——弯曲压头直径
Q195	(195)[a]	315～430	33	$D=0$
Q215	215	335～450	31	$D=0.5a$
Q235	235	375～500	26	$D=1.0a$
Q275	275	415～540	22	$D=1.5a$
Q345	345	470～630	21	$D=2a$
Q390	390	490～650	20	$D=2a$
Q420	420	520～680	19	$D=2a$
Q460	460	550～720	17	$D=2a$
[a] 牌号 Q195 的下屈服强度仅供参考，不作交货条件。				

6.4 表面质量

6.4.1 钢带表面不允许有气泡、结疤、裂纹、折叠、夹杂和压入氧化铁皮，钢带不允许有分层。轻微的红氧化铁皮允许存在，允许有深度或高度不超过厚度公差之半的凹坑、凸起、划痕、麻点等局部缺陷，其深度或高度从实际尺寸算起。
6.4.2 不切边钢带边缘不允许有缺口、边部裂纹，允许有深度不大于宽度公差之半的其他边部缺陷，且应保证钢带最小宽度。
6.4.3 切边钢带边缘允许有不大于 0.50 mm 的飞刺。
6.4.4 钢带局部缺陷允许清理，但清理后应保证钢带的最小厚度和宽度。清理处应平滑、无棱角。
6.4.5 在钢带连续生产的过程中，局部的表面缺陷不易发现并去除，因此允许带缺陷交货，但有缺陷部分不得超过每卷钢带总长度的 8%。

7 试验方法

7.1 每批钢带的检验项目、取样数量、取样方法及试验方法应符合表 7 的规定。

表 7 钢带的检验项目、取样数量、取样方法及试验方法

序号	检验项目	取样数量	取样方法	试验方法
1	化学成分 (熔炼分析)	1个 (每炉罐号)	GB/T 20066	GB/T 223 GB/T 4336
2	拉 伸	1个/批	GB/T 2975	GB/T 228.1
3	弯 曲	1个/批	GB/T 2975	GB/T 232
4	尺 寸	逐卷(条)	—	通用量具
5	表面质量	逐卷(条)	—	肉眼
注:化学成分仲裁按 GB/T 223 进行。				

7.2 进行拉伸和弯曲试验时,钢带应取横向试样。但由于钢带宽度限制不能取横向试样时,可取纵向试样,力学性能指标由供需双方协商确定。

7.3 测量钢带厚度时,测量点距离钢带侧边的距离为:不切边钢带不小于 10 mm,切边钢带不小于 5 mm。

7.4 测量钢带的镰刀弯时,将直尺靠紧钢带的凹侧边,测量从直尺到凹侧边的最大距离。

7.5 钢带的尺寸、外形及表面质量检查部位距钢带两端的距离应以保证测量的精确性为准;仲裁试验时,测量部位应在两端不考核长度之外。

8 检验规则

8.1 钢带的检查和验收由供方技术质量监督部门进行。

8.2 钢带应按批检查和验收,每批由同一牌号、同一炉号、同一规格及同一交货状态的钢带组成。

8.3 钢带的复验和判定规则应附合 GB/T 17505 的规定。

9 包装、标志及质量证明书

钢带的包装、标志及质量证明书应符合 GB/T 247 的规定。

10 数值修约

本标准按修约值比较法,修约规则按 GB/T 8170 的规定。

ICS 77.140.50
H 46

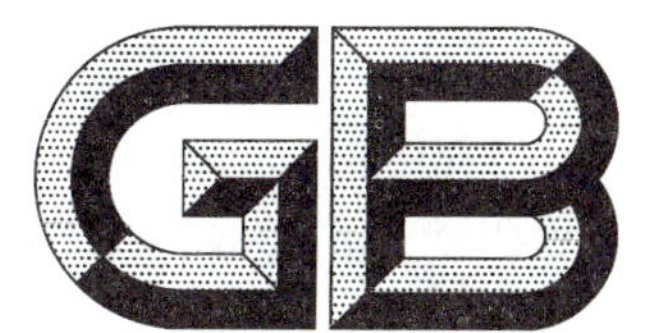

中华人民共和国国家标准

GB 3531—2014
代替 GB 3531—2008

低温压力容器用钢板

Steel plates for low temperature pressure vessels

2014-06-24 发布　　2015-04-01 实施

中华人民共和国国家质量监督检验检疫总局
中国国家标准化管理委员会　发布

前　言

本标准中5.1.2、6.4.4、6.5.2、8.3为推荐性的，其余为强制性的。

本标准按照GB/T 1.1—2009给出的规则起草。

本标准代替GB 3531—2008《低温压力容器用低合金钢钢板》。

本标准与GB 3531—2008相比，主要技术变化如下：

——标准名称修改为“低温压力容器用钢板”；

——增加15MnNiNbDR、08Ni3DR和06Ni9DR三个牌号；

——加严钢中有害元素磷、硫的控制；

——提高各牌号低温冲击吸收能量。

本标准由中国钢铁工业协会提出。

本标准由全国钢标准化技术委员会(SAC/TC 183)归口。

本标准主要起草单位：重庆钢铁股份有限公司、冶金工业信息标准研究院、中国通用机械工程总公司、湖南华菱湘潭钢铁有限公司、武汉钢铁(集团)公司、南京钢铁股份有限公司。

本标准主要起草人：杜大松、王绍斌、王晓虎、秦晓钟、任翠英、刘建兵、李书瑞、楚觉非、谢朝忠、李小莉、叶国华、丁庆丰、霍松波、王鑫、高燕。

本标准所代替标准历次版本发布情况为：

——GB 3531—1983、GB 3531—1996、GB 3531—2008。

低温压力容器用钢板

1 范围

本标准规定了低温压力容器用钢板的订货内容、牌号表示方法、尺寸、外形、重量及允许偏差、技术要求、试验方法、检验规则、包装、标志及质量证明书等。

本标准适用于制造－196 ℃～＜－20 ℃低温压力容器用厚度为5 mm～120 mm的钢板。

2 规范性引用文件

下列文件对于本文件的应用是必不可少的。凡是注日期的引用文件，仅注日期的版本适用于本文件。凡是不注日期的引用文件，其最新版本(包括所有的修改单)适用于本文件。

GB/T 222　钢的成品化学成分允许偏差

GB/T 223.3　钢铁及合金化学分析方法　二安替比林甲烷磷钼酸重量法测定磷量

GB/T 223.9　钢铁及合金　铝含量的测定　铬天青S分光光度法

GB/T 223.11　钢铁及合金　铬含量的测定　可视滴定或电位滴定法

GB/T 223.12　钢铁及合金化学分析方法　碳酸钠分离-二苯碳酰二肼光度法测定铬量

GB/T 223.14　钢铁及合金化学分析方法　钽试剂萃取光度法测定钒含量

GB/T 223.17　钢铁及合金化学分析方法　二安替比林甲烷光度法测定钛量

GB/T 223.19　钢铁及合金化学分析方法　新亚铜灵-三氯甲烷萃取光度法测定铜量

GB/T 223.23　钢铁及合金　镍含量的测定　丁二酮肟分光光度法

GB/T 223.26　钢铁及合金　钼含量的测定　硫氰酸盐分光光度法

GB/T 223.40　钢铁及合金　铌含量的测定　氯磺酚S分光光度法

GB/T 223.49　钢铁及合金化学分析方法　萃取分离-偶氮氯膦mA分光光度法测定稀土总量

GB/T 223.53　钢铁及合金化学分析方法　火焰原子吸收分光光度法测定铜量

GB/T 223.54　钢铁及合金化学分析方法　火焰原子吸收分光光度法测定镍量

GB/T 223.60　钢铁及合金化学分析方法　高氯酸脱水重量法测定硅含量

GB/T 223.62　钢铁及合金化学分析方法　乙酸丁酯萃取光度法测定磷量

GB/T 223.63　钢铁及合金化学分析方法　高碘酸钠(钾)光度法测定锰量

GB/T 223.68　钢铁及合金化学分析方法　管式炉内燃烧后碘酸钾滴定法测定硫含量

GB/T 223.69　钢铁及合金　碳含量的测定　管式炉内燃烧后气体容量法

GB/T 223.76　钢铁及合金化学分析方法　火焰原子吸收光谱法测定钒量

GB/T 228.1　金属材料　拉伸试验　第1部分：室温试验方法

GB/T 229　金属材料　夏比摆锤冲击试验方法

GB/T 232　金属材料　弯曲试验方法

GB/T 247　钢板和钢带包装、标志及质量证明书的一般规定

GB/T 709—2006　热轧钢板和钢带的尺寸、外形、重量及允许偏差

GB/T 2970　厚钢板超声波检验方法

GB/T 2975　钢及钢产品　力学性能试验取样位置及试样制备
GB/T 4336　碳素钢和中低合金钢　火花源原子发射光谱分析方法(常规法)
GB/T 8170　数值修约规则与极限数值的表示和判定
GB/T 17505　钢及钢产品交货一般技术要求
GB/T 20066　钢和铁　化学成分测定用试样的取样和制样方法
GB/T 20123　钢铁　总碳硫含量的测定　高频感应炉燃烧后红外吸收法(常规方法)
GB/T 20125　低合金钢　多元素的测定　电感耦合等离子体发射光谱法
GB/T 28297　厚钢板超声自动检测方法
JB/T 4730.3　承压设备无损检测　第3部分:超声检测

3　订货内容

按本标准订货的合同或订单应包括下列内容：

a)　标准编号；
b)　产品名称；
c)　牌号；
d)　交货状态；
e)　尺寸；
f)　重量；
g)　附加技术要求(如超声检测等)。

4　牌号表示方法

钢的牌号用平均碳含量、合金元素字母和低温压力容器"低"和"容"的汉语拼音的首位字母表示。例如:16MnDR。

5　尺寸、外形、重量及允许偏差

5.1　钢板的尺寸、外形及允许偏差应符合GB/T 709—2006的规定。

5.1.1　钢板厚度允许偏差按GB/T 709—2006中的B类要求。根据需方要求,并在合同中注明,也可供应符合GB/T 709—2006的C类偏差的钢板。

5.1.2　根据需方要求,经供需双方协议,可供应偏差更严格的钢板。

5.2　钢板按理论重量交货,理论计重采用的厚度为钢板允许的最大厚度和最小厚度的算术平均值。06Ni9DR密度为7.89g/cm^3,其他钢的密度为7.85g/cm^3。

6　技术要求

6.1　牌号和化学成分

6.1.1　钢的牌号和化学成分(熔炼成分)应符合表1的规定。

表1 化学成分

牌 号	化学成分(质量分数)/%									
	C	Si	Mn	Ni	Mo	V	Nb	Alt[a]	P	S
									不大于	
16MnDR	≤0.20	0.15～0.50	1.20～1.60	≤0.40	—	—	—	≥0.020	0.020	0.010
15MnNiDR	≤0.18	0.15～0.50	1.20～1.60	0.20～0.60	—	≤0.05	—	≥0.020	0.020	0.008
15MnNiNbDR	≤0.18	0.15～0.50	1.20～1.60	0.30～0.70	—	—	0.015～0.040	—	0.020	0.008
09MnNiDR	≤0.12	0.15～0.50	1.20～1.60	0.30～0.80	—	—	≤0.040	≥0.020	0.020	0.008
08Ni3DR	≤0.10	0.15～0.35	0.30～0.80	3.25～3.70	≤0.12	≤0.05	—	—	0.015	0.005
06Ni9DR	≤0.08	0.15～0.35	0.30～0.80	8.50～10.00	≤0.10	≤0.01	—	—	0.008	0.004

[a] 可以用测定 Als 代替 Alt,此时 Als 含量应不小于 0.015%;当钢中 Nb+V+Ti≥0.015%时,Al 含量不作验收要求。

6.1.1.1 为改善钢板的性能,钢中可添加 Nb、V、Ti 等元素,Nb+V+Ti≤0.12%,元素质量分数应在质量证明书中注明。

6.1.1.2 作为残余元素,铬、铜质量分数应各不大于 0.25%,镍质量分数应不大于 0.40%,钼质量分数应不大于 0.08%。供方若能保证合格可不做分析。

6.1.2 成品钢板的化学成分允许偏差应符合 GB/T 222 的规定,其中 08Ni3DR、06Ni9DR 钢 P、S 成品化学分析允许偏差:P+0.003%,S+0.002%。

6.2 制造方法

6.2.1 钢由氧气转炉或电炉冶炼,并采用炉外精炼工艺。

6.2.2 连铸坯、钢锭压缩比不小于 3;电渣重熔坯压缩比不小于 2。

6.3 交货状态

6.3.1 钢板的交货状态应符合表 2 的规定。

6.3.2 08Ni3DR 回火温度应不低于 600 ℃,06Ni9DR 回火温度应不低于 540 ℃。

6.3.3 经需方同意,厚度大于 60 mm 的 09MnNiDR、08Ni3DR 钢板可以正火后加速冷却加回火交货。

6.4 力学性能和工艺性能

6.4.1 钢板的拉伸试验、夏比(V 型缺口)低温冲击试验、弯曲试验应符合表 2 的规定。

表 2　力学性能、工艺性能

<table>
<tr><th rowspan="3">牌号</th><th rowspan="3">交货状态</th><th rowspan="3">钢板公称厚度
mm</th><th colspan="3">拉伸试验</th><th colspan="2">冲击试验</th><th>弯曲试验[c]</th></tr>
<tr><th rowspan="2">抗拉强度
R_m
MPa</th><th>屈服强度[a]
R_{eL}
MPa</th><th>断后伸长率 A
%</th><th rowspan="2">温度
℃</th><th>冲击吸收能量,KV_2
J</th><th rowspan="2">180°
$b=2a$</th></tr>
<tr><th colspan="2">不小于</th><th>不小于</th></tr>
<tr><td rowspan="5">16MnDR</td><td rowspan="15">正火或正火+回火</td><td>6～16</td><td>490～620</td><td>315</td><td rowspan="5">21</td><td rowspan="3">−40</td><td rowspan="3">47</td><td>$D=2a$</td></tr>
<tr><td>>16～36</td><td>470～600</td><td>295</td><td rowspan="4">$D=3a$</td></tr>
<tr><td>>36～60</td><td>460～590</td><td>285</td></tr>
<tr><td>>60～100</td><td>450～580</td><td>275</td><td rowspan="2">−30</td><td rowspan="2">47</td></tr>
<tr><td>>100～120</td><td>440～570</td><td>265</td></tr>
<tr><td rowspan="3">15MnNiDR</td><td>6～16</td><td>490～620</td><td>325</td><td rowspan="3">20</td><td rowspan="3">−45</td><td rowspan="3">60</td><td rowspan="3">$D=3a$</td></tr>
<tr><td>>16～36</td><td>480～610</td><td>315</td></tr>
<tr><td>>36～60</td><td>470～600</td><td>305</td></tr>
<tr><td rowspan="3">15MnNiNbDR</td><td>10～16</td><td>530～630</td><td>370</td><td rowspan="3">20</td><td rowspan="3">−50</td><td rowspan="3">60</td><td rowspan="3">$D=3a$</td></tr>
<tr><td>>16～36</td><td>530～630</td><td>360</td></tr>
<tr><td>>36～60</td><td>520～620</td><td>350</td></tr>
<tr><td rowspan="4">09MnNiDR</td><td>6～16</td><td>440～570</td><td>300</td><td rowspan="4">23</td><td rowspan="4">−70</td><td rowspan="4">60</td><td rowspan="4">$D=2a$</td></tr>
<tr><td>>16～36</td><td>430～560</td><td>280</td></tr>
<tr><td>>36～60</td><td>430～560</td><td>270</td></tr>
<tr><td>>60～120</td><td>420～550</td><td>260</td></tr>
<tr><td rowspan="2">08Ni3DR</td><td rowspan="2">正火或正火+回火或淬火+回火</td><td>6～60</td><td>490～620</td><td>320</td><td rowspan="2">21</td><td rowspan="2">−100</td><td rowspan="2">60</td><td rowspan="2">$D=3a$</td></tr>
<tr><td>>60～100</td><td>480～610</td><td>300</td></tr>
<tr><td rowspan="2">06Ni9DR</td><td rowspan="2">淬火加回火[b]</td><td>5～30</td><td rowspan="2">680～820</td><td>560</td><td rowspan="2">18</td><td rowspan="2">−196</td><td rowspan="2">100</td><td rowspan="2">$D=3a$</td></tr>
<tr><td>>30～50</td><td>550</td></tr>
</table>

[a] 当屈服现象不明显时,可测量 $R_{p0.2}$ 代替 R_{eL}。

[b] 对于厚度不大于 12 mm 的钢板可两次正火加回火状态交货。

[c] a 为试样厚度;D 为弯曲压头直径。

6.4.2　夏比(V 型缺口)低温冲击吸收能量,按 3 个试样的算术平均值计算,允许其中 1 个试样的单个值比表 2 规定值低,但不得低于规定值的 70%。

6.4.3　对厚度小于 12 mm 钢板的夏比(V 型缺口)冲击试验应采用辅助试样,>8 mm～<12 mm 钢板辅助试样尺寸为 10 mm×7.5 mm×55 mm,其试验结果应不小于表 2 规定值的 75%;6 mm～8 mm 钢板辅助试样尺寸为 10 mm×5 mm×55 mm,其试验结果应不小于表 2 规定值的 50%;厚度小于 6 mm 的钢板不做冲击试验。

6.4.4　经供需双方协议,并在合同中注明,钢板的低温冲击吸收能量可按高于表 2 的值交货,具体值在合同中注明。

6.4.5　当供方保证弯曲合格时,可不做弯曲试验。

6.5 超声检测

6.5.1 厚度大于 20 mm 的正火或正火加回火状态交货钢板以及厚度大于 16 mm 的淬火加回火状态交货的钢板供方应逐张进行超声检测。

6.5.2 其他厚度钢板经供需双方协商也可逐张进行超声检测。

6.5.3 超声检验标准按 JB/T 4730.3、GB/T 2970 或 GB/T 28297 执行,检验标准和合格级别在合同中注明。

6.6 表面质量

6.6.1 钢板表面不允许存在裂纹、气泡、结疤、折叠和夹杂等对使用有害的缺陷。钢板不得有分层。

如有上述表面缺陷允许清理,清理深度从钢板实际尺寸算起,应不大于钢板厚度公差之半,并应保证清理处钢板的最小厚度,缺陷清理处应平滑无棱角。

6.6.2 其他缺陷允许存在,其深度从钢板实际尺寸算起,不得超过钢板厚度允许公差之半,并应保证缺陷处钢板厚度不小于钢板允许最小厚度。

7 试验方法

钢板的检验项目、取样数量、取样方法及试验方法应符合表 3 的规定。

表 3 检验项目、取样数量及试验方法

序号	检验项目	取样数量	取样方法	取样方向	试验方法
1	化学成分	每炉 1 个	GB/T 20066	—	GB/T 223 、GB/T 4336、GB/T 20123、GB/T 20125
2	拉伸试验	每批 1 个	GB/T 2975	横向	GB/T 228.1
3	弯曲试验	每批 1 个	GB/T 2975	横向	GB/T 232
4	低温冲击	每批 3 个	GB/T 2975	横向	GB/T 229
5	超声检测	逐张	—	—	GB/T 2970、GB/T 28297、JB/T 4730.3
6	尺寸、外形	逐张	—	—	符合精度要求的适宜量具
7	表面	逐张	—	—	目视

8 检验规则

8.1 钢板的质量由供方质量技术监督部门进行检查和验收。

8.2 钢板应成批验收,每批钢板由同一牌号、同一炉号、同一厚度、同一热处理制度的钢板组成,每批重量不大于 30 t,单张重量超过 30 t 的钢板按张组批。

06Ni9DR 钢板和以正火加回火、淬火加回火状态交货的 08Ni3DR 钢板应逐热处理张进行力学性能试验。

8.3 根据需方要求,经供需双方协商,厚度大于 16 mm 的钢板可逐热处理张进行力学性能检验。

8.4 力学性能试验取样位置按 GB/T 2975 的规定,对于厚度大于 40 mm 的钢板,冲击试样的轴线应位于厚度四分之一处。

8.5 夏比(V型缺口)低温冲击试验结果,不符合6.4规定时,应从同一张钢板(或同一样坯)上再取3个试样进行复验,前后两组6个试样的冲击吸收能量平均值不得低于规定值,允许有2个试样小于规定值,但其中小于规定值70%的试样只允许有1个。

8.6 其他检验项目的复验与判定规则按GB/T 17505的有关规定执行。

9 包装、标志及质量证明书

钢板的包装、标志及质量证明书应符合GB/T 247的规定。

10 数值修约

本标准按修约值比较法,修约规则按GB/T 8170的规定。

ICS 77.140.50
H 46

中华人民共和国国家标准

GB/T 4237—2015
代替 GB/T 4237—2007

不锈钢热轧钢板和钢带

Hot rolled stainless steel plate, sheet and strip

2015-09-11 发布　　2016-06-01 实施

中华人民共和国国家质量监督检验检疫总局
中国国家标准化管理委员会　发布

前　言

本标准按照 GB/T 1.1—2009 给出的规则起草。

本标准代替 GB/T 4237—2007《不锈钢热轧钢板和钢带》。与 GB/T 4237—2007 标准相比，主要技术变化如下：

——在订货内容中增加了“边缘状态”；

——增加了钢板的宽度范围及其相应的尺寸精度；

——增加了宽钢卷的厚度范围及其相应的尺寸精度；

——修改了厚钢板和宽钢带的宽度允许偏差；

——增加了 23 个牌号及相关技术要求；

——调整了 5 个牌号的化学成分；

——修订了 13 个牌号的力学性能；

——原牌号 022Cr18NbTi 表示方法修改为 022Cr18Nb；

——在特殊要求中增加了 4 个牌号晶粒度的要求；

——修改了复验和判定规则；

——增加了力学性能和化学成分试验结果修约的规定；

——增加了资料性附录 A《各国不锈钢和耐热钢牌号对照表》。

本标准由中国钢铁工业协会提出。

本标准由全国钢标准化技术委员会(SAC/TC 183)归口。

本标准主要起草单位：山西太钢不锈钢股份有限公司、宝钢不锈钢有限公司、冶金工业信息标准研究院、四川西南不锈钢有限责任公司、山东泰山钢铁集团有限公司。

本标准主要起草人：刘洪涛、武强、徐中杰、董莉、王军、陈培敦、张建生、王晓虎、张丽、李六一、李雄飞、栾燕、张维旭。

本标准所代替标准的历次版本发布情况为：

——GB/T 4237—1984，GB/T 4237—1992，GB/T 4237—2007。

不锈钢热轧钢板和钢带

1 范围

本标准规定了不锈钢热轧钢板和钢带的分类、代号、订货内容、尺寸、外形、重量及允许偏差、技术要求、试验方法、检验规则、包装、标志及产品质量证明书。

本标准适用于耐腐蚀不锈钢热轧厚钢板(以下称厚钢板)、耐腐蚀不锈钢热轧宽钢带(以下称宽钢带)及其卷切定尺钢板(以下称卷切钢板)、纵剪宽钢带,也适用于耐腐蚀不锈钢热轧窄钢带(以下称窄钢带)及其卷切定尺钢带(以下称卷切钢带)。

2 规范性引用文件

下列文件对于本文件的应用是必不可少的。凡是注日期的引用文件,仅注日期的版本适用于本文件。凡是不注日期的引用文件,其最新版本(包括所有的修改单)适用于本文件。

GB/T 222 钢的成品化学成分允许偏差

GB/T 223.3 钢铁及合金化学分析方法 二安替比林甲烷磷钼酸重量法测定磷量

GB/T 223.4 钢铁及合金 锰含量的测定 电位滴定或可视滴定法

GB/T 223.5 钢铁 酸溶硅和全硅含量的测定 还原型硅钼酸盐分光光度法

GB/T 223.8 钢铁及合金化学分析方法 氟化钠分离-EDTA 滴定法测定铝含量

GB/T 223.9 钢铁及合金 铝含量的测定 铬天青 S 分光光度法

GB/T 223.11 钢铁及合金 铬含量的测定 可视滴定或电位滴定法

GB/T 223.16 钢铁及合金化学分析方法 变色酸光度法测定钛量

GB/T 223.18 钢铁及合金化学分析方法 硫代硫酸钠分离-碘量法测定铜量

GB/T 223.19 钢铁及合金化学分析方法 新亚铜灵-三氯甲烷萃取光度法测定铜量

GB/T 223.23 钢铁及合金 镍含量的测定 丁二酮肟分光光度法

GB/T 223.25 钢铁及合金化学分析方法 丁二酮肟重量法测定镍量

GB/T 223.26 钢铁及合金 钼含量的测定 硫氰酸盐分光光度法

GB/T 223.28 钢铁及合金化学分析方法 α-安息香肟重量法测定钼量

GB/T 223.33 钢铁及合金化学分析方法 萃取分离-偶氮氯膦 mA 光度法测定铈量

GB/T 223.36 钢铁及合金化学分析方法 蒸馏分离-中和滴定法测定氮量

GB/T 223.40 钢铁及合金 铌含量的测定 氯磺酚 S 分光光度法

GB/T 223.53 钢铁及合金化学分析方法 火焰原子吸收分光光度法测定铜量

GB/T 223.58 钢铁及合金化学分析方法 亚砷酸钠-亚硝酸钠滴定法测定锰量

GB/T 223.60 钢铁及合金化学分析方法 高氯酸脱水重量法测定硅含量

GB/T 223.61 钢铁及合金化学分析方法 磷钼酸铵容量法测定磷量

GB/T 223.68 钢铁及合金化学分析方法 管式炉内燃烧后碘酸钾滴定法测定硫含量

GB/T 223.69 钢铁及合金 碳含量的测定 管式炉内燃烧后气体容量法

GB/T 228.1 金属材料 拉伸试验 第 1 部分:室温试验方法

GB/T 230.1 金属材料 洛氏硬度试验 第 1 部分:试验方法(A、B、C、D、E、F、G、H、K、N、T 标尺)

GB/T 231.1 金属材料 布氏硬度试验 第1部分:试验方法
GB/T 232 金属材料 弯曲试验方法
GB/T 247 钢板和钢带验收、包装、标志及质量证明书的一般规定
GB/T 709—2006 热轧钢板和钢带的尺寸、外形、重量及允许偏差
GB/T 2975 钢及钢产品力学性能试样取样位置及试样制备
GB/T 4334 金属和合金的腐蚀 不锈钢晶间腐蚀试验方法
GB/T 4340.1 金属材料 维氏硬度试验 第1部分:试验方法
GB/T 6394 金属平均晶粒度测定法
GB/T 8170 数值修约规则与极限数值的表示和判定
GB/T 11170 不锈钢 多元素含量的测定 火花放电原子发射光谱法(常规法)
GB/T 17505 钢及钢产品交货一般技术要求
GB/T 20066 钢和铁 化学成分测定用试样的取样和制样方法
GB/T 20123 钢铁 总碳硫含量的测定 高频感应炉燃烧后红外吸收法(常规方法)
GB/T 20124 钢铁 氮含量的测定 惰性气体熔融热导法(常规方法)
GB/T 20878—2007 不锈钢和耐热钢 牌号及化学成分

3 分类、代号

3.1 按边缘状态分类如下:

a) 切边,EC;

b) 不切边,EM。

3.2 按尺寸、外形精度等级分类如下:

a) 厚度普通精度,PT.A;

b) 厚度较高精度,PT.B;

c) 不平度普通级,PF.A;

d) 不平度较高级,PF.B。

4 订货内容

按本标准订货的合同或订单应包括下列内容:

a) 标准编号;

b) 产品名称;

c) 牌号或统一数字代号;

d) 尺寸及精度;

e) 交货的重量(数量);

f) 表面加工类型;

g) 边缘状态;

h) 交货状态;

i) 标准中应由供需双方协商确定并在合同中注明的项目或指标,如未注明,则由供方选择;

j) 需方提出的其他特殊要求,经供需双方协商确定,并在合同中注明。

5 尺寸、外形、重量及允许偏差

5.1 尺寸及允许偏差

5.1.1 钢板和钢带的尺寸范围

钢板和钢带的公称尺寸范围见表1。推荐的公称尺寸应符合GB/T 709—2006中5.2的规定。根据需方要求,经供需双方协商,可供其他尺寸的产品。

表1 公称尺寸范围

单位为毫米

产品名称	公称厚度	公称宽度
厚钢板	3.0～200	600～4 800
宽钢带、卷切钢板、纵剪宽钢带	2.0～25.4	600～2 500
窄钢带、卷切钢带	2.0～13.0	<600

5.1.2 厚度允许偏差

5.1.2.1 厚钢板厚度允许偏差应符合表2普通精度(PT.A)的规定。如需方要求并在合同中注明时,可执行表2中较高精度(PT.B)的规定。

表2 厚钢板厚度允许偏差

单位为毫米

公称厚度	公称宽度								
	≤1 000		>1 000～1 500		>1 500～2 000		>2 000～2 500		>2 500～4 800
	PT.A	PT.B	PT.A	PT.B	PT.A	PT.B	PT.A	PT.B	
3.0～4.0	±0.28	±0.25	±0.31	±0.28	±0.33	±0.31	±0.36	±0.32	±0.65
>4.0～5.0	±0.31	±0.28	±0.33	±0.30	±0.36	±0.34	±0.41	±0.36	±0.65
>5.0～6.0	±0.34	±0.31	±0.36	±0.33	±0.40	±0.37	±0.45	±0.40	±0.75
>6.0～8.0	±0.38	±0.35	±0.40	±0.36	±0.44	±0.40	±0.50	±0.45	±0.75
>8.0～10.0	±0.42	±0.39	±0.44	±0.40	±0.48	±0.43	±0.55	±0.50	±0.90
>10.0～13.0	±0.45	±0.42	±0.48	±0.44	±0.52	±0.47	±0.60	±0.55	±0.90
>13.0～25.0	±0.50	±0.45	±0.53	±0.48	±0.57	±0.52	±0.65	±0.60	±1.10
>25.0～30.0	±0.53	±0.48	±0.56	±0.51	±0.60	±0.55	±0.70	±0.65	±1.20
>30.0～34.0	±0.55	±0.50	±0.60	±0.55	±0.65	±0.60	±0.75	±0.70	±1.20
>34.0～40.0	±0.65	±0.60	±0.70	±0.65	±0.70	±0.65	±0.85	±0.80	±1.20
>40.0～50.0	±0.75	±0.70	±0.80	±0.75	±0.85	±0.80	±1.00	±0.95	±1.30
>50.0～60.0	±0.90	±0.85	±0.95	±0.90	±1.00	±0.95	±1.10	±1.05	±1.30
>60.0～80.0	±0.90	±0.85	±0.95	±0.90	±1.30	±1.25	±1.40	±1.35	±1.50
>80.0～100.0	±1.00	±0.95	±1.00	±0.95	±1.50	±1.45	±1.60	±1.55	±1.60
>100.0～150.0	±1.10	±1.05	±1.10	±1.05	±1.70	±1.65	±1.80	±1.75	±1.80
>150.0～200.0	±1.20	±1.15	±1.20	±1.15	±2.00	±1.95	±2.10	±2.05	±2.10

5.1.2.2 钢带、卷切钢板和卷切钢带厚度允许偏差应符合表3普通精度(PT.A)的规定。如需方要求，并在合同中注明时，可执行较高精度(PT.B)的规定。

表3 钢带、卷切钢板和卷切钢带的厚度允许偏差

单位为毫米

公称厚度	公称宽度							
	≤1 200		>1 200～1 500		>1 500～1 800		>1 800～2 500	
	PT.A	PT.B	PT.A	PT.B	PT.A	PT.B	PT.A	PT.B
2.0～2.5	±0.22	±0.20	±0.25	±0.23	±0.29	±0.27	—	—
>2.5～3.0	±0.25	±0.23	±0.28	±0.26	±0.31	±0.28	±0.33	±0.31
>3.0～4.0	±0.28	±0.26	±0.31	±0.28	±0.33	±0.31	±0.35	±0.32
>4.0～5.0	±0.31	±0.28	±0.33	±0.30	±0.36	±0.33	±0.38	±0.35
>5.0～6.0	±0.33	±0.31	±0.36	±0.33	±0.38	±0.35	±0.40	±0.37
>6.0～8.0	±0.38	±0.35	±0.39	±0.36	±0.40	±0.37	±0.46	±0.43
>8.0～10.0	±0.42	±0.39	±0.43	±0.40	±0.45	±0.41	±0.53	±0.49
>10.0～25.4	±0.45	±0.42	±0.47	±0.44	±0.49	±0.45	±0.57	±0.53
对于带头尾交货的宽钢带及其纵剪宽钢带，厚度偏差不适用于头尾不正常部分，其长度按下列公式计算：长度(m)=90/公称厚度(mm)，但每卷总长度应不超过20 m。								
注：钢带包括窄钢带、宽钢带及纵剪宽钢带。								

5.1.2.3 窄钢带及其卷切钢带厚度允许偏差应符合表4规定。

表4 窄钢带、卷切钢带厚度允许偏差

单位为毫米

公称厚度	厚度允许偏差[a]
2.0～4.0	±0.17
>4.0～5.0	±0.18
>5.0～6.0	±0.20
>6.0～8.0	±0.21
>8.0～10.0	±0.23
>10.0～13.0	±0.25
[a] 仅适用于同一牌号、同一尺寸规格且数量大于2个钢卷的情况，其他情况由供需双方协商确定。	

5.1.2.4 宽钢带用作冷轧原料时，同一卷钢带的厚度差应符合表5规定。

表5 冷轧用宽钢带的同卷厚度差

单位为毫米

公称厚度	公称宽度[a]		
	≤1 200	>1 200～1 500	>1 500～2 500
2.0～3.0	≤0.22	≤0.27	≤0.33
>3.0～13.0	≤0.28	≤0.32	≤0.40
[a] 公称厚度大于13.0 mm时，由供需双方协商确定。			

5.1.2.5 窄钢带用作冷轧原料时，同一卷钢带的厚度差应符合表 6 规定。

表 6 冷轧用窄钢带的同卷厚度差

单位为毫米

公称厚度	同卷厚度差
≤4.0	≤0.14
>4.0～13.0	≤0.17

5.1.3 宽度允许偏差

5.1.3.1 切边厚钢板的宽度允许偏差应符合表 7 的规定，不切边厚钢板的宽度允许偏差由供需双方协商确定。

表 7 厚钢板的宽度允许偏差

单位为毫米

公称厚度	公称宽度	允许偏差
3.0～16.0	≤1 500	$^{+10}_{0}$
	>1 500	$^{+15}_{0}$
>16.0	≤2 000	$^{+20}_{0}$
	>2 000～3 000	$^{+25}_{0}$
	>3 000	$^{+30}_{0}$

5.1.3.2 宽钢带、卷切钢板、纵剪宽钢带的宽度允许偏差应符合表 8 规定。

表 8 宽钢带、卷切钢板、纵剪宽钢带的宽度允许偏差

单位为毫米

公称宽度	不切边 EM	切边 EC
600～2 500	$^{+30}_{0}$	$^{+5}_{0}$
切边宽钢带及卷切钢板的宽度允许偏差仅适用于厚度不大于 10 mm 的产品，当厚度大于 10 mm 时由供需双方协商确定。		

5.1.3.3 窄钢带及卷切钢带的宽度允许偏差应符合表 9 的规定。

表 9 窄钢带及卷切钢带的宽度允许偏差

单位为毫米

边缘状态	公称宽度	公称厚度				
		≤3.0	>3.0～5.0	>5.0～7.0	>7.0～8.0	>8.0～13.0
切边 EC	<250	$^{+0.5}_{0}$	$^{+0.7}_{0}$	$^{+0.8}_{0}$	$^{+1.2}_{0}$	$^{+1.8}_{0}$
	250～<600	$^{+0.6}_{0}$	$^{+0.8}_{0}$	$^{+1.0}_{0}$	$^{+1.4}_{0}$	$^{+2.0}_{0}$
不切边 EM	按供需双方协议					

5.1.4 长度允许偏差

厚钢板、卷切钢板及卷切钢带的长度允许偏差应符合表10的规定。供需双方协商可供其他尺寸的产品。

表 10 厚钢板、卷切钢板及卷切钢带的长度允许偏差

单位为毫米

公称长度	长度允许偏差
<2 000	$^{+10}_{\ 0}$
2 000～<20 000	$^{+0.5\%\times 公称长度}_{\ 0}$

5.2 外形

5.2.1 厚钢板、宽钢带及卷切钢板的镰刀弯应符合表11的规定。

表 11 厚钢板、宽钢带及卷切钢板的镰刀弯

单位为毫米

形态	公称长度	边缘状态	测量长度	镰刀弯
宽钢带、纵剪宽钢带	—	切边(纵剪)	任意 5 000	≤15
		不切边	任意 5 000	≤20
厚钢板、卷切钢板	<5 000	切边或不切边	实际长度 L	≤长度×0.4%
	≥5 000	切边(纵剪)	任意 5 000	≤15
		不切边	任意 5 000	≤20

5.2.2 窄钢带及卷切钢带的镰刀弯应符合表12的规定。

表 12 窄钢带及卷切钢带的镰刀弯

单位为毫米

	公称厚度	公称宽度	任意 2 000 mm 长度上的镰刀弯[a]
卷切钢带	≥2	<40	≤10
		40～<600	≤8
	<2	按供需双方协议	
窄钢带	按供需双方协议		

[a] 长度不足 2 000 mm 的卷切钢带的镰刀弯按 2 000 mm 执行。

5.2.3 厚钢板、卷切钢板及卷切钢带的切斜度应不大于其公称宽度的1%。

5.2.4 不平度

5.2.4.1 厚钢板的不平度应符合表13的规定。

表 13 厚钢板的不平度

单位为毫米

厚度	每米不平度
≤25	≤15
>25	按供需双方协议

5.2.4.2 卷切钢板的不平度应符合表 14 普通级(PF.A)的规定,如需方要求并在合同中注明可执行较高级(PF.B)。

表 14 卷切钢板的不平度

单位为毫米

公称厚度	公称宽度	不平度	
		PF.A	PF.B
≤25.4	600～1 200	26	23
	>1 200～1 500	33	30
	>1 500	42	38

5.2.4.3 每任意 2 000 mm 长度上卷切钢带的不平度应不大于 15 mm;当长度不足 2 000 mm 时,其卷切钢带不平度为不大于 15 mm。

5.2.5 外形

钢卷应牢固成卷并尽量保持圆柱形和不卷边。

切边(纵剪)钢卷的塔形应不大于 35 mm,不切边钢卷的塔形应不大于 70 mm。

5.2.6 重量

5.2.6.1 钢板按理论或实际重量交货。计算重量时钢的密度应符合 GB/T 20878—2007 附录 A 的规定。未规定时,由供需双方协商确定。

5.2.6.2 钢带应按实际重量交货。

6 技术要求

6.1 冶炼方法

钢宜采用粗炼钢水加炉外精炼工艺。

6.2 化学成分

6.2.1 钢的类别、牌号及化学成分(熔炼分析)应符合表 15～表 19 的规定。各国不锈钢牌号对照参见附录 A。不锈钢的特性和用途参见附录 B。

6.2.2 钢板和钢带的化学成分允许偏差应符合 GB/T 222 的规定。

表 15 奥氏体型钢的化学成分

统一数字代号	牌号	化学成分(质量分数)/%										
		C	Si	Mn	P	S	Ni	Cr	Mo	Cu	N	其他元素
S30103	022Cr17Ni7[a]	0.030	1.00	2.00	0.045	0.030	6.00~8.00	16.00~18.00	—	—	0.20	—
S30110	12Cr17Ni7	0.15	1.00	2.00	0.045	0.030	6.00~8.00	16.00~18.00	—	—	0.10	—
S30153	022Cr17Ni7N[a]	0.030	1.00	2.00	0.045	0.030	6.00~8.00	16.00~18.00	—	—	0.07~0.20	—
S30210	12Cr18Ni9[a]	0.15	0.75	2.00	0.045	0.030	8.00~10.00	17.00~19.00	—	—	0.10	—
S30240	12Cr18Ni9Si3	0.15	2.00~3.00	2.00	0.045	0.030	8.00~10.00	17.00~19.00	—	—	0.10	—
S30403	022Cr19Ni10[a]	0.030	0.75	2.00	0.045	0.030	8.00~12.00	17.50~19.50	—	—	0.10	—
S30408	06Cr19Ni10[a]	0.07	0.75	2.00	0.045	0.030	8.00~10.50	17.50~19.50	—	—	0.10	—
S30409	07Cr19Ni10[a]	0.04~0.10	0.75	2.00	0.045	0.030	8.00~10.50	18.00~20.00	—	—	—	—
S30450	05Cr19Ni10Si2CeN[a]	0.04~0.06	1.00~2.00	0.80	0.045	0.030	9.00~10.00	18.00~19.00	—	—	0.12~0.18	Ce:0.03~0.08
S30453	022Cr19Ni10N[a]	0.030	0.75	2.00	0.045	0.030	8.00~12.00	18.00~20.00	—	—	0.10~0.16	—
S30458	06Cr19Ni10N[a]	0.08	0.75	2.00	0.045	0.030	8.00~10.50	18.00~20.00	—	—	0.10~0.16	—
S30478	06Cr19Ni9NbN	0.08	1.00	2.50	0.045	0.030	7.50~10.50	18.00~20.00	—	—	0.15~0.30	Nb:0.15
S30510	10Cr18Ni12[a]	0.12	0.75	2.00	0.045	0.030	10.50~13.00	17.00~19.00	—	—	—	—
S30859	08Cr21Ni11Si2CeN	0.05~0.10	1.40~2.00	0.80	0.040	0.030	10.00~12.00	20.00~22.00	—	—	0.14~0.20	Ce:0.03~0.08
S30908	06Cr23Ni13[a]	0.08	0.75	2.00	0.045	0.030	12.00~15.00	22.00~24.00	—	—	—	—
S31008	06Cr25Ni20	0.08	1.50	2.00	0.045	0.030	19.00~22.00	24.00~26.00	—	—	—	—
S31053	022Cr25Ni22Mo2N[a]	0.020	0.50	2.00	0.030	0.010	20.50~23.50	24.00~26.00	1.60~2.60	—	0.09~0.15	—
S31252	015Cr20Ni18Mo6CuN	0.020	0.80	1.00	0.030	0.010	17.50~18.50	19.50~20.50	6.00~6.50	0.50~1.00	0.18~0.25	—
S31603	022Cr17Ni12Mo2[a]	0.030	0.75	2.00	0.045	0.030	10.00~14.00	16.00~18.00	2.00~3.00	—	0.10	—
S31608	06Cr17Ni12Mo2[a]	0.08	0.75	2.00	0.045	0.030	10.00~14.00	16.00~18.00	2.00~3.00	—	0.10	—
S31609	07Cr17Ni12Mo2[a]	0.04~0.10	0.75	2.00	0.045	0.030	10.00~14.00	16.00~18.00	2.00~3.00	—	—	—

表 15（续）

统一数字代号	牌号	化学成分(质量分数)/%										
		C	Si	Mn	P	S	Ni	Cr	Mo	Cu	N	其他元素
S31653	022Cr17Ni12Mo2N[a]	0.030	0.75	2.00	0.045	0.030	10.00～14.00	16.00～18.00	2.00～3.00	—	0.10～0.16	—
S31658	06Cr17Ni12Mo2N[a]	0.08	0.75	2.00	0.045	0.030	10.00～14.00	16.00～18.00	2.00～3.00	—	0.10～0.16	—
S31668	06Cr17Ni12Mo2Ti[a]	0.08	0.75	2.00	0.045	0.030	10.00～14.00	16.00～18.00	2.00～3.00	—	—	Ti≥5×C
S31678	06Cr17Ni12Mo2Nb[a]	0.08	0.75	2.00	0.045	0.030	10.00～14.00	16.00～18.00	2.00～3.00	—	0.10	Nb:10×C～1.10
S31688	06Cr18Ni12Mo2Cu2	0.08	1.00	2.00	0.045	0.030	10.00～14.00	17.00～19.00	1.20～2.75	1.00～2.50	—	—
S31703	022Cr19Ni13Mo3[a]	0.030	0.75	2.00	0.045	0.030	11.00～15.00	18.00～20.00	3.00～4.00	—	0.10	—
S31708	06Cr19Ni13Mo3[a]	0.08	0.75	2.00	0.045	0.030	11.00～15.00	18.00～20.00	3.00～4.00	—	0.10	—
S31723	022Cr19Ni16Mo5N[a]	0.030	0.75	2.00	0.045	0.030	13.50～17.50	17.00～20.00	4.00～5.00	—	0.10～0.20	—
S31753	022Cr19Ni13Mo4N[a]	0.030	0.75	2.00	0.045	0.030	11.00～15.00	18.00～20.00	3.00～4.00	—	0.10～0.22	—
S31782	015Cr21Ni26Mo5Cu2	0.020	1.00	2.00	0.045	0.035	23.00～28.00	19.00～23.00	4.00～5.00	1.00～2.00	0.10	—
S32168	06Cr18Ni11Ti[a]	0.08	0.75	2.00	0.045	0.030	9.00～12.00	17.00～19.00	—	—	0.10	Ti≥5×C
S32169	07Cr19Ni11Ti[a]	0.04～0.10	0.75	2.00	0.045	0.030	9.00～12.00	17.00～19.00	—	—	—	Ti:4×(C+N)～0.70
S32652	015Cr24Ni22Mo8Mn3CuN	0.020	0.50	2.00～4.00	0.030	0.005	21.00～23.00	24.00～25.00	7.00～8.00	0.30～0.60	0.45～0.55	—
S34553	022Cr24Ni17Mo5Mn6NbN	0.030	1.00	5.00～7.00	0.030	0.010	16.00～18.00	23.00～25.00	4.00～5.00	—	0.40～0.60	Nb:0.10
S34778	06Cr18Ni11Nb[a]	0.08	0.75	2.00	0.045	0.030	9.00～13.00	17.00～19.00	—	—	—	Nb:10×C～1.00
S34779	07Cr18Ni11Nb[a]	0.04～0.10	0.75	2.00	0.045	0.030	9.00～13.00	17.00～19.00	—	—	—	Nb:8×C～1.00
S38367	022Cr21Ni25Mo7N	0.030	1.00	2.00	0.040	0.030	23.50～25.50	20.00～22.00	6.00～7.00	0.75	0.18～0.25	—
S38926	015Cr20Ni25Mo7CuN	0.020	0.50	2.00	0.030	0.010	24.00～26.00	19.00～21.00	6.00～7.00	0.50～1.50	0.15～0.25	—

注：表中所列成分除标明范围或最小值，其余均为最大值。

[a] 为相对于 GB/T 20878—2007 调整化学成分的牌号。

表 16　奥氏体-铁素体型钢的化学成分

统一数字代号	牌号	化学成分(质量分数)/%										
		C	Si	Mn	P	S	Ni	Cr	Mo	Cu	N	其他元素
S21860	14Cr18Ni11Si4AlTi	0.10～0.18	3.40～4.00	0.80	0.035	0.030	10.00～12.00	17.50～19.50	—	—	—	Ti:0.40～0.70 Al:0.10～0.30
S21953	022Cr19Ni5Mo3Si2N	0.030	1.30～2.00	1.00～2.00	0.030	0.030	4.50～5.50	18.00～19.50	2.50～3.00	—	0.05～0.10	—
S22053	022Cr23Ni5Mo3N	0.030	1.00	2.00	0.030	0.020	4.50～6.50	22.00～23.00	3.00～3.50	—	0.14～0.20	—
S22152	022Cr21Mn5Ni2N	0.030	1.00	4.00～6.00	0.040	0.030	1.00～3.00	19.50～21.50	0.60	1.00	0.05～0.17	—
S22153	022Cr21Ni3Mo2N	0.030	1.00	2.00	0.030	0.020	3.00～4.00	19.50～22.50	1.50～2.00	—	0.14～0.20	—
S22160	12Cr21Ni5Ti	0.09～0.14	0.80	0.80	0.035	0.030	4.80～5.80	20.00～22.00	—	—	—	Ti:5×(C−0.02)～0.80
S22193	022Cr21Mn3Ni3Mo2N	0.030	1.00	2.00～4.00	0.040	0.030	2.00～4.00	19.00～22.00	1.00～2.00	—	0.14～0.20	—
S22253	022Cr22Mn3Ni2MoN	0.030	1.00	2.00～3.00	0.040	0.020	1.00～2.00	20.50～23.50	0.10～1.00	0.50	0.15～0.27	—
S22293	022Cr22Ni5Mo3N	0.030	1.00	2.00	0.030	0.020	4.50～6.50	21.00～23.00	2.50～3.50	—	0.08～0.20	—
S22294	03Cr22Mn5Ni2MoCuN	0.04	1.00	4.00～6.00	0.040	0.030	1.35～1.70	21.00～22.00	0.10～0.80	0.10～0.80	0.20～0.25	—
S22353	022Cr23Ni2N	0.030	1.00	2.00	0.040	0.010	1.00～2.80	21.50～24.00	0.45	—	0.18～0.26	—
S22493	022Cr24Ni4Mn3Mo2CuN	0.030	0.70	2.50～4.00	0.035	0.005	3.00～4.50	23.00～25.00	1.00～2.00	0.10～0.80	0.20～0.30	—
S22553	022Cr25Ni6Mo2N	0.030	1.00	2.00	0.030	0.030	5.50～6.50	24.00～26.00	1.50～2.50	—	0.10～0.20	—
S23043	022Cr23Ni4MoCuN[a]	0.030	1.00	2.50	0.040	0.030	3.00～5.50	21.50～24.50	0.05～0.60	0.05～0.60	0.05～0.20	—
S25073	022Cr25Ni7Mo4N	0.030	0.80	1.20	0.035	0.020	6.00～8.00	24.00～26.00	3.00～5.00	0.50	0.24～0.32	—
S25554	03Cr25Ni6Mo3Cu2N	0.04	1.00	1.50	0.040	0.030	4.50～6.50	24.00～27.00	2.90～3.90	1.50～2.50	0.10～0.25	—
S27603	022Cr25Ni7Mo4WCuN[a]	0.030	1.00	1.00	0.030	0.010	6.00～8.00	24.00～26.00	3.00～4.00	0.50～1.00	0.20～0.30	W:0.50～1.00

注：表中所列成分除标明范围或最小值，其余均为最大值。

[a] 为相对于 GB/T 20878—2007 调整化学成分的牌号。

表 17　铁素体型钢的化学成分

统一数字代号	牌号	化学成分(质量分数)/%										
		C	Si	Mn	P	S	Ni	Cr	Mo	Cu	N	其他元素
S11163	022Cr11Ti	0.030	1.00	1.00	0.040	0.020	0.60	10.50～11.75	—	—	0.030	Ti:0.15～0.50 且 Ti≥8×(C+N), Nb:0.10
S11173	022Cr11NbTi	0.030	1.00	1.00	0.040	0.020	0.60	10.50～11.70	—	—	0.030	Ti+Nb:8×(C+N)+0.08～0.75 Ti≥0.05
S11203	022Cr12	0.030	1.00	1.00	0.040	0.030	0.60	11.00～13.50	—	—	—	—
S11213	022Cr12Ni	0.030	1.00	1.50	0.040	0.015	0.30～1.00	10.50～12.50	—	—	0.030	—
S11348	06Cr13Al	0.08	1.00	1.00	0.040	0.030	0.60	11.50～14.50	—	—	—	Al:0.10～0.30
S11510	10Cr15	0.12	1.00	1.00	0.040	0.030	0.60	14.00～16.00	—	—	—	—
S11573	022Cr15NbTi	0.030	1.20	1.20	0.040	0.030	0.60	14.00～16.00	0.50	—	0.030	Ti+Nb:0.30～0.80
S11710	10Cr17[a]	0.12	1.00	1.00	0.040	0.030	0.75	16.00～18.00	—	—	—	—
S11763	022Cr17NbTi[a]	0.030	0.75	1.00	0.035	0.030	—	16.00～19.00	—	—	—	Ti+Nb:0.10～1.00
S11790	10Cr17Mo	0.12	1.00	1.00	0.040	0.030	—	16.00～18.00	0.75～1.25	—	—	—
S11862	019Cr18MoTi[a]	0.025	1.00	1.00	0.040	0.030	—	16.00～19.00	0.75～1.50	—	0.025	Ti、Nb、Zr 或其组合:8×(C+N)～0.80
S11863	022Cr18Ti	0.030	1.00	1.00	0.040	0.030	0.50	17.00～19.00	—	—	0.030	Ti:[0.20+4×(C+N)]～1.10 Al:0.15
S11873	022Cr18Nb	0.030	1.00	1.00	0.040	0.015	—	17.50～18.50	—	—	—	Ti:0.10～0.60 Nb≥0.30+3×C
S11882	019Cr18CuNb	0.025	1.00	1.00	0.040	0.030	0.60	16.00～20.00	—	0.30～0.80	0.025	Nb:8×(C+N)～0.8
S11972	019Cr19Mo2NbTi	0.025	1.00	1.00	0.040	0.030	1.00	17.50～19.50	1.75～2.50	—	0.035	Ti+Nb:[0.20+4×(C+N)]～0.80
S11973	022Cr18NbTi	0.030	1.00	1.00	0.040	0.030	0.50	17.00～19.00	—	—	0.030	Ti+Nb:[0.20+4×(C+N)]～0.75 Al:0.15

表 17（续）

统一数字代号	牌号	化学成分(质量分数)/%										
		C	Si	Mn	P	S	Ni	Cr	Mo	Cu	N	其他元素
S12182	019Cr21CuTi	0.025	1.00	1.00	0.030	0.030	—	20.50～23.00	—	0.30～0.80	0.025	Ti、Nb、Zr 或其组合:8×(C+N)～0.80
S12361	019Cr23Mo2Ti	0.025	1.00	1.00	0.040	0.030	—	21.00～24.00	1.50～2.50	0.60	0.025	Ti、Nb、Zr 或其组合:8×(C+N)～0.80
S12362	019Cr23MoTi	0.025	1.00	1.00	0.040	0.030	—	21.00～24.00	0.70～1.50	0.60	0.025	Ti、Nb、Zr 或其组合:8×(C+N)～0.80
S12763	022Cr27Ni2Mo4NbTi	0.030	1.00	1.00	0.040	0.030	1.00～3.50	25.00～28.00	3.00～4.00	—	0.040	Ti+Nb:0.20～1.00 且 Ti+Nb≥6×(C+N)
S12791	008Cr27Mo[a]	0.010	0.40	0.40	0.030	0.020	—	25.00～27.50	0.75～1.50	—	0.015	Ni+Cu≤0.50
S12963	022Cr29Mo4NbTi	0.030	1.00	1.00	0.040	0.030	1.00	28.00～30.00	3.60～4.20	—	0.045	Ti+Nb:0.20～1.00 且 Ti+Nb≥6×(C+N)
S13091	008Cr30Mo2[a,b]	0.010	0.40	0.40	0.030	0.020	0.50	28.50～32.00	1.50～2.50	0.20	0.015	Ni+Cu≤0.50

注：表中所列成分除标明范围或最小值，其余均为最大值。

[a] 为相对于 GB/T 20878—2007 调整化学成分的牌号。

[b] 可含有 V、Ti、Nb 中的一种或几种元素。

表 18　马氏体型钢的化学成分

统一数字代号	牌号	化学成分(质量分数)/%										
		C	Si	Mn	P	S	Ni	Cr	Mo	Cu	N	其他元素
S40310	12Cr12	0.15	0.50	1.00	0.040	0.030	0.60	11.50～13.00	—	—	—	—
S41008	06Cr13	0.08	1.00	1.00	0.040	0.030	0.60	11.50～13.50	—	—	—	—
S41010	12Cr13	0.15	1.00	1.00	0.040	0.030	0.60	11.50～13.50	—	—	—	—
S41595	04Cr13Ni5Mo	0.05	0.60	0.50～1.00	0.030	0.030	3.50～5.50	11.50～14.00	0.50～1.00	—	—	—
S42020	20Cr13	0.16～0.25	1.00	1.00	0.040	0.030	0.60	12.00～14.00	—	—	—	—
S42030	30Cr13	0.26～0.35	1.00	1.00	0.040	0.030	0.60	12.00～14.00	—	—	—	—
S42040	40Cr13[a]	0.36～0.45	0.80	0.80	0.040	0.030	0.60	12.00～14.00	—	—	—	—

表 18（续）

统一数字代号	牌号	化学成分(质量分数)/%										
		C	Si	Mn	P	S	Ni	Cr	Mo	Cu	N	其他元素
S43120	17Cr16Ni2[a]	0.12～0.20	1.00	1.00	0.025	0.015	2.00～3.00	15.00～18.00	—	—	—	—
S44070	68Cr17	0.60～0.75	1.00	1.00	0.040	0.030	0.60	16.00～18.00	0.75	—	—	—
S46050	50Cr15MoV	0.45～0.55	1.00	1.00	0.040	0.015	—	14.00～15.00	0.50～0.80	—	—	V:0.10～0.20

注：表中所列成分除标明范围或最小值，其余均为最大值。

[a] 为相对于 GB/T 20878—2007 调整化学成分的牌号。

表 19　沉淀硬化型钢的化学成分

统一数字代号	牌号	化学成分(质量分数)/%										
		C	Si	Mn	P	S	Ni	Cr	Mo	Cu	N	其他元素
S51380	04Cr13Ni8Mo2Al[a]	0.05	0.10	0.20	0.010	0.008	7.50～8.50	12.30～13.25	2.00～2.50	—	0.01	Al:0.90～1.35
S51290	022Cr12Ni9Cu2NbTi[a]	0.05	0.50	0.50	0.040	0.030	7.50～9.50	11.00～12.50	0.50	1.50～2.50	—	Ti:0.80～1.40 (Nb+Ta):0.10～0.50
S51770	07Cr17Ni7Al	0.09	1.00	1.00	0.040	0.030	6.50～7.75	16.00～18.00	—	—	—	Al:0.75～1.50
S51570	07Cr15Ni7Mo2Al	0.09	1.00	1.00	0.040	0.030	6.50～7.75	14.00～16.00	2.00～3.00	—	—	Al:0.75～1.50
S51750	09Cr17Ni5Mo3N[a]	0.07～0.11	0.50	0.50～1.25	0.040	0.030	4.00～5.00	16.00～17.00	2.50～3.20	—	0.07～0.13	—
S51778	06Cr17Ni7AlTi	0.08	1.00	1.00	0.040	0.030	6.00～7.50	16.00～17.50	—	—	—	Al:0.40 Ti:0.40～1.20

注：表中所列成分除标明范围或最小值，其余均为最大值。

[a] 为相对于 GB/T 20878—2007 调整化学成分的牌号。

6.3 交货状态

6.3.1 钢板和钢带经热轧后，可经热处理及酸洗或类似的处理后交货。如需方同意，可省去酸洗等处理。热处理制度参见附录 C。

6.3.2 对于沉淀硬化型钢的热处理，需方应在合同中注明对钢板或试样、钢带或试样进行热处理的种类，如未注明，以固溶状态交货。

6.4 力学性能

6.4.1 经热处理的钢板和钢带的力学性能应符合 6.4.3～6.4.8 的规定。

6.4.2 对于硬度试验，可根据钢板和钢带的不同尺寸和状态按其中一种方法试验。经退火处理的铁素体型和马氏体型的钢板和钢带进行弯曲试验时，其外表面不得有目视可见裂纹产生。

6.4.3 经固溶处理的奥氏体型钢板和钢带的力学性能应符合表 20 规定。

表 20 经固溶处理的奥氏体型钢板和钢带的力学性能

统一数字代号	牌号	规定塑性延伸强度 $R_{p0.2}$/MPa	抗拉强度 R_m/MPa	断后伸长率[a] A/%	硬度值		
					HBW	HRB	HV
		不小于			不大于		
S30103	022Cr17Ni7	220	550	45	241	100	242
S30110	12Cr17Ni7	205	515	40	217	95	220
S30153	022Cr17Ni7N	240	550	45	241	100	242
S30210	12Cr18Ni9	205	515	40	201	92	210
S30240	12Cr18Ni9Si3	205	515	40	217	95	220
S30403	022Cr19Ni10	180	485	40	201	92	210
S30408	06Cr19Ni10	205	515	40	201	92	210
S30409	07Cr19Ni10	205	515	40	201	92	210
S30450	05Cr19Ni10Si2CeN	290	600	40	217	95	220
S30453	022Cr19Ni10N	205	515	40	217	95	220
S30458	06Cr19Ni10N	240	550	30	217	95	220
S30478	06Cr19Ni9NbN	275	585	30	241	100	242
S30510	10Cr18Ni12	170	485	40	183	88	200
S30859	08Cr21Ni11Si2CeN	310	600	40	217	95	220
S30908	06Cr23Ni13	205	515	40	217	95	220
S31008	06Cr25Ni20	205	515	40	217	95	220
S31053	022Cr25Ni22Mo2N	270	580	25	217	95	220
S31252	015Cr20Ni18Mo6CuN	310	655	35	223	96	225
S31603	022Cr17Ni12Mo2	180	485	40	217	95	220
S31608	06Cr17Ni12Mo2	205	515	40	217	95	220
S31609	07Cr17Ni12Mo2	205	515	40	217	95	220

表 20（续）

统一数字代号	牌号	规定塑性延伸强度 $R_{p0.2}$/MPa	抗拉强度 R_m/MPa	断后伸长率[a] A/%	硬度值		
					HBW	HRB	HV
		不小于			不大于		
S31653	022Cr17Ni12Mo2N	205	515	40	217	95	220
S31658	06Cr17Ni12Mo2N	240	550	35	217	95	220
S31668	06Cr17Ni12Mo2Ti	205	515	40	217	95	220
S31678	06Cr17Ni12Mo2Nb	205	515	30	217	95	220
S31688	06Cr18Ni12Mo2Cu2	205	520	40	187	90	200
S31703	022Cr19Ni13Mo3	205	515	40	217	95	220
S31708	06Cr19Ni13Mo3	205	515	35	217	95	220
S31723	022Cr19Ni16Mo5N	240	550	40	223	96	225
S31753	022Cr19Ni13Mo4N	240	550	40	217	95	220
S31782	015Cr21Ni26Mo5Cu2	220	490	35	—	90	200
S32168	06Cr18Ni11Ti	205	515	40	217	95	220
S32169	07Cr19Ni11Ti	205	515	40	217	95	220
S32652	015Cr24Ni22Mo8Mn3CuN	430	750	40	250	—	252
S34553	022Cr24Ni17Mo5Mn6NbN	415	795	35	241	100	242
S34778	06Cr18Ni11Nb	205	515	40	201	92	210
S34779	07Cr18Ni11Nb	205	515	40	201	92	210
S38367	022Cr21Ni25Mo7N	310	655	30	241	—	—
S38926	015Cr20Ni25Mo7CuN	295	650	35	—	—	—

[a] 厚度不大于 3 mm 时使用 $A_{50\ mm}$ 试样。

6.4.4　经固溶处理的奥氏体-铁素体型钢板和钢带的力学性能应符合表 21 规定。

表 21　经固溶处理的奥氏体-铁素体型钢板和钢带的力学性能

统一数字代号	牌号	规定塑性延伸强度 $R_{p0.2}$/MPa	抗拉强度 R_m/MPa	断后伸长率[a] A/%	硬度值	
					HBW	HRC
		不小于			不大于	
S21860	14Cr18Ni11Si4AlTi	—	715	25	—	—
S21953	022Cr19Ni5Mo3Si2N	440	630	25	290	31
S22053	022Cr23Ni5Mo3N	450	655	25	293	31
S22152	022Cr21Mn5Ni2N	450	620	25	—	25
S22153	022Cr21Ni3Mo2N	450	655	25	293	31
S22160	12Cr21Ni5Ti	—	635	20	—	—

表 21（续）

统一数字代号	牌号	规定塑性延伸强度 $R_{p0.2}$/MPa	抗拉强度 R_m/MPa	断后伸长率[a] A/%	硬度值	
					HBW	HRC
		不小于			不大于	
S22193	022Cr21Mn3Ni3Mo2N	450	620	25	293	31
S22253	022Cr22Mn3Ni2MoN	450	655	30	293	31
S22293	022Cr22Ni5Mo3N	450	620	25	293	31
S22294	03Cr22Mn5Ni2MoCuN	450	650	30	290	—
S22353	022Cr23Ni2N	450	650	30	290	—
S22493	022Cr24Ni4Mn3Mo2CuN	480	680	25	290	—
S22553	022Cr25Ni6Mo2N	450	640	25	295	31
S23043	022Cr23Ni4MoCuN	400	600	25	290	31
S25554	03Cr25Ni6Mo3Cu2N	550	760	15	302	32
S25073	022Cr25Ni7Mo4N	550	795	15	310	32
S27603	022Cr25Ni7Mo4WCuN	550	750	25	270	—

[a] 厚度不大于 3 mm 时使用 $A_{50\ mm}$ 试样。

6.4.5 经退火处理的铁素体型钢板和钢带的力学性能应符合表 22 的规定。

表 22 经退火处理的铁素体型钢板和钢带的力学性能

统一数字代号	牌号	规定塑性延伸强度 $R_{p0.2}$/MPa	抗拉强度 R_m/MPa	断后伸长率[a] A/%	180°弯曲试验弯曲压头直径 D	硬度值		
						HBW	HRB	HV
		不小于				不大于		
S11163	022Cr11Ti	170	380	20	$D=2a$	179	88	200
S11173	022Cr11NbTi	170	380	20	$D=2a$	179	88	200
S11213	022Cr12Ni	280	450	18	—	180	88	200
S11203	022Cr12	195	360	22	$D=2a$	183	88	200
S11348	06Cr13Al	170	415	20	$D=2a$	179	88	200
S11510	10Cr15	205	450	22	$D=2a$	183	89	200
S11573	022Cr15NbTi	205	450	22	$D=2a$	183	89	200
S11710	10Cr17	205	420	22	$D=2a$	183	89	200
S11763	022Cr17NbTi	175	360	22	$D=2a$	183	88	200
S11790	10Cr17Mo	240	450	22	$D=2a$	183	89	200
S11862	019Cr18MoTi	245	410	20	$D=2a$	217	96	230
S11863	022Cr18Ti	205	415	22	$D=2a$	183	89	200
S11873	022Cr18NbTi	250	430	18	—	180	88	200
S11882	019Cr18CuNb	205	390	22	$D=2a$	192	90	200

表 22（续）

统一数字代号	牌号	规定塑性延伸强度 $R_{p0.2}$/MPa	抗拉强度 R_m/MPa	断后伸长率[a] A/%	180°弯曲试验弯曲压头直径 D	硬度值		
						HBW	HRB	HV
		不小于				不大于		
S11972	019Cr19Mo2NbTi	275	415	20	$D=2a$	217	96	230
S11973	022Cr18NbTi	205	415	22	$D=2a$	183	89	200
S12182	019Cr21CuTi	205	390	22	$D=2a$	192	90	200
S12361	019Cr23Mo2Ti	245	410	20	$D=2a$	217	96	230
S12362	019Cr23MoTi	245	410	20	$D=2a$	217	96	230
S12763	022Cr27Ni2Mo4NbTi	450	585	18	$D=2a$	241	100	242
S12791	008Cr27Mo	275	450	22	$D=2a$	187	90	200
S12963	022Cr29Mo4NbTi	415	550	18	$D=2a$	255	25[b]	257
S13091	008Cr30Mo2	295	450	22	$D=2a$	207	95	220

注：a 为弯曲试样厚度。

[a] 厚度不大于 3 mm 时使用 $A_{50\ mm}$ 试样。

[b] 为 HRC 硬度值。

6.4.6 经退火处理的马氏体型钢板和钢带的力学性能应符合表 23 的规定。

表 23 经退火处理的马氏体型钢板和钢带的力学性能

统一数字代号	牌号	规定塑性延伸强度 $R_{p0.2}$/MPa	抗拉强度 R_m/MPa	断后伸长率[a] A/%	180°弯曲试验弯曲压头直径 D	硬度值		
						HBW	HRB	HV
		不小于				不大于		
S40310	12Cr12	205	485	20	$D=2a$	217	96	210
S41008	06Cr13	205	415	22	$D=2a$	183	89	200
S41010	12Cr13	205	450	20	$D=2a$	217	96	210
S41595	04Cr13Ni5Mo	620	795	15	—	302	32[b]	308
S42020	20Cr13	225	520	18	—	223	97	234
S42030	30Cr13	225	540	18	—	235	99	247
S42040	40Cr13	225	590	15	—	—	—	—
S43120	17Cr16Ni2[c]	690	880～1 080	12	—	262～326	—	—
		1 050	1 350	10	—	388	—	—
S44070	68Cr17	245	590	15	—	255	25[b]	269
S46050	50Cr15MoV	—	≤850	12	—	280	100	280

注：a 为弯曲试样厚度。

[a] 厚度不大于 3 mm 时使用 $A_{50\ mm}$ 试样。

[b] 为 HRC 硬度值。

[c] 表列为淬火、回火后的力学性能。

6.4.7 经固溶处理的沉淀硬化型钢板和钢带的试样的力学性能应符合表 24 的规定。根据需方指定并经时效处理后的试样的力学性能应符合表 25 的规定。

表 24 经固溶处理的沉淀硬化型钢板和钢带的试样的力学性能

统一数字代号	牌号	钢材厚度/mm	规定塑性延伸强度 $R_{p0.2}$/MPa	抗拉强度 R_m/MPa	断后伸长率[a] A/%	硬度值	
						HRC	HBW
			不大于		不小于	不大于	
S51380	04Cr13Ni8Mo2Al	2.0～102	—	—	—	38	363
S51290	022Cr12Ni9Cu2NbTi	2.0～102	1 105	1 205	3	36	331
S51770	07Cr17Ni7Al	2.0～102	380	1 035	20	92[b]	—
S51570	07Cr15Ni7Mo2Al	2.0～102	450	1 035	25	100[b]	—
S51750	09Cr17Ni5Mo3N	2.0～102	585	1 380	12	30	—
S51778	06Cr17Ni7AlTi	2.0～102	515	825	5	32	—

[a] 厚度不大于 3 mm 时使用 $A_{50\ mm}$ 试样。

[b] 为 HRB 硬度值。

表 25 经时效处理后的沉淀硬化型钢试样的力学性能

统一数字代号	牌号	钢材厚度 mm	处理温度[a]	规定塑性延伸强度 $R_{p0.2}$/MPa	抗拉强度 R_m/MPa	断后伸长率[b,c] A/%	硬度值	
							HRC	HBW
				不小于			不小于	
S51380	04Cr13Ni8Mo2Al	2～<5 5～<16 16～100	510 ℃±5 ℃	1 410 1 410 1 410	1 515 1 515 1 515	8 10 10	45 45 45	— — 429
		2～<5 5～<16 16～100	540 ℃±5 ℃	1 310 1 310 1 310	1 380 1 380 1 380	8 10 10	43 43 43	— — 401
S51290	022Cr12Ni9Cu2NbTi	≥2	480 ℃±6 ℃或 510 ℃±5 ℃	1 410	1 525	4	44	—
S51770	07Cr17Ni7Al	2～<5 5～16	760 ℃±15 ℃ 15 ℃±3 ℃ 566 ℃±6 ℃	1 035 965	1 240 1 170	6 7	38 38	— 352
		2～<5 5～16	954 ℃±8 ℃ −73 ℃±6 ℃ 510 ℃±6 ℃	1 310 1 240	1 450 1 380	4 6	44 43	— 401
S51570	07Cr15Ni7Mo2Al	2～<5 5～16	760 ℃±15 ℃ 15 ℃±3 ℃ 566 ℃±6 ℃	1 170 1 170	1 310 1 310	5 4	40 40	— 375

表 25（续）

统一数字代号	牌号	钢材厚度 mm	处理温度[a]	规定塑性延伸强度 $R_{p0.2}$/MPa	抗拉强度 R_m/MPa	断后伸长率[b,c] A/%	硬度值 HRC	HBW
				不小于			不小于	
S51570	07Cr15Ni7Mo2Al	2～<5 5～16	954 ℃±8 ℃ −73 ℃±6 ℃ 510 ℃±6 ℃	1 380 1 380	1 550 1 550	4 4	46 45	— 429
S51750	09Cr17Ni5Mo3N	2～5	455 ℃±10 ℃	1 035	1 275	8	42	—
		2～5	540 ℃±10 ℃	1 000	1 140	8	36	—
S51778	06Cr17Ni7AlTi	2～<3 ≥3	510 ℃±10 ℃	1 170 1 170	1 310 1 310	5 8	39 39	— 363
		2～<3 ≥3	540 ℃±10 ℃	1 105 1 105	1 240 1 240	5 8	37 38	— 352
		2～<3 ≥3	565 ℃±10 ℃	1 035 1 035	1 170 1 170	5 8	35 36	— 331

[a] 为推荐性热处理温度，供方应向需方提供推荐性热处理制度。
[b] 适用于沿宽度方向的试验，垂直于轧制方向且平行于钢板表面。
[c] 厚度不大于 3 mm 时使用 $A_{50\,mm}$ 试样。

6.4.8 经固溶处理后沉淀硬化型钢板和钢带的弯曲性能应符合表 26 的规定。

表 26 经固溶处理后沉淀硬化型钢板和钢带的弯曲性能

统一数字代号	牌号	厚度 mm	180°弯曲试验 弯曲压头直径 D
S51290	022Cr12Ni9Cu2NbTi	2.0～5.0	$D=6a$
S51770	07Cr17Ni7Al	2.0～<5.0 5.0～7.0	$D=a$ $D=3a$
S51570	07Cr15Ni7Mo2Al	2.0～<5.0 5.0～7.0	$D=a$ $D=3a$
S51750	09Cr17Ni5Mo3N	2.0～5.0	$D=2a$

注：a 为钢板厚度。

6.5 耐腐蚀性能

6.5.1 钢板和钢带按 6.5.3～6.5.6 进行耐晶间腐蚀试验，试验方法由供需双方协商，并在合同中注明。合同中未注明时，可不作试验。对于含钼量不小于 3%的低碳不锈钢，试验前的敏化处理应由供需双方协商确定。

6.5.2 对表 27～表 30 中未列入的牌号需进行耐腐蚀试验时，其试验方法和要求，由供需双方协商，并在合同中注明。

6.5.3 10%草酸浸蚀试验后的侵蚀组织判别应符合表 27 的规定。

表 27　10%草酸浸蚀试验的判别

<table>
<tr><th>统一数字代号</th><th>牌号</th><th>试验状态</th><th>硫酸-硫酸铁腐蚀试验</th><th>65%硝酸腐蚀试验</th><th>硫酸-硫酸铜腐蚀试验</th></tr>
<tr><td>S30408
S30409</td><td>06Cr19N10
07Cr19Ni10</td><td rowspan="2">固溶处理
(交货状态)</td><td rowspan="2">沟状组织</td><td>沟状组织
凹状组织Ⅱ</td><td rowspan="2">沟状组织</td></tr>
<tr><td>S31608
S31688
S31708</td><td>06Cr17Ni12Mo2
06Cr18Ni12Mo2Cu2
06Cr19Ni13Mo3</td><td>—</td></tr>
<tr><td>S30403</td><td>022Cr19Ni10</td><td rowspan="3">敏化处理</td><td rowspan="2">沟状组织</td><td>沟状组织
凹状组织Ⅱ</td><td rowspan="3">沟状组织</td></tr>
<tr><td>S31603
S31703</td><td>022Cr17Ni12Mo2
022Cr19Ni13Mo3</td><td>—</td></tr>
<tr><td>S31668
S32168
S34778</td><td>06Cr17Ni12Mo2Ti
06Cr18Ni11Ti
06Cr18Ni11Nb</td><td>—</td><td>—</td></tr>
</table>

6.5.4　硫酸-硫酸铁腐蚀试验的腐蚀减量应符合表 28 的规定。

表 28　硫酸-硫酸铁腐蚀试验的腐蚀减量

<table>
<tr><th>统一数字代号</th><th>牌号</th><th>试验状态</th><th>腐蚀减量/[g/(m² · h)]</th></tr>
<tr><td>S30408
S30409
S31603
S31683
S31708</td><td>06Cr19Ni10
07Cr19Ni10
06Cr17Ni12Mo2
06Cr18Ni12Mo2Cu2
06Cr19Ni13Mo3</td><td>固溶处理
(交货状态)</td><td>按供需双方协议</td></tr>
<tr><td>S30403
S31603
S31703</td><td>022Cr19Ni10
022Cr17Ni12Mo2
022Cr19Ni13Mo3</td><td>敏化处理</td><td>按供需双方协议</td></tr>
</table>

6.5.5　65%硝酸腐蚀试验的腐蚀减量应符合表 29 的规定。

表 29　65%硝酸腐蚀试的腐蚀减量

<table>
<tr><th>统一数字代号</th><th>牌号</th><th>试验状态</th><th>腐蚀减量/[g/(m² · h)]</th></tr>
<tr><td>S30408
S30409</td><td>06Cr19Ni10
07Cr19Ni10</td><td>固溶处理
(交货状态)</td><td>按供需双方协议</td></tr>
<tr><td>S30403</td><td>022Cr19Ni10</td><td>敏化处理</td><td>按供需双方协议</td></tr>
</table>

6.5.6 硫酸-硫酸铜腐蚀试验的弯曲面状态应符合表30的规定。

表30 硫酸-硫酸铜腐蚀试验后弯曲面状态

统一数字代号	牌号	试验状态	试验后弯曲面状态
S30408 S30409 S31608 S31688 S31708	06Cr19Ni10 07Cr19Ni10 06Cr17Ni12Mo2 06Cr18Ni12Mo2Cu2 06Cr19Ni13Mo3	固溶处理 (交货状态)	不允许有晶间腐蚀裂纹
S30403 S31603 S31668 S31703 S32168 S34778	022Cr19Ni10 022Cr17Ni12Mo2 06Cr17Ni12Mo2Ti 022Cr19Ni13Mo3 06Cr18Ni11Ti 06Cr18Ni11Nb	敏化处理	不允许有晶间腐蚀裂纹

6.5.7 根据需方要求,经供需双方协商,可对钢板和钢带进行其他腐蚀试验,其试验方法和要求,由供需双方协商确定,并在合同中注明。

6.6 晶粒度

根据需方要求,经供需双方协商,并在合同中注明,可对牌号为07Cr19Ni10、07Cr17Ni12Mo2、07Cr19Ni11Ti、07Cr18Ni11Nb的不锈钢进行晶粒度检验,平均晶粒度级别应为7级或更粗。

6.7 表面加工及质量要求

6.7.1 钢板和钢带表面加工类型

钢板和钢带的表面加工类型见表31,需方应根据使用需求指定表面加工类型。经供需双方协商,并在合同中注明,可提供表31以外的表面加工类型。

表31 表面加工类型

简称	加工类型	表面状态	备注
1U	热轧、不热处理、不去氧化皮	有轧制氧化皮	用于进一步加工,例如再轧制钢带
1C	热轧、热处理、不去氧化皮	有轧制氧化皮	用于进一步除氧化皮或机加工部件,或某些耐热用途
1E	热轧、热处理、机械除氧化皮	无氧化皮	机械除氧化皮的方法(粗磨或喷丸)取决于产品种类,除另有规定外,由生产厂选择
1D	热轧、热处理、酸洗	无氧化皮	适用于确保良好耐腐蚀性能的大多数钢的标准。是进一步加工产品常用的精加工。允许有研磨痕迹

6.7.2 钢板和钢带表面质量

钢板和钢带不允许存在有影响使用的缺陷。经酸洗后的钢板和钢带表面不允许有氧化皮及过酸洗。允许对钢板表面局部缺陷进行修磨清理,但应保证钢板的最小厚度。由于钢带一般没有除掉缺陷的机会,允许带有少量不正常的部分。

6.8 特殊要求

根据需方要求,可对钢的化学成分、力学性能、奥氏体-铁素体中 α 相含量及非金属夹杂物等作特殊要求,或补充规定无损检测等项目,具体内容应由供需双方协商确定。

7 试验方法

7.1 化学成分试验方法

钢的化学成分试验方法应符合 GB/T 223.3、GB/T 223.4、GB/T 223.5、GB/T 223.8、GB/T 223.9、GB/T 223.11、GB/T 223.16、GB/T 223.18、GB/T 223.19、GB/T 223.23、GB/T 223.25、GB/T 223.26、GB/T 223.28、GB/T 223.33、GB/T 223.36、GB/T 223.40、GB/T 223.53、GB/T 223.58、GB/T 223.60、GB/T 223.61、GB/T 223.68、GB/T 223.69、GB/T 11170、GB/T 20123、GB/T 20124 的规定。

7.2 钢板和钢带检验项目、取样方法及部位、取样数量及试验方法

每批钢板或钢带的检验项目、取样方法及部位、取样数量及试验方法应符合表 32 的规定。

表 32 钢板和钢带检验项目、取样方法及部位、取样数量及试验方法

序号	检验项目	取样方法及部位	取样数量	试验方法
1	化学成分	按 GB/T 20066	1 个	见 7.1
2	拉伸试验	按 GB/T 2975	1 个	GB/T 228.1
3	弯曲试验	按 GB/T 2975	1 个	GB/T 232
4	硬度	任一张或任一卷	1 个	GB/T 230.1、GB/T 231.1、GB/T 4340.1
5	耐腐蚀性能	按 GB/T 4334	按 GB/T 4334	GB/T 4334
6	晶粒度	宽度 1/4 处	1 个	GB/T 6394
7	尺寸、外形	—	逐张或逐卷	见 7.3
8	表面质量	—	逐张或逐卷	目视

7.3 尺寸和外形测量

7.3.1 尺寸测量

7.3.1.1 厚度测量

7.3.1.1.1 厚钢板:距钢板边部不小于 40 mm 处任意点测量。

7.3.1.1.2 宽钢带、卷切钢板:不切边状态距钢带轧制边不小于 40 mm 处任意点测量;切边(纵剪)状态,距钢带剪切边不小于 25 mm 处任意点测量。

7.3.1.1.3 窄钢带及卷切钢带:宽度不大于 30 mm 时,沿宽度方向的中心部位测量。宽度大于 30 mm 时,切边(纵剪)状态,距钢带边部不小于 10 mm 的任意点测量;不切边状态,距钢带边部不小于 15 mm 的任意点测量。对于带头尾交货的窄钢带,在距钢带头尾各 3 000 mm 之外测量;切头尾钢带,在距钢带头、尾各 2 000 mm 之外测量。

7.3.1.2 **宽度测量**

宽度测量位置:垂直于轧制方向。不切边钢带头尾不正常部分除外。

7.3.2 **外形测量**

7.3.2.1 镰刀弯:测量方法见图1,钢带头尾不正常部分除外。

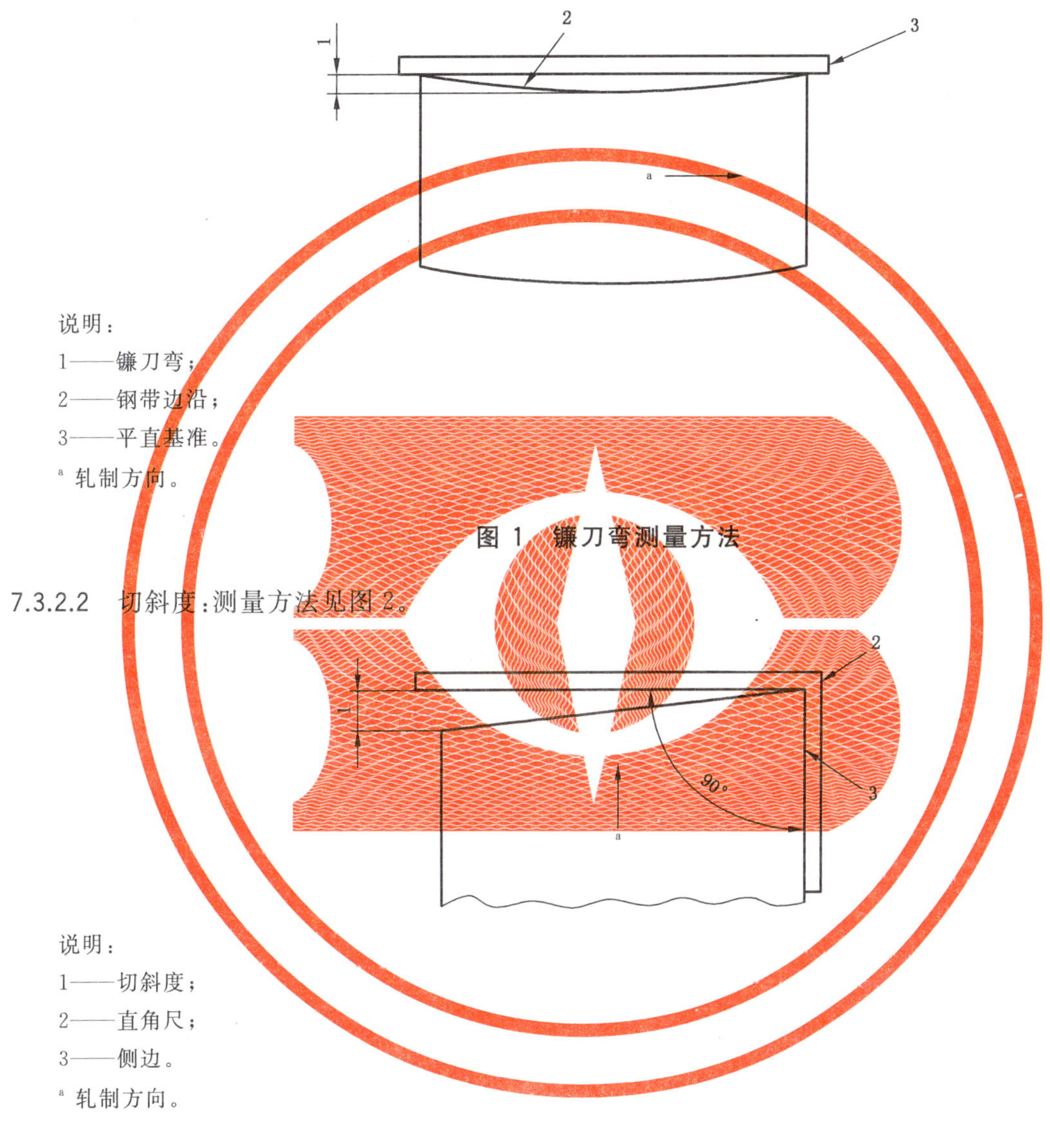

说明:
1——镰刀弯;
2——钢带边沿;
3——平直基准。
a 轧制方向。

图1 镰刀弯测量方法

7.3.2.2 切斜度:测量方法见图2。

说明:
1——切斜度;
2——直角尺;
3——侧边。
a 轧制方向。

图2 切斜度测量方法

7.3.2.3 钢板不平度测量方法:将钢板在自重状态下平放于平台上,测量钢板下表面与平台水平面的最大距离。

8 检验规则

8.1 钢板和钢带的检验由供方质量检验部门进行。
8.2 用作冷轧原料的钢板、钢带的力学性能仅在需方要求并在合同中注明时方进行检验。
8.3 钢板和钢带应成批提交验收,每批由同一牌号、同一炉号、同一厚度和同一热处理制度的钢板和钢带组成。

8.4 其他检验项目的复验和判定应符合 GB/T 17505 的规定。

8.5 力学性能和化学成分试验结果应采用修约值比较法进行修约，修约规则按 GB/T 8170 的规定执行。

9 包装、标志及质量证明书

钢板和钢带的包装、标志及质量证明书应符合 GB/T 247 的规定。

附　录　A
（资料性附录）
各国不锈钢牌号对照表

各国不锈钢牌号对照表见表 A.1。

表 A.1　各国不锈钢牌号对照表

GB/T 20878—2007 中序号	统一数字代号	牌号	旧牌号	美国 ASTM A959	日本 JIS G4303、JIS G4311、JIS G4305 等	国际 ISO 15510 ISO 4955	欧洲 EN 10088-1 EN 10095
9	S30110	12Cr17Ni7	1Cr17Ni7	S30100,301	SUS301	X5CrNi17-7	X5CrNi17-7,1.4319
10	S30103	022Cr17Ni7	—	S30103,301L	SUS301L	—	—
11	S30153	022Cr17Ni7N	—	S30153,301LN	—	X2CrNiN18-7	X2CrNiN18-7,1.4318
13	S30210	12Cr18Ni9	1Cr18Ni9	S30200,302	SUS302	X10CrNi18-8	X10CrNi18-8,1.4310
14	S30240	12Cr18Ni9Si3	1Cr18Ni9Si3	S30215,302B	SUS302B	X12CrNiSi18-9-3	—
17	S30408	06Cr19Ni10	0Cr18Ni9	S30400,304	SUS304	X5CrNi18-10	X5CrNi18-10,1.4301
18	S30403	022Cr19Ni10	00Cr19Ni10	S30403,304L	SUS304L	X2CrNi18-9	X2CrNi18-9,1.4307
19	S30409	07Cr19Ni10	—	S30409,304H	SUH304H	X7CrNi18-9	X6CrNi18-10,1.4948
20	S30450	05Cr19Ni10Si2CeN	—	S30415	—	X6CrNiSiNCe19-10	X6CrNiSiNCe19-10,1.4818
23	S30458	06Cr19Ni10N	0Cr19Ni9N	S30451,304N	SUS304N1	X5CrNiN19-9	X5CrNiN19-9,1.4315
24	S30478	06Cr19Ni9NbN	0Cr19Ni10NbN	S30452,XM-21	SUS304N2	—	—
25	S30453	022Cr19Ni10N	00Cr18Ni10N	S30453,304LN	SUS304LN	X2CrNiN18-9	X2CrNiN18-10,1.4311
26	S30510	10Cr18Ni12	1Cr18Ni12	S30500,305	SUS305	X6CrNi18-12	X4CrNi18-12,1.4303
32	S30908	06Cr23Ni13	0Cr23Ni13	S30908,309S	SUS309S	X12CrNi23-13	X12CrNi23-13,1.4833
35	S31008	06Cr25Ni20	0Cr25Ni20	S31008,310S	SUS310S	X8CrNi25-21	X8CrNi25-21,1.4845

表 A.1（续）

GB/T 20878—2007 中序号	统一数字代号	牌号	旧牌号	美国 ASTM A959	日本 JIS G4303、JIS G4311、JIS G4305 等	国际 ISO 15510 ISO 4955	欧洲 EN 10088-1 EN 10095
36	S31053	022Cr25Ni22Mo2N	—	S31050，310MoLN	—	X1CrNiMoN25-22-2	X1CrNiMoN25-22-2，1.4466
37	S31252	015Cr20Ni18Mo6CuN	—	S31254	SUS312L	X1CrNiMoN20-18-7	X1CrNiMoN20-18-7，1.4547
38	S31608	06Cr17Ni12Mo2	0Cr17Ni12Mo2	S31600，316	SUS316	X5CrNiMo17-12-2	X5CrNiMo17-12-2，1.4401
39	S31603	022Cr17Ni12Mo2	00Cr17Ni14Mo2	S31603，316L	SUS316L	X2CrNiMo17-12-2	X2CrNiMo17-12-2，1.4404
40	S31609	07Cr17Ni12Mo2	1Cr17Ni12Mo2	S31609，316H	—	—	X6CrNiMo17-13-2，1.4918
41	S31668	06Cr17Ni12Mo2Ti	0Cr18Ni12Mo3Ti	S31635，316Ti	SUS316Ti	X6CrNiMoTi17-12-2	X6CrNiMoTi17-12-2，1.4571
42	S31678	06Cr17Ni12Mo2Nb	—	S31640，316Nb	—	X6CrNiMoNb17-12-2	X6CrNiMoNb17-12-2，1.4580
43	S31658	06Cr17Ni12Mo2N	0Cr17Ni12Mo2N	S31651，316N	SUS316N	—	—
44	S31653	022Cr17Ni12Mo2N	00Cr17Ni13Mo2N	S31653，316LN	SUS316LN	X2CrNiMoN17-12-3	X2CrNiMoN17-11-2，1.4406
45	S31688	06Cr18Ni12Mo2Cu2	0Cr18Ni12Mo2Cu2	—	SUS316J1	—	—
48	S31782	015Cr21Ni26Mo5Cu2	—	N08904，904L	SUS890L	X1NiCrMoCu25-20-5	X1NiCrMoCu25-20-5，1.4539
49	S31708	06Cr19Ni13Mo3	0Cr19Ni13Mo3	S31700，317	SUS317	—	—
50	S31703	022Cr19Ni13Mo3	00Cr19Ni13Mo3	S31703，317L	SUS317L	X2CrNiMo19-14-4	X2CrNiMo18-15-4，1.4438
53	S31723	022Cr19Ni16Mo5N	—	S31726，317LMN	—	X2CrNiMoN18-15-5	X2CrNiMoN17-13-5，1.4439
54	S31753	022Cr19Ni13Mo4N	—	S31753，317LN	SUS317LN	X2CrNiMoN18-12-4	X2CrNiMoN18-12-4，1.4434
55	S32168	06Cr18Ni11Ti	0Cr18Ni10Ti	S32100，321	SUS321	X6CrNiTI18-10	X6CrNiTi18-10，1.4541
56	S32169	07Cr19Ni11Ti	1Cr18Ni11Ti	S32109，321H	SUH321H	X7CrNiTi18-10	X7CrNiTi18-10，1.4940
58	S32652	015Cr24Ni22Mo8Mn3CuN	—	S32654	—	X1CrNiMoCuN24-22-8	X1CrNiMoCuN24-22-8，1.4652
61	S34553	022Cr24Ni17Mo5Mn6NbN	—	S34565	—	X2CrNiMnMoN25-18-6-5	X2CrNiMnMoN25-18-6-5，1.4565
62	S34778	06Cr18Ni11Nb	0Cr18Ni11Nb	S34700，347	SUS347	X6CrNiNb18-10	X6CrNiNb18-10，1.4550
63	S34779	07Cr18Ni11Nb	1Cr19Ni11Nb	S34709，347H	SUS347H	X7CrNiNb18-10	X7CrNiNb18-10，1.4912

表 A.1（续）

GB/T 20878—2007 中序号	统一数字代号	牌号	旧牌号	美国 ASTM A959	日本 JIS G4303、JIS G4311、JIS G4305 等	国际 ISO 15510 ISO 4955	欧洲 EN 10088-1 EN 10095
—	S30859	08Cr21Ni11Si2CeN	—	S30815	—	—	—
—	S38926	015Cr20Ni25Mo7CuN	—	N08926	—	—	X1NiCrMoCu25-20-7,1.4529
—	S38367	022Cr21Ni25Mo7N	—	N08367	—	—	—
67	S21860	14Cr18Ni11Si4AlTi	1Cr18Ni11Si4AlTi	—	—	—	—
68	S21953	022Cr19Ni5Mo3Si2N	00Cr18Ni5Mo3Si2	S31500	—	—	—
69	S22160	12Cr21Ni5Ti	1Cr21Ni5Ti	—	—	—	—
70	S22293	022Cr22Ni5Mo3N	—	S31803	SUS329J3L	X2CrNiMoN22-5-3	X2CrNiMoN22-5-3,1.4462
71	S22053	022Cr23Ni5Mo3N	—	S32205,2205	—	—	—
72	S23043	022Cr23Ni4MoCuN	—	S32304,2304	—	X2CrNiN23-4	X2CrNiN23-4,1.4362
73	S22553	022Cr25Ni6Mo2N	—	S31200	—	X3CrNiMoN27-5-2	X3CrNiMoN27-5-2,1.4460
75	S25554	03Cr25Ni6Mo3Cu2N	—	S32550,255	SUS329J4L	X2CrNiMoCuN25-6-3	X2CrNiMoCuN25-6-3,1.4507
76	S25073	022Cr25Ni7Mo4N	—	S32750,2507	—	X2CrNiMoN25-7-4	X2CrNiMoN25-7-4,1.4410
77	S27603	022Cr25Ni7Mo4WCuN	—	S32760	—	X2CrNiMoWN25-7-4	X2CrNiMoWN25-7-4,1.4501
—	S22153	022Cr21Ni3Mo2N	—	S32003	—	—	—
—	S22294	03Cr22Mn5Ni2MoCuN	—	S32101	—	X2CrMnNiN21-5-1	X2CrMnNiN21-5-1,1.4162
—	S22152	022Cr21Mn5Ni2N	—	S32001	—	—	—
—	S22193	022Cr21Mn3Ni3Mo2N	—	S81921	—	—	—
—	S22253	022Cr22Mn3Ni2MoN	—	S82011	—	X2CrMnNiN21-5-1	—
—	S22353	022Cr23Ni2N	—	S32202	—	—	—
—	S22493	022Cr24Ni4Mn3Mo2CuN	—	S82441	—	—	—
78	S11348	06Cr13Al	0Cr13Al	S40500,405	SUS405	X6CrAl13	X6CrAl13,1.4002

表 A.1（续）

GB/T 20878—2007 中序号	统一数字代号	牌号	旧牌号	美国 ASTM A959	日本 JIS G4303、JIS G4311、JIS G4305 等	国际 ISO 15510 ISO 4955	欧洲 EN 10088-1 EN 10095
80	S11163	022Cr11Ti	—	S40920	SUH409L	X2CrTi12	X2CrTi12,1.4512
81	S11173	022Cr11NbTi	—	S40930	—	—	—
82	S11213	022Cr12Ni	—	S40977	—	X2CrNi12	X2CrNi12,1.4003
83	S11203	022Cr12	00Cr12	—	SUS410L	—	—
84	S11510	10Cr15	1Cr15	S42900,429	SUS429	—	—
85	S11710	10Cr17	1Cr17	S43000,430	SUS430	X6Cr17	X6Cr17,1.4016
87	S11763	022Cr17NbTi	00Cr17	S43035,439	SUS430LX	X3CrTi17	X3CrTi17,1.4510
88	S11790	10Cr17Mo	1Cr17Mo	S43400,434	SUS434	X6CrMo17-1	X6CrMo17-1,1.4113
90	S11862	019Cr18MoTi	—	—	SUS436L	—	—
91	S11873	022Cr18Nb	—	S43940	—	X2CrTiNb18	X2CrTiNb18,1.4509
92	S11972	019Cr19Mo2NbTi	00Cr18Mo2	S44400,444	SUS444	X2CrMoTi18-2	X2CrMoTi18-2,1.4521
94	S12791	008Cr27Mo	00Cr27Mo	S44627,XM-27	SUSXM27	—	—
95	S13091	008Cr30Mo2	00Cr30Mo2	—	SUS447J1	—	—
—	S12182	019Cr21CuTi	—	—	SUS443J1	—	—
—	S11973	022Cr18NbTi	—	S43932	—	—	—
—	S11863	022Cr18Ti	—	S43035,439	SUS430LX	X3CrTi17	X3CrTi17,1.4510
—	S12362	019Cr23MoTi	—	—	SUS445J1	—	—
—	S12361	019Cr23Mo2Ti	—	—	SUS445J2	—	—
—	S12763	022Cr27Ni2Mo4NbTi	—	S44660	—	—	—
—	S12963	022Cr29Mo4NbTi	—	S44735	—	—	—
—	S11573	022Cr15NbTi	—	S42900	SUS429	—	X1CrNb15,1.4595

表 A.1（续）

GB/T 20878—2007 中序号	统一数字代号	牌号	旧牌号	美国 ASTM A959	日本 JIS G4303、JIS G4311、JIS G4305 等	国际 ISO 15510 ISO 4955	欧洲 EN 10088-1 EN 10095
—	S11882	019Cr18CuNb	—	—	SUS430J1L	—	—
96	S40310	12Cr12	1Cr12	S40300,403	SUS403	—	—
97	S41008	06Cr13	0Cr13	S41008,410S	SUS410S	X6Cr13	X6Cr13,1.4000
98	S41010	12Cr13	1Cr13	S41000,410	SUS410	X12Cr13	X12Cr13,1.4006
99	S41595	04Cr13Ni5Mo	—	S41500	SUSF6NM	X3CrNiMo13-4	X3CrNiMo13-4,1.4313
101	S42020	20Cr13	2Cr13	S42000,420	SUS420J1	X20Cr13	X20Cr13,1.4021
102	S42030	30Cr13	3Cr13	S42000,420	SUS420J2	X30Cr13	X30Cr13,1.4028
104	S42040	40Cr13	4Cr13	—	—	X39Cr13	X39Cr13,1.4031
107	S43120	17Cr16Ni2	—	S43100,431	SUS431	X17CrNi16-2	X17CrNi16-2,1.4057
108	S44070	68Cr17	7Cr17	S44002,440A	SUS440A	—	—
—	S46050	50Cr15MoV	—	—	—	X50CrMoV15	X50CrMoV15,1.4116
134	S51380	04Cr13Ni8Mo2Al	—	S13800,XM-13	—	—	—
135	S51290	022Cr12Ni9Cu2NbTi	—	S45500,XM-16	—	—	—
138	S51770	07Cr17Ni7Al	0Cr17Ni7Al	S17700,631	SUS631	X7CrNiAl17-7	X7CrNiAl17-7,1.4568
139	S51570	07Cr15Ni7Mo2Al	0Cr15Ni7Mo2Al	S15700,632	—	X8CrNiMoAl15-7-2	X8CrNiMoAl15-7-2,1.4532
141	S51750	09Cr17Ni5Mo3N	—	S35000,633	—	—	—
142	S51778	06Cr17Ni7AlTi	—	S17600,635	—	—	—

附 录 B
（资料性附录）
不锈钢的特性和用途

不锈钢的特性和用途见表 B.1。

表 B.1 不锈钢的特性和用途表

类型	统一数字代号	牌号	特性和用途
奥氏体型	S30110	12Cr17Ni7	经冷加工有高的强度。用于铁道车辆，传送带螺栓螺母等
	S30103	022Cr17Ni7	是 12Cr17Ni7 的超低碳钢，具有良好的耐晶间腐蚀性、焊接性，用于铁道车辆
	S30153	022Cr17Ni7N	是 12Cr17Ni7 的超低碳含氮钢，强度高，具有良好的耐晶间腐蚀性、焊接性，用于结构件
	S30210	12Cr18Ni9	经冷加工有高的强度，但伸长率比 12Cr17Ni7 稍差。用于建筑装饰部件
	S30240	12Cr18Ni9Si3	耐氧化性比 12Cr18Ni9 好，900 ℃以下与 06Cr25Ni20 具有相同的耐氧化性和强度。用于汽车排气净化装置、工业炉等高温装置部件
	S30408	06Cr19Ni10	作为不锈耐热钢使用最广泛，用于食品设备，一般化工设备，原子能工业等
	S30403	022Cr19Ni10	比 06Cr19Ni10 碳含量更低的钢，耐晶间腐蚀性优越，焊接后不进行热处理
	S30409	07Cr19Ni10	在固溶态钢的塑性、韧性、冷加工性良好，在氧化性酸和大气、水等介质中耐蚀性好，但在敏化态或焊接后有晶腐倾向。耐蚀性优于 12Cr18Ni9。适于制造深冲成型部件和输酸管道、容器等
	S30450	05Cr19Ni10Si2CeN	加氮，提高钢的强度和加工硬化倾向，塑性不降低。改善钢的耐点蚀、晶腐性，可承受更重的负荷，使材料的厚度减少。用于结构用强度部件
	S30458	06Cr19Ni10N	在 06Cr19Ni10 的基础上加氮，提高钢的强度和加工硬化倾向，塑性不降低。改善钢的耐点蚀、晶腐性，使材料的厚度减少。用于有一定耐腐要求，并要求较高强度和减速轻重量的设备、结构部件
	S30478	06Cr19Ni9NbN	在 06Cr19Ni10 的基础上加氮和铌，提高钢的耐点蚀、晶腐性能，具有与 06Cr19Ni10N 相同的特性和用途
	S30453	022Cr19Ni10N	06Cr19Ni10N 的超低碳钢，因 06Cr19Ni10N 在 450 ℃～900 ℃加热后耐晶腐性将明显下降。因此对于焊接设备构件，推荐用 022Cr19Ni10N
	S30510	10Cr18Ni12	与 06Cr19Ni10 相比，加工硬化性低。用于手机配件，电器元件，发电机组配件等
	S30908	06Cr23Ni13	耐腐蚀性比 06Cr19Ni10 好，但实际上多作为耐热钢使用
	S31008	06Cr25Ni20	抗氧化性比 06Cr23Ni13 好，但实际上多作为耐热钢使用

表 B.1（续）

类型	统一数字代号	牌号	特性和用途
奥氏体型	S31053	022Cr25Ni22Mo2N	钢中加氮提高钢的耐孔蚀性，且使钢有具有更高的强度和稳定的奥氏体组织。适用于尿素生产中汽提塔的结构材料，性能远优于022Cr17Ni12Mo2
	S31252	015Cr20Ni18Mo6CuN	一种高性价比超级奥氏体不锈钢，较低的C含量和高Mo、高N含量，使其具有较好的耐晶间腐蚀能力、耐点腐蚀和耐缝隙腐蚀性能，主要用于海洋开发、海水淡化、热交换器、纸浆生产、烟气脱硫装置等领域
	S31608	06Cr17Ni12Mo2	在海水和其他各种介质中，耐腐蚀性比06Cr19Ni10好。主要用于耐点蚀材料
	S31603	022Cr17Ni12Mo2	为06Cr17Ni12Mo2的超低碳钢。超低碳奥氏体不锈钢对各种无机酸、碱类、盐类(如亚硫酸、硫酸、磷酸、醋酸、甲酸、氯盐、卤素、亚硫酸盐等)均有良好的耐蚀性。由于含碳量低，因此，焊接性能良好，适合于多层焊接，焊后一般不需热处理，且焊后无刀口腐蚀倾向。可用于制造合成纤维、石油化工、纺织、化肥、印染及原子能等工业设备，如塔、槽、容器、管道等
	S31609	07Cr17Ni12Mo2	与06Cr17Ni12Mo2相比，该钢种的C含量由≤0.08%调整至0.04%～0.10%，耐高温性能增加，该钢种广泛应用于加热釜、锅炉、硬质合金传送带等
	S31668	06Cr17Ni12Mo2Ti	有良好的耐晶间腐蚀性，用于抵抗硫酸、磷酸、甲酸、乙酸的设备
	S31678	06Cr17Ni12Mo2Nb	比06Cr17Ni12Mo2具有更好的耐晶间腐蚀性
	S31658	06Cr17Ni12Mo2N	在06Cr17Ni12Mo2中加入N，提高强度，不降低塑性，使材料的使用厚度减薄。用于耐腐蚀性较好的强度较高的部件
	S31653	022Cr17Ni12Mo2N	用途与06Cr17Ni12Mo2N相同但耐晶间腐蚀性更好
	S31688	06Cr18Ni12Mo2Cu2	耐腐蚀性、耐点蚀性比06Cr17Ni12Mo2好。用于耐硫酸材料
	S31782	015Cr21Ni26Mo5Cu2	高Mo不锈钢，全面耐硫酸、磷酸、醋酸等腐蚀，又可解决氯化物孔蚀、缝隙腐蚀和应力腐蚀问题。主要用于石化、化工、化肥、海洋开发等的塔、槽、管、换热器等
	S31708	06Cr19Ni13Mo3	耐点蚀性比06Cr17Ni12Mo2好，用于染色设备材料等
	S31703	022Cr19Ni13Mo3	为06Cr19Ni13Mo3的超低碳钢，比06Cr19Ni13Mo3耐晶间腐蚀性好，主要用于电站冷凝管等
	S31723	022Cr19Ni16Mo5N	高Mo不锈钢，钢中含0.10%～0.20%，使其耐孔蚀性能进一步提高，此钢种在硫酸、甲酸、醋酸等介质中的耐蚀性要比一般含2%～4%Mo的常用Cr-Ni钢更好
	S31753	022Cr19Ni13Mo4N	在022Cr19Ni13Mo3中添加氮，具有高强度、高耐蚀性，用于罐箱、容器等
	S32168	06Cr18Ni11Ti	添加钛提高耐晶间腐蚀性，不推荐作装饰部件
	S32169	07Cr19Ni11Ti	与06Cr18Ni11Ti相比，该钢种的C含量由≤0.08%调整至0.04%～0.10%，耐高温性能增强，可用于锅炉行业

表 B.1(续)

类型	统一数字代号	牌号	特性和用途
奥氏体型	S32652	015Cr24Ni22Mo8Mn3CuN	属于超级奥氏体不锈钢,高 Mo、高 N、高 Cr 使其具有优异的耐点蚀、耐缝隙腐蚀性能,主要用于海洋开发、海水淡化、纸浆生产、烟气脱硫装置等领域
	S34553	022Cr24Ni17Mo5Mn6NbN	这是一种高强度且耐腐蚀的超级奥氏体不锈钢,在氯化物环境中,具有优良的耐点蚀和耐缝隙腐蚀性能。此钢被推荐用于海水淡化、海上采油平台以及电厂烟气脱硫等装置
	S34778	06Cr18Ni11Nb	添加铌提高奥氏体不锈钢的稳定性。由于其良好的耐蚀性能、焊接性能,因此广泛应用于石油化工、合成纤维、食品、造纸等行业。在热电厂和核动力工业中,用于大型锅炉过热器、再热器、蒸汽管道、轴类和各类焊接结构件
	S34779	07Cr18Ni11Nb	与 06Cr18Ni11Nb 相比,该钢种的 C 含量由≤0.08%调整至 0.04%~0.10%,耐高温性能增加,可用于锅炉行业
	S30859	08Cr21Ni11Si2CeN	21Cr-11Ni 不锈钢的基础上,通过稀土铈和氮元素的合金化提高耐高温性能,与 06Cr25Ni20 相比,在优化使用性能的同时,还节约了贵重的 Ni 资源。该钢种主要用于锅炉行业
	S38926	015Cr20Ni25Mo7CuN	与 015Cr20Ni18Mo6CuN 相比,Ni 含量由 17.5%~18.5%提高至 24.0%~26.0%,具有更好的耐应力腐蚀能力,被推荐用于海洋开发、核电装置等领域
	S38367	022Cr21Ni25Mo7N	与 015Cr20Ni25Mo7CuN 相比,Cr 含量更高,耐点腐蚀性能更好,用于海洋开发、热交换器、核电装置等领域
奥氏体·铁素体型	S21860	14Cr18Ni11Si4AlTi	由于 Si 的存在,既通过 α+β 两相强化提高强度,又使此钢在浓硝酸和发烟硝酸中形成表面氧化硅膜从而使提高耐浓硝酸腐蚀性能。用于制作抗高温浓硝酸介质的零件和设备
	S21953	022Cr19Ni5Mo3Si2N	耐应力腐蚀破裂性能良好,耐点蚀性能与 022Cr17Ni14Mo2 相当,具有较高强度,适用于含氯离子的环境,用于炼油、化肥、造纸、石油、化工等工业制造热交换器、冷凝器等
	S22160	12Cr21Ni5Ti	可代替 06Cr18Ni11Ti,有更好的力学性能,特别是强度较高,用于航天设备等
	S22293	022Cr22Ni5Mo3N	具有高强度,良好的耐应力腐蚀、耐点蚀、良好的焊接性能,在石化、造船、造纸、海水淡化、核电等领域具有广泛的用途
	S22053	022Cr23Ni5Mo3N	属于低合金双相不锈钢,强度高,能代替 S30403 和 S31603,可用于锅炉和压力容器,化工厂和炼油厂的管道
	S23043	022Cr23Ni4MoCuN	具有双相组织,优异的耐应力腐蚀断裂和其他形式耐蚀的性能以及良好的焊接性。主要用于石油石化,造纸,海水淡化等行业
	S22553	022Cr25Ni6Mo2N	耐腐蚀疲劳性能远比 S31603(尿素级)好,对低应力、低频率交变载荷条件下工作的尿素甲胺泵泵体选材有重要参考价值。主要应用于化工、化肥、石油化工等领域,多用于制造热交换器、蒸发器等,国内主要用在尿素装置,也可用于耐海水腐蚀部件等

表 B.1(续)

类型	统一数字代号	牌号	特性和用途
奥氏体·铁素体型	S25554	03Cr25Ni6Mo3Cu2N	该钢具有良好的力学性能和耐局部腐蚀性能,尤其是耐磨损腐蚀性能优于一般的不锈钢。海水环境中的理想材料,适用作舰船用的螺旋推进器、轴、潜艇密封件等,而且在化工、石油化工、天然气、纸浆、造纸等应用
	S25073	022Cr25Ni7Mo4N	是双相不锈钢中耐局部腐蚀最好的钢,特别是耐点蚀最好,并具有高强度、耐氯化物应力腐蚀、可焊接的特点。非常适用于化工、石油、石化和动力工业中以河水、地下水和海水等为冷却介质的换热设备
	S27603	022Cr25Ni7Mo4WCuN	在 022Cr25Ni7Mo3N 钢中加入 W、Cu 提高 Cr25 型双相钢的性能。特别是耐氯化物点蚀和缝隙腐蚀性能更佳,主要用于以水(含海水、卤水)为介质的热交换设备
	S22153	022Cr21Ni3MoN	含有 1.5%的 Mo,与 Cr、N 配合提高耐腐蚀性能,其耐蚀性优于 022Cr17Ni12Mo2,与 022Cr19Ni13Mo3 接近,是 022Cr17Ni12Mo2 的理想替代品。同时该钢种还具有较高的强度,可用于化学储罐、纸浆造纸、建筑屋顶、桥梁等领域
	S22294	03Cr22Mn5Ni2MoCuN	低 Ni、高 N 含量,使其具有高强度、良好的耐腐蚀性能和焊接性能的同时,制造成本大幅度降低。该钢种具有比 022Cr19Ni10 更好、与 022Cr17Ni12Mo2 相当的耐蚀性能,是 06Cr19Ni10、022Cr19Ni10 理想的替代品,用于石化、造船、造纸、核电、海水淡化、建筑等领域
	S22152	022Cr21Mn5Ni2N	合金 Ni、Mo 含量大幅降低,并含有较高 N 含量,具有高强度、良好的耐腐蚀性能、焊接性能以及较低的成本。该钢种具有与 022Cr19Ni10 相当的耐蚀性能,在一定范围内可替代 06Cr19Ni10、022Cr19Ni10,用于建筑、交通、石化等领域
	S22193	022Cr21Mn3Ni3Mo2N	含有 1%～2%的 Mo 以及较高的 N,具有良好的耐腐蚀性能、焊接性能,同时由于以 Mn、N 代 Ni,降低了成本。该钢种具有与 022Cr17Ni12Mo2 相当甚至更好的耐点蚀及耐均匀腐蚀性能,耐应力腐蚀性能也显著提高,是 022Cr17Ni12Mo2 的理想替代品,用于建筑、储罐、造纸、石化等领域
	S22253	022Cr22Mn3Ni2MoN	含有较高的 Cr 和 N,材料耐点蚀和抗均匀腐蚀性高于 022Cr19Ni10,与 022Cr17Ni12Mo2 相当,耐应力腐蚀性能显著提高,并具有良好的焊接性能,可替代 022Cr19Ni10、022Cr17Ni12Mo2,用于建筑、储罐、石化、能源等领域
	S22353	022Cr23Ni2N	以较高的 N 代 Ni,Mo 含量较低,从而成本得到显著降低。由于含有约 23%的 Cr 以及约 0.2%的 N,材料耐点蚀和抗均匀腐蚀性与 022Cr17Ni12Mo2 相当甚至更高,耐应力腐蚀性显著提高,焊接性能优良,可替代 022Cr17Ni12Mo2。用于建筑、储罐、石化等领域
	S22493	022Cr24Ni4Mn3Mo2CuN	以较高的 N 及一定含量的 Mn 代 Ni,Cr 含量较低,从而成本得到降低。由于含有约 24%的 Cr 以及约 0.25%的 N,材料耐点蚀和抗均匀腐蚀性高于 022Cr17Ni12Mo2,接近 022Cr19Ni13Mo3,耐应力腐蚀性显著提高,焊接性能优良,可替代 022Cr17Ni12Mo20 以及 22Cr19Ni13Mo3。用于石化、造纸、建筑、储罐等领域

表 B.1（续）

类型	统一数字代号	牌号	特 性 和 用 途
铁素体型	S11348	06Cr13Al	从高温下冷却不产生显著硬化，主要用于制作石油化工，锅炉等行业在高温中工作的零件
	S11163	022Cr11Ti	超低碳钢，焊接性能好，用于汽车排气处理装置
	S11173	022Cr11NbTi	在钢中加入 Nb+Ti 细化晶粒，提高铁素体钢的耐晶间腐蚀性、改善焊后塑性，性能比 022Cr11Ti 更好，用于汽车排气处理装置
	S11213	022Cr12Ni	具有中等的耐蚀性、良好的强度、良好的可焊性、较好的耐湿磨性和滑动性。主要应用于运输、交通、结构、石化和采矿等行业
	S11203	022Cr12	焊接部位弯曲性能、加工性能好。多用于集装箱行业
	S11510	10Cr15	作为 10Cr17 改善焊接性的钢种。用于建筑内装饰、家用电器部件
	S11710	10Cr17	耐蚀性良好的通用钢种，用于建筑内装饰、家庭用具、家用电器部件。脆性转变温度均在室温以上，而且对缺口敏感，不适于制作室温以下的承载备件
	S11763	022Cr17NbTi	降低 10Cr17Mo 中的 C 和 N，单独或复合加入 Ti、Nb 或 Zr，使加工性和焊接性改善，用于建筑内外装饰、车辆部件
	S11790	10Cr17Mo	在钢中加入 Mo，提高钢的耐点蚀、耐缝隙腐蚀性及强度等，主要用于汽车排气系统，建筑内外装饰等
	S11862	019Cr18MoTi	在钢中加入 Mo，提高钢的耐点蚀、耐缝隙腐蚀性及强度等
	S11873	022Cr18Nb	加入不少于 0.3%的 Nb 和 0.1%～0.6%的 Ti，降低碳含量，改善加工性和焊接性能，且提高耐高温性能，用于烤箱炉管、汽车排气系统、燃气罩等领域
	S11972	019Cr19Mo2NbTi	含 Mo 比 022Cr18MoTi 多，耐腐蚀性提高，耐应力腐蚀破裂性好，用于贮水槽太阳能温水器、热交换器、食品机器、染色机械等
	S12791	008Cr27Mo	用于性能、用途、耐蚀性和软磁性与 008Cr30Mo2 类似的用途
	S13091	008Cr30Mo2	高 Cr-Mo 系，C、N 降至极低。耐蚀性很好，耐卤离子应力腐蚀破裂、耐点蚀性好。用于制作与醋酸、乳酸等有机酸有关的设备、制造苛性碱设备
	S12182	019Cr21CuTi	抗腐蚀性、成型性、焊接性与 06Cr19Ni10 相当。适用于建筑内外装饰材料、电梯、家电、车辆部件、不锈钢制品、太阳能热水器等领域
	S11973	022Cr18NbTi	降低 10Cr17 中的 C，复合加入 Nb、Ti，高温性能优于 022Cr11Ti，用于车辆部件、厨房设备、建筑内外装饰等
	S11863	022Cr18Ti	降低 10Cr17 中的 C，单独加入 Ti，使耐腐蚀性、加工性和焊接性改善，用于车辆部件、电梯面板、管式换热器、家电等
	S12362	019Cr23MoTi	属高 Cr 系超纯铁素体不锈钢，耐蚀性优于 019Cr21CuTi，可用于太阳能热水器内胆、水箱、洗碗机、油烟机等
	S12361	019Cr23Mo2Ti	Mo 含量高于 019Cr23Mo，耐腐蚀性进一步提高，可作为 022Cr17Ni12Mo2 的替代钢种用于管式换热器、建筑屋顶、外墙等
	S12763	022Cr27Ni2Mo4NbTi	属于超级铁素体不锈钢，具有高 Cr 高 Mo 的特点，是一种耐海水腐蚀的材料，主要用于电站凝汽器、海水淡化热交换器等行业

表 B.1（续）

类型	统一数字代号	牌号	特性和用途
铁素体型	S12963	022Cr29Mo4NbTi	属于超级铁素体不锈钢，但通过提高 Cr 含量提高耐腐蚀性，用途与 022Cr27Ni2Mo3 一致
	S11573	022Cr 15NbTi	超低 C、N 控制，复合加入 Nb、Ti，高温性能优于 022Cr18Ti，用于车辆部件等
	S11882	019Cr18CuNb	超低 C、N 控制，添加了 Nb、Cu，属中 Cr 超纯铁素体不锈钢，具有优良的表面质量和冷加工成形性能，用于汽车及建筑的外装饰部件、家电等
马氏体型	S40310	12Cr12	具有较好的耐热性。用于制造汽轮机叶片及高应力部件
	S41008	06Cr13	比 12Cr13 的耐蚀性、加工成形性更优良的钢种
	S41010	12Cr13	具有良好的耐蚀性，机械加工性，一般用途，刃具类
	S41595	04Cr13Ni5Mo	以具有高韧性的低碳马氏体并通过镍、钼等合金元素的补充强化为主要强化手段，具有高强度和良好的韧性、可焊接性及耐磨蚀性能。适用于厚截面尺寸并且要求焊接性能良好的使用条件，如大型的水电站转轮和转轮下环等
	S42020	20Cr13	淬火状态下硬度高，耐蚀性良好。用于汽轮机叶片
	S42030	30Cr13	比 20Cr13 淬火后的硬度高，作刃具、喷嘴、阀座、阀门等
	S42040	40Cr13	比 30Cr13 淬火后的硬度高，作刃具、喷嘴、阀座、阀门等
	S43120	17Cr16Ni2	马氏体不锈钢中强度和韧性匹配较好的钢种之一，对氧化酸、大多数有机酸及有机盐类的水溶液有良好的耐蚀性。用于制造耐一定程度的硝酸、有机酸腐蚀的零件、容器和设备
	S44070	68Cr17	硬化状态下，坚硬，韧性高，用于刃具、量具、轴承
	S46050	50Cr15MoV	C 含量提高至 0.5%，Cr 含量提高至 15%，并且添加了钼和钒元素，淬火后硬度可达 HRC56 左右，具有良好的耐蚀性、加工性和打磨性，用于刀具行业
沉淀硬化型	S51380	04Cr13Ni8Mo2Al	强度高，优良的断裂韧性，良好的横向力学性能和在海洋环境中的耐应力腐蚀性能，用于宇航、核反应堆和石油化工等领域
	S51290	022Cr12Ni9Cu2NbTi	具有良好的工艺性能，易于生产棒、丝、板、带和铸件，主要应用于要求耐蚀不锈的承力部件
	S51770	07Cr17Ni7Al	添加 Al 的沉淀硬化钢种。用于弹簧、垫圈、计器部件
	S51570	07Cr15Ni7Mo2Al	在固溶状态下加工成形性能良好，易于加工，加工后经调整处理、冷处理及时效处理，所析出的镍-铝强化相使钢的室温强度可达 1 400 MPa 以上，并具有满足使用要求的塑韧性。由于钢中含有钼，使耐还原性介质腐蚀能力有所改善。广泛应用于宇航、石油化工及能源工业中的耐蚀及 400 ℃以下工作的承力构件、容器以及弹性元件制造
	S51750	09Cr17Ni5Mo3N	是一种在半奥氏体沉淀硬化不锈钢，具有较高的强度和良好的韧性，适宜制作中温高强度部件
	S51778	06Cr17Ni7AlTi	具有良好的冶金和制造加工工艺性能，可用于 350 ℃以下长期服役的不锈钢结构件、容器、弹簧、膜片等

附 录 C
（资料性附录）
不锈钢的热处理制度

不锈钢的热处理制度见表 C.1～C.5。

表 C.1 奥氏体型钢的热处理制度

统一数字代号	牌号	热处理温度及冷却方式
S30110	12Cr17Ni7	≥1 040 ℃水冷或其他方式快冷
S30103	022Cr17Ni7	≥1 040 ℃水冷或其他方式快冷
S30153	022Cr17Ni7N	≥1 040 ℃水冷或其他方式快冷
S30210	12Cr18Ni9	≥1 040 ℃水冷或其他方式快冷
S30240	12Cr18Ni9Si3	≥1 040 ℃水冷或其他方式快冷
S30408	06Cr19Ni10	≥1 040 ℃水冷或其他方式快冷
S30403	022Cr19Ni10	≥1 040 ℃水冷或其他方式快冷
S30409	07Cr19Ni10	≥1 095 ℃水冷或其他方式快冷
S30450	05Cr19Ni10Si2CeN	≥1 040 ℃水冷或其他方式快冷
S30458	06Cr19Ni10N	≥1 040 ℃水冷或其他方式快冷
S30478	06Cr19Ni9NbN	≥1 040 ℃水冷或其他方式快冷
S30453	022Cr19Ni10N	≥1 040 ℃水冷或其他方式快冷
S30510	10Cr18Ni12	≥1 040 ℃水冷或其他方式快冷
S30908	06Cr23Ni13	≥1 040 ℃水冷或其他方式快冷
S31008	06Cr25Ni20	≥1 040 ℃水冷或其他方式快冷
S31053	022Cr25Ni22Mo2N	≥1 040 ℃水冷或其他方式快冷
S31252	015Cr20Ni18Mo6CuN	≥1 150 ℃水冷或其他方式快冷
S31608	06Cr17Ni12Mo2	≥1 040 ℃水冷或其他方式快冷
S31603	022Cr17Ni12Mo2	≥1 040 ℃水冷或其他方式快冷
S31609	07Cr17Ni12Mo2	≥1 040 ℃水冷或其他方式快冷
S31668	06Cr17Ni12Mo2Ti	≥1 040 ℃水冷或其他方式快冷
S31678	06Cr17Ni12Mo2Nb	≥1 040 ℃水冷或其他方式快冷
S31658	06Cr17Ni12Mo2N	≥1 040 ℃水冷或其他方式快冷
S31653	022Cr17Ni12Mo2N	≥1 040 ℃水冷或其他方式快冷
S31688	06Cr18Ni12Mo2Cu2	1 010 ℃～1 150 ℃水冷或其他方式快冷
S31782	015Cr21Ni26Mo5Cu2	1 030 ℃～1 180 ℃水冷或其他方式快冷
S31708	06Cr19Ni13Mo3	≥1 040 ℃水冷或其他方式快冷
S31703	022Cr19Ni13Mo3	≥1 040 ℃水冷或其他方式快冷

表 C.1（续）

统一数字代号	牌号	热处理温度及冷却方式
S31723	022Cr19Ni16Mo5N	≥1 040 ℃水冷或其他方式快冷
S31753	022Cr19Ni13Mo4N	≥1 040 ℃水冷或其他方式快冷
S32168	06Cr18Ni11Ti	≥1 040 ℃水冷或其他方式快冷
S32169	07Cr19Ni11Ti	≥1 095 ℃水冷或其他方式快冷
S32652	015Cr24Ni22Mo8Mn3CuN	≥1 150 ℃水冷或其他方式快冷
S34553	022Cr24Ni17Mo5Mn6NbN	1 120 ℃～1 170 ℃水冷或其他方式快冷
S34778	06Cr18Ni11Nb	≥1 040 ℃水冷或其他方式快冷
S34779	07Cr18Ni11Nb	≥1 095 ℃水冷或其他方式快冷
S30859	08Cr21Ni11Si2CeN	≥1 040 ℃水冷或其他方式快冷
S38926	015Cr20Ni25Mo7CuN	≥1 100 ℃水冷或其他方式快冷
S38367	022Cr21Ni25Mo7N	≥1 105 ℃水冷或其他方式快冷

表 C.2 奥氏体·铁素体型钢的热处理制度

统一数字代号	牌号	热处理温度及冷却方式
S21860	14Cr18Ni11Si4AlTi	1 000 ℃～1 050 ℃水冷或其他方式快冷
S21953	022Cr19Ni5Mo3Si2N	950 ℃～1 050 ℃水冷
S22160	12Cr21Ni5Ti	950 ℃～1 050 ℃水冷或其他方式快冷
S22293	022Cr22Ni5Mo3N	1 040 ℃～1 100 ℃水冷或其他方式快冷
S22053	022Cr23Ni5Mo3N	1 040 ℃～1 100 ℃水冷，除钢卷在连续退火线水冷或类似方式快冷
S23043	022Cr23Ni4MoCuN	950 ℃～1 050 ℃水冷或其他方式快冷
S22553	022Cr25Ni6Mo2N	1 025 ℃～1 125 ℃水冷或其他方式快冷
S25554	03Cr25Ni6Mo3Cu2N	1 050 ℃～1 100 ℃水冷或其他方式快冷
S25073	022Cr25Ni7Mo4N	1 050 ℃～1 100 ℃水冷
S27603	022Cr25Ni7Mo4WCuN	1 050 ℃～1 125 ℃水冷或其他方式快冷
S22153	022Cr21Ni3Mo2N	≥1 010 ℃水冷或其他方式快冷
S22294	03Cr22Mn5Ni2MoCuN	≥1 020 ℃水冷或其他方式快冷
S22152	022Cr21Mn5Ni2N	≥1 040 ℃水冷或其他方式快冷
S22193	022Cr21Mn3Ni3Mo2N	≥1 020 ℃水冷或其他方式快冷
S22253	022Cr22Mn3Ni2N	≥1 020 ℃水冷或其他方式快冷
S22353	022Cr23Ni2N	≥1 020 ℃水冷或其他方式快冷
S22493	022Cr24Ni4Mn3Mo2CuN	≥1 040 ℃水冷或其他方式快冷

表 C.3 铁素体型钢的热处理制度

统一数字代号	牌号	退火处理温度及冷却方式
S11348	06Cr13Al	780 ℃～830 ℃快冷或缓冷
S11163	022Cr11Ti	800 ℃～900 ℃快冷或缓冷
S11173	022Cr11NbTi	800 ℃～900 ℃快冷或缓冷
S11213	022Cr12Ni	700 ℃～820 ℃快冷或缓冷
S11203	022Cr12	700 ℃～820 ℃快冷或缓冷
S11510	10Cr15	780 ℃～850 ℃快冷或缓冷
S11710	10Cr17	780 ℃～800 ℃空冷
S11763	022Cr17NbTi	780 ℃～950 ℃快冷或缓冷
S11790	10Cr17Mo	780 ℃～850 ℃快冷或缓冷
S11862	019Cr18MoTi	800 ℃～1 050 ℃快冷
S11873	022Cr18Nb	800 ℃～1 050 ℃快冷
S11972	019Cr19Mo2NbTi	800 ℃～1 050 ℃快冷
S12791	008Cr27Mo	900 ℃～1 050 ℃快冷
S13091	008Cr30Mo2	800 ℃～1 050 ℃快冷
S12182	019Cr21CuTi	800 ℃～1 050 ℃快冷
S11973	022Cr18NbTi	780 ℃～950 ℃快冷或缓冷
S11863	022Cr18Ti	780 ℃～950 ℃快冷或缓冷
S12362	019Cr23MoTi	850 ℃～1 050 ℃快冷
S12361	019Cr23Mo2Ti	850 ℃～1 050 ℃快冷
S12763	022Cr27Ni2Mo4NbTi	950 ℃～1 150 ℃快冷
S12963	022Cr29Mo4NbTi	950 ℃～1 150 ℃快冷
S11573	022Cr15NbTi	780 ℃～1 050 ℃快冷或缓冷
S11882	019Cr18CuNb	800 ℃～1 050 ℃快冷

表 C.4 马氏体型钢的热处理制度

统一数字代号	牌号	退火处理	淬火	回火
S40310	12Cr12	约 750 ℃快冷 或 800 ℃～900 ℃缓冷	—	—
S41008	06Cr13	约 750 ℃快冷 或 800 ℃～900 ℃缓冷	—	—
S41010	12Cr13	约 750 ℃快冷 或 800 ℃～900 ℃缓冷	—	—
S41595	04Cr13Ni5Mo	—	—	—

表 C.4（续）

统一数字代号	牌号	退火处理	淬火	回火
S42020	20Cr13	约 750 ℃快冷 或 800 ℃～900 ℃缓冷	—	—
S42030	30Cr13	约 750 ℃快冷 或 800 ℃～900 ℃缓冷	980 ℃～1 040 ℃快冷	150 ℃～400 ℃空冷
S42040	40Cr13	约 750 ℃快冷 或 800 ℃～900 ℃缓冷	1 050 ℃～1 100 ℃油冷	200 ℃～300 ℃空冷
S43120	17Cr16Ni2	—	1 010 ℃±10 ℃油冷	605 ℃±5 ℃空冷
		—	1 000 ℃～1 030 ℃油冷	300 ℃～380 ℃空冷
S44070	68Cr17	约 750 ℃快冷 或 800 ℃～900 ℃缓冷	1 010 ℃～1 070 ℃快冷	150 ℃～400 ℃空冷
S46050	50Cr15MoV	770 ℃～830 ℃缓冷	—	—

表 C.5 沉淀硬化型钢的热处理制度

统一数字代号	牌号	固溶处理	沉淀硬化处理
S51380	04Cr13Ni8Mo2Al	927 ℃±15 ℃，按要求冷却至 60 ℃以下	510 ℃±6 ℃，保温 4 h，空冷
			538 ℃±6 ℃，保温 4 h，空冷
S51290	022Cr12Ni9Cu2NbTi	829 ℃±15 ℃，水冷	480 ℃±6 ℃，保温 4 h，空冷
			510 ℃±6 ℃，保温 4 h，空冷
S51770	07Cr17Ni7Al	1 065 ℃±15 ℃ 水冷	954 ℃±8 ℃保温 10 min，快冷至室温，24 h 内冷至 −73 ℃±6 ℃，保温 8 h，在空气中升至室温，再加热到 510 ℃±6 ℃，保温 1 h 后空冷
			760 ℃±15 ℃保温 90 min，1 h 内冷却至 15 ℃±3 ℃，保温 30 min，再加热至 566 ℃±6 ℃，保温 90 min 后空冷
S51570	07Cr15Ni7Mo2Al	1 040 ℃±15 ℃ 水冷	954 ℃±8 ℃保温 10 min，快冷至室温，24 h 内冷至 −73 ℃±6 ℃，保温 8 h，在空气中升至室温。再加热到 510 ℃±6 ℃，保温 1 h 后空冷
			760 ℃±15 ℃保温 90 min，1 h 内冷却至 15 ℃±3 ℃，保温 30 min，再加热至 566 ℃±6 ℃，保温 90 min 后空冷
S51750	09Cr17Ni5Mo3N	930 ℃±15 ℃水冷，在 −75 ℃以下保持 3 h	455 ℃±8 ℃，保温 3 h，空冷
			540 ℃±8 ℃，保温 3 h，空冷
S51778	06Cr17Ni7AlTi	1 038 ℃±15 ℃，空冷	510 ℃±8 ℃，保温 30 min，空冷
			538 ℃±8 ℃，保温 30 min，空冷
			566 ℃±8 ℃，保温 30 min，空冷

ICS 77.140.50
H 46

中华人民共和国国家标准

GB/T 4238—2015
代替 GB/T 4238—2007

耐热钢钢板和钢带

Heat-resisting steel plate, sheet and strip

2015-09-11 发布　　2016-06-01 实施

中华人民共和国国家质量监督检验检疫总局
中国国家标准化管理委员会　发布

前　言

本标准按照 GB/T 1.1—2009 给出的规则起草。

本标准代替 GB/T 4238—2007《耐热钢板和钢带》。与 GB/T 4238—2007 相比，主要技术变化如下：

——增加了 6 个牌号及相关技术要求；

——调整了 5 个牌号的化学成分和 6 个牌号的力学性能；

——将厚度不大于 3 mm 的钢板和钢带的断后伸长率由 A 改为 $A_{50\ \mathrm{mm}}$；

——取消了“16Cr25Ni20Si2 钢板厚度大于 25 mm 时，力学性能仅供参考”的规定；

——修改了复验和判定规则；

——增加了力学性能和化学成分试验结果修约的规定；

——增加了部分钢种晶粒度的判定标准；

——调整了附录 C 中 4 个牌号的固溶处理温度；

——补充了附录 B 中的特性和用途；

——增加了资料性附录 C 各国耐热钢牌号对照表。

本标准由中国钢铁工业协会提出。

本标准由全国钢标准化技术委员会(SAC/TC 183)归口。

本标准主要起草单位：山西太钢不锈钢股份有限公司、宝钢不锈钢有限公司、冶金工业信息标准研究院。

本标准主要起草人：李国平、任永秀、徐中杰、董莉、王传东、张维旭、张建军。

本标准所代替标准的历次版本发布情况为：

——GB/T 4238—1984，GB/T 4238—1992，GB/T 4238—2007；

——GB/T 4239—1984，GB/T 4239—1991。

耐热钢钢板和钢带

1 范围

本标准规定了耐热钢钢板和钢带的订货内容、尺寸、外形、重量及允许偏差、技术要求、试验方法、检验规则、包装、标志及质量证明书。

本标准适用于热轧和冷轧耐热钢钢板和钢带。

2 规范性引用文件

下列文件对于本文件的应用是必不可少的。凡是注日期的引用文件，仅注日期的版本适用于本文件。凡是不注日期的引用文件，其最新版本(包括所有的修改单)适用于本文件。

GB/T 222 钢的成品化学成分允许偏差

GB/T 223.3 钢铁及合金化学分析方法 二安替比林甲烷磷钼酸重量法测定磷量

GB/T 223.4 钢铁及合金 锰含量的测定 电位滴定或可视滴定法

GB/T 223.5 钢铁 酸溶硅和全硅含量的测定 还原型硅钼酸盐分光光度法

GB/T 223.8 钢铁及合金化学分析方法 氟化钠分离-EDTA滴定法测定铝含量

GB/T 223.9 钢铁及合金 铝含量的测定 铬天青S分光光度法

GB/T 223.11 钢铁及合金 铬含量的测定 可视滴定或电位滴定法

GB/T 223.16 钢铁及合金化学分析方法 变色酸光度法测定钛量

GB/T 223.18 钢铁及合金化学分析方法 硫代硫酸钠分离-碘量法测定铜量

GB/T 223.19 钢铁及合金化学分析方法 新亚铜灵-三氯甲烷萃取光度法测定铜量

GB/T 223.23 钢铁及合金 镍含量的测定 丁二酮肟分光光度法

GB/T 223.25 钢铁及合金化学分析方法 丁二酮肟重量法测定镍量

GB/T 223.26 钢铁及合金 钼含量的测定 硫氰酸盐分光光度法

GB/T 223.28 钢铁及合金化学分析方法 α-安息香肟重量法测定钼量

GB/T 223.33 钢铁及合金化学分析方法 萃取分离-偶氮氯膦mA光度法测定铈量

GB/T 223.36 钢铁及合金化学分析方法 蒸馏分离-中和滴定法测定氮量

GB/T 223.40 钢铁及合金 铌含量的测定 氯磺酚S分光光度法

GB/T 223.43 钢铁及合金化学分析方法 钨量的测定

GB/T 223.53 钢铁及合金化学分析方法 火焰原子吸收分光光度法测定铜量

GB/T 223.58 钢铁及合金化学分析方法 亚砷酸钠-亚硝酸钠滴定法测定锰量

GB/T 223.60 钢铁及合金化学分析方法 高氯酸脱水重量法测定硅含量

GB/T 223.61 钢铁及合金化学分析方法 磷钼酸铵容量法测定磷量

GB/T 223.68 钢铁及合金化学分析方法 管式炉内燃烧后碘酸钾滴定法测定硫含量

GB/T 223.69 钢铁及合金 碳含量的测定 管式炉内燃烧后气体容量法

GB/T 228.1 金属材料 拉伸试验 第1部分:室温试验方法

GB/T 230.1 金属材料 洛氏硬度试验 第1部分:试验方法(A、B、C、D、E、F、G、H、K、N、T标尺)

GB/T 231.1 金属材料 布氏硬度试验 第1部分:试验方法

GB/T 232 金属材料 弯曲试验方法
GB/T 247 钢板和钢带包装、标志及质量证明书的一般规定
GB/T 2975 钢及钢产品力学性能试样取样位置及试样制备
GB/T 3280 不锈钢冷轧钢板和钢带
GB/T 4237 不锈钢热轧钢板和钢带
GB/T 4340.1 金属材料 维氏硬度试验 第1部分:试验方法
GB/T 6394 金属平均晶粒度测定法
GB/T 8170 数值修约规则与极限数值的表示和判定
GB/T 11170 不锈钢 多元素含量的测定 火花放电原子发射光谱法(常规法)
GB/T 17505 钢及钢产品交货一般技术要求
GB/T 20066 钢和铁 化学成分测定用试样的取样和制样方法
GB/T 20123 钢铁 总碳硫含量的测定 高频感应炉燃烧后红外吸收法(常规方法)
GB/T 20124 钢铁 氮含量的测定 惰性气体熔融热导法(常规方法)
GB/T 20878 不锈钢和耐热钢 牌号及化学成分

3 订货内容

按本标准订货的合同或订单应包括下列内容:

a) 标准编号;
b) 产品名称;
c) 牌号或统一数字代号;
d) 尺寸及精度;
e) 交货的重量(数量);
f) 表面加工类型;
g) 交货状态;
h) 标准中应由供需双方协商确定并在合同中注明的项目或指标,如未注明,则由供方选择;
i) 需方提出的其他特殊要求,经供需双方协商确定,并在合同中注明。

4 尺寸、外形、重量及允许偏差

冷轧钢板和钢带的尺寸外形、重量及允许偏差应符合GB/T 3280的规定;热轧钢板和钢带的尺寸外形、重量及允许偏差应符合GB/T 4237的规定。

5 技术要求

5.1 冶炼方法

钢宜采用粗炼钢水加炉外精炼工艺。

5.2 化学成分

5.2.1 钢的牌号、类别及化学成分(熔炼分析)应符合表1～表4的规定。各国耐热钢牌号对照参见附录A。耐热钢的特性和用途参见附录B。

5.2.2 钢板和钢带的化学成分允许偏差应符合GB/T 222的规定。

表 1 奥氏体型耐热钢的化学成分

统一数字代号	牌号	化学成分(质量分数)/%										
		C	Si	Mn	P	S	Ni	Cr	Mo	N	V	其他
S30210	12Cr18Ni9[a]	0.15	0.75	2.00	0.045	0.030	8.00～11.00	17.00～19.00	—	0.10	—	—
S30240	12Cr18Ni9Si3	0.15	2.00～3.00	2.00	0.045	0.030	8.00～10.00	17.00～19.00	—	0.10	—	—
S30408	06Cr19Ni10[a]	0.07	0.75	2.00	0.045	0.030	8.00～10.50	17.50～19.50	—	0.10	—	—
S30409	07Cr19Ni10	0.04～0.10	0.75	2.00	0.045	0.030	8.00～10.50	18.00～20.00	—	—	—	—
S30450	05Cr19Ni10Si2CeN	0.04～0.06	1.00～2.00	0.80	0.045	0.030	9.00～10.00	18.00～19.00	—	0.12～0.18	—	Ce:0.03～0.08
S30808	06Cr20Ni11[a]	0.08	0.75	2.00	0.045	0.030	10.00～12.00	19.00～21.00	—	—	—	—
S30859	08Cr21Ni11Si2CeN	0.05～0.10	1.40～2.00	0.80	0.040	0.030	10.00～12.00	20.00～22.00	—	0.14～0.20	—	Ce:0.03～0.08
S30920	16Cr23Ni13[a]	0.20	0.75	2.00	0.045	0.030	12.00～15.00	22.00～24.00	—	—	—	—
S30908	06Cr23Ni13[a]	0.08	0.75	2.00	0.045	0.030	12.00～15.00	22.00～24.00	—	—	—	—
S31020	20Cr25Ni20[a]	0.25	1.50	2.00	0.045	0.030	19.00～22.00	24.00～26.00	—	—	—	—
S31008	06Cr25Ni20	0.08	1.50	2.00	0.045	0.030	19.00～22.00	24.00～26.00	—	—	—	—
S31608	06Cr17Ni12Mo2[a]	0.08	0.75	2.00	0.045	0.030	10.00～14.00	16.00～18.00	2.00～3.00	0.10	—	—
S31609	07Cr17Ni12Mo2[a]	0.04～0.10	0.75	2.00	0.045	0.030	10.00～14.00	16.00～18.00	2.00～3.00	—	—	—
S31708	06Cr19Ni13Mo3[a]	0.08	0.75	2.00	0.045	0.030	11.00～15.00	18.00～20.00	3.00～4.00	0.10	—	—
S32168	06Cr18Ni11Ti[a]	0.08	0.75	2.00	0.045	0.030	9.00～12.00	17.00～19.00	—	—	—	Ti:5×C～0.70
S32169	07Cr19Ni11Ti[a]	0.04～0.10	0.75	2.00	0.045	0.030	9.00～12.00	17.00～19.00	—	—	—	Ti:4×(C+N)～0.70
S33010	12Cr16Ni35	0.15	1.50	2.00	0.045	0.030	33.00～37.00	14.00～17.00	—	—	—	—
S34778	06Cr18Ni11Nb[a]	0.08	0.75	2.00	0.045	0.030	9.00～13.00	17.00～19.00	—	—	—	Nb:10×C～1.00
S34779	07Cr18Ni11Nb[a]	0.04～0.10	0.75	2.00	0.045	0.030	9.00～13.00	17.00～19.00	—	—	—	Nb:8×C～1.00
S38240	16Cr20Ni14Si2	0.20	1.50～2.50	1.50	0.040	0.030	12.00～15.00	19.00～22.00	—	—	—	—
S38340	16Cr25Ni20Si2	0.20	1.50～2.50	1.50	0.045	0.030	18.00～21.00	24.00～27.00	—	—	—	—

注：表中所列成分除标明范围或最小值外，其余均为最大值。

[a] 为相对于 GB/T 20878 调整化学成分的牌号。

表 2　铁素体型耐热钢的化学成分

统一数字代号	牌号	化学成分(质量分数)/%								
		C	Si	Mn	P	S	Cr	Ni	N	其他
S11348	06Cr13Al	0.08	1.00	1.00	0.040	0.030	11.50～14.50	0.60	—	Al:0.10～0.30
S11163	022Cr11Ti[a]	0.030	1.00	1.00	0.040	0.020	10.50～11.70	0.60	0.030	Ti:0.15～0.50 且 Ti≥8×(C+N);Nb:0.10
S11173	022Cr11NbTi	0.030	1.00	1.00	0.040	0.020	10.50～11.70	0.60	0.030	(Ti+Nb):[0.08+8×(C+N)]～0.75,Ti≥0.05
S11710	10Cr17	0.12	1.00	1.00	0.040	0.030	16.00～18.00	0.75	—	—
S12550	16Cr25N[a]	0.20	1.00	1.50	0.040	0.030	23.00～27.00	0.75	0.25	—

注：表中所列成分除标明范围或最小值外，其余均为最大值。

[a] 为相对于 GB/T 20878 调整化学成分的牌号。

表 3　马氏体型耐热钢的化学成分

统一数字代号	牌号	化学成分(质量分数)/%									
		C	Si	Mn	P	S	Cr	Ni	Mo	N	其他
S40310	12Cr12	0.15	0.50	1.00	0.040	0.030	11.50～13.00	0.60	—	—	—
S41010	12Cr13[a]	0.15	1.00	1.00	0.040	0.030	11.50～13.50	0.75	0.50	—	—
S47220	22Cr12NiMoWV[a]	0.20～0.25	0.50	0.50～1.00	0.025	0.025	11.00～12.50	0.50～1.00	0.90～1.25	—	V:0.20～0.30，W:0.90～1.25

注：表中所列成分除标明范围或最小值外，其余均为最大值。

[a] 为相对于 GB/T 20878 调整化学成分的牌号。

表 4 沉淀硬化型耐热钢的化学成分

统一数字代号	牌号	化学成分(质量分数)/%										
		C	Si	Mn	P	S	Cr	Ni	Cu	Al	Mo	其他
S51290	022Cr12Ni9Cu2NbTi[a]	0.05	0.50	0.50	0.040	0.030	11.00～12.50	7.50～9.50	1.50～2.50	—	0.50	Ti:0.80～1.40,(Nb+Ta):0.10～0.50
S51740	05Cr17Ni4Cu4Nb	0.07	1.00	1.00	0.040	0.030	15.00～17.50	3.00～5.00	3.00～5.00	—	—	Nb:0.15～0.45
S51770	07Cr17Ni7Al	0.09	1.00	1.00	0.040	0.030	16.00～18.00	6.50～7.75	—	0.75～1.50	—	—
S51570	07Cr15Ni7Mo2Al	0.09	1.00	1.00	0.040	0.030	14.00～16.00	6.50～7.75	—	0.75～1.50	2.00～3.00	—
S51778	06Cr17Ni7AlTi	0.08	1.00	1.00	0.040	0.030	16.00～17.50	6.00～7.50	—	0.40	—	Ti:0.40～1.20
S51525	06Cr15Ni25Ti2MoAlVB	0.08	1.00	2.00	0.040	0.030	13.50～16.00	24.00～27.00	—	0.35	1.00～1.50	Ti:1.90～2.35,V:0.10～0.50,B:0.001～0.010

注：表中所列成分除标明范围或最小值外，其余均为最大值。

[a] 为相对于 GB/T 20878 调整化学成分的牌号。

5.3 交货状态

5.3.1 钢板和钢带经冷轧或热轧后，一般经热处理及酸洗或类似处理后交货。经需方同意也可省去酸洗等处理。耐热钢热处理制度参见附录 C。

5.3.2 对于沉淀硬化型钢，需方应在合同中注明钢板和钢带或试样热处理的种类。未注明时，则以固溶状态交货。

5.4 力学性能

5.4.1 经热处理的钢板和钢带的力学性能应符合 5.4.3～5.4.7 的规定。对于几种硬度的试验可根据钢板和钢带的不同尺寸和状态按其中一种进行。

5.4.2 经退火处理的铁素体型耐热钢和马氏体型耐热钢的钢板和钢带进行弯曲试验时，其外表面不允许有目视可见的裂纹产生。

5.4.3 经固溶处理的奥氏体型耐热钢板和钢带的力学性能应符合表 5 的规定。

表 5 经固溶处理的奥氏体型耐热钢板和钢带的力学性能

统一数字代号	牌号	拉伸试验			硬度试验		
		规定塑性延伸强度 $R_{p0.2}$/MPa	抗拉强度 R_m/MPa	断后伸长率[a] A/%	HBW	HRB	HV
		不小于			不大于		
S30210	12Cr18Ni9	205	515	40	201	92	210
S30240	12Cr18Ni9Si3	205	515	40	217	95	220
S30408	06Cr19Ni10	205	515	40	201	92	210
S30409	07Cr19Ni10	205	515	40	201	92	210
S30450	05Cr19Ni10Si2CeN	290	600	40	217	95	220
S30808	06Cr20Ni11	205	515	40	183	88	200
S30859	08Cr21Ni11Si2CeN	310	600	40	217	95	220
S30920	16Cr23Ni13	205	515	40	217	95	220
S30908	06Cr23Ni13	205	515	40	217	95	220
S31020	20Cr25Ni20	205	515	40	217	95	220
S31008	06Cr25Ni20	205	515	40	217	95	220
S31608	06Cr17Ni12Mo2	205	515	40	217	95	220
S31609	07Cr17Ni12Mo2	205	515	40	217	95	220
S31708	06Cr19Ni13Mo3	205	515	35	217	95	220
S32168	06Cr18Ni11Ti	205	515	40	217	95	220
S32169	07Cr19Ni11Ti	205	515	40	217	95	220
S33010	12Cr16Ni35	205	560	—	201	92	210
S34778	06Cr18Ni11Nb	205	515	40	201	92	210
S34779	07Cr18Ni11Nb	205	515	40	201	92	210
S38240	16Cr20Ni14Si2	220	540	40	217	95	220
S38340	16Cr25Ni20Si2	220	540	35	217	95	220

[a] 厚度不大于 3 mm 时使用 $A_{50\ mm}$ 试样。

5.4.4 经退火处理的铁素体型耐热钢板和钢带的力学性能应符合表6的规定。

表6 经退火处理的铁素体型耐热钢板和钢带的力学性能

统一数字代号	牌号	拉伸试验			硬度试验			弯曲试验	
		规定塑性延伸强度 $R_{p0.2}$/MPa	抗拉强度 R_m/MPa	断后伸长率[a] A/%	HBW	HRB	HV	弯曲角度	弯曲压头直径 D
		不小于			不大于				
S11348	06Cr13Al	170	415	20	179	88	200	180°	$D=2a$
S11163	022Cr11Ti	170	380	20	179	88	200	180°	$D=2a$
S11173	022Cr11NbTi	170	380	20	179	88	200	180°	$D=2a$
S11710	10Cr17	205	420	22	183	89	200	180°	$D=2a$
S12550	16Cr25N	275	510	20	201	95	210	135°	—
注：a 为钢板和钢带的厚度。									
[a] 厚度不大于3 mm时使用 $A_{50\ mm}$ 试样。									

5.4.5 经退火处理的马氏体型耐热钢板和钢带的力学性能应符合表7的规定。

表7 经退火处理的马氏体型耐热钢板和钢带的力学性能

统一数字代号	牌号	拉伸试验			硬度试验			弯曲试验	
		规定塑性延伸强度 $R_{p0.2}$/MPa	抗拉强度 R_m/MPa	断后伸长率[a] A/%	HBW	HRB	HV	弯曲角度	弯曲压头直径 D
		不小于			不大于				
S40310	12Cr12	205	485	25	217	88	210	180°	$D=2a$
S41010	12Cr13	205	450	20	217	96	210	180°	$D=2a$
S47220	22Cr12NiMoWV	275	510	20	200	95	210	—	$a\geqslant3$ mm，$D=a$
注：a 为钢板和钢带的厚度。									
[a] 厚度不大于3 mm时使用 $A_{50\ mm}$ 试样。									

5.4.6 经固溶处理的沉淀硬化型耐热钢板及钢带的力学性能应符合表8的规定。按需方指定的时效处理后的试样的力学性能应符合表9的规定。

表8 经固溶处理的沉淀硬化型耐热钢板和钢带的试样的力学性能

统一数字代号	牌号	钢材厚度/mm	规定塑性延伸强度 $R_{p0.2}$/MPa	抗拉强度 R_m/MPa	断后伸长率[a] A/%	硬度值	
						HRC	HBW
S51290	022Cr12Ni9Cu2NbTi	0.30～100	≤1 105	≤1 205	≥3	≤36	≤331
S51740	05Cr17Ni4Cu4Nb	0.4～100	≤1 105	≤1 255	≥3	≤38	≤363
S51770	07Cr17Ni7Al	0.1～<0.3	≤450	≤1 035	—	—	—
		0.3～100	≤380	≤1 035	≥20	≤92[b]	—

表 8（续）

统一数字代号	牌号	钢材厚度/mm	规定塑性延伸强度 $R_{p0.2}$/MPa	抗拉强度 R_m/MPa	断后伸长率[a] A/%	硬度值	
						HRC	HBW
S51570	07Cr15Ni7Mo2Al	0.10～100	≤450	≤1 035	≥25	≤100[b]	—
S51778	06Cr17Ni7AlTi	0.10～<0.80	≤515	≤825	≥3	≤32	—
		0.80～<1.50	≤515	≤825	≥4	≤32	—
		1.50～100	≤515	≤825	≥5	≤32	—
S51525	06Cr15Ni25Ti2MoAlVB[c]	<2	—	≥725	≥25	≤91[b]	≤192
		≥2	≥590	≥900	≥15	≤101[b]	≤248

[a] 厚度不大于 3 mm 时使用 $A_{50\ mm}$ 试样。
[b] HRB 硬度值。
[c] 时效处理后的力学性能。

表 9　经时效处理后的耐热钢板和钢带的试样的力学性能

统一数字代号	牌号	钢材厚度/mm	处理温度[a]	规定塑性延伸强度 $R_{p0.2}$/MPa	抗拉强度 R_m/MPa	断后伸长率[b,c] A/%	硬度值	
				不小于			HRC	HBW
S51290	022Cr12Ni9Cu2NbTi	0.10～<0.75	510 ℃±10 ℃ 或 480 ℃±6 ℃	1 410	1 525	—	≥44	—
		0.75～<1.50		1 410	1 525	3	≥44	—
		1.50 ～16		1 410	1 525	4	≥44	—
S51740	05Cr17Ni4Cu4Nb	0.1～<5.0	482 ℃±10 ℃	1 170	1 310	5	40～48	—
		5.0～<16		1 170	1 310	8	40～48	388～477
		16～100		1 170	1 310	10	40～48	388～477
		0.1～<5.0	496 ℃±10 ℃	1 070	1 170	5	38～46	—
		5.0～<16		1 070	1 170	8	38～47	375～477
		16～100		1 070	1 170	10	38～47	375～477
		0.1～<5.0	552 ℃±10 ℃	1 000	1 070	5	35～43	—
		5.0～<16		1 000	1 070	8	33～42	321～415
		16～100		1 000	1 070	12	33～42	321～415
		0.1～<5.0	579 ℃±10 ℃	860	1 000	5	31～40	—
		5.0～<16		860	1 000	9	29～38	293～375
		16～100		860	1 000	13	29～38	293～375
		0.1～<5.0	593 ℃±10 ℃	790	965	5	31～40	—
		5.0～<16		790	965	10	29～38	293～375
		16～100		790	965	14	29～38	293～375
		0.1～<5.0	621 ℃±10 ℃	725	930	8	28～38	—
		5.0～<16		725	930	10	26～36	269～352
		16～100		725	930	16	26～36	269～352

表 9（续）

统一数字代号	牌号	钢材厚度/mm	处理温度[a]	规定塑性延伸强度 $R_{p0.2}$/MPa	抗拉强度 R_m/MPa	断后伸长率[b,c] A/%	硬度值	
				不小于			HRC	HBW
S51740	05Cr17Ni4Cu4Nb	0.1～<5.0	760 ℃±10 ℃ 621 ℃±10 ℃	515	790	9	26～36	255～331
		5.0～<16		515	790	11	24～34	248～321
		16～100		515	790	18	24～34	248～321
S51770	07Cr17Ni7Al	0.05～<0.30	760 ℃±15 ℃ 15 ℃±3 ℃ 566 ℃±6 ℃	1 035	1 240	3	≥38	—
		0.30～<5.0		1 035	1 240	5	≥38	—
		5.0～16		965	1 170	7	≥38	≥352
		0.05～<0.30	954 ℃±8 ℃ −73 ℃±6 ℃ 510 ℃±6 ℃	1 310	1 450	1	≥44	—
		0.30～<5.0		1 310	1 450	3	≥44	—
		5.0～16		1 240	1 380	6	≥43	≥401
S51570	07Cr15Ni7Mo2Al	0.05～<0.30	760 ℃±15 ℃ 15 ℃±3 ℃ 566 ℃±10 ℃	1 170	1 310	3	≥40	—
		0.30～<5.0		1 170	1 310	5	≥40	—
		5.0～16		1 170	1 310	4	≥40	≥375
		0.05～<0.30	954 ℃±8 ℃ −73 ℃±6 ℃ 510 ℃±6 ℃	1 380	1 550	2	≥46	—
		0.30～<5.0		1 380	1 550	4	≥46	—
		5.0～16		1 380	1 550	4	≥45	≥429
S51778	06Cr17Ni7AlTi	0.10～<0.80	510 ℃±8 ℃	1 170	1 310	3	≥39	—
		0.80～<1.50		1 170	1 310	4	≥39	—
		1.50～16		1 170	1 310	5	≥39	—
		0.10～<0.75	538 ℃±8 ℃	1 105	1 240	3	≥37	—
		0.75～<1.50		1 105	1 240	4	≥37	—
		1.50～16		1 105	1 240	5	≥37	—
		0.10～<0.75	566 ℃±8 ℃	1 035	1 170	3	≥35	—
		0.75～<1.50		1 035	1 170	4	≥35	—
		1.50～16		1 035	1 170	5	≥35	—
S51525	06Cr15Ni25Ti2MoAlVB	2.0～<8.0	700 ℃～760 ℃	590	900	15	≥101	≥248

[a] 表中所列为推荐性热处理温度。供方应向需方提供推荐性热处理制度。

[b] 适用于沿宽度方向的试验。垂直于轧制方向且平行于钢板表面。

[c] 厚度不大于 3 mm 时使用 $A_{50\ mm}$ 试样。

5.4.7 经固溶处理的沉淀硬化型耐热钢板和钢带的弯曲性能应符合表 10 要求。

表 10 经固溶处理的沉淀硬化型耐热钢板和钢带的弯曲性能

统一数字代号	牌号	厚度/mm	180°弯曲试验 弯曲压头直径 D
S51290	022Cr12Ni9Cu2NbTi	2.0～5.0	$D=6a$
S51770	07Cr17Ni7Al	2.0～<5.0 5.0～7.0	$D=a$ $D=3a$
S51570	07Cr15Ni7Mo2Al	2.0～<5.0 5.0～7.0	$D=a$ $D=3a$
注：a 为钢板和钢带厚度。			

5.5 晶粒度

根据需方要求，经供需双方协商，可对07Cr19Ni10、07Cr17Ni12Mo2、07Cr19Ni11Ti、07Cr18Ni11Nb的钢板和钢带进行晶粒度试验，平均晶粒度级别应为7级或更粗。

5.6 表面加工类型

5.6.1 耐热钢冷轧钢板和钢带的表面加工类型应符合GB/T 3280的规定。

5.6.2 耐热钢热轧钢板和钢带的表面加工类型应符合GB/T 4237的规定。

5.7 表面质量

钢板和钢带不允许有分层，表面不允许存在裂纹、气泡、夹杂、结疤等对使用有害的缺陷，并应符合GB/T 3280、GB/T 4237的规定。

5.8 特殊要求

根据需方要求，可对钢的化学成分、力学性能、非金属夹杂物、高温性能作特殊要求，或补充规定无损检测等项目，具体内容由供需双方协商确定。

6 试验方法

6.1 钢的化学成分试验方法应符合GB/T 223.3、GB/T 223.4、GB/T 223.5、GB/T 223.8、GB/T 223.9、GB/T 223.11、GB/T 223.16、GB/T 223.18、GB/T 223.19、GB/T 223.23、GB/T 223.25、GB/T 223.26、GB/T 223.28、GB/T 223.33、GB/T 223.36、GB/T 223.40、GB/T 223.43、GB/T 223.53、GB/T 223.58、GB/T 223.60、GB/T 223.61、GB/T 223.68、GB/T 223.69、GB/T 11170、GB/T 20123、GB/T 20124的规定。

6.2 每批钢板或钢带的检验项目、取样数量、取样方法及部位及试验方法应符合表11规定。

表 11 钢板或钢带检验项目，取样数量、取样部位及试验方法

序号	检验项目	取样数量	取样方法及部位	试验方法
1	化学成分	1个	GB/T 20066	见6.1
2	拉伸试验	1个	GB/T 2975	GB/T 228.1
3	弯曲试验	1个	GB/T 2975	GB/T 232

表 11（续）

序号	检验项目	取样数量	取样方法及部位	试验方法
4	硬度	1个	任一张或卷	GB/T 230.1,GB/T 231.1,GB/T 4340.1
5	晶粒度	1个	宽度 1/4 处	GB/T 6394
6	尺寸、外形	逐张或逐卷	—	GB/T 3280,GB/T 4237
7	表面质量	逐张或逐卷	—	目视,GB/T 3280,GB/T 4237

7 检验规则

7.1 钢板和钢带的检验由供方质量检验部门进行。

7.2 用作冷轧原料的钢板、钢带的力学性能仅在需方要求并在合同中注明时方进行检验。

7.3 钢板或钢带应成批提交验收，每批由同一牌号、同一炉号、同一厚度和同一热处理制度的钢板或钢带组成。

7.4 其他检验项目的复验和判定应符合 GB/T 17505 的规定。

7.5 力学性能和化学成分试验结果应采用修约值比较法进行修约，修约规则按 GB/T 8170 的规定执行。

8 包装、标志及质量证明书

钢板和钢带的包装、标志及质量证明书应符合 GB/T 247 的规定。

附　录　A
（资料性附录）
各国耐热钢牌号对照表

各国耐热钢牌号对照见表 A.1。

表 A.1　各国耐热钢牌号对照表

GB/T 20878 中序号	统一数字代号	牌号	旧牌号	美国 ASTM A959	日本 JIS G4303 JIS G4311 JIS G4312 等	国际 ISO 15510 ISO 4955	欧洲 EN 10088-1 EN 10095
13	S30210	12Cr18Ni9	1Cr18Ni9	S30200,302	SUS302	X10CrNi18-8	X10CrNi18-8,1.4310
14	S30240	12Cr18Ni9Si3	1Cr18Ni9Si3	S30215,302B	SUS302B	X12CrNiSi18-9-3	—
17	S30408	06Cr19Ni10	0Cr18Ni9	S30400,304	SUS304	X5CrNi18-10	X5CrNi18-10,1.4301
19	S30409	07Cr19Ni10	—	S30409,304H	SUH304H	X7CrNi18-9	X6CrNi18-10,1.4948
20	S30450	05Cr19Ni10Si2CeN	—	S30415	—	X6CrNiSiNCe19-10	X6CrNiSiNCe19-10,1.4818
29	S30808	06Cr20Ni11	—	S30800,308	SUS308	—	—
31	S30920	16Cr23Ni13	2Cr23Ni13	S30900,309	SUH309	—	X15CrNiSi20-12,1.4828
32	S30908	06Cr23Ni13	0Cr23Ni13	S30908,309S	SUS309S	X12CrNi23-13	X12CrNi23-13,1.4833
34	S31020	20Cr25Ni20	2Cr25Ni20	S31000,310	SUH310	X15CrNi25-21	X15CrNi25-21,1.4821
35	S31008	06Cr25Ni20	0Cr25Ni20	S31008,310S	SUS310S	X8CrNi25-21	X8CrNi25-21,1.4845
38	S31608	06Cr17Ni12Mo2	0Cr17Ni12Mo2	S31600,316	SUS316	X5CrNiMo17-12-2	X5CrNiMo17-12-2,1.4401
40	S31609	07Cr17Ni12Mo2	1Cr17Ni12Mo2	S31609,316H	—	—	X6CrNiMo17-13-2，1.4918
49	S31708	06Cr19Ni13Mo3	0Cr19Ni13Mo3	S31700,317	SUS317	—	—
55	S32168	06Cr18Ni11Ti	0Cr18Ni10Ti	S32100,321	SUS321	X6CrNiTi18-10	X6CrNiTi18-10,1.4541

表 A.1（续）

GB/T 20878 中序号	统一数字代号	牌号	旧牌号	美国 ASTM A959	日本 JIS G4303 JIS G4311 JIS G4312 等	国际 ISO 15510 ISO 4955	欧洲 EN 10088-1 EN 10095
56	S32169	07Cr19Ni11Ti	1Cr18Ni11Ti	S32109,321H	SUH321H	X7CrNiTi18-10	X7CrNiTi18-10，1.4940
60	S33010	12Cr16Ni35	1Cr16Ni35	N08330,330	SUH330-	X12CrNiSi35-16	X12CrNiSi35-16,1.4864
62	S34778	06Cr18Ni11Nb	0Cr18Ni11Nb	S34700,347	SUS347	X6CrNiNb18-10	X6CrNiNb18-10,1.4550
63	S34779	07Cr18Ni11Nb	1Cr19Ni11Nb	S34709,347H	SUS347H	X7CrNiNb18-10	X7CrNiNb18-10,1.4912
65	S38240	16Cr20Ni14Si2	1Cr20Ni14Si2	—	—	X15CrNiSi20-12	X15CrNiSi20-12,1.4828
66	S38340	16Cr25 Ni20Si2	1Cr25 Ni20Si2	—	—	X15CrNiSi25-12	X15CrNiSi25-12,1.4841
—	S30859	08Cr21Ni11Si2CeN	—	S30815	—	—	—
78	S11348	06Cr13Al	0Cr13Al	S40500,405	SUS405	X6CrAl13	X6CrAl13,1.4002
80	S11163	022Cr11Ti	—	S40920	SUH409L	X2CrTi12	X2CrTi12,1.4512
81	S11173	022Cr11NbTi	—	S40930	—	—	—
85	S11710	10Cr17	1Cr17	S43000,430	SUS430	X6Cr17	X6Cr17,1.4016
93	S12550	16Cr25N	2Cr25N	S44600,446	SUH446	—	—
96	S40310	12Cr12	1Cr12	S40300,403	SUS403	—	—
98	S41010	12Cr13	1Cr13	S41000,410	SUS410	X12Cr13	X12Cr13,1.4006
124	S47220	22Cr12NiMoWV	2Cr12NiMoWV	616	SUH616	—	—
135	S51290	022Cr12Ni9Cu2NbTi	—	S45500,XM-16	—	—	—
137	S51740	05Cr17Ni4Cu4Nb	07Cr17Ni4Cu4Nb	S17400,630	SUS630	X5CrNi CuNb16-4	X5CrNi CuNb16-4,1.4542
138	S51770	07Cr17Ni7Al	0Cr17Ni7Al	S17700,631	SUS631	X7CrNiAl17-7	X7CrNiAl17-7,1.4568
139	S51570	07Cr15Ni7Mo2Al	0Cr15Ni7Mo2Al	S15700,632	—	X8CrNiMoAl15-7-2	X8CrNiMoAl15-7-2,1.4532
142	S51778	06Cr17Ni7AlTi	—	S17600,635	—	—	—
143	S51525	06Cr15Ni25Ti2MoAlVB	0Cr15Ni25Ti2MoAlVB	S66286,660	SUH660	X6CrNiTiMoVB25-15-2	—

附 录 B
（资料性附录）
耐热钢的特性和用途

耐热钢的特性和用途见表B.1。

表B.1 耐热钢的特性和用途

类型	统一数字代号	牌号	特性和用途
奥氏体型	S30210	12Cr18Ni9	有良好的耐热性及抗腐蚀性。用于焊芯、抗磁仪表、医疗器械、耐酸容器及设备衬里输送管道等设备和零件
	S30240	12Cr18Ni9Si3	耐氧化性优于12Cr18Ni9，在900 ℃以下具有较好的抗氧化性及强度。用于汽车排气净化装置，工业炉等高温装置部件
	S30408	06Cr19Ni10	作为不锈钢、耐热钢被广泛使用于一般化工设备及原子能工业设备
	S30409	07Cr19Ni10	与06Cr19Ni10相比，增加碳含量，适当控制奥氏体晶粒（一般为7级或更粗），有助于改善抗高温蠕变、高温持久性能
	S30450	05Cr19Ni10Si2CeN	在600 ℃～950 ℃具有较好的高温使用性能，抗氧化温度可达1 050 ℃
	S30808	06Cr20Ni11	常用于制造锅炉、汽轮机、动力机械、工业炉和航空、石油化工等在高温下服役的零部件
	S30920	16Cr23Ni13	用于制作炉内支架、传送带、退火炉罩、电站锅炉防磨瓦等
	S30908	06Cr23Ni13	碳含量比16Cr23Ni13低，焊接性能较好，用途基本相同
	S31020	20Cr25Ni20	承受1 035 ℃以下反复加热的抗氧化钢。用于电热管，坩埚，炉用部件、喷嘴、燃烧室
	S31008	06Cr25Ni20	碳含量比20Cr25Ni20低，焊接性能较好。用途基本相同
	S31608	06Cr17Ni12Mo2	高温具有优良的蠕变强度。作热交换用部件，高温耐蚀螺栓
	S31609	07Cr17Ni12Mo2	与06Cr17Ni12Mo2相比，增加碳含量，适当控制奥氏体晶粒（一般为7级或更粗），有助于改善抗高温蠕变、高温持久性能
	S31708	06Cr19Ni13Mo3	高温具有良好的蠕变强度。作热交换用部件
	S32168	06Cr18Ni11Ti	用于制作在400 ℃～900 ℃腐蚀条件下使用的部件，高温用焊接结构部件
	S32169	07Cr18Ni11Ti	与06Cr18Ni11Ti相比，增加碳含量，适当控制奥氏体晶粒（一般为7级或更粗），有助于改善抗高温蠕变、高温持久性能
	S33010	12Cr16Ni35	抗渗碳，氮化性大的钢种，1 035 ℃以下反复加热。炉用钢料、石油裂解装置
	S34778	06Cr18Ni11Nb	用于制作在400 ℃～900 ℃腐蚀条件下使用的部件、高温用焊接结构部件
	S34779	07Cr18Ni11Nb	与06Cr18Ni11Nb相比，增加碳含量，适当控制奥氏体晶粒（一般为7级或更粗），有助于改善抗高温蠕变、高温持久性能

表 B.1（续）

类型	统一数字代号	牌号	特性和用途
奥氏体型	S38240	16Cr20Ni14Si2	具有高的抗氧化性。用于高温(1 050 ℃)下的冶金电炉部件、锅炉挂件和加热炉构件的制作
	S38340	16Cr25Ni20Si2	在 600 ℃～800 ℃有析出相的脆化倾向。适于承受应力的各种炉用构件
	S30859	08Cr21Ni11Si2CeN	在 850 ℃～1 100 ℃具有较好的高温使用性能，抗氧化温度可达 1 150 ℃
铁素体型	S11348	06Cr13Al	用于燃气透平压缩机叶片、退火箱、淬火台架
	S11163	022Cr11Ti	添加了钛，焊接性及加工性优异。适用于汽车排气管、集装箱、热交换器等焊接后不需要热处理的情况
	S11173	022Cr11NbTi	比 022Cr11Ti 具有更好的焊接性能。汽车排气阀净化装置用材料
	S11710	10Cr17	适用于 900 ℃以下耐氧化部件、散热器、炉用部件、喷油嘴
	S12550	16Cr25N	耐高温腐蚀性强，1 082 ℃以下不产生易剥落的氧化皮，用于燃烧室
马氏体型	S40310	12Cr12	作为汽轮机叶片以及高应力部件
	S41010	12Cr13	适用于 800 ℃以下耐氧化用部件
	S47220	22Cr12NiMoWV	通常用来制作汽轮机叶片、轴、紧固件等
沉淀硬化型	S51290	022Cr12Ni9Cu2NbTi	适用于生产棒、丝、板、带和铸件，主要应用于要求耐蚀不锈的承力部件
	S51740	05Cr17Ni14Cu4Nb	添加铜的沉淀硬化性的钢种，适合轴类、汽轮机部件、胶合压板、钢带输送机用
	S51770	07Cr17Ni7Al	添加铝的沉淀硬化型钢种。适用于高温弹簧、膜片、固定器、波纹管
	S51570	07Cr15Ni7Mo2Al	适用于有一定耐蚀要求的高强度容器、零件及结构件
	S51778	06Cr17Ni7AlTi	具有良好的冶金和制造加工工艺性能。可用于 350 ℃以下长期服役的不锈钢结构件、容器、弹簧、膜片等
	S51525	06Cr15Ni25Ti2MoAlVB	适用于耐 700 ℃高温的汽轮机转子、螺栓、叶片、轴

附　录　C
（资料性附录）
耐热钢的热处理制度

耐热钢的热处理制度见表C.1～表C.4。

表C.1　奥氏体型耐热钢的热处理制度

统一数字代号	牌号	固溶处理
S30210	12Cr18Ni9	≥1 040 ℃水冷或其他方式快冷
S30240	12Cr18Ni9Si3	≥1 040 ℃水冷或其他方式快冷
S30408	06Cr19Ni10	≥1 040 ℃水冷或其他方式快冷
S30409	07Cr19Ni10	≥1 040 ℃水冷或其他方式快冷
S30450	05Cr19Ni10Si2CeN	1 050 ℃～1 100 ℃水冷或其他方式快冷
S30808	06Cr20Ni11	≥1 040 ℃水冷或其他方式快冷
S30920	16Cr23Ni13	≥1 040 ℃水冷或其他方式快冷
S30908	06Cr23Ni13	≥1 040 ℃水冷或其他方式快冷
S31020	20Cr25Ni20	≥1 040 ℃水冷或其他方式快冷
S31008	06Cr25Ni20	≥1 040 ℃水冷或其他方式快冷
S31608	06Cr17Ni12Mo2	≥1 040 ℃水冷或其他方式快冷
S31609	07Cr17Ni12Mo2	≥1 040 ℃水冷或其他方式快冷
S31708	06Cr19Ni13Mo3	≥1 040 ℃水冷或其他方式快冷
S32168	06Cr18Ni11Ti	≥1 095 ℃水冷或其他方式快冷
S32169	07Cr19Ni11Ti	≥1 040 ℃水冷或其他方式快冷
S33010	12Cr16Ni35	1 030 ℃～1 180 ℃快冷
S34778	06Cr18Ni11Nb	≥1 040 ℃水冷或其他方式快冷
S34779	07Cr18Ni11Nb	≥1 040 ℃水冷或其他方式快冷
S38240	16Cr20Ni14Si2	1 060 ℃～1 130 ℃水冷或其他方式快冷
S38340	16Cr25Ni20Si2	1 060 ℃～1 130 ℃水冷或其他方式快冷
S30859	08Cr21Ni11Si2CeN	1 050 ℃～1 100 ℃水冷或其他方式快冷

表C.2　铁素体型耐热钢的热处理制度

统一数字代号	牌号	退火处理
S11348	06Cr13Al	780 ℃～830 ℃快冷或缓冷
S11163	022Cr11Ti	800 ℃～900 ℃快冷或缓冷
S11173	022Cr11NbTi	800 ℃～900 ℃快冷或缓冷
S11710	10Cr17	780 ℃～850 ℃快冷或缓冷
S12550	16Cr25N	780 ℃～880 ℃快冷

表 C.3 马氏体型耐热钢的热处理制度

统一数字代号	牌号	退火处理
S40310	12Cr12	约 750 ℃快冷或 800 ℃～900 ℃缓冷
S41010	12Cr13	约 750 ℃快冷或 800 ℃～900 ℃缓冷
S47220	22Cr12NiMoWV	—

表 C.4 沉淀硬化型钢的热处理制度

统一数字代号	牌号	固溶处理	沉淀硬化处理
S51290	022Cr12Ni9Cu2NbTi	829 ℃±15 ℃，水冷	480 ℃±6 ℃，保温 4h，空冷，或 510 ℃±6 ℃，保温 4 h，空冷
S51740	05Cr17Ni4Cu4Nb	1 050 ℃±25 ℃，水冷	482 ℃±10 ℃，保温 1 h，空冷； 496 ℃±10 ℃，保温 4 h，空冷； 552 ℃±10 ℃，保温 4 h，空冷； 579 ℃±10 ℃，保温 4 h，空冷； 593 ℃±10 ℃，保温 4 h，空冷； 621 ℃±10 ℃，保温 4 h，空冷； 760 ℃±10 ℃，保温 2 h，空冷 621 ℃±10 ℃，保温 4 h 空冷
S51770	07Cr17Ni7Al	1 065 ℃±15 ℃，水冷	954 ℃±8 ℃保温 10 min，快冷至室温，24 h 内冷至－73 ℃±6 ℃，保温不小于 8 h。在空气中加热至室温。加热到 510 ℃±6 ℃，保温 1 h，空冷
			760 ℃±15 ℃保温 90 min，1 h 内冷却至 15 ℃±3 ℃。保温≥30 min，加热至 566 ℃±6 ℃，保温 90 min 空冷
S51570	07Cr15Ni7Mo2Al	1 040 ℃±15 ℃，水冷	954 ℃±8 ℃保温 10 min，快冷至室温，24 h 内冷至－73 ℃±6 ℃，保温不小于 8 h。在空气中加热至室温。加热到 510 ℃±6 ℃，保温 1 h，空冷
			760 ℃±15 ℃保温 90 min，1 h 内冷却至 15 ℃±3 ℃。保温≥30 min，加热至 566 ℃±6 ℃，保温 90 min 空冷
S51778	06Cr17Ni7AlTi	1 038 ℃±15 ℃，空冷	510 ℃±8 ℃，保温 30 min，空冷； 538 ℃±8 ℃，保温 30 min，空冷； 566 ℃±8 ℃，保温 30 min，空冷
S51525	06Cr15Ni25Ti2MoAlVB	885 ℃～915 ℃，快冷或 965 ℃～995 ℃，快冷	700 ℃～760 ℃保温 16 h，空冷或缓冷

ICS 77.140.50
H 46

中华人民共和国国家标准

GB/T 5313—2010
代替 GB/T 5313—1985

厚度方向性能钢板

Steel plates with through-thickness characteristics

2010-12-23 发布　　　　2011-09-01 实施

中华人民共和国国家质量监督检验检疫总局
中国国家标准化管理委员会　发布

前　言

本标准按照 GB/T 1.1—2009 给出的规则起草。

本标准参照 EN 10164:2004《改进垂直于产品表面变形性能的钢产品》,结合我国厚度方向性能钢板的生产和应用情况,对 GB/T 5313—1985《厚度方向性能钢板》进行修订。

本标准代替 GB/T 5313—1985《厚度方向性能钢板》,本标准与 GB/T 5313—1985 相比主要有以下变化:

——取消了适用钢板的屈服强度级别;

——钢板的最大厚度由 150 mm 提高到 400 mm;

——修改了试样的制备和检验规定。

本标准的附录 A 和附录 B 为规范性附录。

本标准由中国钢铁工业协会提出。

本标准由全国钢标准化技术委员会(SAC/TC 183)归口。

本标准起草单位:河北钢铁集团舞阳钢铁有限责任公司、江苏沙钢集团有限公司、湖南华菱湘潭钢铁有限公司、天津钢铁集团有限公司、新余钢铁集团有限公司、冶金工业信息标准研究院、安阳钢铁股份有限公司、首钢总公司。

本标准主要起草人:赵文忠、张华红、谢良法、常跃峰、李晓波、李小莉、曾小平、张均生、王晓虎、李子林、师莉、王永然、吕瑞国。

本标准所代替标准的历次版本发布情况为:

——GB/T 5313—1985。

厚度方向性能钢板

1 范围

本标准规定了钢板的厚度方向性能级别、试验方法及检验规则。厚度方向性能级别是对钢板的抗层状撕裂的能力提供的一种量度，厚度方向性能采用厚度方向拉伸试验的断面收缩率来评定。

本标准适用于厚度为 15 mm～400 mm 的镇静钢钢板。

2 规范性引用文件

下列文件对于本文件的应用是必不可少的。凡是注日期的引用文件，仅注日期的版本适用于本文件。凡是不注日期的引用文件，其最新版本(包括所有的修改单)适用于本文件。

GB/T 228.1 金属材料 拉伸试验 第1部分：室温试验方法(GB/T 228.1—2010，ISO 6892-1：2009，MOD)

GB/T 17505 钢及钢产品交货一般技术要求

3 牌号表示方法

按本标准订货的厚度方向性能钢板的牌号，由产品原牌号和要求的厚度方向性能级别组成。

例如：Q345GJDZ25

Q345GJD——为 GB/T 19879 中的原牌号；

Z25——为根据本标准所要求的厚度方向性能级别。

4 技术要求

4.1 不同厚度方向性能级别所对应的钢的硫含量(熔炼分析)应符合表1的规定。

4.2 钢板厚度方向性能级别及所对应的断面收缩率的平均值和单个试样最小值应符合表2的规定。

4.3 按本标准订货的钢板，应进行超声波探伤检验，探伤方法和合格级别经供需双方协商在合同中注明。

4.4 按本标准订货的钢板，经供需双方协商可采用补充要求，具体内容见附录A。

表1 硫含量(熔炼分析)

厚度方向性能级别	硫含量(质量分数)/%
Z15	≤0.010
Z25	≤0.007
Z35	≤0.005

表 2 厚度方向性能级别及断面收缩率值

厚度方向性能级别	断面收缩率 Z/%	
	三个试样的最小平均值	单个试样最小值
Z15	15	10
Z25	25	15
Z35	35	25

5 样坯和试样制备

5.1 取样

样坯应在沿钢板主轧制方向(纵向)的一端的中部切取(宽度 1/2 处),对于钢锭成材的钢板,应确保取在对应钢锭头部端。该样坯足以制备 6 个试样,其中 3 个为备用。应确保在最终试样的加工过程中伴随的热影响或加工硬化区被去除。

5.2 试样制备

应从按 5.1 的要求切取的样坯上,按照下列步骤制备带延伸部分或不带延伸部分的试样,试样的轴线应垂直于钢板表面。带延伸部分的试样规定如下:

1) 对于 15 mm$\leqslant t \leqslant$20 mm,应有延伸部分,t 为产品厚度;
2) 对于 $t>$20 mm,可选择延伸部分,t 为产品厚度。

5.3 带延伸部分的试样(见图 B.1)

焊接前,应先清除试样表面的所有铁锈、氧化铁皮、油脂等杂物。

1) 采用摩擦焊或其他合适方法以保证热影响区最小的方式,将延伸部分焊接到试样的两个表面上。
2) 试样直径 d_0 如下:
   对于 15 mm$\leqslant t \leqslant$25 mm,t 为产品厚度,d_0=6 mm 或 10 mm;
   对于 $t>$25 mm,t 为产品厚度,d_0=10 mm。
3) 试样的平行长度 L_C 应至少为 1.5 d_0 且不超过 80 mm,热影响区应在 L_C 之外。

5.4 不带延伸部分的试样(见图 B.2、图 B.3)

1) 试样直径 d_0 如下:
   对于 20 mm$\leqslant t \leqslant$40 mm,t 为产品厚度,d_0=6 mm 或 10 mm;
   对于 40 mm$< t \leqslant$400 mm,t 为产品厚度,d_0=10 mm;
2) 试样的平行长度 L_C 应至少为 1.5 d_0 且不超过 80 mm;
3) 对于 $t \leqslant$80 mm 的产品,试样总长度 L_t 应等于产品全厚度 t。

5.5 对于 80 mm$< t \leqslant$400 mm 的产品,试样总长度 L_t 应使 L_C 包括产品厚度 1/4 位置。

6 试验方法

厚度方向拉伸试验应按照 GB/T 228.1 进行,断面收缩率应按照 GB/T 228.1 测定。断面收缩率(%)按式(1)计算:

$$Z=\left(\frac{S_o-S_u}{S_o}\right)\times 100 \qquad \cdots\cdots(1)$$

$$S_o = \frac{\pi}{4} d_0^2 \quad \cdots\cdots(2)$$

$$S_u = \frac{\pi}{4}\left(\frac{d_1 + d_2}{2}\right)^2 \quad \cdots\cdots(3)$$

式中：

S_o——试样原始横截面积，单位为平方毫米(mm^2)；

S_u——试样断裂后的最小横截面积，单位为平方毫米(mm^2)。

d_1 和 d_2 为两个互相垂直的直径的测量值。如果断面呈椭圆形，则 d_1 和 d_2 表示椭圆的两根轴。

7 检验规则

7.1 组批规则

Z25、Z35 级钢板应逐轧制张进行钢板厚度方向性能检验。

Z15 级钢板按批进行钢板厚度方向性能检验，每批钢板由同一牌号、同一炉号、同一厚度、同一交货状态的钢板组成，每批重量不大于 50 t。需方有要求时，也可逐轧制张检验。

7.2 检验

一组三个试样断面收缩率的平均值应符合规定的平均值，允许其中一个试样的断面收缩率值低于规定最小平均值，但不得低于规定的单个试样最小值。

当不能满足上述要求时，则用备用的 3 个试样进行附加试验，前后两组 6 个试样的断面收缩率应同时满足下列条件，才能确认试验单元符合要求。

1) 6 个试样的平均值应大于或等于规定的最小平均值；

2) 6 个试样的单值中最多允许有两个小于规定的最小平均值；

3) 6 个试样的单值中最多允许有 1 个小于规定的单个试样最小值。

若不能满足上述条件，样坯所代表的产品将被拒收。

7.3 复验

7.3.1 Z15 级钢板按批检验时，复验应符合 GB/T 17505 中对序贯试验的规定。

7.3.2 供方对复验不合格的钢板，可以进行热处理或重新热处理后，再进行试验，以判定合格与否。

7.4 重验

如果试样加工不当或焊接不良，则试样应作废。若试样断裂在焊缝处、热影响区或延伸部分，则试样应无效。此时可在同一样坯上补取试样重做试验。

附 录 A
（规范性附录）
补充要求

下列补充要求只有在经供需双方协商一致，并在合同中注明后才使用。

A.1 厚度方向试验时的抗拉强度值要求。

A.2 其他取样部位的要求。

附 录 B
（规范性附录）
试样的制备和类型

单位为毫米

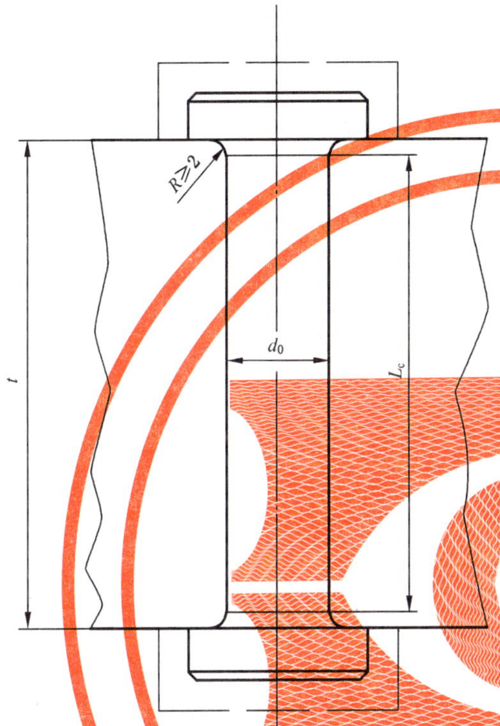

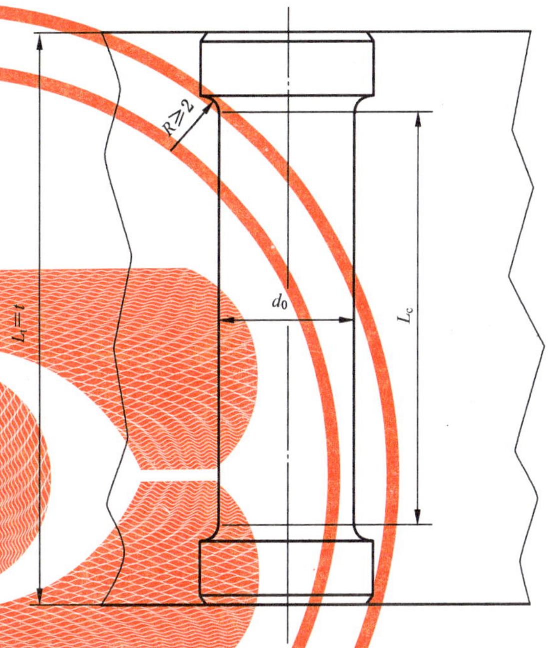

单位为毫米

图 B.1 带两个延伸部分的试样的制备和类型

图 B.2 不带延伸部分的试样的制备和类型

单位为毫米

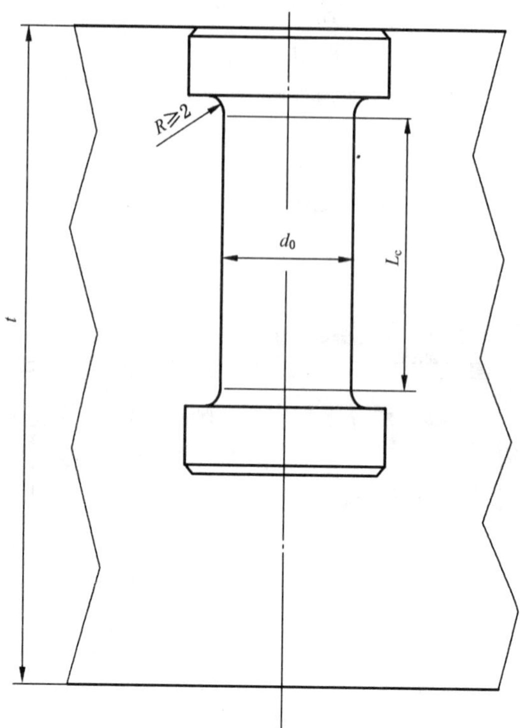

图 B.3 当产品厚度(t)80 mm<t≤400 mm 时不带延伸部分的试样的制备和类型

参考文献

[1] GB/T 19879 建筑结构用钢板

ICS 77.140.50
H 46

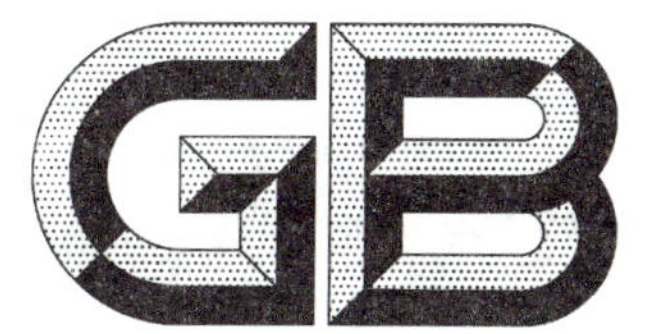

中华人民共和国国家标准

GB/T 8165—2008
代替 GB/T 8165—1997、GB/T 17102—1997

不锈钢复合钢板和钢带

Stainless steel clad plates, sheets and strips

2008-09-11 发布　　2009-05-01 实施

中华人民共和国国家质量监督检验检疫总局
中国国家标准化管理委员会　发布

前　言

本标准对 GB/T 8165—1997《不锈钢复合钢板和钢带》和 GB/T 17102—1997《不锈复合钢冷轧薄钢板和钢带》进行合并修订。

本标准代替 GB/T 8165—1997、GB/T 17102—1997 标准。与 GB/T 8165—1997、GB/T 17102—1997 相比，主要变化如下：

——调整了复合板(带)的材质、类型；

——修改了结合率的判定方法；

——修改了性能检测方法。

本标准的附录 A 为规范性附录。

本标准由中国钢铁工业协会提出。

本标准由全国钢标准化技术委员会归口。

本标准主要起草单位：山西太钢不锈钢股份有限公司、冶金工业信息标准研究院。

本标准主要起草人：李国平、弓建忠、王晓虎、常太根、范述宁、董莉。

本标准所代替标准的历次版本发布情况为：

——GB/T 8165—1987、GB/T 8165—1997；

——GB/T 17102—1997。

不锈钢复合钢板和钢带

1 范围

本标准规定了采用爆炸法、爆炸轧制法和轧制法生产的不锈钢复合钢板和钢带(以下简称“复合板(带)”)的术语和定义、分类和代号、尺寸、外形、重量、技术要求、试验方法、检验规则、包装、标志及质量证明书等。

本标准适用于以不锈钢做复层、碳素钢和低合金钢做基层的复合钢板(带)。包括用于制造石油、化工、轻工、海水淡化、核工业的各类压力容器、贮罐等结构件的不锈钢复层厚度≥1 mm 的复合中厚板,以及用于轻工机械、食品、炊具、建筑、装饰、焊管、铁路客车、医药卫生、环境保护等行业的设备或用具制造需要的复层厚度≤0.8 mm 的单面、双面对称和非对称复合钢带及其剪切钢板。

2 规范性引用文件

下列文件中的条款通过本标准的引用而成为本标准的条款。凡是注日期的引用文件,其随后所有的修改单(不包括勘误的内容)或修订版均不适用于本标准,然而,鼓励根据本标准达成协议的各方研究是否可使用这些文件的最新版本。凡是不注日期的引用文件,其最新版本适用于本标准。

GB/T 247 钢板和钢带验收、包装、标识及质量证明书的一般规定

GB/T 708 冷轧钢板和钢带的尺寸、外形、重量及允许偏差

GB/T 709 热轧钢板和钢带的尺寸、外形、重量及允许偏差

GB/T 710 优质碳素结构钢热轧薄钢板和钢带

GB/T 711 优质碳素结构钢热轧厚钢板和钢带

GB 713 锅炉和压力容器用钢板

GB/T 2975 钢及钢产品 力学性能试验取样位置及试样制备(GB/T 2975—1998,eqv ISO 377:1997)

GB/T 3274 碳素结构钢和低合金结构钢热轧厚钢板和钢带

GB/T 3280 不锈钢冷轧钢板和钢带

GB 3531 低温压力容器用低合金钢钢板

GB/T 4156 金属杯突试验方法

GB/T 4237 不锈钢热轧钢板和钢带

GB/T 4334 金属和合金的腐蚀 不锈钢晶间腐蚀试验方法

GB/T 6396 复合钢板力学及工艺性能试验方法

JB/T 10061 A 型脉冲反射式超声探伤仪通用技术条件

3 术语和定义

本标准采用下列术语和定义:

3.1

不锈钢复合钢板和钢带 stainless steel clad plates,sheets and strips

以碳素钢或低合金钢为基层,采用爆炸法或其他方法,在其一面或两面整体连续地包覆一定厚度不锈钢的复合材料。

3.2

复层 cladding metal

复合钢板中接触工作介质和大气的不锈钢。

3.3

基层 base metal

复合钢板中主要承受结构强度的碳素钢或低合金钢。

3.4

爆炸法 explosion method

以爆炸方法实现复、基层间冶金焊合的复合方法。

3.5

爆炸轧制法 exploded rolling method

以爆炸方法进行复、基层坯料的初始焊合，再进行轧制焊合的复合方法。

3.6

轧制复合法 rolled compounding method

不进行爆炸，只在轧制过程中实现复合的复合方法。

3.7

复合界面 compound contact interface

复合钢板复层和基层之间的分界面。

3.8

结合率 union rate

复合钢板复、基层间呈冶金焊合状态的面积占总界面面积的百分率。

3.9

修补焊接 patched welding

按一定要求除去未结合部分的复层，在基层上堆焊不锈钢，然后进行各种处理，使复合钢板复层保持原有性能的作业。

4 分类和代号

4.1 制造方法

4.1.1 复合钢板(带)的不锈钢复层可以在碳素钢、低合金钢基层的一面或双面进行复合。

4.1.2 复合钢板(带)可以采用爆炸法(代号 B)、轧制法(代号 R)或爆炸轧制法(代号 BR)制造。

4.2 分类级别

按制造方法和用途，复合钢板(带)的分类级别及代号见表 1。

表 1

级别	代号			用途
	爆炸法	轧制法	爆炸轧制法	
Ⅰ级	BⅠ	RⅠ	BRⅠ	适用于不允许有未结合区存在的、加工时要求严格的结构件上
Ⅱ级	BⅡ	RⅡ	BRⅡ	适用于可允许有少量未结合区存在的结构件上
Ⅲ级	BⅢ	RⅢ	BRⅢ	适用于复层材料只作为抗腐蚀层来使用的一般结构件上

5 订货内容

按本标准订货的合同或订单应包括下列内容：

a) 标准编号;

b) 产品名称;

c) 牌号:复层牌号+基层牌号;

d) 产品级别和代号;

e) 尺寸及偏差;

f) 重量;

g) 交货状态;

h) 用途;

i) 特殊要求。

6 尺寸、外形、重量及允许偏差

6.1 尺寸

6.1.1 复合中厚板总公称厚度不小于 6.0 mm。轧制复合带及其剪切钢板总公称厚度为 0.8 mm~6.0 mm,见表 2。供需双方协商也可供 0.8 mm~6.0 mm 的其他公称厚度规格或其他复层厚度规格。

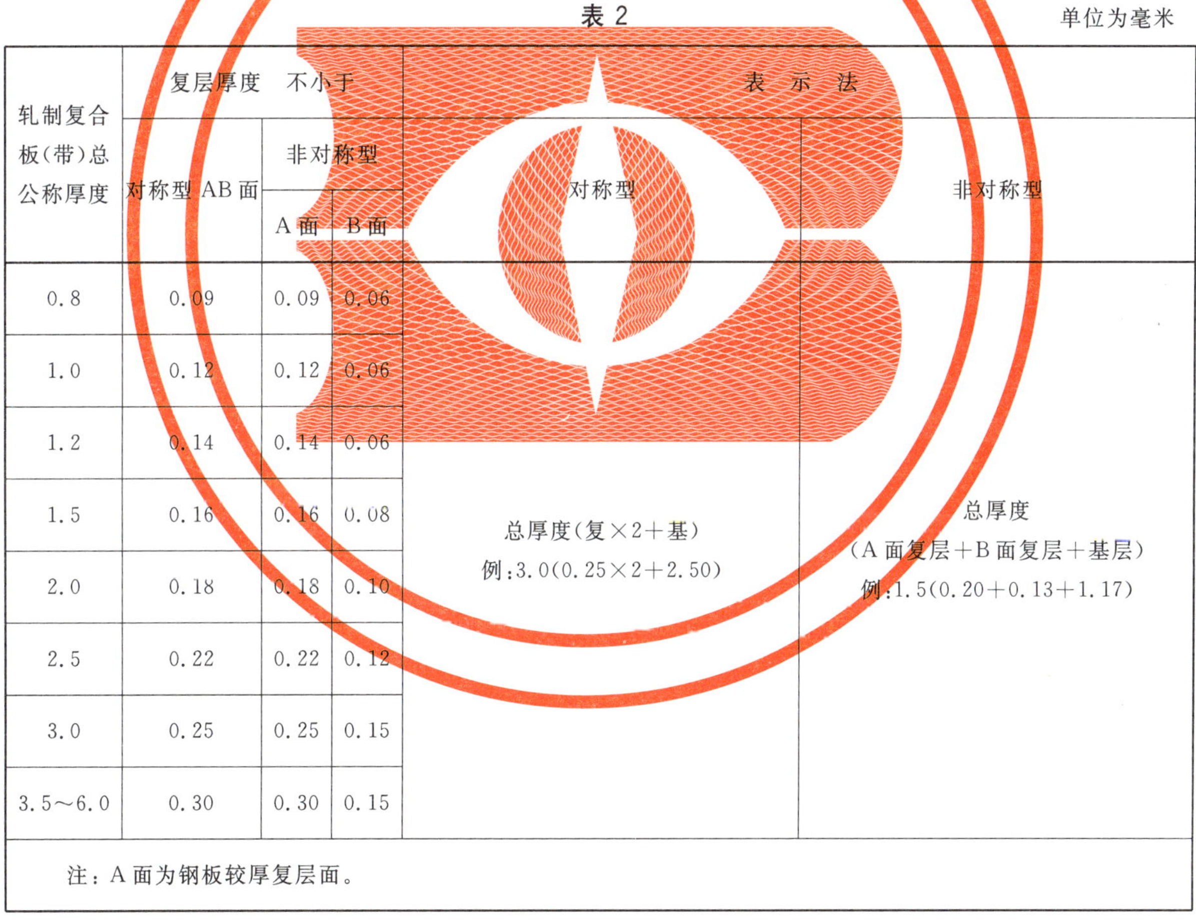

表 2

单位为毫米

<table>
<tr><th rowspan="3">轧制复合板(带)总公称厚度</th><th colspan="3">复层厚度 不小于</th><th colspan="2">表示法</th></tr>
<tr><th rowspan="2">对称型 AB 面</th><th colspan="2">非对称型</th><th rowspan="2">对称型</th><th rowspan="2">非对称型</th></tr>
<tr><th>A 面</th><th>B 面</th></tr>
<tr><td>0.8</td><td>0.09</td><td>0.09</td><td>0.06</td><td rowspan="8">总厚度(复×2+基)
例:3.0(0.25×2+2.50)</td><td rowspan="8">总厚度
(A 面复层+B 面复层+基层)
例:1.5(0.20+0.13+1.17)</td></tr>
<tr><td>1.0</td><td>0.12</td><td>0.12</td><td>0.06</td></tr>
<tr><td>1.2</td><td>0.14</td><td>0.14</td><td>0.06</td></tr>
<tr><td>1.5</td><td>0.16</td><td>0.16</td><td>0.08</td></tr>
<tr><td>2.0</td><td>0.18</td><td>0.18</td><td>0.10</td></tr>
<tr><td>2.5</td><td>0.22</td><td>0.22</td><td>0.12</td></tr>
<tr><td>3.0</td><td>0.25</td><td>0.25</td><td>0.15</td></tr>
<tr><td>3.5~6.0</td><td>0.30</td><td>0.30</td><td>0.15</td></tr>
<tr><td colspan="6">注:A 面为钢板较厚复层面。</td></tr>
</table>

6.1.2 复合中厚板公称宽度 1 450 mm~4 000 mm,轧制复合带及其剪切钢板公称宽度为 900 mm~1 200 mm。也可根据需方需要,由供需双方协商确定。

6.1.3 复合中厚板公称长度为 4 000 mm~10 000 mm。也可根据需方需要,由供需双方协商确定。轧制复合带可成卷交货,其剪切钢板公称长度为 2 000 mm,或其他定尺。成卷交货的钢带内径应在合同中注明。

6.1.4 单面复合中厚板的复层公称厚度 1.0 mm~18 mm,通常为 2 mm~4 mm。也可根据需方需要,由供需双方协商确定。

6.1.5 单面复合中厚板的基层最小厚度为 5 mm,也可根据需方需要,由供需双方协商确定。

6.1.6 单面或双面复合板(带)用于焊接时复层最小厚度为 0.3 mm,用于非焊接时复层最小厚度为0.06 mm。

6.2 尺寸允许偏差

6.2.1 复合中厚板

6.2.1.1 厚度允许偏差应符合表 3 的规定。

表 3

复层厚度允许偏差		复合中厚板总厚度允许偏差		
Ⅰ级、Ⅱ级	Ⅲ级	复合中厚板总公称厚度/mm	允许偏差/%	
			Ⅰ级、Ⅱ级	Ⅲ级
不大于复层公称尺寸的±9%,且不大于 1 mm	不大于复层公称尺寸的±10%,且不大于 1 mm	6~7	$^{+10}_{-8}$	±9
		>7~15	$^{+9}_{-7}$	±8
		>15~25	$^{+8}_{-6}$	±7
		>25~30	$^{+7}_{-5}$	±6
		>30~60	$^{+6}_{-4}$	±5
		>60	协商	协商

6.2.1.2 宽度允许偏差,应符合表 4 要求。

表 4

单位为毫米

公称厚度	下列宽度的宽度允许偏差			
	<1 450	≥1 450		
		Ⅰ级	Ⅱ级	Ⅲ级
6~7	按 GB/T 709	$^{+6}_{0}$	$^{+10}_{0}$	$^{+15}_{0}$
>7~25		$^{+20}_{0}$	$^{+25}_{0}$	$^{+30}_{0}$
>25		$^{+25}_{0}$	$^{+30}_{0}$	$^{+35}_{0}$

6.2.1.3 长度允许偏差,按基层钢板标准相应的规定。特殊要求由供需双方协商。

6.2.1.4 不平度,每米不平度应符合表 5 要求。不允许有明显凹凸不平。

表 5

单位为毫米

复合钢板总公称厚度	下列宽度的允许不平度	
	1 000～1 450	>1 450
6～8	9	10
>8～15	8	9
>15～25	8	9
>25	7	8

6.2.2 轧制复合带及其剪切的钢板

6.2.2.1 厚度允许偏差应符合表 6 的规定。

表 6

单位为毫米

公称厚度	复层厚度允许偏差	厚度允许偏差	
		A 级精度	B 级精度
0.8～1.0	不大于复层公称尺寸的±10%	±0.07	±0.08
>1.0～1.2		±0.08	±0.10
>1.2～1.5		±0.10	±0.12
>1.5～2.0		±0.12	±0.14
>2.0～2.5		±0.13	±0.16
>2.5～3.0		±0.15	±0.17
>3.0～3.5		±0.17	±0.19
>3.5～4.0		±0.18	±0.20
>4.0～5.0		±0.20	±0.22
>5.0～6.0		±0.22	±0.25

6.2.2.2 宽度和长度的允许偏差应符合 GB/T 708 的规定。

成卷交货时钢卷头、尾厚度不正常的长度各不超过 6 000 mm。

6.2.2.3 不平度

不平度应不大于 10 mm/m。

6.3 重量

复合板按理论重量交货或实际重量交货。按理论计重时，复合板重量为基层及复层各自相关标准中规定的理论重量之和。钢带按实际重量交货。

7 技术要求

7.1 复合板(带)复层和基层材料应符合表 7 的规定。根据需方要求也可选用表 7 以外的牌号。材料的组合由需方决定。复层和基层钢板均应是符合各自相应标准的合格钢板，应有质量证明书或其复印件。

表 7

复层材料		基层材料	
标准号	GB/T 3280、GB/T 4237	标准号	GB/T 3274、GB 713、GB 3531、GB/T 710
典型钢号	06Cr13 06Cr13Al 022Cr17Ti 06Cr19Ni10 06Cr18Ni11Ti 06Cr17Ni12Mo2 022Cr17Ni12Mo2 022Cr25Ni7Mo4N 022Cr22Ni5Mo3N 022Cr19Ni5Mo3Si2N 06Cr25Ni20 06Cr23Ni13	典型钢号	Q235-A、B、C Q345-A、B、C Q245R、Q345R、15CrMoR 09MnNiDR 08Al
注：根据需方要求也可选用表 7 以外的牌号，其质量应符合相应标准并有质量证明书。			

7.2 界面结合率

7.2.1 复合中厚板

7.2.1.1 复层与基层间面积结合率应符合表 8 的规定。

7.2.1.2 复合钢板的结合率达不到表 8 规定时，允许对复合缺陷的复层进行熔焊修补，这种修补应满足以下要求。

7.2.1.2.1 去掉缺陷部分的复层后，基层下挖 0.2 mm～0.5 mm。

7.2.1.2.2 应由相应资质的焊工按经评定合格的焊接工艺进行补焊，并做出补焊记录，补焊记录应提交需方。

7.2.1.2.3 补焊必须经超声波探伤检查合格后再进行着色检查，补焊表面不应有裂纹、气孔。在合同中注明压力容器用的复合钢板，缺陷部位最多允许修补 2 次。表面必须打磨光洁，并保证钢板最小厚度。

7.2.2 轧制复合带及其剪切钢板

7.2.2.1 轧制复合带及其剪切钢板每面的复基层间的面积结合率各不小于 99%（检测方法见附录 A）。

7.2.2.2 轧制复合带及其剪切钢板不允许进行熔焊修补。

表 8

界面结合级别	类　别	结合率/%	未结合状态	检测细则
Ⅰ级	BⅠ BRⅠ RⅠ	100	单个未结合区长度不大于 50 mm，面积不大于 900 mm^2 以下的未结合区不计	见附录 A
Ⅱ级	BⅡ BRⅡ RⅡ	≥99	单个未结合区长度不大于 50 mm，面积不大于 2 000 mm^2	
Ⅲ级	BⅢ BRⅢ RⅢ	≥95	单个未结合区长度不大于 75 mm，面积不大于 4 500 mm^2	

7.3 力学性能

7.3.1 复合中厚板

常规力学性能应符合表 9 的要求。

表 9

<table>
<tr><th>级　别</th><th>界面抗剪强度
τ/MPa</th><th>上屈服强度[a]
R_{eH}/MPa</th><th>抗拉强度
R_m/MPa</th><th>断后伸长率
A/%</th><th>冲击吸收能量
KV_2/J</th></tr>
<tr><td>Ⅰ级
Ⅱ级</td><td>≥210</td><td rowspan="2">不小于基层对应厚度钢板标准值[b]</td><td rowspan="2">不小于基层对应厚度钢板标准下限值，且不大于上限值 35 MPa[c]</td><td rowspan="2">不小于基层对应厚度钢板标准值[d]</td><td rowspan="2">应符合基层对应厚度钢板的规定[e]</td></tr>
<tr><td>Ⅲ级</td><td>≥200</td></tr>
</table>

[a] 屈服现象不明显时，按 $R_{p0.2}$。

[b] 复合钢板和钢带的屈服下限值亦可按式(1)计算：

$$R_p = \frac{t_1 R_{p1} + t_2 R_{p2}}{t_1 + t_2} \qquad \cdots\cdots\cdots\cdots(1)$$

式中：R_{p1}——复层钢板的屈服点下限值，单位为兆帕(MPa)；

R_{p2}——基层钢板的屈服点下限值，单位为兆帕(MPa)；

t_1——复层钢板的厚度，单位为毫米(mm)；

t_2——基层钢板的厚度，单位为毫米(mm)。

[c] 复合钢板和钢带的抗拉强度下限值亦可按式(2)计算：

$$R_m = \frac{t_1 R_{m1} + t_2 R_{m2}}{t_1 + t_2} \qquad \cdots\cdots\cdots\cdots(2)$$

式中：R_{m1}——复层钢板的抗拉强度下限值，单位为兆帕(MPa)；

R_{m2}——基层钢板的抗拉强度下限值，单位为兆帕(MPa)；

t_1——复层钢板的厚度，单位为毫米(mm)；

t_2——基层钢板的厚度，单位为毫米(mm)。

[d] 当复层伸长率标准值小于基层标准值、复合钢板伸长率小于基层、但又不小于复层标准值时，允许剖去复层仅对基层进行拉伸试验，其伸长率应不小于基层标准值。

[e] 复合钢板复层不做冲击试验。

7.3.2 轧制复合带及其剪切钢板

应符合基层材料相应标准的规定。当基层选用深冲钢时，其力学性能应符合表 10 的规定。复层为 06Cr13 钢时，其力学性能按复层为铁素体不锈钢的规定。

表 10

<table>
<tr><th rowspan="2">基　层　钢　号</th><th rowspan="2">上屈服强度[a]
R_{eH}/MPa</th><th rowspan="2">抗拉强度
R_m/MPa</th><th colspan="2">断后伸长率 A/%</th></tr>
<tr><th>复层为奥氏体不锈钢</th><th>复层为铁素体不锈钢</th></tr>
<tr><td>08Al</td><td>≤350</td><td>345～490</td><td>≥28</td><td>≥18</td></tr>
</table>

[a] 屈服现象不明显时，按 $R_{p0.2}$。

7.4 工艺性能

7.4.1 冷弯性能

7.4.1.1 复合中厚板弯曲试验条件及结果应符合表 11 的规定。

表 11

<table>
<tr><th rowspan="2">总公称厚度/mm</th><th rowspan="2">试样宽度/mm</th><th rowspan="2">弯曲角度</th><th colspan="2">弯芯直径 d</th><th colspan="2">试验结果</th></tr>
<tr><th>内 弯</th><th>外 弯</th><th>内 弯</th><th>外 弯</th></tr>
<tr><td>≤25</td><td>$b=2a$</td><td>180°</td><td>$a<20$ mm,$d=2a$
$a\geq 20$ mm,$d=3a$</td><td>$a<20$ mm,$d=2a$
$a\geq 20$ mm,$d=3a$</td><td colspan="2" rowspan="2">在弯曲部分的外侧不得产生肉眼可见的裂纹</td></tr>
<tr><td>>25</td><td>$b=2a$</td><td>180°</td><td>加工复层厚度至 25 mm,弯芯直径按基层钢板标准</td><td>加工基层厚度至 25 mm,弯芯直径按基层钢板标准</td></tr>
<tr><td colspan="7">注:a 为复合钢板总公称厚度。</td></tr>
</table>

7.4.1.2 轧制复合带及其剪切钢板弯曲试验条件及结果应符合表 12 的规定。复材不锈钢板标准中没有弯曲试验规定时,可不作外弯试验,如需方要求,则弯芯直径 $d=4a$。双面对称型复合钢板任做一个弯曲试验、非对称复合钢板进行外弯试验时复层厚度大的 A 面在外侧。

表 12

总公称厚度/mm	试样宽度 b/mm	弯曲角度	弯芯直径 d	内弯、外弯试验结果
0.8~6.0	$b=10$	180°	$d=2a$	在弯曲部分的外侧不得产生裂纹
注:a 为复合钢板总厚度。				

7.4.2 轧制复合带及其剪切钢板的杯突试验

当基层为 08Al 钢时的双面对称轧制复合带及其剪切钢板,经供需双方协商并在合同中注明交货状态的可进行杯突试验,其每个测量点的杯突值应符合表 13 的规定。基层为其他牌号时,不进行杯突试验。

表 13

单位为毫米

公称厚度	拉 延 级 别
	冲压深度 不小于
0.8	9.3
1.0	9.6
1.2	10.0
1.5	10.3
2.0	11.0
注:中间厚度的轧制复合板(带),其杯突试验值按内插法计算。	

7.5 表面质量

7.5.1 复合中厚板复层表面不应有气泡、结疤、裂纹、夹杂、折叠等缺陷。允许研磨清除上述缺陷,但清除后,应保证复层最小厚度,否则应进行补焊。基层表面质量应符合相应标准的规定。

7.5.2 轧制复合卷板表面不应有气泡、裂纹、结疤、拉裂和夹杂。不允许有分层。成卷交货时,钢带表面质量的不正常部位应不超过钢带总长度的 10%。

7.5.3 轧制复合板(带)表面加工等级应符合表 14 的规定,表面质量等级应符合表 15 规定,表面质量分组应符合 GB/T 4237、GB/T 3280 的有关规定。

表 14

表面加工等级	表面加工要求
No.1	热轧后进行热处理、酸洗或类似的处理
No.2B	冷轧后进行热处理、酸洗或类似的处理,最后经冷轧获得适当的粗糙度

表 15

等 级	表面质量特征
Ⅰ级表面	钢板表面允许有深度不大于钢板厚度公差之半，且不使钢板小于允许最小厚度的轻微麻点、轻微划伤、凹坑和辊印。 钢板反面超出上述范围的缺陷允许用砂轮清除，清除深度不得大于钢板厚度公差
Ⅱ级表面	钢板表面允许有深度不大于钢板厚度公差之半，且不使钢板小于允许最小厚度的下列缺陷。正面：一般的轻微麻点、轻微划伤、凹坑和辊印。反面：一般的轻微麻点、局部的深麻点、轻微划伤、凹坑和辊印。 钢板两面超出上述范围的缺陷允许用砂轮清除，清除深度正面不得大于钢板复层厚度之半，反面不得大于钢板厚度公差

7.6　复层晶间腐蚀试验

复合钢板(带)用不锈钢复层应按 GB/T 3280、GB/T 4237 标准规定，经晶间腐蚀检验合格后进行复合。复合钢板成品可根据需方要求，按 GB/T 4334 的规定进行晶间腐蚀检验。

7.7　交货状态

复合钢板(带)应经热处理，复层表面应经酸洗钝化或抛光处理交货。根据供需双方协议也可以热轧状态交货。

8　试验方法

8.1　复合中厚板的检验项目按表 16 规定。

表 16

检验项目	Ⅰ 级	Ⅱ 级	Ⅲ 级
	BⅠ BRⅠ RⅠ	BⅡ BRⅡ RⅡ	BⅢ BRⅢ RⅢ
拉伸试验	○	○	○
外弯试验 内弯试验	△ ○	△ ○	△ △
剪切试验	○	○	○
冲击试验	○	○	△
超声波检验	○	○	○
晶间腐蚀	△	△	△
外形尺寸	○	○	○
表面质量	○	○	○
复层厚度	○	○	○
注：○—表示必须进行的检验项目； △—表示按需方要求的检验项目。			

8.2　每批复合中厚板的检验项目、取样数量、取样方法及试验方法应符合表 17 的规定。

表 17

序　号	检验项目	取样数量	取样方法	试验方法
1	拉伸	1	GB/T 6396	GB/T 6396
2	外弯	1	GB/T 6396	GB/T 6396
3	内弯	1	GB/T 6396	GB/T 6396
4	抗剪强度	2	GB/T 6396	GB/T 6396
5	冲击	3	GB/T 6396	GB/T 6396
6	超声波探伤	逐张	每批纵向	附录 A
7	晶间腐蚀	2	—	GB/T 4334
8	外形尺寸	逐张	—	精度合适的量具
9	表面质量	逐张	—	目视
10	复层厚度	2	—	GB/T 6396

8.3　每批轧制复合带及其剪切钢板的检验项目、取样数量、取样方法及试验方法应符合表 18 的规定。

表 18

序　号	检验项目	取样数量	取样方法	试验方法
2	拉伸	2	GB/T 6396	GB/T 6396
3	冷弯	2	GB/T 6396	GB/T 6396
4	杯突	1	GB 4156	GB 4156
5	外形尺寸	逐张	—	—
6	复层厚度	2	—	GB/T 6396

9　检验规则

9.1　不锈钢复合板(带)的检查和验收由供方质量监督部门进行。

9.2　不锈钢复合板(带)应按批检验交货。每批由同一牌号的基层和复层、同一规格、同一生产工艺、同一热处理制度的钢板组成。

9.3　不锈钢复合板(带)如有不合格项目时,应从该批中另取双倍数量的试样进行不合格项目的复验(冲击试样按有关标准规定执行),复验不合格时不允许出厂。对于复合中厚板,此时可逐张取样,检验合格后按张交货。

10　包装、标志及质量证明书

10.1　不锈钢复合板(带)的包装、标志及质量证明书应执行 GB/T 247 标准的规定。

10.2　不锈钢复合板(带)的包装、标志及质量证明书还应符合以下具体规定。

10.2.1　不锈钢复合板(带)的包装应采取适当方式,以避免复板的擦伤、划伤。

10.2.2　不锈钢复合中厚板应在每张钢板复层的同一部位做产品标志,轧制复合卷板应按箱或卷贴产品标识,产品标志须注明:

a)　批号;
b)　牌号:复层牌号+基层牌号;
c)　尺寸:(复层厚度+基层厚度)×宽度×长度;
d)　复合中厚板需注明制造方法类别和界面焊合状态等级,轧制复合板(带)需注明表面组别;
e)　标准编号;
f)　商标、厂名;
g)　出厂日期。

附 录 A
（规范性附录）
不锈钢复合板(带)超声波检验方法

A.1 范围

本检测方法适用于不锈钢复合板的超声波检验，用以确定复合板的结合状态。

A.2 一般要求

A.2.1 检测人员

进行复合板超声波检测的人员应经过技术培训，并取得相应的无损检测人员资格等级证书，其中检测报告签发人员应具备Ⅱ级或Ⅲ级资格。

A.2.2 检测仪器

采用A型脉冲反射式超声波探伤仪，探伤仪指标应符合JB/T 10061的规定。

A.2.3 探头晶片面积一般不应大于500 mm^2。且任一边长原则上不大于25 mm。频率为2.5 MHz～5 MHz。

A.2.4 检测面

一般从复层表面进行检测，当需要时可从基层表面进行检测。检测表面不得有影响检测的氧化皮。油污及锈蚀等其他污物。

A.2.5 耦合方式

直接接触法或水浸法。

A.2.6 耦合剂

应选用机油、甘油、水等透声性好，且不损伤检测表面的耦合剂。

A.2.7 探头的移动速度

探头的移动速度应不大于150 mm/s。当采用自动报警装置扫查时，不受此限。

A.2.8 扫查方式

沿钢板宽度方向，间隔50 mm的平行扫查，也可采用100%扫查。

在坡口预定线两侧各50 mm内应作100%扫查。

根据合同、技术协议书或图样的要求，可采用其他扫查形式。

A.3 灵敏度的确定

A.3.1 基准灵敏度

探头置于复合钢板完全结合部位，调节第一次底波高度为荧光屏满刻度的80%。以此作为基准灵敏度。

A.3.2 扫查灵敏度

扫查灵敏度通常不低于基准灵敏度。

A.4 检测时间

应在复合钢板复合、热处理、校平剪切或切割后进行超声波检测。

A.5 未结合区的确定

在基准灵敏度的情况下，第一次底波高度低于荧光屏满刻度的5%，且明显有未结合缺陷反射波存在时(≥5%),该部位称为未结合区。移动探头,使第一次底波升高到40%,此时探头中心作为未结合区边界点。

A.6 未结合区的评定

A.6.1 未结合区指示长度的评定

一个未结合区按其指示的最大长度作为该未结合区的指示长度。若单个未结合区的指示长度小于30 mm时可不作记录。

A.6.2 未结合区面积的评定

多个相邻的未结合区,当其最小间距小于或等于20 mm时,应作为单个未结合区处理,其面积为各个未结合区面积之和。未结合区面积小于900 mm^2时可不作记录。

A.6.3 未结合率的评定

未结合区总面积占复合板总面积的百分比。

A.7 质量分级

A.7.1 复合板质量分级按表8的规定。

A.7.2 在坡口的预定线两侧各50 mm(板厚大于100 mm时以板厚的一半为准)的范围内,未结合的指示长度大于或等于30 mm时判为不合格,可以按照7.2.1.2的规定进行修复。

A.7.3 在任一平方米内不作记录的未结合区应不超过两处。

A.8 结合率

结合率计算公式如下:

$$J = (S - S_1)/S \times 100\%$$

式中:

J——结合率,%;

S——复合钢板的面积,单位为平方厘米(cm^2);

S_1——未结合区的总面积,单位为平方厘米(cm^2)。

A.9 检验报告

复合钢板超声波检验报告应包括下列内容:

a) 委托单位、检验报告编号;
b) 复材与基材的钢号及厚度;
c) 复合钢板的级别代号、批号、钢板编号及尺寸;
d) 探伤仪型号、探头直径及频率,耦合剂;
e) 检验标准;
f) 检验结果:以示意图表示未结合区位置、形状及尺寸(长度及面积),结合率数值,并按相应标准对每张钢板做出合格与否的结论;
g) 检验日期;
h) 检验人员及审核人员签字。

ICS 77.140.50
H 46

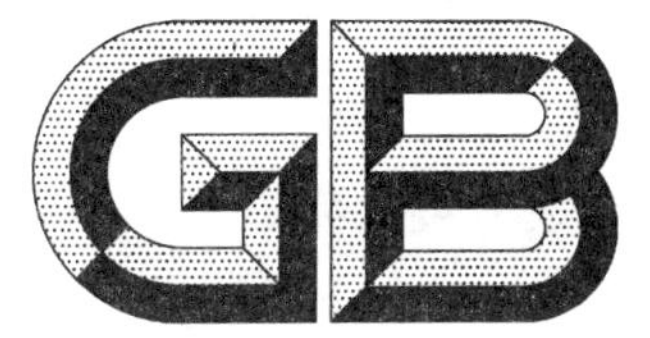

中华人民共和国国家标准

GB/T 11251—2009
代替 GB/T 11251—1989

合金结构钢热轧厚钢板

Hot-rolled alloy structural steel plates

2009-10-30 发布 2010-05-01 实施

中华人民共和国国家质量监督检验检疫总局
中国国家标准化管理委员会 发布

前　言

本标准代替 GB/T 11251—1989《合金结构钢热轧厚钢板》。

本标准与原标准相比，主要变化如下：

——增加了“订货内容”；

——钢板尺寸外形及允许偏差按 GB/T 709—2006 规定；

——调整了 25CrMnSiA 和 30CrMnSiA 的布氏硬度值；

——修改了弯曲试验取样数量；

——增加了弯曲试验后“试样弯曲处的外表面不应有裂纹或分层”的规定。

本标准由中国钢铁工业协会提出。

本标准由全国钢标准化技术委员会归口。

本标准主要起草单位：重庆东华特殊钢有限责任公司、冶金工业信息标准研究院。

本标准主要起草人：谢静红、李庆艳、刘宝石、戴强、栾燕。

本标准所代替标准的历次版本发布情况为：

——GB/T 11251—1989。

合金结构钢热轧厚钢板

1 范围

本标准规定了合金结构钢热轧厚钢板的订货内容、尺寸、外形及允许偏差、技术要求、试验方法、检验规则、包装、标志及质量证明书。

本标准适用于厚度大于 4 mm～30 mm 的合金结构钢热轧厚钢板。

2 规范性引用文件

下列文件中的条款通过本标准的引用而成为本标准的条款。凡是注日期的引用文件，其随后所有的修改单(不包括勘误的内容)或修订版均不适用于本标准，然而，鼓励根据本标准达成协议的各方研究是否可使用这些文件的最新版本。凡是不注日期的引用文件，其最新版本适用于本标准。

GB/T 222 钢的成品化学成分允许偏差

GB/T 223.3 钢铁及合金化学分析方法 二安替比林甲烷磷钼酸重量法测定磷量

GB/T 223.4 钢铁及合金 锰含量的测定 电位滴定或可视滴定法

GB/T 223.5 钢铁 酸溶硅和全硅含量的测定 还原型硅钼酸盐分光光度法

GB/T 223.8 钢铁及合金化学分析方法 氟化钠分离-EDTA 滴定法测定铝量

GB/T 223.9 钢铁及合金 铝含量的测定 铬天青 S 分光光度法

GB/T 223.11 钢铁及合金 铬含量的测定 可视滴定或电位滴定法

GB/T 223.12 钢铁及合金化学分析方法 碳酸钠分离-二苯碳酰二肼光度法测定铬量

GB/T 223.13 钢铁及合金化学分析方法 硫酸亚铁铵滴定法测定钒含量

GB/T 223.14 钢铁及合金化学分析方法 钽试剂萃取光度法测定钒含量

GB/T 223.16 钢铁及合金化学分析方法 变色酸光度法测定钛量

GB/T 223.17 钢铁及合金化学分析方法 二安替比林甲烷光度法测定钛量

GB/T 223.18 钢铁及合金化学分析方法 硫代硫酸钠分离-碘量法测定铜量

GB/T 223.19 钢铁及合金化学分析方法 新亚铜灵-三氯甲烷萃取光度法测定铜量

GB/T 223.23 钢铁及合金 镍含量的测定 丁二酮肟分光光度法

GB/T 223.25 钢铁及合金化学分析方法 丁二酮肟重量法测定镍量

GB/T 223.26 钢铁及合金 钼含量的测定 硫氰酸盐分光光度法

GB/T 223.43 钢铁及合金 钨含量的测定 重量法和分光光度法

GB/T 223.49 钢铁及合金化学分析方法 萃取分离-偶氮氯膦 mA 分光光度法测定稀土总量

GB/T 223.54 钢铁及合金化学分析方法 火焰原子吸收分光光度法测定镍量

GB/T 223.58 钢铁及合金化学分析方法 亚砷酸钠-亚硝酸钠滴定法测定锰量

GB/T 223.59 钢铁及合金 磷含量的测定 铋磷钼蓝分光光度法和锑磷钼蓝分光光度法

GB/T 223.60 钢铁及合金化学分析方法 高氯酸脱水重量法测定硅含量

GB/T 223.61 钢铁及合金化学分析方法 磷钼酸铵容量法测定磷量

GB/T 223.62 钢铁及合金化学分析方法 乙酸丁酯萃取光度法测定磷量

GB/T 223.63 钢铁及合金化学分析方法 高碘酸钠(钾)光度法测定锰量

GB/T 223.64 钢铁及合金 锰含量的测定 火焰原子吸收光谱法

GB/T 223.66 钢铁及合金化学分析方法 硫氰酸盐-盐酸氯丙嗪-三氯甲烷萃取光度法测定钨量
GB/T 223.67 钢铁及合金 硫含量的测定 次甲基蓝分光光度法
GB/T 223.68 钢铁及合金化学分析方法 管式炉内燃烧后碘酸钾滴定法测定硫含量
GB/T 223.69 钢铁及合金 碳含量的测定 管式炉内燃烧后气体容量法
GB/T 223.71 钢铁及合金化学分析方法 管式炉内燃烧后重量法测定碳含量
GB/T 223.72 钢铁及合金 硫含量的测定 重量法
GB/T 223.75 钢铁及合金 硼含量的测定 甲醇蒸馏-姜黄素光度法
GB/T 223.76 钢铁及合金化学分析方法 火焰原子吸收光谱法测定钒量
GB/T 224 钢的脱碳层深度测定法
GB/T 226 钢的低倍组织及缺陷酸蚀检验法(GB/T 226—1991,neq ISO 4969:1980)
GB/T 228 金属材料 室温拉伸试验方法(GB/T 228—2002,eqv ISO 6892:1998)
GB/T 229 金属材料 夏比摆锤冲击试验方法(GB/T 229—2007, ISO 148-1:2006,MOD)
GB/T 231.1 金属布氏硬度试验 第1部分:试验方法(GB/T 231.1—2002,eqv ISO 6506-1:1999)
GB/T 232 金属材料 弯曲试验方法(GB/T 232—1999,eqv ISO 7438:1985)
GB/T 247 钢板和钢带检验、包装、标志及质量证明书的一般规定
GB/T 709—2006 热轧钢板和钢带的尺寸、外形、重量及允许偏差
GB/T 2975 钢及钢产品 力学性能试验取样位置及试样制备(GB/T 2975—1998,eqv ISO 377:1997)
GB/T 3077 合金结构钢
GB/T 13298 金属显微组织检验方法
GB/T 13299 钢的显微组织评定方法
GB/T 17505 钢及钢产品交货一般技术条件(GB/T 17505—1998,eqv ISO 404:1992)
GB/T 20066 钢和铁 化学成分测定用试样的取样和制样方法(GB/T 20066—2006,ISO 14284:1996,IDT)

3 订货内容

按本标准订货的合同或订单应包括以下内容:

a) 产品名称;
b) 牌号;
c) 标准号;
d) 规格;
e) 重量(或数量);
f) 加工用途;
g) 交货状态;
h) 其他。

4 尺寸、外形及允许偏差

钢板的尺寸、外形及允许偏差应符合 GB/T 709—2006 的规定,单轧钢板的厚度允许偏差未注明时按A类偏差。

5 技术要求

5.1 牌号和化学成分

5.1.1 钢的常用牌号和化学成分应符合 GB/T 3077 的规定。

5.1.2 成品钢材化学成分允许偏差应符合 GB/T 222 的规定。

5.2 交货状态

5.2.1 钢板应以热处理(退火、正火、正火后回火)状态交货。除非合同中注明,否则热处理方法由供方确定。

5.2.2 若能保证达到本标准规定的力学性能,也可采用控制轧制和轧制后控制温度的方法代替正火。

5.2.3 根据需方要求,钢板可酸洗交货。

5.2.4 钢板应切边交货。按其他边缘状态交货时应在合同中注明。成卷交货的钢板可不切纵边。

5.3 力学性能

5.3.1 以退火状态交货的钢板,力学性能应符合表 1 的规定。25CrMnSiA、30CrMnSiA 的布氏硬度值仅当需方要求时才测定。

5.3.2 正火状态交货的钢板,在伸长率符合表 1 规定的情况下,抗拉强度上限允许较表 1 提高 50 MPa。

5.3.3 厚度大于 20 mm 的钢板,厚度每增加 1 mm,伸长率允许较表 1 规定降低 0.25%(绝对值),但不应超过 2%(绝对值)。

5.3.4 表 1 中未列牌号的力学性能由供需双方协议规定。

表 1

序号	牌　号	力学性能		
		抗拉强度 R_m/(N/mm²)	断后伸长率 A/% 不小于	布氏硬度 HBW 不大于
1	45Mn2	600～850	13	—
2	27SiMn	550～800	18	—
3	40B	500～700	20	—
4	45B	550～750	18	—
5	50B	550～750	16	—
6	15Cr	400～600	21	—
7	20Cr	400～650	20	—
8	30Cr	500～700	19	—
9	35Cr	550～750	18	—
10	40Cr	550～800	16	—
11	20CrMnSiA	450～700	21	—
12	25CrMnSiA	500～700	20	229
13	30CrMnSiA	550～750	19	229
14	35CrMnSiA	600～800	16	—

5.3.5 经供需双方协商,25CrMnSiA 和 30CrMnSiA 钢板可测定试样淬火、回火状态的力学性能。试样热处理制度和试验结果应符合表 2 的规定。厚度不大于 12 mm 的钢板可在板坯上取样检验。

表 2

牌号	试样热处理制度				力学性能		
	淬火		回火		抗拉强度 $R_m/(N/mm^2)$	断后伸长率 $A/\%$	冲击吸收能量 KU_2/J
	温度/℃	冷却剂	温度/℃	冷却剂	不小于		
25CrMnSiA	850～890	油	450～550	水、油	980	10	39
30CrMnSiA	860～900	油	470～570	油	1 080	10	39

5.4 供冲压用(合同中注明)厚度不大于 10 mm 的钢板,应在冷状态下进行弯曲试验,试样弯至 180°,弯心直径 $d=2a$(a 为试样厚度),试样弯曲处的外表面不应有裂纹或分层。

5.5 低倍

钢板或钢坯的酸浸低倍组织不应有目视可见的缩孔、裂纹和夹杂。

5.6 脱碳

5.6.1 根据需方要求,可检验钢板的脱碳层深度。厚度不大于 20 mm 钢板,全脱碳层(铁素体)深度每面不应超过钢板公称厚度的 2.5%,两面之和不超过 4.0%;厚度大于 20 mm 钢板,每面不应超过钢板公称厚度的 2.0%。

5.6.2 经供需双方协商,并在合同中注明,可供应每面总脱碳层(铁素体+过渡层)深度不超过公称厚度 5.0%的钢板。

5.7 显微组织

根据需方要求,25CrMnSiA 和 30CrMnSiA 钢板可检查带状组织,结果不应大于 3 级。经供需双方协商,并在合同中注明,可供应带状组织不大于 2 级的钢板。

5.8 表面质量

5.8.1 钢板不应有分层,表面不应有裂纹、气泡、结疤和夹杂。上述缺陷允许用修磨的方法清除,清除深度不应使钢板小于允许最小厚度。

5.8.2 钢板表面允许存在的缺陷和深度应符合表 3 的规定。要求 1 组表面时,应在合同中注明。

表 3

组 别	允许缺陷	允许缺陷深度
1	麻点、划伤、压痕、凹坑和薄层氧化铁皮。 经酸洗交货的钢板允许有不显著的粗糙面和由酸洗造成的浅黄色薄膜	不大于钢板厚度公差之半,且应保证钢板的最小厚度
2		不大于钢板公差之半

6 试验方法

每批钢板的检验项目、取样数量、取样部位及试验方法应符合表 4 的规定。

表 4

序号	检验项目	取样数量/个	取样部位	试验方法
1	化学成分	1/炉	GB/T 20066	GB/T 223
2	硬度	2	7.3.2、7.3.3	GB/T 231.1
3	拉伸	2	GB/T 2975 7.3.2、7.3.3	GB/T 228,P9 或 P11 比例试样,尺寸大于 25 mm 可采用 R4 比例试样

表 4（续）

序号	检验项目	取样数量/个	取样部位	试验方法
4	冲击	2	GB/T 2975 7.3.2、7.3.3	GB/T 229
5	弯曲	1	任一张钢板或卷	GB/T 232
6	低倍组织	2	不同张钢板或 7.3.2、7.3.3 或靠近钢锭帽口端的钢坯上	GB/T 226
7	脱碳	2	7.3.2、7.3.3	GB/T 224
8	显微组织	2	7.3.2、7.3.3	GB/T 13298 GB/T 13299
9	尺寸	逐张	整张钢板	千分尺、样板
10	表面	逐张	整张钢板	目视

7 检验规则

7.1 检查和验收

7.1.1 钢板出厂的检查和验收由供方质量技术监督部门进行。

7.1.2 供方必须保证交货的钢板符合本标准或合同的规定，必要时，需方有权对本标准或合同所规定的任一检验项目进行检查和验收。

7.2 组批规则

钢板应按批检查和验收，每批应由同一炉号、同一厚度、同一组别和同一热处理炉次（连续式炉为同一热处理制度）的钢板组成。

7.3 取样数量及取样部位

7.3.1 每批钢板的取样数量及取样部位应符合表 4 的规定。

7.3.2 成垛热处理的钢板，每批在一垛的上部和下部各取一张检验用钢板；连续式炉热处理的钢板，从一批热处理的开始和末尾各取一张检验用钢板。每张检验用钢板各取 1 个试样。

批量不超过 10 张钢板时，只取一张检验用钢板，在钢板的两端各取 1 个试样。

7.3.3 成卷热处理的钢板，每批由热处理炉的上层和下层卷的外端各取 1 个试样。

7.3.4 检验用试样应距钢板边缘不小于 40 mm。

7.3.5 复验与判定规则

钢板的复验与判定规则应符合 GB/T 17505 的规定。

8 包装、标志和质量证明书

钢板的包装、标志和质量证明书应符合 GB/T 247 的规定。

ICS 77.040.50
H 46

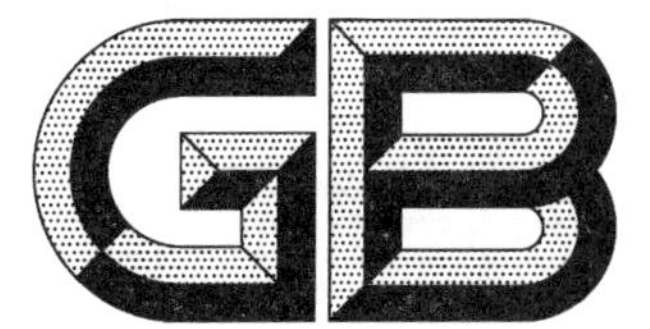

中华人民共和国国家标准

GB/T 13237—2013
代替 GB/T 13237—1991

优质碳素结构钢冷轧钢板和钢带

Cold rolled quality carbon structural steel sheets and strips

2013-12-17 发布　　2014-09-01 实施

中华人民共和国国家质量监督检验检疫总局
中国国家标准化管理委员会　发布

前　言

本标准按照GB/T 1.1—2009给出的规则起草。

本标准代替GB/T 13237—1991《优质碳素结构钢冷轧薄钢板及钢带》，对下列主要技术内容作了修改：

——更改了标准名称；

——厚度范围修改为不大于4 mm；

——增加了订货内容；

——明确规定了各牌号的化学成分；

——删除了沸腾钢牌号；

——增加了55、60、65、70等牌号；

——增加了钢板及钢带表面涂油供货状态及要求；

——拉伸试验标距修改为定标距；

——取消了拉延级别；

——取消了杯突试验要求；

——钢带的表面质量进行分级；允许不正常部分由8%减少为6%。

本标准由中国钢铁工业协会提出。

本标准由全国钢标准化技术委员会(SAC/TC 183)归口。

本标准主要起草单位：鞍钢股份公司、张家港扬子江冷轧板有限、首钢总公司、冶金工业信息标准研究院。

本标准主要起草人：管吉春、陈玥、任翠英、李冉、唐牧、董莉、陈刚、张钟铮。

本标准所代替标准历次版本发布情况为：

——GB/T 710—1988、GB/T 13237—1991。

优质碳素结构钢冷轧钢板和钢带

1 范围

本标准规定了优质碳素结构钢冷轧钢板和钢带的分类及代号、订货内容、尺寸、外形、重量及允许偏差、技术要求、试验方法、检验规则、包装、标志和质量证明书等内容。

本标准适用于厚度不大于 4 mm 宽度不小于 600 mm 的优质碳素结构钢冷轧钢板和钢带(以下简称"钢板和钢带")。

2 规范性引用文件

下列文件对于本文件的应用是必不可少的。凡是注日期的引用文件,仅注日期的版本适用于本文件。凡是不注日期的引用文件,其最新版本(包括所有的修改单)适用于本文件。

GB/T 222 钢的成品化学成分允许偏差

GB/T 223.3 钢铁及合金化学分析方法 二安替比林甲烷磷钼酸重量法测定磷量

GB/T 223.9 钢铁及合金 铝含量的测定 铬天青 S 分光光度法

GB/T 223.18 钢铁及合金化学分析方法 硫代硫酸钠分离-碘量法测定铜量

GB/T 223.19 钢铁及合金化学分析方法 新亚铜灵-三氯甲烷萃取光度法测定铜量

GB/T 223.23 钢铁及合金 镍含量的测定 丁二酮肟分光光度法

GB/T 223.58 钢铁及合金化学分析方法 亚砷酸钠-亚硝酸钠滴定法测定锰量

GB/T 223.59 钢铁及合金 磷含量的测定 铋磷钼蓝分光光度法和锑磷钼蓝分光光度法

GB/T 223.60 钢铁及合金化学分析方法 高氯酸脱水重量法测定硅含量

GB/T 223.63 钢铁及合金化学分析方法 高碘酸钠(钾)光度法测定锰量

GB/T 223.64 钢铁及合金 锰含量的测定 火焰原子吸收光谱法

GB/T 223.68 钢铁及合金化学分析方法 管式炉内燃烧后碘酸钾滴定法测定硫含量

GB/T 223.71 钢铁及合金化学分析方法 管式炉内燃烧后重量法测定碳含量

GB/T 223.72 钢铁及合金 硫含量的测定 重量法

GB/T 224 钢的脱碳层深度测定法

GB/T 228.1 金属材料 拉伸试验 第 1 部分:室温试验方法

GB/T 232 金属材料 弯曲试验方法

GB/T 247 钢板和钢带包装、标志及质量证明书的一般规定

GB/T 708 冷轧钢板和钢带的尺寸、外形、重量及允许偏差

GB/T 2975 钢及钢产品 力学性能试验取样位置及试样制备

GB/T 4336 碳素钢和中低合金钢 火花源原子发射光谱分析方法(常规法)

GB/T 6394 金属平均晶粒度测定方法

GB/T 13298 金属显微组织检验方法

GB/T 13299 钢的显微组织评定方法

GB/T 17505 钢及钢产品交货一般技术要求

GB/T 20066 钢和铁 化学成分测定用试样的取样和制样方法

GB/T 20123 钢铁 总碳硫含量的测定 高频感应炉燃烧后红外吸收法(常规方法)

GB/T 20125 低合金钢 多元素的测定 电感耦合等离子体发射光谱法

YB/T 081 冶金技术标准的数值修约与检测数值的判定原则

3 分类及代号

3.1 钢板和钢带按表面质量分为：

较高级表面 FB

高级表面 FC

超高级表面 FD

3.2 钢板和钢带按边缘状态分为：

切边 EC

不切边 EM

4 订货内容

4.1 订货时，需方应在合同或订单中提供下列信息：

a) 产品名称；

b) 本标准编号；

c) 牌号；

d) 产品规格及尺寸、外形精度；

e) 带卷尺寸(内径、外径)；

f) 表面质量级别；

g) 边缘状态；

h) 包装方式；

i) 重量；

j) 用途；

k) 其他特殊要求。

4.2 如订货合同中未注明尺寸及不平度精度、表面质量级别、边缘状态和包装方式等信息，则本标准产品按普通级尺寸及不平度精度、较高级表面质量的切边钢板或钢带供货，并按供方提供的包装方式包装。

5 尺寸、外形、重量及允许偏差

钢板和钢带的尺寸、外形、重量及允许偏差应符合 GB/T 708 的规定。

6 技术要求

6.1 牌号和化学成分

6.1.1 钢的牌号和化学成分(熔炼分析)应符合表 1 的规定。经供需双方协商，并在合同中注明，也可供应 GB/T 699 规定的其他牌号。

6.1.2 钢的成品化学成分的允许偏差应符合 GB/T 222 的规定。

表 1

<table>
<tr><td rowspan="3">牌号</td><td colspan="9">化学成分[a]（质量分数）/%</td></tr>
<tr><td rowspan="2">C</td><td rowspan="2">Si</td><td rowspan="2">Mn</td><td rowspan="2">Al_s</td><td>P</td><td>S</td><td>Ni</td><td>Cr</td><td>Cu</td></tr>
<tr><td colspan="5">≤</td></tr>
<tr><td>08Al</td><td>≤0.10</td><td>≤0.03</td><td>≤0.45</td><td>0.015～0.065</td><td>0.030</td><td>0.030</td><td>0.30</td><td>0.10</td><td>0.25</td></tr>
<tr><td>08</td><td>0.05～0.11</td><td>0.17～0.37</td><td>0.35～0.65</td><td>—</td><td>0.035</td><td>0.035</td><td>0.30</td><td>0.25</td><td>0.25</td></tr>
<tr><td>10</td><td>0.07～0.13</td><td>0.17～0.37</td><td>0.35～0.65</td><td>—</td><td>0.035</td><td>0.035</td><td>0.30</td><td>0.25</td><td>0.25</td></tr>
<tr><td>15</td><td>0.12～0.18</td><td>0.17～0.37</td><td>0.35～0.65</td><td>—</td><td>0.035</td><td>0.035</td><td>0.30</td><td>0.25</td><td>0.25</td></tr>
<tr><td>20</td><td>0.17～0.23</td><td>0.17～0.37</td><td>0.35～0.65</td><td>—</td><td>0.035</td><td>0.035</td><td>0.30</td><td>0.25</td><td>0.25</td></tr>
<tr><td>25</td><td>0.22～0.29</td><td>0.17～0.37</td><td>0.50～0.80</td><td>—</td><td>0.035</td><td>0.035</td><td>0.30</td><td>0.25</td><td>0.25</td></tr>
<tr><td>30</td><td>0.27～0.34</td><td>0.17～0.37</td><td>0.50～0.80</td><td>—</td><td>0.035</td><td>0.035</td><td>0.30</td><td>0.25</td><td>0.25</td></tr>
<tr><td>35</td><td>0.32～0.39</td><td>0.17～0.37</td><td>0.50～0.80</td><td>—</td><td>0.035</td><td>0.035</td><td>0.30</td><td>0.25</td><td>0.25</td></tr>
<tr><td>40</td><td>0.37～0.44</td><td>0.17～0.37</td><td>0.50～0.80</td><td>—</td><td>0.035</td><td>0.035</td><td>0.30</td><td>0.25</td><td>0.25</td></tr>
<tr><td>45</td><td>0.42～0.50</td><td>0.17～0.37</td><td>0.50～0.80</td><td>—</td><td>0.035</td><td>0.035</td><td>0.30</td><td>0.25</td><td>0.25</td></tr>
<tr><td>50</td><td>0.47～0.55</td><td>0.17～0.37</td><td>0.50～0.80</td><td>—</td><td>0.035</td><td>0.035</td><td>0.30</td><td>0.25</td><td>0.25</td></tr>
<tr><td>55</td><td>0.52～0.60</td><td>0.17～0.37</td><td>0.50～0.80</td><td>—</td><td>0.035</td><td>0.035</td><td>0.30</td><td>0.25</td><td>0.25</td></tr>
<tr><td>60</td><td>0.57～0.65</td><td>0.17～0.37</td><td>0.50～0.80</td><td>—</td><td>0.035</td><td>0.035</td><td>0.30</td><td>0.25</td><td>0.25</td></tr>
<tr><td>65</td><td>0.62～0.70</td><td>0.17～0.37</td><td>0.50～0.80</td><td>—</td><td>0.035</td><td>0.035</td><td>0.30</td><td>0.25</td><td>0.25</td></tr>
<tr><td>70</td><td>0.67～0.75</td><td>0.17～0.37</td><td>0.50～0.80</td><td>—</td><td>0.035</td><td>0.035</td><td>0.30</td><td>0.25</td><td>0.25</td></tr>
<tr><td colspan="10">[a] 可用 Al_t 代替 Al_s 的测定，此时 Al_t 应为 0.020%～0.070%。</td></tr>
</table>

6.2 交货状态

6.2.1 钢板和钢带以退火后平整状态交货。对于单轧钢板，可以退火状态交货。经供需双方协议，也可以其他热处理状态交货，此时力学性能由供需双方协商。

6.2.2 钢板和钢带通常涂油后供货，所涂油膜应能用碱性溶液或其他常用的除油液去除。在通常的包装、运输、装卸及贮存条件下，供方应保证自生产完成之日起 6 个月内不生锈。经供需双方协议并在合同中注明，也可不涂油供货。

注：对于需方要求的不涂油产品，供方不承担产品锈蚀的风险，订货时，供方应告知需方，在运输、装卸、储存和使用过程中，不涂油产品表面易产生轻微划伤。

6.3 力学及工艺性能

6.3.1 钢板和钢带的力学性能应符合表 2 的规定。

6.3.2 当需方要求时，可进行弯曲试验。弯曲试验应符合表 3 的规定。弯曲试验后，试样弯曲外表面不得有目视可见的裂纹、断裂或起层。

表 2

牌号	抗拉强度[a,b] R_m N/mm²	以下公称厚度(mm)的断后伸长率[c] $A_{80\ mm}$ (L_0=80 mm, b=20 mm) %					
		≤0.6	>0.6~1.0	>1.0~1.5	>1.5~2.0	>2.0~≤2.5	>2.5
08Al	275~410	≥21	≥24	≥26	≥27	≥28	≥30
08	275~410	≥21	≥24	≥26	≥27	≥28	≥30
10	295~430	≥21	≥24	≥26	≥27	≥28	≥30
15	335~470	≥19	≥21	≥23	≥24	≥25	≥26
20	355~500	≥18	≥20	≥22	≥23	≥24	≥25
25	375~490	≥18	≥20	≥21	≥22	≥23	≥24
30	390~510	≥16	≥18	≥19	≥21	≥21	≥22
35	410~530	≥15	≥16	≥18	≥19	≥19	≥20
40	430~550	≥14	≥15	≥17	≥18	≥18	≥19
45	450~570	—	≥14	≥15	≥16	≥16	≥17
50	470~590	—	—	≥13	≥14	≥14	≥15
55	490~610	—	—	≥11	≥12	≥12	≥13
60	510~630	—	—	≥10	≥10	≥10	≥11
65	530~650	—	—	≥8	≥8	≥8	≥9
70	550~670	—	—	≥6	≥6	≥6	≥7

[a] 拉伸试验取横向试样。

[b] 在需方同意的情况下,25、30、35、40、45、50、55、60、65 和 70 牌号钢板和钢带的抗拉强度上限值允许比规定值提高 50 MPa。

[c] 经供需双方协商,可采用其他标距。

表 3

牌 号	180°弯曲试验[a,b]	
	以下公称厚度(mm)的弯曲压头直径 d	
	≤2	>2
08Al 08 10 15 20 25	0	1a

[a] 试样的宽度 b≥20 mm,仲裁时 b=20 mm。

[b] 弯曲试验取横向试样,a 为试样厚度。

6.4 金相组织

6.4.1 晶粒度

08、08Al、10、15、20 牌号的厚度大于 0.5 mm 的钢板和钢带的晶粒度应为 6 级或更细。并允许以薄饼形晶粒交货。

6.4.2 游离渗碳体

08、08Al、10 牌号的钢板和钢带允许有游离渗碳体组织存在，按 B 系列评级的级别应不大于 3 级。

6.4.3 带状组织

15、20 牌号的钢板和钢带的带状组织级别应不大于 3 级。

6.4.4 脱碳层

根据需方要求，35、40、45、50、55、60、65 和 70 牌号的钢板和钢带应检查表面脱碳层，完全脱碳层深度(从实际尺寸算起)，一面不得大于钢板和钢带实际厚度的 2.5%，两面不得大于 4.0%。

6.5 表面质量

6.5.1 钢板和钢带表面不得有气泡、裂纹、结疤、折叠和夹杂等对使用有害的缺陷，钢板和钢带不应有分层。

6.5.2 钢板表面上的局部缺欠可用修磨方法清除，但应保证钢板的最小允许厚度。

6.5.3 钢板和钢带各表面质量级别的特征如表 4 的规定。

6.5.4 对于钢带，由于没有机会切除带缺陷部分，因此允许带缺陷交货，但有缺陷部分应不超过每卷总长度的 6%。

表 4

级　别	名　称	特　　征
FB	较高级表面	表面允许有少量不影响成形性的缺陷，如小气泡、小划痕、小辊印、轻微划伤及氧化色等存在
FC	高级表面	产品两面中较好的一面无目视可见的明显缺陷，另一面至少应达到 FB 表面的要求
FD	超高级表面	产品两面中较好的一面不应有影响涂漆后的外观质量或电镀后的外观质量的缺陷，另一面至少应达到 FB 的要求

7 试验方法

7.1 钢板和钢带的表面质量应目视检查。

7.2 钢板和钢带的尺寸和外形测量应按 GB/T 708 的规定进行。

7.3 钢板及钢带的检验项目、试验数量、取样方法及试验方法应符合表 5 的规定。

表 5

序号	检验项目	取样数量/个	取样方法	试验方法
1	化学成分	1/炉	GB/T 20066	GB/T 223、GB/T 4336 GB/T 20123、GB/T 20125
2	拉伸试验	1/批	GB/T 2975	GB/T 228.1
3	弯曲试验	1/批	GB/T 2975	GB/T 232
4	晶粒度	1/批	GB/T 6394	GB/T 6394
5	游离渗碳体	1/批	GB/T 13298	GB/T 13299
6	带状组织	1/批	GB/T 13298	GB/T 13299
7	脱碳层	1/批	GB/T 224	GB/T 224

8 检验规则

8.1 钢板及钢带应成批验收，每批由同一牌号、同一炉号、同一规格和同一热处理制度的钢板和钢带组成。

8.2 钢板和钢带的复验与判定应按 GB/T 17505 的规定进行。

8.3 钢板和钢带各项检查和检验结果的数值修约应符合 YB/T 081 的规定。

9 包装、标志和质量证明书

钢板和钢带的包装、标志和质量证明书应符合 GB/T 247 的规定。

ICS 77.140.50
H 46

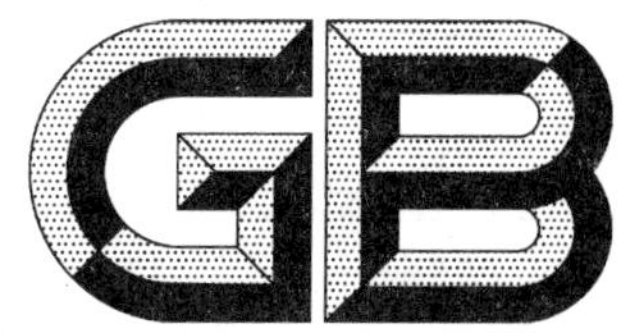

中华人民共和国国家标准

GB 19189—2011
代替 GB 19189—2003

压力容器用调质高强度钢板

Quenched and tempered high strength steel plates for pressure vessels

2011-06-16 发布　　2012-02-01 实施

中华人民共和国国家质量监督检验检疫总局
中国国家标准化管理委员会　发布

前　言

本标准中第2、3、4章，第5.2.1、6.1.3、6.4.4、6.7以及附录A为推荐性的，其余为强制性的。

本标准按照GB/T 1.1—2009给出的规则起草。

本标准自实施之日起，GB 19189—2003《压力容器用调质高强度钢板》废止。

本标准与GB 19189—2003相比，主要变化如下：

——扩大钢板的厚度范围，最小厚度由12 mm扩展到10 mm；

——改变前标准中的牌号07MnCrMoVR为07MnMoVR、07MnNiMoVDR为07MnNiVDR，新增加牌号07MnNiMoDR；

——降低各牌号的P、S含量；

——提高各牌号的冲击功(KV_2)指标，由47 J提高至80 J。

本标准所含钢种07MnMoVR、07MnNiVDR、07MnNiMoDR为低焊接裂纹敏感性钢，12MnNiVR为大热输入焊接用钢(焊接热输入不大于100 kJ/cm)。

本标准与JIS G3115—2005《压力容器用钢板》标准中相应部分的一致性程度为非等效。

本标准由中国钢铁工业协会提出。

本标准由全国钢标准化技术委员会归口。

本标准主要起草单位：武汉钢铁(集团)公司等、中国通用机械工程总公司、冶金工业信息标准研究院、新余钢铁集团有限公司、湖南华菱湘潭钢铁有限公司、合肥通用机械研究院、南京钢铁联合有限公司、鞍钢股份有限公司、济南钢铁股份有限公司、首钢总公司、中国特种设备检测研究院。

本标准主要起草人：陈晓、李书瑞、秦晓钟、王晓虎、丁庆丰、王国文、刘建兵、章小浒、孙卫华、徐海泉、刘徐源、师莉、孙浩、董汉雄、刘小林、李小莉、霍松波、夏佃秀。

本标准2003年6月首次发布。

压力容器用调质高强度钢板

1 范围

本标准规定了压力容器用调质高强度钢板的尺寸、外形、技术要求、试验方法、检验规则、包装、标志和质量证明书等。

本标准适用于厚度为 10 mm～60 mm 的压力容器用调质高强度钢板。

2 规范性引用文件

下列文件对于本文件的应用是必不可少的。凡是注日期的引用文件，仅注日期的版本适用于本文件。凡是不注日期的引用文件，其最新版本(包括所有的修改单)适用于本文件。

GB/T 222 钢的成品化学成分允许偏差

GB/T 223.3 钢铁及合金化学分析方法 二安替比林甲烷磷钼酸重量法测定磷量

GB/T 223.11 钢铁及合金 铬含量的测定 可视滴定或电位滴定法

GB/T 223.14 钢铁及合金化学分析方法 钽试剂萃取光度法测定钒含量

GB/T 223.18 钢铁及合金化学分析方法 硫代硫酸钠分离-碘量法测定铜量

GB/T 223.19 钢铁及合金化学分析方法 新亚铜灵-三氯甲烷萃取光度法测定铜量

GB/T 223.23 钢铁及合金 镍含量的测定 丁二酮肟分光光度法

GB/T 223.26 钢铁及合金 钼含量的测定 硫氰酸盐分光光度法

GB/T 223.54 钢铁及合金化学分析方法 火焰原子吸收分光光度法测定镍量

GB/T 223.58 钢铁及合金化学分析方法 亚砷酸钠-亚硝酸钠滴定法测定锰量

GB/T 223.59 钢铁及合金 磷含量的测定 铋磷钼蓝分光光度法和锑磷钼蓝分光光度法

GB/T 223.60 钢铁及合金化学分析方法 高氯酸脱水重量法测定硅含量

GB/T 223.61 钢铁及合金化学分析方法 磷钼酸铵容量法测定磷量

GB/T 223.62 钢铁及合金化学分析方法 乙酸丁酯萃取光度法测定磷量

GB/T 223.63 钢铁及合金化学分析方法 高碘酸钠(钾)光度法测定锰量

GB/T 223.64 钢铁及合金 锰含量的测定 火焰原子吸收光谱法

GB/T 223.67 钢铁及合金 硫含量的测定 次甲基蓝分光光度法

GB/T 223.68 钢铁及合金化学分析方法 管式炉内燃烧后碘酸钾滴定法测定硫含量

GB/T 223.69 钢铁及合金 碳含量的测定 管式炉内燃烧后气体容量法

GB/T 223.71 钢铁及合金化学分析方法 管式炉内燃烧后重量法测定碳含量

GB/T 223.72 钢铁及合金 硫含量的测定 重量法

GB/T 223.74 钢铁及合金化学分析方法 非化合碳含量的测定

GB/T 223.75 钢铁及合金 硼含量的测定 甲醇蒸馏-姜黄素光度法

GB/T 223.76 钢铁及合金化学分析方法 火焰原子吸收光谱法测定钒量

GB/T 228.1 金属材料 拉伸 第1部分:室温试验方法(GB/T 228.1—2010,ISO 6892-1:2009,MOD)

GB/T 229　金属材料　夏比摆锤冲击试验方法

GB/T 232　金属材料　弯曲试验方法

GB/T 247　钢板和钢带包装、标志及质量证明书的一般规定

GB/T 709　热轧钢板和钢带的尺寸、外形、重量及允许偏差

GB/T 2970　厚钢板超声波检验方法

GB/T 2975　钢及钢产品力学性能试验取样位置及试样制备

GB/T 4336　碳素钢和中低合金钢　火花源原子发射光谱分析方法(常规法)

GB/T 8170　数值修约规则与极限数值的表示和判定

GB/T 17505　钢及钢产品交货一般技术要求

GB/T 20066　钢和铁　化学成分测定用试样的取样和制样方法

GB/T 20123　钢铁　总碳硫含量的测定　高频感应炉燃烧后红外吸收法(常规方法)

JB/T 4730.3　承压设备无损检测　第3部分:超声检测

3　订货内容

按本标准订货的合同或订单应包括下列内容:

a)　标准编号;

b)　产品名称;

c)　牌号;

d)　尺寸;

e)　重量;

f)　附加技术要求。

4　牌号表示方法

本标准所列牌号后缀“R”和“D”分别是指压力容器“容”字和低温“低”字的汉语拼音第一个字母。

5　尺寸、外形、重量及允许偏差

5.1　钢板的尺寸、外形及允许偏差应符合GB/T 709的规定。

5.2　钢板的厚度允许偏差应符合GB/T 709的B类偏差要求。

5.2.1　根据需方要求,经供需双方协议,也可按GB/T 709的C类偏差交货。

5.3　钢板按理论重量交货,理论计重采用的厚度为钢板允许的最大厚度和最小厚度的算术平均值。计算用钢板密度为7.85 g/cm^3。

6　技术要求

6.1　牌号与化学成分

6.1.1　钢的牌号和化学成分(熔炼分析)应符合表1的规定。

表 1 化学成分

牌号	化学成分(质量分数)/%											
	C	Si	Mn	P	S	Cu	Ni	Cr	Mo	V	B	Pcm[a]
07MnMoVR	≤0.09	0.15～0.40	1.20～1.60	≤0.020	≤0.010	≤0.25	≤0.40	≤0.30	0.10～0.30	0.02～0.06	≤0.002 0	≤0.20
07MnNiVDR	≤0.09	0.15～0.40	1.20～1.60	≤0.018	≤0.008	≤0.25	0.20～0.50	≤0.30	≤0.30	0.02～0.06	≤0.002 0	≤0.21
07MnNiMoDR	≤0.09	0.15～0.40	1.20～1.60	≤0.015	≤0.005	≤0.25	0.30～0.60	≤0.30	0.10～0.30	≤0.06	≤0.002 0	≤0.21
12MnNiVR	≤0.15	0.15～0.40	1.20～1.60	≤0.020	≤0.010	≤0.25	0.15～0.40	≤0.30	≤0.30	0.02～0.06	≤0.002 0	≤0.25

[a] Pcm为焊接裂纹敏感性组成,按如下公式计算:
Pcm=C+Si/30+(Mn+Cu+Cr)/20+Ni/60+Mo/15+V/10+5B(%)。

6.1.2 为改善钢的性能,可添加表1之外的其他微合金元素。

6.1.3 厚度不大于36 mm的07MnMoVR钢板、厚度不大于30 mm的07MnNiMoDR钢板Mo含量下限可不作要求。

6.1.4 成品钢板的化学成分允许偏差应符合GB/T 222的规定,其中P+0.003%,S+0.002%。

6.2 冶炼方法

钢由氧气转炉或电炉冶炼,并应经过真空处理。

6.3 交货状态

6.3.1 钢板应以淬火加回火的调质热处理状态交货,其中回火温度不低于600 ℃。

6.3.2 钢板应以剪切或用火焰切割交货。

6.4 力学和工艺性能

6.4.1 钢板的力学和工艺性能应符合表2的规定。

表 2 力学性能和工艺性能

牌号	钢板厚度/mm	拉伸试验			冲击试验		弯曲试验
		屈服强度[a] R_{eL}/MPa	抗拉强度 R_m/MPa	断后伸长率 A/%	温度/℃	冲击功吸收能量 KV_2/J	180° $b=2a$
07MnMoVR	10～60	≥490	610～730	≥17	−20	≥80	$d=3a$
07MnNiVDR	10～60	≥490	610～730	≥17	−40	≥80	$d=3a$
07MnNiMoDR	10～50	≥490	610～730	≥17	−50	≥80	$d=3a$
12MnNiVR	10～60	≥490	610～730	≥17	−20	≥80	$d=3a$

[a] 当屈服现象不明显时,采用 $R_{P0.2}$。

6.4.2 夏比(V型缺口)冲击功按3个试样的算术平均值计算,允许其中1个试样的单个值比表2规定值低,但不得低于规定值的70%。

6.4.3 厚度小于12 mm的钢板,夏比(V型缺口)冲击试验应采用辅助试样,辅助试样尺寸为7.5 mm×10 mm×55 mm,其试验结果应不小于表2规定值的75%。

6.4.4 根据需方要求,经供需双方协议,对厚度大于36 mm的钢板可在厚度1/2处增加一组冲击试样,冲击功指标由供需双方协议。

6.5 表面质量

6.5.1 钢板表面不允许存在裂纹、气泡、结疤、折叠和夹杂等缺陷。如有上述表面缺陷,允许清理,清理深度从钢板实际尺寸算起,不得超过钢板厚度公差之半,并应保证钢板的最小厚度。缺陷清理处应平滑无棱角。钢板不得有分层。

6.5.2 其他缺陷允许存在,其深度从钢板实际尺寸算起,不得超过厚度允许公差之半,并应保证缺陷处厚度不小于钢板允许最小厚度。

6.6 超声检测

钢板应逐张进行超声检测,检测方法按JB/T 4730.3或GB/T 2970执行,合格级别为Ⅰ级。

6.7 特殊要求

经供需双方协商,并在合同中注明,可以对钢板提出其他特殊要求。

7 试验方法

7.1 每批钢板的检验项目、取样数量、取样方法、试验方法应符合表3的规定。

表3 检验项目、取样数量及试验方法

序号	检验项目	取样数量	取样方法	取样方向	试验方法
1	化学分析	1个/每炉	GB/T 20066	—	GB/T 223、GB/T 4336、GB/T 20123
2	拉伸试验	1个/每批	GB/T 2975	横向	GB/T 228.1
3	冲击试验	3个/每批	GB/T 2975	横向	GB/T 229
4	冷弯试验	1个/每批	GB/T 2975	横向	GB/T 232
5	超声检测	逐张	—	—	JB/T 4730.3或GB/T 2970
6	尺寸、外形	逐张	—	—	符合精度要求的适宜量具
7	表面	逐张	—	—	目测

7.2 表3中的拉伸、冲击、冷弯试样允许取自同一块样坯。样坯应取自钢板宽度的1/4处。当热处理后钢板长度不大于15 m时,在钢板的一端切取样坯;当热处理后钢板长度大于15 m时,在钢板的两端各切取一个样坯,每个样坯均取一组试样(1个拉伸、3个冲击和1个冷弯)。允许采用剪切或火焰切割方法切取样坯,但样坯的尺寸必须保证试样避开因剪切或火焰切割造成的加工硬化区或热影响区。

7.3 表3中拉伸、冲击、冷弯试样的轴线方向均应垂直于钢板的轧制方向;夏比(V型缺口)冲击试样的缺口轴线方向应垂直于钢板的轧制表面。

7.4 拉伸、冲击试验取样位置按GB/T 2975的规定。对厚度大于25 mm的钢板,冲击试样的轴线应位于厚度1/4处。所有厚度钢板的冷弯试样均应至少保留一个轧制面,轧制面为弯曲试验的外表面。

8 检验规则

8.1 钢板检验由供方质量检验部门进行,需方有权按本标准进行验收。

8.2 钢板逐热处理张组批检验、验收。

8.3 钢板检验结果不符合本标准上述要求时,可以进行复验。

8.3.1 冲击试验结果不符合本标准 6.4.1 规定时,应从同一张钢板上再取 3 个试样进行试验,前后两组 6 个试样冲击吸收功的算术平均值不得低于规定值,允许有 2 个试样小于规定值,但其中小于规定值 70%的试样只允许有 1 个。

8.3.2 其他检验项目的复验和判定按 GB/T 17505 的有关规定执行。

9 包装、标志、质量证明书

钢板的包装、标志、质量证明书应符合 GB/T 247 的规定。

10 数字修约

数值修约按 GB/T 8170 的规定。

附 录 A
（资料性附录）
新旧标准牌号对照

本标准的牌号与 GB 19189—2003 的牌号对照见表 A.1。

表 A.1

GB 19189—2011	GB 19189—2003
07MnMoVR	07MnCrMoVR
07MnNiVDR	07MnNiMoVDR
07MnNiMoDR	
12MnNiVR	12MnNiVR

ICS 77.140.50
H 46

中华人民共和国国家标准

GB/T 33811—2017

合金工模具钢板

Alloy tool and mould steel sheets and plates

2017-05-31 发布　　2017-12-01 实施

中华人民共和国国家质量监督检验检疫总局
中国国家标准化管理委员会　发布

前　　言

本标准按照 GB/T 1.1—2009 给出的规则起草。

本标准由中国钢铁工业协会提出。

本标准由全国钢标准化技术委员会(SAC/TC 183)归口。

本标准主要起草单位:东北特钢集团抚顺特殊钢股份有限公司、冶金工业信息标准研究院。

本标准主要起草人:王琳、牟风、纪肖、刘玉芬、戴强。

合金工模具钢板

1 范围

本标准规定了合金工模具钢板(以下简称“钢板”)的订货内容、尺寸、外形、技术要求、试验方法、检验规则、包装、标志和质量证明书。

本标准适用于厚度不大于 4 mm 的冷轧钢板和厚度不大于 10 mm 的热轧钢板。

2 规范性引用文件

下列文件对于本文件的应用是必不可少的。凡是注日期的引用文件,仅注日期的版本适用于本文件。凡是不注日期的引用文件,其最新版本(包括所有的修改单)适用于本文件。

GB/T 223.11 钢铁及合金 铬含量的测定 可视滴定或电位滴定法

GB/T 223.13 钢铁及合金化学分析方法 硫酸亚铁铵滴定法测定钒含量

GB/T 223.14 钢铁及合金化学分析方法 钽试剂萃取光度法测定钒含量

GB/T 223.22 钢铁及合金化学分析方法 亚硝基 R 盐分光光度法测定钴量

GB/T 223.23 钢铁及合金 镍含量的测定 丁二酮肟分光光度法

GB/T 223.26 钢铁及合金 钼含量的测定 硫氰酸盐分光光度法

GB/T 223.28 钢铁及合金化学分析方法 α-安息香肟重量法测定钼量

GB/T 223.40 钢铁及合金 铌含量的测定 氯磺酚 S 分光光度法

GB/T 223.43 钢铁及合金 钨含量的测定 重量法和分光光度法

GB/T 223.58 钢铁及合金化学分析方法 亚砷酸钠-亚硝酸钠滴定法测定锰量

GB/T 223.60 钢铁及合金化学分析方法 高氯酸脱水重量法测定硅含量

GB/T 223.62 钢铁及合金化学分析方法 乙酸丁酯萃取光度法测定磷量

GB/T 223.68 钢铁及合金化学分析方法 管式炉内燃烧后碘酸钾滴定法测定硫含量

GB/T 223.71 钢铁及合金化学分析方法 管式炉内燃烧后重量法测定碳含量

GB/T 224 钢的脱碳层深度测定法

GB/T 225 钢 淬透性的末端淬火试验方法(Jominy 试验)

GB/T 226 钢的低倍组织及缺陷酸蚀检验法

GB/T 231.1 金属材料 布氏硬度试验 第 1 部分:试验方法

GB/T 247 钢板和钢带包装、标志及质量证明书的一般规定

GB/T 708 冷轧钢板和钢带的尺寸、外形、重量及允许偏差

GB/T 709—2006 热轧钢板和钢带的尺寸、外形、重量及允许偏差

GB/T 1299—2014 工模具钢

GB/T 4336 碳素钢和中低合金钢 火花源原子发射光谱分析方法(常规法)

GB/T 6394 金属平均晶粒度测定方法

GB/T 8651 金属板材超声板波探伤方法

GB/T 10561—2005 钢中非金属夹杂物含量的测定 标准评级图显微检验法

GB/T 14979 钢的共晶碳化物不均匀度评定法

GB/T 17505 钢及钢产品 交货一般技术要求

GB/T 20066 钢和铁 化学成分测定用试样的取样和制样方法

GB/T 20123 钢铁 总碳硫含量的测定 高频感应炉燃烧后红外吸收法(常规方法)

3 订货内容

按本标准订货的合同或订单应包括以下内容:

a) 产品名称;

b) 牌号;

c) 标准号;

d) 尺寸及精度(见第4章);

e) 重量(或数量);

f) 加工用途;

g) 冶炼方法(要求电渣重熔冶炼时);

h) 交货状态;

i) 非金属夹杂物(见5.6);

j) 共晶碳化物不均匀度(见5.7);

k) 脱碳层(见5.8);

l) 其他。

4 尺寸、外形

4.1 冷轧钢板的尺寸、外形及允许偏差

冷轧钢板的尺寸、外形及允许偏差应符合GB/T 708的规定。

4.2 热轧钢板的尺寸、外形及允许偏差

4.2.1 厚度3 mm～10 mm热轧钢板的尺寸、外形及允许偏差应符合GB/T 709—2006的规定,热轧单轧钢板的厚度允许偏差未注明时按A类偏差,但钢板的最小宽度为500 mm,最小长度为500 mm。

4.2.2 厚度小于3 mm热轧钢板的尺寸及允许偏差应符合表1的规定。

表1 钢板的厚度允许偏差

单位为毫米

公称厚度	在下列宽度时的厚度允许偏差		
	500～750	>750～1 000	>1 000～1 500
>0.35～0.50	±0.07	±0.07	—
>0.50～0.60	±0.08	±0.08	—
>0.60～0.75	±0.09	±0.09	—
>0.75～0.90	±0.10	±0.10	—
>0.90～1.10	±0.11	±0.12	—
>1.10～1.20	±0.12	±0.13	±0.15
>1.20～1.30	±0.13	±0.14	±0.15
>1.30～1.40	±0.14	±0.15	±0.18
>1.40～1.60	±0.15	±0.15	±0.18
>1.60～1.80	±0.15	±0.17	±0.18

表 1（续）

单位为毫米

公称厚度	在下列宽度时的厚度允许偏差		
	500～750	＞750～1 000	＞1 000～1 500
＞1.80～2.00	±0.16	±0.17	±0.18
＞2.00～2.20	±0.17	±0.18	±0.19
＞2.20～2.50	±0.18	±0.19	±0.20
＞2.50～＜3.00	±0.19	±0.20	±0.21

4.3 钢板的不平度

钢板的不平度应符合表 2 的规定。

表 2　钢板的不平度

单位为毫米

公称厚度	不平度，每米不大于	
	热轧钢板	冷轧钢板
＜3	20	15
3～4	15	15
＞4～10	15	—

4.4 其他要求

4.4.1 经供需双方协商，并在合同中注明，可供应其他尺寸的钢板。

4.4.2 经供需双方协商，并在合同中注明，可供应更高轧制精度的钢板。

5 技术要求

5.1 牌号和化学成分

钢的牌号及化学成分(成品分析成分)应符合表 3 的规定。根据需方要求，并在合同中注明，也可供应 GB/T 1299—2014 中的其他牌号。

5.2 冶炼方法

钢应用电炉＋真空精炼或电渣重熔方法冶炼。当要求采用电渣重熔冶炼时，应在合同中注明。

5.3 交货状态

5.3.1 钢板以退火状态交货。

5.3.2 根据需方要求，并在合同中注明，钢板可酸洗交货。

5.4 硬度

5.4.1 钢板交货状态布氏硬度值应符合表 4 的规定。

5.4.2 厚度不大于 1.5 mm 的钢板，供方能保证交货状态硬度符合表 4 的规定时，可不检验交货状态硬度。

表 3 牌号及化学成分

序号	钢组	牌号	化学成分(质量分数)/%											
			C	Si	Mn	P	S	Cr	W	Mo	V	Nb	Co	Ni
1	耐冲击工具钢	5Cr3MnSiMo1	0.45～0.55	0.20～1.00	0.20～0.90	≤0.025	≤0.015	3.00～3.50	—	1.30～1.80	≤0.35	—	—	—
2	冷作模具钢	CrWV	1.05～1.15	0.15～0.30	0.20～0.40	≤0.025	≤0.015	1.10～1.30	1.20～1.40	—	0.15～0.25	—	—	—
3		MnCrWV	0.90～1.05	0.10～0.40	1.05～1.35	≤0.025	≤0.015	0.50～0.70	0.50～0.70	—	0.05～0.15	—	—	—
4		9CrMn2V	0.85～0.95	0.10～0.40	1.90～2.10	≤0.025	≤0.015	0.20～0.50	—	—	0.05～0.15	—	—	—
5		5Cr8MoVSi	0.48～0.53	0.75～1.05	0.35～0.50	≤0.025	≤0.015	8.00～9.00	—	1.25～1.70	0.30～0.55	—	—	—
6		Cr8Mo2SiV	0.95～1.03	0.80～1.20	0.20～0.50	≤0.025	≤0.015	7.80～8.30	—	2.00～2.80	0.25～0.40	—	—	—
7		Cr8	1.60～1.90	0.20～0.60	0.20～0.60	≤0.025	≤0.015	7.50～8.50	—	—	—	—	—	—
8		Cr12	2.00～2.30	≤0.40	≤0.40	≤0.025	≤0.015	11.50～13.00	—	—	—	—	—	—
9		Cr12W	2.00～2.30	0.10～0.40	0.30～0.60	≤0.025	≤0.015	11.00～13.00	0.60～0.80	—	—	—	—	—
10		Cr5Mo1V	0.95～1.05	≤0.50	≤1.00	≤0.025	≤0.015	4.75～5.50	—	0.90～1.40	0.15～0.50	—	—	—
11		Cr12MoV	1.45～1.70	≤0.40	≤0.40	≤0.025	≤0.015	11.00～12.50	—	0.40～0.60	0.15～0.30	—	—	—
12		Cr12Mo1V1	1.40～1.60	≤0.60	≤0.60	≤0.025	≤0.015	11.00～13.00	—	0.70～1.20	0.50～1.10	—	≤1.00	—
13		Cr12MoWV	1.55～1.75	0.25～0.40	0.20～0.40	≤0.025	≤0.015	11.00～12.00	0.40～0.60	0.50～0.70	0.10～0.50	—	—	—
14		7Cr14Mo2VNb	0.68～0.75	0.45～0.60	0.35～0.55	≤0.025	≤0.015	14.00～15.00	—	1.80～2.00	0.50～0.70	0.70～0.85	—	—
15		7Cr17Mo2VNb	0.68～0.75	0.45～0.60	0.35～0.55	≤0.025	≤0.015	17.00～18.00	—	2.40～2.60	0.50～0.70	0.70～0.85	—	—
16	热作模具钢	4Cr5MoSiV	0.33～0.43	0.80～1.20	0.20～0.50	≤0.025	≤0.015	4.75～5.50	—	1.10～1.60	0.30～0.60	—	—	—
17		4Cr5MoSiV1	0.32～0.45	0.80～1.20	0.20～0.50	≤0.025	≤0.015	4.75～5.50	—	1.10～1.75	0.80～1.20	—	—	—
18	塑料模具钢	9Cr18	0.90～1.00	≤0.80	≤0.80	≤0.025	≤0.015	17.00～19.00	—	—	—	—	—	≤0.60
19		9Cr18MoV	0.85～0.95	≤0.80	≤0.80	≤0.025	≤0.015	17.00～19.00	—	1.00～1.30	0.07～0.12	—	—	≤0.60

注：各牌号的主要特点及用途参见附录 A。

表 4 钢材交货状态的硬度值

序号	钢组	牌号	交货硬度,HBW 不大于
1	耐冲击工具钢	5Cr3MnSiMo1	235
2	冷作模具钢	CrWV	255
3		MnCrWV	255
4		9CrMn2V	229
5		5Cr8MoVSi	229
6		Cr8Mo2SiV	255
7		Cr8	255
8		Cr12	269
9		Cr12W	255
10		Cr5Mo1V	255
11		Cr12MoV	255
12		Cr12Mo1V1	255
13		Cr12MoWV	255
14		7Cr14Mo2VNb	255
15		7Cr17Mo2VNb	255
16	热作模具钢	4Cr5MoSiV	229
17		4Cr5MoSiV1	229
18	塑料模具钢	9Cr18	255
19		9Cr18MoV	269

5.5 低倍组织

钢板或钢坯的酸浸低倍组织试片上不应有目视可见的缩孔残余、裂纹和夹杂。

5.6 非金属夹杂物

钢板的非金属夹杂物应按 GB/T 10561—2005 的 A 法检验与评定,其结果应符合表 5 的规定。要求按 1 组交货时,应在合同中注明,未注明时按 2 组交货。

表 5 非金属夹杂物合格级别

非金属夹杂物类别	1 组		2 组	
	细系	粗系	细系	粗系
	级 不大于			
A	1.0	1.0	1.5	1.5
B	1.5	1.0	1.5	1.5
C	1.0	1.0	1.5	1.5
D	1.5	1.0	1.5	1.5
根据需方要求,可检验 DS 类非金属夹杂物,合格级别由供需双方协商确定。				

5.7 共晶碳化物不均匀度

5Cr8MoVSi、Cr8Mo2SiV、Cr8、Cr12、Cr12W、Cr5Mo1V、Cr12MoV、Cr12Mo1V1、Cr12MoWV、7Cr14Mo2VNb、7Cr17Mo2VNb、9Cr18 和 9Cr18MoV 塑料模具钢和冷作模具钢钢板的共晶碳化物不均匀度按 GB/T 14979 所附评级图进行评定，检验结果应符合表 6 的规定。要求按 1 组交货时，应在合同中注明，未注明时按 2 组交货。

表 6 共晶碳化物不均匀度合格级别

组 别	共晶碳化物不均匀度/级 不大于
1 组	2
2 组	3

5.8 脱碳层

5.8.1 冷轧钢板的总脱碳层(铁素体＋过渡层)深度，每面不大于公称厚度的 2%。热轧钢板的总脱碳层(铁素体＋过渡层)深度，每面不大于公称厚度的 4%。

5.8.2 根据需方要求并在合同中注明，可检验钢板的全脱碳层(铁素体层)深度，具体指标由供需双方协商确定。

5.9 表面质量

5.9.1 钢板不应有分层，表面不应有气泡、夹杂、结疤和裂纹。

5.9.2 冷轧钢板表面允许有深度不超过公差之半，且不使钢板小于允许最小厚度麻点、小划痕、压痕、个别凹坑和辊印。

5.9.3 热轧钢板表面允许有深度在公差范围内，且不使钢板小于允许最小厚度的麻点、压痕、划伤和薄层氧化铁皮。

5.9.4 钢板的局部缺陷允许清理，清理深度不应使钢板小于允许最小厚度。

5.10 特殊要求

根据需方要求，经供需双方协议，并在合同中注明，可增加下列检验项目：

a) 特殊化学成分；
b) 特殊硬度值；
c) 晶粒度；
d) 超声检测验；
e) 其他要求。

6 试验方法

6.1 钢板的检验项目及试验方法

每批钢板的检验项目及试验方法应符合表 7 的规定。

6.2 钢的化学成分分析方法

钢的化学成分按 GB/T 223.11、GB/T 223.13、GB/T 223.14、GB/T 223.22、GB/T 223.23、GB/T 223.26、

GB/T 223.28、GB/T 223.40、GB/T 223.43、GB/T 223.58、GB/T 223.60、GB/T 223.62、GB/T 223.68、GB/T 223.71、GB/T 4336、GB/T 20123 或通用的试验方法进行分析，但仲裁时应按 GB/T 223.11、GB/T 223.13、GB/T 223.14、GB/T 223.22、GB/T 223.23、GB/T 223.26、GB/T 223.28、GB/T 223.40、GB/T 223.43、GB/T 223.58、GB/T 223.60、GB/T 223.62、GB/T 223.68、GB/T 223.71 的规定进行。

表 7　检验项目表

序号	检验项目	取样数量/个	取样部位	试验方法
1	化学成分	1/炉	GB/T 20066	见 6.2
2	交货硬度	2	不同张钢板或 7.3.4	GB/T 231.1
3	低倍	2	不同张钢板上或 7.3.4 或靠近钢锭帽口端的板坯上	GB/T 226
4	非金属夹杂物	2	不同张钢板或 7.3.4	GB/T 10561—2005
5	共晶碳化物不均匀度	2	不同张钢板或 7.3.4	GB/T 14979
6	脱碳层	2	不同张钢板或 7.3.4	GB/T 224
7	晶粒度	1	任一张钢板	GB/T 6394
8	超声检测	逐张	整张钢板	GB/T 8651
9	尺寸、外形	逐张	整张钢板	千分尺、样板
10	表面质量	逐张	整张钢板	目视

7　检验规则

7.1　检查和验收

7.1.1　钢板出厂的检查和验收由供方质量技术监督部门进行。

7.1.2　供方应保证交货的钢板符合本标准或合同的规定，需方有权对本标准或合同所规定的任一检验项目进行检查和验收。

7.2　组批规则

钢板应按批进行检查和验收，每批钢板应由同一牌号、同一炉号、同一厚度、同一交货状态、同一热处理炉次的钢板组成。采用电渣重溶冶炼的钢，在工艺稳定且能保证各项要求的条件下，允许以自耗电极的熔炼母炉号组批交货。

7.3　取样数量及取样部位

7.3.1　每批钢板的取样数量及取样部位应符合表 7 的规定。

7.3.2　电渣钢按熔炼母炉号组批交货时，每个电渣炉号化学成分合格时，任取一个电渣锭化学成分报出，代表整个母炉化学成分，其他项目取样数量和取样部位按表 7 规定。

7.3.3　电渣钢按电渣炉号交货时，化学成分按每个电渣炉号取 1 个试样，其他项目按母炉组批，取样数量及取样部位应符合表 7 的规定。

7.3.4　成垛热处理的钢板，每批在一垛的上部和下部各取一张检验用钢板，从其任一端各取一个试样；当厚度不大于 4 mm 的钢板批量不超过 20 张以及厚度大于 4 mm 的钢板批量不超过 10 张时，每批只取一张检验用钢板，在其两端各取一个试样。

7.3.5 检验用试样距钢板边缘应不小于 40 mm。

7.4 复验与判定规则

钢板的复验与判定规则应符合 GB/T 17505 的规定。

8 包装、标志和质量证明书

钢板的包装、标志和质量证明书应符合 GB/T 247 的规定。

附 录 A
（资料性附录）
各牌号的主要特点及用途

各牌号的主要特点及用途见表A.1。

表A.1 各牌号的主要特点及用途

序号	牌 号	主要特点及用途
1	5Cr3MnSiMo1	相当于ASTM A681中S7钢。淬透性较好，有较高的强度和回火稳定性，综合性能良好。适宜制造在较高温度、高冲击载荷下工作的工具、冲模，也可用于制造锤锻模具
2	CrWV	油淬钢。由于钨形成碳化物，在淬火和低温回火后比9SiCr钢具有更多的过剩碳化物，更高的硬度和耐磨性和较好的韧性。但该钢对形成碳化物网较敏感，若有网状碳化物的存在，工模具的刃部有剥落的危险，从而降低工模具的使用寿命。有碳化物网的钢应根据其严重程度进行锻造或正火。适宜制作丝锥、板牙、铰刀、小型冲模等
3	MnCrWV	国际广泛采用的高碳低合金油淬钢，具有较高的淬透性，热处理变形小，硬度高，耐磨性较好。适宜制作钢板冲裁模、剪切刀、落料模、量具和热固性塑料成型模等
4	9CrMn2V	冷作模具钢，该钢易于锻造、退火，切削性能好，韧性、淬性偏低，具有强烈抵制过热敏感性，以及网状碳化物的析出倾向。具有较高的硬度和耐磨性，淬火时变形较小。具有良好的冲裁能力。可用于厚度小于6 mm的冲压模具、切纸机刀具等
5	5Cr8MoVSi	ASTM A681中A8钢的改良钢种，具有良好淬透性、韧性、热处理尺寸稳定性。适宜制作硬度在HRC55～HRC60的冲头和冷锻模具。也可用于制作非金属刀具材料
6	Cr8Mo2SiV	高韧性、高耐磨性钢，具有高的淬透性和耐磨性，淬火时尺寸变化小等特点，适宜制作冷剪切模、切边模、滚边模、量规、拉丝模、搓丝板、冷冲模等
7	Cr8	具有较好的淬透性和高的耐磨性，适宜制作要求耐磨性较高的各类冷作模具钢，与Cr12相比具有较好的韧性
8	Cr12	相当于ASTM A681中D3钢，具有良好的耐磨性，适宜制作受冲击负荷较小的要求较高耐磨的冷冲模及冲头、冷剪切刀、钻套、量规、拉丝模等
9	Cr12W	莱氏体钢。具有较高的耐磨性和淬透性，但塑性、韧性较低。适宜制作高强度、高耐磨性，且受热不大于300 ℃～400 ℃的工模具，如钢板深拉伸模、拉丝模，螺纹搓丝板、冷冲模、剪切刀、锯条等
10	Cr5Mo1V	空淬钢，具有良好的空淬特性，耐磨性介于高碳油淬模具钢和高碳高铬耐磨型模具钢之间，但其韧性较好，通用性强，特别适宜制作既要求好的耐磨性又要求好的韧性工模具，如下料模和成型模、轧辊、冲头、压延模和滚丝模等
11	Cr12MoV	莱氏体钢。具有高的淬透性和耐磨性，淬火时尺寸变化小，比Cr12钢的碳化物分布均匀和较高的韧性。适宜制作形状复杂的冲孔模、冷剪切刀、拉伸模、拉丝模、搓丝板、冷挤压模、量具等
12	Cr12Mo1V1	莱氏体钢。具有高的淬透性、淬硬性和高的耐磨性；高温抗氧化性能好，热处理变形小；适宜制作各种高精度、长寿命的冷作模具、刃具和量具，如形状复杂的冲孔凹模、冷挤压模、滚丝轮、搓丝板、冷剪切刀和精密量具等

表 A.1（续）

序号	牌　号	主要特点及用途
13	Cr12MoWV	莱氏体钢。其含碳量比 Cr12 钢低很多，且加入了钨、钼、钒，使钢的热加工性能、冲击韧性和碳化物分布都得到了明显的改变；具有较高的淬透性、淬硬性、强韧性、热稳定性、抗压强度，微变形和综合性能优良，具有广泛的适应性等特点，并具有较好的机加工和抗热氧化性能。适宜用来制造截面大、形状复杂、经受冲击大、要求耐磨高的冷作模具，如硅钢片冲模、拉丝模、冷切剪刀、切边模、滚边模、拉丝模、搓丝板、冲孔凹模、钢板深拉伸模，冲头等
14	7Cr14Mo2VNb	高碳高铬钢。具有较高的硬度、高耐磨性、抗回火稳定性和耐腐蚀性能，该钢还具有较好的高温尺寸稳定性，可用于制造在腐蚀环境条件下又要求高负荷、高耐磨的材料，可用作各类食品加工用刀具
15	7Cr17Mo2VNb	高碳高铬钢，其 Cr 含量比 7Cr14Mo2VNb 高，淬透性和耐腐蚀性能更好，具有更高的硬度和耐磨性，该钢还具有较好的高温尺寸稳定性，可用于制造在腐蚀环境条件下又要求高负荷、高耐磨的材料，可用作各类食品加工用刀具
16	4Cr5MoSiV	具有良好的韧性、热强性和热疲劳性能，可空冷硬化。在较低的奥氏体化温度下空淬，热处理变形小，空淬时产生的氧化皮倾向较小，且可以抵抗熔融铝的冲蚀作用。适宜制作铝压铸模、热挤压模和穿孔芯棒、塑料模等
17	4Cr5MoSiV1	压铸模用钢，相当于 ASTM A681 中 H13 钢，具有良好的韧性和较好的热强性、热疲劳性能和一定的耐磨性。可空冷淬硬，热处理变形小。适宜制作铝、铜及其合金铸件用的压铸模，热挤压模、穿孔用的工具、芯棒、压机锻模、塑料模等
18	9Cr18	耐腐蚀、耐磨型钢，属于高碳马氏体钢，淬火后具有很高的硬度和耐磨性，较 Cr17 型马氏体钢的耐蚀性能有所改善，在大气、水及某些酸类和盐类的水溶液中有优良的不锈耐蚀性。适宜制作要求耐蚀、高强度和耐磨损的零部件，如轴、杆类、弹簧、紧固件等
19	9Cr18MoV	耐腐蚀、耐磨型钢，属于高碳铬不锈钢，基本性能和用途与 9Cr18 钢相近，但热强性和抗回火性能更好。适宜制作承受摩擦并在腐蚀介质中工作的零件，如量具、不锈切片机械刃具及剪切工具、手术刀片、高耐磨设备零件等

ICS 77.140.50
H 46

中华人民共和国国家标准

GB/T 33974—2017

热轧花纹钢板及钢带

Hot rolling checker steel sheet and strip

2017-07-12 发布　　2018-04-01 实施

中华人民共和国国家质量监督检验检疫总局
中国国家标准化管理委员会　发布

前　言

本标准按照 GB/T 1.1—2009 给出的规则起草。

本标准由中国钢铁工业协会提出。

本标准由全国钢标准化技术委员会(SAC/TC 183)归口。

本标准起草单位:本钢集团有限公司、冶金工业信息标准研究院、鞍钢股份有限公司。

本标准主要起草人:黄建国、张险峰、张维旭、管吉春、宋涛、李倩、黄健、李铁。

热轧花纹钢板及钢带

1 范围

本标准规定了热轧花纹钢板及钢带的分类和代号、订货内容、尺寸、外形、重量、技术要求、试验方法、检验规则、包装、标志及质量证明书。

本标准适用于厚度为 1.4 mm～16.0 mm 的菱形、扁豆形、圆豆形和组合形的热轧花纹钢板及钢带(以下简称钢板及钢带)。

2 规范性引用文件

下列文件对于本文件的应用是必不可少的。凡是注日期的引用文件，仅注日期的版本适用于本文件。凡不注日期的引用文件，其最新版本(包括所有的修改单)适用于本文件。

GB/T 222 钢的成品化学成分允许偏差

GB/T 228.1 金属材料 拉伸试验 第1部分:室温试验方法

GB/T 232 金属材料 弯曲试验方法

GB/T 247 钢板和钢带包装、标志及质量证明书的一般规定

GB/T 700 碳素结构钢

GB/T 709 热轧钢板和钢带的尺寸、外形、重量及允许偏差

GB/T 712 船舶及海洋工程用结构钢

GB/T 1591 低合金高强度结构钢

GB/T 2975 钢及钢产品 力学性能试验取样位置及试样制备

GB/T 4171 耐候结构钢

GB/T 8170 数值修约规则与极限数值的表示和判定

GB/T 17505 钢及钢产品 交货一般技术要求

GB/T 20066 钢和铁 化学成分测定用试样的取样和制样方法

3 分类和代号

3.1 按边缘状态分类如下：

a) 切边，EC；

b) 不切边，EM。

3.2 按花纹形状分类如下：

a) 菱形，LX；

b) 扁豆形，BD；

c) 圆豆形，YD；

d) 组合形，ZH。

4 订货内容

4.1 按本标准订货的合同或订单应包括下列内容：

a） 本标准编号；

b） 牌号；

c） 产品类别（钢板或钢带）；

d） 规格；

e） 花纹形状；

f） 边缘状态；

g） 其他要求。

4.2 标记示例

按本标准交货的，牌号为Q235B，尺寸为3.0 mm×1 250 mm×2 500 mm，不切边扁豆形花纹钢板，其标记为：

扁豆形（BD）花纹钢板 Q235B-3.0×1 250（EM）×2 500—GB/T 33974—2017

5 尺寸、外形、重量

5.1 钢板及钢带的尺寸应符合表1的规定。经供需双方协商，可供应其他尺寸的钢板及钢带。

表1 钢板及钢带尺寸

单位为毫米

基本厚度	宽 度	长 度	
1.4～16.0	600～2 000	钢板	2 000～16 000
		钢带	—

5.2 钢板及钢带花纹的尺寸、外形及其分布均为参考值，如图1～图4所示。图中各项尺寸为生产厂加工轧辊时控制用，不作为成品钢板及钢带检查的依据。经供需双方协商，可提供其他形状的钢板及钢带。

单位为毫米

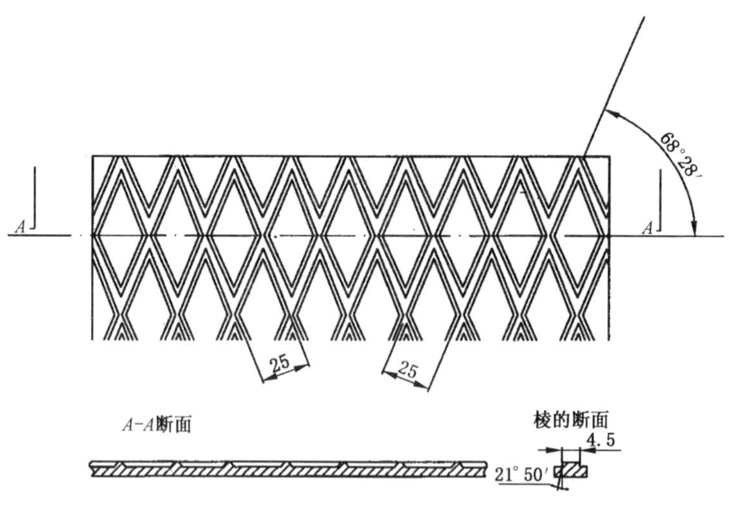

图1 菱形花纹

单位为毫米

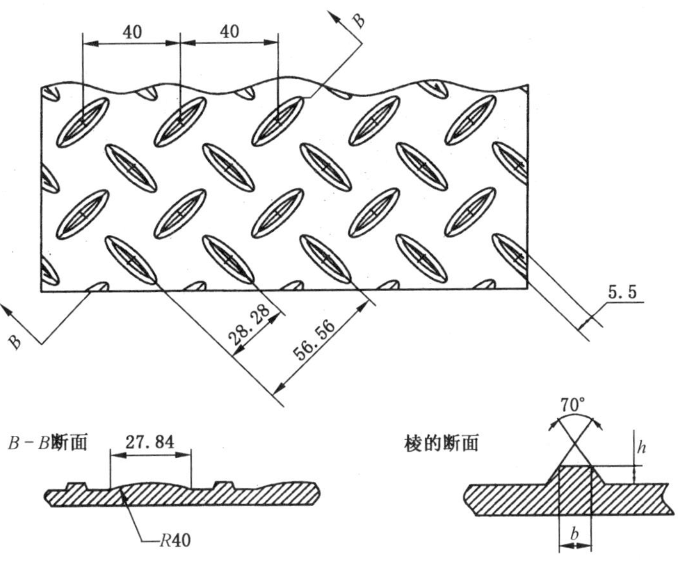

图 2　扁豆形花纹

单位为毫米

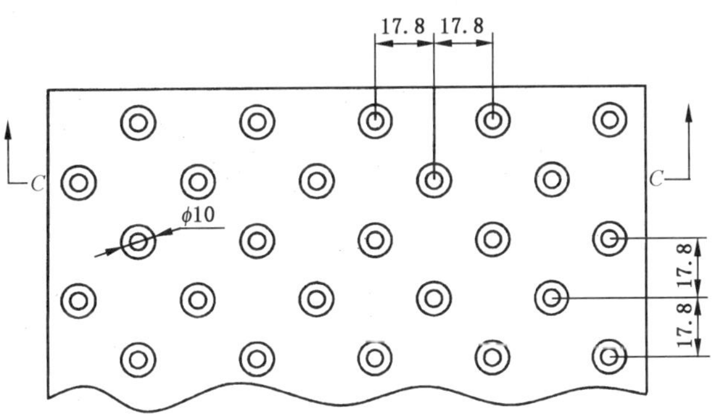

C-C断面

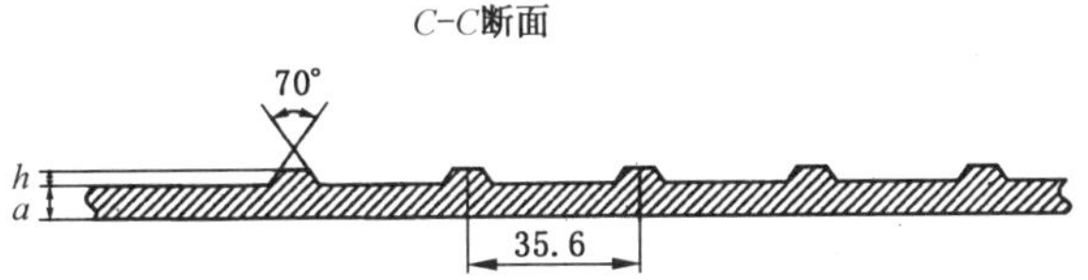

图 3　圆豆形花纹

单位为毫米

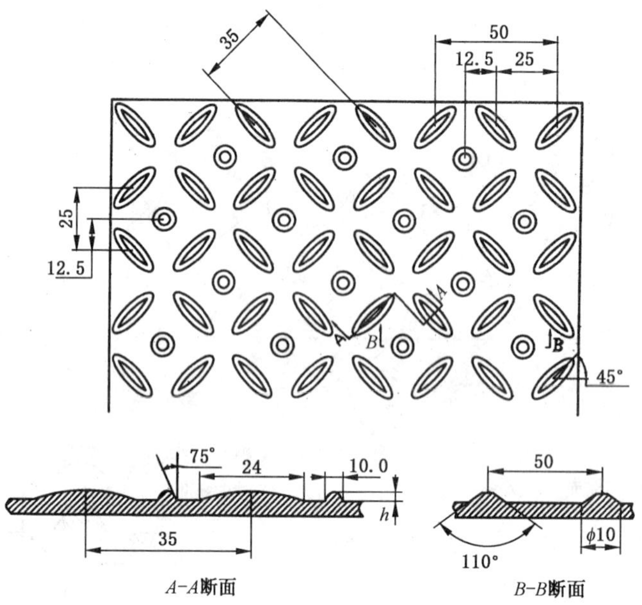

图 4 组合形花纹

5.3 钢板及钢带的基本厚度允许偏差和纹高应符合表 2 的规定。中间尺寸的基本厚度允许偏差按相邻的较大尺寸的允许偏差规定,中间尺寸的纹高按相邻的较小尺寸的纹高规定。

表 2 钢板及钢带基本厚度允许偏差和纹高

单位为毫米

基本厚度	允许偏差	纹高 不小于
1.4	±0.25	0.18
1.5	±0.25	0.18
1.6	±0.25	0.20
1.8	±0.25	0.25
2.0	±0.25	0.28
2.5	±0.25	0.30
3.0	±0.30	0.40
3.5	±0.30	0.50
4.0	±0.40	0.60
4.5	±0.40	0.60
5.0	+0.40 −0.50	0.60
5.5	+0.40 −0.50	0.70
6.0	+0.40 −0.50	0.70
7.0	+0.40 −0.50	0.70

表 2（续）

单位为毫米

基本厚度	允许偏差	纹高 不小于
8.0	+0.50 −0.70	0.90
10.0	+0.50 −0.70	1.00
11.0	+0.50 −0.70	1.00
12.0	+0.50 −0.70	1.00
13.0	+0.50 −0.70	1.00
14.0	+0.50 −0.70	1.00
15.0	+0.50 −0.70	1.00
16.0	+0.50 −0.70	1.00

5.4 钢板的不平度应符合表 3 的规定。

表 3 钢板不平度

单位为毫米

厚 度	不平度 不大于	测量长度
1.4～2.5	15	1 000
>2.5～4.0	12	
>4.0～16.0	10	

5.5 钢板及钢带的其他尺寸和外形应符合 GB/T 709 的规定。

5.6 钢板及钢带按实际重量交货。根据需方要求，钢板可参考附录 A，按理论重量交货。

6 技术要求

6.1 牌号和化学成分

6.1.1 钢的牌号和化学成分(熔炼分析)应符合 GB/T 700、GB/T 712、GB/T 1591、GB/T 4171 的规定。经供需双方协议，可供应其他牌号的钢板及钢带。

6.1.2 钢板及钢带的成品化学成分允许偏差应符合 GB/T 222 的规定。

6.2 交货状态

6.2.1 钢板及钢带以热轧状态交货。

6.2.2 钢板及钢带通常以不切边状态供货，根据需方要求并在合同中注明，也可以切边状态供货。

6.3 力学性能

根据需方要求，并在合同中注明，可进行拉伸、弯曲试验，其性能指标应符合 GB/T 700、GB/T 712、GB/T 1591、GB/T 4171 的规定或按双方协议。

6.4 表面质量

6.4.1 钢板和钢带表面不应有气泡、结疤、拉裂、折叠和夹杂。钢板和钢带不应有分层。

6.4.2 钢板和钢带表面允许有薄层氧化铁皮、铁锈、由氧化铁皮脱落所形成的表面粗糙和高度或深度不超过允许偏差的其他局部缺陷。花纹应完整，花纹上允许有高度不超过厚度公差之半的局部轻微毛刺和花纹压痕。

6.4.3 在连续生产钢带的过程中，因局部的表面缺陷不易被发现和去除，因此钢带允许带缺陷交货，但有缺陷部分应不超过每卷钢带总长度的 6%。

7 试验方法

7.1 钢板及钢带的基本厚度和纹高，在宽度方向距边部不小于 40 mm 处测量。

7.2 钢板及钢带的检验项目和试验方法应符合表 4 的规定。

表 4 钢材的检验项目、取样数量、取样方法及试验方法

序号	检验项目	取样数量	取样方法	试验方法
1	化学成分	1 个/炉	GB/T 20066	按 GB/T 700、GB/T 712、GB/T 1591、GB/T 4171 的规定
2	拉伸试验[a,b]	1 个/批	GB/T 2975	GB/T 228.1
3	弯曲试验[a,c]	1 个/批	GB/T 2975	GB/T 232
4	尺寸、外形	逐卷/逐张	—	适宜的量具
5	表面质量	逐卷/逐张	—	目视

[a] 为用户要求时检验。

[b] 力学性能试样上应保持原花纹板面，强度按基本厚度计算。

[c] 弯曲试验时，钢板的花纹面应置于内侧面。

8 检验规则

8.1 钢板及钢带的检查和验收由供方质量技术监督部门进行。

8.2 钢板及钢带应成批验收。每批应由同一炉号、同一牌号、同一规格、同一花纹形状的钢板或钢带组成，亦可由同一牌号、同一规格、同一花纹形状、不同炉号组成混合批，但最大批重不应超过 200 t。

8.3 化学成分和力学性能的检验结果应采用修约值比较法进行修约，其修约规则应符合 GB/T 8170 的规定。

8.4 钢板及钢带的复验和判定规则应符合 GB/T 17505 的规定。

9 包装、标志及质量证明书

钢板及钢带的包装、标志及质量证明书应符合 GB/T 247 的规定。

附　录　A
（资料性附录）
热轧花纹钢板理论计重方法

按本标准图1～图4交货的花纹钢板，其理论计重方法参见表A.1。

表A.1　热轧花纹钢板理论计重方法

基本厚度/mm	钢板理论重量/kg/m²			
	菱形(LX)	圆豆形(YD)	扁豆形(BD)	组合形(ZH)
1.4	11.9	11.2	11.1	11.1
1.5	12.7	11.9	11.9	11.9
1.6	13.6	12.7	12.8	12.8
1.8	15.4	14.4	14.4	14.4
2.0	17.1	16.0	16.2	16.1
2.5	21.1	19.9	20.1	20.0
3.0	25.6	23.9	24.6	24.3
3.5	30.0	27.9	28.8	28.4
4.0	34.4	31.9	32.8	32.4
4.5	38.3	35.9	36.7	36.4
5.0	42.2	39.8	40.7	40.3
5.5	46.6	43.8	44.9	44.4
6.0	50.5	47.7	48.8	48.4
7.0	58.4	55.6	56.7	56.2
8.0	67.1	63.6	64.9	64.4
10.0	83.2	79.3	80.8	80.2
11.0	91.1	87.2	88.7	88.0
12.0	98.9	95.0	96.5	95.9
13.0	106.8	102.9	104.4	103.7
14.0	114.6	110.7	112.2	111.6
15.0	122.5	118.6	120.1	119.4
16.0	130.3	126.4	127.9	127.3
按照表2中纹高最小值计算。				

ICS 77.140.50
H 46

中华人民共和国黑色冶金行业标准

YB/T 5132—2007
代替 YB/T 5132—1993

合金结构钢薄钢板

Alloy structural steel sheets

2007-01-25 发布　　　　2007-07-01 实施

中华人民共和国国家发展和改革委员会　发布

前　言

本标准代替 YB/T 5132—1993《合金结构钢薄钢板》。

本标准与 YB/T 5132—1993 相比主要变化如下：

——增加了订货内容；

——增加了叠轧钢板的尺寸允许偏差及不平度要求；

——增加了可供应 GB/T 3077 中的其他牌号；

——修改了 20CrMnSiA、25CrMnSiA 和 30CrMnSiA 钢的成品碳偏差；

——取消了 45Mn2A、15Cr、15CrA、30Cr、35Cr 和 35CrMnSiA 力学性能指标供参考的规定；

——增加了经双方协商按总脱碳层深度供货的规定。

本标准的附录 A 为规范性附录。

本标准由中国钢铁工业协会提出。

本标准由全国钢标准化技术委员会归口。

本标准主要起草单位：重庆东华特殊钢有限责任公司、冶金工业信息标准研究院。

本标准主要起草人：谢静红、蒲代兵、刘宝石。

本标准历次发布情况：

——YB/T 5132—1993；

——GB/T 5067—1985。

合金结构钢薄钢板

1 范围

本标准规定了合金结构钢热轧及冷轧薄钢板的尺寸、外形、技术要求、试验方法、检验规则、包装、标志和质量证明书。

本标准适用于厚度不大于 4 mm 的合金结构钢热轧及冷轧薄钢板。

2 规范性引用文件

下列文件中的条款通过本标准的引用而成为本标准的条款。凡是注日期的引用文件，其随后所有的修改单(不包括勘误的内容)或修订版均不适用于本标准，然而，鼓励根据本标准达成协议的各方研究是否可使用这些文件的最新版本。凡是不注日期的引用文件，其最新版本适用于本标准。

GB/T 222 钢的成品化学成分允许偏差

GB/T 223.3 钢铁及合金化学分析方法 二安替比林甲烷磷钼酸重量法测定磷量

GB/T 223.4 钢铁及合金化学分析方法 硝酸铵氧化容量法测定锰量

GB/T 223.5 钢铁及合金化学分析方法 还原型硅钼酸盐光度法测定酸溶硅含量

GB/T 223.11 钢铁及合金化学分析方法 过硫酸铵氧化容量法测定铬量

GB/T 223.12 钢铁及合金化学分析方法 碳酸钠分离-二苯碳酰二肼光度法测定铬量

GB/T 223.18 钢铁及合金化学分析方法 硫代硫酸钠分离-碘量法测定铜量

GB/T 223.19 钢铁及合金化学分析方法 新亚铜灵-三氯甲烷萃取光度法测定铜量

GB/T 223.58 钢铁及合金化学分析方法 亚砷酸钠-亚硝酸钠滴定法测定锰量

GB/T 223.59 钢铁及合金化学分析方法 锑磷钼蓝光度法测定磷量

GB/T 223.60 钢铁及合金化学分析方法 高氯酸脱水重量法测定硅含量

GB/T 223.61 钢铁及合金化学分析方法 磷钼酸铵容量法测定磷量

GB/T 223.62 钢铁及合金化学分析方法 乙酸丁酯萃取光度法测定磷量

GB/T 223.63 钢铁及合金化学分析方法 高碘酸钠(钾)光度法测定锰量

GB/T 223.64 钢铁及合金化学分析方法 火焰原子吸收光谱法测定锰量

GB/T 223.67 钢铁及合金化学分析方法 还原蒸馏-次甲基蓝光度法测定硫量

GB/T 223.68 钢铁及合金化学分析方法 管式炉内燃烧后碘酸钾滴定法测定硫含量

GB/T 223.69 钢铁及合金化学分析方法 管式炉内燃烧后气体容量法测定碳含量

GB/T 223.71 钢铁及合金化学分析方法 管式炉内燃烧后重量法测定碳含量

GB/T 223.72 钢铁及合金化学分析方法 氧化铝色层分离-硫酸钡重量法测定硫量

GB/T 223.74 钢铁及合金化学分析方法 非化合碳含量的测定

GB/T 224 钢的脱碳层深度测定法

GB/T 228 金属材料 室温拉伸试验方法

GB/T 247 钢板和钢带验收、包装、标志及质量证明书的一般规定

GB/T 708 冷轧钢板和钢带的尺寸、外形、重量及允许偏差

GB/T 709 热轧钢板和钢带的尺寸、外形、重量及允许偏差

GB/T 2975 钢及钢产品力学性能试验取样位置及试样制备

GB/T 3077 合金结构钢

GB/T 4156 金属杯突试验方法(厚度 0.2 mm～2 mm)

GB/T 13299 钢的显微组织评定方法

GB/T 20066 钢和铁 化学成分测定用试样的取样和制样方法

3 订货内容

按本标准订货的合同或订单应包括下列内容：

a) 标准号；

b) 产品名称；

c) 冶炼方法；

d) 尺寸和外形；

e) 交货状态；

f) 交货重量(或数量)；

g) 表面质量组别；

h) 特殊要求。

4 尺寸、外形及允许偏差

4.1 冷轧钢板的尺寸外形及其允许偏差应符合 GB/T 708 的规定。

4.2 热轧钢板的尺寸外形及其允许偏差应符合 GB/T 709 的规定。

5 技术要求

5.1 牌号和化学成分

5.1.1 钢板由下列牌号的钢制造：

优质钢：40B,45B,50B,15Cr,20Cr,30Cr,35Cr,40Cr,50Cr,12CrMo,15CrMo,20CrMo,30CrMo,35CrMo,12Cr1MoV,12CrMoV,20CrNi,40CrNi,20CrMnTi 和 30CrMnSi。

高级优质钢：12Mn2A，16Mn2A，45Mn2A，50BA，15CrA，38CrA，20CrMnSiA，25CrMnSiA，30CrMnSiA 和 35CrMnSiA。

5.1.2 钢的化学成分(熔炼分析)及对残余元素的规定应符合 GB/T 3077 的规定。12Mn2A、16Mn2A 和 38CrA 的化学成分应符合表 1 规定。

5.1.3 根据供需双方协议，可供应 GB/T 3077 中的其他牌号。

5.1.4 成品钢板化学成分允许偏差应符合 GB/T 222 的规定。但 20CrMnSiA，25CrMnSiA，30CrMnSiA 和 35CrMnSiA 碳偏差为+0.01%、−0.02%。

表 1

统一数字代号	牌 号	化学成分(质量分数)/%						
		C	Si	Mn	S	P	Cr	Cu
					不大于			不大于
A00123	12Mn2A	0.08～0.17	0.17～0.37	1.20～1.60	0.030	0.030	—	0.25
A00163	16Mn2A	0.12～0.20	0.17～0.37	2.00～2.40	0.030	0.030	—	0.25
A20383	38CrA	0.34～0.42	0.17～0.37	0.50～0.80	0.030	0.030	0.80～1.10	0.25

5.2 交货状态

5.2.1 钢板应热处理(退火、正火、正火后回火、高温回火)后交货；在符合本标准其他各项规定的条件下，可以不经热处理交货。

5.2.2 钢板应切边后交货，连轧钢板可不切纵边交货。

5.2.3 表面质量按Ⅰ组、Ⅱ组供应的钢板应酸洗后交货；经保护气氛热处理的钢板可不酸洗交货。Ⅲ、

Ⅳ组表面的钢板不经酸洗交货，根据需方要求也可酸洗交货。

5.3 力学性能

5.3.1 经退火或回火供应的钢板，交货状态力学性能应符合表2的规定。表中未列牌号的力学性能仅供参考或由供需双方协议规定。

5.3.2 正火和不热处理交货的钢板，在保证断后伸长率的情况下，抗拉强度上限允许较表2规定的数值提高50 N/mm²。

5.4 工艺性能

5.4.1 冷冲压用厚度0.5 mm～1.0 mm的12Mn2A、16Mn2A、25CrMnSiA和30CrMnSiA钢板应进行杯突试验，冲压深度应符合表3规定。

5.4.2 钢板厚度在表3所列厚度之间时，冲压深度应采用相邻较小厚度的指标。

表2

牌　　号	抗拉强度 R_m/(N/mm²)	断后伸长率 $A_{11.3}^{a}$，不小于/%
12Mn2A	390～570	22
16Mn2A	490～635	18
45Mn2A	590～835	12
35B	490～635	19
40B	510～655	18
45B	540～685	16
50B、50BA	540～715	14
15Cr、15CrA	390～590	19
20Cr	390～590	18
30Cr	490～685	17
35Cr	540～735	16
38CrA	540～735	16
40Cr	540～785	14
20CrMnSiA	440～685	18
25CrMnSiA	490～685	18
30CrMnSi、30CrMnSiA	490～735	16
35CrMnSiA	590～785	14

a 厚度不大于0.9 mm的钢板，伸长率仅供参考。

表 3

单位为毫米

钢板公称厚度	牌　　号		
	12Mn2A	16Mn2A，25CrMnSiA	30CrMnSiA
	冲压深度不小于		
0.5	7.3	6.6	6.5
0.6	7.7	7.0	6.7
0.7	8.0	7.2	7.0
0.8	8.5	7.5	7.2
0.9	8.8	7.7	7.5
1.0	9.0	8.0	7.7

5.5 脱碳层

5.5.1 冷轧钢板应检查脱碳层。

5.5.2 根据需方要求，热轧钢板可检查脱碳层。

5.5.3 钢板的全脱碳层（铁素体）深度一面不超过钢板公称厚度的 2.5%，两面之和不超过 4%。

5.5.4 经供需双方协议，可供应全脱碳层深度小于上述规定的钢板。

5.5.5 经供需双方协议，可供应每面总脱碳层深度不超过公称厚度 5%的钢板。

5.6 显微组织

根据需方要求，12Mn2A、16Mn2A、25CrMnSiA 和 30CrMnSiA 钢板可检查带状组织，结果应不大于 3 级。经供需双方协议，可供应带状组织不大于 2 级的钢板。

5.7 表面质量

5.7.1 钢板不应有分层，表面不应有裂纹、气泡、结疤和夹杂。

5.7.2 钢板按表面质量分为四组，组别见表 4，需方要求的表面质量组别应在合同中注明。

表 4

组 别	生产方法	表　面　特　征
Ⅰ	冷轧	钢板的正面（质量较好的一面），允许有个别长度不大于 20 mm 的轻微划痕； 钢板的反面允许有深度不超过钢板厚度公差 1/4 的一般轻微麻点、划痕和压痕
Ⅱ	冷轧	距钢板边缘不大于 50 mm 内允许有氧化色； 钢板的正面允许有深度不超过钢板厚度公差之半的一般轻微麻点、轻微划痕和擦伤； 钢板的反面允许有深度不超过钢板厚度公差之半的下列缺陷：一般的轻微麻点、轻微划痕、擦伤、小气泡、小拉痕、压痕和凹坑
Ⅲ	冷轧或热轧	距钢板边缘不大于 200 mm 内允许有氧化色； 钢板的正面允许有深度不超过钢板厚度公差之半的下列缺陷：一般的轻微麻点、划伤、擦伤、压痕和凹坑； 钢板的反面允许有深度和高度不超过钢板厚度公差的下列缺陷：一般的轻微麻点、划伤、擦伤、小气泡、小拉痕、压痕和凹坑。热轧钢板允许有小凸包
Ⅳ	热轧	钢板的正反两面允许有深度和高度不超过钢板厚度公差的下列缺陷：麻点、小气泡、小拉痕、划伤、压痕、凹坑、小凸包和局部的深压坑（压坑数量每平方米不得超过两个）

5.7.2.1 冷轧钢板表面特征分为有光泽和无光泽两种。

5.7.2.2 表 4 中表面允许缺陷深度均不得使钢板小于允许最小厚度。

5.7.3 除Ⅰ组表面钢板的正面外,局部缺陷允许用砂轮打磨的方法清除,清理深度不得使钢板小于允许最小厚度。

5.7.4 热轧钢板表面允许有薄层氧化铁皮。经酸洗交货的Ⅱ、Ⅲ、Ⅳ组钢板表面允许有轻微的黄色薄膜。

5.7.5 经供需双方协议,冷轧钢板可一面抛光交货。

6 试验方法

每批钢板的试验项目和试验方法应符合表5的规定。

表5

序号	试验项目	试样数量	取样部位[c]	试验方法
1	化学成分[a]	每炉(罐)1个	GB/T 20066	GB/T 223
2	拉力试验	横向试样2个	GB/T 2975 每张检验用钢板	GB/T 228
3	杯突试验[b]	2个	每张检验用钢板	GB/T 4156
4	脱碳层			GB/T 224
5	带状组织			GB/T 13299
6	尺　寸	逐　张		千分尺或样板
7	表面质量	逐　张		目　视

a 分析成品钢板化学成分时,应先去除脱碳层。
b 杯突试样应在钢板宽度的边缘和中心采取。
c 检验用试样取样距钢板边缘应不小于40 mm。

7 检验规则

7.1 钢板应成批验收,每批由同一炉号、同一厚度、同一热处理炉次(连续式炉则为同一热处理制度)和同一表面质量组别的钢板组成。

7.2 检验用钢板的选取应符合下列规定。

7.2.1 成垛热处理的钢板,每批由其中一垛的上部和下部(或中部)各取1张;批量不大于20张时,取1张检验用钢板。

7.2.2 成卷热处理的钢板,每批由热处理炉的上层和下层卷的头部(或尾部)各取1张。

7.2.3 连续式炉热处理的钢板,从一批钢板热处理的开始和末尾各取1张。批量在1吨以下时,可只取1张。

7.3 取样数量和取样部位应符合表5的规定。

7.4 复验与判定规则

钢板复验与判定规则应符合GB/T 247的规定。

8 包装、标志及质量证明书

钢板的包装、标志和质量证明书应符合GB/T 247的规定。

附 录 A
(规范性附录)
叠轧薄板的尺寸、外形及允许偏差

A.1 叠轧钢板的尺寸及其允许偏差应符合表A.1的规定。

A.2 叠轧钢板的不平度为每米不大于20 mm。

表 A.1

单位为毫米

公称厚度	在下列宽度时的厚度允许偏差					
	600～750		>750～1 000		>1 000～1 500	
	较高轧制精度	普通轧制精度	较高轧制精度	普通轧制精度	较高轧制精度	普通轧制精度
>0.35～0.50	±0.05	±0.07	±0.05	±0.07	—	—
>0.50～0.60	±0.06	±0.08	±0.06	±0.08	—	—
>0.60～0.75	±0.07	±0.09	±0.07	±0.09	—	—
>0.75～0.90	±0.08	±0.10	±0.08	±0.10	—	—
>0.90～1.10	±0.09	±0.11	±0.09	±0.12	—	—
>1.10～1.20	±0.10	±0.12	±0.11	±0.13	±0.11	±0.15
>1.20～1.30	±0.11	±0.13	±0.12	±0.14	±0.12	±0.15
>1.30～1.40	±0.11	±0.14	±0.12	±0.15	±0.12	±0.18
>1.40～1.60	±0.12	±0.15	±0.13	±0.15	±0.13	±0.18
>1.60～1.80	±0.13	±0.15	±0.14	±0.17	±0.14	±0.18
>1.80～2.00	±0.14	±0.16	±0.15	±0.17	±0.16	±0.18
>2.00～2.20	±0.15	±0.17	±0.16	±0.18	±0.17	±0.19
>2.20～2.50	±0.16	±0.18	±0.17	±0.19	±0.18	±0.20
>2.50～3.00	±0.17	±0.19	±0.18	±0.20	±0.19	±0.21

ICS 77.140.50
H 46

中华人民共和国黑色冶金行业标准

YB/T 5310—2010
代替 YB/T 5310—2006

弹簧用不锈钢冷轧钢带

Cold rolled stainless steel strips for springs

2010-11-10 发布　　　　2011-03-01 实施

中华人民共和国工业和信息化部　发布

前　言

本标准参照 JIS G4313—1996《弹簧用不锈钢冷轧钢带》、ISO 6931-2:2005《弹簧用不锈钢　第二部分　窄钢带》、EN 10151:2002《弹簧用不锈钢带　交货技术条件》和 ASTM A666-03《退火和冷轧奥氏体不锈钢中厚板、薄板、钢带和扁钢》等标准，对 YB/T 5310—2006《弹簧用不锈钢冷轧钢带》进行修订。

本标准代替 YB/T 5310—2006《弹簧用不锈钢冷轧钢带》。与原标准对比，主要修订内容如下：

——增加钢带厚度不小于 0.03 mm、小于 0.10 mm 的相关内容；

——增加钢带宽度大于 250 mm、小于 1 250 mm 的相关内容；

——调整规范性引用文件；

——增加“术语符号”和“订货内容”2 章；

——修改牌号的命名方法；对类别和牌号做重新规定；

——增加 5 个牌号，其化学成分、力学性能采用相应标准的规定；

——增加牌号的化学成分要求；

——增加低冷作硬化状态(1/4H)的力学性能要求；

——取消 W 型弯曲试验要求；

——增加附录 A《各国弹簧用不锈钢牌号对照表》。

本标准的附录 A 为资料性附录。

本标准由中国钢铁工业协会提出。

本标准由全国钢标准化技术委员会归口。

本标准主要起草单位：上海实达精密不锈钢有限公司、冶金工业信息标准研究院。

本标准主要起草人：赵春宝、王晓虎、徐美儿、陈守超、张政、丁春华。

本标准所代替标准的历次版本发布情况为：

——GB/T 4231—1993；

——YB/T 5310—2006。

弹簧用不锈钢冷轧钢带

1 范围

本标准规定了弹簧用不锈钢冷轧钢带的牌号、尺寸、允许偏差及外形、技术要求、试验方法、检验规则、包装、标志及产品质量证明书。

本标准适用于厚度不大于1.60 mm、宽度小于1 250 mm制作片簧、盘簧，以及弹性元件用的冷轧不锈钢钢带(以下称钢带)。

2 规范性引用文件

下列文件对于本文件的应用是必不可少的。凡是注日期的引用文件，仅注日期的版本适用于本文件。凡是不注日期的引用文件，其最新版本(包括所有的修改单)适用于本文件。

GB/T 222 钢的成品化学成分允许偏差

GB/T 223.3 钢铁及合金化学分析方法 二安替比林甲烷磷钼酸重量法测定磷量

GB/T 223.4 钢铁及合金 锰含量的测定 电位滴定或可视滴定法

GB/T 223.5 钢铁 酸溶硅和全硅含量的测定 还原型硅钼酸盐分光光度法

GB/T 223.8 钢铁及合金化学分析方法 氟化钠分离-EDTA滴定法测定铝含量

GB/T 223.11 钢铁及合金 铬含量的测定 可视滴定或电位滴定法

GB/T 223.23 钢铁及合金 镍含量的测定 丁二酮肟分光光度法

GB/T 223.25 钢铁及合金化学分析方法 丁二酮肟重量法测定镍量

GB/T 223.28 钢铁及合金化学分析方法 α-安息香肟重量法测定钼量

GB/T 223.36 钢铁及合金化学分析方法 蒸馏分离-中和滴定法测定氮量

GB/T 223.58 钢铁及合金化学分析方法 亚砷酸钠-亚硝酸钠滴定法测定锰量

GB/T 223.61 钢铁及合金化学分析方法 磷钼酸铵容量法测定磷量

GB/T 223.68 钢铁及合金化学分析方法 管式炉内燃烧后碘酸钾滴定法测定硫含量

GB/T 223.69 钢铁及合金 碳含量的测定 管式炉内燃烧后气体容量法

GB/T 228 金属材料 室温拉伸试验方法

GB/T 232 金属材料 弯曲试验方法

GB/T 247 钢板和钢带包装、标志及质量证明书的一般规定

GB/T 1172 黑色金属硬度及强度换算值

GB/T 2975 钢及钢产品 力学性能试验取样位置及试样制备

GB/T 4340.1 金属材料 维氏硬度试验 第1部分:试验方法

GB/T 9971—2004 原料纯铁

GB/T 11170 不锈钢 多元素含量的测定 火花放电原子发射光谱法(常规法)

GB/T 17505 钢及钢产品交货一般技术要求

GB/T 20066 钢和铁 化学成分测定用试样的取样和制样方法

3 术语符号

下列术语符号适用于本文件。

厚度普通精度： PT. A
厚度较高精度： PT. B
厚度高精度： PT. C
镰刀弯普通精度： PC. A
镰刀弯较高精度： PC. B
不平度普通精度： PF. A
不平度较高精度： PF. B
低冷作硬化状态： 1/4H
半冷作硬化状态： 1/2H
高冷作硬化状态： 3/4H
冷作硬化状态： H
特别冷作硬化状态： EH
超特别冷作硬化状态：SEH

4 类别和牌号

钢带按金相组织分为四类，共 9 个牌号，类别和牌号见表 1。如需方要求并经供需双方协议，可供表 1 以外的其他牌号。

表 1 类别和牌号

类别	统一数字代号	牌 号
奥氏体型	S35350、S30110、S30408、S31608	12Cr17Mn6Ni5N、12Cr17Ni7、06Cr19Ni10、06Cr17Ni12Mo2
铁素体型	S11710	10Cr17
马氏体型	S42020、S42030、S42040	20Cr13、30Cr13、40Cr13
沉淀硬化型	S51770	07Cr17Ni7Al

5 订货内容

根据本标准订货，在合同中应注明下列技术内容：
a） 产品名称（或品名）；
b） 牌号；
c） 标准编号；
d） 尺寸及精度；
e） 重量或数量；
f） 表面加工类型；
g） 交货状态；
h） 标准中应由供需双方协商并在合同中注明的项目或指标，如未注明，则由供方选择；
i） 需方提出的其他特殊要求，经供需双方协商确定，并在合同中注明。

6 尺寸、外形、重量及允许偏差

6.1 钢带的公称尺寸范围见表 2。如需方要求并经双方协商，可供表 2 以外其他尺寸的产品。

表 2 厚度和宽度尺寸

单位为毫米

厚　度	宽　度
0.03～1.60	3～<1 250

6.2 钢带的厚度允许偏差应符合表 3 普通精度(PT.A)的规定。如需方要求并在合同中注明时，可执行表 3 中较高精度(PT.B)或高精度(PT.C)的规定。经供需双方协商并在合同中注明，偏差值可全为正偏差、负偏差或正负偏差不对称分布，但公差值应在表列范围之内。

表 3 钢带的厚度允许偏差

单位为毫米

公称厚度	厚度允许偏差														
	宽度<125			125≤宽度<250			250≤宽度<600			600≤宽度<1 000			1 000≤宽度<1 250		
	普通精度	较高精度	高精度	普通精度	较高精度	高精度	普通精度	较高精度	高精度	普通精度	较高精度	高精度	普通精度	较高精度	高精度
<0.10	±0.10*t*	±0.08*t*	—	±0.12*t*	±0.10*t*	±0.08*t*	±0.15*t*	±0.10*t*	±0.08*t*	±0.20*t*	±0.15*t*	±0.10*t*	±0.25*t*	±0.18*t*	±0.12*t*
0.10～<0.20	±0.010	±0.008	±0.006	±0.015	±0.012	±0.008	±0.020	±0.015	±0.010	±0.025	±0.015	±0.012	±0.030	±0.020	±0.015
0.20～<0.30	±0.015	±0.012	±0.008	±0.020	±0.015	±0.010	±0.025	±0.020	±0.012	±0.030	±0.020	±0.015	±0.040	±0.025	±0.020
0.30～<0.40	±0.020	±0.015	±0.010	±0.025	±0.020	±0.012	±0.030	±0.025	±0.015	±0.040	±0.025	±0.020	±0.045	±0.030	±0.025
0.40～<0.60	±0.025	±0.020	±0.014	±0.030	±0.025	±0.015	±0.035	±0.030	±0.020	±0.045	±0.030	±0.025	±0.050	±0.035	±0.030
0.60～<1.00	±0.030	±0.025	±0.018	±0.035	±0.030	±0.020	±0.040	±0.035	±0.025	±0.050	±0.035	±0.030	±0.055	±0.040	±0.035
1.00～<1.50	±0.035	±0.030	±0.020	±0.040	±0.035	±0.025	±0.045	±0.040	±0.030	±0.055	±0.040	±0.035	±0.060	±0.045	±0.040
≥1.50	±0.040	±0.035	±0.025	±0.050	±0.040	±0.030	±0.055	±0.045	±0.035	±0.060	±0.045	±0.040	±0.070	±0.055	±0.045
注：*t* 为钢带公称厚度。															

6.3 钢带的宽度允许偏差应符合表 4 的规定。经供需双方协商并在合同中注明，偏差值可全为正偏

差、负偏差或正负偏差不对称分布,但公差值应在表列范围之内。

表 4　钢带的宽度允许偏差　　单位为毫米

公称厚度	宽度允许偏差					
	宽度＜80	80≤宽度＜150	150≤宽度＜250	250≤宽度＜600	600≤宽度＜1 000	1 000≤宽度＜1 250
≤0.25	±0.08	±0.12	±0.17	±0.25	±0.40	±0.60
＞0.25～0.50	±0.10	±0.15	±0.20	±0.30	±0.50	±0.70
＞0.50～1.00	±0.15	±0.20	±0.25	±0.35	±0.60	±0.80
＞1.00	±0.20	±0.20	±0.30	±0.40	±0.70	±0.90

6.4　钢带的镰刀弯最大值应符合表 5 普通精度(PC.A)的规定。如需方要求并在合同中注明时,可执行表 5 中较高精度(PC.B)的规定。表 5 中的数值适用于宽度与厚度之比大于 10 的钢带。

表 5　钢带的镰刀弯　　单位为毫米

公称宽度	任意 1 000 长度上的镰刀弯	
	普通精度(PC.A)	较高精度(PC.B)
＜20	≤4.0	≤1.5
20～＜40	≤3.0	≤1.25
40～＜80	≤2.0	≤1.0
80～＜600	≤1.5	≤0.75
≥600	≤1.0	—

6.5　厚度较高精度(PT.B)、厚度高精度(PT.C)钢带的不平度最大值应符合表 6 普通精度的规定。如需方要求并在合同中注明时,厚度高精度(PT.C)钢带的不平度最大值可执行表 6 中较高精度(PF.B)的规定。

表 6　钢带的不平度　　单位为毫米

公称宽度	不　平　度									
	1/4H		1/2H		3/4H		H		EH、SEH	
	普通精度 PF.A	较高精度 PF.B	普通精度 PF.A	较高精度 PF.B	普通精度 PF.A	较高精度 PF.B	普通精度 PF.A	较高精度 PF.B	普通精度 PF.A	较高精度 PF.B
＜80	≤3.0	≤1.5	≤4.0	≤2.0	≤5.0	≤2.5	≤7.0	≤3.0	≤9.0	≤4.0
80～＜250	≤4.0	≤2.0	≤5.0	≤2.5	≤6.0	≤3.0	≤9.0	≤4.0	≤11	≤5.0
250～＜600	≤7.0	≤3.5	≤9.0	≤4.5	≤11	≤5.5	≤13	≤6.0	≤15	≤7.0
≥600	≤10	≤5.0	≤12	≤6.0	≤15	≤7.0	≤18	≤9.0	≤20	≤10

6.6　钢卷应牢固成卷并尽量保持圆柱形和不卷边。钢卷内径应在合同中注明。

6.7　钢带按实际重量交货。

7　要求

7.1　牌号和化学成分

7.1.1　钢的牌号和化学成分(熔炼分析)应符合表7的规定。

7.1.2　成品化学成分允许偏差应符合GB/T 222的规定。

表7　钢的牌号和化学成分

统一数字代号	牌号	化学成分(质量分数)/%									
		C	Si	Mn	P	S	Ni	Cr	Mo	N	其他元素
奥氏体型											
S35350	12Cr17Mn6Ni5N	0.15	1.00	5.50～7.50	0.050	0.030	3.50～5.50	16.00～18.00	—	0.05～0.25	—
S30110	12Cr17Ni7	0.15	1.00	2.00	0.045	0.030	6.00～8.00	16.00～18.00	—	0.10	—
S30408	06Cr19Ni10	0.08	0.75	2.00	0.045	0.030	8.00～10.50	18.00～20.00	—	0.10	—
S31608	06Cr17Ni12Mo2	0.08	0.75	2.00	0.045	0.030	10.00～14.00	16.00～18.00	2.00～3.00	0.10	—
铁素体型											
S11710	10Cr17	0.12	1.00	1.00	0.040	0.030	0.75	16.00～18.00	—	—	—
马氏体型											
S42020	20Cr13	0.16～0.25	1.00	1.00	0.040	0.030	(0.60)	12.00～14.00	—	—	—
S42030	30Cr13	0.26～0.35	1.00	1.00	0.040	0.030	(0.60)	12.00～14.00	—	—	—
S42040	40Cr13	0.36～0.45	0.80	0.80	0.040	0.030	(0.60)	12.00～14.00	—	—	—
沉淀硬化型											
S51770	07Cr17Ni7Al	0.09	1.00	1.00	0.040	0.030	6.50～7.75	16.00～18.00	—	—	Al:0.75～1.50
注：表中所列成分除标明范围或最小值，其余均为最大值。括号内值为允许添加的最大值。											

7.2 交货状态

7.2.1 奥氏体型钢带以冷轧状态交货。

7.2.2 铁素体型、马氏体型钢带以退火状态或冷轧状态交货。

7.2.3 沉淀硬化型钢带以固溶处理状态交货。

7.3 力学性能和工艺性能

7.3.1 钢带的硬度和冷弯性能按表 8 的规定。

表 8 钢带的力学性能和工艺性能

统一数字代号	牌号	交货状态	冷轧、固溶处理或退火状态		沉淀硬化处理状态	
			硬度 HV	冷弯 90°	热处理	硬度 HV
S35350	12Cr17Mn6Ni5N	1/4H	≥250	—	—	—
		1/2H	≥310	—	—	—
		3/4H	≥370	—	—	—
		H	≥430	—	—	—
S30110	12Cr17Ni7	1/2H	≥310	$d=4a$	—	—
		3/4H	≥370	$d=5a$	—	—
		H	≥430	—	—	—
		EH	≥490	—	—	—
		SEH	≥530	—	—	—
S30408	06Cr19Ni10	1/4H	≥210	$d=3a$	—	—
		1/2H	≥250	$d=4a$	—	—
		3/4H	≥310	$d=5a$	—	—
		H	≥370	—	—	—
S31608	06Cr17Ni12Mo2	1/4H	≥200	—	—	—
		1/2H	≥250	—	—	—
		3/4H	≥300	—	—	—
		H	≥350	—	—	—
S11710	10Cr17	退火	≤210	—	—	—
		冷轧	≤300	—	—	—
S42020	20Cr13	退火	≤240	—	—	—
		冷轧	≤290	—	—	—
S42030	30Cr13	退火	≤240	—	—	—
		冷轧	≤320	—	—	—

表 8（续）

统一数字代号	牌号	交货状态	冷轧、固溶处理或退火状态		沉淀硬化处理状态	
			硬度 HV	冷弯 90°	热处理	硬度 HV
S42040	40Cr13	退火	≤250	—	—	—
		冷轧	≤320	—	—	—
S51770	07Cr17Ni7Al	固溶	≤200	$d=a$	固溶+565 ℃时效 固溶+510 ℃时效	≥450 ≥450
		1/2H	≥350	$d=3a$	1/2H+475 ℃时效	≥380
		3/4H	≥400	—	3/4H+475 ℃时效	≥450
		H	≥450	—	H+475 ℃时效	≥530

注：表中 d，弯芯直径；a，钢带厚度。

7.3.1.1 钢带厚度小于 0.40 mm 时，可用抗拉强度值代替硬度值，其强度值应符合表 9 的规定。

表 9 钢带的力学性能

统一数字代号	牌号	交货状态	冷轧、固溶状态			沉淀硬化处理状态		
			规定非比例延伸强度 $R_{p0.2}$/MPa	抗拉强度 R_m/MPa	断后伸长率 A/%	热处理	规定非比例延伸强度 $R_{p0.2}$/MPa	抗拉强度 R_m/MPa
S30110	12Cr17Ni7	1/2H	≥510	≥930	≥10	—	—	—
		3/4H	≥745	≥1 130	≥5	—	—	—
		H	≥1 030	≥1 320	—	—	—	—
		EH	≥1 275	≥1 570	—	—	—	—
		SEH	≥1 450	≥1 740	—	—	—	—
S30408	06Cr19Ni10	1/4H	≥335	≥650	≥10	—	—	—
		1/2H	≥470	≥780	≥6	—	—	—
		3/4H	≥665	≥930	≥3	—	—	—
		H	≥880	≥1 130	—	—	—	—
S51770	07Cr17Ni7Al	固溶	—	≤1 030	≥20	固溶+565 ℃时效 固溶+510 ℃时效	≥960 ≥1 030	≥1 140 ≥1 230
		1/2H	—	≥1 080	≥5	1/2H+475 ℃时效	≥880	≥1 230
		3/4H	—	≥1 180	—	3/4H+475 ℃时效	≥1 080	≥1 420
		H	—	≥1 420	—	H+475 ℃时效	≥1 320	≥1 720

7.3.1.2 冷弯试样的纵向应垂直于钢带的轧制方向。经 90°V 型冷弯试验的试样，其弯曲部位的外表面不得有裂纹。

7.3.2 根据需方要求，厚度不小于 0.40 mm 的钢带以拉伸试验代替表 8 规定的硬度和弯曲试验时，钢带的力学性能应符合表 9 的规定。

7.3.2.1 07Cr17Ni7Al 的沉淀硬化热处理工艺如下：

a) 钢带交货状态为固溶处理态时，按下述任何一种方式进行：

565 ℃时效，于 760 ℃±15 ℃保温 90 min，此后在 1 h 内冷却到 15 ℃以下保温 30 min，再于 565 ℃±10 ℃保温 60 min 后空冷。

510 ℃时效，于 955 ℃±10 ℃保温 10 min，空冷到室温，在 24 h 内于－73 ℃±6 ℃保温 8 h，再于 510 ℃±10 ℃保温 60 min 后空冷。

b) 钢带交货状态为 1/2H、3/4H 和 H 的硬化状态时，按下述方式进行：

按不同程度的硬化状态冷轧后，于 475 ℃±10 ℃保温 1 h 后空冷。

7.3.2.2 20Cr13、30Cr13 和 40Cr13 的退火冷却工艺按下述方式进行：

在 750 ℃时空冷，或在 800 ℃～900 ℃时缓冷。

7.4 表面质量

7.4.1 钢带表面不允许有影响使用的缺陷。在没有特殊要求时，表面允许有个别轻微的擦伤、划痕、压痕、凹面、辊印和麻点，其深度或高度不得超过钢带厚度公差的一半。

7.4.2 钢带边缘应平整。切边钢带不允许有深度大于宽度公差之半的切割不齐和大于钢带公称厚度 10％的毛刺。

8 试验方法

8.1 每批钢板或钢带的检验项目、取样方法、取样数量及试验方法应符合表 10 的规定。

表 10 取样方法、数量及试验方法

序号	检验项目	取样方法及部位	取样数量	试验方法
1	化学成分	GB/T 20066	每炉 1 个	GB/T 223、GB/T 9971—2004 中的附录 A、GB/T 11170
2	拉伸试验	GB/T 2975 取纵向试样	每批 1 个	GB/T 228
3	弯曲试验	GB/T 232	每批 1 个	GB/T 232
4	硬度	任一卷	每批 2 个	GB/T 4340.1
5	尺寸外形	逐卷	—	通用量具测量
6	表面质量	逐卷	—	目视

8.2 钢带厚度的测量

宽度不大于 30 mm 时，在沿钢带宽度方向的中心部位测量；宽度大于 30 mm 时，应在距边部不小于 5 mm 处的任意点测量。

8.3 钢带外形的测量

8.3.1 测量钢带的镰刀弯时，将钢带的受检部分平放在平台上，用 1 m 长的直尺靠贴钢带凹侧，测量钢带与直尺之间的最大距离。

8.3.2 测量钢带不平度值时，将钢带的受检部分在自重状态下平放于平台上，用厚度规或线规测量钢带下表面与平台之间的最大距离。

9 检验规则

9.1 检查和验收

钢带的质量由供方质量监督部门负责检查和验收。需方有权按相应标准的规定进行验收。

9.2 组批规则

钢带应成批提交验收，每批由同一牌号、同一炉号、同一尺寸和同一交货状态的钢带组成。

9.3 复验和判定规则

若某项试验结果不符合本标准要求，允许按 GB/T 17505 进行复验。

10 包装、标志及质量证明书

钢带的包装、标志及质量证明书应符合 GB/T 247 的规定。

附　录　A
（资料性附录）
各国弹簧用不锈钢牌号对照表

表 A.1　各国弹簧用不锈钢牌号对照表

<table>
<tr><th colspan="3">中国
YB/T 5310</th><th rowspan="2">日本
JIS G 4313</th><th colspan="2">美国
ASTM A666</th><th rowspan="2">国际
ISO 6931-2</th><th colspan="2">欧洲
EN 10151</th></tr>
<tr><th>统一数字代号</th><th>新牌号</th><th>旧牌号</th><th>UNS</th><th>AISI</th><th>字母法</th><th>数字法</th></tr>
<tr><td colspan="9">奥氏体型</td></tr>
<tr><td>S35350</td><td>12Cr17Mn6Ni5N</td><td>1Cr17Mn6Ni5N</td><td>（SUS201）</td><td>S20100</td><td>201</td><td>X12CrMnNiN17-7-5</td><td>X12CrMnNiN17-7-5</td><td>1.4372</td></tr>
<tr><td></td><td></td><td></td><td></td><td></td><td></td><td>X11CrNiMnN19-8-6</td><td>X11CrNiMnN19-8-6</td><td>1.4369</td></tr>
<tr><td>S30110</td><td>12Cr17Ni7</td><td>1Cr17Ni7</td><td>SUS301</td><td>S30100</td><td>301</td><td>X10CrNi18-8</td><td>X10CrNi18-8</td><td>1.4310</td></tr>
<tr><td>S30408</td><td>06Cr19Ni10</td><td>0Cr18Ni9</td><td>SUS304</td><td>S30400</td><td>304</td><td>X5CrNi18-9</td><td>X5CrNi18-10</td><td>1.4301</td></tr>
<tr><td>S31608</td><td>06Cr17Ni12Mo2</td><td>0Cr17Ni12Mo2</td><td>（SUS316）</td><td>S31600</td><td>316</td><td>X5CrNiMo17-12-2</td><td>X5CrNiMo17-12-2</td><td>1.4401</td></tr>
<tr><td colspan="9">铁素体型</td></tr>
<tr><td>S11710</td><td>10Cr17</td><td>1Cr17</td><td>（SUS430）</td><td>S43000</td><td>430</td><td>X6Cr17</td><td>X6Cr17</td><td>1.4016</td></tr>
<tr><td colspan="9">马氏体型</td></tr>
<tr><td>S42020</td><td>20Cr13</td><td>2Cr13</td><td>（SUS420J1）</td><td>S42000</td><td>420</td><td>X20Cr13</td><td>X20Cr13</td><td>1.4021</td></tr>
<tr><td>S42030</td><td>30Cr13</td><td>3Cr13</td><td>SUS420J2</td><td>S42000</td><td>420</td><td>X30Cr13</td><td>X30Cr13</td><td>1.4028</td></tr>
<tr><td>S42040</td><td>40Cr13</td><td>4Cr13</td><td></td><td>S42000</td><td>420</td><td>X39Cr13</td><td>X39Cr13</td><td>1.4031</td></tr>
<tr><td colspan="9">沉淀硬化型</td></tr>
<tr><td>S51770</td><td>07Cr17Ni7Al</td><td>0Cr17Ni7Al</td><td>SUS631</td><td>S17700</td><td>631</td><td>X7CrNiAl17-7</td><td>X7CrNiAl17-7</td><td>1.4568</td></tr>
<tr><td></td><td></td><td></td><td>SUS632J1</td><td></td><td></td><td></td><td></td><td></td></tr>
<tr><td colspan="9">注：括号内牌号为该标准未列入的对应牌号。</td></tr>
</table>

(四) 钢　　丝

前　　言

本标准非等效采用欧洲标准化委员会(CEN)EN 10218—2:1994《钢丝及钢丝产品总则——第2部分:钢丝尺寸与允许偏差》标准。

本标准由GB 342—82、GB 3204—82、GB 3205—82三个标准合并后修订而成。尺寸允许偏差部分按欧洲标准做了较大修改,修订后标准尺寸允许偏差略严于EN 10218—2的规定,大尺寸钢丝尺寸允许偏差较原国标GB 342—82、GB 3204—82和GB 3205—82的尺寸允许偏差略有放宽。

本标准自生效之日起,同时代替GB 342—82《冷拉圆钢丝尺寸、外形、重量及允许偏差》,GB 3204—82《冷拉方钢丝尺寸、外形、重量及允许偏差》和GB 3205—82《冷拉六角钢丝尺寸、外形、重量及允许偏差》。

本标准由冶金工业部提出。

本标准由全国钢标准化技术委员会归口。

本标准由陕西钢厂、冶金工业部信息标准研究院负责起草。

本标准主要起草人:令狐永安、李树勇、姜清梅。

本标准1964年首次发布,1982年第一次修订。

中华人民共和国国家标准

冷拉圆钢丝、方钢丝、六角钢丝尺寸、外形、重量及允许偏差

Dimension shape mass and tolerance for cold-drawn round square and hexagonal steel wires

GB/T 342—1997

代替 GB 342—82
GB 3204—82
GB 3205—82

1 范围

本标准规定了冷拉圆钢丝、方钢丝、六角钢丝的尺寸、外形、重量及允许偏差。

本标准适用于直径为 0.05 mm～16.0 mm 的圆钢丝；边长为 0.50 mm～10.0 mm 的方钢丝；对边距离为 1.60 mm～10 mm 的六角钢丝。

2 截面图示及标注符

2.1 圆钢丝的截面图示及标注符号

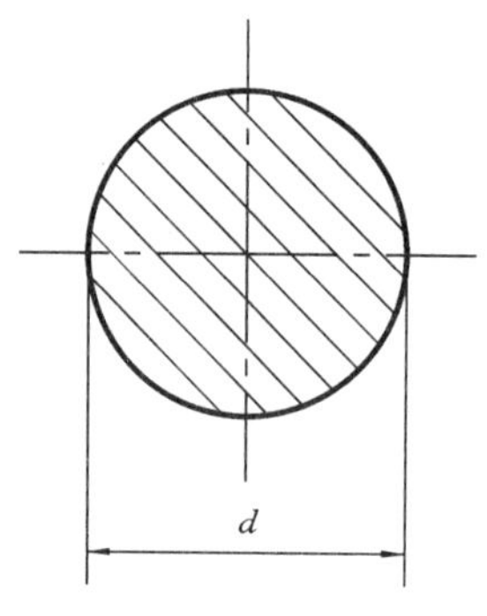

d—圆钢丝直径

2.2 方钢丝的截面图示及标注符号

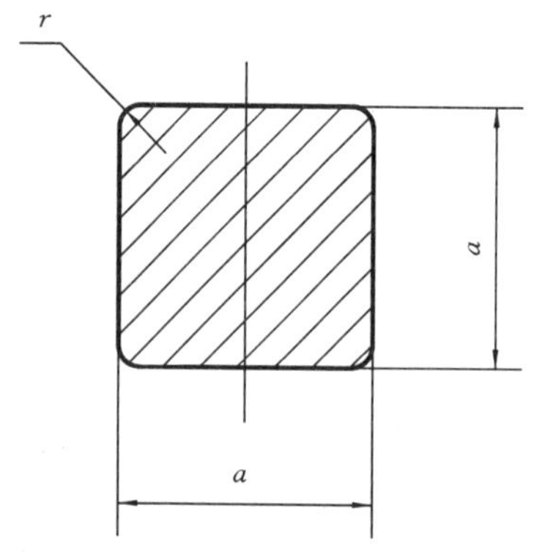

a—方钢丝的边长；r—角部圆弧半径

2.3 六角钢丝的截面图示及标注符号

国家技术监督局1997-03-17批准　　　　1997-09-01实施

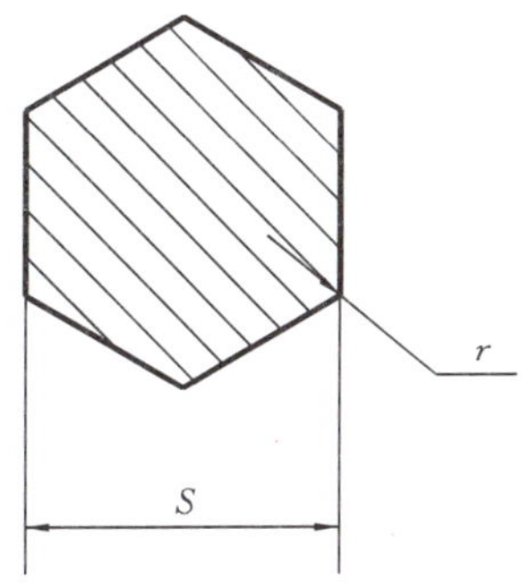

S—六角钢丝的对边距离；*r*—角部圆弧半径

3 尺寸、截面面积及理论重量

3.1 钢丝公称尺寸、截面面积及理论重量按表1规定。

3.2 根据需方要求，并经供需双方协议，可以供应中间尺寸的钢丝。

表1 钢丝公称尺寸、截面面积及理论重量

公称尺寸 mm	圆形		方形		六角形	
	截面面积 mm²	理论重量 kg/1 000m	截面面积 mm²	理论重量 kg/1 000m	截面面积 mm²	理论重量 kg/1 000m
0.050	0.002 0	0.016				
0.055	0.002 4	0.019				
0.063	0.003 1	0.024				
0.070	0.003 8	0.030				
0.080	0.005 0	0.039				
0.090	0.006 4	0.050				
0.10	0.007 9	0.062				
0.11	0.009 5	0.075				
0.12	0.011 3	0.089				
0.14	0.015 4	0.121				
0.16	0.020 1	0.158				
0.18	0.025 4	0.199				
0.20	0.031 4	0.246				
0.22	0.038 0	0.298				
0.25	0.049 1	0.385				

表 1（续）

公称尺寸 mm	圆形		方形		六角形	
	截面面积 mm²	理论重量 kg/1 000m	截面面积 mm²	理论重量 kg/1 000m	截面面积 mm²	理论重量 kg/1 000m
0.28	0.061 6	0.484				
0.30*	0.070 7	0.555				
0.32	0.080 4	0.631				
0.35	0.096	0.754				
0.40	0.126	0.989				
0.45	0.159	1.248				
0.50	0.196	1.539	0.250	1.962		
0.55	0.238	1.868	0.302	2.371		
0.60*	0.283	2.22	0.360	2.826		
0.63	0.312	2.447	0.397	3.116		
0.70	0.385	3.021	0.490	3.846		
0.80	0.503	3.948	0.640	5.024		
0.90	0.636	4.993	0.810	6.358		
1.00	0.785	6.162	1.000	7.850		
1.10	0.950	7.458	1.210	9.498		
1.20	1.131	8.878	1.440	11.30		
1.40	1.539	12.08	1.960	15.39		
1.60	2.011	15.79	2.560	20.10	2.217	17.40
1.80	2.545	19.98	3.240	25.43	2.806	22.03
2.00	3.142	24.66	4.000	31.40	3.464	27.20
2.20	3.801	29.84	4.840	37.99	4.192	32.91
2.50	4.909	38.54	6.250	49.06	5.413	42.49
2.80	6.158	48.34	7.840	61.54	6.790	53.30
3.00*	7.069	55.49	9.000	70.65	7.795	61.19
3.20	8.042	63.13	10.24	80.38	8.869	69.62
3.50	9.621	75.52	12.25	96.16	10.61	83.29
4.00	12.57	98.67	16.00	125.6	13.86	108.8
4.50	15.90	124.8	20.25	159.0	17.54	137.7
5.00	19.64	154.2	25.00	196.2	21.65	170.0
5.50	23.76	186.5	30.25	237.5	26.20	205.7
6.00*	28.27	221.9	36.00	282.6	31.18	244.8
6.30	31.17	244.7	39.69	311.6	34.38	269.9
7.00	38.48	302.1	49.00	384.6	42.44	333.2

表 1（完）

公称尺寸 mm	圆形		方形		六角形	
	截面面积 mm^2	理论重量 kg/1 000m	截面面积 mm^2	理论重量 kg/1 000m	截面面积 mm^2	理论重量 kg/1 000m
8.00	50.27	394.6	64.00	502.4	55.43	435.1
9.00	63.62	499.4	81.00	635.8	70.15	550.7
10.0	78.54	616.5	100.00	785.0	86.61	679.9
11.0	95.03	746.0				
12.0	113.1	887.8				
14.0	153.9	1 208.1				
16.0	201.1	1 578.6				

注

1 表中的理论重量是按密度为 7.85 g/cm^3 计算的，对特殊合金钢丝，在计算理论重量时应采用相应牌号的密度。

2 表内尺寸一栏，对于圆钢丝表示直径；对于方钢丝表示边长；对于六角钢丝表示对边距离，以下各表相同。

3 表中的钢丝直径系列采用 R20 优先数系，其中“*”符号系列补充的 R40 优先数系中的优先数系。

4 尺寸允许偏差

4.1 钢丝尺寸的偏差应符合表 2 或表 3 的规定，其具体要求应在相应的技术条件或合同中注明。

4.2 中间尺寸钢丝的尺寸允许偏差按相邻较大规格钢丝的规定。

表 2 钢丝尺寸允许偏差

mm

钢丝尺寸	允许偏差级别					
	8	9	10	11	12	13
	允许偏差					
0.05～0.10	±0.002	±0.005	±0.006	±0.010	±0.015	±0.020
>0.10～0.30	±0.003	±0.006	±0.009	+0.014	±0.022	±0.029
>0.30～0.60	±0.004	±0.009	±0.013	±0.018	±0.030	±0.038
>0.60～1.00	±0.005	±0.011	±0.018	±0.023	±0.035	±0.045
>1.00～3.00	±0.007	±0.015	±0.022	±0.030	±0.050	±0.060
>3.00～6.00	±0.009	±0.020	±0.028	±0.040	±0.062	±0.080
>6.00～10.0	±0.011	±0.025	±0.035	±0.050	±0.075	±0.100
>10.0～16.0	±0.013	±0.030	±0.045	±0.060	±0.090	±0.120

表 3 钢丝尺寸允许偏差

mm

钢丝尺寸	允许偏差级别					
	8	9	10	11	12	13
	允许偏差					
0.05～0.10	0 −0.004	0 −0.010	0 −0.012	0 −0.020	0 −0.030	0 −0.040
>0.10～0.30	0 −0.006	0 −0.012	0 −0.018	0 −0.028	0 −0.044	0 −0.058
>0.30～0.60	0 −0.008	0 −0.018	0 −0.026	0 −0.036	0 −0.060	0 −0.076
>0.60～1.00	0 −0.010	0 −0.022	0 −0.036	0 −0.046	0 −0.070	0 −0.090
>1.00～3.00	0 −0.014	0 −0.030	0 −0.044	0 −0.060	0 −0.100	0 −0.120
>3.00～6.00	0 −0.018	0 −0.040	0 −0.056	0 −0.080	0 −0.124	0 −0.160
>6.00～10.0	0 −0.022	0 −0.050	0 −0.070	0 −0.100	0 −0.150	0 −0.200
>10.0～16.0	0 −0.026	0 −0.060	0 −0.090	0 −0.120	0 −0.180	0 −0.240

4.3 钢丝尺寸允许偏差级别适用范围按表 4 规定。

表 4 钢丝尺寸允许偏差级别适用范围

钢丝截面形状	圆形	方形	六角形
适用级别	8～12	10～13	10～13

5 长度及允许偏差

5.1 直条钢丝的通常长度

5.1.1 直条钢丝的通常长度为 2 000 mm～4 000 mm，允许供应长度不小于 1 500 mm 的短尺钢丝，但其重量不得超过该批重量的 15%。

5.1.2 对直条钢丝的通常长度有特殊要求时，应在相应技术条件中规定，或经供需双方协议在合同中注明。

5.2 直条钢丝的定尺、倍尺长度允许偏差

5.2.1 直条钢丝按定尺、倍尺交货时，其长度允许偏差为 $^{+50}_{0}$ mm。

5.2.2 按定尺或倍尺交货以及对长度允许偏差有特殊要求时，应在合同中注明。

6 外形

6.1 钢丝以盘状交货。也可经供需双方协商以直条交货，但应在合同中注明。

6.2 圆钢丝的不圆度应不大于直径公差之半。经供需双方协议，可以供应其他不圆度的钢丝。

6.3 方钢丝的对角线差不得大于相应级别边长公差的 0.7 倍。

6.4 对方钢丝、六角钢丝的角部圆弧半径有特殊要求时，由供需双方协议。

6.5 直条方钢丝、六角钢丝不得有明显扭转。

6.6 直条钢丝每米弯曲度不得大于 4 mm。

6.7 钢丝盘应规整，且由一根钢丝组成，当解开捆扎线时不得散乱或呈“∞”字形。

7 标记示例

用 45 钢制造，尺寸允许偏差为 11 级，直径、边长、对边距离为 5 mm 的软状态冷拉优质碳素结构钢圆、方、六角钢丝，其标记为：

圆钢丝：$\dfrac{\text{11-5-GB/T 342—1997}}{\text{45-R-GB 3206—82}}$

方钢丝：$\dfrac{\text{11-5-GB/T 342—1997}}{\text{45-R-GB 3206—82}}$

六角钢丝：$\dfrac{\text{11-5-GB/T 342—1997}}{\text{45-R-GB 3206—82}}$

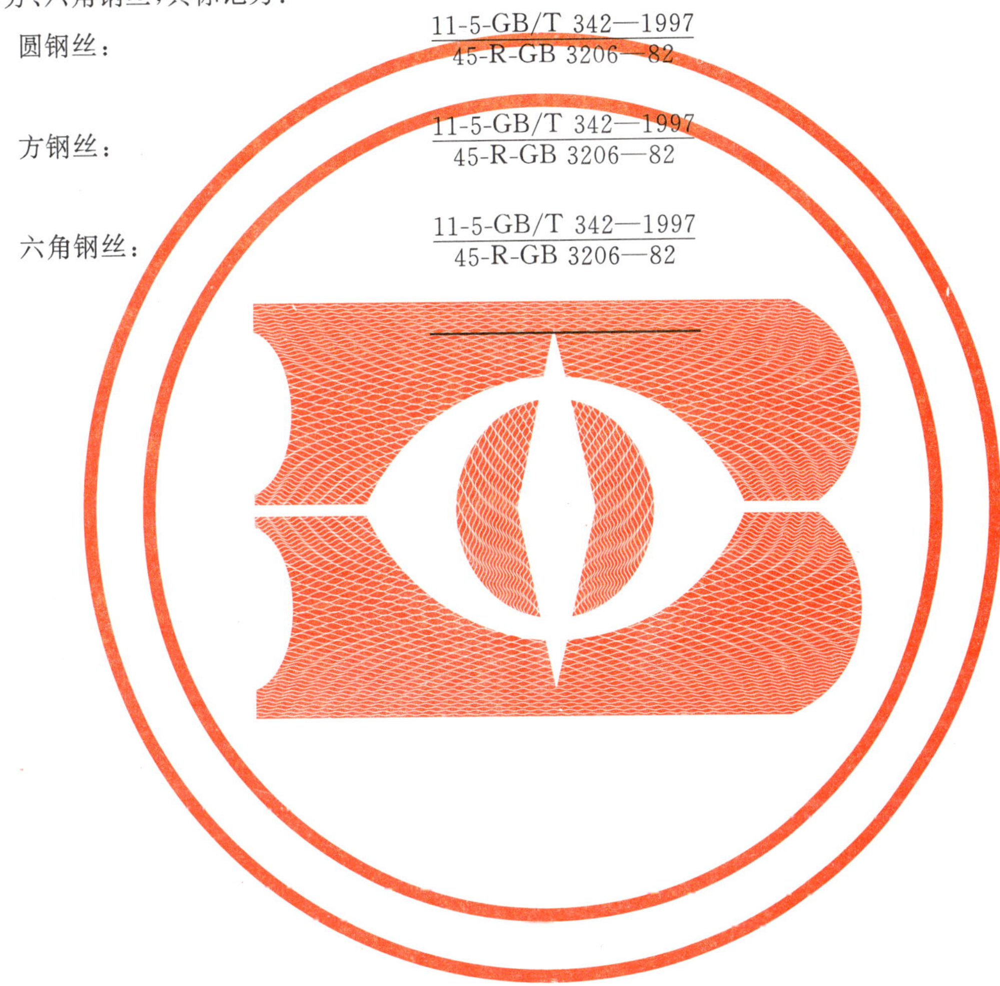

ICS 77.140.65
H 49

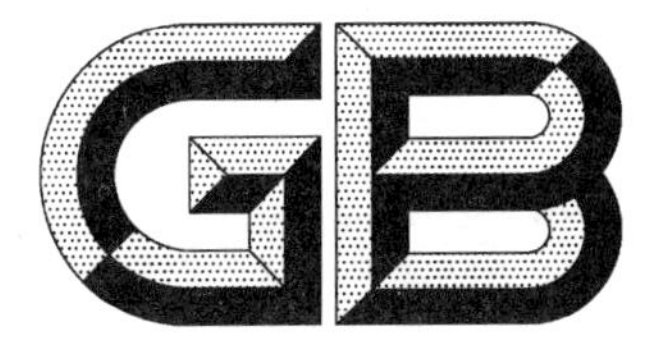

中华人民共和国国家标准

GB/T 4240—2009
代替 GB/T 4240—1993

不 锈 钢 丝

Stainless steel wires

2009-10-30 发布 2010-05-01 实施

中华人民共和国国家质量监督检验检疫总局
中国国家标准化管理委员会 发布

前言

本标准修改采用 ASTM A580:1998(2004)《不锈钢丝》(英文版)。

由于我国法律要求和工业的特殊需要,本标准在采用 ASTM A580:1998(2004)标准时进行了修改。在附录 B 中给出了技术差异及其原因的一览表以供参考。

本标准代替 GB/T 4240—1993《不锈钢丝》。与 GB/T 4240—1993 相比,主要变化如下:

——增加术语和定义;

——部分牌号增加交货状态;

——增加表面状态规定;

——扩大直径范围,软态钢丝由 0.05 mm～14.0 mm 扩大到 0.05 mm～16.0 mm,轻拉钢丝由 0.50 mm～14.0 mm扩大到 0.30 mm～16.0 mm,冷拉钢丝由 0.50 mm～6.00 mm 扩大到 0.10 mm～12.0 mm;

——取消标记示例;

——扩大盘卷内径;

——修改了牌号表示方法;

——修改了牌号数量,删除了 0Cr19Ni9N、Y1Cr18Ni9Se、0Cr18Ni11Ti、0Cr18Ni11Nb、00Cr19Ni11、1Cr17Ni2、9Cr18 共 7 个牌号,增加 12Cr17Mn6Ni5N 等共 20 个牌号;牌号由 23 个增加到 36 个;

——修改了化学成分;

——调整了力学性能,加严部分指标;

——修改了拉伸试样的标距;

——增加直径小于 1.0 mm 的钢丝,伸长率供参考;

——修改了包装规定;

——增加附录 A 和附录 B。

本标准的附录 A 和附录 B 均为资料性附录。

本标准由中国钢铁工业协会提出。

本标准由全国钢标准化技术委员会归口。

本标准主要起草单位:东北特殊钢集团有限责任公司、冶金工业信息标准研究院、江阴康瑞不锈钢制品有限公司、法尔胜集团公司、永兴特种不锈钢股份有限公司。

本标准主要起草人:真娟、徐效谦、朱卫、王玲君、戴石锋、刘翔、章建江、徐钦华、王建勇。

本标准所代替标准的历次版本发布情况为:

——GB/T 4240—1984、GB/T 4240—1993。

不 锈 钢 丝

1 范围

本标准规定了不锈钢丝的术语和定义、订货内容、分类与牌号、尺寸、外形及允许偏差、技术要求、试验方法、检验规则、包装、标志和质量证明书。

本标准适用于不锈钢丝(以下简称钢丝),但不包括奥氏体型和沉淀硬化型不锈弹簧钢丝、冷顶锻用和焊接用不锈钢丝。

2 规范性引用文件

下列文件中的条款通过本标准的引用而成为本标准的条款。凡是注日期的引用文件,其随后所有的修改单(不包括勘误的内容)或修订版均不适用于本标准,然而,鼓励根据本标准达成协议的各方研究是否可使用这些文件的最新版本。凡是不注日期的引用文件,其最新版本适用于本标准。

GB/T 222 钢的成品化学成分允许偏差

GB/T 223.3 钢铁及合金化学分析方法 二安替吡啉甲烷磷钼酸重量法测定磷量

GB/T 223.4 钢铁及合金 锰含量的测定 电位滴定或可视滴定法

GB/T 223.5 钢铁 酸溶硅和全硅含量的测定 还原型硅钼酸盐分光光度法

GB/T 223.8 钢铁及合金化学分析方法 氟化钠分离-EDTA滴定法测定铝含量

GB/T 223.11 钢铁及合金化学分析方法 过硫酸铵氧化容量法测定铬量

GB/T 223.17 钢铁及合金化学分析方法 二安替吡啉甲烷光度法测定钛量

GB/T 223.18 钢铁及合金化学分析方法 硫代硫酸钠分离-碘量法测定铜量

GB/T 223.23 钢铁及合金 镍含量的测定 丁二酮肟分光光度法

GB/T 223.25 钢铁及合金化学分析方法 丁二酮肟重量法测定镍量

GB/T 223.26 钢铁及合金 钼含量的测定 硫氰酸盐分光光度法

GB/T 223.28 钢铁及合金化学分析方法 α-安息香肟重量法测定钼量

GB/T 223.36 钢铁及合金化学分析方法 蒸馏分离-中和滴定法测定氮量

GB/T 223.37 钢铁及合金化学分析方法 蒸馏分离-靛酚蓝光度法测定氮量

GB/T 223.40 钢铁及合金 铌含量的测定 氯磺酚S分光光度法

GB/T 223.58 钢铁及合金化学分析方法 亚砷酸钠-亚硝酸钠滴定法测定锰量

GB/T 223.59 钢铁及合金化学分析方法 锑磷钼蓝光度法测定磷量

GB/T 223.60 钢铁及合金化学分析方法 高氯酸脱水重量法测定硅含量

GB/T 223.61 钢铁及合金化学分析方法 磷钼酸铵容量法测定磷量

GB/T 223.62 钢铁及合金化学分析方法 乙酸丁酯萃取光度法测定磷量

GB/T 223.63 钢铁及合金化学分析方法 高碘酸钠(钾)光度法测定锰量

GB/T 223.67 钢铁及合金 硫含量的测定 次甲基蓝分光光度法

GB/T 223.68 钢铁及合金化学分析方法 管式炉内燃烧后碘酸钾滴定法测定硫含量

GB/T 223.69 钢铁及合金 碳含量的测定 管式炉内燃烧后气体容量法

GB/T 223.71 钢铁及合金化学分析方法 管式炉内燃烧后重量法测定碳含量

GB/T 223.72 钢铁及合金 硫含量的测定 重量法

GB/T 228 金属材料 室温拉伸试验方法(GB/T 228—2002,eqv ISO 6892:1998)

GB/T 342—1997 冷拉圆钢丝、方钢丝、六角钢丝尺寸、外形、重量及允许偏差

GB/T 2103—2008 钢丝验收、包装、标志和质量证明书的一般规定

GB/T 3207—2008 银亮钢

GB/T 4334 金属和合金的腐蚀 不锈钢晶间腐蚀试验方法

GB/T 4356 不锈钢盘条

GB/T 11170 不锈钢的光电发射光谱分析方法

GB/T 20066 钢和铁 化学成分测定用试样的取样和制样方法(GB/T 20066—2006,ISO 14284:1996,IDT)

GB/T 20123 钢铁 总碳硫含量的测定 高频感应炉燃烧后红外吸收法(常规方法)(GB/T 20123—2006,ISO 15350:2000,IDT)

GB/T 20124 钢铁 氮含量的测定 惰性气体熔融热导法(常规方法)(GB/T 20124—2006,ISO 15351:1999,IDT)

3 术语和定义

下列术语和定义适用于本标准。

3.1 交货状态

3.1.1

软态 soft,S

钢丝进行光亮热处理,或热处理后再进行酸洗或类似处理去除表面氧化皮。

3.1.2

轻拉 lightly drawn,LD

钢丝热处理后进行小减面率的拉拔。

3.1.3

冷拉 cold drawn,WCD

钢丝热处理后进行常规拉拔。

3.2 表面状态

3.2.1

雾面 gray

钢丝经干式拉拔、热处理等加工后,表面无光泽。

3.2.2

亮面 bright

钢丝经湿式拉拔、热处理等加工后,表面光亮。

3.2.3

清洁面 cleanliness

钢丝经过拉拔、热处理等加工后,表面清洁。

3.2.4

涂(镀)层 coating

钢丝表面带涂层或镀层。

4 订货内容

按本标准订货的合同或订单应包括下列内容:

a) 本标准号;

b) 产品名称;

c) 牌号;

d) 尺寸与外形(见第 6 章);

e) 重量(或数量);

f) 交货状态(见 7.2);

g) 其他要求。

5 分类与牌号

钢丝按组织分为三类,其类别、牌号、交货状态及代号见表 1 所示。

表 1 钢丝的类别、牌号、交货状态和状态代号

类　　别	牌　　号	交货状态及代号
奥氏体	12Cr17Mn6Ni5N 12Cr18Mn9Ni5N 12Cr18Ni9 06Cr19Ni9 10Cr18Ni12 06Cr17Ni12Mo2 Y06Cr17Mn6Ni6Cu2 Y12Cr18Ni9 Y12Cr18Ni9Cu3 02Cr19Ni10 06Cr20Ni11 16Cr23Ni13 06Cr23Ni13 06Cr25Ni20 20Cr25Ni20Si2 022Cr17Ni12Mo2 06Cr19Ni13Mo3 06Cr17Ni12Mo2Ti	软态(S)、轻拉(LD)、冷拉(WCD)
铁素体	06Cr13Al 06Cr11Ti 02Cr11Nb 10Cr17 Y10Cr17 10Cr17Mo 10Cr17MoNb	软态(S)、轻拉(LD)、冷拉(WCD)
马氏体	12Cr13 Y12Cr13 20Cr13 30Cr13 32Cr13Mo Y30Cr13 Y16Cr17Ni2Mo	软态(S)、轻拉(LD)
	40Cr13 12Cr12Ni2 20Cr17Ni2	软态(S)

6 尺寸、外形及允许偏差

6.1 软态钢丝的公称尺寸范围为 0.05 mm～16.0 mm；轻拉钢丝的公称尺寸范围为 0.30 mm～16.0 mm；冷拉钢丝的公称尺寸范围为 0.10 mm～12.0 mm。

6.2 钢丝尺寸允许偏差应符合 GB/T 342—1997 表 2 中 h11 级的规定。经供需双方商定并在合同中注明，可提供 GB/T 342—1997 表 3 中规定的负偏差钢丝或其他级别的钢丝。

6.3 圆形钢丝的不圆度应不大于直径公差之半。

6.4 钢丝以盘卷、缠线轴、带芯轴或不带芯轴密排层绕或容器包装交货。盘卷和密排层绕应规整，打开盘卷时钢丝应不散乱、扭曲或呈"∞"字形。缠线轴和容器包装应保证放线顺畅，端头有明显标识。需方不作说明时，交货方式由供方决定。

6.5 钢丝盘卷内径应符合表 2 的规定。需方对盘径有特殊要求时，由供需双方商定。

6.6 根据需方要求可提供直条和磨光钢丝。直条钢丝的长度及允许偏差应符合 GB/T 342—1997 中第 5 章的规定。磨光钢丝的外形、尺寸及允许偏差应符合 GB/T 3207—2008 的规定，需方无特殊要求时，直径允许偏差执行 GB/T 3207—2008 中 h11 级的规定。

表 2 钢丝盘卷内径

单位为毫米

钢丝公称尺寸	钢丝盘卷内径 不小于
0.05～0.50	线轴或 150
>0.50～1.50	200
>1.50～3.00	250
>3.00～6.00	400
>6.00～12.0	600
>12.0～16.0	800

7 技术要求

7.1 原料及化学成分

7.1.1 钢丝用钢牌号及化学成分(熔炼分析)应符合表 3 规定。根据供需双方协商并在合同注明，可对表 3 化学成分作适当调整；也可提供其他牌号及化学成分的钢丝。

7.1.2 钢丝产品化学成分允许偏差应符合 GB/T 222 的规定。

7.1.3 钢丝用盘条的其他技术要求应符合 GB/T 4356 的规定。

7.2 交货状态

7.2.1 钢丝按表 1 规定的状态交货。

7.2.2 根据需方要求，可提供直条或磨光状态钢丝。

7.2.3 根据钢丝表面光亮或洁净程度，表面状态可分为雾面、亮面、清洁面和涂(镀)层表面等 4 种，需方无特殊要求时，由供方确定表面状态。

7.3 力学性能

7.3.1 软态钢丝的力学性能应符合表 4 的规定。

7.3.2 轻拉钢丝的力学性能应符合表 5 的规定。

7.3.3 冷拉钢丝的力学性能应符合表 6 的规定。

7.3.4 直条或磨光状态钢丝的力学性能允许有±10%的偏差。

7.3.5 表 4～表 6 中未列出牌号及状态的钢丝的力学性能由供需双方协商确定。

表 3 钢丝用钢的牌号及化学成分(熔炼分析)

统一数字代号	牌号	化学成分(质量分数)/%										
		C	Si	Mn	P	S	Cr	Ni	Mo	Cu	N	其他
奥氏体钢												
S35350	12Cr17Mn6Ni5N	0.15	1.00	5.50~7.50	0.050	0.030	16.00~18.00	3.50~5.50	—	—	0.05~0.25	—
S35450	12Cr18Mn9Ni5N	0.15	1.00	7.50~10.0	0.050	0.030	17.00~19.00	4.00~6.00	—	—	0.05~0.25	—
S35987	Y06Cr17Mn6Ni6Cu2	0.08	1.00	5.00~6.50	0.045	0.18~0.35	16.00~18.00	5.00~6.50	—	1.75~2.25	—	—
S30210	12Cr18Ni9	0.15	1.00	2.00	0.045	0.030	17.00~19.00	8.00~10.00	—	—	0.10	—
S30317	Y12Cr18Ni9	0.15	1.00	2.00	0.20	≥0.15	17.00~19.00	8.00~10.00	(0.60)	—	—	—
S30387	Y12Cr18Ni9Cu3	0.15	1.00	3.00	0.20	≥0.15	17.00~19.00	8.00~10.00	—	1.50~3.50	—	—
S30408	06Cr19Ni10	0.08	1.00	2.00	0.045	0.030	18.00~20.00	8.00~11.00	—	—	—	—
S30403	022Cr19Ni10	0.030	1.00	2.00	0.045	0.030	18.00~20.00	8.00~12.00	—	—	—	—
S30510	10Cr18Ni12	0.12	1.00	2.00	0.045	0.030	17.00~19.00	10.50~13.00	—	—	—	—
S30808	06Cr20Ni11	0.08	1.00	2.00	0.045	0.030	19.00~21.00	10.00~12.00	—	—	—	—
S30920	16Cr23Ni13	0.20	1.00	2.00	0.040	0.030	22.00~24.00	12.00~15.00	—	—	—	—
S30908	06Cr23Ni13	0.08	1.00	2.00	0.045	0.030	22.00~24.00	12.00~15.00	—	—	—	—

表 3（续）

统一数字代号	牌号	化学成分(质量分数)/%										
		C	Si	Mn	P	S	Cr	Ni	Mo	Cu	N	其他
S31008	06Cr25Ni20	0.08	1.50	2.00	0.045	0.030	24.00～26.0	19.00～22.00	—	—	—	—
	20Cr25Ni20Si2	0.25	1.50～3.00	2.00	0.045	0.030	23.00～26.00	19.00～22.00	—	—	—	—
S31608	06Cr17Ni12Mo2	0.08	1.00	2.00	0.045	0.030	16.00～18.00	10.00～14.00	2.00～3.00	—	—	—
S31603	022Cr17Ni12Mo2	0.030	1.00	2.00	0.045	0.030	16.00～18.00	10.00～14.00	2.00～3.00	—	—	—
S31708	06Cr19Ni13Mo3	0.08	1.00	2.00	0.045	0.030	18.00～20.00	11.00～15.00	3.00～4.00	—	—	—
S31668	06Cr17Ni12Mo2Ti	0.08	1.00	2.00	0.045	0.030	16.00～18.00	10.00～14.00	2.00～3.00	—	—	Ti:≥5×C
铁素体钢												
S11348	06Cr13Al	0.08	1.00	1.00	0.040	0.030	11.50～14.50	0.60	—	—	—	Al:0.10～0.30
S11168	06Cr11Ti	0.08	1.00	1.00	0.045	0.030	10.50～11.70	0.60	—	—	—	Ti:6×C～0.75
S11178	04Cr11Nb	0.06	1.00	1.00	0.040	0.030	10.50～11.70	0.50	0.50	—	—	Nb:10×C～0.75
S11710	10Cr17	0.12	1.00	1.00	0.040	0.030	16.00～18.00	0.60	—	—	—	—
S11717	Y10Cr17	0.12	1.00	1.25	0.060	≥0.15	16.00～18.00	0.60	—	—	—	—
S11790	10Cr17Mo	0.12	1.00	1.00	0.040	0.030	16.00～18.00	0.60	0.75～1.25	—	—	—

表 3（续）

统一数字代号	牌号	化学成分(质量分数)/%										
		C	Si	Mn	P	S	Cr	Ni	Mo	Cu	N	其他
S11770	10Cr17MoNb	0.12	1.00	1.00	0.040	0.030	16.00～18.00	—	0.75～1.25	—	—	Nb:5×C～0.80
马氏体钢												
S41010	12Cr13	0.08～0.15	1.00	1.00	0.040	0.030	11.50～13.50	0.60	—	—	—	—
S41617	Y12Cr13	0.15	1.00	1.25	0.060	≥0.15	12.00～14.00	0.60	0.60	—	—	—
S42020	20Cr13	0.16～0.25	1.00	1.00	0.040	0.030	12.00～14.00	0.60	—	—	—	—
S42030	30Cr13	0.26～0.35	1.00	1.25	0.040	0.030	12.00～14.00	0.60	—	—	—	—
S45830	32Cr13Mo	0.28～0.35	0.80	1.00	0.040	0.030	12.00～14.00	0.60	0.50～1.00	—	—	—
S42037	Y30Cr13	0.26～0.35	1.00	1.25	0.060	≥0.15	12.00～14.00	0.60	0.60	—	—	—
S42040	40Cr13	0.36～0.45	0.60	0.80	0.040	0.030	12.00～14.00	0.60	—	—	—	—
S41410	12Cr12Ni2	0.15	1.00	1.00	0.040	0.030	11.50～13.50	1.25～2.50	—	—	—	—
S41717	Y16Cr17Ni2Mo	0.12～0.20	1.00	1.50	0.040	0.15～0.30	15.00～18.00	2.00～3.00	0.60	—	—	—
S43126	21Cr17Ni2	0.17～0.25	0.80	0.80	0.035	0.025	16.0～18.0	1.50～2.50	—	—	—	—

注：表中未规定范围者均为最大值。括号内数值为可加入或允许含有的最大值。

表 4　软态钢丝的力学性能

牌　　号	公称直径范围/mm	抗拉强度，R_m/(N/mm^2)	断后伸长率[a]，A/%，不小于
12Cr17Mn6Ni5N 12Cr18Mn9Ni5N 12Cr18Ni9 Y12Cr18Ni9 16Cr23Ni13 20Cr25Ni20Si2	0.05～0.10 >0.10～0.30 >0.30～0.60 >0.60～1.0 >1.0～3.0 >3.0～6.0 >6.0～10.0 >10.0～16.0	700～1 000 660～950 640～920 620～900 620～880 600～850 580～830 550～800	15 20 20 25 30 30 30 30
Y06Cr17Mn6Ni6Cu2 Y12Cr18Ni9Cu3 06Cr19Ni9 022Cr19Ni10 10Cr18Ni12 06Cr17Ni12Mo2 06Cr20Ni11 06Cr23Ni13 06Cr25Ni20 06Cr17Ni12Mo2 022Cr17Ni14Mo2 06Cr19Ni13Mo3 06Cr17Ni12Mo2Ti	0.05～0.10 >0.10～0.30 >0.30～0.60 >0.60～1.0 >1.0～3.0 >3.0～6.0 >6.0～10.0 >10.0～16.0	650～930 620～900 600～870 580～850 570～830 550～800 520～770 500～750	15 20 20 25 30 30 30 30
30Cr13 32Cr13Mo Y30Cr13 40Cr13 12Cr12Ni2 Y16Cr17Ni2Mo 20 Cr17Ni2	1.0～2.0 >2.0～16.0	600～850 600～850	10 15

[a] 易切削钢丝和公称直径小于 1.0 mm 的钢丝，伸长率供参考，不作判定依据。

表 5　轻拉钢丝的力学性能

牌　　号	公称尺寸范围/mm	抗拉强度，R_m/(N/mm^2)
12Cr17Mn6Ni5N 12Cr18Mn9Ni5N Y06Cr17Mn6Ni6Cu2 12Cr18Ni9 Y12Cr18Ni9 Y12Cr18Ni9Cu3 06Cr19Ni9 022Cr19Ni10 10Cr18Ni12 06Cr20Ni11	0.50～1.0 >1.0～3.0 >3.0～6.0 >6.0～10.0 >10.0～16.0	850～1 200 830～1 150 800～1 100 770～1 050 750～1 030

表 5（续）

牌　　号	公称尺寸范围/mm	抗拉强度，R_m/(N/mm²)
16Cr23Ni13 06Cr23Ni13 06Cr25Ni20 20Cr25Ni20Si2 06Cr17Ni12Mo2 022Cr17Ni14Mo2 06Cr19Ni13Mo3 06Cr17Ni12Mo2Ti	0.50～1.0 >1.0～3.0 >3.0～6.0 >6.0～10.0 >10.0～16.0	850～1 200 830～1 150 800～1 100 770～1 050 750～1 030
06Cr13Al 06Cr11Ti 022Cr11Nb 10Cr17 Y10Cr17 10Cr17Mo 10Cr17MoNb	0.30～3.0 >3.0～6.0 >6.0～16.0	530～780 500～750 480～730
12Cr13 Y12Cr13 20Cr13	1.0～3.0 >3.0～6.0 >6.0～16.0	600～850 580～820 550～800
30Cr13 32Cr13Mo Y30Cr13 Y16Cr17Ni2Mo	1.0～3.0 >3.0～6.0 >6.0～16.0	650～950 600～900 600～850

表 6　冷拉钢丝的力学性能

牌　　号	公称尺寸范围/mm	抗拉强度，R_m/(N/mm²)
12Cr17Mn6Ni5N 12Cr18Mn9Ni5N 12Cr18Ni9 06Cr19Ni9 10Cr18Ni12 06Cr17Ni12Mo2	0.10～1.0 >1.0～3.0 >3.0～6.0 >6.0～12.0	1 200～1 500 1 150～1 450 1 100～1 400 950～1 250

7.4　表面质量

钢丝表面不允许有结疤、折叠、裂纹、毛刺、麻坑、划伤和氧化皮等对使用有害的缺陷，但允许有个别深度不超过尺寸公差之半的麻点和划痕存在。直条钢丝表面允许有螺旋纹和润滑剂残迹存在。软态交货的马氏体型钢丝表面允许有氧化膜。

7.5　特殊要求

7.5.1　根据需方要求，由供需双方协商，可提供其他力学性能范围的钢丝。

7.5.2　根据需方要求，奥氏体型不锈钢丝可进行晶间腐蚀试验，试验方法由供需双方商定，并在合同中注明。

8 试验方法

钢丝的检验项目、取样数量、取样部位和试验方法应符合表 7 的规定。

9 检验规则

9.1 钢丝质量检查与验收由供方质量监督部门进行。

9.2 钢丝应成批验收，每批由同一炉号，同一牌号，同一尺寸和同一交货状态的钢丝组成。

9.3 钢丝的检查、验收按 GB/T 2103 的规定执行。

9.4 复验与判定规则应符合 GB/T 2103 的规定。力学性能试验结果不合格时，应将钢丝盘两端去掉一定长度后再取双倍试样进行复验，其结果应符合本标准的规定。

表 7 钢丝的检验项目、取样数量、取样部位和试验方法

序号	检验项目	取样数量[a]	取样部位	试验方法
1	化学成分	1 个/炉	按 GB/T 20066 规定	GB/T 223(见第 2 章)，GB/T 11170 GB/T 20123、GB/T 20124
2	拉伸试验	3 个	不同盘(支、轴)钢丝的一端	GB/T 228 尺寸≤1.5 mm 的钢丝，伸长率标距 L=50 mm； 尺寸>1.5 mm 的钢丝，伸长率标距 L=100 mm
3	晶间腐蚀	2 个	不同盘(支)一端	协商[b]
4	尺寸	逐盘(支)	逐盘(支)	相应精度的千分尺测量
5	表面质量	逐盘(支)	逐盘(支)	肉眼检查，必要时可用不大于 10 倍的放大镜检查

[a] 钢丝盘数小于检验取样数量时逐盘取样。

[b] 推荐执行 GB/T 4334，尺寸不大于 1.0 mm 的钢丝不检验。

10 包装、标志和质量证明书

钢丝包装一般按 GB/T 2103—2008 中 C 类或 E 类包装，要求其他类型包装应在合同中注明。标志和质量证明书应符合 GB/T 2103 的要求。

附 录 A
（资料性附录）
新、旧牌号及国外类似牌号对照

A.1 本标准与原标准及国外类似牌号的对照见表 A.1。

表 A.1 新、旧牌号及国外类似牌号对照

本标准	原标准	ASTM	UNS	JIS	EN	BS	ГОСТ
12Cr17Mn6Ni5N	1Cr17Mn6Ni5N	201	S20100	SUS201	X12CrMnNiN17-7-5	—	—
12Cr18Mn9Ni5N	1Cr18Mn8Ni5N	202	S20200	—	X12CrMnNiN18-9-5	284S16	—
Y06Cr17Mn6Ni6Cu2	—	XM-1	S20300	—	—	—	—
12Cr18Ni9	1Cr18Ni9	302	S30200	SUS302	X10CrNi18-8	302S31	—
Y12Cr18Ni9	Y1Cr18Ni9	303	S30300	SUS303	X8CrNiS18-9	303S31	—
Y12Cr18Ni9Cu3	Y1Cr18Ni9Cu3	—	—	SUS303Cu	X6CrNiCuS18-9-2	—	—
06Cr19Ni10	0Cr18Ni9	304	—	SUS304	—	304S31	—
022Cr19Ni10	00Cr19Ni10	304L	—	SUS304L	X2CrNi19-11	304S11	—
10Cr18Ni12	1Cr18Ni12	305	S30500	SUS305	—	—	—
06Cr20Ni11	00Cr20Ni11	308	S30800	SUS308	—	—	—
16Cr23Ni13	2Cr23Ni13	309	S30900	—	—	—	—
06Cr23Ni13	0Cr23Ni13	309S	S30908	SUS309S	—	309S20	—
06Cr25Ni20	0Cr25Ni20	—	—	SUS310S	—	310S17	—
20Cr25Ni20Si2	2Cr25Ni20Si2	314	S31400	—	—	314S25	—
06Cr17Ni12Mo2	0Cr17Ni12Mo2	316	S31600	SUS316	—	316S19	—
022Cr17Ni12Mo2	00Cr17Ni14Mo2	316L	S31603	SUS316L	XCrNiMo17-12-2	316S14	—
06Cr19Ni13Mo3	0Cr19Ni13Mo3	317	S31700	SUS317	—	—	—
06Cr17Ni12Mo2Ti	0Cr18Ni12Mo3Ti	—	—	SUS316Ti	X6CrNiMoTi17-12-2	320S18	—
06Cr13Al	0Cr13Al	405	S40500	SUS405	X6CrAl13	—	
06Cr11Ti	0Cr11Ti	409	S40900	—	—	409S17	
02Cr11Nb	—	409Nb	S40940	—	—	—	—
10Cr17	1Cr17	430	S43000	SUS430	—	430S18	—
Y10Cr17	Y1Cr17	430F	S43020	SUS430F	X14CrMoS17	—	—
10Cr17Mo	1Cr17Mo	434	S43400	SUS434	X6CrMo17-1	434S20	—
10Cr17MoNb	—	436	S43600	—	X6CrMoNb17-1	436S20	—
12Cr13	1Cr13	410	S41000	SUS410	X12Cr13	420S29	10X13
Y12Cr13	Y1Cr13	416	S41600	SUS416	X12CrS13	—	20X13
20Cr13	2Cr13	420	S42000	SUS420J1	X20Cr13	420S37	30X13
30Cr13	3Cr13	—	—	SUS420J2	X30Cr13	420S45	—
32Cr13Mo	3Cr13Mo	—	—	—	—	—	—

表 A.1(续)

本标准	原标准	ASTM	UNS	JIS	EN	BS	ГОСТ
Y30Cr13	Y3Cr13	420F	S42020	SUS420F	X29CrS13	—	—
40Cr13	4Cr13	—	—	—	X39Cr13	—	40Х13
12Cr12Ni2	—	414	S41400	—	—	—	—
Y16Cr17Ni2Mo	—	—	—	—	X441S29	441S29	—
20Cr17Ni2	—	—	—	—	X17CrNi16-2	431S29	20Х17Н2

附　录　B
（资料性附录）
本标准与 ASTM A580—1998(2004)标准的技术性差异及其原因

B.1　表 B.1 给出了本标准与 ASTM A580—1998(2004)技术性差异及其原因的一览表。

表 B.1　本标准与 ASTM A580—1998(2004)标准的技术性差异及其原因

本标准的章条编号	技术性差异	原　　因
2	引用我国国家标准	符合我国国家标准编写规则
3	增加“术语和定义”	便于用户使用本标准
4	增加“订货内容”	符合我国产品标准编写结构
5	增加“分类与牌号”	方便用户使用
7.1	牌号表示方法不同，化学成分略有变化	采用我国相应基础标准中的牌号及成分
7.4	力学性能中的部分指标有所调整	根据我国实际生产情况和用户的要求而定
7.6	增加“特殊要求”的规定	为了满足特定用途的需求
9	增加“检验规则”的规定	符合我国产品标准的相关要求
10	增加“包装、标志和质量证明书”的规定	

ICS 77.140.60
H 44

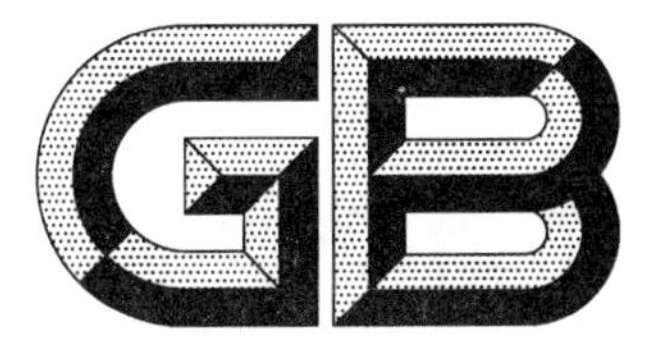

中华人民共和国国家标准

GB/T 4356—2016
代替 GB/T 4356—2002

不 锈 钢 盘 条

Stainless steel wire rods

2016-12-30 发布　　2017-09-01 实施

中华人民共和国国家质量监督检验检疫总局
中国国家标准化管理委员会 发布

前　言

本标准按照GB/T 1.1—2009给出的规则起草。

本标准代替GB/T 4356—2002《不锈钢盘条》，本标准与GB/T 4356—2002相比，主要变化如下：

——盘条直径范围扩大，由原标准的5.5 mm～30 mm，扩大至4.5 mm～40 mm，同时增加了相应尺寸精度及表面质量等要求；

——提高了盘卷重量要求；

——牌号修改，删除原标准中0Cr18Ni9牌号，增加Y12Cr18Ni9Cu3、07Cr19Ni10、06Cr19Ni9Cu2、06Cr19Ni10N、06Cr16Ni18、06Cr18Ni11Nb、022Cr23Ni5Mo3N、03Cr25Ni6Mo3Cu2N、022Cr12、06Cr11Ti、04Cr11Nb、022Cr11NiTiNb、05Cr17Ni4Cu4Nb、022Cr12Ni9Cu2NbTi等14个牌号；

——增加了奥氏体不锈钢固溶态的力学性能要求；

——增加了低倍组织作为特殊要求。

本标准由中国钢铁工业协会提出。

本标准由全国钢标准化技术委员会(SAC/TC 183)归口。

本标准起草单位：东北特殊钢集团有限责任公司、江苏星火特钢有限公司、冶金工业信息标准研究院。

本标准主要起草人：张晓军、康戈、翟华平、周一玲、谢亚平、翟海平、任翠英、王玲君、李国辉、徐华。

本标准所代替标准的历次版本发布情况为：

——GB/T 4356—1984、GB/T 4356—2002。

不 锈 钢 盘 条

1 范围

本标准规定了不锈钢盘条订货内容、尺寸、外形和重量、技术要求、试验方法、检验规则、包装、标志及质量证明书等。

本标准适用于不锈钢盘条,但不适用于焊接盘条。

2 规范性引用文件

下列文件对于本文件的应用是必不可少的。凡是注日期的引用文件,仅注日期的版本适用于本文件。凡是不注日期的引用文件,其最新版本(包括所有的修改单)适用于本文件。

GB/T 222 钢的成品化学成分允许偏差

GB/T 223.4 钢铁及合金 锰含量的测定 电位滴定法或可视滴定法

GB/T 223.8 钢铁及合金化学分析方法 氟化钠分离-EDTA 滴定法测定铝含量

GB/T 223.11 钢铁及合金 铬含量的测定 可视滴定或电位滴定法

GB/T 223.16 钢铁及合金化学分析方法 变色酸光度法测定钛量

GB/T 223.18 钢铁及合金化学分析方法 硫代硫酸钠分离-碘量法测定铜量

GB/T 223.23 钢铁及合金 镍含量的测定 丁二酮肟分光光度法

GB/T 223.25 钢铁及合金化学分析方法 丁二铜肟重量法测定镍量

GB/T 223.26 钢铁及合金 钼含量的测定 硫氰酸盐分光光度法

GB/T 223.28 钢铁及合金化学分析方法 α-安息香肟重量法测定钼量

GB/T 223.36 钢铁及合金化学分析方法 蒸馏分离-中和滴定法测定氮量

GB/T 223.40 钢铁及合金 铌含量的测定 氯磺酚 S 分光光度法

GB/T 223.43 钢铁及合金 钨含量的测定 重量法和分光光度法

GB/T 223.60 钢铁及合金化学分析方法 高氯酸脱水重量法测定硅含量

GB/T 223.61 钢铁及合金化学分析方法 磷钼酸铵容量法测定磷量

GB/T 223.64 钢铁及合金 锰含量的测定 火焰原子吸收光谱法

GB/T 223.72 钢铁及合金 硫含量的测定 重量法

GB/T 223.76 钢铁及合金化学分析方法 火焰原子吸收光谱法测定钒量

GB/T 223.86 钢铁及合金 总碳含量的测定 感应炉燃烧后红外吸收法

GB/T 226 钢的低倍组织及缺陷酸蚀检验法

GB/T 228.1 金属材料 拉伸试验 第1部分:室温试验方法

GB/T 231.1 金属材料 布氏硬度试验 第1部分:试验方法

GB/T 1979 结构钢低倍组织缺陷评级图

GB/T 2101 型钢验收、包装、标志及质量证明书的一般规定

GB/T 6394 金属平均晶粒度测定法

GB/T 11170 不锈钢 多元素含量的测定 火花放电原子发射光谱法(常规法)

GB/T 14981—2009 热轧圆盘条尺寸、外形、重量及允许偏差
GB/T 17505 钢及钢产品交货一般技术要求
GB/T 20066 钢和铁 化学成分测定用试样的取样和制样方法
GB/T 20123 钢铁 总碳硫含量的测定 高频感应炉燃烧后红外吸收法(常规方法)
GB/T 20124 钢铁 氮含量的测定 惰性气体熔融热导法(常规方法)
GB/T 20878 不锈钢和耐热钢 牌号及化学成分

3 订货内容

按本标准订货的合同或定单应包括下列内容:

a) 标准编号;
b) 产品名称;
c) 牌号或统一数字代号;
d) 交货的重量(数量);
e) 尺寸与外形;
f) 交货状态;
g) 奥氏体不锈钢力学性能组别(未注明时按2组执行);
h) 其他特殊要求。

4 尺寸、外形和重量

4.1 盘条的公称直径范围为:4.5 mm~40.0 mm。

4.2 盘条的直径允许偏差及不圆度应符合GB/T 14981—2009的规定(直径4.5 mm按5 mm相应规定),精度执行B级。经过供需双方协商,并在合同中注明,也可按其他级精度供货。

4.3 盘卷的重量

4.3.1 每卷盘条由一根组成,盘条重量应不小于1 000 kg,下列两种情况允许交货,但其盘卷总数应不超过每批盘数的5%(不足2盘的允许有2盘)。

a) 由一根组成的盘重小于1 000 kg但大于800 kg的盘卷;
b) 由两根组成的盘卷,但盘重不小于1 000 kg,每根盘条的重量不小于300 kg,并且有明显的标识。

4.3.2 根据需方要求,经双方协商,可提供其他特殊盘重要求的盘条。

5 技术要求

5.1 牌号及化学成分

5.1.1 钢的牌号及化学成分(熔炼分析)应符合表1~表5的规定。根据需方要求,经双方协议,也可供应其他牌号及化学成分要求的盘条。本标准与原版标准牌号对照见附录A。本标准规定牌号的主要用途参见附录B,本标准牌号与部分国外牌号对照见附录C。

5.1.2 盘条成品化学成分允许偏差应符合GB/T 222的规定。仅当需方要求并在合同中注明时,生产厂才进行成品化学成分分析,并在质量证明书中报出成品分析结果。

5.2 交货状态

盘条的交货状态应符合表 6 的规定。

5.3 硬度

退火状态交货的铁素体型钢和马氏体型钢盘条,其硬度应符合表 7 的规定,退火工艺参照表 7。

5.4 力学性能

盘条公称直径不大于 20 mm 的奥氏体型不锈钢固溶交货的力学性能应符合表 8 的相关组别规定,未注明时按 2 组执行。表 8 未列的牌号,固溶交货的力学性能由供需双方协商确定,未协商时提供抗拉强度、断后伸长率和断面收缩率的实测数据。盘条公称直径大于 20 mm 的奥氏体型不锈钢,固溶交货的力学性能由供需双方协商确定。

表 1 奥氏体型不锈钢的牌号及化学成分

序号	统一数字代号	牌号	化学成分(质量分数)/%							
			C	Si	Mn	P	S	Ni	Cr	其他
1	S35350	12Cr17Mn6Ni5N	≤0.15	≤1.00	5.50～7.50	≤0.050	≤0.030	3.50～5.50	16.00～18.00	N 0.05～0.25
2	S35450	12Cr18Mn9Ni5N	≤0.15	≤1.00	7.50～10.00	≤0.050	≤0.030	4.00～6.00	17.00～19.00	N 0.05～0.25
3	S35550	20Cr15Mn15Ni2N	0.15～0.25	≤1.00	14.00～16.00	≤0.050	≤0.030	1.50～3.00	14.00～16.00	N 0.15～0.30
4	S30210	12Cr18Ni9	≤0.15	≤1.00	≤2.00	≤0.045	≤0.030	8.00～10.00	17.00～19.00	N ≤0.10
5	S30317	Y12Cr18Ni9	≤0.15	≤1.00	≤2.00	≤0.20	≥0.15	8.00～10.00	17.00～19.00	Mo≤0.60
6		Y12Cr18Ni9Cu3	≤0.15	≤1.00	≤3.00	≤0.20	≥0.15	8.00～10.00	17.00～19.00	Cu 1.50～3.50
7	S30408	06Cr19Ni10[a]	≤0.08	≤1.00	≤2.00	≤0.045	≤0.030	8.00～11.00	18.00～20.00	—
8	S30409	07Cr19Ni10	0.04～0.10	≤1.00	≤2.00	≤0.045	≤0.030	8.00～11.00	18.00～20.00	—
9	S30403	022Cr19Ni10	≤0.030	≤1.00	≤2.00	≤0.045	≤0.030	8.00～12.00	18.00～20.00	—
10	S30480	06Cr18Ni9Cu2	≤0.08	≤1.00	≤2.00	≤0.045	≤0.030	8.00～10.50	17.00～19.00	Cu 1.00～3.00
11		06Cr19Ni9Cu2	≤0.08	≤1.00	≤2.00	≤0.045	≤0.030	8.00～10.50	18.00～20.00	Cu 1.00～3.00
12	S30488	06Cr18Ni9Cu3	≤0.08	≤1.00	≤2.00	≤0.045	≤0.030	8.50～10.50	17.00～19.00	Cu 3.00～4.00
13	S30458	06Cr19Ni10N	≤0.08	≤1.00	≤2.00	≤0.045	≤0.030	8.00～11.00	18.00～20.00	N 0.10～0.16
14	S30608	06Cr16Ni18	≤0.08	≤1.00	≤2.00	≤0.045	≤0.030	17.00～19.00	15.00～17.00	—
15	S31608	06Cr17Ni12Mo2	≤0.08	≤1.00	≤2.00	≤0.045	≤0.030	10.00～14.00	16.00～18.00	Mo 2.00～3.00
16	S31603	022Cr17Ni12Mo2	≤0.030	≤1.00	≤2.00	≤0.045	≤0.030	10.00～14.00	16.00～18.00	Mo 2.00～3.00
17	S31708	06Cr19Ni13Mo3	≤0.08	≤1.00	≤2.00	≤0.045	≤0.030	11.00～15.00	18.00～20.00	Mo 3.00～4.00
18	S31703	022Cr19Ni13Mo3	≤0.030	≤1.00	≤2.00	≤0.045	≤0.030	11.00～15.00	18.00～20.00	Mo 3.00～4.00
19	S32160	10Cr18Ni9Ti[b]	≤0.12	≤1.00	≤2.00	≤0.035	≤0.030	8.00～11.00	17.00～19.00	Ti 5(C−0.02)～0.80
20	S32168	06Cr18Ni11Ti	≤0.08	≤1.00	≤2.00	≤0.045	≤0.030	9.00～12.00	17.00～19.00	Ti 5C～0.70
21	S30508	06Cr18Ni12	≤0.08	≤1.00	≤2.00	≤0.045	≤0.030	11.00～13.50	16.50～19.00	—

表 1（续）

序号	统一数字代号	牌号	化学成分(质量分数)/%							
			C	Si	Mn	P	S	Ni	Cr	其他
22	S30510	10Cr18Ni12	≤0.12	≤1.00	≤2.00	≤0.045	≤0.030	10.50～13.00	17.00～19.00	—
23	S30908	06Cr23Ni13	≤0.08	≤1.00	≤2.00	≤0.045	≤0.030	12.00～15.00	22.00～24.00	—
24	S31008	06Cr25Ni20	≤0.08	≤1.50	≤2.00	≤0.045	≤0.030	19.00～22.00	24.00～26.00	—
25	S34778	06Cr18Ni11Nb	≤0.08	≤1.00	≤2.00	≤0.045	≤0.030	9.00～12.00	17.00～19.00	Nb 10C～1.10

[a] 此牌号允许 Cu 不大于 1.00%。

[b] 不推荐使用此牌号。

表 2 奥氏体-铁素体型不锈钢牌号及化学成分

序号	统一数字代号	牌号	化学成分(质量分数)/%									
			C	Si	Mn	P	S	Ni	Cr	Mo	N	其他
26	S22053	022Cr23Ni5Mo3N	≤0.030	≤1.00	≤2.00	≤0.030	≤0.020	4.50～6.50	22.00～23.00	3.00～3.50	0.14～0.20	—
27	S25554	03Cr25Ni6Mo3Cu2N	≤0.04	≤1.00	≤1.50	≤0.035	≤0.030	4.50～6.50	24.00～27.00	2.90～3.90	0.10～0.25	Cu 1.50～2.50

表 3 铁素体不锈钢牌号及化学成分

序号	统一数字代号	牌号	化学成分(质量分数)/%							
			C	Si	Mn	P	S	Ni	Cr	其他
28	S11203	022Cr12	≤0.030	≤1.00	≤1.00	≤0.040	≤0.030	≤0.60	11.00～13.50	—
29	S11710	10Cr17	≤0.12	≤1.00	≤1.00	≤0.040	≤0.030	≤0.60	16.00～18.00	—
30	S11717	Y10Cr17	≤0.12	≤1.00	≤1.25	≤0.060	≥0.15	≤0.60	16.00～18.00	Mo≤0.60
31	S11790	10Cr17Mo	≤0.12	≤1.00	≤1.00	≤0.040	≤0.030	≤0.60	16.00～18.00	Mo 0.75～1.25

表 3（续）

序号	统一数字代号	牌号	化学成分(质量分数)/%							
			C	Si	Mn	P	S	Ni	Cr	其他
32	S11168	06Cr11Ti	≤0.08	≤1.00	≤1.00	≤0.045	≤0.030	≤0.60	10.50～11.70	Ti 6C～0.75
33		04Cr11Nb	≤0.06	≤1.00	≤1.00	≤0.045	≤0.040	≤0.50	10.50～11.70	Nb 10C～0.75
34		022Cr11NiTiNb	≤0.030	≤1.00	≤1.00	≤0.040	≤0.030	0.75～1.00	10.50～11.70	N≤0.040，Ti≥0.05，Nb 10(C+N)～0.80

表 4　马氏体型不锈钢牌号及化学成分

序号	统一数字代号	牌号	化学成分(质量分数)/%								
			C	Si	Mn	P	S	Ni	Cr	Mo	其他
35	S41008	06Cr13	≤0.08	≤1.00	≤1.00	≤0.040	≤0.030	≤0.60	11.50～13.50	—	—
36	S41010	12Cr13[a]	0.08～0.15	≤1.00	≤1.00	≤0.040	≤0.030	≤0.60	11.50～13.50	—	—
37	S41617	Y12Cr13	≤0.15	≤1.00	≤1.25	≤0.060	≥0.15	≤0.60	12.00～14.00	≤0.60	—
38	S45710	13Cr13Mo	0.08～0.18	≤0.60	≤1.00	≤0.040	≤0.030	≤0.60	11.50～14.00	0.30～0.60	—
39	S42020	20Cr13	0.16～0.25	≤1.00	≤1.00	≤0.040	≤0.030	≤0.60	12.00～14.00	—	—
40	S42030	30Cr13	0.26～0.35	≤1.00	≤1.00	≤0.040	≤0.030	≤0.60	12.00～14.00	—	—
41	S42037	Y30Cr13	0.26～0.35	≤1.00	≤1.25	≤0.060	≥0.15	≤0.60	12.00～14.00	≤0.60	—
42	S45830	32Cr13Mo	0.28～0.35	≤0.80	≤1.00	≤0.040	≤0.030	≤0.60	12.00～14.00	0.50～1.00	—
43	S42040	40Cr13	0.36～0.45	≤0.60	≤0.80	≤0.040	≤0.030	≤0.60	12.00～14.00	—	—
44	S43110	14Cr17Ni2	0.11～0.17	≤0.80	≤0.80	≤0.040	≤0.030	1.50～2.50	16.00～18.00	—	—
45	S47310	13Cr11Ni2W2MoV	0.10～0.16	≤0.60	≤0.60	≤0.035	≤0.030	1.40～1.80	10.50～12.00	0.35～0.50	W 1.50～2.00，V 0.18～0.30
46	S41427	Y25Cr13Ni2	0.20～0.30	≤0.50	0.80～1.20	0.08～0.12	0.15～0.25	1.50～2.00	12.00～14.00	≤0.60	—

表 4（续）

序号	统一数字代号	牌号	化学成分(质量分数)/%								
			C	Si	Mn	P	S	Ni	Cr	Mo	其他
47	S44070	68Cr17	0.60～0.75	≤1.00	≤1.00	≤0.040	≤0.030	≤0.60	16.00～18.00	≤0.75	—
48	S44080	85Cr17	0.75～0.95	≤1.00	≤1.00	≤0.040	≤0.030	≤0.60	16.00～18.00	≤0.75	—
49	S44090	95Cr18	0.90～1.00	≤0.80	≤0.80	≤0.040	≤0.030	≤0.60	17.00～19.00	—	—
50	S44096	108Cr17	0.95～1.20	≤1.00	≤1.00	≤0.040	≤0.030	≤0.60	16.00～18.00	≤0.75	—
51	S44097	Y108Cr17	0.95～1.20	≤1.00	≤1.25	≤0.060	≥0.15	≤0.60	16.00～18.00	≤0.75	—
52	S45990	102Cr17Mo	0.95～1.10	≤0.80	≤0.80	≤0.040	≤0.030	≤0.60	16.00～18.00	0.40～0.70	—
53	S46990	90Cr18MoV	0.85～0.95	≤0.80	≤0.80	≤0.040	≤0.030	≤0.60	17.00～19.00	1.00～1.30	V 0.07～0.12

[a] 相对于 GB/T 20878 调整成分牌号。

表 5 沉淀硬化型不锈钢牌号及化学成分

序号	统一数字代号	牌号	化学成分(质量分数)/%							
			C	Si	Mn	P	S	Ni	Cr	其他
54	S51740	05Cr17Ni4Cu4Nb	≤0.07	≤1.00	≤1.00	≤0.040	≤0.030	3.00～5.00	15.00～17.50	Cu 3.00～5.00，Nb 0.15～0.45
55	S51770	07Cr17Ni7Al	≤0.09	≤1.00	≤1.00	≤0.040	≤0.030	6.50～7.75	16.00～18.00	Al 0.75～1.50
56	S51290	022Cr12Ni9Cu2NbTi	≤0.030	≤0.50	≤0.50	≤0.040	≤0.030	7.50～9.50	11.00～12.50	Cu 1.50～2.50，Ti 0.80～1.40，Nb0.10～0.50，Mo≤0.50

表 6　盘条的交货状态

类型	交货状态	备注
铁素体及06Cr13、12Cr13	热轧酸洗状态	根据用户要求并在合同中注明，可退火酸洗交货
马氏体钢（06Cr13、12Cr13钢除外）	退火酸洗状态	
奥氏体钢	热轧酸洗交货	根据用户要求，并在合同中注明，可固溶后酸洗交货
沉淀硬化钢	热轧酸洗交货	根据用户要求，并在合同中注明，可固溶后酸洗交货

表 7　铁素体钢和马氏体钢退火工艺（推荐）及硬度

类型	牌号	退火/℃	硬度HBW，不大于
铁素体	10Cr17	780～850空冷或缓冷	183
	Y10Cr17	680～820空冷或缓冷	183
	10Cr17Mo	780～850空冷或缓冷	183
马氏体	06Cr13	800～900缓冷或约750快冷	183
	12Cr13	800～900缓冷或约750快冷	200
	Y12Cr13	800～900缓冷或约750快冷	200
	13Cr13Mo	830～900缓冷或约750快冷	200
	20Cr13	800～900缓冷或约750快冷	223
	30Cr13	800～900缓冷或约750快冷	235
	Y30Cr13	800～900缓冷或约750快冷	235
	32Cr13Mo	800～900缓冷或约750快冷	207
	40Cr13	800～900缓冷或约750快冷	230
	14Cr17Ni2	650～700空冷	285
	13Cr11Ni2W2MoV	780～850缓冷	269
	Y25Cr13Ni2	640～720缓冷	285
	68Cr17	800～920缓冷	255
	85Cr17	800～920缓冷	255
	95Cr18	800～920缓冷	255
	108Cr17	800～920缓冷	269
	Y108Cr17	800～920缓冷	269
	102Cr17Mo	800～900缓冷	269
	90Cr18MoV	800～920缓冷	269

表 8 奥氏体不锈钢盘条固溶状态的力学性能

牌号	组别[b]	抗拉强度 R_m/MPa	断后伸长率 A/%	断面收缩率 Z/%
12Cr18Ni9	1	≤650	≥40	≥60
	2	≤750	≥40	≥50
Y12Cr18Ni9[a]	1	≤650	≥40	≥50
	2	≤680	≥40	≥50
06Cr19Ni10	1	≤620	≥40	≥60
	2	≤700	≥40	≥50
022Cr19Ni10	1	≤620	≥40	≥60
	2	≤700	≥40	≥50
06Cr18Ni9Cu2	1	≤580	≥40	≥60
	2	≤650	≥40	≥60
06Cr18Ni9Cu3	1	≤580	≥40	≥60
	2	≤650	≥40	≥60
06Cr17Ni12Mo2	1	≤650	≥40	≥60
	2	≤680	≥40	≥60
022Cr17Ni12Mo2	1	≤620	≥40	≥60
	2	≤650	≥40	≥60
10Cr18Ni9Ti	1	≤650	≥40	≥60
	2	≤680	≥40	—

[a] 断后伸长率仅供参考，不作判定依据。当 S≥0.25%时，断面收缩率应为≥40%。

[b] 2 组是指非完全固溶。

5.5 表面质量

盘条应加工良好，表面不得有对使用有害的缺陷，且表面纵向裂纹状的缺陷深度不得超过表 9 的规定。

表 9 盘条纵向裂纹状的缺陷深度

单位为毫米

盘条公称直径	允许缺陷深度
4.5～14.0	≤0.15
>14.0～20.0	≤0.20
>20.0～40.0	双方协议

5.6 特殊要求

根据需方要求，经供需双方协议，可对钢的化学成分、晶粒度、力学性能、低倍组织、表面质量等作特殊规定。

6 试验方法

6.1 钢材的检验项目及试验方法应符合表10的规定。

表10 盘条检验项目、取样数量、取样部位和试验方法

序号	检验项目	取样数量	取样部位	试验方法
1	化学成分	1个/每炉	GB/T 20066	见6.2
2	晶粒度	1	任意盘	GB/T 6394
3	硬度	2	不同盘	GB/T 231.1
4	拉伸试验	2	不同盘	GB/T 228.1
5	低倍组织	2	电炉模铸钢相当于钢锭头部的不同支钢坯或盘条,连铸钢在任意不同支盘条;电渣钢相当于钢锭头尾的钢坯或盘条	GB/T 226,GB/T 1979
6	尺寸	逐盘	整支	适宜精度的卡尺、千分尺
7	表面	逐盘	整支	目视检查,可用适宜精度的量具测定表面缺陷深度

6.2 化学成分分析

化学分析方法按GB/T 223.4、GB/T 223.8、GB/T 223.11、GB/T 223.16、GB/T 223.18、GB/T 223.23、GB/T 223.25、GB/T 223.26、GB/T 223.28、GB/T 223.36、GB/T 223.40、GB/T 223.43、GB/T 223.60、GB/T 223.61、GB/T 223.64、GB/T 223.72、GB/T 223.76、GB/T 223.86或GB/T 11170、GB/T 20123、GB/T 20124等通用方法进行。

仲裁时按GB/T 223.4、GB/T 223.8、GB/T 223.11、GB/T 223.16、GB/T 223.18、GB/T 223.23、GB/T 223.25、GB/T 223.26、GB/T 223.28、GB/T 223.36、GB/T 223.40、GB/T 223.43、GB/T 223.60、GB/T 223.61、GB/T 223.64、GB/T 223.72、GB/T 223.76、GB/T 223.86标准进行。

7 检验规则

7.1 检查和验收

盘条的质量由供方质量部门进行出厂检验。需方有权在盘条上按本标准规定进行验收。

7.2 组批规则

盘条应按批进行检查和验收,每批应由同一炉号、同一牌号、同一尺寸、同一轧制制度和同一热处理批次的盘条组成。

7.3 取样数量和取样部位

每批盘条各检验项目的取样数量和取样部位按表10规定。

7.4 复验和判定规则

盘条的复验和判定规则应符合 GB/T 17505 的规定。但供方有权对不合格盘条重新热处理和分类,作为新的一批检查和验收。

8 包装标志和质量证明书

盘条包装、标志和质量证明书应符合 GB/T 2101 的规定。

附 录 A
（规范性附录）
本标准牌号与 GB/T 4356—2002 牌号对照

本标准牌号与 GB/T 4356—2002 牌号对照见表 A.1。

表 A.1 本标准牌号与 GB/T 4356—2002 牌号对照

序号	本标准牌号	GB/T 4356—2002 牌号	序号	本标准牌号	GB/T 4356—2002 牌号
1	12Cr17Mn6Ni5N	1Cr17Mn6Ni5N	30	Y10Cr17	Y1Cr17
2	12Cr18Mn9Ni5N	1Cr18Mn8Ni5N	31	10Cr17Mo	1Cr17Mo
3	20Cr15Mn15Ni2N	2Cr15Mn15Ni2N	32	06Cr11Ti	—
4	12Cr18Ni9	1Cr18Ni9	33	04Cr11Nb	—
5	Y12Cr18Ni9	Y1Cr18Ni9	34	022Cr11NiTiNb	—
6	Y12Cr18Ni9Cu3	—	35	06Cr13	0Cr13
7	06Cr19Ni10	0Cr19Ni9	36	12Cr13	1Cr13
8	07Cr19Ni10	—	37	Y12Cr13	Y1Cr13
9	022Cr19Ni10	00Cr19Ni10	38	13Cr13Mo	1Cr13Mo
10	06Cr18Ni9Cu2	0Cr18Ni9Cu2	39	20Cr13	2Cr13
11	06Cr19Ni9Cu2	—	40	30Cr13	3Cr13
12	06Cr18Ni9Cu3	0Cr18Ni9Cu3	41	Y30Cr13	Y3Cr13
13	06Cr19Ni10N	—	42	32Cr13Mo	3Cr13Mo
14	06Cr16Ni18	—	43	40Cr13	4Cr13
15	06Cr17Ni12Mo2	0Cr17Ni12Mo2	44	14Cr17Ni2	1Cr17Ni2
16	022Cr17Ni12Mo2	00Cr17Ni14Mo2	45	13Cr11Ni2W2MoV	1Cr11Ni2W2MoV
17	06Cr19Ni13Mo3	0Cr19Ni13Mo3	46	Y25Cr13Ni2	2Cr13Ni2
18	022Cr19Ni13Mo3	00Cr19Ni13Mo3	47	68Cr17	7Cr17
19	10Cr18Ni9Ti	1Cr18Ni9Ti	48	85Cr17	8Cr17
20	06Cr18Ni11Ti	0Cr18Ni10Ti	49	95Cr18	9Cr18
21	06Cr18Ni12	0Cr18Ni12	50	108Cr17	11Cr17
22	10Cr18Ni12	1Cr18Ni12	51	Y108Cr17	Y11Cr17
23	06Cr23Ni13	0Cr23Ni13	52	102Cr17Mo	9Cr18Mo
24	06Cr25Ni20	0Cr25Ni20	53	90Cr18MoV	9Cr18MoV
25	06Cr18Ni11Nb	—	54	05Cr17Ni4Cu4Nb	—
26	022Cr23Ni5Mo3N	—	55	07Cr17Ni7Al	0Cr17Ni7Al
27	03Cr25Ni6Mo3Cu2N	—	56	022Cr12Ni9Cu2NbTi	—
28	022Cr12	—			
29	10Cr17	1Cr17			

附 录 B
（资料性附录）
不锈钢的主要用途

不锈钢的主要用途见表 B.1。

表 B.1 不锈钢的主要用途

类型	序号	牌号	特性和用途
奥氏体型	1	12Cr17Mn6Ni5N	节镍钢，冷加工有弱磁性，有一定的耐腐蚀性，可用于室内装饰材料
	2	12Cr18Mn9Ni5N	节镍钢，冷加工有弱磁性，有一定的耐腐蚀性，可用于室内装饰材料
	3	20Cr15Mn15Ni2N	录像机精密轴、传感器等无磁元件
	4	12Cr18Ni9	冷加工可获得高强度，建筑物外表装饰材料、高强度弹簧元件。也可用于不锈钢丝绳、钢绞线原料等
	5	Y12Cr18Ni9	提高可切削性，耐烧蚀性。最适用自动车床。如轴类
	6	Y12Cr18Ni9Cu3	易切削钢。提高冷加工性。主要用作汽车零部件
	7	06Cr19Ni10	作为不锈钢、耐热钢使用最广。食品设备，一般化学设备，原子能工业用材。也可用于不锈钢丝绳、钢绞线原料等
	8	07Cr19Ni10	作为不锈钢、耐热钢使用最广。食品设备，一般化学设备，原子能工业用材
	9	022Cr19Ni10	06Cr19Ni10 的超低碳钢，耐晶间腐蚀性优良
	10	06Cr18Ni9Cu2	冷加工性能较好，常用于制作螺栓、螺母等紧固件
	11	06Cr19Ni9Cu2	冷加工性能较好，常用于制作螺栓、螺母等紧固件
	12	06Cr18Ni9Cu3	提高冷加工性能，常用于制作螺钉等紧固件，有时用于制作形状复杂的零部件
	13	06Cr19Ni10N	提高钢的强度和加工硬化倾向，改善钢的耐点蚀和晶间腐蚀性。用于有一定耐腐性要求，并要求较高强度和减轻重量的结构部件。也可作为钢绞线原料
	14	06Cr16Ni18	无磁不锈钢，具有很强的抗电磁干扰能力，主要用于制作电磁测量系统仪器、仪表元件
	15	06Cr17Ni12Mo2	耐海水和其他各种介质，比 06Cr19Ni10 耐蚀性优越。主要用于耐点腐蚀材料。也可作为钢丝绳及钢绞线原料
	16	022Cr17Ni12Mo2	06Cr17Ni12Mo2 的超低碳钢，耐晶间腐蚀性较之更好。适用于石油化工、印染及原子能工业用材料。也可作为钢丝绳及钢绞线原料
	17	06Cr19Ni13Mo3	比 06Cr17Ni12Mo2 耐点腐蚀性能好，做染色设备、石油化工及耐有机酸腐蚀的装备等
	18	022Cr19Ni13Mo3	为 06Cr19Ni13Mo3 的超低碳钢，耐晶间腐蚀性较之好
	19	10Cr18Ni9Ti	抗磁仪表、医疗器械、耐酸容器及设备等零件（不推荐使用）
	20	06Cr18Ni11Ti	添加 Ti 提高耐晶间腐蚀性能，并具有良好的高温力学性能。高温或抗氢腐蚀专用材料
	21	06Cr18Ni12	10Cr18Ni12 的低碳钢，加工硬化性低。与 10Cr18Ni12 用途相同
	22	10Cr18Ni12	加工硬化性比 12Cr18Ni9 低。适宜旋压成形加工，特殊拉拔，冷镦锻用等
	23	06Cr23Ni13	耐蚀性比 06Cr19Ni10 优越，作为耐热钢使用场所多

表 B.1（续）

类型	序号	牌号	特性和用途
奥氏体型	24	06Cr25Ni20	耐氧化性比06Cr23Ni13优越，耐点蚀和耐应力腐蚀优于18-8型不锈钢，既可用于耐蚀部件，又可作为耐热钢使用
	25	06Cr18Ni11Nb	既可作耐蚀材料又可作耐热钢使用，主要用于火电厂、石油化工等领域，如制作轴类等
奥氏体-铁素体	26	022Cr23Ni5Mo3N	用于制作热交换器、冷凝、冷却器等易产生点蚀和应力腐蚀的受压设备
	27	03Cr25Ni6Mo3Cu2N	具有良好的力学性能和耐局部腐蚀性能，尤其是耐磨损性能优于一般的奥氏体不锈钢，是海水环境中的理想材料
铁素体型	28	022Cr12	作汽车排气处理装置，锅炉燃烧室、喷嘴等
	29	10Cr17	优良的耐腐蚀性通用钢种。适用于建筑内部装饰用。重油燃烧器零件，家庭用具，家电零件等
	30	Y10Cr17	比10Cr17提高切削性。自动车床用，螺栓螺母
	31	10Cr17Mo	10Cr17改良钢种。比10Cr17提高了抗盐性、抗点蚀、耐缝隙腐蚀性等，用于汽车紧固件及外装饰材料等
	32	06Cr11Ti	用于装潢铆钉、支柱、框架、化工织网等
	33	04Cr11Nb	用于耐热，汽车排气管系统用材料
	34	022Cr11NiTiNb	用于化工挂件、框架、支撑架、汽车尾气处理装置等
马氏体型	35	06Cr13	具有较高韧性及受冲击负荷的零件，如螺栓、螺帽等
	36	12Cr13	具有较高的强度、良好的耐蚀性和机械加工性。一般用于刀具类
	37	Y12Cr13	不锈钢中切削性最佳的钢种。自动车床用
	38	13Cr13Mo	比12Cr13耐蚀性高的高强度钢
	39	20Cr13	较12Cr13硬度高、韧性和耐蚀性略低。主要用于制造高应力负荷的零件
	40	30Cr13	较20Cr13硬度高、耐蚀性略低。主要用于高强度部件，承受高应力载荷并在一定腐蚀介质下的磨损件，如刀具，喷嘴，螺栓，阀门等
	41	Y30Cr13	改善30Cr13的可切削性的钢种
	42	32Cr13Mo	较高硬度及高耐磨性的热油泵轴、医疗器械弹簧等零件
	43	40Cr13	较高硬度及高耐磨性的热油泵轴、医疗器械弹簧等零件
	44	14Cr17Ni2	具有较高强度的耐硝酸及有机酸腐蚀的零件、容器和设备
	45	13Cr11Ni2W2MoV	具有良好的抗韧性和抗氧化性，在淡水和潮湿空气中有较好的耐蚀性
	46	Y25Cr13Ni2	易切削，具有较高强度，在大气、水、硝酸类氧化性酸、碱水溶液中都有较好的耐腐蚀性，通常用作仪表轴、销、齿轮、阀、衬套及螺栓等
	47	68Cr17	硬化状态下坚硬，但比85Cr17、108Cr17韧性高。用于制造要求具有不锈性或耐稀氧化性酸、有机酸和盐类腐蚀的韧具、量具、轴承、阀门等
	48	85Cr17	硬化状态下坚硬，性能和用途类似于68Cr17，但较之硬，而比108Cr17韧性高。用作如韧具、阀门等
	49	95Cr18	主要用于制造耐蚀高强度耐磨损部件，如不锈切片、机械韧具及剪切刀具、手术刀片、高耐磨设备零件等

表 B.1（续）

类型	序号	牌号	特性和用途
马氏体型	50	108Cr17	在全部不锈钢、耐热钢中具有最高硬度。作喷嘴，轴承等
	51	Y108Cr17	比 108Cr17 提高了切削性的钢种，自动车床用
	52	102Cr17Mo	轴承套圈及滚动体用的高碳铬不锈钢
	53	90Cr18MoV	不锈切片机械刃具及剪切工具、手术刀片、高耐磨设备零件等
沉淀硬化	54	05Cr17Ni4Cu4Nb	主要用于既要求具有不锈性又要求耐弱酸、碱、盐腐蚀的高强度部件
	55	07Cr17Ni7Al	添加 Al 具有沉淀硬化性的钢种，用于弹簧、垫圈、仪表零件等
	56	022Cr12Ni9Cu2NbTi	主要为弹簧用

附 录 C
（资料性附录）
本标准牌号与部分国外牌号对照

本标准牌号与部分国外牌号对照见表 C.1。

表 C.1 本标准牌号与部分国外牌号对照

序号	本标准牌号	GB/T 4356—2002 牌号	日本 JIS G4308—2013	美国 ASTM A959-09	欧洲 BS EN 10088-3:2005	国际 ISO 16143-2:2004
1	12Cr17Mn6Ni5N	1Cr17Mn6Ni5N	SUS201	S20100,201	X12CrMnNiN17-7-5,1.4372	—
2	12Cr18Mn9Ni5N	1Cr18Mn8Ni5N	—	S20200,202	X8CrMnNiN18-9-5,1.4374	X8CrMnNiN18-9-5
3	20Cr15Mn15Ni2N	2Cr15Mn15Ni2N	—	—	—	—
4	12Cr18Ni9	1Cr18Ni9	SUS302	S30200,302	X9CrNi18-9,1.4325	X10CrNi18-8
5	Y12Cr18Ni9	Y1Cr18Ni9	SUS303	S30300,303	X8CrNiS18-9,1.4305	X10CrNiS18-9
6	Y12Cr18Ni9Cu3	—	SUS303Cu	—	—	X6CrNiCuS18-9-2
7	06Cr19Ni10	0Cr19Ni9	SUS304	S30400,304	X5CrNi18-10,1.4301	X5CrNi18-9
8	07Cr19Ni10	—	—	S30409,304H	—	—
9	022Cr19Ni10	00Cr19Ni10	SUS304L	S30403,304L	X2CrNi19-11,1.4306	X2CrNi18-9
10	06Cr18Ni9Cu2	0Cr18Ni9Cu2	SUS304J3	—	—	—
11	06Cr19Ni9Cu2	—	—	—	—	—
12	06Cr18Ni9Cu3	0Cr18Ni9Cu3	SUSXM7	—	X3CrNiCu18-9-4,1.4567	X3CrNiCu18-9-4
13	06Cr19Ni10N	—	SUS304N1	S30451,304N	X5CrNiN19-9,1.4315	X5CrNiN19-9
14	06Cr16Ni18	—	SUS384	S38400	—	—
15	06Cr17Ni12Mo2	0Cr17Ni12Mo2	SUS316	S31600,316	X5CrNiMo17-12-2,1.4401	X5CrNiMo17-12-2
16	022Cr17Ni12Mo2	00Cr17Ni14Mo2	SUS316L	S31603,316L	X2CrNiMo17-12-2,1.4404	X2CrNiMo17-12-2

表 C.1（续）

序号	本标准牌号	GB/T 4356—2002 牌号	日本 JIS G4308—2013	美国 ASTM A959-09	欧洲 BS EN 10088-3:2005	国际 ISO 16143-2:2004
17	06Cr19Ni13Mo3	0Cr19Ni13Mo3	SUS317	S31700,317	—	—
18	022Cr19Ni13Mo3	00Cr19Ni13Mo3	SUS317L	S31703,317L	X2CrNiMo18-15-4,1.4438	X2CrNiMo18-14-3
19	10Cr18Ni9Ti	1Cr18Ni9Ti	—	—	—	—
20	06Cr18Ni11Ti	0Cr18Ni10Ti	SUS321	S32100,321	X6CrNiTi18-10,1.4541	X6CrNiTi18-10
21	06Cr18Ni12	0Cr18Ni12	SUS305J1	—	—	X6CrNi18-12
22	10Cr18Ni12	1Cr18Ni12	SUS305	S30500,305	X4CrNi18-12,1.4303	—
23	06Cr23Ni13	0Cr23Ni13	SUS309S	S30908,309S	—	—
24	06Cr25Ni20	0Cr25Ni20	SUS310S	S31008,310S	—	—
25	06Cr18Ni11Nb	—	SUS347	S34700,347	X6CrNiNb18-10,1.4550	X6CrNiNb18-10
26	022Cr23Ni5Mo3N	—	—	S32205,2205	—	X2CrNiMoN22-5-3
27	03Cr25Ni6Mo3Cu2N	—	SUS329J4L	S32550,255	X2CrNiMoCuN25-6-3,1.4507	X2CrNiMoCuN25-6-3
28	022Cr12	00Cr12	SUS410L	—	—	—
29	10Cr17	1Cr17	SUS430	S43000,430	X6Cr17,1.4016	X6Cr17
30	Y10Cr17	Y1Cr17	SUS430F	S43020,430F	—	X7CrS17
31	10Cr17Mo	1Cr17Mo	SUS434	S43400,434	X6CrMo17-1,1.4113	X6CrMo17-1
32	06Cr11Ti	—	—	S40900,409	—	—
33	04Cr11Nb	—	—	S40940,409Cb	—	—
34	022Cr11NiTiNb	—		S40976	—	—
35	06Cr13	0Cr13	—	S41008,410S	X6Cr13,1.4000	—
36	12Cr13	1Cr13	SUS410	S41000,410	X12Cr13,1.4006	X12Cr13
37	Y12Cr13	Y1Cr13	SUS416	S41600,416	X12CrS13,1.4005	X12CrS13

表 C.1（续）

序号	本标准牌号	GB/T 4356—2002 牌号	日本 JIS G4308—2013	美国 ASTM A959-09	欧洲 BS EN 10088-3:2005	国际 ISO 16143-2:2004
38	13Cr13Mo	1Cr13Mo	—	—	—	—
39	20Cr13	2Cr13	SUS420J1	S42000,420	X20Cr13,1.4021	X20Cr13
40	30Cr13	3Cr13	SUS420J2	S42000,420	X30Cr13,1.4028	X30Cr13
41	Y30Cr13	Y3Cr13	SUS420F	S42020,420F	X29CrS13,1.4029	—
42	32Cr13Mo	3Cr13Mo	—	—	—	—
43	40Cr13	4Cr13	—	—	X39Cr13,1.4031	—
44	14Cr17Ni2	1Cr17Ni2	—	—	—	—
45	13Cr11Ni2W2MoV	1Cr11Ni2W2MoV	—	—	—	—
46	Y25Cr13Ni2	2Cr13Ni2	—	—	—	—
47	68Cr17	7Cr17	—	S44002,440A	—	—
48	85Cr17	8Cr17	—	S44003,440B	—	—
49	95Cr18	9Cr18	—	—	—	—
50	108Cr17	11Cr17	SUS440C	S44004,440C	—	—
51	Y108Cr17	Y11Cr17	—	S44020,440F	—	—
52	102Cr17Mo	9Cr18Mo	—	S44004,440C	X105CrMo17,1.4125	X105CrMo17
53	90Cr18MoV	9Cr18MoV	—	—	X90CrMoV18,1.4112	—
54	05Cr17Ni4Cu4Nb	—	SUS630	S17400,630	X5CrNiCuNb16-4,1.4542	X5CrNiCuNb16-4
55	07Cr17Ni7Al	0Cr17Ni7Al	SUS631	S17700,631	X7CrNi17-7,1.4568	X7CrNi17-7
56	022Cr12Ni9Cu2NbTi	—	—	S45500,XM-16	—	—

ICS 77.140.65
H 49

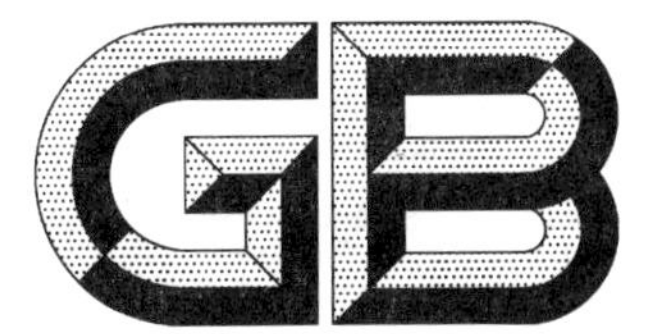

中华人民共和国国家标准

GB/T 4357—2009
代替 GB/T 4357—1989

冷拉碳素弹簧钢丝

Cold-drawn non-alloy steel wire for springs

(ISO 8458-2:2002,Steel wire for mechanical springs—
Part 2:Patented cold-drawn non-alloy steel wire,MOD)

2009-10-30 发布　　2010-05-01 实施

中华人民共和国国家质量监督检验检疫总局
中国国家标准化管理委员会　发布

前　言

本标准修改采用 ISO 8458-2:2002《机械弹簧用钢丝　第 2 部分:索氏体化冷拉非合金钢丝》(英文版)。

本标准根据 ISO 8458-2:2002 重新起草。为了方便比较,在资料性附录 A 中列出了本国家标准条款与国际标准条款的对照一览表。在附录 B 中给出了技术性差异及其原因的一览表以供参考。

本标准代替 GB/T 4357—1989《碳素弹簧钢丝》,与 GB/T 4357—1989 相比主要差异如下:

——增加了术语和定义。

——增加了按弹簧载荷对钢丝的分类,增加了镀层钢丝品种和直条钢丝。

——增加了订货内容。

——直径公差规定由引用其他标准改为直接规定(表 2 及表 3)。

——增加了圈距指标。

——扩大化学成分范围,并提供了适合静载及动载弹簧用的成分要求。

——规定了同一盘钢丝的抗拉强度波动范围。

——针对动载弹簧应用增加了表面缺陷深度的限定。

——增加了弯曲试验和卷簧试验。

——改变了取样部位及数量规定。

——增加了检验文件规定及提供化学成分的要求。

本标准的附录 A 和附录 B 为资料性附录。

本标准由中国钢铁工业协会提出。

本标准由全国钢标准化技术委员会归口。

本标准起草单位:江西新华金属制品有限责任公司、法尔胜集团公司、冶金工业信息标准研究院。

本标准的主要起草人:段建华、黄卫、陆建丰、王玲君、戴石锋、丁来安。

本标准所代替标准的历次版本发布情况为:

——GB/T 4357—1984、GB/T 4357—1989。

冷拉碳素弹簧钢丝

1 范围

本标准规定了制造冷拉碳素弹簧钢丝的术语和定义、分类和标记、订货内容、尺寸、外形和允许偏差、技术要求、检验项目、要求和方法、检验规则、包装、标志和质量证明书。

本标准适用于制造静载荷和动载荷应用机械弹簧的圆形冷拉碳素弹簧钢丝(以下简称钢丝),不适用于制造高疲劳强度弹簧(如阀门簧)用钢丝。

2 规范性引用文件

下列文件中的条款通过本标准的引用而成为本标准的条款。凡是注日期的引用文件,其随后所有的修改单(不包括勘误的内容)或修订版均不适用于本标准,然而,鼓励根据本标准达成协议的各方研究是否可使用这些文件的最新版本。凡是不注日期的引用文件,其最新版本适用于本标准。

GB/T 222 钢的成品化学成分允许偏差

GB/T 223.3 钢铁及合金化学分析方法 二安替比林甲烷磷钼酸重量法测定磷量

GB/T 223.19 钢铁及合金化学分析方法 新亚铜灵-三氯甲烷萃取光度法测定铜量

GB/T 223.58 钢铁及合金化学分析方法 亚砷酸钠-亚硝酸钠滴定法测定锰量

GB/T 223.60 钢铁及合金化学分析方法 高氯酸重量法测定硅含量(GB/T 223.60—1997,eqv ISO 439:1994)

GB/T 223.67 钢铁及合金 硫含量的测定次甲基蓝光度法

GB/T 223.71 钢铁及合金化学分析方法 管式炉内燃烧后重量法测定碳含量(GB/T 223.71—1997,eqv ISO 437:1982)

GB/T 224 钢的脱碳层深度测定法(GB/T 224—2008,ISO 3887:2003,MOD)

GB/T 228 金属材料 室温拉伸试验方法(GB/T 228—2002,eqv ISO 6892:1998)

GB/T 239 金属线材扭转试验方法(GB/T 239—1999,eqv ISO 7800:1984)

GB/T 1839 钢产品镀锌层质量试验方法(GB/T 1839—2008,ISO 1460:1992,MOD)

GB/T 2103 钢丝验收、包装、标志及质量证明书的一般规定

GB/T 2976 金属材料 线材 缠绕试验方法(GB/T 2976—2004,ISO 7802:1983,IDT)

YB/T 170.2 制丝用非合金钢盘条 第2部分:一般用途盘条(YB/T 170.2—2000,eqv ISO/FDIS 16120-2:2000)

YB/T 170.4 制丝用非合金钢盘条 第4部分:特殊用途盘条(YB/T 170.4—2002,ISO 16120-4:2001,MOD)

3 术语和定义

下列术语和定义适用于本标准。

3.1

冷拉碳素弹簧钢丝 cold-drawn non-alloy steel wire for springs

碳钢坯料先经过加热奥氏体化后按一定条件冷却,使其产生索氏体(细珠光体)组织,然后冷拉至所需尺寸的弹簧钢丝。

3.2

静载荷　static load

指弹簧承受静态载荷或不频繁动载荷(循环次数 $N<10^4$ 次)，或承受这两种载荷。

注：这不适用于低频高载荷状态。

3.3

动载荷　dynamic load

指弹簧承受频繁载荷(循环次数 $N\geqslant10^4$ 次)或以突发动载荷为主。

注：当弹簧旋绕比小或需剧烈弯曲时应视为动载。

3.4

圈形　cast

从盘卷上切下的一圈钢丝的几何形状(特征包括自由圈径和圈距)(见图 1)。

3.5

圈　coil

钢丝盘卷中的一圈，即一个完整的钢丝圆圈。

3.6

自由圈径　diameter of free ring

将一圈钢丝摆放在光面的水平面上，测得钢丝圈的外径即为自由圈径。

3.7

圈距　pitch

检查圈形时，自由悬挂的一圈钢丝的两个端头弹开后在圈轴线方向的距离。

4　分类和标记

4.1　钢丝按照抗拉强度分类为低抗拉强度、中等抗拉强度和高抗拉强度，分别用符号 L、M 和 H 代表。按照弹簧载荷特点分类为静载荷和动载荷，分别用 S 和 D 代表。表 1 列出了不同强度等级和不同载荷类型对应的直径范围及类别代码，表中代码的首位是弹簧载荷分类代码，第二位是抗拉强度等级代码。

表 1　强度级别、载荷类型与直径范围

强度等级	静载荷	公称直径范围/mm	动载荷	公称直径范围/mm
低抗拉强度	SL 型	1.00～10.00	—	—
中等抗拉强度	SM 型	0.30～13.00	DM 型	0.08～13.00
高抗拉强度	SH 型	0.30～13.00	DH 型	0.05～13.00

4.2　钢丝按照表面状态分类为光面钢丝和镀层钢丝。

4.3　标记示例

例 1：2.00 mm 中等抗拉强度级、适用于动载的光面弹簧钢丝，标记为：

光面弹簧钢丝-GB/T 4357-2.00 mm-DM

例 2：4.50 mm 高抗拉强度级、适用于静载的镀锌弹簧钢丝，标记为：

镀锌弹簧钢丝-GB/T 4357-4.50 mm-SH

5　订货内容

根据本标准订货的合同应包含下列要求：

a)　本标准号；

b)　钢丝公称直径；

c)　数量；

d) 钢丝强度级别；

e) 表面状态；

f) 交货形式及单件重量；

g) 其他要求。

6 尺寸、外形及允许偏差

6.1 尺寸及允许偏差

6.1.1 用千分尺在任意横截面上测量直径，盘卷钢丝的直径及允许偏差应符合表 2 的规定，直条钢丝的直径偏差应符合表 3 的规定。

6.1.2 定尺钢丝的长度偏差应符合表 4 规定，合同中应注明偏差级别，未注明时按 1 级执行。

6.2 不圆度

不圆度由同一横截面上测得的最大直径与最小直径之差求得，不圆度应不大于该直径公差之半。

表 2 钢丝直径及允许偏差 单位为毫米

钢丝公称直径，d	SH 型、DM 型和 DH 型	SL 型和 SM 型
0.05≤d<0.09	±0.003	—
0.09≤d<0.17	±0.004	—
0.17≤d<0.26	±0.005	—
0.26≤d<0.37	±0.006	±0.010
0.37≤d<0.65	±0.008	±0.012
0.65≤d<0.80	±0.010	±0.015
0.80≤d<1.01	±0.015	±0.020
1.01≤d<1.78	±0.020	±0.025
1.78≤d<2.78	±0.025	±0.030
2.78≤d<4.00	±0.030	±0.030
4.00≤d<5.45	±0.035	±0.035
5.45≤d<7.10	±0.040	±0.040
7.10≤d<9.00	±0.045	±0.045
9.00≤d<10.00	±0.050	±0.050
10.00≤d<11.10	±0.060	±0.060
11.10≤d≤13.00	±0.060	±0.070

表 3 直条定尺钢丝直径及允许偏差 单位为毫米

钢丝公称直径，d	直径允许偏差	
0.26≤d<0.37	−0.010	+0.015
0.37≤d<0.50	−0.012	+0.018
0.50≤d<0.65	−0.012	+0.020
0.65≤d<0.70	−0.015	+0.025
0.70≤d<0.80	−0.015	+0.030
0.80≤d<1.01	−0.020	+0.035

表 3（续）

单位为毫米

钢丝公称直径，d	直径允许偏差	
$1.01 \leqslant d < 1.35$	−0.025	+0.045
$1.35 \leqslant d < 1.78$	−0.025	+0.050
$1.78 \leqslant d < 2.60$	−0.030	+0.060
$2.60 \leqslant d < 2.78$	−0.030	+0.070
$2.78 \leqslant d < 3.01$	−0.030	+0.075
$3.01 \leqslant d < 3.35$	−0.030	+0.080
$3.35 \leqslant d < 4.01$	−0.030	+0.090
$4.01 \leqslant d < 4.35$	−0.035	+0.100
$4.35 \leqslant d < 5.00$	−0.035	+0.110
$5.00 \leqslant d < 5.45$	−0.035	+0.120
$5.45 \leqslant d < 6.01$	−0.040	+0.130
$6.01 \leqslant d < 7.10$	−0.040	+0.150
$7.10 \leqslant d < 7.65$	−0.045	+0.160
$7.65 \leqslant d < 9.00$	−0.045	+0.180
$9.00 \leqslant d < 10.00$	−0.050	+0.200
$10.00 \leqslant d < 11.10$	−0.070	+0.240
$11.10 \leqslant d < 12.00$	−0.080	+0.260
$12.00 \leqslant d \leqslant 13.00$	−0.080	+0.300

表 4　定尺长度允许偏差

单位为毫米

公称长度，L	长度允许偏差	
	1 级	2 级
$0 < L \leqslant 300$	$^{+1.0}_{0}$	$^{+0.01L}_{-0}$
$300 < L \leqslant 1\ 000$	$^{+2.0}_{0}$	
$L > 1\ 000$	$^{+0.002L}_{0}$	

6.3　钢丝的圈形

6.3.1　钢丝应有均匀规整的圈形。剪断绑扎线后，钢丝的自由圈径应不小于钢丝盘绕圈径，允许出现圈形放大现象，但在同一卷和同一批钢丝中放大程度应大致均匀。

6.3.2　公称直径不大于 5.00 mm 的钢丝，圈距“f”应符合式(1)的要求：

$$f \leqslant \frac{0.2D}{\sqrt[4]{d}} \qquad \cdots\cdots(1)$$

式中：

f——圈距，单位为毫米(mm)；

D——自由圈径，单位为毫米(mm)；

d——钢丝公称直径，单位为毫米(mm)。

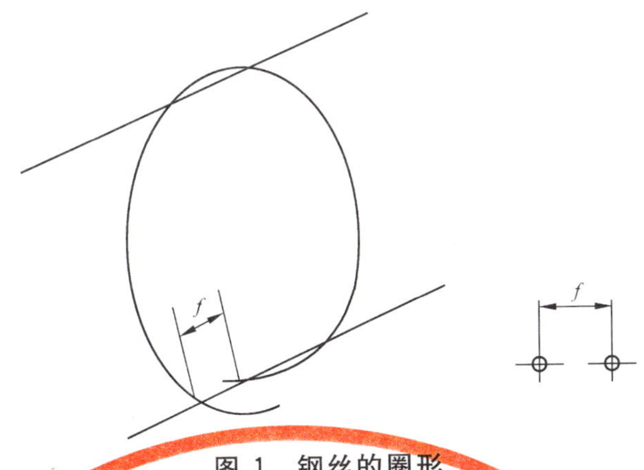

图 1 钢丝的圈形

6.4 定尺直条钢丝的直线度

对于 500 mm 检验长度，钢丝偏离直线不应超过 0.5 mm；对于 1 000 mm 检验长度，钢丝偏离直线不应超过 2 mm。

注：直径大于 6 mm 的钢丝推荐用 1 000 mm 的检验长度；直径小于或等于 6 mm 的钢丝推荐用 500 mm 的检验长度。

7 技术要求

7.1 材料

7.1.1 用于 SL、SM 及 SH 等级弹簧钢丝用盘条应满足 YB/T 170.2 或质量相当的其他标准的要求，用于 DM 及 DH 等级弹簧钢丝用盘条应满足 YB/T 170.4 或质量相当的其他标准要求。

7.1.2 钢的化学成分(熔炼分析)应符合表 5 的规定。钢丝成品化学成分的允许偏差应符合 GB/T 222 的规定。

7.2 涂镀层及表面状态

7.2.1 光面钢丝拉拔前处理可以采用石灰涂层、硼砂涂层或磷酸盐涂层。如要求有金属镀层，应采用铜、锌或锌铝合金镀在钢丝上。其他镀层由供需双方商定。

钢丝可以干拉也可以湿拉。

如需方对表面状态未提要求，由供方确定。

表 5 化学成分

%

等级	化学成分(质量分数)					
	C[a]	Si	Mn[b]	P,不大于	S,不大于	Cu,不大于
SL、SM、SH	0.35～1.00	0.10～0.30	0.30～1.20	0.030	0.030	0.20
DH、DM	0.45～1.00	0.10～0.30	0.50～1.20	0.020	0.025	0.12

a 规定较宽的碳范围是为了适应不同需要和不同工艺，具体应用时碳范围应更窄。

b 规定较宽的锰范围是为了适应不同需要和不同工艺，具体应用时锰范围应更窄。

7.2.2 对于镀锌或镀锌铝合金的弹簧钢丝，钢丝表面的锌层重量或锌铝合金层重量应符合表 6 的规定，其他镀层重量由供需双方协商确定。

表 6 锌或锌铝合金镀层的最小重量

公称直径，d/mm	镀层重量/(g/m²)
0.20≤d＜0.25	20
0.25≤d＜0.40	25
0.40≤d＜0.50	30

表 6（续）

公称直径，d/mm	镀层重量/(g/m²)
0.50≤d<0.60	35
0.60≤d<0.70	40
0.70≤d<0.80	45
0.80≤d<0.90	50
0.90≤d<1.00	55
1.00≤d<1.20	60
1.20≤d<1.40	65
1.40≤d<1.65	70
1.65≤d<1.85	75
1.85≤d<2.15	80
2.15≤d<2.50	85
2.50≤d<2.80	95
2.80≤d<3.20	100
3.20≤d<3.80	105
3.80≤d≤10.00	110

7.2.3 镀层附着力采用缠绕试验测定，钢丝在直径等于自身直径的芯棒上紧密缠绕至少四圈，镀层不出现任何裂纹，用手指擦拭时锌层不脱落。

7.2.4 供需双方可协商镀层的盐雾试验及其要求。

注：通常的镀层工艺会改变钢丝性能，钢丝的韧性和疲劳强度可能下降。

7.3 表面质量

7.3.1 钢丝表面应是光滑的，不应有拉痕、撕裂、生锈等对钢丝使用有明显不利影响的表面缺陷。

7.3.2 动载荷弹簧用钢丝(DM 和 DH)必须进行表面检验，裂纹或其他表面缺陷在径向的深度应不大于钢丝公称直径的 1%。对公称直径不小于 2 mm 的钢丝采用酸浸检验，酸浸后不应有表面缺陷，有争议时用金相法检验。酸浸试验前试样可先进行消除应力处理，然后将冷样浸入温度为 75 ℃、盐酸和水的体积比为 50∶50 的溶液中，在直径减少大约 1%后终止酸浸。经双方协议，可以进行涡流探伤。

7.3.3 对动载荷弹簧用钢丝(DM 和 DH)，横截面上应不出现全脱碳层，而部分脱碳的径向深度应不大于钢丝公称直径的 1.5%。

7.4 力学性能

7.4.1 钢丝的抗拉强度应符合表 7 的要求。抗拉强度应根据公称直径计算得出。

7.4.2 同一盘钢丝抗拉强度的波动范围应不大于 100 MPa。

7.5 工艺性能

7.5.1 缠绕试验

公称直径小于 3.00 mm 的钢丝可采用缠绕试验。钢丝在直径等于自身直径的芯棒上紧密缠绕至少四圈，不出现任何裂纹。

7.5.2 扭转试验

7.5.2.1 公称直径为 0.70 mm～6.00 mm 的钢丝应进行扭转试验，公称直径大于 6.00 mm 但不大于 10.00 mm 的钢丝的扭转试验，由双方协商确定。钢丝按 GB/T 239 要求扭转到表 8 规定的次数时应不断裂，表面应不出现扭转裂纹或分层。

7.5.2.2 试验应进行到断裂，最初断裂面应垂直钢丝轴线而表面不应撕开。在钢丝回扭时，可能发生第二次断裂应忽略不计。

表 7 抗拉强度要求

钢丝公称直径[a]/mm	抗拉强度[b]/MPa				
	SL 型	SM 型	DM 型	SH 型	DH[c] 型
0.05	—	—	—	—	2 800～3 520
0.06	—	—	—	—	2 800～3 520
0.07	—	—	—	—	2 800～3 520
0.08	—	—	2 780～3 100	—	2 800～3 480
0.09	—	—	2 740～3 060	—	2 800～3 430
0.10	—	—	2 710～3 020	—	2 800～3 380
0.11	—	—	2 690～3 000	—	2 800～3 350
0.12	—	—	2 660～2 960	—	2 800～3 320
0.14	—	—	2 620～2 910	—	2 800～3 250
0.16	—	—	2 570～2 860	—	2 800～3 200
0.18	—	—	2 530～2 820	—	2 800～3 160
0.20	—	—	2 500～2 790	—	2 800～3 110
0.22	—	—	2 470～2 760	—	2 770～3 080
0.25	—	—	2 420～2 710	—	2 720～3 010
0.28	—	—	2 390～2 670	—	2 680～2 970
0.30	—	2 370～2 650	2 370～2 650	2 660～2 940	2 660～2 940
0.32	—	2 350～2 630	2 350～2 630	2 640～2 920	2 640～2 920
0.34	—	2 330～2 600	2 330～2 600	2 610～2 890	2 610～2 890
0.36	—	2 310～2 580	2 310～2 580	2 590～2 890	2 590～2 890
0.38	—	2 290～2 560	2 290～2 560	2 570～2 850	2 570～2 850
0.40	—	2 270～2 550	2 270～2 550	2 560～2 830	2 570～2 830
0.43	—	2 250～2 520	2 250～2 520	2 530～2 800	2 570～2 800
0.45	—	2 240～2 500	2 240～2 500	2 510～2 780	2 570～2 780
0.48	—	2 220～2 480	2 210～2 500	2 490～2 760	2 570～2 760
0.50	—	2 200～2 470	2 200～2 470	2 480～2 740	2 480～2 740
0.53	—	2 180～2 450	2 180～2 450	2 460～2 720	2 460～2 720
0.56	—	2 170～2 430	2 170～2 430	2 440～2 700	2 440～2 700
0.60	—	2 140～2 400	2 140～2 400	2 410～2 670	2 410～2 670
0.63	—	2 130～2 380	2 130～2 380	2 390～2 650	2 390～2 650
0.65	—	2 120～2 370	2 120～2 370	2 380～2 640	2 380～2 640
0.70	—	2 090～2 350	2 090～2 350	2 360～2 610	2 360～2 610
0.80	—	2 050～2 300	2 050～2 300	2 310～2 560	2 310～2 560
0.85	—	2 030～2 280	2 030～2 280	2 290～2 530	2 290～2 530
0.90	—	2 010～2 260	2 010～2 260	2 270～2 510	2 270～2 510
0.95	—	2 000～2 240	2 000～2 240	2 250～2 490	2 250～2 490
1.00	1 720～1 970	1 980～2 220	1 980～2 220	2 230～2 470	2 230～2 470

表 7（续）

钢丝公称直径[a]/mm	抗拉强度[b]/MPa				
	SL 型	SM 型	DM 型	SH 型	DH[c] 型
1.05	1 710～1 950	1 960～2 220	1 960～2 220	2 210～2 450	2 210～2 450
1.10	1 690～1 940	1 950～2 190	1 950～2 190	2 200～2 430	2 200～2 430
1.20	1 670～1 910	1 920～2 160	1 920～2 160	2 170～2 400	2 170～2 400
1.25	1 660～1 900	1 910～2 130	1 910～2 130	2 140～2 380	2 140～2 380
1.30	1 640～1 890	1 900～2 130	1 900～2 130	2 140～2 370	2 140～2 370
1.40	1 620～1 860	1 870～2 100	1 870～2 100	2 110～2 340	2 110～2 340
1.50	1 600～1 840	1 850～2 080	1 850～2 080	2 090～2 310	2 090～2 310
1.60	1 590～1 820	1 830～2 050	1 830～2 050	2 060～2 290	2 060～2 290
1.70	1 570～1 800	1 810～2 030	1 810～2 030	2 040～2 260	2 040～2 260
1.80	1 550～1 780	1 790～2 010	1 790～2 010	2 020～2 240	2 020～2 240
1.90	1 540～1 760	1 770～1 990	1 770～1 990	2 000～2 220	2 000～2 220
2.00	1 520～1 750	1 760～1 970	1 760～1 970	1 980～2 200	1 980～2 200
2.10	1 510～1 730	1 740～1 960	1 740～1 960	1 970～2 180	1 970～2 180
2.25	1 490～1 710	1 720～1 930	1 720～1 930	1 940～2 150	1 940～2 150
2.40	1 470～1 690	1 700～1 910	1 700～1 910	1 920～2 130	1 920～2 130
2.50	1 460～1 680	1 690～1 890	1 690～1 890	1 900～2 110	1 900～2 110
2.60	1 450～1 660	1 670～1 880	1 670～1 880	1 890～2 100	1 890～2 100
2.80	1 420～1 640	1 650～1 850	1 650～1 850	1 860～2 070	1 860～2 070
3.00	1 410～1 620	1 630～1 830	1 630～1 830	1 840～2 040	1 840～2 040
3.20	1 390～1 600	1 610～1 810	1 610～1 810	1 820～2 020	1 820～2 020
3.40	1 370～1 580	1 590～1 780	1 590～1 780	1 790～1 990	1 790～1 990
3.60	1 350～1 560	1 570～1 760	1 570～1 760	1 770～1 970	1 770～1 970
3.80	1 340～1 540	1 550～1 740	1 550～1 740	1 750～1 950	1 750～1 950
4.00	1 320～1 520	1 530～1 730	1 530～1 730	1 740～1 930	1 740～1 930
4.25	1 310～1 500	1 510～1 700	1 510～1 700	1 710～1 900	1 710～1 900
4.50	1 290～1 490	1 500～1 680	1 500～1 680	1 690～1 880	1 690～1 880
4.75	1 270～1 470	1 480～1 670	1 480～1 670	1 680～1 840	1 680～1 840
5.00	1 260～1 450	1 460～1 650	1 460～1 650	1 660～1 830	1 660～1 830
5.30	1 240～1 430	1 440～1 630	1 440～1 630	1 640～1 820	1 640～1 820
5.60	1 230～1 420	1 430～1 610	1 430～1 610	1 620～1 800	1 620～1 800
6.00	1 210～1 390	1 400～1 580	1 400～1 580	1 590～1 770	1 590～1 770
6.30	1 190～1 380	1 390～1 560	1 390～1 560	1 570～1 750	1 570～1 750
6.50	1 180～1 370	1 380～1 550	1 380～1 550	1 560～1 740	1 560～1 740
7.00	1 160～1 340	1 350～1 530	1 350～1 530	1 540～1 710	1 540～1 710

表 7（续）

钢丝公称直径[a]/mm	抗拉强度[b]/MPa				
	SL 型	SM 型	DM 型	SH 型	DH[c] 型
7.50	1 140～1 320	1 330～1 500	1 330～1 500	1 510～1 680	1 510～1 680
8.00	1 120～1 300	1 310～1 480	1 310～1 480	1 490～1 660	1 490～1 660
8.50	1 110～1 280	1 290～1 460	1 290～1 460	1 470～1 630	1 470～1 630
9.00	1 090～1 260	1 270～1 440	1 270～1 440	1 450～1 610	1 450～1 610
9.50	1 070～1 250	1 260～1 420	1 260～1 420	1 430～1 590	1 430～1 590
10.00	1 060～1 230	1 240～1 400	1 240～1 400	1 410～1 570	1 410～1 570
10.50		1 220～1 380	1 220～1 380	1 390～1 550	1 390～1 550
11.00		1 210～1 370	1 210～1 370	1 380～1 530	1 380～1 530
12.00		1 180～1 340	1 180～1 340	1 350～1 500	1 350～1 500
12.50		1 170～1 320	1 170～1 320	1 330～1 480	1 330～1 480
13.00		1 160～1 310	1 160～1 310	1 320～1 470	1 320～1 470

注：直条定尺钢丝的极限强度最多可能低 10%；矫直和切断作业也会降低扭转值。

[a] 中间尺寸钢丝抗拉强度值按表中相邻较大钢丝的规定执行。

[b] 对特殊用途的钢丝，可商定其他抗拉强度。

[c] 对直径为 0.08 mm～0.18 mm 的 DH 型钢丝，经供需双方协商，其抗拉强度波动值范围可规定为 300 MPa。

表 8　扭转试验要求

钢丝公称直径，d/mm	最少扭转次数	
	静载荷	动载荷
$0.70 \leqslant d \leqslant 0.99$	40	50
$0.99 < d \leqslant 1.40$	20	25
$1.40 < d \leqslant 2.00$	18	22
$2.00 < d \leqslant 3.50$	16	20
$3.50 < d \leqslant 4.99$	14	18
$4.99 < d \leqslant 6.00$	7	9
$6.00 < d \leqslant 8.00$	4[a]	5[a]
$8.00 < d \leqslant 10.00$	3[a]	4[a]

[a] 该值仅作为双方协商时的参考。

7.5.3　弯曲试验

需方要求时，公称直径大于 3.00 mm 的钢丝可进行弯曲试验。

当钢丝绕一芯棒弯 180°成 U 形时，不应有任何裂纹痕迹。对于公称直径大于 3.00 mm 但不大于 6.50 mm 的钢丝，芯棒直径为钢丝公称直径的 2 倍；对于公称直径大于 6.5 mm 的钢丝，芯棒直径为钢丝公称直径的 3 倍。

7.5.4　卷簧试验

直径不大于 0.70 mm 的钢丝可进行卷簧试验。

卷簧试验方法：取大约 500 mm 长的一根试样，钢丝保持较均匀的轻微拉力进行紧密缠绕，芯棒直径为钢丝公称直径的3～3.5倍，不小于1.00 mm。然后拉开紧挨着的圈，拉伸程度应使得卸载后弹簧的静态长度约为原始长度的3倍。这时试样表面应无缺陷，应不出现撕裂或裂纹，弹簧节距应均匀、直径应一致。

7.6 焊接

每卷钢丝应由同一炉号的一根钢丝组成。

对于盘卷及直条定尺钢丝，在最后一次索氏体化处理前的焊接是允许的，以后的焊接都应切除。如果经协议允许保留，应做出清晰标记。

8 检验的项目、要求和方法

检验项目、要求和方法的规定应符合表9的规定。

9 钢丝的检验规则

9.1 检查与验收

除供需双方有专项协议外所有试验应在供方的场所进行。

9.2 组批规则

除供需双方有协议外，钢丝应按批验收，每批应由同一表面状态、同一直径、同一类型代码(见表1)的钢丝组成，一个批作为一个检验单元。

9.3 取样部位和数量

取样部位为一根钢丝的任意一头。如无其他规定，取样数量按表9规定，按件数对钢丝取样。每批中取钢丝件数的10%时，最多取10个，最少取2个。

9.4 复验

钢丝的复验与判定规则按GB/T 2103的规定进行。

表9 检验项目、要求、方法及数量

检验项目	钢丝类型及直径范围	要求	检验方法	取样数量
尺寸	全部	强制性	6.1	逐盘
不圆度			6.2	
圈距		强制性	6.3.2	盘数的10%
化学分析		可选项	GB/T 223.3、 GB/T 223.19、 GB/T 223.58、 GB/T 223.60、 GB/T 223.67、 GB/T 223.71	1个/批
镀层重量	仅镀层钢丝	可选项	GB/T 1839	协商
镀层牢固性	仅镀层钢丝	强制性	7.2.3	逐盘
表面质量	全部	强制性	目视	盘数的10%
表面缺陷	DM型、DH型	强制性	7.3.2	盘数的10%
脱碳层	DM型、DH型	强制性	GB/T 224	协商
抗拉强度	全部	强制性	GB/T 228	盘数的10%
缠绕性能	d<3.00 mm	可选项	GB/T 2976	盘数的10%

表 9（续）

检验项目	钢丝类型及直径范围	要求	检验方法	取样数量
扭转性能	$0.70 \leqslant d < 6.00$ mm	强制性	GB/T 239	盘数的 10%
	$6.00 \leqslant d \leqslant 10.00$ mm	可选项		
弯曲性能	$d > 3.00$ mm	可选项	7.5.3	盘数的 10%
卷簧性能	$d \leqslant 0.70$ mm	可选项	7.5.4	盘数的 10%

10 包装、储存和运输、标志及质量证明书

10.1 包装、储存和运输

钢丝应从 GB/T 2103 中选用合适的包装方式。

10.2 标志和质量证明书

钢丝的标志和质量证明书应符合 GB/T 2103 的规定。质量证明书应提供化学成分。

附 录 A
（资料性附录）
本标准章条编号与 ISO 8458-2:2002 章条编号对照

表 A.1 给出了本标准章条编号与 ISO 8458-2:2002 章条编号对照一览表。

表 A.1 本标准章条编号与 ISO 8458-2:2002 章条编号对照

本部分章条编号	对应的国际标准章条编号
1	1
2	2
3	—
4	3
5	—
6	4
7	5
8	6
9	—
10	—

附　录　B
（资料性附录）
本标准与ISO 8458-2:2002的技术性差异及其原因

表B.1列出了本标准与ISO 8458-2:2002的技术性差异及其原因的一览表。

表B.1　本标准与ISO 8458-2:2002技术性差异及其原因

本标准的章条编号	技术性差异	原　因
2	引用与国际标准对应的国家标准	适应我国国情
3	增加术语“圈距”和“自由圈径”。对动载荷明确了载荷循环次数要求	增加术语是便于使用标准。明确载荷循环次数是为了准确使用概念
4	表1中直径适用范围由20.00 mm降低到13.00 mm	13 mm以上直径的钢丝用油淬火工艺更适宜
	增加了标记示例	便于供需双方交货使用
6	增加了ISO 8458-1:2002中的表2和表3	满足用户的要求
	加严10.00 mm～13.00 mm规格的直径公差	
	增加圈形的规定	
表5	DM和DH级钢丝的锰下限提高到0.50%	符合我国国情
7.2.2	增加“其他镀层重量由供需双方商定”的规定	使标准能适应用户的不同需要
7.2.3	增加对镀层质量的缠绕检验方法和要求的描述	便于使用本标准
7.4	抗拉强度由根据实测直径修改为根据公称直径计算	符合我国行业传统习惯
表8	修改了扭转次数指标	由于GB/T 239中扭转标距与国际标准不同，扭转指标相应调整
8	增加检验方法的标准号或条款号	为了更好地指导标准的使用
9	增加了钢丝的检验规则	符合我国产品标准要求
10	增加了包装、储存和运输、标志及质量证明书的规定	符合我国产品标准要求

ICS 77.140.65
H 49

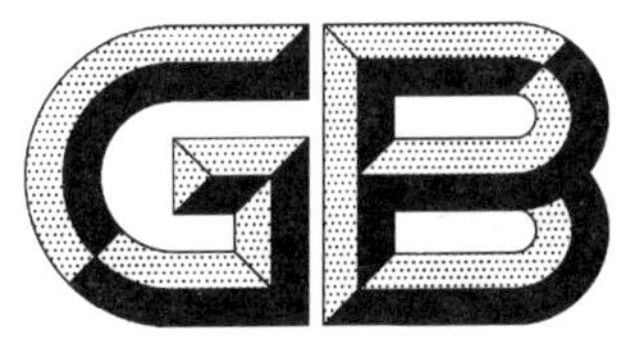

中华人民共和国国家标准

GB/T 18983—2003

油淬火-回火弹簧钢丝

Oil-hardened and tempered steel wire for mechanical springs

(ISO/FDIS 8458,Steel wire for mechanical springs—Part 3:
Oil-hardened and tempered wire,MOD)

2003-03-03 发布 2003-08-01 实施

中华人民共和国
国家质量监督检验检疫总局 发布

前　　言

本标准修改采用 ISO/FDIS 8458-3《机械弹簧用钢丝　第 3 部分：油淬火和回火钢丝》(英文版)。

本标准根据 ISO/FDIS 8458-3 重新起草。在附录 B 中列出了本标准章条编号与 ISO/FDIS 8458-3 章条编号的对照一览表。

考虑到我国国情，在采用 ISO/FDIS 8458-3 时，本标准做了一些修改，其中的技术性差异在它们所涉及的条款的页边空白处用垂直单线标示。在附录 C 中给出了这些技术性差异及其原因的一览表以供参考。

为便于使用，本标准对 ISO/FDIS 8458-3 还做了下列编辑性修改：

——“本部分”一词改为“本标准”；

——用小数点“.”代替作为小数点的逗号“,”；

——标准名称由“机械弹簧用钢丝　第 3 部分：油淬火和回火钢丝”改为“油淬火-回火弹簧钢丝”；

——增加了附录 A“代号与钢号的对应关系”。

本标准自实施之日起，代替并废止 YB/T 5008(原 GB 2271)《阀门用油淬火-回火铬钒合金弹簧钢丝》、YB/T 5102(原 GB 4359)《阀门用油淬火-回火碳素弹簧钢丝》、YB/T 5103(原 GB 4360)《油淬火-回火碳素弹簧钢丝》、YB/T 5104(原 GB 4361)《油淬火-回火硅锰合金弹簧钢丝》和 YB/T 5105(原 GB 4362)《阀门用油淬火-回火铬硅合金弹簧钢丝》。

与 YB/T 5008《阀门用油淬火-回火铬钒合金弹簧钢丝》、YB/T 5102《阀门用油淬火-回火碳素弹簧钢丝》、YB/T 5103《油淬火-回火碳素弹簧钢丝》、YB/T 5104《油淬火-回火硅锰合金弹簧钢丝》和 YB/T 5105《阀门用油淬火-回火铬硅合金弹簧钢丝》相比，本标准主要有以下几方面变化：

——同一代号的钢丝中不划分抗拉强度组别，不按抗拉强度区分钢丝的用途(见本标准表 1)；

——扩大了铬钒钢和铬硅钢的适用范围，不限于阀门用(见本标准表 1、表 6)；

——钢丝直径覆盖范围扩大为 0.50 mm～17.00 mm(见本标准表 1、表 2、表 6、表 7)；

——检测项目增加了关于非金属夹杂物和卷绕试验的条文(见本标准 4 f)、7.3、7.5.4、7.6 d)、表 9)；

——本标准适用材料中增加了高碳铬钒钢(见本标准表 3、表 6、表 7)；

——抗拉强度单位采用 MPa，同时增加了与不同直径对应的抗拉强度档次(见本标准表 6、表 7)；

——增加了抗拉强度的协议规定内容(见本标准 7.4.3)；

——将缠绕、弯曲、扭转试验的内容列为工艺性能(见本标准 7.5)；

——规定了扭转试验的直径下限(见本标准 7.5.2 a)；

——增加了规范性引用文件、订货内容和制造方法三章内容。

本标准的附录 A、附录 B、附录 C 均为资料性附录。

本标准由原国家冶金工业局提出。

本标准由全国钢标准化技术委员会归口。

本标准起草单位：冶金工业金属制品研究院、首钢特殊钢公司。

本标准主要起草人：姜岩、邱文鹏、常序华、封文华、董参。

油淬火-回火弹簧钢丝

1 范围

本标准规定了油淬火-回火弹簧钢丝(以下简称钢丝)的分类与代号、订货内容、尺寸、外形及允许偏差、制造方法、技术要求、试验方法、检验规则、包装、标志和质量证明书等。

本标准适用于制造各种机械弹簧用碳素和低合金油淬火-回火圆形截面钢丝。

2 规范性引用文件

下列文件中的条款通过本标准的引用而成为本标准的条款。凡是注日期的引用文件,其随后所有的修改单(不包括勘误的内容)或修订版均不适用于本标准,然而,鼓励根据本标准达成协议的各方研究是否可使用这些文件的最新版本。凡是不注日期的引用文件,其最新版本适用于本标准。

GB/T 222 钢的化学分析用试样取样法及成品化学成分允许偏差

GB/T 223.5 钢铁及合金化学分析方法 还原型硅钼酸盐光度法测定酸溶硅含量

GB/T 223.11 钢铁及合金化学分析方法 过硫酸铵氧化容量法测定铬量

GB/T 223.13 钢铁及合金化学分析方法 硫酸亚铁铵滴定法测定钒含量

GB/T 223.19 钢铁及合金化学分析方法 新亚铜灵-三氯甲烷萃取光度法测定铜量

GB/T 223.58 钢铁及合金化学分析方法 亚砷酸钠-亚硝酸钠滴定法测定锰量

GB/T 223.59 钢铁及合金化学分析方法 锑磷钼蓝光度法测定磷量

GB/T 223.60 钢铁及合金化学分析方法 高氯酸脱水重量法测定硅含量

GB/T 223.68 钢铁及合金化学分析方法 管式炉内燃烧后碘酸钾滴定法测定硫含量

GB/T 223.69 钢铁及合金化学分析方法 管式炉内燃烧后气体容量法测定碳含量

GB/T 224 钢的脱碳层深度测定法

GB/T 226 钢的低倍组织及缺陷酸蚀检验法

GB/T 228 金属材料 室温拉伸试验方法

GB/T 232 金属材料 弯曲试验方法

GB/T 239 金属线材扭转试验方法

GB/T 2103 钢丝验收、包装、标志及质量证明书的一般规定

GB/T 2976 金属线材缠绕试验方法

GB/T 10561 钢中非金属夹杂物显微评定方法

3 分类与代号

3.1 分类

3.1.1 钢丝按工作状态分为静态、中疲劳、高疲劳三类。

3.1.2 钢丝按供货抗拉强度分为低强度、中强度和高强度三级。

3.2 代号

钢丝的分类、代号和直径范围见表1。

3.3 标记示例

用60Si2MnA钢制造的直径为11.0 mm的TD级钢丝标记为:

TDSiMn-11.0-GB/T 18983—2003。

表 1 钢丝的分类、代号及直径范围

分 类		静态	中疲劳	高疲劳
抗拉强度	低强度	FDC	TDC	VDC
	中强度	FDCrV(A、B) FDSiMn	TDCrV(A、B) TDSiMn	VDCrV(A、B)
	高强度	FDCrSi	TDCrSi	VDCrSi
直径范围		0.50 mm~17.00 mm	0.50 mm~17.00 mm	0.50 mm~10.00 mm
注 1：静态级钢丝适用于一般用途弹簧，以 FD 表示。 注 2：中疲劳级钢丝用于离合器弹簧、悬架弹簧等，以 TD 表示。 注 3：高疲劳级钢丝适用于剧烈运动的场合，例如用于阀门弹簧，以 VD 表示。				

4 订货内容

按本标准订货的合同或订单应包括下列内容：

a) 订货数量；

b) 本标准号；

c) 产品类型代号；

d) 钢丝公称直径；

e) 交货形式及单件重量；

f) 阀门用钢丝应注明非金属夹杂物级别；

g) 特殊要求(如有要求。见 7.6)。

5 尺寸、外形及允许偏差

5.1 尺寸

5.1.1 钢丝的直径范围列于表 1。

5.1.2 钢丝尺寸的允许偏差应符合表 2 的要求。

表 2 钢丝直径及允许偏差

单位为毫米

公称直径	允许偏差(±)		公称直径	允许偏差(±)	
	TD VD	FD		TD FD	VD
0.50~0.80	0.010	0.015	>5.50~7.00	0.040	
>0.80~1.00	0.015	0.020	>7.00~9.00	0.045	
>1.00~1.80	0.020	0.025	>9.00~10.00	0.050	
>1.80~2.80	0.025	0.030	>10.00~11.00	0.070	—
>2.80~4.00	0.030		>11.00~14.50	0.080	—
>4.00~5.50	0.035		>14.50~17.00	0.090	—

5.1.3 不圆度不得大于尺寸允许偏差的一半。

5.1.4 当需方对尺寸偏差有特殊要求时，应在合同中注明。

5.2 外形

钢丝外形应规整，不得有影响使用的弯曲。

6 制造方法

钢丝由盘条经冷拉后进行淬火和回火制成。

7 技术要求

7.1 化学成分

7.1.1 钢丝用钢的化学成分(熔炼分析)应符合表3的要求。

7.1.2 根据需方要求,经供需双方协议并在合同中注明,可供应其他牌号的钢丝。

7.1.3 钢丝用盘条化学成分的允许偏差应符合GB/T 222的有关规定。

表3 化学成分(质量分数) %

代号	C	Si	Mn	$P_{最大}$	$S_{最大}$	Cr	V	$Cu_{最大}$
FDC TDC VDC	0.60～0.75	0.10～0.35	0.50～1.20	0.030 0.020	0.030 0.025	—	—	0.20 0.12
FDCrV-A TDCrV-A VDCrV-A	0.47～0.55	0.10～0.40	0.60～1.20	0.030 0.025	0.030 0.025	0.80～1.10	0.15～0.25	0.20 0.12
FDCrV-B TDCrV-B VDCrV-B	0.62～0.72	0.15～0.30	0.50～0.90	0.030 0.025	0.030 0.025	0.40～0.60	0.15～0.25	0.20 0.12
FDSiMn TDSiMn	0.56～0.64	1.50～2.00	0.60～0.90	0.035	0.035	—	—	0.25
FDCrSi TDCrSi VDCrSi	0.50～0.60	1.20～1.60	0.50～0.90	0.030 0.025	0.030 0.025	0.50～0.80	—	0.20 0.12

7.2 表面质量

7.2.1 钢丝表面应光滑,不应有对钢丝使用可能产生有害影响的划伤、裂纹、锈蚀、折叠、结疤等缺陷;允许有最大深度不超过表4规定深度的缺陷。

表4 表面缺陷允许的最大深度

钢丝直径 d/mm	VD	TD	FD
0.50～2.00	0.01 mm	0.015 mm	0.02 mm
>2.00～6.00	0.5%d	0.8%d	1.0%d
>6.00～10.00	0.7%d	1.0%d	1.4%d
>10.00～17.00	—	0.10 mm	0.20 mm

7.2.2 采用酸浸法检查钢丝的表面质量。用于酸浸检查的试样不得存在加工应力。

7.2.3 VD级和TD级钢丝表面不得有全脱碳层。钢丝表面脱碳层的其他要求应符合表5规定。

表5 表面脱碳允许最大深度

VD	TD[a]	FD
1.0%d	1.3%d	1.5%d

[a] TDSiMn最大深度为1.5%d。

7.3 非金属夹杂物

VD级钢丝应检验非金属夹杂物,其合格级别由双方协商。合同未规定时,合格级别由供方确定。

7.4 力学性能

7.4.1 钢丝的抗拉强度和断面收缩率应符合表6和表7的规定。

表 6 静态级、中疲劳级钢丝力学性能

直径范围/mm	抗拉强度/MPa					断面收缩率[a]/% ≥	
	FDC TDC	FDCrV-A TDCrV-A	FDCrV-B TDCrV-B	FDSiMn TDSiMn	FDCrSi TDCrSi	FD	TD
0.50～0.80	1800～2 100	1 800～2 100	1 900～2 200	1 850～2 100	2 000～2 250	—	
>0.80～1.00	1 800～2 060	1 780～2 080	1 860～2 160	1 850～2 100	2 000～2 250	—	
>1.00～1.30	1 800～2 010	1 750～2 010	1 850～2 100	1 850～2 100	2 000～2 250	45	45
>1.30～1.40	1 750～1 950	1 750～1 990	1 840～2 070	1 850～2 100	2 000～2 250	45	45
>1.40～1.60	1 740～1 890	1 710～1 950	1 820～2 030	1 850～2 100	2 000～2 250	45	45
>1.60～2.00	1 720～1 890	1 710～1 890	1 790～1 970	1 820～2 000	2 000～2 250	45	45
>2.00～2.50	1 670～1 820	1 670～1 830	1 750～1 900	1 800～1 950	1 970～2 140	45	45
>2.50～2.70	1 640～1 790	1 660～1 820	1 720～1 870	1 780～1 930	1 950～2 120	45	45
>2.70～3.00	1 620～1 770	1 630～1 780	1 700～1 850	1 760～1 910	1 930～2 100	45	45
>3.00～3.20	1 600～1 750	1 610～1 760	1 680～1 830	1 740～1 890	1 910～2 080	40	45
>3.20～3.50	1 580～1 730	1 600～1 750	1 660～1 810	1 720～1 870	1 900～2 060	40	45
>3.50～4.00	1 550～1 700	1 560～1 710	1 620～1 770	1 710～1 860	1 870～2 030	40	45
>4.00～4.20	1 540～1 690	1 540～1 690	1 610～1 760	1 700～1 850	1 860～2 020	40	45
>4.20～4.50	1 520～1 670	1 520～1 670	1 590～1 740	1 690～1 840	1 850～2 000	40	45
>4.50～4.70	1 510～1 660	1 510～1 660	1 580～1 730	1 680～1 830	1 840～1 990	40	45
>4.70～5.00	1 500～1 650	1 500～1 650	1 560～1 710	1 670～1 820	1 830～1 980	40	45
>5.00～5.60	1 470～1 620	1 460～1 610	1 540～1 690	1 660～1 810	1 800～1 950	35	40
>5.60～6.00	1 460～1 610	1 440～1 590	1 520～1 670	1 650～1 800	1 780～1 930	35	40
>6.00～6.50	1 440～1 590	1 420～1 570	1 510～1 660	1 640～1 790	1 760～1 910	35	40
>6.50～7.00	1 430～1 580	1 400～1 550	1 500～1 650	1 630～1 780	1 740～1 890	35	40
>7.00～8.00	1 400～1 550	1 380～1 530	1 480～1 630	1 620～1 770	1 710～1 860	35	40
>8.00～9.00	1 380～1 530	1 370～1 520	1 470～1 620	1 610～1 760	1 700～1 850	30	35
>9.00～10.00	1 360～1 510	1 350～1 500	1 450～1 600	1 600～1 750	1 660～1 810	30	35
>10.00～12.00	1 320～1 470	1 320～1 470	1 430～1 580	1 580～1 730	1 660～1 810	30	—
>12.00～14.00	1 280～1 430	1 300～1 450	1 420～1 570	1 560～1 710	1 620～1 770	30	—
>14.00～15.00	1 270～1 420	1 290～1 440	1 410～1 560	1 550～1 700	1 620～1 770	—	
>15.00～17.00	1 250～1 400	1 270～1 420	1 400～1 550	1 540～1 690	1 580～1 730		

a FDSiMn 和 TDSiMn 直径≤5.00 mm 时，断面收缩率应≥35%；直径>5.00 mm～14.00 mm 时，断面收缩率应≥30%。

7.4.2 公称直径>1.00 mm 的钢丝应测量断面收缩率。

7.4.3 经协议，钢丝也可采用其他抗拉强度控制范围。

7.4.4 一盘或一轴内钢丝抗拉强度允许的波动范围为：

a) VD 级钢丝不应超过 50 MPa；

b) TD 级钢丝不应超过 60 MPa；

c) FD 级钢丝不应超过 70 MPa。

表 7　高疲劳级钢丝力学性能

直径范围/mm	抗拉强度/MPa				断面收缩率/% ≥
	VDC	VDCrV-A	VDCrV-B	VDCrSi	
0.50～0.80	1 700～2 000	1 750～1 950	1 910～2 060	2 030～2 230	—
>0.80～1.00	1 700～1 950	1 730～1 930	1 880～2 030	2 030～2 230	—
>1.00～1.30	1 700～1 900	1 700～1 900	1 860～2 010	2 030～2 230	45
>1.30～1.40	1 700～1 850	1 680～1 860	1 840～1 990	2 030～2 230	45
>1.40～1.60	1 670～1 820	1 660～1 860	1 820～1 970	2 000～2 180	45
>1.60～2.00	1 650～1 800	1 640～1 800	1 770～1 920	1 950～2 110	45
>2.00～2.50	1 630～1 780	1 620～1 770	1 720～1 860	1 900～2 060	45
>2.50～2.70	1 610～1 760	1 610～1 760	1 690～1 840	1 890～2 040	45
>2.70～3.00	1 590～1 740	1 600～1 750	1 660～1 810	1 880～2 030	45
>3.00～3.20	1 570～1 720	1 580～1 730	1 640～1 790	1 870～2 020	45
>3.20～3.50	1 550～1 700	1 560～1 710	1 620～1 770	1 860～2 010	45
>3.50～4.00	1 530～1 680	1 540～1 690	1 570～1 720	1 840～1 990	45
>4.20～4.50	1 510～1 660	1 520～1 670	1 540～1 690	1 810～1 960	45
>4.70～5.00	1 490～1 640	1 500～1 650	1 520～1 670	1 780～1 930	45
>5.00～5.60	1 470～1 620	1 480～1 630	1 490～1 640	1 750～1 900	40
>5.60～6.00	1 450～1 600	1 470～1 620	1 470～1 620	1 730～1 890	40
>6.00～6.50	1 420～1 570	1 440～1 590	1 440～1 590	1 710～1 860	40
>6.50～7.00	1 400～1 550	1 420～1 570	1 420～1 570	1 690～1 840	40
>7.00～8.00	1 370～1 520	1 410～1 560	1 390～1 540	1 660～1 810	40
>8.00～9.00	1 350～1 500	1 390～1 540	1 370～1 520	1 640～1 790	35
>9.00～10.00	1 340～1 490	1 370～1 520	1 340～1 490	1 620～1 770	35

7.5　工艺性能

7.5.1　缠绕试验

a)　公称直径<3.00 mm 的钢丝应进行缠绕试验，试验后其表面不得产生裂纹或断开；

b)　钢丝在芯棒上缠绕至少 4 圈；

c)　芯棒直径等于钢丝直径。

7.5.2　扭转试验

a)　公称直径为 0.70 mm～6.00 mm 的钢丝应进行扭转试验；

b)　试样标距长度为钢丝直径的 100 倍。经协议，允许采用其他标距长度；

c)　试验方法有两种：

1)　单向扭转试验即试样向一个方向扭转至少 3 次直到断裂，断口应平齐。

2)　TD 级和 VD 级钢丝也可选用双向扭转试验方法，具体要求见表 8。

表 8　双向扭转试验要求

<table>
<tr><th rowspan="2">公称直径/mm</th><th colspan="2">TDC　VDC</th><th colspan="2">TDCrV　VDCrV</th><th colspan="2">TDCrSi　VDCrSi</th></tr>
<tr><th>右转圈数</th><th>左转圈数</th><th>右转圈数</th><th>左转圈数</th><th>右转圈数</th><th>左转圈数</th></tr>
<tr><td>＞0.70～1.00</td><td rowspan="8">6</td><td>24</td><td rowspan="8">6</td><td>12</td><td>6</td><td rowspan="8">0</td></tr>
<tr><td>＞1.00～1.60</td><td>16</td><td>8</td><td>5</td></tr>
<tr><td>＞1.60～2.50</td><td>14</td><td rowspan="6">4</td><td rowspan="4">4</td></tr>
<tr><td>＞2.50～3.00</td><td>12</td></tr>
<tr><td>＞3.00～3.50</td><td>10</td></tr>
<tr><td>＞3.50～4.50</td><td>8</td></tr>
<tr><td>＞4.50～5.60</td><td>6</td><td rowspan="2">3</td></tr>
<tr><td>＞5.60～6.00</td><td>4</td></tr>
</table>

7.5.3　弯曲试验

a)　公称直径＞6.00 mm 的钢丝应进行弯曲试验。

b)　钢丝绕直径等于钢丝直径 2 倍的芯棒弯曲 90°，试验后不得出现裂纹。

7.5.4　卷绕试验

根据需方要求，公称直径≤0.70 mm 的钢丝可进行卷绕试验。试验方法如下：

试样长约 500 mm，均匀地密绕在芯棒上。芯棒直径为钢丝公称直径的 3 倍～3.5 倍。把绕好的线圈从芯棒上取下后拉长，使其在松开后达到线圈原始长度的大约 3 倍。在此状态下线圈螺距和圈径应均匀。

7.6　特殊要求

根据需方要求，经供需双方协商，可在合同中注明以下特殊要求：

a)　代号或牌号；

b)　抗拉强度；

c)　包装类型；

d)　非金属夹杂物级别和试验方法；

e)　是否涡流探伤；

f)　奥氏体晶粒度级别；

g)　其他要求。

8　试验方法

钢丝的检验项目、取样数量和试验方法按表 9 规定执行。

表 9　检验项目、取样数量和试验方法

序号	检验项目	取样数量及部位	试验方法
1	化学成分	1 个，盘条取样	GB/T 223
2	酸浸	每盘二端或每轴一端	GB/T 226
3	脱碳	每批 10%一端(至少 1 个)	GB/T 224
4	拉伸	每批 10%二端(至少 2 个)	GB/T 228
5	缠绕	每批 10%二端(至少 2 个)	GB/T 2976
6	扭转	每批 10%一端(至少 1 个)	GB/T 239、表 8
7	弯曲	每批 10%一端(至少 1 个)	GB/T 232
8	表面及外形	每盘(轴)	目视

表 9（续）

序号	检验项目	取样数量及部位	试验方法
9	尺寸	每盘(轴)	千分尺
10	卷绕	每批 10%一端(至少 1 个)	见 7.5.4 条
11	非金属夹杂物	每批 10%一端(至少 1 个)盘条取样	GB/T 10561

9 检验规则

9.1 检查和验收

9.1.1 钢丝的检查由供方质量监督部门进行。

9.1.2 供方必须保证交货的钢丝符合本标准或合同的规定。必要时，需方有权对本标准或合同规定的任一检验项目进行检查。

9.1.3 采用涡流探伤的钢丝可以不进行酸浸检验。但在出现异议时，采用酸浸法进行仲裁。

9.2 组批规则

一批钢丝应由同一牌号、同一炉(罐)号、同一直径、同一技术要求的钢丝组成。

9.3 复验与判定规则

钢丝的复验与判定规则按 GB/T 2103 的规定执行。

10 包装、标志和质量证明书

10.1 包装

10.1.1 钢丝一般以盘卷状态或缠绕在工字轮上交货。

10.1.2 每盘或每轴只能有一根钢丝。

10.1.3 每盘或每轴钢丝的重量范围由供需双方议定。

10.1.4 包装类型一般按 GB/T 2103 Ⅲ类执行，要求其他类型时应在合同中注明。

10.1.5 包装的其他要求按 GB/T 2103 的规定执行。

10.2 标志

10.2 1 钢丝的最外层包装物上应附有标牌，标牌应牢固可靠，字迹清楚，其上至少注明：

a) 供方名称、商标、厂址；

b) 3.3 条规定的标记；

c) 重量；

d) 炉(罐)号；

e) 特殊要求项目及简要内容。

10.2.2 去除全部包装物后，钢丝盘或轴上应附有标签，其上至少注明：

a) 3.3 条规定的标记；

b) 生产日期。

10.3 质量证明书

每批钢丝应附有质量证明书，其内容有：

a) 产品标牌的全部内容；

b) 顾客名称；

c) 发货日期；

d) 炉(批)号、交货状态、件数、总重量；

e) 标准或协议规定的各项检验结果；

f) 质量检验印记。

附　录　A
（资料性附录）
代号与钢的牌号的对应关系

本标准中钢丝可采用的国内常用钢材牌号见表 A.1。

表 A.1　代号与钢的牌号的对应关系

钢丝代号	常用代表性牌号
FDC、TDC、VDC	65、70、65Mn
FDCrV-A、TDCrV-A、VDCrV-A	50CrVA
FDSiMn、TDSiMn	60Si2Mn、60Si2MnA
FDCrSi、TDCrSi、VDCrSi	55CrSi
FDCrV-B、TDCrV-B、VDCrV-B	67CrV

附 录 B
（资料性附录）
本标准章条编号与 ISO/FDIS 8458 章条编号对照

表 B.1 给出了本标准章条编号与 ISO/FDIS 8458 章条编号对照一览表。

表 B.1 本标准章条编号与 ISO/FDIS 8458 章条编号对照

本标准章条编号	对应的国际标准章条编号
1	第三部分 1
3	第三部分 3
5.1.2	第三部分 4 第 1 段
5.1.4	第三部分 4 第 2 段
7.1	第三部分 5.1
7.2.1	第三部分第 1 句
7.2.2 第 3 句	第三部分第 2 句
—	第三部分 5.2.2
7.2.3	第三部分 5.2.3
7.3	第三部分 5.3
7.4	第三部分 5.4
7.5	第三部分 5.5
8	第三部分 6
4	第一部分 4
5.1.3	第一部分 5.1.2
7.2.2 第 1、2 句	第一部分 6.10.1 第 1、2 句
9.3	第一部分 8
10.2.1	第一部分 7.2
10.3	第一部分 6.12

附 录 C
（资料性附录）
本标准与 ISO/FDIS 8458 的技术性差异及其原因

表 C.1 给出了本标准与 ISO/FDIS 8458 的技术性差异及其原因的一览表。

表 C.1 本标准与 ISO/FDIS 8458 的技术性差异及其原因

本标准的章条编号	技术性差异	原 因
2、7.13、表 9、9.3	引用标准采用国家标准，而非国际标准	以适合我国国情
3.3	增加了“标记示例”一条	便于采用标准时简化文字内容
表 1、表 3、表 5、表 6	增加了关于硅锰钢的内容	以适应国内市场需求
表 1	TD 级钢丝直径上限由 10.00 mm 扩大到 17.00 mm	汽车悬架簧钢丝的直径大多在 10 mm 以上，TD 级钢丝用于汽车悬架簧必须扩大直径范围
表 1 注 2	增加了“悬架弹簧”	明确悬架弹簧的适用级别，便于选用
4 f)	增加了“阀门用钢丝应注明非金属夹杂物级别”	此项内容有必要在订货时确定
4、表 9、10.2.1	删除关于镀层的条文	目前国内不生产有镀层的油淬火-回火钢丝
表 2	直径＜0.65mm 钢丝的尺寸偏差采用 0.65 mm～0.80 mm 钢丝的规定	测量精度难以达到原标准的要求
5.2	增加了“钢丝外形应规整，不得有影响使用的弯曲”	根据国内现状，采用了原国家标准关于外形的规定
6	增加了制造方法一章	说明油淬火-回火钢丝的制造方法
7.1.2	增加了“根据需方要求，经供需双方协议并在合同中注明，可供应其他牌号的钢丝”	适应市场需求，以保证标准的适用性
表 3	VDC 钢丝的 Si、Mn 成分采用与 FDC 和 TDC 相同的范围	VDC 钢丝的 Si、Mn 成分缩小范围无必要
表 4	增加了直径≤2.00 mm 和＞10.00 mm 钢丝表面缺陷深度的规定	便于执行标准
—	删除 ISO/FDIS 8458-3 表 4 脚注 a、b	脚注 a、b 的要求过于宽松
—	删除 ISO/FDIS 8458-3 中 5.2.2“VD 级别钢丝应做涡流在线检测，TD 级别可以协议。试验方法和试验结果评估值可由双方协商。涡流试验通常用于 2.50 mm～6.00 mm 的钢丝”	1 国内涡流探伤技术尚不成熟。 2 涡流探伤可以离线进行。 3 探伤直径范围可以不限于 2.50 mm～6.00 mm
表 5	直径≤4.00 mm 的 VD 级和 TD 级钢丝表面脱碳允许最大深度与＞4.00 mm 的钢丝一样，采用各自对应的直径百分比，而不采用 VD 级≤0.04 mm、TD 级≤0.05 mm 的规定	钢丝很细时（例如直径 0.50 mm），0.04 mm或 0.05 mm 的脱碳层深度将严重影响钢丝性能
7.3	增加了“合同未规定时，合格级别由供方确定”	便于执行标准

表 C.1（续）

本标准的章条编号	技术性差异	原 因
表 6	TD 级钢丝的抗拉强度值改为按 ISO/FDIS 8458-3 表 6 执行	TD 级钢丝不用于阀门，抗拉强度高一些对发挥材料的性能比较有利
	提高了直径＞10 mm 的 FDCrSi 钢丝和 TDCrSi 钢丝的抗拉强度值	ISO/FDIS 8458-3 表 6 中直径＞10 mm 的 FDSiCr 钢丝抗拉强度值过低，与市场需求不符
表 7	用每个直径段一组抗拉强度值代替连续几个直径段采用同一组抗拉强度值	1 使表 7 与表 6 的编制形式统一。 2 便于组织生产
7.4.3	用“经协议，钢丝可采用其他抗拉强度控制范围”代替 ISO/FDIS 8458-3 表 6、表 7 的脚注内容	1 使本标准的文字简洁。 2 便于在用户提出特殊抗拉强度范围时执行本标准
7.5.2 c) 1)	增加了“至少三次”，并简化了断口形貌的描述	1 需要限定最低扭转次数。 2 国际标准对断口形貌的描述不够明晰
7.5.4	用“在此状态下线圈螺距和圈径应均匀”代替 ISO/FDIS 8458-1 6.6 中的“在此状态下检查钢丝表面状态和弹簧节距(及单圈)的规律性”	明确合格与否的判定要求
7.6	增加了“非金属夹杂物……试验方法”	目前，对各种非金属夹杂物试验方法的评价不尽相同。因此，本标准在推荐 GB/T 10561之外，允许经协商采用其他试验方法
	增加了“奥氏体晶粒度级别”	对奥氏体晶粒度级别的要求相当普遍，因此在本标准特殊要求一条中增加了这项内容
表 9	直接规定了酸浸、脱碳、缠绕、扭转、弯曲、卷绕和非金属夹杂物试验的取样数量	便于执行标准
9.1	增加了“检查和验收”一条	有必要规定
9.2	增加了“组批规则”一条	有必要规定
10.1	增加了“包装”一条	有必要规定
10.2.2	增加了对钢丝包装物内部所附标签的规定	提高产品标识的可靠性
10.3	用本标准的“质量证明书”一条代替 ISO/FDIS 8458-1 6.12“检验文件”一条	使标准内容更具体、更全面

ICS 77.140.65
H 49

中华人民共和国黑色冶金行业标准

YB/T 5294—2009

一般用途低碳钢丝

Low carbon steel wire for general uses

2009-12-04 发布

2010-06-01 实施

中华人民共和国工业和信息化部 发布

前　言

本标准修改采用 JIS G 3532:2000《低碳钢丝》(英文版)。

本标准根据 JIS G 3532:2000 重新起草。为了方便比较,在资料性附录 B 中给出了技术性差异及其原因的一览表以供参考。

本标准代替 YB/T 5294—2006《一般用途低碳钢丝》,与 YB/T 5294—2006 相比主要技术变化如下:

——删除钢丝捆的内径规定;

——增加了"订货内容";

——修改了钢丝捆重、接头数量及单根最低质量;

——修改了镀锌钢丝锌层质量的规定;

——修改了钢丝检验项目的试验方法和取样要求;

——修改了钢丝验收规则;

——修改了镀锌钢丝的包装规定;

——修改了钢丝的运输、贮存规定。

本标准的附录 A、附录 B 为资料性附录。

本标准由中国钢铁工业协会提出。

本标准由全国钢标准化技术委员会归口。

本标准主要起草单位:天津冶金钢线钢缆集团有限公司、天津华源线材制品有限公司、冶金工业信息标准研究院。

本标准主要起草人:张振祥、李晓燕、郦伟光、郭鑫、张金利、宫明江、戴石锋、王玲君。

本标准所代替标准的历次版本发布情况为:

YB/T 5294—2006。

一般用途低碳钢丝

1 范围

本标准规定了一般用途低碳钢丝(以下简称钢丝)的分类及代号、订货内容、尺寸和外形及标记示例、技术要求、试验方法、验收规则、包装、运输、贮存、标志及质量证明书。

本标准适用于一般的捆绑、制钉、编织及建筑等用途的圆截面低碳钢丝。

2 规范性引用文件

下列文件中的条款通过本标准的引用而成为本标准的条款。凡是注日期的引用文件,其随后所有的修改单(不包括勘误的内容)或修订版均不适于本标准,然而,鼓励根据本标准达成协议的各方研究是否可使用这些文件的最新版本。凡是不注日期的引用文件,其最新版本适用于本标准。

GB/T 228　金属材料　室温拉伸试验方法(GB/T 228—2002,eqv ISO 6892:1998)

GB/T 238　金属材料　线材　反复弯曲试验方法(GB/T 238—2002,ISO 7801:1984,IDT)

GB/T 701　低碳钢热轧圆盘条

GB/T 2103　钢丝验收、包装、标志及质量证明书的一般规定

YB/T 5357　钢丝镀锌层

3 分类及代号

3.1 钢丝按交货状态分为三种,类别及其代号为:

a) 冷拉钢丝　WCD

b) 退火钢丝　TA

c) 镀锌钢丝　SZ

3.2 钢丝按用途分为三类:

a) 普通用

b) 制钉用

c) 建筑用

4 订货内容

根据本标准订货的合同应包括以下内容:

a) 本标准号;

b) 产品名称;

c) 公称直径;

d) 数量;

e) 交货状态;

f) 用途;

g) 其他要求。

5 尺寸和外形及标记示例

5.1 尺寸及允许偏差

5.1.1 冷拉和退火钢丝的直径及允许偏差应符合表1的规定。

表 1　钢丝直径及允许偏差

单位为毫米

钢丝公称直径	允许偏差	钢丝公称直径	允许偏差
≤0.30	±0.01	>1.60～3.00	±0.04
>0.30～1.00	±0.02	>3.00～6.00	±0.05
>1.00～1.60	±0.03	>6.00	±0.06

5.1.2　镀锌钢丝的直径及允许偏差应符合表 2 的规定。

表 2　镀锌钢丝的直径及允许偏差

单位为毫米

钢丝公称直径	允许偏差	钢丝公称直径	允许偏差
≤0.30	±0.02	>1.60～3.00	±0.06
>0.30～1.00	±0.04	>3.00～6.00	±0.07
>1.00～1.60	±0.05	>6.00	±0.08

5.1.3　钢丝的不圆度应不超过直径公差之半。

注：供需双方按线规号交货时，常用线规号与英制尺寸、公制尺寸的对照表参见附录 A。

5.2　**外形**

钢丝捆不允许有紊乱丝圈及成“∞”字形线。

5.3　**捆重**

5.3.1　每捆钢丝的重量、根数及单根最低重量应符合表 3 的规定，标准捆交货时应在合同中注明。未注明者由供方确定捆重。

5.3.2　标准捆钢丝每捆重量允许有不超过规定重量 1%的正偏差和 0.4%的负偏差。

5.3.3　根据需方要求，标准捆也可由一根钢丝组成。镀锌钢丝成品接头处应用局部电镀的方法或用银漆覆涂。镀锌钢丝及其他各类钢丝焊接处应对正锉平，但不作为质量验收依据，焊接头数量应不超过表 3的规定。

5.3.4　非标准捆的钢丝应由一根钢丝组成，重量由双方协议确定，但最低重量应符合表 3 的规定。

表 3　钢丝捆重及最低重量

钢丝公称直径 mm	标　准　捆			非标准捆最低重量 kg
	捆重 kg	每捆焊接头数量 不多于	单根最低重量 kg	
≤0.30	5	6	0.5	0.5
>0.30～0.50	10	5	1	1
>0.50～1.00	25	4	2	2
>1.00～1.20	25	3	3	3
>1.20～3.00	50	3	4	4
>3.00～4.50	50	2	6	10
>4.50～6.00	50	2	6	12

5.4　**标记示例**

示例 1：直径为 2.00 mm 的冷拉钢丝，其标记为：

低碳钢丝 WCD-2.00-YB/T 5294—2009

示例 2：直径为 4.00 mm 的退火钢丝，其标记为：

低碳钢丝 TA-4.00-YB/T 5294—2009

示例 3：直径为 3.00 mm、镀层级别为 F 级的镀锌钢丝，其标记为：

低碳钢丝 SZ-F-3.00-YB/T 5294—2009

6 技术要求

6.1 原料

钢丝选用 GB/T 701 或其他低碳钢盘条制造，其牌号由供方确定。

6.2 力学性能

6.2.1 钢丝的力学性能应符合表 4 的规定。

表 4 钢丝的力学性能

公称直径 mm	抗拉强度 R_m/MPa					弯曲试验(180°/次)		伸长率，%(标距 100 mm)	
	冷拉钢丝			退火钢丝	镀锌钢丝[a]	冷拉钢丝		冷拉建筑用钢丝	镀锌钢丝
	普通用	制钉用	建筑用			普通用	建筑用		
≤0.30	≤980	—	—	295～540	295～540	见 6.2.3	—	—	≥10
>0.30～0.80	≤980	—	—				—	—	
>0.80～1.20	≤980	880～1 320	—			≥6	—	—	≥12
>1.20～1.80	≤1 060	785～1 220	—				—	—	
>1.80～2.50	≤1 010	735～1 170	—				—	—	
>2.50～3.50	≤960	685～1 120	≥550			≥4	≥4	≥2	
>3.50～5.00	≤890	590～1 030	≥550						
>5.00～6.00	≤790	540～930	≥550						
>6.00	≤690	—	—			—	—	—	

[a] 对于先镀后拉的镀锌钢丝的力学性能按冷拉钢丝的力学性能执行。

6.2.2 对于直径不大于 0.80 mm 的冷拉普通用钢丝用打结拉伸试验代替弯曲试验，打结钢丝进行拉伸试验时所承受的拉力不低于钢丝破断拉力的 50%。

6.2.3 特殊需要时，由供需双方协商确定。

6.3 表面质量

6.3.1 钢丝表面不应有裂纹、斑疤、折叠、竹节及明显的纵向拉痕且钢丝出厂时表面不得有锈蚀。

6.3.2 退火钢丝表面允许有氧化膜。

6.3.3 镀锌钢丝表面不应有未镀锌的地方，表面应呈基本一致的金属光泽。

6.4 镀锌钢丝锌层质量

镀锌钢丝的锌层质量应符合 YB/T 5357 的规定。当需方未在合同中注明锌层级别时，一般按 F 级镀层重量交货。

7 试验方法

钢丝检验项目的试验方法、取样部位、取样数量和试验要求应符合表 5 规定。

表 5　钢丝检验项目的试验方法和取样要求

序号	试验项目	试验方法	取样部位	取样数量	试验要求
1	拉伸和打结拉伸试验	GB/T 228	任一端	5%/批 (不少于 7 盘)	抗拉强度按公称直径计算
2	弯曲试验	GB/T 238	任一端		—
3	直径	用分度值为 0.001 mm 的量具	任一截面	逐盘	在同一截面互相垂直方向上 两次测量的平均值
4	不圆度				在同一截面上最大值与最小值之差
5	表面	目测	任一部位		按 6.3

8　验收规则

8.1　每批钢丝应由同一用途、同一尺寸、同一锌层级别、同一交货状态的钢丝组成。

8.2　钢丝的验收规则按 GB/T 2103 的规定执行。

9　包装、运输、贮存、标志及质量证明书

9.1　包装

钢丝的包装由供方选择 GB/T 2103 中的相应方式，需方有特殊要求时，在合同中注明。

9.2　运输、贮存

9.2.1　钢丝的运输工具应保持清洁、干燥，并须有必要的防潮、防雨条件。

9.2.2　钢丝应用良好的机械平稳装卸或人工堆码整齐，不允许用丝绳直接吊装或在 1 m 以上高度扔落。

9.2.3　钢丝应贮存在清洁、干燥的仓库中。

9.2.4　钢丝在中途转运过程中应存放在干燥场地，底层应用防潮材料垫底，防止锈蚀。

9.3　标志及质量证明书

钢丝的标志及质量证明书应符合 GB/T 2103 的规定。

附 录 A
（资料性附录）
常用线规号英制尺寸与公制尺寸对照

常用线规号英制尺寸与公制尺寸对照如表 A.1 所示。

表 A.1 常用线规号英制尺寸与公制尺寸对照

线规号	SWG[a]		BWG[b]		AWG[c]	
	in	mm	in	mm	in	mm
3	0.252	6.401	0.259	6.58	0.229 4	5.83
4	0.232	5.893	0.238	6.05	0.204 3	5.19
5	0.212	5.385	0.220	5.59	0.181 9	4.62
6	0.192	4.877	0.203	5.16	0.162 0	4.11
7	0.176	4.470	0.180	4.57	0.144 3	3.67
8	0.160	4.064	0.165	4.19	0.128 5	3.26
9	0.144	3.658	0.148	3.76	0.114 4	2.91
10	0.128	3.251	0.134	3.40	0.101 9	2.59
11	0.116	2.946	0.120	3.05	0.090 74	2.30
12	0.104	2.642	0.109	2.77	0.080 81	2.05
13	0.092	2.337	0.095	2.41	0.071 96	1.83
14	0.080	2.032	0.083	2.11	0.064 08	1.63
15	0.072	1.829	0.072	1.83	0.057 07	1.45
16	0.064	1.626	0.065	1.65	0.050 82	1.29
17	0.056	1.422	0.058	1.47	0.045 26	1.15
18	0.048	1.219	0.049	1.24	0.040 30	1.02
19	0.040	1.016	0.042	1.07	0.035 89	0.91
20	0.036	0.914	0.035	0.89	0.031 96	0.812
21	0.032	0.813	0.032	0.81	0.028 46	0.723
22	0.028	0.711	0.028	0.71	0.025 35	0.644
23	0.024	0.610	0.025	0.64	0.022 57	0.573
24	0.022	0.559	0.022	0.56	0.020 10	0.511
25	0.020	0.508	0.020	0.51	0.017 90	0.455
26	0.018	0.457	0.018	0.46	0.015 94	0.405
27	0.016 4	0.416 6	0.016	0.41	0.014 20	0.361
28	0.014 8	0.375 9	0.014	0.36	0.012 64	0.321
29	0.013 6	0.345 4	0.013	0.33	0.011 26	0.286
30	0.012 4	0.315 0	0.012	0.30	0.010 03	0.255
31	0.011 6	0.294 6	0.010	0.25	0.008 928	0.227

表 A.1（续）

线规号	SWG[a]		BWG[b]		AWG[c]	
	in	mm	in	mm	in	mm
32	0.010 8	0.274 3	0.009	0.23	0.007 950	0.202
33	0.010 0	0.254 0	0.008	0.20	0.007 080	0.180
34	0.009 2	0.233 7	0.007	0.18	0.006 304	0.160
35	0.008 4	0.213 4	0.005	0.13	0.005 615	0.143
36	0.007 6	0.193 0	0.004	0.10	0.005 000	0.127

[a] SWG 为英国线规代号。

[b] BWG 为伯明翰线规代号。

[c] AWG 为美国线规代号。

附 录 B
（资料性附录）
本标准与 JIS G 3532:2000 的技术性差异及其原因

表 B.1 给出了本标准与 JIS G 3532:2000 的技术性差异及其原因的一览表。

表 B.1 本标准与 JIS G 3532:2000 技术性差异及其原因

本标准的章条编号	技术性差异	原 因
2	引用我国相应的国家标准。	按我国国家标准编写规则编写。
3	分类代号表示方法有所不同。	与我国钢丝分类与术语保持一致。
5.3	增加了捆重的要求。	适合我国国情。
表 4	钢丝的力学性能有所调整。	根据我国生产厂和用户的要求协商而定。

ICS 77.140.65
H 49

中华人民共和国黑色冶金行业标准

YB/T 5301—2010
代替 YB/T 5301—2006

合 金 结 构 钢 丝

Alloy structural steel wire

2010-11-10 发布　　2011-03-01 实施

中华人民共和国工业和信息化部　发 布

前　　言

本标准代替 YB/T 5301—2006《合金结构钢丝》。

本标准与 YB/T 5301—2006 相比，主要变化如下：

——取消了原标准Ⅰ类钢丝的规定；

——取消了“标记示例”；

——增加了“订货内容”；

——修改了冷拉和退火钢丝的代号；

——冷拉或退火状态交货的力学性能按尺寸分为两档，尺寸＜5 mm 的钢丝检验抗拉强度，尺寸≥5 mm的钢丝检验硬度。

本标准由中国钢铁工业协会提出。

本标准由全国钢标准化技术委员会归口。

本标准起草单位：重庆东华特殊钢有限责任公司、冶金工业信息标准研究院。

本标准主要起草人：谢静红、王玲君、任翠英。

本标准所代替标准的历次版本发布情况：

——GB/T 3079—1982，GB/T 3079—1993；

——YB/T 5301—2006。

合 金 结 构 钢 丝

1 范围

本标准规定了合金结构钢丝的订货内容，分类及代号，尺寸、外形、重量及允许偏差，技术要求，试验方法，检验规则、包装、标志及质量证明书。

本标准适用于尺寸不大于10.00 mm的合金结构钢冷拉圆钢丝以及2.00 mm～8.00 mm的冷拉方、六角钢丝。

2 规范性引用标准

下列文件对于本文件的应用是必不可少的。凡是注日期的引用文件，仅注日期的版本适用于本文件。凡是不注日期的引用文件，其最新版本(包括所有的修改单)适用于本文件。

GB/T 222　钢的成品化学成分允许偏差

GB/T 223.3　钢铁及合金化学分析方法　二安替比林甲烷磷钼酸重量法测定磷量

GB/T 223.4　钢铁及合金　锰含量的测定　电位滴定或可视滴定法

GB/T 223.5　钢铁　酸溶硅和全硅含量的测定　还原型硅钼酸盐分光光度法

GB/T 223.8　钢铁及合金化学分析方法　氟化钠分离-EDTA容量法测定铝量

GB/T 223.9　钢铁及合金　铝含量的测定　铬天青S分光光度法

GB/T 223.11　钢铁及合金　铬含量的测定　可视滴定或电位滴定法

GB/T 223.12　钢铁及合金化学分析方法　碳酸钠分离-二苯碳酰二肼光度法测定铬量

GB/T 223.13　钢铁及合金化学分析方法　硫酸亚铁铵容量法测定钒量

GB/T 223.14　钢铁及合金化学分析方法　钽试剂萃取光度法测定钒量

GB/T 223.16　钢铁及合金化学分析方法　变色酸光度法测定钛量

GB/T 223.17　钢铁及合金化学分析方法　二安替比林甲烷光度法测定钛量

GB/T 223.18　钢铁及合金化学分析方法　硫代硫酸钠分离-碘量法测定铜量

GB/T 223.19　钢铁及合金化学分析方法　新亚铜灵-三氯甲烷萃取光度法测定铜量

GB/T 223.23　钢铁及合金　镍含量的测定　丁二酮肟分光光度法

GB/T 223.25　钢铁及合金化学分析方法　丁二酮肟重量法测定镍量

GB/T 223.26　钢铁及合金　钼含量的测定　硫氰酸盐分光光度法

GB/T 223.43　钢铁及合金　钨含量的测定　重量法和分光光度法

GB/T 223.49　钢铁及合金化学分析方法　萃取分离-偶氮氯膦mA分光光度法测定稀土总量

GB/T 223.54　钢铁及合金化学分析方法　火焰原子吸收分光光度法测定镍量

GB/T 223.58　钢铁及合金化学分析方法　亚砷酸钠-亚硝酸钠滴定法测定锰量

GB/T 223.59　钢铁及合金　磷含量的测定　铋磷钼蓝分光光度法和锑磷钼蓝分光光度法

GB/T 223.60　钢铁及合金化学分析方法　高氯酸脱水重量法测定硅含量

GB/T 223.61　钢铁及合金化学分析方法　磷酸铵容量法测定磷量

GB/T 223.62　钢铁及合金化学分析方法　乙酸丁酯萃取光度法测定磷量

GB/T 223.63　钢铁及合金化学分析方法　高碘酸钠(钾)光度法测定锰量

GB/T 223.64　钢铁及合金　锰含量的测定　火焰原子吸收光谱法

GB/T 223.66 钢铁及合金化学分析方法 硫氰酸盐-盐酸氯丙嗪-三氯甲烷萃取光度法测定钨量

GB/T 223.67 钢铁及合金 硫含量的测定 次甲基蓝分光光度法

GB/T 223.68 钢铁及合金化学分析方法 管式炉内燃烧后碘酸钾滴定法测定硫含量

GB/T 223.69 钢铁及合金 碳含量的测定 管式炉内燃烧后气体容量法

GB/T 223.71 钢铁及合金化学分析方法 管式炉内燃烧后重量法测定碳含量

GB/T 223.72 钢铁及合金 硫含量的测定重量法

GB/T 223.75 钢铁及合金 硼含量的测定 甲醇蒸馏—姜黄素光度法

GB/T 223.76 钢铁及合金化学分析方法 火焰原子吸收光谱法测定钒量

GB/T 224 钢的脱碳层深度测定法(GB/T 224—1987,eqv,ISO 3887:1976)

GB/T 226 钢的低倍组织及缺陷酸蚀试验方法(GB/T 226—1991,eqv,ISO 4969:1980 Steer Macroscopic examination by etching with strong mineral acids)

GB/T 228 金属材料 室温拉伸试验方法(GB/T 228—2002,eqv,ISO 6892:1998)

GB/T 231.1 金属材料 布氏硬度试验 第1部分:试验方法(GB/T 231.1—2009,ISO 6506-1:2005,MOD)

GB/T 342—1997 冷拉圆、方、六角钢丝尺寸、外形、重量及允许偏差

GB/T 1979 结构钢低倍缺陷评级图

GB/T 2103 钢丝验收、包装、标志及质量证明书的一般规定

GB/T 3077 合金结构钢

GB/T 20066 钢和铁 化学成分测定用试样的取样和制样方法(GB/T 20066—2006,ISO 14284:1996,IDT)

GB/T 20123 钢铁 总碳硫含量的测定 高频感应炉燃烧后红外吸收法(常规方法)(GB/T 20124—2006,ISO 15350:2000,IDT)

3 订货内容

按本标准订货的合同应包括以下主要内容:

a) 本标准号;

b) 产品名称;

c) 交货状态;

d) 公称直径;

e) 数量;

f) 用途;

g) 其他特殊要求。

4 分类及代号

钢丝按交货状态分为两种,其代号为:

冷拉 WCD

退火 A

5 尺寸、外形、重量及允许偏差

5.1 尺寸及允许偏差

钢丝的尺寸应符合 GB/T 342 的规定,尺寸允许偏差应符合 GB/T 342—1997 表3中11级的规定。

要求其他级别时，应在合同中注明。

5.2 外形及允许偏差

钢丝的外形应符合 GB/T 342 的规定；

钢丝以盘状交货，每盘由一根钢丝组成。

5.3 重量

成盘供应的钢丝每盘钢丝的最小重量应符合表 1 的规定。

表 1

钢丝公称尺寸/mm	最小重量/kg
≤3.00	10
>3.00	15
马氏体及半马氏体钢	10

6 技术要求

6.1 牌号及化学成分

6.1.1 钢丝用钢的牌号及化学成分(熔炼分析)应符合 GB/T 3077 的规定。

6.1.2 钢丝化学成分允许偏差应符合 GB/T 222 的规定。

6.2 冶炼方法

冶炼方法由供方选择，如有特殊要求，应在合同中注明。

6.3 交货状态

钢丝的交货状态应在合同中注明，未注明时按冷拉状态交货。

6.4 力学性能

钢丝交货状态的力学性能应符合表 2 的规定。

表 2

交货状态	公称尺寸，小于 5.00 mm	公称尺寸，不小于 5.00 mm
	抗拉强度 R_m/MPa	硬度，HBW
冷拉	≤1 080	≤302
退火	≤930	≤296

6.5 低倍

钢的低倍组织不应有目视可见的缩孔、气泡、空洞、翻皮、裂纹、白点、夹杂和点状偏析。

一般疏松、中心疏松、方形偏析各不大于 2 级。

6.6 脱碳

根据需方要求，含碳量不小于0.30%的牌号可检验钢丝的脱碳层，其一边总脱碳层深度（铁素体+过渡层）应符合表3的规定。

表3

尺寸/mm	一边总脱碳层深度，不大于
<5.00	钢丝公称尺寸的1%
≥5.00	钢丝公称尺寸的1.5%

6.7 表面质量

6.7.1 冷拉钢丝表面应洁净、光滑，不应有裂纹、结疤、麻点、折叠、氧化皮及锈蚀。但允许有不超过最小尺寸的局部刮伤和划痕，以及深度不超过尺寸公差之半的凹面。

6.7.2 退火状态交货的钢丝允许有氧化色。

6.8 特殊要求

根据需方要求，并经供需双方协商，可供应其他特殊要求的钢丝。

7 试验方法

钢丝的检验项目、取样数量、取样部位及试验方法应符合表4的规定。

表4

序号	检验项目	取样数量/个	取样部位	试验方法
1	化学成分	1	GB/T 20066	GB/T 223相应系列标准，GB/T 20123
2	硬度试验	3	不同盘上任取	GB/T 231.1
3	拉伸试验	2	任两盘或不同支钢丝	GB/T 228
4	低倍	2	相当于钢锭头部的钢坯上	GB/T 226、GB/T 1979
5	脱碳层	2	任两盘或不同支钢丝	GB/T 224
6	尺寸	100%	逐盘（支）	相应精度的量具
7	表面	100%	逐盘（支）	目视

8 检验规则

8.1 检查和验收

钢丝的检查和验收由供方技术质量监督部门进行。

8.2 组批规则

钢丝应成批验收，每批应由同一牌号、同一炉号、同一热处理炉次、同一形状、同一尺寸及同一交货状态的钢丝组成。

8.3 复验与判定

钢丝的复验与判定应符合 GB/T 2103 的规定。

9 包装、标志和质量证明书

钢丝的包装、标志和质量证明书应符合 GB/T 2103 的规定。

ICS 77.140.60
H 49

中华人民共和国黑色冶金行业标准

YB/T 5302—2010
代替 YB/T 5302—2006

高速工具钢丝

Steel wire for high-speed tool

2010-11-10 发布 2011-03-01 实施

中华人民共和国工业和信息化部 发布

前　言

本标准与 ISO 4957:1999《工具钢》的一致性程度为非等效。

本标准代替 YB/T 5302—2006《高速工具钢丝》。

本标准与 YB/T 5302—2006 相比主要变化如下：

——修改标准名称的英文描述；

——增加合同未注明时钢丝按盘状交货的规定；

——退火交货的钢丝的代号由“TA”修改为“A”；

——取消标记示例；

——增加了 W3Mo3Cr4V2、W2Mo9Cr4V2、CW6Mo5Cr4V2、W6Mo5Cr4V3、CW6MoSCr4V3、W6Mo5Cr4V2Al、W6Mo5Cr4V2Co5 和 W2Mo9Cr4VCo8 共 8 个牌号；

——冶炼方法由“钢应采用电炉冶炼”修改为“钢应采用电弧炉或电渣重熔方法冶炼，冶炼方法要求应在合同中注明，未注明时由供方选择”；

——修改钢丝的通常长度及短尺长度规定；

——原标准“力学性能”条款，改为“硬度”；

——修改了淬火温度；

——共晶碳化物不均匀度检验引用 GB/T 14979 标准，增加根据需方要求，其他牌号钢丝的共晶碳化物不均匀度由供需双方协商规定；

——增加了根据需方要求，其他牌号钢丝的碳化物颗粒度由供需双方协商规定；

——修改了钢丝的脱碳层深度规定；

——盘状钢丝由按 GB/T 2103 中Ⅲ类包装修改为按 GB/T 2103—2008 中 C 类包装。

本标准由中国钢铁工业协会提出。

本标准由全国钢标准化技术委员会归口。

本标准主要起草单位：东北特殊钢集团有限责任公司、冶金工业信息标准研究院、河冶科技股份有限公司。

本标准主要起草人：康戈、真娟、徐效谦、王玲君、吴立志、任翠英。

本标准所代替标准的历次版本发布情况：

——GB/T 3080—1982、GB/T 3080—2001；

——YB/T 5302—2006。

高速工具钢丝

1 范围

本标准规定了高速工具钢丝的订货内容、分类代号、尺寸、外形重量及允许偏差、技术要求、试验方法、检验规则、包装、标志及质量证明书等。

本标准适用于制造各类工具的圆钢丝，也可适用于制造偶件针阀等其他用途的圆钢丝。

2 规范性引用文件

下列文件对于本文件的应用是必不可少的。凡是注日期的引用文件，仅注日期的版本适用于本文件。凡是不注日期的引用文件，其最新版本（包括所有的修改单）适用于本文件。

GB/T 223.5 钢铁 酸溶硅和全硅含量的测定 还原型硅钼酸盐分光光度法

GB/T 223.8 钢铁及合金化学分析方法 氟化钠分离-EDTA 容量法测定铝量

GB/T 223.11 钢铁及合金 铬含量的测定 可视滴定或电位滴定法

GB/T 223.13 钢铁及合金化学分析方法 硫酸亚铁铵滴定法测定钒含量

GB/T 223.19 钢铁及合金化学分析方法 新亚铜灵-三氯甲烷萃取光度法测定铜量

GB/T 223.23 钢铁及合金 镍含量的测定 丁二酮肟分光光度法

GB/T 223.26 钢铁及合金 钼含量的测定 硫氰酸盐分光光度法

GB/T 223.28 钢铁及合金化学分析方法 α-安息香肟重量法测定钼量

GB/T 223.43 钢铁及合金 钨含量的测定 重量法和分光光度法

GB/T 223.53 钢铁及合金化学分析方法 火焰原子吸收分光光度法测定铜量

GB/T 223.54 钢铁及合金化学分析方法 火焰原子吸收分光光度法测定镍量

GB/T 223.58 钢铁及合金化学分析方法 亚砷酸钠-亚硝酸钠滴定法测定锰量

GB/T 223.59 钢铁及合金 磷含量的测定 铋磷钼蓝分光光度法和锑磷钼蓝分光光度法

GB/T 223.60 钢铁及合金化学分析方法 高氯酸脱水重量法测定硅含量

GB/T 223.62 钢铁及合金化学分析方法 乙酸丁酯萃取光度法测定磷量

GB/T 223.63 钢铁及合金化学分析方法 高碘酸钠(钾)光度法测定锰量

GB/T 223.64 钢铁及合金 锰含量的测定 火焰原子吸收光谱法

GB/T 223.65 钢铁及合金化学分析方法 火焰原子吸收光谱法测定钴量

GB/T 223.66 钢铁及合金化学分析方法 硫氰酸盐-盐酸氯丙嗪-三氯甲烷萃取光度法测定钨量

GB/T 223.67 钢铁及合金 硫含量的测定 次甲基蓝分光光度法

GB/T 223.68 钢铁及合金化学分析方法 管式炉内燃烧后碘酸钾滴定法测定硫含量

GB/T 223.69 钢铁及合金 碳含量的测定 管式炉内燃烧后气体容量法

GB/T 223.72 钢铁及合金 硫含量的测定 重量法

GB/T 223.76 钢铁及合金化学分析方法 火焰原子吸收光谱法测定钒量

GB/T 224 钢的脱碳层深度测定法(GB/T 224—2008，ISO 3887：2003，MOD)

GB/T 230.1 金属材料 洛氏硬度试验 第1部分：试验方法(A、B、C、D、E、F、G、H、K、N、T标尺)(GB/T 230.1—2009，ISO 6508-1：2005，MOD)

GB/T 231.1 金属材料 布氏硬度试验 第1部分：试验方法(GB/T 231.1—2009，ISO 6506-1：

2005,MOD)

GB/T 342—1997 冷拉圆钢丝、方钢丝、六角钢丝尺寸、外形、重量及允许偏差

GB/T 2103—2008 钢丝验收、包装、标志及质量证明书的一般规定

GB/T 3207—2008 银亮钢

GB/T 4340.1 金属材料 维氏硬度试验 第1部分:试验方法(GB/T 4340.1—2009,ISO 6507-1:2005,MOD)

GB/T 9943 高速工具钢

GB/T 13298 金属显微组织检验方法

GB/T 14979—1994 钢的共晶碳化物不均匀度评定法

GB/T 20066 钢和铁 化学成分测定用试样的取样和制样方法(GB/T 20066—2006,ISO 14284:1996,IDT)

GB/T 20123 钢铁 总碳硫含量的测定 高频感应炉燃烧后红外吸收法(常规方法)(GB/T 20123—2006,ISO 15350:2000,IDT)

3 订货内容

按本标准订货的合同应包括下列内容:

a) 标准编号;

b) 产品名称;

c) 牌号;

d) 尺寸与外形;

e) 重量(或数量);

f) 交货状态;

g) 其他特殊要求。

4 分类及代号

钢丝按交货状态分类为:

a) 退火 A

b) 磨光 SP

5 尺寸、外形、重量及允许偏差

5.1 尺寸

5.1.1 钢丝的公称直径范围为1.00 mm~16.00 mm。

5.1.2 退火钢丝的直径及其允许偏差应符合GB/T 342—1997表3中的9级~11级规定。具体级别应于合同中注明,未注明时按11级供货。

5.1.3 磨光钢丝的直径及其允许偏差应符合GB/T 3207—2008中9级~11级的规定。具体级别应于合同中注明,未注明时按11级供货。

5.1.4 根据需方要求,经供需双方协商并在合同中注明,可供应特殊尺寸偏差的钢丝。

5.2 外形

5.2.1 钢丝可以盘状或直条交货,具体交货状态应于合同中注明,未注明时按盘状交货。当以直条状态

交货时,其通常长度应符合表 1 的规定。允许供应符合表 1 规定的短尺,短尺重量不超过该批总重量的 10%。

5.2.2 经需方要求并于合同中注明,直条钢丝可以定尺或倍尺交货,其长度允许偏差为 0 mm～+50 mm。

5.2.3 退火直条钢丝的每米平直度不应大于 2 mm,磨光直条钢丝每米平直度不应大于 1 mm。端部变形由公称尺寸算起,端头直径增加量不应超过直径公差。

5.2.4 钢丝的不圆度不应大于钢丝公称直径公差之半。

表 1

单位为毫米

钢丝公称直径	通常长度	短尺长度,不小于
1.00～3.00	1 000～2 000	800
>3.00	2 000～4 000	1 200

5.3 重量

钢丝以盘状交货时,其最小盘重应符合表 2 的规定。

表 2

钢丝公称直径/mm	盘重/kg 不小于
<3.00	15
⩾3.00	30

6 技术要求

6.1 牌号及化学成分

6.1.1 钢的牌号 W3Mo3Cr4V2、W4Mo3Cr4VSi、W18Cr4V、W2Mo9Cr4V2、W6Mo5Cr4V2、CW6Mo5Cr4V2、W9Mo3Cr4V、W6Mo5Cr4V3、CW6Mo5Cr4V3、W6Mo5Cr4V2Al、W6Mo5Cr4V2Co5 和 W2Mo9Cr4VCo8 化学成分(熔炼分析)应符合 GB/T 9943 的规定。

6.1.2 钢丝化学成分允许偏差应符合 GB/T 9943 的规定。

6.2 冶炼方法

制造钢丝用钢应采用电弧炉或电渣重熔方法冶炼。冶炼方法要求应在合同中注明,未注明时由供方选择。

6.3 交货状态

钢丝以退火或磨光状态交货。

6.4 硬度

6.4.1 直径不小于5.00 mm的钢丝应检验布氏硬度，硬度值应符合表3的规定。直径小于5.00 mm的钢丝应检验维氏硬度，其硬度值为206 HV～256 HV，供方若能保证合格，可不做检验。

表 3

序号	牌 号	交货硬度（退火态）HBW	试样热处理制度及淬火—回火硬度				
			预热温度 ℃	淬火温度 ℃	淬火介质	回火温度 ℃	硬度 HRC 不小于
1	W3Mo3Cr4V2	≤255	800～900	1 180～1 200	油	540～560	63
2	W4Mo3Cr4VSi	207～255		1 170～1 190		540～560	63
3	W18Cr4V	207～255		1 250～1 270		550～570	63
4	W2Mo9Cr4V2	≤255		1 190～1 210		540～560	64
5	W6Mo5Cr4V2	207～255		1 200～1 220		550～570	63
6	CW6Mo5Cr4V2	≤255		1 190～1 210		540～560	64
7	W9Mo3Cr4V	207～255		1 200～1 220		540～560	63
8	W6Mo5Cr4V3	≤262		1 190～1 210		540～560	64
9	CW6Mo5Cr4V3	≤262		1 180～1 200		540～560	64
10	W6Mo5Cr4V2Al	≤269		1 200～1 220		550～570	65
11	W6Mo5Cr4V2Co5	≤269		1 190～1 210		540～560	64
12	W2Mo9Cr4VCo8	≤269		1 170～1 190		540～560	66

6.4.2 钢丝应检验试样淬火—回火硬度，试样热处理制度及试样淬火—回火硬度值应符合表3的规定。供方若能保证试样淬火—回火硬度符合表3规定，可不作检验。

6.5 显微组织

6.5.1 共晶碳化物不均匀度

W18Cr4V钢丝应检验碳化物不均匀度，按GB/T 14979—1994第一级别图检验并评级，其结果应不大于2级。根据需方要求，其他牌号钢丝的共晶碳化物不均匀度由供需双方协商确定。

6.5.2 碳化物颗粒度

W4Mo3Cr4VSi、W6Mo5Cr4V2钢丝碳化物颗粒度最大尺寸应不大于12.5 μm。W9Mo3Cr4V钢丝碳化物颗粒度最大尺寸应不大于15.0 μm。根据需方要求，其他牌号钢丝的碳化物颗粒度由供需双方协商确定。

6.5.3 脱碳层

6.5.3.1 退火钢丝一边的总脱碳层（铁素体＋过渡层）深度应符合表4的规定。

表 4

牌　号	总脱碳层深度(不大于)/mm
W18Cr4V	1.0%*D*
W4Mo3Cr4VSi W6Mo5Cr4V2 W9Mo3Cr4V W6Mo5Cr4V2Co5	1.3%*D*
W6Mo5Cr4V2Al W2Mo9Cr4VCo8	1.5%*D*
其他牌号	供需双方协商
注：*D* 为钢丝公称直径。	

6.5.3.2　磨光钢丝表面应无脱碳。

6.6　表面质量

6.6.1　退火钢丝表面应光滑，不应有裂纹、结疤、折叠和拉裂等缺陷。允许有氧化膜和深度不超过公称直径公差之半的个别麻点、划伤和凹坑等缺陷存在。

6.6.2　磨光钢丝表面应洁净、光亮，不应有裂纹、发纹、凹面、划伤、黑斑、结疤、折叠、拉裂等缺陷存在。

6.6.3　退火直条钢丝，允许有不超过公称直径允许公差的螺旋纹存在。直条钢丝的端头不应有飞刺。

7　试验方法

7.1　钢丝的检验项目、取样数量、取样部位及试验方法应符合表 5 的规定。

表 5

序号	检验项目	取样数量	取样部位	试验方法
1	化学成分	1 个/炉	GB/T 20066	GB/T 223 相关系列标准，GB/T 21013
2	退火硬度	3 支	不同支(盘)钢丝	GB/T 231.1，GB/T 4340.1
3	试样淬火—回火硬度	2 支	不同支(盘)钢丝	GB/T 230.1
4	脱碳层	3 支	不同支(盘)钢丝	GB/T 224
5	共晶碳化物不均匀度	2 支	不同支(盘)钢丝	GB/T 13298、GB/T 14979
6	碳化物颗粒度	2 支	不同支(盘)钢丝	见 7.2
7	尺寸	逐盘(支)	—	千分尺
8	表面	逐盘(支)	—	目视

7.2　钢丝碳化物颗粒度试验应在退火状态钢丝的横向试样上进行，并以视场中最严重处评定。碳化物颗粒度尺寸的测量方法为：

$$碳化物颗粒度(\mu m)=\frac{a+b}{2}$$

式中：

a ——任意方向碳化物颗粒最大长度(长轴尺寸)，单位为微米(μm)；

b ——垂直于 a 方向的碳化物最大长度(短轴尺寸)，单位为微米(μm)。

8 检验规则

8.1 检查和验收

钢丝的检查和验收由供方质量监督部门进行。需方有权按本标准的规定进行检查和验收。

8.2 组批规则

钢丝应按批进行检查和验收。每批由同一炉号、同一尺寸、同一热处理炉次、同一交货状态的钢丝组成。

8.3 复验与判定规则

钢丝复验与判定规则应符合 GB/T 2103—2008 的规定。

9 包装、标志及质量证明书

钢丝的包装、标志及质量证明书应符合 GB/T 2103—2008 的规定。钢丝的包装，盘状按 GB/T 2103—2008 中 C 类包装的规定；直条一般涂防锈油后采用装箱包装，如需方要求，并在合同中注明，也可采用 C 类包装。

ICS 77.140.65
H 49

中华人民共和国黑色冶金行业标准

YB/T 5303—2010
代替 YB/T 5303—2006

优质碳素结构钢丝

Carbon constructional quality steel wire

2010-11-10 发布 2011-03-01 实施

中华人民共和国工业和信息化部 发布

前　言

本标准代替 YB/T 5303—2006《优质碳素结构钢丝》。

本标准与 YB/T 5303—2006 相比其主要变化如下：

——增加“规范性引用文件”；

——增加了“订货内容”；

——取消表 1 盘重分类，由“正常盘重”和“较轻盘重”修改为“每盘重量”；

——取消“标记示例”；

——删除 0.2 mm～0.3 mm 钢丝盘重要求；

——原料中删除 08F、10F 和 15F 牌号；

——调整表 2 和表 3 中数值，抗拉强度单位由 kgf/mm^2 修改为 MPa；

——删除“回火状态交货的钢丝表面允许有氧化色”(见 6.4.1 条)；

——特殊要求中增加“……35～60 钢可进行脱碳层深度检验……”(见 6.5 条)。

本标准由中国钢铁工业协会提出。

本标准由全国钢标准化技术委员会归口。

本标准起草单位：冶金工业信息标准研究院、江苏永钢集团有限公司、宝钢集团上海二钢有限公司。

本标准主要起草人：王玲君、任翠英、陈华斌、周代义、吴惠英。

本标准所代替标准的历次版本发布情况：

——GB/T 3206—1982；

——YB/T 5303—2006。

优质碳素结构钢丝

1 范围

本标准规定了优质碳素结构钢丝(以下简称钢丝)的分类、订货内容、尺寸、外形、重量、技术要求、试验方法、检验规则、包装、标志和质量证明书。

本标准适用于制造各种机器结构零件、标准件等优质钢丝。

2 规范性引用文件

下列文件对于本文件的应用是必不可少的。凡是注日期的引用文件,仅注日期的版本适用于本文件。凡是不注日期的引用文件,其最新版本(包括所有的修改单)适用于本文件。

GB/T 223.5 钢铁 酸溶硅和全硅含量的测定 还原型硅钼酸盐分光光度法

GB/T 223.11 钢铁及合金 铬含量的测定 可视滴定或电位滴定法

GB/T 223.53 钢铁及合金化学分析方法 火焰原子吸收分光光度法测定铜量

GB/T 223.59 钢铁及合金 磷含量的测定 铋磷钼蓝分光光度法和锑磷钼蓝分光光度法

GB/T 223.62 钢铁及合金化学分析方法 乙酸丁酯萃取法测定磷含量

GB/T 223.63 钢铁及合金化学分析方法 高碘酸钠(钾)光度法测定锰量

GB/T 223.64 钢铁及合金 锰含量的测定 火焰原子吸收光谱法

GB/T 223.68 钢铁及合金化学分析方法 管式炉内燃烧后碘酸钾滴定法测定硫含量

GB/T 223.69 钢铁及合金 碳含量的测定 管式炉内燃烧后气体容量法

GB/T 224 钢的脱碳层深度测定法(GB/T 224—2008,ISO 3887:2003,MOD)

GB/T 228 金属材料 室温拉伸试验方法(GB/T 228—2002,eqv,ISO 6892:1998)

GB/T 238 金属材料 线材 反复弯曲试验方法(GB/T 238—2002,ISO 7801:1984,IDT)

GB/T 342—1997 冷拉圆钢丝、方钢丝、六角钢丝尺寸、外形、重量及允许偏差

GB/T 699 优质碳素结构钢

GB/T 2103 钢丝验收、包装、标志及质量证明书的一般规定

GB/T 3207 银亮钢

GB/T 4354 优质碳素钢热轧盘条

GB/T 13298 金属显微组织检验方法

GB/T 20066 钢和铁 化学成分测定用试样的取样和制样方法(GB/T 20066—2006,ISO 14284:1996,IDT)

GB/T 20123 钢铁 总碳硫含量的测定 高频感应炉燃烧后红外吸收法(常规方法)(GB/T 20124—2006,ISO 15350:2000,IDT)

3 分类及代号

3.1 钢丝按力学性能分为两类,其代号为:

硬状态:I

软状态:R

3.2　钢丝按截面形状分为三种，其代号为：

圆形钢丝：d

方形钢丝：a

六角钢丝：s

3.3　钢丝按表面状态分为两种，其代号为：

冷拉：WCD

银亮：ZY

4　订货内容

按本标准订货的合同应包括以下主要内容：

a)　本标准号；

b)　产品名称；

c)　交货状态；

d)　公称直径；

e)　数量；

f)　用途；

g)　其他特殊要求。

5　尺寸、外形、重量及允许偏差

5.1　尺寸、外形及允许偏差

5.1.1　冷拉钢丝的尺寸及允许偏差应符合 GB/T 342—1997 中表 2 的规定，级别由供需双方协商确定。合同中未注明时按 11 级交货。

5.1.2　银亮钢丝的尺寸及允许偏差应符合 GB/T 3207 的规定，级别由供需双方协商确定。合同中未注明时按 11 级交货。

5.1.3　钢丝的外形应符合 GB/T 342 中相应规定。当需方有特殊要求，并在合同中注明时，应按需方要求执行。

5.2　重量

每盘应由一根钢丝组成，其重量应符合表 1 的规定。

表 1　钢丝盘重

钢丝公称直径/mm	每盘重量/kg 不小于
≥0.3～1.0	6
>1.0～3.0	10
>3.0～6.0	12
>6.0～10.0	15

6 技术要求

6.1 原料

钢丝应用GB/T 699中的08、10、15、20、25、30、35、40、45、50、55和60钢制造，盘条的其他要求应符合GB/T 4354的规定。

经供需双方协商，也可选用其他牌号。

6.2 力学性能和工艺性能

6.2.1 硬状态钢丝

6.2.1.1 硬状态钢丝的力学性能应符合表2的规定。直径大于7.0 mm的钢丝，其反复弯曲次数不做考核要求。

表2 硬状态钢丝的抗拉强度和弯曲性能

钢丝公称直径/mm	抗拉强度 R_m/MPa 不小于					反复弯曲/次 不少于				
	牌号									
	08、10	15、20	25、30、35	40、45、50	55、60	8～10	15～20	25～35	40～50	55～60
0.3～0.8	750	800	1 000	1 100	1 200	—	—	—	—	—
>0.8～1.0	700	750	900	1 000	1 100	6	6	6	5	5
>1.0～3.0	650	700	800	900	1 000	6	6	5	4	4
>3.0～6.0	600	650	700	800	900	5	5	5	4	4
>6.0～10.0	550	600	650	750	800	5	4	3	2	2

6.2.1.2 直径小于0.7 mm的钢丝用打结拉伸试验代替弯曲试验，其打结破断力应不小于不打结破断力的50%。

6.2.1.3 方钢丝和六角钢丝不做反复弯曲性能检验。

6.2.2 软状态钢丝

软状态钢丝的力学性能应符合表3的规定。当需方要求并在合同中注明时，直径大于3.0 mm的钢丝可做断后伸长率和断面收缩率试验。

表3 软态钢丝的力学性能

牌 号	抗拉强度 R_m/MPa	断后伸长率 A/% 不小于	断面收缩率 Z/% 不小于
10	450～700	8	50
15	500～750	8	45
20	500～750	7.5	40
25	550～800	7	40
30	550～800	7	35

表 3（续）

牌　号	抗拉强度 R_m/MPa	断后伸长率 A/% 不小于	断面收缩率 Z/% 不小于
35	600～850	6.5	35
40	600～850	6	35
45	650～900	6	30
50	650～900	6	30

6.3　显微组织

经供需双方协商，对于自动车削加工用钢丝，其显微组织应为铁素体加片状珠光体。

6.4　表面质量

6.4.1　钢丝表面应光滑，不应有裂纹、分层、折叠、发纹及锈蚀。但允许有个别深度不超过直径公差之半的凹坑、凹面、划痕和刮伤等存在。

6.4.2　银亮钢丝的表面质量应符合 GB/T 3207 中的相关要求。

6.5　特殊要求

根据需方要求，并在合同中注明，35～60 钢可进行脱碳层深度检验，其指标由供需双方协议规定。

7　试验方法

钢丝的检验项目，其取样数量、取样部位和试验方法应符合表 4 的规定。

表 4　钢丝的检验项目，其取样数量、取样部位和试验方法

序号	检验项目	取样数量	取样部位	试验方法
1	化学成分	1 个/炉	GB/T 20066	GB/T 223 系列标准，GB/T 21013
2	拉伸试验	2	任一端部	GB/T 228
3	反复弯曲试验	2	任一端部	GB/T 238
4	显微组织	2	任一端部	GB/T 13298
5	脱碳	2	任一端部	GB/T 224
6	尺寸	逐盘	—	千分尺、游标卡尺
7	表面	逐盘	—	目视

8　检验规则

8.1　检查和验收

钢丝的检查和验收按 GB/T 2103 的规定。

8.2 组批规则

钢丝应按批进行检查和验收，每批应由同一牌号、同一炉号、同一尺寸、同一交货状态的钢丝组成。

8.3 取样数量和取样部位

每批钢丝的取样数量和取样部位应符合表 4 的规定。

8.4 复验与判定规则

钢丝的复验与判定规则应符合 GB/T 2103 的规定。

9 包装、标志和质量证明书

钢丝的包装、标志和质量证明书应符合 GB/T 2103 的规定。

ICS 77.140.65
H 49

中华人民共和国黑色冶金行业标准

YB/T 5318—2010
代替 YB/T 5318—2006

合金弹簧钢丝

Alloy steel wires for spring

2010-11-10 发布　　2011-03-01 实施

中华人民共和国工业和信息化部　发布

前　言

本标准代替 YB/T 5318—2006《合金弹簧钢丝》。

本标准与 YB/T 5318—2006 相比其主要变化如下：

——删除了“标记示例”；

——增加了“订货内容”；

——热处理交货状态只保留退火、正火，去掉淬火-回火；

——对脱碳层的深度进行了修订。

本标准由中国钢铁工业协会提出。

本标准由全国钢标准化技术委员会归口。

本标准起草单位：宝钢集团上海二钢有限公司、冶金工业信息标准研究院。

本标准主要起草人：周代义、徐兴、王玲君、张军、任翠英。

本标准所代替标准的历次版本发布情况：

——GB/T 5218—1999；

——YB/T 5318—2006。

合金弹簧钢丝

1 范围

本标准规定了合金弹簧钢丝(以下简称钢丝)的订货内容、分类、代号、尺寸、外形、重量及允许偏差、技术要求、试验方法、检验规则、包装、标志和质量证明书。

本标准适用于制造承受中、高应力的机械合金弹簧钢丝。

2 规范性引用标准

下列文件对于本文件的应用是必不可少的。凡是注日期的引用文件,仅注日期的版本适用于本文件。凡是不注日期的引用文件,其最新版本(包括所有的修改单)适用于本文件。

GB/T 222 钢的成品化学成分允许偏差

GB/T 223.3 钢铁及合金化学分析方法 二安替比林甲烷磷钼酸重量法测定磷量

GB/T 223.5 钢铁 酸溶硅和全硅含量的测定还原型硅钼酸盐分光光度法

GB/T 223.11 钢铁及合金 铬含量的测定 可视滴定或电位滴定法

GB/T 223.13 钢铁及合金化学分析方法 硫酸亚铁铵容量法测定钒量

GB/T 223.14 钢铁及合金化学分析方法 钽试剂萃取光度法测定钒量

GB/T 223.18 钢铁及合金化学分析方法 硫代硫酸钠分离—碘量法测定铜量

GB/T 223.19 钢铁及合金化学分析方法 新亚铜灵—三氯甲烷萃取光度法测定铜量

GB/T 223.23 钢铁及合金 镍含量的测定 丁二酮肟分光光度法

GB/T 223.53 钢铁及合金化学分析方法 火焰原子吸收分光光度法测定铜量

GB/T 223.54 钢铁及合金化学分析方法 火焰原子吸收分光光度法测定镍量

GB/T 223.58 钢铁及合金化学分析方法 亚砷酸钠—亚硝酸钠滴定法测定锰量

GB/T 223.59 钢铁及合金 磷含量的测定 铋磷钼蓝分光光度法和锑磷钼蓝分光光度法

GB/T 223.60 钢铁及合金化学分析方法 高氯酸脱水重量法测定硅含量

GB/T 223.61 钢铁及合金化学分析方法 磷酸铵容量法测定磷量

GB/T 223.62 钢铁及合金化学分析方法 乙酸丁酯萃取光度法测定磷量

GB/T 223.63 钢铁及合金化学分析方法 高碘酸钠(钾)光度法测定锰量

GB/T 223.64 钢铁及合金 锰含量的测定 火焰原子吸收光谱法

GB/T 223.68 钢铁及合金化学分析方法 管式炉内燃烧后碘酸钾滴定法测定硫含量

GB/T 223.69 钢铁及合金 碳含量的测定 管式炉内燃烧后气体容量法

GB/T 223.71 钢铁及合金化学分析方法 管式炉内燃烧后重量法测定碳含量

GB/T 223.72 钢铁及合金 硫含量的测定 重量法

GB/T 223.76 钢铁及合金化学分析方法 火焰原子吸收光谱法测定钒量

GB/T 224 钢的脱碳层深度测定法

GB/T 228 金属材料 室温拉伸试验方法

GB/T 231.1 金属材料 布氏硬度试验 第1部分:试验方法(GB/T 231.1—2009,ISO 6506-1:2005,MOD)

GB/T 342—1997 冷拉圆钢丝、方钢丝、六角钢丝尺寸、外形、重量及允许偏差

GB/T 2103　钢丝验收、包装、标志及质量证明书的一般规定

GB/T 2976　金属材料　线材　缠绕试验方法(GB/T 2976—2004,ISO 7802:1983,IDT)

GB/T 3207—2008　银亮钢

GB/T 4336　碳素钢和中低合金钢火花源原子发射光谱分析方法

GB/T 13298　金属显微组织检验方法

GB/T 20066　钢和铁　化学成分测定用试样的取样和制样方法(GB/T 20066—2006,ISO 14284:1996,IDT)

GB/T 20123　钢铁　总碳硫含量的测定　高频感应炉燃烧后红外吸收法(常规方法)(GB/T 20124—2006,ISO 15350:2000,IDT)

3　订货内容

按本标准订货的合同应包括以下主要内容。

a) 本标准号;

b) 产品名称;

c) 牌号;

d) 公称直径;

e) 数量;

f) 交货状态;

g) 其他特殊要求。

4　分类、代号

钢丝按交货状态分为三类,其代号如下:

冷拉:WCD

热处理:退火——A、正火——N

银亮:ZY

5　尺寸、外形、重量及允许偏差

5.1　尺寸及允许偏差

5.1.1　钢丝的公称直径范围为 0.50 mm~14.00 mm。

5.1.2　冷拉或热处理钢丝直径及允许偏差应符合 GB/T 342—1997 的规定,未注明时应符合该标准表 3 中 11 级的规定。

5.1.3　银亮钢丝直径及允许偏差应符合 GB/T 3207—2008 的规定,未注明时应符合该标准表 2 中 10 级的规定。

5.1.4　根据需方要求,经供需双方协商并在合同中注明,可供应特殊要求的钢丝。

5.2　外形及允许偏差

5.2.1　钢丝应以盘卷状交货。按直条交货时应在合同中注明。

5.2.2　钢丝的不圆度不应大于钢丝公称直径公差之半。

5.2.3　钢丝盘应规整,打开钢丝盘时不应散乱或呈"∞"字形。

5.2.4　按直条交货的钢丝,其长度一般为 2 000 mm~4 000 mm。允许有长度不小于 1 500 mm 的钢丝,

但其数量应不超过总重量的5%。

5.3 重量

5.3.1 每盘钢丝应由一根组成,不允许有任何焊接头存在。

5.3.2 每盘钢丝的最小重量应符合表1的规定。

表1 钢丝盘重

钢丝公称直径/mm	最小盘重/kg	钢丝公称直径/mm	最小盘重/kg
0.50~1.00	1.0	>6.00~9.00	15.0
>1.00~3.00	5.0	>9.00~14.00	30.0
>3.00~6.00	10.0		

6 技术要求

6.1 原料

6.1.1 钢丝的牌号及化学成分(熔炼分析)应符合表2的规定。

表2 钢的化学成分

牌号	化学成分(质量分数)/%								
	C	Si	Mn	Cr	V	P	S	Ni	Cu
50CrVA	0.46~0.54	0.17~0.37	0.50~0.80	0.80~1.10	0.10~0.20	≤0.030	≤0.030	≤0.35	≤0.25
55CrSiA	0.50~0.60	1.20~1.60	0.50~0.80	0.50~0.80	—	≤0.030	≤0.030	≤0.25	≤0.20
60Si2MnA	0.56~0.64	1.60~2.00	0.60~0.90	≤0.35	—	≤0.030	≤0.030	≤0.35	≤0.25

6.1.2 根据需方要求,可以供应其他牌号的钢丝。

6.1.3 成品钢丝的化学成分允许偏差应符合GB/T 222的规定。

6.2 交货状态

6.2.1 钢丝的类别及热处理种类应在合同中注明,未注明时按冷拉状态交货。

6.2.2 银亮钢丝应在合同中注明表面加工的方法,未注明时按磨光状态交货。

6.3 抗拉强度

6.3.1 对于公称直径大于5.00 mm的冷拉钢丝,其抗拉强度不大于1 030 MPa。经供需双方协商,也可用布氏硬度代替抗拉强度,其硬度值不大于HBW 302。

6.3.2 根据需方要求,公称直径不大于5.00 mm的冷拉钢丝可检验抗拉强度,合格数值由供需双方协商。对于以其他状态交货的钢丝,其抗拉强度值由供需双方协商确定。

6.4 缠绕性能

6.4.1 公称直径不大于5.00 mm的冷拉钢丝应做缠绕试验。钢丝在棒芯上缠绕6圈后不应破裂、折断。缠绕棒芯公称直径规定如下:

钢丝公称直径不大于4.00 mm时,缠绕芯棒公称直径等于钢丝公称直径。

钢丝公称直径大于 4.00 mm 时，缠绕芯棒公称直径等于钢丝公称直径的 2 倍。

6.5 脱碳层

6.5.1 钢丝应检验脱碳层。钢丝一边总脱碳层(铁素体十过渡层)的深度应符合表 3 的规定。

表 3 钢丝一边总脱碳层的深度

单位为毫米

牌号	一边总脱碳层的深度
50CrVA	≤2.0%D
55CrSiA	
60Si2MnA	≤2.5%D
注：D 为钢丝的公称直径。	

6.5.2 银亮钢丝表面不得有脱碳。
6.5.3 经供需双方协商确定，并在订货合同中注明，可对脱碳层的深度作特殊要求。

6.6 表面质量

6.6.1 钢丝表面应光滑，不应有裂纹、分层、折叠、发纹及锈蚀。但允许有个别深度不超过公称直径公差之半的凹坑、凹面、划痕和刮伤等存在。热处理状态交货的钢丝表面允许有氧化膜。
6.6.2 银亮钢丝的表面质量应符合 GB/T 3207 中的相关要求。

6.7 显微组织

根据需方要求，经供需双方协商，可增加对显微组织的具体要求。

7 试验方法

钢丝的检验项目、取样数量、取样部位和试验方法应符合表 4 的规定。

表 4 钢丝的检验项目、取样数量、取样部位和试验方法

序号	检验项目	取样数量	取样部位	试验方法
1	化学成分	1 支/炉	GB/T 20066	GB/T 223 相关系列标准，GB/T 20123
2	拉伸试验	10%盘(≥3 盘)	任一端部	GB/T 228
3	脱碳层	10%盘(≥3 盘)	任一端部	GB/T 224
4	显微组织	10%盘(≥3 盘)	任一端部	GB/T 13298
5	尺寸	逐盘	任意	千分尺、游标卡尺
6	表面	逐盘	任意	目视
7	缠绕试验	10%盘(≥3 盘)	任一端部	GB/T 2976
8	布氏硬度	10%盘(≥3 盘)	任一端部	GB/T 231.1

8 检验规则

8.1 检查和验收

钢丝的检查和验收由供方技术质量监督部门负责进行，需方有权按本标准的规定检查和验收。

8.2 组批规则

钢丝应按批进行检查和验收，每批应由同一牌号、同一炉号、同一规格、同一交货状态的钢丝组成。

8.3 取样数量和取样部位

每批钢丝的取样数量和取样部位应符合表4的规定。

8.4 复验与判定规则

钢丝的复验与判定规则应符合GB/T 2103的规定。

9 包装、标志及质量证明书

钢丝包装、标志及质量证明书应符合GB/T 2103的相应规定。